ISBN 978-0-666-21961-9
PIBN 11039053

1 MONTH OF
FREE
READING

at
www.ForgottenBooks.com

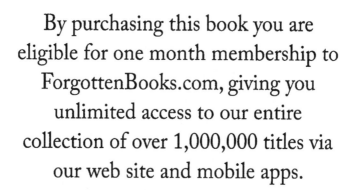

By purchasing this book you are
eligible for one month membership to
ForgottenBooks.com, giving you
unlimited access to our entire
collection of over 1,000,000 titles via
our web site and mobile apps.

To claim your free month visit:
www.forgottenbooks.com/free1039053

English
Français
Deutsche
Italiano
Español
Português

www.forgottenbooks.com

Mythology Photography **Fiction**
Fishing Christianity **Art** Cooking
Essays Buddhism Freemasonry
Medicine **Biology** Music **Ancient
Egypt** Evolution Carpentry Physics
Dance Geology **Mathematics** Fitness
Shakespeare **Folklore** Yoga Marketing
Confidence Immortality Biographies
Poetry **Psychology** Witchcraft
Electronics Chemistry History **Law**
Accounting **Philosophy** Anthropology
Alchemy Drama Quantum Mechanics
Atheism Sexual Health **Ancient History**
Entrepreneurship Languages Sport
Paleontology Needlework Islam
Metaphysics Investment Archaeology
Parenting Statistics Criminology
Motivational

MANUEL

DE L'INGÉNIEUR

DES PONTS ET CHAUSSÉES

PARIS. — TYPOGRAPHIE LAHURE
Rue de Fleurus, 9

MANUEL

DE L'INGÉNIEUR

DES PONTS ET CHAUSSÉES

RÉDIGÉ

CONFORMÉMENT AU PROGRAMME

ANNEXÉ AU DÉCRET DU 7 MARS 1868

RÉGLANT L'ADMISSION DES CONDUCTEURS DES PONTS ET CHAUSSÉES
AU GRADE D'INGÉNIEUR

PAR

A. DEBAUVE

INGÉNIEUR DES PONTS ET CHAUSSÉES

19me FASCICULE — TEXTE

—

DES EAUX COMME MOYEN DE TRANSPORT

NAVIGATION FLUVIALE ET MARITIME

1° Rivières — 2° Canaux — 3° Ports maritimes

(AVEC ATLAS DE 71 PLANCHES)

—

PARIS

DUNOD, ÉDITEUR

LIBRAIRE DES CORPS DES PONTS ET CHAUSSÉES ET DES MINES

49, QUAI DES AUGUSTINS, 49

—

1878

Droits de reproduction et de traduction réservés

NAVIGATION FLUVIALE ET MARITIME

PROGRAMME

1. Rivières. — Divers états d'un cours d'eau naturel. Hauteurs variables des eaux; fixation de l'étiage. — Régime d'un cours d'eau. Action des eaux sur leur lit et sur leurs rives ; corrosion des berges; affouillements, atterrissements. Marche des matières entraînées.

Levé du plan et des profils d'un cours d'eau.

Divers modes de locomotion des bateaux ; navigation à la voile : remorquage ; touage ; halage. — Chenal navigable; chemins et ponts de halage. — Balises et bouées. — Échelles de navigation.

Ouvrages de navigation dans la traversée des villes : ports de déchargement, docks et gares — Murs de quai.

Conditions de stabilité de ces murs. Poussée des terres sèches et humides. Contre-forts et voûtes de décharge.

Amélioration des rivières en laissant un libre cours aux eaux. — Dragages.

Défense et redressement des rives. Resserrement du lit; digues longitudinales; épis transversaux. — Barrage des bras secondaires.

Amélioration des rivières en diminuant leur pente. Barrages fixes à paroi verticale ou inclinée. Barrages mobiles : à vannes, à poutrelles, à fermettes ou à hausses mobiles. Moyens d'échappement : ponts éclusés ; pertuis. — Échelles à poissons.

Écluses à sas : dispositions des diverses parties d'une écluse. — Porte d'écluse en bois, en fer et en tôle. — Mode d'attache et de manœuvre des portes.

2. Canaux. — Tracé d'un canal latéral. — Profil en travers. — Alimentation, introduction et évacuation des eaux. — Passage des affluents. — Ponts-canaux.

Tracé d'un canal à point de partage. — Détermination de la traversée du faîte et de la hauteur du plan d'eau du bief de partage. — Quantité d'eau nécessaire pour pourvoir à l'évaporation, à l'infiltration, au remplissage des biefs et autres pertes.

Rigoles : leur tracé, leur pente, leur section. — Réservoirs : choix de l'emplacement; construction des digues; moyens de vidange.

Moyens employés pour remplir et vider les biefs.

Étanchement des digues et de la cuvette.

Curage et entretien des canaux ; chômage.

3. Ports maritimes. — *a. Des marées et des vents.* — Causes qui produisent les marées. Vives eaux, mortes eaux; marées d'équinoxe. — Heures des hautes et basses mers; établissement du port. — Unité de hauteur ; coefficient des marées; causes qui modifient la hauteur des marées. Propagation de la marée dans les fleuves; mascaret.

Courants de flots et de jusant. — Étale.

Vents régnants ; force du vent. — Marche, vitesse, hauteur des vagues ; limite d'action en profondeur. — Blocs artificiels.

b. Des ports. — Classification des ports. — Différence entre les ports de l'Océan et ceux de la Méditerranée.

Indication des principaux ouvrages qui composent un port, de leurs dispositions générales et de leur utilité.

TABLE ANALYTIQUE DES MATIÈRES

DEUXIÈME PARTIE. — CANAUX

TROISIÈME PARTIE. — PORTS MARITIMES

NAVIGATION

FLUVIALE ET MARITIME

CHAPITRE PREMIER

PROCÉDÉS DE NAVIGATION FLUVIALE ET MARITIME

Historique. — Le procédé de navigation le plus simple, appliqué de toute antiquité, consiste à abandonner au fil de l'eau un radeau ou une barque qui descendent avec le courant. Lorsqu'on voulut pour la première fois remonter le courant, on eut recours à de longues perches prenant un point d'appui soit sur les berges, soit sur le fond de la rivière ; l'usage des rames ou avirons ne vint que plus tard, ce sont en effet des engins perfectionnés, puisqu'ils prennent leur point d'appui sur les eaux mêmes.

L'opération qui consiste à tirer les bateaux de la rive au moyen de câbles, de longueur et de force suffisantes, s'appelle le halage ; le halage est fait par des hommes ou des animaux. Il n'est guère possible sur les rivières à l'état naturel, car les berges en sont encombrées par des hautes herbes, des broussailles ou des arbres ; pour permettre au halage de fonctionner régulièrement, il a fallu ménager le long des cours d'eau des chemins qui constituent une servitude légale pour les propriétés riveraines.

L'idée de recourir à l'impulsion du vent pour faire marcher les bateaux remonte également aux temps les plus reculés ; c'est un procédé que l'expérience de tous les jours indiqua bien vite aux premiers navigateurs.

La navigation à voiles, en décroissance, mais encore florissante pour le cabotage et pour les voyages au long cours, est beaucoup moins avantageuse sur les rivières et canaux que sur l'océan : aussi tend-elle à disparaître sur les voies intérieures, car c'est un procédé irrégulier et précaire, qu'il faut considérer seulement comme un auxiliaire utile des autres moteurs en usage.

1

Les machines à vapeur ont apporté une révolution profonde dans l'industrie des transports par eau aussi bien que dans celle des transports par terre; nous donnerons ici un aperçu sommaire des perfectionnements successifs produits par l'application de la vapeur aux machines de navigation.

L'idée de substituer des roues à palettes aux rames est fort ancienne; on a trouvé de vieilles effigies représentant des liburnes, ou barques romaines, portant sur les côtés trois paires de roues à palettes, tournées par trois paires de bœufs.

Robert Valturius, de Rimini, a décrit en 1472 un système de roues à palettes avec manivelle coudée mue par les hommes.

Du Quet soumit à l'Académie en 1699 un projet de rames fixées à un arbre tournant, qui avaient été expérimentées à Marseille en 1693. En 1698, Savery présenta un appareil analogue, et en 1732 le comte de Saxe donna le plan d'un bateau remorqueur ayant de chaque côté une roue à aubes que faisait tourner un manège à quatre chevaux.

Dans un mémoire de 1690, Denis Papin parle de la chaloupe avec roues à rames du prince Palatin, et il propose de remplacer les hommes ou les chevaux par une machine à vapeur qui imprimerait aux roues à rames un mouvement de rotation continue.

Vers 1755, Gautier, chanoine de Nancy, propose l'emploi de la machine à feu, pour imprimer aux bateaux une grande vitesse.

Le premier bateau à vapeur paraît avoir été construit en 1773, par Périer, membre de l'Académie des sciences; des expériences, mentionnées dans un mémoire du temps en furent faites en 1775.

En 1781, le marquis de Jouffroy essaya sur la Saône, à Lyon, un bateau à vapeur de 46 mètres de long et de 4^m,50 de large.

En 1787 et en 1788, des essais de bateaux à vapeur eurent lieu en Amérique sur le Potomac et sur la Delaware; de même en 1798 sur l'Hudson, et en 1801 sur la Clyde en Écosse.

En 1803, Fulton, qui fut pour la machine à vapeur ce que Savery fut pour la machine à feu, fit circuler sur la Seine un bateau qui marchait avec une vitesse de 1^m,6 à la seconde. Fort des résultats obtenus, il passa en Amérique, avec une machine de Watt et Bolton, et en 1807, un bateau mû par cette machine fit le voyage aller et retour, de New-York à Albany, avec une vitesse moyenne de 3^{kil},6 à l'heure.

En 1812, MM. Bell et Thompson établirent sur la Clyde le premier bateau à vapeur qui ait réussi en Angleterre.

En 1817, la navigation à vapeur est inaugurée sur l'Océan; la corvette *Steam-Ship-Savannah*, équipée par une compagnie américaine, vint de New-York à Liverpool, Copenhague, Stockholm, et retourna en Amérique.

Bornée jusqu'alors aux lacs et aux fleuves, la navigation à vapeur ne tarda pas à se développer sur mer : on sait à quelle prospérité elle est arrivée aujourd'hui. En 1828, la France ne comptait en tout que soixante et onze bateaux à vapeur; maintenant, elle a plus de cinq cents grands bateaux à vapeur pour la navigation maritime seule.

Le propulseur des bâtiments à vapeur est la roue à aubes ou l'hélice. Nous avons vu plus haut que l'invention de la roue à aubes était fort ancienne; les constructeurs modernes n'ont eu qu'à la perfectionner. En 1818, M. Church inventa les aubes articulées. Les aubes fixes et les aubes articulées des divers systèmes sont aujourd'hui employées concurremment.

En ce qui touche l'hélice, elle fut proposée pour la première fois comme propulseur hydraulique en 1752 par Daniel Bernouilli. A partir de cette époque, dit M. Ledieu, on compte plus de 125 inventions de propulseurs hélicoïdaux. Il faut citer celles de Charles Dallery en 1803, du capitaine du génie Delisle en 1823, de Sauvage, mécanicien de Boulogne, qui prit en 1832 son brevet pour un propulseur formé d'une spire complète d'hélicoïde. Le problème de l'hélice fut réellement résolu de 1832 à 1839 par les Anglais Ericcson et Smith. Depuis sont venues les améliorations de détail.

RÉSISTANCE AU MOUVEMENT DES NAVIRES

Le premier terme du problème de la propulsion des navires est de connaître la résistance que présente, pour une vitesse donnée, un navire donné. Le produit de la résistance par la vitesse représente, en kilogrammètres, le travail net à développer par le moteur en une seconde. Connaissant le rendement du propulseur et du moteur employés, on déduira la puissance qu'il convient de donner au moteur.

Il y a de profondes différences, en général, entre les bateaux de rivières ou de canaux et les bateaux de mer; nous examinerons séparément leur résistance au mouvement.

Résistance au mouvement des bateaux sur les canaux. — Les dimensions des bateaux, en usage sur les canaux et rivières, dépendent surtout des dimensions des écluses de ces voies navigables, et malheureusement nous avons en France une trop grande variété de types d'écluses, de sorte que les bateaux d'un réseau, quelquefois même d'une section, ne peuvent circuler sur le réseau voisin ou sur la section voisine.

Voici comme exemples divers types de bateaux :

Péniches de Mons, largeur 5 mètres, chargement 270 tonnes pour 1^m,80 de tirant d'eau.
Péniches de Charleroy, largeur 5 mètr., chargement 300 tonnes pour 1^m,80 de tirant d'eau.
Bateaux picards, largeur 6 mètr. à 6^m,40, chargement 350 tonnes pour 1^m,80 de tirant d'eau.
Bateaux flamands, largeur 5 mètres, chargement 180 tonnes pour 1^m,40 de tirant d'eau; vitesse 0^m,50.
Bateaux champenois, largeur 5^m,10, longueur 54 mètres, chargement 150 tonnes; vitesse 0^m,66.
Bateaux marnois, largeur 7^m,40, longueur 45 mètres, tirant d'eau 1^m,05; vitesse du halage ordinaire 0^m,40 à 0^m,50, soit environ 1400 à 1600 mètres à l'heure.
Bateaux du canal de Berry, largeur 2^m,50, longueur 27^m,50, chargement 50 à 60 tonnes.

Les expériences sur la résistance au mouvement des bateaux sont peu nombreuses; il est du reste inutile de les multiplier, vu la diversité des types et des formes. Il est à remarquer que les constructeurs paraissent se préoccuper fort peu de cette question; cependant, en bien des cas, on pourrait économiser une portion notable de la force de traction en adoptant pour les profils de poupe et de proue des formes un peu effilées.

La résistance au mouvement d'un bateau peut s'exprimer par la formule

$$R = K.S.V^2$$

dans laquelle K est un coefficient numérique,

S la section maxima transversale du bateau, ou section du maître-couple exprimée en mètres carrés,

V la vitesse de marche exprimée en mètres. Lorsque la navigation ne se fait pas par eau calme, mais dans un courant, il faut prendre pour V la vitesse relative du bateau, c'est-à-dire ajouter à sa vitesse de marche la vitesse même du courant lorsqu'on le remonte, ou retrancher de la vitesse de marche la vitesse même du courant lorsqu'on le descend.

Le coefficient numérique K augmente aussi avec la vitesse, mais il est difficile de tenir compte de cette augmentation dans la pratique.

Nous ne considérerons donc que les vitesses ordinaires du halage : $0^m,40$ à $0^m,50$ pour le halage par les hommes, et $0^m,80$ à $1^m,00$ pour le halage par les chevaux.

Avec ces vitesses ordinaires, le coefficient K est égal à 9 pour les bateaux prismatiques à bouts arrondis cylindriquement ou à pans droits avec dessous incliné à 45°, la longueur étant de 5 à 6 fois la largeur.

Pour des bateaux dont la longueur serait de 4 à 5 fois la largeur, et qui seraient terminés par des plans verticaux aux deux extrémités, le coefficient K est égal à 21.

Si l'avant est arrondi ou pointu, et que l'arrière soit carré, le coefficient peut être considéré comme égal environ à 15.

On voit que ces chiffres ne présentent rien de précis.

On se rendra compte, néanmoins, de la faible traction qu'exigent les bateaux se mouvant en eau calme, par les chiffres suivants :

Un cheval, cheminant à la vitesse de $0^m,80$ à $1^m,00$, et exerçant un effort continu de 50 kilogrammes, pourra traîner

Sur une bonne chaussée empierrée horizontale.	1600 kilogrammes.
— pavée horizontale.	2500 —
Sur un chemin de fer horizontal	15 tonnes.
Sur une eau dormante.	60 à 100 tonnes.

A mesure que la vitesse augmente, le poids traîné diminue rapidement : ainsi, lorsque le bateau remonte à la vitesse de 1 mètre, un courant ayant une vitesse propre de 1, 2, 3 mètres, la vitesse relative devient égale à 2, 3 ou 4 mètres ; l'effort à développer pour remorquer la même charge est 4, 9 ou 16 fois plus grand, et le cheval, au lieu de traîner 60 tonnes, n'en traînera plus que 15, 7 ou 4. La voie navigable ne tarde donc pas à devenir bien inférieure à la voie de terre.

Pente pour laquelle la voie navigable devient inférieure à une chaussée empierrée. — On peut du reste se rendre compte, par un calcul approximatif, de la limite à laquelle le transport par rivière devient moins économique que le transport par voie de terre, par une chaussée empierrée, par exemple.

Soit une péniche de 5 mètres de large, de $1^m,80$ de tirant d'eau, portant un chargement de 270 tonnes, à la vitesse de 1 mètre à la seconde ; le coefficient K de la résistance étant supposé égal à 15, la résistance que la péniche oppose à la traction est

$$K.S.V^2 = 15.9. = 135 \text{ kilogrammes,}$$

car a section transversale immergée est de 9 mètres carrés.

Supposons que la péniche navigue sur une rivière ayant 10 mètres au plafond, 2 mètres de mouillage et des talus inclinés à $\frac{3}{4}$; la section mouillée est de 26 mètres carrés et le périmètre mouillé de $17^m,20$; le rayon moyen r est de 1,5, et, d'après les tables de M. Bazin, comme il s'agit d'un canal en terre, on a la relation

$$\frac{ri}{v^2} = 0,000513$$

i désigne la pente du cours d'eau et v sa vitesse moyenne ; r est égal à 1,5 : donc la formule peut s'écrire

$$V^2 = i.2920,$$

et la résistance de la péniche à la traction sera représentée en fonction de la pente par :

$$K.S.i.2920 \quad \text{qui est égal à} \quad 394200.i.$$

D'autre part, la résistance d'une tonne à la traction est de 30 kilogrammes sur une chaussée plate ; elle augmente de 1 kilogramme par chaque millimètre de pente, elle est donc exprimée par $(30 + 1000.i)$, et pour 270 tonnes elle est 270 fois plus grande.

La résistance sur la rivière sera la même que sur la route lorsque la pente i vérifiera l'équation :

$$270(30 + 1000.i) = 394200.i \quad \text{qui donne} \quad i = 0,06.$$

Au delà de cette pente qui est très-considérable, la route serait plus avantageuse que la rivière ; la limite pour un chemin de fer serait dix fois moindre.

En réalité, les chiffres précédents n'ont aucune valeur, car la résistance croît très-vite avec la vitesse et le coefficient K va croissant rapidement : les limites véritables sont donc bien inférieures à celles que nous venons de calculer. Nous avons voulu montrer seulement que les cours d'eau ne sont des voies de transport économiques qu'autant qu'ils sont à très-faible pente.

Quant à la limite vraie, il faudrait pour la déterminer disposer de nombreuses expériences.

Résistance au mouvement des navires. — L'équation du travail mécanique pour la propulsion des navires s'établit comme il suit :

Soit T le travail brut en kilogrammètres produit sur les pistons de la machine,
— m le coefficient de rendement de la machine,
— n le coefficient de rendement du propulseur, roue ou hélice,
— V la vitesse du navire en mètres à la seconde,
— R la résistance de l'eau exprimée en kilogrammes.

Le travail moteur utilisé est. . . . . Tmn,
Et le travail résistant. . . . . $R.V.$

L'équation du travail mécanique est donc :

$$T.m.n. = R.V.$$

En désignant par B^2 la surface immergée du maître couple, les expériences ont montré que la résistance R croissait très-vite avec la vitesse ; ainsi. les expériences de MM. Guède et Jay ont donné pour la résistance de l'*Elorn* :

$$R = 2,6.B^2.V^2 + 0,15B^2.V^4,$$

Et les expériences de M. Froude sur le *Greyhound* l'ont conduit à :

$$R = 2,4.B^2V^2 + 0,13B^2.V^4 ;$$

Les coefficients numériques sont déduits des résistances observées aux vitesses de 8 et 12 nœuds. D'ordinaire, on se contente de calculer approximativement la résistance R par la formule :

$$R = K.B^2.V^2,$$

Dans laquelle le coefficient de résistance K est constant pour un navire donné, mais variable d'un navire à l'autre.

Pour des vitesses d'environ 4 mètres à la seconde, les expériences ont conduit pour le coefficient de résistance K aux chiffres suivants :

Frégate cuirassée la *Flandre*, K = 4^k,1 avec l'hélice folle et 5^k,5 avec l'hélice embrayée ;
—   l'*Héroïne*, 0^k,9   — 7^k,5   —
Le *Greyhound*, K — 4^k,6 p. la coque seule, 5^k,0   — 5^k,3   —

Considérons un navire dont le maître couple immergé B^2, soit une surface de 30 mètres carrés, et qui marche à une vitesse d'environ 8 nœuds ou 4 mètres à la seconde, sa résistance avec l'hélice embrayée s'élèvera, dans le cas du *Greyhound*, à 2 544 kilogrammes.

Avec la vitesse de 4 mètres à la seconde, cela fait un travail de 10 176 kilogrammètres ou de 135 chevaux vapeur de 75 kilogrammètres.

Si le rendement de l'hélice est de 0,6 et que le rendement de la machine motrice soit aussi de 0,6, le travail brut à produire sur les pistons de la machine sera de 375 chevaux vapeur.

Pour la frégate cuirassée la *Flandre*, dont le maître couple immergé a une section de 101 mètres carrés, la résistance à la vitesse de 8 nœuds serait de 8,888 kilogrammes ; le travail correspondant atteindrait 35 552 kilogrammètres ou 474 chevaux-vapeur, et le travail à produire sur les pistons, en admettant le même rendement que plus haut, deviendrait égal à 1 316 chevaux vapeur.

Le rendement de l'hélice atteint en général un chiffre supérieur à 0,6.

PROCÉDÉS DE TRACTION ET DE PROPULSION

Les procédés de traction et de propulsion des bateaux et navires sont aujourd'hui assez nombreux ; nous les passerons en revue successivement.

Ces procédés sont les suivants :

1° Le flottage, procédé primitif qui consiste à abandonner au courant les matières à transporter

2° Le halage, dans lequel la traction se fait par des hommes ou des animaux tirant du rivage sur un câble auquel est relié le bateau ou le navire ; le halage est presque seul usité sur les canaux, il tend à disparaître sur les rivières ; la navigation maritime n'y a recours qu'à l'entrée des ports ;

3° La marche à la voile, encore florissante pour la navigation maritime, mais qui n'est plus guère utilisée que comme appoint par la navigation intérieure ;

4° Le remorquage, qui consiste à faire tirer un ou plusieurs bateaux par un bateau spécial appelé remorqueur, lequel porte une machine motrice et un appareil propulseur, hélice ou roue à aubes ; le remorqueur est en usage sur les rivières, et aussi sur la mer à l'entrée des ports ;

5° Le touage, qui consiste à faire tirer un ou plusieurs bateaux par un bateau spécial appelé toueur, lequel porte une machine motrice dont la puissance de traction s'exerce sur un câble immergé ; le touage n'a été jusqu'à présent appliqué qu'aux rivières ; il ne paraît pas convenir aux grandes profondeurs de la mer ;

6° La roue à aubes, propulseur actionné par une machine motrice que porte le navire en même temps que les marchandises dont il est chargé ;

7° L'hélice, autre propulseur actionné aussi par une machine motrice installée sur le navire.

Avec le flottage, le halage, la marche à la voile, le remorquage et le touage, la puissance motrice est extérieure au navire ; cependant le remorqueur et le toueur portent en eux-mêmes la puissance qui les met en marche ; les navires à roues et les navires à hélice se suffisent à eux-mêmes, il se meuvent sans secours étranger et prennent sur l'eau seule leur point d'appui.

1° FLOTTAGE

1° Flottage. — Le flottage est un moyen de transport très-économique qui consiste à abandonner au fil de l'eau des pièces de bois isolées ou réunies en trains ; ces radeaux descendent le courant d'eux-mêmes et n'ont besoin que d'être dirigés dans leur course.

Le flottage n'est plus guère en usage que dans les pays montagneux et forestiers et sur les cours d'eau qui ne sont pas accessibles à la grande navigation.

À mesure que les rivières principales se canalisent et que la navigation par la vapeur devient plus économique, les trains de bois perdent une grande partie de leurs avantages. Cependant un volume considérable de bois de chauffage et de construction arrive encore à Paris par ce procédé.

On sait que les propriétés riveraines d'un cours d'eau flottable sont grevées de la servitude du marchepied ; elles doivent livrer passage, sur une largeur de 1m,30, aux ouvriers chargés de diriger le flottage.

Le flottage à bûches perdues dans le massif central de la France, et particulièrement dans le bassin de l'Yonne, a été généralisé en 1630 par deux marchands de bois, Tournouères et Gobelin ; le flottage par trains était antérieur et avait été établi, un siècle auparavant, par Jean Rouvet.

Le flottage à bûches perdues s'opère en jetant les bûches successivement dans

et cette disposition évite les chocs de fond en même temps qu'elle facilite la marche.

Latéralement, les bossets sont protégés contre les chocs par des planches échappées de la première tronce latérale : chaque bosset est donc profilé en coin. Les planches saillantes sont les *ailes* de la flotte.

Le bosset de tête d'un train, le plus difficile à diriger, porte une sorte de gouvernail, formé d'une longue perche dont le gros bout est fixé sur le second bosset ; c'est en agissant sur le petit bout de cette perche, appelée le *cheval*, que l'on fait virer le bosset de tête.

Une flotte a une longueur comprise entre 70 et 100 mètres, une largeur entre $2^m,30$ et $2^m,50$ et une épaisseur entre $0^m,25$ et $0^m,30$: elle porte 1 500 à 1 800 planches, cubant de 40 à 60 mètres cubes. Sa vitesse moyenne est de 3 à 6 kilomètres à l'heure.

Arrivées à Raon l'Étape, sur la Meurthe, les flottes sont réunies en grands trains que l'on dirige vers les Pays-Bas et qui contiennent jusqu'à 4,000 planches.

2° HALAGE

Le **halage** se fait à bras d'hommes ou avec des animaux, à une vitesse et avec une dépense que nous indiquons plus loin en traitant des transports sur canaux.

La théorie du halage est des plus simples :

Soit un bateau A, figure 1, planche 2, tiré par le câble A B, auquel s'attèle soit un homme, soit un cheval parcourant le chemin de halage. La traction oblique A C peut être décomposée en deux, l'une A D parallèle à la rive, l'autre A E perpendiculaire ; la première a un effet utile et fait progresser le bateau dans une bonne direction ; la seconde, au contraire, tend à le faire tourner autour de son centre de gravité *g* et par suite à rapprocher l'avant du bateau de la rive. Il faut annuler l'effet de cette composante, et pour cela on a recours au gouvernail M, que l'on place en travers du courant comme le montre la figure ; la pression de l'eau contre le gouvernail tend aussi à faire tourner le bateau autour de son centre de gravité, mais en sens contraire ; on arrive par tâtonnement à une inclinaison du gouvernail telle que les deux moments de rotation se fassent équilibre.

Lorsque le bateau n'est pas muni de gouvernail, ce qui arrive pour certains bateaux plats de construction simple, on s'oppose à la dérive en donnant au flanc du bateau une légère inclinaison par rapport à la berge ; la composante du choc de l'eau normale à la berge annule l'effet de la composante de la traction qui lui est de sens directement opposé (fig. 3).

En Hollande, on se servait, pour empêcher la dérive, de surfaces planes ou ailes qu'on laissait pendre sur le flanc du bateau, lorsque la profondeur d'eau était suffisante.

Il est à remarquer du reste que la dérive est généralement peu considérable avec les bateaux halés lorsqu'on a le soin de se servir de câbles assez longs qui font avec la berge un angle très-faible.

5° NAVIGATION A LA VOILE

Considérons un navire qui marche sous l'impulsion du vent, impulsion recueillie par une voile que nous assimilerons à un plan vertical susceptible de tourner autour de la verticale du centre de gravité du navire.

Le vent est vent arrière ou vent debout suivant qu'il souffle en poupe ou en proue, suivant qu'il vient de l'arrière ou de l'avant du bâtiment.

L'action propulsive du vent se comprend à l'inspection de la figure 4, planche 1.

Soit un bâtiment dont la voile est représentée en projection par la ligne $a\,b$; le vent souffle de V ; son action sur la voile peut être remplacée par celle de ses deux composantes, l'une parallèle à la voile, l'autre $o\,c$, normale à la voile ; la première glisse sur la toile et n'influe point sur la marche ; la composante normale seule tend la voile et donne l'impulsion. Cette composante $o\,c$ peut elle-même être remplacée par deux autres forces, l'une $o\,d$ dirigée suivant l'axe longitudinal du navire, l'autre $o\,e$ dirigée suivant l'axe transversal : la première n'est pas gênée dans son action, puisqu'elle est dans le sens des formes effilées du navire ; c'est elle qui produit la marche utile ; la seconde est directement opposée au flanc du bâtiment, de sorte qu'elle rencontre une grande résistance ; néanmoins, son effet est quelquefois considérable parce qu'elle prend elle-même une valeur notable lorsque soufflent des vents contraires ; c'est elle qui produit la *dérive*.

Généralement, les voiles sont dirigées suivant la bissectrice de l'angle que fait la direction du vent avec l'axe longitudinal du bâtiment, côté de la proue.

C'est cet angle de la direction du vent et de la trajectoire du navire qui définit l'*allure*. Cet angle s'exprime en *quarts* de vent ; nous savons que la rose des vents est divisée en 32 quarts, de sorte que chaque division correspond à un angle $11°\frac{1}{4}$.

L'inclinaison des voiles sur l'axe longitudinal du navire est limitée par la construction du bâtiment : ainsi, dans les grands bâtiments à voiles carrées, l'inclinaison de la voilure sur l'axe longitudinal ne peut descendre au-dessous de 3 quarts, soit $33°\frac{3}{4}$; lorsque cette limite est atteinte, c'est que le vent fait un angle de 6 quarts ou de $67°\frac{1}{2}$ avec la ligne de proue ; c'est ce qu'on appelle l'allure *au plus près*. Quand l'angle du vent et de la ligne de proue est compris entre 6 et 12 quarts, le bâtiment a le vent *largue*; il a le vent *grand largue* pour des angles variant de 12 à 15 quarts; au delà de 15 quarts, le navire a le vent en poupe ou vent arrière.

Les petits bâtiments à voiles triangulaires peuvent prendre le vent de plus près, à quatre ou cinq quarts au lieu de six quarts.

Lorsque le navire doit marcher contre le vent, c'est-à-dire dans une direction intermédiaire entre le vent au plus près et le vent debout, il ne peut y arriver que par une marche en zigzags, c'est-à-dire en tirant des *bordées*, figure 5, planche 1 ; le vent soufflant de V, le navire qui se trouve en *m* veut marcher précisément dans la direction du vent : il place sa voile au plus près suivant *ab* et décrit la trajectoire *mn*; arrivé en *n*, il évolue de façon à prendre encore le vent au plus près, mais par le flanc droit au lieu de le prendre par le flanc gauche, par *tribord* au lieu de *bâbord*, il parcourt ainsi la trajectoire *np*; en *p* nouvelle évolution et nouvelle bordée *pq*, et ainsi de suite. Il va sans dire que quelquefois la dérive l'emporte et que, tout en tenant tête au vent, le bâtiment recule au lieu d'avancer.

Nomenclature des principales voiles d'un navire. — Les voiles d'un navire sont fixées, au moyen de *vergues*, à des pièces verticales ou *mâts* qui sont généralement au nombre de quatre.

En allant de l'arrière à l'avant on trouve successivement :

Le *mât d'artimon*, le *grand mât*, le *mât de misaine*, et le *mât de beaupré*; les trois premiers sont à peu près verticaux, le dernier est voisin de l'horizontale et fait saillie à l'avant du bâteau, figure 6, planche 1.

Vu leur grande hauteur, les mâts verticaux sont fractionnés en quatre parties solidement assemblées; ces parties, que l'on distingue sur la figure, portent à partir du pont les noms suivants :

Bas-mât, mât de hune, mât de perroquet et *mât de cacatois*. Le mât de beaupré est lui-même fractionné en plusieurs sections qui sont : le *mât de beaupré*, le *bout-dehors de grand foc*, le *bout dehors de clin floc*.

La voilure se compose de deux espèces de voiles : les *voiles carrées* et les *voiles auriques*. Les premières sont fixées aux mâts par des vergues perpendiculaires à ces mâts, autour desquels elles peuvent tourner; les secondes ont leur axe dans le plan longitudinal du navire, mais plus ou moins incliné sur l'horizon.

Le grand mât et le mât de misaine portent autant de voiles carrées qu'ils ont de divisions, c'est-à-dire chacun quatre voiles qui s'appellent :

Pour le grand mât : la *grand'voile*, le *grand hunier*, le *grand perroquet* et le *grand cacatois;* pour le mât de misaine : la *misaine*, le *petit hunier*, le *petit perroquet* et le *petit cacatois*.

Le mât d'artimon n'a pas de voile à sa division inférieure, dont la vergue prend le nom de *vergue barrée* ou *vergue sèche:* il n'a donc que trois voiles : le *hunier d'artimon* ou *perroquet de fougue*, le *perroquet d'artimon* et le *cacatois d'artimon*.

Les voiles auriques garnissent surtout les mâts extérieurs; on distingue :

1° La *brigantine*, fixée à la section basse du mât d'artimon; c'est un quadrilatère, dont un côté vertical est lacé au mât; le côté supérieur est fixé à la *corne*, pièce de bois articulée sur le mât d'artimon; le côté inférieur est presque horizontal et fixé sur le *gui*, pièce de bois articulée aussi sur le mât d'artimon. Ce genre de voile s'appelle voile *goelette*.

2° Les *focs*, qui affectent la forme de triangles presque rectangles; l'hypothénuse des focs est soutenue non par une vergue, mais par un cordage qui s'appelle la *draille*, qui relie le mât de misaine et le mât de beaupré. Le mât de beaupré porte trois focs : le *grand foc*, le *petit foc*, et le *clin foc*.

Les voiles que nous venons d'énumérer sont les voiles majeures; quelquefois on en ajoute qui vont d'un mât à l'autre, ce sont les *voiles d'étais* soutenues par des cordages. Ces voiles n'entrent pas dans le calcul de la surface de voilure ni du centre de voilure; la surface de voilure s'obtient en assimilant les voiles à des surfaces planes limitées à leurs contours, et le centre de voilure est le centre de gravité de l'ensemble de ces surfaces.

État actuel de la navigation à voile. — L'introduction rédigée par M. Bertin, ingénieur de la marine, pour le traité des nouvelles machines marines de

M. Ledieu, nous fournit des renseignements précis sur l'état actuel de la navigation à la voile.

Autrefois, le rapport de la surface de la voilure à la section du maître couple immergé B^2 était astreint à des règles fixes; ce rapport était de

> 30 à 35 pour les vaisseaux de ligne,
> 35 à 40 pour les frégates,
> Jusqu'à 50 pour les corvettes,
> Au delà de 50 pour les bricks,
> Et jusqu'à 65 pour les goëlettes.

Les petits navires ont relativement une résistance plus grande par unité de surface du maître couple; de plus, ils étaient réservés pour les emplois exigeant de la vitesse et devaient échapper facilement aux navires plus forts.

Pour notre flotte de guerre, les grands cuirassés n'ont reçu qu'une voilure de fortune, dont la surface est égale à 20 fois celle du maître couple immergé; le rapport $\frac{S}{B^2}$ est de :

> 28 pour le *Napoléon*, vaisseau rapide,
> 35 — la *Souveraine*, frégate rapide,
> 39 — le *Phlégéton*, corvette,
> 42 — le *Château-Renaud*, croiseur,
> 54 — le *Lamothe-Piquet*, aviso,
> 56 — l'*Éclair*, canonnière.

On ne peut du reste augmenter outre mesure la surface de voilure, car elle est intimement liée à la stabilité et il y a pour chaque bâtiment une voilure limite au delà de laquelle tout accroissement serait inutile et dangereux. Cette limite peut être plus élevée sur les petits navires que sur les grands, à cause de la rapidité et de la facilité avec lesquelles se manœuvrent les petites voilures.

« Les navires à voiles, dit M. de Freminville dans son rapport sur l'exposition de 1867, jouent un rôle de moins en moins important dans la marine commerciale, où ils tendent constamment à être remplacés par les navires à vapeur. Tous ceux qui sont encore employés dans quelques services importants sont de l'espèce des clippers adoptés maintenant sans exception comme le type des navires de long cours. On leur a fait subir peu de modifications depuis leur apparition ; ils sont caractérisés par une longueur relative d'environ cinq fois la largeur, et une voilure plus ou moins considérable, suivant la nature du service auquel ils sont destinés, mais toujours supérieure à celle des anciens voiliers. Ils sont généralement affectés à des navigations lointaines : telles sont celles de l'Australie, de l'Inde et de la Chine. C'est pour le commerce du thé que les navires les plus rapides sont nécessaires; la plupart de ceux qui sont employés à ce trafic atteignent des vitesses de près de 7 nœuds sur l'ensemble de leur traversée : ce sont assurément de très-belles vitesses pour des navires à voiles, mais elles ne suffisent déjà plus aux exigences actuelles, et les navires à vapeur mixtes, ou à toute puissance, commencent à être employés pour le commerce de la Chine et de l'Inde, où ils ne tarderont pas à monopoliser toutes les grandes opérations.

« Jusqu'à ce jour, les navires à voiles et en bois ont présenté l'avantage d'un prix d'achat inférieur à celui des navires en fer, et surtout à celui des navires à vapeur; mais les constructeurs des navires en fer étant parvenus à abaisser de plus en plus leurs prix, et l'exploitation mieux entendue des navires à vapeur ayant permis de régler le fret à un taux à peu près égal et souvent inférieur à celui des navires à voiles ordinaires, ceux-ci ne peuvent exister que dans les pays où le bois est très-abondant, ou dont l'industrie métallurgique est encore peu développée. »

« La navigation à voiles, dit de son côté M. Bertin, a eu jusqu'ici le monopole des transports pour certains frets lourds et peu rémunérateurs. Elle a réalisé dans ces dernières années des progrès importants à bord des clippers dont quelques-uns, justement cités comme modèles, ont souvent atteint des vitesses moyennes de plus de 13 nœuds, pendant une marche de 24 heures. On peut admirer une traversée du *Thermopylæ* de Londres à Melbourne en 60 jours, une autre traversée du même paquebot, de Fou-Tcheou à Douvres en 91 jours, et une du *Sir Lancelot* en 90 jours entre les mêmes points, alors que les steamers de la Compagnie péninsulaire mettaient de 75 à 80 jours à faire leur service. Plus récemment, une traversée de Nouvelle-Calédonie en France en 72 jours par le transport français la *Loire* présente un des plus beaux résultats obtenus. Les plus grands progrès de la navigation à voiles sont dus à l'étude des vents probables pour chaque saison et en chaque point de l'Océan ; on n'oserait chiffrer les économies que l'œuvre de Maury a fait réaliser à l'industrie des transports maritimes. Malgré ces efforts, c'est du côté de l'emploi de la vapeur que se porte surtout l'activité maritime ; le développement des lignes de steamers est incessant et on ne pressent pas encore de limite. Toutes les grandes innovations sont à l'avantage de la marine à vapeur ; le percement de l'isthme de Suez lui a permis d'arracher aux clippers leur transit le plus important, et l'on voit approcher l'époque où le navire à voiles, chassé des principales lignes, gardera seulement les services d'une importance secondaire.

« Les navires de guerre tiennent parfois la mer pour former les équipages à la vie de bord, plutôt que pour remplir des missions déterminées ; en temps de guerre, ils peuvent avoir à faire de longues campagnes loin de tout point de ravitaillement, en réservant leur charbon pour les jours de combat : la voilure reste donc pour eux un auxiliaire indispensable du moteur à vapeur. »

Sur un navire mixte, de 60 mètres carrés de maître couple immergé, muni de 1 500 mètres carrés de voilure, le poids de la voilure et de ses accessoires est de 65 tonneaux ; une pareille voilure donnera une vitesse moyenne de 5 nœuds, c'est la vitesse qu'on obtiendrait en faisant 500 chevaux et brûlant 400 kilogrammes de charbon à l'heure. La présence de la voilure réduit donc de 65 000 kilogrammes la provision de charbon ; elle diminue de 160 heures et de 800 milles la durée et la distance possible de la marche à la vapeur. Néanmoins, il faut conserver la voilure comme ressource suprême, en cas d'avaries.

4° ET 5° REMORQUAGE ET TOUAGE

Remorqueurs. — Les remorqueurs sont des bateaux à vapeur, à roue ou à hélice, portant une machine plus puissante qu'il n'est nécessaire pour leur propre mouvement. L'excès de sa puissance est utilisée pour la traction d'un nombre plus ou moins grand de bateaux, attachés par des câbles à la suite du remorqueur. Généralement, sur nos rivières, le remorqueur fonctionne en même temps comme porteur, c'est-à-dire qu'il reçoit une certaine charge de marchandises. Dans les ports de mer, on a recours à des remorqueurs qui ne reçoivent d'autre charge que la machine et qui, par conséquent, sont susceptibles de prendre de moindres dimensions.

Les remorqueurs utilisent mal la puissance qu'ils consomment, car le rendement des roues et hélices est assez faible.

Aussi leur préfère-t-on les toueurs pour la navigation fluviale.

Toueurs. — Les toueurs sont des bateaux portant une machine à vapeur, laquelle actionne un tambour sur lequel vient s'enrouler une chaîne noyée dans la rivière, sur toute la longueur qu'on doit parcourir.

Le bateau tire donc sur cette chaîne et, grâce à cet effort de traction, il peut vaincre la résistance que le courant oppose au mouvement du toueur et de son convoi.

La chaîne est fixée aux deux extrémités de la partie de rivière sur laquelle fonctionne le toueur; dans l'intervalle elle est libre et est immergée à peu près dans le thalweg.

A l'avant du bateau est une poulie, sur laquelle passe la chaîne soulevée hors de l'eau; elle passe de là sur le tambour moteur et elle fait sur le tambour assez de tours pour qu'il n'y ait pas de glissement à craindre; après avoir quitté le tambour, elle passe sur une poulie à l'arrière du bateau et s'immerge à nouveau.

Ancien système de touage. — Dans les premiers systèmes de touage, essayés sur la Saône, on demandait la force motrice à des chevaux agissant sur un cabestan installé sur le bateau de tête du convoi; des bateaux légers portaient en avant, à 1000 ou 1500 mètres, un câble de chanvre, ou de chanvre et de fil de fer, que l'on déroulait au fur et à mesure et dont l'extrémité était solidement amarrée. Par l'effort des chevaux, le câble venait s'enrouler sur le tambour du cabestan et déterminait la marche en avant du convoi. Pendant ce temps, une autre longueur de câble était portée en avant et amarrée pour remplacer la première, quand celle-ci serait épuisée.

Ce système, encore en usage dans quelques souterrains, a été perfectionné en ce sens qu'on a substitué aux câbles une chaîne immergée continue, et cela dispense d'une manœuvre pénible.

Sur le Rhône on a vu fonctionner des bateaux, les *Grappins*, qui étaient des remorqueurs à roues, munis en outre d'une roue à dents pouvant mordre sur le fond du fleuve. Cette roue à dents (figure 7, planche 1), mue par la machine même du remorqueur, était mise en œuvre au passage des rapides. — Le prix de traction par ces bateaux était de 0^r,032 par tonne et par kilomètre.

Touage sur chaîne noyée. — Aujourd'hui, c'est le touage sur chaîne noyée qui est presque partout en usage; il fonctionne notamment sur la haute et basse Seine où diverses compagnies se sont établies pour l'exploitation de ce procédé.

MM. les ingénieurs Chanoine et de Lagrené, dans leur mémoire sur la traction des bateaux, signalent pour le système du touage sur chaîne noyée les avantages suivants :

« 1° La traction a lieu sur un point fixe et parallèlement à la fois au sens de la marche et au sens du courant.

2° La chaîne étant déposée dans le thalweg, les bateaux suivent naturellement cette ligne, et par conséquent la navigation en basses eaux est plus facile qu'avec tout autre moteur qui n'est pas lié au thalweg.

3° L'usure des agrès est moindre qu'avec le halage, les cordes ne frottant ni par terre ni sur la crête des perrés.

4° Les départs peuvent avoir lieu à des périodes régulières. Sur la Seine, où la traction est concédée à une compagnie, le batelier fait ses déclarations au bureau, y prend l'heure du passage des convois aux différents endroits de la rivière, choisit le convoi qui lui convient, l'attend et y attache son bateau. Si son bateau est vide, il peut le confier à la compagnie, intéressée à le rendre en bon état ; il économise ainsi les frais de personnel.

5° La vitesse de marche étant plus grande qu'avec des chevaux ou remorqueurs, un batelier peut faire maintenant avec quatre bateaux autant de voyages qu'il en faisait jadis avec six.

6° Le prix de traction, en définitive, est moindre qu'avec tout autre système de remorquage. »

Un seul toueur traîne quelquefois un nombre considérable de bateaux ; mais ce système pourrait occasionner de grandes pertes de temps sur des rivières canalisées dont les écluses trop courtes exigeraient le fractionnement des convois et le passage des bateaux un à un.

La figure 8 de la planche 1 permettra de saisir la disposition générale d'un des toueurs de la Seine.

C'est un bateau avec coque en fer, symétrique par rapport à son plan transversal, c'est-à-dire disposé pour marcher indifféremment dans un sens ou dans l'au re. — Aux deux bouts sont des chambres *a a*, à cloisons étanches. Au centre du bateau est la machine motrice M ; c'est une machine inclinée, à détente variable et à condensation.

Cette machine est alimentée par deux chaudières tubulaires *b b*, placées de part et d'autre de l'axe, de manière à fractionner et à équilibrer la charge.

La machine actionne un arbre horizontal, sur lequel est calée la roue dentée *d*, qui engrène avec les deux autres roues *c c*, qui reçoivent ainsi l'effort moteur de la machine.

Chaque tambour est divisé par des cloisons en tôle en cinq gorges différentes, (figure 8) ; la chaîne de touage s'engage dans la première gorge du premier tambour et s'en va directement gagner la première gorge du deuxième tambour ; elle y parcourt une demi-circonférence et vient s'engager dans la deuxième gorge du premier tambour, elle y parcourt une demi-circonférence et retourne au second tambour, dont elle prend la seconde gorge, et ainsi de suite.

Aux deux extrémités du bateau la chaîne est guidée par des poulies *ff* ; ces poulies sont montées dans des chapes mobiles autour d'un axe vertical *m m*, ce qui permet de faire virer facilement le bateau. A l'aplomb des axes *m*, la chaîne passe entre deux cylindres verticaux mobiles ; ces cylindres sont en bois ; ils reçoivent l'effort transversal de la chaîne et s'usent rapidement.

Entre les tambours et les poulies extrêmes, la chaîne est supportée par des gouttières en bois.

Aux deux extrémités, le bateau est muni d'un gouvernail manœuvré par un système de volant et de chaînes avec poulie de renvoi.

Nous n'avons représenté sur la figure qu'un système de transmission, la roue dentée *d* engrenant avec les roues *c c* ; il y en a un second ; à côté de la roue *d* en est une autre de plus grand diamètre, qui engrène avec deux roues situées derrière les premières roues *c c*, et de moindre diamètre qu'elles ; l'embrayage et le débrayage de deux systèmes s'opèrent facilement. Quand on veut marcher à petite vitesse, c'est la petite roue *d* qui est motrice ; quand on veut marcher à grande vitesse, c'est la roue de plus grand diamètre, située derrière *d*, qui devient motrice à son tour.

Ce système, combiné avec la détente de la vapeur, permet de proportionner en chaque point l'effort moteur à la résistance qu'offre le courant.

Les tambours *e e* sont en fonte, mais leur surface est recouverte d'un bon fer cémenté qui résiste plus longtemps à l'usure.

Les premiers toueurs de la haute Seine coûtaient 90,000 fr. ; leur machine était construite pour exercer une puissance normale de 35 à 40 chevaux, avec une vitesse maximum de 6 kilomètres à l'heure à la remonte. La vitesse ordinaire n'est que de $0^m,50$ à la seconde. Un train moyen, de Paris à Corbeil, se compose de 20 bateaux vides et 2 bateaux chargés de 150 tonnes chacun. Dans Paris, où il y a peu de courants, un toueur traine huit péniches chargées ensemble de 1,600 à 2,000 tonnes.

La première chaine, faite avec du fer de 19 millimètres, pesait 8 kilogr. par mètre courant et avait été essayée à une traction de 9,000 kilogr., triple de celle qu'on supposait devoir se produire dans la pratique.

Elle était trop faible, et il a fallu recourir à du fer de 22 millimètres, donnant une chaine qui pèse 11 kilogrammes par mètre courant, essayée à 12,000 kilogrammes et coûtant 6 fr. à $6^r,50$ le mètre.

Quand une chaine casse, on repêche la chaine avec une gaffe et on réunit les deux bouts au moyen d'un maillon spécial à goupilles qu'on appelle un nabot ; le toueur a toujours une provision de ces maillons.

Sur la haute Seine, les toueurs ne se croisent pas ; lorsque deux convois se rencontrent, ces convois changent simplement de toueur.

La traction du toueur sur la chaine ne se propage pas bien loin, car la chaine noyée sur le fond éprouve un frottement de 70 à 80 p. 100 de son poids. — Supposez un effort de 5,000 kilogrammes sur une chaine pesant 11 kilogrammes, la traction ne se fera sentir que sur 600 à 700 mètres de chaine.

Néanmoins cette traction répétée finit par tendre la chaine outre mesure et par la faire descendre vers l'aval. — On a soin de lui donner du mou lorsqu'on navigue à la descente.

Il y avait une difficulté pour le passage des écluses, dont les portes n'avaient pas été établies en vue du passage d'une chaine fixe. — Dans les premiers temps, on faisait passer la chaine sur des poulies verticales, placées au sommet des portes d'amont et des portes d'aval. Quant le toueur se présentait, on ouvrait les portes d'aval en dégageant au préalable la chaine de la gorge de sa poulie et la laissant retomber à l'eau, on faisait entrer le toueur, on relevait la chaine avec une gaffe et on la replaçait sur sa poulie en même temps qu'on fermait les portes d'aval. — Même manœuvre pour les portes d'amont lorsque le sas était rempli. Il parait que la traction de la chaine fatiguait les portes outre mesure, et le système était du reste assez compliqué. — Aujourd'hui, la chaine passe au niveau du radier de l'écluse, entre les poteaux busqués des portes, dans une entaille ménagée à cet effet.

Entre Conflans et Rouen, la compagnie du touage perçoit à la remonte $0^r,01$ par tonne effective et par kilomètre, et $0^r,004$ à la descente.

Touage par le système Bouquié. — Le système Bouquié est surtout applicable sur les canaux. — Il convient aux bateaux voyageant isolés. Ces bateaux portent avec eux leur moteur, qui est une locomobile, et leur appareil de traction, qui est fixé provisoirement, mais qu'il est facile de démonter à volonté.

— La chaîne est commune à tous les bateaux circulant sur la rivière ou le canal.

L'appareil de traction comporte un châssis en charpente que l'on fixe transversalement sur le bateau ; ce châssis porte un premier arbre horizontal muni d'une poulie lisse sur laquelle agit la courroie de la locomobile. — Au moyen d'un pignon, ce premier arbre commande une roue dentée et un second arbre, qui est vraiment l'arbre moteur de la chaîne.

Cet arbre horizontal fait saillie sur le flanc gauche du bateau et porte une poulie à gorge sur laquelle passe la chaîne de touage. — Cette chaîne embrasse à peu près le tiers de la circonférence de la poulie à gorge et elle est appuyée dans la gorge par le moyen d'une petite poulie, sous laquelle elle s'engage à l'aval.

Ainsi, la chaîne n'est pas enroulée sur la poulie motrice, et cela permet de la dégager facilement au croisement de deux bateaux ; mais, si la gorge de la poulie était lisse, l'adhérence de la chaîne n'atteindrait pas un valeur suffisante, la chaîne glisserait sur la poulie et le bateau n'avancerait pas.

Dans les premiers modèles, la gorge de la poulie était garnie de saillies en fonte douce, régulièrement espacées ; mais ces saillies s'usaient très-vite, et ou a fini par adopter une gorge lisse, dans laquelle on a ménagé, à intervalles réguliers, des échancrures latérales où s'engagent de doubles mâchoires en acier. — Ces mâchoires serrent entre elles les maillons de la chaîne ou les lâchent suivant l'angle qu'elles font avec la chaîne.

Au passage de deux bateaux, l'un abandonne la chaîne et ne la reprend que lorsque l'autre est passé ; on a soin de rentrer les parties en encorbellement qui pourraient gêner pour le passage.

La chaîne en usage pour le toueur Bouquié est faite en fer de 10 millimètres de diamètre ; elle pèse 2 kilogr. par mètre courant et le prix en varie de 85 à 125 francs les 100 kilogrammes. — La traction en marche est d'environ 300 kilogrammes, soit un effort de 4 kilogr. par millimètre carré ; elle est essayée à une traction de 2 670 kilogrammes, soit 34 kilogrammes par millimètre carré.

Ce n'est point là une sécurité exagérée, car les chaînes de touage sont exposées à des chocs accidentels qui peuvent donner lieu à des tractions bien supérieures à la traction normale.

Le touage sur les canaux par ce système ne paraît pas donner de grandes économies sur les frais de traction, mais il a l'immense avantage d'assurer une marche régulière et plus rapide ; la vitesse du parcours est plus que doublée et c'est là un immense avantage.

Touage dans le souterrain de Pouilly (canal de Bourgogne). — C'est dans le souterrain de Pouilly qu'a été installé le premier système de touage à vapeur pour la traversée des souterrains, et M. l'ingénieur Bazin a rendu compte des expériences effectuées à ce sujet dans une note insérée aux *Annales des ponts et chaussées* de 1868.

Le halage, à la traversée des grands souterrains construits généralement à une seule voie, donne lieu à de grandes difficultés, à des retards et à des encombrements considérables, lorsqu'on est forcé de l'exécuter à bras d'hommes.

Lorsqu'il existe une banquette latérale, le halage à la corde se fait comme à ciel ouvert ; s'il n'y a pas de banquette, on a eu soin d'installer sur la paroi du souterrain une lisse en fer ou une chaîne, sur laquelle les mariniers eux-mêmes exercent l'effort de traction nécessaire à la marche.

2

Le souterrain de Pouilly, d'une longueur de 3 350 mètres, et d'une largeur de 6^m,20 à la ligne d'eau, est au milieu du bief de partage du canal de Bourgogne; il est compris entre les tranchées de Créancey et de Pouilly, de chacune 900 mètres de long, de 6^m,70 de large.

La longueur totale du bief, y compris les parties en section ordinaire et les deux bassins extrêmes, est de 6 100 mètres.

Autrefois, il était accordé six heures à chaque bateau pour franchir les tranchées et le souterrain, et la circulation se faisait alternativement dans les deux sens.

Les retards et l'encombrement devenaient énormes à certains moments, ainsi que la dépense de halage.

En 1867, on installa, aux frais de l'État, un toueur du système Bouquié.

La machine motrice, établie à demeure sur un bateau spécial, est à haute pression, à condensation, de la puissance de 15 chevaux. Il est nécessaire de condenser la vapeur, parce qu'elle ne tarderait pas à faire obscurité complète dans le souterrain.

Le toueur, de 22 mètres de long et 3^m,25, de large, a coûté 42 000 francs ; il a été construit par M. Claparède, à Saint-Denis.

Il y a deux systèmes de transmission par roues dentées : avec l'un, le cheminement est de 0^m,75, et, avec l'autre, il est de 1^m,25 par tour de l'arbre. On emploie l'une ou l'autre vitesse, suivant qu'il s'agit de remorquer des bateaux vides ou des bateaux pleins.

La chaine, fabriquée en fer de 0^m,016, coûte 1 franc le kilogramme et pèse 5^k,20 par mètre courant.

Effort de traction. — « La traction d'un bateau dans un canal étroit, comme le sont les souterrains des voies de navigation, exige, dit M. Bazin, un effort considérable. L'eau déplacée par le mouvement de progression du bateau ne trouvant plus, comme dans un canal à grande largeur, à s'écouler librement de chaque côté, est obligée de s'échapper avec une assez grande vitesse par l'espace resté libre entre le bateau et les parois de la cuvette. De là une dénivellation permanente de l'amont à l'aval du bateau, dénivellation d'autant plus grande que les dimensions du bateau se rapprochent plus de celles de la cuvette.

Toute variation dans la vitesse du convoi engendre des ondes secondaires qui s'en vont dans le sens de la marche du convoi, ou en sens contraire, suivant qu'elles résultent d'un accroissement on d'un ralentissement de vitesse.

D'après les expériences de M. Bazin, la vitesse de propagation d'une onde est égale à $\left(\sqrt{g,\ h.}\right)$, expression dans laquelle h est la profondeur du bief.

Avec un convoi de sept bateaux chargés et deux bateaux vides, on a obtenu dans le bief de Pouilly, d'une extrémité à l'autre, une dénivellation totale de 0^m,20.

Pour se rendre compte de l'effort de traction à exercer sur les convois, on a interposé sur le câble de remorquage, reliant le toueur au convoi, un dynamomètre faisant connaître à chaque instant l'effort exercé ; la vitesse était déterminée à l'aide d'un compteur à secondes, en notant les moments des passages devant des repères espacés de 100 en 100 mètres.

Les bateaux remorqués avaient 5 mètres de largeur et 30 mètres de longueur à vide, ils pèsent 30 tonnes, et leur tirant d'eau est de 0^m,20 à 0^m,25 ; la profondeur habituelle du bief est de 2^m,40. Lorsque ces bateaux ont un enfoncement total de 1^m,40, leur chargement utile est donc représenté par le poids de

170 mètres cubes d'eau ; c'est-à-dire que ce chargement est de 170 tonnes et le poids total du bateau de 200 tonnes.

Les expériences ont montré que l'effort de traction E pour n bateaux à la charge complète, se mouvant à la vitesse v, est donné en kilogrammes par la formule

$$E = 600 (n + 1) v^2.$$

Le travail T par seconde est le produit de l'effort par la vitesse. Ce travail en kilogrammètres résulte de la formule

$$T = 600 (n + 1) v^3,$$

et, en chevaux-vapeur, il est de

$$T = 8 (n + 1) v^3.$$

Le toueur d'une puissance de 15 chevaux était donc suffisant pour mener un convoi de huit bateaux pesant 1 300 tonnes, à la vitesse de $0^m,60$. C'était le but qu'on s'était proposé.

Il va sans dire que les formules empiriques précédentes ne conviennent qu'au cas pour lequel elles ont été calculées. La résistance dépend essentiellement du rapport entre la section des bateaux et la section de la cuvette.

Difficulté d'aérage. — Pour éviter la production de la fumée, on emploie le coke comme combustible, et on active le tirage par un jet de vapeur dans le foyer (fumivore Thierry). Les 19 puits du souterrain de Pouilly déterminent, du reste, des courants d'air à l'intérieur de ce souterrain, et ces courants entraînent assez vite les gaz méphitiques.

Cependant, il peut y avoir danger d'asphyxie, lorsque le courant d'air marche dans le même sens et avec la même vitesse que le toueur ; les produits de la combustion s'accumulent alors sur le bateau ; ces produits sont dangereux parce qu'ils renferment souvent de l'oxyde de carbone, résultant d'une combustion incomplète, et les mécaniciens peuvent être pris de vertiges. L'acide sulfureux que dégagent des cokes, même très-purs, est aussi très-nuisible.

On a remédié à ces inconvénients, en dégageant l'orifice des puits pour activer le tirage, et en recommandant aux mécaniciens d'arrêter le convoi lorsque le nuage de fumée marche avec eux et d'attendre, pour reprendre leur marche, que le nuage ait été entraîné par le courant d'air.

La dépense annuelle du touage s'est élevée à 13 500 francs, savoir :

Personnel : un patron, un mécanicien, et deux aides.	6360 francs.
Combustible : 350 kilog. de coke et 80 kilog. de houille par jour.. . .	3450 —
Graissage, nettoyage, éclairage, 120 francs par mois.	1200 —
Dépenses diverses, réparations..	2490 —
Total.	13 500 —

Le péage est fixé pour le passage du bief à $1^f,50$ par chaque coque de bateau et $0^f,05$ par tonne de chargement.

Le service avait été installé provisoirement avec un toueur : il faut deux toueurs, afin de parer aux accidents et aux chômages forcés.

Touage dans les souterrains du canal de Saint-Quentin. — Le bief de partage du canal de Saint-Quentin présente deux souterrains considérables : celui de Riqueval, dont la longueur est de 5 670 mètres, est celui du Tronquoy, dont la longueur est de 1 099 mètres.

La largeur entre les parois est de 8 mètres ; mais la cuvette n'avait que 5^m,20 et était flanquée de deux banquettes de 1^m,40 chacune, destinées au passage des hommes tirant les bateaux.

Pour permettre à la batellerie de supporter la concurrence des chemins de fer, on a dû améliorer les profils en travers du canal et augmenter le tirant d'eau, de sorte que la largeur des bateaux a été portée à 4^m,80, et leur tirant d'eau à 1^m,80. Le tonnage utile fut porté de 180 à 230 et à 275 tonnes.

Le chemin de fer du Nord transporte la houille à grandes distances, au prix de 0^f,0325 par tonne et par kilomètre ; la batellerie conduit la houille de Mons à Paris (350 kilomètres), pour 6^f,75 par tonne, soit presque 0^f,02.

Néanmoins, pour que la batellerie puisse lutter, il faut une diminution dans les frais de traction.

Autrefois le halage dans les souterrains de Saint-Quentin se faisait à bras d'hommes et entretenait un personnel nombreux.

Comme le croisement est impossible, les bateaux passaient par convois ou rames ; l'espace restant libre entre le bateau et la cuvette n'étant que de 0^m,20, le convoi faisait piston dans la cuvette du souterrain et chassait l'eau devant lui. Il en résultait une onde qui allait se réfléchir à l'extrémité du bief et qui, au retour, forçait les haleurs à s'arrêter. Le halage était, du reste, toujours très-pénible à cause de la dénivellation qui se produisait de l'amont à l'aval des bateaux, dénivellation qui déterminait dans le sens opposé à la marche une contre-pression considérable.

Quand on augmenta le tirant d'eau, l'échappement se fit plus difficilement encore par-dessous les bateaux, la traction devint presque impossible, et il fallut chercher un nouveau moteur.

Une première expérience de touage à vapeur ne réussit pas, vu le défaut de ventilation du souterrain. Cependant, on a dû revenir dans ces dernières années au touage à vapeur.

On eut recours d'abord au halage par chevaux : on attelait 2 chevaux par bateau, soit 30 chevaux par convoi. Mais on ne réalisa pas la vitesse espérée ; du reste, les chevaux étaient forcés d'exercer un effort continu et de n'avancer qu'à petits pas, ce qui changeait complétement leurs habitudes de travail.

On fut forcé de recourir à un manège à chevaux porté sur un ponton servant de remorqueur, système inventé par un sieur Quaneaux. Le manège était mû par huit chevaux, agissant sur les huit bras d'un cabestan ; une chaîne de touage, noyée dans le canal, venait faire un tour sur le tambour du cabestan, et on obtenait ainsi l'effort de traction nécessaire à la progression des convois.

Il faut dire qu'en 1861 on avait supprimé et déblayé une des banquettes du souterrain, ce qui avait augmenté de 1^m,40 la largeur de la cuvette ; cette opération, en facilitant l'écoulement latéral de l'eau, a considérablement diminué la résistance à la marche des convois.

On remarquera, du reste, qu'il serait facile de supprimer aussi la seconde banquette fixe, en la remplaçant par une passerelle métallique en encorbellement.

A l'entrée du toueur dans le souterrain, on voyait se produire, malgré l'élargissement de section, un onde produisant une dénivellation de 0ᵐ,135 entre les deux extrémités du souterrain. Ici, comme au canal de Bourgogne, cette onde détermine un accroissement notable des efforts de traction.

Le prix du touage, avec le système de manège à chevaux, revenait à 0ᶠ,004 par tonne et par kilomètre, et, en une seule année, la batellerie a économisé par là plus de 150 000 francs. Il eût fallu, pour le halage à bras, réunir chaque jour plus de 600 hommes, tandis qu'un seul cheval suffisait avec le toueur à manège à remorquer plus de 1 000 tonnes à une vitesse régulière de 1 kilomètre à l'heure et que le service se faisait avec 16 chevaux seulement.

Le système Quaneaux, quoique inférieur au touage à vapeur, est donc susceptible de rendre de sérieux services, lorsque la ventilation des souterrains n'est pas convenablement assurée.

Possibilité d'appliquer le câble télodynamique à la traction dans les souterrains. — Au cas où les toueurs à vapeur, par suite de l'insuffisance de la ventilation, ne pourraient être adoptés au passage d'un souterrain, il nous semble qu'il ne serait pas impossible de recourir à une application du câble télodynamique, application analogue à celle qui a été faite sur les chemins de fer de montagne avec le locomoteur Fell-Agudio (voir page 162 de notre traité des chemins de fer).

La figure 9, planche 1, fera comprendre la disposition générale qui pourrait être adoptée dans ce cas : il faut d'abord un câble sans fin qui parcoure tout le souterrain en suivant une des parois et revenant par l'autre : ce câble est soutenu par des poulies tous les 150 mètres. En dehors du souterrain est une machine fixe qui communique sa puissance à un des brins du câble, le brin ab, par exemple.

Le bateau toueur est représenté en T; il porte sur son flanc gauche deux grandes poulies à gorge g et h; le câble a vient passer sur la poulie h dont il embrasse une demi-circonférence, gagne la poulie g dont il embrasse aussi une demi-circonférence et continue son chemin vers b à l'autre extrémité du souterrain.

Les deux grandes poulies à gorge g et h font tourner deux arbres horizontaux fixés sur le toueur : ces deux arbres portent des roues dentées m et n qui actionnent la grande roue p. Celle-ci fait mouvoir l'arbre pq sur lequel s'enroule la chaîne de touage ef.

On voit que le mécanisme porté par le bateau toueur est très-simple et que ce bateau peut n'avoir que de très-faibles dimensions. Le câble moteur a tend bien à le faire tourner autour de son centre de gravité, mais, comme la tension du câble est très-faible, le couple de rotation est lui-même peu considérable; la chaîne de touage devra suffire à en annuler l'effet.

On sait que le câble télodynamique de M. Hirn est une application pure et simple de la loi du travail mécanique : ce travail est le produit de l'effort par la vitesse avec laquelle se meut le point d'application de cet effort : la force peut à volonté être convertie en vitesse, ou la vitesse en force, sans que le travail soit modifié.

Si donc, au moyen d'une machine fixe, on actionne une grande poulie sur laquelle passe un câble, on pourra n'exercer sur ce câble qu'une faible traction et cependant transmettre par lui un grand travail, pourvu qu'on lui donne une grande vitesse. A quelques centaines de mètres de là, le câble vient s'enrouler sur une poulie semblable à la première, et le travail se trouve transporté sur l'arbre de cette poulie. En réduisant la vitesse au moyen d'engrenages, on

pourra obtenir telle traction qu'on voudra, le produit de la traction par la vi
tesse restant constant.

La difficulté était de trouver des poulies résistant à l'usure : on y est arrivé
en comprimant de la gutta-percha dans la gorge des poulies.

Même pour de grandes distances, la déperdition de travail n'est que de quelques centièmes et le rendement du système est excellent.

Nous avons vu qu'au souterrain de Saint-Quentin un convoi était toué par
huit chevaux attelés à un manège : or, un cheval attelé à un manège exerce un
effort de 45 kilogrammes avec une vitesse de 0,^{m}90, il produit donc un travail
de 40 kilogrammètres à la seconde, ce qui, pour huit chevaux, fait 320 kilogrammètres ou, en chevaux-vapeur, environ 4 chevaux $\frac{1}{4}$.

Il est donc probable qu'une machine fixe produisant un travail effectif de
6 chevaux-vapeur serait suffisante pour imprimer le mouvement au toueur et au
câble télodynamique.

Mais prenons la formule de résistance à la traction donnée par M. Bazin pour
le souterrain de Pouilly ; la résistance pour faire avancer un convoi de 8 bateaux
pleins, à la vitesse de 0,^{m}60, est de 1 300 kilogrammes. C'est un travail de
780 kilogrammètres ou de 10$\frac{1}{2}$ chevaux-vapeur.

Si le tambour q a 0,^{m}40 de diamètre et la roue dentée p deux mètres, l'effort
à exercer à la circonférence de cette roue ne sera que le cinquième de 1300 kilogrammes, soit 260 kilogrammes.

Admettons que les poulies m et n aient 0,^{m}50 de diamètre et les parties g et
h deux mètres de diamètre, l'effort à exercer à la circonférence de ces poulies ne
sera que le quart de 260 kilogrammes, soit 65 kilogrammes.

Telle sera la traction à exercer sur le câble ab. Si ce câble peut travailler à
6 kilogrammes par millimètre carré, il lui faudra une section de 11 millimètres
carrés, ce qui correspond à un diamètre de 0^m,004.

Ainsi un fil de fer de quatre millimètres de diamètre suffira à produire
le touage.

Un pareil fil de fer pèse environ 98 grammes le mètre courant, soit 98 kilogrammes le kilomètre.

Nous n'avons fait qu'indiquer le principe d'une application possible, qui n'a
encore reçu, que nous sachions, aucune sanction pratique. Les difficultés de
détails ne nous paraissent pas impossibles à vaincre, et la dépense elle-même
ne devrait pas dépasser de beaucoup celle que nécessite l'établissement d'un
système ordinaire de touage à vapeur.

**Influence d'un bon système de touage sur le développement de la navi-
gation.** — Ce qui empêche surtout la navigation de soutenir avantageusement la
lutte avec le chemin de fer, c'est son défaut de régularité et de vitesse.

En ce qui touche la régularité, on l'obtiendra par des travaux permettant de
supprimer le chômage des canaux et des rivières ; cependant, on ne pourra jamais arriver à une régularité absolue, il faudra toujours compter avec les glaces,
avec les inondations, avec les sécheresses excessives.

En ce qui touche la vitesse, on l'obtiendra en substituant aux anciens procédés
de traction un bon système de touage permettant de circuler nuit et jour sur les
canaux et les rivières avec une allure régulière.

La traction sur les canaux n'est guère que de 1 kilogramme par tonne, à la
vitesse de 1 mètre à la seconde ; sur une voie ferrée, avec rampes de 0^m,002, la
traction atteint 7 kilogrammes par tonne. Le poids mort sur les chemins de fer
est considérable, puisqu'un wagon qui reçoit un chargement de 10 tonnes pèse

déjà 4 tonnes par lui-même : un bateau qui reçoit un chargement de 200 tonnes peut ne peser que 15 tonnes.

Ce sont là de sérieux avantages qui, joints à la facilité et à la faible dépense d'entretien des canaux, pourront leur permettre de rendre dans l'avenir plus de services qu'ils n'en rendent aujourd'hui.

FRAIS DE TRANSPORT SUR LES CANAUX ET RIVIÈRES

Les tableaux suivants renferment des chiffres relatifs au halage sur les canaux et rivières par les hommes, les animaux, les remorqueurs et les toueurs :

1° Halage à bras d'hommes

DÉSIGNATION DES CANAUX ET LONGUEURS PARCOURUES.	NOMBRE D'HOMMES PAR BATEAU.	CHARGE DU BATEAU.	DISTANCE TOTALE PARCOURUE.	NOMBRE DE JOURS DU VOYAGE.	DÉPENSE TOTALE.	DÉPENSE PAR TONNE ET PAR KILOMÈT.	VITESSE PAR 24 HEURES.
		tonnes.	kilomèt.	jours.	francs.	francs.	kilomèt.
Canaux de Briare et du Loing. De Briare à Saint-Mammès-sur-Seine.	2	103	108,5	8	75	0,0066	13,5
Canaux de Briare et d'Orléans. De Briare à Combleux.	2	85	132,5	9	85	0,0075	14,7
Canaux d'Orléans et du Loing. De Combleux à Saint-Mammès. . . .	2	85	123	9	85	0,0081	13,7
Canaux du centre et latéral à la Loire. De Monceau à Châtillon-sur-Loire.	2	115	244	21	268	0,00055	11,6
Canal du centre. De Monceau à Châlons-sur-Saône.	2	115	65	9	»	0,0067	7,2
Canal du centre. De Saint-Léger à Paray.	2	115	70	8	»	0,0081	8,75
Canal latéral à la Loire. De Saint-Léger à Dampierre.	2	115	110	12	»	0,0096	9,17

On peut admettre qu'en moyenne le prix du halage à bras d'hommes est sur es canaux de huit millièmes par tonne et par kilomètre.

La distance parcourue par 24 heures est d'environ 11 kilomètres.

2° Halage par chevaux

DÉSIGNATION DU PARCOURS SUR CANAL OU RIVIÈRE.	CHARGEMENT MOYEN D'UN BATEAU.	DISTANCE PARCOURUE.	DURÉE DU VOYAGE.	DÉPENSE TOTALE.	DÉPENSE PAR TONNE ET PAR KILOMÈT.	VITESSE PAR 24 HEURES.
	tonnes.	kilomèt.	francs.	francs.	francs.	kilomèt
Canaux du Loing et de Briare. Saint-Mammès à Nevers.	60	209	10	228	0,0182	20,9
Saint-Mammès à Châlons-sur-Saône. Canaux du Loing, de Briare, latéral, du Centre. .	80	423	20	840	0,0248	21,15
De Montereau à Nogent-sur-Seine (1842). . .	85	64	»	18,35	0,035	12,80
Id. (1855). . .	»	»	»	»	0,013	16
De Paris à Montereau (1852).	»	»	»	»	0,028	25

Les prix précédents comprennent le salaire des charretiers et mariniers, la nourriture, l'entretien et l'usure des chevaux et de leurs harnais; ils montrent que la traction par chevaux est plus coûteuse que la traction à bras d'hommes. C'est ce qui explique pourquoi les hommes sont encore employés à la traction sur bon nombre de nos canaux. Sur les rivières, les efforts à exercer sont trop considérables pour que la traction à bras d'hommes soit possible. C'est déjà un métier bien pénible sur les canaux.

3° Traction par remorqueurs à vapeur

Sur la Saône, le prix de la traction à la remonte, par tonne et par kilomètre, au moyen de remorqueurs avec roues à palettes, était en 1863 :

De Lyon à Saint-Bernard, 0^r,036; pentes fortes (0^{m}19 par kilomètre), succession de rapides ;

De Saint-Bernard à Saint-Jean-de-Losne, 0^r,016; pente de 0^m,03 à 0^m,04 ;

De Saint-Jean-de-Losne à Gray, 0^r,015 ; Saône canalisée ;

Sur le Rhin, d'après M. Dubuisson, le prix de la traction à la remonte, par tonne et par kilomètre, était de 0^r,035.

Le prix était à peu près le même sur le Rhône, entre Beaucaire et Lyon, pour le remorquage fait par les remorqueurs appelés les *Grappins*.

4° Traction par touage sur chaîne noyée

Le touage sur la haute Seine, de Paris à Montereau (pente de 0^m,20 par kilomètre), coûtait, en 1863, 0^r,0105 et 0^r,022 par tonne et par kilomètre, suivant que le bateau était à moitié charge ou à charge complète, et la distance parcourue par 24 heures était de 33 kilomètres.

De ces renseignements, recueillis dans un mémoire de MM. les ingénieurs Chanoine et de Lagrené, il résulte que le halage par remorqueurs à vapeur coûte aussi cher que le halage par chevaux; c'est qu'en effet le rendement des remorqueurs est assez faible. Le touage sur chaîne noyée utilise beaucoup mieux le travail produit; il donne un transport qui ne coûte pas plus cher que le halage par chevaux sur les canaux et la vitesse est moitié plus grande.

5° Taux du fret sur les rivières et canaux de France

Dans son grand rapport sur les voies navigables de la France, M. Krantz, ingénieur en chef des ponts et chaussées, alors membre de l'Assemblée nationale, a mentionné le taux du fret sur la plupart de nos rivières et canaux.

Les taux divers sont énumérés au tableau ci-après :

DÉSIGNATION DES RIVIÈRES OU CANAUX.		FRET PAR TONNE ET PAR KILOMÈTRE.
		francs.
Sambre canalisée.	sables, grès, etc.	0,016
	autres marchandises.	0,032
Canal de la Marne au Rhin. . .	houilles et produits similaires.	0,016
	engrais et produits industriels.	0,018
	produits agricoles.	0,022
Rivière de l'Yonne.	bois en train, à la descente.	0,014
	matériaux de construction, à la descente.	0,025
	vins et céréales, à la descente.	0,039
	taux du fret à la remonte.	0,05
Canal de Bourgogne.	vins.	0,031
	ciments, bois et briques.	0,025
Canal du Nivernais.	houilles et bois.	0,020
	matériaux de construction.	0,025
	céréales.	0,035
Basse Seine. — Matières encombrantes.	en descente.	0,020
	en remonte.	0,022
Basse et haute Somme (moyenne).		0,028
Escaut canalisé, Scarpe, Deule.		0,0195 et 0,02
Saône. .	entre Lyon et Châlon, entre Châlon et Saint-	à la remonte.	0,017 0,020 et 0,020
	Symphorien, entre St-Symphorien et Gray.	à la descente.	0,014 0,014 et 0,025
Le Vézère, affluent de la Dordogne.	à la descente.	0,085
	à la remonte.	0,10
L'Isles, affluent de la Dordogne.		0,04
Le Lot.	à la remonte.	0,07 à 0,15
	à la descente	0,05 à 0,10
Tarn, à la remonte et à la descente.		0,05 à 0,08
Canal de Nantes à Brest, du Blavet, d'Ille et Rance.		0,02 à 0,03

8° ROUES A AUBES.

Principe de la roue à aubes. Rendement. — Le principe de la roue à aubes est le même que celui de la rame, c'est l'inverse du moteur hydraulique connu sous le nom de roue à palettes.

Considérons un arbre dont O est l'axe, figure 10, planche 1 ; sur cet arbre sont calés des rayons dont chacun se termine par une aube ou palette plate, dont le plan prolongé passe par l'axe de l'arbre; *ab, cd, ef, c'd'....* sont les projections des palettes sur le plan de la figure; *xy* est le niveau de l'eau dans laquelle plonge la roue. Supposons que, par la puissance d'une machine motrice, cette roue tourne dans le sens de la flèche; lorsqu'une palette *ab* est verticale, elle exerce sur l'eau une certaine pression, et celle-ci lui rend une réaction *f* en sens contraire du mouvement de la roue. Appliquons sur l'axe deux forces *f'* et *f''* égales à *f*, cela ne change pas l'équilibre; *f* et *f'* forment un couple annulé par la rotation de l'arbre, reste *f''* qui tend à entraîner le navire de droite à gauche, c'est-à-dire en sens inverse du mouvement des palettes dans l'eau.

L'effet de toutes les palettes immergées se cumule et le bateau se met en marche lorsque la poussée horizontale totale *f''* dépasse la résistance que l'eau exerce sur la carène.

Il faut remarquer que c'est pour la palette verticale seule que la totalité de la pression *f* sert à la propulsion ; la palette inclinée *cd* reçoit de l'eau une pression normale *mn* qu'on peut décomposer en une force horizontale *mp* utile à la propulsion, et une force verticale *mq* qui tend à abaisser le navire ; la palette symétrique *c'd'* donne de même une composante horizontale utile *m'p'* et une composante verticale *m'q'* qui tend à soulever le navire et qui, par conséquent, annule l'effet de *mq*.

L'action oblique des aubes se manifeste encore par une perte de puissance à l'entrée et à la sortie : à l'entrée, il y a choc ; à la sortie, il y a soulèvement et projection de l'eau. La mobilité de l'eau choquée par les pales ou aubes, les frottements et les chocs de l'eau emprisonnée entre les pales ou s'échappant, toutes ces causes s'ajoutent aux précédentes pour faire perdre une partie du travail moteur.

Aussi, malgré toutes les précautions, le rendement des roues à aubes ne dépasse-t-il pas 60 à 70 pour 100.

Éléments d'une roue à aubes. — Les éléments d'une roue à aubes sont le diamètre, l'angle d'entrée et de sortie, l'immersion, le pas de la roue, le nombre des aubes trempantes, les dimensions des pales.

1° *Diamètre.* Le diamètre d'une roue est celui du plus grand cercle qu'elle décrit; son rayon est donc la ligne *ob* de la figure 10, planche 1. On a quelquefois recommandé les petits diamètres qui, à puissance égale, donnent des roues et des machines plus légères ; il est vrai que le mouvement de rotation est plus rapide et que les pertes de force vive augmentent avec la vitesse ; généralement, on préfère les grands diamètres qui, tout en conservant un bon angle d'entrée et de sortie, donnent une grande surface frappante. Le diamètre des roues des transatlantiques atteint jusqu'à 12 mètres.

2° *Angle d'entrée et de sortie.* — L'angle d'entrée serait de 90°, si les pales ne faisaient qu'effleurer l'eau; il serait nul, si l'axe de rotation était à fleur d'eau, et, dans ce cas, l'action oblique des aubes serait très-considérable. La valeur convenable de l'angle d'entrée et de sortie paraît être de 40° à 45°.

3° *Immersion.* — L'immersion est la hauteur d'eau *as* qui existe au-dessus du bord supérieur de la pale verticale. Cette immersion a pour but d'empêcher les chocs que produirait la partie de la pale qui resterait au-dessus de l'eau; elle n'est jamais inférieure aux quatre centièmes du diamètre.

4° *Pas.* — Le pas est la distance qui sépare les centres de deux pales consécutives. S'il est trop faible, l'eau s'échappe mal; s'il est trop considérable, il n'y a pas assez d'aubes immergées. Dans les roues ordinaires, le pas est d'un mètre; il est de 1m,80 dans les roues à aubes articulées.

5° *Nombre des aubes trempantes.* — Ce nombre varie de 2 à 10 par roue. Il se déduit immédiatement du pas et de l'angle d'entrée.

6° *Dimensions des pales.* — La hauteur résulte du diamètre et de l'immersion; la largeur des pales est limitée par la largeur même qu'on veut donner au bâtiment. Néanmoins, la largeur doit être telle que la surface totale trempante des deux roues soit la moitié ou les deux cinquièmes de la surface du maître couple immergé. Avec une surface frappante trop faible, on a un recul trop considérable.

Variation des dimensions avec le tirant d'eau. — L'immersion, l'angle d'entrée et de sortie, le nombre des aubes trempantes, varient avec le tirant d'eau du bâtiment.

Suivant qu'il est lége ou à charge, l'immersion augmente ou diminue. On calcule les dimensions en vue du tirant d'eau moyen.

Position des roues. — Sauf dans quelques petits bateaux de rivière pour lesquels le défaut de largeur exige que les roues soient placées à l'arrière, les roues se placent de chaque côté de la coque un peu en arrière de la plus grande largeur du navire; de la sorte, elles ne changent pas la position du centre de gravité et échappent aux effets du tangage.

Avance des navires à roues. — L'avance d'un navire est le chemin qu'il parcourt pour chaque tour de roues. C'est donc le quotient de la vitesse par le nombre de tours des roues à la seconde.

Recul. — Comme l'eau cède sous la pression des roues, il faut, pour obtenir le mouvement de progression, que la vitesse des aubes soit supérieure à la vitesse du navire; par vitesse des aubes, il faut entendre la vitesse du centre des surfaces frappantes.

Si l'on divise l'excès de la vitesse des aubes sur la vitesse du navire par la vitesse des aubes, on a le coefficient de recul, qui est encore égal à la différence entre la circonférence du centre des aubes et l'avance du navire divisée par la circonférence du centre des aubes.

En temps calme, le recul des roues est de 0,25 pour les aubes fixes et de 0,50 pour les aubes articulées.

Roue à aubes articulées. — Nous avons signalé l'inconvénient dû aux chocs et à l'action des aubes fixes qui restent constamment dans le prolongement du rayon.

C'est pour éviter cet inconvénient qu'on a inventé les aubes articulées, qui sont aujourd'hui aussi fréquemment employées que les aubes fixes.

La figure 11, planche 1, représente les aubes articulées: soit un rayon *od* de la roue; il s'articule à son extrémité *d* avec un levier *edc*, lequel est implanté en *c* normalement à l'aube *ab*, et est articulé à son autre extrémité à une bielle *eo'*; la bielle est articulée en *o'* à un collier plein. Le point d'implan-

tation *c* est à peu près au centre de pression de l'aube, de sorte que celle-ci est
équilibrée et se déplace facilement. On voit que, par suite du jeu des bielles et
des leviers, on améliore les angles d'entrée et de sortie, et on arrive à ce résultat que les aubes s'écartent moins de la verticale; les composantes horizontales de la pression de l'eau sont donc plus considérables que dans des aubes
fixes, et le travail moteur est mieux utilisé.

En effet, le rendement se trouve ainsi augmenté d'environ 10 pour 100. A
égalité de surface propulsive, les roues articulées peuvent donc avoir un moindre diamètre et une moindre largeur, ce qui fait qu'elles sont moins lourdes et
peuvent être mues par une machine à rotation plus rapide.

Mais on comprend qu'elles entraînent une assez grande complication dans
l'agencement, qu'elles sont d'un entretien plus difficile, présentent moins de
solidité et plus de danger en cas d'avarie; les roues à aubes fixes ont leur arbre
terminé à une chaise soutenue par l'élongis du tambour, tandis que les roues
à aubes articulées ont leurs roues en porte à faux, l'élongis du tambour support-
tant le collier fixe *o'*, sur lequel viennent s'articuler les bielles qui font basculer les aubes.

C'est pour ces raisons que les aubes articulées n'ont pas pris tout le développement qu'elles semblaient comporter.

7· HÉLICE

Principe de l'hélice. — L'hélice n'est autre qu'une surface de vis ; en géo-
métrie, l'hélice est la ligne qui résulte de l'enroulement d'une droite sur un cylindre; en langage de navigation, l'hélice est la surface que nous avons étudiée
sous le nom d'hélicoïde. Imaginez, figure 11, planche 2, une hélice *pqr* dont
mn est l'axe; une droite, qui se meut en s'appuyant sur cette hélice et en restant normale à l'axe *mn*, engendre la surface de vis à filet carré ; transformez
cette surface idéale en une surface solide, dont l'axe *mn*, placé dans le prolongement de la quille d'un navire, reçoit l'impulsion d'une machine à vapeur,
vous avez l'hélice qui est placée à l'arrière du bâtiment, en bas et en dehors
de la coque.

Cette hélice tourne dans l'eau comme une vis dans son écrou ; l'écrou étant
relativement fixe, c'est la vis, c'est-à-dire l'hélice, qui se meut dans un sens ou
dans l'autre, suivant le sens de la rotation, et qui entraîne avec elle le navire.

Pour vous rendre compte de cet effet mécanique, imaginez que l'hélice tourne
dans le sens de la flèche et considérez un élément *abcd* de la surface, il frappe
l'eau et en reçoit une pression *f* normale à l'élément; cette pression peut se
décomposer en deux, l'une perpendiculaire à l'axe *mn* et sans effet sur le mouvement du navire, l'autre parallèle à *mn*, c'est-à-dire à la quille du navire ; c'est
celle-ci qui, réunie à toutes les composantes semblables, détermine le mouvement de propulsion. Ce mouvement commence lorsque la pression totale parallèlement à la quille est assez forte pour vaincre la résistance du navire.

Rendement de l'hélice. — L'hélice exerce sur l'eau une action centrifuge et
elle rejette les molécules liquides tout autour d'elle ; la masse sur laquelle elle
étend son action est à peu près limitée à un tronc de cône ayant pour axe l'axe
de l'hélice, pour petite base la circonférence même de l'hélice et s'étendant à

l'arrière du bâtiment. Ce tronc de cône se manifeste à la surface des eaux par les deux lignes qui limitent le sillage du navire.

Cet effet centrifuge, ainsi que le recul, le choc et les frottements, absorbe une partie notable du travail moteur, si bien que le rendement de l'hélice est compris entre 60 et 70 pour 100.

Éléments de l'hélice. — La figure 13, planche 1, représente, d'après M. Ledieu, une hélice ordinaire à deux ailes. Les éléments d'une hélice sont : 1° les ailes et leur nombre; 2° le diamètre; 3° le pas; 4° la fraction de pas partielle et totale.

1° Ailes. — Les ailes sont les portions égales d'un même hélicoïde implantées sur le moyeu. Le nombre des ailes est ordinairement limité à 2; la marine militaire française a souvent recours à des hélices à six ailes.

Avec beaucoup d'ailes, l'hélice travaille dans une eau moins agitée, elle est plus courte à surface frappante égale; d'autre part, si on multiplie les ailes, comme la fraction de pas totale est limitée, on les réduit à des lames qui coupent l'eau sans y prendre de point d'appui et on augmente beaucoup la surface frottante. Le meilleur rendement paraît s'obtenir avec un nombre d'ailes compris entre 4 et 6; mais on s'attache surtout aux convenances d'installation.

2° Diamètre. — Le diamètre de l'hélice n'est autre que le diamètre de l'hélice extrême.

On le fait aussi grand que possible, eu égard au tirant d'eau, afin d'augmenter la surface frappante et de diminuer le recul. Cependant l'immersion doit toujours être assez considérable, le $\frac{1}{4}$ au moins du rayon, afin qu'il n'y ait point projection d'eau à la surface.

3° Pas. — Le pas est la longueur de l'axe mn qui correspond à une spire de l'hélice, c'est-à-dire à une révolution complète de la génératrice ab. Le pas peut être dirigé à droite ou à gauche, lorsque l'on considère la marche en avant, et il convient de le définir.

Avec un pas infini, l'hélice se réduit à un plan passant par l'axe mn; avec un pas nul, elle se réduit à un disque normal à l'axe.

La proportion d'où résulte le meilleur rendement est d'avoir un pas égal à une fois et demie le diamètre.

4° Fraction de pas partielle et totale. — La fraction de pas partielle est celle qui désigne le rapport entre la longueur occupée par une aile sur l'axe mn et la longueur du pas.

La fraction de pas totale est la somme des fractions de pas partielles.

La fraction de pas totale est, en moyenne, égale à 0,25, c'est-à-dire que la longueur totale occupée sur l'axe par les ailes est le quart du pas. Avec une fraction de pas trop grande, le liquide engagé dans la vis ne se dégagerait pas et tournerait avec elle; de plus, le frottement serait trop considérable.

Emplacement de l'hélice. — L'hélice se place à l'arrière du bâtiment, en avant du gouvernail, dans ce qu'on appelle la cage de l'hélice; placée en avant, elle augmenterait la résistance de la carène. Lorsqu'on ne dispose pas d'un tirant d'eau suffisant, on a quelquefois recours à deux hélices placées de chaque côté de la quille.

L'hélice augmente l'action du gouvernail lors de la marche en avant; quand on stoppe, elle la diminue, parce qu'elle empêche l'arrivée des filets d'eau.

A cause de l'action inégale des deux ailes, dont une est au-dessus, l'autre au-dessous de mn, et qui se trouvent par conséquent inégalement immergées, le navire tend à venir sur un bord ou sur l'autre suivant que le pas est à droite ou à gauche et suivant qu'on fait marche en avant ou marche en arrière.

Avance. — L'avance est la quantité dont le navire avance pour chaque tour de l'hélice ; c'est le quotient de la vitesse par le nombre de tours à la seconde.

Recul. — Si la vis tournait dans un écrou solide, elle avancerait à chaque tour d'une longueur égale au pas ; mais l'eau cède sous son effort, et il faut que cet effet soit compensé par un accroissement de vitesse.

Le recul est la différence entre le pas et l'avance ; si on divise cette différence par le pas, on a le coefficient du recul.

En calme, le recul est moyennement égal à 0,20.

Il augmente avec le pas, avec la vitesse de rotation, avec la diminution de grandeur des navires ; il diminue avec l'accroissement de l'immersion, et paraît peu influencé par le nombre et la disposition des ailes ; il augmente notablement avec la résistance relative.

Hélice à pas constant. — L'hélice à pas constant est celle dont chaque aile appartient à un seul et même hélicoïde. Elle est exclusivement employée en Angleterre et pour les navires de commerce.

Hélice à pas croissant. — Dans l'hélice à pas croissant, inventée en 1832, chaque aile est composée de plusieurs fractions de différents hélicoïdes dont le pas va croissant de l'avant à l'arrière. Le pas d'entrée est pris égal à l'avance présumée du bâtiment en temps calme, et le pas de sortie à la valeur du pas de l'hélice ordinaire.

On trouve à cette disposition l'avantage que le liquide est attaqué sans choc.

Hélice Mangin à ailes doubles ou triples. — L'hélice à ailes doubles, inventée par M. l'ingénieur Mangin en 1852, est représentée par la figure 14, planche 1 ; elle comprend deux paires d'ailes semblables implantées sur le même moyeu à la suite l'une de l'autre. La fraction de pas totale est la même qu'avec une hélice ordinaire ; mais l'écartement des deux paires d'ailes peut être réduit à peu près à l'espace occupé sur l'axe par une aile simple.

C'est un grand avantage, car cela permet d'avoir une cage qui n'est pas beaucoup plus longue que celle de l'hélice ordinaire à deux ailes, et, en outre, de placer les hélices amovibles dans des puits étroits ; enfin, l'hélice Mangin est facile à masquer derrière l'étambot lorsqu'on veut marcher à la voile seule.

En Angleterre, on trouve sur les navires de guerre l'hélice Griffith ; elle se compose d'une boule centrale sur laquelle s'implantent trois ailes bien plus larges à la racine qu'à l'extrémité.

Hélices fixes ou amovibles. — Les hélices fixes, c'est-à-dire clavetées d'une manière invariable sur l'extrémité de l'arbre moteur parallèle à la quille, peuvent recevoir un plus grand nombre d'ailes et une plus grande longueur ; elles donnent un meilleur rendement et n'affaiblissent pas l'arrière du bâtiment, mais elles ne peuvent être réparées qu'au scaphandre ou dans un bassin de radoub ; pendant les gros temps, on est quelquefois forcé de les faire tourner, pour éviter des trépidations ; lors de la marche à la voile, elles constituent, surtout aux petites vitesses, une résistance assez sensible, bien qu'on ait soin de les affoler sur leur arbre et de les laisser tirebouchonner dans l'eau.

Les hélices amovibles qu'on peut relever dans un puits vertical sont faciles à visiter, à entretenir ; elles ne gênent pas la marche à la voile, mais elles compliquent la construction, affaiblissent l'arrière du navire et ne peuvent recevoir qu'une longueur réduite.

Propulseurs divers. — Nous mentionnerons, pour mémoire, divers propulseurs qui ne se sont pas propagés, mais dont il importe de connaître le principe.

La *turbinelle Busson* est un solide de forme conique, placé à l'avant du navire et mû par un arbre horizontal qui traverse un presse-étoupe étanche ; ce solide est garni de côtes hélicoïdales qui, pendant le mouvement de rotation, projettent l'eau circulairement : l'avant de la carène n'éprouve donc aucune résistance de la part de l'eau et la pression statique de la masse liquide ne s'y fait plus sentir ; il y a donc une poussée résultante qui détermine la marche en avant. Cet appareil, essayé sur des canots, a donné d'assez bons résultats.

Le *propulseur hydraulique* consiste à pomper l'eau à l'avant du navire, pour la refouler à l'arrière, et produire ainsi une intumescence, un remous qui chasse le navire en avant. Le rendement de ce propulseur est resté assez faible.

Le *propulseur à disques* consiste en une série de disques verticaux en bois ou en métal, accolés parallèlement aux flancs du navire et animés d'un mouvement rapide au moyen d'axes horizontaux ; ces disques sont immergés jusqu'aux 0,6 de leur diamètre. Ils trouvent dans l'eau assez de résistance pour produire un mouvement de progression analogue à celui qu'on obtient avec les roues à aubes. Mais le rendement demanderait à être déterminé par des expériences sérieuses.

Comparaison des roues à aubes et de l'hélice. — En temps calme, la propulsion est aussi bonne avec les roues à aubes qu'avec l'hélice ; mais dès que la mer est agitée, l'hélice est plus efficace que la roue, car le rendement de celle-ci varie, dans de grandes limites, avec l'immersion, et l'immersion des palettes se trouve par moments tout à fait réduite par la lame. L'hélice, au contraire, reste toujours noyée.

Dans les navires mixtes, les avantages de l'hélice se manifestent davantage encore : le navire s'incline sous l'effort du vent, il donne de la bande, une des roues est profondément immergée et l'autre l'est fort peu ; l'hélice reste entièrement sous l'eau et agit indépendamment de l'inclinaison transversale du bâtiment. Elle résiste mieux aussi dans les gros temps et par un vent debout.

L'hélice offre d'autres points de supériorité : elle est à l'abri des projectiles, n'encombre pas les flancs des bateaux qui, avec les roues, ne peuvent pas pénétrer dans toutes les écluses, elle permet d'augmenter la largeur utile de la coque, elle exige des machines moins lourdes et moins encombrantes, et diminue par conséquent la charge morte ; elle est moins exposée aux obstacles et est plus facilement rendue indépendante du moteur, de manière à ne pas apporter d'entrave à la marche à la voile.

En fait d'inconvénients, l'hélice donne des trépidations plus désagréables pour les passagers que celles des roues à aubes ; elle n'est pas facile à visiter et à réparer, elle est dangereuse en cas d'échouage.

Mais ses qualités l'emportent de beaucoup sur ses défauts, et elle a fini par supplanter les roues à aubes, sauf dans certains cas spéciaux.

ÉTAT ACTUEL DE LA MARINE MILITAIRE ET COMMERCIALE

Nous terminerons cette description des procédés de navigation par quelques aperçus sur l'état actuel de la marine militaire et surtout de la marine commerciale. — Les renseignements, sur ce sujet, nous ont été fournis par les rapports de M. de Fréminville sur l'exposition universelle de 1867 et par la notice que **M.** l'ingènieur Berlin vient d'insérer en tête du traité des nouvelles machines marines de M. Ledieu.

Dimensions principales des navires. — Un navire se représente par trois séries de coupes : les coupes horizontales, les coupes transversales et les coupes parallèles à l'axe longitudinal.

Les trois dimensions principales sont :

La *longueur*, qui se prend entre perpendiculaires à la quille, l'une passant par l'axe de la mèche du gouvernail, l'autre passant par l'intersection du trait extérieur de la rablure avec la flottaison ;

La *largeur*, prise au point le plus large de la carène, en dehors du bordé ;

Le *creux*, mesuré dans l'axe, depuis le bordé du fond jusqu'à la corde des barrots qui forment la charpente du pont.

En 1862, on considérait comme un maximum une longueur égale à huit fois la largeur; aujourd'hui, on adopte couramment une longueur égale à dix fois la largeur et à douze fois le creux.

Déplacement. — Le déplacement du navire aux diverses flottaisons se détermine en volume par la méthode des cubatures.

La densité de l'eau de mer étant de 1.026, le produit du volume par cette densité donne le déplacement en tonneaux, et l'on construit pour chaque navire l'échelle de déplacement qui donne le tonnage en fonction du tirant d'eau — En général, on réserve le nom de déplacement au poids qui correspond à la ligne normale de flottaison.

Poids de coque. — La coque comprend la charpente et l'enveloppe étanche du navire, en un mot, toutes les parties fixes constituant le navire; dans le poids de coque n'entrent ni les moteurs, ni la cuirasse.

Si l'on considère le déplacement normal, le poids de coque est environ la moitié de ce déplacement pour les bâtiments en bois.

Pour les navires en fer, la fraction du poids de coque, c'est-à-dire le rapport du poids de coque au déplacement normal, diminue avec le déplacement. — Ainsi, le paquebot l'*Amérique*, dont le déplacement est de 6,800 tonneaux et le poids de coque de 3,000 tonneaux, donne une fraction de 0,44 ; cette fraction s'abaisse à 0,29 pour le transport la *Moselle*, dont le déplacement est 1 970 tonneaux et le poids de coque de 570.

Poids de la cuirasse. — L'épaisseur de la cuirasse dépend de la résistance qu'il faut obtenir ; cette épaisseur étant déterminée, c'est d'après elle qu'on doit calculer le navire : aussi, à mesure que la cuirasse a augmenté d'épaisseur, la grandeur des navires qui la portent s'est elle-même accrue ; en effet, le déplacement croît plus vite que le poids de coque avec les dimensions.

Poids du moteur et du combustible. — Les anciennes machines à balancier pesaient en tout 800 kilogrammes par cheval-vapeur de 75 kilogrammètres réalisé sur le piston ; elles brûlaient 4 kilogrammes de charbon par cheval et par heure.

Les machines *Compound*, en usage aujourd'hui sur les paquebots, ne pèsent, tout compris, que 190 kilogrammes par cheval, et ne brûlent qu'un kilogramme par cheval et par heure.

Poids de la mâture et des apparaux. — Par mètre carré de voilure, il faut compter, pour la mâture et le gréement, un poids de

30 kilogrammes lorsque la voilure a une surface de	500 mètres carrés,
45 —	—	1,500 —
60 —	—	2,000 —

Les apparaux de mouillage prennent 2 à 3 p. 100 du déplacement, suivant que le navire est plus ou moins grand.

Poids de l'équipage. — Il faut compter 450 kilogrammes par homme lorsqu'on prend trois mois de vivres et un mois d'eau.

Sur les vaisseaux de guerre, le poids des vivres et de l'équipage absorbait autrefois 0,20 du déplacement ; sur les cuirassés, on est arrivé à le réduire à 0,01.

Chargement. — Le déplacement total est proportionnel au cube des dimensions ; le poids du moteur et du combustible varie comme le carré des dimensions ; le chargement utile augmente donc beaucoup plus vite que les dimensions.

Deux petits navires réunis portent un chargement utile bien inférieur à celui d'un navire de déplacement double, et leur infériorité est d'autant plus accusée que l'on veut obtenir des vitesses plus rapides.

C'est ce qui explique l'augmentation croissante que l'on constate dans les dimensions des navires à vapeur.

Tonnage légal, tonnage brut, tonnage net. — Le tonnage légal est la donnée conventionnelle qui sert de base à la perception des droits fiscaux. — En 1681, l'unité de tonnage légal, le tonneau de jauge, était de 42 pieds cubes et correspondait à l'espace occupé par quatre barriques de Bordeaux. — Des méthodes empiriques différentes étaient en usage dans les divers pays pour la détermination du tonnage légal. — En France, on a adopté récemment la règle anglaise de Moorson : on détermine géométriquement le cube des capacités intérieures du navire et on voit combien ce cube contient de fois le tonneau de jauge qui est de 100 pieds cubes anglais ou de $2^{mc},83$. — Le nombre obtenu est le tonnage brut.

En en retranchant le tonnage correspondant aux chaudières, machines et combustibles, on a le tonnage net, qui ne peut être inférieur à la moitié du tonnage brut.

On distingue encore le *tonneau d'affrètement*, qui sert de base au prix du fret ; c'est un nombre de kilogrammes variable suivant la nature de marchandises et fixé par un décret de 1861 ; il est de 500 kilogrammes pour les balles rondes de coton, de 450 kilogrammes pour les balles carrées, de 1,000 kilogrammes pour les matières peu encombrantes comme les métaux.

ÉTAT DE LA MARINE MILITAIRE

Substitution du fer au bois. — Comme nous l'avons vu, à poids égal, une pièce de bois résiste mieux qu'une pièce de fer à la pression et à la flexion.

Mais le bois ne se conserve longtemps que s'il est continuellement plongé dans l'eau ou continuellement entouré d'une atmosphère sèche.

La coque des navires est soumise à de grandes variations d'humidité et de sécheresse ; à l'intérieur des bâtiments, on trouve un air humide dans lequel la pourriture marche à grands pas, si bien que les navires en bois ne durent qu'une vingtaine d'années après avoir subi de grosses réparations.

Les assemblages du bois sont très-imparfaits ; la disjonction des pièces ne tarde pas à se faire sentir. — Avec le fer, cette disjonction ne se manifeste pas ;

le navire peut se briser ou se crever, mais il ne se disloque pas. — Le navire en fer se compose en général d'un squelette avec bordé intérieur et bordé extérieur, tous deux en tôle; des séparations sont établies au moyen de cloisons étanches.

Les navires en fer doivent faire l'objet de soins et d'un entretien minutieux; les frottements et l'humidité enlèvent la peinture et déterminent la rouille. Le bordé extérieur en tôle se recouvre rapidement de végétations et de mollusques qui font perdre toute la vitesse. — Les navires doivent passer au bassin de radoub au moins une fois par an.

Aussi, pour tous les bâtiments au long cours, on adopte un système composite; tout le squelette est en fer, le bordé est en bois avec doublage en cuivre.

Navires de guerre à roues. — En 1828, on construisit notre premier navire de guerre à vapeur, c'était une corvette le *Sphinx;* le rapport de la longueur à la largeur y était de 5,8 au lieu de 4, dimension ordinaire.

En 1840 apparurent les frégates de 450 chevaux, beaucoup plus effilées que les anciennes frégates à voiles, moins larges et plus longues, avec un déplacement un peu plus considérable; le rapport de leur largeur 12m à leur longueur 70m était de 5,83 au lieu de 3,74, chiffre relatif aux anciennes frégates à voiles.

Lors de la guerre de Crimée, il y avait 16 de ces frégates à roues qui rendirent de grands services.

Substitution de l'hélice aux roues. — La substitution de l'hélice aux roues à aubes, dit M. Bertin, a causé dans la marine militaire une modification plus profonde que celle qui résulta de l'adoption de la machine à vapeur; elle a fait disparaître la marine à voiles.

Jusqu'en 1845 on ne voulut construire que des navires mixtes, conservant toutes les qualités du navire à voiles, navires dans lesquels l'hélice n'était qu'un accessoire.

C'est en 1847 seulement que M. Dupuy de Lôme arriva, malgré de grosses oppositions, à faire approuver le projet du vaisseau le *Napoléon*, portant une grande machine de 900 chevaux exécutée à Indret. — C'était un vaisseau rapide se distinguant des anciens navires à voiles par la finesse des lignes d'eau; il avait 71m,76 de long, 16m,80 de large, 15m,04 de creux, 7m,72 de tirant d'eau et 99mc,5 de surface immergée du maître couple.

La guerre de Crimée montra toute la supériorité de la marine à vapeur et de nos vaisseaux rapides.

En 1857, il y avait dix de ces vaisseaux, mais on cherchait déjà à les rendre invulnérables en les revêtant d'une cuirasse protectrice.

Adoption de la cuirasse. — C'est en 1857 qu'on fit les essais de la cuirasse de la frégate la *Gloire*.

Les navires en bois ne souffraient guère des boulets; le boulet faisait dans la coque un trou facile à boucher; l'obus, au contraire produisait des effets de déchirement épouvantables et l'explosion d'un seul de ces projectiles pouvait suffire à couler un navire.

Il fallait donc protéger la coque en bois; le premier essai de cuirasse eut lieu pendant la guerre de Crimée, sur les batteries flottantes destinées au siège de Cronstadt.

Mais le premier navire cuirassé fut la frégate la *Gloire*, déduite du type *Napoléon*, dans lequel on a supprimé la batterie supérieure avec ses canons pour consacrer les poids rendus ainsi disponibles à l'établissement de la cuirassé de la partie conservée. La cuirasse, régnant jusqu'à 1ᵐ80 au-dessous de la flottaison, avait 0ᵐ,11 d'épaisseur. Cette épaisseur fut bientôt portée à 0ᵐ,15 et cela fut suffisant jusqu'en 1865.

La *Gloire* avait 77ᵐ,89 de long, 17ᵐ de large, 7ᵐ,83 de tirant d'eau moyen, 5719 tonneaux de déplacement, une machine de 3,200 chevaux de puissance effective, imprimant au navire une vitesse de 13,5 nœuds ; elle portait 34 bouches à feu.

« La mise en service de cette frégate, dit M. de Fréminville, eut pour résultat de dissiper les doutes que quelques esprits conservaient encore et de démontrer que les navires cuirassés étaient parfaitement susceptibles de tenir la mer dans toutes les circonstances de navigation. Cependant, on doit reconnaître que les mouvements de roulis de cette frégate avaient une amplitude et une vivacité fatigantes et que, pour conserver à la cuirasse toute sa puissance protectrice, on avait été forcé de sacrifier jusqu'à un certain point le confort et l'aération des logements du faux pont. Ces imperfections furent évitées dans les frégates du type *Flandre*. »

Après la frégate la *Gloire*, vint le vaisseau le *Magenta*, doué d'une puissance militaire plus considérable ; la batterie supérieure y fut rétablie ; mais afin de ménager les poids et de conserver la vitesse, on n'en cuirassa que la partie centrale, seule occupée par l'artillerie.

Enfin, c'est dans le *Magenta* qu'on substitua à l'étrave droite un éperon formé d'une puissante armature métallique ; grâce à cet éperon, le navire tout entier se transforme en un projectile animé d'une grande force vive, qu'on peut lancer contre l'ennemi : l'effet de ce choc peut atteindre celui de 120 boulets du calibre de 30 frappant simultanément au même point.

A mesure qu'on augmentait la résistance des navires à la perforation, on augmentait aussi la puissance perforante de l'artillerie. En 1858, on n'employait que des projectiles du calibre 50 pesant 15 kilogrammes, ou exceptionnellement du calibre 50 pesant 25 kilogrammes ; par des perfectionnements successifs on passa à des projectiles pesant 40, 100, 150, 500 kilogrammes ; ce sont presque des dimensions courantes que l'on est en train de dépasser dans une incroyable proportion.

Il a donc fallu augmenter successivement la résistance et par suite l'épaisseur des plaques de blindage ; dans les types *Marengo* et *Alma*, l'épaisseur des tôles fut portée à 18 et 20 centimètres. Mais, vu l'augmentation des poids, on se trouvait entraîné à réduire la surface de cuirasse à l'étendue réellement indispensable et à réduire de plus en plus le nombre des canons.

Le *Marengo* avait 87ᵐ,75 de long, 17ᵐ,40 de large, 8ᵐ de tirant d'eau moyen, un déplacement de 7172 tonnes, une vitesse de 14,5 nœuds ; il portait 8 pièces de gros calibre en batterie et 4 pièces semblables placées en barbette sur les gaillards dans des réduits blindés.

Les deux faces de la batterie sont réunies transversalement de manière à former un réduit central, le reste est évacué pendant le combat.

Les navires à réduit central destinés aux expéditions lointaines sont remplacés sur les côtes par les *monitors* dont les Américains ont fait grand usage dans leur guerre de sécession. Notre premier type de monitor est le *Bélier* construit en 1865 ; c'est un navire très-ras sur l'eau, sans mâture, recouvert d'une sorte de carapace à surfaces arrondies et terminé à l'avant par un énorme éperon ; dans une tourelle tournante, il porte deux bouches à feu de fort calibre ; ses formes arrondies rendent l'abordage impossible et un blindage continu de 0^m,22 d'épaisseur le protège; il est muni de deux hélices jumelles qui lui donnent une grande facilité d'évolution; c'est un navire destiné à combattre surtout par le choc.

Le monitor américain l'*Onondaga*, acheté par la France, avait son pont à 0^m,36 au-dessus de l'eau.

Nos nouveaux gardes-côtes à tourelles, le *Tonnerre* et la *Tempête*, portent des cuirasses de 30 et 32 centimètres d'épaisseur.

On a construit aussi de grands navires cuirassés sans mâture; ce sont aujourd'hui les plus puissants navires. La *Dévastation*, navire anglais, a des canons de 0^m,305 de calibre, pesant 35 tonneaux, lançant des boulets de 272 kilogrammes; sa cuirasse a une épaisseur de 0^m,305. Le *Pierre le Grand*, navire russe, a une cuirasse de 0^m,351 et lance des boulets de 317 kilogrammes. Ces grands navires de guerre ne peuvent être construits aujourd'hui à moins de dix millions de francs.

Actuellement, l'Italie a mis sur chantier deux monitors dont le blindage a 0^m,50 d'épaisseur à la flottaison.

L'Angleterre se prépare à faire d'un seul coup un pas gigantesque; elle adopte des canons pesant 80 tonnes et lançant des boulets de 726 kilogrammes. Le navire l'*Inflexible*, destiné à les recevoir, aura une cuirasse de 0^m,61 à la flottaison et déplacera 11,300 tonneaux.

Les Russes ont construit récemment des gardes-côtes dans lesquels ils ont cherché à obtenir la plus forte cuirasse pour le moindre déplacement; ce principe les conduisait naturellement à la forme circulaire. Leurs *popoffka* ont 30 mètres de diamètre et 3^m,7 de tirant d'eau; ils sont à fond plat, ne font saillie sur l'eau que de 0^m,65, mais possèdent une tourelle centrale de 9 mètres de diamètre, avec canons en acier.

Nous ne parlerons que pour mémoire des navires sous-marins; le type le plus important est le *plongeur* de MM. Brun et Bourgeois; sa longueur est de 42^m,50, sa largeur de 5^m,95 et son déplacement de 429 tonnes. Son propulseur est une hélice, et la machine motrice est alimentée par de l'air comprimé qui après s'être détendu dans le cylindre sert à l'aération. La profondeur à laquelle on se trouve est indiquée par des manomètres sensibles; on augmente ou on diminue cette profondeur en laissant entrer une certaine quantité d'eau dans des chambres spéciales ou en en expulsant une certaine quantité. La difficulté qu'on n'a pu jusqu'à présent surmonter est de maintenir le navire à une profondeur déterminée.

ÉTAT DE LA MARINE COMMERCIALE

Le fait dominant de la marine commerciale est la prédominance progressive du navire à vapeur sur le navire à voiles. Les conditions générales de la nouvelle marine commerciale étaient exposées comme il suit par M. de Fréminville, dans son rapport sur l'Exposition de 1867:

« La prédominance des navires à vapeur devient de jour en jour plus prononcée et nous les voyons affectés actuellement au transport des marchandises même les plus communes, réservées jusqu'alors aux navires à voiles.

C'est surtout en Angleterre que le développement de la marine à vapeur est devenu le plus considérable ; d'abord limitée aux côtes du Royaume-Uni, elle s'est rapidement étendue à tout le littoral de l'Europe septentrionale, puis, bientôt après, jusqu'à la Méditerranée, la côte d'Afrique et celle de l'Amérique.

Maintenant les Indes même et l'Australie sont desservies par des navires à vapeur, et l'on prévoit le moment où ils seront les seuls employés à des opérations de quelque importance. Les navires dont nous voulons parler ici sont spécialement affectés au transport des marchandises ; si quelques-uns prennent des passagers, ce n'est qu'un accessoire dans leur trafic principal, et ils restent complétement distincts des paquebots, dont le régime a bien aussi subi quelques modifications, mais qui ne présentent pas de progrès aussi marqués que les navires de transport proprement dits. Ceux-ci, ne recevant aucune subvention postale, doivent trouver dans leurs seules ressources des produits rémunérateurs. Les conditions de succès résident dans la régularité et la rapidité de leurs voyages, dans la quantité de marchandises qu'ils peuvent transporter et dans la faiblesse relative de la puissance motrice. Pour réaliser ces conditions multiples, les constructeurs ont été conduits à faire des navires de plus en plus longs, relativement à leur section transversale. L'expérience a suffisamment démontré, en effet, que la résistance à la marche n'est pas sensiblement augmentée par cet accroissement de longueur, tandis que les capacités intérieures, les quantités de marchandises que l'on peut embarquer, et par conséquent les bénéfices de l'exploitation, sont directement proportionnels à la longueur du bâtiment.

Dans la pratique, la longueur des navires est comparée à leur plus grande largeur. Le rapport de ces deux dimensions a été porté de cinq à six, dès l'origine de la navigation à vapeur, puis à sept, et même à huit, proportion qui paraissait la limite usuelle lors de l'Exposition de 1862. Pour bon nombre de navires dont les modèles figurent à l'Exposition actuelle, la longueur égale neuf et dix fois la largeur. Dans les paquebots et les navires de vitesse, ces proportions ont été nécessitées par l'affinement propre à atténuer la résistance à la marche ; dans les transports, les extrémités ont des acuités modérées, et l'on arrive aux grandes longueurs en conservant à la région moyenne une forme cylindrique favorable au développement des capacités intérieures. De semblables proportions entraînent des difficultés de construction que l'emploi du fer permet seul de résoudre d'une manière satisfaisante ; aussi peut-on dire que, actuellement, tous les navires à vapeur sont construits en fer.

Les grandes longueurs relatives n'affectent pas seulement la solidité du navire ; elles modifient profondément la manière dont il se comporte à la mer ; elles réclament des précautions particulières, soit de la part de l'armateur, soit de celle du constructeur, pour que le navire s'élève plus facilement sur la lame et qu'il ne soit pas exposé à être chargé par la mer, comme cela arriverait infailliblement si, dans l'oscillation du tangage, il accomplissait son mouvement d'immersion au moment où la houle se soulève devant lui. La perte récente de deux navires construits dans les proportions modernes, qui ont été engloutis par la mer sans qu'ils eussent éprouvé d'avaries graves et par le seul fait de l'invasion de l'eau pénétrant dans la cale par les ouvertures du pont supérieur, est venue porter le doute dans bien des esprits, et faire craindre qu'en dépassant les limites de la prudence, on n'ait, en vue des bénéfices à réaliser, adopté des types de navires voués, par leurs proportions mêmes, à des dangers à peu près inévitables. Ces craintes méritaient une attention d'autant plus sérieuse que, si elles intéressent l'humanité, elles mettent également en

cause les questions vitales du commerce maritime. Sans contester les difficultés
inhérentes à la navigation des bâtiments de grande longueur, les deux exemples
malheureux que nous venons de citer ne conduisent pas à la condamnation du
système ; les navires dont il s'agit n'avaient pas une longueur exagérée, environ
sept fois et demi la largeur, et leur perte doit être attribuée à ce que leurs extrémités étaient surchargées de tugues et de dunettes largement développées,
réunies par des pavois élevés qui formaient dans la partie centrale du navire
une sorte de cavité où la mer qui embarquait à bord se trouvait emprisonnée
sans issues suffisantes ; l'eau devait donc charger le navire et occasionner les
désordres qui, finalement, ont entraîné sa perte. Il faut, pour éviter ce danger,
que la hauteur des œuvres mortes soit en rapport avec la longueur, et, dans le
cas qui nous occupe, on serait arrivé au résultat voulu en réunissant la tugue
et la dunette par un pont continu, constituant un *spar deck*, ainsi que beaucoup
de constructeurs le pratiquent ; avec cette disposition bien simple, rien n'empêche d'employer les longueurs égales à dix fois la largeur.

La solidité des navires en fer, qui paraissait excessive avec les anciennes proportions, est devenue à peine suffisante avec les nouvelles : c'est ce qui a conduit les ateliers anglais à augmenter les dimensions de toutes les parties de la
charpente : tôles de bord, membrures, renforts de toutes sortes ; et l'on est
arrivé ainsi à des coques pesantes, qui peuvent néanmoins manquer de solidité,
si les assemblages ne sont pas exécutés avec tout le soin nécessaire, ainsi que
cela arrive assez fréquemment.

Choix du moteur pour les navires mixtes ou les paquebots. — Pour les navires
mixtes, le choix du moteur ne pouvait être douteux ; il fallait avant tout qu'il
laissât la faculté d'employer les voiles, toutes les fois que la direction du vent
le permettrait, et cette condition désignait suffisamment l'hélice ; aussi, à part
quelques navires affectés à de courtes traversées dans des mers très-dures,
voyons-nous l'hélice employée d'une manière générale. Indépendamment des
avantages que l'hélice présente par elle-même, les machines propres à la mettre
en mouvement sont, par la force même des choses, plus légères et moins encombrantes que les machines à roues et facilitent ainsi le chargement. Ces
navires mixtes ont d'ailleurs de belles vitesses ; il n'est pas rare d'en rencontrer
qui exécutent leurs traversées avec des vitesses moyennes de 10 nœuds, et,
comme ils prennent des passagers à un prix relativement très-bas, puisque le
transport des marchandises est l'élément le plus important de leurs revenus,
ils commencent à faire une concurrence sérieuse aux paquebots rapides.

Pour ceux-ci, affectés qu'ils sont au transport des dépêches et des voyageurs,
le secours des voiles est tout à fait secondaire ; leurs traversées doivent être
faites à la vapeur seule, car ce qu'il faut, avant tout, c'est la promptitude et la
régularité des voyages. Pour obtenir ces résultats, on doit employer des puis-
sances mécaniques considérables et choisir des machines qui ne soient exposées
à aucune avarie susceptible de paralyser leur action. Pendant longtemps les
machines à roues ont paru les seules susceptibles de satisfaire à ces conditions
et, sur la ligne qui présente les plus grandes difficultés, c'est-à-dire celle de
New-York, elles avaient été invariablement conservées par la *Compagnie Cunard*
à laquelle des succès constants donnaient une autorité considérable en pareille
matière. La *Compagnie générale Transatlantique*, ne voulant rien donner au
hasard, employa aussi les roues pour ses premiers paquebots ; cependant les
bons résultats donnés par l'hélice, employée par la *Compagnie des Messageries
Impériales* sur les paquebots de la ligne de l'Indo-Chine, ceux, non moins im-

portants, obtenus sur tous les navires à marchandises, dissipèrent peu à peu les craintes conçues *à priori*, plutôt d'après des idées théoriques que sur des faits, et la Compagnie Cunard fit, avec le *China*, un premier et heureux essai de l'hélice, sur les paquebots de New-York. Aussitôt après, M. Napier, de Glascow, construisit, pour la *Compagnie générale Transatlantique*, le paquebot à hélice, le *Pereire*, le plus rapide des navires qui traversent l'Océan, et non-seulement ce navire a de grandes vitesses, mais son service est parfaitement régulier, et ses résultats économiques sont tels, que la question est maintenant résolue et que les navires à hélice ont été définitivement admis dans les services des paquebots rapides.

Cependant les navires à roues présentent l'avantage d'être exempts des trépidations que l'hélice communique à toute la charpente ; ils possèdent encore celui, fort apprécié des voyageurs, d'avoir des roulis plus doux et moins amples, aussi seront-ils conservés pour certains cas particuliers; ainsi le *Mahrousse*, magnifique paquebot ou navire de plaisance construit par M. Samuda, de Londres, pour le vice-roi d'Egypte, est pourvu de machines à roues, exécutées par M. Penn. Lors de ses essais, ce navire a obtenu des vitesses de 18,5 nœuds, dépassant ainsi celles des paquebots d'Holyhead à Dublin, réputés jusqu'alors comme les plus rapides de la marine soit commerciale, soit militaire. Les roues sont également conservées pour les paquebots qui font la traversée de la Manche et qui, employés uniquement au transport des voyageurs, doivent leur offrir le plus de confort intérieur. »

Historique de la navigation commerciale à vapeur. — Les plus anciens paquebots à vapeur connus en France remontent à 1830 ; ce sont ceux de la ligne de Corse.

Jusqu'en 1848, on assimilait les paquebots à vapeur aux frégates de guerre ; aujourd'hui l'aménagement et les qualités nautiques sont tout différents.

En 1840, la plupart des lignes anglaises, subventionnées pour le service de la poste, étaient fondées ; c'étaient : la Compagnie Péninsulaire et Orientale, entre Suez et Calcutta, la Compagnie des Indes Occidentales (Royal mail West India), qui desservait le Brésil, la Compagnie Cunard qui desservait l'Amérique du Nord.

De 1840 à 1860, règne le navire à roues ; la Compagnie française des Messageries maritimes se développe.

L'hélice fut adoptée par la Compagnie Péninsulaire en 1852, par celle des Indes Occidentales en 1858, par la Compagnie Cunard en 1860 ; jusqu'à cette dernière date, on considérait l'hélice comme dangereuse.

On n'y eut recours que lorsqu'on reconnut qu'elle seule pouvait donner les transports à bon marché.

C'est en vue de ce bon marché que fut construit le *Great Eastern*, navire à roues et à hélice, de 207 mètres de long, 25m,5 de large, 17m,7 de creux, 9m,15 de tirant d'eau avec un déplacement de 28 500 tonneaux; pour obtenir une vitesse de 14,5 nœuds, il fallait développer sur le piston un travail de 10 000 chevaux vapeur de 75 kilogrammètres. Il fallait à ce navire, pour réussir, une énorme quantité de fret qu'il ne put obtenir.

Les derniers types des paquebots de la Compagnie des Messageries maritimes ont les dimensions suivantes :

Paquebot l'*Anadyr*, longueur 120m,30, largeur 12m,07, creux 10 mètres, travail brut sur les pistons 2452 chevaux de 75 kilogrammètres, vitesse 14,35 nœuds, poids de coque, mâture et apparaux 2127 tonneaux, machine et chaudières pleines 545 tonneaux, charbon 600 tonneaux, équipage, provisions et chargement 1928 tonneaux, déplacement total 5200 tonneaux.

La Compagnie Transatlantique française fut fondée en 1862; elle adopta les machines à balancier et les roues à aubes, au moment où ce système coûteux allait périr; aussi dut-elle les transformer dans ces dernières années.

L'*Amérique* transformée a les dimensions suivantes :

Longueur 120 mètres, largeur 13^m,40, creux 11^m,67, puissance sur le piston 3200 chevaux de 75 kilogrammètres, vitesse en nœuds 14,55, poids de coque 3986 tonneaux, machine et chaudières pleines 690 tonneaux, charbon 1000 tonneaux, équipage, provisions et chargement 1939 tonneaux, déplacement total 7615 tonneaux, tirant d'eau moyen en charge 7^m,50.

Le tableau suivant donné par M. l'ingénieur Bertin, et emprunté au bureau Veritas, fournit, au 1er janvier 1876, la statistique des navires à vapeur de commerce :

NATIONALITÉ.	NOMBRE DE NAVIRES A VAPEUR.	TOTAL DE TONNAGE BRUT.
		tonneaux.
Anglais..	3,202	3,015,773
Américains.	613	768,624
Français..	315	318,727
Allemands..	220	268,828
Espagnols.	212	155,417
Suédois et Norvégiens.	307	128,543
Russes..	144	111,072
Hollandais.	107	93,723
Italiens.	110	91,011
Autrichiens.	81	82,039
Divers..	254	192,001
Total.	5,565	5,225,758

CHAPITRE II

RÉGIME DES FLEUVES. — INONDATIONS. — TORRENTS

Dans ce chapitre, nous présenterons des études générales sur le régime des fleuves, rivières et torrents, abstraction faite des questions relatives à la navigation.

Nous rappellerons d'abord les formules relatives à l'écoulement des eaux dans les canaux découverts; nous en tirerons quelques conséquences pratiques; nous établirons ensuite les formules et les courbes des débits et nous montrerons les relations qui existent entre le régime des fleuves et la constitution topographique et géologique de leur bassin. Nous en déduirons les règles relatives à l'annonce des crues. Passant de là à la question des inondations, nous examinerons, par ordre, les divers moyens proposés pour combattre ce terrible fléau.

La question des inondations est liée à celle des torrents et des rivières torrentielles; après avoir traité des déboisements des montagnes, nous décrirons les endiguements et en général les travaux de correction des rivières torrentielles et des torrents. Enfin, nous terminerons le chapitre par des généralités sur la défense des rives des cours d'eau et sur les transports de matières solides effectués par les fleuves.

Mais il convient d'abord de donner la définition de quelques termes usuels relatifs au régime des rivières :

Étiage. — L'étiage est le niveau le plus bas que prennent les eaux d'une rivière en un point donné. C'est le plus bas des niveaux connus, mais rien ne prouve que les eaux n'ont pas descendu jadis ou ne descendront pas dans l'avenir à un niveau plus bas encore.

L'étiage n'a donc rien d'absolu : c'est un point de comparaison qu'il importe de fixer une fois pour toutes. C'est en ce point qu'en général on place le zéro des échelles sur lesquelles on relève périodiquement la hauteur des eaux de la rivière.

On distingue souvent l'étiage d'hiver et l'étiage d'été.

Débit. — Le débit d'une rivière s'évalue presque toujours en mètres cubes à la seconde; l'évaluation en litres ne se fait que pour les petits cours d'eau.

Module. — Le module d'une rivière, expression du reste peu employée, est le débit moyen de cette rivière. Lorsqu'on a observé journellement un cours d'eau pendant une longue période de temps et qu'on prend la moyenne des débits, on obtient le module.

Plus hautes eaux de navigation. — Les plus hautes eaux de navigation sont au niveau pour lequel la navigation devient impossible.

Plus hautes eaux connues. — Le niveau des plus hautes eaux connues est très-important à repérer avec soin, puisqu'il délimite la zone des inondations, Mais ce niveau n'a rien d'absolu et rien ne prouve que telle combinaison de circonstances ne se réalisera pas, qui donnera une hauteur plus grande.

Profil en long d'une rivière. — Lorsqu'on veut entreprendre l'étude du régime d'une rivière il est important de pouvoir à chaque instant établir le profil en long de la surface des eaux. A cet effet, on commence par faire le nivellement de la berge, du chemin de halage, par exemple ; s'il n'existe pas sur le chemin de bornes kilométriques, on établit des repères. A des intervalles déterminés, l'on rattache le niveau de l'eau au niveau du repère correspondant : ce rattachement se fait très-simplement au moyen d'échelles graduées dont le zéro est repéré une fois pour toutes. Il est facile, par là, d'établir à chaque instant la cote de l'eau par rapport à un plan fixe de comparaison ; à moins d'impossibilité, ce plan fixe de comparaison est le niveau moyen de la mer.

Profil en travers d'une rivière. — La connaissance du profil en travers d'une rivière est indispensable pour les calculs de jaugeage. On relève ce profil en travers en tendant, au moyen d'un treuil, un fil de fer divisé en mètres ; à l'aplomb de chaque division on effectue un sondage, et cela permet de construire par points la coupe du lit rapportée à l'horizontale des eaux.

Le fil doit être tendu normalement au cours de l'eau, c'est-à-dire normalement aux filets liquides : c'est au moyen de flotteurs qu'on peut reconnaître si cette condition est réalisée.

Sur les fleuves très-larges, il est nécessaire de fractionner la section, ou bien on procède à des sondages multiples, dont on relève la position de la rive du cours d'eau, comme on le fait pour les sondages à la mer.

THÉORIE DU MOUVEMENT DES EAUX DANS LES CANAUX
ET LES RIVIÈRES

La théorie du mouvement des eaux dans les canaux et rivières est bien peu avancée ; le problème qui, connaissant le lit d'une rivière et la quantité d'eau affluente, consiste à déterminer le profil en long et les profils en travers de la masse liquide, ce problème n'est pas résolu ; il ne paraît pas du reste pouvoir l'être par des formules purement mathématiques, car il est impossible de faire entrer dans les formules les mille circonstances variables qui agissent sur l'écoulement.

Il faut donc s'en tenir aux méthodes empiriques, qui sont elles-mêmes insuffisantes, car on ne dispose pas d'expériences assez nombreuses pour les établir avec sécurité.

Dans la première partie du *Traité des eaux*, dans l'*Hydraulique*, nous avons donné la théorie de l'écoulement dans les canaux, nous ne la referons pas ici et nous prierons le lecteur de se reporter au volume précité. En voici les principaux traits :

1° Régime uniforme des canaux. — L'étude du régime uniforme qui s'établit dans les canaux réguliers était relativement facile ; aussi a-t-on formulé avec assez de précision les lois de l'écoulement.

Les liquides en mouvement subissent deux résistances dues : 1° à la cohésion des molécules entre elles ; 2° à l'adhérence de ces molécules avec les solides qui les touchent.

La vitesse de l'eau dans un canal incliné est sensiblement uniforme et ne s'accroît pas à mesure que l'on descend ce canal ; le travail de la pesanteur est donc équilibré par le travail des forces retardatrices, l'adhérence et la cohésion, qui se développent en conséquence à mesure que la pente augmente. Cela n'arrive pas pour les solides parcourant un plan incliné ; dès que l'angle du frottement est dépassé, ces solides prennent un mouvement uniformément accéléré.

Les forces retardatrices du mouvement des liquides offrent encore ce caractère d'être indépendantes de la pression, dans les limites usuelles.

Si l'on désigne par :

R, le rayon moyen d'un canal, c'est-à-dire le rapport de la section transversale au périmètre mouillé du lit;

I, la pente du lit par mètre courant ;

U, la vitesse moyenne dans chaque section transversale, c'est-à-dire le quotient du débit par la section ; .

L'équation du mouvement peut s'écrire :

$$RI = F(U)$$

La fonction F doit être déterminée par l'expérience.
Suivant M. de Prony, on a :

$$RI = aU + bU^2$$

Les coefficients numériques a et b étant égaux respectivement aux nombres ci-après :

$$\begin{cases} a = 0,000044 \\ b = 0,000309 \end{cases}$$

D'après M. de Saint-Venant, on aurait la formule exponentielle :

$$RI = aU^b$$

Dans laquelle :

$$a = 0,000401 \quad \text{et} \quad b = \frac{21}{11}.$$

D'après Chézy et les ingénieurs italiens on aurait plus simplement :

$$RI = 0,0004\, U^2 \quad \text{ou} \quad U = 50\sqrt{RI}.$$

Ces formules, basées sur des expériences trop peu nombreuses, ne sont pas exactes ; c'est ce qu'a montré M. Bazin, continuant les expériences de Darcy.

M. Bazin a montré que l'on devait adopter la formule :

$$\frac{RI}{U^2} = \alpha + \frac{\beta}{R},$$

dans laquelle la valeur des coefficients numériques varie suivant la nature des parois des canaux.

En se reportant aux pages 63 à 71 de notre *Hydraulique*, on trouvera la discussion de cette formule et les tableaux numériques qui en découlent.

Répartition des vitesses. — La vitesse moyenne U n'est qu'un résultat numérique, un simple quotient. Comment est-elle liée dans la section transversale avec les vitesses à la surface et au fond et avec la vitesse en un point quelconque ?

D'après de Prony, la vitesse maxima V se produit à la surface et est liée à la vitesse moyenne par la relation :

$$\frac{U}{V} = \frac{V + 2,37}{V + 3,15},$$

que l'on simplifie souvent en se contentant de prendre U = 0,80 V.

L'observation journalière montre que la vitesse maxima n'est pas à la surface même, notamment dans les courants profonds, et que le rapport de la vitesse moyenne à la vitesse maxima tombe jusqu'à 0,50 lorsque les parois du canal sont en terre non unie.

M. Bazin a montré que le rapport $\left(\frac{V}{U}\right)$ dépendait de la résistance à la paroi, qu'il mesure par le coefficient A égal à la quantité $\left(\frac{RI}{U^2}\right)$, et il a établi la relation :

$$\frac{V}{U} = 1 + 14\sqrt{A}$$

qui peut s'écrire :

$$V - U = 14\sqrt{RI}$$

Aux pages 73 et suivantes de l'*Hydraulique*, on trouvera les tableaux numériques exprimant la vitesse maxima en fonction de la vitesse moyenne suivant les natures de parois. On trouvera en outre les résultats des expériences sur la répartition des vitesses dans la section d'un canal, expériences qui mettent en relief la supériorité des formes arrondies sur les formes angulaires.

Problèmes relatifs au mouvement uniforme dans les canaux. — Les problèmes relatifs au mouvement uniforme dans les canaux sont peu nombreux. Ils sont traités aux pages 76 et suivantes de l'*Hydraulique* et accompagnés d'exemples numériques ; ce serait faire double emploi que de les reprendre ici. Les formules se simplifient lorsque l'on considère l'écoulement dans un lit suffisamment large pour que le périmètre mouillé puisse être considéré, sans trop d'inexactitude, comme égal à la largeur même du cours d'eau.

2° Étude du mouvement varié dans les canaux. — L'étude du mouvement varié, même dans les canaux réguliers, est beaucoup moins facile que celle du mouvement uniforme et, quand on aborde les lois de l'écoulement dans les rivières à lit irrégulier, on ne tarde pas à reconnaître que les formules sont presque toujours insuffisantes et qu'il vaut mieux recourir dans chaque cas au raisonnement et aux résultats de l'expérience.

Néanmoins, nous avons établi par des considérations simples l'équation fondamentale du mouvement varié et nous avons résolu les problèmes y relatifs.

Nous avons étudié en particulier les remous de gonflement et d'abaissement, le phénomène du ressaut et les circonstances dans lesquelles il se produit, et nous avons donné des applications numériques des diverses formules.

OBSERVATIONS SUR LE MOUVEMENT VARIÉ DANS UN CANAL IRRÉGULIER

Dans ses *Études théoriques et pratiques sur le mouvement des eaux*, Dupuit a abordé par le calcul la détermination du mouvement varié dans un canal irrégulier ; il s'est attaché surtout à déterminer les remous d'étranglement et d'élargissement, remous au sujet desquels nous avons donné précédemment des formules (*Voir le volume Hydraulique*). Voici les observations intéressantes qui résultent du travail de Dupuit.

Remous produit par un étranglement parallèle indéfini. — Le remous produit par un long étranglement, tel que celui qui résulte de deux digues parallèles, est proportionnel à la profondeur primitive de la rivière.

En effet, assimilons la portion de rivière considérée à un canal régulier dont :

h et l sont la profondeur et la largeur avant l'étranglement,
h' et l' —   —   après   —

Soit y, le remous, c'est-à-dire l'accroissement de profondeur déterminé par l'étranglement.

La section mouillée de la rivière est dans le premier cas $l h$ et le périmètre mouillé est sensiblement égal à la largeur l, de sorte que le rayon moyen est égal à h ; après l'étranglement il est h'.

D'après les expériences de M. Bazin, on a, dans le cas d'un mouvement permanent uniforme, la relation :

$$(1) \qquad \frac{RI}{U^2} = A$$

Et le coefficient A est variable avec R ; cependant, si l'on consulte le tableau des valeurs numériques de A, on reconnaît que leur variation est assez faible pour que, dans une application analogue à celle qui nous occupe, on puisse considérer A comme constant.

La pente I, reste la même avant et après l'étranglement ; il en est de même du débit Q

Or, la vitesse U est le quotient du débit par la section, de sorte que l'équation (1) peut s'écrire :

$$\frac{h^5 l^2 I}{Q^2} = A \qquad \text{avant l'étranglement}$$

$$\text{et} \quad \frac{h'^5 l^2 I}{Q^2} = A \qquad \text{après l'étranglement.}$$

De ces deux relations on tire :

$$h' = h \sqrt[5]{\frac{l^2}{l'^2}} \quad \text{et} \quad y = h' - h = h \left(\sqrt[5]{\frac{l^2}{l'^2}} - 1 \right)$$

Telle est la valeur du remous, que Dupuit obtient par un procédé beaucoup plus long.

Elle montre, comme nous le disions en commençant, que le remous produit par un long étranglement est proportionnel à la profondeur primitive de la rivière.

On doit donc, dit Dupuit, procéder avec d'autant plus de circonspection aux travaux d'endiguement, que la rivière sur laquelle on les établit est sujette à des crues plus élevées. En réduisant la section à moitié, le remous, c'est-à-dire le gonflement vertical des eaux à l'amont, atteint les six dixièmes de la profondeur primitive. Une réduction aussi considérable est fort rare sans doute ; cependant la levée de la Loire, sur une partie du cours de ce fleuve, a certainement enlevé aux grandes eaux plus de la moitié de la largeur de leur lit. Là où l'on a 7 mètres de crue aujourd'hui, on n'avait probablement autrefois que 4^m,40 environ.

« Il est rare maintenant, surtout sur les grands fleuves, qu'on rétrécisse le lit des grandes eaux dans une proportion aussi considérable ; mais il arrive plus fréquemment qu'autrefois que par l'établissement de travaux publics, canaux, chemins de fer, routes, digues, chemins de halage, etc., on empiète plus ou moins sur leur lit. Un empiétement d'un cinquième seulement (et dans combien de travaux cette proportion n'est-elle pas dépassée ?) donne :

Dans une rivière qui a 1 mètre de profondeur un remous de 0^m,16
—   5   —   0^m,43
—   7   —   1^m,12.

« On voit quelle énorme influence peut avoir un étranglement de cette nature et à quels grands désastres il pourrait donner lieu si le résultat n'en était pas prévu.

On voit aussi, au contraire, que les étranglements ne peuvent relever sensiblement le niveau des basses eaux qu'autant qu'ils sont très-considérables. Si un étranglement à moitié ne soulève les eaux que 0,60 h, il s'ensuit qu'en resserrant une rivière qui n'aurait que 0^m,50 de tirant d'eau, par une digue qui prendrait la moitié de la largeur, l'on n'obtiendrait encore que 0^m,80 de profondeur. Et encore, pour obtenir un pareil résultat, il faudrait que l'endiguement eût lieu sur une grande longueur. »

Remous ou surélévation produit par un accroissement de débit. — Le remous peut tenir, non pas à un étranglement, mais à une augmentation du vo lume des eaux à débiter.

Pour le débit q, la profondeur est h et la largeur l,
— q' — h' — l,

D'après la formule de Bazin

$$RI = AU^2,$$

on a, dans le cas d'une section de grande largeur

$$\frac{h^{4/3}I}{q^2} = A \quad \text{et} \quad \frac{h'^{4/3}I}{q'^2} = A.$$

Ces deux relations donnent :

$$h' = h \sqrt[3]{\frac{q'^2}{q^2}} \quad \text{et} \quad y = h' - h = h\left(\sqrt[3]{\frac{q'^2}{q^2}} - 1. \right)$$

Si l'on considère les remous y et y^1, en deux points où les hauteurs primi-tives étaient h et h^1, on aura :

$$\frac{y}{y^1} = \frac{h}{h^1}.$$

Lorsqu'une crue donnera par exemple une hauteur de 4 mètres au premier point et de 6 mètres au second, s'il vient à se produire au premier point une crue de 5 mètres, c'est-à-dire un remous de 1 mètre, le remous sera au second point supérieur à 1 mètre, il atteindra 1^m,50.

« Si donc, dit Dupuit, la rivière que vous endiguez présente dans son parcours des hauteurs de crue différentes, telles que 5, 6, 7, 8 et 9 mètres, et que vous ayez jugé prudent de vous tenir à 0^m,50 au-dessus des grandes eaux, là où la rivière a 5 mètres de profondeur, il faut donner 0^m,60, 0^m,70, 0^m,80, 0^m,90 dans les autres parties proportionnellement aux hauteurs primitives de la crue observée. Ou, si cet excès de hauteur n'a pas été donné, et qu'une crue sur-vienne, attendez-vous à ce que les points les plus menacés seront ceux où la crue primitive était la plus forte : c'est là qu'il faut préparer et porter vos moyens de défense.

« Si la revanche de la digue par rapport aux plus grandes crues connues est calculée d'après ce principe, il n'y aura pas de point plus faible l'un que l'autre ; la sécurité sera partout la même dans le cas où surviendrait une crue plus forte que toutes celles qui avaient été précédemment observées.

« En dehors des cas prévus et déjà observés, le hasard peut amener, et le temps amènera successivement un concours de circonstances qui produira une crue supérieure à celles dont les populations ont gardé le souvenir. Aussi, lors-qu'on a à se défendre contre les grandes eaux, a-t-on soin d'élever des digues à une certaine hauteur au-dessus des limites connues. Cet excès de hauteur a aussi pour but, nous le savons, de protéger les digues contre l'effet du vent et des vagues qui s'élèvent au-dessus du niveau moyen ; mais on ne contestera pas que la considération de se mettre à l'abri des crues plus élevées que celles qui sont observées n'entre pour beaucoup dans la détermination de leur hauteur et, sous ce rapport, la formule apprend comment cet excès de hauteur doit être fixé. »

Loi des chutes au passage d'un pertuis ou d'une écluse. — Pendant les crues, au passage d'un pertuis ou d'une écluse, c'est-à-dire au passage d'un rétrécissement succédant à une partie large, il se produit une chute de l'a-mont à l'aval du pertuis. Si l'on place à l'amont et à l'aval deux échelles dont les zéros coïncident, les hauteurs d'eau simultanées y sont H et h, et la différence de ces hauteurs, la chute z, est donnée par l'équation :

$$z = AH + BH^2.$$

Cette loi a été vérifiée par M. Graëff au pertuis de la digue de Pinay pendant les crues de 1857 et 1866, et il a trouvé :

$$z = 0^m,177.H + 0^m,00742H^2.$$

Régime des grandes eaux. — Les rivières naturelles ne se présentent jamais comme un canal régulier dans lequel la hauteur des eaux serait constante ; elles se composent d'une série d'étranglements successifs, formés par les saillies irré-gulières des versants.

Par conséquent, la surface des rivières comprend une série de remous qui sont intimement liés à la forme du lit, à l'amont et à l'aval.

La hauteur des crues ne suit elle-même aucune loi régulière ; elle dépend des accidents géologiques et topographiques. Exemple :

La crue de la Loire, en 1843, a pris les hauteurs suivantes entre la Vienne et la Maine.

A Saumur.	$6^m,70$
Aux Rosiers (15 kilomètres aval de Saumur).	$7^m,37$
A Saint-Mathurin (10 kilomètres aval des Rosiers).	$6^m,20$
Aux ponts de Cé (17 kilomètres aval de Saint-Mathurin.	$5^m,54$

Les grandes crues de la Garonne donnent :

A Toulouse.	$6^m,30$
A Agen.	$10^m,16$
A Marmande.	$9^m,16$
A Langon.	$12^m,05$

Ces remous naturels si considérables, dit Dupuit, ne sont accusés à la sur-face par aucune cataracte sensible ; ils sont le résultat des étranglements plus ou moins prolongés qu'éprouvent les eaux sur certains points, ou plus générale-ment des circonstances locales.

Influence du vent sur les crues. — Les formules relatives au mouvement des eaux négligent la résistance due au frottement de l'air et de l'eau ; cette résistance est cependant sensible et nous avons vu que la vitesse maxima des filets liquides ne se rencontrait pas à la surface, mais au-dessous, à une dis-tance plus ou moins grande, suivant la profondeur du courant. En temps calme, si on porte sur la direction des filets liquides, passant dans une même section transversale, des longueurs proportionnelles à la vitesse respective de ces filets, on obtient donc une courbe telle que *ab*, figure 1, planche II, dont la tangente verticale est voisine de la surface du cours d'eau.

Si le vent s'élève et souffle avec violence, il agit non-seulement par le frottement, mais par la pression qu'il exerce sur la surface des eaux, pression qui aide ou qui contrarie la pesanteur, qui favorise ou qui gêne l'écoulement, suivant que le vent souffle de l'amont ou de l'aval.

Souffle-t-il de l'amont? la vitesse des filets liquides de la surface devient prédominante, la courbe représentative des vitesses devient une ligne telle que *de* qui n'a pas de tangente verticale.

Souffle-t-il de l'aval? la vitesse des filets centraux garde à peu près sa valeur primitive, celle des filets liquides de la surface est considérablement amoindrie. La courbe représentative des vitesses est une ligne telle que *fg*, possédant une tangente verticale en *h*, vers son milieu.

Admettons que le vent d'aval devienne assez fort pour produire à la surface une résistance équivalente à celle du fond, cela revient à doubler le périmètre mouillé et par conséquent à doubler le rayon moyen R. S'il s'agit d'un lit de grande largeur, le rayon moyen sera donc égal à la profondeur *h* en temps calme et à $\left(\frac{h'}{2}\right)$ par un vent violent d'aval.

L'équation du mouvement dans les canaux s'écrira dans les deux cas :

$$h.i = A.u^2 \qquad h'i = 2Au'^2$$

ce qui donne :

$$2hu'^2 = h'u^2.$$

Mais la largeur et le débit de la rivière sont les mêmes dans les deux cas, de sorte que :

$$hu = h'u'.$$

De ces équations on déduit :

$$h'^6 = 2h^3 \qquad h' = 1,26.h.$$

Ainsi, par un vent d'aval assez violent pour produire à la surface une résistance égale à celle du fond, la hauteur des crues pourrait être augmentée d'un quart, portée par exemple de 4 mètres à 5 mètres.

Expériences de M. Vauthier sur l'écoulement dans les rivières. — En résumé, la science de l'écoulement des eaux dans les rivières n'offre encore rien de précis. A part quelques grands faits expérimentaux, il n'y a point de formules que l'on puisse appliquer avec certitude. Les expériences elles-mêmes ne sont pas aussi nombreuses qu'elles pourraient l'être et il y a beaucoup à faire sur ce sujet. Pour montrer l'incertitude que peuvent présenter certaines questions d'écoulement, nous rappellerons ici une intéressante expérience de M. l'ingénieur Vauthier : les résultats de cette expérience faite sur un petit canal en planches ne sauraient être étendus à des rivières, néanmoins ils sont curieux et méritent de fixer l'attention.

« L'une des idées le plus généralement *répandues*, le plus universellement admises à titre d'axiome, dit M. Vauthier, c'est que dans un lit de formes, de

dimensions et de pentes données et invariables, il n'y a jamais, pour un débit
constant aussi déterminé, *qu'un seul mode d'écoulement*, et par conséquent, pour
chaque point de la longueur du lit, qu'une certaine largeur, une certaine profondeur, une certaine pente de superficie, et une certaine vitesse moyenne,
suivant lesquelles l'écoulement puisse avoir lieu, tandis que nos expériences,
ainsi que la formule du mouvement permanent s'accordent pour établir que
l'écoulement peut avoir lieu, *généralement*, suivant deux modes très-différents
l'un de l'autre, par les largeurs, profondeurs, pentes de superficie et vitesse
moyenne du courant, en un même point de la longueur du lit, bien que la forme,
les dimensions et la pente de celui-ci, ainsi que le débit constant du courant,
soient identiquement les mêmes dans les deux cas.

« Comme les principaux faits constatés par nous sont de nature à modifier radicalement certaines idées d'hydraulique théorique et pratique, et qu'ils peuvent
avoir pour effet de faire hésiter devant certaines conclusions trop légèrement
énoncées et admises et de mettre dès à présent sur la voie de déductions pratiques d'un haut intérêt, dans les nombreuses et graves questions de ce genre qui
sont actuellement à l'ordre du jour, nous avons jugé utile de présenter un
aperçu sommaire des résultats d'une partie de nos expériences que nous ferons
suivre de quelques observations. »

Procédons maintenant à une analyse rapide des observations de M. Vauthier.
Cet ingénieur a fait usage d'un canal en bois de 6 mètres de longueur, de 0^m,20 de
argeur et dont les parois s'élèvent verticalement au-dessus du plafond, figure 2,
planche II.

Ce canal présente dans sa partie centrale un évasement symétrique à faces
rectilignes, s'étendant sur 2 mètres de longueur, à l'aide duquel la largeur du
plafond est portée de C en C' a 0,^{m}40 au lieu de 0^m,20. A l'aide de planches mobiles ab. $a'b'$, on peut à volonté diriger l'eau entre des bords parallèles, ou lui
permettre de s'épandre dans toute la longueur de la partie évasée. L'alimentation du canal se fait à l'aide d'une vanne v placée à l'origine d'amont, qui retient
ou lâche à volonté l'eau d'un bassin.

Cela posé, voici les faits d'écoulement observés : *lorsqu'on ouvre la vanne sans
précipitation*, soit que les planches parallèles ab, $a'b'$ se trouvent en place,
soit qu'étant enlevées l'eau puisse s'épandre dans la partie évasée, on obtient
l'écoulement sous la forme manifestée par la courbe inférieure A B C D de la
figure 2.

Mais si, pendant que l'écoulement a ainsi lieu (les planches ab, $a'b'$, n'étant
pas en place), on introduit momentanément dans la partie étroite du canal, vers
l'aval, un corps qui fasse obstacle partiel à l'écoulement, ou *si l'on fait venir
l'eau brusquement* dans le canal, on obtient toujours invariablement un effet d'é-
coulement diamétralement opposé au précédent, effet dont l'axe hydraulique
est représenté dans la figure 2 par la courbe supérieure ABC'D'. Le même
effet s'observe encore, lorsque, faisant couler l'eau dans le canal dont le
parallélisme est régularisé par le placement des planches ab, $a'b'$, on retire
celles-ci pendant que le canal est plein.

DU JAUGEAGE DES RIVIÈRES. — DÉBITS

Les procédés relatifs au jaugeage des cours d'eau font l'objet du chapitre IV de notre traité d'hydraulique. Nous ne donnerons ici que des considérations générales sur le jaugeage des rivières, et nous montrerons surtout comment on établit les courbes et formules des débits.

« La question du jaugeage dans les grandes rivières, dit M. Graëff, est une des plus difficiles de l'hydraulique, et l'on ne possède jusqu'ici aucune formule dont on soit sûr. »

La formule simple de M. Bazin, excellente pour les canaux, ne paraît pas offrir de sécurité absolue pour les grands cours d'eau ; il en est de même de celles qui résultent des expériences américaines, sur le Mississipi, et des expériences des ingénieurs Suisses. Quant aux anciennes formules de de Prony, elles sont absolument inapplicables aux rivières.

Toutes ces formules sont purement empiriques et ne doivent pas être employées en dehors des limites expérimentales.

Dans les parties des cours d'eau où les sections et les pentes restent constantes, lorsque le débit ne varie pas, la ligne d'eau reste parallèle au fond.

Mais, dès que le lit présente une série de changements de pente ou de section, la ligne d'eau du profil en long devient sinusoïdale et ne se compose plus que d'une série de remous.

Les formules du mouvement uniforme ne peuvent donc être appliquées avec sécurité que pour les jaugeages à faire dans des sections d'une certaine longueur où la rivière ressemble à un canal régulier à débit uniforme.

Dans le cas général d'un cours d'eau à débit variable, considérons deux sections espacées d'une distance ds, le débit dans la première est q, et dans la seconde $(q+d.q)$; pendant le temps dt, il s'emmagasine entre ces deux sections, un volume dV qui est mesuré par le produit de la différence dq des débits par l'accroissement dt du temps. D'autre part, le volume dV peut être mesuré par un prisme ayant pour base la différence $d\omega$ des sections et pour hauteur leur distance ds ; d'où résulte l'équation différentielle :

$$d\omega.ds = dq.dt \quad \text{ou} \quad \frac{ds}{dt} = \frac{dq}{d\omega}.$$

Le rapport $\left(\dfrac{ds}{dt}\right)$ est la vitesse de propagation v de l'élément de crue considéré ; et si l'on a deux sections voisines ω et ω', ayant pour débit q et q', l'équation différentielle précédente deviendra :

$$v = \frac{q-q'}{\omega-\omega'} = \frac{u\omega - u'\omega'}{\omega - \omega'} = u+\omega'\frac{u-u'}{\omega-\omega'}$$

La vitesse de propagation v de la crue reste donc supérieure à la vitesse moyenne de l'écoulement tant que les différences $(u-u')$ et $(\omega-\omega')$ sont de même signe. C'est ce qui arrive pour un fleuve non débordé ou endigué.

Mais, quand il y a une plaine submersible à la suite la section ω, ω' devient plus grand que ω, la fraction est négative et la vitesse de propagation de la crue est moindre que la vitesse moyenne d'écoulement.

L'expérience a vérifié ces faits; mais, en somme, l'équation différentielle n'a pas été intégrée et ne présente qu'une utilité restreinte.

COURBES DES DÉBITS

A défaut de formules inspirant quelque confiance, on a recours à la méthode expérimentale, pour déterminer les débits en un point A, aux environs duquel la pente et le profil n'éprouvent pas de variations brusques.

Le cours d'eau se maintenant étale à une certaine hauteur h_0 que l'on note à l'échelle, on procède par un des systèmes connus au jaugeage du débit que l'on trouve être égal à q_0. De même, pour d'autres hauteurs h_1, h_2, on trouve des débits q_1, q_2.

Ces expériences permettent de construire *la courbe des débits en fonction des hauteurs*, planche II, figure 3; c'est une courbe ayant pour abscisses les hauteurs observées et pour ordonnées les débits correspondants.

En temps de crue, on note à l'échelle les hauteurs successives et les heures auxquelles elles se produisent, et cela permet de construire *la courbe du mouvement des eaux*, figure 4, qui a pour abscisses les temps et pour ordonnées les hauteurs correspondantes.

Ces deux premières courbes ont une coordonnée commune, la hauteur des eaux; à chaque hauteur correspond, dans la première courbe, un débit et dans la seconde un temps; avec ces deux quantités, on construit *la courbe des débits en fonction des temps*, figure 5.

L'aire de cette courbe, construite pour une année, donne le débit total annuel du cours d'eau.

Si, d'autre part, on a calculé la superficie du bassin et si on a relevé les hauteurs de pluie tombées dans l'année sur diverses sections de ce bassin, on a le cube de pluie reçu par le sol pendant l'année.

Le rapport du débit annuel du cours d'eau à ce cube de pluie mesure le degré moyen de perméabilité du sol.

Les observations faites par M. Graëff, dans le département de la Loire, sur le Furens, l'Anzou et le Sornin, ont donné pour la valeur de ce rapport :

En hiver.	1,245
Au printemps.	0,681
En été.	0,272
En automne.	0,636
Moyenne annuelle..	0,641

L'eau disparue est enlevée non-seulement par la perméabilité du sol, mais encore par l'évaporation dont la puissance est souvent considérable.

En hiver, le débit du cours d'eau est supérieur à la quantité de pluie; les sources apportent en effet leur contingent tiré des réserves du sol.

Pour construire la courbe des débits des crues, on se sert de jaugeages faits pendant que le fleuve était étale à une certaine hauteur, et présentait, par conséquent, une ligne d'eau longitudinale sensiblement parallèle à la ligne du fond. Or, pendant la période de croissance, la pente de superficie est plus grande que la pente du fond, la vitesse doit être, à hauteur égale, un peu plus forte que pendant l'étale, et le débit un peu supérieur à celui qu'on a jaugé ; inversement, pendant la décrue, la pente de superficie est moindre que la pente de fond, la vitesse doit être, à hauteur égale, moins forte que pendant l'étale, et le débit un peu moindre que celui qu'on a jaugé.

En réalité, les différences sont peu importantes et il n'y a pas lieu d'en tenir compte dans la pratique.

FORMULE DES DÉBITS DE L'ADDA

Les courbes sont évidemment le procédé le plus commode pour la représentation des débits d'une rivière ; mais il est des cas où des formules sont plus utiles et plus commodes. Une courbe peut toujours être remplacée par une formule empirique : l'une se transforme en l'autre sans difficulté. Voici, comme exemple, la formule des débits de l'Adda.

D'une longue série de jaugeages directs, M. Lombardini a déduit, pour l'expression des débits de l'Adda à l'échelle de Côme, la formule suivante :

$$e = 100\, y^{\frac{3}{4}} (1 - 0,032.y)$$

dans laquelle e représente le débit en mètres cubes par seconde, et y la hauteur d'eau au-dessus du fond moyen qui est à $1^m,50$ en contre-bas du zéro de l'échelle de Côme.

Les jaugeages ont été faits, ainsi que ceux du Pô, au moyen de bâtons flottants, lestés à une extrémité pour rester dans une position verticale et acquérir la vitesse moyenne des filets liquides.

Le module de l'Adda, c'est-à-dire le débit moyen de ce fleuve, est de $186^{m.c.},85$. Le module du Pô, calculé de 1827 à 1840, est de 1720 mètres cubes; le module du Rhin, d'après M. Defontaine, est de 941 mètres cubes à Bâle et de 1084 à Kehl. De 1807 à 1836, le module de la Seine, à Paris, a été de 249 mètres cubes.

FORMES DE LA COURBE DES DÉBITS ET DE LA COURB DES VITESSES

Toutes les formules empiriques que nous avons données, et qui résultent du rapprochement de séries d'expériences, conduisent pour les courbes des débits à des lignes paraboliques dont la convexité est tournée vers l'axe des abscisses, axe sur lequel on porte les hauteurs d'eau observées à l'échelle et correspondant à chaque débit.

Inversement, la courbe des vitesses moyennes (quotients des débits par la section) rapportées aux hauteurs, tournera sa concavité vers l'axe des abscisses sur lequel on porte les hauteurs d'eau correspondantes aux vitesses moyennes.

Ce sont là de précieuses indications sur la forme générale des courbes des débits et des vitesses, et elles permettent : 1° de tracer ces courbes avec une grande exactitude, du moment qu'on en connaît deux ou trois points soigneusement déterminés ; 2° de contrôler l'exactitude d'une série d'expériences et de reconnaître dans cette série les anomalies et les erreurs.

PROCÉDÉ PRATIQUE DE JAUGEAGE

D'après M. Graëff, le procédé pratique de jaugeage le plus exact et en même temps le plus simple, est celui qui consiste à diviser la section en une série de surfaces que l'on calcule et que l'on considère séparément, à mesurer la vitesse moyenne dans chaque surface au moyen de flotteurs composés de bâtons lestés donnant sensiblement la vitesse moyenne.

Si l'on désigne par u_0, u_1, u_2, les vitesses correspondantes aux surfaces ω_0, ω_1, ω_2, figure 6, planche II, par Ω et U la section totale et la vitesse moyenne du cours d'eau, on a :

$$Q = \Omega.U = \omega_0 u_0 + \omega_1 u_1 + \omega_2 u_2 + \ldots$$

Lorsqu'on a un jaugeage à faire, il faut choisir une partie où la section et la pente soient à peu près constantes, afin de se rapprocher du régime uniforme. Le jaugeage n'a pas besoin d'être fait juste au poste d'observation des hauteurs ; ainsi l'échelle étant placée sous un pont, comme c'est l'habitude, on procèdera au jaugeage à une certaine distance à l'amont ou à l'aval, et il n'en résultera pas d'erreur, pourvu qu'il n'arrive pas d'affluents entre les deux points d'observation.

Lorsqu'il s'agit de jauger une rivière débordée, figure 7, planche II, il faut effectuer à part le jaugeage de la partie centrale $pmnq$ et celui des parties latérales $qrts$, $upvx$; ce sont là, en effet, à cause de la grande différence de profondeur, comme trois cours d'eau distincts, et il importe, pour arriver à quelque exactitude, de ne pas les confondre. Les jaugeages de ce genre sont, du reste, difficiles, à cause des remous et des courants variables qui se manifestent dans les parties latérales.

M. Graëff fait remarquer en outre qu'il ne faut point choisir, pour procéder au jaugeage des grandes crues, les parties très-resserrées des rivières, analogues aux gorges et pertuis de la haute Loire. En effet, les figures 8 et 9, planche II, représentent le profil en long et le profil en travers de la Loire, pendant la crue de 1866, dans la gorge du Pertuiset.

La résistance sur les rives est beaucoup plus forte, vu les grandes vitesses, que la résistance au milieu du lit ; le profil en travers n'est donc plus une ligne horizontale, mais une courbe concave, et la dénivellation de l'axe aux rives atteignait $2^m,40$. Sur le profil en long, on remarque des ondulations de $2^m,50$ de hauteur. Dans les coudes, il se produisait sur les bords, des courants et de profondes dénivellations superficielles.

Avec de pareils mouvements irréguliers, on comprend sans peine qu'il est impossible de procéder à un jaugeage exact, et la mesure des vitesses n'est susceptible d'aucune exactitude.

Mais, si les gorges étroites ne se prêtent pas au jaugeage des crues, elles conviennent presque toujours pour le jaugeage des eaux moyennes et des eaux basses.

La figure 10, planche II, donne les courbes des débits et des vitesses moyennes de la Loire au pont de Roanne ; ces courbes ont été construites par M. Graëff.

Coefficient de perméabilité

Nous venons de donner plus haut, à la page 52, les résultats des recherches faites par M. Graëff dans le département de la Loire pour déterminer le rapport du débit de plusieurs rivières au cube de pluie reçu par le bassin. Ce rapport mesure le degré de perméabilité du bassin. C'est le coefficient de perméabilité que nous avons eu déjà l'occasion de considérer. Nous rappellerons ici les principaux travaux relatifs à la détermination de ce coefficient.

M. l'ingénieur Poincaré, dans ses expériences comparatives sur le volume des pluies et le débit des cours d'eau dans le bassin de la Meuse, est arrivé aux nombres suivants :

1° A Saint-Thiébault, le bassin est de 316 kilomètres carrés, dont 302 imperméables et 14 perméables.

Il n'est pas besoin de pluies préparatoires pour humecter le sol et déterminer la crue ; elle commence en même temps que la pluie ; le maximum de la crue s'est produit 18 heures après le maximum de la pluie.

Déduction faite d'un débit initial de 3 mètres cubes à la seconde, le volume total d'une crue observée a été de 19,565,300 mètres cubes et celui de la pluie correspondante de 20,524,300 mètres cubes.

Le rapport est de 0,94 ; les pluies antérieures avaient donc complétement satisfait l'hygroscopicité du sol.

2° A Soulancourt, bassin de 178 kilomètres carrés, 31 imperméables, 52 perméables et 95 douteux, soit demi-perméables.

Les profils des crues relevées leur assignent un caractère beaucoup moins torrentiel et accusent de grandes pertes d'eau.

Le rapport du débit d'une crue observée au volume de la pluie correspondante a été de 0,41 : il est vrai que les plus fortes pluies ont eu lieu précisément sur les terrains perméables.

3° A Jainvillotte, bassin de 127 kilomètres carrés, 43 absolument imperméables, 21 perméables et 63 douteux. Rapport d'une crue à une pluie : 0,72.

4° A Neufchâteau (Mouzon), l'influence des terrains perméables se fait de plus en plus sentir : bassin de 424 kilomètres carrés, 132 imperméables, 134 perméables et 158 douteux. Rapport : 0,47.

5° A Neufchâteau (Meuse et Mouzon), bassin de 868 kilomètres carrés, dont 455 imperméables, 251 perméables et 162 semi-perméables. Rapport 0,59.

6° A Saint-Mihiel, bassin de 2,430 kilomètres carrés, dont 824 imperméables, 1,025 perméables et 583 semi-perméables. Rapport : 0,49.

« Ainsi, dès que la proportion des terrains perméables atteint 0,45 de la surface totale, le rapport s'est maintenu entre 0,47 et 0,49, sans plus descendre. Cette constance tient à ce que la vallée, profondément et régulièrement encaissée, draine avec une puissance presque uniforme les versants perméables. »

Proportion d'eau pluviale recueillie par les étangs pour l'alimentation de Versailles. — Le rapport du volume d'eau recueillie au volume de pluie tombée est variable avec une multitude de circonstances. Il dépend surtout de la perméabilité relative des terrains; mais la pente des versants exerce aussi une énorme influence.

« En général, dit M. Vallès, les ingénieurs ont admis que les quantités d'eau de pluie coulant à la surface et susceptibles d'être recueillies étaient la moitié ou les $\frac{1}{3}$, rarement moins des $\frac{1}{4}$, de la tranche pluviale annuelle.

Ils se fondaient, pour justifier cette appréciation, sur ce fait que les débits annuels des rivières étaient représentés par ces mêmes fractions de la tranche pluviale annuelle tombant sur les bassins de ces rivières.

Pour les étangs de Versailles par exemple, ils auraient dit que la Seine, laissant couler sous les ponts de Paris le $\frac{1}{3}$ des eaux versées par la pluie sur son bassin supérieur, il y avait lieu d'admettre que, dans nos contrées, $\frac{1}{3}$ des eaux disparaissent de la surface et qu'un tiers pourrait, par conséquent, être recueilli.

Cela est incontestablement vrai pour la ligne de thalweg de la vallée, mais cela l'est-il également pour toutes les altitudes? »

Évidemment non; dans les vallées, les sources rendent tout ce qui est allé alimenter les nappes souterraines. Sur les plateaux, cette importante partie du produit est perdue.

Si la pente est très-faible, le sol fût-il absolument imperméable, l'évaporation et l'absorption agissent néanmoins.

Ainsi les étangs, qui fournissent à Versailles une partie de ses eaux, sont établis sur des plateaux imperméables, argileux et sans pente, appartenant à l'étage de la formation tertiaire qui porte le nom d'argiles et meulières de Satory.

Cependant, les expériences précises de M. Vallès semblent montrer que ces étangs ne recueillent que les 0,062 de la pluie tombée sur leur bassin.

Expériences de M. Eon-Duval. — M. l'ingénieur en chef Eon-Duval a bien voulu nous communiquer le résultat des expériences faites sur les grands réservoirs alimentaires du canal de Nantes à Brest :

Le rapport m de la quantité d'eau arrivée aux réservoirs au cube d'eau tombé sur le bassin alimentaire varie de 0,08 à 0,40 et est en moyenne de 0,23 ; ce rapport augmente généralement avec la quantité d'eau tombée, mais il est singulièrement influencé par la répartition de la pluie pendant l'année. Les eaux superficielles sont d'autant plus abondantes qu'il tombe plus de pluie en hiver et moins en été; ainsi que nous avons eu l'occasion de le dire plusieurs fois, les pluies d'été ne profitent guère aux cours d'eau à moins qu'il ne s'agisse de versants imperméables et rapides.

Le rapport m, entre la hauteur des eaux superficielles et la hauteur totale de pluie, peut s'exprimer dans la Loire-Inférieure par la formule suivante :

$$m = 0,50 - \frac{1}{6H}.$$

Le rapport m s'annulerait donc pour H $= 0^m,33$; bien qu'il ne faille jamais appliquer les formules empiriques aux situations extrêmes, cette particularité ne doit pas être éloignée de la vérité, puisque la seule année où la hauteur de pluie est descendue à $0^m,40$, le rapport m n'a été que de 0,08.

Conclusion. — En présence de ces résultats contradictoires, on reconnaît que l'on ne saurait adopter à l'avance une valeur du rapport entre le volume des eaux superficielles et le volume de la pluie. Ce rapport est soumis à plusieurs influences variables; le chiffre qui convient à une année pourra être, l'année suivante, très-éloigné de la vérité.

CRUES DES COURS D'EAU; RELATIONS AVEC LA CONSTITUTION GÉOLOGIQUE DU BASSIN. — ANNONCE DES CRUES

Les crues des cours d'eau se manifestent sous des formes qui varient avec la constitution géologique des bassins. On avait bien soupçonné, jadis, les causes de ces variations; mais elles n'ont été mises en lumière que dans ces dernières années, et l'on peut dire que c'est à M. Belgrand, inspecteur général des ponts et chaussées, membre de l'Institut, qu'est dû cet important résultat.

Résultat important, en effet, non-seulement au point de vue scientifique, mais encore au point de vue pratique; il a permis de prédire, quelques heures et souvent quelques jours à l'avance, l'intensité des crues qui vont se produire et l'on ne peut méconnaître l'utilité d'une prédiction de ce genre qui évite bien des désastres.

On trouvera dans les *Études hydrologiques sur le bassin de la Seine* tous les détails relatifs aux cours d'eau de ce bassin, à leur régime et à leurs crues. Nous nous contenterons de résumer ici les lois générales et les principes sur lesquels est basé le système de l'annonce des crues.

INFLUENCE DE LA PLUIE SUR LES CRUES DES COURS D'EAU

C'est à M. l'ingénieur en chef Dausse que revient le mérite d'avoir le premier énoncé cette loi naturelle :

Les pluies des mois chauds ne profitent pas pour ainsi dire aux cours d'eau, tandis que les pluies de la saison froide se manifestent toujours par des crues plus ou moins fortes.

En effet, les pluies d'été sont absorbées par la végétation ou retournent dans l'atmosphère, grâce à l'évaporation.

Cette loi est mise en évidence, lorsqu'on place en regard les unes des autres les courbes pluviométriques et les courbes des pluies.

C'est ce qu'il est facile de faire, en examinant l'atlas joint aux *Études hydrologiques du bassin de la Seine*. Nous avons déjà cité plus d'une fois ce remarquable ouvrage; mais il faut le lire en entier pour comprendre les rapports intimes de l'agriculture, de la science des eaux et de la géologie.

FORME DES CRUES POUR LES COURS D'EAU DES TERRAINS IMPERMÉABLES

Lorsque la pluie tombe sur un sol imperméable, elle ruisselle à la surface ; dans chaque repli de terrain, on trouve un petit cours d'eau, et l'aspect seul de la carte du pays suffit à signaler son imperméabilité, sans qu'il soit besoin de recourir à des constatations géologiques.

Ces eaux, ruisselant à la surface du sol, ont reçu de M. Belgrand le nom d'eaux torrentielles ; elles arrivent rapidement aux thalwegs.

Les crues des rivières ainsi alimentées sont d'autant plus rapides et violentes que les terrains sont plus imperméables et plus incultes et que les versants sont plus inclinés.

Les crues s'élèvent donc rapidement ; elles décroîtraient exactement de la même manière si l'imperméabilité était absolue. Mais il n'en est jamais ainsi : la terre cultivée, le sol feutré des prairies et des bois retient une certaine quantité de pluie pour ne l'abandonner que lentement ; des sources dues à des veines de sable, à des fissures, à des cavernes, se mettent à couler quelque temps après la pluie, et s'opposent à un abaissement trop rapide des crues. Ces sources des terrains imperméables sont tout à fait accidentelles ; leur disposition n'est régie par aucune loi ; on les trouve aussi bien dans les vallées qu'à mi-côte ou sur les sommets ; elles sont éphémères et en général peu abondantes. Nous nous sommes, du reste, assez longuement étendu sur ce sujet, en traitant de l'hydrologie.

Les raisons que nous venons de dire modèrent la rapidité de la décroissance des eaux dans les terrains imperméables, et la courbe des hauteurs d'eau est plus rapide pendant la montée que pendant la décrue.

C'est ce qu'on reconnaît en examinant la figure 5, planche II, qui représente la crue d'octobre 1846 de la Loire, à Roanne ; la Loire à Roanne est alimentée par un bassin imperméable.

FORME DES CRUES POUR LES COURS D'EAU DES TERRAINS PERMÉABLES.

Dans les terrains perméables, les eaux pluviales ne prennent presque jamais un cours superficiel ; elles pénètrent, à moins de circonstances exceptionnelles, dans les profondeurs du sol. Elles alimentent les nappes et réservoirs souterrains, et s'épanchent au dehors en des points situés sur les lignes de thalweg.

En ces points se trouvent les sources dont la position est ainsi bien déterminée. Les sources importantes se rencontrent à l'intersection des vallées secondaires et de la vallée principale.

Lorsque la perméabilité est uniforme, les sources forment dans les thalweg comme un suintement continu ; mais, le plus souvent, il existe dans le sol des lignes de plus facile passage, des conduits qui reçoivent les eaux et les amènent au jour.

Suivant que la nappe souterraine monte ou descend, le débit des sources augmente ou diminue, et celles qui se trouvent dans les parties supérieures des vallées se mettent à couler ou s'éteignent.

Il y a des vallées qui restent constamment sèches et dont le thalweg n'est jamais coupé par les nappes souterraines.

Un terrain perméable se reconnaît à la seule inspection de la carte ; les cours d'eau y sont peu nombreux et dépourvus de ces ramifications qui dessinent le relief des contrées imperméables.

L'effet des pluies est donc assez longtemps avant de se faire sentir sur les cours d'eau des terrains perméables ; les crues sont lentes et peu chargées de troubles ; mais, si elles s'élèvent lentement, elles mettent aussi beaucoup de temps à baisser, parce que l'abaissement porte non-seulement sur les eaux superficielles, mais encore sur toute l'étendue des nappes souterraines. Les décrues sont encore plus lentes que les crues.

La figure 1, planche V, représente une crue qui s'est produite, en 1854, sur la Seine à Montereau ; le bassin supérieur de la Seine est pour la plus grande part composé de terrains perméables.

FORME DU LIT DES RIVIÈRES DANS LES TERRAINS IMPERMÉABLES

Dans les terrains imperméables, les eaux ruissellent sur les versants, en se chargeant de boues et de particules solides qu'elles entraînent avec elles.

Quand elles rencontrent un obstacle, elles l'émiettent et finissent par l'emporter ; quand elles rencontrent un creux, elles le comblent avec l'apport des terrains supérieurs.

Les eaux se chargent donc d'adoucir et de niveler les surfaces des versants et de transporter les matières terreuses des sommets dans les vallées.

Les sommets sont donc reliés aux thalwegs par des courbes continues dont le cours d'eau occupe les points les plus bas. La figure 3 de la planche V représente ce profil type des vallées des terrains imperméables, et particulièrement des terrains argileux

FORME DU LIT DANS LES TERRAINS PERMÉABLES

Les versants dans les vallées des terrains perméables ne sont pas attaqués par le ravinement des eaux superficielles ; ces versants conservent leur forme première, ou du moins ne se déforment que lentement sous l'influence des agents atmosphériques et de causes accidentelles.

Le fond de la vallée, qui s'est formée aux époques préhistoriques, est donc resté à peu près horizontal ; le plus souvent même, il est convexe comme le montre la figure 4, planche V, et la rivière coule au sommet de la convexité.

En effet, les alluvions se sont surtout déposées sur les berges du cours d'eau primitif ; la végétation, la formation de la tourbe y ont été plus actives ; ces berges se sont donc exhaussées, laissant à droite et à gauche de la rivière des parties déprimées qui se transforment en marécages, si on n'a pas le soin de les assainir au moyen de fossés d'écoulement qui prennent le nom de fausses rivières.

epuis que le service hydrologique du bassin de la Seine est organisé et fonctionne sous les ordres de M. Belgrand, on est arrivé à annoncer les crues avec une grande exactitude; du reste, les principes appliqués à l'annonce des crues sont les mêmes pour tous les cours d'eau.

Voici ces principes dans l'ordre où M. Belgrand les donne :

1° *Loi fondamentale.* — *Les crues des petits torrents (bassins imperméables) sont très-élevées; leur durée est très-courte, rarement de plus d'un ou de deux jours;*

Les crues des petits cours d'eau tranquilles (bassins perméables) sont peu élevées; leur durée est très-longue, toujours de plus de quinze jours;

La crue d'un torrent se divise en deux parties; à la suite de la crue élevée et de courte durée, qui correspond au passage des eaux torrentielles, vient une seconde crue beaucoup plus longue, qui correspond au passage des eaux tranquilles.

Dans un bassin, il faut distinguer la rivière principale et les affluents : si le bassin est imperméable, et qu'une pluie continue s'établisse, la crue de la rivière principale s'augmente à chaque affluent de la crue de cet affluent. Mais, si la pluie ne dure pas, la crue torrentielle de chaque affluent, cette crue qui ne dure qu'un ou deux jours, arrive à la rivière principale avant la crue torrentielle de celle-ci; elle s'écoule en 48 heures au plus, et la crue torrentielle de la rivière principale peut n'être pas arrivée lorsque celle de l'affluent est complètement écoulée.

2° *Il y a dans chaque vallée à bassin imperméable un point où les crues cessent de s'accroître.*

C'est le point au delà duquel les crues des affluents sont déjà écoulées lorsque arrive la crue de la rivière principale.

Ce point est d'autant plus à l'aval que le bassin supérieur de la rivière est plus montagneux; la rapidité de l'écoulement croît très-vite avec la déclivité.

Ainsi, au Bec d'Allier, la crue de la Loire n'arrive que lorsque celle de l'Allier est déjà passée; grâce à cette heureuse combinaison produite par la nature, les crues de ces deux grands cours d'eau ne se superposent pas.

3° *Dans un grand cours d'eau torrentiel, une crue extraordinaire peut être produite par un phénomène météorologique unique n'agissant que sur une partie restreinte du bassin.*

La Loire présente fréquemment ce phénomène : il peut y avoir une crue désastreuse à Saumur, déterminée par les affluents qui débouchent à l'aval de Tours, alors qu'à Roanne il ne se produit qu'une crue modérée.

4° *La durée des crues torrentielles va en croissant depuis les sources du fleuve jusqu'à la mer.*

Cela se conçoit, puisque, dans le voisinage des sources, la crue torrentielle s'écoule en 24 ou 48 heures, tandis que dans les parties inférieures du bassin les crues des affluents arrivent l'une après l'autre, et se soudent de manière à former une chaîne ininterrompue.

5° *Dans les bassins perméables parcourus par des cours d'eau tranquilles, la portée maximum de la crue du grand cours d'eau tranquille s'ajoute, à chaque confluent, à la portée maximum de la crue de chaque affluent tranquille.*

En effet, la crue de chaque cours d'eau tranquille durant au moins quinze jours, toutes les crues finissent par coexister dans toute l'étendue du bassin.

Ainsi, dans les bassins perméables, les crues de tous les cours d'eau se superposent, et la durée de ces crues n'augmente pas à mesure qu'on descend vers la mer, ainsi que cela arrive dans les bassins imperméables.

Cours d'eau mixtes. — Il est rare qu'on rencontre un grand cours d'eau dont le bassin soit entièrement imperméable ou entièrement perméable.

Il y a des affluents coulant dans des bassins secondaires imperméables, et d'autres qui coulent dans des bassins secondaires perméables.

L'ensemble de ces affluents constitue une rivière mixte.

Lorsque les terrains imperméables l'emportent notablement sur les terrains perméables, on peut négliger les eaux de ceux-ci, c'est-à-dire les affluents tranquilles, puisque leurs crues ne se font sentir que lorsque les pluies torrentielles sont passées. C'est ce qui arrive pour la Loire.

Dans la Seine, au contraire, les terrains perméables l'emportent de beaucoup sur les terrains imperméables (59 210 kilomètres carrés et 19 440 kilomètres carrés); c'est là un véritable cours d'eau mixte qui donne lieu aux remarques suivantes :

6° *Les crues d'un torrent qui rencontre un cours d'eau tranquille passent toujours les premières au confluent.*

C'est une conséquence immédiate de la loi fondamentale.

Crues successives. — En ce qui touche les crues successives, c'est-à-dire celles qui se succèdent à de courts intervalles, on doit faire les remarques suivantes :

7° *La durée des crues des petits torrents étant très-courte, une crue est presque toujours écoulée, quand arrive la suivante.*

8° *Avec les grands cours d'eau torrentiels, les coïncidences des crues torrentielles successives sont possibles, mais rares.*

En tous cas, ces coïncidences ne se produisent pas pour les grandes crues extraordinaires, car ces crues sont dues à de grands phénomènes météorologiques qui ne se reproduisent pas à de courts intervalles.

9° *La coïncidence des crues successives est, au contraire, la règle pour les cours d'eau tranquilles.*

Ces crues se superposent pendant un ou deux mois, et l'ascension est continue.

10° *Les crues extraordinaires des cours d'eau tranquilles sont toujours produites par des phénomènes successifs.*

C'est une conséquence de la remarque précédente.

11° *Dans les cours d'eau mixtes, la première crue torrentielle passe seule ; mais les crues torrentielles successives peuvent se superposer aux crues précédentes des cours d'eau tranquilles.*

D'après cela, le maximum de la crue d'un cours d'eau mixte correspond habituellement à une crue torrentielle arrivant à la suite d'une série de crues successives.

CRUES DE LA SEINE A PARIS. — ANNONCE DES CRUES

C'est à Paris que les crues de la Seine prennent leur forme définitive, et c'est là qu'il importe de les prévoir et de les annoncer.

En trois ou quatre jours, une crue torrentielle arrive de l'extrémité du bassin de la Seine jusqu'à Paris; la crue correspondante des cours d'eau tranquilles est au moins de quatre ou cinq jours en retard ; elle ne fait que soutenir la crue.

Si la pluie continue et détermine de nouvelles crues torrentielles, la Seine monte, à Paris, d'une manière continue.

Loi des crues. — Si l'on considère les sept affluents torrentiels de la Seine, l'Yonne à Clamecy, le Cousin à Avallon, l'Armançon à Aisy, la Marne à Chaumont, la Marne à Saint-Dizier, l'Aire à Vraincourt, l'Aisne à Sainte-Menehould, l'expérience conduit à la loi ci-après :

1° Le nombre de jours de crue à Paris correspondant à une crue des affluents torrentiels est de 3,40 ;

2° Le rapport de la hauteur de la crue, à Paris, à la hauteur moyenne de la crue correspondante des sept affluents torrentiels est de 2,05, quand la crue, à Paris, n'est pas précédée d'une décrue, et de 1,55 quand elle est précédée d'une décrue.

Telle est la règle simple qui permet de calculer la hauteur des crues à Paris, lorsqu'on reçoit par dépêche télégrahique les cotes observées sur les affluents à Clamecy, Avallon, Aisy, Chaumont, Saint-Dizier, Vraincourt et Sainte-Menehould.

Il est facile d'établir expérimentalement des lois analogues pour les autres cours d'eau, et le système d'annonce des crues fonctionne aujourd'hui dans presque tous les bassins.

Les inondations extraordinaires de la Seine sont rares; on en signale deux ou trois par siècle. La ville de Paris n'en souffre pas autant qu'au moyen âge, car le sol a été exhaussé et le lit de la rivière encaissé ; mais, aux environs de la capitale, on a imprudemment élevé des constructions sur des terrains que les grandes crues recouvrent de plusieurs mètres d'eau.

Parmi les plus grandes crues rapportées au zéro de l'échelle du pont de la Tournelle, on cite les suivantes :

Février 1649	7m,66	25 janvier 1651	7m,83
27 février 1658	8m,81	— 1690	7m,55
Mars 1711	7m,62	Décembre 1740	7m,90
Février 1764	7m,33	3 janvier 1802	7m,32

La plus grande crue, celle de 1658, remplit d'eau en plusieurs endroits les rues Saint-Martin, Saint-Denis, Saint-Antoine et emporta une partie du pont Marie.

Rien ne s'oppose à ce que la succession des phénomènes qui l'ont produite se manifeste de nouveau.

La figure 5, planche V, représente la crue de janvier 1861.

ANNONCE DES CRUES DE LA LOIRE

Le service d'annonce des crues, qui fonctionne sur la Seine avec une précision mathématique, rend aussi de grands services dans les autres bassins de nos grands fleuves.

Pour la Loire il a été organisé en 1858; à l'origine en 1858, M. Comoy ne disposait que d'observations reposant sur 84 crues, de sorte que la prédiction des hauteurs probables du fleuve pouvait ne pas inspirer une absolue confiance. Aujourd'hui, de nombreuses crues ont été observées avec soin et les hauteurs d'eau, à Orléans, Tours, Saumur et Nantes, peuvent être annoncées plusieurs jours à l'avance avec un degré suffisant d'exactitude.

« Il serait superflu, dit dans un de ses rapports M. l'ingénieur en chef Deglaude, d'insister ici sur les avantages qui résultent pour les riverains de savoir à l'avance les conditions dans lesquelles doit se produire une crue qui s'approche.

Indépendamment des grandes crues qui menacent l'existence des digues, il est encore très-utile d'être averti, même à l'égard de celles qui doivent rester contenues dans le lit naturel.

Car les négociants peuvent alors opérer en temps utile le garage de leurs bateaux et le déplacement des marchandises exposées.

Car les cultivateurs ont le temps de sauver les récoltes des terres basses que la crue doit submerger.

Car ces avertissements des petites crues assurent surtout la conservation d'une quantité considérable de lins et chanvres qui sont en rouissage dans le fleuve ou qui sèchent sur les grèves. »

Entre le Bec d'Allier et le Bec du Cher, sur 300 kilomètres, la Loire ne reçoit que des cours d'eau sans importance ; au-dessous du Bec du Cher, sur 100 kilomètres, elle reçoit au contraire quatre gros affluents, le Cher, l'Indre, la Vienne et la Maine.

Lorsque la crue est due aux affluents supérieurs au Bec d'Allier, elle va en s'atténuant et ne fait de mal qu'en avant de Tours ; lorsqu'elle est due aux affluents qui viennent après le Bec du Cher, elle peut être désastreuse à Nantes et inoffensive à Tours. Lorsque les crues des deux systèmes d'affluents donnent à la fois, le désastre est général.

Le maximum du débit va en s'atténuant de Briare à Tours; il s'élève de nouveau à l'aval de Tours, si les affluents inférieurs sont eux-mêmes en crue.

Dans la crue d'octobre 1872, le débit maximum, calculé par les formules empiriques de M. Sainjon, a atteint 4 800 mètres cubes à Briare, 4 600 à Gien, 4 220 à Orléans, 4 400 à Blois et à Amboise, 4 200 à Tours et à Saumur.

DES INONDATIONS. — TRAVAUX DE DEFENSE

Les inondations, qui ravagent nos plus riches vallées, ont de tout temps vivement excité l'attention des ingénieurs.

Bien des moyens ont été proposés pour combattre ce fléau terrible et périodique. Aucun n'a complétement réussi et, dans l'état actuel de la science, le problème ne parait pas susceptible d'une solution certaine.

Voici les divers systèmes proposés pour combattre les inondations :

1° Création de réservoirs destinés à emmagasiner la partie nuisible des crues et à modérer l'écoulement des eaux;

2° Endiguement longitudinal ou transversal du lit des fleuves et rivières ;

3° Canaux de dérivation et rigoles horizontales ; déversoirs :

4° Réglementation des zones d'inondation; assurances contre les inondations;

5° Reboisement et regazonnement des montagnes.

En ce qui touche ce dernier système, nous avons exposé déjà dans notre
volume d'*hydrologie*, l'influence des forêts sur l'écoulement des eaux; nous
reprendrons ce sujet à la fin du présent chapitre en traitant des torrents.

Quant aux quatre premiers systèmes, nous ne pouvons en faire une étude
personnelle, la question est trop controversée; nous avons pensé que la seule
marche rationnelle à suivre était de résumer les travaux et d'exposer les opinions des ingénieurs expérimentés qui se sont occupés de la matière.

Mais, avant de dire quels remèdes on peut opposer aux inondations, il convient de signaler, ainsi que l'a fait M. Vallès, les avantages qui en résultent.

Puissance fertilisante des limons. — Les désastres retentissants causés
par les grandes eaux sont toujours mis en lumière, mais on laisse trop dans
l'ombre les bienfaits que les inondations apportent à l'agriculture.

Sans les crues le colmatage naturel ou artificiel n'existerait pas : c'est grâce à
elles qu'on pourra transformer en alluvions fertiles la Crau, cet immense
champ de pierres qui est resté comme un témoin du déluge des Alpes.

Ce sont les anciennes crues troubles de l'Yonne, de l'Armançon et de la
Marne qui ont engendré les riches plaines de Seignelay, de Saint Florentin, de
Vitry-le-Français.

Dans toutes les régions, du reste, nous trouvons les parties du sol les plus
fertiles dans les vallées recouvertes par une succession de dépôts limoneux.

Lorsqu'à la suite d'une inondation les commissions d'expertises se rendent
dans les pays envahis, elles enregistrent avec soin tous les dégats, mais elles
ne mettent pas dans la balance les bénéfices qu'une grande partie des terres a
tirés de la présence et du séjour des eaux troubles : le limon laissé par un grand
fleuve, comme le Rhône, est quelquefois assez riche pour donner, sans nul engrais, plusieurs récoltes abondantes.

« Je pourrais, dit M. Dausse, citer une vallée dans laquelle nos pères se con-
tentaient de fixer les berges, et puis, à une plus ou moins grande distance de
part et d'autre, d'élever des bourrelets de terre au-dessus des crues ordinaires.
Entre les bourrelets et les rives on plaçait les cultures qui craignaient le moins
une immersion passagère; derrière les bourrelets, les cultures plus délicates.
Les grandes crues, qui sont les plus chargées de limons, couvraient tout. Sans
doute qu'elles avariaient les récoltes, mais, comme elles laissaient un engrais
qui dispensait, les années suivantes, de fumer les terres inondées, les dommages
causés aux récoltes, une année sur dix ou sur vingt, se trouvaient plus que
compensés.

« Anciennement, les lits délaissés qu'on trouve dans toutes les vallées se comblaient peu à peu et finissaient par devenir cultivables; tandis qu'avec les
digues insubmersibles, ils demeurent d'éternels marais, en même temps que les
terres froides et basses sont dans l'impossibilité de s'élever jamais. »

« Les terrains les plus fertiles de nos vallées, dit M. Hervé-Mangon, sont des
couches d'alluvion. On ne saurait assez se préoccuper de favoriser ces alluvions
précieuses dont des travaux d'endiguements mal dirigés facilitent trop souvent
l'entraînement à la mer. »

1° Réservoirs d'emmagasinement des crues

L'application en grand des réservoirs à l'emmagasinement et à la régularisation des crues a été proposée à la suite des inondations de 1846.

Le point de départ de ce système est un mémoire de M. l'ingénieur en chef Boulangé étudiant l'action exercée sur le débit de la Haute-Loire par les digues de Pinay et de La Roche. Nous commencerons par l'examen de ce mémoire.

I. Action des digues de Pinay et de La Roche sur la crue de la Loire de 1846. Étude de M. Boulangé.

L'inondation de la Loire des 17 et 18 octobre 1846 a été produite par des orages qui ont duré, à Montbrison, du 15 au soir au 18 à six heures du matin et qui ont versé une nappe d'eau de 0ᵐ,153 de hauteur.

Ce phénomène météorologique exceptionnel a déterminé une crue des plus violentes et entraîné pour plus de 40 millions de désastres.

M. Boulangé, ingénieur en chef du département de la Loire, a recueilli, à la suite de cette crue, tous les renseignements sur la marche et la hauteur des eaux.

Il fait remarquer à ce sujet qu'au moment des crues extraordinaires tous les agents de l'administration sont absorbés par des intérêts très-graves et n'ont pas toujours le temps de faire des observations précises sur les phénomènes qui se produisent. — Pour éviter les inconvénients qui résultent de là, il est utile d'établir, dans chaque bureau d'ingénieur ordinaire, un ordre de service rédigé d'avance, indiquant à chaque employé les parties des travaux qu'il doit surveiller pendant les crues, les mesures qu'il doit prendre dans les diverses circonstances et les observations qu'il doit faire.

Lors de la grande crue qui nous occupe, les eaux de la Loire ont pris leur plus grande hauteur, planches VI et VII :

Au Pertuiset, le 17 à 6 heures du soir. . . . . 14ᵐ,40 au-dessus de l'étiage.
Au pont de Saint-Just, 15 kilomètr. à l'aval. 8 h. 1/2 du soir. 7ᵐ,54 —
A Feurs. 35 kilomètr. à l'aval de Saint-Just. minuit. . . . . 3ᵐ,60 —
A Balbigny, 10 kil. en aval de Feurs, 18 à 8 h. 1/2 du matin. 11ᵐ,37 —
A Roanne, 40 kil. en aval de Balbigny, 18 à 6 h. du matin. . 7ᵐ,42 —

Au passage de la digue de Pinay, la hauteur d'eau était de 19ᵐ,79 et de 21ᵐ,47 en face du château de la Roche, figures 5 et 6, planche VII.

Ainsi, le maximum de la crue a eu lieu à Roanne plus tôt qu'à Balbigny et plus tôt qu'à la digue de Pinay, qui est cependant à 33 kilomètres en amont de Roanne ; à la digue de Pinay, la crue a duré 48 heures, à Roanne environ 90 heures et au Pertuiset 24 heures seulement.

Ces faits tiennent à la présence des digues de Pinay et de La Roche, indiquées sur le plan de cette partie de la Loire, figure 1, planche VI ; ces deux digues, ne laissant aux eaux qu'un passage de 20 mètres de largeur, ont arrêté l'écoulement naturel et ont formé dans la partie basse de la plaine du Forez un vaste réservoir où les eaux se sont emmagasinées, non-seulement pendant la période croissante de la crue, mais encore pendant une partie de la période décroissante.

5

L'accumulation des eaux sur ce point y a abattu un très-grand nombre de maisons, mais en même temps elle a déposé sur les terrains inondés une couche de limon assez épaisse pour que, tout compensé, il soit parfaitement admis aujourd'hui qu'entre le pont de Feurs et la digue de Pinay l'inondation a fait plus de bien que de mal.

L'Allier et la Loire n'éprouvent de crues simultanées qu'autant que la chaîne de montagnes qui les sépare reçoit une pluie d'orage sur ses deux versants ; mais l'Allier et ses affluents sont moins longs et ont une pente plus forte que la Loire et ses affluents, leurs crues passent au Bec d'Allier avant celles de la Loire. — Les digues de Pinay et de La Roche, en ralentissant les eaux de la Loire, diminuent donc l'importance des crues en aval du Bec d'Allier ; mais, si ces deux digues existaient sur l'Allier, elles pourraient avoir une influence funeste, puisqu'en ralentissant les eaux de l'Allier elles pourraient amener la coïncidence de leur passage au Bec d'Allier avec le passage des eaux de la Loire.

Pendant la crue qui nous occupe, le volume d'eau contenu entre la digue de Pinay et le pont de Feurs, volume calculé par M. Boulange au moyen des profils en long et en travers, était de 131 millions de mètres cubes, et la plaine submersible, déduction faite du lit du fleuve, avait emmagasiné 108 millions de mètres cubes.

Cette retenue s'est opérée en 16 heures 30 minutes, ce qui fait une retenue moyenne de 1823 mètres cubes d'eau à la seconde , le maximum de la retenue à la seconde, au moment de la plus grande abondance des eaux, peut donc être évalué au double du chiffre précédent , soit à 3600 mètres cubes à la seconde.

D'après les calculs de M. Vauthier, le débit de la Loire à Roanne a atteint 7300 mètres cubes ; on juge par là de la réduction que les digues ont produite dans le débit et par conséquent dans la hauteur de la crue à Roanne.

Historique des digues de Pinay et de La Roche. — Le projet des digues de Pinay et de La Roche a été dressé vers 1711 par l'ingénieur Mathieu ; les figures 1 et 2, planche VII, représentent d'après les dessins du temps les travaux projetés à Pinay, travaux dont l'ingénieur Mathieu appréciait très-bien les résultats probables au point de vue des inondations et de l'amélioration agricole de la plaine du Forez.

En 1790, on avait oublié la destination des digues ; celle de Pinay fut en partie détruite par les habitants, qui se servirent des pierres de taille pour construire leurs maisons ; celle de La Roche était recouverte d'un jardin et d'un petit château bâti sur le rocher : le jardin et les plantations furent emportés en 1846.

Les figures de la planche VII représentent les digues de Pinay et de La Roche dans la situation qu'elles avaient en 1847.

La digue de Pinay a été complétement rétablie, en 1869, sur les plans de M. Graëff, qui a reconstitué dans son intégrité la partie exécutée du projet des ingénieurs du siècle de Louis XIV.

II. Observations et propositions de M. l'ingénieur Vallès.

M. Vallès, qui a publié un long et intéressant travail sur les inondations, s'est montré partisan des réservoirs d'emmagasinement des crues. Voici les observations qu'il a présentées à ce sujet :

*Dans les crues ce n'est pas le volume des eaux, mais la vitesse qui est dange-
reuse.* — Le grand volume des eaux que roulent les fleuves lors des crues
frappe l'imagination, mais ce n'est pas à ce volume en lui-même qu'il faut
imputer les désastres, car il importe peu que le sol soit recouvert de plusieurs
mètres d'eau ou d'un mètre seulement, puisque, dans les deux cas, la récolte est
perdue.

Malheureusement, les eaux ne s'épanchent pas tranquillement lors des crues;
elles se précipitent avec d'autant plus de violence qu'elles marchent sur une
plus grande hauteur.

Là où passent ces grands courants, non-seulement ils recouvrent le sol,
mais ils le dépouillent de sa terre arable, arrachent les arbres et renversent
les maisons, et déposent çà et là des pierres et des sables stériles.

C'est par l'exagération de la vitesse d'écoulement que tous ces maux arrivent; le remède consiste dans ces trois mots: amortir la vitesse.

NÉCESSITÉ D'EMMAGASINER UNE PARTIE DES CRUES

On amortira la vitesse en créant de vastes réserves d'eau dans les régions
montagneuses des vallées.

En dehors de toute considération relative aux crues, ces réserves d'eau sont
appelées à devenir la base d'importantes améliorations agricoles;

Si l'on pouvait emmagasiner seulement 200 millions de mètres cubes que
l'on consacrerait aux irrigations pendant quatre mois d'été, ce volume permettrait d'arroser et de fertiliser 20 000 hectares; il y aurait là une plus-value considérable;

Les réservoirs des montagnes permettraient encore de créer des forces hydrauliques, dont le besoin s'impose de plus en plus en présence de la valeur et
de la consommation croissante du combustible;

Ils donneraient en outre la possibilité d'améliorer la navigation des basses
eaux. Cet intérêt est devenu secondaire depuis la propagation des divers systèmes de barrages mobiles.

RÉSERVOIRS

C'est par le système seul des réservoirs qu'on pourra atténuer suffisamment
la hauteur des crues; si cette hauteur sans vitesse n'est pas nuisible à la terre
cultivée, elle peut causer de grandes pertes aux habitations et aux établissements industriels. — Il y a donc grand intérêt presque toujours à
l'amoindrir.

Les emplacements des réservoirs ne sont pas aussi difficiles à trouver qu'on
pourrait le croire; un séjour dans les pays montagneux suffit à le démontrer.
— D'après M. l'ingénieur en chef Boulangé on pourrait dans le seul département de la Loire établir sur la Loire et ses affluents 24 barrages. —
Il en est de même dans la plupart des vallées hautes de nos fleuves torrentiels.

La capacité de ces réservoirs peut aussi être fixée par des considérations
simples:

La crue de la Loire d'octobre 1846 a produit à Roanne une crue de $7^m,42$;
quelle quantité d'eau eût-il fallu retenir pour réduire cette crue à 5 mètres?

« Cette crue a été produite par la chute de 0ᵐ,153 de pluie, ce qui pour un bassin de 7 400 kilomètres carrés donne un volume total de pluie de 979 200 000
mètres cubes ; admettant un coefficient d'absorption de ¼ pour les terres imperméables de ce bassin, on trouve qu'il y a eu un écoulement de 734 millions
de mètres cubes.

Les chiffres trouvés par l'expérience permettent de construire la courbe des
débits du fleuve en fonction des hauteurs d'eau mesurées à l'échelle ; on connaîtra en particulier les débits pour la hauteur maxima 7ᵐ.42 et pour la hauteur
de 5 mètres à laquelle on eût voulu réduire la crue ; on connaîtra en outre les
débits à toutes les hauteurs intermédiaires. Les observations indiquent pendant combien d'heures chaque hauteur s'est maintenue. On a donc tous les éléments nécessaires pour calculer l'excès du volume réellement écoulé sur
celui qui se serait écoulé, si la hauteur des eaux avait été maintenue à
5 mètres.

M. Vallès conclut de son calcul que pour arriver à réduire la crue de 1846
dans la proportion indiquée ci-dessus il eût fallu emmagasiner 175 millions de
mètres cubes ; ce chiffre doit être trop faible, car les évaluations adoptées pour
les débits ne sont pas suffisamment élevées.

Les travaux préservatifs à exécuter dans le bassin de la Loire monteraient,
suivant le même ingénieur, à 70 millions de francs ; mais M. Vallès a soin de
faire remarquer que son estimation est approximative et ne saurait être considérée comme absolument exacte.

III. Étude de M. Graëff sur les réservoirs d'emmagasinement des crues.

Dans deux mémoires, fort intéressants au point de vue théorique et pratique, que M. Graëff, inspecteur général des ponts et chaussées, a présentés à
l'Institut et publiés récemment, on trouve les observations ci-après résumées
sur le rôle exercé par les réservoirs comme modérateurs des crues.

ACTION D'UN RÉSERVOIR SUR UNE CRUE

Soit un réservoir alimenté par un cours d'eau dont le débit à la seconde est
q, tandis que le débit du pertuis d'évacuation est q' ; soit en outre dV la variation du volume emmagasiné dans le réservoir pendant le temps dt, l'équation
fondamentale du système s'obtiendra en exprimant que la variation élémentaire
dV du volume emmagasiné est égale à la différence entre le volume affluent
$q.dt$ et le volume sortant $q'.dt$. Cette équation est donc :

$$q.dt - q'.dt = dV.$$

Les débits q et q' sont variables avec le temps suivant une certaine loi ; si elle
était connue et qu'on intégrât l'équation précédente entre deux temps t_0 et t_1, on
aurait le volume emmagasiné pendant l'intervalle (t_1-t_0).

Si on relève expérimentalement, à intervalles égaux, les débits q et q' et que
l'on construise des courbes ayant pour abscisses les temps et pour ordonnées les
débits, on aura les courbes des débits de l'affluent et du pertuis. L'aire de la

première, prise entre les deux abscisses t_0 et t_1 mesurera l'intégrale de q. dt ou le volume total entré dans le réservoir pendant l'intervalle considéré ; l'aire de la seconde, prise entre les deux mêmes abscisses, mesurera l'intégrale de q'. dt ou le volume total sorti du réservoir pendant le même intervalle. La différence des deux aires mesure l'emmagasinement.

Soit MNS, figure 6, planche V, la courbe des débits de l'affluent, et MRS la courbe des débits du pertuis, l'emmagasinement dans l'intervalle de t_0 à t_1 est mesuré par l'aire MNT comprise entre les deux courbes.

A l'origine t_0 d'une crue, le réservoir ne fonctionne pas, le débit de l'affluent est égal à celui du pertuis, les deux courbes des débits ont un point commun M ; à mesure que la crue se prononce, le débit affluent augmente par rapport au débit sortant ; puis les deux débits tendent à se rapprocher et deviennent égaux, à l'époque t_2, alors les deux courbes se confondent à nouveau au point P et, à ce moment, le débit du pertuis est maximum, car le volume emmagasiné dans le réservoir, volume représenté par l'aire MNPT, est lui-même maximum ; la tangente en P à la courbe des débits du pertuis est donc horizontale. A partir de l'époque t_2, le débit du pertuis est plus fort que le débit affluent, le réservoir se vide ; de l'époque t_2 à l'époque t_3, le volume évacué est mesuré par l'aire PQR. Enfin, il arrive un moment où le réservoir est complétement vide, les deux débits du pertuis et de l'affluent redeviennent égaux ; cela se produit à l'époque t_3, les deux courbes des débits se confondent en S, et l'aire PQRS est égale à l'aire MNPT, car ces deux aires mesurent l'emmagasinement total du réservoir.

L'inspection seule de la figure 6 montre toute l'influence qu'exerce la présence du réservoir sur le maximum du débit de la crue. Si le pertuis n'existait pas, le débit maximum serait mesuré par l'ordonnée (Nt_1), tandis qu'en réalité le débit maximum du pertuis est réduit à Pt_2. — Si donc on peut établir un pertuis infiniment étroit et un barrage infiniment élevé, on arrivera à annuler le débit d'aval ; cela veut dire qu'en pratique on peut, en construisant un pertuis et un barrage de dimensions convenables, réduire le débit maximum de la crue à l'aval du pertuis dans des proportions considérables.

ACTION DE LA DIGUE DE PINAY SUR LA CRUE DE LA LOIRE DE 1866

Grâce aux bornes fixes servant de repère le long de la Loire, M. Graëff a relevé exactement le profil en long de la crue de 1866 à l'amont de la digue de Pinay.

Le profil en long montre que le remous déterminé par la digue s'étend jusqu'au pont de Feurs (fig. 1, pl. VI) ; à l'amont de ce pont, la pente superficielle des eaux est beaucoup plus considérable, ce qui indique que le remous a cessé. Au pont de Feurs la vallée est coupée par la route nationale n° 89, qui forme une digue transversale, de sorte que le réservoir est formé par la plaine submersible comprise entre le pont de Feurs et la digue de Pinay.

La courbe des débits de la Loire au pont de Feurs en fonction du temps a été obtenue de la manière suivante ;

Par une série de jaugeages exécutés avec soin, on a d'abord établi la courbe des débits en fonction des hauteurs d'eau mesurées à l'échelle du pont ; pendant la crue, on a relevé à intervalles fixes la hauteur des eaux, de sorte qu'on a pu construire la courbe des hauteurs d'eau en rapport avec les temps. Connaissant d'une part la hauteur d'eau qui s'est produite à un moment donné et, d'autre part, le débit correspondant à cette hauteur d'eau, on connaît par cela même le débit qui existait au moment considéré et l'on peut construire la courbe des débits du fleuve en fonction des temps.

Entre le pont de Feurs et la digue de Pinay, le réservoir reçoit sur la rive gauche deux grands affluents, le Lignon et l'Aix et, sur la rive droite, deux petits affluents, la Loise et le Bernand. Il a fallu construire expérimentalement les courbes des débits de ces quatre affluents à leur embouchure dans le réservoir.

En cumulant à chaque instant le débit du fleuve et les débits des quatre affluents, on a obtenu la courbe des débits en fonction des temps.

Cette courbe est représentée sur la figure 7, planche V, par un trait plein. Elle donne un maximum de débit de 5390 mètres cubes, le 25 septembre, à 9 heures du matin.

Si l'on examine le tableau des hauteurs observées au pertuis de Pinay, on reconnaît que le maximum s'est produit, à 3 heures du soir, le 25 septembre, et a duré jusqu'à 4 heures. Or, nous savons qu'au moment où le pertuis débite le maximum le volume entrant est égal au volume sortant, et les deux courbes des débits ont même ordonnée ; elles se coupent en un point marqué par la lettre P sur la figure théorique (figure 6, planche V).

En cherchant le point de la courbe des débits entrants qui correspond à l'abscisse 25 septembre, 4 heures du soir, ce point A (fig. VII) est le sommet de la courbe des débits sortants et son ordonnée mesure le débit maximum du pertuis, débit qui est de 2519 mètres cubes.

Connaissant l'époque à laquelle le réservoir a commencé à fonctionner, et l'époque à laquelle il a cessé, cela suffit pour tracer approximativement la courbe *CNA*, figure VII, des débits sortants, courbe dont nous connaissons la forme générale.

Le lecteur se demandera, sans doute, pourquoi l'on ne trace pas la courbe des débits sortants comme celle des débits entrants, en passant de la courbe des débits rapportés aux hauteurs à la courbe des hauteurs rapportées aux temps. C'est qu'il est impossible d'appliquer à un pertuis de ce genre les formules et même les procédés ordinaires de jaugeage ; le pertuis a, en effet, une profondeur de 6^m,59 au-dessous du zéro de l'échelle et le fond se relève à quelque distance en aval.

Du reste, le sommet A est obtenu très-exactement, comme nous l'avons vu plus haut, et, pour fixer la courbe, on pourra procéder à un jaugeage, lorsqu'une hauteur d'eau moyenne existera dans le pertuis ; grâce à ce jaugeage, on déterminera, par exemple, un autre point N de la courbe des débits sortants.

Volume emmagasiné. — Le volume emmagasiné par la plaine submersible est donc mesuré par l'aire CMANC, figure VII, comprise entre les deux courbes de débits. Cette aire, calculée par les méthodes approximatives, représente environ 108 millions de mètres cubes.

Rien de plus facile que de vérifier ce chiffre, il suffit de relever le profil en long et les profils en travers de la plaine submergée ; on aura ainsi un volume dont on fera la cubature en le décomposant en tranches horizontales de 1 mètre de hauteur, par exemple.

Le calcul fait pour la crue de 1866, entre la digue de Pinay et le pont de Feurs, a donné un volume de 113 millions de mètres cubes ; les deux méthodes sont donc parfaitement d'accord.

Le calcul indique, pour la retenue opérée en 1846, un cube de 134 millions de mètres, qui diffère bien peu du chiffre de 131 millions donné par M. Boulangé.

Action de la digue de Pinay sur la crue au pont de Roanne. — La présence du réservoir de Pinay retarde notablement l'arrivée du maximum de la crue au pont de Roanne.

La vitesse de propagation de la crue à l'amont du pont de Feurs, entre Bas-en-Basset et Feurs, points distants de 73 kilomètres, a été de $10^k,43$ à l'heure ; cette section du fleuve est sensiblement dans les mêmes circonstances que la section entre Feurs et Roanne, dont la longueur est de 52 kilomètres. Si la digue de Pinay n'existait pas, le maximum de la crue mettrait donc 5 heures pour passer de Feurs à Roanne, et, comme le maximum s'est produit à 9 heures du matin, il se fût produit à 2 heures de l'après-midi à Roanne.

Or, il a eu lieu à 4 heures : c'est donc un retard de 2 heures produit par la digue, retard qui eût été plus considérable sans la coïncidence d'une crue énorme du Renaison, affluent qui arrive dans la Loire, en amont de Roanne, en avance sur le fleuve.

Du moment qu'il y a retard, la période t_0t_1, figure 6, planche V, de la croissance, s'allonge, le débit maximum (t_1N) diminue et il en est de même, par conséquent, de la hauteur maxima des eaux.   •

Sur les 113 millions de mètres cubes que retient le réservoir de Pinay, il y en a 93 millions qui sont retenus par l'étranglement naturel et 20 millions seulement représentent la part de la digue en maçonnerie. Ce cube s'ajouterait au cube que représente la partie ascendante CM de la courbe des débits entrants (figure VII) ; l'action de la digue sur le débit augmentant comme la racine carrée du cube de la hauteur de la retenue, cette action croît donc plus vite que les hauteurs ; ce qui veut dire que l'accroissement de l'aire se portera surtout à la partie supérieure de la partie ascendante CM de la courbe des débits. M. Graëff est arrivé, par tâtonnements, à construire cet accroissement, et il a reconnu que le débit maximum, à Roanne, se fût élevé de 2900 à 3300 mètres cubes, ce qui eût correspondu à un accroissement de $0^m,60$ dans la hauteur de la crue.

En 1846, cet accroissement eût été de 1 mètre.

Ce résultat établit pleinement l'influence modératrice de la digue de Pinay.

IV. Observations de M. Belgrand sur les réservoirs d'emmagasinement des crues.

Il va sans dire, tout d'abord, que les réservoirs ne serviraient à rien dans les bassins perméables ; si l'on voulait y recourir, il faudrait d'abord aviser aux moyens de les rendre étanches.

C'est donc dans les bassins imperméables occupés par les cours d'eau torrentiels qu'il faut les établir.

Dès 1824, M. Poirée proposait d'emmagasiner les crues de l'Yonne pour améliorer l'étiage d'été.

Il est facile, en effet, de recevoir dans le Morvan 100 millions de mètres cubes d'eau ; on n'y a construit que le réservoir des Settons, sur la Cure, contenant 22 millions de mètres cubes. Ce réservoir n'a été construit qu'en vue de la navigation.

Si on considère les réservoirs au point de vue des inondations, on reconnaît que, pour empêcher la crue de 1740 de prendre, à Paris, une hauteur dangereuse, il eût fallu, du 23 décembre au 1er janvier, emmagasiner 216 millions de mètres cubes d'eau.

Or, il est bien difficile d'obtenir une capacité aussi considérable et surtout de la maintenir vide jusqu'au moment où la crue menacera de devenir dangereuse.

« L'entreprise, dit M. Belgrand, serait gigantesque et peu en rapport avec le résultat à obtenir ; car les crues désastreuses de la Seine sont des phénomènes séculaires et les intérêts cumulés des dépenses à faire pour créer les grands réservoirs dépasseraient de beaucoup l'évaluation la plus exagérée des désastres à craindre. »

Les réservoirs doivent donc être établis, non pas en vue des inondations, mais en vue de l'aménagement des eaux pour l'agriculture et l'industrie ; ils n'exigent plus alors qu'une dépense modérée et sont susceptibles de rendre d'immenses services.

V. Crue de la Loire de 1856. Insuffisance probable des réservoirs, d'après M. l'ingénieur Jollois.

Pendant la crue de juin 1856, toutes les eaux se sont écoulées entre les bornes 41 et 46 du cours de la Loire sans se déverser dans le val de la Cisse, protégé par les levées.

Cette circonstance a permis à M. l'ingénieur Jollois de calculer le débit maximum de la Loire dans la traversée du Loir-et-Cher, et de calculer en outre le débit total pendant les quatre jours où le fleuve s'est maintenu à un niveau supérieur à $4^m,20$ au-dessus de l'étiage. M. Jollois en a déduit le volume d'eau qui pourrait passer entre les digues du Loir-et-Cher sans danger de rupture, et le volume qu'il faudrait emmagasiner dans des réservoirs supérieurs, pour éviter le retour des désastres produits par les mêmes phénomènes météorologiques.

Bien que M. Jollois ait calculé les débits par les formules empiriques de M. de Saint-Venant, au lieu de recourir à la méthode expérimentale, on peut admettre cependant que les résultats qu'il a obtenus sont suffisamment exacts pour les conclusions à en tirer.

Le débit maximum, qui s'est maintenu pendant deux heures, avec une hauteur de $5^m,99$ au-dessus de l'étiage, a été de 9767 mètres cubes à la seconde.

Les ruptures de digues ne se sont produites qu'au niveau $4^m,73$, c'est-à-dire au moment où le débit entre les digues était de 6815 mètres cubes.

Admettons qu'on n'ait pas voulu dépasser un débit de 6500 mètres cubes, la formule indique pour ce débit une hauteur de $4^m,58$ entre les digues.

Pendant le temps qu'a duré la crue, les digues avec cette hauteur d'eau constante de $4^m,58$ eussent laissé passer 1166 millions de mètres cubes.

Or, le débit total de la crue a été de 1400 millions de mètres cubes dans l'intervalle de 50 heures.

Pour empêcher les désastres, il eût donc fallu emmagasiner dans les parties hautes du fleuve, en 50 heures, 240 millions de mètres cubes d'eau.

« Je suis porté à croire, dit M. Jollois, qu'un système de réservoirs convenablement disposés peut rendre de grands services, mais n'offrirait pas une sécurité suffisante pour que l'on ne dût pas exécuter, en même temps, des travaux spéciaux sur tous les points habituellement exposés au danger des inondations. »

VI. — Objections de Dupuit contre le système des réservoirs.

Le barrage et la retenue de Pinay, qui exercent sur le cours de la Haute-Loire une influence régulatrice, sont un phénomène naturel.

Mais, si on veut créer des réservoirs artificiels, on reconnaît bientôt, dit Dupuit, que ce système a contre lui trois graves inconvénients : grandes difficultés d'exécution, dépenses considérables, résultats très incertains.

Difficultés d'exécution. — Comme il s'agit nécessairement de barrages fixes, destinés à fonctionner en temps de crue, ce qui est un rôle tout contraire à celui des barrages mobiles de navigation, il est certain que la construction de ces barrages élevés présentera de grandes difficultés.

Il sera souvent bien difficile de trouver pour ces réservoirs des emplacements convenables, c'est-à-dire comprenant un énorme volume sous une faible surface.

S'il faut occuper une grande surface pour avoir un grand volume, on ne fait que déplacer la question : on recouvre d'eau pendant longtemps des terrains conquis par la culture et non soumis précédemment aux inondations.

Dépenses de construction. — Si l'on considère la dépense faite pour les réservoirs alimentaires des canaux, on reconnaît que pour emmagasiner des volumes considérables il faudra dépenser aussi des sommes considérables.

De plus, les réservoirs des canaux sont placés sur les parties hautes, vers les sommets peu habités ; ils ont toute la saison pluvieuse pour se remplir. Les réservoirs des crues doivent être au contraire placés assez bas dans la vallée pour emmagasiner rapidement de grands volumes d'eau. « Un réservoir, dit Dupuit, qui pourrait emmagasiner 100 millions de mètres cubes et qui, eu égard à sa position élevée, demanderait un mois ou deux pour se remplir, pourrait être un excellent modérateur de l'étiage du cours d'eau à la source duquel il serait placé ; mais il est évident qu'il n'aurait qu'une influence insignifiante sur la hauteur des crues, car sa retenue par seconde serait nulle pour ainsi dire. »

Les barrages fixes auraient encore l'inconvénient de retenir les eaux non-seulement en temps de grandes crues, mais encore pendant les crues moyennes, de sorte qu'on aurait certainement une inondation tous les ans sur la surface du réservoir.

En l'état actuel de l'art de la construction, on ne peut songer à l'emploi des barrages mobiles dont la retenue dépasserait trois à quatre mètres. Et de plus, que de dépenses entraînerait l'entretien de ces barrages et de leur personnel qui resteraient souvent de nombreuses années sans avoir l'occasion de fonctionner !

2° Endiguement des rivières

Comme le système des réservoirs d'emmagasinement des crues, le système de l'endiguement des rivières a eu ses détracteurs et ses partisans.

Le système des digues longitudinales se présente tout d'abord comme le plus simple : aussi remonte-t-il à une époque assez reculée. Malheureusement, on a été fort longtemps à se rendre compte de l'effet des digues sur la hauteur des eaux ; ainsi que nous l'avons montré par les calculs de la page 45, tout rétrécissement se manifeste par une surélévation des crues. Lorsqu'on ne tient pas compte de ce phénomène lors de l'établissement des digues, on risque de rendre le remède pire que le mal.

On a vu des digues anciennes se rompre et livrer passage à de véritables torrents auxquels rien ne résiste, et l'on s'est dit qu'il valait mieux peut-être laisser les fleuves à l'état naturel que de les enfermer dans des barrières qui ne donnent qu'une sécurité trompeuse et passagère.

C'était une exagération; les digues bien construites et bien comprises sont susceptibles de rendre de grands services et d'éviter bien des désastres.

C'est une opinion qui ressort de l'examen que nous allons faire des principaux travaux publiés au sujet de l'endiguement des rivières.

I. Observations de Dupuit sur les inondations et les endiguements.

Dupuit, dont toutes les œuvres sont empreintes d'un sens pratique remarquable, ne croyait pas à l'efficacité des réservoirs, du moins pour les grands fleuves torrentiels, mais il était partisan des endiguements longitudinaux, qu'il n'y avait, suivant lui, qu'à compléter et à consolider.

Dans ses études sur les inondations on rencontre beaucoup d'observations intéressantes et judicieuses; nous allons examiner et résumer ici les principales.

Coïncidence des crues des affluents. — Il n'est pas du tout prouvé que les crues de nos grands fleuves aient pris des hauteurs croissantes et soient plus redoutables qu'autrefois.

Ce qui est certain, c'est que les crues des fleuves résultent de la combinaison des crues de leurs affluents : lorsque les affluents sont nombreux et soumis à des influences météorologiques diverses, le nombre des combinaisons qu'ils peuvent offrir est considérable. Si l'on représente pour chaque affluent le volume variable de ses eaux par les chiffres 1, 2, 3, 4, 5, 6, chacun de ces chiffres peut se combiner avec l'un ou l'autre des six chiffres représentant les états variables des autres affluents; il peut en résulter un très-grand nombre de combinaisons.

Qui peut dire que, jusqu'à présent, toutes ces combinaisons se sont produites ? Qui peut affirmer surtout que la combinaison donnant la crue maxima s'est déjà réalisée ?

Ainsi la plus grande crue connue sur la Loire à Saumur est celle de 1843, elle s'est élevée à 6^m,70, pendant que la cote du fleuve à Tours indiquait une eau moyenne; la crue de Saumur était en effet produite par les grandes eaux de la Vienne réunies aux eaux moyennes de la Loire supérieure. Qu'il arrive une coïncidence des grandes eaux de la Loire supérieure et des grandes eaux de la Vienne, on verra à Saumur une crue supérieure à celle de 1843.

Insignifiance du reboisement. — Le déboisement du sol est une conséquence de la civilisation et de l'accroissement de la population; c'est un résultat des lois économiques, le propriétaire tire bien meilleur parti de ses terres défrichées que de ses bois qu'il ne trouve pas toujours à transporter.

Cependant, un revirement se produit en maints pays et les bois arrivent à donner un produit rémunérateur: le reboisement permet en outre de mettre en valeur des terrains impropres à une culture fructueuse des céréales.

Le remède aux inondations est dans une meilleure direction donnée aux travaux exécutés dans les vallées. — Dupuit cite le cas de Saumur : autrefois la Loire s'y divisait en six bras, réduits à trois en 1770 par le pont Cessart et à deux en 1820 par le pont Napoléon. Depuis, on a pris sur le fleuve l'emplacement d'un quai fort large et à l'aval, sur six kilomètres, le chemin de fer a été établi dans le lit des grandes eaux.

Ce lit est donc complètement modifié par rapport à son état ancien : les remous à l'amont et à l'aval de Saumur prendront donc, pour les mêmes débits qu'autrefois, des valeurs toutes différentes.

Il n'y a à cela que demi-mal, si l'on a soin de prévoir l'effet des nouveaux ouvrages et d'organiser les travaux nécessaires à la protection des propriétés, jadis sauvegardées et aujourd'hui menacées.

Cette prévision des résultats est un point capital pour tous les travaux exécutés en lit de rivière, notamment pour les ponts et les levées. Dans notre traité des ponts en maçonnerie, nous avons examiné la question du débouché des ponts et nous avons donné les formules dont on se sert pour calculer les remous produits par la présence des piles, des culées et des levées.

DES ENDIGUEMENTS

Plus les digues sont avancées en lit de rivière, plus on gagne de terrain, et c'est en général une conquête précieuse; mais les crues s'élèvent plus haut contre les digues et celles-ci doivent recevoir des dimensions plus considérables; on s'expose en outre à être forcé de les prolonger en amont pour mettre à l'abri des inondations des terrains qui, dans l'état naturel, n'avaient pas à les redouter.

Ainsi, les digues doivent être d'autant plus rapprochées que les terrains ou propriétés à protéger ont plus de valeur. D'après cela, on ne saurait s'imposer un écartement uniforme et se régler par exemple sur l'écartement d'amont pour fixer l'écartement d'aval; celui-ci peut-être moindre que le premier, à condition que la hauteur et la puissance des digues seront calculées en conséquence.

Entre deux contre-forts successifs d'un versant, une digue telle que $l\,m\,n$ forme une section particulière $l\,m$, enracinée à chaque extrémité dans un contre-fort (fig. 8, pl. V).

S'il y a en c une ville importante à protéger, il est clair qu'on pourra donner à la section lm une hauteur et une puissance exceptionnelles. Mais Dupuit recommande d'éviter les hauteurs variables dans une même section $m\,n$; supposons que la hauteur de digue à l'aval soit plus considérable qu'à l'amont, si une rupture se forme en b, les eaux se précipiteront dans le val et y monteront à une hauteur égale à celle que prennent les eaux entre les digues; cette hauteur sera supérieure, à cause du remous, à celle qui se manifestait avant l'établissement des digues; il est bon que les propriétaires en soient prévenus.

Mais, si la brèche s'ouvre en b' à l'amont de la section $m\,n$, les eaux se précipiteront encore dans le val; alors elles pourront s'élever en n à une hauteur plus considérable que dans le premier cas, puisqu'elles tendront à prendre le niveau de la crue à l'amont de la section.

Il importe donc de ne pas avoir une levée plus haute à l'aval qu'à l'amont d'une section, et il serait bon de placer toujours à l'aval un pont écluse.

Il ne faut pas croire que la rupture d'une levée à l'amont apporte un soulagement sensible aux inondations d'aval : ainsi la Loire roule 10,000 mètres cubes par seconde ; si une brèche ouvre un réservoir de 15 kilomètres de long, de 6 kilomètres de large et de 2 mètres de profondeur, cela fait 180 millions de mètres cubes, soit le débit du fleuve pendant cinq heures. L'ouverture de la brèche ne fera donc que retarder de 5 heures la production du maximum de la crue en aval, et, à moins que cette ouverture ne coïncide précisément avec le passage du **maximum** de la crue, elle sera sans influence sur les inondations d'aval [1].

DES LEVÉES PARALLÈLES AUX COURS D'EAU

Il faut faire des levées, et rien que cela, dit Dupuit, et cependant on ne peut répondre que, si hautes et si épaisses qu'elles soient, elles ne seront pas emportées.

Quand un fleuve sort de son lit ordinaire et surmonte ses berges, trois cas peuvent se présenter : ou ces débordements sont annuels, on y est habitué et le prix des terrains est basé en conséquence ; ou ils se reproduisent à des intervalles de quelques années, on n'a pas le temps de les oublier et on prend des précautions en vue d'y remédier ; ou ils sont tout à fait extraordinaires, et, comme ils s'attaquent à des terrains d'alluvion fournissant de belles récoltes, les propriétaires se plaignent avec vivacité parce qu'ils avaient oublié la menace constante suspendue sur leur tête. Ils ne se disent pas que les terres qu'ils cultivent sont une conquête sur le fleuve, que ces terrains leur donnent pendant dix ans un grand produit et qu'ils perdront une récolte sur dix, ce qui revient à une diminution de revenu de 10 p. 100 par an. Cependant, lorsque l'inondation arrive, on plaint ces propriétaires et on ne songe pas aux cultivateurs de ces plateaux arides que les eaux n'envahissent pas, mais qui ne donnent pas de récoltes.

En 1856, un *tolle* général s'est soulevé dans la presse contre les digues qui avaient cédé en plusieurs points, entraînant par leur rupture de grands désastres. Mais il faudrait mettre en regard de ces ruptures tous les cas où les digues ont convenablement résisté et ont préservé des récoltes florissantes ; si l'on pèse le bien et le mal, c'est le bien qui l'emporte et les populations intéressées le savent bien, car elles ont soin de réclamer le relèvement et l'entretien des digues.

Le système des levées est même l'annexe indispensable de tous les systèmes modérateurs de crues ; supposez qu'on réduise en un point de 6 à 5 mètres la hauteur des crues, ne faudra-t-il pas abriter tous les points dont la cote est au-dessous de 5 mètres? Il faudra donc toujours des digues, peut-être un peu moins fortes ; mais ne vaut-il pas mieux se contenter d'elles et les construire immédiatement en vue des plus hautes crues?

Les levées ont encore l'avantage d'être établies en face des intérêts qu'elles protègent, et il est facile de faire concourir ces intérêts à la dépense, tandis qu'ils s'y refuseraient, s'il s'agissait de travaux à exécuter loin d'eux, dans les parties hautes des bassins.

Il ne faut pas oublier que les travaux contre les inondations ne profitent qu'à un nombre restreint de propriétaires, et de propriétaires riches; l'État peut leur venir en aide, mais ce n'est pas à lui de faire la dépense totale.

Enfin, l'inondation peut être désirable pour certaines cultures et pour certains terrains qui reçoivent un limon bienfaisant ; avec le système des digues, on peut laisser à découvert toutes les superficies appelées à bénéficier du passage des eaux.

Sur le bord des grands fleuves, lorsqu'on agit en vue de protéger les terrains contre l'inondation et non en vue de l'amélioration de la navigation seule, on

---

[1] D'après les explications de la page 71, cette conclusion de Dupuit n'est pas exacte.

construit des digues dites insubmersibles par opposition aux digues submersibles dont le rôle consiste à maintenir les petites crues et à assurer à la navigation un tirant d'eau convenable. Les digues insubmersibles sont telles qu'elles ne seraient point surmontées par une crue semblable à une crue précédemment étudiée ; mais, comme nous l'avons vu, il peut se présenter une combinaison des crues des affluents plus déplorable que toutes les autres : la digue insubmersible se transformera en déversoir et, comme elle n'est pas faite pour cela, elle sera fatalement emportée par les eaux.

II. Objections de M. Vallès contre les endiguements.

M. Vallès, partisan des réservoirs d'emmagasinement des crues, considérait comme dangereux les endiguements longitudinaux; il leur préférait les endiguements transversaux qui transforment les vallées en réservoirs, tout en supprimant les courants latéraux qui détruisent les constructions, entraînent la terre végétale ou la recouvrent de graviers stériles. Tous ces travaux de défense devaient, du reste, suivant lui, être corroborés par de vastes emmagasinements d'eau dans les montagnes.

VICES ET DANGERS DE L'ENDIGUEMENT LONGITUDINAL

Les digues longitudinales aggravent tous les périls des crues, car elles augmentent la hauteur des eaux et, surtout, elles augmentent la vitesse dans une grande proportion.

Elles détruisent tous les avantages, car elles conduisent à la mer la chair des montagnes, le limon chargé de principes fertilisants.

« Jusqu'à ce jour, dit M. Vallès, la parfaite consolidation des digues n'a pu être obtenue; on ne peut donc pas compter que, pour prix des avantages qu'il absorbe, l'endiguement longitudinal apporte au moins la sécurité. A chacune des grandes inondations de ce siècle, il s'est produit des ruptures de digues entraînant des désastres considérables, d'autant plus terribles qu'on comptait sur l'efficacité de la dépense; en tout temps, il en a été ainsi en France et à l'étranger.

« L'insubmersibilité des digues, ajoute M. Vallès, n'a pas été mieux obtenue que leur consolidation. L'établissement des digues a pour effet d'augmenter la hauteur des crues, de sorte qu'il faut les élever bien au-dessus du niveau des crues observées alors que le lit naturel était libre; c'est ce qu'on n'a pas fait partout. Du reste, qui dit qu'en un point donné il n'arrivera pas telle combinaison de circonstances météorologiques produisant une crue plus forte que toutes celles précédemment observées ? Qui dit que les digues, supposées suffisamment hautes, ne se transformeront pas alors en déversoirs, auquel cas elles périraient, car elles ne sont pas construites pour jouer ce rôle.

« Sans doute, il n'est pas impossible de construire des digues suffisamment hautes et suffisamment fortes pour contenir les crues de nos grands fleuves torrentiels. Mais la longueur à endiguer sur la Loire, le Rhône et la Garonne, est de 1 388 kilomètres : cela fait près de 2 800 kilomètres de digues ; pour le Rhône seulement, le système de l'endiguement longitudinal coûterait plus de 100 millions et on ne pourrait répondre de son efficacité. »

DIGUES TRANSVERSALES

Les ruptures des digues longitudinales se sont produites à chaque crue de la Loire, et M. Vallès en tire cette conséquence qu'il eût mieux valu laisser la vallée sans défense que de lui en donner une à l'aide de digues longitudinales.

L'abstention cependant ne peut être préconisée comme le meilleur système ; elle a le grave inconvénient de laisser subsister ces courants latéraux qui enlèvent le sol arable. Pour le détruire, en conservant les avantages du limonage, qu'y a-t-il à faire ?

« D'une part, dit M. Vallès, laisser les eaux s'épandre dans la vallée, qui pourra ainsi recevoir leurs dépôts ; d'autre part, s'attacher à ce qu'elles y arrivent sans faire irruption, mais avec une vitesse assez grande pour tenir en suspension leur limon et pour augmenter la valeur du dépôt par le renouvellement de la masse liquide, et assez petite toutefois pour qu'elle ne présente rien d'offensif et de destructeur.

« Un moyen simple de réaliser ces conditions, c'est de substituer des digues transversales aux digues longitudinales, de barrer partiellement les vallées en travers, au lieu d'encaisser les fleuves sur toute la continuité de leur cours. »

Ces digues établies de distance en distance, normalement au courant, seraient enracinées dans le versant et leur niveau serait un peu plus élevé que celui des fortes inondations qui se produisaient lorsque la vallée était à l'état naturel.

L'espace à laisser entre les musoirs des digues opposées serait fixé par les considérations relatives à la création d'un lit majeur pour le fleuve.

Les eaux torrentielles s'écouleront dans le lit majeur convenablement limité, et le trop-plein des crues s'épanchera entre les digues transversales, sans vitesse sensible, tout en restant chargé du limon qui se déposera sur le sol.

La submersion et même la rupture d'une ou de plusieurs digues transversales ne sauraient entraîner de grands inconvénients.

« Notre préférence est donc irrévocablement acquise au système des digues transversales pour toutes les vallées dans lesquelles il n'a été fait jusqu'à ce jour aucun travail d'endiguement et qui, par conséquent, ont adopté le mode de culture le mieux approprié à cet état de choses. Dans ce cas, les digues transversales nous paraissent être la seule nature de travaux à entreprendre dans les plaines des vallées. Elles détruiront la violence des courants, et provoqueront l'exhaussement général du terrain, en même temps qu'elles en augmenteront la fertilité par de riches dépôts. »

Quant à la trop grande accumulation des eaux et à la hauteur excessive des crues, il faudra les combattre, dans ce système comme dans les autres, par de vastes emmagasinements de liquide convenablement distribués, soit sur le fleuve principal, soit sur ses affluents.

III. Études de M. Comoy sur les endiguements.

M. Comoy, inspecteur général des ponts et chaussées, nous paraît avoir, dans ses mémoires, élucidé la question pratique des endiguements; en comparant les endiguements du Pô et ceux de la Loire, il a montré que le système était efficace lorsqu'il était convenablement appliqué et qu'on réservait au lit majeur des fleuves une capacité suffisante. Il a montré, en outre, qu'en bien des cas on n'avait pas le choix entre les divers systèmes de défense; qu'en général on ne pouvait pas supprimer les digues existantes et qu'il fallait bien s'en servir; que, dans ce cas, il pouvait y avoir lieu de recourir à des ouvrages auxiliaires.

INFLUENCE DES DIGUES SUR LA HAUTEUR DES CRUES

En admettant que la présence des digues ne modifie pas le débit maximum des crues, nous savons qu'elle a pour effet d'augmenter la hauteur des crues. Si h et h', l et l', sont les hauteurs et les largeurs du lit avant et après l'endiguement, on a la relation :

$$h' = h \sqrt[3]{\frac{l^2}{l'^2}}$$

Cela suppose que le débit maximum ne change pas; il n'en est rien, car ce débit dépend :

1° De l'étendue de la zone sur laquelle la pluie est tombée en amont du point considéré;

2° De l'intensité et de la durée de la pluie;

3° De la déclivité et de la perméabilité des versants;

4° De l'étendue des parties submersibles en amont du point considéré.

C'est ce dernier terme qui agit sur le maximum du débit des crues; considérons un fleuve à l'état naturel et relevons au point A le débit à chaque instant d'une crue; construisons la courbe des débits en prenant les temps pour abscisses et les débits pour ordonnées, nous obtiendrons la courbe *ace*, figure 9, planche V, et l'aire de cette courbe, au-dessus de l'étiage *ae*, mesure le volume total de la crue, depuis le commencement de sa croissance *bd* jusqu'à la fin de sa période de décroissance *df*; cette dernière période est toujours plus longue que la première.

Quelle que soit la forme du lit au point A, le volume total d'une crue qui y passe ne change pas; la courbe *ace* pourra donc se déformer avec le lit, mais l'aire *ace* restera constante.

Si le débit de la période de croissance diminue, la courbe prendra la forme ponctuée, figure 10, telle que les deux aires à gauche du point *m*, comprises entre l'ancienne courbe des débits et la nouvelle, soient égales entre elles; si, au contraire, le débit de la période de croissance augmente, la courbe prendra la forme ponctuée *ac'e*, figure 12, et les deux aires comprises entre les courbes des débits à droite et à gauche du point *n* seront encore égales.

Dans les fleuves à bassins imperméables et par conséquent à crues rapides, comme la Loire, une crue constitue un flot qui ne s'étend pas à la fois sur toute la longueur du cours d'eau; lorsque le maximum de la crue se manifeste en un point A, toute la partie du flot qui reste en amont représente le débit total de la période de décroissance. Si, par un moyen quelconque, on a augmenté ou diminué le volume maintenu à l'amont, on a donc, par cela même, augmenté ou diminué le débit total de la période de décroissance. D'après ce que nous enseignent les figures 10 et 12, on a par conséquent diminué ou augmenté le débit total de la période de croissance, et on a diminué ou augmenté le débit maximum en A, c'est-à-dire la hauteur maxima de la crue.

Ainsi, plus le volume d'eau emmagasiné à l'amont de A sera considérable, moins le débit maximum et la hauteur maxima de la crue seront élevés.

Il y a donc avantage à ne pas réduire la superficie des plaines submersibles et, pour calculer la hauteur des eaux après l'endiguement, il faut se baser sur un débit plus grand que le débit maximum constaté à l'époque où le fleuve était à l'état naturel.

Il est vrai que, par suite du relèvement des crues, le fleuve endigué emmagasine à l'amont du point A un certain volume d'eau dont il convient de tenir compte.

Il est encore une cause qui concourt à augmenter légèrement la hauteur des crues après l'endiguement, c'est que le maximum des crues se propage plus rapidement dans un lit étroit et endigué que dans un lit large borné de plaines submersibles.

Par suite de ce fait expérimental, la période de croissance est réduite de ai à aj, figure 11 ; le débit total de cette période, au lieu d'être mesuré par l'aire $ac''i$, l'est en réalité par l'aire $ac'''j$; ces deux aires devant être égales, la hauteur $c'''j$ est supérieure à $c''i$. De là une nouvelle cause d'augmentation des crues.

« L'augmentation de hauteur des crues, dit M. Comoy, provient donc de deux causes, on ne saurait trop le répéter : d'abord du resserrement produit par l'endiguement; ensuite de l'augmentation du débit maximum, augmentation qui est la conséquence de l'endiguement lui-même et de la diminution qu'il apporte dans la superficie des plaines submergées.

« L'augmentation du débit maximum, produite par l'endiguement, n'est pas une chose simple qui se présente clairement, naturellement à l'esprit, et que l'on comprenne aussi facilement que l'accroissement de hauteur résultant d'un rétrécissement de section. Il n'est pas étonnant que les constructeurs des premières digues ne l'aient pas reconnue. Ce qui serait extraordinaire, c'est qu'ils eussent pu la pressentir. Aussi tous les endiguements ont-ils été d'abord, et malgré plusieurs exhaussements successifs, surmontés par les eaux.

« Faudrait-il en conclure qu'on ne peut pas faire de digues réellement insubmersibles, comme quelques personnes l'ont prétendu? Je suis très-loin de le croire, l'art n'est pas impuissant à ce point.

« Mais, si le problème n'est pas insoluble, il n'est pas toujours susceptible d'une solution acceptable, soit au point de vue technique, soit au point de vue économique.

« L'étude des conditions dans lesquelles les digues peuvent ou ne peuvent pas être utilement employées est certainement l'une des plus grandes et des plus intéressantes que présente l'art de l'ingénieur. »

ENDIGUEMENTS DU PÔ

Dans la partie intermédiaire de son cours, entre l'amont de Plaisance et l'aval de Mantoue, le Pô coule au fond d'un sillon ou vaste plaine submersible. Au moyen de digues constituant un lit majeur, on a mis à l'abri des crues une grande partie de cette plaine.

Ces digues se retournent à la rencontre des affluents dont elles remontent les rives sur une longueur suffisante.

En amont de Crémone, les digues protègent des anses isolées en s'enracinant dans les caps des versants ; entre Crémone et la mer, les digues sont continues.

Le lit majeur, formé par les digues, a

Entre le Tessin et Crémone, une largeur moyenne de.	2150 mètres
— Crémone et Isola Pescaroli.	4530 —
— d'Isola Pescaroli à Casalmaggiore.	3260 —
— de Casalmaggiore à l'embouchure de l'Oglio.	2360 —
— de l'embouchure de l'Oglio à celle du Panaro.	1130 —

Entre le Tessin et le Panaro, la largeur moyenne est de 2180 mètres ; à l'aval du Panaro, dernier affluent du Pô, le bras principal de ce fleuve est maintenu entre deux digues écartées seulement de 300 à 500 mètres ; il en est de même des trois autres anciens bras du fleuve, de l'Adige et du Reno et des autres cours d'eau de la région.

Dans cette partie, la plaine submersible n'est pas limitée à quelques kilomètres de largeur ; il n'y a point de ligne de partage entre le Pô et l'Adige. Cette plaine immense et basse, dépassant fort peu le niveau de la mer, est à peu près dans le cas de la Hollande et les digues sont aussi indispensables à son existence qu'à celle de la Hollande.

Du Tessin au Panaro, la longueur totale des digues est de 514 kilomètres ; la superficie des terrains protégés est de 3245 kilomètres carrés, ce qui fait en moyenne 630 hectares par kilomètre de digue.

Les affluents du Pô sont eux-mêmes protégés près de leur embouchure avec le fleuve : ceux de la rive droite, qui ne traversent point des lacs comme ceux de la rive gauche et qui ne disposent pas de ces modérateurs des crues, ont des digues qui laissent entre elles un lit d'une grande largeur : 840 mètres pour le Taro et l'Enza, 600 mètres pour la Trebbia, 500 mètres pour la Sésia.

Grâce à ces grands écartements, on a pu maintenir les crues des affluents à de faibles hauteurs et les digues ont à peine 2 mètres au-dessus du sol.

Dans le lit majeur du Pô, on a construit de petites digues submersibles qui protègent, contre les crues moyennes, les plaines fertiles appelées *golènes*, comprises entre le lit mineur et les digues du lit majeur : la crête de ces digues est au moins à 1m,50 au-dessus de celles du lit mineur.

Résultat des endiguements. — C'est sur les endiguements continus à l'aval de Crémone que le Gouvernement italien a surtout porté son attention, et en cela il a eu raison, puisque les digues discontinues de l'amont ne protègent chacune qu'une superficie restreinte.

Depuis 1840, les digues continues du Pô, placées sous la direction de M. Lombardini, n'ont pas éprouvé de dégradations sensibles : cependant, la crue de 1857 a dépassé toutes les hauteurs précédemment observées. Cela prouve que les digues constituent actuellement un lit endigué d'une capacité suffisante pour donner écoulement aux plus grands volumes d'eau qui se produisent.

Avant d'en arriver là, elles ont été longtemps insuffisantes ; au dix-huitième siècle, elles ont été rompues à chaque crue ; elles ont été perfectionnées dans la première moitié du siècle actuel ; c'est ce qu'indique la hauteur croissante des crues. Les crues s'élèvent plus haut parce que les ruptures de digues ne leur constituent plus un dérivatif; les phénomènes météorologiques n'ont pas changé dans la vallée et c'est au seul perfectionnement des digues qu'il faut attribuer tout l'accroissement observé dans les hauteurs des crues. L'examen des tableaux, qui résument les circonstances des diverses crues observées, rend cette conclusion indubitable.

Depuis que les ruptures de digues ont complétement disparu, la progression dans la hauteur des crues s'est du reste arrêtée.   •

M. Lombardini pense que les dégradations progressives des versants déboisés pourront permettre aux eaux d'arriver plus rapidement dans la plaine et augmenter la proportion des matières solides que le fleuve charrie; mais, suivant lui, l'influence de ces causes sur le régime du fleuve sera minime.

Le problème de l'endiguement du Pô a donc reçu une excellente solution, et cela tient aux dispositions primitives adoptées pour le tracé des digues.

On a conservé un vaste lit majeur dont la largeur, supérieure en moyenne à 2 kilomètres, atteint au voisinage des affluents jusqu'à 4 et 6 kilomètres. La capacité pour l'emmagasinement des crues est donc très-considérable.

Ces grandes largeurs se retrouvent dans les endiguements des affluents torrentiels, ce qui a pour effet d'atténuer la hauteur des digues, d'augmenter la superficie du lit mouillé et de diminuer le maximum du débit des crues. L'endiguement du Pô a donc été conçu sur les bases les plus sages.

Le lit du Pô s'exhausse-t-il? On a dit pendant longtemps, en généralisant des observations présentées par Cuvier et de Prony, que le lit du Pô s'exhaussait entre ses digues et se trouvait maintenant plus élevé que les campagnes voisines.

Les expériences de M. Lombardini ont démontré que cette assertion était fausse.

Sur la rive gauche, entre Crémone et l'embouchure du Mincio, les campagnes voisines sont élevées de 3m,50 à 6 mètres au-dessus de l'étiage. Les campagnes qui longent le cours inférieur et qui séparent d'une manière insensible le bassin de l'Adige du bassin du Pô, les vallées marécageuses de Vérone, se trouvent encore de 1m,50 à 2 mètres au-dessus de l'étiage.

Sur la rive droite du fleuve, le territoire s'élève de 3m,50 à 5m,50 au-dessus de l'étiage, à l'exception d'anciens marais, aujourd'hui cultivés.

Le fond du fleuve étant encore de 1m,50 à 2 mètres au-dessous de l'étiage, on voit qu'il est bien au-dessous des campagnes voisines.

Le Pô, dit M. Comoy, dans la partie supérieure de son cours, ne se comporte pas autrement que les rivières à lit mobile de tous les autres pays. Le fond du fleuve présente une ligne ondulée très-variable. L'importance, la nature des dépôts peuvent changer momentanément, suivant certaines circonstances, telles que le déboisement des montagnes, le redressement des parties courbes du lit, etc... Mais dans son ensemble, le lit du fleuve ne subit pas de modification appréciable.

Dans le cours inférieur, on a pu croire à l'exhaussement du lit, en se fondant sur une phrase de de Prony, qui disait que la surface supérieure des grandes eaux arrivait maintenant au niveau des toits des maisons de Ferrare. Il faut remarquer d'abord que de Prony ne parlait pas du fond du fleuve, mais du niveau supérieur des crues; les basses eaux elles-mêmes sont toujours au-dessous des golènes et par conséquent des terres voisines.

En ce qui touche Ferrare, la ligne des basses eaux passe en moyenne à 3m,65 au-dessous et la ligne des grandes eaux à 5m,15 au-dessus du terrain le plus rapproché du Pô de Volano, terrain sur lequel est bâtie la ville de Ferrare. Le niveau de la crue de 1839 a seulement dépassé de 2^m,75 le pavé de la place de la cathédrale de Ferrare.

Comme toutes les plaines submersibles des Deltas, le terrain de Ferrare est donc au-dessus des plus basses eaux, et au-dessous des plus grandes.

Le fait vrai est que la hauteur des crues a augmenté en face de Ferrare : cela ne tient pas à l'exhaussement du lit : la cause unique de cette augmentation se trouve dans le perfectionnement des digues du Pô. Les ruptures de digues, qui laissaient épancher sur les campagnes une grande partie du volume des crues, ne se manifestent plus. Dès 1705, on a commencé à consolider et à perfectionner les digues ; au fur et à mesure que ce travail s'est poursuivi, les crues, mieux contenues, se sont élevées à des hauteurs croissantes.

Depuis 1840, la hauteur des crues n'a plus augmenté, parce que, depuis cette époque, les digues sont arrivées à leur perfection et n'éprouvent plus de ruptures.

Régime du fleuve en basses eaux. Quelle influence les digues ont-elles exercée sur le fond du fleuve et sur le régime des basses eaux dans le cours inférieur du Pô?

Il se produit certainement des modifications ; car, par suite du dépôt des matières qu'il entraîne, le Pô voit son embouchure s'avancer chaque année dans la mer. Cet avancement moyen, depuis 1604, a été, d'après M. Lombardini, de 132 mètres par an : la plage entière s'est avancée moins vite que l'embouchure, elle n'a marché que de 64 mètres par an.

Lorsque le lit d'un fleuve s'allonge ainsi, les pentes superficielles du courant se modifient : la ligne d'eau se relève à l'emplacement de l'ancienne embouchure, afin de fournir la pente nécessaire à l'écoulement entre cette ancienne embouchure et la nouvelle.

Le profil en long de la surface des eaux devient une courbe qui se raccorde tangentiellement avec l'ancien profil, en amont de l'ancienne embouchure ; à l'aval du raccordement, il y a partout surélévation, mais en amont l'ancien profil en long n'est pas altéré.

Depuis 1599 jusqu'à nos jours, le rivage de la mer Adriatique s'est éloigné de Ferrare de 22 kilomètres, et il semble probable que cet allongement du cours du fleuve a déterminé à la hauteur de Ferrare un relèvement d'environ 2 mètres.

En temps de crue, le profil en long du fleuve aboutit toujours au niveau moyen de la mer, de sorte que le profil en long de la crue et le profil en long des eaux ordinaires convergent comme le montre la figure 8 de la planche VIII. Mais la convergence s'atténue peu à peu et finit par cesser ; à Ponte Lagoscuro, qui est à la hauteur de Ferrare, le parallélisme entre les deux profils en long est à peu près rétabli. De sorte qu'aujourd'hui les crues se font sentir à Ferrare dans toute leur plénitude ; autrefois, Ferrare se trouvait dans la zone de convergence et par conséquent la hauteur des crues y était atténuée.

Ainsi, l'accroissement de la hauteur des eaux à Ferrare, en temps ordinaire comme en temps de crue, provient non pas de l'exhaussement du lit, mais du perfectionnement des digues et de l'allongement du fleuve.

Du reste, il serait absolument illogique d'attribuer à l'endiguement du fleuve un exhaussement du lit, puisque cette opération a pour effet d'augmenter la vitesse et la puissance d'entraînement, notamment lors des crues.

Cependant, il est des cas particuliers où l'exhaussement du lit peut se produire ; c'est ce qui est arrivé pour l'Adige.

A la sortie de la montagne, l'Adige, détourné de son cours primitif, a son fond plus élevé que les campagnes voisines de la rive droite et de la rive gauche ; plus en aval, le lit devient de nouveau encaissé entre les rives.

Cette disposition peu naturelle tient au brusque déplacement du lit.

« Il est résulté de ce déplacement, dit M. Comoy, qu'à son arrivée dans la grande plaine submersible du littoral de l'Adriatique, le lit endigué du fleuve a d'abord présenté un changement brusque de pente dont la nature ne saurait s'arranger.

En pareilles circonstances, les fleuves modifient le fond de leur lit, corrodant en certains points, exhaussant en d'autres, jusqu'à ce que la pente ait pris partout une valeur convenable, jusqu'à ce que la courbe du profil en long du fleuve soit régulière et satisfasse dans toutes ses parties aux nécessités de l'écoulement, sans faire naître ni accélération ni ralentissement.

Quand par ce travail naturel la pente s'est régularisée, l'état des fleuves devient stable, suivant l'expression très-juste qu'emploient les ingénieurs italiens, et le lit cesse de se modifier.

Il ne faut pas se méprendre sur la valeur de cette observation. La stabilité du lit d'un fleuve n'est pas son immobilité en tous ses points. La marche des grèves dans les fleuves à lit mobile produit une série d'ondulations qui donnent en chaque lieu une profondeur d'eau tantôt plus forte, tantôt moins forte. Mais cela n'altère pas la permanence du régime général; pas plus que les rides produites par le vent sur la surface des eaux n'altèrent l'altitude générale de cette surface. C'est ainsi qu'il faut entendre la stabilité du fond des fleuves à lit mobile. »

ENDIGUEMENT DE LA LOIRE

Entre le Bec d'Allier et Nantes, sur 487 kilomètres, la plaine submersible de la vallée de la Loire présente deux élargissements notables : l'un, vers Orléans, a 64 kilomètres de long sur $4^k,68$ de large en moyenne ; l'autre, vers Saumur, le val d'Authion, a 77 kilomètres de long sur $5^k,38$ de large en moyenne.

Sur tout le reste du parcours, la largeur moyenne de la plaine submersible est de $2^k,28$.

La Loire reste presque toujours au pied d'un de ses versants, de sorte qu'elle n'a besoin que d'être endiguée d'un seul côté ; la nécessité des deux digues n'apparaît que lorsque le fleuve coupe la plaine submersible pour gagner le côté opposé de cette plaine.

La figure 1, planche III, représente l'élargissement compris entre Gien et Orléans ; cet élargissement est coupé en deux par le lit mineur du fleuve qui passe de la rive gauche à la rive droite ; sur la rive droite, on trouve le val de Saint-Benoît qui a 5616 hectares, et sur la rive gauche le val d'Orléans qui a 14 000 hectares de superficie. Les lignes noires pleines indiquent l'emplacement des digues, les lignes ponctuées limitent la plaine submersible.

La largeur moyenne du lit majeur compris entre les digues prend les valeurs ci-après :

Du Bec d'Allier à Briare. . . . . 1430 mètres.
De Briare à l'embouchure du Cher.   790   —
De l'embouchure du Cher aux ponts de Cé. . . 1060   —
Des ponts de Cé à Nantes. 1620   —

Sur les 487 kilomètres de parcours, la largeur moyenne n'est que de 1,090 mètres.

La largeur se réduit en un assez grand nombre de points à 500 et à 300 mètres; elle s'abaisse à 250 mètres vers Blois et même à 230 mètres en amont de Jargeau.

Il y a sur la rive droite, entre le Bec d'Allier et la mer, 235 kilomètres de digues protégeant 53 572 hectares et sur la rive gauche 249 kilomètres de digues protégeant 42 000 hectares.

Chaque kilomètre de digue protége donc en moyenne 197 hectares.

Dans les trois grands vals de Saint-Benoît, d'Orléans et de l'Authion, chaque kilomètre de digues protége en moyenne 368 hectares; sur le reste du parcours, la superficie protégée n'est que de 126 hectares par kilomètre.

A l'amont du Bec d'Allier, les rares endiguements que l'on rencontre ont simplement pour but de s'opposer à l'entraînement des terres riveraines.

Résultat des endiguements. — Les trois crues de 1846, 1856 et 1866 ont rompu les digues de la Loire; la crue de 1846, n'étant due qu'aux affluents supérieurs du bassin, s'est rapidement affaiblie en descendant et n'a plus fait de brèche en aval du Cher; les deux autres crues ont rompu à peu près toutes les digues entre le Bec d'Allier et Nantes.

Donc, bien que les digues, généralement élevées à 7 mètres au-dessus de l'étiage, atteignent 8 mètres et 8m,50 en certains points, elles n'arrivent pas à constituer un lit majeur suffisant pour enfermer les crues.

Fixée autrefois à 15 pieds, la hauteur des digues de la Loire fut, après la crue de 1706 qui s'était élevée à 18 pieds, portée à 21 pieds. On croyait ainsi avoir une revanche de 3 pieds; c'est une illusion qu'ont fait disparaître toutes les crues successives. En 1846, on surhaussa encore les digues au moyen d'une banquette de 1 mètre; la crue de 1856 montra que c'était encore insuffisant.

Pour contenir cette crue de 1856, il eût fallu que les digues fussent plus hautes :

A Sully de.	1m,75	A Montlivaut de.	1m,00
A Jargeau.	1m,25	A Montjouis.	1m,30
A Orléans.	1m,20	A Tours.	1m,20

D'après cela, pour être assuré de la solidité, il faudrait exhausser les digues de 2m,50 à 3m,50.

On a trop resserré le lit naturel de la Loire dont la largeur moyenne, qui était à l'état naturel de 3 100 mètres entre le Bec d'Allier et Nantes, a été abaissée à 1 090 mètres.

Si l'opération avait été conduite sur la Loire comme elle l'a été sur le Pô, elle eût donné de bons résultats.

Chaque kilomètre de digue protége 630 hectares en moyenne sur le Pô et 197 sur la Loire; le lit majeur du Pô a 2 180 mètres, celui de la Loire 1 900.

Cependant, le bassin du Pô en amont du Panaro a une superficie de 69 465 kilomètres carrés, le bassin de la Loire a une superficie de 110 121 kilomètres carrés.

Entre le Tessin et le Panaro, la pente par kilomètre du Pô varie de 0m,288 à 0m,117 et est en moyenne de 0m,185; sur la Loire, les pentes correspondantes aux précédentes, c'est-à-dire à la même distance de l'embouchure, sont 0m,454 et 0m,172.

Le débit maximum du Pô à l'aval du Tessin s'élève à peu près à 5 200 mètres cubes ; le débit maximum de la Loire a été, en 1856, de 9 000 mètres cubes par seconde au Bec d'Allier ; il s'atténue en descendant et, en 1856, le débit maximum a été de 8 865 mètres à Briare, 7 280 à l'issue du val d'Orléans, 6 770 à Tours.

CONCLUSION

De ces chiffres comparatifs résulte la conclusion :

La capacité du lit majeur exerce une grande influence sur la valeur du débit maximum des crues : ce débit est d'autant plus fort que la capacité du lit majeur est plus faible.

C'est donc une faute que de trop resserrer un fleuve entre ses digues. Cette faute, commise sur la Loire, a été évitée sur le Pô.

Sur la Loire il fallait évidemment endiguer les grands vals de Saint-Benoît, d'Orléans, de l'Authion : 1° parce qu'il s'agissait de conserver à l'agriculture de grandes superficies ; 2° parce que la grande largeur des plaines submersibles exigeait qu'on y construisît des habitations qu'il fallait nécessairement protéger.

En quelques autres points ou de grands intérêts sont en jeu, il pouvait être utile d'exécuter des endiguements ; mais il eût fallu éviter de le faire partout où la largeur du val ne dépassait pas 1 kilomètre. Là, des digues submersibles auraient suffi pour défendre contre les crues moyennes les parties latérales ; ces parties latérales, bien que recouvertes par les grandes crues, n'en auraient pas moins conservé une grande valeur comme les golènes du Pô et les ségonneaux du Rhône.

Les digues de la Loire existent, on ne peut les détruire ; il est difficile de les surhausser convenablement parce qu'on augmenterait la hauteur des crues dans des proportions effrayantes ; il faut donc chercher des palliatifs : emmagasiner une partie des crues dans des barrages réservoirs, régulariser l'envahissement des vals au moyen de déversoirs établis dans les digues, déversoirs qui remplaceront les ruptures de digues et qui laisseront les eaux pénétrer sans violence dans les plaines submersibles.

COMPARAISON ENTRE LES RÉSERVOIRS ET LES DIGUES LONGITUDINALES

1° *Emploi des réservoirs.* — Les divergences d'opinion, qu'on rencontre chez les ingénieurs au sujet des moyens à employer pour combattre les inondations, tiennent à ce qu'en général on se trouve en présence non pas de fleuves à l'état naturel, mais de vallées dans lesquelles existent déjà d'anciens travaux de défense qu'il faut conserver et compléter.

Pour juger sainement des divers systèmes, il faut considérer leur action sur des vallées à l'état naturel.

Recherchons donc si par des réservoirs convenablement établis on peut rendre insubmersibles les plaines que recouvrent les crues du fleuve.

Dans les régions moyenne et inférieure de nos fleuves, les plaines latérales sont recouvertes par les crues d'au moins 2 à 3 mètres d'eau ; jamais, avec des réservoirs on ne pourra emmagasiner assez d'eau pour produire dans les crues un abaissement de 2 à 3 mètres.

Les réservoirs qu'on établirait dans le bassin de la Loire ne pourraient réduire les crues de ce fleuve que de 1 mètre au plus ; pour l'Allier, la réduction n'est que de 0^m,70.

Les réservoirs ne peuvent donc suffire seuls à conjurer le mal ; ils demandent à être complétés par d'autres ouvrages, des digues longitudinales par exemple : et alors, n'est-il pas préférable de se contenter de ce dernier moyen seul ?

Les réservoirs ont du reste le désavantage de ne pouvoir être établis dans toutes les vallées ; ils agissent pour retarder la marche des crues sur chaque affluent et sont exposés par conséquent à produire aux confluents des coïncidences de crue qui ne se produisaient pas autrefois.

Lorsque les plaines submersibles sont déjà protégées en partie par d'anciens travaux de défense, comme les digues de la Loire, les réservoirs sont au contraire susceptibles d'une certaine efficacité ; ils sont capables d'atténuer assez le débit maximum pour le mettre en rapport avec la capacité du lit majeur ; de la sorte, ils parent à l'insuffisance des digues et viennent en compléter l'effet.

Les réservoirs sont capables aussi d'exercer un excellent effet régulateur sur les petites rivières torrentielles des montagnes ; le réservoir du Furens, à Saint-Étienne, en est un exemple bien connu.

2° *Emploi des digues longitudinales.* — Considérons une vallée à l'état naturel, les crues se répandent librement sur les plaines submersibles, elles y font du mal et du bien et il convient d'abord d'établir la balance entre ces deux effets.

S'il s'agit d'une large plaine comme le val d'Orléans, comme celles qui longent le Pô, elle ne peut rester exposée aux inondations ; cette plaine est fertile et susceptible d'une culture perfectionnée ; des centres agricoles s'y établissent donc d'une manière nécessaire. La seule méthode pour les mettre à l'abri est de recourir à des digues insubmersibles, c'est-à-dire à des digues assez élevées pour contenir les eaux de la plus grande des crues connues ; on aura soin de laisser entre ces digues un lit majeur d'une capacité suffisante et, grâce à cette précaution, elles seront efficaces comme le prouve l'exemple du Pô.

Ces digues insubmersibles ne doivent être adoptées que là où elles sont absolument nécessaires, car elles privent le sol qu'elles protégent du riche engrais laissé par les limons des crues.

Pour les plaines de largeur moyenne, la privation de cet engrais est un tort considérable, et l'endiguement leur cause plus de mal que de bien.

Si l'on considère les plaines submersibles de faible largeur, il n'y a rien à y faire si les crues ne les recouvrent que tous les 8 ou 10 ans ; car la perte de la récolte est compensée par le limon. Souvent, on rencontre dans ces plaines des dépressions qui permettent l'accès des petites crues et qui déterminent la formation des courants, lesquels produisent des corrosions et des ensablements ; il va sans dire qu'il convient alors de fermer par des digues discontinues les issues de ces dépressions. Les digues ne seront élevées que jusqu'à la hauteur normale de la plaine.

Dans les cas où les plaines submersibles seraient basses et exposées à de fréquentes crues d'été qui sont redoutables parce qu'elles détruisent les récoltes, il conviendrait de les défendre par des digues continues submersibles qui n'auraient pour mission que de contenir les crues moyennes en se laissant surmonter par les grandes crues.

Mais il faut avoir soin de bien laisser à ces digues leur caractère de submersibilité; « rien, en effet, dit M. Comoy, n'est plus dangereux que d'induire les populations en erreur sur la destination des digues. Tant que l'on considère une digue comme submersible, on ne fait dans la plaine aucune entreprise qui puisse souffrir de la submersion et les inondations ne sont qu'un bienfait. »

La confiance dans l'insubmersibilité de certaines digues a produit de graves mécomptes; ainsi, le chemin de fer d'Orléans à Tours traverse sur 40 kilomètres le val de la Cisse, dont les digues se rompent lors des crues, et la circulation sur la voie ferrée est interrompue. Cette voie eût dû être placée au pied du côteau, au-dessus du niveau des plus hautes eaux.

DÉFENSE DES RIVES D'UNE RIVIÈRE ENDIGUÉE

Une rivière précédemment à l'état naturel ayant été endiguée, deux cas se produiront suivant que cette rivière est à lit fixe ou à lit mobile.

Si la rivière est à lit fixe, les digues suffiront à protéger la vallée.

Si la rivière est à lit mobile, elle attaque et corrode ses berges et les digues elles-mêmes ne résistent pas à ses efforts; pour mettre les digues à l'abri de la destruction, il faut donc combattre les corrosions des berges.

Même en l'absence des digues, on doit chercher à arrêter ces corrosions qui, chaque année, enlèvent une grande quantité de terres riveraines et embarrassent le lit de galets et de bancs de sable mobiles.

La Loire charrie des masses énormes de sables et de galets empruntés aux parties du bassin de la Loire et de l'Allier situées en amont du Bec d'Allier; il n'y a là que de rares travaux de défense et les berges sont sans cesse attaquées.

En défendant ces berges corrodées, en exécutant des digues submersibles en face de toutes les dépressions, on arriverait, à peu de frais, à combattre les effets des crues moyennes et on réaliserait une amélioration notable dans le régime du fleuve à l'aval.

IV. Cas où les endiguements sont utiles, d'après M. Belgrand.

Le long des cours d'eau des terrains éminemment perméables, comme ceux de la craie blanche et de la formation tertiaire, les digues longitudinales sont inutiles, puisque les crues sont presque insensibles.

Dans les terrains perméables en général, les crues extraordinaires des cours d'eau sont dangereuses, parce qu'elles se renouvellent à de si longs intervalles qu'on les a souvent oubliées et qu'on a retréci outre mesure le débouché des cours d'eau. Ainsi à Châtillon (Côte-d'Or), la crue de 1836 a emporté des ponts et submergé la ville; le débouché mouillé avait en effet été réduit à 35 mètres carrés, alors qu'il était de 61 mètres en amont et de 66 mètres en aval de la ville.

Avec des dispositions aussi imprévoyantes, les cours d'eau les plus tranquilles causeront de grands désastres.

L'endiguement des cours d'eau torrentiels n'est pas très-utile, lorsque les crues ne se produisent pas au moment des récoltes et n'exercent pas sur le sol un effet notable de ravinement; ces crues sont en effet très-courtes, elles ne détruisent pas les céréales et déposent souvent un limon dont l'influence se fait sentir sur les récoltes suivantes.

L'endiguement peut être utile lorsque les cours d'eau torrentiels éprouvent des crues d'été et lorsqu'il s'agit de protéger des habitations et des villes situées dans le champ des inondations.

« Il est remarquable, dit M. Belgrand, que les crues de la rivière torrentielle l'Yonne entraînent moins d'inconvénients que les crues de la rivière tranquille la Haute-Seine; c'est que les crues de l'Yonne sont fréquentes et qu'on a toujours eu sous les yeux la nécessité de leur donner un débouché suffisant. Nulle part on n'a rétréci le lit outre mesure ainsi qu'on l'a fait à Châtillon-sur-Seine. »

En ce qui touche l'endiguement de la Seine inférieure, qui a été souvent réclamé à la suite des inondations, ce serait une opération absurde, entraînant des dépenses hors de toute proportion avec les résultats à recueillir et devant produire d'énormes inconvénients.

L'endiguement d'une rivière comme la Seine doit être limité à la traversée des lieux habités qu'il importe de protéger par des quais insubmersibles.

3° Canaux de dérivation; rigoles horizontales; déversoirs, etc.

Divers systèmes secondaires ont été proposés pour combattre et atténuer les ravages des inondations; ces moyens secondaires, si on en exempte les déversoirs de la Loire, n'ont reçu que peu ou point d'applications.

Nous n'en dirons donc que quelques mots; ce sont:

1° Les canaux de dérivation, qui donnent aux grosses eaux un débouché supplémentaire, venant en aide à l'insuffisance du lit naturel; on comprend qu'un pareil procédé serait fort coûteux et peu pratique;

2° Les rigoles horizontales, recommandées par Polonceau, et qui, tracées sur tous les versants, auraient pour but d'emmagasiner les eaux et d'en retarder la marche; c'est la monnaie du système des réservoirs, et celui-ci paraît encore préférable à tous égards;

3° Les déversoirs qui, ménagés dans les digues en face des plaines submersibles, ont pour objet de livrer passage aux eaux lorsqu'elles atteignent entre les digues une hauteur dangereuse; l'entrée des eaux dans les vals submersibles est ainsi régularisée; elle se fait en un point déterminé; les ravages dus à la vitesse sont évités et cependant le val joue le rôle de réservoir naturel qu'il remplissait autrefois.

CANAUX DE DÉRIVATION

« C'est une idée séduisante au premier abord, dit M. Vallès, que celle qui consiste à ouvrir sur les fleuves des dérivations destinées à les soulager dans un moment donné, à recevoir une partie des eaux qui y affluent, à les conduire par des canaux spéciaux, et à diminuer ainsi les hauteurs si menaçantes des inondations. »

Mais, lorsqu'on entre dans le détail du système, on se heurte bien vite à de grosses objections :

Nos canaux ordinaires de navigation coûtent au minimum 120 000 francs le kilomètre. Leur faible section ne débiterait jamais un grand volume et la pente est nécessairement limitée par la nécessité de protéger les berges. Pour créer une dérivation capable de débiter une partie notable des crues d'un de nos grands fleuves, il faudrait donc consentir une dépense énorme.

Pour obtenir de la pente, il faudrait mettre la prise d'eau à une assez grande altitude dans le bassin, c'est-à-dire la placer à un endroit où elle ne pourrait prendre qu'une faible partie des eaux surabondantes.

La détermination de l'embouchure est encore plus difficile ; à moins de conduire le canal de dérivation jusqu'à la mer, on sera forcé de le faire déboucher dans la partie aval du fleuve et on n'aura fait que déplacer le mal.

Le canal de dérivation se présente donc comme impraticable d'une manière générale.

Peut-être la construction pourrait-elle en être justifiée, s'il s'agissait de protéger une ville importante et de rejeter en dehors d'elle une partie des grandes eaux qui y affluent par un seul bras.

RIGOLES HORIZONTALES

A la suite des inondations de 1846, Polonceau proposa d'établir sur tous les terrains en pente des fossés ou rigoles de niveau fermées aux deux bouts ; ces rigoles retiendraient une grande partie des eaux pluviales, en modéreraient l'écoulement, allongeraient les crues et en diminueraient la hauteur.

Ce système avait l'avantage de maintenir dans les terres une humidité favorable à la végétation et d'alimenter les sources par des infiltrations continues.

Bien que ces avantages nous paraissent illusoires et dépendent surtout de la composition géologique des terrains, de leur perméabilité ou de leur imperméabilité, admettons qu'ils soient justifiés, il n'en restera pas moins un système impraticable, à cause de la grande dépense qu'il entraînerait si on voulait le rendre efficace, à cause des résistances qu'on rencontrerait de la part de tous les propriétaires intéressés.

DÉVERSOIRS EN TÊTE DES VALS DE LA LOIRE

A la suite des inondations de 1866, une commission spéciale d'inspecteurs généraux des ponts et chaussées a recherché les mesures à adopter pour atténuer les dommages que causent les inondations, dans les vals endigués du bassin de la Loire.

« Cette commission a jugé, dit M. l'ingénieur Jollois, qu'en faisant pénétrer l'eau régulièrement dans les vals en des points déterminés, au lieu de la laisser s'y introduire violemment par des brèches qui s'ouvrent au hasard dans les levées, on éviterait en très-grande partie les dégradations causées aux propriétés rurales, et l'on rendrait plus faciles et, sans doute, plus efficaces, les travaux de garantie des centres de population.

Cette inondation réglée des vals produirait d'ailleurs la même atténuation du débit maximum des crues que leur inondation accidentelle par la rupture des levées ; car les conditions générales d'écoulement des eaux ne seraient pas sensiblement modifiées.

La commission a pensé que le meilleur moyen d'introduire les eaux dans les vals consiste à pratiquer, dans les levees, des déversoirs, dont la hauteur serait réglée de manière que les vals fussent garantis contre les plus grandes crues ordinaires.

Les déversoirs devront ainsi commencer à fonctionner en même temps que celui qui existe depuis longtemps à Blois et dont la crête est à 5 mètres au-dessus de l'étiage.

La longueur de chacun de ces déversoirs devra être calculée en vue de sa hauteur et de la superficie du val à inonder, de manière que le volume d'eau emmagasiné dans le val, pendant la croissance de la crue et jusqu'à l'instant du maximum, soit suffisant pour produire dans le débit maximum de la crue l'atténuation qui s'est réalisée dans toutes les grandes crues extraordinaires de la Loire.

Certains vals sont complètement fermés par leur levée; il sera nécessaire d'établir vers leur partie inférieure un réversoir, pour faire rentrer dans le lit majeur de la Loire les eaux introduites à leur partie supérieure par un déversoir. »

On trouvera, aux Annales des ponts et chaussées d'août 1869, le mémoire dans lequel M. Jollois a établi les formules servant à calculer, conformément aux principes précédents, les dimensions des déversoirs, dont la section doit être trapézoïdale, car leur seuil horizontal se raccorde par des plans inclinés avec le couronnement des levées.

INFLUENCE DE LA DIRECTION DES AFFLUENTS SUR LES CRUES

« Ce sont les eaux des affluents, dit M. Gauckler, qui produisent le gonflement des rivières et des fleuves : pour remédier au mal, il faut remonter à sa source. »

Retarder beaucoup la marche des crues des affluents pourrait devenir plus funeste qu'utile. Ainsi, en 1856, les pluies qui ont déterminé la crue du Rhône, ont progressé du Midi au Nord; les grosses eaux des affluents inférieurs, tels que la Durance et l'Ardèche, étaient écoulées quand la crue du fleuve et des affluents supérieurs est arrivée. Si les premières avaient été retardées, elles eussent coïncidé avec la crue du cours d'eau principal et les désastres de l'inondation eussent été aggravés.

Dans les études relatives aux inondations, il faut donc rechercher avec soin dans quel ordre se produisent les crues des affluents.

Les affluents torrentiels charrient pendant les crues des masses énormes de matières solides arrachées aux rives; c'est peut-être là le plus grand mal produit par les crues, et c'est surtout ce charriage des rivières torrentielles qu'il faut combattre.

La manière dont est disposée l'embouchure d'un affluent et du cours d'eau principal exerce aussi une grande influence sur la marche des crues :

Si l'affluent A rencontre le fleuve B sous un angle aigu, figure 2 planche III, les deux courants ne se contrarient pas et la violence des eaux de l'affluent contribue à dégager le lit du fleuve.

Mais bien souvent l'affluent torrentiel A, figure 3, rencontre le fleuve B normalement ; les eaux de l'affluent projetées transversalement au cours du fleuve s'arrêtent et se gonflent, elles ne perdent leur force vive qu'en attaquant la berge opposée et en prenant une surélévation considérable ; les matières entraînées se déposent et forment une barre, la rive aval de l'affluent A s'atterrit, tandis que la rive amont se ronge ; le mal s'augmente sans cesse, puisque la direction de l'affluent dépasse la normale et finit même per faire un angle obtus avec le courant principal B. Lorsqu'on rencontre des situations de ce genre, il faut rectifier l'embouchure de l'affluent et défendre sa rive d'amont.

4° Réglementation des zônes d'inondation.
Assurances

Les ruines qu'entraînent les inondations sont quelquefois bien aggravées par l'imprudence des propriétaires riverains ; que le fleuve reste calme pendant plusieurs années, la confiance renaît, on oublie les désastres passés, on élève des constructions en des points que les eaux peuvent atteindre et l'on s'étonne ensuite de voir ces constructions devenir la proie du fleuve.

La réglementation des zones d'inondation éviterait de pareils inconvénients.

D'un autre côté, beaucoup de bons esprits, considérant que le fléau des inondations ne se produit que de loin en loin, que, pour le combattre avantageusement, il faut dépenser des sommes énormes, se sont demandé, s'il ne serait point meilleur de ne rien faire alors qu'on n'était pas assuré du succès et s'il ne valait pas mieux organiser, entre les propriétaires menacés, un système d'assurances ; en prélevant une légère part sur le profit des années heureuses, profit généralement considérable dans les fertiles vallées d'alluvion, on se mettrait à l'abri de la misère pour les années désastreuses. Ce système aurait en outre l'avantage de ne point imposer de charges exceptionnelles au pays tout entier ; la prévoyance des intéressés suffirait seule à conjurer le fléau.

RÉGLEMENTATION DES CONSTRUCTIONS DANS LES ZONES D'INONDATION

« Les maisons bâties le long de nos voies publiques, dit M. Vallès, sont partout soumises à des servitudes qui, en apportant quelques entraves dans la jouissance des intérêts privés, ont toujours été considérées comme une garantie, une protection indispensable en faveur de l'intérêt général. Pourquoi ne ferait-on pas pour les parties inondables des vallées ce que l'on a constamment fait pour nos rues et nos places ? Pourquoi n'exigerait-on pas que la faculté de bâtir fut soumise à une certaine réglementation sur tous les terrains dont se compose le champ des inondations ?

Nous pensons que l'administration, naturellement protectrice des intérêts de tous, doit intervenir dans cette circonstance ; qu'elle doit, sans hésitation, prendre des mesures qui, quoi qu'on en puisse dire, sont essentiellement conservatrices ; nous pensons que l'administration qui a la puissance de faire démolir, dans certains cas, des constructions qui menacent ruine, peut et doit, à plus forte raison, avoir celle d'imposer des prescriptions qui, faisant mieux que de remédier au mal, auront le précieux avantage de le prévenir. »

Il est certain que, dans ces dernières années, on a élevé, sur les bords de la Seine, par exemple, d'importantes constructions que les crues envahissent ; l'Etat aurait-il dû intervenir pour s'y opposer? Il est difficile de le dire : les constructeurs ont dû mettre en balance les avantages et les inconvénients qui résultaient pour eux du voisinage du fleuve ; s'ils ont passé outre, c'est qu'ils y ont trouvé leur compte. Dans ce cas, l'intérêt général n'était pas en jeu ; il n'y avait que des intérêts particuliers qui savent presque toujours se sauvegarder. L'État ne paraît donc devoir agir que dans le cas où les constructions, formant obstacle au libre cours des eaux, pourraient déterminer une aggravation des crues.

Des assurances contre les inondations. — Dupuit était grand partisan du système des assurances contre les inondations ; c'est dans ses Mémoires que nous en trouvons la première idée qu'il formule ainsi :

« Il y a une mesure économique qui nous paraît devoir produire les meilleurs résultats et dont nous ne comprenons pas que quelque grande compagnie financière n'ait pas encore pris l'initiative, c'est celle que les hommes opposent à tous les sinistres accidentels dont ils ne peuvent maitriser les causes, *l'assurance*. C'est ainsi qu'on est parvenu, au moyen de l'épargne et de l'association, non pas à faire disparaître le mal, mais à l'amoindrir en le répartissant. Sans doute, l'établissement du chiffre de la prime présente quelques difficultés du premier abord ; car, comme nous l'avons dit, les terrains se trouvent, par rapport aux inondations, dans des conditions bien diverses, suivant le cours d'eau le long desquels ils sont placés, suivant leur niveau relativement aux crues, et suivant leur culture et les travaux exécutés pour les protéger. Mais ces difficultés ne sont pas plus grandes que celles des assurances maritimes, où il faut tenir compte de l'état du vaisseau, de sa destination, de son chargement, de l'habileté du capitaine ; or on sait qu'on a triomphé de ces difficultés. A plus forte raison triompherait-on de celles que présente l'évaluation des chances d'inondation, car les éléments du calcul sont beaucoup moins variables et plus faciles à rectifier par l'expérience. La plus grande difficulté du système, celle sans doute qui a éloigné les compagnies financières de ce genre d'assurances, c'est le peu de régularité du fléau dans ses ravages annuels. Quand les sinistres, comme les incendies par exemple, ne tiennent pas à des causes générales, en vertu de la loi des nombres ils se répartissent d'une manière presque régulière sur les années, et il est facile d'établir la balance entre les primes à payer et la valeur annuelle des sinistres ; mais les sinistres des inondations n'ont pas cette régularité dans leur marche ; ils apparaissent à des intervalles souvent très-éloignés, puis tout à coup ils se rapprochent, s'accumulent et viennent fondre à la fois sur toutes les vallées d'un pays. L'année 1850 est un triste exemple de la possibilité de cette coïncidence, qui amènerait infailliblement la ruine de toute compagnie d'assurances à laquelle une trop courte existence n'aurait pas permis de constituer un fonds de réserve suffisant. Mais il nous semble que cette difficulté n'est pas insurmontable et qu'au moyen de combinaisons financières prudentes, les compagnies pourraient se mettre à l'abri des chances d'une pareille éventualité. Ce n'est en effet qu'une difficulté de début, qui ira en s'amoindrissant à mesure de l'augmentation du fonds de réserve ; il ne s'agit que de mesures transitoires à prendre, jusqu'à ce que les primes annuelles, en s'accumulant, permettent aux sociétés d'étendre les cas d'assurances à tous les risques. Nous ne saurions entrer dans plus de détails à ce sujet, parce que nous croyons que ce n'est que par la pratique qu'on peut réellement résoudre toutes les difficultés d'un pareil système. Les assurances contre l'incendie, contre la grêle, contre les risques de la navigation fluviale ou maritime ne sont devenues ce qu'elles sont aujourd'hui qu'à la suite d'une longue expérience et après de nombreux tâtonnements. »

Opinion de M. Krantz sur les assurances contre les inondations. — Dans les rapports sur la situation de nos voies navigables, présentés à l'Assemblée nationale, M. l'ingénieur en chef Krantz a étudié incidemment, à propos du bassin de la Loire, la question des inondations. Comme Dupuit, il conclut à l'impuissance pratique des moyens proposés pour combattre les inondations et il recommande le système d'une assurance mutuelle à réaliser par les intéressés.

« Les crues excessives de la Loire, dit-il, s'expliquent très-bien quand on étudie les conditions naturelles du sol, l'altitude et la composition de son vaste bassin. Mais en même temps qu'elles s'expliquent, elles apparaissent avec un tel caractère de puissance que l'on perd, au moins en partie, l'espoir de les dominer.

Jusqu'à Orléans, tous les affluents de la Loire et de la Haute-Loire ont à l'origine une forte pente, et, par suite, écoulent leurs eaux avec une grande vitesse et les amènent promptement dans le lit du fleuve.

Sur les 115 121 kilomètres carrés dont se compose la superficie totale du bassin de la Loire, on compte environ 45 000 kilomètres carrés en terrains imperméables, granites, porphyre, roches plutoniques ou cristallines, dans lesquels les eaux ne peuvent pénétrer à de grandes profondeurs et s'emmagasiner en grandes quantités. Elles roulent à la surface, se réunissent dans tous les plis de terrains, et de proche en proche, gagnent les affluents secondaires, et par eux le fleuve lui-même. On comprend dès lors qu'une perturbation atmosphérique qui ferait tomber en deux ou trois jours dans cette partie imperméable du bassin une couche de 0^m,10 de pluie (ce fait s'est déjà présenté) amènerait à bref délai dans la vallée un volume de trois à quatre milliards de mètres cubes, à l'écoulement duquel le fleuve ne pourrait suffire en restant à sa hauteur et dans son lit de crue habituels [1].

Fort heureusement, les divers affluents de la Loire ne sauraient, à moins de circonstances très-exceptionnelles, être en même temps soumis aux mêmes influences atmosphériques. Sous ce rapport, ils se partagent en trois groupes bien distincts.

Le premier, constitué par la Haute-Loire, l'Allier et les petits affluents en amont du Bec-d'Allier, reçoit surtout les eaux amenées par les vents du Midi.

---

[1] Les volumes des eaux débitées en totalité pendant la crue de 1856 ont été, savoir :

Par la Loire, en amont du Bec-d'Allier. . .	1 342 000	mètres cubes.
Par l'Allier.	1 205 000	—
Par le Cher.	519 000	—
Par l'Indre.	95 000	—
Par la Vienne.	654 000	—
Soit en tout.	3 815 900	—

Le second groupe est composé du Cher, de l'Indre, de la Vienne et du Thouet, qui débouchent en Loire, entre Tours et Saumur. Le bassin de ces affluents est très-étendu et ne compte pas moins de 600 000 kilomètres carrés. Composé pour les trois quarts de terrains perméables, il est soumis à l'action des vents de l'ouest et du nord-ouest.

Le troisième groupe, composé de la Maine et de l'Authion, loin de provoquer des crues ou d'exagérer celles qui proviennent de la partie supérieure de la vallée, exerce au contraire une action modératrice très-prononcée. Il emmagasine dans la période ascendante de la crue une énorme quantité d'eau qu'il restitue ensuite à la période descendante.

Il n'entre pas dans le cadre de ce rapport de décrire les divers moyens employés ou proposés pour atténuer les ravages des crues : — digues submersibles en cas de crues exceptionnelles, mais habituellement suffisantes pour protéger les terrains les plus précieux du val, — digues insubmersibles, souvent dangereuses en rase campagne, mais absolument nécessaires pour couvrir les grandes villes, — réservoirs fermés dans le haut des vallées pour emmagasiner le trop-plein des eaux de pluie, — barrages ouverts dans les vallées secondaires, pour retarder l'arrivée des crues dans la Loire ; on a dû tout rechercher, tout étudier, tout proposer avec une infatigable sollicitude, car les désastres amenés par les inondations sont énormes. La crue de 1856 ne paraît pas avoir causé moins de trente millions de pertes de toute nature.

Malheureusement, quand on examine de près les phénomènes divers auxquels sont dues ces grandes crues, on perd l'espoir de les dominer. Leur cause première nous est inconnue ; elle échappe dans tous les cas à notre action et, qui pis est, on ne voit pas qu'elle ait, dans des causes naturelles concurrentes, un modérateur nécessaire.

En effet, si, en 1856, les pluies torrentielles qui ont duré du 15 au 18 octobre ont causé les inondations que l'on sait, on ne voit pas qu'il eût été, en principe, absolument impossible qu'elles durassent deux jours de plus et devinssent infiniment plus désastreuses. Rien ne prouve donc que nous ayons atteint la limite des crues possibles et que l'avenir ne nous en réserve de plus désastreuses encore que celles que nous connaissons.

Mais, si nous sommes forcés de reconnaître sur ce point la faiblesse de nos pouvoirs et l'infirmité de notre condition, si nous ne pouvons conserver d'espoir raisonné et sérieux dans l'efficacité absolue des moyens préventifs, tout au moins pouvons-nous, dans une autre voie, trouver un remède suffisant à ces fléaux naturels. Ils sont intermittents et reviennent au bout d'assez longues périodes. Les terrains qu'ils ravagent quelquefois sont, dans les temps ordinaires, d'une rare fertilité. Que chacun fasse dans les bonnes années la part des mauvaises, mette de côté une part de ses produits ; mieux encore, que les propriétaires exposés aux ravages du fleuve se coalisent contre lui, au moyen d'une assurance mutuelle, et, vienne un désastre, il sera réparé par avance.

En un mot, c'est aux moyens économiques et non à d'autres qu'il faut demander le remède à ces maux et si, dès l'origine, on y avait eu recours au lieu de chercher à combattre directement le fléau, toute la vallée serait aujourd'hui protégée par une assurance qui ne laisserait place à aucun risque. »

TORRENTS ET RIVIÈRES TORRENTIELLES

Les torrents et les rivières torrentielles ne sont pas d'un intérêt direct dans un traité de navigation fluviale. Cependant ces cours d'eau ont donné lieu à des recherches si intéressantes, à des travaux si utiles que nous ne pouvons les passer sous silence. On ne saurait les omettre dans un traité complet d'hydraulique.

En *hydrologie*, nous avons déjà parlé des torrents et de leurs relations avec le reboisement et le regazonnement des montagnes ; nous reprendrons ces notions, afin de ne point les laisser détachées de l'ensemble.

Nous étudierons ensuite les travaux de *correction*[1] des rivières torrentielles et nous donnerons des exemples empruntés à la Durance, au Var, au Rhône et au Rhin.

Nous terminerons par le résumé des études physiques, entreprises sur les torrents et nous parlerons des divers travaux proposés pour la correction à faible échéance de ces cours d'eau, qui ne peuvent être éteints complètement que par le reboisement des régions montagneuses où ils prennent naissance.

1° Les torrents et le déboisement

Nous avons étudié en météorologie l'influence des forêts sur la répartition des pluies, nous avons montré que sur ce sujet il n'existe point d'expériences concluantes : les forêts les plus importantes, situées au fond de l'Océan aérien, ne paraissent pas devoir exercer plus d'influence sur les grands courants de l'atmosphère que n'en exercent sur les eaux quelques bancs de sable au fond d'un grand fleuve.

Nous admettons donc, en l'état actuel de la science, que les forêts ne sauraient exercer une action prépondérante sur la répartition générale des pluies.

Il n'en est pas de même si l'on examine l'écoulement des eaux pluviales à la surface du sol : les torrents, qui ravagent quelques-unes de nos régions montagneuses, sont dus au déboisement et au défrichement des versants, et les meilleures armes pour les combattre et les détruire sont le reboisement et le gazonnement des montagnes.

Description sommaire des torrents des Hautes-Alpes. — M. l'ingénieur Cézanne a repris et complété dans ces derniers temps la remarquable *Étude sur les torrents des Hautes-Alpes*, que M. l'ingénieur Surell avait publiée vers 1840 et que l'Académie des sciences avait couronnée. C'est d'après ces deux savants que

---

[1] Par *correction* d'une rivière (Flusz correction, correzione dei fiumi) il faut entendre les travaux de rectification, de canalisation et d'endiguement nécessaires pour empêcher les inondations et pour assurer un lit stable à la rivière Par *correction* de torrent il faut entendre les travaux destinés à en arrêter les dévastations de tout genre.

nous examinerons ici la question des torrents et du reboisement des montagnes, question dont on saisit la haute importance après un séjour de quelques semaines dans nos Alpes françaises, si intéressantes et si peu explorées jusqu'à présent.

Les torrents des Alpes sont des cours d'eau de troisième ordre, qui n'ont que quelques kilomètres de longueur, qui coulent dans les dépressions ou entre les contreforts d'un versant, avec une pente presque partout supérieure à 0ᵐ,06 et toujours supérieure à 0ᵐ,02 ; ils affouillent dans la montagne, entraînent les terres, les graviers et les blocs, qu'ils déposent ensuite dans les vallées où ils divaguent par suite de ces dépôts.

Le torrent des Alpes comprend, en général, trois parties caractéristiques représentées par la fig. 2, pl. IV. Dans la montagne se trouve le bassin de réception qui s'étale en éventail et se subdivise en plusieurs ravins ; c'est le bassin de réception qui recueille les eaux pluviales et leur fournit les matières qu'elles entraînent. Cet entonnoir aboutit à un goulot resserré où rien ne se dépose, et où les eaux, prenant leur maximum de vitesse, arrachent quelquefois aux berges des blocs énormes de rochers ; le goulot est prolongé par un canal d'écoulement généralement de faible longueur, sur le parcours duquel le torrent est inoffensif. Enfin, le goulot et le canal d'écoulement se terminent par le lit de déjection, entassement de cailloux et de blocs dispersés sur une étendue considérable de terrain ; cet entassement a la forme d'un demi-cône dont le sommet se trouve à l'extrémité du canal d'écoulement et qui s'avance dans la vallée comme un contre-fort de la montagne, ou encore comme un vaste éventail déployé et courbé en dos d'âne ; c'est l'inverse du bassin de réception qui, lui, ressemble à un éventail déployé et courbé de manière à former un creux. Le lit de déjection occupe quelquefois une largeur de 3 kilomètres avec une hauteur de 70 mètres.

Cette forme générale des torrents se retrouve, avec des proportions moindres, dans tous les pays où des versants rapides et dénudés sont attaqués par les eaux.

Le torrent coule au sommet du lit de déjection et se trouve suspendu comme une menace permanente sur les vallées qui le bordent.

Lorsqu'on relève le profil en long d'un cours d'eau de ce genre, on trouve une courbe continue, concave vers le ciel, dont le rayon de courbure diminue à mesure qu'on s'élève dans la montagne, c'est-à-dire que la pente diminue à mesure qu'on descend vers la vallée ; c'est précisément la forme de lit qui convient le mieux à un courant dont le volume croît en raison de la distance parcourue.

Ainsi, dans le bassin de réception, le lit de torrent est dans un creux par rapport au sol environnant; dans le lit de déjection, au contraire, il est en relief.

Les terres et les blocs enlevés dans la montagne se déposent au sortir de la gorge parce que les eaux rencontrent des pentes plus faibles où leur vitesse s'atténue, et aussi parce qu'elles peuvent s'épancher librement sur de vastes espaces. Les eaux coulent dans une concavité dirigée suivant l'arête du cône de déjection qui fait suite à la gorge d'écoulement ; mais un pareil lit suspendu est fort instable et ses berges sont essentiellement mobiles, de sorte que le courant peut, en quelques instants, se porter sur d'autres points et ravager un sol qui se croyait à l'abri de ses atteintes.

Dans le bassin de réception, les orages versent, en quelques instants, une

7

énorme quantité d'eau; les courants, déchaînés sur des pentes rapides, rongen
leurs berges, dévorent peu à peu les propriétés voisines et même jusqu'à des
villages entiers.

Les alluvions des torrents se composent de boue, de graviers, de galets et de
blocs.

La boue est formée, dans les Alpes, par la trituration du calcaire noir feuil·
leté; cette boue vaseuse devient compacte en se desséchant et fait périr les récoltes qu'elle couvre; ce n'est qu'après une longue culture qu'elle devient fertile. Les graviers se déposent sur les pentes inférieures à 0ᵐ,05 par mètre; les
galets de 0ᵐ,25 de côté sur les pentes de 0ᵐ,25 à 0ᵐ,05, et les blocs, dont le
volume atteint jusqu'à un demi-mètre cube, sur les pentes de 0ᵐ,05 à 0ᵐ,08.

Les crues des torrents, et par suite leurs ravages, se produisent lors de la
fonte des neiges, au mois de juin, et à la suite des orages de la fin de l'été. Les
crues des pluies d'orages sont les plus dangereuses; ces pluies tombent comme
des trombes soudaines; le nappe d'eau comprime l'air du bassin de réception et
un vent violent s'échappe de la gorge comme de la buse d'un soufflet gigantesque.

Il faut remarquer que les effets d'érosion produits par les masses d'eau torrentielles des montagnes sont rendus plus sensibles dans les Alpes par la nature même du sol sur lequel elles coulent. Les terrains primitifs, granites et
gneiss, n'apparaissent que sur les sommets; au-dessous on trouve les terrains
tertiaires, le groupe crétacé et le groupe oolithique; le calcaire ardoisé, à
texture feuilletée, est particulièrement facile à attaquer par les eaux.

Les torrents les plus dangereux des Alpes sont de formation relativement récente, et beaucoup même ne sont pas arrivés encore à se créer un profil continu
et stable, de sorte que leurs ravages ne s'arrêteront que lorsque les roches
solides auront été mises au jour, à moins qu'on n'arrive à atténuer les effets
d'érosion, chose possible, comme nous le verrons tout à l'heure.

Influence des forêts sur les cours d'eau. — Nous avons eu l'occasion déjà de si·
gnaler l'influence qu'exercent les forêts sur les cours d'eau. Nous résumerons
ici les diverses formes de cette influence.

1° Quelle que soit la nature géologique d'un bassin, au moment où l'évapo
ration atteint son maximum, les cours d'eau atteignent un minimum. Ce résultat
se vérifie à Paris pour la Seine: il se vérifie aussi pour le Pô, bien que celui-ci
soit alimenté par les glaciers des Alpes, ainsi que pour le Rhin, pourvu qu'on se
place à une distance suffisante des montagnes.

Ainsi, plus l'évaporation est active, plus le débit des eaux diminue; toute
cause ayant pour effet de modérer l'évaporation relèvera par cela même l'é-
tiage des cours d'eau.

Or, il est généralement admis que les bois conservent la fraîcheur et que
l'évaporation à l'ombre des forêts est beaucoup moindre que sur les plaines
voisines; l'expérience de tous les jours fait la preuve de ce fait.

On objecte que les forêts arrêtent l'eau pluviale qui séjourne sur les feuilles
et retourne en vapeur dans l'atmosphère; des expériences montreraient même
que les feuilles retiennent en hiver 30 0/0 et en été 50 0/0 de la pluie, et que
les espèces touffues peuvent arrêter jusqu'à 80 0/0 de la pluie. M. Cézanne fait
remarquer qu'il y a lieu de discuter ces expériences et d'examiner la position
des pluviomètres. Un pluviomètre placé au centre d'un parapluie ne recevrait
pas d'eau, celui qui serait sous l'égout en recevrait beaucoup plu que s'il était
placé au milieu d'un champ découvert. Un phénomène analogu doit se pro-

duite avec les arbres des forêts. Aussi les expériences de M. Mathieu ont-elles donné sous bois une hauteur de pluie dont le rapport à la hauteur de la pluie en plaine a été de 90 à 95 0/0; en revanche, l'évaporation a été cinq fois plus grande hors bois que sous bois.

Donc il paraît à peu près certain que les forêts conservent beaucoup plus d'humidité et évaporent moins que le sol découvert. Elles exercent donc une action bienfaisante sur le débit des cours d'eau en le régularisant pendant l'été et en l'augmentant pendant cette saison.

2° En ce qui touche l'infiltration, l'influence des forêts est aussi sensible. Nous avons vu que les sources étaient alimentées par les eaux pluviales qui s'infiltrent dans les terrains perméables, et que l'infiltration était d'autant plus considérable que l'évaporation était moindre.

Sur un terrain perméable découvert, l'évaporation absorbe en été toute l'eau pluviale, les sources ne sont plus alimentées, leur débit s'abaisse, à moins qu'elles ne correspondent à de très-vastes réservoirs souterrains; toute cause diminuant l'évaporation augmente l'infiltration, et c'est par là que les forêts agissent; sous cet aspect elles concourent encore à régulariser le débit des cours d'eau pendant l'été.

Elles peuvent encore le régulariser par un autre effet, ainsi que l'a montré M. Lamairesse dans ses *Études hydrologiques sur les monts Jura;* le plateau calcaire fendillé du Jura absorbe immédiatement toute l'eau qu'il reçoit, si sa surface est découverte; mais lorsque cette surface est boisée, le feutrage des racines retient l'eau à la surface, détermine un écoulement superficiel et ralentit la transmission de la pluie entre le terrain qui la reçoit et les sources. De là une nouvelle cause de régularisation.

Bien que certaines rivières dont les bassins sont boisés sur une notable étendue possèdent un cours irrégulier, il ne faut pas en conclure que les forêts ne tendent pas à régulariser l'allure des cours d'eau, car il faudrait voir d'abord ce que cette allure deviendrait, si on déboisait les bassins.

D'après l'avis de beaucoup d'ingénieurs, les forêts conservent et régularisent les sources.

Suivant M. Vallès, inspecteur général des ponts et chaussées, il faut distinguer l'effet des forêts suivant la nature des sources.

Les forêts, d'après lui, seraient nuisibles aux sources profondes et favorables aux sources superficielles; le feutrage dont les forêts tapissent le sol retient l'eau à la surface et l'empêche de pénétrer dans les profondeurs de la terre; sans doute, le sol reste humide, mais c'est une humidité stagnante qui ne profite pas aux sources. « En résumé, conclut M. Cézanne, dans la plupart des cas, et sauf des circonstances spéciales, l'action des forêts sur l'évaporation et sur l'infiltration est de nature à augmenter le produit de la pluie, c'est-à-dire la part de la nappe pluviale qui profite aux cours d'eau. Ce double effet tend surtout à se produire en été, c'est-à-dire dans la saison où l'eau courante est la plus précieuse. »

A l'appui de cette conclusion, il faut citer l'expérience entreprise en Australie sur de vastes proportions, et rapportée par M. de Beauvoir dans son *Voyage autour du monde;* l'Australie, avec ses plateaux dénudés, manque de sources et de ruisseaux. On est arrivé à en créer en effectuant de nombreuses plantations.

En ce qui touche l'influence directe des forêts sur les quantités de pluie tombées, elle ne paraît point devoir être considérable, ainsi que nous l'avons expliqué. Cependant, des expériences récentes semblent la démontrer; bien que ces expériences demandent la sanction du temps, nous ne pouvons les passer sous silence.

Voici l'exposé qu'en fait M. de Parville, dans son compte rendu des séances de l'Académie des sciences, inséré au *Journal officiel* du 8 septembre 1876 :

« M. L. Fautrat envoie une « note relative à l'influence des forêts de pins sur « la quantité de pluie que reçoit une contrée, sur l'état hygrométrique de l'air « et l'état du sol. »

« En 1874 et 1875 déjà, M. Fautrat avait présenté à l'Académie les résultats des observations faites dans la forêt de Hallatte, tendant à établir qu'il tombe plus d'eau au-dessus des forêts de bois feuillus qu'en terrain découvert. Les expériences poursuivies depuis sont venues confirmer pleinement les résultats indiqués.

« Pour rechercher si les pins ont le même pouvoir condensateur, deux stations d'observations ont été installées dans la forêt domaniale d'Ermenonville, l'une au-dessus d'un perchis de pins sylvestres formant un massif s'élevant à 12 mètres du sol, l'autre à la même hauteur, dans la plaine de sable attenant à la forêt.

« La différence en faveur de la forêt a été de 83 millimètres, soit plus de 10 pour 100 de la quantité d'eau tombée en terrain découvert. Ces résultats montrent évidemment que les pins ont la propriété de condenser les vapeurs, et ils possèdent cette propriété à un plus haut degré que les bois feuillus, car la différence de 10 pour 100 en faveur des résineux n'est plus que de 5 pour 100 en faveur de la forêt, dans les observations faites au-dessus du massif de chênes et de charmes de la forêt de Hallatte.

« Les observations hygrométriques faites dans les deux stations ont donné 10 centièmes de plus pour les pins. L'air au-dessus des pins renferme en dissolution beaucoup plus de vapeur d'eau que dans la plaine.

« Six pluviomètres ordinaires et un pluviomètre de 1^m,60 de diamètre adapté autour d'un arbre de couvert moyen ont permis de mesurer la quantité de pluie reçue sur le sol forestier. On a trouvé pour les quatorze mois d'observation 471 millimètres. La cime des arbres a intercepté 369 millimètres soit les 0,43 de l'eau précipitée. En terrain découvert, il est tombé 757 millimètres d'eau, et le sol forestier en a reçu 471 millimètres.

« Si l'on considère d'un côté qu'une partie du terrain formé par les détritus des pins fixe en poids 1,90 d'eau, tandis qu'une partie des sables de la plaine n'en fixe que 0,25 ; de l'autre, que l'évaporation sous bois, grâce au couvert des arbres et à la couverture des mousses tapissant le sol, est six fois plus faible que hors bois, on est amené à conclure que le sol forestier conserve plus d'eau que le sol découvert.

« L'évaporation sous les bois résineux est plus rapide que sous les bois feuillus. Ce fait est en harmonie avec les propriétés hygrométriques que paraissent avoir les bois résineux.

« Ces données démontrent quels services sont appelés à rendre les forêts de pins dans les sables brûlants, dans les plaines crayeuses que le manque d'eau rend improductives. On voit aussi quel remède doivent apporter au fléau des inondations les grandes masses boisées qui, interceptant une partie des eaux pluviales, forment un sol plus apte à les fixer, et, à la manière des barrages, diminuent la vitesse d'écoulement des eaux arrivant à leur surface. »

3° Les forêts exercent surtout leur action bienfaisante sur le ruissellement des eaux fluviales.

Lorsque l'on considère des plateaux ou des versants à faible pente sur lesquels le ravinement est impossible, l'action régulatrice des forêts est discutable, et l'influence n'en est point nettement établie.

Mais elle est hors de doute lorsqu'il s'agit de versants inclinés, d'un ravinement facile. M. Cézanne le fait comprendre par une comparaison bien simple; lorsque l'on regarde sur un carreau vertical les gouttes de pluie qui y tombent, on les voit séparèment : chacune d'elles descend lentement et il est facile de la suivre; au contraire, lorsque l'on considère les eaux recueillies par un toit et qu'on les fait couler dans une gouttière, même peu inclinée, on les voit prendre une grande vitesse et on a peine à les suivre de l'œil. Le phénomène est donc tout différent, suivant qu'une certaine quantité d'eau est fractionnée en gouttelettes ou réunie en une seule masse. Dans le premier cas, l'adhérence et le frottement des gouttes d'eau sur le corps solide qui les porte est vaincue avec peine; dans le second cas, l'adhésion et le frottement s'exercent surtout sur les molécules qui touchent les parois du canal, les autres ne sont plus soumises qu'à l'action retardatrice des molécules liquides qui les environnent, et, comme nous le savons, cette action est très-faible.

Or, qu'arrive-t-il sur un sol nu facilement attaquable? Les gouttelettes de pluie se rejoignent en filets qui se creusent un petit ravin; les filets se réunissent pour former des ruisseaux, et bientôt toute la masse pluviale est réunie en un seul courant qui prend une grande vitesse, qui ravage tout sur son passage, et, par cela même, augmente sans cesse le mal.

Qu'arrive-t-il, au contraire, sur un sol boisé? Les gouttelettes restent divisées; elles sont arrêtées par le feutrage superficiel et ont le temps de l'humecter complétement, de sorte qu'une partie de la pluie se trouve retenue et emmagasinée, tandis que l'autre ne s'écoule qu'avec lenteur.

Extinction des torrents par le reboisement. — Pour éteindre les torrents, il n'y a donc qu'à reboiser les montagnes.

L'expérience l'a prouvé; des torrents autrefois terribles, dont les ravages ont laissé des traces ineffaçables, sont devenus inoffensifs depuis que les bois recouvrent leur bassin de réception. Quelques-uns de ces torrents se sont rallumés avec violence, lorsque les populations imprudentes ont de nouveau détruit les forêts protectrices.

Les causes qui provoquent et entretiennent la violence des torrents, dit M. Surell, sont : d'une part, la friabilité du sol; de l'autre, la concentration subite d'une grande masse d'eau. Or, les forêts rendent le sol moins affouillable; elles absorbent et retiennent une partie des eaux, et empêchent la concentration instantanée de la partie qu'elles n'absorbent pas; par conséquent, elles détruisent l'une et l'autre cause.

A défaut de forêts, le gazon suffit à arrêter les eaux dans leur course et à empêcher la formation des torrents; il divise les eaux et donne au sol la liaison et la ténacité qui lui manquent. Mais, pendant l'été, les montagnes gazonnées sont envahies par des milliers de moutons qui piétinent le sol, et détruisent la végétation en rongeant l'herbe jusqu'aux racines. L'abus des pâturages, la concentration de grandes quantités de bestiaux sur de trop faibles espaces, font disparaître ce manteau de gazon qui protège les montagnes; ce manteau déchiré s'en va par lambeaux, et quand le ravinement a commencé, il est bien difficile de l'arrêter.

Pour empêcher la ruine du département des Hautes-Alpes, il n'y avait donc qu'à favoriser le reboisement et le gazonnement des montagnes. C'est à quoi

ont pourvu les lois du 28 juillet 1860 et du 28 juin 1864, dont l'application a
donné de remarquables résultats.

2° Correction des rivières torrentielles

1. ENDIGUEMENT DE LA DURANCE

La Durance, qui sans cesse entraîne la chair des montagnes friables, dont son
bassin se compose, et qui a recouvert d'un riche limon les plaines dont elle est
bordée, est pour ces mêmes plaines une menace perpétuelle. On se défend contre
ses grosses eaux au moyen de digues suffisamment élevées ; mais tout travail de
défense, élevé sur une rive, rejette le courant sur l'autre rive et est une menace
pour celle-ci.

Il ne faut donc procéder aux travaux de défense que d'après des vues d'ensemble s'appliquant aux deux rives à la fois.

C'est ce qui a déterminé la formation des anciens syndicats dont le système
de défense était le suivant :

Renfermer le lit mineur entre deux digues submersibles en enrochement, dites
palières, et constituer le lit majeur au moyen de deux digues en terre insubmersibles, dites chaussées.

Les digues submersibles élevées à 1^m,50 ou 2 mètres au-dessus de l'étiage ne
pouvaient produire d'effet utile de colmatage que si on les rattachait par des
digues transversales aux parties saillantes des versants, de manière à constituer
de véritables bassins de colmatage : sans cela, les grandes eaux auraient passé
derrière les digues submersibles qui n'auraient pas tardé à périr.

Pour obtenir des résultats plus rapides, on ne construisait d'abord que des
éléments de la digue longitudinale, reliés aux versants par les digues transversales ; on s'aperçut que ce système était suffisant pour fixer le lit mineur qui,
entre deux éléments de digue successifs, ne prenait alors qu'une courbure peu
accentuée.

C'est ainsi qu'on en arriva à adopter le système des digues à T.

En voici la description empruntée au Mémoire que M. l'ingénieur en chef
Hardy a publié dans les Annales des ponts et chaussées de 1876 ; les figures 1 à
7 de la planche VIII, extraites du même mémoire, donnent la représentation du
système :

« Ces digues transversales, bien qu'elles soient insubmersibles, sont beaucoup
moins dispendieuses à construire que des digues longitudinales moins élevées,
parce que, par l'effet de la branche amont du T, qui diminue la vitesse le long
de la digue transversale dans le sens de sa longueur, cette digue n'a plus à
résister, pour ainsi dire, qu'au poids de l'eau, et peut être tout simplement en
terre avec perré maçonné sur le talus d'amont seulement. La digue longitudinale, au point où s'y enracine la digue transversale, doit être insubmersible
comme elle, sur une longueur de quelques mètres de chaque côté de son axe ;
mais dans la partie amont, elle doit être submersible afin de prévenir, par déversement, une trop grande accumulation d'eau devant la digue transversale,
qui, sans cette précaution, serait surmontée et infailliblement détruite. Plus la

branche amont du T est longue, plus le colmatage devant la branche transversale a de longueur, et mieux cette digue est préservée; l'expérience a démontré
que la longueur de cette branche amont devait varier de 60 à 80 mètres. Quant
à la branche aval, elle n'a d'autre rôle à jouer que de rejeter les eaux dans le
lit mineur et d'empêcher ainsi la formation d'un courant le long du talus aval
de la digue transversale, ce qui entraînerait sa ruine ; 25 à 30 mètres suffisent
pour produire cet effet. Tout l'effort des crues se trouve ainsi concentré sur
l'élément de digue longitudinale, principalement à l'amont ; aussi faut-il qu'il soit
très-solidement établi, en blocs d'enrochement avec risberme, ainsi que la digue
transversale qui s'y rattache et qui doit être continuée dans toute la partie du lit
baignée par les eaux. On a soin de construire cette partie de digue à l'époque de
l'étiage, et l'on s'efforce de détourner les eaux par des barrages en fascines et
gravier à l'amont, afin de réduire autant que possible la partie de digue à construire dans ce système.

En rapprochant suffisamment les digues transversales munies de leur T terminal, le torrent ne peut plus décrire, d'un T à l'autre, que des courbes peu
prononcées, et la berge présente une succession d'anses assez aplaties. L'expérience a indiqué que, dans la partie de la Durance où la pente est de $0^m,005$ par
mètre, l'espacement des digues doit être de 800 à 1000 mètres. Quand, pour
s'enraciner à un point insubmersible de la vallée, la digue transversale devrait
avoir une trop grande longueur, ou ce qui revient à dire : quand, par suite du
plus de relèvement en travers de la vallée, le champ d'inondation aurait une
trop grande largeur, on infléchit cette digue vers l'amont à une certaine distance de son extrémité (de 400 à 500 mètres), pour gagner, soit un point insubmersible en amont, soit la digue transversale immédiatement supérieure.

On a remarqué que, lors des crues, les eaux prenaient, le long de la digue
transversale, une pente égale à la moitié de celle du lit : c'est donc cette pente
qu'on donne au couronnement de la digue transversale en enrochement et de la
partie de cette même digue en terrassement qui lui fait suite ; à la jonction de cette
dernière partie avec celle qui la précède, son couronnement doit être élevée
$1^m,50$ au-dessus des plus hautes eaux connues. La même pente, de moitié de celle
du lit, est continuée dans la partie infléchie vers l'amont.

Sur le prolongement de l'axe de la digue transversale, le couronnement de la
digue longitudinale est élevé à $0^m,50$ au-dessus des plus hautes eaux connues.
Ce couronnement suit la pente du lit sur quelques mètres en dessus et en dessous,
et se raccorde, par des plans inclinés, à pente susceptible d'être descendue sans
danger par une voiture chargée d'enrochements, avec les extrémités submersibles
des branches d'amont et aval couronnées à 1 mètre en dessous des plus hautes
eaux.

La partie de la digue transversale en enrochement, au point où elle se rattache
à la partie centrale de la digue longitudinale, est élevée au même niveau qu'elle
et suit, comme il a été dit plus haut, la pente de moitié de celle du lit jusqu'au
point où la situation des eaux permet de commencer la partie en terrassement ;
la différence de niveau d'un mètre entre les deux parties de digue est rachetée
par une rampe pouvant être descendue par les voitures chargées de blocs d'enrochement. Elle doit être inférieure à $0^m,06$ par mètre. Une précaution indispensable à prendre pour éviter des filtrations qui ne manqueraient pas de se produire
et pourraient avoir les plus fâcheuses conséquences pour l'existence de la digue
en terrassement est la construction, au point de jonction des deux parties de la
digue transversale, d'un mur de 1 mètre d'épaisseur, de la forme du profil en

ravers de la digue transversale, avec contre-forts de même épaisseur de chaque
côté. A cause de la forme de sa section transversale, cet ouvrage est désigné
sous le nom de « mur en croix ».

Ainsi, il y a dans toute digue du système que nous venons de décrire quatre
parties distinctes qui sont caractérisées ainsi qu'il suit, en partant de l'amont :

1° Une digue en terre et gravier non revêtue d'un perré du côté de l'eau, se
rattachant, soit à la digue précédente, soit à un point insubmersible de la vallée.
Elle peut être longitudinale, c'est-à-dire parallèle à la ligne d'endiguement
(berge à lit mineur), oblique par rapport à cette ligne, ou normale ;

2° Une digue en terre et gravier revêtue d'un perré du côté de l'eau, avec ou
sans enrochements au pied, suivant qu'il y a ou qu'il n'y a pas danger d'affouillement. Elle commence au point où le courant, en temps de crue, serait assez
fort pour détruire un talus en terrassement, et se continue tant qu'on peut faire
le remblai de la digue sans qu'il soit enlevé par le courant et fonder le perré,
sans grands épuisements, un peu au-dessous des basses eaux de l'année ; cette
digue peut être, à son origine, parallèle à la ligne d'endiguement ou oblique ;
elle est toujours normale à la ligne d'endiguement, sur une plus ou moins grande
longueur, à son extrémité aval ;

3° Une digue, exclusivement en enrochements, en prolongement de la précédente et séparée d'elle par le mur en croix, de plus ou moins grande longueur
suivant la situation des eaux ;

4° Une digue longitudinale formant T, d'une longueur de branche de 60 à
80 mètres en amont et de 25 à 30 mètres à l'aval ;

Les travaux sont exécutés dans l'ordre que nous venons de suivre ; les blocs
d'enrochement, pesés à une bascule, sont amenés par voitures circulant sur
plus ou moins grande longueur, sur le couronnement de la digue en terrassement, et jetés en avant (on dételle les chevaux et on retourne la voiture sur une
plaque tournante), pour former successivement les troisième et quatrième parties ; c'est pour cela qu'il faut que les pentes de raccord de la seconde partie
avec la troisième, et de la partie centrale de la digue longitudinale avec ses
extrémités, puissent être descendues par une voiture. Les digues transversales
à T doivent toujours être en face, sur l'une et l'autre rive ; autrement il y aurait
incidence d'une rive à l'autre, et les anses entre les T seraient plus creusées.
Quand les deux éléments de digue longitudinale sont vis-à-vis l'un de l'autre,
les deux composantes normales à ces éléments, de direction opposée, se détruisent, et le courant suit une direction à peu près parallèle à la ligne d'endiguement. C'est ce qu'il est toujours assez difficile de faire comprendre aux syndicats, disposés naturellement à se défendre sur le point menacé, qui n'est pas,
comme de raison, vis-à-vis de la digue construite sur la rive opposée. »

C'est depuis la grande inondation de 1843, où le débit de la Durance, qui en
étiage est de 50 à 60 mètres cubes à Mirabeau, s'éleva à 5 000 mètres cubes, que
l'on sentit la nécessité de donner aux travaux d'endiguement une vive impulsion.

Depuis cette époque, pour défendre une longueur de 10 570 mètres de rive, il
a été dépensé 1 041 000 francs : on a obtenu 230 hectares de colmatage ayant
une plus-value de 850 francs l'hectare, 250 hectares de terrain conquis valant
2 000 francs l'hectare, et on a préservé 1 120 hectares de terrain dont chacun a
pris une plus-value de 600 francs.

C'est une plus-value totale de 1 367 000 francs.

2. CORRECTION DU RHIN A L'AMONT DU LAC DE CONSTANCE

(MÉMOIRE DE M. WILLIAM FRAISSE)

Le bassin hydraulique du Rhin avant son entrée dans le lac de Constance comprend 6 619 kilomètres carrés ; son débit est excessivement variable. Il peut tomber en hiver à 100 mètres cubes ; il a des crues subites qui atteignent 1 400 et jusqu'à 2 000 mètres cubes par seconde.

Sur 75 kilomètres au-dessus du lac, le Rhin occupe un lit d'une largeur irrégulière variant de 150 à 600 mètres, dans une vaste plaine, large elle-même de plusieurs kilomètres et comprenant plus de cinquante villages dont quelques-uns fort importants.

« C'est en été, dit M. William Fraisse, que les eaux sont hautes, quand les chaleurs, après avoir fait fondre les neiges des vallées, attaquent celles des hautes cimes et accélèrent la fonte des glaciers. On évalue à 266 kilomètres carrés la superficie des glaciers qui existent dans cette partie du bassin du Rhin[1].

« Que, pendant la saison des hautes eaux, il survienne un orage ou un vent chaud accompagné de pluie, tel que le föhn, qui accélère si fortement la fonte de ces nombreux glaciers, la masse des eaux se précipite par tous les affluents, et le Rhin grossit avec une rapidité redoutable. C'est alors que les ruptures de digues et les débordements sont à craindre.

« En hiver au contraire, d'octobre en avril, le Rhin serpente capricieusement dans un lit sinueux au milieu duquel il forme des dépôts irréguliers de graviers et des îlots momentanés que chaque crue remue et déplace plus ou moins.

« Si l'on n'avait à regretter que le terrain perdu par cette largeur excessive du lit, le mal ne serait pas assez grave pour motiver les mesures coûteuses auxquelles on a recours ; mais les irrégularités mêmes du lit et des bancs de gravier qui l'obstruent sont une cause incessante de dangers pour les rives ; les bras qui se forment les heurtent et y forment des érosions dangereuses, de longs fragments sont emportés par le courant ; et la plaine environnante est sans cesse menacée.

« Ce danger s'explique facilement par la configuration du val. Quoique en ap-

[1] L'étendue considérable des glaciers qui existent dans un bassin hydrographique joue un rôle très-important dans le régime et dans le débit du fleuve qui leur sert d'émissaire commun. Tandis que dans les cours d'eau ordinaires, tels que la Seine, on peut chercher à établir une relation entre la quantité d'eau pluviale tombée sur le sol et la quantité qui s'écoule par le fleuve émissaire, selon la nature géologique du sol ou l'état des cultures, cette relation échappe à tout calcul certain en ce qui concerne les glaciers. Quelques étés chauds font fondre la glace accumulée de plusieurs années, tandis que quelques années froides occasionnent des accumulations qui diminuent dans une notable proportion le volume d'écoulement. Ces variations échappent aux mesurages et aux appréciations exactes. Dès lors un fleuve qui, comme le Rhin, reçoit les eaux de 71 glaciers couvrant un espace de 266 kilomètres carrés, ne saurait avoir un régime aussi régulier que celui que supposerait l'étendue de son bassin comparée à la quantité d'eau qui tombe sur ce bassin.
Cela est vrai pour tous les grands cours d'eau de la Suisse. Ainsi le Rhône reçoit les eaux de 316 glaciers, formant ensemble une surface de plus de 1 037 kilomètres carrés, et l'on sait que l'épaisseur de la couche de glace atteint parfois plus de 100 à 200 mètres.

parence la plaine soit unie et en quelque sorte uniforme, elle n'en est pas
moins relevée vers son centre. Le Rhin, qui charrie de grandes quantités de
graviers, les dépose peu à peu, et avec les siècles il a formé un vaste cône de
déjection, dont le lit actuel suit l'arête dorsale, en sorte que la partie qui comprend le lit du fleuve est sensiblement plus élevée que le reste de la plaine sur
les deux rives.

« L'œil de l'observateur ne peut apercevoir de pente appréciable, les distances
sont trop grandes et la vue est souvent masquée ; mais les instruments constatent le fait d'une manière évidente. Les profils en travers font voir que partout la plaine environnante est moins élevée que le niveau des hautes eaux
et que même elle est souvent au-dessous du niveau des basses eaux. (Figure 4,
planche III).

« La différence est en quelques points de plusieurs mètres.

« La différence entre les basses eaux d'hiver et les hautes eaux d'été est de
3m,00 à 3m,60, la vitesse est quelquefois de plusieurs mètres par seconde.

« Il résulte de cela trois inconvénients graves : le premier est que toute rupture
de digue expose la contrée à une irruption d'autant plus violente que la différence des niveaux est plus marquée. Les eaux forment alors des courants dévas-
tateurs qui jettent des masses de graviers sur les cultures ou les ravinent
en tous les sens, détruisant tout, et qui viennent parfois attaquer les habitations.

« Le second est que les eaux naturelles de la plaine, ou celles qui proviennent
des montagnes voisines, ne peuvent se rendre directement au Rhin par défaut
d'une pente suffisante ; elles sont obligées de chercher une issue fort loin en
aval. Le défaut d'écoulement les rend parfois stagnantes ; quelquefois même
les eaux du Rhin les refoulent en arrière et toute la plaine est ainsi en souf-
france.

« Enfin le troisième est que les eaux pluviales et naturelles sont augmentées
par les eaux du Rhin lui-même qui s'infiltrent par le sous-sol, en raison de la
pression hydrostatique, et viennent reparaître dans la plaine, quelquefois fort
au loin, et la rendent marécageuse, ce qui augmente d'année en année. On signale une grande quantité de terrains autrefois bons et cultivés qui sont aujour-
d'hui convertis en marais et abandonnés par leurs propriétaires.

« Ces trois inconvénients ne peuvent être évités que par des mesures générales. C'est en vain que les populations élèveront chaque année quelques fragments de digues pour protéger quelque point de la rive. Ces réparations partielles suffisent à peine pour quelque temps et pour le point particulier qu'elles
ont eu pour objet ; mais elles laissent subsister les trois inconvénients ci-dessus dans toute leur gravité. Et cependant le mal augmente par les mêmes causes qui l'on produit. Il est donc temps et grand temps d'apporter un remède
efficace à cet état de choses. »

La description précédente remonte à 1868 ; on était bien d'accord sur le mal
et sur les causes, mais on ne l'était pas sur les remèdes à adopter.

Le projet d'endiguement adopté consiste à resserrer le fleuve entre deux fortes
digues parallèles espacées de 120 mètres dans la partie supérieure et de 150
mètres dans les sections d'aval.

Ces digues en pierre sont élevées à hauteur insubmersible, mais elles ne
sont point maçonnées à mortier. Elles forment le lit mineur.

A 50 ou 100 mètres en arrière de chacune d'elles, on élève une seconde ligne de digues en terre, tout à fait insubmersible ; ces levées ont pour but

de préserver les campagnes des débordements acccidentels qui peuvent se produire derrière les premières digues, dans le cas surtout de hautes eaux d'une certaine durée.

Pour rendre compte de cette disposition générale, il faut, dit M. Fraisse, tenir compte de la nature du fleuve, de celle de ses bords et des choses déjà existantes.

Le Rhin est un torrent à fond mobile, à pente rapidement décroissante, comme le montre son profil en long de forme concave (figure 5, planche III) ; les galets et graviers qu'il charrie se déposent partout; on y trouve des galets de 35 centimètres de diamètre et du limon fin, mais les galets ne vont pas loin vers l'aval et l'on constate la diminution graduelle de leur grosseur. Les eaux sont toujours troubles.

Lorsqu'on est monté sur un bateau, si l'on est attentif, on entend le bruit des graviers se mouvant sur le fond du lit.

La quantité des transports est considérable; il suffit, en effet, d'une ou deux saisons pour relever de 30 à 45 centimètres des terrains étendus qui se couvrent de gravier et de sable limoneux.

Depuis longtemps, les lignes de correction avaient été arrêtées entre la Suisse et les États voisins, Lichtenstein et Autriche.

En outre, il a fallu autant que possible respecter et conserver ceux des ouvrages anciens qui étaient demeurés solides. De là, la nécessité d'adopter une série d'alignements droits raccordés par des courbes aussi adoucies que la nature des lieux et une sage économie le permettaient.

Dans les sections supérieures, vers Ragatz, la pente très-forte, 5 mètres par kilomètre, eût permis de réduire à 100 mètres l'espacement des digues; mais on a conservé l'espacement de 120 mètres à cause des anciens ouvrages à ménager. On les a complétés et les travaux complémentaires ont provoqué rapidement un approfondissement notable du lit. Le Rhin attaque ses anciens dépôts de gravier; chaque année, il en fait disparaître des portions considérables, et en 1868 l'approfondissement atteignait 3 mètres en certains points. La largeur adoptée peut donc être considérée comme bonne.

« Les rectifications ainsi adoptées ont pour effet de faire gagner une grande quantité de terrains sur les deux rives, tout en accroissant la pente relative et la force d'impulsion du courant par le raccourcissement et le rétrécissement du lit; en sorte que, loin de faire de nouveaux dépôts de ses graviers, le fleuve tend à approfondir son lit en reprenant ses anciens dépôts, qu'il entraîne en aval jusqu'au lac en les usant par le frottement continuel auquel ils sont soumis.

Cet approfondissement du lit est le seul moyen de parer aux trois inconvénients signalés plus haut. Les débordements deviennent de plus en plus rares et il est mieux possible de s'en garantir par des digues assez solides sans excéder les ressources dont on peut disposer. Les eaux naturelles de la plaine peuvent avoir un écoulement plus régulier et plus assuré, et les filtrations par le sous-sol sont diminuées par l'abaissement du niveau habituel des eaux du Rhin. »

L'endiguement devra être complété par un système de canaux de colmatage et d'irrigation.

Les digues devront être toujours construites de manière à résister aux affouillements résultant de l'approfondissement même du lit.

Les figures 6 et 7 de la planche III représentent le système de construction de ces digues : les carrières des montagnes voisines fournissent des blocs de calcaire compacte, pesant 2 600 à 2 700 kilogrammes le mètre cube, et dont le volume atteint jusqu'à 2 mètres cubes.

La base de la digue est formée, figure 6, par un massif en pierres de 1 mètre à 1m,50 de hauteur, large de 2 mètres à 4 mètres ; ce lit est arrangé sur un massif de fascinage. Ce massif prismatique est formé des plus gros matériaux qu'on ait pu amener et arrangés comme une grosse maçonnerie.

Le fascinage est toujours au-dessous des plus basses eaux. Quant au massif en pierre, il s'élève peu au-dessus des basses eaux ; il est toujours submersible par les hautes eaux ordinaires, mais il les dirige et, en s'épanchant derrière lui, elles sont inoffensives et déterminent un certain colmatage.

Ces massifs en pierre restent seuls une ou deux saisons ; au bout de ce temps, ils ont pris leur assiette, le terrain en arrière s'est relevé, et on peut élever la digue derrière le massif, comme le montre la figure 7.

Cette digue, large de 3 mètres au moins au sommet, dépasse de 30 à 50 centimètres les plus hautes eaux ordinaires ; du côté du fleuve, est un perré régulier de 60 à 90 centimètres d'épaisseur, incliné à 45°, enraciné dans le massif inférieur ou *Vorgrund*.

Le corps de la digue est en gravier pris sur place ; lorsqu'on redoute des érosions sur le talus extérieur, on le revêt en fascinages, saucissons ou clayonnages et même en pierres.

On comprend l'avantage de cette disposition ; l'effort des eaux se porte sur le *vorgrund* ; lorsque celui-ci s'affaisse par affouillement, on recharge, on nourrit l'enrochement qui finit par atteindre un état de stabilité ; le fascinage lui donne d'ailleurs une certaine flexibilité.

L'expérience de plusieurs années a justifié cette manière de faire ; le corps des digues s'est parfaitement maintenu. Le premier massif dirige énergiquement le courant ; les eaux qui surmontent la digue sont surtout limoneuses et déposent sur les champs en arrière un colmatage précieux à tous égards.

5. CORRECTION DES EAUX DU JURA SUISSE

M. l'ingénieur William Fraisse, inspecteur de la correction des eaux du Rhin et du Jura Suisse, a donné, en 1870, la description des travaux entrepris pour la correction des eaux du Jura. C'est d'après lui que nous esquissons ici cette entreprise.

Le bassin qu'il s'agit de soustraire aux inondations est représenté par la figure 6, planche IX ; sa longueur, du canton de Vaud à Soleure, est de 14 kilomètres. Il renferme les trois lacs de Morat, de Neuchâtel et de Bienne, dont la superficie totale est de 31 000 hectares ; les marais y occupent 20 000 hectares.

Ce bassin est alimenté par le massif du Jura à l'ouest, et par le massif central de la Suisse à l'est. Du Jura descendent des rivières dont la crue se produit à la fin de l'hiver à la fonte des neiges ; les cours d'eau de l'est, notamment l'Aar alimenté par les glaces perpétuelles de l'Oberland Bernois, ont leurs plus fortes crues au moment des grandes chaleurs, au cœur de l'été, de mai à septembre.

Les crues des affluents du bassin ne coïncident donc pas. Les lacs s'élèvent de 2 mètres à 2m,60 au printemps, alors que l'Aar est encore à son débit minimum.

Si, pendant cette période, des orages, des pluies continues surviennent dans les régions de l'Aar, de la Sarine ou de la Singine, l'Aar s'élève et cause des dégâts sur ses rives en charriant des masses considérables de débris et de graviers qui viennent obstruer son lit entre Aarberg et Mayenried. Comme la Thiele, à l'amont de ce dernier point, est à pente très-faible, les eaux de l'Aar refluent dans son lit, et le remous se fait parfois sentir jusqu'au lac de Bienne. Alors, l'écoulement des lacs ne se fait plus ; or, ce sont les régulateurs de tous les cours d'eau qu'ils reçoivent, et leur seul émissaire est la Thiele ; il faut donc, dans le projet des travaux de correction, considérer à la fois l'Aar et les lacs.

Après de longues discussions, voici comment on a arrêté le projet définitif :

Les variations du niveau des trois lacs sont de 2 mètres à 2^m,60 ; leurs plans d'eau sont peu différents, et la cote moyenne est 435 mètres pour le lac de Morat, 434^m,80 pour celui de Neuchâtel et 433^m,62 pour celui de Bienne. Les variations du niveau étant très-irrégulières, les trois lacs, dans certains moments, paraissent n'en former qu'un avec la contrée environnante.

Les limons et graviers se déposent dans les lacs et par le cours sinueux de la Thiele, dont la pente kilométrique n'est que de 0^m,10, il ne s'écoule que des eaux claires.

Le débit de la Thiele varie de 27 à 216 mètres cubes ; or, un seul affluent du lac de Morat lui verse dans les crues un débit de 300 mètres cubes, et de même pour les autres lacs.

L'Aar entre dans la plaine à Aarberg, et malgré son passage à travers les lacs de Brienz et de Thun, il lui reste encore assez de gravier pour que son lit, entre Aarberg et Mayenried, présente une largeur irrégulière, des rives corrodées et des dépôts considérables. Néanmoins, la pente est encore de 1 mètre par kilomètre.

À l'aval de Mayenried jusqu'à l'aval de Soleure, la pente tombe à 0^m,10 par kilomètre, le lit est sinueux, et les terres riveraines sont inondées sur une grande largeur lors des crues.

Les crues de l'Aar sont brusques et violentes : en quarante-huit heures, on a vu le niveau monter de 2^m,50 à Aarberg, et le débit passer de 297 à 1 066 mètres cubes. Il est vrai que vingt-quatre heures après le niveau était retombé à son point de départ.

Dans ces conditions, un moyen simple de rendre les crues de l'Aar inoffensives est de les jeter dans le lac de Bienne ; c'est un projet très-simple et rationnel qui ne présente d'autre difficulté que la grandeur des distances et le chiffre de la dépense.

Mais on ne peut jeter l'Aar dans le lac avant d'avoir agrandi et rectifié le lit de la Thiele entre Nidau et Büren, de manière à le rendre capable de recevoir le volume d'eau supplémentaire qu'on lui amène.

Le projet entier se subdivise donc en trois sections :

1° Creuser et régulariser la Thiele entre le lac et Büren ;

2° Creuser le nouveau lit de l'Aar entre Aarberg et le lac de Bienne, sur environ 8 kilomètres de longueur ;

3° Régulariser le lit de la Broye entre le lac de Morat et le lac de Neuchâtel, le lit de la Thiele supérieure entre le lac de Neuchâtel et le lac de Bienne, et le lit de l'Aar entre Büren et Soleure.

De la sorte, la correction s'étendra à toutes les eaux de la contrée, et le bénéfice sera général.

La dépense prévue est de 14 millions de francs.

Ce sera une application sur une vaste échelle des réservoirs régulateurs des crues ; mais le réservoir était là tout créé d'avance sur des dimensions difficiles à réaliser artificiellement.

4. CORRECTION DU RHÔNE

Les travaux d'endiguement et de correction du Rhône [1], dans le Valais, avant son entrée dans le Léman, ont été exécutés dans un système tout particulier, dû à M. l'ingénieur Venetz. Ce système, représenté par les figures 1 à 3 de la planche XIV, est une combinaison des épis ou éperons et des digues longitudinales. En voici la description sommaire donnée par M. William Fraisse :

« Le système consiste à contenir le fleuve, en le rectifiant au besoin, entre deux levées parallèles, distantes de 80 à 110 mètres l'une de l'autre, selon la section que l'on doit donner au lit à mesure qu'on descend vers son embouchure et qu'il reçoit de nouveaux affluents. En avant de ces digues, nommées en valais douves, dont le sommet est de 5 mètres de largeur et le talus revêtu de perré du côté du fleuve, on construit des éperons en matériaux résistants, qui s'avancent l'un vis-à-vis de l'autre ordinairement de 20 à 24 mètres, de manière à resserrer le lit entre leurs têtes, et former ainsi un lit mineur renfermé dans une succession de passes étroites.

La distance laissée libre entre la tête de ces éperons est de 30 mètres à Brigue, et s'agrandit successivement, après les affluents, jusqu'à 60 mètres près du lac.

Ces éperons sont espacés de 30 mètres l'un de l'autre dans le sens longitudinal, et ils sont toujours placés exactement l'un vis-à-vis de l'autre, normalement au courant, en sorte que dans les courbes les espacements varient un peu de la rive concave à la rive convexe, pour maintenir la direction normale au fil du courant et placer les têtes l'une vis-à-vis de l'autre. C'est une condition de ce système. Il exige nécessairement que l'on soit maître des deux rives, ce qui n'est pas le cas pour le Rhin dont les rives appartiennent à deux États différents.

Les éperons s'enracinent à la digue longitudinale ou douve, et à son sommet insubmersible ; leur largeur est de 1^m,20 au sommet, et leurs parements ont un fruit d'environ 1/5 de la hauteur ; la pente de l'éperon est de 20 pour 100, soit 1/5 de sa longueur. La tête est ordinairement assujettie et enracinée au sol du lit par sept pilots battus plus ou moins profondément. Cela forme un musoir solide, fortement perreyé. Les éperons eux-mêmes sont en maçonnerie sèche, mais les matériaux solidement placés en liaison entre eux.

Les basses eaux passent nécessairement entre les têtes des éperons, creusent plus ou moins le lit, et tracent ainsi un centre de courant ; les hautes eaux sont ramenées contre ce centre par l'inclinaison des éperons, et ainsi leur force d'ac-

---

[1] Le Rhône, avant son entrée dans le Léman, reçoit les eaux de 316 glaciers couvrant 1 037 kilomètres carrés ; son bassin total occupe 7 994 kilomètres carrés. Sur 145 kilomètres en amont du lac, la pente moyenne est de 2 mètres par kilomètre ; cette pente est très-variable : entre les ponts de Louëche et de Sierre elle est de 10^m,80 par kilomètre et, près de Martigny, elle atteint 13^m,80.

tion est concentrée sur ce point, tandis qu'elles viennent battre d'une manière inoffensive les parois perreyées de la digue longitudinale ; l'intervalle de deux éperons ne tarde pas, d'ailleurs, à se combler de sable et de gravier.

Tel est le système suivi depuis six ans, et déjà de très-grandes sections sont terminées, quelques-unes sont placées en dehors du lit primitif, là où des coupures ont été opérées pour redresser le cours (ainsi à Saxon).

Le succès paraît justifier cette méthode, et, jusqu'à présent, il n'est survenu rien de grave qui puisse ébranler la confiance des ingénieurs qui sont chargés de ce travail. La crue du 24 septembre 1866, une des plus considérables de ces derniers temps, n'a causé aucun dégât notable aux travaux nouveaux, et, au contraire, a prouvé leur efficacité, tandis qu'elle a causé des ravages sérieux aux endroits non encore endigués. Sans doute, il y aura quelques mécomptes : des remous dangereux sont à craindre ; mais tant que ces inconvénients resteront partiels et locaux, ils ne peuvent condamner le système lui-même qui est approprié au régime et aux circonstances du Rhône, surtout dans les sections supérieures. »

5. EFFETS DE L'ENDIGUEMENT DES AFFLUENTS DU VAR

En traitant du *colmatage*, nous avons décrit les travaux d'endiguement du Var. Nous parlerons seulement ici, d'après le mémoire de M. l'ingénieur Vigan, des modifications que les affluents du Var ont subies à la suite de leur endiguement.

Avant l'endiguement, le Var, dans ses crues, s'étendait jusqu'au pied de la montagne : il attaquait et emportait les cônes de déjection de ses affluents torrentiels.

Le cours de ceux-ci s'arrêtait, en réalité, au pied de la montagne ; à l'amont, le profil en long de leur fond affectait la forme parabolique qui se remarque sur tous les cours d'eau naturels.

A la suite de l'endiguement du Var et de ses affluents, les crues du Var ont été contenues entre les digues latérales ; elles n'ont plus touché le pied de la montagne ; l'endiguement du Var a donc, en réalité, entraîné pour les affluents un accroissement de parcours.

Or, le nouveau lit se trouvait brisé au pied de la montagne ; à la courbe parabolique d'amont succédait brusquement une ligne droite. La nature ne pouvait s'accommoder de cet état de choses.

Le profil parabolique se rétablit donc assez rapidement sur toute la longueur, ce qui ne pouvait se faire qu'en comblant, avec des dépôts, l'angle brisé qui existait sur le nouveau profil en long du fond.

Les dépôts se produisent d'abord au point où débouchait l'ancien lit : ils s'étendent tant à l'amont qu'à l'aval de ce point. La limite de leur développement à l'aval est la digue latérale du Var ; tout ce qui va plus loin est emporté par les crues.

Le régime permanent se rétablit alors de nouveau ; il n'y a plus d'exhaussement. A l'amont de la digue latérale du Var, il devait donc s'établir un lit à forte pente, semblable à celui qui existait, avant les travaux, à l'amont du pied de la montagne.

Les nivellements montraient que la pente de ce dernier lit était voisine de 0^m,027 par mètre.

On décida, par conséquent, dit M. Vigan, que, pour éviter l'encombrement du lit par les graviers, on établirait de prime abord le plafond suivant la pente de 0^m,027. Quant au couronnement des digues, on le tiendrait horizontal à partir de la grande digue du Var jusqu'au point où sa hauteur, au-dessus du plafond, se trouverait réduite à celle qui convient à l'encaissement des eaux du torrent en temps de crue. A partir de là, on le prolongerait vers la montagne avec la même pente que le plafond.

Les figures 7 à 9, planche IX, donnent un exemple de la manière dont a été exécuté ce travail d'endiguement des affluents.

3° Défense contre les torrents; Barrages, etc.

La seule arme réellement efficace et durable contre les torrents est le reboisement et le gazonnement des parties dénudées des montagnes.

Cette tâche éminemment utile est réservée aux forestiers : aux ingénieurs reviennent les travaux exceptionnels destinés à atténuer rapidement la violence de certains cours d'eau torrentiels et à donner une protection immédiate.

Ces travaux ne sauraient être conçus d'après un système déterminé ; en l'état actuel de la science, les principes relatifs à la correction des torrents et rivières torrentielles ne sont pas fixés. — Tel système a réussi sur un point qui n'a donné que de médiocres résultats sur un autre. — Notre tâche se réduit donc à décrire ce qui a été fait et à signaler les résultats obtenus.

BARRAGES DE M. SCIPION GRAS

M. Scipion Gras, ingénieur des mines, a publié en 1857 une étude fort intéressante sur les torrents des Alpes, étude dont nous allons examiner les points principaux.

L'auteur définit un torrent: un cours d'eau dont les crues sont subites et violentes, les pentes considérables et irrégulières, et qui le plus souvent exhausse certaines parties de son lit par suite du dépôt des matières charriées: ce qui fait divaguer les eaux au moment des crues.

Les bassins de réception des torrents, qui, comme nous le savons, fournissent toutes les matières transportées, se présentent sous des aspects divers : quelquefois, ces bassins ne consistent qu'en un rocher escarpé, figure 2, planche IX, à surface irrégulièrement creusée, dont la hauteur est de plusieurs centaines de mètres et la pente moyenne de 60 à 70 degrés ; bien que la superficie soit peu considérable, le torrent peut être fort dangereux à cause de la rapidité avec laquelle les eaux se concentrent, et des rochers éboulés qu'il entraîne.

Le bassin de réception, qui se rencontre le plus fréquemment dans les Alpes françaises, est celui de la figure 3 ; il forme comme une coquille renversée

creusée dans le flanc peu résistant de la montagne ; les eaux recueillies dans
le bassin se réunissent et se frayent un passage à travers une assise plus résistante au delà de laquelle on trouve le cône de déjection.

Quelquefois, le bassin a un caractère mixte, ainsi que le montrent les
figures 4 et 5 représentant un torrent appelé le Bresson, situé au-dessus
de Grenoble sur la rive droite de l'Isère : dans ce cas les éboulements du
rocher B s'accumulent dans l'excavation inférieure et sont entraînés avec
violence.

Le bassin de réception est réuni au cône de déjection par un lit encaissé
ou gorge dont la longueur peut varier entre zéro et plusieurs kilomètres.

Le cône de déjection est très-aplati ; son sommet est à l'entrée de la gorge, ses
arêtes bien dressées ont jusqu'à 7 et 8 centimètres de pente par mètre ; mais
cette pente diminue à mesure qu'on descend et les arêtes sont concaves vers le
ciel de manière à se raccorder à la base du cône avec le fond de la vallée
principale.

Le cône de déjection est d'autant plus accusé, ou son angle au sommet d'autant plus aigu, que les matières entraînées sont plus abondantes, que le volume
d'eau est plus considérable, que la gorge est plus resserrée et que la variation
de pente est plus sensible.

Dans les grands cours d'eau torrentiels, le cône de déjection est assez aplati
pour se transformer en une surface presque plane, formée d'une nappe
caillouteuse, au milieu de laquelle les eaux se creusent un ou plusieurs lits
variables.

En chaque point du courant, à un débit déterminé correspond aussi une
puissance d'entraînement déterminée. Si la quantité de matériaux charriée est
inférieure ou supérieure à celle dont la puissance d'entraînement est capable,
le courant affouille son lit ou y produit des dépôts.

Quand le débit et par suite la puissance d'entraînement d'un courant saturé
viennent à diminuer en un point par une raison quelconque, il se produit un
dépôt et par suite un exhaussement du lit en ce point.

Dans le cas où la puissance d'entraînement est satisfaite par la quantité de
matières en suspension, le cours d'eau est en équilibre, il n'exhausse ni n'affouille son lit.

L'affaiblissement de la pente et la dispersion des eaux diminuent beaucoup
la puissance d'entraînement et déterminent la formation du cône de
déjection.

Les matières entraînées proviennent des éboulis de rochers dus aux
influences météorologiques, des ravinements du sol friable et des corrosions de
berges.

Les matières éboulées s'entassent quelquefois pendant longtemps au goulot
du bassin de réception, sans qu'il survienne une crue assez forte pour les entraîner ; elles finissent par former un barrage qui retient et accumule les
eaux ; puis un jour, une pluie exceptionnelle s'abat sur la montagne, le
barrage cède tout d'un coup, livrant passage à une avalanche irrésistible
composée de boue, de graviers et de rochers. — Ces phénomènes entraînent
d'immenses désastres dont les populations gardent longtemps le souvenir.

Les crues modérées des torrents ont en général un effet bienfaisant ; elles
débarrassent le lit du cône de déjection des petits graviers et cailloux et n'y
laissent que les blocs volumineux formant un radier protecteur : elles creusent
donc un chenal et approfondissent le lit d'écoulement.

Les grandes crues, au contraire, sont désastreuses ; elles débordent de toutes parts et bouleversent le lit.

D'après M. Scipion Gras, il y a deux moyens de combattre un torrent et de le rendre inoffensif.

Le premier moyen consiste à augmenter assez la puissance d'entraînement du courant dans la traversée du cône de déjection pour qu'il puisse transporter plus loin toutes les matières qui y sont amenées. On y arrive par l'endiguement et la rectification du lit. Mais ce premier procédé peut réussir lorsque la pente se poursuit avec une valeur suffisante jusqu'à un lac qui recueille les matières entraînées ; sinon, il arrive toujours un moment où la pente est insuffisante pour maintenir la puissance d'entraînement et les dépôts se forment, on n'a que déplacé le mal. Généralement, l'endiguement ne détermine pas un accroissement de vitesse suffisant et le lit est comblé par une grande crue : ce fait s'est bien souvent présenté dans les Hautes-Alpes. L'endiguement augmente l'importance des crues en aval.

Le second moyen consiste à retenir dans la partie supérieure du cours du torrent assez de matières de transport pour que celles qui arriveront dans le cône de déjection ne dépassent pas la quantité maximum que les eaux peuvent charrier à la rivière.

Évidemment, le mode le plus efficace de retenir dans la montagne les matières entraînées, c'est de recouvrir le sol d'une enveloppe protectrice ; c'est de boiser et de gazonner les bassins de réception. Mais M. Scipion Gras trouve le reboisement bien difficile : autant une forêt existante se propage facilement et s'attache au sol rapidement, autant il est difficile de créer des plantations dans un sol aride et dénudé. Les résultats obtenus dans le département des Hautes-Alpes montrent que cette difficulté n'est pas invincible.

Quoi qu'il en soit, M. Scipion Gras propose de retenir les cailloux dans les bassins de réception eux-mêmes, en y faisant divaguer les eaux torrentielles, en les forçant à se diviser, ce qui aurait pour résultat d'affaiblir la puissance d'entraînement et de déterminer le dépôt de la plupart des matières charriées. Ce dépôt, si funeste dans les vallées et sur les anciens cônes de déjection recouverts de culture, est sans grand mal dans les bassins de réception inhabités, incultes, de peu de valeur.

Cette retenue des matières entraînées s'opérera au moyen de barrages établis dans les bassins de réception ; les eaux, rejetées de leur lit au moment des crues, se diviseront en un grand nombre de petits courants suivant la forme et les accidents du terrain ; la division des eaux sera du reste augmentée par la construction de barrages subsidiaires.

Sans entrer plus avant dans la discussion de ce système, qui du reste n'a pas donné les résultats que l'auteur en attendait, il semble à première réflexion qu'il ne saurait avoir une efficacité durable. Lorsque le bassin de retenue, formé par un barrage, sera rempli, la marche en avant des cailloux et graviers ne recommencera-t-elle pas, bien que la pente primitive ait été remplacée par un escalier formé de chutes brusques raccordant des pentes faibles ? cet escalier lui-même persistera-t-il bien longtemps ? Ne sera-t-il pas, au contraire, bientôt remplacé par une autre pente continue peu différente de la pente primitive ?

BARRAGES DE M. PH. BRETON

M. l'ingénieur en chef Philippe Breton s'est livré à de longues études sur les torrents des Alpes françaises et a proposé de corriger ces torrents au moyen de barrages destinés à retenir les graviers dans les gorges des montagnes.

Phénomènes d'entraînement. — Lorsqu'un courant liquide rencontre un galet, il se trouve dévié et contourne l'obstacle. Les pressions des divers filets n'obéissent plus à la loi hydrostatique, elles exercent sur le galet une impulsion dirigée vers l'aval, impulsion qui peut arriver à vaincre la résistance au déplacement.

Tout accroissement de débit, augmentant la force vive disponible, détermine un accroissement d'impulsion. Il en est de même de la pente.

L'effort d'entraînement croît avec la grosseur des pierres comme les carrés de leurs dimensions opposées au courant : il est moindre pour les pierres plates que pour les rondes.

La résistance à l'entraînement croît comme le poids des pierres dans l'eau, c'est-à-dire, comme le cube des dimensions. Cette résistance est plus considérable pour les pierres plates posées sur le fond, car, à volume égal, leur centre de gravité est plus éloigné de leur arête de rotation située à l'aval et le bras de levier de la résistance est plus considérable.

Si l'on assimile les galets à des ellipsoïdes aplatis, on reconnaît qu'ils affectent sur le lit des torrents une disposition constante : leur grand axe est en travers du courant et leur petit axe est penché vers l'amont contre le mouvement de l'eau. De sorte, que si l'on veut fouiller à la pioche un amas de galets, il faut se tourner vers l'aval du courant, parce que le fer s'engage sans peine sous les galets dans le lit de stratification qu'ils présentent; si l'on se tournait vers l'amont, le fer frapperait sur le galet et avec la même fatigue on arriverait a un bien moindre résultat.

Cette position spéciale des galets s'établit naturellement parce que c'est celle suivant laquelle ils obéissent le plus facilement à l'effort d'entraînement des filets liquides.

Le courant fait lui-même le triage des galets et graviers suivant leur grosseur et par conséquent suivant leur résistance; les dimensions des galets vont en diminuant de l'amont à l'aval.

La pente du lit se trouve de même réglée en conséquence ; cette pente diminue donc de l'amont à l'aval et détermine la courbe concave vers le ciel que donnent les profils en long des torrents et rivières.

Barrages de retenue. — M. Breton recherche les moyens de combattre un torrent dont le lit est en train de s'exhausser, la pente en chaque section ne suffisant pas à entraîner vers l'aval autant de gravier qu'il en arrive de l'amont. Le lit s'exhausse donc, au grand péril des habitations et des cultures établies sur ses rives.

Pour parer à cet inconvénient, il faut retenir les graviers dans les gorges supérieures, ordinairement peu accessibles et sans valeur.

Qu'on établisse un barrage dans une de ces gorges, il se forme à l'amont un petit étang et le débit du torrent s'écoule par-dessus la crête du barrage : mais dans cet étang les eaux perdent leur vitesse et déposent leurs graviers qui, peu à peu, comblent la dépression et finissent par atteindre la crête du barrage. La pente de l'ancien lit se rétablit à l'amont de cette crête et bientôt le charriage des graviers vers l'aval recommence comme par le passé.

Avant que ce moment n'arrive, il faut établir, à l'amont du premier barrage, un second barrage, aussi élevé, au-dessus du nouveau lit, que le premier l'était au-dessus de l'ancien.

« On continuera de même, dit M. Breton, de période en période, tant que l'emplacement choisi pour le premier barrage demeurera favorable. Lorsqu'enfin ces étages successifs atteindront des points qu'il importera de ne pas dépasser, on choisira quelque autre emplacement plus reculé dans les gorges. Assurément, il n'y a rien là qui soit destiné à suffire pour toujours, mais il en est de même, à la rigueur, de tous les ouvrages d'art, et même de tous ceux de la nature. Car rien de ce qui a commencé ne peut être destiné à durer toujours. Il s'agit ici de conserver les propriétés, d'abord pour un avenir prochain, auquel les intéressés attachent une importance prépondérante, puis, si l'on peut, pour un avenir plus éloigné. Dans la question de la défense contre l'envahissement des vallées par les graviers des torrents, si l'on peut assurer un avenir de plusieurs siècles avec des dépenses modérées, eu égard aux propriétés à défendre, il faut se contenter de ce résultat et laisser à nos successeurs le soin de trouver d'autres moyens de défense quand il sera temps. »

En ce qui touche le type à adopter pour les barrages dont il s'agit, on a le choix entre les barrages en bois et graviers, en blocs d'enrochement, en maçonnerie à pierres sèches, en maçonnerie à mortier hydraulique.

Le bois est à proscrire dans ces ouvrages exposés à des alternatives constantes de sécheresse et d'humidité; il pourrirait avec une grande rapidité. M. Breton donne la préférence aux barrages en maçonnerie hydraulique sur les barrages en blocs d'enrochement ou en maçonnerie de pierres sèches : d'abord, ils ne coûtent pas plus cher; ensuite, ils possèdent l'avantage considérable d'une grande cohésion. Une brèche, ouverte dans un assemblage de pierres sèches, entraîne la ruine du massif; il n'en est pas de même dans une maçonnerie hydraulique de bonne qualité, les coupures ne peuvent s'y agrandir que lentement.

Le système de la maçonnerie hydraulique a du reste remplacé la maçonnerie de pierres sèches dans la construction des digues longitudinales de l'Isère; quand un perré en pierres sèches était attaqué par le pied, il se fendait sur toute la hauteur; aujourd'hui, on ne fait que des perrés avec mortier hydraulique, qui ne coûtent pas plus cher, parce qu'on y emploie de menus matériaux et qui, lorsque la fondation se disloque en un point, résistent néanmoins et peuvent être facilement réparés, le reste de la maçonnerie formant voûte au-dessus de la brèche.

Le système de barrage proposé par M. Breton est représenté par la figure 3, planche IV; c'est une série de gradins que l'on construit successivement de l'amont à l'aval, de sorte que leur ensemble donne un profil d'égale résistance. Chaque gradin est suivi d'un radier en forme d'auge maçonnée destiné à amortir le choc de la nappe déversante et à s'opposer aux affouillements. On conçoit le mécanisme de ce système à la seule inspection de la figure; mais nous n'avons pas à insister, car la sanction de l'expérience fait défaut.

Des trois espèces de cônes observés dans les montagnes. — « On observe, dit M. Breton, dans les pays de montagnes et au fond de leurs vallées, trois espèces de cônes d'une régularité remarquable, qu'il est bon de savoir distinguer sans hésitation. Les habitants de ces pays ne s'y trompent pas. Je veux parler des cônes de torrents, des cônes d'avalanche et des cônes d'éboulis.

« Les cônes d'éboulis sont de beaucoup les plus nombreux et les plus stables. Ils recouvrent sans interruption les flancs des montagnes, depuis les crêtes rocheuses jusqu'au fond des vallées. Les sommets de ces cônes, rangés à des hauteurs peu inégales, à la file les uns des autres, au pied de la roche nue, sont distincts et très-nombreux. Plus bas, les cônes se recouvrent et se confondent de plus en plus, et les parties subsistantes de leurs surfaces ne forment qu'un plan incliné à peine ondulé dans ses sections horizontales ; mais les lignes de plus grande pente extrêmement régulières s'écartent très-peu de la pente de 3 de base pour 2 de hauteur. Ces grands massifs d'éboulis se composent de terre et de fragments anguleux des roches supérieures.

« Les cônes de déjection des torrents sont très-rares en comparaison, et ce qui fait leur importance à un point de vue pratique, c'est qu'ils s'étalent bien plus bas, tout au fond des vallées, le plus souvent au-dessous des éboulis et dans les terrains les plus précieux. Ils se composent de limon, de sable, de graviers roulés et arrondis par les eaux, et leurs pentes sont déterminées par la puissance d'entraînement des eaux rassemblées en torrents. Les pentes de ces cônes varient depuis 5 à 6 millimètres jusqu'à 10 ou 15 centimètres par mètre.

« Les cônes d'avalanche se distinguent de ceux des torrents par une pente beaucoup plus roide, mais très-inférieure à celle des éboulis. Il ne faut pas croire, en effet, qu'une avalanche soit un événement inattendu ; on sait très-bien, dans chaque pays, dans quelles dépressions du flanc de telle montagne les neiges se mettent en marche tout à coup, quels couloirs elles suivent, et à peu près où elles s'arrêtent ; aussi chaque avalanche a son nom, comme un torrent ou un ruisseau. Seulement, telle avalanche ne vient que rarement, telle autre tous les ans, telle autre trois ou quatre fois dans un hiver ordinaire.

« Quand un de ces grands éboulements de neige est arrivé au fond d'une vallée, il s'arrête sous la forme d'un cône, dont la pente est réglée par le frottement de la neige sur elle-même ; c'est une pente moins roide que celle des éboulis de terre et de pierrailles, mais beaucoup plus que celle des torrents. On remarque aussi très-souvent que ce grand tas conique de neige est tout noir à sa surface, parce que pendant la chute de l'avalanche la terre humide du couloir a été broyée et réduite en boue liquide qui s'écoule après la neige. Dans ce cas, on ne reconnaît de loin la nature du cône tombé récemment qu'à la présence d'un trou percé à sa base, par où s'écoule l'eau provenant de la fonte des neiges et de l'égouttement des terres. Ce trou est l'issue du *pont de neige*, phénomène curieux et très-ordinaire, dû au maximum de la densité de l'eau à 4 degrés. Cette eau se fait jour par-dessous l'entassement de neige.

« Quelques jours ou quelques mois après la chute d'une avalanche, toute cette masse de neige étant fondue et l'eau écoulée, il reste sur place une certaine quantité de débris de bois, de terre et de rochers arrachés par l'avalanche dans sa course descendante. Depuis que les montagnes ont leur hauteur, leur forme et leur climat, ces débris se sont accumulés au-dessous de chaque couloir d'avalanche et y ont produit des cônes d'une forme bien tranchée, souvent aplatis en dessus, et différant encore en cela des cônes des torrents, dont la pente décroît toujours de l'amont à l'aval. »

Il est toujours imprudent de construire des habitations sur un cône d'avalanche, même dans les parties qui, de mémoire d'homme, n'ont pas été atteintes ; car une année arrive où l'avalanche, prenant une intensité extraordinaire, atteint et dépasse ses anciennes limites, renversant tout sur son passage.

La figure 1 de la planche IV représente, d'après le dessin de M. Breton, un cône de torrent qui a subi des modifications successives, c'est le cône du torrent de Vaudaine, vallée de la Romanche.

Le torrent sort de la montagne en A : le cône primitif avait pour génératrice la droite ABC, il barrait les gorges de la Romanche; aussi fût-il tronqué par les eaux; BD est le reste de cette grande troncature.

Le torrent coula alors dans le lit AD et forma le cône dont DF est la génératrice. Ce cône a subi deux troncatures successives FGH, HGI; le lit du torrent, par suite de cette dernière troncature récente, a pris la direction KL et engendre un nouveau cône LM; quand ce nouveau cône aura assez grandi pour remplir la troncature IH, le torrent ne suivra plus nécessairement le lit KL et pourra divaguer sur toute la surface ayant pour base IF. Mais il est probable que cet effet ne se produira pas et qu'une nouvelle érosion de la Romanche déterminera une nouvelle troncature et pour le lit une nouvelle direction forcée.

DÉFENSE CONTRE LES TORRENTS EN SUISSE

La Suisse, dont les montagnes constituent en quelque sorte le réservoir alimentaire des grands fleuves de l'Europe occidentale, est la terre classique des torrents. Bien que ceux-ci n'y affectent pas les allures terribles et l'aspect désolé qu'ils offrent dans les Alpes françaises, ils n'en sont pas moins redoutables et exigent de nombreux travaux de défense.

Nous avons déjà décrit les travaux de correction des eaux du Jura suisse, du Rhin et du Rhône; nous ne nous occuperons ici que des véritables torrents et non des rivières torrentielles. Les travaux qui s'y rapportent ont été décrits dans plusieurs rapports adressés par M. le professeur Culmann au conseil fédéral. Nous signalerons ici d'une manière sommaire les points principaux de ces intéressants rapports.

Le versant des Alpes est plus profondément entaillé vers le Tessin que vers le Rhône et le Rhin; la mer étant plus voisine, la chute totale se répartit en effet sur une moindre longueur.

Les pentes des cours d'eau sont donc plus considérables; ces pentes se concentrent surtout au débouché des vallées latérales. Quand les roches sont dures, les eaux se précipitent en cascade; sinon, elles se creusent un lit profondément encaissé qui souvent occasionne le glissement de pans de montagne tout entiers.

Lorsque le torrent détache et entraîne avec lui les matériaux du sol, il exhausse son lit à l'aval et, se répandant sur les campagnes voisines, y cause d'immenses désastres.

Le flottage des bois, provenant des montagnes qui se trouvent dans les bassins de réception de plusieurs torrents, a été une opération funeste à la solidité du lit et des berges. Ce flottage se fait au moyen d'écluses de chasse donnant naissance à un flot, à une violente crue artificielle; les bois entraînés par le courant battent les rives et les attaquent. Sur un torrent, la Rovana, l'ancien lit formé de gros blocs n'a pu résister; la berge gauche, formée de cailloux éboulés mélangés de terre, a été corrodée en quelques années sur une hauteur de

80 mètres environ. Une telle coupure s'est traduite par un glissement du flanc de la montagne, et les maisons d'un village voisin se sont profondément lézardées. Le premier remède à apporter est de faire cesser le flottage, puis on devra ramener le torrent dans son ancien lit.

On a constaté que plusieurs cours d'eau ne sont devenus redoutables que depuis qu'on a procédé dans les parties hautes de la montagne à de vastes déboisements; c'est à la suite de ces déboisements que les cônes de déjection ont pris naissance et se sont peu à peu développés, chassant devant eux les villages qui, jadis, n'avaient rien à redouter.

Au-dessous de Bellinzone, le torrent du val Carasso traverse la route; on a construit, pour maintenir les crues, deux murs parallèles distants de 45 mètres; la route passe sur un pavé et est interrompue, pendant les crues, au moyen de portes qui ferment les ouvertures ménagées dans les murs parallèles au cours d'eau.

En temps ordinaire, les eaux trouvent à l'amont de la route des murs de chute ou puisards avec grilles et elles se rendent dans un aqueduc sous la chaussée pavée. Un pareil système de murs parallèles, réalisant un élargissement du lit, donne naissance à d'importants dépôts qui se concentrent entre les murs et remplissent l'intervalle libre. Mieux vaut arrêter les matériaux de transport dans les gorges supérieures en construisant de solides barrages transversaux. C'est le système proposé en France par M. Breton.

« Le val Morobbia, dit M. Culmann, s'ouvre en face de Monte-Carasso. Le flanc de cette vallée tourné du côté du midi est un exemple aussi terrible que significatif de l'état dans lequel une contrée montagneuse, du reste bien située, tombe par l'effet de l'extirpation et de l'abandon des forêts. Ce versant est, pour ainsi dire, dépouillé d'arbres; de grands espaces de terrain, certainement fertiles jadis, sont complétement nus, parce que l'humus a disparu. De nombreux ravins de diverses grandeurs se forment et s'agrandissent, des éboulements considérables se produisent. En parcourant cette vallée, on ne peut se défendre de l'impression qu'elle sera inhabitable dans quelque temps, et cette impression n'est certes pas adoucie lorsqu'on apprend que, depuis quelques années, les habitants, poussés par le besoin, vont à deux ou trois lieues de distance en suivant un sentier pénible, ordinairement lorsque le temps est mauvais, voler du bois au fond du val d'Arbedo et l'apportent à la maison sur le dos. Plusieurs écluses très-propres à l'établissement de barrages se trouvent dans le thalweg de Morobbia. Ces barrages diminueraient considérablement la masse des matériaux transportés et arrêteraient les éboulements inférieurs. »

Au-dessous de Bellinzone, de grands dommages étaient causés par le torrent Dragonado. On l'encaissa par des digues, mais cela ne diminua pas les charriages. La construction de sept barrages supérieurs les a complétement supprimés et l'opération a été excellente.

La forme de ces barrages a été justement critiquée par M. Culmann : elle est représentée par la figure 4, planche IV; cette forme ne se prête guère à l'exhaussement, le talus à 45° avec assises horizontales ne résistera guère aux courants et aux chocs, les petites pierres qui composent le couronnement seront vite brisées et entraînées. Un profil incliné, comme celui de la figure 5, eût été préférable à tous égards et beaucoup plus résistant : le couronnement doit être en larges dalles inclinées vers l'amont, elles sont ainsi protégées contre les chocs par les matériaux qu'elles arrêtent.

M. Culmann recommande de ne pas construire tous les barrages à la fois,

parce qu'on ne peut juger de l'amplitude de la retenue qu'un barrage doit
exercer et parce qu'en outre les matériaux que doit retenir le barrage d'aval
passeront sur les barrages d'amont et seront pour eux une cause de dégradations. Le capital dépensé pour la construction des barrages d'aval demeure, du
reste, improductif pendant plusieurs années.

Comme conclusion sur la correction des torrents et rivières du Tessin, M. Culmann émet les considérations suivantes :

Les grands déboisements de ces derniers temps ont considérablement altéré
l'équilibre entre la force d'entraînement des eaux et la résistance du val. Les
terres, n'étant plus consolidées par les racines des arbres, se laissent facilement
délayer et entraîner ; les eaux superficielles, qu'un terrain boisé retient comme
une éponge, s'écoulent immédiatement sur les surfaces dénudées, enflent subitement les ruisseaux, creusent de larges et profonds ravins et portent la ruine
dans le pays.

Pour rétablir l'équilibre, il faut donc exécuter de vastes reboisements. Mais
c'est une opération dont les résultats n'apparaissent qu'à longue échéance, et il
faut conjurer le mal en attendant ces résultats.

Il n'y a pas de procédé pratique pour consolider la surface du sol et c'est
sur les torrents qu'il faut agir. Le seul procédé efficace est de retenir les matériaux de transport dans les montagnes, ou d'augmenter la puissance d'entraînement des cours d'eau à un degré suffisant pour que les alluvions ne soient
pas abandonnées à leur arrivée dans la plaine.

C'est ce dernier procédé qu'on applique aux rivières torrentielles en les
enfermant entre des digues, en redressant le lit, en enlevant tous les obstacles
à l'écoulement, de manière à augmenter la vitesse et la profondeur du
courant.

Dans le Tessin, il a été construit des digues en maçonnerie très-coûteuses,
semblables à de vrais murs de quai ; M. Culmann pense que, là où les matériaux
transportés n'ont pas un gros volume, on aurait dû recourir aux fascinages
plutôt qu'aux enrochements ; les fascinages ne durent, il est vrai, que 10 à
12 ans, mais ils conviennent parfaitement à tous les travaux provisoires de
défense et de rectification.

Les fascinages ont plus d'élasticité que les enrochements et plus de ténacité.

La vallée de Poschiavo, dans les Grisons, est dans une situation des plus dangereuses, c'est aussi celle où la population s'est défendue avec le plus de
vigueur.

Elle a construit de nombreuses terrasses pour arrêter les pierres qui se détachent des rochers et empêcher la formation des casses. Les blocs épars sont
rassemblés sur le bord supérieur de la terre à défendre et forment un mur de
soutènement, en amont duquel le remplissage s'opère peu à peu ; ce mur est
exhaussé au fur et à mesure que le remplissage augmente. Quand une première terrasse est formée, c'est un bon terrain de conquis pour la culture, et on
commencera à en former une seconde au-dessus. C'est par ce système qu'on est
arrivé à conquérir sur les rochers des vignes et des vergers.

L'un des torrents les plus redoutables des Grisons est celui du val Verona : il
s'est creusé un lit profond dont une berge friable fournit aux crues et aux
débâcles des masses énormes de matériaux. La correction en a été faite au
moyen de nombreux barrages transversaux dont les figures 6, planche IV,
indiquent les dispositions générales : M. Culmann les juge excellentes. Ces barrages se composent de murs secs, annulaires, épais de deux mètres, à fruit

très-fort allant jusqu'à un tiers. Les assises sont perpendiculaires au parement d'amont ; par cette disposition, les eaux sont toujours ramenées vers la partie centrale plus basse que les ailes, et le barrage ne risque pas d'être tourné. Les anneaux successifs sont en retraite de $0^m,50$ et le socle est protégé par des enrochements. Il va sans dire que les anneaux sont construits successivement de l'aval à l'amont, à mesure que la retenue des matériaux s'élève. Ces anneaux sont appareillés en forme de voûtes, avec de grosses pierres sèches. La construction est relativement facile et peu coûteuse.

Il convient d'assurer par des enrochements convenablement maintenus la solidité des fondations de pareils ouvrages.

Sur certains torrents, le curage du lit dans les parties où s'effectuaient des dépôts dangereux a donné de bons résultats. Les gros blocs de la Maira, charriés lors des crues, la plupart abandonnés au milieu de la rivière, ont été enlevés et entassés le long de la rive. A la suite de ces travaux, le lit s'est considérablement approfondi. Le curage annuel est peu coûteux et est un moyen excellent pour régulariser les torrents qui charrient de gros blocs, car ces gros blocs ne tardent pas à constituer des digues puissantes, lesquelles encaissent le courant, augmentent sa puissance d'entraînement et approfondissent le lit avec rapidité.

Dans les petits ravins dénudés et friables, qu'approfondissaient sans cesse les nouvelles crues, on est arrivé à des résultats économiques et inespérés au moyen de lignes de clayonnages disposées suivant les courbes horizontales du terrain : les premières lignes de clayonnages ou de palissades sont renversées et bouleversées quand arrive une débâcle, mais elles ont amorti le choc, les lignes suivantes résistent et l'intervalle entre elles se remplit avec les matériaux entraînés. « Lorsque ces clayonnages sont remplis par les premières débâcles, on en plante d'autres sur l'atterrissement obtenu ; on réussit ainsi à combler jusqu'à 10 mètres de hauteur des ravins ayant 25 mètres de profondeur, à l'aide de 6 à 8 étages de clayonnages. » Les atterrissements ainsi obtenus sont recouverts de plantations que des clayonnages protégent pendant qu'on réserve au centre du ravin un lit pour l'écoulement des eaux.

Avec des barrages en fascines on arrive aussi à retenir des masses considérables de graviers ; mais il faut avoir soin de donner au seuil de ces barrages plus de hauteur sur les ailes qu'au centre, afin que le courant ait toujours tendance à s'éloigner des berges.

En somme, dans les pays à sol plus ou moins friable, où les blocs de pierre résistants ne se trouvent point sur les lieux mêmes, on peut réaliser de grands résultats avec des barrages exécutés en bois et fascines.

Mais, là où l'on dispose de gros blocs d'enrochement et de fondations faciles, mieux vaudra recourir aux barrages en pierre.

Lorsqu'il s'agit d'augmenter la puissance d'entraînement d'une rivière torrentielle, c'est à un curage soigneux ou à un endiguement continu qu'il faudra recourir. Quant aux épis, dit M. Culmann, c'est le travail de défense le plus absurde, s'il s'agit de rivières charriant de gros blocs.

Bien des personnes voient avec crainte l'établissement des barrages de retenue : si, disent-elles, un barrage vient à céder, n'en résultera-t-il pas une débâcle effroyable, d'autant plus terrible qu'on se croyait en sécurité ? C'est une appréhension que M. Culmann combat et contre laquelle s'est élevé aussi M. Breton.

Il ne faut pas assimiler un barrage de retenue de graviers à un barrage de réservoir d'eau. La rupture d'un réservoir d'eau a des conséquences terribles : la masse liquide qui s'échappe tout à coup renverse sur son passage tout ce qu'elle rencontre. Mais la rupture d'un barrage de torrent ne peut entraîner de pareils inconvénients ; un barrage de ce genre ne retient que peu ou point d'eau, sa rupture n'augmente pas le débit du torrent ; quant aux graviers et galets amoncelés derrière le barrage, ils ne s'écoulent pas comme un liquide : le courant n'en entraîne que ce que sa force vive lui permet de porter. Il n'y a donc pas de débâcle à craindre. C'est, du reste, ce que l'expérience a prouvé.

DÉFENSE DES RIVES DES FLEUVES

La corrosion des rives des fleuves est souvent la principale cause des perturbations de leur régime, telles que formation de grèves, ouverture de nouveaux bras, changement de thalweg. Cette corrosion est en outre fort préjudiciable aux propriétés riveraines. On doit donc la combattre énergiquement.

Divers procédés sont en œuvre pour cet objet : ce sont les enrochements, les perrés, les plantations, les revêtements en charpente, les fascinages, et enfin les ouvrages saillants qu'on appelle épis ou éperons.

1° **Enrochements.** — Les enrochements bien pratiqués et convenablement nourris sont très-efficaces. Ils peuvent être économiques lorsqu'on a à proximité des blocs de rochers faciles à débiter et à transporter.

Nous n'avons rien à ajouter à ce que nous avons déjà dit en plusieurs parties du manuel de ce genre d'ouvrages ; le lecteur pourra se reporter à la page 76 du *Traité de l'exécution des travaux*.

2° **Perrés.** — Les perrés ou revêtements en pierre peuvent être faits à pierres sèches ou en maçonnerie hydraulique.

Les pierres sèches ont l'avantage d'obéir à de légères déformations, mais elles offrent le grave inconvénient que, lorsque le pied du talus est attaqué, le talus se coupe sur toute la hauteur.

Avec la bonne maçonnerie hydraulique, on peut donner moins d'épaisseur au perré et employer de petits matériaux ; lorsqu'un affouillement se produit à la base, la partie supérieure du revêtement forme voûte et peut se maintenir assez longtemps pour permettre d'effectuer les réparations.

Il ne faut donc pas considérer le perré en pierres sèches comme toujours plus économique ; il exige en exécution beaucoup de soins et de précaution.

Quel que soit le système suivi, le pied des perrés doit être efficacement protégé par des enrochements. La fondation du perré doit être particulièrement soignée.

Aux pages 18 et suivantes du *Traité de l'exécution des travaux*, on trouvera quelques renseignements pratiques sur la construction des perrés et sur les revêtements des talus en général.

3° **Plantations.** — Les plantations peuvent aussi être une bonne défense pour les parties supérieures des berges. « Sur quelques points des bords de la Loire, dit Minard, on dresse le terrain en talus à 45°. On y plante en quinconce, à 0^m,70 d'intervalle, des boutures de saule de 0^m,50 sur 0^m,05 de diamètre ; on les enfonce de 0^m,50 ; les tiges sont perpendiculaires au talus. On les protège par de gros moellons. Au bout de trois ou quatre ans, la plantation est un petit bois qui rompt le courant. L'eau qui coule plus lentement dans ce taillis y dépose le limon qu'elle tient en suspens lors des crues, et cette espèce d'engrais hâte les progrès de la végétation. Pour augmenter l'atterrissement, on coupe à moitié les plus fortes branches, en faisant tomber les parties supérieures du côté de l'eau, et on les replante par l'extrémité taillée en pointe. Le fourré devient plus épais, l'eau y est presque stagnante. En répétant cette opération chaque année, on fait avancer l'atterrissement dans le lit du fleuve ; une vingtaine d'années suffisent pour réunir les îles de la Loire. Le succès de ce procédé tient principalement à la facilité avec laquelle le saule vient dans le sable engraissé du limon des crues.

Les plantations offrent un moyen économique de fortifier les rives. Dans leurs premières années, et avant d'être abandonnées à leurs propres forces, elles exigent beaucoup de soins. Elles ne peuvent être employées que là où la corrosion est lente, et, comme nous l'avons dit, après avoir consolidé préalablement le talus qui est sous l'eau. Si cette partie n'est pas défendue, les plantations sont emportées. »

4° Revêtements en charpente. — Nous ne parlons que pour mémoire des revêtements en charpente, qui peuvent convenir pour une défense immédiate sur un point particulièrement menacé, mais qui ne sauraient être considérés comme un procédé général.

5° Fascinages. — Les fascinages rendent dans certains pays d'immenses services pour la protection des berges et des digues, et même pour l'exécution de grands barrages et pour la fondation d'ouvrages de toute nature.

Aux pages 44 et suivantes de notre *Traité des eaux en agriculture*, nous avons décrit les travaux de fascinage des Pays-Bas, et le lecteur devra se reporter à cette description.

Les éléments des fascinages sont : les piquets, les fascines, les clayons, le tunage, les saucissons, les claies, les roseaux et la paille. Nous avons montré comment on en composait des revêtements, des radiers, des risbermes, des plateformes et des digues.

Il a été fait, en France, pour les travaux du Rhin, une application des fascinages sur une très-vaste échelle ; ces travaux sont l'œuvre de M. Defontaine, qui en a donné les détails dans les *Annales des ponts et chaussées* de 1833.

Travaux du Rhin. — Ces travaux avaient pour objet de diriger le cours principal du fleuve et de mettre les terres à l'abri des inondations. Ils peuvent se diviser en trois catégories principales : 1° les digues de bordage destinées à préserver les terres cultivées des inondations qui ont principalement lieu en été, c'est-à-dire au moment où elles sont le plus funestes pour les récoltes ; 2° les barrages au moyen desquels on ferme les bras secondaires, ou même le bras principal, pour jeter les eaux dans un lit déterminé et pour les réunir dans un thalweg fixe ; 3° les travaux destinés à garantir les rives des attaques du courant, notamment les épis ou éperons.

M Defontaine divisait les ouvrages en temporaires et permanents : les ouvrages temporaires, destinés à fermer et à atterrir les bras parasites. ne s'exécutent qu'en fascinages qui durent assez longtemps pour que l'effet voulu se produise et qui sont économiques : l'existence des fascinages peut, du reste, être notablement prolongée au moyen de plantations et de quelques soins d'entretien. Quant aux ouvrages permanents, ils doivent être exécutés en matériaux durables.

L'alliance des fascinages et du gravier, réalisée par M. Defontaine, a fourni de bons résultats.

Fascinages ordinaires du Rhin. — Pour établir un travail en fascinages, ou en tunages ordinaires, on part d'une des berges du bras du fleuve sur lequel il doit être construit, et les planches X et XI montrent comment on procède. Voici, du reste, la description de M. Defontaine :

Enracinements dans les berges. — Pour établir un travail en fascinages ou en tunages ordinaires, quel que soit son objet, quelles que soient ses formes, ses dimensions, on part d'une des berges du bras du fleuve sur lequel il doit être construit.

On commence donc par préparer dans la berge à laquelle l'ouvrage doit être attaché une excavation *ab*, fig. 2, pl. X, qu'on appelle *enracinement* et à laquelle on donne 4 à 5 mètres de largeur et 5 à 10 mètres de longueur, suivant la résistance du terrain qui compose la berge ; on descend la fouille de cet *enracinement* jusqu'au niveau de l'eau.

Pose de la première couche de fondation. — On a préparé à l'avance quelques couples de fascines disposées en forme de croix de Saint-André au moyen d'un lien en oseraie, qui les fixe ensemble vers la troisième hart.

Premier lit de fascines. — On étend sur l'eau le premier couple de fascines vis-à-vis le milieu de l'enracinement suivant *de*, *mr*, en appuyant la tête des fascines contre la naissance de cet enracinement au bord de l'eau. Les têtes des deux fascines *d* et *m* étant écartées l'une de l'autre d'environ 2 mètres, on enonce dans chacune d'elles et dans la berge deux piquets qu'on place en avant dans la première hart, et de manière à ce qu'ils restent en saillie d'environ $0^m,10$; à côté du premier couple de fascines ainsi maintenu à la surface du fleuve, on en place un second *d'e'*, *m'r'*, de manière que les fascines de ce second couple soient mises à l'amont de celles du couple précédent. On piquette immédiatement ces quatre fascines ensemble à leur rencontre, et avec la berge, en plaçant les deux derniers piquets comme pour le couple précédent en avant de la première hart ; on place et l'on piquette de la même manière le troisième couple *d" e"* et *m"r"*; cette première partie terminée, on lance à l'amont, et suivant une direction inclinée par rapport au courant, une septième fascine *x*, reposant par son gros bout sur la berge et au delà de sa troisième hart sur le fascinage *d"e"* déjà établi. Cette fascine est ensuite maintenue dans cette position par deux piquets : le premier est planté en avant de la première hart et enfoncé autant que possible dans la berge ; le deuxième est planté à la rencontre de la fascine *x* et des fascines *d"e"* et *m"r"*. Vient ensuite (fig. 3, même planche) une nouvelle fascine *cn*, dont l'axe est perpendiculaire au bord extérieur de l'enracinement ou au fil de l'eau, et qui s'appuie sur la rencontre de la dernière fascine du troisième couple avec la septième fascine inclinée *x*. Un piquet est enfoncé à ce point de rencontre. Un autre piquet est placé en avant de la première hart et enfoncé dans la berge. On place une nouvelle fascine inclinée qu'on piquette comme celle placée en *x*; en continuant ainsi à l'amont, on fait une première couche de fascines croisées *n* et *x*, ainsi que l'indique la *fig.* 3. On opère semblablement pour la partie aval de *cn* et jusqu'à ce qu'on rencontre les deux berges.

Deuxième lit de fascines. — Sur cette première nappe ainsi formée on pose, vis-à-vis le milieu de l'enracinement, un nouveau lit de fascines disposées comme *c'n'*, d'abord placé au centre perpendiculairement au fil de l'eau, et s'inclinant ensuite à l'amont et à l'aval vers les berges. On obtient ainsi en défini-

tive une espèce de nappe ou surface flottante en forme de tronc de cône développé ayant 4^m,50 de longueur d'arête, et dont la moitié est représentée par c′,
n′, n′; chaque fascine de ce second lit de la couche de fondation est maintenue
par un piquet qui la traverse et qui est placé en avant de la première hart, en
partant du gros bout. On égalise un peu la surface de ce second lit qui termine
la fondation, en coupant les harts des fascines trop élevées.

Clayonnage de cette première couche de fondation. — On étend ainsi leurs
brins sur la surface desquels on plante quatre files de piquets. La première file
est placée à 0^m,50 du gros bout des fascines vers l'enracinement, et les autres
sont espacées entre elles de 0^m,75 de milieu en milieu ; les piquets d'une même
file sont éloignés entre eux de 0^m,50, et alignés au cordeau. On enlace ensuite
ces piquets par des cours de clayons formés de deux poignées de verges flexibles
passées alternativement à droite et à gauche d'un piquet à l'autre, et croisées
en outre dans le sens vertical, fig. 4 et 3, pl. X ; pour la confection des clayonnages, on laisse dépasser les piquets d'environ 0^m,70 au-dessus de la couche,
et ce n'est que lorsque les clayonnages sont terminés qu'on enfonce les
piquets et qu'on tasse les clayons à coups de maillet. De cette manière, on
conserve au clayonnage, lorsqu il est arrivé en position, une hauteur de 0^m,16 ;
et pour que les brins de clayons ne puissent pas s'échapper des piquets, on
laisse dépasser ceux-ci de 3 à 4 centimètres au-dessus des derniers brins.

Positions des lits de fascines de la première fondation dans le plan vertical. —
La figure 1 planche X, représente les différentes positions que les deux lts de
fascines de cette première couche de fondation prennent dans le plan vertical, au
moment où elles commencent à plonger ; les lettres indicatives des fascines vues
en plan sont les mêmes dans les coupes.

Pose de la seconde couche de fondation. — A cette première couche de fondation en succède une semblable. Mais quand on vient à établir celle-ci, on a déjà
pour point d'appui la première couche représentée en plan, fig. 5, pl. X, qui
se développe à la surface de l'eau suivant n′zn′.

Premier lit. — On place sur la première couche une première fascine z, dont
l'axe se trouve suivant l'axe même du travail, c'est-à-dire perpendiculaire au fil
de l'eau, et dont la tête s'appuie contre le second clayonnage de la première
fondation nn′ en partant de l'enracinement. Un piquet planté au delà de la première hart fixe cette fascine en position. Une seconde fascine est ensuite posée
vers l'amont suivant une position inclinée par rapport au courant, et de manière
à ce que la tête se trouve entre le troisième et le quatrième clayonnage de la première fondation. Un piquet placé au delà de la prem ère hart et un piquet enfoncé au point de rencontre de cette fascine avec la première la maintiennent
dans la situation inclinée. On pose une troisième fascine à côté de la première
et une quatrième à côté de la seconde. Ces fascines sont piquetées comme les
deux premières ; on continue ce système tant à l'amont qu'à l'aval du centre de
la première couche, ainsi que l'indique zz, pl. X.

Second lit. — Lorsqu'on est arrivé à peu près à la berge, on pose le second
lit de fascines, qui doit terminer la seconde fondation. Ce second lit z′, dont les
fascines, piquetées au delà de la première hart, ont leurs têtes appuyées contre
le premier clayonnage de la fondation déjà faite, s'arrête en y, environ à 2 mètres de la berge d'aval comme pour la berge d'amont. On forme ainsi une nouvelle nappe comme pour la première fondation.

Pose de la première fondation. — Cette espèce d'éventail flottant cède au poids
dont il est chargé, et, tournant autour de ses points d'attache près de l'enraci-

nement, prend la position *n'* de la coupe, *fig.* 1. On s'occupe alors à égaliser la surface de la seconde fondation, en coupant les harts de quelques fascines trop élevées, et on la termine en établissant, comme il a été dit plus haut, quatre cours de clayonnages, ainsi que le représente la moitié de la couche *z'z'y*, fig. 5. Les fascines qui composent ces deux fondations sont tellement combinées entre elles et avec les piquets et les clayonnages qui les maintiennent, qu'elles forment déjà un système assez solide pour ne pas être instantanément entraîné par la force du courant.

Pose de la troisième couche de fondation. — Quelle que soit la vitesse du bras sur lequel on opérera, on pourra toujours, en suivant le système de pose qu vient d'être indiqué, fig. 3 et 5, pl. X, établir la troisième fondation (fig. 4, même planche), suivant *z''z'''z'''*.

Premier lit de fascines. — Cependant, ici, comme les deux premières fondations *z'*, *n'*, fig. 4, formeront déjà corps, qu'elles opéreront déjà une assez forte pression sur le pied de la berge, que les piquets de ces fondations pénétreront déjà dans le talus, on pourra avancer cette troisième fondation d'un clayonnage de plus que la précédente, c'est-à-dire que la tête de la première fascine droite, placée au milieu de la couche précédente, qui doit commencer la troisième fondation, aura sa tête appuyée contre le troisième clayonnage, à partir de l'enracinement, au lieu de l'appuyer contre le second, et que la fascine inclinée, qui doit reposer sur la fascine droite, aura sa tête posée en dehors du dernier clayonnage.

Second lit. — Il en sera de même pour toutes les fascines alternativement droites et inclinées qui composeront le premier lit de cette troisième fondation *z'''z''z''*, et pour les fascines droites du second lit en partie exprimé de *z'''* en *z'''z*; seulement, pour cette troisième fondation, on s'arrêtera à quelques mètres avant les berges, afin que l'épaisseur du travail soit proportionnée à la profondeur de l'eau, profondeur dont on se sera rendu compte au moyen de sondes faites immédiatement avant chaque opération.

Pose des différentes couches de fondation entre elles. — La troisième fondation terminée, et les deux couches faites précédemment ayant pris, par leur immersion, les positions indiquées par la fig. 4, suivant *n'z'*, pl. X, le massif des fascinages exécutés devient déjà assez volumineux, mais, composé de matériaux plus légers que l'eau, il n'est maintenu que par les deux files de piquets enfoncés au pied de la berge et par le frottement que la première couche exerce sur le lit, frottement qui est en raison du poids dont cette première couche se trouve chargée, et qui serait insuffisant pour résister au courant, si l'on ne se hâtait de consolider le système par la pose d'une couche *de correction de fondation*, et de relier ainsi entre elles et avec la rive les trois fondations précédentes.

Pose de la couche de correction de fondation. — La fig. 1, pl. XI, indique en coupe la manière dont est établie cette couche.

Des fascines placées en long, et ayant leur axe perpendiculaire à la berge, sont posées dans toute la largeur de l'enracinement, de manière à ce que la tête de celles du premier rang soit placée contre la paroi du fond, et que la queue des fascines du second rang se trouve dirigée dans le même sens, en reculant vers le fleuve; les têtes des fascines de ce second rang se trouvent donc posées contre celles de la surface supérieure de la seconde fondation, et celles du troisième rang contre les têtes de la couche supérieure de la troisième fondation; enfin, la tête des fascines du quatrième rang s'arrête au second clayonnage de cette troisième fondation.

Douze cours de clayonnages terminent cette couche de correction. Celui de l'extrémité vers le fleuve se retourne à l'amont et à l'aval du côté des berges, pour arrêter les extrémités des autres cours compris entre celui-ci et les clayonnages de l'enracinement. On recharge ensuite une partie de cette couche en gravier ordinaire sur 0ᵐ,16 au moins d'épaisseur, mais ce rechargement ne s'étend 'que jusqu'au deuxième clayonnage au delà de l'enracinement; autrement on déterminerait l'immersion complète du travail, et l'extrémité de la dernière fondation z'' ne resterait pas hors de l'eau. Les fig. 1 et 2, pl. XI, indiquent suffisamment en plan et en coupe les détails de ce qui vient d'être développé.

Pose de la quatrième fondation. — On s'occupe alors de la pose de la quatrième fondation $v'v'v'$, fig. 4, pl. XI ; on l'exécute suivant les procédés précédemment décrits.

Premier lit. — On établit une suite de fascines inclinées, dont les têtes sont placées entre le troisième et le quatrième clayonnage de la dernière couche, puis on place d'autres fascines croisées à peu près perpendiculairement au courant ; ces fascines sont destinées à compléter le premier lit, et appuient leurs gros bouts contre l'extrémité de la couche de correction ; enfin, les fascines du second lit, celles qui doivent terminer la fondation, s'arrêtent au premier clayonnage de cette même couche.

Second lit. — Toutes les fascines sont piquetées au fur et à mesure de leur mise en place, comme nous l'avons indiqué. On se tient en retraite vers les berges, environ à 3 mètres, afin de n'y avoir pas trop d'épaisseur.

On exécute les quatre cours de clayonnages après que la surface de ce second lit a été égalisée, si cela est nécessaire, et la quatrième fondation $v'v'v'$ est complétement terminée.

De la couche ordinaire. — Dans cet état, le massif du tunage s'avance déjà de plus de 6 mètres au delà de la berge ; il est encore peu rattaché à la rive et faiblement chargé en gravier. Il faut se disposer à le consolider par une couche ordinaire, dont les clayonnages sont placés perpendiculairement au courant : les clayonnages sont de la sorte tirés dans le sens de leur longueur, et présentent la plus grande résistance possible à l'action que le fleuve exerce contre le massif en fascinages.

Pose. — Cette *couche ordinaire* $xzx'x'$, fig. 4, pl. XI, doit s'étendre depuis le premier clayonnage au delà de l'enracinement jusqu'au second clayonnage de la quatrième fondation. Les fascines qui la composent sont placées jointivement, leur axe étant à peu près parallèle au courant ; les têtes vers l'amont suivant sx et vers l'aval suivant $s'x'$ s'écartent un peu de t en s et de t' en s' suivant une ouverture proportionnée à l'étendue du pied des talus qu'on doit donner en cette partie du travail ; en effet, l'immersion successive des différentes couches qui doivent composer le massif fait tourner chaque couche autour de ses points d'attache. Alors ts est à peu près la base du talus d'amont, par exemple, comme tx est l'élément de la surface de ce talus, et cet écartement est donné chaque fois pour la formation du talus par les sondes faites immédiatement avant la pose de chaque couche.

Sondes pour déterminer l'étendue des couches. — Il en est de même des sondes faites au pourtour de chaque fondation ; elles servent à indiquer à quelle distance il faut s'arrêter en rivière pour conserver à l'extrémité du travail un talus déterminé, et pour donner à l'ouvrage un développement en rapport avec sa saillie en dehors des berges.

Dispositions des clayonnages de la couche ordinaire. — Quatre cours de

clayonnages sont ensuite placés sur chacune des parties *ts* et *t's'*, et perpendiculairement à la longueur des fascines posées. Huit autres cours terminent le milieu
de la couche et se dirigent vers l'enracinement, dans un sens également perpendiculaire à la longueur des fascines Cette troisième partie de la couche ordinaire
est rechargée de gravier à sa surface sur au moins 0ᵐ,16 d'épaisseur jusqu'au
second clayonnage de la quatrième fondation, fig. 4, pl. XI.

Position en coupe des couches de la fondation de la couche ordinaire. — Cette
couche terminée, la coupe, *fig.* 3, fait voir les différentes positions occupées par
les quatre fondations *n'.z'.z''.v'*. La première fondation est en partie appliquée
sur le lit du fleuve, où elle est fortement pressée par les couches qui la surmontent. L'ouvrage est à fond sur les deux tiers environ de la saillie, sans que la quatrième fondation, qui fait fonction de flotteur, soit entièrement plongée ; et telle
est déjà la solidité de la masse, qu'il y aurait submersion complète de tout le travail, sans que cependant il y eût rupture, parce que cette submersion ne se ferait dans tous les cas qu'avec lenteur et sans déchirement.

Details généraux sur la pose des couches ordinaires qui composent les ouvrages.
— Afin de compléter tout ce qui tient à la pose des fascines des différentes couches, nous avons cru devoir représenter par les fig. 1, 2 et 3 de la pl. XII, les détails d'une couche ordinaire vue en plan suivant *abff'''*; ce genre de couche est
le plus usité dans la composition des ouvrages en fascinages.

La direction *af* étant celle de l'alignement d'aval de la couche, un premier rang
f de fascines posées bien jointivement est étendu de manière à ce que les têtes
soient alignées au cordeau suivant cette ligne. Un second rang *f'* est placé sur le
premier, et les fascines en sont disposées en sens inverse, c'est-à-dire que leurs
têtes sont opposées à la queue de celles du premier rang à 1ᵐ,20 de distance, et
que chaque fascine est placée de manière à remplir l'espèce de vide qui se trouve
entre chacune de celles du premier rang à 1ᵐ,20 de distance. Un troisième rang
de fascines *f''f'* est ensuite placé dans le même sens que celles du second rang,
en portant les têtes ou le gros bout en *f''* à 1ᵐ,85 de l'extrémité du rang précédent. Enfin, si la couche doit être terminée suivant *bf''*, un quatrième rang est
posé comme le troisième. Les fascines des trois derniers sont alignées au cordeau suivant *bf'''*, pour former la tête aval de la couche, et toujours placées dans
l'intervalle compris entre deux fascines du rang qui précède celui qu'on établit.
Cette pose terminée, on coupe les harts des fascines les plus élevées, afin d'égaliser la surface de la couche. On place les deux files extrêmes des piquets
à 0ᵐ,50 des têtes de la couche, et le reste de la surface est divisé par des files de
piquets espacées entre elles de 0ᵐ,70, de milieu en milieu.

Les dimensions des couches ordinaires sont toujours proportionnées aux dimensions des fascines, c'est-à-dire qu'on leur donne rarement moins de 4ᵐ,50, et
alors les fascines sont posées comme l'indiquent les *fig.* 5 et 6, même planche ;
si elles doivent avoir plus de largeur que celles dont nous venons de donner le
détail, on diminue un peu la cote 1ᵐ,85 indiquée précédemment pour arriver
avec un rang de plus à s'aligner suivant la direction donnée par la seconde tête
de la couche. Les dimensions indiquées sont du reste le maximum d'écartement
des différents rangs de fascines qui doivent composer une couche ordinaire.

Quand les files de piquets ont été plantées selon le mode indiqué *fig.* 1, on enlace les clayons, ainsi qu'on l'a dit. On enfonce ensuite les piquets en tas-
sant en même temps les clayons, pour les faire arriver sur la surface *a'b'* des
fascinages de la couche, de manière à ce qu'ils conservent une épaisseur de 0ᵐ,16,
égale à la hauteur du rechargement en gravier, dont cette surface est ensuite

recouverte. La couche est alors terminée; son épaisseur est en général 0ᵐ,50 ; savoir 0ᵐ,34 de fascinages, et 0ᵐ,16 de rechargement en gravier.

Des couches prolongées sur le terrain. — Les *couches prolongées m* et *m′*, *fig.* 4, sont faites à sec sur le terrain, et représentent encore une espèce de couches ordinaires avec une seule tête ; les fascines en sont posées sur un seul rang d'abord, et elles sont écartées d'axe en axe de 0ᵐ,50. Une troisième fascine se place dans l'intervalle; on continue ce système de pose dans toute la longueur de la couche, sur laquelle on place cinq cours de clayonnages, dont le premier est à 0ᵐ,50 de la tête *m*, *fig.* 4. La couche *m′* s'établit de la même manière après le rechargement en gravier de la première couche sur laquelle on place également 0ᵐ,20 environ d'épaisseur de gravier vers la tête, et là où la première couche rencontre le clayonnage extrême du radier. Cette opération a pour but d'arriver au talus arrêté par la surface supérieure des couches et auquel on donne 4 à 5 mètres de base pour un de hauteur.

Du radier des couches prolongées. — Les radiers des couches prolongées se construisent aussi au moyen de couches ordinaires de 4ᵐ,50 de largeur ; on place un premier rang de fascines *z′z′z′*, *fig.* 6, bien serrées entre elles dans l'excavation du terrain. La profondeur de cette excavation varie suivant l'épaisseur que le radier doit avoir, et elle est déterminée par la hauteur de chute des couches ordinaires qui forment la retenue. Sur ce premier rang et dans l'intervalle compris entre chaque fascine, on en place un second rang en sens opposé suivant *z″*, *fig.* 5, en sorte que les gros bouts des fascines des deux rangs s'appuient contre les parois extrêmes de l'excavation. On égalise ensuite la couche ainsi formée, en coupant quelques harts des fascines trop élevées, et l'on place six cours de clayonnages destinés à maintenir les fascines dans la position qu'on leur a donnée. On recharge ensuite toute la surface en gravier, tel que l'indique la coupe *fig.* 4.

Couches chevelues terminant les surfaces supérieures des ouvrages. — Assez souvent, lorsque la saison n'est pas très-avancée et qu'on a pu couper les bois en temps opportun, on termine les travaux de fascinages par une couche qu'on appelle *couche chevelue*, et qui est formée de petites fascines en bois de saule de 1ᵐ,50 à 2 mètres de longueur. Ce sont des lits partiels de petites fascines clayonnées séparément, ainsi qu'il est indiqué en coupe en *r*, *r′*, *r″*, *fig.* 4, et disposées de manière à ce que le seul rang de clayonnage de chaque lit soit recouvert par les fascines du lit qui vient immédiatement après. Le clayonnage du dernier rang de petites fascines est recouvert lui-même par la première couche ordinaire du massif de retenue *mm′*.

Double cours de clayonnages piquetés en chevalets, remplaçant les couches chevelues. — D'autres fois on remplace les *couches chevelues* par des doubles rangs de clayonnage qu'on place au milieu de chaque cours ordinaire, et tous les rangs des clayonnages supérieurs sont maintenus par des piquets enfoncés sous chaque cours en amont de celui sur lequel l'extrémité du piquet repose. On dit alors que la surface supérieure de l'ouvrage est terminée par des *doubles cours de clayonnages piquetés en chevalets*. Lorsqu'on peut avoir des piquets et des clayons en bois de saule exploités hors de la sève (c'est-à-dire sans que cette exploitation nuise à la repousse des bois dans la saison suivante), cette manière de terminer les ouvrages est préférable à l'emploi des couches chevelues. L'avantage en est surtout apprécié pour le radier des barrages, que la chute des eaux détruit fréquemment.

Tels sont les principaux détails de la main-d'œuvre pour l'établissement des tunages ordinaires.

Diminution d'importance des travaux de fascinages. — Nous avons reproduit cette longue description des travaux de fascinages du Rhin afin de faire comprendre nettement le système. Ce système n'est plus guère employé et cela se conçoit, car les bois pour la construction des tunages sont devenus très-coûteux; la main d'œuvre elle-même a augmenté dans de grandes proportions; d'autre part les transports sont devenus faciles et économiques. Si l'on avait aujourd'hui à exécuter de grands travaux comme ceux du Rhin, on ferait sans doute un grand usage de la maçonnerie et des enrochements, parce qu'on pourrait installer à peu de frais des voies ferrées pour le transport des blocs.

Les travaux de fascinage, qu'il est bon de connaître, ont donc beaucoup perdu de leur importance.

Aussi n'insisterons-nous pas davantage sur le reste des travaux du Rhin et sur les barrages exécutés pour l'atterrissement des bras secondaires; on en trouvera les détails dans le mémoire inséré par M. Defontaine aux *Annales des ponts et chaussées de* 1833 (2ᵉ semestre).

Paniers bourrés de gravier. — Nous dirons seulement quelques mots des paniers bourrés de gravier, que M. Defontaine avait substitués aux blocs d'enrochements et qui sont représentés par les figures 1 à 4 de la planche XIII.

Les paniers cylindriques, ou saucissons, avaient 4 mètres de longueur et 0ᵐ,80 de diamètre au milieu; chacun était composé de sept fascines, entourant 600 décimètres cubes de très-gros gravier, et le tout était lié et fortement serré par douze harts ou clayons de choix.

Un saucisson pesait 1200 kilogrammes à l'air et 625 dans l'eau.

A côté des paniers cylindriques ou en forme de fuseau, qui étaient faciles à manier et à fabriquer, mais que le courant pouvait déplacer, M. Defontaine employa des blocs plus lourds et plus résistants. Il eut recours à des paniers de forme prismatique rectangulaire, figures 2 et 3, remplis de gros gravier et d'un volume assez considérable pour pouvoir résister aux effets des grandes vitesses du courant qu'il y avait à combattre. Chaque panier avait 2 mètres de long, 1 mètre de large et 0ᵐ,60 de haut; il pesait 2500 kilogrammes dans l'air et 1250 dans l'eau.

Nous le répétons, M. Defontaine est arrivé par ces procédés ingénieux à tirer un excellent parti des seuls matériaux qu'il eût en abondance sous la main et à construire de grands ouvrages avec des matières premières peu résistantes et peu volumineuses. Ces procédés sont encore intéressants aujourd'hui, mais, sauf quelques exceptions, ils sont devenus à peu près sans usage.

6º **Épis ou éperons.** — Nous avons décrit plus haut les systèmes d'épis en usage sur les rivières torrentielles, telles que le Rhône et la Durance. Nous parlerons ici des épis construits pour la défense des berges de rivières ayant une allure plus modérée.

Anciens épis du Rhin. — Pour la défense des rives du Rhin, on a longtemps fait usage d'ouvrages saillants en fascinages, connus sous le nom d'épis, jetées ou éperons. MM. les ingénieurs Legrom et Chaperon ont étudié ces ouvrages dans un mémoire publié en 1838, mémoire que nous allons analyser ici.

D'après Bélidor, un épi établi sur une rive aurait pour effet de réfléchir le courant et de le renvoyer sur la rive opposée. A l'amont et à l'aval de l'épi reste une masse d'eau morte dans laquelle des alluvions se déposent qui augmentent la stabilité de l'ouvrage. Le courant, lancé sur la rive opposée, la corrode, y produit une rive concave sur laquelle il se réfléchit pour venir frapper à nouveau la première rive à une certaine distance à l'aval du premier épi. Si à cette distance on construit un second épi, on détruira l'effet du courant réfléchi et on arrivera ainsi, avec quelques jetées convenablement espacées, à défendre une grande longueur de rive.

MM. Legrom et Chaperon montrent que sur le Rhin, avec le système d'épis employé, l'expérience a contredit absolument la théorie précédente; voici les effets qu'ils ont observés : après la construction de l'épi M N, figure 8, planche III, le courant principal qui avait la direction ab se contente de contourner l'épi en suivant la courbe ac; il s'établit à l'amont un remous r dont l'énergie augmente beaucoup avec la saillie de l'ouvrage. Ce remous attaque la berge et déracine l'épi, s'il n'est pas suffisamment engagé dans la rive. Le courant rapide qui longe le musoir N affouille profondément le lit au pied de ce musoir et les matières entraînées vont former à l'aval un banc d, derrière lequel s'établit un courant secondaire r' longeant la berge d'aval. On ne fait disparaître ce courant secondaire qu'en reliant par un petit éperon le banc de sable et la rive. On remarque encore d'autres remous tels que r'' qui se détachent sur la droite du courant principal, et ces remous sur le Rhin étaient très-dangereux pour les bateaux qui se laissaient saisir par eux.

La digue M N formant obstacle au courant principal, une dénivellation se produit de M vers N, d'où résulte un courant latéral M N capable de prendre lors des crues une violence considérable; à l'aval, la dénivellation est en sens contraire, ce qui explique la formation du courant r'.

Ces effets des jetées, révélés par l'expérience, avaient conduit MM. Legrom et Chaperon à rejeter complétement ces travaux de défense pour les rives du Rhin.

Cependant, il faut reconnaître que les épis ont produit de bons résultats sur plusieurs rivières lorsqu'ils ont été convenablement construits et disposés, lorsqu'on a eu soin de leur donner une pente longitudinale vers le thalweg, de défendre leurs musoirs par des fragments de digues longitudinales, ainsi que nous l'avons vu pour la Durance et le Rhône.

Avec ces précautions, les contre-courants latéraux n'ont pas eu l'influence funeste constatée sur le Rhin et les résultats obtenus se sont rapprochés de ceux qu'enseigne la théorie de Bélidor.

Épis en charpente. — La figure 5 de la planche XIII représente la coupe en travers d'épis en charpente qui furent employés autrefois sur quelques rivières du Piémont et donnèrent de bons résultats.

L'inventeur du système, un simple charpentier, nommé Magistrini, fit construire des chevalets réunis entre eux par des planches; mais au lieu de les terminer contre le courant de l'eau par un seul plan incliné, il imagina de les composer de manière à former deux plans, dont un inférieur C B très-incliné, afin que le poids même de l'eau tendît à fixer au lit du cours d'eau chacun des chevalets, maintenus du reste dans un plan vertical à l'aide des planches qui les réunissent.

Ces épis ont rendu de grands services sur un sol affouillable où il eût été difficile d'établir d'autres constructions. Les chevalets étaient en chêne et les planches qui les réunissaient en peuplier. Cet ensemble a bien résisté au choc de l'eau même lors des grandes crues.

Des ouvrages de ce genre ne coûtent pas très-cher à établir; malheureusement ils sont d'un entretien coûteux et de faible durée. Aujourd'hui, on ne pourrait guère y recourir que dans des cas exceptionnels.

MATIÈRES TRANSPORTÉES PAR LES FLEUVES

Les fleuves travaillent incessamment à niveler la surface de la terre; ils arrachent parcelle à parcelle la matière des montagnes et la transportent soit dans les vallées basses, soit dans les lacs, soit à la mer. Nous avons indiqué, aux pages 195 et suivantes de notre *Traité des Eaux en agriculture*, les quantités de substances solides que l'on trouvait dans les eaux des principaux fleuves, ainsi que la composition chimique de ces substances. Nous n'étudierons ici la question qu'au point de vue mécanique pour ainsi dire, et nous prendrons pour guide à cet effet un très-intéressant mémoire sur les sables de la Loire, publié par M. l'ingénieur Partiot aux *Annales des ponts et chaussées* de 1871.

Origine des sables de la Loire. — Le bassin supérieur de la Loire appartient presque tout entier aux terrains primitifs, c'est-à-dire à des roches difficilement attaquables. Aussi les cours d'eau de la montagne ne la ravagent-ils pas comme ils font dans les montagnes friables des Alpes, et la présence des torrents n'est pas signalée par ces immenses cônes de déjection que nous avons décrits en hydrologie.

Les eaux de la Loire et de l'Allier sortent donc de la région montagneuse entraînant peu de débris; mais ces deux cours d'eau rencontrent les plaines lacustres du Forez et de la Limagne. Dans ces plaines friables, la Loire et l'Allier corrodent leurs berges, et c'est de ces corrosions que provient la plus grosse partie des graviers et des sables entraînés.

Le reste vient du massif granitique et volcanique du centre de la France.

Partout où la pente diminue, des grèves de sable et de galets apparaissent ; depuis Cosne jusqu'à Angers, la Loire coule dans le bassin tertiaire et emprunte à ses rives une grande partie des sables qu'elle charrie. Entre Briare et Tours, la quantité de sable fournie par les rives est cependant assez faible à cause des digues qui s'opposent aux érosions. Fig. 6, pl. XIII.

En suivant le cours de la Loire, on remarque que les pierres entraînées diminuent de volume avec une grande rapidité; entre le Puy et Saint-Étienne, le lit est encombré de pierres noires volcaniques, mais ces pierres ne tardent pas à s'amincir et disparaissent à peu de distance, transformées en sable. La trituration est d'autant plus rapide que la roche est plus friable.

Les galets qu'on rencontre dans le fleuve proviennent surtout des terrains voisins, ainsi que leur nature l'indique; les silex hydratés de Gien se trouvent dans le fleuve jusqu'à Blois, au-dessous de Blois on n'en trouve plus; la pierre ponce des volcans de l'Auvergne va quelquefois très-loin à cause de sa légèreté; les cailloux calcaires et crétacés disparaissent très-vite.

Les cubes enlevés aux terrains que traverse le fleuve sont très-considérables. Les érosions de la Loire en amont du Bec d'Allier ont été en 1856 d'un million et demi de mètres cubes, en 1857 de 900 000 mètres cubes, en 1858 et 1859 réunis de 570 000 mètres cubes; ces deux années sont remarquables par la persistance des bas.es eaux.

Si l'on prend une année moyenne comme 1857, on trouve les volumes d'érosions ci-après :

Pour la Loire { en amont du Bec d'Allier. . . .	508 540	mètres cubes.
	en aval du Bec d'Allier.	685 850	—
Pour l'Allier.	2 459 808	—
Pour le Cher.	100 000	—
Pour l'Indre, la Vienne et la Creuse.	46 002	—
Total.	3 800 000	—

Dans une 'année' très-humide, comme 1856, on arrive à plus de 9 millions de mètres cubes.

« On voit, dit M. Partiot, que les travaux qui fixeraient les rives de l'Allier, tout en conquérant à l'agriculture des surfaces importantes et en évitant chaque année des pertes nouvelles et notables, réduiraient dans' une proportion très-considérable le cube des matières charriées par cette rivière et par la Loire dans laquelle elle se jette. Les points où ces travaux seraient le plus urgents sont ceux où les dépôts de sable et de graviers ont le plus d'importance. Ce serait surtout dans le Forez et entre Beaulieu et Orléans sur la Loire, entre Thiers et Moulins sur l'Allier. »

M. Partiot estime à 12 ou 15 millions la dépense que nécessiteraient ces travaux de protection des berges ; en diminuant considérablement le volume des sables et celui des atterrissements, ces travaux amélioreraient le régime du fleuve et profiteraient beaucoup à la navigation.

Causes du mouvement des vases, sables et graviers. — Les érosions fournissent au courant des parties terreuses ou vaseuses, des sables et des graviers.

La vase argileuse reste en suspension et marche avec le courant, se déposant en alluvions sur les rives convexes du fleuve.

Le sable n'est entraîné directement que par les remous et les tourbillons rapides ; presque toujours, il chemine lentement en roulant au fond du lit.

Les graviers ne se meuvent que pendant les crues, enlevés par les remous et les tourbillons violents.

La vase se divise de plus en plus, se mélange aux matières végétales et forme, lorsqu'elle se dépose, un sol des plus fertiles.

Le sable diminue sans cesse de volume et finit par atteindre assez de ténuité pour se mélanger à la vase. Les graviers se transforment bien vite en galets arrondis qui peu à peu deviennent du sable, si bien qu'à son embouchure la Loire ne charrie plus que du sable et de la vase.

Lorsque des dépôts se forment dans les parties où la vitesse du courant se ralentit, on trouve, à la surface de ces dépôts, la vase, puis le sable et au-dessous les graviers.

La pente diminuant à mesure qu'on descend le cours du fleuve, il en est de même de la quantité de vase en suspension dans un mètre cube d'eau, à moins que des affluents importants ne viennent modifier la proportion.

Les phénomènes de suspension des graviers et des sables doivent être attribués, ainsi que l'a fait remarquer Dupuit, aux vitesses inégales des filets fluides qui se croisent et se contrarient lors des crues ; sous l'influence de ces vitesses inégales, les graviers se trouvent soumis à des forces dont l'effet total engendre un mouvement de translation et un mouvement de rotation.

Dans les parties où le cours du fleuve est régulier, où le courant se répartit uniformément sur toute la largeur, les sables et les graviers ne sont guère mis en suspension ; on les trouve surtout dans les tourbillons et les remous, parce que les différences entre les vitesses des filets liquides sont là très-considérables.

Aussi c'est à ces phénomènes, déterminés par un obstacle quelconque, qu'il faut attribuer les déplacements fréquents des bancs de sable du fleuve, qui, tout en se déplaçant transversalement, n'en sont pas moins animés d'un lent mouvement d'entraînement vers la mer.

C'est dans les rives concaves que les remous et tourbillons se produisent par suite des déviations et des chocs imprimés aux filets liquides, chocs qui se traduisent par des corrosions incessantes.

Cette puissance de corrosion peut être considérée comme proportionnelle à la force centrifuge, c'est-à-dire à l'expression

$$\frac{q v^2}{g \cdot r},$$

dans laquelle q est le débit en litres, g l'accélération de la pesanteur, v la vitesse moyenne du courant, r le rayon de courbure de la rive.

Les grandes crues agissent puissamment pour remuer et déplacer les sables et les graviers ; ainsi que nous l'avons vu, une crue représente, surtout dans les rivières torrentielles, une onde qui se propage jusqu'à la mer ; l'avant de l'onde, qui correspond à la période de crue, a plus de pente superficielle et par suite plus de vitesse que les eaux d'aval que l'onde rejoint, il se produit nécessairement des chocs, des remous et des tourbillons d'autant plus violents que la crue est plus rapide et plus forte.

Si l'on réfléchit aux vitesses énormes que présentent les tourbillons aériens, vitesses assez puissantes pour broyer des arbres et renverser des maisons, on reconnaît que les eaux tourbillonnantes sont susceptibles aussi d'acquérir des vitesses incomparablement supérieures à la vitesse de propagation du courant, et cela explique comment des îlots de gravier descendent le lit du fleuve sur plusieurs centaines de mètres, pendant les crues de la Loire.

Le courant éprouve, de la part du lit, un frottement qui empêche l'accélération du mouvement : inversement, par l'effet de la réaction, le lit est tiré vers l'aval par le courant.

M. Sainjon montre, comme il suit, l'influence du courant sur un gravier de volume V, de section S, de densité D, pressé par un liquide dont la vitesse correspond à une hauteur H et dont la densité est d.

La pression reçue par le gravier est $S.H.d$; l'action de la pesanteur sur ce gravier a une composante parallèle au fond du fleuve égale à :

$$(D-d) \, V \, (i-f),$$

expression dans laquelle i est l'inclinaison du fond et f la tangente de l'angle du frottement de roulement. Cette tangente est numériquement bien supérieure à i et l'on peut négliger cette quantité.

L'action totale exercée sur le gravier par le courant et la pesanteur devient alors

$$d.S.H - f(D-d) \, V.$$

Dubuat, par ses expériences, a déterminé les vitesses limites au-dessous desquelles les diverses matières, depuis l'argile jusqu'aux galets, cessent d'être entraînées ; à ces vitesses limites, l'expression précédente s'annule et on a une équation d'où on peut tirer la valeur de f.

M. Sainjon trouve que pour les graviers et le sable on doit prendre $f=0,80$, et il conclut que les crues de 3 mètres à $3^m,50$ sont capables de transporter du gravier de $0^m,04$ de diamètre.

Il y a lieu de rappeler que les diverses terres sont corrodées par les vitesses ci-après :

Terre détrempée.	$0^m,076$	Pierres cassées.	$1^m,22$
Argile tendre..	$0^m,152$	Cailloux agglomérés, schiste	
Sable..	$0^m,305$	tendre.	$1^m,52$
Gravier..	$0^m,609$	Rocher en couches.	$1^m,83$
Cailloux.	$0^m,914$	Rocher dur..	$3^m,05$

Mode de mouvement des sables, forme du fond. — Lorsque les hauteurs d'eau sont grandes, les sables se meuvent par entraînement et par suspension ; lorsqu'elles sont faibles, l'entraînement seul subsiste.

A la suite des crues, le lit de la Loire a un fond très-ondulé ; il présente une série de mouilles ou bas fonds et de hauts fonds ; — pendant l'étiage, au contraire, le fond tend à se niveler ; les eaux, coulant en faible épaisseur sur les hauts fonds, en enlèvent le sable et le déposent plus loin dans les mouilles où la vitesse se ralentit. Ce phénomène naturel tend à créer au fleuve un lit approprié à son nouvel état et à son débit ; quand on dérange l'équilibre, par des dragages par exemple, la fouille ne tarde pas à se combler à nouveau ; c'est ce qui explique pourquoi l'on peut enlever, toujours à la même place, d'énormes quantités de sable et de gravier.

Tout obstacle dans le courant, ayant pour effet de créer un remous et des différences de vitesse, détermine des affouillements et des dépôts correspondants ; deux courants, qui se rencontrent obliquement en un point donné, y forment un tourbillon et un affouillement ; en aval, on trouve un atterrissement qui, quelquefois, devient une île. Un galet, une pile de pont, un bateau échoué, déterminent des affouillements à l'amont et des ensablements à l'aval.

A la suite des crues ou des eaux moyennes, on trouve, dans le lit de la Loire, des *grèves*, amas de sables de forme lenticulaire, qui émergent souvent en basses eaux. Dès qu'elles sont recouvertes par les eaux, le courant les attaque à l'amont et fait rouler le sable qui parcourt un plan se relevant légèrement vers l'aval ; ce plan se termine à l'aval par un talus à 45°, sur lequel les grains de sable tombent et roulent. Sous cette action, la grève avance lentement vers la mer. Un grand nombre d'observations, faites entre Briare et Angers, ont montré que les grèves avaient coulé vers la mer avec une vitesse moyenne de $2^m,24$ par 24 heures, du mois de juin au mois de novembre 1858, et avec une vitesse de 9 mètres, de novembre 1858 à juin 1869.

Pendant cet intervalle, les grèves ci-dessus décrites ont marché de 2 055 mètres en une année.

Exemples divers de transports. — On trouve dans les auteurs de nombreux exemples de la puissance de transport des fleuves.

Autrefois, on tirait chaque année de la Seine, à Paris, en face de l'île Louviers, 8 000 mètres cubes de gravier. La profondeur n'augmentait pas d'une année à l'autre, et on ne constatait pas d'élargissement du fleuve immédiatement à l'amont. Donc, les graviers venaient de beaucoup plus loin, malgré la faible pente du fleuve.

De même, pour maintenir la profondeur de la gare fluviale de Charenton, au confluent de la Marne et de la Seine, il fallait, chaque année, draguer 4 000 mètres cubes de gravier qu'on retrouvait toujours l'année suivante.

En face d'un bac de la Marne, un banc de $0^m,50$ de hauteur se reformait sans cesse; on résolut d'approfondir l'emplacement de $2^m,60$ et on dragua pour cela 800 mètres cubes de gravier. En l'espace d'un mois, une seule crue ramena le banc à la hauteur première.

Dans les hauts fonds de gravier de la Garonne, on ouvrait à la drague des passes navigables qui se comblaient à la première crue, et il fallait sans cesse recommencer le travail.

Ce qui se constate sur toutes les rivières pour les graviers et les sables se constate aussi pour les galets; c'est une question de pente et de vitesse.

CHAPITRE III

AMÉLIORATION DES RIVIÈRES NAVIGABLES

Nous examinerons dans le présent chapitre les principaux procédés mis en œuvre pour l'amélioration des rivières navigables. Ces procédés ont fait l'objet de recherches nombreuses et approfondies de la part de savants ingénieurs; malheureusement, on n'est pas arrivé à établir une doctrine précise; peut-être le sujet n'en comporte-t-il pas. Il semble, en effet, que l'efficacité des solutions dépend surtout de l'allure individuelle de chaque cours d'eau, et que tels travaux conduiront sur un point à de bons résultats, qui sur un autre point ne réussiront pas.

Le rôle que nous nous proposons de remplir ici n'est donc pas celui d'un critique, mais d'un historien, et nous nous contenterons d'exposer et de résumer les principaux travaux sur la matière.

Avant de parler de l'amélioration des rivières, il convient évidemment de rechercher les relations qui existent entre le plan et les profils d'un cours d'eau, d'étudier comment les profondeurs d'eau dépendent de la configuration des rives; sans ces connaissances préliminaires, on s'exposerait à contrarier par des œuvres artificielles les lois naturelles de l'hydraulique et on se heurterait à de graves mécomptes.

Les procédés d'amélioration des rivières sont peu nombreux; un seul est aujourd'hui généralement appliqué, c'est la canalisation par barrages éclusés.

Autrefois, on avait recours plus fréquemment:

1° Aux endiguements, rétrécissements et redressements ;
2° Aux approfondissements par voie de dragage ;
3° Au système des éclusées.

Les endiguements peuvent avoir pour objet seulement de fixer le chenal, c'est-à-dire la partie du lit où la profondeur d'eau est naturellement favorable à la navigation; les parties latérales se trouvent ainsi séparées du chenal qui conserve une direction fixe et qui garde sa profondeur ou même la voit s'accroître, tandis qu'auparavant le fond pouvait se trouver bouleversé et le chenal déplacé par une simple crue.

Généralement, les endiguements ont eu pour objet un rétrécissement de la rivière; ce rétrécissement entraînait une augmentation de hauteur d'eau que nous avons calculée au chapitre précédent: de l'augmentation de hauteur résultait un accroissement de vitesse moyenne, et l'accroissement du tirant d'eau était loin d'être en rapport avec la réduction de largeur, ainsi qu'on pourrait le croire à première vue. Le rétrécissement a donc pour effet certain d'apporter à la navigation montante une certaine gêne en vue d'un bénéfice souvent médiocre, quelquefois même négatif : car l'augmentation de vitesse affouille le fond et entraîne, à l'amont du rétrécissement, la création de rapides qui peuvent entraver la navigation.

Cependant, certains rétrécissements paraissent avoir conduit à quelque amélioration, celui de la Meuse, par exemple, dont nous parlerons tout à l'heure.

Les redressements des rivières sont presque toujours une mauvaise solution, car ils changent complétement les lois naturelles de l'écoulement ; lorsqu'un cours d'eau décrit une boucle, on est tout porté à redresser le lit et à ouvrir un passage artificiel suivant la corde de la boucle ; mais, en réduisant le parcours des eaux, on augmente la pente et la vitesse, on crée un rapide à l'entrée du redressement, un remous à la sortie ; le nouveau canal est corrodé, parce que la vitesse des eaux n'est plus en rapport avec la cohésion des rives et du fond, et des atterrissements se forment à l'aval. Cette solution n'est possible que si le redressement est fermé par des écluses, si on le transforme en canal latéral.

On peut en dire autant des dragages : c'est un remède exceptionnel et transitoire, qui ne peut guère être considéré comme un système continu d'amélioration. Il peut être utile d'enlever un écueil ou un haut fond gênant, mais si on enlève un seuil, on modifie complétement l'écoulement, on crée un rapide à l'amont, on affame le bief supérieur et le remède peut être pire que le mal. Les dragages sont susceptibles de rendre de grands services, mais ne suffisent pas à l'amélioration d'une rivière ; la formation des bancs tenant à la configuration même du cours d'eau, il est à remarquer qu'un banc, enlevé en basses eaux, se reformera à la crue prochaine et qu'il faudra recommencer le travail.

Les procédés de dragage ont été décrits en détails dans notre *Traité de l'exécution des travaux*, auquel le lecteur voudra bien se reporter.

La navigation par éclusées, qui consiste à retenir les eaux dans les parties hautes des vallées et à les lâcher périodiquement de manière à constituer un flot qui entraîne un convoi de bateaux, cette navigation spéciale à la rivière d'Yonne a aujourd'hui disparu.

Le seul système d'amélioration des rivières est donc la canalisation par barrages éclusés : c'est la transformation du plan incliné des eaux en un escalier hydraulique, de la chute continue des molécules liquides en une série de chutes brusques.

La canalisation en lit de rivière n'est pas toujours possible, et il est quelquefois plus avantageux de recourir à un canal latéral. Cependant, pour les cours d'eau à fond stable et d'allure non torrentielle, la canalisation en rivière est presque toujours favorable.

La canalisation était réalisée autrefois au moyen de barrages fixes ; ils ont aujourd'hui fait place aux barrages mobiles dont nous décrirons ci-après les types les plus connus.

RELATION ENTRE LE PLAN ET LE PROFIL D'UNE RIVIÈRE

Considérons une rivière dont la berge *ab*, figure 4, planche XIV, est rectiligne : supposons que la direction du courant vienne à changer et à frapper obliquement la berge; si cette berge est suffisamment résistante, elle réfléchira le courant et ne sera pas entamée; mais il est bien rare qu'il en soit ainsi. Presque toujours la berge est affouillable, parce qu'elle est formée de terrains de transport et d'alluvions; elle se creuse donc et prend en plan un forme curviligne *acb*.

Le courant se trouve rejeté sur l'autre rive; la vitesse à l'aval du point *b* sur la rive gauche est moindre que précédemment et l'eau y abandonne les matières qu'elle tient en suspension.

D'où la formation d'un banc de gravier *bde*, qui s'allonge et s'accroît de plus en plus, à mesure que l'anse *acb* se creuse.

Le courant, rejeté sur la rive gauche *a'b'*, y creuse de même une anse *a'c'b'* suivie d'un banc de gravier *b'd*.

Cet effet se propage ainsi de sorte que, pour un régime donné, la rivière affecte en plan la forme d'une sinusoïde, c'est-à-dire d'une série de courbes se raccordant par des points d'inflexion, tels que *m* et *n*.

La corrosion de la berge marche de l'amont à l'aval; les bancs de gravier qui suivent les anses s'accroissent aussi de l'amont à l'aval; souvent ils ne sont soudés à la berge que par leurs points d'amont et forment presqu'île; mais le vide laissé entre le banc de sable et la berge se comble avec le temps.

Ainsi, dans un terrain susceptible d'être attaqué par le courant d'une rivière, la forme rectiligne du lit représente un équilibre instable; mille circonstances déterminent des courants obliques aux berges et, dès que le mouvement de corrosion a commencé, il se poursuit sans relâche, jusqu'à ce que l'équilibre s'établisse entre la résistance des berges et la puissance destructive du courant.

Lorsque les anses commencent à se creuser, la force centrifuge du courant est faible et la corrosion ne marche pas vite; mais bientôt elle s'accélère, puis elle décroît et finit par s'arrêter. Le chemin à parcourir par les filets liquides s'accroît en effet, la pente du courant diminue et avec la pente diminue la vitesse. L'équilibre finit donc par s'établir entre la puissance de corrosion des eaux et la résistance des berges.

Ce moment d'équilibre varie beaucoup avec la pente des vallées et la nature des terrains : c'est surtout dans les plaines basses et sablonneuses que la forme sinusoïdale est accusée et que le thalweg s'écarte le plus de la direction rectiligne.

Profil en travers de la rivière. — Lorsque le lit d'un cours d'eau est rectiligne, il n'y a pas de raison pour que le thalweg du courant se rapproche d'une rive plutôt que de l'autre; il reste donc vers le milieu du lit comme le montre la figure 6, planche XIV.

Lorsque le courant se dirige dans une anse, les filets liquides ne se réfléchissent pas suivant la loi de l'angle d'incidence égal à l'angle de réflexion; ils sont déviés peu à peu et chacun d'eux décrit une courbe sensiblement parallèle à la rive concave.

C'est vers cette rive concave que la force vive et la vitesse des filets liquides est le plus considérable; aussi le lit de la rivière est-il attaqué plus profondément par les eaux qu'il ne l'est sur la rive convexe dont le courant s'éloigne. Lorsqu'on relève le profil en travers, on reconnaît que ce profil a la forme triangulaire de la figure 7; la profondeur maxima est d'autant plus voisine de la rive concave que la courbure est plus accusée.

La ligne pointillée *pmnq* du plan de la rivière, figure 4, indique donc la position du thalweg c'est-à-dire de la ligne des plus grandes profondeurs : c'est ce chemin que la navigation suit de préférence.

Emplacement des mouilles et des hauts fonds. — Les mouilles ou plus grandes profondeurs du thalweg et les hauts fonds, c'est-à-dire les points où la profondeur atteint un minimum sur la ligne du thalweg, ne sont pas distribués au hasard. Leur position est intimement liée avec la forme de la rivière en plan.

Les mouilles se trouvent au sommet des anses, en face des points c et c' du plan.

Les hauts fonds se trouvent aux points d'inflexion du thalweg en m et n; ces points sont en effet situés à l'aval des bancs de gravier et les dépôts peuvent arriver jusque-là.

Si l'on construit le profil en long du lit sur la ligne de thalweg développée, figure 5 planche XIV, on reconnaît d'après cela que le fond est une courbe sinusoïdale dont les points les plus hauts m et n correspondent aux points d'inflexion du plan, tandis que les points les plus bas c et c' correspondent aux sommets des rives concaves.

Distribution des vitesses. — Dans une section transversale cx, passant par le sommet d'une anse, les vitesses sont très-inégalement distribuées; presque nulles sur la rive convexe, vers x, elles vont en croissant vers la rive concave et prennent leur maximum à une certaine distance de cette rive.

Dans une section transversale ny, faite par un point d'inflexion, c'est-à-dire dans une partie rectiligne du lit, les vitesses sont régulièrement distribuées comme elles le seraient dans un canal rectiligne : la vitesse maxima se trouve à peu près au milieu du courant, mais elle diffère peu de la vitesse des rives. Ici, la vitesse du courant est répartie uniformément sur toute la largeur du lit, tandis que, dans une anse, cette vitesse est comme concentrée sur une zone étroite.

Elle exerce sur cette zone une corrosion énergique, et, lorsqu'on vient à défendre par un revêtement une rive concave, la profondeur des eaux augmente au pied de la berge, le fond n'étant plus nourri par les éboulements de cette berge.

La vitesse moyenne d'écoulement est moindre dans la section concave que dans la section rectiligne; il existe donc des *rapides* aux points d'inflexion, c'est-à-dire vers les hauts fonds. Il en résulte aussi que, si on relève le profil en long de la ligne d'eau, la pente superficielle est plus accusée sur les rapides que dans les anses; mais il faut reconnaître que cet effet est peu sensible et difficile à observer.

En somme, la rivière se présente comme une série de biefs séparés par des rapides et des hauts fonds.

Convexité de la surface transversale du courant. — Lors des crues, on constate que la surface transversale du courant, figure 8, planche XIV, est limitée non pas à une horizontale mn, mais à une courbe convexe acb. Ce phénomène est contraire à la théorie qui admet que les pressions varient suivant la loi hydrostatique; aussi a-t-il été nié par plusieurs auteurs.

Néanmoins, il paraît vrai; l'explication s'en trouve dans la viscosité de l'eau, viscosité qu'on néglige en théorie; le courant tend à prendre la forme pour laquelle la résistance des rives se fait le moins sentir, la masse des eaux s'accumule vers le centre.

Influence des variations du régime sur la forme du lit. — A un régime déterminé de la rivière correspond une forme déterminée du lit.

L'aspect sinusoïdal du lit se manifeste surtout pendant les eaux basses et moyennes.

En temps de crue, le mécanisme de l'écoulement se modifie souvent d'une manière considérable. Les bancs de sable sont surmontés par les eaux ; le courant, trouvant alors à travers le banc de gravier un chemin plus court et une pente plus rapide que par la courbe, s'y précipite et s'y creuse un chenal.

Ce chenal demeure après la crue et constitue un bras secondaire, transformant en île ce qui reste du banc de gravier.

Le Rhin présentait autrefois de nombreux phénomènes de ce genre, et la rive française a été sans cesse transformée par l'ensablement de certains bras et par l'ouverture de nouveaux lits.

Ces variations se remarquent surtout dans les vallées à pente rapide et à fond mobile ; l'action des eaux varie tellement entre l'étiage et les grandes crues qu'il en résulte nécessairement une grande instabilité du lit.

DÉNIVELLATION TRANSVERSALE DUE A LA FORCE CENTRIFUGE

La surface libre de l'eau dans les profils en travers d'une rivière est généralement limitée à une horizontale.

On a cru reconnaître que cette horizontale était remplacée en temps de grande crue par une courbe convexe, et par une courbe concave en temps de décrue rapide ; ce fait ne peut guère être vérifié, car, s'il existe, il est peu sensible et exigerait des expériences précises auxquelles il est difficile de procéder lors des grosses eaux. Cependant quelques ingénieurs prétendent l'avoir constaté ; il a du reste une explication rationnelle dans la viscosité de l'eau, qui ne saurait être absolument négligeable.

Un autre fait, facile à constater, c'est la dénivellation qui se produit dans les courbes roides et qui est due à la force centrifuge du courant.

Lorsqu'un liquide tourne autour d'un axe vertical ox, avec une vitesse angulaire ω, la surface libre de ce liquide se creuse et la section par un plan vertical est une parabole. En effet, une molécule c de masse m, située à une distance r de l'axe, est en équilibre sous l'action d'une force horizontale cd, égale à la force centrifuge $m.\omega^2 r$, et d'une force verticale de qui n'est autre que le poids p ou le produit mg de la masse par l'accélération de la pesanteur.

La molécule se tenant en équilibre, c'est que la résultante des forces qui la sollicitent est dirigée, suivant la normale cb, à la surface. Comparant les deux triangles semblables abc, cde, on trouve la relation

$$\left(\frac{ab}{ac}=\frac{de}{dc}\right) \quad \text{ou} \quad ab=r.\frac{m.g}{m.\omega^2 r} \quad ab=\frac{g}{\omega^2}.$$

La sous-normale ab est donc constante pour une vitesse angulaire déterminée ; par suite, la courbe est une parabole du second degré dont le paramètre est précisément égal à $\dfrac{g}{\omega^2}$ et dont l'axe n'est autre que la verticale ox.

Considérons maintenant une rivière dont l est la largeur et r le rayon de courbure pris sur l'axe d'écoulement ; la ligne d'eau dans une section transversale sera une parabole du deuxième degré ayant pour équation :

$$y^2=\frac{2g}{\omega^2}.x .$$

On connaît la valeur d'y pour les *rives* c et c'; il est donc facile de calculer la différence des x en ces deux points, et cette différence n'est autre que la dénivellation entre c et c', entre la rive convexe et la rive concave.

Exemple : soit une rivière dont le rayon de courbure est de 300 mètres, la largeur 180 mètres et la vitesse moyenne 2 mètres ; la vitesse angulaire ⍵ sera égale à $\frac{1}{150}$, et l'équation de la parabole, en remplaçant 2.*g* par le nombre approximatif 20, s'écrira

$$y^2 = 450.000.x.$$

Donnons à *y* successivement les valeurs 210 et 390 correspondant aux deux rives, nous trouvons pour la différence des abscisses 0ᵐ,24. La dénivellation atteindra donc 24 centimètres; ce chiffre est en effet comparable à ceux que M. Baumgarten a relevés sur la Garonne.

*.

CORRÉLATION ENTRE LA CONFIGURATION DU LIT ET LA PROFONDEUR
DE LA GARONNE ENTRE GIRONDE ET BARSAC

Les résultats expérimentaux que nous venons d'exposer sont l'expression des relations générales qui existent entre la forme du lit d'un cours d'eau et la forme du courant qui s'y écoule. M. Fargue, ingénieur des ponts et chaussées, a repris l'étude expérimentale de ces relations et a cherché à les représenter par des formules mathématiques que l'on trouvera dans son mémoire inséré aux *Annales des ponts et chaussées* de 1868.

« Existe-t-il, dit M. Fargue, une relation entre la forme en plan d'une rivière navigable à fond mobile et le profil en long de son thalweg? Quelle est cette relation? Quelle est la meilleure forme à adopter dans l'intérêt de la navigation?

« Ce sont là d'importantes questions qui touchent à des intérêts commerciaux de premier ordre et auxquelles se rattache tout un ensemble de travaux publics fort dispendieux. Je me suis proposé de les aborder. »

L'étude de M. Fargue a porté sur la partie de la Garonne située entre les bourgs de Gironde et de Barsac ; cette partie, de 23 kilomètres de longueur, a été endiguée il y a une vingtaine d'années, et l'effet de l'endiguement peut être considéré comme entièrement produit.

L'écartement des rives varie de 170 à 190 mètres et est en moyenne de 180 mètres; le fond est formé de gros gravier analogue à celui des routes, mélangé de 35 à 50 0/0 de sable.

Les jaugeages exécutés à Langon et rapportés à l'échelle du pont de cette ville ont permis d'établir pour la valeur des débits la formule suivante :

$$Q = 86,518 + 120,184.A + 41,698.A^2.$$

Le module de la Garonne en ce point, calculé de 1839 à 1864, est de 687 mètres cubes à la seconde, et correspond à une hauteur de 2ᵐ,62 à l'échelle du pont de Langon.

L'axe du lit moyen ayant été tracé sur un plan à grande échelle, M. Fargue a décomposé cet axe en alignements droits et en arcs curvilignes ; ces arcs eux-mêmes ont été divisés en parties assez courtes pour qu'on puisse les assimiler à des paraboles du second degré, dont on a calculé les paramètres ; de la sorte, on obtenait facilement le rayon de courbure en chaque point de l'axe du lit.

Dans le profil transversal correspondant, on relevait avec soin la hauteur d'eau.

Si l'on prend le milieu des alignements droits qui séparent les courbes successives composant l'axe du lit, on divise cet axe en sections que M. Fargue appelle *courbes ;* quand deux *courbes* consécutives sont dirigées en sens opposés, on appelle *point d'inflexion* le point qui les sépare, et l'on appelle *point de surflexion* celui qui sépare deux courbes dirigées dans le même sens.

En examinant le profil en long du thalweg et en faisant abstraction des variations de profondeur locales et accidentelles, on reconnaît que la profondeur d'eau suit une loi générale de périodicité : « Elle croît à partir d'un point où elle est minima, ce point est le *maigre;* elle atteint une valeur maxima à un autre point qui est la *mouille ;* elle décroît ensuite jusqu'à un second maigre, pour croître de nouveau jusqu'à une autre mouille, et ainsi de suite.

En prenant pour points de division les principaux maigres, on partage la rivière en dix-sept portions qu'on peut appeler biefs.

La comparaison du profil en long et des courbes de la rivière conduit aux résultats suivants :

1° *Loi du maigre.* — Le maigre correspond à un point d'inflexion ou de surflexion.

« Ainsi, la surflexion est, comme l'inflexion, caractérisée par un maigre. D'où il faut conclure que ce n'est pas l'inversion du sens de la courbure qui est la cause du maigre, mais bien l'existence d'un minimum dans les valeurs que prend la courbure. Le minimum de la courbure et le minimum de la profondeur sont deux faits corrélatifs. »

Les emplacements des maigres ne correspondent pas exactement aux extrémités des biefs; il y a un écart qui, sur la Garonne, a été trouvé en moyenne de 250 mètres.

2° *Loi de la mouille.* — A un sommet de courbe correspond une mouille; c'est généralement la plus forte mouille du bief.

Ainsi au maximum de courbure correspond le maximum de profondeur. La correspondance n'est pas exacte, et il y a, comme pour le maigre, un écart qui a été en moyenne de 300 mètres sur la Garonne.

3° *Loi de la profondeur de la mouille.* — La mouille est d'autant plus profonde que la courbure du sommet est plus prononcée.

4° *Loi de l'angle.* — La profondeur moyenne d'un bief dépend de la courbure moyenne de l'axe de la rivière dans ce bief. En comparant les quantités dans les divers biefs de la Garonne, M. Fargue a trouvé la loi suivante :

« A longueur égale, la profondeur d'eau moyenne d'un bief est d'autant plus grande que les deux tangentes extrêmes de la courbe forment un angle extérieur plus ouvert. »

5° *Loi de la pente du fond.* — Lorsque la courbure de l'axe varie d'une manière continue et régulière, on reconnaît que la pente du fond du thalweg présente elle-même une variation régulière. M. Fargue a même établi une formule par laquelle la pente du fond du thalweg est déterminée par l'inclinaison de la tangente à la courbe des courbures.

De ces dernières lois il résulte que :

« Dans l'intérêt de la profondeur, tant maxima que moyenne, la courbe ne doit être ni trop courte, ni trop développée;

Le profil en long du thalweg ne présente de régularité qu'autant que la courbure varie d'une manière graduelle et successive. Tout changement brusque de courbure occasionne une diminution brusque de profondeur. »

M. Fargue a donné de ces diverses lois des expressions numériques et graphiques, mais elles ne peuvent s'appliquer qu'à la partie de rivière considérée, et on ne pourrait s'en servir pour établir le tracé rationnel des rives d'un fleuve quelconque.

Il faut donc s'en tenir aux conditions générales que nous venons d'exposer.

Expériences de M. Bouquet de la Grye sur les tourbillons des rivières. — M. Bouquet de la Grye, l'ingénieur hydrographe bien connu, a cherché l'explication de ces faits que nous venons d'exposer, et qui peuvent se résumer ainsi : les grandes profondeurs des cours d'eau et les moindres vitesses correspondent aux concavités des rives, les moindres profondeurs et les plus grandes vitesses correspondent aux alignements droits des rives. M. de la Grye pense avoir trouvé l'explication de ces phénomènes dans l'action des tourbillons qui se présentent toujours dans les parties concaves des rivières, et dans un mouvement général de torsion dont est animé alors l'ensemble des filets liquides.

M. de Parville, dans la chronique de l'Académie des sciences insérée au *Journal officiel* du 3 novembre 1876, décrit comme il suit les expériences de M. de la Grye :

« Si l'on verse dans un vase de verre un liquide plus dense que l'eau, par exemple une solution d'aniline, puis de l'eau, et enfin une couche mince d'une huile quelconque, et que l'on donne aux liquides supérieurs un mouvement de rotation au moyen de palettes, on voit se produire une dépression centrale à la surface de l'huile, un cône de liquide descend au centre de l'eau, tandis qu'une protubérance d'aniline s'élève au fond du vase. En accroissant la rotation, la colonne d'aniline peut rejoindre la dépression supérieure. En diminuant la densité de l'eau, un effet inverse se produit, on voit descendre un cône d'huile presque jusqu'au fond du vase.

Ces expériences, faites à Paris l'hiver dernier, ont été répétées à La Rochelle pendant la dernière mission de M. Bouquet de la Grye, en employant une grande cuve et en remplaçant l'aniline par du sable ou de la vase. Ses rotations étaient produites soit en donnant à l'eau des mouvements circulaires et réguliers à l'aide de palettes actionnées par des forces variables, soit en arrêtant brusquement une rotation rapide de la cuve même, lorsque cette rotation avait persisté assez longtemps pour entraîner par frottement latéral toute la masse de l'eau.

Dans toutes ces expériences, les résultats ont été les mêmes; le sable qui garnissait le fond de la cuve a été ramené au centre et soulevé. Une disposition particulière a permis de mesurer la valeur de la dépression centrale correspondant à chaque vitesse de rotation.

Ce système de tourbillons dont l'analogie est si grande avec ce qui se passe dans les trombes observées à la mer, qu'il semblait par instants à l'auteur voir une trombe réelle, avec les mêmes inflexions et les mêmes rotations, donne la clef des effets de transport qui se passent dans les cours d'eau.

Tout le monde a vu, en effet, que les courbes des rivières sont accompagnées de tourbillons à dépression centrale, dont la formation est due au frottement des filets liquides contre la paroi concave. Ces tourbillons, créés aux dépens de la vitesse de la rivière, sont entraînés en aval, en provoquant sous les points où ils passent un soulèvement des particules sableuses, analogue à celui qui vient d'être décrit. Ce soulèvement permet la descente en aval des matériaux ténus, quelque faible que soit la vitesse du courant général.

Si l'on examine maintenant l'ensemble d'une rivière à son entrée dans une partie courbe, on peut comparer le mouvement de ses filets liquides à ceux qui sont provoqués par une rotation au-dessus d'une cuve pleine d'eau, en prenant le centre de la cuve pour les points successifs de la rive convexe et le bord pour la partie concave. Or, on constate dans les expériences de M. Bouquet de la Grye un mouvement du sable allant du bord au centre. Ce mouvement est vérifié dans la nature par ce qui se passe quotidiennement en aval des courbes. Le transport du sable coexiste dans les deux cas avec un même système de rides garnissant et le lit de la rivière et le fond de la cuve. Cette action de torsion de toute la rivière sur elle-même complète celle des tourbillons, en soumettant le sable dans les parties courbes à trois actions différentes, dont une de soulèvement.

Indépendamment des tourbillons à axes verticaux, on peut dire qu'il s'en produit à axes horizontaux ou diversement inclinés, lorsqu'il y a au fond de la rivière des rochers saillant du lit ou lorsque deux courants marchant en sens contraire se superposent. Ce dernier effet se produit dans les rivières à marée, à l'arrivée du flot, toujours accompagné d'un soulèvement de vase caractéristique. C'est à ce phénomène que les pilotes font allusion lorsqu'ils disent que le flot trace les chenaux, tellement leur esprit est frappé du trouble produit sous cette influence.

De ces considérations M. Bouquet de la Grye conclut que, dans les projets d'amélioration des cours d'eau, lorsque l'approfondissement du lit ou la surélévation des seuils doit être demandé à des moyens naturels, il faut utiliser une partie de la force vive des eaux à soulever les matériaux du fond du lit au moyen de tourbillons. Les procédés à employer pour obtenir cette transformation peuvent être les suivants : 1° un tracé rationnel de digues concaves; 2° l'emploi de digues ondulées; 3° l'emploi d'épis à talus très-inclinés. Ces deux derniers systèmes d'ouvrages seraient utilisés pour les points les plus difficiles, notamment pour le passage du thalweg d'une rive sur l'autre. »

1° Amélioration des rivières par voie d'endiguement

AMÉLIORATION DE LA MIDOUZE

La Douze et le Midou, réunis à Mont-de-Marsan, constituent la Midouze, qui rejoint l'Adour au Hourquet, après un parcours de 41 360 mètres et une chute totale de 12^m,25, qui fait une pente de 0^m,30 par kilomètre.

De 1825 à 1830, une compagnie anglaise fonctionna, ayant pour objet d'établir une ligne de navigation entre Mont-de-Marsan et Bayonne. On se proposa cette époque d'établir, en étiage sur toute la longueur de la rivière, un tirant d'eau minimum de 0^m,75 avec une largeur régulière variant de 22 à 28 mètres.

Les travaux, projetés et dirigés par M. l'ingénieur Laval, consistaient à redresser le lit et à l'enfermer dans des courbes régulières.

Ces courbes, dit M. Laval; sont rattachées tantôt avec une des rives, tantôt avec les deux à la fois, au moyen d'épis inclinés de $\frac{1}{10}$ vers le courant par rapport à la normale à ces courbes. Les épis (figures 1, 5, 6, planche XV), espacés de 40 en 40 mètres, sont composés d'un seul rang de piquets de 0m,08 à 0m,12 de grosseur avec entrelacs de branchages; ils sont distants de 0m,50 d'axe en axe ; on les enfonce à la masse à trois queues et leur saillie est de 0m,30 en moyenne au-dessus des basses eaux ordinaires. Ils vont en s'élevant vers la rive, de manière à préparer une berge artificielle en glacis. Indépendamment des épis clayonnés que l'on vient de décrire, on place entre eux, et à intervalles égaux, des contre-épis espacés de 13m,33 l'un de l'autre et formés par l'échouage de jeunes arbres avec toutes leurs branches, maintenus par des piquets à fourches et autres, et fortement liés avec ces piquets dont le sommet est traversé par des chevilles. Le courant, arrêté par les diverses rangées d'épis clayonnés et d'arbres, se porte dans l'intervalle laissé libre entre les têtes des épis et creuse en peu de temps la nouvelle passe. Ces têtes d'épis sont à cet effet terminées par des retours en forme de T, ayant chacun 5 mètres de longueur, et réunis par un échouage longitudinal d'arbres suivant la direction des courbes.

Une expérience de trois années a montré que la passe s'approfondissait assez vite et que les intervalles entre les épis se remplissaient d'atterrissements faciles à consolider par des boutures d'herbes aquatiques.

Ce système peut, en effet, rendre des services sur une petite rivière à faible pente, mais en réalité il n'intéresse pas la véritable navigation, et nous n'en avons parlé qu'à titre d'étude rétrospective.

ENDIGUEMENT DE LA GARONNE

De 1836 à 1847, on a exécuté sur la Garonne, à l'aval de l'embouchure du Lot, dans la traversée du département de Lot-et-Garonne, des endiguements qui ont eu pour but principal de protéger les rives, d'arrêter les corrosions et de rendre à l'agriculture des terrains marécageux, mais qui ont en même temps amélioré d'une manière sensible la voie navigable; projetés par l'ingénieur en chef de Baudre, ces travaux ont été exécutés par M. l'ingénieur Baumgarten, qui les a décrits dans un mémoire très-complet inséré aux *Annales des ponts et chaussées* de 1848.

Entre Agen et le département de la Gironde, la Garonne coule dans une plaine basse, d'une fertilité merveilleuse, large de 4 kilomètres, élevée de 5 à 7 mètres au-dessus de l'étiage, avec une pente transversale insensible.

Cette vallée régulière, qui forme le lit naturel des hautes eaux du fleuve, ne présente sur 70 kilomètres de longueur que deux coudes et trois alignements droits.

Mais il n'en est pas de même du lit des basses eaux qui présente, sur la même longueur, 21 changements de direction avec des rayons de courbure tombant à moins de 500 mètres; le développement, entre l'embouchure du Lot et la Gironde, est de 54 kilomètres, tandis que la longueur de la vallée n'est que de 36k,8, soit 0,68 de la longueur du lit des basses eaux. L'excédant de parcours a pour effet de réduire la pente et la vitesse des eaux, ce qui augmente la profondeur et donne à la navigation plus de facilité.

Autrefois, la Garonne corrodait sans cesse ses berges et encombrait son lit de bancs de sable et d'îles que les travaux ont fait disparaître ; les fortes corrosions des berges atteignaient en moyenne 15 à 16 mètres par an, les plus faibles n'étaient que de 4 à 5 mètres. — On ne trouvait pas toujours une alluvion bien nette à l'aval d'une corrosion importante, parce que les vases diluées étaient entraînées par les eaux ; l'alluvion ne fait immédiatement suite à la corrosion qu'autant que les berges attaquées renferment du gravier.

La largeur du lit était fort irrégulière et variait de 70 à 300 mètres.

M. Baumgarten a organisé, avant et pendant les travaux, un service d'observation de la pente longitudinale des eaux aux diverses époques de l'année ; les bornes fixes des rives ayant été reliées par un nivellement exact, on n'avait plus qu'à rattacher à chaque borne le niveau des eaux à des époques déterminées. On construisit ainsi tous les profils en long du fleuve.

On reconnut que le profil des eaux basses se composait d'une alternance de pentes douces et de pentes roides, qui correspondaient : les premières à des biefs ou mouilles, les secondes à des rapides sur lesquels il y a des maigres, lorsqu'en même temps la rivière a un excédant de largeur, figure 9, planche XIII.

Les eaux étant descendues à 0m,62 à l'échelle de Tonneins, la pente kilométrique moyenne sur les mouilles était de 0m,12 et de 1m,02 sur les rapides, qui quelquefois même étaient suivis d'une contre-pente sur une faible longueur.

A mesure que les eaux montent, les inégalités de pente disparaissent ; la pente augmente sur les mouilles, diminue sur les rapides, ceux-ci s'effacent successivement et une pente continue finit par s'établir lors des grosses eaux.

Pendant l'étiage, dit M. Baumgarten, les plus fortes vitesses correspondent toujours aux hauts fonds ; et pendant les hautes eaux, c'est en général l'inverse qui a lieu ; ce sont les crues qui produisent les hauts fonds et les mouilles, et c'est dans la section et la direction du lit majeur qu'il faut en général chercher la cause des irrégularités que présente le lit d'étiage. Lorsque les hautes eaux sont accidentellement resserrées et portées vers un seul point, il se forme des vitesses de fond très-grandes qui creusent le lit et déposent ensuite les graviers enlevés à la sortie de ces passages.

Les atterrissements de la Garonne se recouvrent rapidement d'une abondante végétation, qui comprend surtout le saule, quelquefois le peuplier, rarement l'acacia et l'aune.

Le saule pousse partout, sur le gravier, sur le sable et dans la vase ; il vient par bouture avec une facilité extrême ; il suffit pour cela de prendre une branche quelconque que l'on enfonce de 0m,30 à 0m,50 dans le sol après l'avoir affûtée pour l'y mieux faire pénétrer.

Ces plançons se mettent à 0m,80 l'un de l'autre, lorsqu'on veut établir une plantation de rapport ; on les serre davantage, s'il s'agit d'une plantation de défense. Les terrains ainsi recouverts de saules sont toujours d'un excellent rapport.

Description des travaux. — Le projet complet de rectification des deux rives de la Garonne fut présenté en 1828 par M. de Baudre et substitué à toutes les digues et défenses irrégulières précédemment établies. Il se composait de digues transversales normales aux nouvelles rives projetées et s'élevant à 1m,50 au-dessus de l'étiage, et de deux digues longitudinales, régulières et à peu près parallèles, dont la distance, variant de 180 à 200 mètres, était calculée en vue de contenir les eaux moyennes, et dont le tracé en plan était fait par des alignements et des courbes bien adoucies, de manière à s'écarter le moins possible du thalweg alors existant et à avoir le moins de gravier à déplacer.

Nous emprunterons à la notice de M. Baumgarten la description des procédés suivis pendant l'exécution des travaux.

« Les ouvrages exécutés sur la Garonne consistent essentiellement en deux lignes de rives à peu près parallèles, dont l'écartement varie de 175 à 180 mètres, sauf dans les courbes très-prononcées où cet écart va à 200 mètres, et qui sont rattachées aux berges par des lignes normales, à des distances qui varient généralement de 80 à 100 mètres, mais qui peuvent devenir bien plus rapprochées et n'être qu'à 40 ou 50 mètres dans les parties exceptionnelles où les courants sont violents. Ces lignes de rattachement sont simples ou doubles; généralement on les alterne régulièrement : mais quelquefois aussi, lorsque la vitesse des eaux n'est pas grande, on met deux ou trois lignes simples pour une ligne double qui coûte presque trois fois plus que les premières. ·

La hauteur des lignes de rive ou leur plan de recepage a été continuellement en augmentant. Dans la première période, cette hauteur n'était que d'un mètre, M. de Baudre la porta à 1^m,50 en 1826 ; en 1860, elle le fut à 1^m,80. En 1842 j'avais déjà été conduit à la hauteur de 2^m,50 ; enfin, en 1846, j'ai essayé de la porter à 2^m,80 par rapport au zéro de l'échelle de Tonneins.

Cette hauteur des lignes de rive est très-essentielle pour le prompt atterrissement des travaux; ainsi, encore aujourd'hui (1848), les travaux de 1863, recepés à 1^m,80, sont, à cet égard, dans un état d'infériorité bien remarquable, même par rapport à des ouvrages faits en 1844, qui sont recepés à 2^m,50, quoiqu'ils aient huit années d'existence de plus.

Les lignes de rattachement doivent être plus élevées que les lignes de rive ; dans le commencement, on les recepait à la même hauteur, sauf vers leur enracinement dans la berge ; là, le plan de ce recepage était incliné sur une longueur de 5 à 10 mètres, de manière que les derniers pieux enracinés fussent coupés à la hauteur même de la berge. Pour hâter les atterrissements, on a été obligé de relever souvent des lignes de rattachement trop basses ; aussi maintenant les laisse-t-on de suite 0^m,50 environ plus hautes que les lignes de rive, et les porte-t-on à 3 mètres par rapport à l'étiage du zéro de l'échelle de Tonneins.

Ces lignes consistent en pieux provenant des pins des Landes, d'un diamètre moyen de 0^m,18 à 0^m,24, et d'une longueur variable suivant la profondeur de l'eau, que l'on espace de 1^m,30 et que l'on bat avec une sonnette à tiraudes pour leur donner de 2 à 2^m,50 de fiche dans le gravier, si on ne rencontre pas le tuf auparavant. Ces pieux sont ensuite entrelacés avec des branches de saule, de pin ou de chêne, qui forment un clayonnage que l'on presse et que l'on fait descendre aussi bas que l'on peut, mais toujours au moins à 1 mètre au-dessus de l'étiage. Dans les lignes de rive, on réunit ensuite extérieurement la tête des pieux par une moise de 0^m,12 sur 0^m,15 à peu près d'équarrissage chevillée à fleur du plan de recepage, ou à 0^m,20 en contre-bas ; cette moise garantit le clayonnage et donne plus de liaison aux pieux. On économise cette dépense sans inconvénient dans les lignes de rattachement, figure 2, 3, 4, planche XV.

Les lignes doubles sont formées par la réunion de deux lignes simples parallèles et éloignées entre elles de 1 mètre à 1^m,80, mesurés intérieurement ; cet écartement est maintenu au moyen de traversines à fleur de la tête des pieux· ou un peu en contre-bas, au moyen de chevilles en fer barbelées, qui ont, comme celles destinées aux moises, de $0^m,30$ à 0^m40 de long et $0^m,010$ à $0^m,015$ d'équarrissage, et pèsent environ $0^{kg},60$. L'intervalle de ces deux lignes est rempli avec du gravier, et pour empêcher les pertes qui pourraient se faire en dessous par affouillement, on commence par mettre au fond une ou deux couches de saucissons de $0^m,20$ à $0^m,25$ de diamètre, puis on garnit également les parois latérales avec de menues branches de saule pour empêcher le gravier de s'échapper. L'extrémité vers la ligne de rive est ordinairement garnie avec des moellons ; quelquefois même on met une couche de moellons par-dessus, et presque toujours on couvre de plantations de saules la surface du coffre ainsi rempli.

Pour consolider les lignes de rive et les préserver contre les affouillements, on les enroche extérieurement avec des moellons jusqu'à une hauteur de 1 mètre au-dessus de l'étiage; le talus de ces enrochements n'est guère qu'à 45°.

Afin d'économiser les moellons, dont le mètre cube revient en moyenne à 5 francs, on commence par faire un noyau d'enrochements avec des saucissons de différentes grandeurs, dont le prix est moitié moindre, qui sont formés avec des branches de saule ou de peuplier bourrés de graviers partout où la profondeur est de plus de deux mètres, et on les recouvre ensuite avec une épaisseur de $1^m,50$ à 2 mètres de moellons. Les lignes de rive vers l'intérieur et les lignes de rattachement ne sont jamais consolidées que par des saucissons qui ne s'élèvent guère qu'à $0^m,50$ en contre-bas de l'étiage, et qui sont bien suffisants, parce qu'ils sont toujours recouverts par les atterissements sur une assez forte épaisseur avant qu'ils aient pu être détruits ou même altérés par le temps.

Quelquefois on est obligé de consolider les lignes de rattachement à leur enracinement dans la berge, en tapissant leurs parties supérieures de moellons immédiatement en aval des enracinements ; cette nécessité se fait surtout sentir en tête des travaux, et d'autant plus que les lignes de rattachement sont plus saillantes. Ainsi, lorsque l'on commence une tête de travail par une ligne de rattachement qui avance brusquement de 40 à 50 mètres sur la rive, il est tout à fait indispensable de tapisser la berge immédiatement en aval des quatre ou cinq premières lignes de rattachement, sur une longueur qui va successivement en diminuant, qui peut n'être que de 5 mètres à la quatrième ou cinquième ligne, mais qui devra être de 30 mètres au moins à la première. Sans cette précaution, les berges seraient corrodées en forme de demi-cercle en aval de ces lignes qui pourraient même être tournées. Autant qu'on le peut, il faut que, dans une tête de travaux, la ligne de rive vienne se raccorder insensiblement avec la berge, et si cela est impossible, il faut relier l'extrémité de la première ligne de rattachement, ou la tête de la ligne de rive, à la berge en amont par une ligne très-inclinée.

Pour amortir la vitesse des courants lorsqu'ils dépassent le plan de recepage, et faciliter les dépôts des vases et des sables, on implante dans les vides laissés par les clayonnages des branches de saule dont les extrémités s'élèvent à 4 ou 5 mètres au-dessus ; on les serre les unes contre les autres autant que possible, de manière à faire un fourré bien résistant : et quoique ces branches de saule soient ainsi dans des conditions peu propices à la végétation, il n'est pas rare cependant de les voir verdir et pousser pendant un an ou deux; mais elles ne résistent guère plus longtemps au frottement que les eaux leur font éprouver entre elles, frottement qui finit par enlever une partie de l'écorce.

Cette opération, qui hâte singulièrement les atterrissements, s'appelle : *flocage*.

Le travail amené à cet état, les atterrissements se forment naturellement par l'effet des hautes eaux, et il est rare qu'après le premier hiver on ne puisse planter une largeur de 5 à 10 mètres en aval des lignes de rattachement. Au bout de 2 *ans* la moitié de la surface à conquérir peut en général être plantée, et après quatre ans la presque totalité.

Il est très-essentiel de faire les plantations au fur et à mesure que les dépôts le permettent, et dès que leur épaisseur est assez forte pour que les plançons puissent y être implantés solidement ; une épaisseur de 0m,40 à 0m,50 de sable suffit, mais il en faut une de 0m,60 à 0m,80, lorsque c'est de la vase qui a peu de consistance. Ce sont les chambres d'amont qui s'atterrissent le plus tôt (j'appelle *chambres* l'espace compris entre la ligne de rive, la berge et deux lignes de rattachement consécutives), c'est surtout celles où il se dépose le plus de sable ; en aval, il y a plus de dépôts de limon et de vase.

Pour faciliter les moyens de plantation avec gabarrots, on laisse généralement au milieu de la ligne de rive de chaque chambre une ouverture de 1m,50 à 2 mètres de largeur, que l'on referme avec un pieu et un clayonnage dès que la chambre est tout à fait plantée. Il est convenable de maintenir ces ouvertures fermées, lorsque l'on ne s'en sert pas, au moyen d'un châssis ou porte en planches de pin boulonnée contre les pieux qui la limitent, soit pour empêcher les pêcheurs d'entrer dans les chambres et de dévaster les plantations, soit aussi pour hâter les atterrissements ; car j'ai bien remarqué qu'elles donnaient lieu à des courants d'entrée ou de sortie qui retardaient les dépôts.

En premier lieu, j'avais supposé, au contraire, que ces ouvertures favoriseraient l'introduction des eaux troubles et des alluvions ; mais je n'ai pas tardé à m'apercevoir que, plus on parvenait à ralentir la vitesse, plus on hâtait les dépôts.

La fermeture des bras secondaires se fait également au moyen du simple prolongement des lignes de rive sur la tête et la queue des îles dans lesquelles on les enracine convenablement, avec le concours de lignes de rattachement suivant les circonstances ; mais souvent, dans le cas où les lignes de rive deviennent de véritables barrages, on les fait doubles, et on élève les enrochements, tant à l'extérieur qu'à l'intérieur, à la hauteur des moises, en recouvrant toujours le dessus avec du moellon.

Dans tous ces barrages, on avait cru convenable de laisser, tant en amont qu'en aval, des ouvertures pour faciliter l'entrée des courants et même des graviers ; mais cette précaution a été partout inutile ou nuisible. À l'île *de Cordès* et à *Col-de-fer* les graviers se sont bientôt élevés au-dessus des moises et sont entrés dans le bras en passant par-dessous les barrages et comblant ces ouvertures, qui ont disparu dès la seconde année sans qu'il soit entré plus de gravier vis-à-vis de ces points que partout ailleurs ; à l'île Souilhagon, l'ouverture avait maintenu dans le bras un courant nuisible qui retardait les atterrissements ; il a fallu la fermer et on n'a eu qu'à s'applaudir d'avoir pris ce parti.

Les ouvertures en aval sont quelquefois indispensables, comme à Col-de-fer, pour laisser écouler les eaux qui souvent se jettent dans les bras.

C'est toujours en amont et en aval des bras supprimés que les atterrissements se forment en premier lieu et avec le plus d'abondance ; mais il faut bien se garder de les planter immédiatement sur toute leur étendue ; on les fixerait et on les exhausserait trop vite à une hauteur de 4 à 5 mètres au-dessus de l'étiage, et alors l'intérieur du bras ne recevant les eaux troubles que trop rarement pour s'atterrir resterait à l'état de mare ou d'étang, comme cela se voit devant Caumont dans des travaux faits et mal dirigés par les riverains. Pour réussir à atterrir les bras secondaires partout, il faut faire les plantations dans leur milieu aussitôt que les dépôts le permettent et laisser en amont et en aval un canal d'une largeur de 20 mètres au moins, sur laquelle, loin de planter, on arrache les plantations venues spontanément ; c'est le seul moyen d'empêcher l'exhaussement trop rapide des atterrissements.

Lorsque la ligne de rectification passe tout contre une berge ou même en arrière, on se dispense de faire une ligne de rive avec des pieux ; on se contente de donner à la rive un talus de trois de base pour un de hauteur en faisant des déblais suivant la ligne adoptée, et on tapisse ces talus par une simple couche de moellons dans l'interstice desquels on place des plançons de saule.

Lorsque les atterrissements sont parvenus à 4 mètres environ au-dessus de l'étiage, on peut sans inconvénient ouvrir un chemin de halage à 15 ou 20 mètres en arrière de la ligne de rive, en lui donnant une largeur de 4 à 5 mètres, et en l'élévant même artificiellement par des remblais à 5 mètres et 5^m,50 qui est la hauteur à laquelle on tâche de maintenir partout ces chemins.

Avantages tirés des travaux. — Les avantages tirés des travaux d'endiguement de la Garonne sont de trois espèces et se rapportent : 1° à la défense des berges corrodées ; 2° à la création des atterrissements, et 3° à la sécurité que l'on a de pouvoir élever des digues insubmersibles à une certaine distance des berges.

1° Les berges ont été préservées de toute corrosion sur 103 kilomètres de longueur, et, en capitalisant à 5 p. 100 la perte annuelle de terrain, M. Baumgarten trouvait de ce chef un avantage de plus de 3 millions de francs.

2° Les atterrissements ont créé 578 hectares de terrain valant 4 000 francs l'un, ce qui représente une somme de 2 300 000 francs.

3° Quand les berges n'étaient pas défendues, il était impossible de construire avec sécurité, à une distance convenable, des digues insubmersibles, destinées à protéger la plaine ; en effet, ces digue ne tardaient point à être atteintes par les corrosions en quelque point et disparaissaient.

Modifications du régime des eaux à l'étiage. — Là où l'on n'a exécuté aucun travail, le profil en long ne s'est pas modifié ; donc les graviers déplacés par l'effet des travaux ne vont pas encombrer et exhausser les parties inférieures, au moins au delà d'une distance très-limitée.

Partout où les travaux d'endiguement sont complets, le profil en long des eaux tend à se rapprocher de la ligne de pente moyenne, et les écarts se sont peu à peu atténués.

Au moment de l'exécution des endiguements, lorsque la largeur du lit était rétrécie, le premier effet des travaux a été de produire un relèvement momentané qui n'a guère dépassé 0^m,40 ; ce relèvement a été bientôt suivi d'un abaissement définitif et permanent qui a été en général de 0^m,60 à 0^m,80 sur les seuils et qui tendait à rapprocher peu à peu la surface des eaux de la ligne de pente moyenne.

Les travaux se sont manifestés par une diminution notable des pentes sur les rapides ; la pente kilométrique d'un rapide, qui était en 1842 de 0ᵐ,784, tombait une année après à 0ᵐ,547, et à 0ᵐ,514 en 1844, et finissait par disparaître complétement en 1845. On ne peut donc pas douter de l'influence salutaire des travaux de rectification sous le rapport de la régularisation des pentes.

A l'aval des travaux, il s'est produit partout un exhaussement du plan d'eau qui s'étend sur 1 500 à 3 000 mètres et qui est, du reste, assez faible, puisqu'il oscille entre 0ᵐ,15 et 0ᵐ,30.

Les travaux, ayant abaissé sensiblement le plan des eaux dans l'étendue où ils ont été exécutés, ont par cela même créé ou augmenté des rapides en amont sur les parties demeurées à l'état naturel. — Ce qui indique que des endiguements de ce genre doivent être prolongés sur toute l'étendue navigable d'une rivière ; sans cela l'état des parties abandonnées à elles-mêmes empirerait, et l'on n'aurait fait que déplacer les obstacles rencontrés par la navigation.

Modifications du régime des grosses eaux. — Les grandes inondations de 1846 avaient été attribuées par les riverains de la Garonne aux endiguements qui, ayant rétréci le lit des eaux moyennes, en augmentaient la hauteur. On ne réfléchissait pas que ces inondations tenaient surtout à une cause météorologique générale qui s'était fait sentir sur la France entière. En étudiant attentivement les profils des crues, M. Baumgarten montre, en effet, que : « sur la Garonne, avec son lit de gravier affouillable, l'abaissement produit dans le niveau des eaux basses compense à peu près l'élévation que le rétrécissement tend à produire dans les crues moyennes ; et, si les digues n'exhaussent pas les crues moyennes qui les recouvrent à peine, à plus forte raison n'ont-elles aucune influence sur le niveau des grands débordements. »

Modifications de la section transversale. — En comparant par superposition des profils en travers pris exactement à la même place avant et après les travaux, on voit de suite quelle est la masse des alluvions créés entre les lignes de nouvelle rive et les berges anciennes et quel est l'affouillement produit dans le nouveau lit. Ce qui frappe de suite le regard, dit M. Baumgarten, est la forme généralement creuse, concave et régulière du nouveau lit sans ondulation, substitué à l'ancien lit, généralement plat ou présentant des ondulations avec différents points de maximum de profondeur d'eau : le périmètre mouillé est devenu plus petit.

Modifications du profil en long du fond. — En comparant les profils en long du fond de la rivière avant et après les travaux, on reconnaît que les points les plus élevés ou seuils ont été abaissés et que les points les plus bas qui faisaient cuvette se sont exhaussés ; l'amplitude verticale des ondulations du fond a diminué, mais n'a pas été anéantie. De la sorte on a réalisé un tirant d'eau minimum de 1ᵐ,10 aussitôt après que les travaux ont été achevés, les alluvions élevées à 4 et 5 mètres au-dessus de l'étiage et les affouillements arrivés à leur état normal.

Conclusion. — En résumé, les endiguements de la Garonne ont été surtout un grand bienfait pour l'agriculture.

Au point de vue de la navigation, ils ont sans aucun doute réalisé une amélioration notable en régularisant la pente et le tirant d'eau du fleuve ; mais ce tirant d'eau reste encore trop faible pour une navigation économique, et une profondeur plus grande ne pourrait être obtenue que par des barrages. — Du reste, la Garonne est suppléée par son canal latéral, qui lui est bien supérieur.

OUVERTURE DE CHENAUX ARTIFICIELS DANS LA MEUSE

Vers 1840, afin de faciliter la navigation sur la Meuse, on résolut d'ouvrir des passes ou chenaux navigables dans les seuils ou hauts fonds que présente le lit de cette rivière. Plusieurs de ces chenaux furent exécutés et produisirent un résultat assez satisfaisant pour l'époque, mais qui aujourd'hui serait considéré comme de bien médiocre valeur.

Les figures 1 et 2 de la planche XVII représentent le chenal de Fepin. Il consiste en une passe, convenablement approfondie au moyen de dragages, resserrée entre la rive de halage d'une part et une digue longitudinale submersible parallèle à cette rive d'autre part. La rive de halage est fortifiée par des enrochements et la digue en rivière, arasée à $0^m,20$ au-dessus de l'étiage, est elle-même composée d'enrochements à pierres perdues avec talus de 1 1/2 de base pour 1 de hauteur.

La passe de Fépin, de 997 mètres de long, creusée dans un lit de gros galets mêlés de sable et le plus souvent reliés par un ciment ferrugineux, a une largeur au fond de $25^m,50$ et une pente totale de $0^m,66$. La largeur avait été calculée par les formules de de Prony en vue d'obtenir, avec un débit d'étiage de 55 mètres cubes à la seconde, une profondeur d'eau de 1 mètre. En réalité, la vitesse moyenne se trouve moindre que les formules ne le supposent et par suite la profondeur est plus grande.

A l'époque de l'étiage, la vitesse au milieu du courant était de $1^m,10$; quand les eaux se sont élevées de $0^m,12$ au-dessus de l'étiage, cette vitesse est devenue de $1^m,36$ et la pente totale sur le chenal a augmenté de $0^m,08$.

Les digues longitudinales submersibles, dont la figure 2 représente le type, n'ont subi aucune avarie, quel que soit l'état des eaux, et sont devenues rapidement étanches.

En somme, les chenaux artificiels de la Meuse ont à peu près réalisé les avantages qu'on en espérait. La canalisation de cette rivière les rend maintenant inutiles.

DIGUES DE CHOUZÉ SUR LA LOIRE

Nous ne parlerons que pour mémoire des rétrécissements exécutés sur la Loire, soit par des digues longitudinales insubmersibles, figure 6, planche XIII, soit par des digues transversales. Ces rétrécissements avaient déjà été proposés sous Louis XIV par une compagnie hollandaise; on en exécuta quelques-uns qui n'amenèrent aucun résultat favorable. Cependant, Perronet les recommandait encore lors de sa tournée d'inspection de 1769. Vers 1825, on fit une application en grand du rétrécissement par digues transversales; mais ces digues exécutées à Chouzé, au prix de 110 francs le mètre courant, n'ont pas amené d'améliorations sensibles.

Parmi les digues longitudinales submersibles exécutées sur la Loire en vue d'améliorer la navigation d'étiage, il faut citer le Duis d'Orléans destiné à rejeter les eaux vers le port et la rive droite du fleuve. La digue établie en rivière est solidement rattachée en amont à l'île Charlemagne.

ENDIGUEMENT DE L'EMBOUCHURE DU DANUBE

La navigation du Danube a été améliorée depuis 1857 sous la direction d'une commission européenne qui a perfectionné d'une manière sensible cette belle voie navigable. Les travaux exécutés à l'embouchure du Danube ont été décrits en 1872 par M. Félix Martin, ingénieur des ponts et chaussées, dont nous allons résumer le travail, fig. 6, pl. XVII.

Si l'on descend le Danube à partir de sa source, on trouve un premier bassin de 23 millions d'hectares, barré transversalement par les Alpes Noriques et les montagnes de la Moravie; vient ensuite le second bassin, de 30 millions d'hectares, formé sur la rive gauche par les riches plaines de la Hongrie; ce bassin se termine à la gorge qui sépare les Carpathes sur la rive gauche des Balkans sur la rive droite; cette gorge resserrée à la largeur de 328 mètres s'appelle les Portes de fer. A l'aval s'étend le 3ᵉ bassin de 28 millions d'hectares, où le fleuve parcourt un lit large et profond; les bateaux de 250 à 300 tonneaux remontent jusqu'à la limite nord de la Roumanie, les steamers de 1 000 tonneaux s'arrêtent à Braïla et à Galatz. La largeur du lit d'étiage est de 1 500 mètres à Galatz.

A 24 kilomètres en aval d'Isaktcha, ville turque, commence le delta du Danube. Les eaux se bifurquent en deux branches : au nord, la branche de Kilia prend les $\frac{17}{27}$ du débit, elle se divise plusieurs fois en tronçons qui se réunissent et jette ses eaux à la mer par huit bouches différentes après un parcours de 100 kilomètres; au sud, la branche de Toultcha prend les $\frac{10}{27}$ du débit, elle ne tarde pas à se bifurquer à son tour et donne naissance au nord à la branche de Soulina et au sud à la branche de Saint-Georges qui reçoivent : la première les $\frac{2}{27}$, la seconde les $\frac{8}{27}$ du débit du fleuve.

La branche de Soulina n'a que 200 mètres de largeur et se jette à la mer par une seule embouchure; la branche de Saint-Georges a une largeur moyenne de 500 mètres et se jette à la mer par deux embouchures.

En crue ordinaire le débit total du Danube est de 9 180 mètres cubes; il varie de 2 000 à 30 000 mètres cubes; la vitesse des eaux dans la branche de Soulina varie de 2ᵐ,90 à 0ᵐ,12 à la seconde, et la pente kilométrique superficielle varie de 0ᵐ,036 à 0ᵐ,0036.

En 1857, la branche de Kilia n'offrait à la plus profonde de ses bouches qu'une profondeur d'eau de 1ᵐ,80 sur la barre formée par les alluvions du fleuve; l'embouchure sud de Saint-Georges offrait sur la barre un tirant d'eau de 2ᵐ,10 et était fréquentée par les caboteurs; l'embouchure la plus fréquentée était celle de Soulina où le tirant d'eau sur la barre était d'ordinaire de 3 mètres, bien qu'il oscillât entre 2ᵐ,20 et 3ᵐ,50. Cependant, la branche de Soulina était la moins bonne pour la navigation à cause de sa faible section, de ses coudes brusques et de ses hauts fonds. La rade de Soulina était de plus excessivement dangereuse, car elle n'offrait aucun abri contre les vents régnants qui soufflent du N.-O au N.-E; ainsi, le 6 novembre 1855, dans la nuit, 30 bâtiments et 60 allèges sombrèrent devant Soulina; près de 300 hommes périrent.

La bouche de Kilia, trop éloignée du Bosphore, imposait un grand détour aux bateaux et ne pouvait être choisie comme ligne principale; c'était la branche de Saint-Georges qu'il fallait prendre, mais des motifs politiques firent adopter la branche de Soulina.

L'amélioration de l'embouchure se fit en exécutant les digues longitudinales projetées par Sir Charles Hartley. Cet ingénieur reconnut d'abord que, lorsque les eaux du fleuve se heurtent à celles de la mer et deviennent immobiles, les vases et le limon vont se déposer dans les grandes profondeurs du large, tandis que les sables forment une barre près du rivage; les inondations augmentent la longueur et la hauteur de la barre; les vents du large l'exhaussent, les vents de terre favorisent l'approfondissement; les distances qui séparent les barres de la côte sont proportionnelles jusqu'à un certain point aux volumes d'eau déversés par les embouchures, un grand volume d'eau n'est pas une garantie de profondeur pour la barre, mais a pour effet de la reporter plus au large.

On exécuta d'abord des digues provisoires en pieux et enrochements à la bouche de Soulina, puis, comme on en reconnut le bon effet, on les rendit définitives en échouant sur les talus des petits enrochements, des blocs artificiels de 7ᵐ,2.

En 1860, la digue du nord atteignant 915 mètres de longueur et celle du sud 152 mètres, la profondeur sur la passe s'élevait déjà à 4ᵐ,27; les crues de 1860 la réduisirent à 2ᵐ,75. La digue du nord fut poussée à 1400 mètres et celle du sud à 820 mètres; la profondeur s'éleva alors à 5ᵐ,34 pour retomber à 4ᵐ,80 en 1864. Depuis 1864 jusqu'à 1869, la profondeur moyenne a été supérieure à 5 mètres; en 1871, elle était de 6ᵐ,10 parce que la digue du sud avait été prolongée jusqu'à 46 mètres en arrière du musoir de la digue du nord.

Il va sans dire que, par suite de l'avancement continu du delta dans la mer, les atterrissements se feront de nouveau sentir et qu'il faudra de temps en temps prolonger les jetées vers le large; mais ce sont là des travaux à comprendre dans les dépenses d'entretien.

L'embouchure de Soulina constitue aujourd'hui un excellent refuge et les naufrages, qui de 1855 à 1860 avaient été de 120 sur 15779 bâtiments sortis du Danube, n'ont plus été de 1861 à 1870 que de 71 sur 28145 bâtiments sortis.

La navigation par bâtiments de gros tonnage a pris un développement considérable; le commerce réalise, grâce aux travaux exécutés, une économie annuelle de plus de sept millions de francs.

2° Navigation par éclusées sur l'Yonne

Entre sa source dans les montagnes du Morvan au-dessus de Château-Chinon et son embouchure dans la Seine à Montereau, l'Yonne a 258 kilomètres de développement, dont 65 sont flottables pour les trains et 120 sont navigables. De la Chaise à Clamecy la pente kilométrique est de 1ᵐ,30 et la largeur moyenne 40 mètres; entre Armes et Auxerre, partie flottable par trains, la pente kilométrique est de 0ᵐ,78 et la largeur va jusqu'à 100 mètres; d'Auxerre à Laroche, la largeur varie de 65 à 100 mètres et la pente kilométrique est de 0ᵐ,66; de Laroche à Montereau, la largeur varie de 90 à 100 mètres et la pente moyenne tombe à 0ᵐ,34, figure 3, planche XVII.

L'Yonne était déjà fréquentée par des barques qui descendaient en Seine lors de l'invasion romaine; la navigation disparut pendant les invasions des barbares pour renaître vers 1145, ainsi que le constate une lettre de saint Bernard.

En 1549, Jean Rouvet inventa les radeaux ou trains qui amenaient à Paris son approvisionnement de bois; l'invention du flottage à bûches perdues paraît être postérieure de 100 ans. En 1598, des lettres patentes d'Henri IV prescrivirent de réprimer sévèrement toutes les entreprises portant obstacle à la navigation; en 1614 et 1615 parurent des règlements ordonnant aux propriétaires de moulins d'ouvrir, moyennant indemnité, leurs vannes et pertuis pour le passage des bateaux. En 1622 fut établi un coche faisant un service régulier entre Auxerre et Paris; en 1719 on ordonna aux propriétaires de réparer tous les pertuis et de leur donner au moins 24 pieds de largeur; en 1721, presque tous les pertuis furent démolis d'office.

Bien que la rivière d'Yonne semble avoir présenté autrefois un régime plus régulier que celui d'aujourd'hui, il fallait néanmoins recourir autrefois au régime des éclusées, qui consistait à accumuler les eaux au-dessus des pertuis et barrages et à les lâcher à un moment donné de manière à constituer un flot, une sorte de crue artificielle qui descendait la rivière entraînant avec elle les trains et les bateaux.

Ce système de navigation a été décrit d'une manière claire et sommaire dans un des rapports de M. Krantz sur l'état de nos voies navigables; voici cette description :

« Il n'est pas sans intérêt de rappeler ici en quelques mots ce qu'était cette navigation par éclusées de l'Yonne qui a rendu autrefois tant de services et si puissamment contribué pendant plusieurs siècles à l'approvisionnement de Paris.

La rivière, abandonnée à elle-même, ne donnait, en raison de sa largeur et de son débit inégal, qu'un mouillage insuffisant pendant une grande partie de l'année. Les trains de bois et les rares bateaux qui affrontaient alors les hasards d'une navigation sur l'Yonne profitaient de la première crue et descendaient avec elle la Seine.

Mais comme les crues naturelles, subordonnées aux conditions atmosphériques, sont incertaines, capricieuses, qu'elles se faisaient quelquefois longtemps attendre et d'autres fois se succédaient à des intervalles trop rapprochés pour qu'on pût les utiliser, on résolut de faire des crues artificielles et de les limiter strictement aux proportions utiles. Pour cela, dans le haut de la rivière et sur tous les cours d'eau affluents on établit des retenues ou des réservoirs et on leur emprunta le volume d'eau nécessaire pour former la crue ou flot dont on avait besoin. L'expérience apprit bien vite combien il fallait de temps pour amener chacun des flots partiels à l'artère principale et permit de constituer sûrement, avec des réserves fort. distantes les unes des autres, un flot unique de 1 500 000 mètres cubes environ.

Ce flot, constitué dans le haut, descendait la rivière, donnant partout le mouillage prévu et emportant sur son passage les trains et les radeaux qui l'attendaient aux diverses escales.

Habituellement, toute cette flottille, bien dirigée et placée en bon ordre dans le courant, arrivait heureusement en Seine. Quelquefois cependant des manœuvres incorrectes troublaient l'ordre en enchevêtrant les trains. Laissés en arrière par le flot qui s'avançait toujours, ils devaient attendre la prochaine éclusée. Tout bateau écarté du chenal s'échouait sur la grève et était également distancé. Bref, sans être un voyage au long cours, cette navigation en descente ne laissait pas que d'avoir ses incidents ; pour l'ensemble elle donnait de sérieux résultats.

Mais si les éclusées, au nombre de 50 environ, que l'on faisait tous les ans, favorisaient la descente, elles gênaient singulièrement la remonte des bateaux. En effet, pendant l'éclusée, le bateau montant devait vaincre le courant, se garer des avalants, et ce qui était encore plus grave, il croisait le flot et, après en avoir profité dans la première partie de son trajet, il le voyait s'éloigner et laisser derrière lui la rivière plus appauvrie qu'avant son passage. Dans ces conditions, on ne pouvait en réalité remonter qu'à vide ou à faible charge.

Lorsque les canaux du Nivernais et de Bourgogne ont été terminés, on a compris que c'en était fait de la vieille navigation de l'Yonne, et qu'on devait lui substituer une navigation continue comme celle des canaux voisins.

Seulement, il a fallu près de trente ans pour obtenir ce résultat. »

Le flot d'une éclusée était composé de la réunion de flots élémentaires empruntés à plusieurs réservoirs ; il fallait donc, pour obtenir une concordance utile, ouvrir les retenues dans un ordre déterminé. On se réglait pour cela sur les deux pertuis d'Armes sur l'Yonne et d'Arcy sur la Cure. Le premier était ouvert à 10 heures du matin et le second 12 heures plus tard ; le pertuis de Brienon-l'Archevêque, sur l'Armançon, n'était ouvert que le lendemain à 10 heures du matin, et celui de Mailly-le-Vicomte, sur la Vanne, que deux heures après l'arrivée de la pointe de l'éclusée à Villeneuve. Des coureurs étaient, du reste, chargés de signaler à l'aval l'heure du passage de l'éclusée aux points supérieurs, car la vitesse de propagation était sujette à des variations suivant l'état de la rivière ; la vitesse était plus grande au printemps qu'à l'automne où les herbes étaient plus abondantes et plus fortes.

En moyenne, une éclusée mettait cinquante-deux heures pour descendre d'Armes à Montereau, ce qui, pour un parcours de 185 kilomètres, faisait une vitesse de $0^m,99$ à la seconde.

En relevant à la même heure la hauteur d'eau en différents points du courant, on pouvait construire le profil en long de l'éclusée, et avec ce profil en long calculer le volume total du flot, pourvu que l'on connût les profils en travers de la rivière.

La figure 4 de la planche XVII représente les courbes de quatre éclusées successives ayant passé à Laroche en 1838 ; ces éclusées ont produit au-dessus de l'étiage une surélévation variant de $0^m,60$ à $0^m,80$.

Le phénomène des éclusées avait pour corollaire le phénomène des affameurs : lorsque le flot avait traversé un pertuis, on fermait ce pertuis au moyen de vannes, et plus souvent au moyen d'aiguilles en bois équarries ; l'eau ne passait plus tant que le bief supérieur n'était point rempli. Cette manœuvre se répétant partout, la basse Yonne n'était plus alimentée et une grande dépression des eaux s'y manifestait ; c'était ce que l'on appelait une affameur.

La durée des affameurs était, on le comprend, à peu près en raison inverse du débit de la rivière.

Le système de navigation par éclusées était, en réalité, très-ingénieux, et a

rendu de grands services ; mais il ne saurait plus convenir aujourd'hui sur des
voies navigables de quelque importance.

3° Canalisation des rivières; barrages

CALCUL DU REMOUS D'UN BARRAGE

Lorsqu'on établit un barrage, on crée à l'amont une surélévation des eaux,
un remous qui se fait sentir à une distance variable suivant la hauteur de la
retenue et l'état du cours d'eau.

On comprend toute l'importance qui s'attache à la connaissance exacte du
profil en long de ce remous; c'est de lui que dépend la profondeur du.
mouillage aux divers points de la rivière ; cette profondeur doit être suffisante
pour la navigation, sans prendre cependant des valeurs telles qu'elles inondent
les terres riveraines.

Nous avons donné dans notre *Traité d'hydraulique* les formules dites exactes
pour le calcul des remous ; nous ne reviendrons pas sur cette théorie, à laquelle le lecteur voudra bien se reporter.

Au point de vue du mouillage, le mieux est de ne compter que sur la profondeur qui résulte du prolongement de la ligne horizontale passant par la
crête de la retenue, prolongement effectué jusqu'à la rencontre de la ligne d'eau
de la rivière supposée à l'état naturel.

Mais s'il s'agit de parer aux inondations des terres riveraines, la considération de la ligne horizontale passant par la crête de la retenue n'est pas suffisante; le profil en long du remous est en effet une courbe que l'on peut
considérer comme se raccordant tangentiellement avec l'horizontale précitée ;
elle peut donc se trouver en certains points d'une quantité notable au-dessus
de cette horizontale.

Souvent on a recours pour le calcul du remous à une formule approximative
établie par M. Poirée en partant de l'hypothèse que la courbe du remous est
une parabole du deuxième degré, tangente par son extrémité aval à l'horizontale de la crête de la retenue et par son extrémité amont à la ligne de pente
moyenne de la portion de rivière qui est transformée en retenue.

Désignons par H la hauteur *ap* du remous, figure 1, planche XXVI, par *h* la
hauteur de l'eau en rivière au moment de l'expérience, par *i* la pente moyenne
de la rivière à la surface comme au fond ; la ligne d'eau naturelle *pq* est parallèle à la ligne du fond *mn*. La courbe du remous est une parabole *acb*, tangente en *a* à l'horizontale *ax* et tangente en *b* à la ligne d'eau *pq*.

Si l'on rapporte cette parabole à l'horizontale *ax* et à la verticale *ay* et que
l'on désigne par *p* son paramètre, son équation est :

(1) $$x^2 = 2py$$

L'équation de la ligne d'eau naturelle *pq* est :

2) $$y = ix - H.$$

Au point de tangence b, on a en outre la relation :

(3)
$$\frac{dy}{dx} = \frac{x}{p} = i.$$

Éliminant x et y entre ces trois relations, on trouve :

$$p = \frac{2H}{i^2},$$

et l'équation de la parabole acb est :

(4)
$$x^2 = \frac{4H}{i^2} y.$$

Si l'on considère un point c quelconque de la courbe du remous, la hauteur d'eau qu'on y rencontre est :

$$cd + de = y + de.$$

La longueur af est égale à

$$\frac{H + h}{i} ;$$

les triangles semblables amf def conduisent donc à la relation :

$$de = H + h - ix.$$

Il en résulte pour la profondeur d'eau, en un point situé à une distance x en amont du barrage, la valeur :

$$H + h - ix + \frac{i^2 x^2}{4H}.$$

Cette expression peut rendre quelques services dans la pratique; mais il ne faut pas oublier qu'elle est absolument empirique.

De cinq expériences, citées par M. Chanoine et relatives au barrage d'Épineau, on peut conclure que : « Si l'exactitude mathématique de la formule parabolique n'est pas rigoureuse, elle est néanmoins telle que cette formule peut être employée avec sécurité dans un grand nombre de cas, toutes les fois surtout qu'il s'agira de calculer approximativement les remous que pourront produire des barrages en une rivière dont le cours ne serait contrarié par aucun obstacle. »

D'autres formules empiriques ont été proposées; il ne nous paraît pas utile de les relater.

BARRAGE FIXES DE LA RIVIÈRE D'ISLE

La rivière d'Isle comptait depuis longtemps de nombreux barrages fixes qui, créés d'abord pour établir des usines, furent utilisés ensuite pour la navigation qui se faisait par les pertuis accolés.

Si ces barrages étaient relativement faciles à construire, lorsqu'on pouvait les fonder sur le rocher non affouillable et les enraciner dans des rives résistantes, ils offraient de grandes difficultés et donnaient lieu à de fréquentes avaries dans les cas où il fallait les asseoir sur un terrain affouillable, sablonneux ou graveleux. Ce qu'il y avait de mieux à faire alors était peut-être de construire des ouvrages légers, peu dispendieux, qu'on réparait après les crues.

Au commencement du siècle, on entreprit la canalisation de l'Isle qui donna lieu à de nombreux mécomptes. En 1824, il y eut des écluses tournées et des barrages emportés. M. l'Ingénieur Girard de Caudemberg étudia l'action des eaux sur les barrages, représentés par les figures 6 à 12 de la planche XVIII.

Il montra que les barrages terminés à l'aval par une paroi verticale et couronnés par un glacis en pente vers l'amont étaient exposés à des causes puissantes d'affouillement et de destruction pendant les fortes crues.

En établissant de solides risbermes en mortier hydraulique, ces risbermes résistaient lorsque les mortiers avaient fait définitivement prise avant l'arrivée des crues; quant aux risbermes en pierres sèches composées de moellons cubant $\frac{1}{15}$ de mètre cube, elles ne suffisaient que pour les eaux ordinaires et étaient emportées par les grosses eaux comme le montrent les figures 10 et 12, planche XVIII.

La figure 6 représente les effets des eaux à la chute des barrages de l'Isle; la lame déversante se relève en A; elle détache au-dessus et au-dessous d'elle des remous ou tourbillons à axe horizontal B et C; pour des chutes de 2 mètres, le point A se trouve à 12 mètres de la crête du barrage, et les barques qui s'aventuraient en B étaient projetées avec violence vers l'amont et vers la paroi verticale de maçonnerie; elles couraient les plus grands dangers. Les moellons saisis par les tourbillons étaient complétement bouleversés et on les retrouvait après la crue arrondis comme des boules ou des cylindres; des arbres, des branchages une fois saisis par les tourbillons n'en sortaient plus, et par leurs mouvements périodiques marquaient la forme même de ces tourbillons.

Le remous inférieur C augmente rapidement d'intensité et d'amplitude avec la hauteur et par conséquent avec la vitesse de la lame déversante.

En dehors des affouillements, la paroi même du barrage est soumise à des causes puissantes de dégradation.

Les déversoirs inclinés, figure 8, entretiennent l'agitation des eaux à l'aval sur une grande longueur, mais le tourbillon C n'y existe qu'à un faible degré et les affouillements y sont nécessairement moins énergiques; cependant, il faut que l'inclinaison soit convenablement calculée, afin d'éviter un choc trop violent de la lame déversante contre le fond de la rivière.

BARRAGES FIXES DU LOT

Les barrages fixes du Lot et le régime de cette rivière ont été étudiés dans un mémoire publié en 1865 par M. l'Ingénieur V. Fournié.

La rivière du Lot, étant encaissée, c'est-à-dire contenant toujours ses plus grandes crues, se prêtait fort bien à l'établissement de barrages fixes pour usines. Au treizième siècle, on ménagea dans ces barrages des pertuis de navigation qui furent plus tard remplacés par des écluses.

Le Lot est en outre une rivière torrentielle, dont le débit peut varier de 9 à 2 600 mètres cubes.

Les débits rapportés à la hauteur d'eau H à l'écluse de Villeneuve sont ex primés par la formule empirique

$$Q = 2225 \frac{H^{\frac{3}{2}}}{H + 20,5}$$

qui est applicable entre 0^m,50 et 10 mètres.

La courbe des débits de la Garonne mesurés par Baumgarten à Tonneins peut se mettre exactement sous la même forme

$$Q = 8600 \frac{H^{\frac{3}{2}}}{H + 41}$$

Cette forme paraît donc présenter une certaine généralité.

Pour obtenir un tirant d'eau de 1 mètre en étiage, il a fallu construire de nombreux barrages éclusés : ces barrages sont fixes, avec des chutes assez fortes de 2 à 3^m,50 : pour éviter les affouillements et réduire la hauteur de la lame déversante, il a fallu chercher à donner à ces barrages un grand développement. Ils ont du reste les formes les plus variées en plan, depuis la simple ligne oblique jusqu'aux chevrons à branches égales ou inégales, également ou inégalement inclinées sur les rives.

Quand un chevron isocèle est dirigé vers le courant, il se produit à l'aval, suivant la bissectrice de l'angle du chevron, un gonflement d'autant plus considérable que l'angle est moins ouvert : la vitesse se fait donc sentir au milieu du courant d'aval et elle engendre des remous et des contre-courants sur les rives : il y a donc formation de dépôts près des écluses et la descente des bateaux sortant de l'écluse présente quelque difficulté. C'est le résultat constaté au barrage éclusé du Temple, figure 1, planche XVIII.

Lorsqu'un chevron de barrage est dirigé vers l'aval, il donne naissance à un angle mort correspondant à l'angle du chevron.

Un barrage en écharpe dirige le courant sur la rive opposée, où il se produit une réflexion sensible lorsque l'inclinaison est notable.

Au point de vue de la facilité de sortie des écluses accolées, le meilleur type de barrage serait dirigé suivant une ligne normale au courant; mais, comme nous l'avons dit, cela ne donne pas assez de développement, de sorte que les ingénieurs ont eu recours à un système mixte composé d'une partie normale au courant dans le voisinage de l'écluse, partie qui se prolonge par une branche faisant avec elle un angle de 135 degrés vers l'aval. — La figure 5, planche XVII, représente la disposition de ce type qui ne supprime pas les remous, mais qui les atténue autant que possible, et qui ne détermine ni intumescence, ni perturbation à l'aval.

A l'amont des écluses il faut placer des guideaux à claire-voie, et par conséquent en charpente, destinés à conduire les bateaux à l'entrée des écluses et à les empêcher d'être entraînés par le courant qui se porte vers le barrage. Pour certaines écluses, il a fallu exécuter à l'aval, du côté du large, des guideaux en maçonnerie destinés à protéger les bateaux contre les mauvais courants produits par la chute du barrage.

Les anciens barrages du Lot sont généralement en enrochements à pierres sèches : quelquefois on a recours à un encoffrement rempli de pierres sèches avec couronnement en libages non maçonnés. Ces barrages ont un grand défaut :

leur crête manque de fixité, on ne pourrait l'obtenir qu'en établissant un long
tapis d'enrochements à l'aval et un revêtement imperméable à l amont pour
arrêter les filtrations.

Sur le Lot inférieur où l'on avait un fond de rocher, on a établi des barrages
en maçonnerie à chute verticale qui sont demeurés stables et étanches. L'emploi des bois destinés à maintenir les blocs et libages de la surface est évidemment vicieux pour des ouvrages exposés alternativement à l'action de l'air et de
l'eau, fig. 1, planche XVIII.

BARRAGE MOBILE A POUTRELLES DE LA TRUCHÈRE

Le barrage de la Truchère a été construit de 1818 à 1820 sur la Seille à
l'amont de son embouchure dans la Saône. — Il avait été projeté par Gauthey
et on avait même établi d'abord un barrage-déversoir fixe ; on n'avait pas réfléchi que les crues de la Seille n'étaient point concordantes avec celles de la
Saône et que par suite de cette discordance le barrage était exposé à subir des
charges d'eau considérables ; aussi l'ouvrage fut-il emporté à la première crue
et l'on dut se préoccuper d'établir un système mobile.

Ce système comprenait neuf pertuis égaux de 4^m,52 d'ouverture séparés par
huit piles de 1^m,50. Un pertuis a été réservé pour l'établissement d'une usine,
le second a été muni d'un vannage régulateur ; les sept autres ont reçu une fermeture mobile composée de poutrelles superposées, comme le montrent les
figures 3, 4, 5 de la planche XVIII.

La retenue, de 1^m,85 au-dessus du radier en maçonnerie, est obtenue au
moyen d'un seuil en bois faisant saillie de 0^m,20 sur le radier et de onze poutrelles superposées de 0^m,15 d'équarrissage. Ces poutrelles sont engagées d'un
bout dans une rainure ménagée dans la maçonnerie de la pile, et de l'autre bout
elles sont soutenues par un poteau vertical accolé à la pile et mobile par son
extrémité inférieure autour d'une charnière horizontale. — Le poteau est maintenu vertical au moyen d'un valet ou verrou situé au niveau supérieur de la
pile.

Quand on veut ouvrir le pertuis, on dégage le valet par quelques coups de
masse, le poteau tourne, les poutrelles se dégagent et seraient entraînées
par le courant, si elles n'étaient maintenues chacune par une chaîne reliée à la
pile.

Cette opération est donc très-simple, mais la fermeture est plus difficile ;
elle exige trois hommes dont deux se tiennent sur la pile et l'autre sur le pont
de service qui relie les piles : les deux hommes de la pile tirent la première
poutrelle par la chaîne, l'autre la saisit avec un croc qui s'engage dans une
boucle en fer fixée à l'autre extrémité de la poutrelle ; la poutrelle amenée à
l'amont est appliquée d'un bout contre la rainure, et d'autre part contre le poteau vertical. — Quand on a mis deux ou trois poutrelles en place dans un pertuis, on passe au pertuis suivant et ainsi de suite afin de ne pas avoir à vaincre
la pression de chutes trop fortes. — La fermeture du barrage entier de la Truchère exigeait une journée. — Un barrage à fermettes et aiguilles eût été certainement plus commode et beaucoup plus économique.

Les figures 5 et 6 de la planche XVI représentent un moyen d'échappement plus

simple encore : les poutrelles *c* s'appuient contre un poteau demi-cylindrique *d*
mobile autour de son axe vertical et pouvant se loger après avoir fait un quart
de tour dans une rainure de la pile. La pression des poutrelles tend à faire
tourner le poteau, mais cette pression n'a qu'un très-petit bras de levier et il
est facile de lui résister en adaptant au poteau un manche d'une certaine longueur ; le poteau est maintenu en place au moyen d'un coin *b* et d'un contre-
coin *a*.

BARRAGE A HAUSSES MOBILES AVEC CONTRE-HAUSSES, SYSTÈME THÉNARD-MESNAGER

En 1828, la rivière d'Isle était canalisée au moyen de barrages fixes qui ne
produisaient pas en étiage un remous suffisant et qui déterminaient, lors des
crues, des inondations prolongées.

M. l'ingénieur en chef Thénard résolut de parer à ces inconvénients en abaissant de 2 mètres à 1 mètre au-dessus de l'étiage la crête de ces barrages fixes
qui seraient surmontés de hausses mobiles ayant une hauteur pouvant atteindre 1^m,50.

La présence des hausses mobiles avait encore l'avantage de permettre d'entretenir un niveau constant ; il suffit pour cela de régler le nombre des hausses
abattues d'après le débit de la rivière.

Les figures 2 de la planche XVIII représentent et font comprendre en un instant
ce système des hausses mobiles avec contre-hausses.

Les hausses se trouvent à l'aval ; ce sont des portes en bois de 2 mètres de
large fixées par des charnières horizontales à une longrine encastrée dans le
barrage ; elles supportent la pression de la retenue d'amont, pression qui les
ferait basculer, si on ne les soutenait par un arc-boutant en fer *b*, dont la pointe *f*
va buter contre une saillie d'un fort patin en fer qui relie entre elles les tablettes du barrage. — Parallèlement à la crête du barrage au-dessous du pied *f*
des arcs-boutants règne une tige de fer mobile dans des anneaux ; elle est terminée sur la rive par une crémaillère que meut un pignon à manivelle : toutes les
fois que la tige avance de 0^m,03, un des redans qu'elle porte vient rencontrer
le pied *f* d'un arc-boutant, le tire latéralement et l'entraîne en dehors de la
saillie qui le retient, de sorte que la hausse n'étant plus soutenue se renverse.
Une première hausse étant renversée, si cela ne suffit pas pour régler le niveau
d'amont, on fait encore avancer la barre de 0^m,03 et une seconde hausse s'affaisse, et ainsi de suite, de sorte qu'en un instant on peut ouvrir autant de
hausses que l'on veut. Cette manœuvre suppose que la contre-hausse *c* n'est pas
levée, mais est, au contraire, couchée à l'amont.

Le barrage est donc ouvert, les contre-hausses sont rabattues et maintenues
couchées au moyen de loquets *l* fixés aux mentonnets *m*.

Le rôle des contre-hausses consiste à faciliter le relèvement du barrage sans
exiger un effort trop considérable ; s'il fallait relever directement les hausses en
les poussant vers l'amont au moyen de l'arc-boutant, ce serait une opération
très-pénible.

Lors donc qu'on veut relever une hausse, on manœuvre au moyen d'un cric
situé sur la rive une barre de fer, située à l'amont du barrage sous les contre-
hausses, et portée par une longrine qui relie la file de pieux *p* ; toutes les fois

que cette tige avance de 0ᵐ,03, un des redans qu'elle porte agit sur le loquet à ressort qui maintient une contre-hausse couchée; celle-ci se relève brusquement en tendant la chaîne qui la fixe à un des pieux *p*; elle s'arrête lorsque la chaîne est complétement tendue.

Les contre-hausses suspendent donc le courant; l'éclusier descend derrière elles sur la plate-forme du barrage et relève rapidement les hausses; il a du reste tout le temps de procéder à cette opération, car le niveau de la retenue d'amont ne s'élève qu'assez lentement, à moins de crues exceptionnelles.

Les hausses étant relevées, l'éclusier ouvre dans les contre-hausses une petite ventelle en tôle qui laisse pénétrer l'eau dans l'intervalle entre les hausses et les contre-hausses; ces dernières flottant alors librement, on peut les repousser avec une gaffe de manière à les coucher à nouveau et à les maintenir par leur loquet.

On voit que la manœuvre est très-simple en théorie; il est probable que les difficultés croîtraient rapidement avec les hauteurs, et que les chocs nombreux inhérents au système arriveraient bien vite à détériorer les ouvrages.

C'est à M. l'ingénieur en chef Thénard que revient l'idée de la hausse et c'est M. l'inspecteur général Mesnager qui lui a donné l'idée d'étudier la contre-hausse.

Qu'est devenu le barrage Thénard-Mesnager? — Nous trouvons dans une note autographiée, publiée en 1869 par M. Poirée, l'inventeur du barrage-déversoir de la Monnaie à Paris, des renseignements sur le sort qu'a subi le système de hausses et contre-hausses de MM. Thénard et Mesnager.

J'ai demandé dernièrement, dit-il, à M. l'ingénieur en chef Gonnaud ce que devenait ce système sur la rivière de l'Isle; il m'a répondu que « le système de hausses et contre-hausses est resté tel qu'à l'origine; que les manœuvres se font encore de la même manière;

Que pour parer aux petits incidents de ces manœuvres, et les faire aboutir promptement, les éclusiers ont assez fréquemment recours à l'ouverture du pertuis du barrage, afin de faire baisser les eaux dans le bief d'amont; qu'ils sont d'ailleurs très-familiarisés avec ces manœuvres et les exécutent à propos, d'eux-mêmes, et réussissent à faire face à toutes les nécessités sans soulever aucune réclamation, soit de la part des riverains, soit de la part des bateliers;

Que la marche des contre-hausses, au pertuis Saint-Antoine, une fois mise en mouvement, s'exécutait avec violence et en s'arrêtant produisait un choc capable de briser les chaînes de retenue et d'arracher les attaches;

Qu'à la fin de 1853 le mécanisme était en très-mauvais état et qu'il avait fallu le réparer plusieurs fois;

Et qu'enfin. en 1856, on se décida à remplacer les hausses par des poutrelles. »

BARRAGE D'ÉPINEAU, SUR L'YONNE, SYSTÈME POIRÉE

Le barrage d'Épineau, dont le projet a été dressé en 1837, est le premier type du système de M. l'ingénieur Poirée, système dont les deux parties essentielles sont des fermettes verticales en fer, reliées en bas par un radier saillant et en haut par une barre horizontale de manière à supporter des aiguilles en bois juxtaposées les unes aux autres.

Le barrage d'Épineau est à 1 560 mètres au-dessous de l'embouchure du canal de Bourgogne, en un point où l'Yonne a une largeur de 112 mètres et une profondeur réduite à 0^m,30 en étiage. La figure 2 planche XXVI en donne les dispositions générales en plan, il comprend :

1° Un épaulement *a* de 9^m,50 de large et de 10 mèt. de long de l'amont à l'aval, élevé de 2^m,50 au-dessus du radier ;

2° Un radier (*b*) de 70 mèt. de long et de 10 mèt. de large, de 1^m,20 d'épaisseur moyenne, destiné à recevoir les fermettes ; il est arasé à 0^m,40 au-dessous de l'étiage ;

3° Une pile magasin *c*, dont la plate-forme est, comme celle de l'épaulement, élevée à 2^m,10 au-dessus de l'étiage ;

4° Un déversoir *d* de 193 mèt. de longueur totale, dont la partie la plus basse est à 1^m,95 au-dessus du radier de la passe navigable, tandis que le reste est à 2^m,50 comme la plate-forme de l'épaulement et de la pile ; les fondations du déversoir ont en moyenne 1^m,10 d'épaisseur, elles font saillie de 0^m,10 à l'amont et de 3 mèt. à l'aval afin de former un radier destiné à recevoir le choc de la lame déversante.

Les figures 2, 3, de la planche XIX, indiquent les dispositions générales des maçonneries de l'épaulement et du radier ; les figures 5 à 15 de la planche XIX donnent tous les détails du barrage mobile.

La figure 7 en particulier montre l'élévation d'une fermette ou petite ferme en charpente, composée d'un cadre trapézoïdal en fer protégé contre la déformation par une diagonale en fer ; la fermette est mobile autour de sa base inférieure qui se termine par deux tourillons engagés dans des crapaudines en fonte, lesquelles sont fixées à un grillage en charpente engagé lui-même dans un refouillement du radier ménagé à cet effet.

Le grillage en charpente se compose de deux longrines de 70 mètres de long reliées par 70 traverses. — La longrine d'amont a 0^m,27 sur 0^m,35, elle est taillée en biseau sur sa face d'amont pour s'appliquer contre la maçonnerie, cette face fait saillie sur la plate-forme du radier et est garnie d'une feuille de fer de 0^m,10 de large et 0^m01 d'épaisseur fixée avec des vis à bois et destinée à recevoir le pied des aiguilles ; sur sa face aval, la longrine d'amont porte en haut une feuillure de 0^m,17 de haut et de 0^m,10 de large ; les traverses s'assemblent au-dessous par tenon et mortaise.

Les traverses s'assemblent de même dans la longrine d'aval, qui n'est délardée que sur sa face d'amont pour recevoir la crapaudine en fonte.

Les cales ont 1 mèt. de long avec un équarrissage moyen de 0^m27 sur 0^m125 ; il y en a 35, elles sont délardées sur leur face d'aval, comme la longrine d'amont l'est sur sa face d'amont de manière à s'appliquer contre la paroi de l'encastrement ménagé dans le radier.

On voit que le grillage en bois forme un véritable assemblage à queue d'hironde pénétrant dans le refouillement du radier.

Les crapaudines en fonte des fermettes sont boulonnées dans les longrines : la crapaudine d'amont est un cylindre creux de 0^m,045 de diamètre et de 0^m,07 de profondeur, avec deux ailes latérales pour recevoir les boulons d'attache ; la crapaudine d'aval est un cylindre creux de 0^m,045 de diamètre et de 0^m,06 de profondeur, à côté duquel est une coulisse de 0^m,06 de largeur en haut et de 0^m05 en bas, figures 14 et 15.

Le grillage étant mis en place et les crapaudines boulonnées, on en a vérifié la position et on s'est assuré que les axes concordaient bien de mètre en mètre; ensuite on a posé les cales de 2 mètres en 2 mètres vis-à-vis d'une traverse et on a chassé deux coins entre chaque cale et la longrine pour réaliser l'encastrement du grillage.

Les fermettes ont ensuite été posées et la coulisse de chaque crapaudine d'aval a été fermée par un coin en bois dur.

Ces fermettes sont en fer de 0m04 d'équarrissage; elles forment un trapèze qui a en dehors des fers 2m,13 de hauteur, 1m,40 à la base et 1m30 au sommet.

Contre les montants d'amont et d'aval sont rivées des plaques de fer qui font saillie sur la base supérieure, celle d'amont de 0m,10 et celle d'aval de 0m,25 ; cette dernière sert à retenir les aiguilles qu'on met en dépôt sur le barrage.

Deux fermettes consécutives sont reliées par une chaîne de 5 mètres de long, terminée par des tourets qui la retiennent aux chapes des deux fermettes. — Chaque chaîne porte un anneau qui, par sa position, indique si la fermette est complétement abattue.

Les fermettes sont reliées entre elles par des barres d'assemblage, figures 10 et 11, juxtaposées à mi-fer par leurs extrémités, et terminées à chaque bout par une encoche qui saisit la fermette correspondante. — Deux fermettes successives sont reliées par deux de ces barres qui les rendent solidaires et qui se trouvent, l'une à l'amont, l'autre à l'aval.

Le poids de chaque fermette est de 137 kilogrammes, le poids d'une chaîne 8k,75, et le poids d'une barre 14k,22.

Les fermettes étant levées supportent un pont de service formé de trois planches de sapin juxtaposées ayant 0m,35 sur 0m,025 avec 1m,25 de longueur ; elles sont posées à recouvrements.

Le barrage se ferme avec des aiguilles à poignée ayant 2m,45 de long avec un équarrissage de 0m,07 sur 0m,04 et un poids de 6 kilog.

La manœuvre du barrage se fait de la manière suivante, décrite par M. l'ingénieur Chanoine dans son mémoire de 1839 :

Deux hommes sont nécessaires à la manœuvre du barrage; l'un est maître, et chargé des principales opérations; l'autre est compagnon ou aide. Le salaire annuel du premier est de 550 fr., celui du second de 450 fr.

Toutes les fermettes se couchent de droite à gauche, c'est-à-dire en s'abattant du côté de l'épaulement ; il faut qu'il en soit ainsi pour que la passe reste toujours de ce côté; on pourrait néanmoins coucher le barrage de gauche à droite, en ôtant la première fermette de droite et en pratiquant dans la pile un refouillement analogue à celui qui existe dans l'épaulement.

Description de la manœuvre pour lever le barrage. — Comme la manœuvre du barrage est toujours la même pour chaque fermette, on peut supposer qu'une partie du barrage est levée, et qu'il s'agit de lever le reste.

À l'avance, les éclusiers ont tout disposé : ainsi les barres et les planches du pont de service sont prêtes et mises en ordre, soit sur le trottoir de la pile, soit sur la portion du barrage qui est déjà debout : l'aide apporte alors sur l'avant-dernière travée les trois planches et les deux barres qui doivent servir à former le pont de service et à retenir la fermette de la travée qu'on veut construire ; pendant ce temps le maître, placé sur la dernière travée, tire à lui la chaîne dont un touret est passé dans la chaîne de la dernière fermette levée, et l'autre dans celle de la première fermette couchée, *fig.* 10 ; il attache avec un crochet, à l'une des mailles de cette chaine, une autre petite chaine de 1m30 de longueur qu'il tend à son compagnon : celui-ci la saisit ; tous deux alors, au signal donné par le maître, font ensemble un effort qui met en mouvement la fermette, et la redresse assez pour que l'aide puisse continuer à la tirer seul et l'amener dans une position voisine de la verticale ; pendant ce temps, le maître prend la barre à manche qu'il a toujours à sa portée, *fig.* 16 (cette barre peut être en bois ou en fer, mais, dans tous les cas, doit être très-légère), saisit avec les deux talons de l'extrémité de cette barre le côté d'aval de la tête de la fermette en mouvement, et la rattache à la dernière de celles qui sont debout, en prenant la tête de celle-ci entre les derniers talons de la barre à manche ; aussitôt après, il pose les planches du pont de service, s'empare de la barre que l'aide avait apportée près de lui, et relie définitivement la fermette que l'on vient de lever à sa voisine, en prenant entre les talons de cette barre les parties des têtes des fermettes qui sont en avant des chapes ; il termine son opération en détachant sa barre à manche ; mais il la laisse à la même place, car elle est en lieu convenable et à sa portée pour lever la fermette suivante. Il recommence ensuite ces dispositions pour former la travée voisine, pendant que son compagnon en apporte à pied-d'œuvre les agrès : la fermette de cette travée se lève comme la précédente, et se fixe en place de la même manière.

Les éclusiers arrivent ainsi jusqu'à la dernière (celle qui est à 2m,00 de l'épaulement) ; c'est à cette travée qu'ils posent les planches de service qui ont 2m,20, et les grandes barres de 2m,12.

La résistance de chacune des parties du barrage est toujours la même, que le barrage soit fermé en totalité ou qu'il ne le soit qu'en partie. — Il est à remarquer que le barrage n'acquiert aucune consolidation par la pose de cette dernière barre, et que chacune de ses parties offre une égale résistance, soit qu'il n'y ait que le quart, la moitié ou les 4/4 de levés ; ce fait, d'ailleurs, a été tellement sanctionné par l'expérience, que cette dernière barre a été essayée de différentes formes, et qu'on peut la faire sans talons. Cependant on s'est décidé à mettre un talon du côté de l'épaulement, afin d'obtenir plus de fixité ; il était important, au reste, qu'il en fût ainsi, parce qu'on est affranchi de toutes les petites difficultés que la dilatation ou de faibles erreurs dans la longueur des barres auraient pu susciter.

Pose des aiguilles. — Dès que les fermettes sont toutes levées et réunies entre elles, les éclusiers mettent quelques barres à l'aval, plutôt par précaution qu'autrement, car leur nécessité n'est pas encore bien constatée. C'est surtout à l'extrémité de l'épi mobile que forme le barrage, lorsqu'il n'est levé qu'en partie, qu'on donne ainsi une plus grande rigidité au système. Les éclusiers s'occupent ensuite de fermer le barrage avec les aiguilles. Celles-ci sont apportées à pied-d'œuvre, soit à bras lorsqu'elles sont au magasin, soit à l'aide du bateau de service que l'on fait glisser le long du côté d'aval des fermettes (les aiguilles sont habituellement dans le bateau de service, car on ne les rentre au magasin que pendant l'hiver ou les grandes crues) ; dès qu'elles sont déposées en assez grand nombre sur le pont de service, on les place en appuyant leur pied contre le heurtoir du barrage et leur partie supérieure contre les barres qui réunissent les fermettes. Généralement les éclusiers commencent par *griller* le barrage, c'est-à-dire par poser les aiguilles de manière qu'il y ait autant de plein que de vide ; puis ils complètent la fermeture en les serrant assez les unes contre les autres pour qu'il y ait entre elles le moins d'intervalle possible. On peut arriver ainsi en très-peu de temps à rendre le barrage suffisamment étanche; car il est bon de remarquer qu'il ne s'agit pas ici de fermer le barrage hermétiquement, mais seulement de relever les eaux de la retenue autant qu'il est nécessaire aux besoins de la navigation.

Au fur et à mesure que la fermeture se complète, l'eau s'élève en amont du barrage; il ne lui faut que quelques heures pour atteindre le couronnement du déversoir; souvent même elle monte assez haut pour s'épancher par-dessus les barres et les planches du pont de service de la passe du barrage; mais ceci n'a aucun inconvénient, car il suffit d'ôter quelques aiguilles pour en faire baisser le niveau; et, avec quelque habitude, on parvient bientôt à savoir quel nombre d'aiguilles on doit enlever pour maintenir la retenue à une hauteur constante.

Description de la manœuvre pour ouvrir le barrage. — L'ouverture du barrage se fait de la manière suivante :

On ôte les aiguilles en les tirant une à une; il ne faut pour cette manœuvre qu'un peu d'habitude, et il n'est pas un flotteur ou un marinier de la haute Yonne qui ne la connaisse.

Les premières aiguilles sont enlevées de place en place, afin de desserrer les autres; on les dépose d'abord sur le pont de service, pour les reprendre plus tard et les porter dans le bateau qui est attaché momentanément avec une double chaîne aux septième et huitième fermettes, à partir de l'épaulement.

On enlève ensuite les aiguilles des travées voisines de l'épaulement et on les lance sur la plate-forme; mais comme il devient difficile de le faire dès qu'on en est éloigné de quelques mètres, on porte au bateau celles des cinquième et sixième travées, ainsi que celles des suivantes; seulement on a la précaution de reculer le bateau à mesure que le débouchage approche des fermettes auxquelles il est amarré, afin d'empêcher qu'il ne se trouve dans le courant; on le conduit ainsi jusqu'aux trente-deuxième et trente-troisième fermettes (à partir de la pile) auxquelles il reste définitivement amarré.

On abat les fermettes. — On commence à abattre les fermettes aussitôt qu'on a enlevé les aiguilles d'une vingtaine de mètres.

L'éclusier maître ôte la barre de la première travée (celle de la première fermette et de l'épaulement), et la dépose sur l'épaulement; puis il en enlève le pont de service et le passe à son compagnon, qui le porte au bateau ou le laisse en dépôt sur la partie du barrage qui doit rester levée. Il réunit ensuite la première fermette et la seconde avec sa barre à manche, ôte la barre d'amont et celle d'aval, s'il en y a, et les pose sur la quatrième travée; se plaçant ensuite lui-même sur la troisième, il enlève le pont de service de la seconde travée formée des première et deuxième fermettes, le jette derrière lui, ramène la chaîne de traction à ses pieds, et lorsqu'il s'est bien assuré qu'elle n'est point nouée ni entortillée, il saisit le manche de la barre, la détache de la deuxième fermette, pousse en avant la première, en donnant à la barre un tour de poignet qui fait qu'elle se sépare de la tête de cette fermette; aussitôt celle-ci s'abat et entraîne avec elle sa chaîne de traction. Avant d'aller plus loin, l'éclusier saisit la chaîne, la tire à lui et s'assure, en la tendant et en appuyant l'anneau repère à la partie supérieure de la chappe de la seconde fermette, que la fermette rabattue est bien couchée dans l'encastrement du grillage; pendant ce temps son compagnon a enlevé les agrès de la seconde travée. Pour la troisième travée et les suivantes, on procède de même : ainsi le maître réunit avec la barre à manche les seconde et troisième fermettes, enlève les barres d'aval et d'amont, et les place sur la cinquième travée ; puis se posant lui-même sur la quatrième, il retire le pont de service de la troisième, le jette derrière lui, ramène à ses pieds la chaîne de traction, détache la barre à manche de la quatrième fermette, pousse la troisième en avant et la laisse tomber en retirant sa barre ; il vérifie, à l'aide de l'anneau régulateur, si l'abatage a été complet, puis passe à la quatrième fermette : pendant ce temps son compagnon a enlevé les agrès de la quatrième travée.

Quand 20 mètres du barrage sont couchés, les éclusiers recommencent à enlever des aiguilles et continuent ensuite à baisser des fermettes jusqu'à ce que la largeur de la passe leur paraisse suffisante (on donne généralement 55 mèt. pour le passage d'une éclusée de 18 à 20 mèt. lorsqu'il ne s'agit que de faire remonter des bateaux). C'est à ces éclusiers de reconnaître si le courant est trop rapide et de l'atténuer en enlevant un nombre convenable d'aiguilles dans l'épi qu'ils ont laissé ; ils terminent leur opération par ranger les agrès afin que tout soit prêt lorsqu'il sera temps de refermer le barrage.

Avec l'ancien mode de navigation par éclusées en usage sur l'Yonne, il importait d'ouvrir et de fermer avec rapidité les passes navigables masquées par le barrage à aiguilles : l'établissement d'écluses latérales a permis de supprimer cette manœuvre et d'établir une navigation continue.

Les expériences répétées au barrage d'Épineau ont montré qu'il fallat pour l'ouvrir au moins 1 minute et demie par mètre courant et pour le fermer au moins 3 minutes.

Pour relever une fermette, il fallait un effort de 90 kilogrammes au départ ; le dynamomètre n'indiquait plus que 44 kilogrammes lorsque la fermette était parvenue à l'inclinaison de 45°.

A la suite des crues pendant lesquelles le barrage est resté couché, il arrive que des sables et des graviers se sont arrêtés en avant du heurtoir ou dans l'encastrement : on les enlève en créant des chasses artificielles lorsque les fermettes sont relevées ; à cet effet, lorsque les aiguilles sont placées on en enlève quelques-unes en face des points encombrés et les eaux d'amont se précipitent avec violence dans l'ouverture ainsi faite.

Nous n'insisterons pas davantage sur le barrage d'Épineau, car les dispositions primitives de M. Poirée ont été depuis perfectionnées et notablement amplifiées ; cependant, il n'était pas inutile de décrire avec quelques détails le premier type d'un système dont le succès a été si grand.

ECHAPPEMENT DES BARRAGES A FERMETTES

Quand les eaux de l'Yonne descendaient à 0ᵐ,50 au-dessus de l'étiage, la navigation commençait à se faire au moyen des éclusées ou lâchures ; de continue elle devenait intermittente.

Mais les éclusées, en descendant les 120 kilomètres qui séparent Auxerre de Montereau, s'aplatissaient et perdaient de leur hauteur, de sorte que les barques s'engravaient quelquefois avant d'arriver en Seine. Vers 1840, pour remédier à ces inconvénients, on résolut :

1° De construire sur l'Yonne et ses affluents de vastes réservoirs, destinés à emmagasiner les pluies surabondantes de l'hiver et des orages;

2° D'établir entre Auxerre et Montereau des barrages mobiles, destinés à produire des temps d'arrêt dans la course de l'éclusée et à en soutenir ainsi la hauteur.

A ce système discontinu on a préféré avec raison la navigation continue au moyen d'écluses accolées aux barrages.

Mais, avec les éclusées, il importait particulièrement d'ouvrir des passes navigables dans les barrages en un temps le plus court possible.

Pour ouvrir une passe de 35 à 40 mètres, c'est la largeur reconnue nécessaire pour ne point créer une dénivellation impraticable de l'amont à l'aval, quatre hommes mettaient 45 minutes, trois hommes 1 heure, et deux hommes 1 heure et demie ; l'enlèvement des aiguilles prenait à lui seul plus des trois quarts du temps.

Il fallait donc chercher à supprimer cet enlèvement effectué à la main ; d'autant plus que pendant la nuit cet enlèvement devenait pénible et dangereux, dès que la retenue approchait de 2 mètres.

A cet effet, on eut recours à divers systèmes d'échappements, qui ont beaucoup perdu de leur importance, mais qu'il faut néanmoins rappeler.

Les figures 1 et 7 à 10 de la planche XX représentent le système d'échappement appliqué par M. Chanoine au barrage de Saint-Martin. La dernière travée d'aiguilles de la passe est supportée par une barre horizontale qui tourne autour d'un axe vertical scellé dans l'épaulement en maçonnerie ; cette disposition a pour but de laisser à la dernière fermette l'espace nécessaire pour qu'elle puisse se coucher sur le radier.

Les aiguilles d'une travée sont encadrées latéralement entre les parties saillantes des fermettes et reliées par une cincenelle qui s'attache à un câble en travers de la rivière.

Les aiguilles s'appuient par le pied sur le heurtoir et par la tête sur une barre de fer f, figure 9, terminée d'un bout par un œil et de l'autre par un crochet ; l'œil s'engage dans le goujon a que chaque fermette porte à l'amont, et le crochet i, tourné vers l'amont, embrasse la partie d'aval du goujon de la fermette suivante.

Cette barre f basculerait donc autour de l'œil g et ne pourrait soutenir la travée d'aiguilles, si on n'épaulait par derrière le crochet i pour le maintenir en place ; on l'épaule en effet au moyen de l'excentrique b, figure 9 ; cet excentrique b se trouve à la base de la chape à laquelle se termine la chaîne reliant deux fermettes voisines, et ladite chape a son ouverture placée en travers du courant. La chape et l'excentrique sont d'une seule pièce et tournent ensemble sur le goujon qui les boulonne à la tête de la fermette.

Derrière la chape, dans une échancrure pratiquée à la culasse de l'excentrique, il y a une clef c qui s'enfonce dans un trou carré percé dans la tête de la fermette ; la tige de cette clef est carrée à sa partie supérieure et cylindrique en dessous ; elle se termine par une petite poignée et porte sur le côté un talon d qui remplit toute l'échancrure de l'excentrique.

Enfin, on a placé à l'opposé de ce talon d un petit taquet e, prisonnier dans la tête de la fermette, dont la fonction est de limiter de son côté la course de l'excentrique.

Comme nous l'avons dit, la barre de réunion de deux fermettes f a un œil g à un bout et un crochet i à l'autre ; ce crochet se termine par un talon saillant *h*; sous l'œil *g* la barre porte un évidement circulaire *k*. Cette barre, mise en place, figure 1, n'est pas horizontale, mais inclinée de 0ᵐ,03 sur sa longueur.

Les barres sont placées à recouvrement et le talon relevé *h* de l'une d'elles pénètre dans l'évidement *k* de l'autre, ce qui donne au système une grande solidarité, fig. 10.

Une fermette étant relevée, si on veut relier avec elle la fermette suivante qui est couchée, on la tire avec la chaîne, on l'amène verticale et on la fixe provisoirement au moyen de la barre à manche ordinaire que nous connaissons. On met alors une barre *f* en place, en engageant l'œil dans le goujon de la première fermette et amenant le crochet derrière le goujon de la seconde fermette. L'éclusier tourne la chape de celle-ci pour amener l'excentrique en contact avec le crochet et il assure le crochet en plaçant la clef *c* de manière que son talon *d* se loge dans l'échancrure de l'excentrique.

Pour ouvrir la passe navigable, l'éclusier enlève les planches de la dernière travée à barre tournante, travée de 2 mètres de large; en pesant avec sa barre à manche sous le mentonnet *l*, figure 7, que porte la barre tournante, il la soulève et en dégage le crochet; la barre tourne et va s'appliquer contre l'épaulement dans une feuillure *ad hoc*, en même temps que son groupe d'aiguilles est entraîné par le courant.

Pour ouvrir la travée suivante, l'éclusier place sa barre à manche sur les semelles des excentriques, de manière qu'il enraye l'excentrique de la première fermette (celle à abattre) avec la suivante, en en prenant les deux semelles entre les mâchoires de cette barre; il tire ensuite de toute sa longueur la clef *a* de l'excentrique de cette première fermette, dégage ainsi le talon *d* et lui fait faire un quart de révolution; il enlève le pont de service et le passe à son aide, dégage les excentriques enrayés en enlevant sa barre à manche, et frappe avec l'extrémité de la barre la pointe recourbée qui termine à l'amont l'excentrique *b* de la fermette à abattre; aussitôt l'excentrique tourne sur son pivot, la barre poussée par les aiguilles tourne aussi sur le goujon *a* de la deuxième fermette; mais comme il n'y a pas assez de place entre le goujon et la semelle de l'excentrique placée en oblique de la première fermette, pour que le crochet de la barre de réunion puisse passer, ce crochet pousse cette fermette hors de la verticale, la renverse et vient se ranger aux pieds de l'éclusier; les aiguilles dégagées s'en vont avec le courant et flottent au bout de leur cincenelle. L'éclusier ôte alors la barre de réunion et vérifie si la fermette est bien à fond; il passe ensuite à la travée suivante, et ainsi de suite jusqu'à ce que la passe soit ouverte.

Quand le flot est passé, les éclusiers vont avec un bateau repêcher et remettre en ordre les aiguilles et leurs cordages.

Deux hommes suffisent avec ce système pour ouvrir, même de nuit, en 15 ou 20 minutes, une passe de 35 mètres de large.

M. Poirée a inventé et fait fonctionner au barrage de la Marne sur la Seine un système d'échappement, dans lequel on livrait au courant non-seulement les aiguilles, mais même les madriers du plancher de service.

On en trouvera la description dans les *Annales des ponts et chaussées*, numéro de mai et juin 1843; il est superflu de la reproduire ici, car nous ne pensons pas que le système ait survécu.

Pour déterminer l'échappement d'une travée d'aiguilles, on se servait sur le Cher du système suivant : deux fermettes consécutives sont reliées par un ta-

blier en tôle renforcé en dessous par des traverses, ce tablier est fixé à charnières sur une des fermettes et repose sur l'autre fermette au moyen de griffes.
— Lorsqu'on veut abaisser la fermette, on dégage ces griffes, et de la travée
voisine on pousse la fermette avec un levier de manière à la faire tomber. C'est
un système simple, mais le tablier en tôle fixé à chaque fermette en augmente
considérablement le poids et il faut recourir à un treuil pour le relèvement.

BARRAGE ÉCLUSÉ DE MARTOT (SEINE-INFÉRIEURE)

On peut prendre comme type des barrages éclusés du système Poirée, construits dans ces dernières années, le barrage de Martot sur la Seine. — En voici
la description extraite des légendes jointes à la collection des dessins de l'École
des ponts et chaussées : pl. 21 et fig. 3. 4, 5, de la planche XXIII.

« *Disposition générale.* — Les travaux de la retenue de Martot ont été exécutés
pendant les années 1863, 1864, 1865 et 1866, pour remédier à l'insuffisance du
tirant d'eau sur le busc d'aval de l'écluse de Poses, et sur toute la partie de la
Seine qui s'étend de la borne kilométrique 202 à la borne kilométrique 217.
Ils se composent des ouvrages suivants :

1° Une écluse placée sur la rive droite de 140 mètres de longueur totale,
comprenant une longueur utile de sas de 105 mètres, et de 12 mètres de largeur libre ;

2° Un barrage accolé à l'écluse, de 61m,50 d'ouverture libre entre les deux
culées, relié au pointis d'aval de l'île Geoffroy par une digue en maçonnerie
arasée au niveau de la retenue ;

3° Un déversoir en maçonnerie surmonté de hausses automobiles du système
de M. l'ingénieur en chef Chanoine, construites en fer et tôle, présentant une
ouverture libre de 70m,50 entre les culées, et ayant un seuil arasé à 0m,90 en
contre-bas de la retenue. Les hausses relevées sont arasées à 0m,15 en contre-
bas de ce même niveau.

Cet ouvrage relie le pointis d'amont de l'île Geoffroy avec le pointis d'aval de
l'île au Moine ;

4° Un grand barrage, dit barrage de Martot, reliant le pointis d'aval de l'île
au Moine avec la rive gauche de la Seine, et composé de trois passes d'égale
ouverture.

Chaque passe présente une ouverture libre de 51m,60.
L'ensemble de ces ouvrages établit une retenue de 3 mètres à l'étiage.

Barrage de Martot. — Dimensions générales. — Le grand barrage de Martot,
de même que le barrage accolé à l'écluse, est construit dans le système de
M. l'inspecteur général Poirée ; c'est un barrage à fermettes mobiles.

Il se compose de deux culées de rives de 6 mètres de largeur sur 8 mètres
de longueur prise dans le sens du courant de la rivière ; de deux piles en
rivière de 4m,10 de largeur sur 8 mètres de longueur, et, comme il a été dit
plus haut, de trois passes de 51m,60 d'ouverture libre chacune ; ce qui donne
pour le barrage tout entier une longueur de 163 mètres entre les parements
intérieurs des culées, ou 175 mètres entre les talus du fleuve au niveau de la
retenue.

Radier. — Le radier est entièrement en maçonnerie, et contenu dans un encoffrement de pieux et palplanches recépés et moisés au niveau du seuil, lequel est placé lui-même au niveau du plus bas étiage.

Les deux files de pieux et palplanches battues perpendiculairement au cours de la rivière sont séparées de 10 mètres d'axe en axe. L'épaisseur du radier est en moyenne de 2^m,50, dimension prise du dessus du seuil à la face inférieure du béton.

Ce radier se compose d'un massif de béton fait en mortier de chaux hydraulique naturelle et cailloux siliceux ;

De maçonnerie de moellons bruts avec mortier de ciment de Portland ou Vassy, faisant arasement au-dessus du béton pour recevoir toutes les maçonneries d'appareil du radier.

L'appareil est formé :

Des pierres du seuil recevant les coussinets d'amont des fermettes et la plaque de heurtoir ;

De la plate-bande d'amont du seuil, prolongeant le refouillement nécessaire à l'appui du pied des aiguilles ;

Des pierres de coussinets d'aval ;

De la plate-bande d'aval.

Tout l'espace compris entre la plate-bande d'amont et la file de pieux et palplanches d'amont, et entre la plate-bande d'aval et la file de pieux et palplanches d'aval, est appareillé en meulière piquée, fig. 3, 4, 5, pl. XXIII.

L'espace compris entre les pierres de seuil et les pierres des coussinets d'aval, et qui forme le plancher de la chambre des fermettes, est rempli en meulière brute avec mortier de ciment, recouvert par un enduit en mortier de ciment de Portland.

Armature du radier. — Toutes les parties du radier sont rendues solidaires les unes des autres au moyen d'armatures en fer ainsi composées :

1° De grands boulons traversant de part en part le radier, d'amont en aval, réunissant deux cours de ventrières placées extérieurement aux files de pieux et palplanches, et passant sur le béton au-dessous de l'appareil en pierre de taille. Ces boulons sont espacés de 5 mètres en 5 mètres.

Indépendamment de ces grands boulons, toutes les parties de l'appareil sont reliées ensemble, et maintenues dans deux sens, l'un perpendiculaire à l'axe du radier, l'autre parallèle à cet axe, par des armatures ainsi composées :

Armature perpendiculaire au radier, parallèle au cours du fleuve. — Deux pièces de fer, dites bâtons de perroquet, terminées en pointe à la partie inférieure, filetées à la partie supérieure et munies dans leur hauteur de deux traverses ou échelons placés perpendiculairement l'un à l'autre, sont posées l'une à l'amont du seuil du barrage, l'autre à l'aval de la ligne des coussinets d'aval.

Le premier échelon est noyé dans le béton et scellé par de la maçonnerie de moellons avec mortier de ciment ; le second échelon est pris sous deux pierres de seuil contiguës l'une à l'autre et dans le joint desquelles s'élève la tige du bâton de perroquet.

Ces deux montants sont reliés ensemble, dans la partie du milieu, par une barre en fer carré terminée à chaque extrémité par un œil dans lequel passe la partie tournée du montant.

Ils sont en outre reliés chacun avec le cours de moises le plus voisin, l'un à l'amont, l'autre à l'aval, au moyen d'une autre pièce de fer carrée, terminée par un œil à l'extrémité qui vient rejoindre le montant, et ayant l'autre extré-

mité, celle qui traverse le cours de moises, tournée et filetée de manière à ce
que le système puisse être tendu et maintenu invariable à l'aide d'écrous placés
extérieurement aux moises, et serrant sur une plaque de tôle.

Toutes les pièces de l'armature sont placées dans le joint des appareils de
pierres de taille, et espacées de 3m,30 en 3m,30. Cet espace forme un ensemble
régulier de trois fermettes, qui se reproduit sur toute la longueur du barrage,
sauf près des piles et culées ; sur ces points, le premier système d'armature est
distant du parement de la pile ou de la culée de 2m,70. Cet intervalle comprend
deux fermettes.

Armature parallèle à l'axe du radier perpendiculaire au cours du fleuve. —
Tous les montants et bâtons de perroquet sont encore reliés deux à deux, d'un
système à l'autre des armatures transversales, et tant à l'amont qu'à l'aval, par
des barres en fer carré portant un œil à chaque extrémité, encastrées de toute
leur épaisseur dans la pierre d'appareil, et maintenues au moyen d'un écrou
vissé sur l'extrémité du montant du bâton de perroquet.

Les barres qui viennent rejoindre les piles ou culées sont exceptionnellement munies à l'une de leurs extrémités d'une queue de scellement au lieu
d'un œil.

Fermeture mobile du barrage. — La fermeture mobile du barrage est établie
au moyen de fermettes en fer à T, espacées de 1m,10 d'axe en axe, sauf les fermettes extrêmes qui sont à 1m,05 du parement des piles ou culées, pl. XXI.

Les fermettes ont la forme d'un trapèze; leur hauteur est de 3m,55 ; leur largeur de 2m,48 à la base et de 1m,40 au sommet. Le cadre en fer à T est consolidé par un bracon à croix et deux entre-toises horizontales en fer à croix ; le
tout ajusté et relié par des plaques en tôle.

La base est terminée par deux tourillons retenus dans deux coussinets en
fonte de forme différente.

L'un, le coussinet d'amont, est encastré dans la pierre de seuil, et maintenu
dans son encastrement par un boulon vertical reportant tout l'effort d'arrachement exercé sur le coussinet par la fermette à la partie inférieure de la
pierre de seuil.

L'autre, le coussinet d'aval, est maintenu sur le radier à l'aide de trois boulons scellés dans la pierre d'appareil.

Les fermettes tournent autour de leurs bases. Pour les tenir relevées et fixes,
on réunit les têtes de deux fermettes par deux barres de fer, l'une appelée
griffe d'amont, composée de deux plaques de fer rivées l'une à l'autre et taillées
en biseau, appareillées symétriquement de manière à ne pas avoir de sens de
pose, l'autre appelée griffe d'aval, en fer rond, fig. 2, 3.

Les griffes d'aval ne servent qu'à relier les fermettes ensemble et avec les
piles et culées.

Indépendamment de cet office, les griffes d'amont en ont un autre plus important. Elles servent de point d'appui aux aiguilles, et une notable partie
de la pression due à la retenue agit sur ces organes qui la reportent sur les
fermettes.

Les griffes sont fixées aux fermettes par un œil dans lequel pénètre un goujon placé sur la tête d'amont de chaque fermette. Pour que la pression considérable que les aiguilles exercent sur les griffes ne produise pas de cisaille-
ment sur le goujon, les griffes portent en outre une petite saillie carrée,
s'ajustant parfaitement, à une des extrémités, dans une pièce d'épaulement

rivée sur la fermette même et à l'autre extrémité de la griffe, faisant saillie en dehors.

Comme les griffes se superposent par moitié de leur épaisseur, il y a à chaque fermette un de ces appendices butant contre l'épaulement destiné à le recevoir, l'autre faisant saillie au dehors. Le rôle de ce dernier est de présenter, pour les aiguilles, des arrêts espacés de 1m.10, les empêchant de se renverser latéralement.

Aux extrémités de chaque passe, les dernières griffes saisissent les goujons d'un appareil appelé fausse-tête de fermette, scellée dans la maçonnerie de la pile ou de la culée.

Les aiguilles sont des pièces de sapin de 0m,08 d'équarrissage, ayant 4 mètres de longueur. Une de leurs extrémités est tournée en forme de tête pour être plus facilement saisie et manœuvrée par les barragistes.

La circulation sur le barrage se fait au moyen de planches de passerelles de 3m,50 de longueur, portant sur la face inférieure des taquets qui embrassent le fer à T des fermettes et les empêchent de glisser horizontalement. Elles sont en outre maintenues par de petits appareils en fer appelés griffes de passerelles qui empêchent tout mouvement vertical, fig. 4, 5.

La passerelle se compose de trois planches de 0m,30 de largeur chacune, ce qui donne une largeur totale d'au moins 0m,90.

Dans ces conditions, la circulation et la manœuvre n'offrent aucun danger.

Perfectionnements. — Le grand barrage de Martot, bien que construit dans le système de M. l'inspecteur général Poirée, présente sur le système primitif d'importantes modifications qui ont permis de produire des retenues beaucoup plus fortes, et par conséquent d'en diminuer le nombre, ce qui est très-important sur des rivières ou des fleuves, où se fait, comme sur la Seine, une navigation à grande vitesse devant soutenir la concurrence d'un chemin de fer.

L'augmentation de la retenue exigeait une plus grande solidité du radier, et surtout des points d'attache des fermettes.

Ce sont ces raisons déterminantes qui ont conduit M. l'ingénieur en chef Emmery à étudier, avec le concours de M. le conducteur principal Guillet, le système d'armature pour le radier, et le nouveau mode de scellement des coussinets d'amont dont il a été parlé plus haut. Ces perfectionnements ont été expérimentés en 1857 au barrage de Meulan et appliqués dans tout leur ensemble aux barrages de la retenue de Martot.

Les autres perfectionnements introduits pendant l'exécution des travaux ne s'appliquent, sauf la modification du système des portes d'écluse, qu'à des points de détail, tels que :

La section du cadre de fermettes et l'agencement des entretoises, qui a permis, à résistance égale, de réduire le poids à 212 kilogrammes malgré une augmentation de 0m,05 dans la hauteur; l'élargissement de la passerelle de manœuvre.

Dépense. — La dépense totale des ouvrages de la retenue de Martot s'élève à la somme de 2 729 357 fr. 60 c.

La dépense du grand barrage de Martot est de 708 800 fr. 95 c., ainsi répartie :

Terrassements et dragage.. . . . .   105.586f,40
Batardeaux. 81,511f,29
Radier et fondations. 280,760f,04

Piles, culées et charpente de la fermeture mobile	39,686^f,68
Armatures, fermettes et serrurerie.	46,804^f,85
Ouvrages accessoires, perrés.	23,528^f,30
Empierrement des abords.	3,053^f,96
Régie.	130,088^f,83

$$\text{Total.} . . . . \quad 708,800^f,95$$

Ce qui donne, par mètre courant de barrage,
un chiffre de. . . . .   4,050^f,30

HAUSSES MOBILES, SYSTÈME CHANOINE

Le barrage automobile, imaginé par M. Chanoine, avait pour but de marier le système des fermettes Poirée et le système des hausses Thénard, et de créer dans les barrages une partie qui pût s'ouvrir d'elle-même, en cas de crue subite, de manière à éviter les accidents graves qu'entraînerait la submersion des ouvrages.

D'après M. Chanoine (*Annales des ponts et chaussées*, septembre et octobre 1851), le système Poirée se recommande par la simplicité de la construction, la facilité de l'entretien et des réparations, par la commodité de la manœuvre et par l'économie; mais il présente l'inconvénient d'être composé d'un trop grand nombre de pièces, ce qui rend la manœuvre nécessairement lente; les pièces en bois doivent, en outre, être fréquemment renouvelées.

Le système Thénard donne lieu à des manœuvres rapides et ingénieuses, surtout quand le radier peut être mis à sec et que la retenue ne dépasse pas 1^{m}30; le barrage peut-être abattu en un instant; mais les contre-hausses, qui se meuvent à contre-courant, engendrent des chocs funestes; la plupart des organes sont plongés dans l'eau et le prix du mètre courant est presque le double du prix d'un barrage à fermettes semblables.

Le système Chanoine consiste à adopter les hausses Thénard faciles à abattre instantanément avec la barre à talons et à placer en amont de ces hausses un pont de service supporté par des fermettes; appuyons, dit M. Chanoine, en amont de ces fermettes de larges aiguilles, de véritables panneaux, et nous nous débarrasserons des contre-hausses Thénard et de leurs inconvénients. Introduisons enfin dans l'épaulement une roue à aubes que l'eau puisse mettre en mouvement dès qu'elle atteint un certain niveau, et le barrage s'abattra spontanément à un moment donné; il sera automobile.

Tel est le système représenté dans ses parties essentielles par la figure 4 de la planche XIX.

1° BARRAGE DE COURBETON

Il a été appliqué au barrage éclusé de Courbeton, sur la haute-Seine, terminé en 1850. Ce barrage comprend une écluse de 8 mètres de large, un barrage à fermettes de 37^{m}50 et une passe automobile de 12^{m}10 semblable à celle que nous venons de décrire.

Dans une expérience, on a ouvert à midi 3′ la vanne qui admet l'eau d'amont sur la roue motrice et à midi 4′ les dix hausses automobiles étaient abattues. Il est vrai de dire que l'eau était forte ce jour-là; lorsqu'elle est faible, la roue ne peut abattre seule toutes les hausses et il faut que l'éclusier achève l'opération en faisant tourner la roue avec les pieds comme il ferait une roue à chevilles, ou bien il a recours à une manivelle avec crémaillère adaptée à la barre à talons.

Le relèvement des hausses s'opérait au moyen d'un treuil portatif du poids de 46 kilogrammes que l'éclusier place sur le pont de service à l'amont des hausses.

Le temps employé pour relever chaque hausse varie de 2 à 3 minutes.

En 1855 fut construit le barrage de Conflans-sur-Seine établi dans un système analogue et comprenant une passe navigable de 34^m90 de large avec un déversoir de 26 mètres, séparés par une pile et reliés aux rives par des épaulements en maçonnerie.

La passe navigable est fermée par 29 hausses, ne pouvant faire bascule; elles ont 2^m35 de hauteur, 1^m10 de large, et sont séparées par des entre-deux ayant 0^m10 de large. Le radier est arasé à 0^m50 au-dessous de l'étiage.

Le déversoir est arasé à 0^m50 au-dessus du plan d'étiage et supporte vingt hausses automobiles, c'est-à-dire susceptibles de se mettre d'elles-mêmes en bascule; ces hausses ont 1^m33 de haut et 1^m20 de large; des entre-deux de 0^m10 les séparent.

2° BARRAGES DE LA HAUTE SEINE

Le système des hausses Chanoine, automobiles ou simplement mobiles, a reçu depuis sa première application à Courbeton des modifications nombreuses.

Le type qui a été l'objet de la plus large application est celui qui a été adopté pour les douze barrages construits pour la canalisation de la Seine entre Paris et Montereau.

Ce type a été décrit avec le plus grand soin dans un savant mémoire, rédigé par MM. Chanoine et de Lagrené et inséré aux *Annales des ponts et chaussées* de 1861. Le lecteur trouvera dans ce mémoire tous les détails de construction et de manœuvre. Nous ne donnerons ici qu'une description sommaire du barrage de la Madeleine, un des douze barrages précités, description extraite de la collection de dessins de l'école des ponts et chaussées. Les figures des planches XXII et XXIII, qui représentent les parties principales du barrage, sont également extraites de cette collection.

Le plan général est représenté par la figure 1 de la planche XIX.

Disposition générale. — Chacun des douze barrages de la haute-Seine se compose des parties suivantes :

1° Une écluse submersible par les eaux moyennes;

2° Une passe navigable munie de hausses mobiles; elle a son seuil à 0^m,60 en contre-bas de l'étiage, et sa longueur est à la Madeleine de 40^m,40; elle est munie de 31 hausses en charpente de 3 mètres de hauteur et 1^m,20 de largeur laissant entre elles des vides de 0^m,10.

La retenue affleure le sommet des hausses quand elles sont dressées; elle

offre 5 mètres de mouillage contre le seuil de la passe et au moins 1m,70 sur
le busc de l'écluse du barrage immédiatement supérieur ;

3° Un déversoir régulateur, muni de hausses automobiles; il se compose
d'une partie fixe formant seuil et radier, arasée à 0m,50 au-dessus de l'étiage;
sa longueur au barrage de la Madeleine est de 60m,30; les hausses, analogues
à celles de la passe navigable, ont 1m,95 de hauteur, 1m,80 de largeur, et laissent
entre elles des vides de 0m,10. Quand elles sont dressées leur sommet s'élève au
même niveau que celui des hausses de la passe; leur axe de rotation est placé
à peu près au tiers de leur hauteur de manière qu'une lame déversante de 0m,10
à 0m,15 d'épaisseur les fait tourner spontanément autour de leur axe; elle restent en bascule jusqu'à ce que le niveau de la retenue se soit suffisamment
abaissé pour provoquer leur redressement spontané. On limite à volonté leur
angle de bascule au moyen d'une chaîne, parce que leur sensibilité pour le
redressement spontané, quand la retenue baisse, dépend de cet angle ;

4° Une pile placée entre la passe et le déversoir ;

5° Un épaulement pour le déversoir, une maison éclusière, et divers ouvrages
accessoires ;

6° Un bateau de manœuvre pour le relèvement des hausses.

Lorsque les eaux sont assez fortes pour que la retenue soit inutile, les hausses
de la passe navigable restent couchées sur le radier et laissent passer librement
les bateaux.

Quand les eaux ne sont pas assez fortes pour la navigation libre, le barrage
de la passe reste levé et les bateaux traversent l'écluse accolée au barrage.

Le déversoir est un régulateur de la retenue, c'est-à-dire qu'il sert à maintenir le niveau d'amont constant malgré les variations du débit du fleuve, le barrage de la passe navigable demeurant dressé; le déversoir sert aussi à l'écoulement des eaux pendant que l'on procède au relèvement des hausses de la passe
navigable.

Hausses de la passe navigable. — Le radier et les hausses de la passe navigable
sont représentés par les figures 1 à 4 de la planche XXII.

Le radier est formé par un massif de béton de 2 mètres d'épaisseur coulé
entre deux files transversales de palplanches espacées de 10 mètres d'axe en
axe. Au milieu est une plate-forme en pierre de taille qui supporte le mécanisme.
Tout l'ensemble du système est consolidé par de grands boulons. Ce radier est
appuyé d'un côté au bajoyer de l'écluse et de l'autre à la pile en rivière.

La hausse se compose des parties suivantes :

a, Cadre en charpente ; .

b, Chevalet en fer portant l'axe horizontal qui soutient le cadre, lequel est
susceptible de tourner autour de cet axe;

c, Arc-boutant en fer dont la tête est articulée avec celle du chevalet et dont
le pied s'appuie contre un heurtoir en fonte scellé dans le radier ;

d, Heurtoir.

L'abatage des hausses s'effectue au moyen d'une barre à talons, désignée sur
le plan par la lettre e; cette barre se termine du côté de l'écluse par une crémaillère e'; elle est manœuvrée par un treuil qui est logé dans un puits ménagé
dans le bajoyer de l'écluse; la barre est du reste maintenue dans la position voulue et son mouvement est facilité par des galets et des guides.

Le relèvement des hausses se fait au moyen d'un bateau, comme le montre
la figure 4 (planche XXII); ce bateau porte comme pièce principale un treuil
muni de tous ses accessoires ordinaires, cliquet, déclic, frein; ce treuil est

placé à l'arrière; des écrans, fixés au bateau avec des gonds à clavettes qui permettent de les replier contre le flanc de l'embarcation, maintiennent le bateau parallèlement aux hausses déjà levées. Ces écrans portent une espèce de pont de service mobile, sur lequel l'éclusier monte pour examiner la hausse du côté d'aval et vérifier la position de son arc-boutant. Le bateau est fixé au moyen de clefs d'amarre sur les hausses précédemment levées.

Le gréement du bateau comprend encore une double corde, deux crochets de traction, une ancre à jet, des crocs, gaffes, etc.

Quand il n'est pas de service, il est amarré dans une gare contiguë à un épaulement; au fonctionnement, il est amené dans une position telle que, les hausses précédentes étant relevées, l'avant correspond au milieu de la hausse à manœuvrer; avec le crochet de traction, l'éclusier saisit la poignée de fer placée au pied de la hausse. L'extrémité de la corde de traction est fixée à l'anneau dont le crochet est muni; la corde passe sur la poulie placée à l'avant du bateau et de là sur le treuil à l'arrière; en agissant sur le treuil, la culasse de la hausse est légèrement soulevée; l'action de l'eau achève le mouvement quand l'impulsion est donnée, et en appuyant légèrement sur la culasse la hausse se dresse d'elle-même aussitôt que le pied de l'arc-boutant est logé dans le heurtoir.

Quand la cataracte dépasse 0ᵐ,50, on se sert des chaînes de traction; ces chaînes sont fixées par une de leurs extrémités à la poignée d'une hausse, à son pied par conséquent, et, à l'autre extrémité, sur la tête de la hausse précédente. Une hausse étant levée, figure 3, planche XXII, elle présente sur sa tête la chaîne attachée au pied de la suivante; on la détache et on la fixe au câble de traction; on lève la hausse suivante et celle-ci présente à son tour sur sa tête la chaîne de la hausse qui vient après elle; on rattache la chaîne de traction de la première hausse, on détache celle de la seconde et ainsi de suite.

Hausses automobiles du déversoir. — Les hausses automobiles du déversoir sont représentées par les figures 1 et 2 (planche XXIII). Les dispositions spéciales des hausses sont les mêmes, mais elles sont automobiles, c'est-à-dire qu'elles s'ouvrent d'elles-mêmes en tournant autour de leur axe de rotation quand les eaux de la retenue dépassent un certain niveau, et elles se redressent également d'elles-mêmes quand la dénivellation s'est réduite à une quantité déterminée: elles donnent donc écoulement aux crues subites et moyennes sans que l'on soit obligé de s'en préoccuper; de plus, au moyen du contre-poids mobile dont elles sont pourvues, elles peuvent être maintenues en bascule, quel que soit le niveau des eaux; cette propriété est précieuse pour les manœuvres de la passe navigable; en effet, si les hausses automobiles en étaient privées, la cataracte de la passe navigable augmenterait rapidement et rendrait plus difficile le relèvement de ses hausses.

Dépenses d'exécution. — En prenant la moyenne des douzes barrages construits sur la Seine, entre Paris et Nanterre, on a obtenu les prix de revient détaillés ci-dessous :

Passe navigable. — Mètre courant de partie fixe		2,277ᶠ,94
— — de partie mobile		791ᶠ,74
Prix moyen du mètre courant		3,069ᶠ,68
Déversoir. — Mètre courant de partie fixe		1,038ᶠ,01
— — de partie mobile		382ᶠ,98
Prix moyen du mètre courant		1,420ᶠ,99

Enfin, le prix moyen de l'un des douze barrages est de 755 015 francs, en y comprenant l'écluse, les travaux accessoires, les dépenses en régie, etc.

Calculs de résistance. — Le lecteur trouvera, dans le Mémoire de MM. Chanoine et de Lagrené, les formules relatives à la résistance et au mouvement des hausses; cela nous entraînerait trop loin de les étudier en détail, et nous nous contenterons d'en indiquer les principaux résultats.

Lorsque la différence de niveau de l'amont à l'aval est de 2^m,40, comme dans les barrages de la haute Seine, une hausse exerce sur le radier de bas en haut un effort vertical d'arrachement de 2 200 kilogrammes. Ajoutez à cela la sous pression qui peut se faire sentir sous le seuil du radier, et vous trouverez que pour fixer une hausse il faudrait l'attacher à un bloc de 2^m,34. Comme il est difficile de le faire, on y supplée par un système d'ancres reliant le seuil de la passe au massif de béton des fondations.

L'arc-boutant d'une hausse de la passe transmet à son heurtoir une pression d'environ 4 500 kilogrammes, dont la composante horizontale est de 3 500 kilogrammes. Sous cette influence, le massif du béton tend à basculer vers l'aval et le coffrage d'aval s'effondrerait, s'il n'était solidement relié au coffrage d'amont par des tirants en fer espacés de 5 en 5 mètres.

Les hausses doivent laisser entre elles des espaces libres de 5 à 15 centimètres, destinés à laisser passer les $\frac{1}{3}$ ou les $\frac{2}{3}$ du débit d'étiage, sans que le déversoir fonctionne; le bief d'aval est ainsi constamment alimenté.

Une hausse est soumise aux pressions hydrostatiques de l'eau d'amont et de l'eau d'aval; elle reçoit de l'eau d'amont une pression due à la vitesse, et cette pression peut atteindre une valeur notable; elle est soumise en outre à l'action de la pesanteur et au frottement que son axe horizontal exerce sur ses tourillons. Dans le calcul on ne tient pas compte de l'épaisseur de la hausse, c'est-à-dire qu'on la suppose réduite à son plan médian, et on admet que l'axe horizontal de rotation se trouve dans ce plan même, bien qu'il soit en arrière.

Lorsqu'une surface plane AB de largeur l, figure 6 (planche XXVI), inclinée de l'angle α sur la verticale, plongeant de la hauteur a à son extrémité supérieure B et de la quantité $(a + h)$ à son extrémité inférieure A, reçoit l'action d'une eau tranquille, la pression P qu'elle supporte est le poids d'un volume d'eau ayant pour base la surface AB, pour hauteur à un bout a et à l'autre bout $(a + h)$, comme le montre la figure 6. Cette pression est donc donnée par la formule :

(1) $$P = \frac{h}{2 \cos \alpha} (2a + h) 1000.l,$$

et son moment M$_a$ par rapport à l'arête inférieure A de la hausse est :

(2) $$M_a = \frac{h^2}{6 \cos^2 \alpha} (3a + h) 1000.l,$$

tandis que le moment par rapport à l'arête supérieure B de la hausse est :

(3) $$M_b = \frac{h}{6 \cos^2 \alpha} (3a + 2h) 1000.l.$$

Les pressions sont exprimées en kilogrammes, puisqu'on a eu soin de multiplier par 1 000 le volume d'eau exprimé en mètres cubes.

Si L est la dimension de la vanne dans le sens vertical, lorsqu'elle sera soumise à un courant de vitesse uniforme V, elle recevra de ce fait une pression :

(4) $$P' = \frac{KL.V^2}{2g}\, 1000.l \cos \alpha$$

formule dans laquelle K est un coefficient constant.

MM. Chanoine et de Lagrené adoptent les notations suivantes :

α, angle de la hausse avec la verticale à un moment quelconque du mouvement ;

α_i, angle de la hausse avec la verticale lorsque la hausse est dressée et s'appuie
sur le seuil ;

λ, longueur de la volée de la hausse, ou de la partie comprise entre l'axe de
suspension et l'arête supérieure ; c'est la longueur OB de la figure 6 ;

λ', longueur de la culasse de la hausse, ou de la partie s'étendant au-dessous de
l'axe de suspension ; c'est la longueur OA de la figure 6 ;

u, hauteur de l'eau de la retenue d'amont au-dessus de la crête de la hausse
lorsqu'elle est dans sa position initiale faisant l'angle α_i avec la verticale ;

H, chute normale du barrage, c'est-à-dire différence de niveau entre la crête de
la hausse dans sa position initiale et l'eau à l'aval de la hausse ;

M_α, moment de la hausse considérée seule par rapport à son axe de rotation quand
elle fait un angle quelconque α avec la verticale.

En considérant comme positifs les moments qui tendent à relever la hausse,
c'est-à-dire ceux qui sont produits par des forces appuyant sur l'amont de la
culasse ou l'aval de la volée, et comme négatifs les moments qui tendent à
faire basculer la hausse, c'est-à-dire ceux qui sont produits par des forces
appuyant sur l'amont de la volée ou sur l'aval de la culasse, on trouve que les
moments positifs sont donnés par les forces suivantes :

1° Pression due à la hauteur de l'eau sur l'amont de la culasse,
2°   —   vitesse de l'eau   —
3°   —   hauteur de l'eau sur l'aval de la volée,
4° Poids de la hausse,
5° Frottement de l'axe de rotation dans ses colliers,

et les moments négatifs résultent des forces suivantes :

6° Pression due à la hauteur de l'eau sur l'amont de la volée,
7°   —   —   l'aval de la culasse,
8° Pression due à la vitesse de l'eau sur l'amont de la volée.

Si l'on appelle F la résultante du poids et de toutes les pressions transportées sur l'axe de rotation, r le rayon des tourillons et f le coefficient de frottement, le moment du frottement est $fF.r$. — Les autres moments s'obtiennent
en appliquant les formules (2) (3) (4), et l'on trouve pour le moment total l'expression :

$$\frac{1000.l}{6}\left\{ \begin{array}{l} 3\lambda'^2(u+H) + \dfrac{(\lambda\cos\alpha_i - H)^3}{\cos^2\alpha} - \lambda^3(3u + 3\lambda\cos\alpha_i - 2\cos\alpha) \\[2mm] + 3\dfrac{KV^2\cos\alpha}{2g}(\lambda'^2 - \lambda^2) + \dfrac{6M_\alpha}{1000.l} + \dfrac{6f.F.r}{1000.l} \end{array} \right\}$$

Si l'on fait dans cette expression ($\alpha = \alpha_i$), on a l'expression du moment résultant dans la position initiale. Ce moment résultant s'annule pour les deux cas

où l'on a :

$$1° \qquad u=o \quad \lambda=2\lambda' \quad \text{avec} \quad H=3\lambda\cos\alpha_1 \quad V=o \quad M=o \quad F=o$$
$$2° \qquad\qquad\qquad\qquad u=\infty \quad \text{et} \quad \lambda=\lambda'$$

Ce sont les cas d'équilibre hydrostatique des vannes que nous connaissons déjà et qui veulent dire que, dans une eau tranquille, la hauteur u de la lame déversante croissant de zéro à l'infini, la résultante des pressions normales voit son point d'application s'élever du tiers à la moitié de la vanne.

Hausse de la passe navigable. — L'angle α_1 est pris égal à 8°; il y a avantage à faire α_1 assez grand et à rapprocher la hausse d'être normale à l'arc-boutant, parce qu'on évite la force d'arrachement sur le radier; mais, en revanche, on augmente la longueur de la hausse.

Dans les barrages de la haute Seine on a adopté:

$$\lambda\cos\alpha_1 = 1^m,73 \quad \text{et} \quad \lambda'\cos\alpha_1 = 1^m,35.$$

C'est-à-dire que l'axe de rotation est entre le tiers et la moitié de la longueur de la hausse, en un point tel que jamais une hausse ne se mette en bascule, bien que la hauteur de la lame déversante atteigne le maximum possible.

Quand les hausses sont debout, la plus grande valeur de V est de $0^m,32$.

La chute H des douze barrages varie de $2^m,40$ à $1^m,43$.

A la culasse de chaque hausse est fixé un contrepoids destiné à faciliter le relevage par l'éclusier; l'éclusier tire à lui la hausse couchée jusqu'à ce que son chevalet devienne vertical et que l'arc-boutant s'engage dans le heurtoir; à ce moment, la hausse est restée horizontale, et, pour la faire lever, l'éclusier donne un coup de gaffe sur la culasse. Celle-ci est immergée lorsque le mouvement de rotation commence, tandis que la volée ne l'est pas; le contre-poids de 72 kilogrammes a pour objet de contre-balancer la poussée de l'eau.

Hausses du déversoir. — Les hausses du déversoir sont calculées de telle sorte qu'elles doivent se mettre en bascule lorsqu'elles sont surmontées d'une lame d'eau de $0^m,05$ à $0^m,25$, et se relever spontanément lorsque le niveau a baissé de $0^m,10$ à $0^m,15$ au-dessous de la retenue normale.

On a donné aux hausses des déversoirs de la Seine un angle $\alpha_1 = 10°$.

L'axe de rotation doit être voisin du tiers de la hauteur et cependant un peu au-dessus; ainsi on a adopté

$$\lambda = 1^m,29 \quad \text{et} \quad \lambda' = 0^m,71.$$

Pression sur une hausse. — Si l'on compose toutes les forces qui agissent sur une hausse de la passe, on trouve une pression normale de 6481 kilogrammes, qui passe à $0^m,65$ au-dessous de l'axe de suspension; il en résulte :

Sur le seuil une pression de. . . . . 3025 kilogrammes
et sur l'axe de suspension une pression de. . 3456 —

La pression sur le seuil peut se décomposer en une traction verticale de haut en bas de 422 kilogrammes et une poussée horizontale de 2995 kilogrammes.

La pression sur l'axe peut se décomposer en deux : l'une est une force verticale d'arrachement qui s'exerce sur le radier par l'intermédiaire du chevalet vertical et qui atteint 2 187 kilogrammes ; l'autre est une pression sur l'arc-boutant qui s'élève à 4 531 kilogrammes.

L'arc-boutant transmet cette pression à son heurtoir et au radier qui supportent ainsi une pression verticale de 2 668 kilogrammes, et une pression horizontale de 5 421 kilogrammes.

Le coefficient de frottement étant de 0,18, l'effort de traction à exercer par la barre à talons sur l'arc boutant pour le dégager serait de (0,18×4321) ou 780 kilogrammes. Pour diminuer ce frottement, on a donné au front du heurtoir une inclinaison vers la glissière ; cette inclinaison est de 5° et réduit le frottement à 531 kilogrammes ; si elle atteignait 10°, l'arc-boutant s'échapperait de lui-même.

3° BARRAGE DE PORT-A-L'ANGLAIS, SUR LA SEINE. — HAUSSE CHANOINE RÉSISTANT A UNE RETENUE DE 4m,10 DE HAUTEUR

Le barrage de Port-à-l'Anglais, sur la Seine, à 4 kilomètres en amont de Paris, comprend :

1° Une écluse de 210 mètres de longueur totale, 180 mètres de longueur utile et 12 mètres de largeur ; cette écluse a été approfondie de 1 mètre en 1869 ;

2° Le barrage proprement dit, qui est l'ancienne passe navigable, de 54m70 de débouché, fermé par les hausses Chanoine, précédemment décrites, de 3m,00 de haut et de 1m,20 de large, espacées entre elles de 0m,10 ;

3° Le déversoir qui, établi en 1864 avec une largeur de 70m,10, était fermé par 50 hausses automobiles de 2 mètres de haut et de 1m,30 de large ; on a pris sur ce déversoir une largeur de 55 mètres pour établir la nouvelle passe navigable ;

4° La nouvelle passe navigable ou pertuis, présentant un débouché libre de 23m,70, et dont le radier est arasé à 0m,70 au-dessous de celui de l'ancienne passe aujourd'hui transformée en barrage. Grâce à cet abaissement, le tirant d'eau sur le seuil aval du pertuis ne peut descendre en plus bas étiage au-dessous de 0m,70.

La retenue normale de la nouvelle passe est donc élevée de 5m,70 au-dessus du radier ; mais on a calculé tous les éléments de cette passe de telle sorte qu'elle puisse être surmontée d'une lame déversante de 0m,40, ce qui fait une retenue totale de 4m,10 au-dessus du seuil.

On trouvera tous les détails de cet important ouvrage dans le Mémoire publié par M. l'ingénieur Boulé aux *Annales des ponts et chaussées* de 1875. Nous ne pouvons signaler ici que les points principaux.

Grandes hausses. — Les hausses Chanoine adoptées pour la passe navigable ont subi cinq modifications relatives à leur largeur, à la hauteur de leur axe de rotation, à leur inclinaison sur la verticale, au profil transversal du radier et à la manière dont on les manœuvre. Figures 4, 5 et 6 de la planche XXIV.

Avec leur largeur de 1m,20, les hausses de 3 mètres supportent une pression de 6 000 à 7 000 kilogrammes ; les nouvelles supporteraient 9 000 kilogrammes. Aussi en a-t-on réduit la largeur à 1 mètre, ce qui permet de donner au chevalet un empatement encore suffisant pour empêcher le déversement de la hausse transversalement au fil de l'eau. — Le cadre d'une hausse comprend deux montants de 3m,86 de long et de 0m,50 sur 0m,20 d'équarrissage, reliés par quatre traverses assemblées à tenon et mortaise; sur ces traverses, entre les montants, s'appuient deux madriers de $0^m,05$ d'épaisseur. De grands boulons en fer traversent le tout. Un contre-poids en fonte de 100 kilogrammes est placé sur la volée.

Les hausses sont complètement étanches, mais elles laissent toujours entre elles le vide de $0^m,10$ destiné à assurer le débit des eaux moyennes et à empêcher les chocs et frottements entre les hausses voisines. — Si le vide est trop considérable, on masque une partie des intervalles au moyen de couvre-joints ou aiguilles en bois.

Dans son calcul sur la résistance des hausses, M. Boulé ne tient compte ni de la pression due à la vitesse de l'eau, ni du poids de la hausse, ni du frottement sur les tourillons; il ne considère que la pression hydrostatique, qui l'emporte de beaucoup sur toutes les autres forces; il est, du reste, impossible de déterminer celles-ci d'une manière exacte, et le calcul est au moins aussi juste en les négligeant qu'en en tenant compte. M. Boulé a été conduit ainsi, pour une inclinaison de 20° sur la verticale, à donner aux hausses une culasse de $1^m,81$ de longueur et une volée de $2^m,05$. — Avec ces dimensions, on n'a pas à craindre de voir basculer les hausses, même lorsqu'elles sont surmontées d'une nappe déversante de $0^m,40$. — La grande inclinaison sur la verticale a pour objet de réduire l'effort d'arrachement que le chevalet exerce sur le radier.

Vannes-papillons. — Les anciennes hausses, inclinées à 8° sur la verticale, possédant une culasse de $1^m,36$ et une volée de $1^m,74$, se sont mises en bascule en 1872, alors que les eaux s'élevaient sur leur seuil à $3^m,15$ en amont et à $2^m,00$ en aval. C'est ce qui arrive du reste pour toutes les hausses des barrages de la haute Seine.

Pour remédier aux inconvénients que présente ce relèvement spontané des hausses des anciennes passes navigables, on a disposé entre les montants de leur volée de petites vannes automobiles appelées *vannes-papillons*, figure 5, planche XXIV. Si on veut exhausser plus tard la retenue nouvelle, on pourra appliquer aussi ces vannes aux grandes hausses de la passe. — Ces petites vannes, qui sont automobiles comme l'étaient celles des déversoirs Chanoine, ont 1 mètre de haut sur $0^m,42$ de large; elles sont disposées de manière à basculer quand la hausse est surmontée d'une nappe de $0^m,10$ à $0^m,15$. Elles changent complètement la répartition des pressions sur les hausses et empêchent celles-ci de se renverser; un marinier, monté sur un batelet et muni d'un croc, les remet facilement en place lorsque le flot est passé. — Ces vannes-papillons suppléent à l'insuffisance des déversoirs. — Elles ont encore l'avantage de détruire à l'aval du barrage les remous qui souvent gênent beaucoup la navigation.

Modification de la barre à talons. — Outre les talons qui servent à l'abatage des hausses, la barre horizontale de manœuvre porte des contre-talons, qui sont également espacés, contrairement à ce qui existe pour les talons, et qui, pendant que les hausses sont debout, masquent les glissières de l'arc-boutant. Cette ingénieuse précaution, due à M. Lambert, agent secondaire des ponts et chaussées, empêche les arcs-boutants de s'échapper inopinément des heurtoirs comme cela est arrivé quelquefois dans les anciennes passes navigables.

Passerelle de service. — De grandes hausses comme celles du pertuis ne pouvaient être manœuvrées par des hommes montés sur un bateau; on a notablement simplifié la manœuvre en installant à l'amont du pertuis (figure 4, planche XXIV) une passerelle portée par de grandes fermettes du système Poirée. — Cette passerelle, sur laquelle se promène le treuil de manœuvre, règne aussi devant les hausses du déversoir, fig. 6, qui ne sont pas automobiles comme nous le verrons tout à l'heure et qui doivent être manœuvrées lorsqu une chute quelquefois considérable règne de l'amont à l'aval ; il n'en est point de même des hausses du barrage proprement dit ou ancienne passe navigable ; quoique ces hausses soient plus élevées que celles du déversoir, comme il n'y a point de dénivellation sensible de l'amont à l'aval lorsqu'on les relève, le bateau suffit à la manœuvre sans qu'il soit besoin d'une passerelle de service.

À la rigueur, on aurait pu conserver le bateau pour le relevage des grandes hausses du pertuis de Port-à-l'Anglais et on aurait ainsi réduit le temps nécessaire à l'ouverture de la passe ; mais on a craint d'être entraîné à donner au bateau des dimensions exagérées par rapport à celles des hausses sur lesquelles il était destiné à s'appuyer, et de ces dimensions auraient pu résulter des chocs dangereux.

Les fermettes qui soutiennent la passerelle du pertuis ont de grandes dimensions ; mais il faut remarquer qu'elles ne travaillent plus du tout comme dans le barrage Poirée, puisqu'il n'y a point d'aiguilles qui s'appuient sur elles et leur transmettent la pression de l'eau.

La distance des fermettes aux hausses est déterminée par la condition que dans aucun de ses mouvements la hausse ne soit exposée à toucher la fermette et que la chaîne qui relie le treuil au pied de la hausse soit inclinée à 45° ; c'est la disposition la plus favorable pour le relevage. — Il en résulte que la passerelle est d'autant plus éloignée des hausses que celles-ci sont plus élevées.

Si les fermettes ne sont pas soumises à la pression continue des aiguilles et à la force d'arrachement qui en résulte, elles n'en doivent pas moins résister momentanément à la réaction qu'exerce sur le treuil la hausse qu'on relève. — Or, il se trouve que cette réaction est d'environ 5 000 kilogrammes, c'est-à-dire à peu près la pression que recevrait la tête des fermettes espacées de $1^m,10$, si elles supportaient un rideau de grandes aiguilles produisant une retenue égale à celle des hausses. — Leur charpente doit donc être calculée de manière à résister à cette traction de 5 000 kilogrammes qui s'exerce sur leur tête dans une direction inclinée à 45°.

Expériences sur la manœuvre. — Ouvert à la fin d'octobre 1870, le barrage de Port-à-l'Anglais a été soumis pendant les deux années suivantes à toutes les fluctuations de régime que le fleuve peut présenter, à des crues rapides et à deux prises de glace. — D'après M. Boulé, il a toujours été manœuvré sans aucune difficulté toutes les fois que cela a été nécessaire.

Effets de la division d'un barrage mobile en plusieurs travées arasées à des niveaux différents. — Au point de vue des grandes crues, le débouché linéaire d'un barrage mobile est à peu près le même que celui de la rivière, les diverses travées sont arasées à des hauteurs peu différentes du fond du lit et ne nuisent en rien à la vitesse des filets superficiels qui sont les plus rapides, il n'y a donc pas de remou à craindre.

Mais, lorsque les eaux moyennes sont établies, les parties fixes arasées au-dessus de l'étiage ont une grande influence, et il peut se former un remou, une chute de l'amont à l'aval, qui gêne beaucoup la circulation dans la passe navigable et qui force à relever le barrage et à se servir de l'écluse avant que le besoin ne s'en fasse sentir.

On peut remédier à cet inconvénient en augmentant la largeur de la passe navigable, qui est arasée très-bas ; mais, précisément à cause de cela, la passe navigable coûte très-cher et on est intéressé à ne pas lui donner plus de largeur qu'il n'est nécessaire pour les besoins de la navigation.

Sur la haute Seine, M. Chanoine, voulant éviter les chutes sur la passe navigable en eaux moyennes, a arasé les déversoirs beaucoup plus bas qu'on ne l'a fait sur la Marne. — Néanmoins, il y a encore quelques-uns de ces barrages dont le débouché est trop faible en eaux moyennes et dont la passe navigable donne lieu alors à une mauvaise navigation.

Tel était le cas du barrage de Port-à-l'Anglais; l'ouverture de la nouvelle passe navigable, en augmentant le débouché, l'a notablement amélioré; mais il faut prendre des précautions pour la manœuvre des hausses : on met d'abord en bascule les hausses du pertuis et celles du déversoir, ce qui ne détermine pas de chute, on redresse les hausses du barrage ou ancienne passe, puis en agissant avec le treuil sur la chaîne de volée des grandes hausses on les relève et, finalement, on passe aux hausses du déversoir qui règlent la retenue.

D'après M. Boulé, le barrage à hausses présente sur le barrage à aiguilles l'avantage de pouvoir être submergé d'une certaine hauteur sans inconvénient et de se mettre de lui-même en bascule, si la manœuvre tarde trop ; il coûte plus cher au mètre courant que le barrage à aiguilles, mais il n'exige pas ces longs déversoirs fixes accolés aux barrages à aiguilles et finalement sont moins dispendieux; c'est pour cette raison qu'ils ont été adoptés en Belgique sur la Meuse.

Les hausses des déversoirs Chanoine ne sont pas automobiles. — Nous avons vu que, dans l'origine, on avait construit les hausses des déversoirs en vue de l'automobilité; elles devaient basculer d'elles-mêmes lorsqu'elles étaient surmontées d'une certaine hauteur d'eau, et se redresser ensuite lorsque l'abaissement du niveau aurait atteint une certaine limite.

En effet, les hausses se mettent bien en bascule lorsqu'elles sont surmontées d'une lame déversante de $0^m,07$ à $0^m,25$; mais, malgré le contre-poids en fonte de la culasse, elles ne se redressent pas lorsque le niveau redescend à $0^m,14$ au-dessous de la crête de la retenue.

Dans quelques expériences il fallut un abaissement d'eau de $1^m,18$ pour que le relèvement des hausses automobiles se produisît.

Le contre-poids, vu son faible bras de levier, était insignifiant; on essaya d'enchaîner quelques hausses pour limiter leur mouvement de bascule vers l'aval et rendre par suite leur relèvement plus facile. — Ces hausses étaient les premières à se mettre en bascule et à s'incliner dès que l'eau déversait de $0^m,10$ à $0^m,15$ sur leur volée, tandis qu'il fallait $0^m,15$ à $0^m,20$ pour les hausses libres; les hausses enchaînées se relevaient spontanément lorsque l'abaissement du plan d'eau de la retenue atteignait $0^m,15$ à $0^m,25$. — On redressait les hausses libres à la main parce qu'elles auraient exigé un abaissement trop considérable.

On pouvait donc arriver par ce moyen à régulariser la retenue; mais, pour pouvoir le faire avec certitude et sécurité, quelle que soit l'importance de la crue à écouler, la seule solution est de recourir au pont de service précédemment indiqué.

DÉVERSOIRS A HAUSSES MOBILES, SYSTÈME DESFONTAINES

Entre Épernay et Meaux, l'amélioration de la navigation de la Marne a été obtenue par la création de douze barrages, comprenant chacun une écluse, un pertuis et un déversoir ; ces barrages ont une chute de 1^m,81 à 2^m,10 et une chute moyenne de 2^m,04.

Les écluses ont 7^m,80 de largeur entre bajoyers, 64^m,10 de longueur entre les têtes et 51 mètres entre les buscs. Les bajoyers s'élèvent à 0^m,50 au-dessus des hautes eaux de navigation.

La partie de ces barrages qui nous intéresse est le déversoir qui s'appuie à une extrémité contre la pile du pertuis et à l'autre contre une culée avec mur en retour enraciné dans la berge.

Ces déversoirs se composent d'une partie fixe et d'une partie mobile ; la partie mobile, formée de hausses en tôle tournant autour d'un axe horizontal, est de l'invention de M. Louiche-Desfontaines, inspecteur général des ponts et chaussées. Elle est représentée par les figures 2, 3, 4 de la planche XX, et en voici la description, extraite des notices de l'Exposition universelle de 1867 :

Partie mobile du déversoir. — La partie mobile du déversoir est surtout ce que présentent de nouveau les barrages de la Marne.

Dans les barrages mobiles exécutés jusqu'ici, les manœuvres sont, en général, pénibles, très-délicates, et exigent l'emploi de plusieurs agents ; elles peuvent même parfois devenir dangereuses et occasionner de graves accidents. On s'est demandé, en présence de ces inconvénients, si, ayant sous la main une force motrice puissante produite par le courant ou la chute d'une rivière, il ne serait pas possible de l'utiliser, de façon que, pour effectuer les manœuvres du barrage, l'éclusier n'eût autre chose à faire qu'à en diriger l'action. Cette question n'a pas paru insoluble, et voici comment on l'a résolue.

L'appareil mobile se compose d'une série de vannes indépendantes les unes des autres et tournant autour d'une charnière horizontale placée dans leur milieu. La moitié supérieure est la *hausse* proprement dite, c'est elle qui opère la retenue ; la moitié inférieure, que nous appellerons *contre-hausse*, n'a d'autres fonctions que d'entraîner la hausse dans les mouvements qu'on lui imprimera à elle-même. La contre-hausse est enfermée dans un quart de cylindre horizontal, en tôle, de même longueur qu'elle, d'un rayon égal à sa largeur, dont l'axe coïncide avec sa charnière et dans lequel elle peut, par conséquent, accomplir un quart de révolution. Les parois planes de ce quart de cylindre ou, si l'on veut, de ce tambour, ne passent pas exactement par son axe : l'une, celle qui est horizontale, a été légèrement surélevée parallèlement à elle-même, et l'autre, celle qui est verticale, a été reculée de même, de manière à ce qu'elles laissent chacune un vide rectangulaire entre elles et la contre-hausse lorsqu'elle sera parvenue dans ses positions extrêmes ; celle-ci a d'ailleurs été légèrement contournée afin de diminuer la surélévation de la paroi horizontale et l'empêcher ainsi de masquer une partie de la hausse ; enfin les extrémités du tambour sont fermées par deux cloisons en tôle dans chacune desquelles ont été pratiquées deux ouvertures rectangulaires correspondant aux vides dont il vient d'être question.

Les tambours ainsi armés de leurs hausse et contre-hausse sont descendus dans l'intervalle que laissent entre eux les deux vannages d'amont du déversoir, la convexité de la partie cylindrique tournée vers l'amont, et reposent sur les moises de ces vannages à l'aide d'espèces de patins formés par les saillies des parois horizontales supérieures. Ils sont d'ailleurs serrés les uns contre les autres par des boulons, et de fortes rondelles en cuir interposées entre eux sur les bords des ouvertures de leurs bases interceptent toute communication du dedans au dehors et réciproquement.

Si l'on considère maintenant l'ensemble de ces tambours, on voit que par leur réunion ils forment au-dessous du niveau de la crête et sur toute la longueur du déversoir un tube unique s'appuyant par l'une de ses extrémités contre le parement de la pile, par l'autre contre celui de la culée, et qui se trouve divisé par les contre-hausses en deux compartiments longitudinaux.

Appareil moteur. — Immédiatement à l'amont et à l'aval de la partie du déversoir occupée par les tambours, ont été ménagés dans le corps de la pile deux puits verticaux communiquant par des aqueducs, l'un avec le bief d'amont, l'autre avec le bief d'aval, et ces deux puits ont été, d'un autre côté, mis en communication entre eux au moyen de deux tubes horizontaux en fonte, noyés dans les maçonneries et fermés par des ventelles à chacune de leurs extrémités. Ces tubes se bifurquent au droit des ouvertures pratiquées dans les bases des tambours et viennent en traversant la pile se relier avec ces derniers, de manière à correspondre, l'un avec leur compartiment d'amont, l'autre avec leur compartiment d'aval.

Manœuvre de la partie mobile du déversoir.—Cela posé, si l'on suppose les quatre ventelles des tubes de la pile fermées, toutes les hausses couchées sur le déversoir, et par conséquent toutes les contre-hausses horizontales, et que l'on vienne à ouvrir la ventelle d'amont du tube correspondant au compartiment d'amont des tambours, l'eau du bief supérieur va immédiatement remplir ce compartiment et, pressant ensuite les contre-hausses avec une force correspondante à sa hauteur au-dessus d'elles, les chassera devant elle jusqu'à ce que des heurtoirs placés dans les tambours viennent les arrêter dans leur course à l'instant où les hausses entraînées dans ce mouvement seront arrivées dans une position verticale.

Si maintenant l'on vient à fermer la ventelle d'amont du tube que l'on avait ouverte, et à ouvrir celle d'aval qui était restée fermée, l'eau entrée dans le compartiment s'écoulera dans le bief inférieur ; les contre-hausses, déchargées de la pression qu'elle exerçait sur elles, ne pourront continuer à maintenir les hausses dans leur position verticale, et celles-ci, cédant à l'effort qu'elles supportent, se coucheront sur le déversoir.

Les manœuvres de relevage et d'abatage des hausses se trouveront donc ramenées simplement à celles de l'ouverture ou de la fermeture de deux ventelles; de plus, comme la rapidité avec laquelle elles s'accompliront dépend de celle avec laquelle aura lieu le remplissage ou la vidange du compartiment, on conçoit qu'on peut à volonté en graduer la durée de manière à ce qu'elles s'effectuent doucement, sans secousses et sans chocs ; conditions essentielles au point de vue de l'entretien du mécanisme.

Dans des ouvrages de ce genre, on ne peut guère exiger la perfection d'ajustement d'une machine à vapeur, et les hausses étant relevées, des fuites plus ou moins abondantes ont nécessairement lieu sur le pourtour des contre-hausses. Si on les laissait s'accumuler dans le compartiment d'aval, elles ne tarderaient pas à le remplir, à neutraliser par leurs contre-pressions les pressions qui maintiennent les contre-hausses, et les hausses s'abattraient d'elles-mêmes : mais pour éviter cet inconvénient, il suffit d'ouvrir la ventelle d'aval du deuxième tube de la pile qui communique avec ce compartiment, et ces fuites s'écouleront dans le bief inférieur à mesure qu'elles se produiront ; c'est là le but principal de ce deuxième tube, et à la rigueur on eût pu se borner à le faire arriver jusqu'à l'extrémité du compartiment ; mais en le prolongeant jusqu'au puits d'amont, on s'est donné la faculté d'agir avec une très-grande énergie sur les hausses paresseuses lors de l'abatage ; il suffit, en effet, de fermer sa ventelle d'aval et d'ouvrir sa ventelle d'amont, pour que l'eau du bief supérieur s'introduise à son tour dans le compartiment et, prenant les contre-hausses à revers, ajoute sa pression à celle que subissent directement les hausses.

Les barrages à lames d'eau déversantes ont l'immense avantage de n'exiger que de rares manœuvres ; car, en général, on n'a à les abattre que dans les fortes crues, et lorsque celles-ci menacent de se changer en débordements. Cependant il n'en est pas toujours ainsi ; la dépression des rives, la proximité d'une usine, celle d'un pont dont les arches sont peu élevées, etc., etc., peuvent ne pas rendre inoffensives de légères fluctuations dans le plan d'eau de la retenue, et exiger, comme au barrage de Courcelles, par exemple, que l'on fasse écouler des crues de $0^m,40$ à $0^m,50$ de hauteur ; mais alors un grave inconvénient se présente, car l'abatage des hausses sur toute la longueur du déversoir démasquera une ouverture plus grande que celle qui est nécessaire pour le passage de la crue, et le bief supérieur s'abaissera en peu d'instants au-dessous de son niveau normal. L'appareil mobile a reçu pour ces cas particuliers une légère addition dont il reste à parler.

Hausses à béquilles. — Chacune des hausses a été munie d'une contre-fiche ou béquille dont l'extrémité supérieure est fixée par une charnière à l'un de ses bras, tandis que le pied est assujetti à se mouvoir dans une coulisse ou glissière en fonte encastrée dans les entretoises inclinées du déversoir. Une barre en fer à cornières, logée dans une coulisse ménagée à cet effet dans le glacis, un peu en arrière de la position occupée par le pied des béquilles, règne horizontalement d'une extrémité à l'autre du déversoir ; elle traverse toutes les glissières, et l'une de ses branches, la branche horizontale, en affleure le fond tandis que l'autre, la branche verticale, s'appuie contre leurs lèvres ; elle est d'ailleurs entièrement libre et peut se mouvoir longitudinalement. Si, dans cet état, l'on vient à faire aux tubes de la pile la manœuvre d'abatage, le pied des béquilles, rencontrant presque aussitôt la branche verticale de la cornière, s'arrêtera contre ce heurtoir, et les hausses conserveront leur position verticale ; mais, si cette branche a été échancrée de distance en distance par des espèces d'entailles ou de coches rectangulaires et qu'on ait amené préalablement quelques-unes de ces coches à correspondre avec les gorges d'un même nombre de glissières, rien ne s'opposera dans celles-ci au glissement du pied des béquilles, et les hausses dont elles dépendent s'abattront comme elles l'eussent fait sans ces dernières. Il aura donc suffi d'espacer convenablement ces coches pour que l'on puisse abattre à volonté un nombre quelconque de hausses.

Cette ouverture incomplète du barrage souleva toutefois quelques objections ; on fit observer que les hausses ayant environ 1 mètre de hauteur, si l'on venait à les abattre pour de faibles crues qui n'auraient pu modifier sensiblement le niveau du bief inférieur, on livrait passage à une lame d'eau de $1^m,50$ à

1ᵐ,60 d'épaisseur qui, véritable torrent, se précipiterait sur l'arrière-radier avec une force d'érosion telle que celui-ci ne pourrait y résister, et qu'il fallait pouvoir abattre un nombre déterminé de hausses, non pas de toute leur hauteur, mais d'une fraction de cette hauteur, de manière à diminuer l'épaisseur de la lame et à affaiblir ainsi sa puissance d'érosion. Cette condition était facile à remplir, car il suffisait d'introduire dans le glacis des barres à coches semblables à celle qui vient d'être décrite en nombre égal à celui des parties dans lesquelles on voudrait fractionner l'abatage complet des hausses. Une seconde barre a paru devoir suffire dans tous les cas et on l'a placée de manière à arrêter les hausses lorsqu'elles se seraient abaissées de la moitié de leur hauteur.

À l'aide de ces deux barres à coches, on peut donc abattre à volonté un nombre déterminé de hausses, soit de toute leur hauteur, soit de la moitié seulement de cette hauteur; on peut aussi, par exemple, abaisser à volonté la crête du déversoir de 0ᵐ,80 sur toute sa longueur et très-probablement cette manœuvre, qui n'exige qu'une seule barre à coches, suffirait à tous les besoins; cependant, pour parer à toutes les éventualités, on en a placé deux au barrage de Courcelles et elles ont été disposées de manière à pouvoir abattre les hausses par multiples de cinq.

Une observation à faire, c'est que les barres à coches ne doivent être manœuvrées que lorsque les hausses sont ramenées ou soutenues dans leur position verticale par la pression de l'eau sur les contre-hausses, afin que le pied des béquilles ne porte pas sur ces barres et qu'on n'ait d'autre effort à vaincre, pour leur imprimer un mouvement longitudinal que celui résultant de leur propre poids.

Ce mouvement leur est imprimé au moyen de crics placés dans la pile et composés principalement d'un arbre vertical portant à son extrémité inférieure un pignon qui engrène avec une crémaillère fixée à la barre, et à son extrémité supérieure, une roue dentée qui engrène avec le pignon de la manivelle. Un cadran horizontal fixé en outre à cette extrémité indique, par son déplacement, le nombre de hausses qui s'abattront dans la position où le cric aura amené la barre à coches.

On n'a parlé jusqu'ici que du système de tubes et de ventelles établi dans la pile pour l'abatage ou le relevage des hausses : cet appareil suffit en effet pour effectuer ces manœuvres; mais néanmoins on en a établi un complétement semblable dans la culée située à l'autre extrémité du déversoir.

Divers avantages résultent de cette addition.

D'abord le volume d'eau jetée dans les compartiments des tambours est deux fois plus considérable et, partant, le relevage et l'abatage des hausses plus sûr et plus rapide.

Ensuite, on se crée la faculté de faire dans les tambours des chasses puissantes qui balayent les vases qui peuvent s'y déposer. Il suffit, en effet, d'ouvrir dans la pile les ventelles analogues à celles qui sont fermées dans la culée ou réciproquement.

Enfin il résulte une conséquence qui n'avait pas été prévue tout d'abord et qui ne laisse pas que d'avoir son importance, c'est la possibilité d'abattre, à volonté, un nombre plus ou moins grand et à peu près un nombre déterminé de hausses par le seul jeu de ces ventelles; ce qui rend inutile, dans tous les cas, la première barre à coches. On conçoit, en effet, que si, toutes les hausses étant relevées, l'on vient à ouvrir dans la pile la ventelle d'aval et à fermer la ventelle d'amont du tube de relevage, c'est-à-dire de celui qui correspond au compartiment d'amont des tambours, tandis que la disposition inverse continue à subsister dans la culée, où va établir dans ce compartiment un courant, dont les pressions très-fortes près de la culée iront en s'affaiblissant à mesure qu'on s'approchera de la pile, et ne suffiront plus aux abords de cette dernière, pour maintenir les hausses dans leur position verticale ; deux ou trois hausses s'abattront donc ; si, dans cet état de choses, l'on vient à fermer la ventelle d'aval du tube d'abatage de la pile, c'est-à-dire de celui qui correspond au compartiment d'aval des tambours, et à ouvrir la ventelle d'amont, où va établir dans ce compartiment un courant dont les contre-pressions, très-fortes près de la pile, iront en décroissant vers la culée et un certain nombre de hausses s'abattront de nouveau. Entre ces pressions et contre-pressions ou, si l'on veut, entre les deux forces contraires, qui agissent à la fois sur toutes les contre-hausses avec une intensité variable et en sens inverse, dont l'une prédomine à une extrémité du déversoir et l'autre à l'autre extrémité, il se trouvera nécessairement sur la longueur de ce dernier un point de passage, si l'on peut s'exprimer ainsi, où ces deux forces seront en équilibre ; en deçà de ce point, toutes les hausses s'abattront, au delà, elles resteront levées ; mais comme l'intensité de chacune de ces deux forces dépend de l'ouverture plus ou moins grande des ventelles des tubes, il sera possible, en manœuvrant convenablement ces dernières, de rapprocher ou d'éloigner ce point de passage, et par suite, d'abattre après quelques tâtonnements un nombre de hausses déterminé.

Les dispositions que l'on vient de décrire sont celles qui ont été primitivement adoptées et exécutées en tout ou partie dans les deux barrages construits en premier lieu, ceux de Damery et de Courcelles ; mais de notables modifications, qu'il reste à faire connaître, ont été apportées dans celle de huit autres barrages.

Suppression des tambours. — La difficulté de construire des tambours en tôle de grandes dimensions, avec la précision de forme nécessaire pour que le mouvement des contre-hausses pût s'y effectuer dans des conditions convenables, et l'impossibilité d'en défendre contre les ravages de l'oxydation celles des parois extérieures engagées dans le massif du déversoir et continuellement en contact avec l'eau, firent prendre le parti de supprimer ces tambours. On remplaça dans ce but le massif en pierres sèches du déversoir par un massif en maçonnerie à bain de mortier, construit entre deux vannages de pieux et palplanches ; la forme du glacis fut légèrement modifiée, et sur la crête de ce dernier fut ménagée une cavité longitudinale régnant d'une extrémité à l'autre du déversoir et ayant exactement pour section celle que présentaient les tambours. Cette cavité fut ensuite divisée en compartiments d'une longueur de 1m,50, égale à celles des contre-hausses, par des diaphragmes verticaux en fonte, remplaçant les bases des tambours et percés comme eux de deux ouvertures rectangulaires ; enfin des plaques horizontales en fonte ou en tôle, fixées à leur pourtour par des boulons, soit sur les arêtes des pierres, soit sur les rives supérieures des diaphragmes, complétèrent la fermeture de ces compartiments dans lesquels furent introduites les contre-hausses qui se trouvèrent ainsi dans des conditions identiques à celles où elles eussent été dans les tambours, figure 2.

Simplification dans l'appareil moteur. — Si l'on a suivi avec attention la description des différentes manœuvres à exécuter, l'on a remarqué que pour chacun des deux tubes, lorsque la ventelle située à l'une de ses extrémités est fermée, l'autre doit être.ouverte; rien ne s'oppose donc d'abord à ce qu'on articule l'une de ces ventelles avec l'autre par un balancier et qu'on diminue ainsi de moitié le nombre de ventelles sur lesquelles il faille agir. Mais ce n'est pas tout; si au lieu de chaque tube isolé on considère l'ensemble des deux tubes, celui de relevage et celui d'abatage, on remarquera que lorsqu'à l'amont l'ouverture de l'un est fermée, celle de l'autre est ouverte, et qu'il en est de même à l'aval; si donc on vient à les poser l'un au-dessous de l'autre, le tube d'abatage, par exemple, au-dessous de celui de relevage, deux ventelles placées l'une à l'extrémité d'amont de ces tubes et l'autre à l'extrémité d'aval, suffiront à la manœuvre des hausses, et comme leur mouvement devra être en sens inverse, c'est-à-dire que l'une devra s'abaisser lorsque l'autre se relèvera, rien ne s'oppose également à ce qu'on les articule. Il en résultera qu'au lieu d'avoir à agir sur quatre ventelles on n'aura plus à agir que sur une seule. C'est cette disposition qui a été définitivement adoptée; elle a permis de remplacer les deux tubes en fonte par un aqueduc en maçonnerie séparé en deux sections rectangulaires égales par une simple plaque en fonte, figure 4.

Une observation importante à faire, c'est que cette disposition des tubes permet de rendre le barrage automobile, car il suffit d'attacher un flotteur à la tige de la ventelle d'amont pour que les crues abattent le barrage à leur arrivée et le relèvent en se retirant.

Modèle des barrages. — Dans le modèle, on s'est proposé de faire voir les dispositions principales des déversoirs avec ou sans tambours, et, faisant abstraction des légères différences qui existent dans les dimensions des parties mobiles, on a donné une hauteur uniforme de 1 mètre aux hausses et de 1^m,15 aux contre-hausses. Les hausses adjacentes à la culée sont celles du barrage de Courcelles, enfermées dans des tambours et portant des béquilles; les hausses adjacentes à la pile sont celles du barrage de Charly, où les tambours et les béquilles ont été supprimés.

Durée des manœuvres. — Les manœuvres d'abatage exigent, en général, pour que toutes les hausses soient couchées sur le déversoir, d'une minute et demie à deux minutes; celles de relevage, exécutées immédiatement après, et contre l'effort de la cataracte, exigent de deux à trois minutes.

Dépense de construction. — Les huit déversoirs construits dans le système modifié ayant ensemble une longueur totale de 473 mètres ont coûté 739 000 fr. environ, y compris les appareils moteurs de la pile et de la culée, mais déduction faite des dépenses relatives à l'établissement de béquilles, ce qui donne pour le prix d'un mètre courant de déversoir à hausses sans béquilles 1 563 fr.

La culée a coûté en moyenne 20 500 fr.; si on la considère comme partie intégrante du déversoir, le prix du mètre courant s'élève à 1 910 fr.

Enfin, à l'aval du déversoir a été construit un arrière-radier de 20 mètres de largeur composé de gros blocs en pierres sèches, s'appuyant à l'amont contre le déversoir, à l'aval contre une ligne de pieux demi-jointifs et maintenus dans l'intervalle par neuf lignes de pieux battus en quinconce à 1^m,50 l'une de l'autre; cet arrière-radier a coûté en moyenne 22 000 fr.; si l'on veut encore ajouter cette dépense aux précédentes, elle portera le prix du mètre courant à 2 282 fr.

La construction des quatre déversoirs où les hausses sont armées de béquilles a occasionné une dépense supplémentaire de 3 700 fr. en moyenne par barrage, soit de 75 fr. par mètre courant.

Possibilité de rendre le système automobile. — « Toute la manœuvre, dit
M. l'ingénieur en chef Malézieux, se réduit au mouvement d'une tige verticale
qui abaisse ou lève la ventelle d'amont de la pile et de la culée. — Il est évident par là qu'à l'aide d'un flotteur placé dans le bief d'amont on pourrait
rendre la manœuvre automobile; et il y aurait peut-être lieu de le faire sur des
canaux d'irrigation qu'on voudrait exonérer des frais d'un gardien. — Mais sur
des cours d'eau importants, sur ceux-là surtout qui n'ont pas un régime torrentiel, M. Desfontaines n'était pas partisan de l'automobilité des engins. Il en
redoutait les mécomptes, préférait laisser à ses barragistes un peu de respon-
sabilité et trouvait le problème bien résolu lorsque, sans quitter la terre ferme
et en quelques tours de manivelle, un seul agent peut sûrement abattre ou redresser tout ou partie de la barrière qui règle le mouvement des eaux. »

BARRAGE MOBILE DE LA NEUVILLE-AU-PONT, SUR LA MARNE

(PORTES A AXE DE ROTATION HORIZONTAL.)

Le barrage de la Neuville-au-Pont, créé en vue d'emmagasiner 175 000 mètres
cubes d'eau dans les parties hautes de la rivière, comprenait un déversoir fixe
et deux pertuis de 9 mètres de large, ayant leur radier établi à $0^m,90$ au-dessous
de l'étiage.

L'un de ces pertuis était fermé par des aiguilles et l'autre par un système de
portes à axe de rotation horizontal, portes dont la figure 2, planche XVI, représente la section verticale suivant le fil de l'eau.

Le système se compose de deux vantaux assez semblables à ceux en usage
pour fermer les sas des écluses, si ce n'est que leurs poteaux tourillons, au lieu
d'être verticaux comme dans ces dernières, sont horizontaux et placés transversalement au pertuis dans une enclave pratiquée dans le radier. — L'un de ces
vantaux, celui à qui l'on réserve le nom de vantail, a son poteau tourillon situé
vers l'amont; l'autre, le contre-vantail, a le sien situé vers l'aval; la distance
entre ces deux poteaux étant moindre d'ailleurs que les largeurs réunies des
portes, le vantail recouvre en partie le contre-vantail, lorsque tous deux sont
couchés horizontalement dans leur enclave commune. La longueur des portes
est de $9^m,40$, elles s'engagent donc de $0^m,20$ sous les piles, et ne peuvent effectuer leur mouvement de bas en haut que dans des refouillements pratiqués dans
les parements de celles-ci et sur les bords desquels elles viennent s'appuyer
par l'intermédiaire de heurtoirs en bois, lorsqu'elles sont parvenues à l'extrémité de leur course.

Les piles du pertuis sont traversées de l'amont à l'aval par des aqueducs,
figure 1, planche XVI, dont les extrémités peuvent être fermées à volonté au moyen
de vannes placées dans des puits. Au lieu d'être horizontaux, ces aqueducs s'infléchissent en leur milieu pour descendre à un niveau inférieur à celui des
portes et pouvoir ainsi communiquer, par une bifurcation, avec une cavité ménagée dans le radier du pertuis au-dessous de ces dernières.

Enfin, en avant des portes se trouvent placées sur le radier des hausses mobiles ou contre-hausses qui peuvent momentanément fermer complètement le
pertuis. — Ces contre-hausses à charnières horizontales s'abattent de l'aval à

l'amont; relevées, elles sont maintenues dans une position à peu près verticale par deux chaînes de retenue, dont une des extrémités est scellée dans le radier; couchées, elles sont maintenues dans leur position horizontale par des loquets à bascule qu'elles portent à leur partie supérieure et qui viennent se prendre d'eux-mêmes sous une barre d'arrêt fixée transversalement sur le radier. Un léger mouvement de rotation imprimé à cette barre suffit d'ailleurs pour dégager ces loquets et rendre la liberté aux contre-hausses.

Pour fermer le pertuis, le barragiste commence par baisser les vannes d'aval des aqueducs des piles; il vient ensuite ouvrir celles d'amont et dégager les contre-hausses. Celles-ci libres dans leur mouvement se relèvent par le courant, ferment le pertuis et suspendent ainsi l'écoulement de l'eau. Le bief d'aval baisse, celui d'amont monte, et, de cette différence de niveau, naissent sous les portes des pressions de bas en haut, qui, croissant d'instants en instants, finissent par les soulever jusqu'à ce qu'elles viennent s'appuyer contre les heurtoirs fixés dans les refouillements des piles. L'eau continuant à s'élever à l'amont ne tarde pas à surmonter les contre-hausses, et remplit l'intervalle prismatique compris entre elles et les portes; soulagées alors de la pression qui les maintenait dans leur position verticale, les contre-hausses cèdent tant à leur propre poids qu'à celui de leurs chaînes de retenue et s'abattent sur le radier, en engageant leurs loquets sous la barre d'arrêt.

La manœuvre d'ouverture est encore plus simple, car elle se borne à fermer les vannes d'amont des piles et à ouvrir celles d'aval. L'eau introduite sous les portes s'écoule dans le bief d'aval, et celles-ci, privées de leur appui, s'affaissent l'une sur l'autre, et retombent dans leur enclave.

Il est à remarquer, d'ailleurs, que si l'on craignait que des ensablements se fussent formés sous les portes pendant la fermeture du pertuis, la disposition des aqueducs des piles permet d'y faire des chasses énergiques qui balayeraient facilement toute espèce de dépôts.

La manœuvre de la fermeture du pertuis, c'est-à-dire celle qui consiste à ouvrir ou fermer les vannes des aqueducs et à relever les contre-hausses, n'exige guère que cinq minutes; mais les portes ne se soulèvent pas immédiatement; il faut, pour que leur mouvement commence à s'accuser, que la différence de niveau entre les deux biefs soit au moins de 60 centimètres, et le temps nécessaire à la produire dépend du volume d'eau que roule la rivière.

La manœuvre de l'ouverture ne demande que trois minutes, et les portes s'affaissent presque aussitôt que les vannes d'aval des aqueducs des piles sont levées.

État actuel du barrage de la Neuville. — Voici les renseignements que donnait, en 1869, M. l'ingénieur en chef Dureteste, sur le fonctionnement du barrage be la Neuville :

« En étiage, quand la Marne débite à peine 5 mètres cubes par seconde, il faut une heure pour placer les aiguilles du pertuis accolé et rendre libres les contre-hausses en amont des vantaux. — Il faut quatre heures pour atteindre la cote 0m,80 qui permet de relever les vantaux et quinze minutes pour faire le relevage, en tout cinq heures quinze minutes. »

On a reconnu la nécessité de placer des galets à la traverse supérieure du contre-vantail pour diminuer le frottement de glissement pendant le soulèvement.

Quand il y a plusieurs mois que le système est au repos, on opère un nettoyage préalable en ouvrant en sens contraire les communications de la pile et

de la culée ; l'eau qui sort est chargée de vase, mais le nettoyage se fait facilement en quelques minutes.

Quand, en 1865, on a fait réparer le contre-vantail dont le poteau tourillon
avait été brisé, il y avait trois ou quatre ans que le système ne fonctionnait plus
et était remplacé par un batardeau ; la chambre des vantaux était complétement
envasée.

Avec le système américain on ne peut pas régler la retenue. Cette opération
ne peut se faire que par le barrage à aiguilles qui lui est accolé.

BARRAGE AVEC PORTES ARTICULÉES DE M. FOURNEYRON

Le barrage avec portes articulées de M. Fourneyron est représenté en coupe
horizontale par la figure 5, planche XVI ; il se compose d'une série de pertuis
séparés par des piles en maçonnerie.

L'inventeur se proposait de l'établir sous les arches du Pont-Neuf, à Paris,
afin de créer une force motrice industrielle.

Le système comprend à l'amont une porte verticale ab, analogue à une porte
d'écluse, mobile autour du poteau tourillon a ; à l'aval, est une porte formée de
deux parties articulées dc, co, cette porte est mobile autour de l'axe verticale d;
des charnières également verticales règnent en c et en o, de sorte que le système $abocd$ peut être comparé à un paravent à trois feuilles inégales, dont
les extrémités a et d sont fixes, la largeur des feuilles étant calculée de telle
sorte qu'elles puissent se replier les unes sur les autres et se loger dans l'enclave de la pile comme le montrent les lignes pointillées.

La chambre fermée abd communique par le conduit i avec un aqueduc ge
ménagé dans la pile en maçonnerie et muni de deux vannes h et k ; si la vanne h
est seule levée, c'est l'eau d'amont qui agit et qui vient presser sur le pourtour $abcd$; les portes vont donc se mettre en mouvement, et, à mesure qu'elles
rétrécissent la passe, la chute augmente et avec elle la force motrice, de sorte
que la puissance l'emporte toujours sur la résistance.

Pour ouvrir le barrage, il suffit de baisser la vanne h et de lever la vanne k,
c'est-à-dire de mettre la chambre des portes en communication avec l'eau d'a-
val ; les portes se replient d'elles-mêmes dans leur enclave grâce à la poussée de
la retenue d'amont.

Le système Fourneyron, comme tous ceux qui ne conviennent qu'à des passes
étroites et qui exigent la construction de nombreuses piles en maçonnerie, est
inapplicable aux grandes rivières ; ce n'est qu'exceptionnellement que ces systèmes peuvent rendre quelques services.

BATEAU-BARRAGE

Le bateau-barrage n'est autre qu'un barrage à poutrelles horizontales comprenant une poutrelle unique creuse en forme de bateau.

« Ce système, dit M. Mary, a été essayé sur la Seine à Andresy. Il se compo-

sait d'un grand coffre rectangulaire ou bateau dont les parois latérales verticales étaient réunies à l'intérieur par un pont, et dans la longueur par des cloisons transversales. Ce bateau étant amené devant le pertuis et appuyé contre
les piles ou culées des extrémités, on ouvrait les vannes du côté d'amont, l'eau
se précipitait dans l'intérieur et par son poids forçait le bateau à descendre et
à fermer par conséquent le pertuis. On le soulevait en ouvrant la vanne d'aval
et en faisant écouler l'eau qu'il renfermait.

Pour empêcher le bateau de descendre trop bas, on avait établi, en amont du
seuil et à un niveau un peu inférieur, deux chevalets sur lesquels il s'appuyait;
si l'on n'avait introduit l'eau dans l'intérieur que pour équilibrer exactement
la pression inférieure, dès qu'il arrivait une crue, l'augmentation de la sous-
pression soulevait le bateau sans aucune manœuvre, et l'écoulement de l'eau
de la retenue s'opérait sous le bateau jusqu'à ce que, la hauteur d'eau en
amont et par conséquent la pression diminuant, il eût repris sa position primitive de manière à fermer le passage aux eaux. Lorsque l'on faisait cette manœuvre, le bateau se vidait en bien moins de temps qu'il n'en fallait pour effacer la dénivellation des eaux, et il s'élevait au-dessus du niveau d'aval en
prenant une position légèrement inclinée du haut vers l'amont. Lorsqu'il descendait, il prenait, au contraire, en vertu des pressions de l'eau, une position
'nclinée en sens inverse.

Pour diminuer les frottements du bateau contre les piles ou culées, on avait
interposé entre les deux un système de galets réunis par une chape et maintenus par un contre-poids. Ces galets, de 0^m,25 de diamètre, roulaient sur des
plaques en fer forgé, de sorte que le frottement n'excédait pas le centième de
la pression.

Le bateau expérimenté avait trente-six mètres de long et se trouvait divisé en
six compartiments. Il était formé d'une caisse en bois établie au moyen de traverses inférieures dans lesquelles s'assemblaient les montants des parois verticales. Pour que celles-ci puissent résister à la pression énorme de 1 600 kilog.
par mètre carré environ, pour une chute de 1^m,80, on avait placé sur le
fond et sous le pont deux poutres formant une ferme, qui transmettaient la
pression aux extrémités du bateau, c'est-à-dire contre la pile et la culée
qui lui servaient d'appui. En outre, des pièces de bois en diagonale étaient
placées dans chaque case, et, pour éviter l'affaiblissement à leur rencontre,
on les avait réunies dans une pièce en fonte munie d'amorces pour les
recevoir.

De cette manière on avait obtenu un système d'une parfaite rigidité qui s'abaissait et s'élevait avec la plus grande facilité au moyen de l'ouverture et de la
fermeture des vannes qui remplissaient ou vidaient la capacité intérieure du
bateau. Aussi en faisait-on usage pour produire à l'aval des crues momentanées afin de faciliter le passage des hauts-fonds de Poissy et autres.

Mais une manœuvre n'a pas réussi : l'enlèvement du bateau pour laisser le
passage libre à la navigation. Il fallait, pour le faire tourner sur une de ses
arêtes, exercer un effort très-considérable.

Le bateau-barrage a dû être abandonné quand on a exhaussé la retenue,
parce qu'il n'avait pas pu la supporter sur l'espace de 36 mètres qu'il fermait
sans appui intermédiaire. »

Malgré son déplacement d'eau considérable, le bateau-vanne appuyé contre
ses piles ne pouvait jamais sortir de l'eau jusqu'à sa ligne normale de flottaison; il restait en dessous de 0^m,40. On attribuait cette paresse au frottement

des galets contre les piles : mais ce n'est pas la vraie cause; la vraie cause est dans la réduction de pression que nous avons signalée en traitant de l'ajutage cylindrique et du barrage à poutrelles horizontales; cette réduction de pression est due à la contraction des filets liquides.

M. Krantz explique fort bien cet effet :

« Une poutrelle en sapin, dit-il, flotte sur l'eau, on l'amène en travers d'un pertuis et, aussitôt qu'elle a touché les bajoyers, on la voit, malgré son faible poids spécifique, s'enfoncer et descendre jusqu'à s'appuyer sur le radier ou sur les poutrelles déjà posées.

Un bateau placé en travers d'une arche de pont et appuyé sur les piles voisines sombre inévitablement, pour peu qu'il y ait du courant.

Tous ces faits bien connus procèdent de la même cause : la réduction, par suite de l'action du courant, de la pression qui agit sur la face inférieure de la poutre ou du bateau.

C'est à cette cause, bien plus qu'au frottement sur les galets de friction, que l'on doit attribuer l'incomplet relèvement du bateau-vanne à Andresy. Il n'y aurait eu absolument aucun frottement que le bateau ne se serait pas complétement relevé, car il recevait sur son fond une pression de bas en haut moindre que la pression atmosphérique qui agissait sur son tillac de haut en bas. »

VANNE DÉVERSOIR DU SYSTÈME CH. POIRÉE, BARRAGE DE LA MONNAIE, A PARIS

Depuis 1853 fonctionne à Paris, sur le petit bras de la Seine, accolé à l'écluse de la Monnaie, le barrage déversoir construit par M. l'ingénieur Ch. Poirée. Ce barrage a bien rempli les fonctions qu'on lui demandait; il n'a jamais gêné l'écoulement des eaux, des glaces ou des corps flottants. Il rachète la pente du petit bras de la Cité et soutient une chute de $0^m,60$ à $1^m,00$ jusqu'à ce que le niveau de la Seine se soit élevé à $4^m,00$ au-dessus de l'étiage.

Ce barrage déversoir se compose de quatre pertuis de $8^m,75$ d'ouverture, séparés par des piles. Chacun est fermé par une vanne en tôle de forme particulière que représentent les figures 1, 2 et 3 de la planche XXV.

La vanne proprement dite dont nous donnons le demi-plan et la coupe transversalement au fil de l'eau est formée de deux parois en tôle; la paroi inférieure est une portion de cylindre dont l'axe est horizontal; la paroi supérieure destinée à contreventer la précédente et à lui donner de la rigidité est profilée en arc de cercle. L'ensemble des deux parois affecte ainsi la forme d'un solide d'égale résistance; ces deux parois sont réunies par des cloisons verticales, parallèles au fil de l'eau; latéralement, les deux parois ne sont reliées par rien et l'eau circule librement entre elles.

A chaque extrémité, près des piles, les vannes ainsi formées sont soutenues par six tiges en fer qui se relient à un tourillon horizontal prenant son appui sur la maçonnerie des piles; l'axe de rotation ainsi formé n'est autre que l'axe même du cylindre qui forme le pourtour inférieur de la vanne.

Dans le mouvement de rotation, les pressions de l'eau passent donc toutes par l'axe de rotation et ne donnent lieu par conséquent qu'à des frottements sur les tourillons. Les différences de pression hydrostatique sur les tranches latérales des deux parois de tôle et sur les tranches des cloisons sont très-faibles, car les tôles n'ont que 0ᵐ,007 d'épaisseur.

A chaque bout passe sous la vanne une chaîne de manœuvre qui remonte vers l'aval, en embrassant la paroi cylindrique, vient s'enrouler sur un treuil porté par la pile et descend dans un puisard où elle se termine par un contre-poids en fonte équilibrant le poids de la vanne.

L'effort à exercer par les hommes qui agissent sur les treuils se réduit à ce qui est nécessaire pour vaincre les frottements sur les tourillons.

Le radier du pertuis pourrait être profilé en cylindre fixe entourant la vanne à une faible distance; on a préféré le surmonter de deux seuils en bois, de 0ᵐ,50 de hauteur; celui d'amont est fixe, celui d'aval est mobile et peut être soulevé. Cela permet d'établir une chasse sous la vanne et de se débarrasser facilement des corps flottants ou fondriers.

Chaque vanne pèse environ 7 500 kilog.; les tourillons en fer ont 0ᵐ,18 de diamètre. Chaque pertuis est revenu à 15 000 fr.

Il va sans dire que les piles sont reliées par des passerelles en bois.

Comme tous les systèmes à piles fixes, celui que nous venons d'examiner présente de sérieux inconvénients sur les grandes rivières; il est coûteux et cela explique pourquoi l'usage ne s'en est pas propagé.

« Exécuté en 1853, disait en 1869 M. Ch. Poirée, le barrage de la Monnaie n'a éprouvé aucune avarie et a fonctionné toujours à la satisfaction de la marine, sans gêner en rien l'écoulement des eaux, des glaces et des corps flot-tants. C'est l'exemple d'un déversoir mobile pouvant prendre au besoin une pente transversale pour rejeter la force des courants dans une direction convenable. »

BARRAGE MOBILE A PRESSES HYDRAULIQUES, SYSTÈME GIRARD

M. l'ingénieur Girard, connu par ses inventions hydrauliques, a exécuté dans ces dernières années, à titre d'expérience, un barrage d'un nouveau système dont l'application a été faite à la retenue de l'île Brûlée, à 1 500 mètres en aval d'Auxerre.

Cette application a porté sur le déversoir seul et non sur la passe navigable.

Le système, représenté en coupe transversale par la figure 3 de la planche XXIV, se compose d'une série de grandes vannes, mobiles autour d'un axe horizontal fixe auquel elles sont attachées par leur crête inférieure; au milieu de ces grandes vannes et à l'aval est une gorge de rotation, dans laquelle se meut un axe, relié par trois bielles à un autre axe horizontal ou traverse formant la tête du piston d'une presse hydraulique. — Sur le dessin, on ne voit qu'une des trois bielles, mais la disposition des deux autres se comprend bien; une seule bielle serait insuffisante pour soutenir une large vanne, l'effort concentré en un point serait trop considérable, la vanne se gondolerait et aurait peine à résis-ter. — La traverse inférieure formant la tête du piston plongeur de la presse hydraulique est soutenue par trois glissières en fonte sur lesquelles elle se meut et qui sont fixées au parement de la partie fixe du déversoir. — La presse hydraulique elle-même est solidement reliée au massif de maçonnerie.

Des tubes en cuivre a mettent chaque corps de pompe en communication soit avec la machine à comprimer l'eau, soit avec le réservoir à air comprimé ; ces appareils se trouvent dans une usine bâtie sur la rive.

La force motrice est fournie par le cours d'eau lui-même; elle est recueillie par une turbine à axe vertical, qui fait mouvoir une pompe à eau à double effet et une pompe à air.

Les pompes et le réservoir à air comprimé communiquent par un robinet à trois eaux, de sorte qu'on peut refouler l'eau soit dans le réservoir, soit dans les presses hydrauliques, ou mettre les corps de pompe en relation avec un tuyau de décharge.

La manœuvre d'un robinet suffit donc à faire mouvoir une vanne ; si la presse hydraulique communique avec les pompes ou le réservoir de pression, le piston est soulevé et relève la vanne correspondante ; au contraire, si les presses communiquent avec le tuyau de décharge, l'eau s'échappe lentement du corps de pompe, le piston descend et la vanne s'abaisse jusqu'à ce qu'elle soit couchée horizontalement.

Les vannes ont $1^m,97$ de haut sur $3^m,52$ de large; relevées, elles ne se mettent point dans la verticale, mais conservent un fruit de $0^m,40$.

Le diamètre extérieur des presses en fonte est de $0^m,40$ et leur épaisseur de $0^m,04$; il y a une presse par vanne.

Les presses sont placées à un niveau tel qu'elles soient toujours noyées par la retenue d'aval; on a voulu par là les soustraire à la congélation.

Pour relever le barrage lorsqu'il est entièrement couché, le réservoir à air comprimé étant vide, il faut produire de l'eau comprimée, c'est-à-dire mettre la turbine en marche, et, par conséquent, produire d'abord une chute. — On obtient cette chute en fermant la passe navigable munie de hausses Chanoine. — Quand le niveau d'amont atteint 1 mètre sur le seuil de la passe, la turbine se met en marche et peut actionner directement les presses hydrauliques; en dix minutes les vannes sont relevées; il est à remarquer que la puissance de la chute croît en même temps qu'augmente la résistance des vannes.

Mais, en général, il est préférable de faire la manœuvre avec le réservoir à air comprimé; on y envoie d'abord avec les pompes à air de l'air que l'on comprime à 10 atmosphères, puis on fait jouer les pompes à eau qui doublent le volume d'eau du réservoir et portent la pression à 20 ou 25 atmosphères.

Si l'on met alors les presses en communication avec le réservoir, la manœuvre du relèvement s'opère d'elle-même.

Le réservoir étant à peu près étanche, on peut toujours le maintenir sous pression; les vannes étant levées, on ferme le robinet du tuyau a, l'eau conserve sa pression dans les corps de pompe étanches ; à la fin de la journée, on constate un petit abaissement du piston et il faut rétablir la pression initiale.

On trouvera les détails de construction du barrage mobile Girard dans la notice qu'a publiée aux *Annales des ponts et chaussées* de 1873 M. l'ingénieur Remise, notice dont voici la conclusion :

Jusqu'à présent, le système a bien fonctionné, avec rapidité et commodité.— Mais il est en somme très-compliqué et l'entretien en sera probablement difficile et coûteux. — La gelée pourra entraîner de graves avaries; aussi M. Girard avait-il proposé pour l'hiver l'emploi de l'eau alcoolisée; ce serait une grosse dépense. — Il semble qu'avec le temps il sera difficile de maintenir l'étanchéité et que les pertes augmenteront dans de grandes proportions; il est vrai qu'on pourra recourir alors à des heurtoirs semblables à ceux qui reçoivent le pied des arcs-boutants dans les hausses Chanoine. — On pourra, pour régler la retenue, recourir aux vannes-papillons ménagées dans les grandes vannes. — La plus grosse objection contre le système est son prix de revient considérable : ce prix a été de 2 000 francs le mètre courant, non compris 1 000 francs par mètre pour la partie fixe. — C'est presque trois fois plus que le prix de revient des autres systèmes.

BARRAGE MOBILE DE M. KRANTZ

Le programme des conditions que s'est imposées M. Krantz dans la construction de son barrage mobile est le suivant :

« Un barrage mobile doit :

1° Se manœuvrer à l'aide des forces naturelles du cours d'eau, convenablement mises en jeu, et sans exposer les agents à aucun risque ;

2° Rester dans son ensemble soumis à la volonté de l'homme ;

3° Corriger spontanément les petites dénivellations de la retenue et ne rendre l'intervention de l'homme nécessaire qu'à de rares intervalles ;

4° Ne renfermer que des organes robustes et capables de résister à un choc violent ;

5° N'exiger pour son établissement que des travaux analogues à ceux qui s'exécutent habituellement sur nos rivières ;

6° Être suffisamment étanche ;

7° Pouvoir s'appliquer à des hauteurs de retenue auxquelles n'atteignent pas nos barrages mobiles actuels. »

Les figures 4 à 8 de la planche XXV représentent le barrage mobile de M. Krantz : ce barrage comprend deux parties principales : les éclusettes et les vannes. — Les vannes sont elles-mêmes formées de deux parties principales : les pontons en tôle et les vannes.

Le type représenté est étudié en vue de créer une retenue de 3 mètres de hauteur.

1° Les éclusettes, figure 7, sont des appareils en tôle posés sur soubassement en maçonnerie ; elles se composent d'une chambre ou sas central A qui, par les vannes à mouvement vertical v et v', peut être mis en communication avec le bief d'amont ou avec le bief d'aval, ou avec les deux biefs à la fois. — On peut donc établir dans le sas A le niveau d'amont, le niveau d'aval ou un niveau intermédiaire, suivant qu'on ouvre la vanne v seule ou la vanne v' seule, ou les vannes v et v' simultanément d'une manière inégale.

La pression de l'eau dans les éclusettes et l'eau elle-même est transmise par l'ouverture B de la base de l'éclusette, sous les pontons ; et cette pression s'exerce constamment sous le ponton C, que le barrage soit abattu ou relevé comme le montrent les figures 4 et 5.

Le barrage étant abattu, la vanne est couchée à $0^m,80$ sous l'étiage et le ponton est logé dans le conduit de forme trapézoïdale encastré dans le radier.

2° Le ponton C est l'organe essentiel des mouvements de la vanne ; il est vide d'eau et maintenu étanche, de sorte qu'il constitue une force ascensionnelle considérable. — Chaque ponton pèse 6 550 kilogrammes et déplace 9 900 litres d'eau, il engendre donc une force ascensionnelle de 3 450 kilogrammes. — A l'aval, le ponton est fixé à la carcasse du conduit par deux charnières fixes m autour desquelles il tourne, son mouvement de rotation est limité convenablement à des positions extrêmes.

3° Les vannes sont fixées au ponton et mobiles autour de charnières n placées à l'angle supérieur amont de ce ponton. Une vanne de est représentée couchée par la figure 5 et relevée par la figure 4.

Une vanne a 3 mètres de large, 4^m,335 de hauteur verticale et 4^m,985 de hauteur suivant sa position extrême inclinée à 30° sur la verticale; son poids est de 3 860 kilogrammes.

Quand le barrage est relevé, le niveau de la retenue dépasse de 0^m,15 la crête des vannes que surmonte une lame déversante.

L'axe de rotation de la vanne est à 0^m,40 au-dessus de son centre de gravité et à 0^m,48 au-dessus du centre de pression calculé pour la retenue normale.

4° À 0^m,10 en contre-bas de la crête de la vanne, chaque vanne est percée de trois fenêtres rectangulaires fermées chacune par une vanne papillon de 0^m,95 de hauteur et de 0^m,62 de large. — Une vanne-papillon fi est représentée par la figure 8.

Les vannes-papillons sont automatiques : leur axe horizontal de rotation est à 0^m,41 au-dessus de leur bord inférieur ; leur mouvement de bascule est limité par une chaîne à contre-poids.

Considérons le barrage abattu, figure 5, la rivière est à l'état naturel et n'offre pas de dénivellation. — Le ponton déplace 3 300 litres d'eau, et l'effort ascensionnel qui en résulte a, par rapport à l'axe m de rotation, un moment égal à 6 950, le bras de levier étant 2^m,10.

Le poids du ponton et celui de la portion de vanne qu'il supporte donnent un moment résistant total de 6 450 kilogrammes.

Il y a donc en faveur de la force ascensionnelle un excès de moment égal à 480.

Cet excès n'est pas suffisant pour vaincre les résistances de tout genre et pour soulever le ponton, c'est-à-dire pour relever le barrage.

Mais imaginons une dénivellation de 0^m,20 de l'amont à l'aval du barrage, l'excès des moments ascensionnels sur les moments résistants devient égal à 2 230 et le relèvement de l'appareil est assuré.

Mais la retenue hypothétique de 0^m,20 n'existe pas, puisque la rivière est à l'état naturel ; on pourrait s'en passer en augmentant le déplacement du ponton, mais cela augmenterait la substructure en profondeur et en largeur, et entraînerait de grosses dépenses. — Aussi M. Krantz a-t-il préféré alimenter l'éclusette au moyen d'un réservoir ménagé sur la rive : ce réservoir s'emplit au moyen de la retenue supérieure lorsqu'elle est constituée. Il est donc toujours en charge lorsqu'il s'agit de relever le barrage abattu.

Une éclusette suffit à la maçonnerie de 100 mètres de barrage ; or, 1 mètre courant de ponton engendre dans sa rotation un vide de 2 mètres cubes; c'est donc un volume utile de 200 mètres cubes à donner au réservoir accolé à l'éclusette. — Comme il faut parer aux pertes, M. Krantz estime que 400 mètres cubes suffiraient ; il serait, du reste, facile d'obtenir davantage sans grands frais.

Pour abaisser le barrage, on met le sas de l'éclusette et, par conséquent, le conduit qui règne sous les pontons, en communication avec le bief d'aval; la somme des moments ascensionnels devient inférieure à celle des moments résistants et l'appareil se replie de lui-même.

Les vannes-papillons sont destinées à basculer d'elles-mêmes sous la pression

de la lame déversante, lorsque cette lame atteint une hauteur supérieure à
0ᵐ,15, et elles servent de régulateur à la retenue; le contre-poids dont la
chaîne est munie ne tire sur la vanne-papillon que lorsque celle-ci est en
bascule; ce contre-poids est efficace pour combattre la paresse de la vanne à se
redresser.

On comprend que la grande vanne elle-même se mettra en bascule, si la
lame déversante arrive accidentellement à prendre une hauteur considérable.

Une propriété particulière du barrage qui nous occupe est de pouvoir se
maintenir dans une position intermédiaire quelconque entre le relèvement
complet et l'abaissement complet : il suffit pour cela de manœuvrer les vannes
v et v' de manière à maintenir le niveau de l'eau dans le sas de l'éclusette à un
niveau intermédiaire entre celui d'amont et celui d'aval.

M. Krantz estime à 6 500 francs le prix du mètre courant de son barrage pour
retenue de 3 mètres de hauteur.

Nous avons vu fonctionner, il y a quelques années, un ponton et une vanne
placés dans un bassin chez MM. Joly, constructeurs à Argenteuil; la manœuvre
était des plus curieuses et offrait un spectacle très-intéressant. — Des expériences en grand ont été faites sur un bras de la Seine, à Marly; nous ne savons
à quels résultats elles ont conduit.

BARRAGE A VANNES ET FERMETTES, SYSTÈME BOULÉ, POUR FORTES CHUTES

Ce système, d'invention récente, est dû à M. l'ingénieur Boulé, chargé du service de la navigation de la Seine à l'amont de Paris :

« Il se compose, dit M. Boulé, des engins les plus simples et les plus anciennement connus : les fermettes de M. Poirée et les vannes ordinaires des usines
hydrauliques. Les vannes glissent verticalement entre deux fermettes successives, comme celles des moulins se meuvent entre deux culées en maçonnerie,
et quelquefois même entre deux poteaux en bois : on les manœuvre de la même
manière avec un cric, du haut de la passerelle portée par les fermettes.

Parmi les pièces qui entrent dans la construction des différents barrages
mobiles, ce sont incontestablement les fermettes de M. Poirée qui présentent
le plus d'avantages et le moins d'inconvénients. En même temps qu'elles servent de supports au vannage, elles portent un pont de service très-utile, lors
même qu'il n'est pas indispensable, quelle que soit la forme du barrage, et la
présence de ce pont permet d'élever tous les mécanismes au-dessus de la
retenue et de ne placer sous l'eau aucune pièce fragile qui puisse exiger des
réparations.

Les aiguilles des barrages de M. Poirée ont, au contraire, des inconvénients
nombreux et bien connus : ce sont elles seules qui ont limité jusqu'à présent
la hauteur des barrages à fermettes; leur emploi nécessite la construction d'un
long et coûteux déversoir fixe à côté du barrage mobile; enfin, le rideau d'aiguilles n'est pas suffisamment étanche. — C'est pour éviter ces inconvénients
qu'on a cherché à fermer les barrages par des vannes tournantes de différentes
formes; mais celles-ci ne sont pas non plus exemptes de défauts et il est assez
remarquable qu'on a toujours eu recours aux fermettes pour y remédier. »

Mais, avec les hausses Chanoine, les fermettes ont le tort de constituer un double emploi, puisqu'elles ont la même solidité que si elles devaient supporter à elles seules la retenue.

C'est ce qui a conduit M. Boulé à l'idée d'appliquer directement les vannes sur les fermettes comme le montrent les figures 1 et 2 de la planche XXIV.

Chaque vanne doit être levée successivement et transportée au magasin, comme on fait d'une aiguille ; un seul engin de manœuvre suffit, c'est une petite grue qui se meut sur la plate-forme de la passerelle. — Cette plate-forme peut du reste être placée à tel niveau qu'on le veut, puisque l'on n'a plus à se préoccuper des aiguilles.

L'intervalle entre les fermettes est conservé égal à environ 1 mètre; la hauteur entière de la travée est fermée, non par une seule vanne qui serait trop lourde et trop difficile à lever, mais par plusieurs étages de vannes ayant à peu près 1 mètre de hauteur.

Pour ouvrir le barrage, on enlèvera d'abord toutes les vannes de l'étage supérieur, puis celles de l'étage inférieur; dans l'intervalle, la dénivellation des eaux de l'amont à l'aval du barrage aura diminué, et le second étage de vannes n'exigera pas plus d'efforts que le premier. La chute sera même presque effacée lorsqu'on lèvera les vannes de l'étage inférieur.

La manœuvre ne se fera du reste que peu à peu, au fur et à mesure des variations du débit : avec les vannes, on arrivera à une régularisation parfaite du niveau de la retenue.

Il n'y a pas à craindre de voir le barrage submergé lors des crues rapides, comme cela est arrivé deux fois au barrage de Suresnes en 1875 ; la passerelle est suffisamment élevée pour que l'on ait tout le temps de démonter les vannes et de coucher les fermettes.

Les hausses Chanoine ont l'inconvénient de se prêter à une manœuvre trop rapide; en quelques minutes on peut ouvrir ou fermer la passe navigable, et on crée à l'aval une crue factice et torrentielle fort dangereuse ou on s'expose à affamer le bief d'aval. Les manœuvres très-rapides vont devenir inutiles depuis qu'on a substitué la navigation continue à la navigation par éclusées.

Le barrage à vannes et fermettes permettra « d'obtenir le même résultat que si, dans un barrage-déversoir, on pouvait abaisser successivement le seuil à mesure que le débit augmente ».

Le barrage à seuil mobile est en effet un désidératum depuis longtemps signalé par le Conseil des ponts et chaussées.

Ce désidératum est réalisé par le barrage Boulé, qui permet de faire varier le débouché dans toutes proportions suivant le débit de la rivière, et qui permet en outre d'effectuer les manœuvres sous la moindre charge possible.

Le nouveau barrage sera toujours surmonté d'une lame déversante qui maintiendra dans le bief d'amont un courant superficiel et entraînera tous les corps flottants ; d'où la possibilité de supprimer le déversoir fixe adjoint aux barrages à aiguilles.

Le déversement sur les vannes ne sera pas intermittent, mais continu ; il sera donc facile d'utiliser la puissance hydraulique créée par le barrage. — Il sera facile également de mesurer à chaque instant le débit de la rivière.

Les vannes devant être enlevées lors des crues, on les réparera et on les goudronnera en ce moment, ce qu'on ne peut faire avec les hausses Chanoine toujours noyées.

L'application du barrage Boulé a été faite à la passe de Port-à-l'Anglais ; les fermettes ont 4^m,75 de hauteur, 5^m,10 de large à la base et 1^m,20 au sommet ;

elles sont espacées de 1ᵐ,10 d'axe en axe ; chaque travée supporte 3 vannes superposées, en bois de chêne, de 1ᵐ,08 de large et 1ᵐ,30 de hauteur ; ce vannage s'élève à 3ᵐ,90 au-dessus du seuil, soit à 0ᵐ,10 au-dessus de la retenue du bief. — Avec le nouveau système, le mètre courant d'une retenue de 4 mètres est revenu à 3 650 francs environ, tandis qu'une passe à hausses Chanoine pour retenue de 3 mètres seulement a coûté 3 070 francs.

Pour enlever une vanne il faut 2 à 3 minutes à l'étage supérieur, 5 à 6 minutes à l'étage moyen, 8 à 10 minutes à l'étage inférieur. — Cette manœuvre est plus lente, à débouché égal, qu'avec les aiguilles, mais il serait possible de l'accélérer, si cela était nécessaire.

COMPARAISON ENTRE LES DIVERS SYSTÈMES DE BARRAGES ET NOTAMMENT
ENTRE LES BARRAGES POIRÉE ET LES BARRAGES CHANOINE

Parmi les systèmes assez nombreux que nous venons de décrire, il n'y en a que deux qui soient employés sur une grande échelle. Ce sont : 1° le barrage à fermettes et aiguilles du système Poirée ; 2° le barrage à hausses mobiles du système Chanoine perfectionné.

Tous deux ont rendu de grands services dans la canalisation des rivières ; ils ont donc tous deux des qualités sérieuses. — Le système des hausses paraît convenir plus particulièrement aux rivières à crues rapides d'allure plus ou moins torrentielle ; le système des aiguilles, qui se prête à une variation lente et progressive du débit, semble au premier abord mieux approprié aux rivières calmes à cours tranquille et à crues de vitesse modérée.

Cependant, aujourd'hui que tous nos grands fleuves vont se trouver dotés de lignes télégraphiques reliant entre eux les barrages successifs, il semble que la rapidité d'ouverture des passes est devenue moins nécessaire ; même sur les rivières torrentielles, les crues sont signalées à l'avance et il est possible de leur préparer un débouché suffisant.

En l'état actuel des choses, il n'existe point de doctrine absolue pour le choix à faire entre les divers systèmes de barrages. — Il ne nous appartient pas de trancher la question et il nous suffira de reproduire ici l'avis des ingénieurs expérimentés qui ont écrit sur la matière.

Dans une *Étude comparative* sur divers systèmes de barrages mobiles, étude insérée aux *Annales des ponts et chaussées* de 1866, M. l'ingénieur de Lagrené arrivait aux conclusions suivantes :

« Les barrages à fermettes et à aiguilles présentent divers inconvénients : 1° quand la retenue dépasse 2ᵐ,50, les aiguilles deviennent trop lourdes et peu maniables ; une aiguille de 4 mètres de long et de 0ᵐ,08 d'équarrissage pèse sèche 9 kilogrammes et 13ᵏ,33 lorsqu'elle a séjourné dans l'eau ; 2° la manœuvre est dangereuse pour les hommes qui circulent sur la passerelle, et le danger s'accroît avec les efforts à produire et avec la hauteur de chute ; 3° les vides laissés entre les aiguilles livrent passage à des courants qui produisent des affouillements en aval de la passe ; 4° pour maintenir la retenue et éviter la submersion il faut exercer à certaines époques une surveillance continuelle et assidue ; 5° les grandes fermettes sont difficiles à coucher et on ne peut pas toujours s'assurer si elles sont bien à fond ; 6° les aiguilles en arrêtant les corps flottants peuvent déterminer des émanations insalubres. »

En regard de ces inconvénients des barrages à fermettes, M. de Lagrené signalait les avantages suivants des barrages à hausses : 1° la force de l'homme ne s'y exerce que par l'intermédiaire d'engrenages, ce qui permet d'augmenter les efforts et par conséquent la hauteur des barrages dans de grandes proportions ; 2° pendant la manœuvre d'ouverture de la passe, l'éclusier reste sur la rive ; pendant la manœuvre du relevage, il est dans un bateau solide ; il ne court donc aucun danger ; 3° le règlement du niveau de la retenue se fait automatiquement par les hausses du déversoir ; celles-ci sont éloignées des écluses et par conséquent ne déterminent point de courants dangereux pour les bateaux qui se présentent devant les écluses ; 4° les affouillements sont concentrés à l'aval du déversoir où il est facile de les combattre ; 5° les réparations des hausses sont peu nombreuses et du reste faciles, les hausses se couchent complètement sur le radier et ne forment point d'obstacle à l'écoulement des crues ; 6° enfin, la passe navigable peut être ouverte très-rapidement, circonstance favorable pour la navigation par éclusées.

Dans une note publiée en 1867, M. l'inspecteur général Cambuzat, examinant les barrages de l'Yonne, qui sont les uns à aiguilles, les autres à hausses Chanoine, expose que plusieurs fois des barres à talons et des chevalets ont été cassés, qu'un caillou ou un morceau de bois engagé sous la barre à talons ou dans une glissière a empêché l'abatage d'une ou de plusieurs hausses ; lorsque ces avaries se produisaient de jour, le passage des bateaux se faisait par l'écluse, si l'éclusée n'était pas trop affamée, mais, lorsqu'elles se produisaient de nuit, l'éclusée était perdue.—L'action répétée des éclusées produit à l'aval des barrages à hausses des affouillements considérables qui ont atteint jusqu'à 4 et 5 mètres dans le gravier et dans la craie ; ces affouillements se produisent à l'aval des passes et sont peu sensibles à l'aval des déversoirs.—Ces inconvénients ne se produiraient pas avec la navigation continue ; ils sont inhérents à la navigation par éclusées dans laquelle la passe, ouverte en deux minutes, projette à l'aval une masse énorme d'eau.—L'ouverture de la passe des barrages à fermettes est moins rapide, par conséquent la masse et la vitesse du flot sont moins considérables et les affouillements se manifestent avec moins de force.

« Avec les barrages à fermettes, dit M. Cambuzat, il y a réellement du danger pour les hommes qui les ouvrent en temps de pluie, de gelée ou de crue et pendant la nuit, tandis que la manœuvre des barrages à hausses n'offre pas de danger pour les éclusiers.

Je n'ai jamais remarqué que les barrages à fermettes fussent sur l'Yonne une cause d'insalubrité par l'arrêt des corps flottants. »

En 1868, M. l'ingénieur Saint-Yves donna à son tour une étude comparative sur les systèmes de barrages mobiles, en s'attachant à démontrer que les barrages à fermettes de la basse Seine ne présentent point les inconvénients signalés par M. de Lagrené :

« A l'origine, les retenues étaient peu élevées, on pouvait donner aux fermettes plus de hauteur qu'il n'était nécessaire et dépasser sans inconvénient la retenue maximum ; les barrages étaient accompagnés d'un déversoir fixe, arasé au niveau du bief d'amont, destiné à livrer passage aux crues momentanées.— Lorsque les retenues se sont élevées pour arriver jusqu'à 3 mètres, il a fallu limiter la hauteur des fermettes à celle de la retenue même, il importait alors de ne point dépasser le niveau réglementaire de la retenue ; le déversoir fixe,

arasé au niveau de la retenue, dut être abandonné et remplacé par un déversoir
à hausses mobiles d'une grande sensibilité. — L'importance de ce déversoir est
considérable dans les grands barrages à fermettes et à aiguilles. »

D'après M. Saint-Yves, la manœuvre des aiguilles en sapin de 4 mètres de
long et de $0^m,08$ d'équarrissage, pesant 12 à 15 kilogrammes suivant la nature
du sapin, se fait sans difficulté et sans danger par des barragistes un peu expérimentés ; la largeur des passerelles a été portée sur la basse Seine de $0^m,60$
à $0^m,90$, on n'a pour ainsi dire jamais signalé d'accident et la manœuvre sur de
pareilles passerelles ne doit pas être plus dangereuse qu'en bateau ; les manœuvres de nuit sont très-rares sur la basse Seine, elles ne pourraient être rendues
nécessaires que par une lâchure de la retenue supérieure : or les règlements
interdisent de procéder à cette opération sans prévenir le personnel d'amont et
d'aval, il n'y a donc rien à craindre.

Les barrages sont au milieu ou au bout aval des écluses, c'est-à-dire à 70
ou 140 mètres de l'entrée des écluses ; jamais le désaiguillage partiel n'a
déterminé des courants assez forts pour faire manquer à un bateau l'entrée
d'une écluse.

Le désaiguillage est réparti sur toute la longueur d'une travée au moins, il
n'y a donc pas de grosses masses d'eau qui s'échappent et les affouillements à
l'aval ne sont pas à redouter.

Le relèvement des plus hautes fermettes se fait facilement par deux hommes, à
l'aide d'un simple croc ; les anciennes chaînes ont été supprimées, c'étaient
elles qui s'opposaient quelquefois à l'abatage complet des fermettes ; la chambre
dans laquelle se logent les fermettes a $0^m,35$ de hauteur.

L'insalubrité produite par les aiguilles est commune à tous les systèmes de
barrages ; si quelque animal mort est arrêté, il n'y a qu'à enlever quelques
aiguilles pour le faire passer.

M. Saint-Yves estime que les manœuvres du barrage Chanoine, se faisant en
bateau, sont plus dangereuses que celles du barrage à aiguilles qui se font sur
une passerelle de $0^m,90$; lorsque le débit de la rivière est faible et qu'on veut
conserver toutes les eaux, il faut boucher avec des couvre-joints les vides de
$0^m,10$ de largeur qui séparent les vannes ; les couvre-joints ont au moins $0^m,15$
d'équarrissage et constituent des aiguilles bien plus lourdes que les aiguilles
ordinaires, de sorte qu'il faut recourir au bateau de manœuvre pour les poser
et les enlever ; les hausses du déversoir manquent de sensibilité, et ne se relèvent pas d'elles-mêmes lorsque cela serait nécessaire pour le maintien de la
retenue ; en ce qui touche les chocs à craindre de la part des bateaux et des
corps flottants sur les hausses abattues, ils ne paraissent pas moins dangereux
qu'avec les fermettes qui, elles, sont couchées dans un refouillement de $0^m,30$
à $0^m,35$, lorsque les hausses sont sensiblement au niveau du seuil ; la facilité
de réparation ne paraît pas un fait acquis, il faut toujours se servir d'un bateau
ou d'un scaphandre, tandis que la passerelle donne pour la réparation des fermettes de grandes facilités.

M. Saint-Yves reconnaît aux hausses Chanoine un avantage incontestable, c'est
une grande facilité pour la navigation au moyen de lâchures, sans faire passer
les bateaux par les écluses.

« Quant aux hausses mobiles de M. Desfontaines, la nécessité d'un encuvement d'une hauteur égale à une fois et demie environ la hauteur de la retenue
réalisée au-dessus du seuil empêche qu'elles puissent constituer un système
de barrages. Mais les résultats obtenus jusqu'à ce jour permettent de les con-

sidérer comme le meilleur, le plus simple de manœuvre, le plus sûr de tous les systèmes de hausses destinées à couronner les déversoirs. Un agencement très-simple de flotteurs suffirait pour rendre ces hausses Desfontaines automobiles, mais, partout où des conditions spéciales et exceptionnelles n'exigent pas l'automobilité, le système actuel paraît devoir être préféré. »

Dans une nouvelle note publiée en 1870, M. l'ingénieur Saint-Yves revient sur l'emploi des barrages mobiles du système Poirée pour des retenues d'eau supérieures à 2 mètres au-dessus de l'étiage : les premiers barrages Poirée, vu leur faible retenue, pouvaient être accompagnés de déversoirs fixes arasés au niveau de cette retenue, qui se trouvait dépassé sans grand inconvénient; avec les grandes retenues, le niveau de la retenue ne peut être dépassé parce qu'on submergerait aiguilles et fermettes : le déversoir fixe doit donc disparaître et il faut recourir à des déversoirs mobiles d'une assez grande sensibilité. Quand les hauteurs de retenue se sont élevées de 1m,60 à 2m,20, 2m,40 et 3m,00, deux grands défauts se sont manifestés dans les barrages Poirée : 1° le défaut d'étanchéité, et 2° le manque de solidité des aiguilles.

1° Avec des retenues de 3 mètres, les aiguilles carrées, qui ne sont jamais absolument jointives, laissent écouler, sous l'influence de la charge, un débit considérable ; le volume ainsi perdu peut arriver à dépasser le débit d'étiage de la rivière, et on ne saurait alors maintenir le niveau normal de la retenue ; pour empêcher ces déperditions on a eu recours à des aiguilles couvre-joints à section triangulaire, à des calfatages en foin; les toiles goudronnées seraient efficaces, mais coûteraient cher et compliqueraient la manœuvre. En conservant une longueur de 4m,00 et une section de 0m0064, on peut choisir entre des aiguilles carrées de 0m,08 d'équarrissage ou des aiguilles à section circulaire, triangulaire, hexagonale régulière, hexagonale semi-régulière. La section carrée ou circulaire ne donne pas d'étanchéité; la section triangulaire permet l'emboîtement de deux rangs d'aiguilles et assure l'étanchéité, mais la résistance est insuffisante ; l'hexagone régulier se rapproche trop du cercle; avec un hexagone semi-régulier ou aplati, M. Saint-Yves a obtenu plus d'étanchéité avec une résistance suffisante.

2° En ce qui touche la solidité des aiguilles, on a cherché à l'augmenter en adaptant aux fermettes une barre d'appui horizontale, intermédiaire entre le seuil et la barre supérieure: cette barre d'appui a donné de bons résultats à quelques barrages de la basse Seine, mais elle complique les manœuvres et n'empêche pas les aiguilles de posséder une résistance insuffisante lorsqu'on les sépare de leurs appuis pour les enlever afin de régler la retenue. Il est vrai que la régularisation de la retenue doit se faire surtout au moyen d'un large déversoir à hausses mobiles.

À la retenue de Suresnes, l'emploi d'aiguilles d'un équarrissage supérieur à 0m,08, et par conséquent suffisamment étanches et résistantes, est devenu possible parce que le désaiguillage se faisait, non plus à la main, mais au moyen d'un bateau de manœuvre placé à l'amont du barrage et portant un treuil. — « Les aiguilles, dit M. Saint-Yves, reliées les unes aux autres par une cincenelle, sont rabattues dans un sens contraire au courant, et la corde qui les relie laisse assez de mou pour qu'une aiguille ne soit attirée que lorsque la précédente a quitté le point d'appui inférieur, de sorte que l'effort ne s'exerce jamais que sur une aiguille à la fois. La corde mue par le treuil ramène jusqu'au bateau de manœuvre le chapelet d'aiguilles flottantes. »

Il semble que ce genre de manœuvre enlève précisément au système

Poirée ses principaux avantages et qu'il vaut mieux alors recourir aux hausses Chanoine.

Pour ce qui est des aiguilles à section hexagonale, l'usage n'en a pas prévalu ; elles doivent être, en effet, beaucoup plus coûteuses et ne pas assurer à la longue une étanchéité beaucoup plus parfaite que celle qu'on obtient avec les aiguilles carrées.

Comparaison des divers systèmes de barrages par M. Krantz. M. Krantz, dans sa *Note sur le nouveau barrage mobile* qui porte son nom, examine sommairement les systèmes antérieurs de barrages mobiles, et voici l'appréciation qu'il donne sur chacun d'eux :

« Le caractère essentiel des barrages mobiles, dit-il, est de s'effacer en totalité ou en partie quand les circonstances l'exigent. Cette mobilité ou effacement des ouvrages est une condition capitale pour l'amélioration de certaines rivières, surtout de celles dont les berges sont basses. L'importance des barrages mobiles s'est accrue avec celle de la navigation fluviale elle-même; aujourd'hui il n'est aucune question relative aux voies d'eau qui présente plus d'intérêt que celle des barrages mobiles.

1. Dans les conditions de hauteur où on les emploie sur la basse Seine, les barrages Poirée présentent les inconvénients suivants :

1° Les fermettes sont difficiles à relever ;

2° Les aiguilles plus difficiles encore à manœuvrer, et, si on augmentait la hauteur actuelle de nos retenues, la manœuvre des aiguilles deviendrait à peu près impossible ;

3° Le barrage Poirée exige d'incessantes manœuvres, toujours pénibles et quelquefois dangereuses;

4° Il résiste mal au choc des corps flottants ;

5° Enfin, il est médiocrement étanche et ne permet pas de tendre d'une manière sûre le niveau des biefs.

2. On peut, dit M. Krantz, faire disparaître une partie des inconvénients que nous venons de signaler en remplaçant l'écran formé au moyen d'aiguilles par des vannes à axe vertical fixées aux fermettes et se manœuvrant automatiquement sous l'action du courant. Mais, ceci fait, il reste encore la difficulté nullement amoindrie du relèvement des fermettes et des manœuvres faites constamment à bras d'homme sans aucun recours à la force développée par la chute des eaux. »

« Le système de hausses et contre-hausses de MM. Thénard et Mesnager ne s'est pas généralisé, ce qui indique qu'en dehors des conditions spéciales et économiques où il a été créé ce système ne présente point d'avantages sérieux. Il a servi de transition vers le système des grandes hausses imaginées à peu près simultanément par MM. les ingénieurs Chanoine et Carro.

3. Bien que le système des hausses Chanoine paraisse à M. Krantz le meilleur de ceux qui existent actuellement pour de grandes retenues, il n'est pas parfait et on peut lui reprocher :

1° D'exiger au relèvement des manœuvres pénibles ;

2° D'avoir des organes délicats qu'un choc un peu violent peut compromettre ;

3° De provoquer par la mise en bascule des vannes du déversoir des chocs de masses d'eau puissantes qui doivent nécessairement produire tôt ou tard des effets destructeurs.

4° Dans le système Chanoine, dit M. Krantz, la force des eaux apparaît pour la première fois comme agent régulateur. Par elle, les vannes se mettent en bascule, mais là s'arrête le concours que l'on demande à la rivière. Le corps de l'appareil lui-même se manœuvre uniquement par la main de l'homme et le relèvement des hausses se fait incontestablement dans des conditions très-pénibles.

Dans le système Desfontaines, les forces naturelles interviennent franchement, l'homme commande, et, la rivière aidant, l'appareil obéit.

A cette mise en jeu des forces naturelles l'appareil Desfontaines doit en théorie une décisive supériorité et en pratique une suprême élégance.

Malheureusement, l'obligation d'avoir des contre-hausses égales aux hausses restreint l'emploi du système à de simples déversoirs mobiles; avec de grandes retenues, il faudrait descendre les fondations à des profondeurs inabordables surtout au point de vue de la dépense. De plus, la construction de la partie métallique de l'appareil est assez délicate.

Utilité des barrages mobiles à grande chute. Nous avons vu, au cours de cette étude, que la tendance continue des ingénieurs avait été l'augmentation de la hauteur des retenues. L'utilité des barrages mobiles à grande chute a été mise bien nettement en évidence par M. l'ingénieur Boulé dans les lignes suivantes :

« Le problème à résoudre pour aménager les rivières au moyen de barrages consiste à manœuvrer des vannes plus ou moins grandes sous une chute d'eau. La solution est fort difficile avec de petits moyens et de petits engins. Tant qu'on a voulu éviter l'emploi de treuils et se contenter de la force humaine, on a dû réduire la dimension des vannes à celle de poutrelles horizontales ou d'aiguilles verticales, comme on l'a fait de temps immémorial pour les pertuis de la haute Yonne, fermés par des barrages à poutrelles ou à cordes et à aiguilles; ou bien, comme l'a fait M. Poirée, on a augmenté la hauteur des aiguilles en les appuyant sur des fermettes, puis, acceptant l'emploi de treuils, on a voulu économiser la construction d'un pont de service et l'on a placé le treuil de manœuvre sur un bateau, comme l'a fait M. Chanoine après avoir expérimenté à Courbeton les vannes Thénard manœuvrées du haut d'une passerelle du système Poirée ; ou bien on a cherché à utiliser, pour les manœuvres, la force hydraulique de la rivière elle-même, en la faisant agir avec une faible chute sur une large surface, comme au barrage de la Neuville-au-Pont, dont les vannes sont une imitation des portes d'écluses américaines à axe horizontal, et comme l'ont fait ensuite M. Louiche-Desfontaines, M. Krantz et M. Carro, dans le projet qu'il a publié en 1870, ou enfin on a fait agir une pression hydraulique considérable sur un piston de faible surface, comme l'a fait M. Girard au barrage de l'île Brûlée près d'Auxerre.

Mais la difficulté est beaucoup moindre, lorsqu'on cherche à obtenir un résultat plus important qui autorise une plus forte dépense, et qu'on ne recule plus devant l'exécution d'un pont de service portant une grue. Lorsqu'on voudra créer des chutes encore plus considérables, il suffira de remplacer le pont de service mobile par un grand pont fixe, duquel il sera toujours facile de manœuvrer les vannes avec une grue d'une puissance suffisante, comme M. l'ingénieur Frimot l'a proposé en 1827, pour donner un fort tirant d'eau à la Seine, entre Paris et Rouen. Le barrage de la Monnaie, sur le bras gauche de la Seine à Paris, réalise en partie cette idée avec cette différence que le pont est remplacé par une suite de piles trop rapprochées les unes des autres pour les besoins de la navigation. On éviterait cet inconvénient avec un vrai pont qui établirait en

14

même temps une communication d'une rive à l'autre; le pont-pertuis de
Belombre sur l'Yonne et le pont-pertuis d'Arcis sur la Cure en offrent déjà des
exemples

La navigation intérieure réclame de jour en jour un tirant d'eau de plus
en plus élevé; son avenir est à ce prix; l'exemple de la basse Seine le prouve
surabondamment, puisqu'on a cherché successivement à donner à ce fleuve
un tirant de 1ᵐ,20, puis de 1ᵐ,60, puis de 2 mètres, que l'on songe, dès aujourd'hui, à porter à 3 mètres. Il convient de remarquer à ce propos que
les barrages à hausses offrent cet avantage sur les autres, qu'il n'est pas
difficile de les exhausser dans une certaine mesure lorsque après leur construction on veut augmenter la hauteur de leur retenue; il serait facile de
porter de 1ᵐ,60 à 2 mèt. le tirant d'eau du bief situé à l'amont de Port-à-
l'Anglais.

Les barrages mobiles de grande hauteur peuvent seuls assurer un fort tirant
d'eau aux rivières; ainsi on ne pourrait guère obtenir le tirant d'eau de
3 mèt. avec des barrages de 4 mèt. de hauteur, à moins de placer leur seuil au
niveau de l'étiage et même au-dessus; ce qui offrirait le double inconvénient
d'exiger un chômage complet pour la moindre réparation de l'écluse et d'établir une chute permanente sur le seuil, lors même que le barrage serait
ouvert.

On pourrait peut-être cependant supprimer la passe navigable en la remplaçant par une deuxième écluse.

Des retenues de grande hauteur sont également indispensables pour améliorer les rivières à forte pente, à moins de multiplier outre mesure les écluses.
On a objecté, il est vrai, à la construction des barrages mobiles sur les rivières
à forte pente, qu'en général ces rivières charrient des graviers qui viendraient
se déposer sur les mécanismes pendant les crues. Mais les sables ne sauraient
guère se déposer à la fois dans toute la largeur de la rivière. Il suffirait donc
probablement, pour que leur dépôt n'entravât pas les manœuvres du barrage,
de le diviser en plusieurs travées et de fermer les passes non ensablées pour
dégager les autres par la chasse qui en résulterait. D'ailleurs, l'expérience
paraît avoir déjà réfuté cette objection, car la pente de la haute Yonne est déjà
forte, et il existe en outre des barrages mobiles sur la Loire à Roanne et à
Decize, et sur l'Allier à Vichy.

On a fait une autre objection aux barrages de grande hauteur, c'est que leur
retenue submergerait les parties basses de la vallée; mais on pourrait, dans la
plupart des cas, endiguer les rives du bief et rejeter par un fossé latéral les
eaux d'infiltration à l'aval du barrage. On a vu, par le récent mémoire de
M. Cambuzat, que ce moyen a été employé avec succès sur l'Yonne.

Loin que ce soit en principe un inconvénient, il y aurait au contraire avantage
pour l'agriculture à relever les retenues au dessus du niveau de la vallée afin
de pouvoir employer les eaux du fleuve à des irrigations.

Mais la construction des barrages sur les rivières n'est pas seulement utile au
commerce au point de vue des transports par eau, et à l'agriculture au point
de vue des irrigations. Je crois que le moment est venu d'utiliser la chute des
rivières et des fleuves navigables pour faire mouvoir des usines comme on
vient de le faire pour le Rhône à Bellegarde au prix de dépenses de premier
établissement assez considérables, et comme on l'avait fait déjà sur la Marne à
Saint-Maur, Trilbardou et Condé-sur-Marne. Les grands barrages mobiles permettent de concilier les intérêts de la navigation avec ce progrès que l'augmen-

tation progressive du prix de la houille fera probablement réaliser partout dans un avenir prochain.

Le débit de la Seine à Port-à-l'Anglais ne descend guère au-dessous de 40 mètres cubes; si l'on en consacre seulement la moitié à faire mouvoir une usine (car je suis persuadé qu'on pourra réduire la perte d'eau à travers le barrage autant qu'on le voudra, quand cela sera nécessaire), on obtiendra avec une chute de trois mètres une force disponible de 800 chevaux, dont on ne peut estimer la valeur locative annuelle, en tenant un juste compte des chômages qu'exigeront les hautes eaux, à moins de 200 fr., soit en totalité 160 000 fr.

Une machine à vapeur de 800 chevaux ne consomme pas moins de 40 à 50 tonnes de charbon de terre par jour; à ce point de vue le barrage de Port-à-l'Anglais est donc l'équivalent d'une mine de houille qui produirait 15 à 18 000 tonnes de combustible par an.

On a vu dans le récent mémoire de M. Cambuzat que la dépense faite pour canaliser la Seine entre Paris et Montereau revient seulement à 0f,01 par tonne et par kilomètre avec le trafic actuel; mais, loin d'être onéreuse, la construction des barrages peut devenir productive, puisque la chute du bar-rage de Port-à-l'Anglais peut donner un revenu d'environ 10 pour 100 du capital employé à sa construction. Il me semble extraordinaire qu'aucune des chutes créées par les barrages de la Seine et de l'Yonne n'ait encore été utilisée par l'industrie. Les chômages auxquels les usines établies sur ces chutes seraient exposées en sont peut-être la cause. Mais ces chômages pendant les crues seront d'autant moins fréquents et d'autant plus courts que les retenues des barrages seront plus fortes, et à mon avis c'est un motif de plus pour augmenter la hauteur des barrages. »

VANNES AUTOMOBILES

Bien que les vannages ordinaires ne soient plus guère en usage sur les voies navigables, il s'en rencontre cependant sur les canaux; en général, on les trouve sur les rivières non navigables et ils servent à régler le niveau des retenues d'usines.

Tout le monde connaît les vannages ordinaires en bois, dont la figure 4, planche XVI, représente le type le plus simple. Lorsque les dimensions des vannes augmentent on les manœuvre avec des leviers, ou bien leur tige verticale est munie d'une crémaillère engrenant avec un pignon à manivelle. Dans certains cas exceptionnels, il peut être avantageux de construire des vannages en fer.

L'inconvénient de ces systèmes est que leur manœuvre n'est pas automatique; lorsqu'arrive une crue rapide, ou lorsque les eaux s'élèvent accidentellemen pendant la nuit, la manœuvre ne se fait pas ou se fait trop tard, la constance du niveau n'est donc pas assurée.

Plusieurs inventeurs se sont préoccupés de trouver des vannes automobiles, c'est-à-dire dont le débouché se modifie à chaque instant de lui-même de ma-n.ère à maintenir un niveau constant à l'amont, ou à fournir un débit constant sous la vanne, quelle que soit la variation de niveau.

Vannes Chaubard. Parmi ces vannes automobiles, le système le plus connu est celui de M. Chaubart. Il y a deux espèces de vannes Chaubard : l'une qui est destinée à maintenir un niveau constant dans le bief d'amont en livrant passage à un débit variable, l'autre au contraire est destinée à laisser passer un débit constant malgré les variations du niveau d'amont.

On trouvera de nombreux renseignements sur ces systèmes : 1° dans les mémoires publiés par MM. les ingénieurs Schlœsing, Couturier et Fargue, aux *Annales des ponts et chaussées* de 1864; 2° dans une note de M. Bresse sur les propriétés hydrostatiques des vannes pressées par l'eau d'un seul côté, note insérée aux *Annales des ponts et chaussées* de 1865; 3' dans le *Traité d'hydraulique* de M. Bresse et dans celui de M. l'ingénieur Collignon; 4° dans un mémoire inséré par M. l'ingénieur de Perrodil aux *Annales des ponts et chaussées* de 1866.

1° *Vanne à niveau constant.* — La disposition théorique de la vanne destinée à maintenir dans le bief d'amont un niveau constant, quelles que soient les variations du débit, est représentée par la figure 3, planche XXVI. C'est une vanne rectangulaire, mobile dans un pertuis de même largeur; cette vanne est susceptible de tourner autour d'un axe horizontal, mais cet axe n'est pas fixe; la vanne *ab* est montée à l'aval sur deux tourillons latéraux; la figure montre la section verticale d'un de ces tourillons *rts*, c'est un quart de cercle ayant pour centre *c* le milieu de la vanne *ab;* le tourillon repose sur une surface horizontale fixe *hh'* ménagée dans les bajoyers.

Au moyen de contre-poids convenablement disposés, on s'arrange de telle sorte que le centre de gravité de la vanne, abstraction faite de toute pression d'eau, se trouve en un point *g* de la perpendiculaire *cs* au milieu de la vanne. Nous savons que la résultante des pressions hydrostatiques est au-dessous du milieu de la vanne, en un point *d*, soit R cette résultante des pressions également normale à *ab*.

Supposons l'équilibre établi et la vanne immobile; une crue arrive et le niveau d'amont tend à s'élever, la résultante R tend par conséquent à remonter et à se rapprocher du centre de rotation *t*, le moment de la pression hydrostatique n'est plus suffisant pour égaler le moment de la pesanteur P, celui-ci l'emporte et la vanne bascule; la surface d'écoulement augmente au-dessus et au-dessous de la vanne; mais, par suite du déplacement de l'axe instantané de rotation *t*, les moments s'équilibrent de nouveau lorsque le niveau de la retenue est revenu en *mn;* la vanne s'arrête alors, jusqu'à ce qu'un exhaussement ou un abaissement des eaux à l'amont la force à basculer davantage ou à se relever.

Si nous nous reportons à la formule (2) de la page 12 de notre *Traité d'hydraulique*, nous trouvons la formule qui donne sur une vanne plongée la position du centre de gravité *d;* si nous appliquons cette formule au cas actuel d'une vanne rectangulaire de 1 mètre de largeur et que nous exprimions toutes les lignes en fonction des longueurs *cd*, *cn* et *bc*, nous trouvons la relation simple :

$$(1) \qquad\qquad cd \times cn = \frac{1}{3}(bc)^2$$

En appelant *l* la dimension *ab* de la vanne, sa largeur étant supposée égale à l'unité, la pression hydrostatique sur *ab* est mesurée par un prisme d'eau ayant pour base la vanne et pour hauteur la profondeur *ck* ou *cn*. sin α du centre de la vanne au-dessous du niveau de l'eau. Cette pression totale R a donc pour valeur :

$$l.cn \sin \alpha$$

exprimée en mètres cubes d'eau, ou

$$1000.l.cn \sin \alpha$$

exprimée en kilogrammes.

L'équilibre entre P et R existera, si les moments de ces deux forces par rap.
port au centre instantané de rotation t sont égaux.

Le moment du poids est :

$$P.g_1 = P.cg \sin \alpha.$$

Le moment de la poussée R est :

$$1000.l. \overline{cn} \sin \alpha \, \overline{de}.$$

La longueur de est égale à $(cd - ce)$, ou à

$$cd - ct \sin \alpha, \text{ ou à } cd - r \sin \alpha,$$

si l'on désigne par r le rayon du tourillon.

Égalant les deux moments on trouve :

$$\text{2)} \qquad P.cg \sin \alpha = 1000.l \sin \alpha \, (cn.cd - r.cn \sin \alpha).$$

D'après l'équation (1), le produit $cn. cd$ est égal à $\left(\frac{1}{3}cb^2\right)$, c'est-à-dire qu'il est
constant ; $cn. \sin \alpha$ est égal à ck, ou à $tk-tc$, différence de deux quantités constantes.

L'équation des moments se réduit donc à

$$\text{(8)} \qquad P.cg = 1000.l.A,$$

A étant une constante qui dépend des dimensions de l'appareil ; cg est également
constant. Lors donc qu'on aura déterminé le poids de l'appareil et son centre de
gravité de manière à satisfaire à l'équation (8), cette équation se trouvera vérifiée
dans toutes les positions de la vanne. L'équilibre entre les forces P et R s'établira
de même dans toutes les positions, lorsque le niveau d'amont restera à la position constante mn, fixée à l'avance.

Le règlement automatique de la retenue est donc réalisé.

2° *Vanne à débit constant.* — La figure 4 de la planche XXVI représente la disposition théorique de la vanne Chaubard, à débit constant.

Lorsque l'eau est au niveau mn le plus élevé qu'elle soit susceptible de prendre,
la vanne ab est verticale et l'orifice qu'elle laisse au-dessous d'elle a sa section
minima.

La vanne ab est en équilibre sous l'action de la pesanteur et des pressions
hydrostatiques, elle s'appuie contre une courbe fixe $cc'c''$ sur laquelle elle peut
rouler : la résultante de l'action de la pesanteur et de la pression de l'eau passe
dans la position initiale au point de contact c.

Que le niveau d'amont vienne à s'abaisser en $m'n'$, la pression totale s'abaisse
également, la vanne bascule vers l'amont en roulant sur la courbe et elle ne

s'arrête que lorsque la résultante de la pesanteur et de la pression totale passe par le nouveau point de contact c'. Le point a s'est rélevé en a', de sorte que la section d'écoulement a augmenté pendant que la charge d'eau diminuait. Si la courbe c'cc" est convenablement profilée, la compensation peut s'établir entre l'augmentation de section et la diminution de charge, de telle sorte que le débit demeure constant.

M. Chaubard obtenait la courbe c'cc" par tâtonnement, au moyen de procédés graphiques, mais on peut la chercher par le calcul comme l'a fait M. Bresse dans son *Traité d'hydraulique* auquel nous renverrons le lecteur.

M. Chaubard réalisait le système précédent en suspendant sa vanne à des lanières métalliques assez flexibles pour pouvoir s'enrouler sur la courbe fixe cc'.

Autre système de vanne à débit constant. — Il nous semble qu'on pourrait établir plus facilement un système de vanne à débit constant. Considérons, figure 7, planche XXVI, une vanne verticale ab, mobile dans des feuillures ménagées dans les bajoyers du pertuis que ferme cette vanne; on l'a faite assez haute pour qu'elle ne soit jamais surmontée par les eaux.

Appelons h le niveau variable de l'eau à l'amont, a la hauteur variable de la section d'écoulement sous la vanne, l la largeur fixe de la vanne; la section d'écoulement est al et le débit est donné par la formule connue, établie à la page 31 de notre *Traité d'hydraulique* :

$$(1) \qquad Q = m.al\sqrt{2g\left(h - \frac{a}{2}\right)}$$

Le débit constant est donné, le coefficient de contraction m peut être considéré comme fixe et égal à 0,62. De sorte qu'en réunissant toutes les quantités constantes sous une même lettre A, l'équation (1) peut s'écrire :

$$a\sqrt{h - \frac{a}{2}} = A$$

ou bien :

$$(2) \qquad \frac{a^3}{2} - a^2 h + A = 0$$

On sait entre quelles limites doit varier h ; on se donnera, dans ces limites, un certain nombre de valeurs de h, et l'équation (2) fournira les valeurs correspondantes de a ; mais cette équation est du troisième degré en a, et il est préférable d'adopter un système inverse de calcul ; on se donnera donc une série croissante de valeurs de a, et on en déduira la série correspondante des valeurs de h. De ces deux séries, on ne gardera que les résultats compris entre la plus grande et la plus petite des valeurs possibles de h.

On pourra donc construire la courbe des valeurs de a et de h.

Supposons, maintenant, que dans chaque bajoyer on ait ménagé un puisard dans lequel oscille un flotteur ; ce flotteur subit les variations de h et les transmet à l'extrémité d'un balancier analogue au balancier de la machine à vapeur. A l'autre extrémité, ce balancier se termine par une courbe telle que le déplacement d'un point de cette courbe, lorsque h varie, soit précisément égal à la variation de a. Sur cette courbe est fixé le bout d'une chaîne ou d'une lanière soutenant la vanne verticale; cette chaîne s'enroule ou se déroule de quantités égales aux variations de a qui doivent correspondre aux variations de h en maintenant un débit constant.

La manœuvre du système est donc automatique et s'exécute avec simplicité.

Vanne à débit constant, système Maurice Lévy. — M. l'ingénieur Maurice Lévy a donné un autre système de vanne à débit constant sous pression variable. Ce système est représenté par la figure 8, planche XXVI; voici la description qu'en donne l'auteur :

« Une vanne à débit constant sous pression variable est un appareil des plus utiles dans un grand nombre de questions de distributions d'eau, et notamment dans les irrigations. Il n'en existe aucun qui satisfasse à toutes les conditions désirables pour un emploi usuel. Ces conditions me paraissent être celles-ci :

« 1° Facilité et économie dans l'installation et l'entretien de l'appareil, possibilité de le faire établir ou réparer par les ouvriers de la campagne ;

« 2° Possibilité de le rectifier sur place, c'est-à-dire d'en corriger expérimentalement le débit théorique, si, par suite de l'imperfection des formules hydrauliques ou de circonstances que le calcul n'a pu prévoir, ce débit n'est pas rigoureusement constant ;

« 3° Possibilité de modifier, en cas de besoin, le débit de la vanne.

. . . .

« J'ai cherché à résoudre le problème au moyen d'une vanne ordinaire se mouvant simplement autour de deux tourillons placés à son extrémité supérieure. Concevons qu'on établisse une semblable vanne en tête de la dérivation dans laquelle on se propose d'introduire un volume d'eau constant Q. Lorsque le niveau d'amont occupera sa position la plus basse N″, la vanne suspendue à son axe de rotation se tiendra dans une position sensiblement verticale, et on lui donnera une longueur telle qu'elle laisse entre son arête inférieure et le plafond du canal une ouverture capable de fournir le débit Q. Mais cette disposition n'aurait pas pour effet de maintenir ce débit constant lorsque la pression sur la vanne augmenterait; car, à mesure que le niveau N″ s'élèverait, la vanne tournant autour de son arête supérieure, l'orifice d'écoulement compris entre son arête inférieure et le plafond du canal augmenterait en même temps que la pression de l'eau, et, par cette double raison, le débit croîtrait rapidement. Mais si, dans l'étendue correspondant au secteur que décrit la vanne, lorsque le niveau d'amont oscille entre ses positions extrêmes, on relève artificiellement le plafond du canal suivant un profil courbe, on conçoit qu'on puisse régler ce profil de façon à rétrécir l'orifice d'écoulement à mesure que la vanne s'inclinera, c'est-à-dire à mesure que la charge de l'eau augmentera, et par suite s'arranger pour que le débit de la vanne reste constant malgré l'accroissement de la charge.

« Pour réaliser cette idée, on construira, en travers du canal dans lequel on voudra verser le volume d'eau Q, un petit déversoir en maçonnerie, terminé à l'aval par un parement BE vertical ou incliné, peu importe, à l'amont, par le profil courbe A, A′, A″ à déterminer, et ayant sa crête BA placée de manière à débiter le volume Q lorsque l'eau d'amont sera parvenu à son niveau minimum V″; la hauteur η entre la crête BA et le niveau N″ sera déterminée par la formule connue :

(1)
$$\frac{Q}{L} = 0,35\,\eta\sqrt{2g\eta},$$

« L étant la longueur du réservoir.

« La lame d'eau sur le déversoir sera :

(2) $e = \frac{2}{3} \eta$

« Ceci étant, soit O l'axe de rotation de la vanne placé au niveau le plus élevé N que puissent prendre les eaux d'amont ou un peu au-dessus de ce niveau; soient $h + e$ la distance de la crête BA du déversoir à une horizontale ON passant par le point O, et z la distance à cette même horizontale du niveau n' de l'eau d'amont dans une quelconque de ses positions; le niveau d'aval[1] sera constant, puisque le débit sur le déversoir est constant.

« Sous l'influence de l'excès de pression qu'elle supporte de l'amont à l'aval, la vanne, primitivement dans une position verticale OC'', va s'incliner suivant une direction OC' formant un certain angle α avec la verticale. On déterminera l'angle α en exprimant qu'il y a équilibre entre le poids de la vanne et les pressions qu'elle subit. On trouvera ainsi l'équation :

(3) $$\frac{6Pb}{\Pi} \sin\alpha \cos^2\alpha - 3a^3(h - z)\cos^2\alpha + h^3 - z^3 = o.$$

« Où a est la longueur de la vanne, P son poids, b la distance de son centre de gravité à l'axe de rotation O, et Π le poids du mètre cube d'eau.

« Du point C', abaissons une normale $C'A' = S$ à la courbe inconnue $AA'A''$. S sera la hauteur de l'orifice d'écoulement lorsque la vanne occupera la position OC'; la charge sur cet orifice sera $h - z$; on aura donc pour exprimer la constance du débit l'équation

(4) $$mS\sqrt{2g(h - z)} = \frac{Q}{L},$$

« Les équations (3) et (4) permettent de tracer graphiquement la courbe $A'AA''$ ou de la déterminer analytiquement. En effet, pour une valeur quelconque de α, ces équations fournissent les valeurs de z et de S. Si du point C' comme centre avec S pour rayon, on décrit une circonférence, la courbe cherchée ne sera autre que l'enveloppe des circonférences C'. Et cette définition permettrait d'en trouver l'équation. Car les équations de deux cercles enveloppés infiniment voisins sont :

(5) $$\begin{cases} (x - a\sin\alpha)^2 + (y - a\cos\alpha)^2 = S^2. \\ -(x - a\sin\alpha)\cos\alpha + (y - a\cos\alpha)\sin\alpha = \dfrac{dS^2}{2ad\alpha}. \end{cases}$$

« Si on élimine z entre les équations (3) et (4), puis S^2, α et $\dfrac{dS^2}{d\alpha}$ entre l'équation résultante, sa dérivée par rapport à α et les équations (5), on aura l'équation demandée de la courbe $AA'A''$: les calculs seraient longs, mais sans difficulté.

_____

[1] J'appelle niveaux d'amont et d'aval les niveaux immédiatement à l'amont et à l'aval de la vanne, en sorte que le niveau d'aval est celui de l'eau passant sur la crête du déversoir.

Au point de vue pratique, ils sont du reste inutiles. Voici comment on procédera :

« Le point le plus élevé de la courbe ou son extrémité aval doit être à la distance $h+\varepsilon$ de la ligne Ox; le point le plus bas, c'est-à-dire son extrémité amont, doit être au niveau du fond naturel du canal, soit à une profondeur donnée H au-dessous de Ox. Soient S et S″ les valeurs fournies par l'équation (4) pour les positions extrêmes du niveau d'amont, on aura sensiblement :

$$a + S'' = H.$$
$$(a+S)\cos\alpha_1 = h + \varepsilon,$$

« α_1 étant l'inclinaison de la vanne dans la position OC qu'elle occupe lorsque la charge d'eau est maxima. Ces équations permettent de calculer les quantités ε et α_1, puis l'équation (3) où l'on fera $\alpha = \alpha_1$ et où l'on mettra à la place de z la valeur correspondante au niveau maximum de l'eau permettra de calculer Pb. Des points C″ et C, extrémités de la vanne quand elle est verticale ou inclinée sous l'angle α_1, comme centres, avec S″ et S pour rayons, on décrira deux circonférences enveloppées ; on en déterminera une troisième pour une valeur de α intermédiaire entre o et α_1 et l'on tracera une courbe tangente à ces trois cercles. »

—

DEUXIÈME PARTIE

DES CANAUX

CHAPITRE PREMIER

ALIMENTATION DES CANAUX

GÉNÉRALITÉS

Définition d'un canal. — Les canaux sont des cours d'eau artificiels qui diffèrent des cours d'eau naturels par deux points principaux :

1° Leur section transversale est régulière, déterminée par la nature du terrain et par la circulation que la voie est appelée à desservir ;

2° La pente du lit n'est pas continue comme dans les rivières ; le fond du canal, et par conséquent la surface des eaux, sont composés de sections horizontales reliées par des chutes brusques. — Le passage des bateaux d'une section dans l'autre se fait au moyen d'un appareil hydraulique particulier : l'écluse à sas.

Une comparaison simple fera comprendre nettement la différence entre les rivières et les canaux :

Les rivières sont des plans inclinés ;

Les canaux sont des escaliers hydrauliques.

Les rivières canalisées participent à la fois des rivières naturelles et des canaux : ce sont des escaliers dont le dessus des marches est incliné au lieu d'être horizontal.

Écluse à sas. — L'élément des canaux est l'écluse à sas, dont les figures 1 de la planche XXVIII représentent le mécanisme.

En coupe longitudinale sur l'axe du canal, le fond du lit se compose de deux

15

lignes horizontales *ab* et *cd* reliées par une ligne verticale *bc*, qui est le parement du mur de chute de l'écluse. — Le niveau de l'eau à l'amont de l'écluse
est *mn* et *pq* à l'aval ; la différence entre ces deux niveaux mesure la chute de
l'écluse ; dans le cas actuel, la chute de l'écluse est égale aussi à la hauteur *bc*
du mur de chute. L'écluse peut être fermée à l'amont par une paire de portes à
rotation verticale *ef*, *gh*, et à l'aval par une paire de portes semblables *il*, *lr* ;
l'intervalle compris entre les deux portes constitue le sas, dans lequel on enferme les bateaux qui veulent traverser l'écluse. — Il va sans dire que les
portes d'aval sont plus hautes que les portes d'amont, d'une quantité égale à la
chute.

Supposons qu'un bateau venant de l'amont se présente pour traverser l'écluse.
Voyons quelle sera la manœuvre :

1° On laissera, soit par un aqueduc, soit par des vannes ou ventelles ménagées dans les portes d'amont, pénétrer l'eau d'amont dans le sas jusqu'à ce que
le niveau s'y élève jusqu'en *mn* ; à ce moment, les portes *ef gh* seront également
pressées sur les deux faces ; il sera facile de les ouvrir, car on n'aura à vaincre
que le frottement. — Les portes ouvertes, on fera entrer le bateau A dans le sas ;

2° Le bateau étant entré, on fermera les portes d'amont et on mettra le sas,
soit par un aqueduc, soit par des ventelles ménagées dans les portes d'aval, en
communication avec les eaux d'aval ; l'eau du sas s'écoulera jusqu'à ce que le
niveau soit descendu à la ligne *pq* ;

3° Le bateau est descendu en même temps ; les portes d'aval, également pressées sur leurs deux faces, sont faciles à ouvrir ; on les ouvre et on tire le bateau
en dehors de l'écluse.

L'écluse est prête alors pour recevoir un bateau montant, qui subira les manœuvres inverses de celles que nous venons de décrire ; si c'était un second bateau descendant qui se présentât, il faudrait d'abord fermer les portes d'aval et
remplir le sas avec l'eau d'amont.

L'invention des écluses à sas est généralement attribuée à Léonard de Vinci,
et on ne la fait pas remonter au delà de 1460 ; M. Lombardini a prouvé que la
première écluse à sas a été construite par Philippe Visconti, en 1439, pour faciliter le transport des marbres du dôme de Milan ; cette écluse, dite de Viarenna,
a été établie près de Milan et rachetait une chute de 3 mètres entre le **Laghetto
Vecchio** et le **Laghetto Nuovo**.

Des biefs ou biez. — On désigne sous le nom de bief la partie de canal comprise entre deux écluses consécutives ; la longueur d'un bief se mesure générale-
lement entre les portes d'aval des deux écluses, de sorte que cette longueur
comprend celle de l'écluse d'aval.

Le mot bief s'emploie aussi sur les rivières, pour désigner la partie comprise
soit entre deux barrages consécutifs, soit même entre deux hauts fonds ou barrages naturels. Le mot bief, ou biez, est très-ancien ; on le trouve dans nos
vieux auteurs comme synonyme de fossé ; les usines étaient souvent construites
sur des dérivations, d'où le nom de biez pour leur canal d'amenée.

Ce mot paraît avoir une origine germanique ; on en trouvera l'étymologie
dans le terme *bett*, qui en allemand désigne un lit.

Canal latéral. — Un canal latéral à une rivière est établi dans la vallée même
de cette rivière, dont il suit le cours à quelque distance. Un tel canal est utile
lorsque la rivière à côté de laquelle il se développe présente un lit défectueux
ou une pente trop rapide. — C'est le cas de la Loire et de la Garonne. — Il est

utile, encore, lorsqu'il permet de couper une boucle étendue et d'abréger le parcours.

Souvent les biefs des canaux latéraux ne sont pas horizontaux, mais présentent une légère pente, de sorte qu'ils sont parcourus sans cesse par un courant d'eau vive. Cette disposition n'offre pas grand inconvénient, pourvu qu'elle ne donne lieu qu'à de faibles vitesses ; elle a des avantages pour le renouvellement des eaux et pour la création d'usines hydrauliques ; mais elle n'est possible que lorsque le canal s'alimente largement au moyen de dérivations pratiquées sur la rivière naturelle.

Canal à point de partage. — Un canal à point de partage est celui qui permet de passer d'un versant d'une chaîne de montagnes sur l'autre versant. Il a donc un point culminant, le bief de partage, qui, évidemment, doit se trouver au col le plus bas de la ligne de faîte qui sépare les deux versants.

De chaque côté du bief de partage descend une branche qui ne diffère en rien d'un canal latéral.

En général, un canal à point de partage réunit la navigation de deux rivières ou de deux mers ; le canal de Bourgogne réunit la Saône et l'Yonne, et par conséquent le Rhône et la Seine ; le canal de Briare réunit la Loire et la Seine ; le canal Calédonien traverse l'Ecosse en reliant les deux côtes.

On comprend sans peine que la difficulté principale, pour ainsi dire la seule que présente l'exécution d'un canal à point de partage, c'est de trouver assez d'eau pour l'alimentation du bief de partage.

ALIMENTATION DES CANAUX

Le problème de l'alimentation d'un canal à point de partage se compose de deux termes :

I. Il faut, d'une part, calculer la dépense d'eau qu'exigera le canal lorsqu'il aura atteint la période de plein fonctionnement ;

II. Il faut ensuite chercher les moyens d'approvisionner une quantité d'eau égale à la consommation prévue.

Le canal est parfait, lorsque l'équation précédente est transformée en égalité.

Le premier terme, la dépense d'eau, est assez facile à établir ; il est moins facile de réaliser le second terme, et, dans ces derniers temps, on a eu recours pour le faire à des machines élévatoires prenant l'eau dans une rivière voisine du canal et la refoulant jusqu'au bief de partage.

I. — Dépense d'eau d'un canal

La dépense d'eau d'un canal a été longtemps mal évaluée ; Gauthey, l'un des maîtres en la matière, avait lui-même éprouvé de graves mécomptes dans ses calculs. C'est M. Comoy, inspecteur général des ponts et chaussées, qui paraît avoir le premier examiné et formulé nettement les diverses causes de consommation.

Il faut distinguer deux espèces de causes de consommation :

1° Les causes locales, agissant en des points déterminés du parcours ;

2° Les causes continues, qui se font également sentir sur toute la longueur.

Les causes locales sont :

1° Le mouvement des bateaux qui franchissent tout le canal en passant par le point de partage ;

2° Le passage des bateaux dans les écluses accolées ;

3° Le mouvement des bateaux, qui viennent chercher et emmènent vers l'aval les produits d'un port situé sur un des versants ;

4° La perte d'eau supplémentaire produite dans les biefs où l'écluse d'aval a une chute ou des dimensions plus fortes que celles de l'écluse d'amont ;

5° La dépense d'eau supplémentaire qu'exige l'affluence des bateaux dans les biefs courts ;

6° Les filtrations apparentes qui se produisent çà et là.

Les causes continues sont :

7° L'évaporation ;

8° Les filtrations à travers les terres, filtrations qui dépendent de la nature des terres ;

9° Les fausses manœuvres des éclusiers ;

10° Les pertes d'eau résultant des bateaux échoués et d'avaries aux ouvrages d'art du canal, ainsi que du remplissage après les chômages.

1° DÉPENSE D'EAU POUR LES BATEAUX FRANCHISSANT TOUT LE CANAL

Considérons un bateau, déplaçant un volume d'eau B, qui se présente à l'écluse inférieure d'un versant ; les portes d'aval sont ouvertes, le bateau pénètre dans l'écluse, on ferme les portes derrière lui (fig. 2, pl. XXVIII), on remplit le sas de manière à faire monter le niveau de pq en mn ; on tire donc du bief supérieur un volume d'eau égal à la section horizontale de l'écluse multipliée par la hauteur de chute. Ce volume est ce qu'on appelle une *éclusée*, nous le désignons par la lettre E. Le bateau est donc soulevé jusqu'au niveau mn, comme le montre la figure 2 ; alors, on ouvre les portes d'amont et on tire le bateau pour le sortir du sas et l'introduire dans le bief ; la place qu'il occupait est remplie par de l'eau tirée de ce bief.

En somme, le bief a donc perdu un volume d'eau égal à E+B.

Mais, au passage de l'écluse suivante, un égal volume sera tiré du second bief et versé dans le premier, qui se trouvera ramené à son état naturel.

De même, après le passage de la troisième écluse, le second bief sera revenu son niveau normal, grâce à l'eau qu'il aura reçue du troisième.

Et ainsi de suite jusqu'au bief de partage, qui aura perdu un volume d'eau égal à E+B.

Arrivé au point de partage, le bateau descend le versant opposé : il se présente à la première écluse, qu'il faut remplir en y versant une éclusée ; cela fait, le bateau s'engage dans le sas, mais il en fait sortir et revenir dans le bief de partage un volume égal à son déplacement B, de sorte que la quantité d'eau prise au bief de partage n'est en somme que (E — B).

Cette quantité suffira pour faire descendre le bateau sur tout le versant, puisqu'elle est transmise d'un bief à l'autre.

La consommation totale pour le passage du canal entier sera donc seulement de deux fois une éclusée ou 2E.

Il est à remarquer que ce calcul est fait dans l'hypothèse d'un bateau unique circulant sur le canal; si l'on considère deux bateaux se croisant au bief de partage et marchant en sens contraire, l'un profitera pour descendre des écluses qu'a laissées pleines celui qui vient de monter, et l'autre descendra avec les éclusées qui ont servi à faire monter le premier.

La dépense totale pour les deux bateaux ne sera donc que de deux éclusées, et d'une seule éclusée pour chacun d'eux respectivement.

Si les deux bateaux se croisaient après le bief de partage, ils tireraient de ce bief trois éclusées.

En général, s'il y a m bateaux qui passent dans un sens et n dans l'autre, m étant plus grand que n, le minimum d'éclusées tirées du point de partage sera 2m.

Mais, ces calculs théoriques supposant le passage alternatif des bateaux n'ont pas grand intérêt; il faut se tenir au large dans les évaluations et considérer chaque bateau comme s'il devait passer seul.

Aussi doit-on compter une dépense de deux éclusées pour chaque bateau qui traverse le canal.

C'est ce que conseillent de faire MM. Comoy et Graëff. — Pour les biefs de partage, dit ce dernier, il est toujours prudent dans un avant-projet de calculer tout au maximum, les pertes et la dépense due au passage des bateaux. Si n désigne le nombre maximum de bateaux que l'on supposera devoir franchir le bief de partage, E le cube d'une éclusée, L la longueur du bief de partage, le cube d'eau consommée par la navigation par mètre courant sera

$$\frac{2E.n}{L}.$$

Au canal de la Marne au Rhin, le volume d'une éclusée était d'environ 500 mètres cubes, ce qui donnait pour le cube d'eau consommé par la navigation par mètre courant du bief du partage, l'expression simple :

$$\frac{1000.n}{L}.$$

Le nombre des bateaux est limité par la durée du passage à une écluse. — Il ne faut pas croire que le nombre des bateaux, qui peuvent traverser un canal dans un temps donné, soit illimité; ce nombre est au contraire très-limité.

En effet, la manœuvre complète d'une écluse pour le passage d'un bateau dure un temps assez long, qui dépend des systèmes adoptés pour l'admission et l'émission de l'eau, mais qui ne peut cependant tomber au-dessous de quelques minutes.

Avec les anciens siphons de Gauthey au canal du Centre, la manœuvre complète d'une écluse durait vingt minutes; en ajoutant des ventelles aux portes, ce temps fut réduit à quatorze minutes.

Dans ce cas, on n'aurait donc pu faire passer que quatre bateaux à l'heure, soit quarante bateaux par jour, en admettant que la durée du travail des mariniers fut réduite à dix heures en moyenne.

Si la circulation devenait plus active, il faudrait installer un service de nuit ou juxtaposer une seconde série d'écluses, de même que l'on ajoute une seconde voie à un chemin de fer dont la voie unique se trouve encombrée à cause de la fréquence des trains.

On adoptera en général, dit M. Graëff, pour le nombre *n* des bateaux qui traverseront le canal chaque jour, le nombre maximum de bateaux qui puissent passer dans une écluse par jour de douze heures, plus une partie à passer dans la nuit. Dans le projet d'alimentation dressé en 1851 pour le canal de la Marne au Rhin, on avait admis le passage de quarante-cinq bateaux par vingt-quatre heures.

Dépense d'eau des bateaux parcourant une branche du canal à vide et l'autre à charge. — Il est rare que les parties d'un canal voisines du bief de partage appartiennent à des régions industrielles susceptibles de fournir un trafic notable ; cependant le cas peut se présenter : le canal de Givors, près Saint-Étienne, en est un exemple.

Supposons donc que les bateaux remontent à vide l'un des versants et descendent l'autre après avoir pris charge au bief de partage ; appelons *e* la chute des écluses, *s* la section horizontale du sas, *h* le tirant d'eau des bateaux à vide et H leur tirant d'eau à charge.

La section horizontale du sas diffère peu de celle des bateaux qui fréquentent le canal ; on doit même tendre à rendre la différence aussi faible que possible afin de réduire la consommation d'eau au strict nécessaire ; le volume d'eau déplacé par le bateau sera donc sh à vide et sH à charge.

Pour monter, un bateau aura tiré du bief de partage une éclusée plus son volume de déplacement à vide, et pour descendre il aura tiré une éclusée moins son volume de déplacement à charge.

La dépense d'eau totale sera donc approximativement égale à :

$$s(2e + h - H)$$

Cette dépense sera nulle lorsqu'on aura la relation :

$$e = \frac{H - h}{2}.$$

Ainsi, un bateau, ayant 1^m,80 de tirant d'eau à charge et 0^m,50 à vide, ne déterminera aucune consommation d'eau au bief de partage si la chute des écluses est de 0^m,65.

On comprend facilement qu'il en soit ainsi : le bateau, en s'enfonçant à mesure qu'on le charge, relève le niveau du bief et fait monter une tranche d'eau dont le volume est égal à l'accroissement de l'immersion.

Pour annuler la dépense ou même pour la rendre négative, ce qui transforme cette dépense en gain pour le bief de partage, on voit qu'il faudrait adopter des écluses de très-faible chute, ce qui conduirait à en multiplier le nombre.

On augmenterait donc la dépense outre mesure pour réaliser un mince avantage et il n'est pas étonnant que le système n'ait pas été mis en pratique.

2° DÉPENSE D'EAU DUE AUX ÉCLUSES ACCOLÉES

Dans les anciens canaux, lorsqu'on avait à racheter une chute considérable sur un faible parcours, on accumulait les écluses sur un seul point, et l'on en avait jusqu'à sept et huit d'étagées les unes au-dessus des autres.

Une pareille disposition donne lieu à une construction imposante et produit même une certaine économie sur la masse de maçonnerie; mais elle est des plus vicieuses au point de vue de la dépense d'eau et de la rapidité de la circulation.

En ce qui touche ce dernier point, lorsqu'un bateau est engagé dans le groupe d'écluses, il faut attendre qu'il l'ait parcouru tout entier pour faire descendre un autre bateau; la manœuvre de chaque écluse étant assez longue, les bateaux peuvent subir un arrêt considérable.

En ce qui touche la dépense d'eau, considérons un bateau montant qui se présente devant un groupe d'écluses contenant chacune le volume d'eau correspondant au prisme de flottaison, c'est-à-dire au tirant d'eau normal du canal; on devra introduire dans chaque sas une éclusée E, et dans le sas supérieur une éclusée E plus le déplacement B du bateau. — La dépense d'eau sera donc, n étant le nombre des écluses :

$$(nE + B).$$

Pour un bateau descendant, une seule éclusée suffira à le faire passer dans tous les sas accolés, et la dépense sera (E — B).

De sorte que la dépense moyenne sera la moitié de $(n + 1)$ éclusées. S'il y a sept écluses consécutives, la dépense moyenne sera donc de quatre éclusées au lieu de deux, chiffre trouvé dans un canal à écluses séparées.

Ce calcul suppose encore que les écluses gardent toujours chacune une hauteur d'eau égale au tirant d'eau, c'est-à-dire un volume d'eau égal au prisme de flottaison; mais, le plus souvent, les écluses se vident, il faut donc rendre à chacune non-seulement une éclusée, mais encore une prisme de flottaison.

La faute des écluses accolées a été commise au canal de Briare; il y a sept écluses contiguës que l'on aurait pu séparer en développant le tracé à flanc de coteau : ces sept écluses présentent, au point de vue de la rapidité de circulation, le même inconvénient qui se manifesterait sur une voie ferrée unique où il existerait deux stations très-éloignées. Ces sept écluses sont sur le versant de Paris, c'est-à-dire dans le sens du plus grand trafic, de sorte qu'elles présentent moins d'inconvénient que si elles se trouvaient sur l'autre versant.

Au canal du Midi, il y a des écluses accolées sur les deux versants; ce sont des écluses doubles et triples. — Avec une écluse triple, un bateau montant, qui ne devrait dépenser que 600 mètres cubes d'eau, en dépense 1800 mètres cubes. — Près de Béziers, on trouve huit écluses superposées à la suite d'un très-long bief de niveau; bien que ce bief soit bien alimenté, une certaine pénurie d'eau peut se faire sentir aux écluses pendant les moments de grande fréquentation, l'eau n'arrivant pas assez vite.

La perte de temps à ces huit écluses de Béziers était au moins d'une heure et demie : cette perte était si désagréable que, pour le service des voyageurs, on faisait le transbordement par terre du bief inférieur au bief supérieur.

La question d'économie qu'on invoquait à l'appui des écluses accolées n'est pas très-importante ; il est vrai que, pour chaque écluse intermédiaire, on supprime une paire de portes et les murs d'épaulement et de tête ; mais les bajoyers qui se trouvent après le second mur de chute et les suivants sont beaucoup plus élevés que dans les écluses simples et par conséquent coûtent beaucoup plus cher.

C'est donc uniquement pour des raisons de sentiment que les anciens ingénieurs ont eu recours à des groupes d'écluses : faire monter un bateau d'une grande hauteur dans un espace resserré frappait sans doute leur imagination.

3° DÉPENSE D'EAU POUR LES BATEAUX QUI NE FRANCHISSENT PAS LE BIEF DE PARTAGE

Il existe quelquefois sur un des versants un établissement industriel important, des mines ou des forges par exemple. — Cet établissement exige un port spécial et donne lieu à une circulation spéciale : presque toujours les bateaux y montent pour prendre charge et redescendent ensuite sans gagner le point de partage.

Il faut compter, pour chacun de ces bateaux, une dépense de deux éclusées à prendre dans le bief dont il s'agit.

Il convient de retrancher du nombre total des bateaux ceux qui continuent leur route vers le bief de partage, car ceux-là tirent une éclusée du bief dont il s'agit quand ils y pénètrent, mais ils lui en rendent une lorsqu'ils passent dans le bief supérieur.

Si le sens de la circulation était inverse et que le port en question envoyât ses produits non pas vers l'aval, mais vers l'amont, le bief de ce port recevrait une éclusée d'amont à l'arrivée d'un bateau venant prendre charge ; il en recevrait une seconde au départ de ce bateau chargé remontant vers le bief de partage : il aurait donc reçu en tout deux éclusées pour chaque bateau circulant de cette façon.

Par suite, ce bief aurait un excès d'eau et pourrait servir à alimenter en partie la branche d'aval, à laquelle il servirait de prise d'eau.

4° DÉPENSE D'EAU DUE AUX DIFFÉRENCES DANS LES DIMENSIONS DES ÉCLUSES

Considérons un bief dont l'écluse d'aval a des dimensions plus fortes que celles de l'écluse d'amont, il est clair que chaque passage de bateau occasionnera dans ce bief une consommation d'eau égale à la différence entre le cube de l'éclusée d'aval et le cube de l'éclusée d'amont.

Il faudra donc créer dans le bief une prise d'eau spéciale, ou bien tirer de l'amont, par le jeu des ventelles des portes, ce qu'il faut de liquide pour réparer la perte après le passage de chaque bateau.

On voit, par ces quelques mots, toute l'importance qui s'attache à l'égalité de hauteur de chute des écluses, surtout dans le voisinage du point de partage où l'on doit ménager l'eau avec circonspection.

Dans les canaux anciens, on ne s'est pas préoccupé de la hauteur de chute, « et cependant, dit Gauthey, cette diversité entraîne un des inconvénients les plus considérables, puisque la quantité d'eau dépensée par chaque bateau doit toujours se compter, de chaque côté du point de partage, sur le volume qu'exige celle des écluses qui a le plus de hauteur. » Dans ces anciens canaux, on trouve des hauteurs de chute de $4^m,22$ à $1^m,30$; il y en a même qui tombent à $0^m,81$ sur le canal du Midi.

Cette diversité peut avoir lieu dans les canaux qui reçoivent des ruisseaux à différents endroits de leur longueur; mais dans toutes les parties où le canal ne reçoit pas de nouveaux ruisseaux, il est certain que c'est un grave inconvénient de ne pas donner la même hauteur à toutes les chutes des écluses, surtout près du point de partage, parce que cette disposition conduit à dépenser beaucoup plus d'eau qu'il n'est nécessaire.

Au canal de Briare, la première écluse vers la Seine est de $2^m,27$, et la septième de $3^m,68$; du côté de Loire, la première écluse est de $5^m,76$, et la troisième de $4^m,22$. La chute moyenne est de $2^m,11$. Avec des écluses de chute uniforme, le passage d'un bateau dépenserait 740 mètres cubes, tandis qu'il en dépense 1577 mètres cubes, soit presque le double.

Hauteur de chute des écluses près du point de partage. — Le passage d'un bateau prenant deux éclusées au bief de partage, il y a avantage à diminuer autant que possible le cube des éclusées, c'est-à-dire la hauteur de chute des écluses. Mais il faut alors en multiplier le nombre, d'où un grand accroissement de dépenses.

En allant trop loin dans cette voie, on finirait par acheter trop cher un avantage dont il ne faut pas s'exagérer l'importance, car la plus grosse part de la consommation d'eau d'un canal est due non au passage des bateaux, mais aux causes continues de dépense par évaporation et infiltration.

La multiplication du nombre des écluses a du reste le grand inconvénient de retarder la circulation outre mesure, et de réduire la puissance du trafic de la voie.

Écluses contenant plusieurs bateaux. — On a fait, sur certains canaux, des écluses contenant à la fois plusieurs bateaux, que l'on place généralement en longueur. Dans ces écluses, les têtes et les chambres des portes seules sont en maçonnerie; sur le reste de la longueur, les bajoyers en maçonnerie peuvent être remplacés par des massifs de terre perreyés; la construction n'est donc pas coûteuse, et, en faisant circuler les bateaux par convois, on peut activer la circulation.

Mais la consommation d'eau augmente considérablement lorsqu'il s'agit d'écluser un seul bateau. Ce système n'est donc admissible que si l'on dispose de grandes quantités d'eau et de moyens rapides d'alimentation. Il convient bien plutôt aux rivières canalisées qu'aux canaux proprement dits.

On a fait des écluses capables de contenir deux bateaux bout à bout, de longueur différente; dans ce cas, en disposant une paire de portes intermédiaire, on peut faire passer séparément un grand ou un petit bateau, ou bien faire passer simultanément un grand et un petit bateau. Mais cette disposition est peu utile : les bateaux qui fréquentent un canal ont tendance à s'approcher de l'uniformité, et la diversité est l'exception.

D'une manière générale, en tant qu'il s'agit des canaux, les écluses capables de contenir plusieurs bateaux à la fois ne donnent pas d'économie sensible dans le temps, et sont susceptibles d'entraîner une plus grande consommation d'eau.

5° DÉPENSE D'EAU DUE A L'AFFLUENCE DES BATEAUX DANS LES BIEFS COURTS

Considérons un bateau qui monte dans un bief, il en tire une éclusée : si le sas a par exemple 33 mètres de longueur et 5^m,20 de largeur, sa superficie est de 171,^{m}60, et, si l'écluse a 2^m,50 de chute, la valeur de l'éclusée est de 419 mètres cubes. S'agit-il d'un canal ayant 15 mètres de large et une longueur l, l'éclusée qu'on enlèvera au bief fera baisser le niveau de

$$\left(\frac{419}{l \times 15}\right) \text{ ou de } \left(\frac{28,6}{l}\right).$$

Or, un canal ayant 2 mètres de mouillage ne peut admettre que des bateaux ayant 1^m 80 de tirant d'eau au maximum ; autrefois on comptait même 0^m 32 de hauteur libre entre la quille et le fond du canal, et on n'admettait pas que le niveau de la flottaison pût s'abaisser de plus de 0^m 16.

La longueur minima à adopter pour les biefs serait donc, dans ce cas, fixée par l'équation :

$$28,6 = 0,16.l$$

qui donne :

$$l = 178 \text{ mètres.}$$

Toutes les fois donc que le canal en question présentera des biefs d'une longueur moindre que 178 mètres, non compris la longueur de l'écluse, il faudra introduire dans ces biefs un volume d'eau supplémentaire afin de maintenir la flottaison à son niveau normal.

Il y a donc de grands inconvénients, au point de vue de la dépense d'eau, à avoir des écluses trop voisines. Ces inconvénients sont d'autant plus grands que les écluses se rapprochent davantage de la contiguïté.

Les biefs courts ont cependant moins de désavantages que les écluses contiguës, parce qu'ils ne font pas perdre de temps et ne s'opposent pas au croisement des bateaux. Reste la dépense d'eau supplémentaire ; mais elle n'a pas grand inconvénient, car il faut toujours de l'eau pour réparer les pertes par évaporation et infiltration dans les biefs d'aval.

Les biefs où séjournent les bateaux doivent être longs. — Lorsque les bateaux doivent séjourner dans un bief qui donne lieu, par exemple, à un commerce spécial, il faut que ce bief ait une grande étendue, qu'il soit très-long ou très-large, « afin, dit Gauthey, que les éclusées que les bateaux montants tirent de ce bief ne fassent pas baisser l'eau assez considérablement pour empêcher qu'ils ne soient à flot, ou que les bateaux descendants n'en fassent pas entrer assez pour qu'elle passe par-dessus les portes. »

Ainsi, en adoptant les chiffres relatifs au canal précédent, dix bateaux montants ne pourront s'arrêter dans un bief que s'il a 1 780 mètres de longueur, en admettant toutefois que pendant le même temps il n'en descende aucun.

Pour qu'il n'y ait pas d'inconvénient, il faudrait que le nombre des bateaux avalants fût égal au nombre des bateaux montants.

Du reste, on peut réglementer les arrêts des bateaux de manière à en éviter l'affluence dans les biefs courts.

6° DÉPENSE D'EAU DUE AUX FILTRATIONS APPARENTES

Sous le nom de filtrations apparentes il faut entendre, non pas ces infiltrations continues qu'il est impossible d'éviter absolument et qui se produisent toujours, mais les fuites accidentelles dues à une avarie des levées ou à des traversées de terrains exceptionnellement mauvais.

De pareilles filtrations ne doivent point exister à l'état permanent ; lorsqu'elles existent, il faut procéder à tous les travaux d'étanchement nécessaires.

Dans le cas où l'on aurait de l'eau à discrétion, ou bien si l'on voulait éviter les frais d'étanchement, il faudrait remplacer les pertes dues aux infiltrations par un volume d'eau emprunté aux réserves. Les pertes sont, du reste, faciles à évaluer en comparant entre elles les quantités d'eau qui passent aux écluses d'amont et d'aval du bief où les filtrations apparentes existent.

7° DÉPENSE D'EAU DUE A L'ÉVAPORATION

Nous avons étudié en *Météorologie*, page 98, le phénomène de l'évaporation. — L'évaporation à la surface des eaux dépend de plusieurs causes variables : la nature et la grandeur des vases employés, l'intensité de la chaleur reçue du soleil, et surtout la vitesse et l'humidité du vent.

Aussi les expériences sur l'évaporation conduisent-elles à des résultats très-variables.

En comparant l'étendue des mers et celle des continents, on arrive à cette conclusion théorique que la tranche d'eau évaporée à la surface d'un bassin liquide est toujours supérieure à la hauteur d'eau pluviale reçue directement par ce bassin.

D'après Duleau, l'évaporation à Paris enlèverait une tranche d'eau de 1m,30 à 1m,50.

D'après de Prony, à Rome, la hauteur évaporée atteindrait 2m,36

Dans les projets rédigés pour la construction du canal de Nantes à Brest et du canal de la Sambre à l'Oise, on a adopté pour valeur de l'évaporation annuelle 1m,46.

Ce chiffre correspond à une tranche de 0m,004 par jour. — C'est celui qu'on adopte dans le nord et le centre de la France.

D'après M. Vallès, l'évaporation sur les bords de la Méditerranée française serait de 2m,50.

D'expériences faites sur le canal de Bourgogne, il résulte que l'évaporation n'a été en moyenne que de $0^m,0015$ par jour ; c'est un chiffre beaucoup plus faible que celui qu'on admet d'ordinaire.

En 1874 et 1875, l'évaporation mesurée à l'Observatoire de Montsouris a été en nombre rond de 1 mètre.

Généralement on se base sur une évaporation de $0^m,004$ par jour ; du reste, il vaut mieux ne pas séparer la dépense par évaporation de la dépense par imbibition, et évaluer en bloc ces deux causes de consommation.

8° DÉPENSE D'EAU PAR LES FILTRATIONS OU PAR L'IMBIBITION CONTINUE

Autrefois, dit M. Comoy, toutes les pertes par filtration étaient évaluées ensemble au double de la perte par évaporation. — C'était donc une perte totale de $0^m,012$ de hauteur par jour : l'évaluation ainsi faite était absolument hypothétique et devait être généralement trop faible.

L'imbibition dépend essentiellement de la nature du fond et des digues, et ne peut bien être déterminée que par des expériences directes sur chaque canal

L'absorption paraît plus forte dans les terrains argileux que dans les terrains sablonneux.

De quelques expériences exécutées au canal du Centre, il résulte que : la perte totale par évaporation et imbibition serait par jour d'été de 490 mètres cubes par kilomètre dans les terrains argileux, et de 550 mètres cubes dans les terrains sablonneux.

Gauthey n'avait évalué les pertes totales du canal du Centre qu'à 180 mètres cubes par kilomètre. — On voit qu'il était fort loin de la vérité.

D'après Minard, la perte totale au canal du Midi serait représentée par une tranche d'eau de $0^m,03$ à $0^m,04$ d'épaisseur.

D'autres expériences exécutées au canal du Midi, il résulte que la perte moyenne par mètre courant et par jour a été de $0^{mc},52$ dans les terrains argileux.

La même moyenne a été trouvée sur le canal de la Marne au Rhin, et on a trouvé $0^{mc},46$ sur le canal du Rhône au Rhin.

Dans les terrains sablonneux du canal de la Marne au Rhin, la perte totale a été de $0^{mc},30$.

On peut donc admettre, dit M. Graëff, que la perte moyenne par mètre courant d'un canal ordinaire et par jour, est de :

$0^{mc},49$ dans les terrains argileux,
et de $0^{mc},33$ dans les terrains sablonneux.

Ces chiffres comprennent les pertes dues à l'évaporation, aux filtrations et imbibitions de toute nature.

Dans les parties bétonnées du canal de la Marne au Rhin, les pertes de ce genre sont tombées à une moyenne de $0^{mc},05$ à $0^{mc},08$.

9° DÉPENSE D'EAU DUE AUX FAUSSES MANŒUVRES DES ÉCLUSIERS

« Il est impossible, dit M. Comoy, de rien préciser en général sur l'importance de cette cause de dépense d'eau. Certaines fausses manœuvres sont le résultat de la négligence des agents ; d'autres tiennent à des circonstances matérielles et locales, toutes choses essentiellement variables et qui ne peuvent être déterminées que par des expériences spéciales.

Il faut d'ailleurs remarquer, comme on l'a déjà fait à l'occasion des éclusées supplémentaires, que toute l'eau tirée des réserves pour cette cause de dépense d'eau ne doit pas entrer dans le compte des pertes. Une partie de cette eau est utilisée pour compenser les pertes par évaporation et imbibition.

Au canal du Centre, l'eau réellement perdue par fausses manœuvres peut être évaluée à 4 000 mètres cubes environ par jour ; souvent on a perdu un cube plus fort, et, quand la dépense journalière s'est élevée à 90 000 mètres cubes, les fausses manœuvres occasionnaient sans doute une perte d'environ 20 000 mètres cubes par jour.

Mais ce sont des cas exceptionnels et rares ; ces pertes anormales peuvent disparaître avec des soins plus soutenus et mieux dirigés. Il ne faut pas y avoir égard dans l'évaluation de la dépense d'eau d'un canal.

Il est d'ailleurs certain que les pertes d'eau par fausses manœuvres seront d'autant plus faibles que le régime d'alimentation sera plus facile et plus régulier, que l'on devra faire parcourir une moindre longueur de canal à l'eau destinée à alimenter chacun de ses points. »

Les pertes par fausses manœuvres seront évaluées en bloc avec celles du paragraphe suivant.

10° DÉPENSE D'EAU DUE AUX BATEAUX ÉCHOUÉS ET AUX AVARIES DES OUVRAGES D'ART

Les échouages de bateaux, les avaries aux ouvrages d'art, sont des causes de dépenses tout à fait accidentelles et plus importantes à cause des entraves qu'elles apportent à la navigation que par la consommation d'eau qu'elles déterminent.

Ces causes exigent que l'on vide, partiellement ou totalement, les biefs où elles se produisent.

Au canal du Centre, M. Comoy comptait 25 à 30 bateaux échoués par an. Cela consommait 300 000 à 400 000 mètres cubes par an ; les avaries faisaient perdre en outre 100 000 mètres cubes.

Cela faisait une dépense totale de 2 000 mètres cubes par jour, sur lesquels il ne faut compter que la moitié, soit 1 000 mètres cubes, de perdus réellement.

Autrefois, le bief de partage n'était pas isolé de l'étang de Montchanin qu'il traverse ; la navigation était assez périlleuse, et plusieurs échouages se produisaient tous les ans. — Il en résultait à chaque fois une perte considérable, car il fallait vider l'étang, qui contient 360 000 mètres cubes

On tiendra un compte suffisamment exact des pertes d'eau produites par les fausses manœuvres, par les échouages et par les avaries, en les évaluant à 0^m,04 par mètre courant de canal et par jour.

RÉSUMÉ : DÉPENSE D'EAU TOTALE

Les pertes d'eau totales, à l'exception de celles dues au passage des bateaux, peuvent être évaluées à :

0^m,40 par mètre de canal et par jour dans les terrains sablonneux.
0^m,60   —   argileux.
0^m,10 à 0^m,15   —   dans les parties bétonnées.

« C'est là, dit M. Graëff dans son remarquable ouvrage sur le canal de la Marne au Rhin, l'état normal auquel devra parvenir en peu d'années un canal convenablement étanché ; mais jusque-là il faut fournir plus d'eau, et nous pensons qu'en adoptant dans un avant-projet le chiffre de consommation moyen de 1 mètre cube par mètre courant et par 24 heures, on sera en général dans le vrai quant à ces premiers besoins, et l'on aura par conséquent plus de ressources qu'il n'en faudra plus tard pour l'alimentation normale. »

A ce chiffre, il faudrait ajouter la consommation due au passage des bateaux, à la différence de capacité des écluses et à l'affluence des bateaux dans les biefs courts.

« Nous pensons, conclut M. Graëff, qu'en adoptant le chiffre de 1^{mc},20 à 1^{mc},50 par mètre courant de canal et par 24 heures pour la consommation totale, en tant qu'il ne s'agit que des versants et non du bief de partage, on ne risquera jamais de se tromper. — Pour les biefs de partage, il est toujours prudent, dans un avant-projet, de calculer tout au maximum, les pertes et la dépense due au passage des bateaux. »

II. Moyens d'alimentation des canaux

Nous venons de donner les moyens de calculer la dépense d'eau dans les diverses sections d'un canal ; il nous reste, pour avoir résolu le problème de l'alimentation, à indiquer les moyens par lesquels on fournira à chaque section un volume d'eau égal à celui qu'elle dépense.

Cette question ne peut être traitée par une méthode générale ; la solution dépend surtout des circonstances locales. Il convient néanmoins, avant de passer aux exemples de mettre en lumière quelques principes dont on ne doit pas se départir.

Position la plus avantageuse pour le bief de partage. — La position la plus avantageuse pour le bief de partage est celle qui permet d'y amener le plus grand volume d'eau. C'est évidemment presque toujours celle qui occupe le col le plus bas de la chaîne de montagne à traverser, car c'est là qu'on peut recueillir et concentrer les eaux tombées sur une plus grande superficie de terrain.

On trouve en outre l'avantage d'avoir moins d'écluses à construire sur chaque versant.

Lors donc qu'on ne veut pas recourir à un souterrain pour le passage de la ligne de faîte, il faut s'attacher à la couper au col le moins élevé. Quand le passage se fait en souterrain, la condition n'est plus la même ; à altitude égale, on recherchera le tracé qui donne entre les deux versants la moindre longueur horizontale, c'est-à-dire le plus court souterrain.

Mais, en réalité, ce qui importe avant tout, c'est d'assurer l'alimentation et non d'économiser sur la dépense : c'est donc la hauteur des eaux suffisantes qui tranche la question du tracé, et l'on se trouve nécessairement conduit à rechercher la moindre altitude.

On la reconnaît par un nivellement, mais on peut aussi la désigner à l'avance d'une manière presque certaine à la seule inspection des cartes, ainsi que nous l'avons indiqué déjà en parlant du tracé des routes.

1° Lorsque deux cours d'eau, situés chacun d'un côté du faîte, coulant de chaque côté à peu près parallèlement à ce faîte, viennent à se détourner pour couler en sens opposé, une dépression correspond au point de divergence ;

2° Lorsque deux cours d'eau, situés chacun d'un côté du faîte, coulent dans des directions parallèles mais opposées, on trouve une dépression au point qui correspond à l'origine de ces deux cours d'eau ;

3° Lorsqu'une source ou un étang, situés sur la ligne de faîte, s'épanchent sur les deux versants de la chaîne, cette source ou cet étang correspondent à un passage de moindre altitude.

Les réserves d'eau ne doivent pas être accumulées au bief de partage. — Les anciens ingénieurs, et Gauthey lui-même, le plus remarquable d'entre eux, faisant passer avant toutes les autres causes de consommation celle qui est due au passage des bateaux, cherchaient à accumuler au bief de partage toutes les eaux disponibles.

Ce système d'accumulation des réserves au point de partage a les plus graves inconvénients. On s'est trop préoccupé, dit M. Comoy, dans la théorie admise pour l'établissement des canaux, de la dépense d'eau occasionnée par le passage des bateaux ; cette dépense, avec la navigation la plus active, ne peut guère dépasser au canal du Centre 25 000 mètres cubes par jour et souvent la dépense totale du canal par jour va jusqu'à 90,000 mètres cubes. — Les autres causes de dépense d'eau agissent sur toute la longueur du canal ; il est donc peu rationnel de placer au point de partage l'eau qui doit être en grande partie utilisée loin de ce point.

Les réserves d'eau doivent donc être réparties sur le bief de partage et les versants, en les disposant convenablement selon les besoins.

Lorsqu'il n'en est pas ainsi, il faut alimenter tous les biefs avec de l'eau irée du bief de partage ; lorsque cette eau doit passer par les ventelles des closes, ces ventelles doivent être levées à chaque instant de manière à satisfaire aux besoins de la section d'aval ; mais ces besoins eux-mêmes sont variables, et il faudrait que les éclusiers fussent à chaque instant avertis pour modifier en conséquence l'émission de l'eau, chose impossible ; l'alimentation se trouve du reste interrompue par la navigation. Il arrive alors que certains biefs reçoivent trop d'eau, alors que d'autres biefs, appauvris outre mesure, ne présentent plus aux bateaux un mouillage suffisant. On ne peut arriver à combattre ces inconvénients qu'en disposant un système spécial d'alimentation indépendant des écluses.

Pendant un tirement d'eau de l'amont vers l'aval, si deux bateaux à fort tirant d'eau se croisent lentement, ils obstruent presque toute la section, et forment barrage pendant un temps assez long pour que le niveau d'aval s'abaisse au point de faire talonner les bateaux. Il faut alors courir à l'écluse d'aval pour faire fermer complétement les ventelles.

Ces inconvénients, produits par le trop grand espacement des prises d'eau, avaient été signalés par M. Michel Chevalier dans son *histoire des travaux des États-Unis*. On éprouvait beaucoup de peine à alimenter une partie du canal Erié de 256 kilomètres de longueur, qui tirait entièrement ses eaux du lac Erié, bien que cette partie du canal eût une pente de $0^m,016$ par kilomètre. D'autres canaux, latéraux à des rivières de Pensylvanie, étaient dans le même cas. « Il semblait que l'alimentation de ces canaux ne dût être d'aucune difficulté. Il n'en a cependant pas été ainsi ; même sous ce rapport on a éprouvé de graves mécomptes. Lorsque le commerce est devenu actif, l'eau a manqué sur plusieurs points, parce que dans ces canaux étroits et sans pente, lorsqu'ils se trouvent obstrués par les bateaux, l'eau ne peut arriver assez vite aux derniers biefs de chaque division pour subvenir à la consommation des écluses et réparer les pertes causées par l'évaporation et l'infiltration. »

Les mêmes défauts se manifestent lorsque les eaux destinées à alimenter une section doivent parcourir une longue tranchée étroite, dans laquelle on n'a ménagé que le passage d'un bateau. Lorsqu'un bateau est engagé dans la tranchée, il interrompt en grande partie l'écoulement pendant le temps qu'il met à parcourir la tranchée et les biefs d'aval peuvent tomber à sec. Il faut donc créer une prise d'eau spéciale à l'aval ou bien établir une conduite d'eau spéciale latéralement à la tranchée.

De ces explications résulte le principe suivant :

Il faut placer les réserves de manière que l'eau ait la moins grande longueur possible de canal à parcourir pour arriver au point où elle est utile. »

On parvient, dit M. Comoy, à remplir cette condition en séparant les biefs d'un canal par groupes alimentés et établis de telle sorte :

1° Que l'amont de chaque groupe corresponde à des localités qui permettent la création de réservoirs spéciaux de capacité suffisante ;

2° Que la quantité d'eau à fournir à l'amont de chaque groupe ne soit pas assez forte pour gêner la navigation.

Dans le cas où l'on aurait à redouter une trop grande gêne pour la navigation, il faudrait créer le long du canal un aqueduc destiné à alimenter tous les biefs d'un groupe.

Les calculs doivent être basés sur la saison la plus sèche et non sur une moyenne. — Dans ses calculs relatifs à l'alimentation du canal du Centre, Gauthey s'était basé sur le débit moyen des cours d'eau qu'il détournait pour amener au bief de partage. Or, la considération du débit moyen n'est admissible qu'autant qu'on emmagasine chaque jour ce qui dépasse ce débit moyen, de manière à employer cette réserve pour combler le déficit lorsque le débit réel tombera au-dessous de la valeur moyenne.

Ce n'était pas le cas au canal du Centre ; aussi éprouva-t-on dès les premières années d'exploitation de graves mécomptes.

« Avec les rigoles pérennes, dit M. Comoy, on pensait utiliser tout le produit donné par les jauges moyennes, et c'est là l'erreur fondamentale des calculs de Gauthey. Il est de la dernière évidence que l'eau utile est limitée par le nombre de bateaux que l'on peut faire passer chaque jour aux deux écluses du bief de partage. Toute l'eau que les rigoles amenaient dans le bief de partage au delà de ce cube utile ne pouvait que gêner la navigation ; et nul moyen de la conserver pour la saison sèche n'ayant été ménagé, ce cube excédant ne doit pas compter dans les ressources dont on pouvait user pour alimenter le canal. »

Les prises d'eau rapprochées nuisent moins aux usines. — Lorsque l'on pratique des prises d'eau sur une rivière, il importe de les multiplier, d'abord pour obtenir une alimentation du canal plus régulière et plus facile, ensuite pour causer aux usines le moindre dommage possible.

Si une prise d'eau unique, débitant un volume d'eau Q, coûte une somme p à établir, et qu'elle cause un dommage moyen D aux m usines situées à l'aval, cette prise d'eau correspondra à une dépense .... $(p + m. D)$.

Divisons cette prise d'eau en deux autres, débitant ensemble le même volume total Q, coûtant une somme (p') à établir, et comprenant entre elles n usines ; ces n usines subiront chacune un dommage moyen d, moindre que dans le cas précédent, puisqu'on leur enlève moins d'eau ; les $(m-n)$ autres usines subiront le même dommage D que tout à l'heure, puisqu'elles perdent le même cube d'eau ; le nouveau système d'alimentation correspondra donc à une dépense

$$p' + nd + (m - n) D$$

Égalant les deux dépenses totales, on trouve

$$p' - p = n(D - d).$$

Lorsque cette égalité sera vérifiée, il sera indifférent, au point de vue de la dépense totale, d'adopter une ou deux prises d'eau ; suivant que $(p'-p)$ sera plus grand ou plus petit que

$$n(D - d),$$

il y aura inconvénient ou avantage à séparer en deux la prise d'eau unique.

En général, à moins qu'il n'y ait lieu d'établir de longues rigoles de prise d'eau, il y aura grand avantage à les multiplier ; car, dit M. Graëff, « ces prises d'eau ne coûtent pas cher, et l'on fait aux usines le minimum de dommages en somme ; tandis que, si l'on prenait en tête et d'un seul coup toutes les eaux que ces prises d'eau ne prennent que successivement, et pour ainsi dire en détail, toutes les usines supporteraient le maximum de dommage. »

Tels sont les seuls principes généraux que nous ayons à exposer ; les questions de détail s'éclairciront par les exemples qui vont suivre.

1° ALIMENTATION DU CANAL DU CENTRE

Les projets du canal du Centre ont été rédigés par Gauthey, et on trouvera tous les calculs relatifs à l'alimentation dans ses mémoires publiés par Navier.

L'alimentation de ce canal était des plus défectueuses ; elle a été peu à peu perfectionnée, si bien que le canal du Centre est aujourd'hui une de nos bonnes voies navigables.

Les figures de la planche XXIX en donnent le plan et le profil en long ; le plan représente l'état des lieux en 1840, aussi ne porte-t-il pas quelques-uns des réservoirs créés depuis, notamment le réservoir de Montaubry, qui se trouverait sur la carte entre Saint-Julien et l'étang de Torcy.

M. l'ingénieur Comoy, dans un mémoire publié en 1841, a examiné en détail l'alimentation du canal du Centre, et a proposé les moyens de l'améliorer. Nous allons rappeler ici les principaux traits de ce mémoire.

État du canal en 1841. — Les réservoirs voisins du bief du partage contenaient 7.610.647 mètres cubes.

Le chômage annuel durait 80 jours ; les eaux naturelles suffisaient à l'alimentation pendant 160 jours en moyenne et 130 jours au minimum ; les réservoirs venaient donc au secours des eaux naturelles pendant 125 jours en moyenne, et 155 au maximum, et fournissaient pendant ce temps 30.000 mètres cubes par jour en moyenne et 40.000 mètres cubes au maximum.

Le remplissage du canal après le chômage absorbait en outre un volume de un million à dix-huit cent mille mètres cubes.

Les réserves étaient donc suffisantes pour parer aux besoins, la quantité d'eau à tirer des étangs n'absorbant pas plus de cinq millions de mètres cubes.

Mais une navigation interrompue chaque année pendant 80 jours ne pouvait plus suffire aux exigences du commerce, et il fallut chercher à établir une navigation continue.

Pendant les 80 jours de chômage, il fallait, pour maintenir la navigation, 70.000 mètres cubes d'eau par jour, soit environ six millions de mètres cubes à tirer de nouvelles réserves qu'il s'agissait de créer.

Le système d'alimentation établi par Gauthey était des plus simples ; il se composait des trois rigoles de Marigny, de Torcy et de Saint-Julien, de 35.000 mètres de longueur totale, amenant au bief de partage les eaux pérennes de plusieurs ruisseaux ; ces rigoles traversaient chacune un étang de dépôt ; ces étangs renfermaient une certaine réserve utilisable, sauf celui de Torcy, à cause de la navigation établie sur la rigole de ce nom. Il existait en outre quelques autres réservoirs, les uns à la tête des rigoles, les autres vers Longpendu et Montchanin, renfermant en tout 1.560.000 mètres cubes.

Sept autres prises d'eau pérennes étaient établies sur les versants ; mais les réserves du bief de partage devaient suffire à la consommation due au passage des bateaux et aux pertes continues sur 11 kilomètres de canal.

Avec ces dispositions la navigation devenait impossible dès que les eaux abondantes d'hiver étaient écoulées, et, à partir du mois de mai, la navigation ne continuait que par convois intermittents : on attendait assez longtemps pour accumuler au bief de partage un volume d'eau suffisant au passage d'un convoi ; la navigation continue ne pouvait reprendre qu'après les pluies d'automne, à la fin d'octobre.

Les mécomptes éprouvés tenaient à ce que Gauthey s'était basé sur la jauge moyenne des ruisseaux alimentaires, ce en quoi il s'était trompé, puisqu'il n'avait pas prévu les moyens d'emmagasiner l'excès d'eau des saisons pluvieuses ; avec un cube total qui aurait pu alimenter une navigation convenable, on n'arrivait donc qu'à de mauvais résultats.

Les rigoles étaient donc inutiles pendant l'été ; celle de Saint-Julien fut presque aussitôt abandonnée ; celle de Marigny ne fut entretenue que jusqu'en 1818 pour conduire au bief de partage les eaux de quelques petits étangs ; la seule rigole de Torcy fut conservée parce qu'elle amenait les eaux de deux grands étangs.

La création de l'étang de Torcy, en 1800, l'acquisition de quatre petits étangs de la forêt d'Avoise, en 1804, l'exhaussement de 2 mètres de l'étang Berthaud, en 1809, l'acquisition de l'étang Leduc, en 1821, l'exhaussement de 4 mètres de l'étang de Torcy, en 1826, portèrent successivement le volume des réserves à 5.405.000 mètres cubes.

L'isolement du bief de partage qui traversait l'étang de Montchanin, l'agrandissement de l'étang Berthaud amenèrent, en 1835, le volume des réserves à 7.610.647 mètres cubes.

En même temps on avait abandonné, sur les versants, divers étangs de faible capacité et d'entretien coûteux, et on avait augmenté les prises d'eau pérennes ; on en avait aussi changé la disposition, de manière à avoir sur le versant de la Loire 8 prises d'eau débitant au maximum 10 500 mètres cubes par 24 heures, et sur le versant de la Saône 6 prises d'eau débitant au maximum 19.300 mètres cubes.

Ces augmentations successives avaient permis de rétablir et de maintenir, jusqu'à l'époque du chômage, et d'une manière satisfaisante, la navigation continue et de supprimer les convois. Le seul inconvénient sérieux qu'on rencontrait tenait à la grande longueur que certaines prises d'eau avaient à alimenter ; dans certaines séries de biefs courts il fallait, en été, pour assurer l'alimentation d'aval, interrompre la navigation trois à quatre heures par jour. De même, la tranchée de Chagny, qui avait 1200 mètres de longueur et une seule largeur de bateau, ne pouvait alimenter la partie d'aval qu'autant qu'aucun bateau n'y était engagé ; il fallait donc encore interrompre la navigation pendant un certain temps.

Ces deux causes réunies retardaient énormément la marche des bateaux pendant la saison des basses eaux.

La navigation dans les six premiers biefs du versant de la Saône, qui n'ont que 100 mètres de longueur, a été bien améliorée par la construction d'une rigole latérale destinée à assurer une alimentation régulière ; cette rigole, après avoir alimenté les six biefs, jetait le surplus de ses eaux dans un réservoir destiné à l'alimentation de la section d'aval.

Sur le versant de la Loire, les prises d'eau étaient assez abondantes, la navigation se faisait surtout vers l'amont, circonstance très-favorable à l'alimentation, ainsi que nous l'avons vu ; aussi la navigation était-elle facile. Mais, il n'en a plus été de même lorsqu'on a exécuté, en 1857, la rigole de jonction du canal du Centre au canal latéral à la Loire, rigole creusée sur 5 kilomètres dans des terrains très-sablonneux ; cette rigole perdait, par filtration, 12.000

mètres cubes par jour, et il fallait tirer tout ce volume de la section d'amont, ce qui était une grande gêne en même temps qu'une cause d'appauvrissement.

C'est une gêne d'autant plus sérieuse que le tirement d'eau est nécessairement variable et que, sur les grands biefs il est très-longtemps à se faire sentir de l'aval à l'amont. Ainsi, dans un bief de 1900 mètres de longueur et de 1m,30 de mouillage, on ouvrit à l'aval une ventelle débitant 1 mètre cube à la seconde ; l'eau ne commença à baisser à l'écluse d'amont que 9 minutes après, et il s'est fait un abaissement brusque de 0m,05, qui persista pendant 9 autres minutes ; une demi heure après le commencement du tirement d'eau, l'abaissement était de 0m,08. L'éclusier d'amont ne pouvait donc être averti qu'il devait lever ses vannes que vingt minutes après le commencement du tirement d'eau, d'où une grande lenteur dans la transmission et dans la régularisation des eaux.

Les calculs de M. Comoy sur les consommations d'eau lui montraient que, pour obtenir une navigation continue, il fallait tirer 76.000 mètres cubes par jour des réserves, pendant la durée des faibles eaux, durée qui est de 120 jours au maximum, qu'il fallait en tirer 50.000 mètres cubes par jour pendant la durée des eaux moyennes, qui est de 85 jours. Pendant les 160 jours d'eaux abondantes, il fallait donc emmagasiner les réserves nécessaires à la consommation des deux autres périodes.

Les réserves du bief de partage paraissaient suffisantes ; aussi M. Comoy proposait-il de créer des réservoirs contenant

2 millions de mètres cubes sur le versant de la Saône,
et 2 millions et demi de mètres cubes sur le versant de la Loire

Sur le versant de la Saône, deux réservoirs à construire à Rully et à Perreuil étaient suffisants ; sur le versant de la Loire, on pouvait obtenir le volume nécessaire au moyen d'une dérivation de l'Arroux, ou bien en créant trois réservoirs dans l'ancien étang de Colayot, dans la vallée du ruisseau de Theilly, et dans la vallée de la Limasse.

État actuel du canal du Centre. — Les tranchées à voie étroite ne règnent plus aujourd'hui que sur 5600 mètres de longueur et sont appelées à disparaître.

Le mouillage varie de 1m,55 à 1m,80, suivant les biefs et la saison, et on tend à obtenir d'une manière régulière et continue la cote 1m,80.

Les rapports de M. Krantz sur l'état de nos voies navigables renferment les renseignements suivants relatifs à l'alimentation du canal du Centre :

Les chômages provoqués par le manque d'eau, ou la nécessité de réparer les ouvrages, ont peu d'importance sur le canal du Centre ; on est même arrivé à ce point qu'en certaines années on peut se dispenser d'en établir.

Il n'en est pas de même des chômages dus aux glaces ; leur moyenne annuelle, pendant les vingt dernières années, n'a pas été de moins d'un mois.

L'alimentation du canal du Centre est assurée :

1° Par dix-sept prises d'eau établies, à savoir : sept sur le versant de la Saône, et dix sur le versant de la Loire.

2° Par quatorze réservoirs, dont la contenance est d'environ quatorze millions de mètres cubes. Treize d'entre eux, puissamment approvisionnés, renouvellent leurs eaux pendant l'année ; il n'en est pas de même du plus considérable de tous, celui de Montaubry, qui pourrait contenir cinq millions de mètres cubes, et qui jusqu'à présent n'a pas été rempli.

Cette circonstance tient-elle à la période de sécheresse exceptionnelle que nous venons de traverser, ou à une réelle disproportion entre la capacité du réservoir et les ressources du bassin qui l'alimente? L'avenir le dira.

3° Par deux dépôts d'emmagasinement qui récoltent le trop-plein des écoulements du canal et le mettent en réserve.

Cette situation est bonne sans être parfaite; on l'améliorera en isolant du canal les dépôts d'emmagasinement. Divers projets, dressés dans ce but, ont déjà été approuvés; il convient d'y donner suite, comme aussi de poursuivre jusqu'au bout le travail d'étanchement, sans lequel les approvisionnements d'eau pourraient toujours, à un moment donné, rester insuffisants.

2° ALIMENTATION DU CANAL DE BOURGOGNE

La planche XXX donne un plan général sur lequel sont indiqués les moyens d'alimentation du canal de Bourgogne.

Ces moyens consistent en :

1° Cinq réservoirs présentant une capacité utile d'environ 28 millions de mètres cubes ;

2° Vingt prises d'eau naturelles pouvant amener au canal 130.000 mètres cubes d'eau par 24 heures.

Les inconvénients inhérents à l'accumulation des réserves au bief de partage se sont pendant longtemps manifestés avec autant d'énergie au canal de Bourgogne qu'au canal du Centre; sur le versant de la Seine, il était facile de porter remède à cet état de choses en créant des prises d'eau supplémentaires dans les affluents de l'Yonne, tels que l'Armançon.

Sur le versant de la Loire, les versants inférieurs non étanchés étaient autrefois très-perméables; les emprunts à la rivière d'Ouche ne suffisaient pas à compenser les pertes dues à l'évaporation et aux filtrations; il fallait à certaines époques tirer jusqu'à 150.000 mètres cubes d'eau par 24 heures des réservoirs supérieurs situés à 50 kilomètres de là. Un pareil tirement d'eau déterminait dans le canal un courant qui interrompait la navigation et qui, dans les parties rétrécies comme sous les ponts, s'opposait absolument à la remonte des bateaux.

Les étanchements effectués au voisinage de Dijon ont atténué ces inconvénients. Les cinq réservoirs voisins du bief sont :

Versant de l'Yonne. . .	1° Réservoir de Grosbois, d'une capacité de	8.600.000 mèt. cubes.
	2° — Cercey, —	3.500.000 —
Versant de la Saône. . .	3° Réservoir de Chazilly, —	5.500.000 —
	4° — Tillot, —	600.000 —
	5° — Panthier, —	8.000.000 —
	Capacité totale.	26.200.000 —

Les réservoirs de Grosbois et de Cercey envoient leurs eaux par des rigoles à l'extrémité du bief de partage, côté de l'Yonne. Le réservoir de Grosbois se trouve dans la vallée de la Brenne ; la rigole qui le dessert n'arrive dans la vallée de l'Armançon qu'après avoir traversé le faîte par un souterrain de 3 kilomètres de longueur. Le réservoir de Cercey se trouve dans une gorge peu étendue, aussi a-t-il fallu créer un grand développement de rigoles pour aller recueillir les eaux de plusieurs vallons situés en aval.

Sur le versant de la Saône, les réservoirs de Chazilly et de Panthier sont aussi alimentés par des rigoles tracées à flanc de coteau.

Le réservoir de Chazilly verse ses eaux dans le réservoir inférieur de Tillot, d'où elles se rendent à l'extrémité du bief de partage, côté de la Saône ; la prise d'eau du réservoir de Panthier ne se trouve qu'entre la neuvième et la dixième écluse du versant.

La construction de ces réservoirs a donné lieu à des travaux fort intéressants, sur lesquels nous aurons lieu de revenir ultérieurement.

3° ALIMENTATION DU CANAL DU NIVERNAIS

Le canal du Nivernais fut commencé en 1784 dans le but de favoriser l'arrivée à Paris des bois des forêts établies sur le versant de la Loire ; projeté d'abord comme rigole de flottage, il fut ensuite transformé en canal de navigation. Le bief de partage est établi en partie en souterrain ; c'est le souterrain de la Colancelle dont M. l'ingénieur Chariè-Marsaines a décrit les travaux dans un mémoire inséré aux *Annales des ponts et chaussées* de 1848.

Le canal étant destiné à établir une communication entre la Loire et la Seine, au moyen de l'Aron et de l'Yonne, affluents de ces deux fleuves, on a choisi pour l'emplacement du bief de partage un point où les ruisseaux qui tombent dans ces deux cours d'eau se trouvent excessivement rapprochés, et où il existait, depuis une époque fort reculée, de vastes étangs propres à servir de réservoirs. Ce point se trouve près du village de la Colancelle : les deux affluents dont il s'agit sont : d'une part, le ruisseau de la Colancelle, qui a son origine dans l'Étang-Neuf ; de l'autre, le ruisseau de Baye, qui prend sa source à l'étang du même nom. Pour réunir ces deux ruisseaux, on a percé sous la ligne de faîte le souterrain de la Colan·elle. Le plan général, figure 2, planche XXXI, indique les dispositions du biei de partage.

L'alimentation du canal du Nivernais est obtenue par quatre réservoirs dont la contenance totale est de 7.500.000 mètres cubes et par plusieurs prises d'eau dans l'Yonne, le Beuvron et l'Aron. Le mouillage normal est de 1^m,50, mais il se réduit notablement dans les années sèches ; les biefs établis dans la rivière d'Yonne ont un mouillage très-variable qui tombe à 0^m,55 en certains cas. La navigation souffre beaucoup de cet état de choses, et, pour assurer une alimentation convenable, il y a encore trois millions de travaux à exécuter.

Cependant l'alimentation a été déjà bien améliorée avant 1850 par la rigole dérivée de l'Yonne supérieure, rigole qui amène les eaux à Port-Brûlé, à la sortie du bief de partage côté de la Seine.

Dans les calculs relatifs à l'alimentation que faisait, en 1851, M. l'ingénieur Chariè-Marsaines, il estimait que deux bateaux passaient du versant de la Loire sur le versant de la Seine pour un passant en sens inverse ; il comptait sur un passage de dix bateaux par jour, et, à cause des trois écluses accolées qu'on trouve sur le versant de la Loire, il trouvait pour la dépense d'eau moyenne d'un bateau un volume de 1385 mètres cubes, soit une consommation diurne de 13.850 mètres cubes pendant chacun des 500 jours de navigation.

Les autres causes de perte ou causes permanentes, telles que l'évaporation et les filtrations, dans le bief de partage et dans les deux portions des versants qu'il alimente, étaient évaluées à une moyenne de 39.233 mètres cubes — c'était donc une consommation totale de 53.000 mètres cubes par 24 heures.

Les étangs et le ruisseau de la Colancelle cumulés ne pouvaient donner qu'un débit moyen de 36.000 mètres cubes par jour de navigation ; encore fallait-il pouvoir emmagasiner dans les réservoirs tout le produit de la saison pluvieuse.

Il y avait donc insuffisance manifeste dans l'alimentation, et il fallait recourir à une rigole dérivée soit de l'Aron, soit de l'Yonne ; la rigole de l'Aron donnait un trop faible produit et nuisait beaucoup aux usines ; on préféra une rigole qui était supposée pouvoir emprunter à l'Yonne, pendant cinq mois de l'année, un débit de 1 mètre cube à la seconde, soit en tout près de 13 millions de mètres cubes ; mais l'emprunt se faisait pendant les mois humides, et il eût fallu, pour en assurer l'emploi efficace, construire des réservoirs capables de le contenir et de le ménager pour la saison sèche, ce qui n'a pas été fait alors.

La rigole est représentée par un trait noir plein sur le plan général de la planche XXXI : elle a environ 28 kilomètres de longueur, avec une pente moyenne de 0^m,40 par kilomètre ; la section a été calculée de manière à pouvoir débiter 1^m,25 par seconde, afin que l'on fût assuré, malgré l'évaporation et les filtrations, d'obtenir un débit de 1 mètre au débouché dans le canal. Nous n'insisterons pas sur ces calculs de dimensions de rigoles devant débiter un cube déterminé avec une pente donnée ; nous avons donné en *hydraulique* des exemples de ces calculs qui sont du reste fort simples.

La rigole dérivée de l'Yonne rencontrant deux vallées profondes, on a établi au passage de ces vallées des ponts-aqueducs que nous aurons l'occasion de décrire dans la suite, mais qui seraient aujourd'hui très-probablement remplacés par des siphons métalliques

↳ ALIMENTATION DU CANAL DE LA MARNE AU RHIN (TRAVERSÉE DES VOSGES)

La dernière section, vers l'est, du canal de la Marne au Rhin forme à elle seule un canal à point de partage, le canal de la Meurthe au Rhin, qui traverse les Vosges au col d'Arschwiller, le point le plus déprimé de la ligne de faîte ; le canal et le chemin de fer de Strasbourg ont du reste le même point de passage et sont presque juxtaposés jusqu'à Strasbourg.

M. Graëff, aujourd'hui inspecteur général des ponts et chaussées, a décrit dans divers mémoires les travaux du bief de partage des Vosges et de la branche du Rhin ; son livre intitulé : *Construction des canaux et des chemins de fer*, est rempli de détails techniques et de données pratiques aussi utiles qu'intéressants. C'est lui que nous prendrons pour guide dans cette étude. La figure 1 de la planche XXXI représente le bief de partage des Vosges, et la figure 5 de la planche XXVIII donne la coupe du canal et de ses digues dans la traversée de l'étang de Gondrexange.

Le bief de partage, « à raison de sa longueur de 29.479 mètres et de la richesse de son alimentation, est certainement l'un des plus beaux biefs de partage que l'on rencontre sur les canaux français. » La branche de la Meurthe à 56.000 mètres de longueur et celle du Rhin 59.522 mètres. — Sur le versant de la Meurthe, la première prise d'eau est à 2457 mètres, la seconde à 3157 mètres et la troisième à 44.100 mètres du bief de partage; les deux premières sont alimentées par l'étang de Réchicourt, et la troisième par la rigole de Dombasle, dérivée de la Meurthe. Les prises d'eau de Réchicourt ne fonctionnant pas toute l'année, il arrive que le bief de partage doit seul alimenter les 44 premiers kilomètres.

La première prise d'eau sur le versant du Rhin est à 3932 mètres du bief de partage; elle est dérivée de la Zorn, ainsi que trois autres rigoles convenablement espacées; la branche du Rhin est donc parfaitement alimentée. Les 3932 mètres qu'alimente le bief de partage forment les 18 biefs composant la descente d'Arschwiller; cette partie est étanchée et bétonnée, elle ne perd pas plus de $0^m,05$ à $0^m,08$ par mètre courant et par 24 heures; on peut donc dire que le tirement d'eau du bief de partage se réduit de ce côté à ce qu'exige le passage des bateaux.

Brisson avait projeté le canal de la Meurthe au Rhin à peu près dans les conditions où il a été exécuté; cependant, pour obéir aux idées du temps, il avait cherché à accumuler les réserves au point de partage, bien qu'il eût soupçonné la nécessité de multiplier les prises d'eau et de faire parcourir à l'eau le moindre chemin possible avant son emploi.

Les jaugeages journaliers exécutés pendant trois ans sur la Sarre et la Bièvre ont démontré qu'à son plus bas étiage la Sarre donnait 80.000 mètres cubes et la Bièvre 22.000 mètres cubes en 24 heures. La retenue de l'étang de Gondrexange étant primitivement à la cote 266 et le plein d'eau du bief de partage à la cote 265, on disposait en outre, comme réserve, du volume d'eau contenu dans une tranche de 1 mètre de hauteur sur une superficie de 475 hectares; c'était une réserve d'environ 4 millions de mètres cubes.

Les expériences effectuées après l'étanchement du bief de partage ont montré que les dépenses d'eau de toute nature, par évaporation, filtration, imbibition, fausses manœuvres et par les portes d'écluse, ne dépassaient pas $0^m,30$ par mètre courant et par 24 heures.

Pour tenir compte des imperfections premières, on doubla ce chiffre et on compta sur une perte totale de $0^m,60$; le bief de partage était supposé devoir alimenter les 23 premiers kilomètres du versant de la Meurthe jusqu'à une prise d'eau à pratiquer dans la vallée du Sanon, de sorte que la perte totale diurne du bief de partage et des sections alimentées par lui s'établissait comme il suit :

Pertes sur le versant de la Meurthe, 23.000 mètres à $0^{mc},60$.	13.000 m. c
Pertes du bief de partage, 29.479 mètres à $0^{mc},60$.	17.000 —
Consommation maxima des bateaux, au plus 45 passages par jour à deux éclusées de 500 mètres cubes chacune.	45.000 —
Pertes de la descente d'Arschwiller non étanchée, 4000 mètres à 1 m. c.	4.000 —
Pertes dues à l'affluence des bateaux dans les biefs courts de cette descente.	11.000 —
Consommation totale. . . .	90.000 —

Ainsi le maximum du volume à prendre au bief de partage était de 90.000 mètres cubes par jour, et, aussitôt l'étanchement de ce bief effectué, ce volume devait nécessairement descendre à 80.000 mètres cubes.

Pour satisfaire à cette dépense, on avait la rigole de la Sarre qui donnait 80.000 mètres cubes au plus bas étiage; admettant quatre mois de cet étiage, la réserve de l'étang de Gondrexange fournissait pendant ce temps 12.000 mètres cubes par jour et celle de l'étang de Réchicourt 3000 mètres cubes. On avait donc 95.000 mètres cubes disponibles, c'est-à-dire plus qu'il ne fallait.

Mais cette disposition avait l'inconvénient de prendre toute l'eau de la Sarre en étiage et d'annihiler de nombreuses et importantes usines; il fut décidé que l'alimentation serait basée sur l'étang de Gondrexange convenablement exhaussé, et qu'on ne tirerait de l'eau de la Sarre que lorsque le volume de cette rivière dépasserait les besoins des usines.

On résolut alors de relever de $0^m,50$ les digues de l'étang, de manière à obtenir une réserve de $1^m,50$ de hauteur cubant 6 millions de mètres cubes; cette réserve se renouvelle plusieurs fois dans l'année, et l'étang peut en grande partie alimenter le canal en hiver en gardant sa réserve complète pour la saison d'étiage. En effet, pendant l'année 1853, avant l'exhaussement des digues, l'étang avait déjà fourni au canal plus de 14 millions de mètres cubes.

D'un autre côté, une longue série de jaugeages des eaux de la Sarre avait montré qu'on pouvait prendre annuellement à cette rivière près de 10 millions de mètres cubes, représentant l'excédant des besoins des usines. Un déchargeoir de fond établi dans le bief de partage près de l'écluse n° 1 permettait d'envoyer cette eau directement dans la branche de la Meurthe et dans l'étang de Réchicourt.

Les expériences après la mise en eau ont permis d'établir plus exactement la consommation du bief de partage, dont voici le détail :

Passage de 20 bateaux par jour, à deux éclusées par bateau.	20.000 m. c.
Pertes du versant de la Meurthe jusqu'à la rigole de Dombasle. . . .	30.000 —
Pertes du bief de partage.	5.600 —
Pertes de la rigole de la Sarre.	500 —
Eaux évacuées par les déversoirs en cas d'orage.	1.000 —
Pertes de la descente d'Arschwiller.	200 —
Pertes dues à l'affluence des bateaux dans cette descente à biefs courts. .	4.000 —
Total en nombre rond. . . .	62.000 —

En admettant même que la navigation prenne un essor inespéré et qu'il passe 38 bateaux par jour, on voit que la consommation atteint à peine 80.000 mètres cubes.

La rigole alimentaire, indiquée sur le plan, prend d'abord les eaux de la Sarre blanche, puis celles de la Sarre rouge; on ne doit se servir de cette rigole que lorsque le débit total de la Sarre est supérieur à 140.000 mètres cubes, parce que ce qui dépasse ce chiffre est inutile aux usines. En se basant sur des jaugeages minutieux, on a trouvé que la rigole de la Sarre pouvait emmener annuellement 24 millions de mètres cubes.

Or, une consommation diurne de 80.000 mètres cubes représente par an un volume de 29.200.000 mètres cubes. Mais, pendant 175 jours de l'année, on ne peut rien demander à la Sarre, à cause de la faiblesse de ses eaux; il faudra donc alimenter uniquement pendant ce temps avec les réservoirs qui, à raison de 80.000 mètres par jour, devront contenir 14 millions de mètres cubes.

Pendant le reste de l'année, la rigole de la Sarre amènera plus de 80.000 mètres par jour.

Pendant 119 jours elle amènera outre ce chiffre, 40.000 m. c., soit en tout, **4.760.000** m. c.

—   15   —   66.000   —   990.0 0 —

—   56   —   70.000   —   3.920.000 —

Excès total disponible pour l'alimentation du réservoir de Réchicourt. . **9.670.000** —

Donc, l'excès du produit de la rigole de la Sarre passera par un déversoir du bief de partage dans l'étang de Réchicourt qui contient 4 millions de mètres cubes et qui pourra renouveler sa provision plusieurs fois dans l'année.

Ainsi, la rigole de la Sarre fournira, pendant 190 jours de l'année, les 80.000 mètres cubes nécessaires à l'alimentation du canal, ce qui absorbera 15.200.000 mètres cubes ; pendant les 175 jours restants, c'est le réservoir de Gondrexange qui suffira à l'alimentation et qui fournira 14 millions de mètres. On pourra, en outre, pour parer à toutes les éventualités, envoyer dans l'étang de Réchicourt le superflu de la rigole de la Sarre, soit en tout 9.670.000 mètres cubes.

Ajoutons que le bief de partage reçoit encore trois petits affluents dont le débit moyen est de 4172 mètres cubes par jour.

Ces trois prises d'eau secondaires suffisent à compenser les pertes permanentes du bief de partage, pertes qui ne dépassent pas $0^{mc},50$ pendant la saison sèche et qui tombent même à $0^{mc},15$ pendant la saison humide à cause des sources abondantes que renferment les tranchées du bief de partage, sources dont le débit varie suivant les saisons de 1500 à 7000 mètres cubes par jour.

· A l'époque où l'on tirera du bief de partage, par l'écluse n° 1 du versant de la Meurthe, les 150000 mètres cubes ou environ que fournira la rigole de la Sarre pour l'alimentation du canal et le remplissage de l'étang de Réchicourt, n'était-il pas à craindre qu'une dénivellation trop considérable vînt à se produire dans le bief de partage, entre l'entrée dans ce bief à la gare de Hesse de la rigole de la Sarre et l'écluse n° 1 du versant de la Meurthe? L'expérience directe a montré que cette pente superficielle était au maximum de $0^m,154$ et qu'elle ne gênait pas la navigation, car elle créait une vitesse d'au plus $0^m,14$ à la seconde.

Mais il était bon de la prévoir et l'on devra en tenir le plus grand compte dans l'exécution d'un canal; car, dans le cas actuel, elle réduisait près de l'écluse n° 1 le mouillage de $0^m,15$ et, si on n'avait pas prévu cette réduction, il eût fallu après coup approfondir cette portion du canal et abaisser les radiers. — En exécution, on a donc eu soin de donner une profondeur croissante depuis Hesse jusqu'à l'écluse n° 1 et on a de la sorte évité de graves mécomptes et des remaniements ultérieurs fort coûteux.

Nous avons vu qu'il fallait demander à l'étang de Gondrexange 14 millions de mètres cubes par an ; il était nécessaire, pour reconnaître si cela était possible, de tenir une comptabilité exacte et journalière de ce que cet étang recevait et donnait. M. Graëff a commencé par calculer les volumes correspondant à chaque division de l'échelle hydrométrique de l'étang, il a calculé en outre ce qui se perdait par l'évaporation et les filtrations et il en a conclu la réserve sur laquelle on pouvait compter. Cette réserve, dans les conditions les plus défavorables, restait supérieure à 10 millions de mètres cubes, non compris l'étang de Réchicourt qui contient 4 millions de mètres cubes et qui peut en recevoir 9 millions.

D'après les calculs précédents, c'est, quoi qu'il arrive, un excédant de plus de 5 millions de mètres des ressources sur la consommation. — « Le bief de partage des Vosges est donc un de ces biefs de partage exceptionnels où l'on a plus d'eau qu'il n'en faut pour l'alimentation. »

Il va sans dire que les ressources ne doivent pas cependant être gaspillées et qu'il faut les ménager avec un certain soin ; c'est ce que recommandait M. Graëff en posant la règle suivante :

« En principe général, du 1er janvier au 1er juillet, on ne doit laisser sortir de l'étang de Gondrexange pour l'alimentation que ce qui ferait élever sa retenue au-dessus de la cote maxima 266m,50, et manœuvrer de manière que la retenue subsiste à cette cote au 1er juillet ou le plus près possible de cette cote, en complétant par l'étang de Réchicourt ce qu'il faut pour l'alimentation du canal et sans s'inquiéter si ce dernier réservoir sera on non épuisé à cette époque du 1er juillet, où la réserve de l'étang de Gondrexange existera tout entière et pourra parer à toutes les éventualités de la saison la plus sèche. On devra d'ailleurs, à partir du 1er juillet, si l'étang de Réchicourt offre encore de l'encaisse, continuer à s'en servir en cas de besoin, en maintenant toujours celui de Gondrexange à sa cote la plus élevée possible. En un mot, on ne devra attaquer l'étang de Gondrexange au-dessous de sa retenue maxima que lorsque toutes les autres ressources seront épuisées. »

Nous ne dirons, pour terminer, que quelques mots des prises d'eau du versant du Rhin : elles ont toutes leur naissance dans la rivière de la Zorn et sont calculées pour débiter beaucoup plus que la consommation ordinaire de la section à laquelle elles correspondent ; on a voulu que chacune d'elles pût alimenter toute la portion du canal située à l'aval jusqu'à Strasbourg. C'est une sage précaution ; en général, il suffira de calculer les dimensions de chaque rigole de telle sorte qu'elle puisse débiter non-seulement ce qui est nécessaire à la consommation de sa section, mais encore à la consommation de la section suivante ; cela suffira, en général, pour parer aux avaries et causes diverses de chômage qu'une rigole peut avoir à subir.

5e ALIMENTATION DU CANAL DE L'AISNE A LA MARNE
MACHINES HYDRAULIQUES ÉLÉVATOIRES

Généralités. — En traitant des *distributions d'eau*, nous avons étudié déjà les machines hydrauliques élévatoires qui, prenant l'eau dans un cours d'eau naturel, la refoulent dans un réservoir supérieur à la ville qu'on veut alimenter. Nous avons montré que souvent l'intérêt et l'amortissement ainsi que l'entretien et la marche des machines pouvaient entraîner des dépenses annuelles moindres que l'intérêt des sommes qu'on dépenserait à construire un canal de dérivation ; dans ce cas, la solution des machines élévatoires est la plus avantageuse ; elle est en réalité moins coûteuse, n'exige pas l'immobilisation d'un gros capital, et se prête mieux aux variations de l'avenir.

Il faut considérer cependant qu'un aqueduc en maçonnerie est une œuvre éternelle, exigeant beaucoup moins de soins que n'en réclament des machines, qu'à ce point de vue il présente des avantages, et qu'à égalité de dépense, et même avec un certain excès de dépense, il doit être préféré lorsqu'on peut se procurer facilement le capital de premier établissement.

On ne pouvait songer autrefois à alimenter par des machines un canal à bief de partage ; la mécanique n'avait pas encore fait assez de progrès. Les vis

d'Archimède, mues par des moulins à vent, ont suffi à dessécher les vastes marais
de la Hollande ; elles seraient impuissantes à élever à quelques dizaines de mètres de hauteur les eaux nécessaires à l'alimentation d'un canal.

Il fallait pour ce travail nos puissantes pompes mises en marche par des machines à vapeur ou par des moteurs hydrauliques.

On comprend sans peine qu'il sera, d'une manière générale, toujours plus
avantageux de recourir à des moteurs hydrauliques, lorsqu'il sera possible d'en
établir sur un cours d'eau ou sur une dérivation de cours d'eau ; le moteur
hydraulique offre surtout le grand avantage d'être à l'abri des variations de
dépense qu'entraîne pour les machines à vapeur la variation des prix des
charbons.

Le bief de partage d'un canal important peut exiger par jour 50 à 80 mille
mètres cubes d'eau ; c'est le volume qu'exige l'alimentation d'une grande ville
de 250 000 à 400 000 habitants, à raison de 200 litres par tête.

Les exemples et les calculs de machines élévatoires que l'on trouvera dans
notre *Traité de la distribution des eaux* peuvent donc être appliqués à l'alimentation des canaux.

Aussi ne parlerons-nous ici que de l'alimentation du canal de l'Aisne à la
Marne, artère importante qui relie notre réseau navigable du Nord avec le réseau de l'Est[1].

Ancienne alimentation du canal de l'Aisne à la Marne. Le canal de l'Aisne
à la Marne part de Berry-au-Bac sur le canal latéral à l'Aisne, passe sous
Reims, remonte la vallée de la Vesle, traverse la ligne de faîte par un souterrain de 2 300 mètres, et descend à Condé, où il se soude avec le canal latéral à
la Marne.

Le versant de l'Aisne a une longueur de. , ...	39.487 mètres.
Le bief de partage.	11.920 —
Le versant de la Marne.	6.628 —
Longueur totale.	58.035 —

Sur le versant de l'Aisne, il y a seize écluses de 2m,70 de chute ; tirant d'eau
normal 1m,60 ; largeur au plafond 10 mètres, et à la flottaison 16m,40 ; largeur
du souterrain 6m,20 avec tirant d'eau de 2 mètres à 2m,30.

Autrefois, le canal n'était alimenté que par trois prises d'eau faites dans la
Vesle, dont une alimentait le bief de partage et tout le versant de la Marne.
Cette alimentation était tout à fait insuffisante et les chômages atteignaient jusqu'à 185 jours par année. M. Desfontaines fit exécuter, de 1857 à 1861, un
étanchement général en béton, qui n'exigea qu'une faible dépense de 47 fr. 05
par mètre courant de canal, et qui réussit parfaitement, mais qui néanmoins ne
permit pas de supprimer les chômages.

En 1849, M. Mary avait mis en avant l'idée d'assurer l'alimentation du canal
de l'Aisne à la Marne, en introduisant dans le canal latéral à la Marne un volume
de cinq à six mètres cubes d'eau par seconde, pris dans la Marne même ; ce
volume devait rentrer à la rivière, à Condé, en utilisant la chute de quatre
mètres qui existe en ce point pour mettre en mouvement de puissantes machines

[1] Voir, pour les détails complets de l'alimentation du canal de l'Aisne à la Marne, l'ouvrage
publié en 1872 par M. l'ingénieur en chef Gérardin, intitulé : *Théorie des moteurs hydrauliques.
applications et travaux exécutés pour l'alimentation du canal de l'Aisne à la Marne par des
machines.*

hydrauliques pouvant élever à vingt-six mètres de hauteur 415 litres par seconde, c'est-à-dire un volume d'eau supérieur à celui de la Vesle.

C'est ce projet qui a été exécuté ; seulement au lieu de faire l'appel de l'eau motrice par le canal latéral à la Marne dont la navigation eût subi une gêne considérable, on a eu recours à une dérivation spéciale et le cube d'eau qu'il est possible d'élever par seconde est de 1200 litres au lieu de 415.

Dépense du canal. — En 1860, la dépense d'eau par filtration entre Berry-au-Bac et Reims était de $0^{mc},66$; les travaux d'étanchement la ramenèrent à $0^{mc},24$ puis à $0^{mc},10$ par mètre courant et par vingt-quatre heures. Ajoutant $0^{mc},02$ pour l'évaporation calculée à raison d'une tranche de $0^{m},004$ par vingt-quatre heures et $0^{m},03$ pour la consommation spéciale des éclusées du port de Reims, on trouvait une consommation totale de $0^{mc},15$ par jour et par mètre courant.

De même au bief de partage et sur le versant de la Marne, les étanchements ramenèrent les pertes permanentes à $0^{mc},20$ par jour et par mètre courant.

Chaque bateau passant au bief de partage consomme deux éclusées, c'est-à-dire 1150 mètres cubes ; la navigation ne comporte pas plus de quinze passages par jour, ce qui représente une dépense par seconde de 200 litres.

Le bief de partage peut du reste tenir en réserve une tranche de $0^{m},20$ de hauteur, suffisante pour le passage de quarante bateaux ; il n'y a donc pas lieu de créer un réservoir spécial pour emmagasiner le produit des machines élévatoires.

En faisant la somme de la consommation diurne du canal, on reconnaît qu'il faut amener au bief de partage un volume de 597 litres à la seconde.

Afin de parer à toute éventualité, on s'est arrangé de manière à pouvoir, rien qu'avec les usines de Condé, envoyer 1200 litres par seconde au bief de partage.

Système exécuté. — Près de Châlons, un barrage du système Desfontaines, construit sur la Marne, rejette une partie des eaux dans un canal spécial de dérivation, qui pendant quelque temps longe le canal latéral, et débouche à Condé à un niveau assez élevé pour créer, en déversant ses eaux dans la Marne, une chute d'une grande puissance, laquelle fait mouvoir cinq turbines auxquelles sont attelées des pompes.

Ces pompes lancent dans une conduite forcée les eaux nécessaires à l'alimentation du canal et ces eaux se déversent dans le bief de partage.

Le canal de dérivation des eaux motrices a une longueur de 18 368 mètres ; sa largeur au plafond est de 8 mètres avec talus à 3 de base pour 2 de hauteur, et la pente kilométrique régulière est de $0^{m},10$. La profondeur d'eau variant de 1 mètre à $2^{m},20$, le débit du canal varie de 3 135 litres à 13 670 litres à la seconde ; la vitesse des eaux, pour la profondeur de $2^{m},20$ atteint $0^{m},55$, aussi a-t-il fallu perreyer les berges des parties concaves ; la cuvette a dû être étanchée sur une assez grande longueur par divers procédés.

« En faisant l'étude des machines élévatoires de Condé, nous nous sommes attaché avec le plus grand soin, dit M. Gérardin, à avoir un système simple, d'un entretien facile, et dont toutes les parties non-seulement fussent en vue, mais encore fussent d'un accès très-commode, afin qu'on n'éprouvât jamais d'hésitation à les visiter fréquemment. »

C'est cette idée qui a conduit à adopter cinq turbines Kœchlin, placées en ligne à 10 mètres de distance l'une de l'autre. Par l'intermédiaire d'un pignon et d'une roue d'angle, chaque turbine actionne un arbre horizontal, dont l'axe, parallèle à la ligne des turbines, est à $3^{m},50$ en contre-haut du niveau normal de la retenue. Cet arbre horizontal porte à chaque extrémité une bielle qui actionne une pompe verticale à double effet.

Les eaux refoulées par les diverses pompes se réunissent dans un grand tuyau surmonté de trois réservoirs d'air qui régularisent la pression, et s'élèvent ensuite par une conduite forcée jusqu'au sommet du coteau, où elles sont versées dans la rigole qui les mène au bief de partage.

Nous n'entrerons pas ici dans l'étude détaillée des turbines et des pompes; cette étude est purement mécanique et est basée sur les principes développés en d'autres sections de notre ouvrage.

La chute peut varier de $6^m,92$ à l'étiage jusqu'à $3^m,12$ lors des grandes crues de la Marne; la turbine Kœchlin conserve toujours un bon rendement dans ces conditions et a l'avantage de n'être jamais noyée. — Le modèle adopté à Condé a 2 mètres de diamètre.

Pour un volume d'eau de 600 litres à refouler, la hauteur d'ascension était de $20^m,22$, et le travail mécanique obtenu était de 12 132 kilogrammètres; dans la hauteur d'ascension est comprise la perte de charge due à la résistance de l'eau dans une conduite de 622 mètres de longueur, formée de deux files de tuyaux en fonte de $0^m,80$ de diamètre intérieur.

Pour un volume d'eau de 1200 litres à la seconde, la hauteur d'ascension était de $25^m,89$, exigeant un travail mécanique de 28 668 kilogrammètres.

Aux expériences, les pompes ont donné d'excellents résultats : le rapport entre le volume de l'eau refoulée et le volume engendré par le déplacement des pistons a été de 0,95. — Le rendement mécanique de la turbine a été de 67 p. 100. — Le rendement mécanique des pompes a été à peu près le même.

Dépenses. — Les dépenses de premier établissement de ce système d'alimentation ont été les suivantes :

Bureaux extérieurs et personnel des surveillants.	25.847ᶠ 87
Acquisitions des terrains et indemnités..	368.190ᶠ 06
Canal d'amenée.	777,282ᶠ 47
Canal de fuite, déversoir et bâtiment des machines.	350.360ᶠ 31
Abords et dépendances.	68 621ᶠ 73
Conduite ascensionnelle..	130.248ᶠ 49
Rigole faisant suite à la conduite.	333.557ᶠ 07
Machines élévatoires.	483.984ᶠ 73
Total.	2.538.092ᶠ 75

Exploitation. — L'exploitation se fait avec le personnel suivant :

Un chef mécanicien, au salaire de.	2200 francs.
Un aide mécanicien..	1500 —
Deux graisseurs.	2000 —
Un garde.	900 —
Quatre cantonniers.	2700 —
Total.	9300 —

Le graissage et le nettoyage des machines coûte annuellement. . . .	5.039ᶠ 71
La garniture des pistons et des presse-étoupes.	515ᶠ 00
Le chauffage et l'éclairage.	814ᶠ 06
Entretien des machines, des canaux, des bâtiments, etc.	4 333ᶠ 25
Total des dépenses annuelles. .	20.000ᶠ 00

Le prix des 1000 mètres cubes d'eau montés à 20ᵐ,22 est ainsi revenu à 1ᶠ,08, ce qui met à 0ᶠ,054 le prix de 1000 mètres cubes élevés à 1 mètre de hauteur.

Les dépenses par cheval vapeur utile peuvent donc s'établir comme il suit :

Personnel de marche et d'entretien.	58ᶠ 98
Graisse, huile et fournitures diverses..	40ᶠ 42
Entretien du système..	27ᶠ 47
Total..	126ᶠ 86

Comparaison entre les divers systèmes de machines élévatoires. — Le tableau ci-après, emprunté aux renseignements fournis par MM. les ingénieurs Nonton et Gérardin, permet de comparer ensemble, au point de vue économique, les divers systèmes de machines élévatoires :

DÉSIGNATION DES USINES.	VOLUME MOYEN MONTÉ PAR JOUR.	HAUTEUR MOYENNE RÉDUITE D'ASCENSION.	DÉPENSE PAR 1000 MÈTRES CUBES MONTÉS A 1 M. EFFECTIF.
1° USINES HYDRAULIQUES.	mèt. cubes.	mètres.	francs.
Usine de Condé-sur-Marne (2ᵉ semestre 1871).	20.523	20,22	0,0534
Usine de Saint-Maur (ville de Paris, 2ᵉ semestre 1871).	43.866	59,65	0,067
Usine d'Iles-les-Meldeuses (ville de Paris, 2ᵉ sem. 1871).	24.896	11,73	0,109
Usine de Trilbardou (ville de Paris, 2ᵉ semestre 1871).	18.521	14,92	0,212
Saint-Maur (année 1869 entière, réparations comprises).	78.799	58,45	0,147
Iles-les-Meldeuses (année 1869 entière, répar. compr.).	15.538	11,85	0,300
Trilbardou (année 1869 entière, réparations comprises).	12.885	14,92	0,230
2° USINES A VAPEUR.			
Landrecies en 1862 (canal de la Sambre à l'Oise). . .	20.488	1,85	1,150
Ors (canal de la Sambre à l'Oise).	23.795	2,62	1,020
L'Abbaye (canal de la Sambre à l'Oise).	24.756	2,98	0,810
Usine d'Austerlitz (ville de Paris, 1869).	14.182	62,54	0,325
Usine de Chaillot (ville de Paris, 1869).	25.372	50,43	0,613
Usine de Maisons-Alfort (ville de Paris, 1869).	2.321	65,63	0,451
Usine de Port-à-l'Anglais (ville de Paris, 1869). . . .	2.957	72,90	0,431
Usine de l'Ourcq (ville de Paris, 1869).	3.978	47,28	0,482

L'évaluation ne comprend pas l'intérêt des sommes de premier établissement. — Cet intérêt augmenterait beaucoup le prix de revient.

Ainsi, prenons le canal de l'Aisne à la Marne ; le prix d'un mètre cube élevé au bief de partage est de 0ᶠ,00108.

La dépense annuelle n'est que de 20 000 francs ; mais, si on ajoute l'intérêt de la dépense première, intérêt qu'il faut calculer à 10 p. 100 à cause de l'amortissement et de l'usure, c'est une dépense annuelle de 250 000 francs à ajouter à la première : la dépense est donc 13 fois et demie plus forte, c'est-à-dire que le prix du mètre cube d'eau élevé au bief de partage revient à 0ᶠ014. Avec l'intérêt calculé à 5 p. 100, ce prix ne serait que de 0ᶠ,0075.

On a calculé que les eaux recueillies dans les réservoirs du canal de Bourgogne revenaient par mètre cube versé dans le bief de partage, à :

0ᶠ,025	pour le réservoir de	Grosbois,
0ᶠ,017	—	Chazilly,
0ᶠ,007	—	Cercey.

Ce qui fait une moyenne arithmétique de 0^r,016 par mètre cube, dépense supérieure à celle que nous venons de trouver pour le canal de l'Aisne à la Marne, tout compris.

Programme du concours pour les machines élévatoires. — La construction des machines élévatoires est d'ordinaire mise au concours, sur des conditions déterminées à l'avance. — C'est le procédé suivi par la ville de Paris.

Voici, pour les machines du canal de l'Aisne à la Marne, le texte des conditions du concours :

Article 1er. — Les eaux de la Marne, dérivées depuis Châlons, arrivent à Condé à un niveau qui sera le même en tous temps, et qui est à la cote 78,46 du nivellement général de la France. A Condé, l'étiage de la Marne est à la cote 71,54, et les crues les plus hautes montent à 75,34, en sorte que les différences de niveau entre les eaux dérivées et celles de la rivière sont, en étiage, 6^m,92, et en crue 3^m,12. Ces différences de niveau, s'il n'y avait pas de pertes entre les moteurs et la rivière, représenteraient les deux valeurs extrêmes de la chute utilisable.

La puissance motrice de cette chute sera recueillie par cinq turbines du système Kœchlin, qui auront 2 mètres de diamètre extérieur et seront capables de débiter 2500 litres à la seconde, sous la chute de 6^m,70.

Les turbines ne fonctionneront pas habituellement toutes ensemble. Le nombre qu'on en mettra en marche à la fois dépendra et de la hauteur de l'eau en rivière, c'est-à-dire de la chute, et des besoins de l'alimentation, besoins qui varient, sinon dans la même proportion, du moins dans le même sens que la chute.

Ces turbines devront pouvoir se conjuguer au moyen d'embrayage des arbres de couche. Ce système d'embrayage devra être solide, facile, simple. Toutefois, il ne devra pas, pour éviter les causes d'accidents, pouvoir fonctionner en pleine marche.

Les turbines actionnent six pompes à double effet lançant l'eau dans une conduite de refoulement formée de deux files de tuyaux de fonte de 80 centimètres de diamètre intérieur, de 670 mètres de longueur (réduite pendant l'exécution à 621^m,80), et débouchant dans une rigole dans laquelle le niveau de l'eau sera supposé à la cote 97,74.

Dans les basses eaux, c'est-à-dire avec la forte chute, deux pompes à double effet correspondront à la puissance d'une turbine.

Les pompes seront verticales, elles n'auront pas ou n'auront que peu d'aspiration.

Les soupapes ou clapets seront, avant le changement de direction du piston, tirés par une tige à ressort qui recevra son mouvement d'un excentrique calé sur l'arbre, et qui tendra à les ramener sur leur siège. L'angle d'avance dans le calage et la force du ressort se détermineront de manière à supprimer les chocs et à obtenir le maximum d'effet utile.

Afin de faire varier le travail, en conservant constante la course du piston, les pompes devront pouvoir être rendues à volonté à simple ou à double effet par une manœuvre facile et qu'on puisse exécuter en pleine marche.

Les dispositions de transmissions seront telles que, les turbines marchant à pleine eau, on puisse toujours, en les conjuguant convenablement et en réduisant le travail des pompes par la mise à simple effet d'une ou de plusieurs, arriver à faire le nombre de tours qui correspond au maximum d'effet.

La fourniture comprendra les turbines, les parois en fonte des cabinets d'eau, les bâtis, les plaques de fondation des pompes, les transmissions du mouvement, les pompes, leurs tuyaux d'aspiration et de refoulement, les réservoirs d'air munis de manomètres, de tubes et de robinets indicateurs du niveau d'eau, la portion des tuyaux de refoulement qui est logée dans le bâtiment, et qui finit inclusivement à la tubulure de raccordement avec la double conduite.

Le tuyau de refoulement de chaque pompe est séparé du grand tuyau commun par un clapet de retenue faisant partie de la fourniture.

Enfin, la fourniture comprend deux séries de tarauds et deux séries de clefs pour toutes les dimensions de boulons employés, deux crics, deux moufles différentiels avec chaînes, dix burettes à graisser, un réservoir d'huile en tôle de 100 litres ; les rechanges, comprenant deux pistons complets avec garnitures, un moule pour les garnitures, deux jeux de clapets d'aspiration et de refoulement.

Article 2. — Les plans ci-joints indiquent les emplacements des turbines, qui seront disposées en ligne et distantes l'une de l'autre de 10 mètres.

Le sol général, dans la chambre des machines, est à la cote 75,86. Il règne sur les côtés transversaux et sur le côté d'amont un long trottoir à la cote 78,86, qui est la cote du couronnement des digues du canal d'amenée.

Les turbines seront exécutées dans les ateliers de M. Kœchlin.

Le constructeur pourra, s'il le juge convenable, ne pas couler chez lui les fontes des cabinets d'eau, des bâtis, des tuyaux et autres pièces de mécanique ; mais les usines dans lesquelles il les commandera devront être agréées par les ingénieurs.

Les fontes seront en seconde fusion.

Toutes les parties qui composeront le système élévatoire seront parfaitement en vue et disposées de telle façon que l'accès en soit très-facile.

Les fers et les fontes qui composent les cabinets d'eau, les bâtis, le grand tuyau commun de refoulement, les réservoirs d'air, l'escalier sous le radier des cabinets d'eau, seront payés d'après leur poids et au prix consenti par le fournisseur.

Les turbines, les paliers, les transmissions, les pompes, les tuyaux d'aspiration et de refoulement, les clapets, les soupapes, les reniflards, les manomètres, les robinets des chambres d'eau, enfin le treuil de pose, formeront un forfait dont le soumissionnaire fera connaître le prix pour lequel il s'engage à l'exécuter.

Les grandes vannes motrices, la grille d'épuration le long du bâtiment, les escaliers, qui font descendre du trottoir sur le sol de l'usine, font partie d'une autre entreprise.

Article 3. — L'adjudication aura lieu avec concurrence. A cet effet, au jour qui sera fixé, les constructeurs qui auront été appelés et qui voudront concourir à l'adjudication, devront fournir les pièces ci-après :

1° Engagement de verser au Trésor, dans la huitaine qui suivra l'approbation de l'adjudication, une somme de 10 000 francs à titre de cautionnement ;

2° Une soumission sous enveloppe cachetée, qui devra être conforme au modèle annexé, et qui portera le prix auquel le soumissionnaire aurait à faire la fourniture ;

3° Le projet représenté par des plans, coupes et élévations, cotés et suffisamment développés pour qu'on puisse apprécier le système.

Les dessins seront accompagnés d'un devis descriptif contenant les poids approximatifs des principales pièces de l'ensemble de l'appareil.

Séance tenante, il sera procédé, en présence des concurrents, à l'ouverture des enveloppes contenant les projets et les soumissions. Toutes les pièces seront ensuite adressées à l'Administration supérieure, avec un rapport des ingénieurs, qui proposeront l'adoption du système qui leur semblera le meilleur et le plus avantageux, tant sous le rapport de la disposition que sous celui de la dépense.

L'adjudication ne deviendra définitive qu'après l'approbation du Ministre.

Article 4. — Le constructeur, en cours d'exécution, ne pourra apporter de changement au projet que du consentement de l'Administration.

Les poids indiqués au devis descriptif pour les pièces à forfait ne pourront être diminués de plus d'un dixième, et de plus de 5 pour 100 sur l'ensemble des pièces.

Article 5. — Les appareils formant l'objet de la soumission seront loyalement exécutés dans toutes leurs parties, et formés de matériaux de très-bonne qualité.

L'entrée des ateliers sera toujours accordée aux ingénieurs et aux agents de l'Administration chargés de surveiller la construction.

Article 6. — Les appareils complets seront terminés et mis en place dans un délai maximum de douze mois après l'approbation de l'adjudication. Ce délai est de rigueur, et, en cas de retard du fait du constructeur, il lui sera fait une retenue de 100 francs par jour sur le prix de l'adjudication.

17

L'État devra livrer l'emplacement complétement uni et entretenu à sec pendant le montage des turbines.

Cet emplacement devra être livré dans un délai de huit mois après l'approbation de l'adjudication. Tout retard donnerait lieu à une extension égale du délai accordé pour la mise en place et le montage des machines.

L'État prend à sa charge les dépenses qu'exigeront les tailles et les ravalements des pierres pour la préparation des emplacements, les refouillements, les trous des boulons de scellement. Toutefois, ces travaux seront exécutés sous la surveillance et sous la direction du constructeur.

Article 7. — Bien que les appareils aient été agréés par l'Administration, il est bien entendu que le constructeur sera complétement responsable de leur bon fonctionnement, qu'il devra remplacer à ses frais toutes pièces dont la marche serait défectueuse. Les clapets ne devront faire entendre aucun choc.

Article 8. — Le délai de garantie sera de deux ans à partir du jour du fonctionnement des appareils ; pendant la durée de garantie, le constructeur devra remplacer à ses frais toute pièce présentant quelque défaut de qualité des matières ou vice de construction dûment constaté, sans toutefois qu'il soit tenu à payer aucune indemnité pour chômage.

Article 9. — A la réception provisoire et à l'expiration du délai de garantie, des essais de garantie seront faits contradictoirement pour reconnaître la marche des machines et la valeur du rapport entre le travail effectif et le travail disponible.

Les pompes devront élever un volume d'eau égal au moins aux neuf dixièmes du volume engendré par les pistons.

Le travail effectif sera au moins égal à la moitié du travail disponible.

Le travail disponible sera mesuré par le volume de l'eau motrice, multiplié par la différence entre le niveau de l'eau devant les vannes motrices et le niveau de l'eau dans le puits de la turbine.

Le travail effectif sera mesuré par le volume de l'eau montée, multiplié par la pression manométrique observée dans les tuyaux à l'origine de la conduite, et diminuée de la hauteur du niveau de l'eau dans le canal d'amenée au-dessus du zéro du manomètre.

Dans le cas où le minimum de rendement ne serait pas obtenu, les appareils pourraient être refusés, et, en cas de refus, ils devraient être enlevés.

Article 10. — Le payement du prix consenti par l'adjudication s'effectuera comme il suit :

Trois dixièmes lorsque l'adjudicataire justifiera que les principales pièces sont en construction dans ses ateliers ;

Quatre dixièmes au commencement de la pose ;

Deux dixièmes à la mise en marche des appareils ;

Un dixième à l'expiration du délai de garantie.

Article 11. — L'adjudicataire sera, d'ailleurs, soumis aux clauses et conditions générales imposées aux entrepreneurs des travaux publics, par décision en date du 6 novembre 1866, en tout ce qui n'est pas contraire au présent cahier des charges.

MOYENS D'ÉCONOMISER L'EAU DES ÉCLUSÉES

Lorsqu'un sas a été rempli pour le passage d'un bateau montant, il faut ensuite le vider, soit pour livrer passage à un bateau descendant, soit pour ne pas laisser les portes d'aval trop longtemps soumises à une pression qui les fatigue.

rait. — Il y a donc consommation d'un certain volume d'eau, volume que nous avons appelé une éclusée et qui est égal au produit de la section horizontale du sas par la hauteur de chute de l'écluse.

Au point de vue du rendement mécanique, les canaux sont une machine hydraulique des plus médiocres, car le volume d'eau qu'il faut tirer du bief de partage pour le passage d'un bateau représente un travail mécanique bien supérieur au travail réel résultant de l'élévation du bateau. Il serait facile de calculer le rapport de ces deux travaux, mais le calcul est sans intérêt.

Quoi qu'il en soit, il arrive fréquemment dans les canaux à point de partage que l'eau n'est pas surabondante et qu'il y a grand intérêt à l'économiser, surtout dans certaines sections où sont accumulés plusieurs biefs courts ou des écluses accolées.

Plusieurs systèmes ont été mis en avant, et quelques-uns même expérimentés, ayant pour but d'économiser et de mettre en réserve une partie de chaque éclusée, partie qui sera employée dans l'éclusée suivante; l'appoint seul, destiné à parfaire cette éclusée, sera demandé au bief d'amont.

Parmi ces systèmes, nous citerons les bassins d'épargne, le flotteur de Bétancourt et l'appareil à colonnes d'eau oscillante de M. de Caligny.

1° **Bassins d'épargne.** — La figure 4, de la planche LV, représente la coupe transversale d'une écluse, dans laquelle mn est le niveau du bief d'amont, et pq le niveau du bief d'aval. — Le volume de l'éclusée est mesuré par $mnpq$; supposons cette aire divisée en un certain nombre de tranches horizontales égales, en cinq tranches, par exemple, et supposons en outre qu'il existe à côté de l'écluse trois bassins ayant une section égale à celle du sas et correspondant exactement aux trois tranches intermédiaires de l'éclusée. — La première tranche aa_1 pourra s'écouler dans le premier bassin bb_1; la seconde tranche a_1a_2 s'écoulera dans le second bassin b_1b_2, etc.; l'avant-dernière tranche a_3a_4 s'écoulera dans le dernier bassin b_3b_4, et la dernière tranche a_4a_5 s'en ira dans le bief d'aval. — Supposons maintenant qu'on veuille remplir le sas; le premier bassin bb_1 fournira le volume cc_1 de la troisième tranche de l'éclusée; le second bassin fournira le volume c_1c_2 de la quatrième tranche de l'éclusée. et le troisième bassin fournira le volume de la cinquième et dernière tranche de l'éclusée.

On n'aura donc à demander au bief d'amont que le volume des deux tranches supérieures de l'éclusée, et par suite on aura économisé les $\frac{3}{5}$ du volume de l'éclusée.

En général, si n est le nombre des bassins, étagés comme nous venons de le dire, on pourra économiser la fraction

$$\left(\frac{n}{n+2}\right)$$

de chaque éclusée.

Avec un seul bassin correspondant à la tranche du milieu de l'éclusée, on économisera le $\frac{1}{3}$ de cette éclusée.

Avec un bassin semblable à l'écluse et aussi profond qu'elle, on ne pourrait économiser que le quart de l'éclusée.

L'économie irait en réalité à la fraction $\frac{1}{2}$ si on possédait deux écluses accolées, comme il en existe sur les canaux à grande fréquentation; une des écluses étant pleine et l'autre vide, si on établit entre elles une communication, un ni-

veau commun s'y établit, et chacune d'elles se trouve à moitié pleine ; pour
remplir celle qui d'abord était vide, on n'a donc qu'une demi-éclusée à tirer du
bief d'amont.

La figure 3 de la planche XXXI représente un bassin d'épargne économisant
le ⅓ de l'éclusée, et la figure 4 représente un double bassin d'épargne économisant la moitié d'une éclusée.

D'après Minard, ces bassins d'épargne étaient fréquemment employés en Angleterre et en Belgique. — Ils sont sans effet s'il n'y a pas une prise d'eau immédiatement au-dessous, ou si les écluses inférieures n'ont pas une chute plus
petite que celle de l'écluse où est le bassin, et diminuée dans la même proportion que l'eau économisée.

Un bassin d'épargne est une excellente ressource pour faire face à l'excédant
de dépense d'eau d'une écluse de très-grande chute, qu'on ne peut éviter.
C'est dans ce cas particulier que la première application en a été faite, en 1643,
pour une écluse de 6^m,50 de chute.

Les écluses doubles accolées, se remplissant à moitié l'une par l'autre, ont
été employées au canal Ladoga, en Russie, et au canal du Régent, en Angleterre.

2° **Flotteurs de Bétancourt.** — Bétancourt, un des auteurs de l'ancienne
classification des machines élémentaires, a imaginé un flotteur destiné à annuler
la consommation des écluses. — En voici le principe :

Un bassin A, figure 5, planche LV, plus profond que l'écluse, d'une capacité suffisante pour contenir une éclusée entière, est en communication permanente avec l'écluse E ; dans ce bassin se trouve un flotteur F, lequel est
suspendu par une chaîne passant sur la poulie q à un levier *mon*; le point o
est fixe, et le grand bras *on* du levier porte un poids P.

Le flotteur est disposé de manière que son poids soit égal au poids du volume
d'eau déplacé lorsque l'immersion est aussi grande que possible ; quand le
maximum d'immersion est ainsi réalisé, la petite branche du levier est horizontale en *oq*; pour soulever le flotteur, on éprouve donc une certaine
résistance, et il faut exercer un effort P à l'extrémité n du levier.

Lorsque le levier se trouvera dans la position représentée par la figure
il aura tourné d'un angle α, et le flotteur se sera élevé d'une certaine
quantité x égale à la longueur de chaîne qm. Appelons S la somme des
sections horizontales du bassin et de l'écluse, s la section horizontale du
flotteur, le volume d'immersion perdu par celui-ci pour l'ascension x sera sx;
le niveau commun de l'eau dans le bassin et dans l'écluse aura donc baissé
dans le rapport inverse des sections, c'est-à-dire d'une hauteur égale à

$$\left(\frac{sx}{S-s}\right).$$

L'émersion totale du flotteur sera donc de :

$$\left(x+\frac{sx}{S-s}\right) \text{ ou de } \left(\frac{Sx}{S-s}\right).$$

La traction exercée par le flotteur sur la chaîne mq aura pour valeur,
en désignant par π le poids du mètre cube d'eau :

$$\frac{\pi.S.sx}{S-s}.$$

Le bras de levier de cette traction est or ou

$$om \cos \frac{\alpha}{2};$$

le bras de levier de la puissance P est

$$on \sin \alpha;$$

quant à l'ascension x, elle est égale à mq, ou

$$2.mr \quad \text{ou} \quad 2.om \sin \frac{\alpha}{2}$$

Égalant le moment de la résistance à celui de la puissance, nous trouvons pour l'équation d'équilibre :

$$\frac{\pi.S.s}{S-s} 2.\overline{om}^2 \cos \frac{\alpha}{2} \sin \frac{\alpha}{2} = P.on \sin \alpha.$$

Si on remarque que

$$2 \sin \frac{\alpha}{2} \cos \frac{\alpha}{2}$$

est égal à

$$\sin \alpha,$$

l'équation d'équilibre se réduit à :

$$\frac{\pi.S.s}{S-s} \overline{om}^2 = P on.$$

Si cette équation est une fois vérifiée, elle le sera pour toutes les positions du système, et l'appareil théorique sera en équilibre indifférent. Pour soulever le flotteur d'une quantité quelconque, il n'y aura donc à exercer en n qu'un effort suffisant pour vaincre les résistances passives, telles que les frottements. Un éclusier en manœuvrant un engrenage pourra produire cet effort.

En soulevant suffisamment le flotteur F, on abaissera donc le niveau commun du bassin A et de l'écluse E à la hauteur du bief d'aval ; on introduira un bateau dans le sas, et, pour l'élever au niveau du bief d'amont, il suffira d'abaisser le flotteur assez profondément pour que le plan d'eau du bassin A et de l'écluse E se relève précisément jusqu'à ce niveau du bief d'amont.

Ainsi, la dépense d'eau sera nulle, le même volume servira toujours : le remplissage et la vidange du sas seront remplacés par les oscillations du flotteur.

Ce flotteur est donc excellent en théorie ; malheureusement, dans la pratique, dès qu'on cesse de l'appliquer à des écluses en miniature, le flotteur avec ses leviers devient une énorme machine très-compliquée, très-lourde et très-coûteuse. Aussi n'a-t-on pu l'employer.

En 1864, M. Navellier, mécanicien de Creil, a présenté un système qui ne diffère de celui de Bétancourt qu'en ce que le contre-poids fixe P est remplacé par un cylindre mobile en fonte qui peut se déplacer d'un bout du levier à l'autre. A mesure que ce cylindre s'approche du flotteur, il le fait enfoncer davantage et élève l'eau dans le sas ; à mesure que le cylindre s'éloigne du flotteur et se rapproche du point fixe, le flotteur s'élève et fait baisser l'eau dans le sas.

On trouvera dans les *Annales des ponts et chaussées* une note très-intéressante où M. l'Ingénieur Collignon soumet au calcul les conditions du système : il montre que le cylindre roulant devrait peser 480 tonnes, ce serait par exemple un rouleau en fonte de 30 mètres de long et de $1^m,65$ de diamètre ; les leviers devraient être d'énormes balanciers métalliques.

En résumé, l'appareil est curieux dans un cabinet de physique, comme exemple d'équilibre indifférent, « mais, dit M. Collignon, il n'est pas applicable, précisément dans les cas où il aurait à rendre le plus de services, c'est-à-dire lorsque les sas ont les dimensions que réclame la batellerie moderne.

3° **Colonnes d'eau oscillantes de M. de Caligny.** — M. le marquis de Caligny, bien connu par ses intéressantes recherches hydrauliques, a tiré un excellent parti des colonnes d'eau oscillantes et de la transformation de la force vive d'une masse liquide en travail élévatoire.

A la page 411 de notre *Traité de mécanique*, nous avons décrit une machine élévatoire construite dans ce sens ; nous en rappellerons ici le principe, parce qu'il fera bien comprendre l'application qui en a été faite aux écluses.

Un bassin N, figure 3, planche LV, communique par un tuyau ab avec un bassin M d'un niveau inférieur ; l'écoulement s'établit et le tuyau ab est parcouru par une colonne liquide animée d'une vitesse v, facile à calculer, et possédant par conséquent une force vive mv^2. Imaginez qu'à un moment donné on descende sur l'orifice b un tuyau vertical bc, dont la base s'adapte exactement sur l'orifice b : l'écoulement dans le bassin M va se trouver subitement arrêté, mais la colonne d'eau en mouvement dans le tube ab ne s'arrête pas pour cela, il faut que sa force vive se dépense soit en chocs, soit en travail ; il se produit bien quelques chocs et frottements, mais la plus grande partie de la force vive se transforme en travail : le liquide s'élève dans le tuyau bc, et une partie se déverse en c dans un bassin P d'un niveau supérieur à N.

Quand la force vive est épuisée, l'épanchement s'arrête, la colonne d'eau redescend dans le tube bc au niveau N. Si alors on soulève le tuyau bc, l'écoulement se rétablit en b dans le bassin M ; au bout d'un instant le régime uniforme est rétabli et offre une nouvelle provision de force vive, qu'on utilisera de la même manière en abaissant le tuyau vertical bc. Et ainsi de suite, indéfiniment. Nous pourrions soumettre ce système au calcul et en chercher le rendement ; mais cela nous entraînerait trop loin de la question.

Tel est le principe mis en œuvre par M. de Caligny pour économiser une partie du volume des éclusées ; l'expérience en grand en a été faite à l'écluse de l'Aubois sur le canal latéral à la Loire.

M. l'ingénieur de Lagrené, dans son *Traité de navigation intérieure*, a présenté la théorie mathématique complète des appareils à colonnes d'eau oscillantes ; le lecteur désireux de la connaître pourra se reporter à cet ouvrage, dans lequel il trouvera également les dessins complets des travaux exécutés à l'écluse de l'Aubois.

Nous donnerons seulement la description succincte de ces travaux, d'après la notice de l'Exposition universelle de 1873; pour rendre cette description plus claire, nous avons indiqué sous forme de croquis, aux figures 1 et 2 de la planche LV, la disposition générale des appareils.

Ils consistent en :

1° Un aqueduc bélier *a b*, en plein cintre, de 1ᵐ,20 de largeur et de 1ᵐ,55 de hauteur sous clef; cet aqueduc a son radier au niveau de celui du bief d'aval, dont le mouillage est de 1ᵐ,80, de sorte que l'intrados à la clef est à environ 0ᵐ,25 sous le niveau du bief d'aval. Cet aqueduc débouche du côté d'aval *a* dans la chambre des portes d'aval où il présente un élargissement, et, du côté d'amont, dans deux réservoirs séparés et situés en arrière de la chambre des portes d'amont;

2° Un fossé de décharge *cd*, appelé aussi bassin d'épargne, qui part de l'un des deux réservoirs dont il vient d'être question, et communique par une vanne avec le bief d'aval, tandis que l'autre réservoir A communique avec le bief d'amont;

3° Deux tubes verticaux mobiles *m* et *n*, ouverts à leurs deux extrémités et reposant sur deux ouvertures circulaires ayant à peu près le même diamètre que les tubes, et percées dans la voûte de l'aqueduc *ab*; l'un de ces tubes *n* est placé dans le réservoir qui communique avec le bief d'aval et l'autre *m* dans le réservoir A qui communique avec le bief d'amont. Tous deux, du reste, débouchent dans le réservoir A par leur orifice supérieur. Le tube d'aval *n* a 1ᵐ,48 de diamètre et 3ᵐ,57 de hauteur, le tube d'amont *m* a 1ᵐ,40 de diamètre et 2ᵐ,97 de hauteur.

Quand ces tubes sont descendus sur leurs sièges, l'extrémité d'amont de l'aqueduc se trouve fermée. Si l'on soulève le tube d'amont *m*, l'eau du réservoir A et par suite l'eau du bief d'amont entre dans l'aqueduc *ab*; si, au contraire, on soulève le tube d'aval *n*, l'eau du sas peut sortir de l'aqueduc et entrer dans le bassin d'épargne *cd*, ou inversement, suivant les niveaux respectifs du sas et du bassin.

Voici maintenant comment se fait la manœuvre :

S'agit-il de vider le sas, on soulève le tube d'aval; les eaux du sas parcourent l'aqueduc et viennent en sortir sous ce tube pour entrer dans le bassin d'épargne supposé au niveau du bief d'aval. Après avoir tenu le tube ainsi soulevé pendant quelques secondes, pour donner à l'eau le temps de prendre sa vitesse, on le laisse retomber sur son siège; l'eau de l'aqueduc, ne trouvant plus d'issue sous le tube, s'élève dans son intérieur, ainsi que dans l'intérieur du tube d'amont, et vient déverser à leur sommet dans le réservoir A qui communique avec le bief d'amont. Quand cette première oscillation a cessé de produire un déversement, on recommence la même manœuvre en soulevant de nouveau le tube d'aval; une nouvelle colonne d'eau sort du sas; puis on interrompt encore son écoulement sous le tube, et une nouvelle oscillation produit un nouveau déversement dans le bief d'amont. A mesure qu'on répète cette manœuvre, le sas se vide, partie dans le bassin d'épargne et de là dans le bief d'aval, partie dans le bief d'amont; la différence de niveau qui détermine l'oscillation est donc de plus en plus faible, et par suite la hauteur de l'oscillation et la durée du déversement, à chaque nouvelle ouverture. Il arrive un

moment où l'eau que fait déverser une oscillation est insignifiante pour l'épargne; à ce moment on peut achever la vidange en ouvrant d'une manière continue le tube d'aval; mais, on peut aussi opérer autrement de manière à produire une nouvelle épargne : on ferme la vanne v qui fait communiquer le
bassin d'épargne et le bief d'aval, et on lève le tube d'aval; il s'établit entre le
bassin et le sas une grande oscillation en vertu de laquelle l'eau monte dans le
bassin plus haut que le bief d'aval, et baisse dans le sas au-dessous de ce dernier bief; on baisse le tube d'aval à la fin de cette grande oscillation. On a
ainsi enfermé dans le bassin d'épargne une tranche d'eau qui servira au remplissage suivant du sas, et on a produit dans le sas une dénivellation qui permet aux portes d'aval de s'ouvrir spontanément.

La tranche d'eau obtenue à l'Aubois par cette oscillation finale a été de
15 centimètres d'épaisseur.

S'agit-il de remplir le sas : on commence par employer la tranche d'eau
emmagasinée dans le bassin d'épargne; pour cela, on soulève le tube d'aval n,
et l'eau, étant plus élevée dans le bassin que dans le sas, s'y rend, en produisant une oscillation à la fin de laquelle le niveau est plus élevé dans le sas que
dans le bassin, et plus bas dans celui-ci que dans le bief d'aval; de sorte que
ce premier volume introduit dans le sas comprend non-seulement celui qui a
été épargné pendant la vidange précédente, mais encore un autre pris sur le
bassin d'épargne, c'est-à-dire sur le bief d'aval.

A la fin de cette oscillation initiale on laisse retomber le tube d'aval et l'on
procède ensuite d'une autre manière.

On soulève le tube d'amont m, l'eau du bief d'amont entre dans l'aqueduc ba
et se dirige vers le sas; quand au bout de quelques secondes elle a atteint sa
vitesse, on laisse retomber le tube d'amont et on lève en même temps le tube
d'aval; l'eau en mouvement dans l'aqueduc produit alors l'effet connu d'aspiration sur l'eau du bassin d'épargne qui a été remis en communication avec le
bief d'aval, et l'entraîne par une oscillation dans le sas; de sorte que le volume
entré dans ce dernier se compose d'une partie prise sur le bief d'amont pour
engendrer la vitesse, et d'une partie prise sur le bief d'aval en utilisant cette
vitesse. A la fin de l'oscillation on laisse retomber le tube d'aval, on relève le
tube d'amont et une nouvelle oscillation ramène dans le sas un nouveau
volume. On continue ainsi jusqu'à ce que l'affaiblissement de la chute entre
l'amont et le sas ne donne plus que des oscillations insignifiantes; alors on
maintient le tube d'amont soulevé et l'on achève ainsi le remplissage. Ce soulèvement prolongé produit lui-même une oscillation finale, en vertu de laquelle
l'eau monte dans le sas plus haut que dans le bief d'amont, et fait ouvrir spontanément les portes d'amont.

L'écluse de l'Aubois, qui fonctionne depuis 1868, a permis de constater :

1° Que sept ou huit oscillations suffisent pour remplir ou vider le sas en cinq
ou six minutes;

2° Que pour le remplissage, et sans se servir de la réserve du bassin d'épargne, le volume d'eau pris au bief d'aval est moyennement de 0,41. V, et que le
volume pris au bief d'amont est moyennement de 0,59. V, en désignant par V
le volume total introduit dans le sas : l'épargne de cette manœuvre est donc à
peu près les $\frac{2}{5}$ de l'éclusée;

3° Que pendant la vidange le volume envoyé dans le bief d'amont est d'environ 0,586. V, et celui envoyé dans le bief d'aval de 0, 614. V, sans se servir de l'oscillation finale.

La somme des volumes épargnés dans les deux manœuvres est de

$$(0,41 + 0,386)V = 0,796.V.$$

En utilisant les grandes oscillations finales, l'épargne atteint 0, 90. V.

Le système d'écluse de M. de Caligny procure donc une grande épargne d eau ; il constitue un ingénieux emploi des propriétés des liquides en mouvement.

Son application à l'Aubois a coûté environ 40,000 francs. Mais la disposition des lieux et la nature du sol ont présenté des difficultés particulières ; et c'est surtout à ces causes qu'il faut attribuer l'élévation de la dépense.

Néanmoins, bien que cette dépense puisse être réduite, elle sera toujours considérable si on l'applique à toutes les écluses d'un canal. Ces procédés exceptionnels doivent être réservés également aux cas exceptionnels, comme les écluses à grande chute.

Cependant, il faut reconnaître que l'usage des colonnes oscillantes facilite beaucoup la manœuvre des écluses, en forçant les portes à s'ouvrir d'elles mêmes à la fin de la dernière grande oscillation. Cette propriété a été reconnue après des expériences effectuées en Belgique par M. l'ingénieur Maus ; les bateaux avaient beaucoup de peine à pénétrer dans une écluse étroite, parce qu'ils formaient piston et comprimaient l'eau devant eux ; on établit un aqueduc à vanne mettant en communication la partie aval du sas avec le bief d'amont, et cela permit à l'eau refoulée de s'échapper facilement ; puis, on songea à profiter de cet aqueduc pour le remplissage du sas, et on s'aperçut qu'à la fin de l'opération une dénivellation se produisait entre l'intérieur du sas et le bief d'amont ; d'où une poussée suffisante pour donner naissance au mouvement d'ouverture des portes.

L'usage d'aqueducs de section et de longueur relativement grandes est, à ce point de vue, fort intéressant.

INFLUENCE DES ÉCLUSES SUR LA PUISSANCE DE TRAFIC D'UN CANAL

Les canaux, pas plus que les chemins de fer, ne sont capables de donner passage à une quantité indéfinie de marchandises.

Les chemins de fer à une voie, avec une exploitation parfaitement entendue, ont pu faire jusqu'à 40,000 francs de recette par kilomètre ; les chemins à deux voies ont une puissance beaucoup plus considérable qui, cependant, est sur certaines lignes arrivée à sa limite. Il en est de même des canaux, dont il importe de proportionner les éléments au trafic qu'ils ont à desservir.

Nous savons bien qu'il est difficile de fixer le trafic futur d'un canal à construire, car il ne suffit pas d'inventorier exactement les transports préexistants, il faut encore tenir compte de l'accroissement de transport qui résultera de la présence d'une voie facile et économique. En ces matières, il faut donc, comme pour un tracé de chemin de fer, tenir compte des résultats obtenus sur des lignes voisines placées dans des conditions semblables.

Sur chaque canal, la fréquentation totale annuelle se répartit inégalement entre les divers mois; les glaces de l'hiver, les chômages de l'été et la plus grande difficulté de navigation dans la saison sèche en sont la cause. Voici, d'après M. Comoy, la répartition de la fréquentation annuelle du canal du Centre de 1843 à 1845 :

Janvier.	0,053	Mai.	0,137	Septembre.	0,018
Février.	0,047	Juin.	0,125	Octobre.	0,106
Mars.	0,104	Juillet.	0,106	Novembre.	0,107
Avril.	0,131	Août.	0,000	Décembre.	0,067

En juillet, août et septembre, il y a eu 60 à 80 jours de chômages.

La fraction maxima représentant la fréquentation diurnes c'est-à-dire le rapport entre le nombre des bateaux passant à une écluse en un jour et le nombre de bateaux passant sur le canal en un an, a été de 0,0055 au canal du Centre.

Pour une fréquentation annuelle de 600.000 tonnes, c'est une fréquentation journalière maxima de 3300 tonnes, ce qui, à 100 tonnes en moyenne par bateau, correspond au passage de 33 bateaux pleins à l'écluse, non compris les bateaux vides qui devront être à peu près aussi nombreux.

Étant admis que les dimensions et le tonnage des bateaux circulant sur un canal sont uniformes, la fréquentation du canal est évidemment limitée par le nombre des bateaux qui peuvent passer à une écluse en un jour.

L'intervalle entre les bateaux consécutifs est réglé par le temps qu'exige une éclusée. Si plusieurs bateaux se rejoignent et se présentent ensemble à une écluse, où ils passent un à un, ils sont évidemment séparés ensuite et placés à des intervalles égaux.

En disposant convenablement l'alimentation et la longueur des passages rétrécis, c'est donc la durée du passage aux écluses qui seule détermine l'intervalle règnant entre les bateaux qui marchent dans le même sens.

La vitesse de ces bateaux ne fait rien à l'affaire au point de vue du nombre qu'il peut en passer en un jour; les écluses sont comme des barrières qu'on placerait sur une route et qu'on n'ouvrirait que de demi-heure en demi-heure; quelle que soit la vitesse des voitures entre deux barrières consécutives, il n'en passerait toujours à chacune que 48 par 24 heures.

Une éclusée comporte dix opérations, savoir :

1° L'entrée du bateau montant,
2° La fermeture des portes d'aval,
3° Le remplissage de l'écluse.
4° L'ouverture des portes d'amont,
5° La sortie du bateau montant,
6° L'entrée du bateau descendant,
7° La fermeture des portes d'amont,
8° La vidange de l'écluse,
9° L'ouverture des portes d'aval,
10° La sortie du bateau descendant.

A ces dix opérations, il faut ajouter une autre cause de perte de temps inévitable dans la pratique :

11° La perte de temps résultant du défaut de coïncidence entre l'arrivée des bateaux et les manœuvres de l'écluse.

Un bateau descendant sortant de l'écluse, le bateau montant est arrêté à 60 mètres de là, il met 2 minutes 1/2 à parcourir cette distance s'il est à charge et 1 minute 1/2 à vide.

L'entrée du bateau montant dans le sas, sa sortie, et l'entrée du bateau descendant, durent chacune 2 minutes 1/2 à charge et 1 minute 1/2 à vide.

La sortie du bateau descendant chargé est plus longue; elle est de 3 minutes 1/2 parce qu'il faut le temps de le mettre en mouvement.

On emploie en moyenne une demi-minute pour ouvrir ou fermer une paire de portes, soit d'amont, soit d'aval.

Une éclusée a donc une durée totale de 18 minutes pour des bateaux pleins et de 11 minutes pour des bateaux vides, soit en moyenne 15 minutes, non compris le temps perdu, ni le temps qu'il faut pour remplir et pour vider le sas.

Le temps perdu par le défaut de coïncidence des manœuvres des bateaux est nécessairement très-variable, suivant l'importance de la circulation; l'inégalité de chute des écluses est la plus grande cause de temps perdu.

D'après M. Comoy, le temps perdu par chaque éclusée sur des canaux à section moyenne est d'environ 6 minutes.

Le temps employé à remplir et à vider l'écluse est lui-même variable avec la chute; en théorie, on peut facilement proportionner les appareils d'écoulement à la chute de façon à remplir ou à vider le sas en un temps constant quelle que soit la hauteur; mais, en pratique, il y a une vitesse ascensionnelle du bateau qu'on ne peut dépasser sans danger. Ce qui conduit à reconnaître que la durée du remplissage ou de la vidange du sas est proportionnelle à la hauteur de chute.

Il faut compter au moins 1 minute 1/2 pour remplir ou pour vider 1 mètre de hauteur de sas.

Pour une chute de 2 mètres, ce sera 6 minutes par éclusée.

La moyenne de la durée totale d'une éclusée doit donc être portée à 27 minutes; pour deux bateaux pleins, elle serait de 30 minutes.

Les écluses à faible chute sont plus avantageuses et permettent de faire passer un plus grand nombre de bateaux dans un canal donné.

M. Comoy a donné une formule exprimant la valeur de la circulation; désignons avec lui par :

T la durée quotidienne de la navigation,

t le temps perdu pendant l'entrée et la sortie des bateaux, pendant l'ouverture et la fermeture des portes, par le défaut de coïncidence entre l'arrivée des bateaux et la manœuvre de l'écluse,

t' le temps employé à remplir ou à vider moyennement un mètre de hauteur de sas,

x la chute de l'écluse en mètres,

N le nombre d'éclusées faites par jour,

F la fréquentation ou le nombre des bateaux que l'on peut passer par jour, c'est le double de N.

La durée totale d'une éclusée est

$$(t + 2t'x)$$

donc on a la relation :

$$N = \frac{T}{t + 2t'x} \quad \text{et} \quad F = \frac{2T}{t + 2t'x}$$

Nous avons vu que t est égal à 21 minutes et t' à 1 minute 1/2 ; s'il n'y a pas de circulation de nuit, la durée moyenne de T est de 12 heures ou de 720 minutes et la fréquentation s'exprime par

$$F = \frac{1440}{21 + 3x}.$$

Dans cette formule, si on donne à la chute x les valeurs suivantes :

     0^m,50   1^m,00   1^m,50   2^m,00   2^m,50   3^{m}00   3^m,50   4^m,00

on trouve une fréquentation de :

     64   60   56,5   53,3   50,5   48   45,7   43,6 bateaux.

Ces chiffres indiquent bien l'influence de la chute des écluses sur la fréquentation.

En supposant une chute nulle, on trouve :

$$E = \frac{2T}{t} = \frac{1440}{21} = 70.$$

Ainsi, la circulation, dans un sas sans chute, mais muni de deux paires de portes, ne pourrait être supérieure à 70 bateaux en douze heures.

D'autre part, des chutes de 0^m,50 ne sont guère en usage ; généralement la chute est voisine de 2 mètres, ce qui correspond à une circulation diurne de 45 bateaux.

Dans le cas où on aurait à satisfaire à une circulation plus considérable, il faudrait nécessairement installer un service de nuit, ou construire des écluses accolées deux à deux.

C'est ce qu'on a fait sur certains canaux d'Amérique, et bien qu'il soit plus avantageux au point de vue du temps de faire passer par chaque écluse alternativement un bateau montant et un bateau descendant, puisqu'on utilise alors le remplissage du sas, on a généralement réservé une des écluses aux bateaux montants et l'autre aux bateaux descendants ; on évite ainsi les croisements de bateaux aux abords, et il n'y a pas de confusion.

Le temps employé dans ce cas pour l'entrée et la sortie d'un bateau, pour l'ouverture et la fermeture des portes, et par le défaut de coïncidence entre l'arrivée du bateau et la manœuvre de l'écluse n'est plus de 21 minutes, mais de 10 minutes. La formule de la fréquentation s'écrit

$$F = \frac{1440}{10 + 3x'}$$

qui pour des chutes de

     0^m,50   1^m,00   1^m,50   2^m,00   2^m,50   3^m,00   3^m,50   4^m,00 donne des nombres de bateaux égaux à :

125   110,7   99,3   90   82,3   75,8   70,2   65,5.

Avec le passage alternatif des bateaux dans les écluses, les chiffres de circulation seraient le double de ceux qui conviennent à une écluse simple.

La dépense de construction des écluses doubles sera souvent supérieure à la somme que représente l'établissement d'une navigation de nuit ; les frais de traction pour la navigation de nuit sont presque le double de ceux de la navigation de jour.

INCONVÉNIENTS DES PASSAGES RÉTRÉCIS DES CANAUX

Dans les parties où il serait trop coûteux de conserver la largeur de double voie, on a adopté sur bien des canaux anciens des sections réduites, qui sont une grande gène pour la navigation et diminuent considérablement la puissance de trafic du canal.

Ces sections, dans lesquelles la largeur est réduite à peu près à la largeur des écluses, sont : les ponts par-dessus, les grands ponts aqueducs, les tranchées profondes et les souterrains.

Ainsi que l'a fait remarquer M. Comoy, notre guide en cette étude, il faut faire une distinction entre les passages rétrécis de grande longueur, qui sont très-rares, et les passages rétrécis de faible longueur, tels que les ponts par-dessus, qui sur certains canaux sont très-multipliés.

Passages rétrécis de faible longueur. — Au passage des ponts par-dessus à section rétrécie, deux inconvénients se manifestent lorsque l'eau n'est animée d'aucune vitesse : 1° diminution de vitesse du bateau résultant de l'augmentation du frottement ; 2° nécessité d'arrêter un des bateaux lorsqu'il s'en présente deux à la fois.

1° La diminution de vitesse du bateau est peu de chose, lorsqu'il s'avance réellement en eau calme.

2° La perte de temps due à l'arrêt d'un bateau n'est pas considérable et peut être réduite à cinq minutes. Dans un canal ayant une circulation très-active de 20 à 30 bateaux par jour, les croisements ne seront pas nombreux et encore ne se produiront-ils qu'exceptionnellement au passage des ponts. C'est donc une considération de faible importance.

Elle ne suffirait pas seule à expliquer la nécessité où l'on s'est trouvé fréquemment de recourir à des ponts laissant libre une double largeur de voie.

Il y a une autre raison : c'est que dans beaucoup d'anciens canaux l'alimentation est mal comprise, les prises d'eau desservent de grandes longueurs au lieu d'amener les eaux à l'endroit même où elles sont utiles ; il en résulte que certains biefs sont parcourus, notamment lors des basses eaux, par des courants de vitesse notable.

Supposez sous un pont rétréci un débit de 0m,50 à la seconde, ce pont ayant un débouché mouillé de 5ᵐ,20 sur 1ᵐ,60 ou de 8ᵐᶜ.30, il en résultera une vitesse moyenne de 0ᵐ,06 ; mais, un bateau se présentant avec une section de 6ᵐᶜ,50, il ne reste plus que 1ᵐ,80 pour l'écoulement et la vitesse atteint 0ᵐ,28. D'où une grande gêne pour le halage.

Si le tirement d'eau est plus considérable, le halage devient impossible et on s'est vu forcé de recourir à des treuils pour le passage de certains ponts.

Conclusion : les passages rétrécis de faible longueur ne présentent d'inconvénients sérieux que là où peuvent se manifester des courants d'une certaine vitesse, c'est-à-dire lorsque l'alimentation du canal est mal combinée. Avec des prises d'eau convenablement espacées, l'inconvénient disparaît, pourvu que les abords du pont soient bien aménagés et les banquettes de halage faciles à parcourir.

Passages rétrécis de grande longueur. — Parmi ces passages il faut compter : 1° les grands ponts-aqueducs ; 2° les tranchées ; 3° les souterrains.

1° Lorsque le pont-aqueduc dépasse une certaine longueur, on est forcé de faire passer les bateaux dans chaque sens par convois ; une gare ménagée entre le pont et l'écluse d'aval est donc peu utile dans ce cas. Elle sera au contraire très-utile lorsqu'on pourra faire passer les bateaux dans l'ordre où ils se présentent, et faire servir l'éclusée d'un bateau montant à la descente d'un bateau avalant. Cela dépend encore de la question de savoir si un bateau pourra circuler sur le pont-aqueduc pendant qu'on remplit l'écluse d'aval ; ce remplissage détermine un tirement d'eau qui va jusqu'à 2ᵐ,50 par seconde ; si la section de la bâche diffère peu de celle d'un bateau, il se produira un courant violent qui s'opposera à ce qu'un bateau stationne sur le pont-aqueduc pendant le tirement d'eau. Il ne faut donc pas craindre de ménager à la bâche des grands ponts-aqueducs suivis d'une écluse, une largeur supérieure de 2 mètres au moins à celle des bateaux.

Admettons qu'il en soit ainsi et qu'une gare soit ménagée entre le pont-aqueduc et l'écluse d'aval ; la durée d'une éclusée se décompose comme il suit :

Entrée du bateau montant.	4 minutes
Remplissage de l'écluse.	7 —
Sortie du bateau montant.	4 —
Entrée du bateau descendant.	4 —
Vidange de l'écluse.	7 —
Sortie du bateau descendant.	4 —
Total.	30 —

C'est le temps qui s'écoule entre l'entrée dans l'écluse de deux bateaux descendants consécutifs ; pour éviter tout temps perdu, il faut que pendant ces 30 minutes le bateau montant précédent ait parcouru tout le passage rétréci, et que le bateau descendant l'ait descendu afin d'arriver à la gare. Mais, les bateaux ne pouvant que stationner et non avancer sur le pont-aqueduc pendant le tirement d'eau, c'est 23 minutes seulement de disponibles. La vitesse des bateaux ne dépassant pas 20 mètres à la minute, la longueur maxima du pont-aqueduc sera de 230 mètres. Si ce chiffre est dépassé, il faudra substituer la circulation par convois à la circulation libre.

Il n'est pas inutile de faire remarquer combien est défectueuse la circulation par convois, qui consiste à réunir entre eux à chaque écluse des bateaux qui, s'ils continuaient leur marche aussitôt après le passage, seraient espacés de quelques centaines de mètres et gagneraient ainsi un temps considérable dans le parcours entier du canal.

2° Les tranchées se rencontrent généralement au point de partage; il ne s'y produit pas de courant si l'on a soin de faire déboucher les prises d'eau alimentaires aux deux extrémités du bief de partage, c'est-à-dire là où le liquide doit être consommé. Cependant, au canal de la Marne au Rhin, la rigole de la Sarre débouche au milieu du bief de partage, le tirement d'eau produit vers les écluses de ce bief une dénivellation et un courant qui pourraient rendre la circulation impossible s'il existait une section rétrécie.

On peut dans les tranchées ménager des gares d'évitement; comme les bateaux ne se suivent qu'à la distance qui correspond à la durée d'une éclusée, il suffira de ménager dans les tranchées des gares d'évitement tous les 600 mètres, puisqu'une éclusée complète dure une demi-heure, et que les bateaux parcourent 1200 mètres à l'heure.

Quant aux tranchées qui se trouvent sur les versants, elles sont la cause d'une gêne considérable lorsqu'elles doivent livrer passage aux eaux d'alimentation d'une partie de la section d'aval. Il faut tout faire pour supprimer cet état de choses lorsqu'il se présente.

3° Les souterrains sont pour ainsi dire toujours situés aux biefs de partage; à cause de l'obscurité, ils ne se prêtent guère à l'établissement des gares, à moins que ces gares ne puissent être faites à ciel ouvert. Ils exigent donc la navigation par convois, chose des plus défectueuses comme nous l'avons dit, puisqu'elle force à réunir des bateaux que le passage de chaque écluse sépare nécessairement.

Nous avons vu, en traitant du halage dans le chapitre I, 1re partie, toutes les difficultés qu'entraîne la circulation des bateaux dans les souterrains étroits; il faut donc les éviter autant que possible, bien qu'on soit arrivé à atténuer ces difficultés en installant des systèmes de touage mécanique.

CHAPITRE II

GÉNÉRALITÉS SUR LES ÉCLUSES

Description d'une écluse à sas. — En langage ordinaire, le mot écluse (du latin *exclusa aqua*) s'entend des barrages mobiles qui constituent les retenues d'usine sur les petites rivières. En navigation, on n'emploie que l'écluse à sas, dont les figures 1 et 2 de la planche XXXII représentent les dispositions générales.

Une écluse à sas se compose de deux écluses simples A et A' entre lesquelles se trouve le sas.

L'écluse à sas est limitée latéralement par deux murs qu'on appelle *bajoyers* ou *bas-joyers*.

L'intervalle entre les bajoyers est la largeur de l'écluse; dans les canaux, elle est égale à la largeur maxima des bateaux, plus un certain jeu de chaque côté. Quelquefois, les écluses ont une largeur suffisante pour permettre le passage de deux bateaux de front.

Si on descend une écluse de l'amont à l'aval, on rencontre les parties suivantes :

1º L'angle d'amont ne se termine pas par une arête vive que le choc des bateaux briserait certainement; on le remplace par une partie arrondie, par une tour ronde de 0^m,50 de rayon.

2º En *bb* on voit des *coulisses* ménagées pour recevoir une série de poutrelles horizontales superposées; on met ces poutrelles en place lorsqu'on veut isoler le sas et épuiser l'eau qu'il contient pour réparer soit les portes, soit le radier. Les coulisses d'aval *qq* complètent l'isolement.

Entre la tour ronde et les coulisses on ménage une partie verticale de 0^m,10 à 0^m,20 ; sans cela, on obtiendrait une pierre présentant du côté de la coulisse une sorte d'angle aigu susceptible de se rompre sous les chocs.

Les dimensions des poutrelles se calculent facilement suivant la charge d'eau qu'elles doivent supporter.

Dans les grandes écluses on dispose souvent deux coulisses à chaque tête; ces deux coulisses sont espacées à 1^m,10 ; entre les deux files de poutrelles on comprime de la glaise afin de former un batardeau à l'abri duquel on pourra épuiser.

3° Entre les coulisses *b* et l'enclave *cd*, il faut une largeur suffisante pour empêcher la pierre de se rompre sous l'effort tranchant horizontal que les poutrelles lui transmettent. C'est évidemment la poutrelle inférieure, c'est-à-dire la plus chargée, qu'il faut prendre comme la base du calcul. La distance entre la coulisse et l'enclave n'est jamais inférieure à 0^m,50 ou 0^m,60.

4° L'*enclave cd*, qui fait suite au mur de défense *bc*, est destinée à recevoir une des portes d'amont, lorsque le passage est ouvert. La profondeur de l'enclave doit être telle que la porte s'y trouve bien à l'abri du choc des bateaux; il faut donc qu'elle soit en arrière du plan vertical du bajoyer. On admet en général un retrait de 0^m,10. De même la longueur *cd* de l'enclave est déterminée par la longueur de la porte, augmentée de 0^m,05 à 0^m,10; ce jeu est nécessaire pour livrer passage à l'eau que la porte refoule lorsqu'elle vient se loger dans l'enclave.

5° Entre les deux enclaves *cd* s'étend la chambre des portes, limitée à l'amont au mur de garde *s* et à l'aval au *busc ded*.

6° Le passage est fermé par une paire de portes, dont l'axe vertical de rotation est aux points *d*; ces deux portes ont chacune une largeur supérieure à la demi-largeur de l'écluse; elles viennent donc, lorsqu'elles sont fermées, buter l'une contre l'autre au point *e*. C'est ce qu'on appelle un système de *portes busquées*. Il va sans dire que, sur les canaux à voie étroite, on n'adopte pas ce système et on se contente d'une porte unique. Par leur base les portes s'appuient contre un chevron saillant en maçonnerie que l'on appelle le *busc*; dans une feuillure que le busc présente est logé le *faux busc ded* qui se compose de deux poutres horizontales sur lesquelles viennent s'appuyer les parties inférieures des portes.

L'axe vertical de rotation d'une porte est déterminé par un *pivot* situé à la base du *poteau tourillon*; ce pivot tourne dans une *crapaudine* métallique, laquelle est solidement scellée dans une pierre spéciale de grande dimension appelée *bourdonnière*. Le poteau tourillon est en outre guidé à sa partie supérieure par un *collier* en fer solidement fixé dans la maçonnerie des bajoyers.

7° On comprend que la partie aval *d* de l'enclave ne peut être limitée à une surface quelconque; cette surface doit être telle qu'elle ne s'oppose pas à la rotation du poteau tourillon et qu'elle ne laisse point de vide entre la porte et la maçonnerie, lorsque la porte est fermée. Cette partie aval *d* doit donc être l'objet d'une taille particulière; cette partie porte le nom de *chardonnet*.

8° Le *busc* en maçonnerie fait saillie sur le plafond de la chambre des portes; il se termine à l'aval à un arc de cercle *gfh* et est appareillé en forme de voûte afin de résister à tous les efforts qu'il peut avoir à supporter. L'arc de cercle *gfh* sert de directrice à un parement cylindrique vertical, représenté en coupe médiane par *fk*; c'est le *mur de chute* destiné à racheter la différence de niveau entre le plafond du canal à l'amont de l'écluse et le plafond du canal à l'aval.

9° C'est après le mur de chute que commence la partie utile du sas, laquelle se termine à l'angle du busc d'aval. Le *sas*, compris entre les deux bajoyers est terminé par un radier en arc de cercle. Cette forme est en rapport avec la section transversale des bateaux, elle permet de renforcer le pied des bajoyers et d'appareiller le radier du sas en forme de voûte renversée, ce qui lui donne une plus grande solidité.

10° Le radier du sas est séparé de la chambre des portes d'aval, laquelle est à fond plat, par un mur de garde *p*.

11° On voit en *mn* les enclaves des portes d'aval, en *non* le busc et le faux busc d'aval.

12° Après le busc, vient le mur de fuite *nq* de la tête d'aval; la longueur de ce mur de fuite doit être telle que la maçonnerie résiste sans rupture à la poussée que lui transmettent les portes d'aval. Le mur de fuite comporte des coulisses *q* et se termine en plan par un quart de rond comme la tête d'amont.

Les têtes d'amont et d'aval sont généralement limitées à des *murs en retour*.

Le plafond du canal, à l'aval de l'écluse, est perreyé sur une certaine longueur pour résister aux courants qui s'échappent des ventelles des portes.

Cette description générale étant faite, nous allons passer à l'examen détaillé des diverses parties, en laissant toutefois de côté les portes qui feront l'objet d'une étude spéciale.

Dimensions des coulisses et poutrelles. — Les coulisses sont destinées à recevoir une série de poutrelles horizontales superposées, qui forment barrage. Si l'on veut obtenir un barrage bien étanche permettant d'épuiser facilement le sas et d'y travailler à sec, on doit accumuler en avant des poutrelles un massif de terre glaise qui prend son talus naturel et forme batardeau.

Pour plus de commodité, dans les hautes écluses de rivière, on dispose deux coulisses écartées de 1 à 1ᵐ,50; entre les deux files de poutrelles on pilonne de la glaise et on constitue ainsi un batardeau.

Ce moyen peut suffire à la rigueur pour des écluses d'une largeur allant jusqu'à 12 mètres : si la largeur augmente encore, les poutrelles ne peuvent plus résister à la charge, à moins qu'on ne les soutienne en un point de leur portée, ce qui se fait au moyen de pièces inclinées prenant leur appui sur les bajoyers ou sur le radier.

Dans les longues écluses, on a des coulisses en amont et en aval de chaque paire de portes; la chambre d'amont et la chambre d'aval peuvent ainsi être visitées et épuisées séparément, sans qu'il soit besoin à chaque fois de vider toute la capacité du sas.

On calculera sans peine la dimension de la poutrelle inférieure qui est la plus chargée. Exemple : Calculer la largeur d'une poutrelle de 0ᵐ,20 de hauteur destinée à une écluse de 5ᵐ,20 de large et capable de supporter une charge de 2 mètres d'eau.

La poutrelle inférieure supportera une charge de 400 kilogrammes par mètre courant; on peut la supposer encastrée à ses extrémités, pourvu que la coulisse soit assez profonde et ait une largeur peu supérieure à celle des poutrelles.

Dans ces conditions, il y a à appliquer la formule de résistance :

$$(1) \qquad \frac{2RI}{h} = \frac{pl^2}{16}$$

formule établie à la page 26 du *Traité des ponts en charpente* et dans laquelle

$$p = 400 \qquad l = 5,20.$$

Le bois qu'on emploie peut travailler par exemple à un effort de 100 kilogrammes par centimètre carré ou de 1 million de kilogrammes par mètre carré. Donc R est égal à 1 000 000. De plus, le moment d'inertie de la section de la poutrelle est de $(\frac{1}{12} bh^3)$, formule dans laquelle b est la hauteur égale à $0^m,20$, et h la dimension horizontale.

Si l'on porte ces quantités dans la formule(1), on trouve pour h la valeur $0^m,14$.

Si, au contraire, on s'était donné la dimension horizontale des poutrelles, égale par exemple à $0^m,20$, on eût trouvé pour la hauteur de la poutrelle inférieure la valeur $0^m,101$.

La profondeur de la coulisse est au moins égale à sa largeur, c'est-à-dire à la largeur des poutrelles : $0^m,20$ à $0^m,40$.

Mur de défense d'amont. — La longueur du mur de défense compris entre la coulisse et l'enclave doit être telle que la pierre qui le compose résiste à l'effort transmis par la poutrelle la plus chargée.

Cette pierre travaille comme une pièce libre à un bout et encastrée à l'autre ; on la calculera donc comme on calcule une dent d'engrenage

Exemple : Dans le cas du paragraphe précédent, l'effort tranchant transmis à la coulisse par la poutrelle inférieure de $0^m,20$ de hauteur est de 2,6 fois 400 kilogrammes, ou de 1040 kilogrammes. — Pour 1 mètre de hauteur de la coulisse, cet effort P serait 5 fois plus grand ou de 5200 kilogrammes.

Admettons que la coulisse ait une profondeur de $0^m,20$, le mur de défense peut être considéré comme une pièce encastrée dont la longueur l est précisément égale à $0^m,20$ et dont il faut calculer la largeur h en recourant à la formule

$$\frac{2Rl}{h} = P.l \quad \text{ou} \quad \frac{Rbh^2}{3} = P.l$$

La tranche considérée ayant 1 mètre de hauteur, b est égal à 1 ; supposons que la pierre puisse travailler à la traction à 2 kilogrammes par centimètre carré, ou à 20 000 kilogrammes par mètre carré, la formule précédente nous donnera pour la valeur de h... $0^m,16$.

La pierre qui travaille à la traction est dans de mauvaises conditions, et il ne faut la soumettre qu'à de très-faibles efforts. Le basalte d'Auvergne se rompt par extension sous une charge de 77 kilogrammes par centimètre carré, le calcaire compacte sous une charge de 52 kilogrammes et la brique de bonne qualité sous une charge de 18 à 20 kilogrammes. Si l'on adoptait le coefficient de sécurité de $\frac{1}{10}$, on voit qu'il faudrait se restreindre à de faibles valeurs de R.

La profondeur de la coulisse est généralement supérieure à $0^m,20$; elle va jusqu'à $0^m,60$ pour les écluses ordinaires de rivière.

Enclave. — La profondeur des enclaves est déterminée par l'épaisseur des portes, à laquelle on ajoute $0^m,05$ ou $0^m,10$ pour mettre la porte repliée à l'abri du choc des bateaux.

L'angle amont des enclaves est droit ; l'angle aval a le profil du *chardonnet* que nous allons construire tout à l'heure.

Dans le type d'écluse que nous avons représenté, nous avons supposé que le radier commençait par un mur de garde en saillie sur le plafond de la chambre des portes d'amont. Généralement cette saillie, qui expose la chambre des portes à l'envasement, n'existe pas et le plafond est un même plan horizontal entre la tête d'amont et le busc.

Chardonnet. — Le chardonnet est le profil horizontal qui sert de directrice à la surface courbe verticale par laquelle se terminent les enclaves à l'aval. L'épure du chardonnet est la construction de ce profil.

Il doit être tel que les portes fermées s'appliquent sur une certaine longueur de la maçonnerie de l'enclave, de manière à n'offrir à l'eau aucun passage; il doit être tel en outre que le mouvement de rotation du poteau tourillon se fasse librement et sans frottement contre les maçonneries.

Ancienne disposition du chardonnet. — La disposition la plus simple qui se présente à l'esprit pour le chardonnet, disposition adoptée dans les anciennes écluses, est celle que représente la figure 2 planche XXXIII.

Le poteau tourillon se termine par une portion de cylindre vertical *abc* dont l'axe est en *o;* cet axe coïncide avec l'axe de rotation et le chardonnet est taillé suivant une surface cylindrique enveloppant le poteau tourillon.

La porte fermée s'appuie sur l'enclave par une certaine longueur de maçonnerie *cd* et cette surface de portée est dans la direction même du busc.

Lorsqu'on ouvre la porte *m*, le poteau tourillon tourne à frottement plus ou moins doux dans la maçonnerie du chardonnet avec laquelle il reste en contact et lorsque la porte est ouverte elle occupe la position pointillée *n*.

Pour faciliter le dégagement de l'eau que refoule la porte en s'ouvrant, elle doit, lorsqu'elle est arrivée en *n* se trouver à une certaine distance de la paroi du fond de l'enclave. C'est pourquoi le chardonnet se raccorde avec cette paroi du fond au moyen d'un ressaut *ef.*

On remarque en outre que l'angle *d* de l'enclave ne se termine pas par une arête vive; quelle que soit l'épure du chardonnet, l'arête vive est remplacée par un arc de cercle de 0^m,05 de rayon. De la sorte, on ne risque pas de voir les pierres de taille s'épauffrer sous la pression.

Cette ancienne disposition du chardonnet offre le grave inconvénient de ne pas supprimer le frottement pendant le mouvement, frottement qui peut devenir considérable surtout si la porte éprouve quelque déformation. Cet inconvénient a conduit à rejeter la disposition malgré sa simplicité.

Disposition ordinaire du chardonnet. — Le chardonnet est ordinairement disposé comme le montre la figure 3 de la planche XXXIII.

Considérons la porte appuyée sur le busc, sa ligne médiane se projette sur la droite *ab* et son poteau tourillon cylindrique est en contact avec le chardonnet *edb*. Le centre commun de la section horizontale du poteau et de la section horizontale du chardonnet est en *g*. Ce centre ne se confond pas avec le centre de rotation, ainsi que nous le verrons tout à l'heure.

Considérons maintenant la porte dans l'enclave, sa ligne médiane se projette sur la droite *cd*.

Les deux lignes médianes, *ab* et *cd* se croisent au point *m*; menons la bissectrice de leur angle obtus *cmb* opposé au sas, et prenons sur cette bissectrice un point *o*.

Du point *o* abaissons des perpendiculaires *og* et *on* sur *ab* et *cd*. On prendra le point *g* comme centre des sections horizontales du poteau tourillon et du chardonnet lorsqu'ils sont en contact.

Supposons ce contact établi, c'est-à-dire la porte appuyée contre le busc et mettons-la en mouvement pour la ramener dans l'enclave. Tous les points de la figure tournent autour du point *o* d'un angle égal à *amc*; en particulier le point *g* vient en *n*, le point *b* en *b'*, et le point *e* en *e'*. La porte occupe alors la position indiquée en pointillé sur la figure.

Dès l'origine du mouvement de rotation, le poteau tourillon a cessé d'être en contact avec le chardonnet ; il s'en est sans cesse éloigné et par conséquent le frottement à vaincre a été réduit au frottement du pivot dans la crapaudine et du collier qui maintient la partie supérieure de la porte.

Le problème que nous nous étions posé est donc résolu.

L'explication précédente laisserait à supposer que le centre de rotation *o* est pris au hasard sur la bissectrice de l'angle *cmb* ; il n'en est rien. — Le centre de gravité de la porte n'est pas sur sa ligne médiane ; il est toujours plus rapproché de la face d'amont que de la face d'aval, parce que sur la face d'amont on trouve le bordage, les ventelles, la passerelle qui n'existent pas sur la face d'aval ; on détermine d'une manière approximative le plan vertical qui contient le centre de gravité et on place le point *o* à la rencontre de ce plan vertical et de la bissectrice de l'angle des lignes médianes.

Cette position est avantageuse pour l'axe de rotation, car elle évite les porte à faux latéraux et empêche la tendance de la porte au déversement.

L'écart du centre de gravité en avant de la ligne médiane n'est généralement pas considérable ; il est souvent réduit à 0^m,01 et dépasse rarement 0^m,04 à 0^m,05.

La partie circulaire du chardonnet est arrêtée au point où la rencontre la parallèle *oh* au busc, menée par le centre de rotation.

Quant au fond de l'enclave, qui doit être à 0^m,10 en arrière de la porte complètement ouverte, on le raccorde par un quart de rond ou par une courbe tangentielle avec l'extrémité ci-dessus déterminée de la partie circulaire du chardonnet.

Chardonnet pour portes métalliques. — Avec les portes métalliques, il n'est pas commode d'obtenir un contact étanche de la maçonnerie et du métal. On est forcé d'interposer des fourrures en bois, ce qui change les conditions de l'épure du chardonnet.

La figure 4 de la planche XXXIII représente une disposition adoptée dans ce cas. Soit *ab* et *cd* les lignes médianes de la porte dans ses deux positions extrêmes ; l'axe de rotation correspond au point de rencontre *m* de ces deux axes. Le poteau tourillon n'est plus terminé circulairement, mais profilé suivant une courbe elliptique, de manière à porter par la ligne verticale *b* sur une surface plane *ef* dont la direction est normale à l'effort que la butée des portes transmet à la maçonnerie, effort que nous déterminerons ultérieurement.

Sur la face aval de la porte est fixée une fourrure en bois F, qui s'appuie sur la maçonnerie par une portée d'au moins 20 centimètres, largeur nécessaire pour constituer une fermeture étanche.

Dès que la rotation commence, la porte abandonne l'arête en maçonnerie *b* et tout frottement contre la maçonnerie disparaît.

Les conditions du problème sont donc aussi réalisées.

Mais il faut remarquer que cette solution a l'inconvénient d'augmenter la profondeur de l'enclave d'une quantité égale à l'épaisseur de la fourrure F. Si cette fourrure à 0^m,10 d'épaisseur, qu'on veuille la mettre à 0^m,10 en arrière du plan des bajoyers et qu'on veuille en outre laisser 0^m,10 de jeu derrière la porte fermée, la profondeur de l'enclave sera supérieure de 0^m,50 à l'épaisseur de la porte. Avec une porte de 0^m,40, cela fera une enclave profonde de 0^m,70.

Dimensions du busc. — Les deux principales dimensions du busc sont le rapport de sa flèche à sa corde et la saillie qu'il fait sur le plafond de la chambre des portes.

Les anciens constructeurs adoptaient pour le rapport de la flèche à la demi-corde du busc la fraction $\frac{1}{4}$ ou $\frac{1}{5}$; pour bien assurer la butée des portes il ne faut pas que ce rapport soit trop faible; d'autre part, il ne faut pas qu'il soit trop fort parce qu'il conduirait à des largeurs de porte coûteuses et exagérées.

Sur la haute Seine, la flèche est de 1^m,50 pour une demi-ouverture d'écluse égale à 6 mètres; cela fait un rapport de $\frac{1}{4}$ correspondant à un angle de 14° 2'10".

Sur la Marne, la flèche est de 1^m,50 pour une demi-ouverture d'écluse égale à 3^m,90; cela fait un rapport de 0,38 correspondant à un angle de 21° 2'15".

Au canal de la Marne au Rhin, la flèche est 0^m,90, la demi-ouverture de l'écluse 2^m,60; d'où résulte un rapport de 0,34615 correspond à un angle de 19° 6'18".

Quant à la saillie du busc sur le plafond de la chape des portes, elle doit être d'autant plus considérable que l'ouverture de l'écluse et par suite la largeur des portes sont plus grandes. En effet, les grandes portes demandent à s'appuyer sur une surface plus étendue; elles sont plus exposées à se déformer et à baisser du nez, c'est-à-dire à s'affaisser du côté du poteau busqué. Il faut donc en tenir l'entretoise inférieure à une hauteur plus grande au-dessus du radier.

Jusqu'à l'ouverture de 5^m,20, on limite la saillie du busc à 0^m,20; jusqu'à 8 mètres, on admet 0^m,25 et jusqu'à 12 mètres, 0^m,30.

Le busc est construit en pierres de taille, appareillées comme les claveaux d'une voûte en berceau dont l'intrados horizontal est représenté par l'arc de cercle qui limite le mur de chute. Ces pierres de taille doivent être encastrées dans le radier de 0^m,40 à 0^m,45, ce qui, pour une saillie du busc de 0^m,20, leur donne une hauteur totale de 0^m,60 à 0^m,65.

Le dernier claveau du busc forme la base du chardonnet; sa face supérieure n'est pas dans le plan horizontal du busc, mais à 0^m,05 au-dessus, afin qu'il n'y ait pas de joints à la ligne séparative du bajoyer et du radier. Ce dernier claveau est une pierre spéciale, qui doit être choisie et appareillée avec le plus grand soin : c'est celle que l'on appelle la *bourdonnière*.

Busc découpé. — Le busc fait une saillie sur le plafond de la chambre des portes; on peut craindre dans certains cas de voir un envasement se produire à l'amont de la saillie. Il est à remarquer que les mouvements des portes mettent sans cesse la vase en mouvement, et que celle-ci ne peut guère séjourner et s'agglomérer dans la chambre. Quelquefois cependant on s'est préoccupé d'un envasement possible, et on a adopté des buscs découpés, analogues à celui que représente la figure 5 de la planche XXXII.

Comme on est forcé, pour éviter le frottement, de laisser un certain jeu entre le dessous de la porte et le radier, les buscs découpés ont l'inconvénient de donner lieu à des pertes d'eau continues, qui sont indifférentes sur une rivière, mais qui ne seraient pas admissibles sur un canal.

Du mur de chute. — Le mur de chute est cette voûte à intrados cylindrique vertical qui relie le plafond de la chambre d'amont avec le radier du sas.

Dans un canal, si le plafond de la chambre d'amont est au même niveau que le plafond du canal dans le bief qui précède l'écluse, la hauteur du mur de chute est précisément égale à la chute de l'écluse. Mais il en est rarement ainsi; il peut arriver qu'on ait avantage pécuniaire à supprimer le mur de chute et à placer le plafond de la chambre d'amont au niveau du radier du sas. Dans ce cas, le mur de chute est supprimé, mais les portes d'amont sont plus élevées et prennent une hauteur égale à celle des portes d'aval ; les bajoyers de la chambre d'amont s'allongent également, les fouilles augmentent de volume. Il faut voir si la suppression du mur de chute compense cet accroissement de dépense.

Il va sans dire que si le mur de chute est supprimé ou diminué, le plafond d'amont de l'écluse se raccorde par un plan incliné avec le plafond du bief d'amont du canal.

On s'arrange généralement de telle sorte que le mur de chute ne dépasse pas sensiblement le niveau du bief d'aval ; sans cela, l'eau qui s'échappe des ventelles d'amont vient jaillir sur les bateaux montants et cause une grande gêne.

On remarquera encore que la suppression du mur de chute facilite la manœuvre des bateaux dans le sas, ils ne risquent plus de venir s'appuyer sur le mur de chute dans leur mouvement descendant. L'absence du mur de chute permet en conséquence d'augmenter la longueur utile du sas, ou, à longueur utile égale, de diminuer la longueur totale de l'écluse.

Ce sont ces considérations qui, dans les divers cas, pourront guider le constructeur.

Les écluses en rivière ne comportent jamais de mur de chute ; celui-ci est inutile, et même sa présence nuirait à l'écoulement des grandes eaux.

Du sas. — Trois choses sont à considérer dans les sas : le radier, la forme en plan et la forme du profil en travers.

On donne au radier un profil de voûte renversée, et cela pour plusieurs raisons ; cette forme se rapproche de celle des bateaux, économise la profondeur au pied des bajoyers, augmente la solidité, et permet au radier de résister aux sous-pressions qui peuvent se produire dans des terrains perméables. Il ne faut cependant pas attacher à cette disposition de voûte renversée une importance exagérée ; ainsi, il est inutile de tailler la dernière assise du bajoyer suivant un plan incliné normal au dernier élément du radier. Il va sans dire que le radier courbe ne règne que depuis le pied du mur de chute jusqu'à l'origine de de la chambre des portes d'aval. Celle-ci est quelquefois précédée d'un mur de garde, mais il paraît peu utile.

Aujourd'hui le sas a toujours, en plan, la forme rectangulaire, c'est-à-dire une largeur constante. Il n'en a pas toujours été ainsi, et il convient de rappeler les formes anciennes pour en montrer les inconvénients.

« On a donné, dit Gauthey, aux sas des écluses du Languedoc une forme ovale, par la raison sans doute que les murs des bajoyers étant en ligne courbe, dont la partie convexe est opposée à la poussée des terres, ils en ont plus de force pour résister à cette poussée ; mais, comme d'un autre côté il en résulte une augmentation dans la dépense des constructions et surtout dans la quantité d'eau nécessaire pour chaque éclusée, il est important d'examiner si, en voulant éviter un inconvénient, on n'en a pas fait naître un plus grand. »

En effet, avec ces écluses, la consommation d'eau est les $\frac{4}{3}$ de celle que donnerait une écluse rectangulaire de même embouchure. C'est une considération très-grave au point de vue de l'alimentation. De plus, la forme courbe, tout en permettant peut-être une certaine diminution dans l'épaisseur de la maçonnerie des bajoyers, augmente le développement des bajoyers et surtout augmente beaucoup les difficultés de construction (fig. 4, pl. XXXII).

Citons encore une écluse circulaire construite sur le canal du Midi : la

branche A (fig. 3, pl. XXXII), communique avec l'Hérault, la branche B vient
de Béziers et la branche C s'en va dans le port d'Agde. Le niveau ordinaire
de A étant pris comme plan de comparaison, le niveau de la branche B est 0^m,32
plus bas et celui de la branche C 1^m,72 plus bas. D'après ces niveaux respectifs,
les têtes A et C n'ont besoin que d'une paire de portes; mais il en faut deux à
la tête B, qui joue tantôt le rôle de tête d'amont, tantôt le rôle de tête d'aval.
L'écluse est circulaire en plan, afin de permettre aux bateaux de virer dans le
sas pour se présenter à la branche qu'ils doivent suivre. La partie du sas placée
dans le prolongement de C est creusée à la profondeur du plafond de cette
branche, cette dépression remplace le mur de chute d'une écluse ordinaire.

« Par cette disposition, dit M. Mary, on a fait un ouvrage remarquable. qui
paraît très-ingénieux au premier coup d'œil, et qu'on pourrait être tenté d'imiter; il importe donc d'en faire ressortir les inconvénients.

« Quoiqu'il n'y ait que trois têtes d'écluses, il y a, en réalité, quatre paires de
portes, par conséquent autant de dépense sous ce rapport que si l'on avait construit deux écluses à sas indépendantes l'une de l'autre. La maçonnerie, pour
les bajoyers circulaires, est à peu près aussi considérable. Enfin, le passage
des bateaux est plus long que si l'on avait construit deux écluses isolées aboutissant à un bassin rond, parce que la surface du sas circulaire est plus grande
que celle des deux sas, et que, par conséquent, il faut plus de temps pour le
remplir qu'il n'en faudrait pour remplir deux sas à bajoyers droits. »

Ces conclusions paraissent cependant attaquables; car, pour permettre le
passage direct d'une branche dans chacune des deux autres, au moyen d'une
seule éclusée, la construction de trois écluses serait nécessaire.

Pour ce qui est du profil en travers du sas, il est d'usage dans les canaux
de limiter les bajoyers du côté du sas à des faces verticales; cette disposition a pour objet de réduire la consommation de l'eau au strict nécessaire, en
réduisant la largeur du sas à la largeur des bateaux augmentée du jeu indispensable au mouvement de l'eau.

Cependant, si l'on remarque que la plus grande poussée sur les bajoyers vient
des terres, on reconnaît qu'il y aurait avantage à limiter le sas à des faces en
talus; on augmenterait la résistance des bajoyers ou à résistance égale on diminuerait le cube des maçonneries, on faciliterait les mouvements de l'eau et des
bateaux; l'échouage n'est évidemment pas à redouter, pourvu que le fruit
n'atteigne pas une valeur élevée. Il paraît donc y avoir avantage à l'adoption de
bajoyers en talus. C'est un système pratiqué en Amérique.

Les grands sas de nos rivières, destinés à contenir un train de bateaux, seraient trop coûteux à exécuter en maçonnerie; les deux têtes seules des écluses
sont en maçonnerie. Le sas est limité à deux talus perreyés; les perrés sont soutenus par le sol naturel du côté de la berge et par une digue en rivière du côté
du large. Il faut que ces perrés soient maçonnés en bon mortier hydraulique. Ce
système des perrés, appliqué aux écluses de la haute Seine, est économique;
mais, suivant M. l'ingénieur de Lagrené, l'expérience a montré qu'il est exposé
à de fréquentes avaries et qu'il exige des précautions minutieuses de construction et d'entretien.

Il a bien l'inconvénient de déterminer une grande consommation d'eau;
cela serait grave sur un canal, mais est presque indifférent sur une rivière,
même au point de vue de la durée de l'éclusée, car on peut proportionner la
section des aqueducs de remplissage et de vidange à la capacité du sas.

La figure 6 de la planche XXXII représente une écluse construite sur la rivière de l'Ourcq avec têtes en maçonnerie et sas·en terre. Par crainte des échouages, on a quelquefois battu au pied des talus des pieux dans l'alignement des bajoyers ; ces pieux guident les bateaux, l'expérience paraît avoir montré qu'ils n'étaient guère utiles.

Partie aval d'une écluse. — A la suite du sas, vient la chambre des portes d'aval, avec son mur de fuite qui doit être d'une longueur suffisante pour résister à la poussée des portes qui tend à séparer des bajoyers du sas les murs de fuite d'aval. L'écluse se termine à l'aval, comme à l'amont, par un mur de garde destiné à empêcher les affouillements et à prévenir les filtrations sous les maçonneries du radier.

Accessoires d'une écluse. — Comme accessoires des écluses en rivière, il faut compter : les escaliers ménagés dans les perrés à l'amont et à l'aval ; les échelles verticales, à échelons en fer, installées dans le sas ; les poteaux de défense et pattes d'oie destinés à protéger les musoirs contre le choc des ba· teaux ; les moyens d'amarrage, tels qu'organeaux ou champignons en fer, scellés dans le sas ou sur le couronnement des bajoyers ; les enrochements et plafonds perreyés à l'amont et surtout à l'aval de l'écluse.

Hauteur d'une écluse. — Le terre-plein d'une écluse de canal est à 0^m,50 ou 0^m,75 au-dessus du niveau de la retenue normale du bief d'amont ; celui d'une écluse en rivière est de 1 mètre à 1^m,50 au-dessus des plus hautes eaux de navigation.

CALCULS RELATIFS A LA CONSTRUCTION DES ÉCLUSES

Nous venons de donner les dimensions apparentes et les dispositions géné. rales des écluses, il nous reste à indiquer comment on déterminera les dimensions des divers massifs de maçonnerie dont une écluse se compose. Nous dirons donc comment on fixe le profil en travers et l'épaisseur des bajoyers, des murs de défense, des murs de fuite, des murs en retour et du radier.

1° Profil des bajoyers. — On serait tenté tout d'abord d'assimiler les bajoyers d'une écluse, soit à un mur de soutènement, soit à un mur de réservoir. Cependant, l'assimilation n'est pas possible ; en effet, un mur de soutènement et un mur de réservoir résistent à l'effort des terres ou de l'eau qui s'exerce sur la même face, ils ne sont pas exposés à travailler tantôt dans un sens, tantôt dans l'autre. C'est le contraire pour les bajoyers d'un sas.

1° Considérons le sas complétement vide, le bajoyer joue le rôle d'un mur de soutènement et doit résister à la poussée des terres pilonnées derrière lui ;

2° Le sas étant encore supposé complétement vide, l'eau du bief d'amont peut s'infiltrer, et, en réalité, s'infiltrera souvent derrière les bajoyers ; la pression hydrostatique du bief d'amont s'exerce donc derrière le bajoyer et tendra à le renverser dans le sas. Il faut qu'il puisse résister à cet effort. Cette poussée de l'eau sera toujours supérieure à la poussée des terres sèches et bien pilon- nées ;

3° Mais il peut arriver que ces terres, accumulées derrière le bajoyer, soient de telle nature qu'elles se détrempent et s'imbibent facilement ; elles agissent alors comme un liquide visqueux dont la densité serait double de celle de l'eau, c'est-à-dire qui pèserait 2000 kilogrammes le mètre cube. Il est bon d'admettre cette hypothèse afin de tenir compte des circonstances tout à fait extraordinaires susceptibles de se produire, et afin que les bajoyers soient capables de résister à la poussée des amas de matières qui pourraient être déposées sur le terre-plein de l'écluse ;

4° Enfin, il peut arriver que le bajoyer se détache complétement du remblai accumulé derrière lui, et cela par l'effet de la sécheresse et du retrait des terres ; la poussée de l'eau qui se trouve dans le sas agit dans ce cas pour renverser le bajoyer du côté des terres ; cette poussée atteint son maximum, lorsque le niveau dans le sas est le même que dans le bief d'amont. Il faut donc s'assurer que le profil adopté pour le bajoyer est capable de résister à cette nature d'efforts.

Ainsi, il faut procéder à quatre calculs ou à quatre constructions graphiques différentes pour reconnaître si le bajoyer sera capable de résister à tous les efforts auxquels il peut être soumis, en admettant que les circonstances les plus défavorables viennent à se produire.

L'application du théorème des moments ne suffit pas pour reconnaître si la stabilité est assurée : ainsi, ayant déterminé en grandeur et en direction les quatre poussées totales correspondant aux conditions ci-dessus énumérées, on prendra leurs moments par rapport à l'arête du bajoyer autour de laquelle le renversement tend à se produire, et on verra si ces moments sont inférieurs à ceux de la pesanteur ; mais cette vérification ne suffira pas, car elle ne tient pas compte de la résistance des maçonneries à l'écrasement ; c'est près de l'arête, autour de laquelle la rotation tend à se produire, que la compression agit avec le plus d'énergie ; il faut que cette compression, rapportée à l'unité de surface, non-seulement n'atteigne pas la limite d'écrasement, mais encore reste au-dessous de la limite de sécurité. Le coefficient usuel de sécurité est de $\frac{1}{10}$, c'est-à-dire que pour les pierres qui se rompent sous une pression de 100 kilogrammes par centimètre carré, on fera bien de ne pas dépasser un effort de 10 kilogrammes.

Pour chercher la compression maxima, on devra donc déterminer la poussée totale par mètre courant de bajoyer, la construire et fixer le point où elle coupe la base du massif ; on construira également la composante verticale de cette poussée et on recourra alors, pour calculer la compression maxima, aux formules usuelles que nous avons établies précédemment et que nous ne pouvons reproduire ici.

On en trouvera le détail et les applications aux pages 109 et suivantes de notre *Traité des ponts en maçonnerie*. Le lecteur doit être du reste familiarisé avec ces formules.

C'est par une série de tâtonnements que l'on arrivera à déterminer le profil des bajoyers en suivant la marche que nous venons d'indiquer ; le nombre des tâtonnements est nécessairement fort réduit, car on a pour se guider les types anciens ayant donné déjà de bons résultats.

Il est généralement admis qu'il convient d'adopter comme point de départ pour la construction des bajoyers une largeur de 1^m,30 au niveau de la retenue d'amont ; la largeur du couronnement est réduite à 0^m,80. Dans les calculs de stabilité, on peut négliger la portion du bajoyer située au-dessus de la retenue d'amont, on ne fait ainsi que mettre de côté un élément de plus de la résistance.

L'usage a jusqu'à présent prévalu de donner aux bajoyers d'écluse un parement vertical du côté du sas et incliné ou en redans du côté des terres ; cette lorme est facile à construire et se prête bien aux calculs par constructions graphiques; mais on a fait remarquer avec raison dans ces derniers temps que l'adoption d'un talus incliné vers le sas serait plus avantageuse et plus logique, et qu'elle n'avait que l'inconvénient d'augmenter un peu la consommation d'eau. Le talus de $\frac{1}{15}$ est couramment admis dans les écluses américaines.

Quelle que soit la forme adoptée, on arrivera toujours par quelques tâtonnements à déterminer l'épaisseur des bajoyers de telle sorte que la pression maxima par mètre carré de maçonnerie atteigne, sans la dépasser, la limite de sécurité.

M. l'ingénieur de Lagrené a établi, dans son *Traité de la navigation intérieure*, des formules qui donnent l'épaisseur des bajoyers pour une hauteur quelconque de sas; ces formules sont calculées conformément aux bases et à la marche exposées plus haut.

Il existe en outre diverses formules empiriques qui peuvent être rappelées en quelques mots :

D'après Bélidor, l'épaisseur des bajoyers devrait être constante et égale à la moitié de la hauteur maxima de l'eau à soutenir.

D'après Gauthey, il faut adopter une largeur de $1^m,30$ en couronne, un parement vertical vers le sas et un parement incliné vers les terres, et calculer l'épaisseur à la base de telle sorte que la section trapézoïdale obtenue oppose à la poussée de l'eau venant du sas la même résistance que celle du mur ayant une épaisseur constante égale à la demi-hauteur maxima de l'eau.

D'après Minard, l'épaisseur moyenne des bajoyers d'écluse varie entre 0,28 et 0,50 de la hauteur. L'épaisseur moyenne, tirée de la comparaison de 400 écluses, est de 0,40 de la hauteur.

M. de Lagrené a donné la formule empirique suivante :

$$x = \frac{-3,9 + \sqrt{1,69 + 2h^2}}{4}$$

dans laquelle h est la hauteur du bajoyer supposée limitée au niveau de la retenue d'amont, x est le fruit total sur chacune des faces supposées construites avec un talus égal; la largeur au niveau de la retenue d'amont, c'est-à-dire à la hauteur h au-dessus du radier, est prise égale à $1^m,30$, de sorte que la largeur à la base est de $(1^m,50 + 2x)$.

Avec cette formule on s'écarte peu de la règle empirique de Minard, et on est certain d'avoir des pressions qui ne dépassent pas 3 kilogrammes par centimètre carré.

Pour une écluse de canal, c'est-à-dire pour une écluse à parement vertical du côté du sas, dans laquelle la hauteur h est également limitée au niveau du bief d'amont et la largeur à ce niveau prise égale à $1^m,30$, M. de Lagrené arrive à la formule

$$x = -0,975 + \frac{1}{4}\sqrt{6h^2 - 25,35}$$

La largeur à la base du bajoyer est $(1^m,30 + x)$.

Toutes ces formules empiriques sont susceptibles de donner de précieuses indications pour un avant-projet; mais elles ne suffisent pas à la rédaction d'un projet définitif. Car les dimensions doivent dépendre beaucoup de la nature des matériaux et mortiers employés, et le point de départ du calcul est la pression élémentaire que l'on ne veut pas dépasser.

2° **Profil des murs de défense.** — Les murs de défense sont les portions de bajoyers situées immédiatement à l'amont des enclaves des portes d'amont et des portes d'aval. Il y a donc le mur de défense d'amont et le mur de défense d'aval.

Le mur de défense d'amont reçoit les coulisses pour poutrelles et se termine à l'amont par une tour ronde. Nous en avons précédemment déterminé les dimensions.

Le mur de défense d'aval porte aussi quelquefois des coulisses lorsqu'on veut se ménager la possibilité de visiter séparément les deux têtes de l'écluse. Mais dans les canaux et les écluses de longueur ordinaire, il n'a pas de coulisses et sert simplement à établir la transition entre le sas et la chambre des portes d'aval; cette transition est nécessaire, car le sas a un radier courbe et la chambre des portes un radier plan. le sas peut avoir des parois inclinées ou perreyées, tandis que l'enclave est limitée à des plans verticaux. Le mur de défense d'aval a généralement une largeur de 1 mètre.

Le profil en travers des murs de défense ne diffère généralement du profil des bajoyers, qu'en ce que le parement de côté des terres est élevé verticalement comme le parement du côté du sas; la largeur à la base est la même.

Cette disposition, qui donne un accroissement de solidité, a en outre l'avantage de rompre le courant des filtrations qui peuvent se produire derrière les bajoyers.

3° **Profil des murs de fuite.** — Les murs de fuite sont les parties des bajoyers qui font immédiatement suite aux chambres des portes d'amont et d'aval.

Les murs de fuite reçoivent directement la poussée des portes; cette poussée est oblique sur l'axe de l'écluse et dirigée vers l'aval, on peut la remplacer par deux composantes, l'une normale à l'axe de l'écluse, l'autre parallèle. La force normale à l'axe de l'écluse tend à renverser vers les terres les murs de fuite et ceux-ci doivent être calculés pour lui résister. La force parallèle à l'axe de l'écluse tend à écraser et à renverser les bajoyers dans le sens du fil d'eau; cette dernière force ne doit donc pas inspirer grande crainte pour les murs de fuite d'amont qui sont épaulés par toute la longueur des bajoyers du sas, mais elle peut être dangereuse pour les murs de fuite d'aval qu'elle tend à renverser dans le bief d'aval.

On a vu des écluses, dont les murs de fuite n'étaient pas de longueur suffisante, s'ouvrir suivant les verticales qui séparent les enclaves d'aval des murs de fuite. Un tel accident est une cause de ruine de l'ouvrage à bref délai.

Il y a des cas où les murs de fuite d'amont sont dans les mêmes conditions que ceux d'aval; c'est lorsque le sas de l'écluse est limité à des talus en terre ou à des perrés.

C'est l'exception; en général, les murs de fuite d'amont sont épaulés par les bajoyers, et on se contente, comme pour les murs de défense, de conserver la même épaisseur qu'à la base des bajoyers, et d'élever verticalement le parement du côté des terres. Cette disposition règne sur une longueur de 2 mètres à l'aval du chardonnet. Malgré l'expérience, il est bon de s'assurer par le calcul que le massif ainsi obtenu présente une résistance suffisante à l'effort transversal que les portes lui transmettent.

La détermination de la poussée des portes sur les maçonneries est donc la base du calcul des murs de fuite. Voici comment on procède à cette détermination :

Soit un busc d'écluse dont *ab* est la base et *cd* la flèche, figure 5, planche XXXIII; les portes *ac* et *cb* reçoivent dans leur plan médian, de la part de l'eau d'amont, une poussée totale P, que nous calculerons tout à l'heure. Ces portes, qui s'arc-boutent l'une contre l'autre par leurs poteaux busqués, transmettent leur pression d'une part par leur entretoise inférieure sur le busc, et d'autre part par leur poteau-tourillon sur le chardonnet. Mais il faut remarquer que l'on ne doit pas tenir compte de la part de pression supportée par le busc, car : 1° la présence du busc n'est pas indispensable au jeu des portes qui pourraient résister d'elles-mêmes par leur simple arc-boutement; 2° on n'est jamais assuré quo les portes s'appuient réellement sur le busc. Ainsi, il faut admettre que toute la poussée des portes se transmet sur le chardonnet seul.

Par conséquent, si l'on veut chercher les conditions d'équilibre d'une porte, et arriver à la considérer comme indépendante de ses appuis, il faut admettre qu'elle est sollicitée par trois forces, savoir : 1° la poussée de l'eau P normale à la porte; 2° la réaction Q de l'autre porte, normale à la face de contact des poteaux busqués, c'est-à-dire à l'axe de l'écluse; 3° la réaction R du massif de maçonnerie du mur de fuite.

Ces trois forces, situées dans un même plan, se font équilibre; elles se rencontrent donc en un même point *e*; nous connaissons l'une d'elles P, il faut construire ou calculer les deux autres. C'est ce que nous avons fait sur la figure 6, planche XXXIII.

La réaction R, ou son opposée la pression exercée par la porte sur le mur de fuite, part du point *e* où se rencontrent les forces P et Q, et passe par l'angle *a* du chardonnet. Si la longueur *ek* mesure la force P, il est facile de construire le parallélogramme des forces *efgk*, et la force Q est égale à *ef* ou à *gk*, tandis que la poussée R est mesurée par la diagonale *eg*.

Appelons α l'angle *dac* du busc; le triangle *cea* est isocèle, et l'angle *cea* est égal à $(\pi - 2\alpha)$; son complément *gef* est égal à 2α. La résultante R fait donc avec l'axe transversal de l'écluse un angle double de l'angle du busc.

Le triangle *egk* est lui-même isocèle; par suite, les forces R et Q sont égales. Si l'on exprime en outre que les forces sont proportionnelles aux sinus des angles opposés, on arrive à la relation simple

$$R = Q = \frac{P \sin\left(\frac{\pi}{2} - \alpha\right)}{\sin 2\alpha} = \frac{P}{2 \sin \alpha}$$

Reste à calculer P; pour se placer dans les conditions les plus désavantageuses qui peuvent se présenter, il faut admettre que le bief d'amont presse sur les portes tandis que le bief d'aval est vide. Appelons *l* la demi-largeur de l'écluse, *e* la profondeur de l'enclave; la largeur *ac* d'une porte sera égale à

$$\left(\frac{l+e}{\cos \alpha}\right)$$

La pression moyenne exercée sur la surface de la porte est la moitié de la

hauteur de l'eau à l'amont, soit $\left(\dfrac{h}{2}\right)$. Il en résulte pour la valeur de la poussée totale :

$$P = \frac{h^2}{2} \cdot \frac{l+e}{\cos \alpha}$$

et l'on a en outre :

$$R = Q = \frac{h^2}{2} \cdot \frac{l+e}{\sin 2\alpha}$$

Telle est la valeur de la poussée R exercée sur le mur de fuite ; cette poussée serait minima pour (sin 2 α = 1), ce qui donne pour α la valeur 45°, inadmissible dans la pratique.

Connaissant R, il est facile de construire ou de calculer ses deux composantes
R' et R''. Supposons-les transportées au centre de la section *mnrs* du massif du
mur de fuite, il faudra leur adjoindre deux couples de rotation de sens contraire, qui tendent à tordre le massif de maçonnerie. On néglige cet effort de
torsion qui n'est à craindre en aucune façon.

On recherche seulement si le massif a des dimensions suffisantes pour résister transversalement à la force R' et longitudinalement à la force R'', et si ces
forces ne déterminent pas dans le voisinage des arêtes de renversement des
pressions supérieures à la limite de sécurité. Nous avons indiqué plusieurs fois
déjà comment on procède à ces recherches sur lesquelles nous ne reviendrons
pas.

4° **Profil des murs en retour.** — Les murs en retour des deux têtes d'écluse
sont des murs ordinaires de soutènement ; on les calcule comme tels suivant la
hauteur du remblai correspondant.

Leur épaisseur n'est pas inférieure à 1 mètre, et ils doivent être enracinés
dans les berges, en arrière de l'arête supérieure du talus, d'une profondeur
de 1 mètre environ.

5° **Profil du radier.** — Un radier d'écluse n'a, en apparence, qu'à résister
au poids de l'eau qui le surmonte, ainsi qu'aux chocs accidentels et à l'action
de l'eau qui s'échappe des ventelles des portes. S'il en était ainsi, une épaisseur médiocre lui suffirait.

Mais on oublie que les eaux du bief d'amont s'infiltrent, ou tout au moins
peuvent s'infiltrer sous le radier, qu'elles tendent à soulever avec une force
égale à la pression hydrostatique. La situation la plus désavantageuse se produira lorsque le sas sera complétement à sec, et la pression hydrostatique sera
alors mesurée par la hauteur h de la retenue d'amont au-dessus du sas, augmentée de l'épaisseur e du radier.

En supposant le radier indépendant des bajoyers et résistant par son poids
seul à la sous-pression, et en admettant que la densité de la maçonnerie est
seulement le double de celle de l'eau, on trouve que l'épaisseur e devrait être
égale à la hauteur h; cette règle conduirait évidemment à des épaisseurs exagérées et inadmissibles.

Il faut donc tenir compte de la liaison du radier et des bajoyers ; imaginons
une tranche de radier de 1 mètre de longueur, nous pouvons la considérer
comme une poutre encastrée à ses deux extrémités et la calculer comme
telle.

Appelons l la largeur du sas, c'est aussi la longueur de la poutre entre ses appuis. Le poids d'un mètre cube d'eau étant de 1000 kilogrammes, et celui d'un mètre cube de maçonnerie de 2000 kilogrammes, la charge qui agit sur un mètre courant de la poutre est exprimée en kilogrammes par

$$1000\,(h+e) - 2000\,e \quad \text{ou} \quad 1000\,(h-e)$$

Appliquons la formule relative à la résistance d'une poutre encastrée à ses deux extrémités et chargée uniformément, nous arrivons à l'expression.

(1)
$$\frac{2.R\,I}{e} = \frac{1000\,(h-e)l^2}{16}$$

R est la charge par mètre carré qu'on ne veut point dépasser; comme la maçonnerie doit travailler à l'extension, et que cette maçonnerie est presque entièrement en béton, il est prudent de limiter l'effort à 1 kilogramme par centimètre carré, soit à 10.000 kilogrammes par mètre carré. Telle est la valeur de R.

Quant au moment d'inertie I de la section rectangulaire de la poutre, il est égal à

$$\frac{1}{12}\,e^3$$

La formule (1) se transforme donc en :

$$\frac{10e^2}{3} = \frac{(h-e)l^2}{8},$$

équation du second degré qui donne pour la valeur réelle de e :

(2)
$$e = \frac{-3l^2 + l\sqrt{9l^2 + 960.h}}{100}$$

En laissant la valeur de la tension R indéterminée, on arrive à :

(3)
$$2R.e^2 + 750.l^2.e - 750\,hl^2 = o$$

Considérons une écluse de 5 mètres de large, dans laquelle h est égale à 4 mètres, la formule (2) donne pour l'épaisseur du radier..... $1^m,55$.

Radier en voûte renversée. — Lorsque le radier est construit en voûte renversée, ou peut être appareillé comme tel, il est facile d'en calculer l'épaisseur au moyen de la formule de Navier ;

(4)
$$T = \rho\,F$$

qui donne la pression T à la clef d'une voûte, dont ρ est le rayon de courbure à l'intrados et qui supporte à son sommet, sur une longueur d'un mètre d'intrados, une pression normale F.

La pression F est, comme nous l'avons vu plus haut, égale à

$$1000 \ (h - e),$$

le rayon à l'intrados du radier est connu et dépend des données de la construc
tion. On peut donc calculer F et voir s'il en résulte une pression élémentaire
supérieure à la charge de sécurité.

Exemple : Soit une écluse de 5 mètres de large, dont le radier a $0^m,25$ de
flèche, la hauteur h étant, comme ci-dessus, égale à 4 mètres; le rayon de
courbure à l'intrados est égal à $12^m,62$, et l'équation (4) devient :

(5) $$T = 12,62 \ 1000 \ (h - e)$$

La maçonnerie résiste par compression, on peut donc la faire travailler à
5 kilogrammes par centimètre carré, soit à 50.000 kilogrammes par mètre
carré. T devra donc être au plus égal à (50.000 e), ce qui transforme l'équation (5) en

(6) $$50.e = 12,62 \ (h - e)$$

d'où l'on tire

$$e = \frac{50}{62} = 0^m,80 .$$

Appareiller le radier en voûte renversée place donc la maçonnerie dans de
bien meilleures conditions de résistance et permet de réduire l'épaisseur du
radier ainsi que la profondeur des fouilles, et par conséquent la dépense.

Remarques diverses sur la construction des écluses. — Toutes les parties
d'une écluse doivent être l'objet de soins assidus lors de la construction; c'est
un des ouvrages pour lesquels une malfaçon peut entraîner les plus graves
avaries. La construction offre souvent de grandes difficultés, car on est forcé
de construire à sec des parties qui sont néanmoins destinées à être toujours
immergées, telles que les buscs et les revêtements de radier. Quand il s'agit
d'un pont, on peut obtenir des fondations solides au moyen de maçonnerie immergée; il n'en est pas de même pour une écluse et les épuisements sont indispensables. C'est ce qui explique le mode de fondation généralement suivi : on
exécute une fouille générale sur l'emplacement de l'écluse, on immerge du
béton, pour constituer un fond étanche, que l'on limite à des batardeaux égale-
lement en béton, lesquels seront plus tard incorporés en partie aux bajoyers.
On a constitué de la sorte une longue auge, que l'on laisse durcir sous l'eau;
lorsque les mortiers ont fait prise, on épuise et on maçonne à l'intérieur.

Mais nous n'avons pas à revenir sur ces procédés de fondation que nous avons
exposés en détail dans notre traité de l'*Exécution des travaux*.

En ce qui touche l'appareil de l'écluse, nous en avons donné les dispositions
principales : on construit en pierres de taille les buscs et chardonnets, les parements des murs de garde et de défense, les angles, les parties arrondies, les
couronnements des bajoyers et des murs en retour. Le reste des surfaces vues
est généralement construit en moellons piqués. Dans ces grandes surfaces de
moellons piqués, on lance quelquefois des pierres de taille, formant de longues

boutisses, destinées à relier la surface au centre du massif. On verra un exemple de cette disposition dans l'écluse du canal de la Marne au Rhin.

Il faut remarquer cependant que l'usage des ciments et mortiers très-hydrauliques permet de réduire dans une forte proportion l'emploi de la pierre de taille; comme elle devient de plus en plus coûteuse, il faut la ménager le plus possible.

Ce qui importe, c'est que le revêtement des écluses soit inattaquable par la gelée sur une profondeur de 0^m,60 au moins; on doit, du reste, placer en revêtement les matériaux les plus durs.

Avec les pierres de taille, la distance d'un joint à un angle rentrant ne doit pas être inférieure à 0^m,05, et la distance à un angle saillant doit être d'au moins une hauteur d'assise. Les coulisses de faible profondeur sont taillées dans la pierre même; dans les autres on doit, autant que possible, éviter les joints et avoir soin de les alterner lorsqu'on est forcé d'en adopter.

Le couronnement des écluses est en grosses pierres de 0^m,80 de large, sur 0^m 40 de hauteur par exemple; derrière ce couronnement règne un pavage maçonné soigneusement entretenu.

Il va sans dire que les remblais derrière les bajoyers demandent à être exécutés avec le plus grand soin, et en observant les précautions indiquées pour les massifs des barrages. Il faut rendre impossibles les filtrations de l'eau; à ce point de vue, le pavage maçonné du terre-plein est également très important. Si ce pavage n'était pas maçonné et que le terre-plein se laissât pénétrer par l'eau, il serait à craindre que lors des gelées le massif ne vînt à se gonfler et à disloquer le couronnement et le massif même du bajoyer.

Écluses économiques. — Lorsque l'on se demande quelles parties d'écluse on pourrait réduire ou supprimer, de manière à amener la longueur et par suite la dépense au minimum, on arrive aux conclusions suivantes :

1° Toute la partie qui se trouve en avant du chardonnet d'amont ne joue qu'un rôle de direction et sert surtout à recevoir les coulisses. On pourrait donc commencer l'écluse au chardonnet d'amont, ou 0^m,50 en avant. Les portes s'ouvriraient dans le bief même du canal; il serait facile de les mettre à l'abri du choc des bateaux, et de protéger les bateaux eux-mêmes au moyen de quelques pieux ou de pattes d'oie.

2° On pourrait même économiser la saillie du busc en adoptant des portes à axe de rotation horizontal au lieu de portes busquées; ces portes à axe de rotation horizontal se rabattent sur le radier; elles ont été appliquées en France comme portes de garde, et sont en usage pour les écluses des canaux d'Amérique.

3° En supprimant le mur de chute, on gagne la longueur comprise entre le busc et ce mur, longueur inutilisable pour les bateaux.

4° Sur la longueur du sas, on ne peut évidemment rien économiser, pourvu qu'elle soit calculée sur la longueur des bateaux fréquentant l'écluse.

5° On peut encore économiser la longueur du busc d'aval en adoptant des portes à rabattement et à axe horizontal de rotation; mais on ne peut rien gagner sur la longueur du mur de fuite, qui doit toujours être capable de résister à la poussée des portes.

Ces dispositions économiques n'ont guère été employées en France; on en trouve des exemples, paraît-il, dans les écluses des canaux de Hollande.

Les écluses en charpente, qui auraient pu autrefois être économiques, ne le sont plus aujourd'hui. Cependant M. Mary en avait construit, vers 1830, qu'

19

avaient rendu des services comme ouvrages provisoires. Les figures 1 de la planche XXXIII représentent, d'après lui, les dispositions du busc d'une de ces écluses en charpente.

Des écluses en rivière. — Autrefois, quelques écluses accolées à des barrages en rivière ont été disposées en arrière de la berge, comme le montre la figure 7 de la planche XXXIII.

Le barrage étant en B et *mn* la ligne de la berge, on voit en A un bassin destiné à former le sas de l'écluse ; ce bassin communique avec le bief d'amont par les portes *a* et avec le bief d'aval par les portes *b*. Il fonctionne comme une écluse ordinaire, si ce n'est que les bateaux doivent sortir l'arrière en avant si les dimensions du bassin A ne permettent point de virer à l'intérieur.

On comprend qu'une pareille disposition est très-gênante pour la manœuvre des bateaux et ne se prête guère à une circulation importante.

On a établi souvent aussi les écluses sur des dérivations, parce qu'on craignait, en les plaçant en lit de rivière, de nuire à l'écoulement des crues, et parce que la construction d'une écluse sur dérivation était plus commode et plus économique.

Aujourd'hui, les écluses se font en lit de rivière, accolées aux barrages et placées du côté du chemin de halage ; on a reconnu qu'elles ne gênaient pas l'écoulement des crues et qu'elles offraient à la navigation plus de facilités. — On a soin, du reste, de ne pas choisir pour emplacement des écluses une partie de berge convexe, parce qu'elle serait sujette aux atterrissements et n'offrirait que de faibles profondeurs. — Cependant, une concavité trop accusée serait gênante pour la navigation, surtout s'il s'agissait d'un sas de grande longueur, destiné à recevoir tout un convoi de bateaux.

Le barrage ne doit pas correspondre à la tête amont de l'écluse, car il serait à craindre que le courant n'entraînât sur le barrage les bateaux avalants ; s'il correspondait à la tête aval, les remous causeraient également une gêne sérieuse à la navigation. — Il semble donc convenable de placer le barrage en arrière du milieu de l'écluse, sans le rapprocher outre mesure de la tête aval. — Cependant, les barrages éclusés de la haute Seine et de la Marne correspondent aux têtes d'aval des écluses.

Voici les dimensions des écluses de la haute Seine :

Longueur entre buscs	187 mètres.
Longueur utile	181 —
Largeur du sas	12 —

La plus grande chute des écluses de la haute Seine est celle de l'écluse de Port-à-l'Anglais, qui peut atteindre 3m,24.

TYPES D'ÉCLUSES

Les généralités sur les écluses seront, nous l'espérons, suffisantes pour guider le lecteur dans l'étude et la rédaction d'un projet quelconque. — Néanmoins, nous compléterons ces généralités par la description de quelques écluses de diverses grandeurs.

1° **Écluses du canal de la Marne au Rhin** (1re partie). — Comme exemple d'écluse de canaux, nous donnerons une écluse du canal de la Marne au Rhin, partie comprise dans les départements de la Marne et de la Meuse. — La description suivante, ainsi que le dessin de la planche XXXIV, sont empruntés au portefeuille de l'École des ponts et chaussées :

Les figures 1 à 5, planche XXXIV, indiquent le type d'après lequel ont été construites les 83 écluses du canal de la Marne au Rhín dans la traversée des départements de la Marne et de la Meuse, type simple et paraissant concilier pour le mieux les conditions de commodité, de solidité et d'économie.

Une partie de ces écluses avait été originairement établie sans avant-mur de chute : un plan incliné au 1/20e sur 20 mètres de longueur raccordait le plafond du bief supérieur avec le radier de la chambre des portes d'amont. Le rapide envasement de cette chambre conduisit à ajouter partout un avant-mur de chute.

Les parements vus sont en pierres de taille et moellon piqué; on remarquera que, dans les grandes surfaces vues de moellon piqué, on a placé des pierres de taille qui forment boutisses et qui relient solidement le parement avec le massif de maçonnerie.

L'écluse de Demange-aux-Eaux, prise pour exemple, a été construite en 1846. Elle est fondée en partie sur le gravier, en partie sur une alluvion d'argile calcaire. Voici le détail de la dépense de son établissement :

INDICATION DES OUVRAGES.	QUANTITÉS.	PRIX.	VALEURS.
1° TRAVAUX A L'ENTREPRISE.	mét.	fr.	fr.
Maçonnerie de pierre de taille.	121,44	40,88	4.964,47
Maçonnerie de moellons smillés.	140,13	24,09	3.375,73
Maçonnerie de béton pour fondations.	699,63	16,32	11.417,96
Maçonnerie de béton pour chapes. . . . ~	4,16	19,71	81,99
Maçonnerie de moellons bruts pour remplissage. . .	611,23	13,62	8.324,95
Parements vus de pierre de taille..	264,96	6,51	1.724,89
Smillage de parements vus en moellons..	140,13	4,05	567,53
Rejointoiement sur parements en moellons.	409,09	0,56	229,09
Maçonnerie de perrés à pierres sèches en moellons non gélifs.	36,00	5,85	210,60
Enrochements en moellons bruts ordinaires..	41,20	4,54	187,05
Charpente en bois de chêne de premier choix, équarri à vives arêtes sans aubier	6,76	153,21	1.035,70
Charpente en bois de sapin équarri à vives arêtes. . . .	0,65	84,41	54,84
Gros fers scellés dans la maçonnerie pour tirants de colliers.	243,84	0,84	171,23
Fers forgés et battus, ajustés à la lime et taraudés. . .	1.870,21	1,12	2.094,64
Fer laminé.	465,95	0,79	368,10
Tôle pour bordage.	1.287,44	1,02	1.313,19
Vis à bois, mises en place (au cent).	8,56	39,92	316,04
Fonte douce de 2e fusion.	236,09	0,33	77,91
Plomb pour scellement..	178,50	0,84	149,94
Peinture à l'huile, au minium, à une couche sur les fers.	35,26	0,39	13,75
Peinture à l'huile, au minium, à deux couches sur les fers.	90,10	0,71	63,97
Goudronnage à trois couches sur les bois des portes d'écluse.	127,30	0,50	63,65
			36.807,22
2° SOMME A VALOIR :			
Environ.			2.692,78
Dépense totale.			59.500,00

La dépense ci-dessus comprend des portes formées d'une carcasse en charpente et d'un bordage en tôle. Le type pour 78 des 83 écluses du canal dans les départements de la Marne et de la Meuse, présente un bordage en bois. Une partie de ces portes, tout en bois, a été construite dès l'année 1843, et elles n'ont guère exigé jusqu'en 1858 d'autres travaux d'entretien que des goudronnages. Les deux paires de portes de chaque écluse ont coûté environ 5000 francs.

2° **Écluses du canal de la Marne au Rhin (versant du Rhin).** — La coupe en travers du sas de ces écluses est représentée par la figure 2 de la planche XXXVII.

La longueur du sas entre la corde du mur de chute et la ligne d'amont des enclaves d'aval est de 33^m,85 ; la corde du mur de chute est à 2^m,30 en arrière de la pointe des portes d'amont, et la distance entre les pointes des deux paires de porte est de 38^m,11.

Un bateau de 34^m,50, à bouts carrés, passe facilement dans ces écluses. — Leur largeur est de 5^m,20. — Il est aujourd'hui reconnu que cette largeur de 5^m,20 est insuffisante pour des bateaux de 5 mètres à 5^m,10 de large, qui éprouvent au passage une résistance exagérée, dont les bateliers se plaignent.

Les dispositions de détail des écluses du versant du Rhin sont identiques ou analogues à celles des écluses de la première partie du canal, que nous venons de décrire.

Le long des murs en retour d'aval, on a adopté une disposition qui doit être toujours imitée : un escalier en pierre, établi sur le talus, fait communiquer le terre-plein de l'écluse avec le chemin de halage du bief d'aval. Cette disposition est très-commode pour les bateliers et pour les éclusiers.

Dans les terrassements, la chute des écluses se rachète par des rampes de 0^m,07 par mètre, qui rattachent les plates-formes de l'écluse aux chemins de halage du bief d'aval.

Il y a deux murs de chute, l'un avant, l'autre après la chambre des portes d'amont ; le premier est dérasé à 0^m,20 au-dessous du plafond normal du bief d'amont ; l'autre est dérasé au-dessous de la retenue d'aval, de telle sorte que les ventelles des portes se trouvent en partie noyées et ne projettent pas leurs eaux sur les bateaux.

« Le profil en travers des bajoyers donne lieu, dit M. Graëff, à une observation spéciale que nous regardons comme importante et qui s'applique en général à tous les massifs en maçonnerie ayant à supporter des terres et qui doivent être étanches. Au lieu de terminer les parements du côté des terres par des retraites, il eût mieux valu leur donner un fruit uniforme de $\frac{1}{10}$. Avec cette disposition, les terres font coin et se serrent à mesure qu'elles tassent ; avec les retraites, au contraire, il y a arrachement à chaque retraite, séparation des terres et de la maçonnerie, et il en résulte souvent des communications d'eau du bief d'amont au bief d'aval le long des maçonneries des bajoyers. — Depuis que nous connaissons par expérience le mauvais effet des retraites, nous les avons supprimées dans toutes nos constructions, et nous n'avons eu qu'à nous en applaudir sous tous les rapports. Il est bon, d'ailleurs, de revêtir d'un crépi en maçonnerie le dessus des murs et leurs parements du côté des terres, pour empêcher les eaux, qui pourraient filtrer du bief d'amont autour des maçonneries, de les rendre humides. »

M. Graëff recommande encore d'avoir soin d'arrondir toutes les arêtes vives des maçonneries d'écluses, afin d'éviter les écornures d'un effet désagréable.

Il fait remarquer aussi les graves inconvénients qui résultent de l'exécution des parements de murs avec des moellons de grosses dimensions à faibles joints, alors que le massif est fait en moellons plus petits à joints quelconques. Le tassement est beaucoup moindre sur le parement que dans le massif; il se forme entre eux une rupture, et le parement se détache du massif. — Nous avons déjà signalé cet effet, en indiquant les moyens de remédier au mal.

Il faut adopter en parement des hauteurs d'assises comparables à celles des moellons de remplissage; il faut se garder des joints étroits qui sont, du reste, généralement mal garnis. On doit au contraire tenir les joints horizontaux très-forts, $0^m,01$ à $0^m,02$. Il faut aussi lancer des boutisses de place en place.

Les joints de pierre de taille ne doivent pas, après compression, descendre au-dessous de $0^m,005$, et ceux de moellon piqué au-dessous de $0^m,008$. — La maçonnerie de pierre de taille se relie, du reste, toujours mieux au massif postérieur.

Il faut rejointoyer, aussi souvent qu'il est nécessaire, les parements en moellons piqués, car si l'eau pénétrait derrière et que la gelée vint à se produire, ce serait la ruine certaine du parement.

M. Graëff blâme l'usage où l'on est de ne procéder au rejointoiement des maçonneries que plusieurs mois après l'exécution, alors que les premiers mortiers sont durs et ne contractent que difficilement l'adhérence avec le mortier de rejointoiement. — Il recommande de lisser les joints au fur et à mesure de l'exécution, avec le mortier même qui sert à la maçonnerie; les résultats obtenus, peut-être un peu moins beaux, sont infiniment meilleurs.

Communication latérale des écluses dans les biefs courts. — Les figures 1, 2, 3 de la planche XXXVII représentent les dispositions adoptées pour faire communiquer, par un aqueduc latéral aux écluses, les biefs courts consécutifs qui se rencontrent près du point de partage sur le versant du Rhin. Dans ces biefs courts, chaque éclusée faisait baisser l'eau de $0^m,20$; comme on leur a donné 2 mètres de mouillage pour un tirant d'eau normal du canal de $1^m,60$, on pouvait à la rigueur en tirer deux éclusées de suite. Mais ces deux éclusées élevaient le mouillage du bief inférieur à $2^m,40$ et exposaient ce bief à déborder.

Pour éviter cet inconvénient, et pour obtenir la régularisation automatique du niveau des biefs courts consécutifs, on établit dans le bief d'amont, figure 1, un déversoir arasé au niveau normal; dès que les eaux dépassent ce niveau, elles s'épanchent sur le déversoir et par l'aqueduc, dont la figure 2 représente la coupe, se rendent dans le bief d'aval où elles débouchent, comme le montre la figure 3.

La largeur du déversoir d'amont doit être d'environ 3 mètres, afin de pouvoir débiter, pendant la durée de l'éclusée supérieure, le cube de cette éclusée et sans laisser les eaux s'élever dans le bief de plus de $0^m,04$ à $0^m,05$ au-dessus de leur cote maxima.

« Avec ces dispositions particulières, dit M. Graëff, la navigation de la descente d'Arschwiller se fait sans peine et les eaux ne se perdent pas; elles vont de bief en bief à mesure qu'il y a des excédants, et quand il y a abaissement, on tire par le jeu des ventelles des écluses supérieures les eaux du bief de partage. »

3e **Écluse du canal Saint-Martin, à Paris.** — Les figures 4 à 7 de la planche XXXVII représentent une des écluses du canal Saint-Martin, à Paris; ces écluses ont été refaites un peu avant 1860. — Nous en avons représenté le profil en long, le plan et les coupes en travers. — A la suite des portes d'aval on voit un mur de chute qui indique qu'une seconde écluse vient immédiatement à la suite de la première.

Les écluses ont une largeur nette de 7ᵐ,80.

Le radier comprend deux couches, l'inférieure de 0ᵐ,70 en moellons et mortier de ciment, la supérieure de 0ᵐ,30 en meulière et mortier de ciment.

Les parements du sas sont en meulière avec chaînes et couronnements en pierres de taille.

4° Écluses de la haute Seine. — La figure 4 de la planche XXXV, empruntées au *Traité de la navigation intérieure* de M. l'ingénieur en chef de Lagrené, donnent un spécimen des écluses de la haute Seine.

La figure 4 est une coupe transversale passant par la corde du busc des portes d'aval; cette coupe passe donc par l'origine du mur de fuite; la vidange et le remplissage du sas se font au moyen d'aqueducs, dont la section est indiquée sur la figure qui nous occupe. Ces aqueducs, établis sur plan demi-circulaire, ont leur origine l'un dans la chambre des portes d'amont, l'autre dans la chambre des portes d'aval, et se terminent, l'un à l'origine du sas, l'autre vers le milieu du mur de fuite d'aval. Il va sans dire que le passage est ouvert ou intercepté par des vannes manœuvrées au moyen de treuils à engrenages établis sur le couronnement de l'écluse.

La figure 4 *ter* est une coupe transversale faite dans l'enclave des portes d'aval. Elle montre comment les batardeaux ayant servi à la fondation ont été incorporés à l'écluse.

La figure 4 *bis* est une coupe suivant l'axe longitudinal de la chambre des portes d'amont. Cette coupe indique la saillie du busc, les deux paires de coulisses destinées à maintenir les batardeaux qui permettent d'assécher et d'isoler la chambre d'amont. Elle indique aussi les deux têtes de l'aqueduc de remplissage dont nous parlions plus haut.

Nous savons déjà que dans ces écluses les têtes seules sont en maçonnerie et le sas est en terre avec talus perreyés.

La largeur libre pour le passage des bateaux est de 12 mètres, la saillie du busc est de 1ᵐ,50, la longueur du sas perreyé est de 172 mètres.

C'est à peu près le plus grand type des écluses de rivière.

5° Écluses du canal du Berry. — Pour terminer nous donnerons un type d'écluse à petite section. La planche XXXVI représente l'écluse du Breuil, appartenant au canal du Berry.

Le tirant d'eau normal du canal est de 1ᵐ,50 et la profondeur totale est de 2 mètres, comme on le voit à l'amont de la coupe longitudinale.

Un radier incliné de 10 mètres de longueur et de 1ᵐ,80 de pente totale raccorde le plafond d'amont avec la chambre des portes d'amont.

Cette chambre des portes, de 3ᵐ,80 de profondeur au-dessous du couronnement, et de 4ᵐ,05 de longueur depuis le parement du mur en retour jusqu'au busc, commence par un mur de garde de 0ᵐ,60 de longueur suivant l'axe de l'écluse.

L'écluse n'ayant que 2ᵐ,70 de large, il est inutile de recourir à deux portes busquées; une seule porte suffit, s'appuyant sur une saillie transversale du radier lorsqu'elle est fermée, et se logeant dans une enclave lorsqu'elle est ouverte. L'enclave est sur le côté droit de l'écluse, et sur le côté gauche on voit une échancrure circulaire permettant au poteau opposé à l'axe de rotation de la porte de venir s'appuyer contre le bajoyer de gauche.

La même disposition existe à l'aval.

La longeur utile du sas est de 27ᵐ,75.

Le mur de chute n'a qu'un mètre de hauteur; son couronnement est donc à 0ᵐ,50 au-dessous de la retenue d'aval et les bateaux ne sont pas inondés par le courant qui s'échappe des ventelles.

La chute de l'écluse est de 2ᵐ,50.

La figure 3 donne la coupe en travers, et la figure 4 l'élévation de la tête d'aval et des murs en aile qui la raccordent avec la section ordinaire du canal

Le radier a 1ᵐ,20 d'épaisseur et les bajoyers 2ᵐ,50 à la base.

Les couronnements et chaînes sont en pierres de taille, les parements en moellon smillé, le pavage du radier également en moellon smillé.

Cette écluse a coûté, en 1832, 26.832 francs, y compris le pont en charpente. Cette dépense serait aujourd'hui augmentée d'un tiers ou de moitié.

DES PORTES D'ÉCLUSES

Généralités. — Les portes d'écluses sont à axe de rotation horizontal, ou à axe vertical.

Les portes à axe horizontal tournent autour de deux tourillons scellés dans le radier; ces portes sont rares en France, où on ne les a guère employées que comme portes de garde. L'usage en est beaucoup plus répandu en Amérique.

Les portes à axe vertical sont à un ou deux vantaux. Le vantail unique convient aux écluses à petite section, comme les écluses du canal du Berry ou du canal de la Sauldre. Dans ce cas, le busc est évidemment inutile et on le remplace par un heurtoir transversal au radier.

Les portes à deux vantaux sont des portes busquées, c'est-à-dire que leur ensemble forme un chevron dont la pointe est dirigée du côté de la plus grande charge.

Une porte, quelle qu'elle soit, se compose en général d'un *cadre* et d'un *bordage*.

Le bordage, destiné à assurer l'étanchéité, est fixé sur le cadre, il est en bois ou en métal, c'est-à-dire composé de planches ou de feuilles de tôle.

Le cadre comprend les éléments suivants :

1° Le poteau *tourillon*, en contact avec le chardonnet;

2° Le plateau *busqué;* les deux portes étant fermées et appuyées l'une contre l'autre, les deux poteaux busqués sont en contact par une face plane, située dans le plan vertical passant par l'axe de l'écluse. Un poteau busqué se termine donc par une face inclinée sur le plan médian de la porte; ce poteau est ce que nous avons appelé en charpente une pièce délardée ;

3° Les *entretoises*, ou poutres horizontales reliant les deux poteaux verticaux avec lesquels elles s'assemblent, et dont les assemblages sont consolidés par des ferrures, des équerres ou des goussets en fonte;

4° Le *bracon*, pièce inclinée, dirigée suivant la diagonale du cadre, depuis le sommet du poteau busqué, jusqu'à la base du poteau tourillon; cette pièce est destinée à trianguler le cadre, et par conséquent à empêcher la déformation; sans elle, on est exposé à voir la porte, sollicitée par la pesanteur, baisser du nez, c'est-à-dire s'abaisser du côté du poteau busqué.

5° Les *potelets*, qui sont destinés à limiter, dans le sens vertical, l'orifice des ventelles, orifice généralement ménagé entre les deux entretoises inférieures.

Le poteau tourillon porte à la base une crapaudine femelle dans laquelle s'engage le gond d'une crapaudine mâle scellée dans la maçonnerie du radier; à sa partie supérieure, ce poteau est guidé dans son mouvement de rotation par un collier en fer que maintiennent deux bandes également en fer scellées et enfouies dans le massif du bajoyer.

Une porte d'écluse est soumise à divers efforts : 1° elle reçoit de l'autre porte busquée une réaction transversale à l'écluse, réaction que nous avons calculée lorsqu'il s'est agi de déterminer les dimensions des murs de fuite d'aval; cette réaction a une composante dirigée suivant les entretoises de la porte ; la section totale de celles-ci est toujours beaucoup plus forte qu'il n'est nécessaire pour résister à cette composante; nous ne nous en préoccuperons pas; 2° la nature d'efforts qui doit attirer notre attention est la poussée de l'eau, et il faut, pour se placer dans la condition la plus désavantageuse, admettre que le sas pourra être vide tandis que le niveau d'amont atteindra sa hauteur maxima.

Le bordage, évidemment fixé sur la face amont des portes, reçoit directement la pression de l'eau, mesurée par la distance qui sépare chaque élément de la surface libre du liquide.

La pression reçue par le bordage est transmise aux entretoises; on peut donc considérer chaque entretoise comme une poutre horizontale uniformément chargée. En charpente, on n'admet pas que les assemblages puissent jamais constituer encastrement; on devrait donc considérer les entretoises comme simplement posées sur deux appuis. Mais alors, en prenant pour base des calculs l'entretoise inférieure qui est la plus chargée, on arriverait à des dimensions exagérées et tout à fait supérieures à celles qui suffisent dans la pratique.

Si l'on considère que le bordage et les deux poteaux verticaux établissent entre les entretoises une grande solidarité et répartissent les pressions sur l'ensemble, on reconnaît que les entretoises ne doivent pas être assimilées à des poutres horizontales posées sur des appuis, mais qu'il faut les considérer au moins comme à moitié encastrées. C'est ce qu'a fait M. Malézieux pour le calcul des portes en tôle, ainsi que nous le verrons tout à l'heure.

Mais ce n'est point dans cette partie du *Traité de navigation* que nous nous proposons d'aborder la théorie complète des portes d'écluses; elle sera beaucoup mieux à sa place lorsque nous nous occuperons des grandes écluses marines. Nous dirons seulement qu'il convient de placer le bordage vertical et d'adopter des entretoises également espacées.

Comme accessoires des portes d'écluses, il faut considérer les ventelles et les appareils destinés à les manœuvrer, la petite passerelle de service fixée à la porte même, les engins destinés à ouvrir et à fermer les portes, engins qui prennent leur point d'appui à l'extérieur.

Plusieurs systèmes ont été préconisés pour la construction des portes d'écluses; les plus simples et les plus répandues sont encore les portes en bois avec ferrures ou équerres en fonte; dans les grandes écluses l'emploi de la tôle semble devoir être adopté dans certains cas; quant aux portes entièrement en fonte, elles se rompent trop facilement par le choc et, malgré plusieurs essais, elles n'ont pas survécu. Les portes mixtes, c'est-à-dire composées, partie en bois, partie en métal, ne paraissent pas devoir se propager davantage; elles auront toujours l'inconvénient d'associer deux matières d'une durée et d'une résistance très-inégales.

1° Les portes en bois,
2° Les portes en fonte,
3° Les portes en fer.

1° PORTES EN BOIS

Les portes en bois ont leur poteau tourillon coupé à $0^m,05$ au-dessus du radier et le poteau busqué à $0^m,08$; l'entretoise inférieure est à $0^m,10$ au moins au-dessus du radier ; l'entretoise supérieure ne s'élève généralement pas à plus de $0^m,10$ au-dessus du niveau de la retenue d'amont. Les deux poteaux ne dépassent l'entretoise supérieure que de $0^m,10$ à $0^m,15$, à moins qu'on ne les élève jusqu'au-dessus des bajoyers, pour les réunir par une longue pièce horizontale appelée balancier, fort en usage sur les canaux, pour la manœuvre des portes.

Il arrive que les madriers du bordage sont en autant de morceaux qu'il y a d'intervalles entre les entretoises ; chaque morceau est fixé à ses extrémités dans une feuillure ménagée dans les entretoises qu'il réunit.

Cette disposition est économique, mais défavorable à une bonne répartition des pressions, et il est préférable de recourir pour la confection des bordages à des madriers régnant sur toute la hauteur, cloués sur les entretoises.

Les assemblages des entretoises et des poteaux sont consolidés soit par des étriers, soit par des équerres doubles ou triples ; des boulons en fer réunissent alors les équerres de deux faces opposées. Souvent on emploie des équerres en fonte placées sous les entretoises dans l'angle dièdre droit qu'elles font avec les poteaux ; elles sont fixées avec de fortes vis à bois à filet triangulaire, que l'on enduit de suif avant de les introduire dans leur trou.

C'est une bonne mesure que de recourir à des écharpes ou tirants en fer dirigés suivant la diagonale que n'occupe pas le bracon, et même à des écharpes horizontales réunissant les deux poteaux. Cela assure et maintient la rigidité des assemblages. Ces écharpes en fer sont formées de deux pièces réunies par un tendeur à vis ou par un assemblage à coins. Avec ce système, on peut exercer un serrage énergique et rétablir l'adhérence des pièces lorsqu'elle a diminué par l'usage.

Il va sans dire que le montage et l'assemblage des portes d'écluses doivent être faits avec le plus grand soin sur le chantier, et qu'il faut opérer au moyen de coins un serrage énergique des portes dans le sens transversal, afin de faire pénétrer complètement les abouts des entretoises dans les faces des poteaux.

La mise en place des portes se fait au moyen de moufles et d'une bigue à trois branches lorsque l'écluse est à sec. Quand l'écluse est en eau, la porte est amenée en place par flottaison ; généralement il faut la soutenir par quelques barriques vides. Lorsqu'elle est arrivée dans la chambre, on la soulève avec une bigue pour amener le poteau tourillon dans la position convenable et pour la poser sur la crapaudine scellée dans la bourdonnière. Les portes sont lancées à l'eau ou amenées dans le sas vide au moyen de plans inclinés avec glissières savonnées.

Les portes d'écluses doivent toujours être peintes avec soin ; les assemblages sont garnis de coaltar avant le montage.

L'entretoise inférieure butait autrefois contre le heurtoir en pierre du busc ;

mais cette fermeture n'était pas bien étanche, et on a vu des claveaux du busc s'épauffrer sous la pression lorsqu'une pierre était par hasard interposée entre l'entreto se et le heurtoir. Aussi l'emploi du faux busc en chêne est-il aujourd'hui général ; ce faux busc est maintenu par des boulons scellés dans le radier avec le plus grand soin.

Les scellements s'effectuent maintenant surtout avec du ciment pur ; il est très-rare que l'on pratique les scellements au soufre, qui, surtout à l'air, entraînent des résultats funestes ; le soufre attaque le fer et forme un sulfure noir ; il y a expansion de la matière et rupture de la maçonnerie ; les scellements au plomb se pratiquent encore, mais ils offrent quelque danger lorsqu'on verse le plomb dans une cavité humide, des projections sont à craindre et l'on doit enduire de suif les parois du trou.

La crapaudine femelle, qui embrasse le pied du poteau tourillon, affecte la forme d'un sabot ; elle embrasse sur une certaine longueur l'entretoise inférieure ; elle consolide ainsi l'assemblage et n'est pas exposée à se séparer du poteau qui tournerait sans elle.

La crapaudine mâle, scellée dans le radier, ne se termine pas par une embase circulaire ; car, sous l'influence du frottement, cette embase pourrait vaincre la résistance du scellement et être entraînée dans le mouvement de rotation du poteau ; on lui donne donc une forme carrée en plan, ou une forme mi-circulaire, mi-carrée.

· Quant aux autres détails de construction et de manœuvre, on les trouvera dans les exemples suivants.

Porte d'écluse du canal du Berry. — Les figures 7 et 8 de la pl. XXXVIII représentent en élévation et en coupe verticales la porte à un seul vantail d'une écluse du canal du Berry. Cette écluse, de 2^m,70 de large, est elle-même représentée par les dessins de la planche XXXVI ; c'est sur cette dernière planche qu'on trouvera les dimensions des enclaves et du heurtoir.

Les entretoises intermédiaires de la porte qui nous occupe ont un équarrissage de 0^m,20 sur 0^m,25 ; les deux entretoises inférieures et l'entretoise supérieure sont à section carrée de 0^m,25 de côté. — Les poteaux ont 0^m,25 sur 0^m,30, et l'épaisseur du bordage est de 0^m,05.

Des étriers en fer entourent les poteaux et, se retournant sur deux faces verticales de chaque entretoise, consolident les assemblages. On s'oppose, du reste, à la déformation du cadre au moyen d'une grande double équerre en fonte, faite d'un seul morceau, boulonnée sous l'entretoise supérieure et sur les faces verticales internes des deux poteaux. Sur la face d'aval, deux madriers abritent cette pièce de fonte contre les chocs.

On remarquera que les entretoises sont inégalement espacées ; en effet, elles sont assimilées à des poutres horizontales indépendantes et calculées pour résister à la charge d'eau que leur transmettent les deux demi-travées adjacentes du bordage. Cependant, ce bordage est continu et répartit la pression sur toutes les entretoises. La largeur totale de la porte est de 3^m,20.

A la base, entre les deux entretoises inférieures, on voit deux ventelles en fonte ouvrant chacune un orifice de 1^m,19 sur 0^m.25. Ces orifices ont beaucoup plus de largeur que de hauteur, afin d'ouvrir un grand passage à l'eau pour un faible mouvement ascensionnel de la vanne. C'est une condition indispensable pour la rapidité et la facilité des manœuvres, et afin qu'on ne soit pas forcé de recourir à des tiges dentées de grande longueur. — En 1831, la porte que nous venons de décrire a coûté 1 250 francs.

Calcul de la résistance des ventelles. — Il faut calculer les ventelles de manière à ce qu'elles résistent à l'effort qu'elles supportent ; à cet effet, on supposera qu'elles ne reposent sur leurs cadres que par les deux grands côtés, et on les calculera comme des poutres chargées uniformément et reposant sur deux appuis. En réalité, les ventelles s'appuient sur leurs cadres par leurs quatre côtés, mais alors la répartition des pressions est indéterminée en théorie, et nous n'avons point de méthode pour l'obtenir.

La ventelle étant suffisamment épaisse pour résister, il faut chercher maintenant la valeur de l'effort de traction qu'on devra exercer pour la soulever et pour vaincre le frottement de glissement de cette ventelle sur son cadre.

Cette recherche est facile ; voici le calcul pour le cas actuel :

La chute de l'écluse est de $2^m,50$; la pression qui s'exerce sur une ventelle est donc exprimée en kilogrammes par

$$1,19 \times 0,25 \times 2500 = 744$$

Les côtés du cadre étant garnis d'une lame de fer, il y aura à vaincre le frottement de glissement de la fonte sur le fer.

Le coefficient du frottement, dans le cas des métaux mouillés, est voisin de 0,50 ; pour des métaux secs, il varie de 0,18 à 0,20. — Il convient dans le cas actuel d'adopter 0,30.

Il en résulte une résistance totale de 223 kilogrammes, à laquelle il faut ajouter le poids de la ventelle et de sa tige pour avoir la valeur de l'effort à exercer pour soulever une ventelle.

La tige verticale de traction est en fer ; elle peut travailler à 6 kilogrammes par millimètre carré ; on donne généralement une section supérieure à la section calculée parce que la tige doit agir non-seulement par traction, mais aussi par compression lorsqu'il s'agit de baisser la ventelle. — Cette longue tige verticale est alors exposée à flamber et à se déformer, bien qu'elle soit maintenue et guidée par des pitons ou anneaux fixés aux entretoises.

Si la crémaillère, qui termine la tige, engrène avec un pignon de $0^m,10$ de diamètre mû par une manivelle de $0^m,50$ de rayon, il suffira d'exercer sur cette manivelle un effort dix fois moindre que l'effort de traction précédemment calculé.

L'effort à exercer peut, du reste, être réduit dans une proportion quelconque par une roue intermédiaire.

Nous ne reviendrons pas sur ces calculs simples qui sont du ressort de la mécanique pratique et que nous avons traités dans une autre partie de l'ouvrage.

Remplissage des sas d'écluses. — Puisque nous nous occupons en ce moment des ventelles destinées au remplissage et à la vidange des sas, il convient de rappeler les autres systèmes mis en œuvre à cet effet.

Dans les anciennes écluses, à murs de chute complets, l'eau s'échappant des ventelles des portes d'amont forme cataracte, dégrade les maçonneries et même se projette sur les bateaux, ce qui force à faire les sas un peu plus longs qu'il n'est nécessaire. — Avec des murs de chute incomplets ou nuls, ces inconvénients sont atténués, mais il en résulte une augmentation dans la hauteur des portes d'amont.

Dans tous les cas, les ventelles donnent naissance, surtout dans les premiers moments du remplissage, à un fort courant horizontal, qui repousse d'abord le bateau vers l'aval, puis celui-ci revient sur le plan incliné formé par la surface de l'eau ; s'il n'est amarré solidement il peut causer aux portes et à lui-même de graves avaries. — Aussi est-on forcé souvent d'ouvrir lentement les ventelles.

Siphons de Gauthey. — Les siphons de Gauthey avaient pour but de remédier à cet inconvénient des ventelles. — La figure 1 de la planche XLIII représente la disposition de ces siphons à l'amont et à l'aval d'une écluse : les siphons d'amont dégorgent sous une voûte pratiquée dans le massif du mur de chute ; le bateau qui se trouve dans le sas n'est donc pas atteint par l'eau jaillissante et s'élève avec un grand calme.

Sur le canal de Briare il y a quelque chose d'analogue, ce sont des aqueducs deux fois recourbés à angle droit, débouchant d'un bout dans le sas, et de l'autre dans le bief d'amont ou dans le bief d'aval ; ces aqueducs sont fermés en tête par une vanne. Ils suppléent les ventelles et permettent de faire des portes pleines. Mais ces aqueducs, débouchant dans les bajoyers du sas, donnent lieu à des courants transversaux qui se réfléchissent et agitent les bateaux. — Les siphons de Gauthey n'ont pas cet inconvénient.

Les premiers siphons de Gauthey, au canal du Centre, étaient fermés par des tampons en bois qui joignaient mal et perdaient l'eau. — On leur a substitué des clapets qui étaient meilleurs ; mais ce qui a donné des résultats préférables, ce sont les vannes de M. Vallée, vannes dont les figures 2, 3 de la pl. XLIII donnent un spécimen.

L'entrée de chaque siphon est fermé par un châssis fixe portant deux vides A, A, de 0^m,20 de hauteur ; la vanne présente un pareil vide A' entre deux parties pleines. — En levant la vanne de 0^m,20, on ouvre donc un débouché de 0^m,40 de hauteur, ce qui permet, vu la moindre résistance, de substituer au cric un levier de manœuvre de 2 mètres de longueur, comme l'indique la figure.

Dans les écluses où les siphons n'étaient pas établis, M. Comoy a eu recours, pour briser la projection horizontale de l'eau, tantôt à des grilles placées derrière les ventelles et dont les barreaux amortissent et divisent le courant, tantôt à des écrans ou plaques de tôle fixés derrière chaque vantail ; ces écrans brisent le jet horizontal et le forcent de se retourner verticalement.

Vanne Vallée. — La vanne Vallée que nous venons de décrire plus haut, qui se compose de plusieurs plaques équidistantes correspondant à des orifices distincts, et qui offre l'avantage d'ouvrir un grand débouché pour un faible déplacement vertical, a été adoptée pour les grandes portes d'écluses. Nous en trouverons plus loin des exemples.

Portes d'écluse du canal d'Orléans. — Les figures 1 à 6 de la pl. XXXVIII représentent en plan, coupe et élévation, les vantaux d'amont et d'aval de l'écluse de la Jonchère, située sur le canal d'Orléans.

Ces vantaux ont 3^m,23 de largeur totale ; le vantail d'amont a 4^m,80 de hauteur totale et celui d'aval 6^m,48.

Pour le vantail d'amont, la manœuvre se fait au moyen d'un balancier faisant saillie de 3^m,50 au delà du poteau tourillon ; ce balancier équilibre en partie le poids de la porte. C'est le moyen de manœuvre le plus simple ; il est aussi le plus commode. Mais il ne saurait convenir aux grandes écluses, ni même aux petites écluses de rivières ; dans ce cas, en effet, les écluses sont exposées à être submergées lors des crues, les parties saillantes engendrent alors des remous et des courants dangereux pour les ouvrages.

La construction des deux vantaux est à peu près semblable ; considérons donc le vantail d'amont. Le cadre est formé par deux poteaux de 0m,30 sur 0m,25 d'équarrissage et par quatre entretoises de 0m,25 sur 0m,25, non compris l'entretoise supérieure qui se prolonge par le balancier.

Les entretoises, également espacées, laissent entre elles des panneaux de 0m,78 de hauteur.

Des étriers du côté du poteau tourillon, et des lames de fer du côté du poteau busqué, consolident les assemblages. Les têtes des écrous sont tournées vers l'amont, afin que, les portes étant fermées, les bateaux ne soient pas exposés à s'érafler contre ces têtes. Ces bandes de fer ont 0m,10 de largeur et 0m,02 d'épaisseur.

Le bracon est formé de deux parties moisées ensemble au moyen de boulons; la partie d'amont est d'une seule pièce, elle se trouve arasée dans le plan même du bordage, son épaisseur est de 0m,12; elle est assemblée par entailles au passage de chaque entretoise; l'entaille du bracon est de 0m,05, celle des entretoises de 0m,02; avec l'épaisseur du bordage de 0m,05, cela représente l'épaisseur totale 0m,12 du bracon. Cette disposition se voit plus nettement sur le vantail d'aval.

A l'aval, la seconde partie du bracon, la fourrure, est composée d'autant de morceaux que les entretoises forment de panneaux. Chaque morceau s'assemble à embrèvement avec les entretoises comme le montrent les deux élévations d'aval. Le bracon et ses fourrures sont moisés ensemble au moyen de boulons en fer.

Le bordage, de 0m,05 d'épaisseur, est posé parallèlement au bracon et assemblé à rainures avec les entretoises. Ce bordage n'est pas continu sur toute la hauteur.

Chaque porte est munie d'une ventelle en bois garnie de fer de 0m,80 sur 0m,85, porte dont le cadre est complété par deux potelets de 0m,20 sur 0m,25.

La passerelle, placée à l'amont, du côté que les ventelles se manœuvrent, a 0m,75 de largo, et est soutenue par des équerres en fer.

L'entretoise inférieure est à 0m,10 au-dessus du radier et l'entretoise supérieure à 0m,20 au-dessus du plan d'eau d'amont.

Les ventelles sont formées de deux cours de madriers superposés à joints croisés; elles se manœuvrent au moyen de tiges de fer plat terminées par une crémaillère à pignon et manivelle. Voici le détail estimatif de la dépense pour les quatre portes de l'écluse :

INDICATION DES OUVRAGES.	QUANTITÉS.	PRIX DE L'UNITÉ.	DÉPENSES PAR ARTICLE.
VANTAUX D'AMONT ET D'AVAL DE L'ÉCLUSE DE LA JONCHÈRE.		fr.	fr.
Charpente en chêne.	13ᵐᶜ,924	235,00	3.272,11
Fers forgés de première classe.	180ᵏ,00	3,75	675,00
Fers forgés de deuxième classe.	4300ᵏ,00	1,10	4.730,00
Bronze.	32ᵏ,00	6,10	195,20
Fonte moulée de deuxième fusion.	516ᵏ,00	0,42	216,72
Scellement au plomb des colliers.	4ᵏ,00	85,00	340,00
Scellement au ciment des crapaudines.	4ᵏ,00	5,50	21,20
Scellement au plomb des boulons du busc.	12ᵏ,00	15,63	187,10
Scellement au plomb d'une tige de fer de 0ᵐ,12 à 0ᵐ,20 de scellement.	2ᵏ,00	3,00	6,00
Peinture à l'huile à trois couches sur fers.	30ᵐᶜ,00	1,50	45,00
Peinture à l'huile à trois couches sur bois.	50ᵐᶜ,00	1,05	52,67
Peinture à la glu marine noire à trois couches sur bois.	186ᵐᶜ,00	1,00	186,60
Calfatage.	160ᵐᶜ,00	1,15	184,00
Total.			10.112,33

La surface entière des portes est d'environ 73 mètres carrés, ce qui donne une dépense de 140 francs par mètre carré de porte.

Portes du canal de Saint-Quentin. — Les figures 4, 5 et 6 de la planche XL représentent, d'après M. l'ingénieur en chef Lermoyez, les portes en bois du canal de Saint-Quentin.

Le poteau tourillon a 0ᵐ,35 sur 0ᵐ,30 et le poteau busqué 0ᵐ,30 sur 0ᵐ,30 d'équarrissage. Ce dernier équarrissage est aussi celui des entretoises.

Le bracon est composé de deux pièces, moisées comme nous l'avons expliqué plus haut pour les portes du canal d'Orléans.

Le bordage, de 0ᵐ.05 d'épaisseur, est parallèle au bracon et règne sur toute la hauteur, au lieu d'être coupé à chaque entretoise ; il s'assemble à rainure dans les entretoises extrêmes.

Les angles des entretoises et des poteaux sont consolidés par des équerres en fonte, fixées par des vis, d'un modèle uniforme, qui assurent la rigidité du système.

Le bracon s'assemble à tenon et mortaise avec embrèvement, à son sommet avec l'entretoise supérieure dont le prolongement constitue le balancier, à sa base avec le poteau tourillon.

La passerelle de manœuvre, placée à l'amont de la porte, a 0ᵐ,60 de large.

On remarquera la disposition de la ventelle, qui est partagée en trois orifices distincts de 1ᵐ,40 de large et de 0ᵐ,15 de hauteur ; de sorte que pour une course verticale de 0ᵐ,15, on ouvre en réalité un orifice de 0ᵐ,45 de hauteur.

La vanne, dont le cadre est guidé par une rainure en fer, est manœuvrée par une tige verticale en fer plat, terminée en haut par une crémaillère. La dite crémaillère engrène avec un pignon dont une partie de la circonférence seulement est dentée, car il suffit qu'il donne un déplacement de 0ᵐ,15. A l'axe de ce pignon correspond un levier fixe.

Le pignon a 0ᵐ,15 de diamètre et le levier 0ᵐ,75 de long. L'effort à exercer sur le levier est donc dix fois moindre que celui que la tige de traction exerce sur le pignon.

Avec une chute d'écluse de 2^m,50, la ventelle, dont la surface est de 0^m,963, reçoit une pression totale de 1575 kilogrammes. Avec le coefficient de frottement 0^m,20, cela fait sur la tige de traction un effort de 315 kilogrammes qui se transmet à la circonférence du pignon, et qui correspond à un effort de 31^k,15 à l'extrémité du levier.

Ces portes d'écluses ne reviennent qu'à 135 francs le mètre superficiel.

Portes d'écluse du barrage de Melun (Haute-Seine).— Les figures 10 et 11 de la planche XXXIX représentent les portes de l'écluse accolée au barrage de Melun. Ces portes ont 3^m,82 de haut sur 6^m,82 de large ; la largeur de l'écluse est de 12 mètres.

Elles sont formées de trois entretoises et de deux poteaux, consolidés par un bracon en deux morceaux qui s'assemblent dans les entretoises par l'intermédiaire de fourrures en fonte avec embrèvement.

On voit que les angles sont consolidés par des équerres et des T en fer et par des équerres en fonte.

Une écharpe en fer, avec serrage à vis relie l'entretoise supérieure près du poteau tourillon à un sabot en fonte qui termine le poteau busqué.

La crapaudine femelle est en fonte et a la forme d'un sabot qui embrasse non-seulement la base du poteau tourillon, mais encore la partie inférieure de l'entretoise adjacente.

Les ventelles sont divisées en trois ouvertures de 1^m,03 de large sur 0^m,14 de haut, et il y a deux ventelles par porte. Ces ventelles sont manœuvrées comme celles du canal de Saint-Quentin au moyen d'un levier à main de 1^m,50 de long, agissant sur un pignon de 0^m,15 de rayon, lequel fait mouvoir la crémaillère qui termine la tige verticale des ventelles.

La manœuvre des portes se fait au moyen d'un arc denté manœuvré par un treuil à axe vertical fixé sur les bajoyers le long de l'enclave.

Le poteau tourillon a 0^m,50 sur 0^m,40 ; le poteau busqué et les entretoises 0^m,40 sur 0^m,40 ; le bordage vertical est en madriers de 0^m,05 d'épaisseur. Ces madriers sont assemblés à feuillures dans les entretoises et les poteaux, et la partie engagée dans la feuillure est recouverte d'une bande de fer plat formant cadre ; c'est sur cette bande que portent les têtes des vis à bois.

Les trois entretoises sont inégalement espacées ; l'intervalle entre l'entretoise supérieure et celle du milieu est de 0^m,84. Comme le panneau correspondant aurait une dimension horizontale trop forte, on l'a coupé en trois au moyen de deux potelets de 0^m,24 sur 0^m,32, placés chacun à 0^m,86 du poteau correspondant.

L'équarrissage de l'écharpe en fer est de 0^m,080 sur 0^m,035.

La crapaudine mâle, scellée au plomb dans la bourdonnière, est représentée par la figure 12 ; la semelle a 0^m,05 d'épaisseur, et le mamelon de 0^m,12 de hauteur a 0^m,12 de diamètre. Cette crapaudine est en fonte ; on remarquera la forme qu'elle affecte en plan, forme qui a pour but, ainsi que nous l'avons expliqué déjà, d'empêcher la crapaudine de tourner avec le poteau tourillon.

Le poteau tourillon porte à sa base la crapaudine femelle, large sabot en fonte ; à son sommet, il est relié latéralement à l'entretoise par un étrier en fer plat de 85 sur 20 millimètres ; il est coiffé d'un chapeau en fer forgé surmonté d'une boucle ; c'est dans cette boucle et dans le chapeau que s'engage le boulon vertical placé dans l'axe de rotation.

, Le chapeau est solidement relié à la face supérieure de l'entretoise par une bande de fer plat boulonnée. Le boulon de rotation du poteau de 0^m,10 de diamètre, est maintenu par deux tirants en fer forgé, logés dans la maçonnerie du bajoyer; ces tirants, de 80 sur 75 millimètres d'équarrissage, ont 3^m,20 de longueur, ils sont horizontaux, mais portent chacun quatre œils dans lesquels s'engagent quatre goujons en fer, de 1 mètre de longueur, scellés au ciment.

Les poteaux et entretoises sont assemblés par tenons et mortaises de 0^m,20 de profondeur.

Le garde-corps en fer de la passerelle est disposé de manière à pouvoir être enlevé lors des crues; on sait, en effet, que le moindre obstacle sur la plate-forme d'une écluse gêne l'écoulement et peut déterminer des avaries.

La crémaillère circulaire en fonte, qui sert à fermer et à ouvrir les portes, a 2 mètres de rayon; son centre coïncide évidemment avec celui du poteau tourillon. Cette crémaillère engrène avec un pignon mû par une roue dentée, actionnée elle-même par un pignon que fait tourner une clef verticale. Toutes ces roues sont horizontales et logées dans une chambre recouverte de madriers en chêne.

Résistance d'un vantail au mouvement de rotation. — On peut se proposer de calculer la résistance que présente un vantail d'écluse au mouvement de rotation qu'on veut lui imprimer autour de son poteau tourillon.

Dans ce calcul, il convient d'abord de négliger la perte du poids due à la poussée de l'eau dans laquelle la porte est partiellement immergée; il peut arriver, en effet, telle circonstance où il faille manœuvrer les portes l'écluse étant à sec.

On peut supposer le poids entier de la porte concentré sur le poteau tourillon, pourvu qu'on ajoute à ce poids un couple de rotation sous l'influence duquel la porte tend à baisser le nez. Ce couple est annulé par la résistance des tirants qui maintiennent le boulon supérieur du poteau tourillon.

Le frottement à vaincre se compose donc de deux termes :

1° Le frottement du pivot sur la crapaudine à la base du poteau tourillon, frottement dû au poids total P de la porte.

2° Le frottement du boulon supérieur dans l'œil des tirants qui le maintiennent.

1° Si r est le rayon du mamelon de la crapaudine, nous savons que le frottement pendant la rotation est représenté par une force

$$\left(\frac{2}{3} f.P\right)$$

appliquée à la circonférence du mamelon, c'est-à-dire à la distance r de l'axe de rotation. Le moment de cette force résistante est donc

$$\left(\frac{2}{3} f.P.r\right).$$

2° Si h est la hauteur et l la largeur de la porte, comme on peut admettre que le centre de gravité se trouve à peu près au milieu de la largeur, le moment de la force qui tend à renverser la porte en la faisant tourner dans son plan vertical autour d'une horizontale passant par le mamelon de la crapaudine, le moment de cette force est :

$$P \frac{l}{2}.$$

Elle est équilibrée par la réaction totale R des tirants qui maintiennent le sommet du poteau tourillon, réaction dont le moment est Rh. On a donc pour déterminer la réaction R l'équation :

$$P.\frac{l}{3} = R.h.$$

La valeur de R, tirée de cette équation, permettra même de calculer l'équarrissage des tirants en fer noyés dans la maçonnerie.

Connaissant R, la valeur du frottement agissant sur la circonférence du boulon qui termine le poteau tourillon sera Rf, et si r' est le rayon de ce boulon, il en résultera un moment résistant R.$f.r'$.

Ajoutant les deux moments résistants que nous venons de trouver, on aura le moment de l'effort à exercer pour la manœuvre des portes. On en déduira la valeur même de cet effort si on se donne son point d'application.

Appliquons ces principes au vantail de l'écluse de Melun.

Ce vantail renferme :

0^m,57 de bois à 750 kilogrammes le mètre cube..	. . . . .	4927 kilogrammes.
fonte —	—	. . . . .	1405 —
fer —	—	. . . . .	1551 —
Poids total P.	. . . .	7883 —

Admettons pour valeur du coefficient de frottement de fonte sur fonte ou de fer sur fer mouillés 0^m,30 ; le rayon r du mamelon de la crapaudine est égal à 0^m,06, le rayon r' du boulon supérieur est égal à 0^m,05 ; la largeur l est de 6^m,80 et la hauteur h de 3^m,80.

La réaction R des tirants au sommet du poteau tourillon est donc de 7015 kilogrammes.

Le moment du frottement sur le mamelon de la crapaudine est de 94,56, et celui du frottement sur le boulon supérieur est de 105,22.

D'où un moment résistant total égal à 199,78.

Dans le cas actuel, où la puissance agit sur une crémaillère courbe de 2 mètres de rayon, l'effort à exercer pour la manœuvre des portes, à la circonférence de cette crémaillère, est de 100 kilogrammes.

La connaissance de cet effort permet de fixer les rayons des roues dentées et pignons.

Résistance de la crapaudine. — Le mamelon de la crapaudine est chargé de 7883 kilogrammes pour une section circulaire de 0^m,06 de rayon.

Cette section correspond à environ 11 000 millimètres carrés, ce qui par millimètre carré donne une pression de 0^k,7. C'est peu pour de la fonte ; seulement, il convient de remarquer que le mamelon est exposé à des porte à faux, et il est prudent, dans l'espèce, de ne pas dépasser une pression de 1 kilogramme par millimètre carré.

Résistance de la bourdonnière. — L'embase de la crapaudine s'appuie sur la bourdonnière par une surface d'environ 1300 centimètres carrés. Il en résulte une pression d'environ 6 kilogrammes par centimètre. carré, ce qui est peu de chose pour une bonne pierre de taille.

Prix des portes de l'écluse de Melun. — Voici le détail estimatif des quatre portes du barrage de Melun ; ces quatre portes sont égales :

INDICATION DES OUVRAGES.	QUANTITÉS.	PRIX ÉLÉMENTAIRE.	PRODUIT.
		fr.	fr.
Bois de chêne première qualité............	26mq,203	250,00	6.573,25
Fonte ordinaire pour crapaudines, équerres......	3636k,88	0,50	1.818,44
Fonte pour crémaillère de manœuvre et crapaudines des petits arbres....................	1986k,12	0,70	1.390,28
Fers ordinaires pour grosses pièces.	1117k,37	0,90	1.005,63
Fers ordinaires pour petites pièces.	2685k,70	1,05	2.819,99
Fers alésés, tournés ou polis.	2335k,53	2,20	5.138,17
Tôle pour calottes des poteaux.	67k,00	1,30	87,10
Vis de 0m,12 pour fixer les tôles.	76,00	0,25	19,00
Vis de 0m,10 pour fixer les bordages..	980,00	0,15	147,00
Bronze des godets des crapaudines des petits arbres..	35k,10	3,50	122,85
Scellements des tirants et goujons des colliers des portes	4,00	100,00	400,00
Scellements des crapaudines inférieures des portes..	4,00	5,00	20,00
Plomb pour ces scellements.	50k,00	0,90	45,00
Peinture sur les fers et les fontes.	120mq,00	1,20	144,00
Goudronnage des bois.	344mq,50	0,70	241,15
Total.			19.971,86

Ce qui fait par vantail une dépense de 4992fr,96 pour une superficie de 26mq,05; il en résulte une dépense de 191fr,67 par mètre carré.

Porte d'écluse du canal Saint-Martin. — Les figures 4 à 6 de la pl. XXXIX représentent les portes d'écluse à cadre en bois avec bordages en tôle construites pour le canal Saint-Martin, à Paris.

La hauteur totale d'une porte, mesurée sur le poteau busqué, est de 5m,71 et sa largeur est de 4m,67; la largeur de l'écluse est de 7m,80.

Les trois entretoises inférieures, ainsi que l'entretoise supérieure, ont 0m,50 sur 0m,35 d'équarrissage; les deux autres n'ont que 0m,25 de hauteur. Le poteau tourillon a 0m,40 sur 0m,35 et le poteau busqué 0m,35 sur 0m,35.

Les équerres d'assemblage des poteaux et des entretoises sont en fer plat de 0m,07 sur 0m,01; les ferrures d'assemblage des potelets des ventelles n'ont que 0m,060 sur 0m,009.

Le bracon est formé d'autant de morceaux qu'il y a de panneaux horizontaux; il est renforcé par une écharpe en fer plat de 0m,060 sur 0m,015 dont le serrage peut être réglé au moyen d'un verrin.

Les quatre angles du cadre sont consolidés par des équerres en fonte.

Les entretoises ne sont pas tout à fait également espacées; cependant leur distance d'axe en axe est d'environ 1 mètre.

Le bordage est composé de feuilles de tôle rivées à revêtement; sur les bords du cadre elles pénètrent dans une feuillure et l'about de la tôle est recouvert d'une bande de fer de 0m,08 sur 0m,015 sur laquelle s'appliquent les têtes des vis à bois.

Il y a deux ventelles en tôle à chaque porte. Ces ventelles, guidées latéralement dans des rainures verticales, sont manœuvrées par des tiges en fer de 0m,06 sur 0m,011, que terminent des crémaillères.

La passerelle de service est soutenue par des équerres boulonnées sur l'entretoise supérieure.

Les figures 7, 8 et 9 donnent les détails des colliers et tirants qui maintiennent la partie supérieure du poteau tourillon.

La manœuvre des portes se fait au moyen d'un arc de cercle denté, mis en action par un treuil à axe vertical. L'arc denté a 1^m,41 de rayon.

Le faux-busc de 0^m,20 d'équarrissage est fixé dans la maçonnerie du busc par des boulons de scellement à tête fraisée.

Il entre dans deux vantaux 10^{mc},60 de bois de chêne premier choix à 250 fr. le mètre cube, et 4000 kilogrammes de fer, tôle et fonte à 1 franc le kilogramme; la pose et l'ajustage des ferrures a coûté 740 francs et la mise en place d'un vantail 712 francs.

Tout compris, les deux vantaux sont revenus à 8500 francs.

Portes d'écluse du canal de la Marne au Rhin. — Dans son ouvrage sur le canal de la Marne au Rhin, M. Graëff, inspecteur général des ponts et chaussées, présente les observations suivantes sur les portes d'écluse du versant du Rhin :

« Ces portes sont en bois ; le système a été perfectionné par M. l'ingénieur en chef Jaquiné, au moyen de grands boulons reliant les poteaux busqués et tourillons dans le vantail ; cette disposition augmente la rigidité des portes qui sont très-étanches quand elles sont bien posées. Le système des crics est perfectionné et des plus commodes, en ce qu'il prend peu de place sur la passerelle ; les pignons sont en fer trempé au baquet, ainsi que les crémaillères.

Les joints des bordages sont recouverts de bandelettes en tôle de 0^m,05 de largeur clouées sur le bois. Ces bordages sont tout à fait jointifs ; seulement, du côté de la bandelette, les joints sont découpés sur la moitié de leur épaisseur en un triangle qui a 0^m,03 de base sur 0^m,03 de hauteur ; on le remplit d'étoupes qu'on y foule avec force, on y coule du brai ; on a soin de laisser un peu déborder le remplissage, et puis on cloue la bandelette qui comprime l'étoupe renfermée dans ce joint prismatique triangulaire et le rend parfaitement étanche.

Quand on pose les portes, quelque soin qu'on ait pris à tracer l'épure des chardonnets, il arrive rarement que du premier coup on obtienne une adhérence complète du poteau tourillon contre la partie pleine du chardonnet, adhérence dans laquelle réside le plus grand succès de l'opération. Il faut donc ne pas sceller définitivement les crapaudines, afin de pouvoir les changer un peu de place jusqu'à ce qu'on obtienne le résultat désiré. C'est un petit tâtonnement que le constructeur le plus habile ne peut éviter ; il arrive d'ailleurs souvent que des portes, qui perdaient au poteau tourillon lors de la mise en eau, finissent par ne plus perdre au bout d'un certain temps, les petites aspérités du poteau s'étant usées contre la pierre par le mouvement des portes ; dans ce cas, si la crapaudine n'est pas scellée dans le radier, elle suit le petit mouvement du poteau et, en la scellant définitivement au premier chômage, on obtient un résultat parfait ; si on l'avait scellée de suite, le poteau n'aurait plus eu aucune liberté, et la porte aurait toujours continué à couler. Cette précaution est des plus importantes dans la construction des portes d'écluse. Il n'y a d'ailleurs, le rapport de la solidité, aucun inconvénient à laisser pendant un an et même davantage les crapaudines sans scellement.

Les portes s'ouvrent au moyen de béquilles en fer rond, s'accrochant à un anneau fixe que porte la monture de la passerelle de la porte ; la poignée est en bois et l'éclusier ouvre le vantail en tirant la béquille avec les deux mains. Ce système est, de tous ceux qu'on emploie pour ouvrir les portes d'écluses, le moins savant, mais il est loin d'être le plus mauvais. »

Ventelles tournantes. — On reproche aux ventelles ordinaires, glissant dans un cadre vertical, d'exiger une manœuvre assez longue et des appareils assez compliqués.

En ce qui touche la durée de la manœuvre, le reproche est peu fondé et avec les systèmes ordinaires on peut réduire cette durée à peu de chose. Il n'en est pas de. même pour la complication des appareils.

Il est certain qu'une ventelle à axe de rotation vertical, cet axe étant placé au milieu même de la ventelle, serait beaucoup plus commode ; on n'aurait à vaincre pour l'ouvrir qu'un très-faible effort et une simple manivelle horizontale suffirait à la manœuvre. Mais, avec des cadres rectangulaires, on n'a jamais pu obtenir une adhérence parfaite de la ventelle et de son cadre, au moins pour la moitié de la ventelle qui tend à s'ouvrir vers l'aval ; aussi l'usage ne s'en est-il pas répandu.

Les ingénieurs belges ont eu recours, sur le canal de Bruxelles à Charleroy, à la ventelle tournante que représente la figure 8 de la planche XXVIII.

L'orifice d'écoulement est un bout de tuyau en fonte *mn*, boulonné sur les pièces en bois de la porte.

Ce tuyau est parfaitement alésé.

Il peut être fermé par une vanne papillon, dont *ab* est la section horizontale ; cette vanne est elliptique, son grand axe est *ab* et son petit axe est le diamètre même du tuyau *mn*. Il est certain que, si on lui avait donné une section circulaire égale à celle du tuyau, l'obturation n'eût jamais été bonne, tandis qu'avec la forme adoptée l'obturation est rendue aussi parfaite que possible.

La vanne *ab* est traversée en son centre par l'axe vertical *cc'*, qui se termine sur la passerelle de la porte par une manivelle horizontale *ed*.

On voit que la manœuvre est des plus simples ; la manivelle est arrêtée à chaque extrémité de sa course par des taquets solides.

Le diamètre de ces ventelles est de 0m,50.

2° PORTES EN FONTE

Les portes en fonte ont été à plusieurs reprises vivement préconisées ; elles n'ont jamais pu se faire adopter d'une manière définitive, parce que la fonte résiste mal aux chocs et que plusieurs accidents graves ont inspiré toujours une grande défiance. Les ingénieurs hésitent, on le conçoit, à employer un' système qui expose les voies navigables à des chômages accidentels, entraînant pour la batellerie et pour le commerce des pertes énormes.

On trouvera dans les *Annales des ponts et chaussées* de 1832, un rapport de M. l'ingénieur en chef Auniet, sur les portes en fonte de fer construites pour le canal du Berry, par M. Accolas. Les vantaux se composaient de panneaux en fonte, de 2 mètres de large, présentant un bombement de 0m,10 ; ces panneaux s'assemblaient au moyen de rebords faisant saillie de 0m,10 et de 0m,02 d'épaisseur. Les joints étaient rendus étanches au moyen d'un mastic interposé dans les joints et comprimé par les boulons. Ces portes n'ont pas été conservées.

En 1833, M. Accolas fut autorisé à faire l'essai de ses portes en fonte au canal Saint-Denis à Paris. Les figures 3 et 4 de la planche XLI représentent la disposition de ces portes, destinées à une écluse de 7^m,80 de large et de 2^m,30 de chute.

Un vantail se composait de quatre plaques en fonte de 4^m,16 de large, portant un bombement de 0^m,27 ; les hauteurs de ces plaques variaient de 1^m,03 à 1^m,20. Les assemblages se faisaient par des rebords saillants de 0^m,10 de largeur et de 0^m,025 d'épaisseur, réunis par des boulons à écrous. Les joints étaient calfatés. L'épaisseur des plaques était de 22 millimètres. Bien qu'il n'eût pas été procédé à l'épreuve des plaques par charge directe, on était certain qu'elles étaient faites avec des fontes de bonne qualité.

Les portes furent mises en place le 27 septembre 1833 ; au sixième bateau montant, le sas étant plein, l'éclusier qui tenait la barre du cabestan pour ouvrir les portes d'amont fut renversé avec violence, ces portes se refermèrent ; à ce moment, les portes d'aval volaient en éclats et le bateau montant était projeté violemment dans le bief inférieur qu'il venait de quitter.

Les deux plaques inférieures de chaque vantail étaient complétement brisées et il n'en restait adhérente aux maçonneries que la partie limitée en pointillé sur la figure 4, tous les boulons et barres de fer étaient tordus et dispersés.

Le bateau était amarré solidement et n'a pas eu d'avarie grâce à l'habileté des bateliers qui ont laissé filer les câbles ; il est certain que ce bateau n'avait exercé sur les portes aucun choc avant l'accident. On a généralement attribué cet accident à la hâte et au peu d'habileté avec lesquels les portes avaient été assemblées.

De 1833 à 1835, M. Émile Martin a construit sur le canal de Beaucaire des portes formées de châssis en fonte avec panneaux en bois. Ces portes sont représentées par les figures 1, 2, 3 de la planche XL ; elles comprennent :

Un poteau tourillon creux en fonte de fer avec fourrure en bois pour s'appliquer sur le chardonnet ;

Un poteau busqué formé d'une plaque verticale en fer forgé sur laquelle est boulonné le corps du poteau qui est en bois ; une traverse supérieure formant le haut du cadre ;

Deux traverses inférieures comprenant entre elles les ventelles ;

Deux traverses ou entretoises intermédiaires.

Le cadre ainsi assemblé est garni de bordages verticaux en bois de 0^m,05 d'épaisseur, boulonnés sur les entretoises.

Ce système de portes paraît avoir donné au canal de Beaucaire des résultats assez satisfaisants. On doit remarquer cependant que la disposition des entretoises est vicieuse au point de vue du travail de la fonte ; c'est la tête du T qui travaille à la compression et le pied qui travaille à l'extension. La disposition devrait être inverse et il faudrait retourner les entretoises de 180°, de manière à placer la plus grande quantité de matière vers l'aval, là où elle doit résister à des efforts d'extension. Dans ce nouveau système le bordage serait fractionné en autant de morceaux qu'il y a de panneaux, il serait placé vers la face aval de la porte et boulonné à l'intérieur des branches du T.

La fonte, par son inaltérabilité, présente de grands avantages ; quelques accidents auxquels elle a donné lieu, et qui résultent surtout d'un mauvais emploi de la matière, l'ont fait proscrire peut-être d'une manière trop absolue ; il nous semble qu'avec des précautions et un emploi judicieux de ce métal, on pourrait arriver à s'en servir encore, même dans les portes d'écluses.

3° PORTES EN TOLE

Les portes en tôle n'inspirent pas les mêmes craintes de rupture que les portes en fonte ; elles paraissent devoir durer beaucoup plus longtemps que les portes en bois. Aussi l'usage s'en est-il répandu dans ces dernières années, notamment pour les écluses de rivières qui ont des dimensions supérieures à celles des canaux. Nous décrirons, comme exemples, les portes de l'écluse du barrage de la Monnaie, à Paris, et celles du canal de Saint-Maurice, qui relie la Marne à la Seine, près Charenton.

Portes de l'écluse de la Monnaie. — Un vantail de ces portes est représenté par les figures 1, 2, 3 de la planche XXXIX.

Le système, imaginé par M. l'ingénieur en chef Poirée, est très-compliqué de construction et exige l'emploi d'excellentes tôles. Un vantail se compose de demi-cylindres en tôle à axe horizontal, rivés les uns au-dessus des autres, et présentant leur convexité vers l'amont pour résister à la poussée de l'eau. Destinés à une écluse de 12 mètres de large et de 2 mètres de saillie du busc, ces vantaux ont 6^m,50 de largeur et 6^m,40 de hauteur.

Il y a onze demi-cylindres superposés ; ils sont reliés par quatre cours d'entretoises verticales en fer à T de 0^m,09 de largeur sur 0^m,04 de hauteur. Le diamètre des demi-cylindres est de 0^m,50, et l'épaisseur de la tôle qui les compose est de 0^m,007.

Les ventelles sont manœuvrées par des tiges verticales terminées par un écrou engagé sur une vis fixe ; une manivelle, que l'on voit sur la coupe, en travers, fait tourner la vis fixe, le long de laquelle l'écrou monte ou descend, entraînant la ventelle.

Ces portes sont très-lourdes ; elles ont, en outre, le grave inconvénient de coûter très-cher, puisqu'elles sont revenues à 425 francs le mètre carré. Ce n'est donc pas un modèle à imiter.

Portes du canal Saint-Maurice. — Ces portes ont été projetées par M. l'ingénieur en chef Malézieux, qui les a décrites dans un mémoire inséré aux *Annales des ponts et chaussées* de 1865. C'est à ce mémoire qu'est empruntée la planche XLII représentant les dispositions générales d'un vantail ; si l'on a besoin de recourir aux dessins de détail, on les trouvera dans les Annales.

Les entretoises et le cadre du vantail sont formés par des fers laminés à double T. Les fers, qui correspondent aux deux poteaux tourillon et busqué, reçoivent entre leurs ailes intérieures l'âme des entretoises, dont les ailes ont été coupées à 0^m,05 de longueur pour faciliter la pénétration. L'assemblage se fait avec des équerres en fer corroyé de 12 millimètres d'épaisseur, fixées à l'âme des entretoises par une double ligne de rivets et par une seule ligne horizontale au montant.

Le cadre est recouvert d'un bordage en tôle rivée de 4 millimètres d'épaisseur. Ce bordage oppose une résistance énergique à la déformation ; cependant, on a relié verticalement les entretoises par deux bandes de tôle à l'aval, et par un fer à T placé au milieu du vantail.

Les figures indiquent nettement la composition des poteaux busqué et tourillon ; nous avons donné précédemment l'épure du chardonnet pour ce genre de portes métalliques.

La pression que les vantaux fermés exercent sur les bajoyers ne se transmet pas seulement par les deux extrémités du poteau tourillon ; il y a deux disques ou plaques de fonte intermédiaires, fixées au poteau tourillon et s'appuyant contre d'autres plaques de fonte scellées dans le parement du chardonnet. Ces dernières ont une embase suffisante pour qu'on n'ait pas à craindre l'écrasement de la maçonnerie.

Les ventelles, également en tôle, glissent verticalement sur un châssis en fer soigneusement raboté, de 0^m,04 de largeur et de 0^m,03 d'épaisseur. La tige de suspension est en fer rond de 0^m,04 de diamètre ; elle se termine par une crémaillère que fait mouvoir une vis sans fin mue par un montant coudé du garde-corps.

Pour empêcher les suintements qui pourraient se produire au contact des tôles et des fourrures en bois, on a interposé entre elles des feutres imbibés de goudron.

Chaque vantail d'aval de l'écluse de Charenton pèse, non compris les pièces fixes, 8018 kilogrammes.

M. Malézieux calcule les entretoises comme des pièces à demi-encastrées, c'est-à-dire qu'il prend pour valeur du moment fléchissant maximum la moyenne arithmétique entre

$$\left(\frac{1}{24}p.l^2\right) \quad \text{et} \quad \left(\frac{1}{8}p.l^2\right), \quad \text{soit} \quad \left(\frac{1}{12}p.l^2\right).$$

Ces portes en tôle ont donné d'excellents résultats ; la manœuvre des ventelles a seule été pénible pour les grandes chutes, parce que les éclusiers ne peuvent exercer qu'un faible effort sur la manivelle horizontale.

Le prix moyen des quatre portes de Charenton et de Gravelle s'est élevé à 198 francs le mètre carré.

COMPARAISON ENTRE LES PORTES EN BOIS ET LES PORTES EN TOLE

Les portes en tôle sont plus coûteuses que les portes en bois, du moins pour les dimensions ordinaires. Mais on espère qu'elles dureront beaucoup plus longtemps et exigeront moins d'entretien que les portes en bois, ce qui fait qu'en somme elles seront plus avantageuses. Cependant, l'expérience n'en est pas encore assez longue pour qu'on puisse se prononcer d'une manière absolue : on est généralement d'accord pour reconnaitre que les avantages de la tôle augmentent avec les dimensions de l'écluse.

Nous allons, du reste, examiner les diverses opinions émises à ce sujet :

1° D'après M. Malézieux, les portes en bois ont contre elles leur peu de durée, les réparations qu'elles exigent, enfin l'opération si lente du goudronnage qu'il convient de refaire tous les deux ou trois ans. Pour les portes en métal, l'expérience prouve que les travaux et les frais d'entretien sont nuls. L'usage n'en était pas répandu à cause du prix élevé de ces portes, qui coûtaient deux ou trois fois plus que les portes en bois. Nous avons cité plus haut le prix de 425 francs le mètre carré pour l'écluse de la Monnaie ; ce prix a été de 316 francs pour l'écluse de Châlons-sur-Marne, de 340 francs pour l'écluse de Frouard. Les portes du canal de Saint-Maurice, construites en bois, auraient coûté 150 francs le mètre carré ; en métal, elles ont coûté 200 francs. Suivant M. Malézieux, ce n'est pas acheter trop cher des avantages certains.

2° M. l'ingénieur en chef Lermoyez, dans une note insérée aux *Annales des ponts et chaussées* de 1866, a contesté les conclusions de M. Malézieux en ce qui touche les portes des canaux. Il constate d'abord que des portes, ouvertes et fermées 6588 fois en 1863, sur le canal de Saint-Quentin, et soumises, vu l'activité de la circulation, à des chocs perpétuels inévitables, ont duré plus de trente ans. On arrive à cette durée en n'employant que des bois tout à fait exempts d'aubier, de roulures ou de nœuds vicieux, et ne les faisant mettre en œuvre que par des ouvriers très-exercés. L'entretien des portes en bois est peu de chose et se réduit presque aux réparations qu'exigent les appareils de manœuvre. Le goudronnage, effectué tous les deux ans, coûte 15 francs par vantail ; les portes en tôle devront elles-mêmes être repeintes de temps en temps. M. Lermoyez fait remarquer que les portes du canal de Saint-Quentin ne reviennent qu'à 135 francs le mètre carré, et qu'elles reviendraient à plus de 200 francs si on les faisait en tôle, tandis que les portes du canal Saint-Maurice, qui sont revenues à 200 francs le mètre carré, pourraient être établies à 106 francs. Les portes en bois sont donc destinées, conclut M. Lermoyez, à rendre pendant longtemps encore de grands services sur les canaux à petite section.

3° Dans une note publiée en 1868, M. Cambuzat, inspecteur général des ponts et chaussées, a présenté des observations comparatives sur les portes en métal et les portes en bois du canal du Nivernais. En 1866, ce canal comptait :

32 écluses avec portes en bois,		
58	—	en fonte et en tôle,
32	—	en fer, fonte et tôle.

Le 30 juillet 1866, un vantail métallique d'aval de l'écluse de Dirol se brisa subitement, pendant le remplissage du sas, et tomba en morceaux comme par une sorte d'explosion ; cet accident conduisit à projeter le remplacement des portes métalliques par des portes en bois.

Les portes métalliques construites de 1855 à 1859 ont coûté 250 francs le mètre carré de partie pleine ; à la même époque, la reconstruction de trente vieilles portes en bois, dont les anciennes ferrures ont été réemployées, a coûté 94 francs le mètre carré ; en 1867, les portes en bois complètes sont revenues à 110 francs le mètre carré ; quand on remplacera les bois dans 25 ou 30 ans, on se servira des anciennes ferrures.

En résumé, M. Cambuzat estime que :

Pour le canal du Nivernais, le prix de premier établissement des portes en bois est moitié de celui des portes métalliques, d'où une grande économie de mise de fonds ;

Une porte en bois dure 25 à 30 ans et est toujours facile à remplacer à peu de frais ; l'entretien des portes en bois est très-facile et peut être fait par le premier venu, tandis que les réparations des portes métalliques exigent des serruriers habiles ;

Le choc d'un bateau peut casser et a souvent cassé une pièce d'un vantail métallique ; un coup de gaffe peut crever et a crevé fréquemment les bordages

en tôle; une négligence dans la manœuvre peut faire gauchir et forcer un vantail métallique. Le bois ne craint ni les coups de gaffe, ni les chocs, ni les
fausses manœuvres.

L'accident du 30 juillet 1866 ne se produira jamais avec une porte en
bois ;

Donc, « tout en admettant que, dans certaines circonstances particulières,
dans la traversée ou à la porte d'une grande ville, on établisse des portes métalliques à quelques écluses, je pense que, pour une ligne navigable traversant
des pays forestiers, il y aura toujours un grand avantage à donner la préférence
aux portes en bois. »

PORTES DE GARDE SUR LES CANAUX

Les portes de garde sont en usage sur les canaux partout où il importe de
pouvoir, à un moment donné, isoler rapidement l'une de l'autre deux parties
adjacentes d'un bief. Nous décrirons les portes de garde à axe horizontal du
canal du Centre et les portes de garde à axe vertical du canal de la Marne
au Rhin.

Portes de garde à axe horizontal du canal du Centre. — Dans les grands
biefs où des accidents peuvent se produire, tels qu'échouage de bateau ou
avarie aux ouvrages, on a soin de se ménager les moyens de sectionner le bief
par des cloisons étanches afin de pouvoir le mettre à sec sur une partie seulement de sa longueur.

Généralement on a recours à des barrages à poutrelles qu'on établit dans des
rainures ménagées dans deux murs distants d'une largeur de bateau; c'est
généralement sous les ponts que ces rainures à poutrelles sont installées.

Il arrive souvent que les poutrelles ne sont pas prêtes ou que quelques-unes
se trouvent hors de service au moment même où on en a besoin. Cette raison
avait conduit M. Comoy à établir, dans certains biefs du canal du Centre, des
portes à axe de rotation horizontal, se rabattant au fond du canal, et pouvant
suppléer une double paire de portes busquées parce que ces portes étaient
disposées pour résister à la pression de l'eau des deux côtés indifféremment.

Les figures 1 et 2 de la planche XLI représentent une de ces portes; devant
fermer un passage de 5m,20 sur 1m,70, elle a 5m,54 de longueur, 1m,95 de hauteur et 0m,22 d'épaisseur. Levée, elle s'appuie de 0m,17 contre les angles des
deux enclaves latérales et de 0m,25 contre l'angle de l'enclave horizontale du
radier.

Les entretoises et les montants sont des moises comprenant entre elles un
bordage de 0m,05; cette disposition était nécessaire pour que la porte pût également résister dans les deux sens.

La porte est supportée dans son mouvement de rotation par quatre gonds ou
crapaudines mâles en fer forgé C, sur lesquels frottent quatre crapaudines
femelles en bronze.

Aux deux bouts l'axe horizontal est fixé par des colliers en fer à charnière.

Quand la pression de l'eau agit de manière à écarter la porte des angles des
enclaves verticales, il est nécessaire d'arc-bouter cette porte par derrière afin de

l'empêcher de se renverser sur le radier. On y arrive au moyen des valets en fer V qui se rabattent dans l'enclave contre les montants de la porte.

Les manœuvres s'effectuent au moyen de bielles *b* en fer forgé.

Il est facile, du reste, en tenant compte du poids perdu par la porte dans l'eau, de calculer quel est l'effort nécessaire aux diverses manœuvres et d'établir les leviers en conséquence.

Les portes de garde de ce système ont rendu des services au bief de partage du canal du Centre; la pose en est un peu délicate; chacune d'elles a coûté, en 1841, 3800 francs, dont 1749 francs pour charpente et serrurerie et le reste pour la maçonnerie.

Portes de garde du canal de la Marne au Rhin. — L'étang de Gondrexange alimente, comme nous le savons, le bief de partage du canal de la Marne au Rhin, bief dont la longueur dépasse 30 kilomètres. La tenue d'eau normale de l'étang est à 1^m,50 au-dessus du plan d'eau normal du canal; si l'une des digues qui séparent l'étang du canal venait à se rompre, une masse d'eau de 6 millions de mètres cubes se précipiterait dans le bief de partage et y formerait un flot, redoutable non-seulement pour le canal lui-même, mais aussi pour les pays voisins. C'est donc avec raison qu'on a songé à limiter la course de ce flot en construisant des portes de garde à chaque extrémité de la section du canal qui traverse l'étang.

Ces portes de garde, établies sous des ponts, c'est-à-dire dans des passages rétrécis, sont représentées par les figures 5, 6 de la planche XXXV.

Elles sont munies de ventelles en tôle et leur construction est analogue à celle des portes d'écluse du canal. On remarquera qu'à la partie supérieure, celle qui est au-dessus des banquettes de halage, les portes se prolongent par une queue; cette queue est pleine comme la porte elle-même, et elle forme portillon au-dessus des banquettes de halage. La section entière sous le pont se trouve ainsi fermée, et ne laisse passer que la quantité d'eau qui s'échappe par les filtrations inévitables, du reste sans importance. L'étanchéité absolue n'est, du reste, pas aussi nécessaire pour cet ouvrage que pour les portes d'écluse; ce qu'on recherche avant tout, c'est la possibilité d'établir un barrage instantané.

On a voulu aussi que ce barrage fût automatique et se fermât de lui-même dès qu'un flot un peu important se présenterait venant du côté de l'étang; le busc des portes est évidemment tourné du côté de l'étang. En temps ordinaire, les vantaux sont logés dans leur chambre; la pose des colliers et des crapaudines est faite avec le plus grand soin, de sorte que le vantail se met en mouvement à la moindre pression exercée sur la queue; pour empêcher cet effet, on a attaché à chaque vantail une chaîne à contre-poids qui le maintient en place tant que l'effort n'atteint pas une certaine limite. Derrière le vantail dans sa chambre débouche un aqueduc tourné vers l'étang; qu'un flot se présente, il s'engage dans l'aqueduc et vient exercer sa pression derrière le vantail, qui se met en marche dès que la résistance du contre-poids est vaincue.

Les portes dépourvues de contre-poids se mettaient en marche par le fait seul du passage d'un bateau et de l'ondulation qui résulte de ce passage; il va sans dire que le mouvement une fois commencé se poursuit de lui-même. Pour s'opposer à ce mouvement produit par le passage d'un bateau, il fallait un contre-poids de 15 à 19 kilogrammes; on en adopta un de 25 kilogrammes, qui deviendrait sans doute insuffisant s'il s'établissait dans le canal une navigation accélérée.

Calcul du temps qu'un sas met à se vider ou à se remplir. — Il est important de calculer le temps qu'un sas mettra à se remplir ou à se vider, pour une chute donnée et pour des ventelles de dimensions déterminées. C'est, en effet, par ce calcul qu'on reconnaîtra si les ventelles ont une section trop grande ou trop forte et qu'on la réglera d'une manière satisfaisante.

A la page 33 de notre *Traité d'hydraulique*, nous avons déjà donné un calcul de ce genre et nous avons cherché le temps qu'un réservoir cylindrique met à se vider. Nous allons refaire des calculs analogues pour un réservoir rectangulaire tel qu'un sas d'écluse.

Nous ferons remarquer tout d'abord qu'il est facile de calculer d'une manière approchée le temps du remplissage ou de la vidange d'un sas de forme quelconque ; on divise le sas en tranches horizontales de 0^m,50 de hauteur, par exemple, et on calcule le volume de chacune de ces tranches ; lors du remplissage, le niveau d'amont est fixe et, lors de la vidange, le niveau d'aval est fixe ; le niveau du sas est variable ; mais pour chaque tranche horizontale, on peut adopter un niveau fixe correspondant à son niveau moyen. On connaît donc la hauteur de chute constante qui règle le passage de l'eau dans l'orifice des ventelles, et on peut calculer par conséquent le débit de ces orifices par seconde. Divisant le volume de la tranche horizontale considérée par ce débit élémentaire on a le temps qu'il faut pour l'écoulement du volume de la tranche ; la somme des temps analogues donnera le temps total de l'écoulement.

C'est évidemment à ce procédé approximatif, mais suffisamment exact dans la pratique, qu'il faudrait recourir si l'on avait un sas de forme compliquée. Mais, pour les sas ordinaires, à bajoyers verticaux ou inclinés, il est facile de procéder par intégration et d'obtenir des formules exactes.

C'est ce que nous allons faire pour un sas rectangulaire à parements verticaux, de section S, correspondant à une chute d'écluse h.

Si s est la section des ventelles, on sait que pour une chute x le débit pendant le temps élémentaire dt est donné par la formule

$$m.s\sqrt{2g.x}.dt$$

dans laquelle m, coefficient de la contraction en mince paroi, est égal à 0,62.

Pendant ce temps, le sas a gagné ou perdu une tranche horizontale liquide dont le volume est

$$S.dx.$$

Nous avons donc deux expressions différentes d'un même débit, ce qui nous fournit l'équation :

$$m.s\sqrt{2g.x}.dt = -S.dx,$$

expression qui peut s'écrire :

$$dt = \frac{S}{m.s.\sqrt{2g}}.x^{-\frac{1}{2}}.dx;$$

intégrant entre

$$x=0 \quad \text{et} \quad x=h,$$

on arrive à

$$t = \frac{S}{m.s} \sqrt{\frac{2h}{g}}.$$

Exemple : soit un sas de 35 mètres de long, de 5^m,20 de large, de 2^m,60 de chute, il faudra pour le remplir ou le vider avec une ventelle de 0^{mq},45 de superficie 475 secondes ou 8 minutes ; avec deux ventelles semblables, il ne faudra que 4 minutes.

On établira d'une manière analogue la formule du remplissage et de la vidange d'un sas à talus perreyés inclinés à 45°.

Les lettres m, s, h conservant la même signification que ci-dessus, désignons par S la section de la partie du sas limitée à des parements verticaux, par l la longueur de la partie perreyée et par a sa largeur au plafond qui se trouve à une profondeur H au-dessous de la retenue d'amont.

L'équation différentielle dans ce cas sera :

$$m.s.\sqrt{2g.x}.dt = - \left[S + a.l + 2l\,(H + h - x) \right]\, dx.$$

L'intégration donne :

Pour la durée du remplissage . . . . . $\dfrac{S + l.a + 2l\left(H + \frac{2}{3}h\right)}{m.s} \sqrt{\dfrac{2.h}{g}}$

Et pour la durée de la vidange. . . . . $\dfrac{S + l.a + 2l\left(H + \frac{1}{3}h\right)}{m.s} \sqrt{\dfrac{2.h}{g}}$

Celle-ci est un peu plus courte que la première.

Dans les écluses où le remplissage et la vidange se font par aqueducs latéraux, on assimilera ces aqueducs à des tuyaux de grand diamètre, et on appliquera les formules que nous avons établies dans notre *Traité de la distribution des eaux*.

Exemple : Soit une écluse à bajoyers verticaux dont S est la section horizontale du sas et h la chute. Appelons s la section de l'aqueduc ou des aqueducs latéraux, et l leur longueur.

Appelons r le rayon moyen de la section s, c'est-à-dire la racine carrée du quotient de la section par le nombre π, q le débit variable de ces aqueducs, et u la vitesse moyenne d'écoulement. Les deux formules fondamentales de l'écoulement par les tuyaux sont :

$$rj = b_1 u^2 \quad \text{et} \quad q = s.u.$$

Le coefficient b_1, pour des tuyaux de grand diamètre depuis longtemps en service, est égal à 0,001. La perte de charge j par mètre courant est le quotient de la chute variable x par la longueur l de l'aqueduc.

On peut donc écrire

$$r\frac{x}{l} = b_1 \frac{q^2}{s^2},$$

équation qui donne

$$q = s \sqrt{\frac{r}{b_1 l}} \sqrt{x}.$$

C'est le débit élémentaire correspondant à la chute x; pendant le temps dt, cela fera un débit $q.dt$. D'autre part, le débit est représenté dans le sas par (Sdx).

Égalant ces deux valeurs d'un même volume et remarquant que dx est négatif, on a :

$$\text{a.}\sqrt{\frac{r}{b_1 l}}\sqrt{x}\cdot dt = S.dx.$$

Intégrant entre les limites de x, zéro et h, on trouve pour la valeur du temps du remplissage ou de la vidange

$$\text{2.}\frac{S}{s}\sqrt{\frac{b_1.l.h}{r}}.$$

Considérons une écluse de 120 mètres de long et de 12 mètres de large, de 2m,50 de chute, munie de deux aqueducs latéraux, ayant chacun 0mq,90 de section; la surface S est de 1440 mètres carrés, s de 2mq,80, b_1 est égal à 0,001, la longueur l de chaque aqueduc est d'environ 8 mètres, son rayon moyen r est de 0m,55. Ce serait à peu près la situation d'une écluse de la haute Seine, dont les bajoyers seraient verticaux au lieu d'être perreyés.

La formule précédente donnerait pour la durée du remplissage 304 secondes ou 5 minutes. Avec les talus perreyés inclinés à 45°, la durée observée pour le remplissage est de 10 minutes; le cube d'eau à fournir est en effet à peu près le double.

CHAPITRE III

PROFILS ET OUVRAGES D'ART DES CANAUX

PROFILS

Nous n'avons pas à nous occuper du profil en long des canaux; nous savons que ce profil est celui d'un escalier, dont la hauteur de marche, c'est-à-dire la chute des écluses, doit être constante et dont la largeur de marche, c'est-à-dire la longueur des biefs, est variable.

La longueur des biefs dépend de la pente même du terrain naturel ; les biefs sont donc, en général, d'autant plus courts qu'on s'approche davantage du bief de partage ; à mesure qu'on descend vers la vallée principale, les biefs s'allongent.

Girard, le créateur du canal de l'Ourcq, avait assimilé ce canal à une rivière naturelle ; il avait donc cherché, sur le profil en long, à se rapprocher de la courbe qu'affectent les rivières. C'est là une considération inutile ; du moment que la chute des écluses est déterminée, le profil en long doit être fixé par la considération de la dépense minima et par la condition que le canal soit toujours à l'abri des inondations qui peuvent se produire dans les vallées suivies par lui. Nous reviendrons tout à l'heure sur ce point.

Le profil en travers dépend de la largeur des bateaux qui doivent fréquenter le canal, et du tirant d'eau qu'on veut leur assurer. Il faut que deux bateaux puissent se croiser facilement dans la section normale.

Exceptionnellement, lorsqu'un canal est fait pour un service unique et déterminé, on se donne la section normale et on crée en conséquence le matériel de transport.

Nous nous contenterons donc de donner, comme exemples, les profils en travers de plusieurs canaux d'importance différente.

Profil en travers du canal de la Marne au Rhin. — La figure 3 de la planche XXVIII représente le profil en travers du canal de la Marne au Rhin ; c'est à peu près le profil normal de nos principaux canaux.

« Dans son profil en travers normal, dit M. Graëff, ce canal a 10 mètres de largeur au plafond, $1^m,60$ de tenue d'eau ou de mouillage ; une banquette de $0^m,50$ de large règne à fleur d'eau de chaque côté, et les crêtes des chemins de halage sont à 0ᵐ,70 au-dessus de la ligne d'eau, ce qui donne 2ᵐ,30 de hauteur totale entre ces crêtes et le plafond.

« Comme les talus intérieurs sont d'ailleurs à 2 de hauteur pour 3 de base, cela donne à la ligne d'eau une largeur de 14ᵐ,80, et entre les crêtes intérieures des chemins de halage une largeur de 17ᵐ,90.

« Le chemin de halage principal a, en général, 4ᵐ,50 de largeur, et le chemin de halage secondaire ou marchepied 3 mètres, ce qui donne au canal, entre les crêtes des talus extérieurs, une largeur totale de 25ᵐ,40, tandis que pour le chemin de fer cette même largeur n'est que de 9 mètres sur la ligne des terrassements, c'est-à-dire au niveau du fond du ballast. »

Dans les canaux à flanc de coteau, le chemin de halage principal destiné aux chevaux est en général placé du côté de la vallée. C'est la disposition la plus commode pour la navigation, et la plus favorable pour les terrassements. En effet, le marchepied se trouve alors presque toujours en déblai, et on peut disposer son tracé de manière à trouver de son côté le déblai nécessaire pour faire le remblai du côté du chemin de halage.

Dans les traversées des villes, où il faut nécessairement ménager l'espace et créer des facilités pour le chargement et le déchargement des bateaux, on réduit le profil au strict nécessaire, et on enferme le canal entre deux murs de quai. La figure 4 de la planche XXVIII représente le profil en travers du quai de Saverne, sur le canal de la Marne au Rhin. La largeur totale est réduite à 11 mètres.

Profil en travers du canal de la Sauldre (Sologne). — A côté du profil ordinaire de nos canaux, nous avons placé un profil de canal à voie étroite. C'est le canal de la Sauldre, destiné à desservir la Sologne, et analogue au canal du Berry.

Ce profil est représenté par la figure 6 de la planche XXVIII.

La largeur au plafond est de 5 mètres, le mouillage normal est de 1ᵐ,50 ; les talus sont inclinés à 2 de hauteur pour 3 de base, et, comme la crête intérieure des digues est à 1 mètre au-dessus de la ligne d'eau, cela fait pour le canal une largeur en gueule de 12ᵐ,50.

Les deux chemins de halage ont 4 mètres de large.

Ce canal est destiné à des bateaux de 2ᵐ,50 de large, car la largeur des bateaux qui fréquentent un canal est à peu près la moitié de la largeur normale au plafond.

On remarquera que le canal de la Sauldre ne comporte pas de banquettes latérales au niveau de la ligne d'eau ; ces banquettes, que nous venons de voir au canal latéral de la Marne au Rhin, et qui ont en général 0ᵐ,50 de large, sont destinées à prévenir la dégradation des talus, qui se produit au voisinage de la surface liquide par le clapotage des eaux. Ces banquettes, ou bermes, sont plantées de glaïeuls qui brisent les petites vagues. Lorsqu'on les supprime, on peut garnir les talus, au voisinage de la ligne d'eau, avec des pierres, des planches ou des fascines.

Observations sur les terrassements. — Il faut se méfier beaucoup, dans la rédaction des projets, des anciens coefficients de foisonnement, qui n'ont pas été établis par des expériences sur grande échelle. Au chemin de fer de Paris à Strasbourg, versant du Rhin, les déblais formés de morceaux de roc mélangés de terre, n'ont pas donné de foisonnement après l'achèvement des remblais, et les cubes se sont compensés. Au canal, où de la terre légère et fine était employée de déblai en remblai, il y a eu foisonnement négatif ; un cube de déblai a donné un cube de remblai moindre, et la différence s'est élevée à $\frac{1}{8}$ ou $\frac{1}{12}$. Donc, en général, il est imprudent de tenir compte d'un foisonnement éventuel, et même, avec des terres légères, il est prudent de compter sur une condensation de $\frac{1}{12}$.

Les terrassements des canaux doivent être effectués à la brouette et au tombereau, afin d'obtenir une sorte de corroyage des terres. Les remblais ne doivent être assis que sur un sol essarté, creusé à vif, et même on fera bien d'établir au milieu du remblai un fossé longitudinal de 1 mètre à 1^m,50 de large.

Les terrassements des digues doivent être particulièrement soignés; il faut les composer de couches pilonnées de 0^m,15 à 0^m,20 d'épaisseur, bien purgées de grosses pierres. Les terrassements d'hiver, qui enfouissent dans les remblais des mottes de terre gelée, doivent être sévèrement proscrits.

Nous avons décrit, dans le *Traité de l'exécution des travaux*, tout ce qui est relatif à la confection des terrassements, déblais et remblais, ainsi qu'à l'exécution des gazonnements, semis, perrés et enrochements.

Les terrassements d'un canal exigent beaucoup plus de soins encore que ceux d'un chemin de fer ou d'une route; tout défaut dans les terrassements se traduit par des pertes considérables lors de la mise en eau, et entraîne alors des remaniements et des dépenses considérables.

Lorsqu'on a un canal en remblai, la première idée qui se présente à l'esprit est de n'exécuter que les digues latérales et de ne pas remblayer à l'emplacement du fond. — Une telle disposition serait des plus malencontreuses, car il en résulterait, entre la base des digues et le sol naturel, des filtrations énormes.

Il faut donc, même en remblai, donner à la cuvette du canal son profil normal, et exécuter les terrassements du plafond avec un soin tout particulier.

« On sait, en effet, dit M. l'ingénieur Gérardin, qu'il est à peu près impossible d'éviter les tassements dans un remblai, surtout quand on le met en contact avec l'eau, et les déformations sont d'autant plus grandes que le talus a plus de hauteur : il faut donc éviter inutilement de le descendre au-dessous du niveau normal du plafond.

« En second lieu, l'eau, qui tend à se frayer un passage à travers les terres, a d'autant plus de puissance que sa pression est plus grande; il est donc important de réduire la profondeur, d'où résulte la pression, à son minimum obligatoire. »

M. Gérardin a appliqué ces principes à l'exécution de la rigole dérivée de la Marne, qui amène à l'usine de Condé les eaux motrices; les profils en déblai et en remblai de cette rigole sont représentés par la figure 7 de la planche XXVIII.

Les digues en remblai ont été formées d'un noyau étanche en terre végétale pilonnée, recouvert d'une couche suffisamment épaisse de craie en menus morceaux. Ces digues ont présenté une grande solidité.

Quand on rencontre sous les remblais une dénivellation brusque, par exemple au passage d'une excavation ou d'un fossé, il faut pilonner les remblais avec un soin excessif; car il se produit toujours, à la ligne de séparation, des inégalités de tassement; cela crevasse les digues et donne lieu à des fuites.

Nous avons eu déjà l'occasion de dire que sous un remblai il faut piocher le sol sur une certaine profondeur et le débarrasser de toutes les herbes, racines, broussailles qui rendraient la liaison imparfaite et livreraient aux filtrations un chemin facile.

La rigole alimentaire de l'usine de Condé est parcourue par un courant dont la vitesse moyenne peut atteindre 0^m,55 par seconde; cette vitesse aurait été dangereuse pour les talus, surtout dans les courbes; aussi a-t-on eu soin de perreyer le talus de la rive concave, ainsi que le montre un des profils de la figure 7.

Observations sur les canaux des États-Unis. — Dans son *Rapport de mission* aux États-Unis, M. l'ingénieur en chef Malézieux a consigné de très-intéressantes observations sur les canaux. Nous signalerons sommairement les plus importantes.

Les écluses en maçonnerie sont construites sur une plate-forme générale en charpente, formée de traverses de $0^m,25$ à $0^m,30$ d'équarrissage, laissant entre elles des vides de $0^m,10$ à $0^m,30$, et recouvertes d'un plancher en madriers de $0^m,05$. Il n'y a pas d'autre radier que ce plancher, sur lequel repose la maçonnerie des bajoyers.

Les bajoyers ont un fruit de $\frac{1}{16}$ sur leur parement qui limite le sas. Les buscs sont en bois de chêne; ce sont de véritables fermes horizontales, composées d'un entrait, de deux arbalétriers et d'un ou de plusieurs poinçons.

Les sas se remplissent et se vident beaucoup plus vite qu'en France; le passage des eaux se fait surtout par des aqueducs à ventelles tournantes débouchant dans le radier même de l'écluse.

Depuis longtemps on a commencé à substituer aux portes busquées d'amont des portes à un seul vantail, tournant autour de sa base horizontale, et se rabattant vers l'amont. Cette substitution, dit M. Malézieux, réputée excellente par toutes les personnes que nous avons consultées, paraît appelée à se généraliser.

Le vantail se manœuvre au moyen d'une chaîne s'enroulant sur un treuil fixe, que porte un bajoyer.

La figure 4 de la planche XLIII fait comprendre la disposition générale d'une écluse américaine avec sa porte à rabattement.

Cette porte a moins de développement que deux portes busquées; la longueur de l'enclave est donc moindre; elle est de construction plus simple et de manœuvre plus facile.

Elle est constamment appliquée à des écluses ayant à peu près les dimensions des nôtres. M. Malézieux signale encore les ventelles tournantes à axe de rotation horizontal placé vers le milieu de leur hauteur. L'usage en est général, et cela semble indiquer que les ventelles tournantes ne présentent pas trop d'inconvénients au point de vue de l'étanchéité, tout en donnant plus de rapidité dans la manœuvre.

Canaux souterrains des houillères. — Dans certaines houillères anglaises, notamment dans celles de Worsley, près Manchester, on a tiré un excellent parti des eaux souterraines pour le transport par eau des charbons pris dans la galerie même d'extraction.

En 1736, le duc de Bridgewater terminait le canal qui porte son nom et qui réunit les houillères de Worsley à Manchester et à l'embouchure de la Mersey; il résolut alors de faire pénétrer le canal dans la mine même, et d'éviter ainsi tous les frais de transport en même temps qu'il donnerait à la mine entière un drainage naturel. Il établit trois étages de canaux, le premier vers 50 mètres de profondeur, le second à $84^m,50$, et le troisième à 140 mètres; c'est l'étage moyen qui seul communique directement avec le grand canal à ciel ouvert, c'est lui qui reçoit les produits des canaux inférieurs et qui apporte dans la mine tous les matériaux nécessaires.

Le canal de l'étage moyen avait, en 1842, 5650 mètres de développement; sa largeur normale était de $2^m,74$ et sa profondeur de $1^m,10$; la hauteur libre

au-dessus de l'eau était de 1ᵐ,34. La branche principale se ramifie en autant
de branches qu'il est nécessaire pour desservir les galeries, et tous ces ra-
meaux constituaient, en 1842, un développement de 22 kilomètres.

Les branches du niveau supérieur avaient elles-mêmes 16 kilomètres de développement. Au commencement du siècle, les charbons de ce niveau étaient
amenés par bateau près d'un puits de mine; on les chargeait à la main dans
des tonnes qui étaient descendues, au moyen d'un treuil à frein, dans les bateaux du canal moyen. C'était une manœuvre longue et coûteuse, que le duc de
Bridgewater résolut de supprimer en transportant sur le canal moyen les bateaux tout chargés du canal supérieur. A cet effet, il donna au treuil à frein, qui
servait à descendre les tonnes verticalement, des proportions telles, que les
bateaux eux-mêmes pussent descendre sur un plan incliné. Cela se passait, dit
M. Fournel, à l'époque où l'on avait acquis la certitude que les Chinois se servaient de plans inclinés au lieu d'écluses, et où la question des avantages et
désavantages attachés à cette substitution préoccupait beaucoup d'esprits en
Angleterre.

Au sommet du plan incliné, figure 6, planche XLIII, deux écluses accolées de
16 mètres de longueur et de 2ᵐ,50 de large, dont le radier formait le prolongement du plan incliné, recevaient successivement un bateau chargé. Le bateau
étant entré dans l'écluse pleine d'eau, on la vidait par une vanne et un puisard
communiquant avec le canal moyen, le bateau descendait dans le sas, et venait
reposer sur un chariot de 10 mètres de long, garni de roulettes en fonte et
posé sur un chemin de fer se poursuivant sur toute la longueur du plan incliné. On ouvrait la porte de l'écluse, et au moyen d'un grand treuil à engrenages à frein puissant, placé au-dessus des écluses, on faisait descendre un
bateau plein en même temps qu'on montait un bateau vide. Aussitôt le mouvement commencé, le plan devenait automoteur, et il n'y avait plus qu'à modérer
la descente à l'aide du frein. Un bateau vide pesant 4 tonnes, portait 12 tonnes
de houille, et on descendait quatre bateaux à l'heure.

Appareil élévatoire pour les bateaux. — La chronique des annales des ponts
et chaussées de mars 1876 mentionne en ces termes un autre appareil élévatoire
pour les bateaux :

Le canal de Trent et Mersey, à Anderton, se trouve à une petite distance de
la rivière Weaver, mais à une hauteur de 15 mètres au-dessus environ. Il existe
un mouvement considérable de marchandises des districts produisant le fer et
les poteries vers Liverpool, et ces marchandises, transportées par eau, devaient
subir à Anderton un transbordement que l'appareil ci-après décrit permettra
d'éviter à l'avenir en abaissant jusqu'au niveau de la Weaver les bateaux qui
circulent sur le canal, et en élevant jusqu'au canal les bateaux arrivant par la
rivière. Pour arriver à ce résultat, on a établi, en communication avec le canal,
deux grands caissons en fonte, placés à côté l'un de l'autre, ayant même section
que le canal et dont la longueur est égale à celle des plus grands bateaux circulant sur ces voies navigables; ces caissons, qui peuvent être fermés à leurs
extrémités, reçoivent, au moyen de puissantes machines hydrauliques placées à
côté, un mouvement d'ascension et de descente, de telle sorte que l'un descend
pendant que l'autre monte. Ces caissons, qui fonctionnent ainsi comme des
écluses mobiles, lorsqu'ils ont atteint leur position inférieure, peuvent être mis
en communication avec la rivière. On conçoit dès lors facilement qu'on arrive
à faire passer les bateaux de celle-ci dans le canal, ou inversement.

La difficulté d'obtenir des joints étanches, tant pour la fermeture des caissons et du canal que pour le raccordement de celui-ci avec chaque caisson alternativement, paraît avoir été résolue d'une manière satisfaisante.

PROCÉDÉS D'ÉTANCHEMENT DES CANAUX

La connaissance géologique du pays que doit traverser un canal doit exercer une grande influence dans la rédaction des projets. Pour n'en avoir pas tenu compte, on a quelquefois commis de grosses erreurs, en projetant des canaux dans des terrains éminemment perméables, dans lesquels l'eau passe comme dans un crible. De pareils terrains exigent nécessairement une cuvette maçonnée et entraînent des dépenses considérables.

Mais, on est bien forcé parfois d'établir certaines sections d'un canal sur des terrains plus ou moins perméables; il faut alors aviser aux moyens d'obtenir, avec le moins de frais possible, une cuvette étanche. A cet effet, divers procédés sont mis en usage, que nous allons décrire.

Étanchement à l'eau trouble en Bavière. — M. Michel Chevalier a fait connaître, vers 1840, les moyens employés en Bavière pour étancher des biefs creusés dans un sable qui paraissait d'abord excessivement perméable.

Les grains de sable sont imperméables par eux-mêmes; c'est dans leurs interstices que l'eau circule. Si cette eau est argileuse et trouble, elle devient limpide par son passage dans une couche de sable même assez mince. En effet, elle abandonne toutes les particules vaseuses dont elle est chargée, et comble peu à peu les interstices.

Cela nous explique pourquoi les filtres à sable, employés dans les distributions d'eau, donnent d'abord de bons résultats, puis finissent par devenir inactifs; il faut alors reprendre le sable et le laver à grande eau pour le régénérer.

Ces effets d'obstruction et d'engorgement rendent assez rapidement étanches les biefs ouverts même dans un terrain sablonneux indéfini.

Ce que la nature met un certain temps à faire, l'homme peut arriver à l'obtenir beaucoup plus vite en aidant la nature.

C'est ce qu'on a fait en Bavière : avant d'introduire l'eau dans les biefs à fond de sable, on la remuait continuellement avec des pièces de bois agitées à bras d'hommes; cette agitation soulevait la vase et l'argile et rendait l'eau trouble. Cette eau trouble, absorbée ensuite par le sable, lui abandonnait sa vase, et arrivait bientôt à boucher tous les vides, de sorte qu'une cuvette, dans laquelle l'eau passait d'abord comme dans un crible, devint en quelque temps étanche. Cette cuvette étant établie à flanc de coteau, des sources prirent naissance au pied du coteau, et ne disparurent que lorsque l'étanchéité du bief fut obtenue.

Étanchements du canal du Rhône au Rhin. — Des étanchements considérables ont été exécutés au canal du Rhône au Rhin sur les 120 kilomètres compris entre Huningue, Neuf-Brisach et Strasbourg et situés dans la basse plaine de l'Alsace, formée de couches de sable et de graviers roulés, c'est-à-dire d'un sol excessivement perméable.

On avait espéré d'abord obtenir une étanchéité suffisante en introduisant, lors des crues, les eaux troubles de l'Ill et du Rhin; mais cela ne réussit pas, et c'est à peine si la masse d'eau trouble pouvait parcourir 5 à 6 kilomètres dans la partie perméable du canal.

L'opération eût été ainsi très-longue, bien qu'on augmentât la vase du courant en y projetant une grande quantité de terre.

Il fallut y renoncer et recourir à des corrois continus.

Les corrois ont été de tous temps en usage pour l'étanchement des canaux : on les exécute avec de la bonne terre franche, de l'argile sablonneuse ; l'argile pure et compacte est moins bonne. On enlève sur le fond et sur les côtés du canal une tranche d'au moins 0^m,60 d'épaisseur que l'on remplace par la terre franche ; elle est posée par couches de 0^m,10 d'épaisseur, soigneusement pilonnées ; si la terre est sèche, il faut avoir soin d'arroser chaque couche.

Ces corrois n'ont presque jamais réussi, parce que les canaux sujets au chômage doivent être mis à sec périodiquement ; alors, le corroi se dessèche, se fend de toutes parts et perd son efficacité.

Ces anciens corrois exécutés au canal du Centre ne duraient pas plus de cinq ans ; ceux du canal de Saint-Quentin, figure 1, planche XLIV, dont l'épaisseur sur les côtés atteignait 2 mètres, ne résistaient pas mieux.

Au canal du Rhône au Rhin, dans le but de rendre plus limoneuses les eaux prises dans l'Ill et le Rhin et introduites dans le canal, on disposa dans le canal tous les 15 à 20 mètres de petits barrages transversaux en terre ; le courant rapide régnant dans le canal attaquait ces barrages et les détruisait peu à peu ; on espérait obtenir ainsi un matelas étanche ; il n'en fut rien : la terre entraînée se déposait un peu plus loin sous forme de deltas ; en effet, la vitesse du courant diminuait notablement à quelques mètres du barrage. Néanmoins ce travail amena quelque amélioration dans la tenue des eaux.

On essaya ensuite de jeter dans le courant des terres argileuses approvisionnées sur la rive ; cela ne réussit pas mieux et les pelletées de terre se déposaient à peu près au point où le jet avait lieu.

Ces procédés sont donc insuffisants pour un sol d'une perméabilité excessive.

On eut recours alors à des revêtements en placage de terre franche, de 0^m,10 d'épaisseur au plafond et de 0^m,25 sur les côtés ; ces revêtements étaient appliqués sans liaison sur les parois préalablement arrosées et piochées. Ils donnèrent d'abord un bon résultat, mais lorsqu'on retira les eaux, on reconnut des défoncements dans le lit et les revêtements des talus glissèrent et disparurent après avoir été délayés.

On procéda à un second essai : le fond du canal fut recouvert d'un corroi en terre de 0^m,30 de hauteur, les talus furent abattus et remontés en terres corroyées ; pour obtenir de la liaison, on ménageait dans le massif de la digue des créneaux verticaux ou amorces de 0^m,25 de profondeur et de 0^m,30 de largeur, espacés de 0^m,80. On approvisionnait de la terre argileuse bien nettoyée et bien purgée, et d'autre part des graviers résultant du passage à la claie de la recoupe des talus. Le fond était obtenu au moyen de six couches de 0^m,08 d'épaisseur réduite à 0^m,05 par le damage ; chaque couche était formée de terre, puis après le damage on la recouvrait de graviers de 0^m,04 à 0^m,05 que l'on enfonçait avec les dames. Les talus étaient confectionnés de même. La proportion était de $\frac{1}{4}$ de gravier pour $\frac{3}{4}$ de terre.

On reconnut bientôt que les créneaux verticaux donnaient lieu à des éboulements et liaisonnaient mal, que le pilonnage était insuffisant et que la proportion de gravier n'était pas suffisante.

On remédia à ces inconvénients en remplaçant les créneaux verticaux par des gradins horizontaux, figure 2, planche XLIV, en substituant aux dames rondes la hie du paveur, et en portant à ¼ la proportion du gravier. C'est à ce dernier procédé qu'on s'est arrêté.

On avait soin de faire rouler les tombereaux sur les parties déjà corroyées pour augmenter la compression.

Lorsque les terres n'étaient pas suffisamment argileuses, on avait soin de les arroser avec du lait de chaux grasse, dans la proportion de 15 litres de chaux pour un mètre cube de terre.

Avec le surplus des terres des fouilles, on établit au pied des talus de la cuvette des banquettes de 1m,50 à 2 mètres de largeur, qui produisirent bon effet et s'opposèrent à l'éboulement des corrois.

C'est par ce procédé qu'après cinq années de travail et d'essais on arriva à obtenir l'étanchéité des 120 kilomètres du canal du Rhône au Rhin.

Ce succès s'explique si on remarque que le mélange de terre franche et de graviers bien comprimés forme un béton terreux qu'un faible courant délave difficilement.

L'addition du lait de chaux a l'avantage de faire périr les vers et les insectes que la terre renferme, et d'éloigner les taupes si dangereuses pour les digues des canaux.

Lorsqu'un défoncement se faisait dans un corroi, on complétait l'étanchement avec du sable fin, jeté par masses à la pelle dans le défoncement. Les particules de sable, entraînées par les eaux qui s'engouffrent dans l'entonnoir, ne tardent pas à former un tampon imperméable.

Les jets de sable fin ont autrefois donné également de bons résultats au canal de Bourgogne; les grains entraînés par les eaux bouchent les interstices du sol. Ce moyen a réussi aussi au canal Calédonien. Mais il est évident qu'il ne convient qu'à des terrains d'une perméabilité modérée; aussi n'a-t-il pas réussi tout d'abord au canal du Rhône au Rhin et n'a-t-il pu être employé que comme accessoire des corrois.

Encore faut-il reconnaître que ces corrois eux-mêmes sont loin de la perfection et qu'ils n'ont réussi que parce que la branche de canal qui nous occupe possède une source d'alimentation inépuisable. Du reste, dans les parties particulièrement mauvaises du canal du Rhône au Rhin qui se trouvaient beaucoup au-dessus du niveau de la nappe d'eau souterraine, il a fallu recourir à des bétonnages.

Étanchements du canal de la Marne au Rhin. — Les travaux d'étanchement exécutés dans les diverses sections du canal de la Marne au Rhin sont très-intéressants; ils ont été décrits par MM. Graëff et Malézieux; c'est à ces deux ingénieurs que nous emprunterons les renseignements qui vont suivre.

1° *Étanchements en béton.* — Les figures 3 à 5 de la planche XLIV, représentent, d'après M. Malézieux, le procédé d'étanchement du béton.

Le revêtement de la cuvette comprend :

« Une couche de béton, ayant 0m,15 d'épaisseur au plafond du canal, et se terminant, avec une épaisseur de 0m,10, à 0m,20 au-dessus du plat d'eau ; par-dessus le béton, une chape générale en mortier de 0m,02 d'épaisseur, recouverte toujours d'un remblai de terre de 0m,30 au minimum. »

Le béton était formé avec de bonne chaux hydraulique, un peu de ciment, du sable siliceux qui n'est pas gélif, et des pierres cassées passant dans un anneau de 0m,03 à 0m,05.

Voici la composition des mortiers et du béton :

MORTIER POUR BÉTON.		MORTIER POUR CHAPE.		BÉTON.
	m. c.		m. c.	m. c.
Chaux en pâte. 0,45		Chaux en pâte. 0,45		Mortier. 0,60
Ciment. . . . . 0,15 } 0,90		Ciment. . . . . 0,45 } 0,90		Pierres cassées 0,90
Sable. 0,75		Sable. 0,45		

La fouille étant bien nettoyée et arrosée, le béton est amené dans des brouettes ; pour le plafond, il est versé au lieu même d'emploi ; pour les talus, il est versé à leur pied sur un plancher d'où on le jette à la pelle de manière à le poser par tranches horizontales de 0^m,20 d'épaisseur.

La régularité dans l'épaisseur du béton est chose indispensable ; aussi faut-il se livrer à cet égard à une surveillance assidue ; jamais l'épaisseur, même après pilonnage, ne doit tomber au-dessous de 0^m,10.

Il ne faut pas craindre de mettre une surépaisseur de béton à l'angle de jonction du plafond et des talus.

Le béton du plafond est pilonné avec des dames rondes très-lourdes, manœuvrées avec beaucoup de vigueur ; le mortier doit refluer à la surface de manière à former une nappe de 0^m,02 à 0^m,03. Sur les talus, le pilonnage se fait sur les couches horizontales successives avec les dames et sur la surface du talus avec des dames plates.

Aussitôt après la pose, le béton est battu avec une savate (fig. 7), pesant 4 kilogrammes, formée de deux cuirs garnis de gros clous de souliers. Quelques heures après, quand la prise a commencé, on recommence le battage avec une savate de 10 kilogrammes, formée de quatre cuirs et présentant de grosses têtes de clous. Le savatage agit beaucoup plus énergiquement que le pilonnage pour donner de la compacité au béton et pour faire disparaître tous les vides.

Deux savatages suffisent quand on doit recouvrir le béton d'une chape en mortier ; en l'absence de chape, il faudrait savater quatre à cinq fois, avec les deux savates alternativement, dans un intervalle de 60 heures.

Le béton ayant été bien nettoyé, balayé et arrosé, on le recouvre de la chape, 24 heures au moins après le dernier savatage ; le mortier est posé à la truelle, en le fouettant contre le béton, on le régale et on le lisse ensuite à la pelle. L'épaisseur de la chape, après compression, ne doit pas tomber au-dessous de 0^m,015 à 0^m,02.

Environ 24 heures après la pose, la chape est pilonnée avec une dame légère pour faire disparaître les fendillements dus au retrait ; pour fermer une fente, il faut d'abord pilonner les parties latérales, afin de rapprocher les lèvres.

Après le damage, on fait subir à la chape deux ou trois savatages avec la savate légère.

Plus tard, au moment de remblayer, on ferme à la truelle les quelques fentes qui ont pu se produire.

Le travail du bétonnage doit être poursuivi d'une manière continue ; lorsqu'on est forcé de faire une reprise, il faut ménager des amorces en talus, que l'on nettoiera, que l'on dégradera et que l'on arrosera pour assurer la suture de la partie ancienne et de la partie nouvelle.

Les raccordements de la chape et ceux du béton ne doivent pas se correspondre. Par un soleil ardent ou par une pluie battante, il faut suspendre le travail et recouvrir avec de la paille les parties fraîches.

Le remblai est commencé dès que la chape est achevée; il ne faut pas laisser dans la terre de pierres d'une grosseur supérieure à 0ᵐ,10, de peur qu'elles ne viennent à trouer le revêtement sous l'influence d'un choc, tel que celui qui résulterait de l'échouage d'un bateau.

Le mètre courant de revêtement du canal est revenu à 56 francs environ. Dans les parties très-perméables et exposées à des sous-pressions, on a ménagé de place en place sous le béton de petits aqueducs longitudinaux réunis par des aqueducs transversaux, lesquels débouchaient dans le canal même par des barbacanes à clapet.

D'après M. Graëff, l'épaisseur du revêtement en terre peut être réduite de 0ᵐ,30 à 0ᵐ,20; cela suffit, et on a l'avantage d'avoir une profondeur de 0ᵐ,10 en sus du mouillage normal. On devrait toujours avoir cet excès de profondeur dans les canaux, afin d'éviter les curages fréquents dont la nécessité se fait toujours sentir en certains points.

Lorsqu'on substitue le menu gravier à la pierre cassée, l'épaisseur de 0ᵐ,10 peut être substituée à celle de 0ᵐ,15, à condition toutefois que la pose se fasse sur des terres ayant bien opéré leur tassement.

Dans ce cas, M. Graëff pense même qu'on obtiendrait d'excellents résultats en arrosant avec un lait de chaux la fouille bien nettoyée de pierres, et en établissant une couche bien savatée de mortier fabriqué avec du gros sable, couche qui serait recouverte d'une chape de 0ᵐ,02. Avec ce procédé, on réduirait la dépense de moitié.

Dans les parties où les sous-pressions étaient à craindre, M. Graëff a établi les aqueducs avec barbacane à clapet, représentés par la figure 6 de la planche XLIV.

Dans les parties de bétonnage où il y avait à réparer des brisures, on élargissait les fentes sur 0ᵐ,04 à 0ᵐ,05 de profondeur, de manière à leur donner 0ᵐ,02 à 0ᵐ,03 de largeur, et on remplissait le joint ainsi formé avec du ciment de Vassy.

Les bétonnages absorbent 2ᵐᶜ,80 à 2 mètres cubes de béton par mètre courant, suivant qu'on adopte une profondeur de 0ᵐ,15 ou de 0ᵐ,10 au plafond, plus 0ᵐᶜ,40 de mortier pour les chapes.

2° *Étanchements en terre.* — Les étanchements en terre exécutés par M. Graëff ont pris trois formes différentes:

1° Quand les pertes avaient lieu par toute la surface, on la remaniait sur une profondeur de 0ᵐ,50 et on la replaçait par tranches pilonnées de 0ᵐ,10, se réduisant à 0ᵐ,06 ou 0ᵐ,07, arrosées avec du lait de chaux.

2° Quand les pertes se faisaient par le plafond, c'était surtout à l'angle de la section, du côté où le canal est en remblai; on arrêtait les filtrations à l'aide d'un fossé A rempli de terre corroyée. Les fuites qui se produisent entre la digue et le sol sur lequel elle repose sont très-difficiles à aveugler; aussi le sol naturel doit-il être dégazonné et refouillé avant d'établir la digue qui le surmonte (fig. 9).

3° Quand les pertes se faisaient par les talus, on avait recours à des fossés remplis de terre corroyée, tels que D, qui pouvaient même être poussés jusqu'au plafond du canal si on avait soin de se servir d'outils de drainage.

Pour les corrois, l'argile pure est très-mauvaise, à moins qu'elle ne doive toujours être sous l'eau; la meilleure terre est la terre sablonneuse, qui, arrosée avec le lait de chaux, forme un mortier maigre. Les terres argileuses doivent être ramenées à la composition de 1 1/2 de sable pour 1 d'argil

On a employé 5 à 10 litres de chaux par mètre cube cube de terre.

3° *Étanchements à l'eau trouble.* — Dans les étanchements à l'eau trouble, il faut d'abord préparer le fond ou les talus au moyen d'une herse à dents recourbées, que traîne un cheval et que deux hommes dirigent; cette herse est plus ou moins chargée, suivant la nature du terrain. Figure 10, planche XLIV.

Le sable fin, amené par bateau, est ensuite jeté aux endroits voulus. Puis, pour le faire pénétrer et pour fermer les sillons, on traîne sur le fond une herse non garnie de dents, mais garnie seulement de bandes de fer posées sur ses traverses.

Sur les talus non gazonnés, on a quelquefois remplacé les dents de la première herse par des fagots d'épines.

L'opération doit être parfois poursuivie plusieurs mois; l'eau qui s'écoule des renards est d'abord trouble et chargée de sable; puis elle devient claire, ce qui indique qu'elle dépose son sable dans les massifs de terre.

M. Graëff a employé, suivant les biefs, $0^{mc},20$ à 1 mètre cube de sable courant et la main-d'œuvre est revenue entre 0 fr. 30 cent. et 1 fr. 10.

Le choix du sable est très-important. « Les sables quartzeux paraissent convenir le mieux lorsqu'il y a d'assez grands vides à boucher, et les sables fins légèrement argileux lorsqu'il ne s'agit que de troubler l'eau. Quand le sable est difficile à trouver, et, par conséquent, d'un prix très-élevé, on devra rechercher les terres qui, par leur nature, s'éloignent le moins des conditions du sable fin argileux. »

Il est à remarquer, du reste, qu'il est souvent plus facile d'étancher de faibles pertes réparties sur toute la surface qu'une grosse perte locale. C'est ce qui permet de comprendre cette affirmation de M. Graëff : « Les terrains argileux sont les plus difficiles à étancher, tandis que les terrains sablonneux et même les graviers un peu argileux s'étanchent à peu de frais et souvent d'eux-mêmes. »

Les travaux d'étanchement du canal de la Marne au Rhin ont donné d'excellents résultats, ainsi que le constatent les chiffres de consommation diurne que nous avons cités en parlant de l'alimentation de ce canal.

Étanchements du canal de l'Aisne à la Marne. — La rigole, qui amène à l'usine de Condé les eaux de la Marne destinées à faire mouvoir les turbines de cette usine, a été l'objet de travaux d'étanchements exécutés d'après les principes précédents.

Les bétonnages, de $0^m,10$ d'épaisseur seulement, ont été recouverts d'un remblai de 10 centimètres d'épaisseur pour le plafond et de 30 centimètres pour les talus. Cette grande épaisseur avait pour but de protéger contre la gelée la craie sur laquelle reposait le béton.

Une partie des étanchements a été exécutée par remblais corroyés de la manière suivante : « Nous avons pris la tranchée, dit M. l'ingénieur Gérardin, sur un peu plus de la moitié de sa largeur; nous l'avons approfondie de 60 centimètres, en rejetant les déblais sur la partie non entamée, puis, reprenant ces déblais en brisant les plus gros morceaux, nous en avons fait répandre sur le fond de la fouille une couche de 5 à 10 centimètres d'épaisseur, sur laquelle on a fait passer à plusieurs reprises un cylindre de route fortement chargé, sous l'action duquel la craie, arrosée au besoin, a formé une croûte compacte ; on a alors répandu une nouvelle couche qu'on a cylindrée de même, et ainsi de suite jusqu'à ce qu'on eût replacé tout le déblai dans la fouille où il n'a plus occupé qu'une hauteur de 0ᵐ,55.

« Ce côté terminé, on a procédé de même sur l'autre moitié, en ayant soin d'opérer la soudure avec la première partie, ce qui était facile en prenant la précaution de la tailler en gradins.

« Ce mode d'étanchement a donné d'excellents résultats, et le succès n'en paraît pas douteux pour l'avenir. parce que, dans cette portion, le plafond du canal ne sera presque jamais laissé à sec. »

L'étanchement au sable et à la herse a bien réussi dans toutes les parties où les talus étaient formés de gravier ou de craie divisée en très-petits fragments. On a employé 0ᵐᶜ,23 à 0ᵐᶜ,63 de sable par mètre courant.

Pour ce qui est des trous de taupe, on les bouchait immédiatement avec des tampons en bois, et on faisait disparaître la cavité par un petit remaniement du sol.

TRAVAUX D'ART ACCESSOIRES D'UN CANAL

L'élément principal d'un canal, c'est l'écluse ; mais à côté de cet ouvrage d'art, partie intégrante de la voie navigable, il se présente d'autres ouvrages souvent très-coûteux et très-considérables. Ce sont ceux qu'il s'agit d'établir à la rencontre des ruisseaux, des rivières et des voies de terre.

À la rencontre des ruisseaux, on établit des aqueducs, et à la rencontre des rivières des ponts-canaux. Les voies de terre passent généralement sur le canal; si elles passaient par-dessous, il y aurait lieu de construire des ponts-canaux ; les passages par-dessus sont des ponts ordinaires.

En dehors de ces ouvrages indépendants du canal, il faut placer encore les ouvrages de prise d'eau et les déversoirs, qui sont l'inverse les uns des autres. Les prises d'eau permettent l'introduction dans le canal des eaux alimentaires; les déversoirs permettent l'évacuation des eaux surabondantes et la mise à sec des biefs.

Nous décrirons donc successivement:

1° Les abords des écluses et les ponts par-dessus
2° Les ouvrages de prise d'eau et les déversoirs,
3° Les aqueducs et ponts-canaux.

1° ABORDS DES ÉCLUSES ET PONTS PAR-DESSUS

La figure 3 de la planche XLV représente le plan général d'une écluse de 7ᵐ,80 d'ouverture, avec ses abords. Il s'agit d'un canal de 15 mètres de largeur au plafond, c'est-à-dire placé dans les conditions du canal Saint-Maurice qui relie la Marne avec la Seine près Charenton.

Le canal à 15 mètres au plafond, 21 mètres à la ligne d'eau, c'est-à-dire à

2 mètres au-dessus du plafond, et 23^m,50 en gueule. Il est flanqué de deux chemins de halage de 3 mètres de largeur chacun.

La plate-forme de l'écluse est limitée aux prolongements mêmes des bords extérieurs de ces chemins, de sorte que les attelages n'ont pas du tout à s'infléchir de leur route. Cette plate-forme est horizontale vers l'amont, elle se rattache avec les chemins de halage d'aval par des rampes inclinées à 0^m,04 ou 0^m,05. Sur le côté droit de l'écluse on voit la maison éclusière. L'écluse est reliée à l'amont et à l'aval à la section normale du canal par des parties évasées, à talus perreyés ; cet évasement a 15 mètres de longueur à l'amont et 33 mètres à l'aval. Le fond même du canal, sur la longueur des évasements, est protégé par un radier perreyé, plus long à l'aval qu'à l'amont afin de mieux résister au choc de l'eau s'échappant des ventelles. Ce radier doit être exécuté avec le plus grand soin et il faut lui donner une épaisseur de 0^m,40 à 0^m,45.

Sous la tête amont de l'écluse passe une petite rivière de 3 mètres de large, qui a été déviée de sa direction primitive pour être amenée sous la tête amont. C'est, en effet, l'endroit le plus favorable pour la construction d'un aqueduc dans les écluses qui possèdent un mur de chute. Soit que les eaux du ruisseau puissent passer librement, soit qu'elles soient forcées de siphonner, on gagne évidemment toute la hauteur du mur de chute; car, si on établissait l'aqueduc sous le sas, il faudrait donner aux fondations un excès de profondeur égal à la hauteur même du mur de chute. L'excès serait même plus grand que cette hauteur, car l'épaisseur à la clef de la voûte de l'aqueduc devrait être augmentée pour être en mesure de résister à une sous-pression plus forte.

Mais c'est surtout sur la tête aval de l'écluse que nous voulons en ce moment attirer l'attention, car cette tête aval supporte un pont servant au passage d'un chemin.

Il est évident que les chemins coupés par le canal doivent, autant que possible, être déviés pour venir passer sur les écluses, puisque les bajoyers mêmes des écluses peuvent leur servir de fondations et de supports et que cela est une source de grandes économies. Mais la position même du pont sur une écluse n'est pas indifférente; il faut le mettre là où il laissera sous lui le passage le plus élevé pour les bateaux. Cela aura lieu évidemment à l'endroit où les eaux restent constamment au niveau du bief d'aval, c'est-à-dire sur la tête aval de l'écluse.

On voit, en effet, sur la figure 1 de la planche XXXVI que le pont est posé sur les murs de fuite d'aval. Le dessous du tablier est à une hauteur telle au-dessus du niveau du bief d'aval que le passage soit possible pour les bateaux chargés des matières les plus encombrantes. Au canal de la Marne au Rhin, la hauteur minima a été fixée à 3^m,50.

On n'a pas toujours eu le soin de ménager sous les ponts un passage facile pour le halage, passage qui permette aux bateliers de tirer le câble sous le pont pour le rattacher ensuite aux chevaux qui ont continué à suivre le chemin de halage.

Le type de la figure 3, planche XLV, présente pour cet objet une disposition à imiter; les murs de fuite d'aval sont arasés en contre-bas des bajoyers du sas d'une hauteur qui peut atteindre la chute même de l'écluse; on descend sur le couronnement de ces murs de fuite par un escalier de quelques marches, on passe sous le pont, qui de chaque côté de l'écluse laisse un passage libre d'au moins 1 mètre, et on peut remonter immédiatement sur le chemin de halage par un escalier accolé à la tête aval du pont. Le long de la tête amont du pont,

on voit encore d'autres escaliers qui font communiquer directement la plate-
forme du sas avec les entrées du pont.

Le long des têtes amont et aval de l'écluse, on voit d'autres escaliers qui permettent de descendre facilement au niveau des eaux du canal, de s'embarquer
et de descendre dans le sas lors des chômages.

Toutes ces dispositions accessoires, qu'on est exposé à oublier dans un avant-
projet, rendent de grands services à la batellerie et aux éclusiers et évitent
souvent des pertes de temps considérables.

Il n'est pas toujours possible de placer les ponts sur les écluses et on est forcé
souvent de construire des ponts isolés sur les biefs.

Dans ce cas, on ne leur donne pas l'ouverture même du canal et on se contente d'adopter une ouverture égale à celle des écluses. Il est prudent d'adopter
une dimension un peu plus forte afin d'éviter les ralentissements et pertes de
temps que nous avons signalés et qui se produisent toujours aux passages
rétrécis. Ces inconvénients sont d'autant plus sensibles que les prises d'eau
alimentaires sont moins rapprochées, parce qu'alors au passage des bateaux
sous les ponts il se produit des courants violents.

Au canal de la Marne au Rhin, on a adopté pour ouverture des ponts isolés
5^m,50 ; les bateaux ayant 5^m,10, il reste 0^m,20 de jeu de chaque côté ; cela a été
sans inconvénient parce que les prises d'eau sont très-rapprochées. Mais un jeu
de 0^m,20 de chaque côté des bateaux doit être considéré comme un minimum.

Il est bon que les chevaux puissent passer sans être dételés sous ces ponts
isolés ; on fera donc bien d'adopter un passage de 2^m,50 du côté du chemin de
halage et de 1 mètre du côté du marchepied.

Il va sans dire que les murs de quai qui soutiennent ces passages ne doivent
pas se terminer par des arêtes vives et des murs en retour. La meilleure disposition paraît être de les prolonger à l'amont et à l'aval par des murs sur plan
circulaire qui viennent s'enraciner dans les talus du canal.

2° OUVRAGES DE PRISE D'EAU ET DÉVERSOIRS

Prises d'eau. — L'alimentation des canaux se fait par des rigoles communiquant avec des réservoirs naturels ou artificiels, ou amenant dans le canal les
eaux dérivées d'un ruisseau ou d'une rivière. La section de ces rigoles est calculée, eu égard à la pente, de manière à leur faire débiter un volume d'eau
déterminé ; nous ne reviendrons pas sur ces calculs que nous avons exposés
et dont nous avons donné des applications dans plusieurs sections de notre
ouvrage.

Les prises d'eau ordinaires de petite dimension sont disposées comme le
montre la figure 0 de la planche XLV ; ce sont des ouvrages analogues aux
aqueducs sous routes. La tête du côté du canal est terminée par des rampants en
maçonnerie inclinés comme les talus de la cuvette ; la tête extérieure est munie
d'un vannage destiné à interrompre la communication lorsqu'il s'agit de mettre
soit le canal, soit la rigole à sec.

Ces ventelleries sont placées du côté opposé au canal afin que les montants et
pièces de charpente ne gênent pas le halage en accrochant les câbles.

Quelquefois les prises d'eau sont plus importantes, lorsqu'elles sont destinées à alimenter de grandes longueurs de biefs. Comme exemple, nous reproduirons la description des ouvrages de prise d'eau du canal de la Marne au Rhin.

Prises d'eau du canal de la Marne au Rhin. — Le bief de partage du canal de la Marne au Rhin est alimenté par l'étang de Gondrexange au moyen de prises d'eau établies aux points C et F du plan général, figure 1, planche XXXI. La prise d'eau la plus compliquée est celle du point F. Voici la description qu'en a donnée M. Graëff dans son mémoire publié aux *Annales des ponts et chaussées* de 1856.

Ouvrages de prises d'eau. — Les deux prises d'eau établies au point F du plan général (fig. 1, pl. XXXI), du côté gauche et du côté droit de l'étang, sont placées vis-à-vis l'une de l'autre, et réunies par deux tuyaux en fonte de 0^m,80 de diamètre, qui permettent d'établir ou d'interrompre à volonté la communication entre les deux côtés de l'étang, au moyen des systèmes de vannes qui sont établies dans les prises d'eau. Le dessin de cet ouvrage est donné par les figures 5, 6, 7, 8, 9, 10, 11 de la planche LI.

Les eaux sont tirées de l'étang par un système de trois ventelles a, a', b, indiqué par la figure 7 ; les figures 9, 10 et 11 donnent le détail de ces ventelles, qui sont en tôle de 0^m,01 d'épaisseur ; les ventelles marchent dans un châssis formant fourrure, en bois, disposé de manière qu'elles puissent fonctionner indistinctement de l'étang vers le canal ou du canal vers l'étang ; les deux ventelles de prise d'eau du côté du canal d, d', sont indiquées par la figure 8 ; elles marchent dans un châssis semblable à celui qui renferme les ventelles du côté de l'étang. Entre ces deux châssis, fortement assemblés dans des rainures de la maçonnerie, se trouve une espèce de puisard M (fig. 5) dans lequel se font tous les mouvements d'eau. Indiquons maintenant les différentes combinaisons de ces mouvements.

Supposons d'abord qu'on ne veuille prendre de l'eau pour le canal que d'un côté de l'étang, par exemple du côté droit ; dans ce cas on ferme les ventelles d', d de la prise d'eau du côté gauche, ainsi que les ventelles a, a', b de ce même côté ; le côté gauche de l'étang est alors isolé. Du côté droit, on ouvre celles des ventelles a, a', b du châssis de l'étang qui conviennent le mieux au mouvement. Quand l'eau est à la cote 266^m,50, la ventelle b est commode ; mais dès qu'elle baisse à 266 mètres, il devient préférable d'employer les ventelles de fond a, a', pour augmenter le débit. Les ventelles d, d' du châssis du canal s'ouvrent d'ailleurs toujours en entier ; de sorte que les eaux sont dans le puisard M au même niveau que dans le canal, et le débit des ventelles a, a' du châssis de l'étang se fait en vertu de la différence de niveau entre le plan d'eau de l'étang et celui du canal.

Si l'on veut à la fois alimenter du côté gauche et du côté droit, on fait pour ces deux côtés la manœuvre que nous venons d'indiquer pour un ; les eaux se mettent alors dans les deux puisards M au niveau de celles du canal, ces deux puisards communiquant par les tuyaux, et l'écoulement se fait de chaque côté par des ventelles des châssis de l'étang, en vertu des différences de niveau des plans d'eau de chaque côté de l'étang, et de celui du canal.

On voit que, dans ce cas, les eaux de l'étang ne peuvent pas communiquer d'un côté à l'autre ; elles ne peuvent le faire que lorsqu'on ferme de chaque côté les ventelles d, d' des châssis du canal et qu'on ouvre celles des châssis de l'étang. On voit que dans ce cas les ventelles de l'un des châssis de l'étang ont à supporter une pression du dedans au dehors du puisard M, en vertu de la différence de niveau des deux côtés de l'étang, tandis qu'au contraire la pression est toujours du dehors au dedans lorsque. la communication entre les deux côtés n'est pas établie par les tuyaux. Il peut en être de même des vannes du châssis du canal ; si, par exemple, il y a une réparation à faire dans le puisard, il est évident qu'il faut l'épuiser et le tenir à sec, et que dès lors les ventelles du châssis du canal fermées ont à supporter la pression des eaux du canal vers le puisard ; l'inverse arrive si, en alimentant par les ventelles de l'étang, on n'ouvre pas suffisamment les ventelles du canal, car alors l'eau s'élève évidemment dans le puisard plus haut que celle du canal. On voit que cet ouvrage de prise d'eau se prête à toutes les combinaisons possibles du mouvement des eaux ; seulement, lorsqu'on veut faire communiquer les deux côtés de l'étang, pour en équilibrer les eaux après un orage, par exemple, on ne peut pas alimenter le canal, cette communication ne pouvant s'établir qu'en fermant les ventelles *d, d'* des châssis du canal ; mais cela n'a aucun inconvénient, en définitive, puisqu'il y a une seconde prise d'eau au point C du plan général et que, par conséquent, on peut se servir de cette prise d'eau, lorsqu'on veut, à la prise d'eau du point F du plan général, établir la communication entre les deux côtés de l'étang.

Les deux côtés de l'étang de Gondrexange sont donc deux réservoirs tout à fait séparés en tant qu'il s'agit de l'alimentation du canal, et qui peuvent à volonté communiquer entre eux et s'équilibrer lorsque les prises d'eau du canal sont fermées.

Des vannages en fonte. — Les vannages tout en bois, ou en bois et fer, ont l'inconvénient d'une durée limitée ; les bois, soumis sur une face au moins à des alternatives de sécheresse et d'humidité, ne peuvent avoir une longue existence.

Aussi n'est-il pas étonnant que l'on ait cherché depuis longtemps à se servir de vannages métalliques.

On a fait des vannages en fer et des vannages en fonte.

Le fer offre de grands avantages à cause de sa résistance au choc, mais il est excessivement sensible aux influences oxydantes, et, malgré les soins assidus qu'on leur donne, on ne peut répondre d'une bien longue durée pour la plupart des ouvrages en fer. La peinture n'est jamais parfaite et laisse toujours quelque point vulnérable par où la rouille s'introduit. Les ponts en fer, exposés à des influences oxydantes, comme les ponts par-dessus du chemin de fer métropolitain de Londres et du chemin de fer de ceinture de Paris, seront donc rongés progressivement par la rouille, et il viendra un moment où il faudra les remplacer. Une invention nouvelle, qui consiste à soumettre les fers à l'action oxydante de la vapeur d'eau dans des étuves chauffées à 300°, semble devoir prendre une grande importance pour la conservation du fer ; c'est dans ce cas l'oxyde magnétique et non le sesquioxyde hydraté, qui se forme à la surface ; cet oxyde magnétique constitue une patine adhérente qui protège contre la rouille le métal qu'elle recouvre. Si cette propriété est justifiée dans la pratique, il en résultera une grande sécurité dans l'emploi du fer.

Quoi qu'il en soit, lorsqu'on veut aujourd'hui recourir à un métal peu oxydable, on emploie la fonte, malgré l'inconvénient qu'elle présente de se briser facilement sous les chocs et de n'offrir à la traction qu'une faible résistance.

C'est la fonte que M. l'ingénieur Gérardin a choisie pour la construction des vannages du canal dérivé de la Marne, et destiné à alimenter l'usine de Condé-sur-Marne. Les figures 5 à 7 de la planche XLVIII représentent un de ces vannages.

« Pour former ces vannages, dit M. Gérardin, dont quelques-uns ont des dimensions assez grandes et sont soumis à de fortes pressions, le bois convenait peu. Il est encombrant, il est d'un entretien difficile, il oblige à des dispositions qui rendent les manœuvres plus pénibles ; aussi on était conduit tout naturellement à construire ces vannages en métal, et nous avons choisi la fonte pour les motifs que voici :

« Le fer, dans les eaux de la Marne, s'oxyde assez rapidement, malgré les peintures et les goudronnages qui, dans un courant, sont bien vite enlevés; la fonte, au contraire, semble se conserver assez intacte.

« La fonte, qui résiste parfaitement à la compression, tandis qu'à la traction elle ne peut supporter que de faibles efforts, est une excellente matière pour composer non-seulement des objets soumis à des pressions, mais encore ceux qui travaillent par flexion et dont les formes permettent dans une section d'avoir une grande surface pour les parties tirées, et une faible pour les parties comprimées. C'est justement ce qui arrive pour les vannages.

« Une plaque de fonte, armée de nervures, travaille dans de bonnes conditions si on lui fait fermer une ouverture contre l'eau et si l'on a soin de tourner les nervures vers l'amont. Alors, en effet, la fibre neutre est très-voisine de la plaque; les efforts de traction qui s'exercent dans celle-ci sont faibles par cette raison, et parce que la surface est grande, tandis que les nervures supportent une forte compression, qui convient à la nature du métal.

« L'application de la fonte à la construction des vannages est donc très-rationnelle, et elle l'est d'autant plus qu'il n'y a dans cet emploi à redouter aucun choc.

« Après trois ans d'existence, les nombreuses vannes en fonte établies sur le canal qui nous occupe, se comportaient parfaitement et constituaient des modes de fermeture d'une étanchéité absolue. »

Ces vannes ont, en outre, l'avantage d'être très-économiques d'établissement. On les manœuvre au moyen de vis en fer tournant dans des écrous en bronze. La partie filetée et l'écrou sont toujours au-dessus de l'eau pour être facilement graissés.

Les vannes larges se manœuvrent par deux vis placées chacune à un bout et reliées par des engrenages, afin que leurs mouvements soient parfaitement solidaires.

Les vis sont un appareil de transmission médiocre et délicat; elles ont l'avantage de s'arrêter où l'on veut, sans qu'il soit besoin de taquets d'arrêt. Il nous paraît préférable de recourir à des pignons et crémaillères, qui fonctionneront toujours plus facilement, en donnant lieu à moins de grippements et de frottements, et qui seront moins exposés à se fausser et à se déranger par la négligence des agents.

Déversoirs; ouvrages de décharge. — Lorsqu'il existe des prises d'eau abondantes, susceptibles de dépasser par moments la consommation du canal, il faut ménager dans les biefs auxquels ces prises d'eau correspondent, des déversoirs de superficie capables de livrer passage à l'excès du débit. Comme cet excès est variable, le déversoir doit être lui-même capable d'un débit variable; en le formant avec des poutrelles horizontales superposées, on se donne la faculté de le régler à volonté. La maçonnerie du déversoir ne diffère guère de celle de la prise d'eau; les vannes sont remplacées par des poutrelles. Si la largeur du déversoir atteint et dépasse 2 ou 3 mètres, on le contient entre deux bajoyers qui supportent un pont en maçonnerie ou en charpente, lequel sert au passage du chemin de halage. Il peut même y avoir des déversoirs à plusieurs arches.

Les déversoirs de superficie sont essentiellement des ouvrages régulateurs ; nous avons expliqué, à la page 287, comment on s'en était servi au canal de la Marne au Rhin pour établir entre les biefs successifs des communications latérales aux écluses.

Les ouvrages qui permettent de mettre complétement à sec soit une section du canal, soit une rigole, sont des vannages de fond, qui ne diffèrent des vannages de prise d'eau qu'en ce qu'ils ont à jouer un rôle inverse et que les vannes doivent être disposées pour résister à la pression venant du canal.

Ces vannages de fond sont évidemment placés dans les parties du canal en remblai, parce que c'est là qu'on trouve la chute nécessaire à l'écoulement. Cependant on ne les placera pas dans un remblai élevé, parce qu'il en résulterait une chute considérable, dangereuse pour les maçonneries. Généralement, c'est dans le voisinage des points de passage du remblai au déblai que l'on rencontrera l'emplacement le plus convenable.

Il est économique et avantageux de placer les vannages de fond juste au-dessus des aqueducs, qui laissent passer sous le canal les ruisseaux coupés par lui. La figure 4 de la planche XLVI représente une disposition de ce genre.

Comme type des grands ouvrages de décharge, nous donnerons la description, d'après M. Graëff, de ceux du bief de partage des Vosges :

On trouve, de chaque côté de l'étang de Gondrexange, aux points G et E du plan général (figure 1, pl. XXXI), un ouvrage de décharge. Les figures 1, 2, 3, pl. XXXV, empruntées au mémoire de M. Graëff, représentent l'ouvrage du point E. On voit, par la coupe, que la rigole de fuite traverse sous une voûte la digue de l'étang et passe en aqueduc sous le canal pour gagner le ruisseau de fuite principal.

Le déchargeoir comprend une vanne de fond et un déversoir circulaire : la vanne de fond a $1^m,20$ de large et peut se lever de $0^m,70$. Le déversoir circulaire a son seuil à $0^m,40$ en contre-bas de la ligne d'eau normale de l'étang, ligne qui se trouve à la cote $266^m,50$. Au-dessus du seuil, on a placé un empellement composé de petites vannes faciles à lever au moyen de simples tiges, « de sorte qu'on peut à volonté fermer tout le déversoir ou en ouvrir telle ou telle partie. Cet ouvrage ne fonctionne, comme déversoir, que lorsque les eaux sont à la cote $266^m,50$; dans ce cas, elles passent par-dessus les petites ventelles qui sont arasées à cette cote, et encore peut-on y adapter des vannes mobiles, si l'on veut tenir les eaux plus haut que $266^m,50$. Il se prête donc à toutes les combinaisons de mouvement que peut présenter le système hydraulique de l'étang.

Comme déversoir de superficie et comme vannage de fond, on a employé au canal du Midi les ouvrages à siphon que représentent les figures 4, 5 de la planche XLV. Dans un massif de maçonnerie, on a ménagé deux siphons s, ayant le sommet de leur branche interne au niveau que les eaux ne doivent pas dépasser. Quand ce niveau est atteint, les siphons fonctionnent comme déversoirs; l'eau qui s'épanche entraîne l'air, dont la pression diminue, de sorte que les siphons ne tardent pas à s'amorcer complétement et à fonctionner à pleine section.

Une fois amorcés, ils ne s'arrêteraient qu'au moment où leur orifice débouchant dans le canal se découvrirait. Ce n'était pas le résultat qu'on voulait atteindre. Au niveau au-dessous duquel les eaux ne doivent pas baisser, on a donc ménagé, dans la branche ascendante des siphons, un évent ou petit conduit horizontal, qui permet à l'air de s'introduire lorsque les eaux sont venues à son niveau ; les siphons s'arrêtent alors.

Entre les deux siphons, on voit dans la maçonnerie un autre conduit m, fermé par une vanne; celui-ci sert à la vidange de fond.

Ces appareils sont assez délicats à construire; ils coûtent cher et doivent être entretenus avec grand soin. Le siphon est, du reste, un moyen d'épuisement des plus médiocres lorsqu'il est employé sur de grandes proportions ; nous avons eu déjà l'occasion de signaler l'inconvénient qu'il présente : l'eau qui se trouve au sommet du siphon est à une pression inférieure à la pression atmosphérique; elle ne peut plus maintenir en dissolution tous les gaz qu'elle contient et ceux-ci s'accumulent dans la chambre du sommet; ils ne sont pas toujours entraînés par le courant et finissent par arrêter l'écoulement. Il est probable que les siphons du canal du Midi fonctionnaient plus souvent comme déversoirs de superficie que comme siphons véritables.

On les a, du reste, abandonnés.

Nous étudierons plus loin une application beaucoup plus intéressante de siphons faite au réservoir de Mittersheim.

3° AQUEDUCS ET PONTS-CANAUX

Aqueducs. — Les aqueducs sont destinés au passage des ruisseaux et petites rivières. Lorsqu'il y a une hauteur suffisante sous le canal, la construction de ces ouvrages est identique à celle des aqueducs sous route ; il faut proportionner la section au débit maximum du cours d'eau et donner à la voûte assez d'épaisseur pour qu'elle ne s'écrase pas sous la charge qu'elle doit supporter, le canal étant plein.

Ces dispositions ne présentent aucune difficulté.

Mais, lorsque la hauteur manque, il faut recourir à des précautions particulières: on substituera à la maçonnerie des tuyaux cylindriques en ciment ou en métal ; si un seul tuyau ne suffit pas, on en placera l'un à côté de l'autre plusieurs de même diamètre; cependant il est toujours plus économique de n'avoir qu'un seul tuyau de grand diamètre lorsque la hauteur disponible le permet.

Pour économiser la hauteur, on peut encore substituer à la voûte en maçonnerie des fers à double T avec petites voûtes en briques ; mais l'emploi du fer dans de pareilles conditions ne paraît pas devoir être conseillé, et mieux vaut, suivant nous, recourir à des plaques de fonte à nervures.

Enfin, lorsque la hauteur est absolument insuffisante pour qu'on puisse conserver à l'eau son cours naturel, il faut bien recourir à des siphons renversés ; ces siphons ont des têtes et des puisards en maçonnerie, mais la branche horizontale peut se composer de tuyaux en métal ou en ciment ou d'une voûte en maçonnerie.

La voûte doit être calculée pour résister à la sous-pression lorsque le canal est vide et le ruisseau à son maximum de débit, parce que c'est alors que cette sous-pression est la plus forte possible. Pour faire le calcul de résistance, on négligera l'adhérence du mortier; on considère la partie de voûte qui se trouve

au-dessus des joints de rupture, c'est-à-dire au-dessus des joints inclinés à 30°
sur l'horizon, on en recherche le poids auquel on ajoutera le poids de la surcharge en terre qui recouvre la voûte. Ce poids total devra équilibrer la composante verticale de la sous-pression transmise par l'eau à la partie de voûte
considérée ; cette sous-pression est le produit de la hauteur du plan d'eau
d'amont au-dessus de l'intrados de l'aqueduc par la projection sur un plan
horizontal de la partie de voûte considérée.

Les figures 15 et 16 de la planche XLVII représentent un aqueduc-siphon en
maçonnerie.

Les figures 1 et 2 de la planche XLVII représentent un aqueduc formé de deux
tuyaux en fonte de 1 mètre de diamètre noyés dans un massif de béton.

Les chambres des aqueducs-siphons doivent toujours être assez grandes pour
qu'un homme au moins puisse y manœuvrer à l'aise lorsqu'il s'agit de curer la
branche horizontale.

Il convient de laisser toujours au-dessus des siphons et aqueducs une épaisseur de 0^m,20 à 0^m,30 de gravier ou de pierre cassée afin qu'ils ne soient pas
exposés à se crever sous les coups de gaffe.

« Une précaution indispensable pour les aqueducs sous un canal, dit
M. Graëff, est de crépir d'une couche de 0^m,01 à 0^m,015 d'épaisseur en bon mortier
tous les parements des murs du côté des terres. Cette couche de mortier fait
suite à celle qu'on met comme chape sur le béton qui recouvre les voûtes et
les dalles au-dessus des culées, de sorte que toute la partie de la carcasse de
l'aqueduc exposée aux filtrations des eaux est pour ainsi dire revêtue d'une
chemise continue en mortier ; sans cette précaution, il est impossible d'avoir
des aqueducs parfaitement étanches, les massifs des culées ayant trop peu
d'épaisseur pour qu'on puisse compter qu'ils ne laisseront point passer d'eau.
Il est aussi commun de voir des murs peu épais, très-bien soignés d'ailleurs,
traversés par les eaux, qu'il est rare de voir des suintements à travers de gros
massifs pour peu que leurs maçonneries aient été faites suivant les règles de
l'art. »

Les figures 1 à 3 de la planche XLVI représentent un aqueduc établi sous le
canal latéral à la Marne pour le passage de la rigole alimentaire de l'usine de
Condé. Cet aqueduc comprend deux arches elliptiques de 5 mètres d'ouverture
et de 1 mètre de montée ; la hauteur totale sous clef est de 1^m,50.

Les voûtes ne se poursuivent pas jusqu'aux têtes, mais vont en s'évasant sous
les digues et sont appareillées en trompes. Cette disposition atténue la contraction de la veine liquide et empêche l'amoncellement des herbes et des corps
flottants. Le niveau d'étiage est indiqué sur la figure. Lors des crues les eaux
ne passent qu'en siphonnant et la sous-pression au sommet de l'intrados correspond à une hauteur de 3^m,30 ; il est vrai qu'à ce moment le canal est nécessairement plein et par conséquent exerce une surcharge de 2 mètres sur l'intrados de l'aqueduc.

Les figures 7 à 10 de la planche XLVI représentent un aqueduc simple sous la
rigole alimentaire de l'usine de Condé-sur-Marne et les figures 4 à 6 de la
planche XLVI représentent un autre aqueduc avec vanne de décharge destinée
à mettre la rigole à sec en laissant écouler les eaux dans l'aqueduc.

Pour terminer ces généralités sur les aqueducs, nous dirons quelques mots
des siphons en fonte du canal d'Aire à la Bassée.

Lorsqu'on voulut, dans ces dernières années, augmenter le mouillage du canal d'Aire à la Bassée, il fallut remplacer par des siphons en fonte vingt-huit

anciens siphons en charpente ou passages d'affluents dans des écluses carrées.

Chaque siphon était formé d'une conduite de 16 mètres de longueur et de 1^m,10 de diamètre intérieur ; cette conduite comprenait quatre tuyaux de 4^m,105 de longueur assemblés à cordon et emboîtement.

La conduite entière était montée sur la rive et lancée dans le canal, les bouts étant fermés pour empêcher l'introduction de l'eau ; on soutenait le tout entre des barriques et on amenait le radeau à l'emplacement préalablement dragué à la profondeur convenable pour recevoir le siphon.

L'opération se faisait sans que la navigation fût interrompue.

L'immersion de la conduite, maintenue à chaque bout par des pieux verticaux, se faisait en laissant l'eau pénétrer dans l'intérieur à chaque extrémité. Mais la manœuvre était assez délicate et exigeait beaucoup de soins, parce qu'on voulait obtenir un enfoncement régulier et éviter toute déformation.

Lors de l'assemblage sur la rive, on passait dans chaque emboîtement une bague en caoutchouc de 0^m,02 d'épaisseur et de 0^m,90 de diamètre annulaire ; on poussait la bague aussi loin que possible avec des coins ; puis on remplissait les joints avec des étoupes matées au ciseau et avec un mélange de goudron et de brai appliqué à chaud. Cela donnait un joint provisoire suffisamment solide et élastique.

Lorsque la conduite a été en place, on a pu, sans interrompre la navigation, établir à chaque bout des batardeaux coffrés, à l'abri desquels on a construit les têtes en maçonnerie.

Cette construction achevée, les joints de la conduite n'ayant plus de mouvements à subir, on les a étanchés complétement en coulant à l'intérieur du ciment pur.

La disposition et l'établissement des siphons sont dus à M. l'ingénieur Aron.

Ponts-canaux. — Les ponts-canaux sont en charpente, en maçonnerie ou en métal. Nous ne traiterons pas des ponts-canaux en charpente, qui ne peuvent être que des ouvrages essentiellement provisoires ; on les emploie cependant aux États-Unis, où il y a des exemples de ponts-canaux suspendus, formés d'une bâche en bois soutenue par des câbles en fer.

Nous parlerons seulement des ponts-canaux en maçonnerie et des ponts-canaux en métal, fer ou tôle.

Évidemment, nous n'avons pas à revenir ni sur les calculs de résistance, ni sur les fondations, ni sur les dispositions des voûtes et des piles ; les ponts-canaux ne diffèrent en rien sous ce rapport des ponts ordinaires. Il va sans dire seulement qu'on introduit dans le calcul la surcharge due au poids de l'eau qui remplit la bâche ; il n'y a pas à tenir compte du poids des bateaux, puisque chaque bateau qui se trouve sur le pont chasse de la bâche un volume d'eau dont le poids est précisément égal au poids du bateau. La surcharge des ponts-canaux est donc constante et uniformément répartie sur toute la longueur.

Ponts-aqueducs en maçonnerie. — Les figures 9 à 14 de la planche XLVII représentent le pont-aqueduc de Digoin, par lequel le canal latéral à la Loire traverse ce fleuve.

Il se compose d'arches de 16 mètres d'ouverture et de 7 mètres de montée, qui ont une épaisseur de 1^m,30 à la clef. La cuvette a une largeur de 6 mètres en gueule et de 5^m,60 au plafond. Au point de vue architectural, on peut critiquer la grande hauteur des tympans laissée nue ; avec une corniche plus accusée, supportée par de hauts modillons, on eût certainement obtenu un meilleur effet.

Le pont-canal du Guétin sur l'Allier, établi également pour le passage du canal latéral à la Loire, est analogue au précédent ; il en diffère surtout en ce que les fondations sont établies sur un radier général en béton, recouvrant le fond sableux du fleuve.

Les figures 11 à 14 de la planche XLVII représentent la manière dont sont disposées les cuvettes de ces deux grands ponts-canaux.

La condition que l'on doit rechercher le plus dans les ponts-canaux, c'est l'étanchéité ; quand on examine tous les aqueducs existants, on peut considérer l'imperméabilité absolue des maçonneries comme impossible à obtenir. Des aqueducs portés par des voûtes de 2 mètres de diamètre laissent eux-mêmes suinter l'eau. On doit toutefois prendre toutes les précautions possibles pour tâcher d'obtenir l'étanchéité, afin de réduire le suintement au minimum.

Par suite des changements de température, les maçonneries éprouvent des mouvements de contraction et de dilatation donnant lieu à des ouvertures de joints qui passeraient peut-être inaperçues dans un pont ordinaire et qui, dans un aqueduc, se traduisent par des filtrations capillaires.

Les chapes les plus soignées ne réussissent pas toujours, même si elles sont faites avec les meilleurs ciments ; elles se fissurent en effet à la moindre déformation, et le désidératum serait d'obtenir une chape imperméable et douée en même temps d'une certaine élasticité.

Au pont-canal du Guétin et de l'Allier, on a obtenu des résultats satisfaisants en recouvrant la cuvette de dalles en lave de Volvic, figure 11, planche XLVII, aa, qui sont minces et offrent peu de joints faciles à boucher. Sur ces dalles poreuses, on a appliqué deux couches croisées d'enduit en bitume m donnant une épaisseur de 0^m,01 ; ces couches de bitume sont adhérentes à la lave et à la brique bien cuite, mais n'adhéreraient pas à une maçonnerie, ordinaire, ni à une surface humide.

Comme le montrent également les figures 11 et 12 de la planche XLVII, on protège les parois latérales de la cuvette avec des lisses en bois supportées par des poteaux et des contre-fiches. Il va sans dire que les boulons qui lient entre elles ces pièces de bois doivent avoir leur tête noyée, afin de ne point érafler les bateaux.

Souvent on s'est contenté d'enduire les cuvettes avec du bon ciment romain. L'ouvrage que nous allons décrire nous en donnera un exemple.

Pont-aqueduc de Montreuillon. — La rigole de dérivation, destinée à amener au bief de partage du canal du Nivernais un volume de 1 mètre cube par seconde pris dans l'Yonne supérieure, offre plusieurs ouvrages intéressants, notamment deux ponts-aqueducs à Marigny et à Montreuillon.

Ces ponts-aqueducs seraient avantageusement remplacés aujourd'hui par des siphons métalliques ; néanmoins, il convient de les faire connaître.

Le plus grand des deux, celui de Montreuillon, est représenté par les figures 3 à 8 de la planche XLVII.

Il est établi au passage de l'Yonne, et se compose de 13 arches en plein cintre de 8 mètres d'ouverture, séparées par des piles dont l'épaisseur est de 2 mètres au niveau de la naissance des voûtes.

La figure 3 donne la coupe en travers de l'arche la plus élevée, dont la hauteur de pile est de 22^m,32 non compris le socle.

M. l'ingénieur Charié-Marsaines, auteur du projet, se livra à une étude approfondie pour reconnaître quel était le système le plus économique, et sa conclusion fut qu'il convenait de préférer les petites arches aux grandes. Il est probable que s'il avait étudié un système de piles supportant une bâche en tôle, il ne fût pas arrivé à la même conclusion ; mais, nous le répétons, un siphon en tôle eût été plus économique encore.

Le pont-aqueduc en maçonnerie a coûté 270 000 francs.

Les cinq piles en rivière ont des avant-becs profilés comme ceux des piles de ponts ordinaires.

Les piles et les voûtes sont construites en pierres de taille ; avec cet appareil régulier, on était plus certain d'éviter les tassements inégaux, et, par suite, les fissures dont on ne saurait trop se défendre dans un pont-aqueduc. Les culées et les reins des voûtes sont seuls en maçonnerie de remplissage.

« Pour rendre la cunette bien étanche et préserver le pont de toute filtration, on a établi dans toute la largeur comprise entre les deux plinthes un massif de béton de 30 centimètres et, de plus, on a recouvert tout le périmètre de la cunette d'un enduit en ciment de Vassy de $0^m,03$ d'épaisseur, appliqué sur une couche de $0^m,06$ en rocaillage ou béton composé de ce même ciment et de fragments de granit concassé. Ce mode de revêtement a donné de bons résultats, et l'on n'a aperçu aucune filtration dans la cunette, sauf vers la culée gauche du pont où un léger tassement dans les maçonneries avait produit une fissure dans l'enduit. »

Pont-canal de la Walck. — Les figures 1 et 2 de la planche XLV représentent le pont-canal établi pour le passage du canal de la Marne au Rhin, sur la rivière la Walck.

Ce pont se compose de trois arches de 5 mètres d'ouverture et de $0^m,68$ de flèche ; il importe, en général, dans les ponts-canaux, d'adopter des voûtes aussi surbaissées que possible, afin de placer le plan d'eau à la moindre hauteur. Cela est très-important et peut donner de grosses économies ; en effet, la hauteur des remblais aux abords est réduite à son minimum. Quelquefois même, cela peut permettre de ne point construire d'écluse immédiatement à l'aval du pont.

Précisément à cause de la grande hauteur de ces ouvrages, on trouve presque toujours à l'aval au moins une écluse, et quelquefois plusieurs écluses accolées. On trouve à cette disposition plusieurs économies : 1° la culée du pont forme la tête amont de l'écluse supérieure ; 2° le canal descend immédiatement au niveau de la plaine, et les terrassements se réduisent au strict nécessaire. Mais, nous savons aussi que les écluses accolées, faisant suite à un passage rétréci de longueur notable, réduisent de beaucoup la puissance de circulation d'un canal.

La cuvette du pont-canal de la Walck a $5^m,20$ de largeur comme les écluses ; cette largeur serait trop faible et retarderait beaucoup les bateaux sur un pont-canal de grande longueur. En effet, l'écoulement des eaux refoulées par les bateaux doit se faire entre eux et les parois de la cuvette, et il faut rendre cet écoulement facile ; la largeur de 6 mètres en gueule adoptée au Guétin et à Digoin est elle-même trop faible.

Les parois verticales de la cuvette du pont de la Walck sont en moellon piqué rejointoyé au ciment ; les voûtes sont recouvertes d'une chape en asphalte de $0^m,015$ d'épaisseur, recouverte d'un dallage de $0^m,065$ d'épaisseur : « ce dallage s'engage en formant liaison avec les pierres inférieures des bajoyers qui font retour dans le radier. C'est aussi contre ces pierres, dans l'angle, que la

chape en asphalte s'arrête, en y pénétrant par un petit refouillement. »
On eut soin de charger les cintres avant de construire la voûte, et de charger
la voûte elle-même, avant de faire la chape, d'une quantité égale à la surcharge
future; les tassements ultérieurs furent ainsi réduits au minimum. Néanmoins
ils se produisirent et des filtrations se manifestèrent. Au premier chômage, on
dégrada et on abattit en biseau, avec le ciseau, les joints des dalles qui furent
garnis de ciment romain. Cette réparation suffit pour mettre les choses en état
convenable. L'emploi du ciment romain, renouvelé lorsque cela sera nécessaire,
semble donc suffisant pour assurer le degré d'imperméabilité qu'il est possible
d'atteindre, eu égard aux petits mouvements inévitables des massifs de maçonnerie.

Les têtes des ponts-aqueducs sont quelquefois terminées par des murs en retour; c'est une disposition vicieuse, car elle expose les maçonneries au choc
des bateaux, et elle force les chevaux de halage à un détour trop brusque ; il
conviendra donc de raccorder l'embouchure d'un pont avec la section normale
du canal au moyen de murs en aile ou de murs établis sur plan circulaire,
ainsi que nous l'avons indiqué déjà en parlant des écluses et des ponts isolés.

La liaison des terres en remblai et des culées est très-difficile à obtenir; elle
est déjà pleine de difficultés lorsqu'il s'agit des grands viaducs de chemins de
fer, et nous engageons le lecteur à se reporter à ce que nous avons déjà dit à
ce sujet dans notre *Traité des ponts en maçonnerie.*

Les difficultés augmentent encore lorsqu'il s'agit d'un pont-canal, puisqu'il
y a à redouter les filtrations au contact de la maçonnerie et du remblai. Généralement, à l'aval, les précautions sont superflues, puisque la maçonnerie du
pont se prolonge par la maçonnerie d'une ou de plusieurs écluses, et que le
mur de la première fait immédiatement suite à la culée.

Il n'en est pas de même à l'amont : aussi faut-il prolonger assez loin la culée
et les murs en retour, et faut-il avoir soin d'établir une cuvette maçonnée sur
une certaine longueur en amont, jusqu'à un point où les filtrations ne seront
plus à craindre.

Ponts-aqueducs en métal. — Les ponts-aqueducs en métal sont assez ré-
pandus; ils économisent en effet la hauteur, et, par conséquent, rendent beaucoup moins coûteux les remblais aux abords.

On a fait des ponts-canaux en fonte et des ponts-canaux en tôle ; nous les
examinerons successivement.

Ponts-canaux en fonte. — Les figures 1 à 4 de la planche XLVIII représentent
deux ponts-canaux en fonte, construits dans deux systèmes différents.

Le premier (figures 3, 4) est le pont-canal de Grancey, qui présente en dix
arches égales un débouché linéaire de 20 mètres de longueur; ce pont livre
passage au canal de la haute Seine, sur un faux bras de cette rivière. Les piles
ont $0^m,65$ de large et une hauteur de $1^m,20$ au-dessus du radier; elles supportent des voûtes formées de plaques de fonte de $0^m,03$ d'épaisseur, assemblées à
joints croisés au moyen de nervures verticales qui se boulonnent les unes contre
les autres. Les plaques de fonte ont une ouverture de 2 mètres et une flèche de
$0^m,30$; les nervures ont $0^m,06$ de saillie sur l'extrados des plaques. Pour empêcher toute déformation, les portées horizontales par lesquelles les pièces de
fonte s'appuient sur les piles sont maintenues par de grands boulons verticaux
noyés dans la maçonnerie des piles et disposés comme le montrent les figures.
Les plaques de fonte n'existent que sous la cuvette du canal ; elles supportent
une couche de bon béton arasée horizontalement; la largeur du canal est de

7^m,80. Pour supporter les parois latérales de la cuvette, il était inutile de conserver les plaques de fonte ; on n'avait pas besoin de ménager la hauteur ; les bajoyers, de 1^m,70 de large, sont donc en maçonnerie et supportés par des voûtes en maçonnerie dont l'intrados est le même que celui des plaques de fonte ; sur les têtes, l'ouvrage est donc identique à un pont en maçonnerie.

On aurait pu employer, au lieu de plaques de fonte, des poutres en fer laminé à double T, et soutenir les chemins de halage soit par un encorbellement, soit par des arcs spéciaux en fers composés.

Le pont de Grancey est établi sur radier général en béton.

Le pont-canal de Barberey (figures 1, 2) situé sur la haute Seine, en aval de Troyes, est entièrement en fonte. Il se compose de cinq arches de 8^m,40 d'ouverture et de 0^m,70 de flèche, séparées par des piles de 1^m,30. Les piles supportent des arcs en fonte à extrados horizontal ; il y a six de ces arcs qui sont analogues aux arcs de ponts-routes et qui sont espacés, ceux de tête de 1^m,50, et ceux du milieu de 1^m,85. Ces arcs supportent une cuvette tout en fonte, dont le fond horizontal repose sur les extrados des arcs et dont les parois verticales sont à l'aplomb des arcs de tête ; ces parois verticales, assemblées à nervures, portent un léger encorbellement. Les chemins de halage, de 2 mètres de large, sont soutenus, pour la partie qui n'est pas en encorbellement, par des fermes en charpente reposant sur la cuvette en fonte, et ne laissant au passage des bateaux qu'une largeur libre de 5^m,20. Il est vrai que, même avec cette largeur réduite, le halage est beaucoup plus facile que dans une cunette en maçonnerie de plus grande dimension, parce que l'eau refoulée s'échappe latéralement sous les chemins de halage. Lors de la mise en eau, quelques arcs intermédiaires se rompirent sur les montants verticaux qui réunissent les arcs proprement dits ou intrados avec les longerons ou extrados ; ces pièces de fonte étaient mal comprises comme exécution, et d'ailleurs un peu faibles pour le travail qu'on leur demandait ; on les remplaça par des arcs non évidés, tels que ceux de tête, et les accidents ne se renouvelèrent plus.

Ponts canaux en fer ; pont-canal de l'Albe. — Comme type des ponts-canaux en fer, nous choisirons le pont par lequel le canal des houillères de la Sarre traverse la rivière d'Albe.

Le modèle de cet ouvrage a figuré à l'Exposition universelle de 1867, et la description suivante est extraite des notices publiées à l'occasion de cette Exposition par le Ministère des travaux publics.

La planche XLIX donne les dispositions générales de cet ouvrage.

La planche L renferme les détails.

Une des difficultés principales était d'assurer la continuité entre la cuvette métallique et les deux parties adjacentes du canal, sans cependant nuire au jeu de la dilatation. Les ingénieuses dispositions adoptées ont donné de bons résultats et ont maintenu l'étanchéité ; elles ont été fréquemment appliquées depuis.

Voici, du reste, la description complète de l'ouvrage :

Système adopté. — Le pont-canal de l'Albe se compose de deux parties essentiellement distinctes, les supports et la superstructure ; les supports sont en maçonnerie, la superstructure est en tôle et fers spéciaux du commerce.

La substitution d'une superstructure métallique horizontale aux voûtes en maçonnerie employées dans l'établissement des ponts-canaux a permis :

1° D'obtenir une étanchéité parfaite et de mettre toute la construction complétement à l'abri des filtrations qui sont toujours pour elle une cause de dégradation et de ruine;

2° De réduire la hauteur de l'ouvrage à son plus strict minimum, tout en réservant aux crues de la rivière un débouché plus grand et plus facile ;

3° Et, comme conséquence, de diminuer beaucoup le relief considérable des remblais dans toute la traversée de la vallée ; ce qui a procuré le double avantage de placer le canal dans de meilleures conditions de stabilité et d'étanchéité, et de réaliser, en même temps, une économie d'environ 200 000 francs.

Le fer et la tôle, qui ont déjà rendu de très-grands services dans la construction des viaducs, peuvent ainsi en rendre également de très-grands dans celle des ponts-canaux, plus grands encore peut-être, car le profil en long des biefs, soumis à l'obligation rigoureuse d'une horizontalité parfaite, ne peut être infléchi aux abords des ouvrages comme celui des autres voies.

Dispositions d'ensemble. — La superstructure du pont-canal de l'Albe a 47^m,60 de longueur et 11 mètres de largeur ; elle se compose essentiellement :

1° D'une voie d'eau de 6^m,80 de largeur, contenue dans une bâche ou cuvette en tôle dont les parois verticales remplissent le rôle de poutres ;

2° De deux chemins de halage, de 2^m,10 de largeur chacun, placés en encorbellement extérieur de chaque côté de la cuvette.

Le tout repose, par l'intermédiaire de chariots de dilatation, sur deux piles et deux culées, et forme ainsi trois travées dont les ouvertures ont été réglées de manière à réaliser à très-peu près les conditions d'un pont équilibré.

Le vide des ouvertures est de 17 mètres dans la travée centrale et de 12^m,50 dans les deux travées de rive ; les longueurs d'appui sont de 1^m,50 sur les piles et de 0^m,90 sur les culées.

En arrière des chariots de dilatation des culées, la superstructure métallique se prolonge de 0^m,50 et pénètre dans les maçonneries comme un piston dans un corps de pompe ; une garniture en étoupes goudronnées de 0^m,06 d'épaisseur est interposée pour assurer l'étanchéité.

Sauf dans cette petite chambre d'étanchement, toute la partie métallique est complétement isolée des maçonneries, et il reste partout autour d'elle de larges espaces pour la libre circulation de l'air et de la lumière, ainsi que pour les visites et les réparations.

Cuvette. — La cuvette en tôle qui contient la voie d'eau est de forme rectangulaire avec angles arrondis ; l'eau y occupe une hauteur de 1^m,80.

Les parois latérales de cette cuvette s'élèvent à 0^m,75 au-dessus du plan d'eau et se prolongent de 0^m,50 au-dessous du niveau général du fond ; elles ont 0^m,010 d'épaisseur et forment deux grandes poutres de 3^m,05 de hauteur, qui sont renforcées : 1° par deux tablettes horizontales de 0^m,40 de largeur et de 0^m,010 d'épaisseur, l'une supérieure, l'autre inférieure ; 2° par des montants ou contre-forts verticaux extérieurs de 0^m,26 de saillie, espacés de 1^m,40 d'axe en axe.

La paroi horizontale qui forme le fond a 0^m,008 d'épaisseur ; elle est relevée sur chaque bord suivant un quart de cercle de 0^m,70 de rayon et se raccorde ainsi tangentiellement avec les parois verticales ; ce fond repose directement : 1° sur 35 entretoises transversales dont la hauteur est de 0^m,50, sauf près des poutres, où leur dessus se relève pour épouser exactement la forme circulaire des angles de la cuvette ; 2° par trois cours de longrines longitudinales de 0^m,18 de hauteur, espacées de 1^m,70 d'axe en axe.

Les entretoises s'assemblent, sur 1^m,20 de hauteur, à la partie inférieure des montants verticaux des deux grandes poutres ; réunies à ces montants, elles

constituent des membrures analogues à celles des bateaux, à cette seule différence près qu'elles sont placées à l'extérieur au lieu de l'être à l'intérieur.

Chemins de halage. — Les deux chemins de halage, de 2ᵐ,10 de largeur
chacun, sont empierrés et placés en encorbellement de chaque côté de la cuvette, sur de petites voûtes en briques qui sont portées par de grandes consoles
extérieures fixées sur les montants verticaux des grandes poutres.

Toutes les consoles sont reliées entre elles, à leurs têtes, par une petite poutre longitudinale de 0ᵐ,50 de hauteur, au-dessus de laquelle s'élève le garde-
corps ; elles sont, en outre, énergiquement contreventées, en plan, par un système de croisillons en fer méplat placés sous les traverses horizontales qui
forment leur partie supérieure et servent en même temps de retombées aux
petites voûtes.

Ces petites voûtes sont surbaissées au dixième, ont une portée de 1ᵐ,40 et
une épaisseur de 0ᵐ,11, non compris la chape en asphalte de 0ᵐ,012 qui les
recouvre. L'empierrement placé au-dessus est en béton maigre et est encaissé
entre deux caniveaux en pierre de taille, percés de distance en distance de trous
qui traversent les voûtes et laissent écouler les eaux pluviales.

Dispositions accessoires. — Des poutres flottantes en sapin règnent tout le long
de chacune des deux parois de la cuvette et les mettent à l'abri du contact
des bateaux ; des tampons en liége et cordages sont, d'ailleurs, interposés entre
les parois et les poutres pour amortir les chocs.

Les grandes poutres de la cuvette s'élèvent à 0ᵐ,25 au-dessus des chemins de
halage et forment ainsi banquette de sûreté ; cette banquette est munie : 1° du
côté de la cuvette, d'une lisse en fer rond qui éloigne les traits des bateaux des
angles vifs, sur lesquels ils pourraient se couper ; 2° du côté du chemin de halage, d'un heurtoir en bois qui arrête le pied des chevaux et les empêche de se
blesser contre les fers.

Pour isoler la bâche du restant du canal et pour la vider afin de la visiter, la
repeindre et la réparer, on a ménagé dans les maçonneries des culées :
1° des rainures à poutrelles ; 2° un petit aqueduc de vidange muni d'une
vanne.

Forme générale des fers. — Les grandes poutres, leurs entretoises et leurs
montants, les longrines, les petites poutres de tête des trottoirs et les différents
membres des consoles ont tous la forme d'un double T.

Les montants verticaux des grandes poutres, les longrines et les traverses
horizontales supérieures des consoles, sont des fers spéciaux du commerce, qui
sortent des laminoirs avec leur forme complète ; les autres pièces sont composées au moyen de cornières qui réunissent leur âme avec leurs tablettes supérieure et inférieure.

Les tablettes ne se composent, en général, que d'une seule feuille de tôle de
0ᵐ,01 d'épaisseur ; mais elles sont renforcées par une ou plusieurs feuilles additionnelles dans les parties les plus fatiguées, de manière que la résistance
soit partout proportionnelle à la fatigue.

Montage et mise en place. — Toutes les pièces de la partie métallique du pont-
canal de l'Albe ont été préparées à Paris, dans les ateliers de l'entrepreneur, et
expédiées sur les lieux par chemin de fer.

La bâche entière, sauf ses consoles extérieures, a été assemblée et montée
sur un terre-plein aux abords du pont ; sa mise en place a été effectuée en faisant avancer tout l'ensemble, d'une seule pièce, sur des galets fixes en fonte,

mus par des leviers manœuvrés par cinquante hommes; l'opération a duré
deux jours.

Charges et travail des fers. — Le poids de la superstructure métallique, de
sa charge permanente et de sa surcharge, se compose ainsi qu'il suit :

DÉSIGNATION.	POIDS	
	TOTAUX.	PAR MÈTRE COURANT.
CHARGE PERMANENTE.	kil.	kil.
Fers de toute nature................	163.740	3.440
Maçonneries et empierrement des chemins de halage. .	152.320	3.200
Eau sur 1m,80 de hauteur................	582.650	12.240
SURCHARGE.		
Sur les chemins de halage, à raison de 200 kilogrammes par mètre carré................	38.080	800
Dans la cuvette, pour mémoire, attendu que les bateaux, déplaçant un poids d'eau exactement égal au leur, ne donnent lieu à aucune surcharge..........	»	»
Totaux..........	956.770	19.680

Sous ces charges, les efforts maximum supportés par les fers sont, par millimètre carré :

1° De 4 kilogrammes dans les pièces travaillant à la flexion, comme les
grandes poutres, les entretoises, etc. ;

2° De $4^k,50$ dans celles travaillant à l'écrasement, telles que les montants
verticaux situés sur les piles; montants dont, au reste, l'espacement normal de
$1^m,40$ a été beaucoup réduit au-dessus de ces appuis, et n'est que de $0^m,70$ sur
les culées et de $0^m,45$ sur les piles.

Les conditions dans lesquelles s'opère le travail de toutes les pièces sont,
d'ailleurs, des plus favorables et présentent les plus grandes garanties de sécurité. En effet, si l'on fait abstraction du poids des chevaux haleurs qui est tout à
fait négligeable devant la masse totale de la construction, il ne reste qu'une
charge morte, toujours invariable de position et d'intensité, sous laquelle les
molécules du fer restent constamment en repos dans un état fixe et invariable
d'équilibre, au lieu d'être soumises aux alternatives brusques de fatigue et aux
mouvements incessants dus aux variations qu'une charge roulante produit dans
l'intensité et surtout dans le sens des flexions.

Flexion des principales pièces. — Après l'achèvement des maçonneries des
chemins de halage et la mise en eau de la cuvette, c'est-à-dire lorsque la charge
a été complète, on a constaté, dans les principales pièces, les flèches ci-après,
savoir :

Grandes poutres { travée centrale........ $0^m,005$
travée de rive........ $0^m,003$
Grandes entretoises............. $0^m,0025$

Les parois latérales de la cuvette se sont rapprochées l'une de l'autre, à leur partie supérieure, de $0^m,002$; la partie supérieure de chacune d'elles s'est ainsi déplacée de $0^m,001$.

Ce rapprochement des bords supérieurs des parois latérales de la cuvette est la résultante de deux effets de renversement qui tendent à se produire en sens contraire, l'un vers l'intérieur par suite de la flexion des entretoises, l'autre vers l'extérieur par suite de la pression latérale de l'eau et surtout du poids des trottoirs en encorbellement.

Des expériences préalables, faites à l'usine sur plusieurs membrures de la cuvette, pour constater l'influence de chacune de ces deux causes sur le déplacement de l'extrémité supérieure des montants verticaux de ces membrures, avaient accusé les résultats ci-après :

Écart vers l'intérieur.	$0^m,0035$
Écart vers l'extérieur.	$0^m,0025$
Différence pareille au déplacement observé. .	$0^m,0010$

L'encorbellement des chemins de halage, loin d'être nuisible à la stabilité des grandes poutres, lui est ainsi favorable.

Dépenses. — La dépense totale du pont-canal se compose ainsi qu'il suit :

Maçonnerie et travaux accessoires des abords. . .	50,000 fr.
Superstructure métallique.	98,000
Total.	148,000 fr.

La superstructure métallique, présentant $47^m,60$ de longueur, revient ainsi à 2060 francs par mètre courant.

Elle avait été adjugée avec un prix de $0^f,65$ par kilogramme pour les fers et de $0^f,45$ pour les fontes. L'adjudication a amené un rabais de 22 p. 100, ce qui a réduit le prix du fer à $0^f,51$ et celui de la fonte à $0^f,35$.

Le pont-canal de l'Albe a été projeté et établi sous la direction et d'après les indications spéciales de M. Bénard, ingénieur en chef, par M. Chigot, ingénieur ordinaire.

M. Rigolet était entrepreneur de la partie métallique.

Systèmes exceptionnels au passage des canaux et des rivières. — On a quelquefois reculé devant la construction trop coûteuse d'un pont-canal ; ainsi, le canal latéral à la Loire et le canal de Briare, qui réunit la Loire à la Seine, débouchent dans la Loire près la ville de Briare, à peu de distance l'un de l'autre. Le canal latéral se termine en Loire à l'écluse de Châtillon, rive gauche, et le canal de Briare à l'écluse d'Ourson, rive droite, en aval de la première. Les bateaux, qui quittent l'écluse de Châtillon, se laissent aller au fil de l'eau jusqu'à ce qu'ils aient dépassé le chenal du canal de Briare ; ils s'arrêtent alors, et on les remonte dans le chenal au moyen d'un câble.

L'opération inverse s'effectue dans l'autre sens. C'est toujours une opération pénible souvent dangereuse, et quelquefois impossible en étiage.

D'une manière générale, les canaux débouchent obliquement dans les fleuves, et l'embouchure est tournée vers l'aval ; c'est la disposition la plus commode pour l'entrée et la sortie des bateaux, surtout sur les rivières à courant un peu rapide. Il arrive que les atterrissements rendent peu à peu les chenaux d'accès impraticables ; ils exigent alors un entretien et des dragages permanents.

Autant que possible, on doit faire déboucher le canal dans une rive concave, afin d'éviter les ensablements et d'assurer un bon mouillage.

Lorsque le courant de la rivière est faible, l'embouquement des bateaux dans les écluses est facile ; il s'opère même assez rapidement si l'on a construit à l'embouchure des musoirs arrondis et des estacades en charpente pour le halage.

Lorsque le courant est rapide, l'embouquement offre des dangers et des difficultés ; le bateau est oblique au courant et tend à tourner sur lui-même ; s'il est à moitié engagé dans le chenal, il porte sur la rive aval et peut s'échouer, ou s'arc-bouter, ou causer des avaries aux ouvrages. Pour parer à cet effet, au canal de Briare, on était forcé de recourir à un câble spécial fixé à l'arrière du bateau, et venant s'enrouler sur un cabestan de la rive.

Au canal de Beaucaire, le chenal qui précède l'écluse est courbe et vient se raccorder tangentiellement avec le quai d'amont qui borde le Rhône ; le quai d'aval est en arrière du quai d'amont d'au moins une largeur de bateau, de sorte que l'extrémité de ce quai d'amont forme musoir, et protège les bateaux qui viennent ranger le quai d'aval.

Le canal Saint-Maur débouche normalement dans la Marne, mais entre la Marne et l'écluse du canal il y a un long et large chenal.

Lorsque l'embouchure est dirigée vers l'amont, les bateaux risquent beaucoup de la manquer, à moins qu'elle ne soit limitée à l'aval par un musoir saillant ou par une estacade. Il est vrai que ces ouvrages saillants déterminent des ensablements qui exigent toujours une certaine dépense en dragages.

Au passage de certains torrents, qui roulent lors des crues des eaux boueuses et chargées de gravier, on s'est vu quelquefois dans l'impossibilité d'établir des aqueducs ordinaires ; des siphons n'auraient pas suffi et se seraient vite engorgés ; la hauteur manquait pour établir un pont-canal. Ces difficultés, qui probablement seraient surmontées aujourd'hui, ont inspiré l'idée de recourir à divers systèmes.

Le plus connu est celui des écluses carrées, dont deux portes ferment le canal, tandis que deux autres portes, placées sur un axe perpendiculaire à celui du canal, ferment le lit du torrent. Ces dernières sont fermées en temps ordinaire, et les deux premières ouvertes, de sorte que le canal fonctionne librement ; en temps de crue, on ferme les portes de garde du canal, et on ouvre les portes du torrent, dont les eaux passent alors librement. Le grave inconvénient d'un pareil système est que la crue du torrent peut durer plusieurs jours, et qu'alors la navigation est complètement interrompue.

Pour parer à cet inconvénient, il faudrait creuser au torrent deux lits différents qu'il parcourrait alternativement et qui couperaient le canal chacun par une écluse carrée. Les bateaux ayant passé la première écluse et se présentant à la seconde où s'écoulent les eaux de l'affluent, on détourne les eaux et on les reporte dans le premier bras et dans la première écluse carrée, de sorte que la seconde se trouve libre et peut être livrée aux bateaux. Au canal du Midi, on a procédé autrement pour le passage du Libron, ruisseau torrentiel intermittent ; les eaux de cet affluent passent sur le canal dans une bâche en tôle portée sur des roulettes en fonte et des rails. En temps ordinaire, le Libron est à sec, et les bâches sont remisées dans une chambre en arrière de la paroi du canal ;

en temps de crue, au contraire, la bâche barre le canal et livre le passage aux eaux torrentielles. On a creusé pour le canal deux lits distincts et établi deux bâches qui fonctionnent alternativement, ainsi que nous l'avons expliqué plus haut, de sorte que la circulation des bateaux n'est pas interrompue.

Il va sans dire qu'il faut éviter les ouvrages de ce genre qui peuvent être ingénieux, mais qui sont toujours mal commodes.

CHAPITRE IV

DIGUES ET MURS DE RÉSERVOIRS

Généralités. — Dans ces derniers temps, la question de l'aménagement des eaux a fait de grands progrès. Si l'on met le volume des eaux utilisé par l'agriculture et par l'industrie en regard du volume que les fleuves entraînent à la mer en pure perte, on est effrayé de voir à quelle fraction minime du total correspond le volume utile.

Et cependant, une agriculture intensive réclame sans cesse des quantités d'eau croissantes ; la pénurie et la cherté du combustible rendent de jour en jour plus précieuse la puissance naturelle des chutes d'eau, puissance créée par le soleil, qui a pompé l'eau de la mer pour la projeter en pluie et en neige sur es sommets de nos montagnes; les besoins des populations réclament sans cesse des distributions d'eau plus abondantes; par suite de causes diverses, nos rivières ont perdu de leur ancienne abondance, et leur débit d'été va sans cesse s'affaiblissant; la régularisation du courant des rivières offre de très-grands avantages à la navigation, à l'industrie, à la pisciculture, et peut, dans une certaine mesure, atténuer le fléau des inondations.

La création de nombreux et vastes réservoirs dans les parties hautes de notre territoire est donc une question qui s'impose de plus en plus ; elle s'impose surtout dans les pays du Midi, comme l'Espagne et l'Algérie, où la pénurie des eaux d'été se fait vivement sentir. Dans notre *Traité des eaux en agriculture*, nous avons étudié les vieux barrages d'Espagne, restes du génie des Maures, et nous avons parlé de ceux qui s'élèvent et qui fonctionnent déjà dans notre belle colonie d'Afrique.

Les murs de réservoirs se font en terre, ou en maçonnerie; nous ne parlons pas des barrages mixtes qui sont à proscrire absolument.

Les barrages en terre, malgré la perfection avec laquelle on les exécute maintenant, ne conviennent que pour des retenues de faible hauteur, 12 mètres environ, et de faible capacité. Ils sont sujets à de telles causes de rupture et peuvent entraîner de tels désastres, qu'on doit les redouter.

Toutes les fois donc que la hauteur est importante et dépasse 12 à 15 mètres, si l'on peut asseoir le mur sur un rocher solide, c'est aux barrages en maçonnerie qu'il faut recourir. Nous allons tout à l'heure indiquer les moyens de calculer les profils à adopter pour les diverses hauteurs ; mais il ne faut pas oublier que la rupture d'un grand réservoir est un fléau épouvantable, que la rupture du réservoir de Lorca a fait périr 600 personnes, que le flot échappé du barrage de Sheffield, après sa rupture, a rasé de nombreuses maisons et en a entraîné les débris avec leurs habitants. En fait de réservoirs, toute hardiesse est donc condamnable.

1° THÉORIE DES MURS DE RÉSERVOIRS

Répartition des pressions dans un massif à sections horizontales rectangulaires. — Considérons, figure 7, planche LVIII, un massif de maçonnerie, un mur, par exemple, dont la section transversale par un plan vertical est ABCD, et dont la base est représentée en plan par le rectangle $mnpq$; sur la médiane de ce rectangle agit une pression verticale P, appliquée en E. Cette pression se répartit inégalement sur les divers points de la base, et il est important de connaître la loi de répartition.

Cette loi, nous en avons, par une méthode simple, établi les formules à la page 109 de notre *Traité des ponts en maçonnerie*, auquel le lecteur voudra bien se reporter.

Supposons la longueur mn du massif égale à l'unité, désignons par l sa largeur AB à la base, et u la distance BE du point d'application de la pression P à l'arête extérieure B du prisme.

La pression élémentaire, au point p, c'est-à-dire la pression rapportée au mètre carré, est donnée par l'une des formules :

(1) $$p = 2\left(2 - \frac{3u}{l}\right)\frac{P}{l}$$

(2) $$p = \frac{2}{3}\frac{P}{u},$$

suivant que u est supérieur ou inférieur à $\frac{1}{3}l$.

Les formules de la page 109 de notre *Traité des ponts en maçonnerie* ne sont pas sous cette forme ; mais il est facile de les y ramener en adoptant, au lieu des notations qui s'y trouvent, nos notations nouvelles. Ces dernières sont celles que l'on trouve dans les principaux mémoires publiés sur la théorie des murs de réservoirs.

La discussion des formules précédentes donne les résultats suivants :

Lorsque le point E est au milieu de la base, la pression est uniformément répartie et la pression élémentaire, au point B comme ailleurs, est égale à $\frac{P}{l}$.

A mesure que E s'écarte du milieu de la base pour se rapprocher de B, la pression sur cette arête augmente, tandis que la pression sur l'arête A diminue.

Lorsque BE ou u est égale à $\left(\frac{1}{3}l\right)$, la pression sur P est égale à $\frac{2P}{l}$, c'est-à-dire au double de la valeur qu'elle avait prise dans le cas de la répartition uniforme. La pression élémentaire va toujours en diminuant proportionnellement aux distances de B en A; elle est nulle en A.

BE devenant moindre que $\frac{1}{3} l$, c'est la formule (2) qu'il faut appliquer; la pression sur l'arête B augmente donc sans cesse à mesure que le point d'application E se rapproche de cette arête. L'arête opposée A serait soumise à des pressions négatives, c'est-à-dire à des tensions; mais nous supposons le massif simplement posé sur sa base B A et nous ne tenons pas compte de la cohésion; il ne saurait donc y avoir de tension en A; par conséquent, il y a à partir de A une certaine zone dénuée de pressions, zone dont l'étendue augmente à mesure que E se rapproche de B.

La pression P se condense donc de plus en plus sur l'arête B; elle se répartit sur une zone de moins en moins large de la base, et, lorsque le point d'application de la pression arrive sur l'arête même, il en résulte sur cette arête une pression élémentaire infinie comme le montre la formule (2).

Si le point d'application de la pression, partant du centre de la base, s'était rapproché progressivement de l'arête intérieure A au lieu d'aller vers l'arête extérieure B, les phénomènes inverses se seraient produits; la pression élémentaire, d'abord uniformément répartie, se serait accrue jusqu'à devenir infinie en A, pendant qu'elle diminuait jusqu'à s'annuler sur l'arête B et sur une zone croissant à partir de cette arête.

Ce qu'il importe de connaître dans chaque cas, ce sont les pressions maxima, et les formules (1) et (2) nous suffisent pour cela.

Ce sont elles qui nous serviront de guides dans les calculs qui vont suivre.

Voici les principaux mémoires présentés par les ingénieurs sur la détermination des murs de réservoir :

Mémoire de M. de Sazilly, *Annales des ponts et chaussées de* 1853;
Mémoire de M. Delocre,   —   —   1866;
Mémoire de M. Graëff,   —   —   —
Ouvrage de M. Krantz, publié en 1870;
Mémoire de M. Bouvier, *Annales des ponts et chaussées de* 1875.

L'établissement des équations différentielles de la résistance des murs de réservoirs n'offre pas de difficulté; mais l'intégration de ces équations différentielles n'a pas été faite; elles sont donc sans intérêt au point de vue pratique; on les trouvera dans le mémoire de M l'ingénieur Delocre. Ici, nous aurons recours à la seule méthode qui nous paraisse réellement pratique et accessible à tous, méthode basée sur l'emploi combiné du calcul et des constructions graphiques.

Mais, avant d'entrer au vif de la question, il convient d'abord de présenter quelques observations générales destinées à préparer la solution du problème.

Théorèmes. — 1° *Étant donné un profil de mur à section constante, si l'on prend une partie de section du côté gauche pour la reporter du côté droit, la pression élémentaire augmente sur l'arête de gauche et diminue sur l'arête de droite.*

Considérons (fig. 8, pl. LVIII) un mur dont la section verticale est un triangle *bac*. Ce mur est soumis à la seule influence de son poids P, dont le point d'application se trouve sur la médiane *am*, au tiers de cette médiane à partir de la base; la verticale P passant à gauche de la médiane, c'est sur l'arête

b que se fait sentir la pression élémentaire maxima, et sur l'arête *c* que se fait
sentir la pression minima. Retranchons à gauche le triangle *abb'* et ajoutons à
droite le triangle égal *acc'*; les deux bases sont égales, le poids est le même,
le centre de gravité se trouve sur la médiane *am'*; donc le pied s'est déplacé
d'une longueur *mm'* égale à *cc'*. Le déplacement du poids P vers la droite a
donc été moindre que le déplacement de l'arête *c*. Toutes choses restant égales
d'ailleurs, l'arête *b* s'est rapprochée et l'arête *c* s'est éloignée de la force verticale P; la pression a donc augmenté sur l'arête de gauche et diminué sur l'arête
de droite, ce que nous voulions démontrer.

2° *Étant donné un mur abcd, si l'on ajoute sur un parement une certaine quantité de maçonnerie dmb, on augmente la pression sur l'arête correspondante.*

En effet (fig. 9, pl. LVIII), pour avoir la pression totale, il faut composer
le poids P du massif primitif avec le poids *p* du massif additionnel. La résultante
(P + *p*) de ces deux forces parallèles est située entre elles; donc, non-seulement
la pression totale a augmenté, mais encore elle s'est rapprochée de l'arête *b* :
double raison pour que la pression élémentaire sur cette arête ait augmenté.
La pression sur l'arête opposée *a* aura augmenté ou diminué suivant les circonstances, car la pression totale a augmenté, mais en revanche elle s'est éloignée de l'arête *a*.

3° *Étant donné un mur abcd, si l'on retranche sur un parement une certaine
quantité de maçonnerie dnb, on diminue la pression sur l'arête correspondante.*

En effet (fig. 10, pl. LVIII), pour avoir la pression totale, il faut composer
le poids P du massif primitif avec une force égale et contraire au poids *p* du massif additionnel. La résultante (P—*p*) de ces deux forces parallèles est située en
dehors d'elles et du côté de la plus grande; donc, non-seulement la pression
totale a diminué, mais encore elle s'est éloignée de l'arête *b* : double raison
pour que la pression élémentaire sur cette arête ait diminué. La pression élémentaire sur l'autre arête *a* aura augmenté ou diminué suivant les cas, car la
pression totale a diminué, mais en revanche elle s'est rapprochée de l'arête *a*.

Ce raisonnement nous conduit à un résultat qui paraît étrange au premier
abord et qu'il importe de bien remarquer, c'est qu'en retranchant une partie
d'un profil, on peut dans certains cas diminuer les pressions élémentaires sur
les deux arêtes, ou la diminuer sur l'une et la maintenir constante sur l'autre,
ou la diminuer sur l'une et l'augmenter sur l'autre. Une opération de ce genre
permet donc de régler la répartition des pressions et d'arriver à une répartition
uniforme en amenant la résultante des pressions sur le milieu de la base.

4° *Le théorème 1° est encore vrai lorsque le massif est soumis non-seulement à
son poids, mais encore à une force horizontale constante.*

C'est ce que montre la figure 11 de la planche LVIII. Le poids P du massif *bac*
se compose avec la force horizontale Q, et donne une résultante R qui rencontre
la base du massif au point *d*; là, cette force R peut être remplacée par ses deux
composantes P et Q, la composante horizontale est équilibrée par le frottement
pourvu que le poids du massif soit assez considérable, c'est la composante verticale P qui seule intervient dans la détermination des pressions transmises au
sol. La pression élémentaire sur l'arête *c* dépend de la distance *dc* qui sépare
de cette arête le point d'application de la résultante.

Lorsque le massif *bac* est remplacé par le massif de même surface *b'ac'*, la
composante verticale P se déplace vers la droite d'une quantité moindre que
cc'; la résultante R', parallèle à R, se déplace vers la droite de la même quantité que P, et le point *d'* où elle coupe la base est par conséquent plus éloigné de

c' que d ne l'était de c. Ainsi, la pression a diminué sur l'arête de droite et augmenté sur l'arête de gauche.

La seconde et la troisième proposition ne sont plus toujours vraies lorsqu'une force horizontale constante s'ajoute au poids du massif. Mais ce qui reste vrai, c'est qu'en ajoutant ou en retranchant une partie du massif, on agit sur la répartition des pressions et que par ce moyen on peut s'approcher autant qu'on le veut d'une répartition uniforme.

Densité de la maçonnerie. — Un des principaux éléments des calculs de résistance d'un mur est le poids même de ce mur, c'est-à-dire le produit de la section par le poids du mètre cube ou densité de la maçonnerie.

Il est donc important de connaître la densité de la maçonnerie. Cette densité est évidemment variable avec la nature des moellons et des mortiers dont on se sert.

MM. Graëff, de Sazilly et Delocre ont adopté dans leurs mémoires le poids de 2000 kilogrammes au mètre cube.

Ce poids est trop faible. Voici comment M. Krantz établit le poids du mètre cube de maçonnerie bien faite en moellons durs de calcaire ou de granit :

Pour un volume réel de 0^m,67 de moellons à 2500 kilogr. le mètre cube. .	1675 kil.
Pour un volume réel de 0^m,83 de mortier mouillé à 1900 kil. le mètre cube.	627
Total.	2302

Soit en nombre rond 2300 kilogrammes.

« En adoptant presque partout le chiffre de 2000 kilogrammes, plus commode, il est vrai, dans les calculs, les ingénieurs me paraissent, dit M. Krantz, avoir indûment allégé le poids propre de la construction. »

D'après M. l'ingénieur Pochet, qui a dirigé les travaux du barrage de l'Habra, le chiffre de 2300 kilogrammes serait trop élevé pour de la maçonnerie de moellons calcaires et on devrait adopter pour valeur de la densité 2150 kilogrammes.

Les expériences de M. Bouvier sur de la maçonnerie en moellons de granit l'ont conduit à adopter la densité de 2360 kilogrammes.

Charge limite à imposer au sol et aux maçonneries. — Les barrages en maçonnerie sont toujours fondés sur le rocher et, généralement, sur un rocher semblable à celui dont on extrait les moellons. Il semble donc qu'on pourrait prendre comme base des calculs la résistance même des moellons. Mais il n'en est pas ainsi ; les mortiers ne possèdent jamais la résistance des moellons, ou, du moins, si certains mortiers arrivent à atteindre et à dépasser la résistance de la pierre, ils n'y arrivent qu'après un certain temps, qui peut être de plusieurs mois et même de plusieurs années.

La résistance des mortiers a été souvent éprouvée ; malheureusement, les mortiers sont rarement comparables, et les expériences de résistance se font toujours sur de petits blocs isolés, c'est-à-dire dans des conditions toutes différentes de celles que présentent de larges massifs.

D'après Vicat et divers expérimentateurs, les mortiers de chaux éminemment hydrauliques, telles que la chaux du Theil, ne se rompent que sous un effort variant de 140 à 180 kilogrammes, quand ces mortiers sont faits depuis quelques mois.

En adoptant le coefficient de sécurité $\frac{1}{15}$, on pourrait donc, si l'on était certain de la parfaite hydraulicité des chaux employées, imposer aux maçonneries une charge permanente maxima de 14 kilogrammes par centimètre carré.

Bien que cette pression soit réalisée dans certains barrages anciens, à l'insu des constructeurs il est vrai, les ingénieurs n'ont pas encore osé l'adopter comme base de leurs calculs.

Ainsi le barrage d'Almanza offre des pressions de 14 kilogrammes par centimètre carré, celui de Gros-Bois des pressions de 10^k,4. Cependant, pour calculer le barrage du Furens, on s'est arrêté à la limite 6^k,5 ; au barrage du Ban, on est allé à 8 kilogrammes; peut-être arrivera-t-on bientôt à plus de hardiesse.

Cependant, il faut remarquer qu'un excès de hardiesse présente de graves inconvénients et de faibles avantages.

La réduction du cube de maçonnerie n'est pas proportionnelle à la variation des pressions limites ; elle croît incomparablement moins vite que les pressions n'augmentent.

Exemple : Un barrage de 50 mètres de hauteur exige 985 mètres cubes de maçonnerie par mètre courant, lorsqu'on admet la pression limite de 6 kilogrammes par centimètre carré ; il n'exige que 730 mètres cubes lorsqu'on admet la limite de 14 kilogrammes. C'est une différence de 254 mètres cubes, ou une économie d'environ ¼ sur le profil primitif, alors que la pression maxima a plus que doublé.

Si l'on réfléchit que mille causes imprévues peuvent compromettre la solidité de l'ouvrage, que le barrage peut être accidentellement surmonté par les eaux ou soumis au choc des glaces, que les maçonneries peuvent présenter un point faible, si l'on songe, en outre, qu'une rupture peut entraîner les plus grandes calamités, raser des villages, faire périr les habitants, ruiner un pays tout entier, on se dira qu'il vaut mieux exécuter une œuvre moins hardie et laisser moins de prise aux chances de rupture.

L'ingénieur agira donc sagement en se renfermant dans des pressions limites de 6 à 8 kilogrammes, parce que ces pressions sont consacrées par l'expérience.

Hauteur maxima d'un mur à parements verticaux soumis à l'action de la pesanteur seule. — Considérons un mur de hauteur indéfinie compris entre deux parements verticaux parallèles.

Si δ est la densité ou poids du mètre cube de maçonnerie, chaque mètre de hauteur du mur transmet sur un mètre carré de la base une pression δ, et, si λ est la hauteur du mur, la pression transmise sur 1 mètre carré de la base sera $\lambda\delta$.

Pour que le mur inspire toute sécurité, il faut que la pression R par mètre carré ne dépasse pas la limite que nous avons fixée au paragraphe précédent.

La hauteur maxima du mur se déduira donc de l'équation :

$$\lambda.\delta = R.$$

Pour des pressions de 6, 8 ou 14 kilogrammes par centimètre carré, R est égal à 60 000, 80 000 ou 140 000 kilogrammes.

Si la densité de la maçonnerie est de 2000 kilogrammes, la hauteur maxima sera de 30, 40 ou 70 mètres.

Si la densité de la maçonnerie est de 2300 kilogrammes, la hauteur maxima sera de 26, 35 ou 61 mètres.

Dans les calculs suivants, nous désignerons toujours par λ la hauteur maxima correspondant à la pression limite R ; nous adopterons pour valeur de cette

pression limite 60 000 kilogrammes par mètre carré et pour densité de la maçonnerie 2300 kilogrammes.

Profil d'égale résistance d'un mur soumis à l'action seule de son poids.
— Considérons un mur isolé soumis à l'action seule de son poids et cherchons
à déterminer le profil d'égale résistance, c'est-à-dire le profil tel qu'en tout
point du mur la pression élémentaire soit précisément égale à la limite R. Dans
un pareil profil, la matière sera aussi bien utilisée que possible ; toutes les
parties travailleront à la pression limite ; on aura donc réalisé le profil le plus
économique sans rien sacrifier de la stabilité, ce qui est le desideratum de l'art
du constructeur.

Le profil théorique d'égale résistance commence évidemment par une largeur
nulle, de plus il est symétrique par rapport à la verticale passant par son sommet ; il a donc la forme générale ABC représentée par la figure 15, planche LVIII.

Cherchons à déterminer la courbe d'un des parements AC ; à cet effet prenons
pour axes de coordonnées l'horizontale et la verticale du sommet, et considérons deux sections voisines mn et rs.

Lorsqu'on passe de l'une à l'autre, l'accroissement de pression est égal au
poids du prisme $mnrt$ (il va sans dire que nos calculs s'appliquent toujours à
un mur de 1 mètre de longueur) ; le poids de ce prisme est égal à $(\delta.y.dx)$.

L'accroissement de la surface de base est représenté par la longueur ts ou dy,
et cet accroissement doit être tel que, multiplié par la pression limite R, il
donne un résultat égal à l'accroissement de pression. D'où l'équation différentielle :

$$\delta.y.dx = R.dy.$$

En remarquant que la quantité $\left(\dfrac{R}{\delta}\right)$ est égale à λ, hauteur limite d'un mur

à parements verticaux déterminée au paragraphe précédent, l'équation précédente devient :

$$dx = \lambda.\frac{dy}{y}.$$

qu'il faut intégrer.

L'intégrale de $\left(\dfrac{dy}{y}\right)$ est égale au logarithme népérien de y ou (Ly).

L'équation de la courbe AC est donc :

$$x = \lambda.L.y.$$

Pour faciliter la construction de cette courbe, qui se présente quelquefois
dans l'art des constructions, nous donnons ci-après le tableau des logarithmes
népériens de 1 à 60 :

TABLE DES LOGARITHMES NÉPÉRIENS DE 1 A 60

NOMBRES.	LOGARITHMES.	NOMBRES.	LOGARITHMES.	NOMBRES.	LOGARITHMES.	NOMBRES.	LOGARITHMES.
1	0,00000	16	2,77258	31	3,43398	46	3,82864
2	0,69314	17	2,83321	32	3,46573	47	3,85014
3	1,09861	18	2,89037	33	3,49650	48	3,87120
4	1,38629	19	2,94443	34	3,52636	49	3,89182
5	1,60943	20	2,99573	35	3,55534	50	3,91202
6	1,79175	21	3,04452	36	3,58351	51	3,93182
7	1,94591	22	3,09104	37	3,61091	52	3,95124
8	2,07944	23	3,13549	38	3,63758	53	3,97029
9	2,19722	24	3,17805	39	3,66356	54	3,98898
10	2,30258	25	3,21887	40	3,68887	55	4,00733
11	2,39789	26	3,25809	41	3,71357	56	4,02535
12	2,48490	27	3,29583	42	3,73766	57	4,04305
13	2,56494	28	3,33220	43	3,76120	58	4,06044
14	2,63905	29	3,36729	44	3,78418	59	4,07753
15	2,70805	30	3,40119	45	3,80666	60	4,09434

Pour des valeurs de y égales à 5, 10, 20, 30, 40, 50 mètres, les valeurs de x sont : $41^m,86$, $59^m,80$, $78^m,00$, $88^m,40$, $95^m,94$, $101^m,40$, en prenant pour la valeur de λ le nombre 26 établi au paragraphe précédent.

Ces résultats donnent pour le profil théorique la forme présentée par la figure 15, planche LVIII.

Au lieu de ce profil, si on adoptait le triangle BAC, la pression élémentaire serait de $11^{kg},5$ par centimètre carré de la base, au lieu de 6 kilogrammes.

Le mur, bien que beaucoup plus massif, serait donc dans de beaucoup moins bonnes conditions de stabilité.

Cet exemple, qui, du reste, est sans grande application pratique, a surtout pour but de montrer l'influence qu'exerce la répartition de la matière sur la répartition des pressions.

Si le mur avait une épaisseur e à son sommet et non une épaisseur nulle, l'intégration de l'équation différentielle conduirait à la formule :

$$x = \lambda \, (L.y - L.e) = \lambda \, L. \frac{y}{e} = 2,30258 . \lambda . \log \frac{y}{e} \, ,$$

qui n'offrirait pas plus de difficultés de calcul que la précédente.

Profil d'égale résistance d'un mur soumis à la poussée de l'eau sur une de ses faces. — Nous avons montré, au commencement de cette étude, que, lorsqu'une base rectangulaire de 1 mètre de largeur était soumise, figure 7, planche LVIII, à une pression normale P appliquée à une distance BE ou u de l'arête B, la pression p sur cette arête était donnée par les formules :

(1) $$p = 2\left(2 - \frac{3u}{l}\right)\frac{P}{l} \quad \text{pour} \quad u > \frac{1}{3}l$$

(2) $$p = \frac{2}{3}\frac{P}{u} \quad \text{pour} \quad u < \frac{1}{3}l.$$

Si l'on ne veut pas que la pression p dépasse la limite de sécurité R, on remplacera p par R dans les formules ci-dessus qui deviendront des relations de condition entre P, u et l.

Mais, nous pouvons substituer à R le produit $\delta\lambda$ de la densité, ou poids du mètre cube de la maçonnerie, par la hauteur maxima d'un mur à parements verticaux pour lequel la pression à la base serait précisément égale à R. Nous avons, du reste, examiné les valeurs de δ et de λ à un des paragraphes précédents.

Les relations de condition (1) et (2) se mettent donc sous la forme :

(3) $$2\left(2 - \frac{3u}{l}\right)\frac{P}{\delta.l} = \lambda \quad \text{pour} \quad u > \frac{1}{3}l$$

(4) $$\frac{2}{3}\frac{P}{\delta.u} = \lambda \quad \text{pour} \quad u < \frac{1}{3}l.$$

Ce sont ces deux expressions que l'on emploie dans les calculs de la résistance des murs de réservoir.

En ce moment, nous recherchons le profil d'égale résistance d'un mur soumis à la poussée de l'eau sur une de ses faces. Lorsqu'un tel profil est réalisé, le point d'application de la résultante se rapproche du milieu de la base et u est supérieur à $\left(\frac{l}{3}\right)$; c'est donc la formule (3) que nous allons mettre en œuvre dans nos calculs.

Considérons un mur à profil triangulaire CAB pressé à gauche par l'eau, sur sa hauteur h, figure 12, planche LVIII, et cherchons à déterminer la base l, de manière qu'elle soit minima, tout en satisfaisant à la condition (3); si cette largeur minima est réalisée, le mur aura le moindre cube possible de maçonnerie sans que, cependant, les pressions à la base dépassent la limite de sécurité.

Tout d'abord, il est évident que le talus d'aval AB doit être beaucoup plus incliné que le talus d'amont AC, afin que le mur résiste bien au renversement; à défaut de l'évidence, cela résulte du quatrième théorème démontré plus haut à la page 346.

Ainsi, le talus AC se rapproche beaucoup plus de la verticale que ne le fait le talus d'aval.

Appelons :
l la largeur variable du triangle à la base;
h la hauteur fixe du mur et de l'eau;

m la tangente trigonométrique de l'angle ACB, nombre qui mesure l'inclinaison du talus d'amont sur l'horizontale ;

π le poids du mètre cube d'eau, soit 1000 kilogrammes ;

P le poids d'un mètre courant du mur ; il est exprimé par le produit $\left(\frac{1}{2}\delta hl\right)$ de la section du triangle par le poids δ du mètre cube de maçonnerie.

L'eau exerce sur le mur une poussée horizontale $\left(\frac{\pi h^2}{2}\right)$ appliquée au tiers de la hauteur à partir de la base ; c'est la force de renversement.

La force de résistance comprend deux poids : 1° le poids P du mur, appliqué sur la médiane AG, en un point F de cette médiane situé au tiers à partir de la base ; 2° le poids Q du prisme liquide dont ACK est la section, et qui pèse sur le parement d'amont. Ce poids Q est appliqué au centre de gravité du triangle ACK, et la distance horizontale qui le sépare du poids P est, par raison géométrique, égale à $\frac{1}{3}$ *l*.

Pour avoir la force de résistance totale, il faudrait composer Q avec P ; mais, comme le talus d'amont se rapproche de la verticale plus que le talus d'aval, la section du triangle ACK est beaucoup plus faible que la section du mur ; de plus, la densité de l'eau n'est pas moitié de celle de la maçonnerie. Donc, le poids Q est faible par rapport à P, et nous pouvons le négliger dans un calcul approché, d'autant plus que ce poids a pour effet d'éloigner la résultante de l'arête B, et, par conséquent, augmente la sécurité.

Les forces en présence se réduisent donc à la poussée et au poids du mur, qui se rencontrent en F et dont la résultante FM coupe la base du triangle en E. Là, cette résultante peut se considérer comme décomposée en ses deux éléments, la poussée Q est équilibrée par le frottement, et c'est le poids P qui détermine les pressions normales.

Pour nous servir de la formule (3), il faut exprimer BE ou *u* en fonction des données de la question.

On a d'abord la relation :

$$\frac{ED}{DF}=\frac{\dfrac{\pi.h^2}{2}}{\dfrac{\delta.h.l^2}{2}}.$$

comme DF est le tiers de *h*, cette relation nous donne

$$ED=\frac{\pi.h^2}{5.\delta l}.$$

Le point G est le milieu de la base. Dans le triangle rectangle CAH, CH est égal à $\left(\frac{h}{m}\right)$. Donc GH est égal à

$$\frac{l}{2}-\frac{h}{m}.$$

On a :

$$\frac{GD}{GH} = \frac{GF}{GA} \quad \text{ou} \quad GD = \frac{1}{3}GH = \frac{1}{3}\left(\frac{l}{2} - \frac{h}{m}\right)$$

$$u = BE = BG + GD - DE = \frac{l}{2} + \frac{1}{3}\left(\frac{l}{2} - \frac{h}{m}\right) - \frac{\pi h^2}{3.\delta.l}$$

$$3u = 2l - \frac{h}{m} - \frac{\pi h^2}{\delta l}.$$

Substituant cette valeur de $3u$ dans l'équation (3), simplifiant et ordonnant par rapport à l, nous arrivons à l'équation du second degré en l :

$$\lambda.\delta.ml^2 - \delta h^2 l - m\pi h^3 = 0,$$

qui donne :

$$(5) \qquad l = \frac{\delta h^2 + \sqrt{\delta^2 h^4 + 4m^2\pi.\lambda.\delta.h^3}}{2\lambda\delta m} = \frac{h^2}{2\lambda m} + \frac{1}{2\lambda\delta}\sqrt{\frac{\delta^2 h^4}{m^2} + 4\pi.\lambda.\delta.h^3}.$$

Il y a bien deux valeurs de l, mais la seconde est négative et ne convient pas à la question.

La valeur positive est seule à considérer ; on voit que cette valeur diminue à mesure que m augmente, c'est-à-dire à mesure que le talus d'amont se rapproche de la verticale. Quand ce talus se confond avec la verticale, m est infini, et la largeur l à la base du profil est minima.

Ainsi la moindre largeur à la base, et, par conséquent, le cube minimum de la maçonnerie composant le mur, correspondent au cas où le massif est limité du côté de l'eau à un plan vertical.

Reste à indiquer la forme du parement d'aval.

Le parement d'amont étant vertical, c'est-à-dire m infini, la largeur l tirée de la formule (5) est donnée par :

$$(6) \qquad l = \sqrt{\frac{\pi h^3}{\lambda\delta}} = h\sqrt{\frac{\pi h}{\lambda.\delta}}$$

Cette formule nous montre que le rapport de l à h va en croissant avec h ; le parement d'aval n'est donc pas limité à une ligne droite, mais à une courbe concave, telle que celle de la figure 13, planche LVIII.

Ainsi, pour satisfaire à la sécurité tout en employant le moins de maçonnerie possible, il faut adopter le profil CAB, terminé du côté de l'eau par un parement vertical et du côté opposé par un parement concave.

Tel est le résultat important auquel nous ont conduit les calculs précédents. La formule (6) nous enseigne encore que la largeur l varie en raison inverse de la racine carrée de la densité δ de la maçonnerie ; il y a donc avantage à employer des matériaux aussi légers que possible, à condition toutefois qu'ils seront encore assez lourds pour s'opposer au glissement des maçonneries sur leur base, et que leur résistance restera la même.

Cette considération est sans importance pratique, car on n'a pas le choix des matériaux à employer, et, presque toujours, les matériaux les plus résistants sont en même temps les plus lourds.

Hauteur maxima d'un mur à parements verticaux soumis à la poussée

de l'eau. — Considérons un mur à section verticale rectangulaire de largeur l figure 14, planche LVIII, et cherchons à déterminer la hauteur maxima h, qu'on pourra donner à ce mur, sans que la pression élémentaire sur l'arête B dépasse la limite de sécurité R ou $\delta.\lambda$.

La poussée de l'eau $\left(\dfrac{\pi h^2}{2}\right)$, appliquée au tiers de la hauteur, se compose avec le poids P ou $\delta l.h$ appliqué au milieu de la base, et leur résultante coupe la base au point E.

La pression élémentaire sur l'arête B dépend de la distance BE, ou u, qu'il faut d'abord calculer.

DE et DF sont dans le même rapport que les deux forces composantes; donc

$$DE = \frac{\pi.h^2}{6.\delta.l} \quad \text{et} \quad u = BD - DE = \frac{l}{2} - \frac{\pi h^2}{6.\delta.l} = \frac{3\delta l^2 - \pi h^2}{6.\delta.l}.$$

La sécurité sera obtenue si les données de la question satisfont à la relation

$$(3) \qquad 2\left(2 - \frac{3u}{l}\right)\frac{P}{\delta.l} = \lambda \qquad \text{pour} \qquad u > \frac{1}{3}l$$

ou à la relation

$$(4) \qquad \frac{2}{3}\frac{P}{u\delta} = \lambda \qquad \text{pour} \qquad u < \frac{1}{3}l.$$

On aura donc, pour déterminer h, l'une ou l'autre de ces équations, et on devra appliquer la première ou la seconde, suivant que u sera supérieur ou inférieur à $\frac{1}{3}l$, c'est-à-dire suivant que la fraction $\left(\dfrac{3\delta l^2 - \pi h^2}{6.\delta.l}\right)$ sera supérieure ou inférieure à $\frac{1}{3}l$, ou ce qui revient au même, suivant que l^2 sera supérieur ou inférieur à $\frac{\pi}{\delta}h^2$.

Pour simplifier nos calculs, qui ne sont du reste destinés qu'à indiquer au lecteur la marche pratique à suivre, nous adopterons le chiffre 2000 pour la densité de la maçonnerie, et le chiffre 60 000 pour la valeur de R. Alors, λ sera égal à 30, et le rapport de π à δ sera égal à $\frac{1}{2}$.

Donc, suivant que l^2 sera supérieur ou inférieur à $\frac{1}{2}h^2$, ou suivant que h sera inférieur ou supérieur à $(l\sqrt{2})$ ou $(1,4.l)$, on devra employer pour le calcul de h, soit la formule (3), soit la formule (4).

La largeur l est donnée; dans les plus grands réservoirs, elle ne dépasse pas 5 mètres. Adoptons cette valeur.

Les formules (3) e (4), dans lesquelles nous remplaçons u par sa valeur, deviennent :

$$(7) \qquad \pi h^3 + \delta l^2 h - \delta.\lambda.l^2 = 0$$
$$\text{et } (8) \qquad \lambda \pi.h^2 + 4\delta l^2 h - 5\lambda.\delta.l^3 = 0.$$

Si l'on remplace les lettres π, δ, λ par leur valeur, ces équations elles-mêmes deviennent :

$$(9) \qquad h^3 + 2l^2 h - 60 l^2 = 0$$
$$(10) \qquad 30 h^2 + 4 l^2 h - 90 l^3 = 0.$$

En particulier, pour $l = 5$, on emploiera la formule (10), si la formule (9) donne pour h une valeur supérieure à $(1,4.l)$ ou au nombre 7. C'est précisément le cas, car l'équation (9) donne $h = 10$.

La valeur de h tirée de l'équation (10) est égale à $9^m,35$.

Calcul du profil ordinaire d'un mur de réservoir. — Jusqu'à présent nous sommes restés dans le domaine de la théorie, nous avons recueilli de précieuses indications sur la forme générale du profil à adopter pour un mur de réservoir. Il nous reste à calculer le profil que nous devrons adopter en exécution.

Nous avons vu que la forme assurant à la fois la sécurité et le maximum d'économie se composait d'un parement vertical à l'amont et d'un parement concave à l'aval, avec une épaisseur nulle au sommet.

Mais une épaisseur nulle au sommet est inacceptable en pratique ; il faut que la partie supérieure du mur puisse résister au choc des glaces, des vagues et des corps flottants ; il faut, en outre, qu'elle livre passage aux piétons, et dans certains cas aux voitures.

Cette épaisseur dépend donc et de la hauteur de la retenue, car le danger des chocs augmente avec cette hauteur, et des services qu'on veut demander au barrage sous le rapport de la circulation.

Du moment qu'on adopte une certaine épaisseur au sommet, on peut conserver le parement vertical à l'aval jusqu'à la profondeur à laquelle la pression sur ce parement atteint la limite de sécurité. Nous venons de déterminer cette profondeur au paragraphe précédent.

Le profil définitif doit donc avoir la forme générale de la figure 10, pl. LVII : un parement vertical AC, à l'amont, et à l'aval un parement commençant par une verticale DE et se poursuivant par une ligne concave EB.

Mais, dans ce qui précède, nous avons considéré le mur supportant une charge d'eau égale à sa hauteur ; or, s'il faut que la pression limite ne soit pas dépassée dans ce cas, il faut encore qu'elle ne puisse jamais l'être dans toutes les circonstances de remplissage ou de vidange du réservoir qui peuvent se présenter.

Les cas extrêmes sont celui où le réservoir est tout à fait plein, et celui où il est tout à fait vide ; si la résistance est assurée dans ces deux cas extrêmes, il est clair qu'elle le sera dans toutes les situations intermédiaires, car la résultante des pressions est toujours comprise entre les deux positions limites correspondant à ces cas extrêmes.

Nous avons vu que la forme générale du profil, dans le cas de la pleine poussée de l'eau, était le contour ACDEB de la figure 10.

Qu'arrivera-t-il lorsque le réservoir sera vide ? Ce contour satisfera-t-il encore à la condition que nulle part la pression limite ne soit dépassée ? Il importe de s'en assurer. La suppression de la poussée horizontale a pour effet de réduire les forces qui sollicitent le massif à la pesanteur seule appliquée au centre de gravité du profil. Par conséquent, la résultante des pressions est verticale et non plus inclinée, elle s'est rapprochée beaucoup de l'arête interne A, et si la profondeur est un peu considérable, la pression limite est dépassée non-seulement en A, mais encore au-dessus de A, jusqu'à un certain point F du parement vertical.

Au-dessous de ce point F il faut donc renforcer le massif et lui donner une forme qui se rapproche de celle d'un mur d'égale résistance soumis à l'action seule de son poids, c'est-à-dire que la forme définitive du profil sera représentée par le contour KFCDEB.

M. Krantz a fait saisir nettement cette forme rationnelle par une image des plus justes. « En résumé, dit-il, un mur de retenue doit présenter à peu de chose près la silhouette d'un lutteur qui se prépare à recevoir un choc, et qui, bien affermi sur ses jambes, a porté l'une un peu en avant et fortement arc-bouté l'autre en arrière. »

Il serait facile, avons-nous dit, d'établir les équations différentielles du profil, mais cela serait inutile au point de vue pratique.

Nous nous contenterons donc de suivre une méthode graphique, mais des plus claires, qui a l'avantage de n'exiger que des opérations simples et d'une grande netteté, tout en restant exacte et non approximative.

Le profil théorique à parements courbes peut être remplacé par un profil à lignes brisées, tel que celui de la figure 1, planche LVII.

Il y aura d'abord une partie CDLE à parements verticaux ; nous avons appris à en déterminer la hauteur au paragraphe précédent. Viendra ensuite une partie en forme de trapèze à bases horizontales, avec un côté vertical LF à l'amont ; il convient de déterminer exactement le point F, ce que nous allons faire tout à l'heure.

Le point F étant déterminé, on se donnera une tranche d'une certaine épaisseur ; cette tranche sera représentée par un trapèze FGMH, qui devra être déterminé de façon que la pression en H, le réservoir étant plein, et la pression en G, le réservoir étant vide, ne dépassent pas la pression limite R.

Ayant déterminé le profil de cette tranche, on déterminera celui de la tranche suivante de même hauteur, et ainsi de suite jusqu'à la base. On conçoit qu'en prenant des tranches très-rapprochées, on obtiendra des contours polygonaux très-voisins des courbes théoriques ; mais cela n'est pas nécessaire, et l'on peut sans inconvénient adopter pour la hauteur des tranches une valeur assez forte.

Détermination du profil au-dessus du point pour lequel le parement d'amont cesse d'être vertical. — Nous nous occupons toujours d'un mur placé dans les conditions ci-dessus énoncées : largeur en couronne, 5 mètres ; densité des maçonneries, 2000 kilogrammes ; résistance limite, 6 kilogrammes par centimètre carré, ou 60 000 kilogrammes par mètre carré.

Nous savons que ce mur possède sur $9^m,35$ de hauteur une épaisseur uniforme de 5 mètres ; c'est donc à la profondeur $9^m,35$ que le parement d'aval cesse d'être vertical, et nous partons de là pour établir l'épure de résistance qui constitue la figure 2 de la planche LVII.

AB étant la section horizontale à la profondeur $9^m,35$, considérons au-dessous d'elle quatre tranches AA_1, A_1A_2, A_2A_3, A_3A_4 de chacune 5 mètres de hauteur, limitées à l'amont à la verticale du point A et ayant vers l'aval une largeur variable. Nous n'avons eu besoin de recourir qu'à deux valeurs de cette largeur : 15 mètres et 20 mètres, soit 10 mètres et 15 mètres en plus de la base AB.

Nous avons donc deux séries de quatre tranches :

$$1^{re} \text{ série.} \ldots \quad AB \ A_1B_1 \quad AB \ A_2B_2 \quad AB \ A_3B_3 \quad AB \ A_4B_4.$$
$$2^e \text{ série.} \ldots \quad AB \ A_1C_1 \quad AB \ A_2C_2 \quad AB \ A_3C_3 \quad AB \ A_4C_4.$$

Nous admettrons que le profil du mur au-dessous de AB se compose successivement de chacune de ces huit tranches, et nous déterminerons dans chaque cas la pression sur l'arête d'aval, le réservoir étant plein, et la pression sur l'arête d'amont, le réservoir étant vide.

Les opérations étant les mêmes pour toutes les tranches, nous n'en donnerons le détail que pour la première tranche ABA_1B_1.

Le massif au-dessus de AB pèse 94000 kilogrammes; ce poids, composé avec les 100000 kilogrammes que pèse la tranche ABA_1B_1, et qui sont appliqués au centre de gravité g_1 de la tranche, donne une force verticale P_1 égale à 194000 kilogrammes.

La poussée horizontale F_1 est donnée par la formule $\left(\dfrac{mh^2}{2}\right)$, dans laquelle h prend la valeur $14^m,35$; elle est appliquée au tiers de la hauteur. Cette force F_1 est donc égale à 103000 kilogrammes et appliquée à $4^m,78$ au-dessus de la base A_1B_1.

Les forces P_1 et F_1 se rencontrent en b_1; composées par le parallélogramme des forces, elles donnent une résultante R_1 qui coupe la base A_1B_1 du massif en un point v_1.

C'est la distance B_1v_1 qui sert à calculer la pression en B_1; suivant que cette distance est plus grande ou plus petite que le tiers de la base A_1B_1, on a recours pour déterminer la pression p sur l'arête B_1 à la formule

$$p = 2\left(2 - \frac{3u}{l}\right)\frac{P_1}{l}$$

ou à la formule

$$p = \frac{2}{3}\frac{P_1}{u}.$$

Dans le cas actuel, u, c'est-à-dire B_1v_1, est égal à $8^m,40$, $l = 15$ mètres, $P_1 = 194000$; c'est la première formule qu'il faut employer et elle donne $p = 8320$ kilogrammes, ou bien $0^k,83$ par centimètre carré.

Pour avoir la pression maxima en A_1, il faut considérer seulement la force verticale P_1, qui agit à une distance $4^m,10$ de l'arête, distance inférieure à $\frac{1}{3}A_1B_1$; la valeur de la pression est donc donnée par la formule

$$\frac{2}{3}\frac{194000}{4,10},$$

d'où on tire

$$p = 30800,$$

ce qui fait une pression de $3^k,08$ par centimètre carré.

Ce que nous venons de faire pour la première tranche, on le fera pour chacune des sept autres.

Les quatre tranches limitées à

$$A_1B_1 \quad A_2B_2 \quad A_3B_3 \quad A_4B_4$$

ont leurs centres de gravité sur la verticale

$$g_1g_2g_3g_4;$$

leurs poids, composés avec le poids 94000 kilogrammes de la partie supérieure, donnent

$$P_1 \ P_2 \ P_3 \ P_4,$$

qui, composés avec les poussés horizontales

$$F_1 \ F_2 \ F_3 \ F_4,$$

donnent les résultantes

$$R_1 \ R_2 \ R_3 \ R_4;$$

celles-ci rencontrent les bases aux points

$$v_1 \ v_2 \ v_3 \ v_4.$$

Connaissant ces points, on calcule les pressions en

$$B_1 \ B_2 \ B_3 \ B_4,$$

qui sont égales à

$$0^{k},83 \ 2^{k},59 \ 6^{k},11 \ 20^{k},58$$

par centimètre carré.
C'est avec les forces verticales

$$P_1 \ P_2 \ P_3 \ P_4$$

seules que l'on calcule les pressions sur l'arête d'amont, pressions qui sont égales à

$$3^{k},08 \ 4^{k},29 \ 5^{k},59 \ 6^{k},72.$$

Les quatre tranches limitées à

$$A_1 C_1 \ A_2 C_2 \ A_3 C_3 \ A_4 C_4$$

ont leurs centres de gravité sur la verticale

$$j_1 j_2 j_3 j_4;$$

leurs poids, composés avec le poids du massif supérieur, donnent les forces verticales

$$Q_1 \ Q_2 \ Q_3 \ Q_4;$$

celles-ci, composées avec les poussées horizontales

$$F_1 \ F_2 \ F_3 \ F_4,$$

donnent les résultantes totales

$$S_1 \ S_2 \ S_3 \ S_4,$$

qui rencontrent les bases aux points

$$u_1 \ u_2 \ u_3 \ u_4.$$

Les pressions maxima, calculées avec ces éléments, sont :

Sur l'arête d'aval.	0ᵏᵍ,27	1ᵏᵍ,20	3ᵏᵍ,47	6ᵏᵍ,00
Sur l'arête d'amont.	2ᵏᵍ,81	3ᵏᵍ,90	5ᵏᵍ,04	6ᵏᵍ,18

Les figures 3 et 4 de la planche LVII résument les résultats précédents en ce qui ouche les pressions sur le parement d'aval, et les figures 5 et 6 les résument en ce qui touche le parement d'amont.

La figure 3 est la courbe des pressions sur la verticale B_1B_4 exprimées en fonction de la profondeur, et la figure 4 est la courbe des pressions sur la verticale C_4C_4 exprimées également en fonction de la profondeur. On voit que la pression limite de 6 kilogrammes est atteinte sur la première verticale pour la profondeur 24ᵐ,10 et sur la seconde pour la profondeur 29ᵐ,35.

Les figures 5 et 6 sont les courbes des pressions sur le parement vertical d'amont exprimées en fonction de la profondeur, pour la largeur de base de 15 mètres dans le premier cas et de 20 mètres dans le second cas; c'est-à-dire que la figure 5 correspond au cas où l'arête d'aval est sur la verticale B_4B_4, et la figure 6 au cas où l'arête d'aval est sur la verticale C_4C_4. On voit que la pression limite de 6 kilogrammes est atteinte dans le premier cas pour la profondeur 26ᵐ,35 et dans le second pour la profondeur 28ᵐ,85.

Les courbes des figures 3 à 6 permettent de construire les deux courbes de la figure 7, qui expriment, en fonction de la largeur à la base du massif, les profondeurs pour lesquelles la pression limite de 6 kilogrammes est atteinte sur le parement d'amont et sur le parement d'aval. Ces deux courbes se rencontrent en un point M, pour lequel la pression limite de 6 kilogrammes sera atteinte à la fois sur les deux parements.

Ce point M correspond à une profondeur de 28ᵐ,45 et à une largeur de 19ᵐ,20 à la base du massif.

Le problème est donc résolu d'une manière exacte, et nous pouvons construire le profil du mur jusqu'à la profondeur de 28ᵐ,45 pour laquelle le parement d'amont cesse d'être vertical. C'est ce que nous avons fait sur la figure 8.

On remarquera que les courbes des figures 5 et 6 sont des lignes droites. Quant à celles de la figure 7, si on voulait les avoir exactement, il faudrait en déterminer un ou deux points de plus ; n'ayant que deux points, on serait forcé de les remplacer par une ligne droite, ce qui, du reste, est sans inconvénient dans la pratique.

Ce problème, que nous venons de résoudre par une méthode graphique très-simple quoique exacte, pouvait être traité par le calcul. C'est ce qu'a fait M. l'ingénieur Delocre. Il arrive à une équation complète du sixième degré, qu'il est toujours assez facile de résoudre par tâtonnement ; mais les calculs sont à peu près aussi longs qu'avec la méthode graphique, et ils ont l'inconvénient énorme de masquer complétément la suite des opérations. Aussi, recommanderons-nous toujours, dans la pratique, de préférer les méthodes graphiques ou mixtes aux méthodes purement algébriques.

Détermination d'une tranche horizontale quelconque du profil. — La détermination d'une tranche quelconque se fait également, d'une manière exacte et rapide, par la méthode graphique, que nous allons exposer et appliquer à la tranche de 10 mètres de hauteur, qui vient immédiatement après le niveau auquel le parement d'amont cesse d'être vertical.

La planche LVIII représente les opérations effectuées.

Le massif supérieur, de $28^m,45$ de haut et de $19^m,20$ de large, étant limité à l'horizontale AB, la tranche qui nous occupe aura la forme d'un trapèze ABC_1D_1, figure 1.

Construisons d'abord la résultante des poids du massif supérieur à AB et du massif rectangulaire ABCD ; cette résultante est représentée par S et égale à 940 000 kilogrammes.

1° Supposons d'abord que l'accroissement de largeur DD_1 à l'aval soit de 5 mètres, et qu'on le combine successivement avec un accroissement CC_1 de 3 mètres et avec un accroissement CC_2 de 5 mètres à l'amont. Considérons en premier lieu la section ABC_1D_1 ; pour avoir la somme des actions verticales, le réservoir étant plein, il faut composer avec S le poids T_1 du triangle BBD_1, le poids M_1 du triangle ACC_1 et le poids N_1 de l'eau qui pèse sur le talus AC_1 et qui concourt évidemment à empêcher le renversement du mur vers l'aval. La résultante de ces forces verticales est P_1 égale à 1 120 000 kilogrammes ; elle se compose avec la poussée horizontale F, égale à 739 200 kilogrammes, et appliquée au tiers de la hauteur, soit à $12^m,816$ au-dessus de la base. La résultante de ces deux forces est nu_1 qui coupe la base au point u_1. La distance D_1u_1 est de $6^m,20$, et la largeur totale de la base $27^m,20$; on calculera donc la pression en D_1 par la formule

$$\frac{2}{3}\frac{P_1}{u}$$

qui donne $9^{k},10$. Quant à la pression en C_1, il faut supposer le réservoir vide, c'est-à-dire considérer la seule force verticale qui résulte de la composition de S, T_1 et M_1 ; cette force P'_1 est de 1 020 000 kilogrammes, et elle donne en C_1 une pression de $5^{k},61$.

Si maintenant on considère la section ABC_2D_1, on aura l'action verticale totale en composant S et T_1 avec le poids M_2 du triangle ACC_2 et le poids N_2 de l'eau qui pèse sur ce triangle. On aura une résultante P_2 qui, composée avec F, fournira le point u_2. Avec le réservoir vide, la résultante se réduira à la verticale P'_2. Avec ces éléments, on calculera les pressions maxima, qui sont de $8^{k},36$ en D_1 et $4^{k},63$ en C_2.

2° Supposons maintenant que l'accroissement de largeur DD_1 à l'aval soit de 10 mètres et qu'on le combine successivement avec les accroissements CC_1 et CC_2 à l'amont, on obtiendra comme tout à l'heure les résultantes Q_1Q_2, $Q'_1Q'_2$, ainsi que les points u'_1 et u'_2. Avec ces éléments, on calculera les pressions maxima qui sont de $4^{k},99$ et $4^{k},56$ à l'aval, de $5^{k},81$ en C_1 et 5 kilogrammes en C_2.

3° L'accroissement à l'aval étant fixe et égal à 5 mètres, la figure 2 donne la courbe qui exprime les pressions sur l'arête d'amont en fonction de la distance de cette arête au point C ; on voit en particulier que la pression limite de 6 kilogrammes est atteinte lorsque cette distance est de $2^m,25$, ce qui correspond à une largeur totale de base égale à $26^m,45$.

L'accroissement à l'aval étant encore fixe, mais égal à 10 mètres, la figure 3 donne la courbe des pressions sur l'arête d'amont exprimées encore en fonction de la distance de cette arête au point C ; on voit que la pression limite de 6 kilogrammes est atteinte lorsque cette distance est de $2^m,60$, ce qui correspond à une largeur totale de base de $31^m,80$.

L'accroissement à l'amont étant fixe et égal à 3 mètres, la figure 4 donne la courbe des pressions sur l'arête d'aval exprimées en fonction de la distance de cette arête au point D ; on voit que la pression limite de 6 kilogrammes est atteinte lorsque cette distance est de 8^m,75, ce qui correspond à une largeur totale de base égale à 30^m,95.

L'accroissement à l'amont étant encore fixe, mais égal à 5 mètres, la figure 5 donne la courbe des pressions sur l'arête d'aval exprimées encore en fonction de la distance de cette arête au point D ; on voit que la pression limite de 6 kilogrammes est atteinte lorsque cette distance est de 8^m,05, ce qui correspond à une largeur totale de base de 32^m,25.

Avec ces éléments, nous pouvons maintenant construire les deux courbes ab et cd de la figure 6 : la courbe ab donne en fonction de l'accroissement de largeur à l'amont les largeurs totales de base pour lesquelles la pression limite de 6 kilogrammes est atteinte sur le parement d'amont, et la courbe cd donne également en fonction de l'accroissement de largeur à l'amont les largeurs totales de base pour lesquelles la pression limite de 6 kilogrammes est atteinte sur le parement d'aval.

Ces deux courbes se coupent en un point A pour lequel la pression limite est atteinte aussi bien sur le parement d'amont que sur le parement d'aval.

Ce point A correspond à un accroissement de largeur à l'amont de 2^m,50 et à une largeur totale de base de 30^m,60, d'où résulte un accroissement de largeur de 8^m,90 à l'aval.

Ces chiffres nous permettent de construire le profil vrai de la tranche considérée ; c'est ce que nous avons fait sur la figure 9 de la planche LVII.

Pour obtenir les tranches suivantes, on procédera exactement comme nous venons de le faire ; les constructions et les calculs n'offriront aucune difficulté. On remarquera seulement que les courbes des figures 2 à 6 de la planche LVIII sont construites avec deux points seulement, ce qui les remplace par des lignes droites ; bien que cela soit sans inconvénient, il vaudra mieux construire trois points afin d'obtenir plus d'exactitude.

Du profil définitif. — La méthode graphique précédente, ainsi que la méthode algébrique de M. Delocre, conduisent à des profils à parements polygonaux, qu'on ne saurait conserver dans la pratique, parce qu'ils donneraient lieu à des difficultés de construction et produiraient un effet très-désagréable à l'œil surtout pour le parement vu d'aval.

Si l'on remarque que les bases de la théorie sont des hypothèses plus ou moins plausibles, bien que justifiées par les bons résultats expérimentaux auxquels elles conduisent, si l'on remarque en outre que la détermination de la pression limite offre une certaine élasticité et que nous nous sommes tenus dans la plus grande réserve à cet égard en adoptant le chiffre de 6 kilogrammes par centimètre carré, on reconnaîtra que les parements polygonaux peuvent être sans aucun inconvénient remplacés par des parements courbes se rapprochant autant que possible des premiers.

On substituera donc aux parements formés de lignes brisées des parements formés d'un ou de plusieurs arcs de cercle se raccordant tangentiellement ; c'est ce que l'on doit toujours faire dans la pratique.

Résistance au glissement. — Nous n'avons, dans tous les calculs précédents, considéré que la résistance aux pressions transmises normalement sur les tranches horizontales du mur. Il est une autre condition de stabilité que nous avons laissée de côté et qu'il convient d'examiner maintenant ; sur une assise horizontale, située à la profondeur h, s'exerce une poussée horizontale F égale à $\left(\frac{\pi h^{2}}{2}\right)$. Cette poussée tend à faire glisser le massif supérieur sur l'assise considérée; il ne faut pas que le glissement soit possible.

Généralement, il en est ainsi du moment que la résistance aux pressions est assurée, et on n'a pas de glissement à craindre. Cependant il est bon de s'en assurer.

La poussée horizontale F agit sur une surface exprimée en mètres carrés par le chiffre l qui mesure la largeur de l'assise; il faut que cette poussée soit inférieure à la cohésion de la maçonnerie, augmentée du frottement dû au poids P du massif supérieur. Si γ est le coefficient de cohésion et f le coefficient de frottement de la pierre sur la pierre, la stabilité sera assurée pourvu qu'on ait .

$$F < \gamma.l + P.f.$$

On n'a pas l'habitude de tenir compte de la cohésion de la maçonnerie, de sorte que la poussée doit être combattue par le frottement seul, et que l'inégalité précédente se réduit à :

$$F < Pf.$$

On admet en général, pour valeur du coefficient de frottement f, 0,76. Il suffira donc de vérifier, pour chaque assise, si la poussée horizontale F reste inférieure aux trois quarts de la résultante verticale P.

Autrement dit, il faudra que la courbe des pressions, qui lie les points tels que u_1 u_2 u_3 de la figure 2, planche LVII, points où les résultantes rencontrent les bases correspondantes, il faudra que cette courbe ne coupe jamais une assise horizontale sous un angle moindre que l'angle de frottement, dont la tangente trigonométrique est égale à 0,76.

Murs sur plan circulaire. — Lorsqu'on a à établir un mur de réservoir dans une gorge étroite à versants escarpés, on lui donne en plan une forme circulaire, dont la convexité est tournée vers l'amont.

Ce mur fonctionne alors par rapport à la poussée horizontale des eaux comme le ferait une voûte, et il transmet cette poussée horizontale à ses culées naturelles qui ne sont autres que les flancs mêmes de la montagne.

Cette disposition est évidemment favorable à la stabilité, et elle permettrait même de profiler le mur comme s'il n'avait à résister qu'à la pesanteur. Dans ce cas, il faudrait calculer la poussée horizontale T transmise latéralement aux rochers en se servant de la formule de Navier :

$$T = \rho F,$$

dans laquelle ρ est le rayon du mur en plan et F la poussée de l'eau par mètre courant de mur.

En réalité, on n'est pas certain que cette répartition de la poussée de l'eau se fait comme nous venons de le supposer, et on calcule toujours les murs de réservoirs, comme s'ils devaient être établis en ligne droite. Cette manière d'agir est beaucoup plus prudente.

Avec elle on n'a rien à craindre; ce qui n'empêche pas d'adopter, lorsque les circonstances s'y prêtent, une forme circulaire en plan, puisqu'il en résulte un surcroît de stabilité.

Comparaison des nouveaux profils de barrage avec les anciens. — Pour permettre au lecteur d'apprécier les avantages économiques réalisés par l'emploi des nouveaux profils et par une intelligente répartition de la matière, nous avons réuni sur la figure 7 planche LV, les profils de quelques vieux barrages mis à côté de celui du barrage du Ban. Autant la forme de celui-ci satisfait l'œil au premier abord, autant la forme de ceux-là est disgracieuse, bien qu'en certains points ils donnent lieu à des pressions exagérées qui ne se produisent pas avec le profil théorique.

Le barrage de Puentès a une section de 1519 mètres carrés, et la pression y atteint $7^{kg},9$; le profil théorique n'exigerait que 1029 mètres carrés avec une pression limitée à 6 kilogrammes.

Le barrage du Val de Infierno a une section de 1084 mètres carrés, et la pression maxima y est de $6^{kg},5$; le profil théorique ne donnerait qu'une section de 391 mètres carrés pour une pression maxima de 6 kilogrammes.

Le barrage d'Elche a des pressions qui atteignent $12^k,7$; sa section est de 243 mètres carrés : avec le profil théorique, qui ne donnerait que des pressions de 6 kilogrammes, elle serait réduite à 187 mètres carrés.

Le barrage de Grosbois, beaucoup plus moderne, a des pressions qui atteignent $10^k,40$, sa section est de 226 mètres carrés ; le profil théorique n'exigerait que 156 mètres carrés et réduirait à 6 kilogrammes la pression maxima. Il est remarquable que si l'on avait retourné la section de Grosbois, de manière à placer les gradins à l'aval, et non à l'amont, on eût, au contraire, obtenu un excès de stabilité. C'est un des exemples les plus frappants des avantages qu'entraîne une bonne répartition de la matière.

§ DIGUES EN TERRE

DIGUES EN TERRE DES ÉTANGS QUI ALIMENTENT LE CANAL DU CENTRE

L'appareil d'un étang ou d'un réservoir qui alimente un canal se compose de :

1° La *digue* ou *chaussée*;

2° Le *déversoir*, qui livre passage aux eaux surabondantes lorsque le niveau normal de la retenue est atteint; ce niveau ne doit pas être dépassé, parce que la digue, dont la *revanche* a été calculée en conséquence, serait en danger d'être surmontée par les vagues et de périr;

3° La *bonde*, qui sert à la vidange de l'étang; c'est un aqueduc avec vannes, ménagé dans la digue; il y a généralement plusieurs bondes à des niveaux différents; la *bonde de fond* ou de vidange permet d'assécher complètement l'étang;

4° Les *fossés d'enceinte*, qui arrêtent les terres et les sables apportés par les eaux;

5° Les *rigoles d'alimentation*, qui détournent les ruisseaux et recueillent les eaux pluviales des versants.

Accidents arrivés aux digues du canal du Centre. — Commencé au siècle

dernier et achevé seulement dans celui-ci, le canal du Centre est alimenté par
des étangs dont les digues en terre se sont plusieurs fois rompues et ont causé
de véritables désastres.

Le 24 ventôse an IX, la digue de l'étang de Longpendu se rompit ; une masse
d'eau énorme s'en échappa, coupa le canal, détruisit tout sur son passage, et
causa la mort de quatre personnes.

En 1825, la rupture de la digue de l'étang du Plessis vint tout à coup décu-
pler le débit de la Bourbince, dont la vallée fut inondée ; le canal fut coupé en
beaucoup d'endroits, des bateaux furent brisés, d'autres sortirent du canal par
une brèche et y rentrèrent par une autre, le pont de Paray fut emporté, les
routes coupées, un homme tué, des maisons rasées.

En 1829, ce fut le tour de l'étang Berthaud et, en 1831, celui de l'étang de
Torcy ; des désastres analogues s'en suivirent. Les accidents eurent pour cause
l'insuffisance des déversoirs, la faible *revanche* conservée à la digue, et surtout
la construction défectueuse des perrés de revêtement, qui s'effondrèrent tou
à coup, laissant la terre exposée au choc irrésistible des vagues.

Des perrés d'étangs. — Les perrés des étangs du canal du Centre étaient
construits en moellons smillés et présentaient sur toute la hauteur un talus
unique.

Les joints étaient d'équerre au talus ; les vagues, grosses ou petites, qui
viennent frapper un perré de ce genre, lancent les eaux dans les joints ; le batil-
lage délaye sans cesse la terre sous le perré, et l'eau emprisonnée ne revient
pas sur elle-même ; lorsque la vague se retire, elle descend entre le perré et le
massif en terre de la digue ; les cales et les garnis de pierre placés en queue
des moellons sont bien vite enlevés.

Les figures 1 à 4 de la planche LII représentent l'effet des vagues sur la partie
d'un perré située au-dessus du niveau normal *mn* des eaux. Elles commencent
par produire un affouillement *ab* sous le perré, figure 1 ; les terres arrachées et
délayées se concentrent au bas de l'affouillement, et exercent une poussée
sur le perré, qui finit par se boursoufler, comme le montre la figure 2 ; la
partie du perré située au-dessus de l'affouillement s'affaisse, et tout se disloque.
La manière dont sont disposés les joints des moellons ne contrarie du reste pas
cet effet de dislocation.

Lorsque les choses en sont venues là, les variations du niveau de l'étang
changent les pressions qui maintenaient encore les moellons sur le massif de
terre, la terre se délaye de plus en plus, les moellons glissent et le perré s'ef-
fondre.

Lorsqu'il s'est produit une ravine dans le perré, les parties latérales n'étant
plus soutenues s'inclinent vers cette ravine et s'effondrent à leur tour ; cette
solidarité de toute la longueur d'un perré est des plus fâcheuses.

Les effets précédemment décrits se font rapidement sentir ; ainsi les étangs
Berthaud et de Torcy, qui soutenaient des hauteurs d'eau de 8m,50 et de
11 mètres, ont vu leurs perrés détruits cinq ans après leur construction.

Le perré en moellons bruts résistera encore moins bien que le précédent.

La construction d'un perré, dont les joints sont normaux au talus, est nécessairement défectueuse, parce que le maçon est dans une position peu commode
et qu'il ne peut disposer avec soin les cales et les garnir.

Une maçonnerie à assises horizontales, que l'on élève par gradins, est toujours
mieux faite ; l'ouvrier peut s'arranger pour avoir son petit chantier à hauteur
de mi-corps ; il voit bien ce qu'il fait et a la liberté de tous ses mouvements : c'est

pourquoi M. Vallée recommandait autrefois de ne construire les perrés que par assises horizontales. Mais, il y a un moyen plus simple d'avoir de bons perrés, c'est de les construire en bonne maçonnerie de mortier hydraulique.

Un perré à pierres sèches, construit avec toutes les précautions possibles, sera toujours dangereux et on doit le proscrire dès qu'il s'agit d'un étang de quelque importance ; car la pierre sèche laisse, en réalité, l'eau en contact avec le massif de la digue qui se trouve fatalement délayé et profondément dégradé après un temps plus ou moins long ; les fissures les plus petites s'agrandissent rapidement sous l'influence des eaux et il est difficile de les combattre, ou il est trop tard lorsqu'on les reconnaît.

Accessoires des étangs. — Le principal accessoire des étangs ou réservoirs est le déversoir, qui doit avoir des dimensions suffisantes pour livrer passage au débit maximum de tous les ruisseaux affluents, sans que cependant les eaux prennent sur le seuil une hauteur dangereuse pour la sécurité de la digue dont la revanche ne serait pas assez grande.

Il faut d'autre part que le déversoir maçonné soit assez solide pour résister au choc de la nappe déversante ; on peut disposer la chute par gradins comme le montre la figure 6, planche LII ; sur les gradins on ménage des auges dans lesquelles il reste toujours une certaine hauteur d'eau qui amortit le choc ; la paroi antérieure de l'auge est percée à sa base de trous qui permettent à l'eau qu'elle contient de s'écouler lorsque le déversoir ne fonctionne plus. Généralement, les déversoirs sont placés sur les côtés de la digue ; leur chute est ainsi beaucoup moindre et la construction plus facile ; seulement, il faut créer un canal de décharge spécial.

Les bondes de fond doivent être assez grandes pour permettre d'écouler tout le produit affluent, de telle sorte qu'on puisse à toute époque maintenir le réservoir à sec pour y exécuter des réparations urgentes.

Lorsque les eaux alimentaires d'un étang sont troubles et chargées de vase et de graviers, il convient de ne pas les admettre directement dans l'étang qui serait rapidement envasé ; on les reçoit d'abord dans un bassin ou grand fossé antérieur d'où elles ne passent dans le réservoir que par déversement. C'est dans ce bassin, facile à curer et à nettoyer, qu'elles déposent la plus grande partie des matières dont elles sont chargées.

Étangs Berthaud et de Torcy. — Nous avons dit plus haut quels accidents avaient eu à subir avant 1830 les digues des étangs Berthaud et de Torcy. Ces digues furent refaites par les soins de M. l'ingénieur en chef Vallée : on conserva le massif en terre, mais on eut recours à un revêtement en maçonnerie avec gradins. Ce système est représenté par les figures 7 et 8 de la planche LII.

On disposait d'un terrain argilo-sableux, excellent pour faire des remblai corroyés ; l'argile pure ne convient pas du tout pour des corrois soumis à des alternatives de sécheresse et d'humidité ; dégraissée par du sable, elle perd sa faculté de retrait tout en conservant encore assez de liant.

La terre argilo-sableuse, arrosée d'un lait de chaux, fait, comme nous l'avons déjà vu, une sorte de béton maigre et constitue un excellent remblai.

Les digues des étangs Berthaud et de Torcy furent rétablies dans ce système et si bien corroyées par le battage, et par la compression du rouleau formé de rondelles de fonte armés de dents, que l'on était forcé de recourir au pic pour les attaquer.

Le massif en terre est revêtu de murs en gradins ; chaque gradin occupe une largeur horizontale de 3 mètres et une hauteur de 2 mètres ; il commence par une berme de 1ᵐ,72 de large et de 0ᵐ,40 de haut et se termine par un mur fondé et construit comme l'indiquent les figures. Le tout est maçonné en bon mortier hydraulique.

Le talus général du revêtement est de 1 1/2 et le talus d'écoulement des terres est moindre ; il n'y a donc pas de poussée générale du massif sur le revêtement et chaque mur n'a à résister qu'à la poussée de la terre qui lui est contiguë.

Bien que toutes les précautions soient prises pour éviter les tassements, on remarquera cependant que le système est disposé de manière à localiser les tassements et déformations qui viendraient à se produire, et à ne pas relier d'une manière trop solide les gradins les uns aux autres.

Le système paraît également bien disposé pour résister au choc des glaces et des vagues.

Le revêtement en maçonnerie est simplement protecteur ; on n'en tient pas compte dans la résistance ; c'est le massif de terre seul qui doit être capable de résister à la poussée des eaux.

Ce n'est donc pas un système mixte, qui consiste à constituer la digue partie en maçonnerie, partie en terre, comme on l'a fait aux réservoirs de Saint-Féréol, canal du Midi, et de Couzon, canal de Givors. Les digues de ces réservoirs soutiennent des hauteurs de 31ᵐ,35 et de 30ᵐ,50 ; elles sont formées de murs épaulés par des remblais ou compris entre deux remblais. Ce système ne peut inspirer de sécurité que si les murs sont capables de résister par eux-mêmes à la poussée, et, dans ce cas, les remblais sont inutiles.

Le revêtement de l'étang de Torcy comprenant six gradins de chacun 3 mètres de hauteur, établi en 1832, éprouva bientôt des mouvements et il fallut le consolider en 1838.

Ces mouvements ne prouvent rien contre l'efficacité du système ; car ils ne se produisirent pas à l'étang Berthaud ; en effet, les travaux de reconstruction de ce dernier étang ne furent pas exécutés d'urgence, on eut le temps de déblayer l'ancienne digue et de comprimer fortement le terrain à son emplacement. Pressé par la nécessité d'assurer la navigation, on ne put en faire autant à Torcy et l'on dut asseoir les nouveaux corrois sur les restes de l'ancienne digue; M. Vallée avait eu soin de signaler qu'en agissant ainsi on s'exposait à des tassements futurs.

On fut donc conduit en 1838 à consolider la digue de Torcy ; c'est ce que l'on fit en établissant dans le massif des contre-forts en maçonnerie dont la coupe est représentée par la figure 9, planche LII. Ces contre-forts ont 1ᵐ,50 d'épaisseur ; ils sont espacés d'axe en axe de 6ᵐ,50 à 10 mètres, en allant du milieu de la digue vers le flanc des coteaux. Ils ont à la surface le même profil que les murs de revêtement, et sont construits en maçonnerie hydraulique. Les puits ont été exécutés dans des blindages en charpente que l'on remontait au fur et à mesure de l'exécution des maçonneries.

Ces travaux de consolidation ont arrêté les tassements.

Barrage en terre du réservoir de Montaubry. — Le réservoir de Montaubry, qui sert à l'alimentation du canal du Centre, a été construit en 1861. Les figures 1, 2, 3, 5 de la planche LIV en représentent les dispositions principales, et voici la description de cet ouvrage extraite en grande partie des légendes jointes au portefeuille de l'École des ponts et chaussées :

Une situation exceptionnellement favorable a déterminé le choix de l'emplacement qu'occupe cet ouvrage. Il est situé, en effet, à l'extrémité d'un bassin granitique de 1600 hectares de superficie, qui débouche dans la vallée de la

Dheune par une gorge sinueuse, au point le plus rétréci de laquelle on a placé la digue formant barrage. De ce point au canal, la distance en ligne droite est de 500 mètres, et le bief auquel il correspond est à 4 kilomètres du bief de partage.

La digue est construite en terre, et défendue contre l'action des eaux et des glaces par des murs indépendants à parement incliné, que relient entre eux des bermes maçonnées (système Vallée). Sur le côté gauche, est ouvert et taillé en gradin, dans le rocher, le déversoir. Sur le côté droit, un massif de maçonnerie, qu'enveloppe la digue, contient les bondes de prise d'eau. Celles-ci, au nombre de trois, communiquent au moyen d'un puits vertical avec un aqueduc de fuite, qui se décharge dans la rigole d'amenée des eaux au canal.

La surface occupée par le réservoir est de 125 hectares, y compris une zone de 20 hectares, située au-dessus du niveau du réservoir, et qui doit être boisée de manière à s'opposer, autant que possible, à la descente des terres et des sables que les eaux pourraient entraîner dans le fond du réservoir. Sa capacité est de 5 078 000 mètres cubes. Le bassin de Montaubry ne renferme aucune source de quelque importance, mais on ne saurait évaluer à moins de 11 millions de mètres cubes la quantité d'eau qu'il reçoit annuellement par la pluie.

Digue barrage. — La digue de Montaubry a 6 mètres de largeur en couronne. Sa hauteur, au-dessus du fond de la vallée, est de 16^m,58. Au même niveau, sa largeur est de 55^m,70, et sa longueur sur l'axe de 39 mètres. Elle est surmontée d'un parapet en maçonnerie dont la saillie est de 1^m,20 et dont l'axe est placé à 2^m,25 de la crête du talus extérieur. Ce talus est réglé à un et demi de base pour un de hauteur. Telle est également l'inclinaison générale de chacune des trois parties du talus extérieur que découpent les murs et les bermes de revêtement, et que divisent deux grandes bermes de 2 mètres de largeur formant pa lier. L'une de ces bermes est située à 6 mètres au-dessus du pied de la digue, l'autre à 11 mètres.

Tout le massif de la digue qui se trouve en amont de la crête extérieure repose directement et s'appuie littéralement sur le rocher, purgé au préalable de toute partie tendre. Le plan de fondation est moyennement à 6 mètres au-dessous du fond de la vallée. Trois entailles continues, désignées sous le nom de clefs, font pénétrer ce massif dans le rocher, et s'opposent à toute filtration. Les deux premières ont 1^m,40 de largeur et 1 mètre de profondeur; la troisième a 3 mètres en tous sens.

La partie située en aval de la crête extérieure est établie sur le terrain naturel dont on a fait disparaître toute trace de végétation, et contre le rocher nettoyé aussi bien que possible.

Ces deux parties ont été construites en même temps avec la même terre, que l'on a extraite des terrains voisins de la digue, et qui n'est autre chose que du granit décomposé, dans lequel le rapport du sable à l'argile est d'environ 3 à 2. Le mode de construction diffère seulement en ce que la première, c'est-à-dire la partie d'amont, se compose de couches de 0^m,10 d'épaisseur, que le battage ou la compression a réduite à 0^m,06, et que, pour la partie d'aval, l'épaisseur des couches avant le battage était de 0^m,20, et après de 0^m,14. C'est ce que l'on appelle, au canal du Centre, des terres battues en *corrois* et en *mi-corrois*.

Un gazonnement obtenu par semis et des plantations protègent le talus de cette dernière partie.

Ainsi que cela a été dit plus haut, le revêtement de l'autre partie se compose de murs indépendants et de bermes en maçonnerie. Ces murs sont parallèles

entre eux et à l'axe de la digue Leur hauteur est de 0^m,80, et à l'exception du
seiziéme, contre lequel s'appuie la berme supérieure, chacun d'eux rachète, avec
la berme qui le suit, une hauteur totale de 1 mètre, ainsi répartie :

Hauteur du mur, comme ci-dessus.	0^m,80
Inclinaison de la berme.	0^m,20
Total égal.	1^m,00

A cette hauteur correspond, en projection horizon- tale, sauf au droit des grandes bermes, le fruit du mur.	0^m,60
la largeur de chaque petite berme	0^m,90
Total.	1^m,50

L'épaisseur moyenne de chacun des seize murs est de 0^m,60.

Le premier repose sur une maçonnerie de 2 mètres d'épaisseur, faisant mur
de garde, et pénétrant de 1 mètre dans le rocher au-dessous du plan de fondation de la digue. Tous les autres sont fondés sur un massif de béton de 0^m,40
d'épaisseur et de 0^m,90 de largeur. Des moellons smillés et un couronnement
en pierre de taille forment leur parement.

Les bermes qui les relient sont revêtues d'une couche de béton de 0^m,185 que
recouvre un enduit en bitume de 0^m,015 d'épaisseur. Cet enduit pénètre de
0^m,02 dans le béton, le long du couronnement du mur inférieur et au pied du
mur supérieur.

Le parapet qui surmonte la digue, et sert de garde-vague, est construit en
moellons smillés. Il repose sur un massif en béton de 0^m,35 d'épaisseur et de
0^m,60 de largeur, et porte un couronnement en pierre de taille de 0^m,35 de
hauteur, et de 0^m,60 de largeur qui, de chaque côté, déborde de 0^m,05 le parement en moellons smillés. A droite, ce parapet s'enfonce dans le rocher ; à
gauche il reçoit le garde-corps de la passerelle jetée au-dessus du déversoir.
Vis-à-vis des bondes, il est coupé par deux ouvertures de 0^m,80 de largeur, que
ferment des portes en fer doublées en tôle entre lesquelles on a pratiqué un
coffre en bois destiné à renfermer les ustensiles nécessaires à la manœuvre des
vannes. Sa longueur totale est de 132^m,50.

Le déversoir a 8^m,00 de largeur et est arrasé à . .	15^m,20
au-dessus du fond de la vallée. La hauteur de la digue étant, en y comprenant la saillie du parapet, de.	17^m,78
La revanche est de	2^m,58

Comme la digue, le déversoir est fondé sur le roc vif et résistant. On a dû,
à cet effet, descendre jusqu'à 5 mètres de profondeur la fondation du mur de
garde et des bajoyers. Un arc en béton, jeté entre ceux-ci au-dessus du rocher
fendillé et décomposé, sert de radier. Il est recouvert d'un enduit en bitume et
s'appuie contre une plate-bande en pierre de taille qui couronne le mur de garde.

Les bajoyers servent d'appui à une passerelle, qui se compose d'un tablier
en bois porté par trois fermes en fer forgé, distantes de 0^m,80, et dont les nais-
sances sont placées à 0^m,80 au-dessus du radier du déversoir. Ces fermes sont
reliées, entre elles, par des entretoises, et celle qui est située du côté d'aval
porte un garde-corps.

· *Bondes.* — Les aqueducs ou bondes de prise d'eau sont établis au fond d'un pertuis en maçonnerie de 1ᵐ,60 d'ouverture, qu'accompagnent deux escaliers en pierre de taille ayant chacun 1ᵐ,10 de largeur, et dont les marches ont 0ᵐ,20 de hauteur sur 0ᵐ,30 de foulée. Les trois aqueducs ou bondes sont superposés, et distants de 5 mètres. Ils sont voûtés, et leur voûte en plein cintre a 1 mètre de diamètre. La hauteur de l'aqueduc inférieur est de 2 mètres sous clef. Celle des aqueducs supérieurs est de 1ᵐ,70.

Les trois bondes sont fermées par un châssis en bois, dans lequel est pratiquée l'ouverture de la vanne. Cette ouverture est de 0ᵐ,60 sur 0ᵐ,35. La vanne est également en bois et a 0ᵐ,70 sur 0ᵐ,40; son épaisseur est de 0ᵐ,10. Elle est manœuvrée au moyen d'un cric placé à la hauteur de la grande berme immédiatement supérieure. Les deux premiers crics reposent sur des arcs en maçonnerie, qui traversent le pertuis des bondes; le troisième est fixé sur une plate-forme élevée au niveau du parapet. En amont de chaque vanne sont creusées, dans les bajoyers des pertuis, des rainures destinées à recevoir des poutrelles.

Puits. — Le puits, auquel aboutissent les aqueducs, a 1ᵐ,10 de diamètre, jusqu'à la hauteur de la voûte du troisième aqueduc, et 0ᵐ,90 au-dessus. Il est revêtu en moellons smillés que divisent des assises en pierre de taille placées à la hauteur du radier des bondes et destinées à recevoir le choc de l'eau à laquelle celles-ci donneront passage. Ce puits est fermé, au niveau de la plate-forme de la berme supérieure, par un tampon en fonte. Le massif auquel il appartient, et dont font partie les aqueducs, est noyé dans la digue et renforcé par des contre-forts destinés à empêcher les filtrations qui tendraient à s'établir le long des parements extérieurs.

Aqueducs de fuite. — Une précaution analogue a été prise le long de l'aqueduc de fuite qui forme le prolongement de la bonde inférieure, et qui a les mêmes dimensions qu'elle. Deux anneaux en maçonnerie de 1ᵐ,00 de largeur et de 1ᵐ,00 de saillie forment également obstacle au passage des eaux. Cet aqueduc se termine par un pertuis en maçonnerie à l'extrémité duquel est placé un déchargeoir, de 3 mètres de largeur, fermé par des poutrelles, qui permet d'envoyer en rivière l'eau du réservoir par le lit de l'ancien ruisseau, ou, au besoin, de vider la rigole d'amenée des eaux du canal.

L'aqueduc de fuite se prolonge par une rigole de 512 mètres de longueur, ouverte dans le rocher avec une largeur de 1ᵐ,50 au plafond et une pente de 0,006.

Dépense. — La dépense du réservoir comprend les éléments suivants :

Terrains, 125 hectares.	185.000 francs.
Digues et bondes.	337.000 —
Déversoir.	25.000 —
Total.	547.000 —

Le profil le plus élevé règne sur une longueur de 39 mètres en travers de la vallée; sa hauteur va en diminuant de chaque côté de cette partie médiane, à mesure qu'on remonte à flanc de coteau.

Corrois. — Les corrois ont été exécutés avec des cylindres cannelés en fonte, du poids de 1200 kilogrammes, traînés par deux chevaux; avec ces cylindres, la main-d'œuvre du corroyage est revenue à 0ᶠ,40 par mètre cube, tandis qu'avec les battes elle reviendrait à 1 franc.

Pour lier les couches successives entre elles, on s'est servi d'une herse à dents d'acier.

Le cube des terres de la digue, mesuré après corroyage, a été de 1200 mètres cubes, et la dépense totale faite pour régalage, arrosage au lait de chaux, battage et compression, a été de 0f,80 pour chaque mètre cube. On a obtenu d'excellents résultats.

Bonde à triple prise d'eau. — Les vannes de chacune des trois bondes superposées n'ont que 0m,70 de largeur sur 0m,35 de hauteur; chacune d'elles fonctionne à son tour suivant le niveau de l'eau dans le réservoir. La manœuvre de ces petites vannes est très-facile au moyen de crémaillères en bronze et de crics; les crémaillères peuvent rester sous l'eau sans danger; il n'en est pas de même des crics, ils sont dans des boîtes mobiles qu'on enlève à mesure que l'eau monte et qu'on dépose dans le coffre placé au sommet des bondes.

Les petites vannes en bois correspondent à des aqueducs de beaucoup plus grandes dimens'ons; elles s'appuient donc sur des châssis en bois qui masquent ces aqueducs et qui s'enlèvent facilement, car ils sont maintenus par de simples coins.

Lorsque l'on veut maintenir les eaux du réservoir à une hauteur constante, par exemple entre la première et la seconde bonde, pour faire des réparations au-dessus, il est indispensable d'ouvrir aux eaux un débouché plus grand que celui d'une petite vanne qui est suffisante pour l'alimentation du canal; à cet effet, on place des poutrelles dans les rainures en avant de la bonde inférieure; l'eau comprise entre cette bonde et les poutrelles s'échappe rapidement, on démonte le châssis et la bonde, l'eau du réservoir passe sur les poutrelles qui forment déversoir et s'échappe par l'aqueduc débouché sur toute sa section. Qu'une crue subite arrive, et l'on n'a pas à craindre de voir les eaux dépasser la hauteur qu'on leur a assignée. Cette ingénieuse disposition est due à M. Vallée.

Réservoir de Mittersheim. Digue en terre. Déversoir-siphon. — Le canal des houillères de la Sarre vient s'embrancher sur le canal de la Marne au Rhin, dans le bief de partage des Vosges, au milieu de l'étang de Gondrexange.

Ce canal est alimenté par l'étang de Mittersheim, d'une superficie de 262 hectares, contenant 7100000 mètres cubes, d'une longueur maxima de 4500 mètres; la tranche utilisable pour l'alimentation a une hauteur de 3m,463 et un volume de 5800000 mètres cubes.

Le sol de l'étang est complétement imperméable; il retient les eaux des crues de la Sarre et le produit de l'eau pluviale qui tombe sur un bassin de 2950 hectares, à faible pente et presque entièrement boisé.

La hauteur annuelle de pluie sur ce bassin est de 0m,725; l'évaporation enlève une tranche de 0m,384, l'étang reçoit le volume correspondant à une tranche de 0m,20, le reste est absorbé.

La digue de l'étang de Mittersheim, figure 6, planche LV, a 332m,50 de longueur, 8m,82 de hauteur entre la chaussée qui la surmonte et le seuil de la bonde de fond, et 11m,32 de hauteur maxima entre le sommet du parapet et le plan de fondation du mur de garde d'amont. La chaussée est à 0m,70 au-dessus de la retenue réglementaire; un parapet de 1 mètre la protège contre les vagues.

Le corps de la digue se compose, comme celui de la digue de Montaubry, d'un massif de terre corroyée, protégé à l'amont par un revêtement en maçonnerie formé de gradins ayant chacun un mur incliné et une risberme à faible pente, comme le montre le profil en travers.

Le corroi en terre est formé de terre du diluvium, contenant à peu près autant de sable que d'argile ; cette terre était mélangée d'un peu de chaux hydrau- lique en poudre ou en lait de chaux, suivant le degré d'humidité de la terre. Le carroyage se faisait par un rouleau en fonte pesant 2100 kilogrammes, passant sur des couches successives de 0^m,08 d'épaisseur ; après 12 passages, la compa- cité était suffisante ; dans les angles, on se servait de dames en fonte de 19 kilo- grammes ou de marteaux en bois.

On a employé 12 litres de chaux en poudre par mètre cube de corroi, et la main-d'œuvre de compression au rouleau s'est élevée à 0 fr. 21.

Les gradins devant résister aux glaces, ont une épaisseur de maçonnerie plus grande que celle du réservoir de Montaubry au canal de Bourgogne ; chaque mur repose sur un patin en béton, et a une épaisseur de 0^m,50 en tête et de 0^m,70 au pied ; chaque risberme a une épaisseur de 0^m,30, dont 0^m,18 de béton et 0^m,12 de pavé.

M. l'ingénieur Hirsch a décrit ces travaux dans une note insérée aux *Annales des ponts et chaussées* de 1869. La partie la plus intéressante est le déversoir- siphon, qui sert en même temps à la réglementation et à la vidange de l'étang.

Ce déversoir-siphon a été admis à l'Exposition universelle de 1867 ; les fi- gures 10 et 11 de la planche LII, empruntées au Mémoire de M. Hirsch, en donnent les dispositions principales, et en voici la description prise dans les notices de l'Exposition universelle.

« *Objet du déversoir-siphon.* — Cet ouvrage a pour objet d'évacuer le trop- plein du réservoir de Mittersheim et d'empêcher son plan d'eau de s'élever au- dessus d'une limite déterminée, lorsque surviennent des crues dont l'intensité variable peut atteindre jusqu'à 6me,50 par seconde.

Description. — Il fonctionne comme un véritable siphon, dans toute l'accep- tion scientifique du mot, et se compose essentiellement de deux gros tuyaux convenablement recourbés, de 0^m,70 de diamètre intérieur et 0^m,022 d'épais- seur, accompagnés de deux petits tuyaux auxiliaires, également recourbés, de 0^m,15 de diamètre et 0^m,012 d'épaisseur, qui sont en communication avec eux par la partie supérieure et remplissent le rôle d'amorceurs et de désamor- ceurs.

Tous ces tuyaux communiquent avec le réservoir par leur petite branche ascendante et plongent par leur branche descendante dans un bassin inférieur, situé à l'aval de la digue ; leur coude supérieur est placé au niveau réglemen- taire de l'étang.

Chaque gros siphon, muni de son amorceur spécial, forme d'ailleurs un sys- tème complet, de sorte que l'appareil est double et se compose de deux parties entièrement semblables, mais complétement indépendantes, dont l'une quel- conque peut au besoin être visitée et réparée, sans que l'autre cesse d'être en état de fonctionner.

Tout cet appareil est logé dans un puits couvert qui le met à l'abri de la gelée et des corps flottants ; tous les tuyaux, dont les divers coudes ont un rayon de courbure uniforme de 1^m,44 sur l'axe, y sont, d'ailleurs, disposés de manière qu'on puisse circuler facilement autour d'eux.

Ce puits, de forme carrée, est adossé au parement amont de la digue ; à sa partie inférieure, il est percé de deux ouvertures, l'une dans le mur antérieur, l'autre dans le mur postérieur du puits : la première est généralement ouverte et laisse pénétrer librement l'eau du réservoir dans l'intérieur du puits ; elle ne se ferme qu'en cas de réparations à faire ; la seconde, au contraire, est constamment fermée et ne s'ouvre que pour vider soit le puits, soit le réservoir ; elle sert de bonde de fond et est placée en tête d'un aqueduc de fuite établi sous la digue.

Le mur antérieur du puits est percé, en outre, de deux autres ouvertures placées à 3m,50 de profondeur au-dessous du plan d'eau règlementaire du réservoir ; ces ouvertures servent d'orifices aux branches ascendantes des gros siphons ; elles sont circulaires et fortement évasées en forme de pavillons, afin de supprimer la contraction et les pertes de charge qui en résultent.

Enfin, l'extrémité inférieure de la branche descendante de chaque gros siphon et de chaque amorceur traverse à joint étanche le mur postérieur, et vient plonger à l'aval dans un bassin dont le plan d'eau est à 6m,58 en contre-bas de celui du réservoir et est maintenu à ce niveau par un petit barrage établi en travers de l'aqueduc de fuite.

Tête des amorceurs. — La tête des tubes amorceurs ne s'ouvre pas directement dans le grand réservoir, comme celle des gros siphons ; elle se trouve dans l'intérieur même du puits et y est disposée de manière que son orifice d'entrée ne soit complètement noyé que lorsque le plan d'eau s'élève à plus de 0m,005 au-dessus de son niveau règlementaire.

Cette tête, largement évasée dans le sens horizontal, est munie d'une cloison ou paroi mobile intérieure qui tourne autour d'un axe vertical et qui permet de réduire ou d'augmenter à volonté l'ouverture de l'entrée, sans produire aucun changement brusque de section et en conservant toujours un évasement progressif bien ménagé.

Tout le système de cette tête peut, en outre, s'élever ou s'abaisser d'une seule pièce dans un joint étanche à dilatation libre.

En employant séparément ou en combinant entre eux chacun de ces deux moyens de règlement, et en les appliquant d'une manière plus ou moins différente à chacun des deux groupes de siphons, on peut faire varier dans des limites très-étendues la marche et le débit de l'appareil et, par conséquent, l'approprier le mieux possible aux besoins du service et au régime du cours d'eau retenu.

Ce règlement se fait, d'ailleurs, une fois pour toutes, et l'appareil fonctionne ensuite d'une manière tout à fait automatique, sans qu'on ait besoin de s'en occuper.

Marche de l'appareil. — L'appareil est habituellement inactif, parce que, généralement, le plan d'eau du réservoir se trouve au-dessous de son niveau règlementaire ; mais il entre immédiatement en fonction pour peu que ce niveau soit dépassé.

Tout d'abord, et tant que la surélévation n'atteint pas 0m,005, l'écoulement ne s'opère que par simple déversement ; mais dès que la hauteur ci-dessus de 0m,005 est atteinte, l'amorcement commence.

A ce moment, en effet, l'orifice d'entrée des petits siphons étant complètement noyé, l'appareil cesse complètement d'être en communication avec l'air extérieur ; le mouvement de l'eau entraîne alors tout l'air enfermé dans les petits siphons et aspire celui contenu dans les gros ; il en résulte que la pression de l'air diminue rapidement à l'intérieur et que la vitesse et le débit de l'eau augmentent très-vite. Mais bientôt il se produit un autre phénomène qui empêche la diminution de pression intérieure et l'augmentation correspondante de la vitesse de l'eau de continuer à s'accroître, et qui les arrête à une certaine limite d'équilibre pour chaque hauteur du plan d'eau.

En effet, la vitesse que prend l'eau en entrant dans les petits siphons détermine forcément, aux abords de cette entrée, une petite dénivellation ou dépres
sion partielle dans le plan d'eau ; cette dépression, qui s'approfondit de plus en
plus sous forme de tourbillon, au fur et à mesure que la vitesse de l'eau augmente, atteint et découvre bientôt une partie de l'orifice des petits siphons ; une
certaine quantité d'air peut alors rentrer dans l'appareil et y détermine un relèvement de la pression de l'air intérieur, et, par suite, une diminution de la
vitesse de l'eau ; mais, à leur tour, ce relèvement de la pression intérieure et
cette diminution de la pression de l'eau ne peuvent dépasser une certaine limite ; autrement la dépression aux abords de l'entrée des petits siphons tendrait
à s'effacer au fur et à mesure que la vitesse de l'eau diminuerait, et cette
entrée se retrouverait bientôt entièrement noyée ; dès lors, il y aurait, de nouveau, de l'air entraîné sans qu'il y ait d'air extérieur introduit, ce qui reprodui-
rait immédiatement les premiers effets indiqués, c'est-à-dire une nouvelle diminution de pression intérieure et une nouvelle augmentation de la vitesse de l'eau.

Ces deux tendances opposées produisent, après quelques oscillations, un état
stable d'équilibre et un régime permanent dans lequel il y a écoulement simultané d'eau et d'air, et dans lequel la pression de l'air intérieur est d'autant
plus faible et le débit d'eau d'autant plus fort que la surélévation du plan d'eau
est plus grande. Lorsque cette surélévation atteint 0^m,03, toute introduction et
tout écoulement d'air cessent, et les siphons débitent alors à gueule-bée.

Le débit en eau de l'appareil croît ainsi au fur et à mesure que le plan d'eau
du réservoir s'élève ; il est de 7 mètres par seconde lorsque la surélévation est
de 0^m,05.

A partir de ce moment, le débit évacué par l'appareil est égal et même un
peu supérieur au plus fort débit que les crues puissent faire entrer dans le réservoir ; le plan d'eau ne peut plus, par conséquent, s'élever davantage ; sa surélévation maxima au-dessus de son niveau réglementaire est ainsi limitée
à 0^m,05.

Lorsque la crue diminue, puis cesse, les phénomènes s'opèrent dans l'ordre
inverse ; le plan d'eau s'abaisse peu à peu, la pression de l'air intérieur s'élève
et le débit diminue jusqu'à ce que, enfin, le plan d'eau soit redescendu à son
niveau réglementaire, moment à partir duquel l'appareil se désamorce entièrement et rentre dans le repos.

Avantages sur les autres systèmes. — Un des principaux avantages du déversoir-siphon de Mittersheim est d'être un appareil entièrement fixe qui, en temps
ordinaire, ne laisse pas échapper la moindre quantité d'eau et qui, en temps
de crue et au moment précis du besoin, fonctionne d'une manière tout à fait automatique sans l'intervention d'aucune espèce de manœuvre.

Ce système a paru préférable aux déversoirs ordinaires de superficie, qui
laissent perdre beaucoup d'eau par les vagues et qui, à moins d'avoir une
grande longueur (inadmissible ici), ne peuvent évacuer les crues qu'au moyen
de vannes additionnelles manœuvrées par un garde dont la négligence peut occasionner les plus graves désastres.

Il a paru préférable aussi aux vannes automobiles, dont l'étanchéité est toujours plus ou moins imparfaite, et dont les articulations et autres organes se
soudent par oxydation pendant leurs longs intervalles de repos, et se trouvent
ainsi, au moment du besoin, dépourvues de toute sensibilité, si même elles ne
sont pas alors complètement hors d'état de fonctionner.

L'emploi des siphons fixes pour évacuer le trop-plein des biefs ou réservoirs n'est pas une idée entièrement nouvelle ; elle a été émise, il y a déjà longtemps, par M. l'ingénieur Girard, membre de l'Institut, et a même reçu une première application.

Mais les appareils qui ont été construits se composaient exclusivement de gros siphons dont l'amorcement et le désamorcement complets exigeaient de très-grandes variations du plan d'eau, soit au-dessus, soit au-dessous de son niveau réglementaire, ce qui présente un double inconvénient, parce que, d'une part, le grand exhaussement du plan d'eau peut compromettre les digues, et que, d'autre part, son grand abaissement fait perdre une portion importante de la réserve d'eau emmagasinée pour les besoins de la navigation.

Ce double inconvénient a été complétement évité dans les appareils de Mittersheim par l'addition des petits siphons auxiliaires qui remplissent le rôle d'amorceur et de désamorceur et qui, pour toutes les phases de leur jeu, n'exigent, ainsi qu'on l'a vu, qu'une variation de $0^m,05$ dans le plan d'eau, c'est-à-dire une variation des plus minimes.

Cette innovation est due à M. l'ingénieur ordinaire Hirsch.

Le déversoir-siphon et les autres ouvrages du réservoir de Mittersheim ont été projetés et construits sous la direction de M. Bénard, ingénieur en chef, par M. Hirsch, ingénieur ordinaire.

Digue en terre du réservoir de Panthier. — Le réservoir de Panthier est un de ceux qui concourent à l'alimentation du canal de Bourgogne.

Il ne contenait autrefois que 1 800 000 mètres cubes ; il a été remanié dans ces dernières années de manière à renfermer aujourd'hui 8 millions de mètres cubes.

La planche LIII donne la disposition de l'ancienne digue avant sa surélévation. C'est un modèle de digue pour retenue de faible hauteur.

La retenue normale n'était que de 7 mètres ; la hauteur de la digue était de 9 mètres ; elle était limitée, du côté d'aval, à un talus gazonné de 2 de base pour 1 de hauteur et, du côté d'amont, à un perré maçonné de $0^m,50$ d'épaisseur, incliné à 5 de base pour 2 de hauteur.

Les figures donnent les dispositions de la bonde de fond, de la tour et du puisard qui servent à la manœuvre, ainsi que la disposition du déversoir de décharge. Les dessins sont suffisamment clairs pour que nous n'entrions pas dans une description plus détaillée.

Mais nous reproduirons la notice publiée par le ministère des travaux publics lors de l'Exposition de Vienne de 1873, notice dans laquelle sont exposées les dispositions prises pour l'agrandissement du réservoir de Panthier.

« Cinq grands réservoirs ont été construits dans le voisinage de Pouilly-en-Auxois, pour servir à l'alimentation du bief de partage et des deux branches du canal de Bourgogne, sur le versant de la Saône et sur le versant de l'Yonne.

La capacité de ces réservoirs est de 20 145 000 mètres cubes. Cette capacité ayant été reconnue insuffisante pour assurer à la navigation un mouillage normal de $1^m,80$, l'administration a dû songer à l'augmenter, soit en agrandissant deux des réservoirs actuels, soit en établissant un nouvel ouvrage de ce genre dans la partie moyenne du versant de l'Yonne, de manière à porter le volume d'eau disponible à 30 000 000 de mètres cubes.

L'agrandissement du réservoir de Panthier a été terminé en 1873. Le nouveau réservoir pourra contenir 8 000 000 de mètres cubes, qui serviront exclusivement à l'alimentation des biefs du versant de la Saône. Sa superficie embrasse 150 hectares, et celle du bassin dont il reçoit les eaux est de 30 kilomètres carrés, pouvant fournir annuellement 11 000 000 de mètres cubes d'eau, à raison de 375 000 mètres par kilomètre carré, ainsi que l'ont démontré de longues observations locales.

Le réservoir de Panthier est établi dans le vallon où coule le ruisseau dont il tire son nom. Il affecte en plan la forme générale d'une ellipse, et se trouve limité à droite et à gauche par des coteaux, en amont et en aval par deux digues en terre qui s'y enracinent.

Une rigole, de 3370 mètres de longueur, y amène les eaux dérivées du ruisseau d'Échannay et de quatre ruisseaux secondaires; un cinquième ruisseau, celui de Panthier, débouche directement dans le réservoir.

Les eaux du réservoir sont conduites dans le canal, au bief n° 10 du versant de la Saône, par une rigole de 2500 mètres. dans laquelle débouchent les deux aqueducs et rigoles d'alimentation.

Digue principale. — La digue principale du réservoir est construite en terre corroyée avec soin. Elle a 1250 mètres de longueur, 4ᵐ,70 de largeur en couronne, et 13 mètres de hauteur au-dessus du terrain naturel dans sa partie centrale, laquelle mesure 350 mètres de longueur environ, et 70 mètres de largeur à la base. La hauteur de la retenue au-dessus du radier de l'aqueduc de vidange est de 13ᵐ,60, et la revanche de la digue, au-dessus du plan d'eau, de 1ᵐ,70, non compris 0ᵐ,80 de parapet. Le talus extérieur de la digue est incliné à 2 mètres de base pour 1 mètre de hauteur; son talus intérieur a 2ᵐ,26 de base pour 1 de hauteur. Le premier est gazonné, le second est revêtu d'un perré de 0ᵐ,50 d'épaisseur, maçonné en mortier, étagé par 4 gradins successifs, avec autant de banquettes de 3 mètres de largeur. La digue est en outre protégée par un mur d'étanchement de 1ᵐ,50 d'épaisseur, descendu jusqu'à la masse rocheuse du lias, dans laquelle on l'a encastré de 0ᵐ,50, et par une risberme de 6 mètres de largeur.

Enfin, pour limiter les glissements possibles, on a construit, à 40 mètres de distance les unes des autres, des cloisons en maçonnerie, de 1ᵐ,50 d'épaisseur, supportées par deux larges arceaux.

Tour de prise d'eau et aqueduc de vidange. — L'ancienne tour de prise d'eau, qui occupait la partie centrale de la digue, a été dérasée au niveau de la seconde banquette.

Elle servira désormais à débiter la tranche d'eau inférieure du réservoir, sur 6 mètres de hauteur au-dessus du radier de l'aqueduc de vidange. Cet aqueduc a été prolongé, à cet effet, d'environ 30 mètres en aval et de 5 mètres en amont.

La nouvelle tour a été construite vers l'extrémité droite de la digue, et assise sur le coteau par motif de solidité et d'économie. Elle n'a que 10 mètres de hauteur au-dessus de la fondation. Elle comprend :

1° Un déversoir de superficie de 4 mètres de longueur, recouvert par une voûte et par une calotte surbaissées, qui supportent la plate-forme de l'ouvrage sur laquelle seront disposés les crics servant à la manœuvre des deux vannes supérieures.

2° Deux pertuis de prise d'eau, de 0ᵐ,70 de largeur sur 1 mètre de hauteur, ayant leur seuil à 3 mètres en contre-bas de la retenue, et puisant directement l'eau dans le réservoir.

3° Un troisième pertuis de prise d'eau, ayant même section que les précédents et son seuil placé à 4ᵐ,50 plus bas, soit 7ᵐ50, en contre-bas de la retenue. Ce pertuis communique avec le réservoir par un long aqueduc voûté ayant 1 mètre de largeur et 1m,80 de hauteur sous clef.

4° Un grand puits demi-circulaire, de 4 mètres de diamètre, dans lequel viennent tomber les eaux du déversoir de superficie, celles des trois pertuis de prise d'eau, enfin celles du vallon de Panthier, qui autrement s'accumuleraient en amont de la digue secondaire et mineraient de vastes prairies que l'on a dû conserver à l'agriculture.

Un grand aqueduc, de 520 mètres de longueur sur 1 mètre de largeur et 1m,80 de hauteur sous clef, amène dans ce puits les eaux dont il s'agit. Il est construit à flanc de coteau, dans l'intérieur même du réservoir, et à son ouverture d'amont, en dehors et près du point d'attache de la digue secondaire. Enfin toutes les eaux que reçoit le puits de la tour sont évacuées par un aqueduc suivi d'une rigole maçonnée qui les amène jusqu'à la rigole d'Esbordes, laquelle les rejette dans le canal du bief n° 10 du versant de la Saône.

Digue secondaire. — La digue secondaire limite en amont le bassin du réservoir, en vue de conserver d'excellents et vastes prés à l'agriculture et de ne point créer de marais préjudiciables à la salubrité publique. Elle a 1200 mètres de longueur, 4m,50 de largeur en couronne avec talus inclinés à 2 de base pour 1 de hauteur, et s'élève à 1m,50 au-dessus du plan de la retenue. Sa hauteur maxima est de 6 mètres sur 2 de longueur environ; en cette partie elle mesure 28m,50 de largeur à la base.

Le talus extérieur est gazonné et le talus intérieur revêtu d'un perré maçonné ayant 0m,50 d'épaisseur moyenne.

La digue secondaire est traversée par un aqueduc de fond qui amène dans le réservoir les eaux du vallon de Panthier, et par une rigole de superficie qui y introduit celles du ruisseau du même nom. L'ensemble de ces ouvrages constitue la prise d'eau secondaire de Panthier.

Rigole de remplissage. — La rigole de remplissage a 3 370 mètres de longueur entre la prise d'eau d'origine, construite sur le ruisseau d'Echannay, et son entrée dans le réservoir. La pente totale, qui est de 9m,70, se trouve rachetée par quatre chutes verticales et par cinq parties successives dont la pente varie de 0m,0025 à 0m,0042 par mètre. La section transversale de cette rigole a 2m,50 de largeur au plafond, avec talus inclinés à 1 1/2 de base pour 1 de hauteur et une profondeur moyenne de 1m,70. Deux digues de 2 mètres de largeur en couronne avec talus ordinaires à 1 1/2 complètent cette section.

Le débit de la rigole peut s'élever de 2m,76 à 8m,04 par seconde, avec une vitesse de 0m,50 à 2m.06, à mesure que le produit de la prise d'eau principale se grossit de celui des prises d'eau secondaires fournies par les affluents du ruisseau d'Echannay. Pour protéger la rigole contre les affouillements, on a dû revêtir son plafond d'un radier et ses talus de perrés maçonnés.

La rigole de remplissage traverse en souterrain plusieurs routes ou chemins, ainsi qu'un contre-fort de 250 mètres d'épaisseur. Elle reçoit dans son parcours les eaux de quatre ruisseaux assez importants, dont la traversée a nécessité la construction d'ouvrages d'art assez compliqués qui devaient satisfaire à la condition de laisser passer les eaux des crues sous la rigole ou de les recevoir à volonté dans celle-ci. De là, la nécessité d'établir un déversoir régulateur avec vanne complémentaire de décharge; un pertuis avec vanne de prise d'eau dans la levée droite de la rigole; une chute sur cette rigole immédiatement après le passage du ruisseau; enfin un pont pour le rétablissement des communications locales.

L'établissement du nouveau réservoir de Panthier a donc nécessité la construction d'ouvrages difficiles, compliqués et aussi nombreux que variés.

De l'ancien réservoir il n'a été conservé que le noyau en terre de la digue, qui a été incorporé dans la nouvelle digue, et l'aqueduc de vidange qu'on a dû prolonger de 55 mètres environ.

La dépense de cet ensemble d'ouvrage s'élève à 1 900 000 francs, savoir :

Travaux à l'entreprise. . . . .   1,231,000 francs.
Dépenses en régie. . . . .   311,000 —
Indemnité de terrain.. . . . .   358,000 —
                                              _____
        Total pareil. . . . . . .   1,900,000 —

Les projets du réservoir de Panthier ont été rédigés, sous la direction de M. l'ingénieur en chef Chenot, par l'ingénieur ordinaire Bazin.

3° BARRAGES EN MAÇONNERIE

Pour les barrages en maçonnerie, nous décrirons le barrage des Settons, sur l'Yonne, le barrage du Furens près Saint-Étienne et celui du Ban près Saint-Chamond.

Barrage en maçonnerie des Settons (Yonne). — La navigation d'été ne se faisait autrefois sur l'Yonne qu'au moyen des éclusées que nous connaissons déjà.

Dès la fin du siècle dernier, on avait projeté la création, dans la partie haute de la vallée, de réservoirs destinés à emmagasiner l'excès des eaux d'hiver pour le faire servir aux éclusées d'été. En 1846, la création du réservoir des Settons, près Montsauche-en-Morvan, fut décidée ; le travail, commencé en 1855, fut terminé en 1858 par M. l'ingénieur Cambuzat.

Le réservoir comprend une superficie de 400 hectares, et contient 22 millions de mètres cubes avec une retenue maxima de 18 mètres de hauteur. Le bassin peut se remplir deux fois par an ; c'est donc 44 millions de mètres cubes que l'on emploie au mieux des intérêts de la navigation. Le réservoir des Settons est à l'altitude de 568 mètres, il correspond à un bassin granitique imperméable sur lequel il tombe annuellement 1m,70 de pluie.

La figure 4 de la planche LIV représente la coupe transversale du barrage des Settons, coupe faite sur l'axe de l'aqueduc de fond.

« La vaste plaine des Settons est admirablement bien disposée pour l'établissement d'un grand réservoir ; elle se termine vers l'aval par une gorge étroite dans laquelle a été construit le barrage de retenue : ce barrage est un simple mur de maçonnerie brute de granit avec mortier hydraulique encastré dans le rocher granitique ; les couronnements des parapets, les angles des épanchoirs, etc., sont en pierre de taille de granit. L'épaisseur de ce mur est de 4m,88 au couronnement et de 11m,40 à la base avec un fruit de 0m,44 par mètre à l'amont et de 0m,303 par mètre à l'aval. Sur le parement d'aval sont adaptés des pilastres de 0m,50 d'épaisseur destinés à couper le nu de cette grande surface.

La longueur du barrage au couronnement est de 271 mètres, et la hauteur totale entre le radier de la bonde de fond et le dessus du couronnement est de

20 mètres. Sur ce couronnement d'aval a été élevée une belle croix en granit qui a été bénite le jour de l'inauguration du réservoir, le 13 mai 1858.

Le barrage est percé par trois systèmes d'aqueducs ou épanchoirs, placés l'un au fond, l'autre à 6 mètres et le troisième à 12 mètres de hauteur ; chaque épanchoir est formé de cinq aqueducs ayant 0^m,70 de largeur et 1 mètre de hauteur, et ces aqueducs sont fermés par des vannes en bois qu'on manœuvre avec des crics, en se plaçant sur des plates-formes ménagées à l'amont du barrage. Pour les deux premiers épanchoirs les supports des crics sont fixés au mur ; mais le cric est mobile et on le descend du haut du barrage à l'aide d'une chaîne et d'une potence mobile ; on l'applique sur des coulisses qui permettent de le présenter au-dessus de chaque tige des ventelles qu'il embrasse au moyen d'un encliquetage ; on remonte ce cric avec la chaîne et la potence ; à l'épanchoir supérieur sont adaptés cinq cris fixes qui sont toujours au-dessus de l'eau.

L'épanchoir de superficie est formé de deux aqueducs ayant chacun 3 mètres d'ouverture et fermé par des poutrelles que l'on place à volonté.

Enfin à la sortie du déversoir et des deux épanchoirs supérieurs sont creusées des rigoles de fuite qui se réunissent dans le lit même de la Cure sur lequel est établi le premier épanchoir, celui du fond.

Un gardien intelligent manœuvre seul les épanchoirs ; il prend un aide pour manœuvrer les poutrelles du déversoir. Des ordres sont expédiés d'Auxerre à cet agent pour la quantité d'eau qu'il doit lâcher par seconde et pour la durée des lâchures ; on lâche ordinairement de 5 mètres cubes à 10 mètres cubes par seconde ; au delà de 10 mètres cubes l'eau causerait de trop grands désastres sur les propriétés riveraines en aval.

Depuis sa construction le barrage du réservoir des Settons n'a pas éprouvé le moindre mouvement, et cependant il a supporté plusieurs mois de suite la charge entière de 18 mètres. Immédiatement après sa mise en eau, c'est-à-dire en 1858 et 1859, il se manifesta au parement d'aval quelques suintements jusqu'à une hauteur de 9 à 10 mètres ; mais depuis la fin de l'année 1859 ils ont complètement disparu.

Bien que le réservoir n'ait été établi que pour favoriser le flottage et la navigation sur la rivière d'Yonne pendant l'été, c'est-à-dire à l'époque des basses eaux, il est cependant appelé à rendre d'autres services importants. Ainsi, comme on l'a dit plus haut, on donne chaque hiver, par pure tolérance, il est vrai, de 3 à 5 millions de mètres cubes d'eau au commerce pour faire écouler ses bois flottés à bûches perdues sur la rivière de Cure. De plus les nombreuses usines situées sur cette rivière, et qui jadis chômaient l'été, sont maintenant en grande activité toute l'année. Enfin si le réservoir n'est pas plein au moment d'un violent orage ou d'une grande pluie de plusieurs jours, il peut avoir une certaine action sur une crue de la Cure et même de l'Yonne ; mais il est malheureusement trop près de la source de la Cure (à 14 000 mètres), pour que son influence sur les crues soit très-considérable ; quand même le réservoir serait plein, comme il y a une revanche de 2 mètres au-dessus du niveau normal de la retenue et comme le barrage est fort solidement établi, il n'y aurait pas de danger à emmagasiner pour quelques jours seulement les eaux d'un orage exceptionnel, en ne laissant pas monter l'eau de plus de 1 mètre au-dessus du niveau normal de la retenue ; on arrêterait ainsi un volume d'eau de 4 à 5 millions de mètres cubes ; comme le bassin de la Cure en amont a une superficie de 4 400 hectares, cela correspondrait à une hauteur d'eau pluviale de

$0^m,10$; or on a remarqué que cette hauteur est celle que donne dans ces contrées le plus violent orage ou une forte pluie de plusieurs jours.

Barrage du gouffre d'Enfer (Furens). — Le Furens est une rivière torrentielle qui traverse la ville de Saint-Étienne. On a établi sur sa partie supérieure, au lieu dit le Gouffre-d'Enfer, un réservoir destiné :

1° A mettre fin aux inondations périodiques de la ville ;

2° A fournir en été le complément d'eau nécessaire à l'alimentation de Saint-Étienne ;

3° A augmenter en été le débit du Furens pour éviter le chômage des usines. Ce réservoir est donc un puissant régulateur du débit de la rivière.

Nous avons décrit, dans notre *Traité des distributions d'eau*, les travaux exécutés à cet effet par la ville de Saint-Étienne ; il nous reste à parler des travaux du barrage proprement dit. Nous prendrons pour guide la notice publiée par M. l'ingénieur en chef Graëff ; nous rappellerons ici que les calculs du profil ont été faits par M. Delocre, et que M. Conte Grandchamps avait rédigé l'avant-projet.

La figure 1 de la planche LI donne, d'après M. de Montgolfier, le plan général u réservoir et de ses annexes ; les figures 2 à 4 de la planche LI représentent les plan, coupe et élévation du barrage.

Le barrage, de 50 mètres de hauteur, est au point B du plan ; en A est la ventellerie de prise d'eau, établie dans le lit naturel du Furens, comprenant cinq vannes pour alimenter le réservoir par l'ancien lit du Furens, et cinq autres pour jeter les eaux dans le canal de dérivation ACGD qui est le nouveau lit du Furens et qui rejoint l'ancien au point D.

Un tunnel EH, perçant le contre-fort qui sépare la vallée du Furens de la vallée secondaire d'Issertine, sert à la vidange du réservoir ; ce tunnel renferme deux conduites en fonte de $0^m,40$ de diamètre, engagées à leur origine dans un bouchon en maçonnerie de 11 mètres de longueur qui isole le surplus du tunnel du réservoir.

Au point H les conduites débouchent dans un puisard qui envoie les eaux, soit à gauche dans un canal de prise d'eau des usines destiné à augmenter le débit du Furens, soit à droite dans un canal couvert s'embranchant avec l'aqueduc des eaux de la ville.

Au-dessus du tunnel de fond EH en est percé un autre FG, qui n'est qu'à $5^m,50$ au-dessous du niveau maximum de la retenue et qui débouche dans le canal de dérivation ; il sert à évacuer rapidement, après chaque crue, la tranche supérieure du réservoir, de $5^m,50$ de hauteur, cette hauteur devant toujours rester libre pour emmagasiner le produit d'une crue rapide. Ce tunnel est fermé en tête par une vanne qui se manœuvre d'en haut.

En crue le débit du Furens s'élève à 151 mètres cubes par seconde, et l'inondation de Saint-Étienne commence au débit de 93 mètres cubes. Tout le volume écoulé au delà de ce débit doit être emmagasiné ; la courbe des débits et des temps donne pour la valeur de ce volume 205 000 mètres cubes lors des crues étudiées. La hauteur de $5^m,50$, réservée au-dessus du niveau normal, correspond à un cube de 400 000 mètres, cube calculé sur un relevé exact des courbes de niveau du terrain.

Le réservoir étant rempli jusqu'à la hauteur maxima de 50 mètres, contient 1 600 000 mètres cubes ; retranchant les 400 000 mètres cubes qui doivent toujours rester disponibles pour l'emmagasinement des crues, il reste 1 200 000 mètres cubes de capacité à utiliser.

Le bassin du Furens, de 2500 hectares de superficie, recevant annuellement 0m,85 d'eau, ne donne au thalweg que 0.65 de ce qu'il reçoit, soit 14 millions de mètres cubes par an. La ville de Saint-Étienne prend 150 litres par seconde, soit 5 millions de mètres cubes par an; reste 9 millions pour les usines, ce qui leur donnerait un volume régulier de 300 litres par seconde, si le réservoir était un régulateur parfait, c'est-à-dire s'il pouvait à chaque seconde soit emmagasiner l'excès de 300 litres, soit combler le déficit.

En réalité. pendant l'année 1869, le réservoir a permis de maintenir, pendant une sécheresse de 120 jours, le débit du Furens au chiffre de 200 litres par seconde.

Cela n'est pas suffisant, surtout en présence des besoins croissants de la ville, et, pour parfaire le système hydraulique de la vallée, on vient de construire un second réservoir en aval du premier, au pas du Riot, réservoir de 1 300 000 mètres cubes de capacité.

Examinons maintenant en détail les diverses parties du réservoir du Furens:

Ventellerie de prise d'eau. — Les dix vannes ont 1m,50 de large et 2m,50 de hauteur; elles correspondent à un viaduc de dix arches du haut duquel se fait la manœuvre; les vannes sont en tôle de 0m,01 d'épaisseur, renforcée par cinq cornières horizontales portant à leurs extrémités des tasseaux en fonte guidant la vanne dans des coulisses en fonte rabotée; la cornière inférieure porte une fourrure en bois de chêne s'appliquant sur un seuil en chêne pour obtenir une fermeture étanche. Ces vannes ont coûté 0r,80 le kilogramme mises en place.

Lorsque le niveau du réservoir est au-dessous de 44m,50, les cinq vannes du réservoir sont seules ouvertes, tout le débit du Furens est absorbé et c'est le réservoir qui se charge d'alimenter les usines. Quand le niveau de 44m,50 est atteint, on ferme les cinq vannes précédentes et on ouvre les cinq vannes du canal de dérivation; celui-ci fonctionne seul tant que la hauteur de l'eau n'y arrive pas à 2 mètres, hauteur qui correspond à un débit de 90 mètres cubes à la seconde. Lorsque cette hauteur tend à être dépassée, on ouvre progressivement les vannes du réservoir qui constituent alors un ouvrage de décharge destiné à assurer la constance du niveau dans le canal de dérivation.

La ventellerie de prise d'eau a coûté 56 000 francs.

Canal de dérivation. — Le canal de dérivation a une largeur de 5m,50 au plafond, une profondeur de 3 mètres et une pente de 0,012. Il est établi en grande partie dans le rocher, sauf sur une certaine longueur soutenue par un mur. Il a coûté 350 000 francs.

Ce canal aurait pu être évité; il suffisait de recevoir toujours le Furens dans le réservoir et d'assurer l'écoulement par le tunnel de vidange convenablement élargi; mais on était alors forcé d'introduire dans le réservoir même les eaux troubles qu'on laisse aller par le canal de dérivation.

C'est ce qui a été fait au réservoir de Saint-Chamond; mais pour diminuer les dépôts dans le grand réservoir, on reçoit d'abord les eaux dans un bassin antérieur d'épuration formé par un barrage de 8 mètres de hauteur.

Tunnel inférieur. — Le tunnel inférieur est ouvert à 8 mètres au-dessus du fond du réservoir; il a 2 mètres de hauteur sous clef et 1m,80 de large, avec une pente de 0,0001; il renferme deux grosses conduites de 0m,40 de diamètre et une autre plus petite de 0m,216. Ces conduites sont encastrées près du réservoir dans un bouchon en maçonnerie occupant 11 mètres de longueur du tunnel. Il va sans dire que ces conduites sont munies de robinets-vannes chargés de régler le débit; en tête des conduites sont des valves de sûreté que l'on peut

manœuvrer du haut du réservoir afin de parer aux accidents qu'entraînerait u e
rupture de conduite.

Le tunnel de vidange a coûté 102 000 francs.

Tunnel supérieur. — Le tunnel supérieur, à 44^m,50 en contre-haut du fond,
a une longueur de 65 mètres, une hauteur de 1^m,95 et une largeur de 1^m,50
Il est fermé en tête par une vanne en tôle de 1^m,50 de large sur 2 mètres de
haut, dont le treuil de manœuvre se trouve dans la chambre qui contient aussi
les appareils de manœuvre des valves de sûreté.

Le tunnel supérieur a coûté 18.000 francs.

Massif du barrage — Il est entièrement en maçonnerie. « Son profil trans -
versal, dit M. de Montgolfier, est formé, à l'amont et à l'aval, par des arcs de
cercle tangents ou des lignes droites. Il présente à l'amont deux retraites de 1^m,25,
l'une à 2 mètres au-dessus du fond de la vallée, l'autre à 5 mètres, et une troisième retraite de 2^m,465 à 47 mètres en contre-haut du fond, soit à 2^m,50
au-dessus du niveau de la retenue permanente. Le parement d'aval ne présente
qu'une retraite de 4^m,30 à 47 mètres en contre-bas de la chaussée du barrage.
A 0^m,90 au-dessus de cette retraite, l'épaisseur du barrage est de 35^m,70.

« Le mur de garde qui surmonte ce massif a 5 mètres de hauteur, 5^m,75 de
largeur à la base et 5 mètres d'épaisseur au sommet qui est fixé à 2 mètres en
contre-haut de la retenue maxima. »

Les pressions aux diverses hauteurs, sur les parois extérieures du massif,
sont calculées et inscrites sur le profil en travers, figure 4. — Elles ne dépas
sent nulle part 6^{kg},50 par centimètre carré.

Plan du barrage. — Le barrage est sur plan courbe ; sa convexité est tour...
vers l'amont ; l'axe de la chaussée supérieure est un arc de cercle de 252^m, 0
de rayon, ayant 100 mètres de corde et 5 mètres de flèche. Le massif est un solide de révolution à axe vertical, de sorte que chaque section horizontale est
limitée à deux arcs de cercle faciles à déterminer. L'implantation de l'ouvrage
et le tracé de chaque section horizontale et des gabarits a été fait avec le plus
grand soin.

Maçonnerie. — Le massif est en maçonnerie ordinaire ; les parements c nsti-
tuent un opus incertum formé de moellons de choix, ayant 0^m,35 à 0^m,4 de
queue. Il n'y a en pierre de taille que l'arête amont du massif et le couronnement du mur de garde.

Sur le parement d'aval, on voit neuf rangs de corbeaux en pierre de taille
de 0^m,35 d'équarrissage et de 0^m,80 de queue, faisant saillie de 0^m,40 sur le
parement. Ces corbeaux sont disposés en quinconce et les rangs espacés
de 4^m,60.

Sur le parement d'amont, il y a treize lignes d'anneaux en fer espacé s de
4 mètres. Les figures 2 et 4, planche LI, donnent les détails du couronnement et de la plinthe, ainsi que la disposition des arcades et culs-de-lampe
supportant la plinthe.

Dans des ouvrages d'une telle hauteur, on n'a jamais à craindre d'accuser
trop fortement la saillie et la vigueur du couronnement.

Les parapets laissent entre eux une chaussée de 2^m,04 de largeur, flanquée
de deux trottoirs de 0^m,44.

Pour faciliter la construction du barrage, il fallait d'abord détourner les eaux ;
on a donc commencé par construire le canal de dérivation et la ventellerie de
prise d'eau.

Les fouilles ont été entreprises alors ; le barrage repose sur un granit fissuré.

On a enlevé toutes les parties tendres ou adh... entes, et la fouille a été approfondie de 1 mètre près des parements amont et aval afin de réaliser un solide
encastrement.

Les maçonneries, commencées en 1862, ont été exécutées par assises de 1ᵐ,50
de hauteur, s'étendant sur toute la surface pour éviter des tassements inégaux
et des déchirures.

« Les moellons employés variaient de ½ à 1/10 de mètre cube ; ils étaient posés
sur bain soufflant de mortier, bien assujettis au marteau les uns après les autres et calés dans tous les sens à l'aide de petites pierres mises constamment à
la disposition de chaque maçon, et qu'on enfonçait dans les joints. Un moellon
n'était abandonné que lorsqu'il ne remuait plus sous le pied. Les maçons travaillaient tous à la même assise qu'ils élevaient de toute sa hauteur sur 1ᵐ,50;
ils avaient soin de placer à la partie supérieure des pierres de choix ou bornes,
qui étaient solidement encastrées dans le massif et présentaient des saillies
de 0ᵐ,30 à 0ᵐ,40 de hauteur, destinées à assurer la liaison de l'assise exécutée
avec la suivante.

« Lorsqu'une assise était terminée et qu'on en recommençait une autre, on
nettoyait profondément les joints des pierres, on enlevait toutes les parties de
mortier non adhérentes, et on lavait avec soin la surface ; chaque maçon pré-
parait ainsi 2 ou 3 mètres carrés de surface, et c'était sur cette surface fraîche-
ment lavée et toujours vérifiée avec soin par les surveillants qu'il établissait sa
maçonnerie. »

La maçonnerie des parements, exécutée toujours par les mêmes ouvriers, était
élevée de 1ᵐ,50 avant la maçonnerie de remplissage. Les moellons de parement
bien calés en queue et bien adaptés les uns aux autres ne laissaient point sur
la face vue des joints supérieurs à deux ou trois centimètres.

Au contact de la maçonnerie et du rocher, partout où on a rencontré des fissures, on les a ouvertes et on les a remplies avec un mortier à parties égales de
ciment de Vassy et de sable. La surface entière du rocher était recouverte d'une
couche de 0ᵐ,03 à 0ᵐ,05 de ce mortier dans lequel on implantait des pierres en
saillie, afin d'obtenir une surface rocailleuse factice.

A l'amont du barrage, sur 25 mètres de longueur, on a mis à nu le rocher et
on a recherché toutes les fissures afin de les boucher avec du mortier de ciment,
comme nous venons de le dire. L'emplacement de ces fissures a été recouvert
d'un enduit en ciment. Un bourrelet de ciment a été formé sur toute la ligne de
séparation du barrage et du rocher à l'amon¹.

Ces précautions ont donné de bons résultats et on a fini par n'avoir sur le
parement d'aval que les suintements dus à la porosité des pierres et des
mortiers.

On n'a exécuté, pendant les six mois de chaque campagne, que 80 mètres cubes
de maçonnerie par jour, soit 10.000 mètres cubes par an. Le travail a duré
quatre ans, de 1862 à 1866.

Le barrage du Furens a coûté 902.000 francs. Le prix du mètre cube de maçonnerie ordinaire avec mortier de chaux du Theil était de 15 francs.

Dépense totale. — Le barrage avec ses travaux accessoires a donc coûté
1.408.000 francs. — Si on ajoute à cette somme 182.000 francs pour indem-
nités de terrain, on arrive à un total de 1.590.000 francs.

Le prix du mètre cube de réservoir est donc revenu à 1 fr. 15 c.

Barrage du Ban, sur le Gier, près Saint-Chamond. — Le barrage du Ban,
sur le Gier, a été construit pour emmagasiner les eaux nécessaires à l'alimenta-

tion et aux besoins industriels de la ville de Saint-Chamond (Loire). — C'est sous la direction de MM. Graëff et Lagrange que ce barrage a été exécuté par M. l'ingénieur de Montgolfier. On conçoit donc qu'il présente les plus grandes analogies avec le barrage du Furens.

La planche LVI donne les dispositions principales du barrage du Ban. — La hauteur totale est de 47^m,80, la largeur libre du couronnement est de 4^m,90 ; elle sert de passage à un chemin de grande communication.

La largeur à la base est de 38^m,70. Les parements amont et aval se composent de lignes droites et d'arcs de cercle tangents.

Toutes choses égales d'ailleurs, le profil du Ban est plus hardi que celui du Furens parce que la pression maxima a été portée à 8 kilogrammes au lieu de 6^k,50 par centimètre carré.

Le massif est construit tout entier en maçonnerie ordinaire, faite avec de médiocres moellons schisteux.

La hauteur maxima de la retenue n'est que de 42 mètres au lieu de 50 mètres qui est la hauteur du barrage du Furens.

Il n'y a point de canal de dérivation, mais les eaux surabondantes s'écoulent par un déversoir de superficie, de 30 mètres de largeur, qu'on voit sur le côté gauche de l'élévation et sur le plan. Ce système, ainsi que nous l'avons expliqué plus haut, a l'inconvénient d'admettre les eaux troubles dans le réservoir; mais cet inconvénient peut être combattu par un bassin d'épuration placé en amont du réservoir.

La prise d'eau se fait par un tunnel, dont la figure 3 représente la coupe en long; dans ce tunnel sont logées deux conduites en fonte de 0^m,40 de diamètre, travaillant alternativement; elles sont encastrées près du réservoir dans un bouchon en maçonnerie, de 28^m,27 de longueur, bouchon dont la figure 4 donne le profil moyen.

Chaque conduite est fermée en tête par une valve de sûreté et en aval par un robinet-vanne. Les eaux arrivent dans une rigole maçonnée d'où elles se rendent soit dans la rivière, soit dans l'aqueduc d'alimentation de la ville.

L'approche des matériaux a été faite au moyen d'un pont de service de 35 mètres de hauteur, à trois voies de wagons; avec ce pont on a élevé le massif jusqu'à 30 mètres, puis on a démoli le pont, et la charpente a servi à en établir sur la maçonnerie un autre de 15 mètres de hauteur, avec lequel on a achevé l'ouvrage. Par ce moyen on a pu exécuter 120 à 130 mètres cubes de maçonnerie par jour.

La dépense a été de 905.000 francs, dont 200.000 francs à la charge de l'État. L'aqueduc et la distribution d'eau ont coûté 450.000 francs. C'est donc en tout 1.205.000 francs à la charge de la ville.

En 1873, le produit de la vente d'une partie des eaux, le service public étant assuré, produisait déjà 83.000 francs. — Ces eaux sont excellentes pour la teinture et pour l'alimentation des chaudières à vapeur.

L'industrie de la ville a reçu un essor inespéré, et les résultats financiers de l'opération ont été vraiment merveilleux.

CHAPITRE V

HISTORIQUE

L'idée d'utiliser pour les transports les fleuves et les rivières, ces chemins qui marchent, remonte à l'origine des sociétés.

On commença par abandonner au fil de l'eau quelques pièces de bois, puis des radeaux qui, peu à peu, se perfectionnèrent; enfin, le tronc d'arbre creusé ne tarda pas à se transformer en barque.

Lorsque les Romains eurent conquis les Gaules, ils établirent une navigation assez active sur la plupart de nos rivières. Marius fit même construire, 102 ans avant l'ère chrétienne, le canal d'Arles, entre le Rhône et la mer.

L'invasion des barbares dut arrêter l'essor de la navigation fluviale; le premier, Charlemagne se préoccupa de la rétablir et de l'assurer. A cette époque, en effet, les voies de terre étaient si peu nombreuses et si défectueuses, que les transports par eau devaient prendre nécessairement une grande importance.

Les bateliers, ne pouvant résister aux pillages et aux vexations des seigneurs féodaux s'ils restaient isolés les uns des autres, se réunirent en corporation.

Au douzième siècle, existait sur la Seine la *hanse des marchands de l'eau de Paris*, et sur la Loire, la corporation des marchands navigateurs qui, à partir de 1402, fut autorisée, par lettres patentes du roi, à percevoir un droit de péage sur les marchandises transportées. Ce droit fut affecté, par Louis XI, aux réparations de la rivière.

M. Krantz, dans un de ses remarquables rapports à l'Assemblée nationale, résume par les lignes suivantes les perfectionnements successifs de nos voies navigables :

« Dans l'origine, on utilisait les rivières comme on le pouvait, et principalement à la descente. Le flottage, aujourd'hui si délaissé, était un des principaux moyens d'approvisionnement des grands centres de population. Sur le Rhin, le passage des grandes flottes, destinées à la Hollande, était un événement ; sur la Seine, sur la Marne, sur l'Yonne, le flottage était surveillé et protégé par les pouvoirs publics. La batellerie utilisait aussi les chemins qui marchent : mais, en raison de leur état, elle restait précaire, intermittente et naturellement coûteuse.

« L'invention des écluses, au commencement du seizième siècle, a ouvert à la navigation intérieure une ère nouvelle ; d'une part, sur les rivières, on a pu supprimer presque partout les pertuis, qui rendaient le passage des bateaux si pénible et si dangereux [1] ; d'autre part, on a pu construire des canaux, non-seulement le long des vallées, mais encore d'un bassin à l'autre. Il est bien vrai qu'en Chine on a construit et exploité, de temps immémorial, des canaux très-importants, sans le secours des écluses ; mais, en fait, ces canaux ne peuvent être et ne sont que des rivières artificielles, à pentes très-douces. Le véritable canal est contemporain de l'écluse, qui constitue son organe essentiel. Il présente, comme sécurité, régularité et économie, un avantage que le commerce a de suite apprécié, et qui lui a assuré la supériorité sur les rivières, telles qu'elles étaient alors.

« Les rivières ont eu aussi leur tour. En accolant des écluses aux barrages, qui créaient des forces motrices pour les moulins, et en même temps constituaient des biefs sans vitesse et à forts mouillages, on a pu transformer les rivières en véritables canaux, faciles à parcourir dans les deux sens. Aux anciens barrages, on en a ajouté de nouveaux, et enfin, depuis une quarantaine d'années, on est parvenu à rendre ces barrages mobiles, c'est-à-dire à les effacer au moment des crues et à faire disparaître ainsi tous les inconvénients qu'ils présentaient. Ce progrès essentiel a rendu, pendant quelque temps, la faveur aux rivières.

Mais, stimulée par la concurrence des chemins de fer et les exigences du commerce, la batellerie réclame chaque jour de plus forts mouillages et une plus grande régularité de tenue d'eau. Les canaux paraissent, à ce point de vue, reprendre l'avantage, malgré leur prix plus élevé. La lutte continue et, au travers de ces oscillations de l'opinion, une vérité apparaît ; c'est que les rivières à pentes douces, à débit régulier, coûtent moins cher à améliorer que les canaux ne coûteraient à établir, et rendent autant de services. Nos rivières du Nord, notamment l'Oise, l'Aisne, la Marne, la Moselle, le montrent suffisamment. Par contre, les rivières à pentes fortes, à débit tourmenté, coûtent beaucoup plus cher que les canaux, et sont loin de fournir d'aussi bons instruments de transport. Exemple : le Lot, le Tarn, la Mayenne.

« Il y a donc un sérieux diagnostic à établir sur la nature d'une rivière avant d'entreprendre sa transformation, et, en général, on n'a rien à gagner à tenter pareille entreprise sur des rivières à pente forte et à débit désordonné. Il vaut mieux, surtout dans le Midi, se borner à demander à ces espèces de torrents des eaux d'irrigation et des forces motrices. Bornées à ce rôle, les rivières pourront encore rendre de très-grands services à notre agriculture et à notre industrie ; elles créeront des produits que d'autres voies transporteront.

« Est-il besoin d'ajouter que la transformation d'une rivière doit être faite de manière à utiliser, au fur et à mesure, les travaux successivement exécutés ? Ceci paraît évident, et la commission se dispenserait de le dire, si elle n'avait reconnu que, par suite de pressions et d'influences locales, cette règle si simple avait été fréquemment méconnue. »

Les écluses, importées en France par Léonard de Vinci, furent essayées sur la

---

[1] Il reste encore des pertuis sur quelques rivières de France, notamment dans l'ouest, et l'on peut apprécier les inconvénients qu'ils présentent.

Vilaine vers 1550 ; elles permirent la construction du canal de Briare, commencée par Sully (1605).

C'est à cette époque qu'on inaugura le régime des concessions ; le Trésor n'étant pas assez riche pour faire par lui-même, on autorisait des particuliers à exécuter à leurs frais les grands travaux publics, et pour les récompenser des dépenses faites, on leur octroyait des droits de péage et des privilèges honorifiques.

La plus grande voie de ce genre, le canal de Languedoc, aujourd'hui canal du Midi, fut concédé en 1662, par Colbert, à Pierre-Paul Riquet.

En 1679, le duc d'Orléans, frère de Louis XIV, obtint la concession du canal d'Orléans. Colbert disait à cette époque : « Les ouvrages concernant la navigation des rivières sont d'un si grand avantage pour les peuples, qu'il ne faut pas hésiter à y faire travailler promptement en ce temps de paix. »

L'impulsion, ralentie à la fin du règne de Louis XIV, recommença au dix-huitième siècle, au moment où l'on organisa le corps des ponts et chaussées. Le système des concessions fut appliqué pour les canaux du Loing (1719) et pour le canal de Saint-Quentin à Chauny ou canal Crozat (1732).

Sous Louis XVI, un arrêt du conseil plaça dans le domaine public, c'est-à-dire sous la protection du roi, tous les ouvrages ayant pour objet la sûreté et la facilité de la navigation et du halage.

En 1783, les États de Bourgogne concédèrent le canal du Charolais, aujourd'hui canal du Centre, le canal de Bourgogne et le canal de Franche-Comté, reliant la Saône et le Doubs.

En 1784, le canal du Nivernais fut aussi commencé.

Interrompu par la Révolution, vigoureusement repris pendant les premières années du dix-neuvième siècle, puis interrompus à nouveau par les désastres de la fin de l'Empire, les travaux de navigation attirèrent sérieusement l'attention du gouvernement de la Restauration qui leur donna un nouvel essor. Sous le règne de Louis-Philippe, 2000 kilomètres de canaux furent ouverts, et on commença de s'occuper de l'amélioration des rivières naturelles.

Sous Napoléon III, les voies navigables se trouvèrent effacées et comme placées au second plan par les chemins de fer, qui s'ouvrirent de toutes parts (on reconnaît aujourd'hui que le nouvel instrument de transport ne peut suffire seul à sa tâche, et qu'il y a place à la fois pour les canaux et les chemins de fer, ces deux genres de voie ayant chacun leur caractère propre.

De 1814 à 1870, la France a dépensé pour ses voies navigables :

En travaux extraordinaires	740.2.9.000 francs.
En travaux ordinaires	427.000.000 —
Soit un total de	1.173.215.000 —

Nous allons examiner ci-après la situation des voies navigables de la France, en parcourant successivement les bassins de la Seine, du Rhône, de la Garonne, de la Loire ainsi que les bassins secondaires.

Ce travail eût été impossible si nous n'avions eu à notre disposition les intéressants rapports détaillés que M. Krantz a présentés à l'Assemblée nationale au nom de la Commission d'enquête sur les moyens de transport de la France ; ce sont ces documents qui nous ont fourni presque toute la matière de ce qui va suivre. L'Étude historique et statistique sur les voies de communication de la France, rédigée par M. l'ingénieur Lucas, nous a donné aussi de précieux renseignements, ainsi que le travail de M. Larue, chef du service des transports du Creusot.

I. Bassin de la Seine

« Le réseau des voies navigables dont la Seine forme l'artère principale, est, dit M. Krantz, sinon le plus parfait, du moins le plus considérable que nous possédions. L'importance qu'il a présentée de tout temps au point de vue de l'approvisionnement de Paris, explique la sollicitude dont il a été constamment l'objet. »

On peut reconnaître dans ce réseau quatre groupes principaux, savoir ·

1° Oise canalisée et canaux y aboutissant	565 kilomètres.
2° Marne et canaux la reliant à l'Aisne, à la Meuse, à la Moselle et au Rhin	678 —
3° Yonne ; canaux du Nivernais et de Bourgogne	534 —
4° Haute et basse Seine et canaux la reliant à la Loire.	774 —
Longueur totale du réseau. . . .	2551 —

1° GROUPE DE L'OISE

Le groupe de l'Oise comprend .

1° Le canal de Saint-Quentin	96.350 mètres.
2° La Sambre canalisée et le canal de la Sambre à l'Oise.	121.478 —
3° Aisne et canal des Ardennes jusqu'à la Meuse	208.000 —
4° Oise canalisée, canal latéral et canal Manicamp . .	138.890 —
Longueur totale du groupe	564.718 —

1. Canal de Saint-Quentin. — Le canal de Saint-Quentin a son origine à Cambrai, où il se soude à l'Escaut ; il se termine à Chauny, sur l'Oise, où il se soude au canal Manicamp, d'une part, et au canal de l'Oise à la Sambre, d'autre part ; il s'embranche, à Saint-Simon, avec le canal de la Somme.

Il réunit donc les bassins de l'Escaut, de la Sambre, de la Somme et de l'Oise.

La jonction de la Somme à l'Oise, concédée à M. de Marcy en 1724, le fut à nouveau, en 1732, au sieur Crozat, qui livra à la navigation, en 1738, le canal qui longtemps porta son nom. Le canal Crozat fut racheté par l'État en 1767.

L'autre partie du canal actuel de Saint-Quentin, entre cette ville et la Somme, entreprise en 1769, par le Trésor, fut achevée en 1810 par l'ingénieur Gayant.

Si l'on part du bief de partage du canal de Saint-Quentin, et qu'on descende successivement vers l'Oise, vers la Somme et vers l'Escaut, on trouve :

Du côté de l'Oise une chute de 25ᵐ,44 rachetée par 10 écluses,
—   la Somme   —   16ᵐ,00   —   8 —
—   l'Escaut   —   50ᵐ,07   —   17 —

La largeur des écluses entre Chauny et Saint-Quentin est de 6ᵐ,40 à 6ᵐ,70, avec une longueur utile de 38ᵐ,80 ; entre Saint-Quentin et Cambrai, la largeur est de 5ᵐ,20, et la longueur utile de 35 mètres.

En 1868, le tonnage rapporté au parcours entier a été de 1 600 000 tonnes.

Le canal de Saint Quentin a coûté 266 000 francs par kilomètre.

L'alimentation du canal est bonne et n'a pas exigé la construction de réservoirs.

Le mouillage est établi à 2ᵐ,20.

Tout serait satisfaisant si la longueur des écluses était portée à 42 mètres.

2. Sambre canalisée et canal de la Sambre à l'Oise. — En 1796, lors du siège de Namur, les fournisseurs de l'armée française canalisèrent la Sambre en construisant des ouvrages provisoires.

Ces ouvrages, entretenus jusqu'en 1747, furent ensuite abandonnés, et, au commencement du siècle, la Sambre était devenue impropre à la navigation.

Une loi de 1824 concéda la canalisation de la Sambre de Landrecies à la frontière belge ; la concession prend fin en 1890.

La dépense a été de 55 147 francs par kilomètre, et l'élévation des droits de péage est telle que le produit est de 18 pour 100 du capital primitif; cela s'oppose au développement du trafic.

La longueur de la Sambre canalisée est de 54 446 mètres.

La chute totale de 11ᵐ,59 est rachetée par 10 écluses de 5ᵐ,20 de large et de 41ᵐ,50 de longueur utile.

Le mouillage est de 2 mètres, et l'alimentation est faite en partie par des machines qui remontent l'eau d'un bief à l'autre.

Canal de la Sambre à l'Oise. — Étudié dès 1765, le canal de la Sambre à l'Oise fut concédé par la loi du 24 mars 1825, et la concession n'expire qu'en 1937.

La longueur du canal entre Landrecies et la Fère est de 67.052 mètres.
· La chute vers la Sambre est de 5ᵐ,00 rachetée par 5 écluses.
—   vers l'Oise   —   89ᵐ,48   —   55 —

Les écluses, d'un excellent type, ont 5ᵐ,20 de largeur sur 42 mètres de longueur utile.

Malheureusement, le mouillage n'est que de 1ᵐ,60, et la compagnie concessionnaire ne fait rien pour l'améliorer.

En 1868, les transports rapportés au parcours entier ont été de 655 000 tonnes.

C'est une grande infériorité par rapport aux canaux voisins, infériorité qui a sa cause dans l'élévation des droits.

En effet, un bateau charbonnier de 250 tonnes paye les droits suivants pour venir de Charleroy à Paris :

Au gouvernement belge, 40 kil. de parcours sur la Sambre. .	75ᶠ.00
Aux concessionnaires de la Sambre et du canal de la Sambre à l'Oise (125 kil.)	718ᶠ.50
Au gouvernement français, 184 kil. entre la Fère et la Briche.	102ᶠ.50
Aux concessionnaires du canal Saint-Denis (7 kil.).	150ᶠ.00
Total	1046ᶠ,00

Cela fait 4ᶠ,16 par tonne, plus de la moitié du fret courant.

La part prise par les trésors belge et français n'est guère que le cinquième.

Le canal de la Sambre à l'Oise a coûté 188 600 francs le kilomètre, et rapporte 6ᶠ,40 pour 100 de ce capital.

On ne peut forcer les compagnies à réduire leur tarif de péage; mais le commerce souffre beaucoup, et la concurrence avec le chemin de fer du Nord est impossible par les canaux. Aussi, le rachat des canaux par l'État est-il vivement réclamé.

En capitalisant le produit annuel de la Sambre canalisée et du canal, et en tenant compte du temps de concession restant à courir, on trouve que le rachat exigerait un capital de 22 millions de francs, soit une charge annuelle de 1 100 000 francs, que les dépenses d'entretien porteraient à 1 250 000 francs; avec le tarif de 0ᶠ,003 par tonne et par kilomètre il ne serait que de 500 000 francs.

C'est donc pour l'État une dépense annuelle de 750 000 francs.

Il est vrai que cette dépense déterminerait sur l'ensemble des transports une économie annuelle de 2 400 000 francs.

3. Aisne et canal des Ardennes. — La ligne de l'Oise à la Meuse comprend l'Aisne canalisée, le canal latéral de l'Aisne et le canal des Ardennes.

Aisne canalisée. — Ouverte en 1843, l'Aisne canalisée a une longueur de 56 500 mètres, avec une pente totale de 9ᵐ,80, rachetée par 7 barrages avec écluses de 8 mètres de large et de 46 mètres de long.

La largeur de ces écluses aurait pu être limitée à 5ᵐ,20.

Le mouillage n'est que de 1ᵐ,60; il oblige les bateaux venant de l'Oise à rompre charge; cet inconvénient pourrait être corrigé sans grande dépense.

Les crues fréquentes de l'Aisne gênent souvent la batellerie; aussi réclame-t-on la construction d'un canal de l'Aisne à l'Oise.

Le trafic annuel rapporté au parcours entier est de 670 000 tonnes.

Canal latéral à l'Aisne. — De Condé sur Vailly à Vieux-lès-Asfeld, le canal latéral à l'Aisne a une longueur de 51 500 mètres.

Sa pente totale est de 17ᵐ,40, rachetée par 7 écluses, qui ont 5ᵐ,20 de largeur, avec 37 mètres de longueur utile.

Le mouillage, de 1ᵐ,80, pourrait être facilement porté à 2 mètres.

Dépense moyenne de construction par kilomètre, 113 000 francs.

Le trafic annuel rapporté au parcours entier est de 430 000 tonnes.

Canal des Ardennes. — Le canal des Ardennes continue le canal de l'Aisne jusqu'à Pont-à-Bar, sur la Meuse; sa longueur est de 87 900 mètres.

De Semuy, il lance sur Vouziers un embranchement de 12 410 mètres. Projeté sous Louis XIV, ce canal ne fut concédé qu'en 1778, au prince de Conti. Les événements forcèrent à l'ajourner jusqu'en 1821.

Il a coûté 146 800 francs par kilomètre, et appartient à l'État.

La chute depuis le bief de partage jusqu'à la Meuse est de 17ᵐ,15, rachetée par 7 écluses; jusqu'à l'Aisne, à Vieux-lès-Asfeld, elle est de 108ᵐ,28, rachetée par 37 écluses.

La pente de 8ᵐ,70 sur l'embranchement de Vouziers est rachetée par 4 écluses.

Les écluses ont 5ᵐ,20 de large et 55ᵐ,80 de longueur utile.

Le mouillage ne dépasse pas 1ᵐ,60.

Les bateaux longs du Nord ne peuvent donc circuler sur ce canal et les autres sont forcés de rompre charge; cette voie ne rend donc pas les services qu'on pourrait en attendre, et il est de première urgence de l'améliorer en portant le mouillage à 2 mètres et la longueur des écluses à 42 mètres.

Le trafic rapporté au parcours entier est de 116 300 tonnes.

4. Canal de l'Oise et l'Oise canalisée. — De Chauny à Conflans-sur-Seine s'étend la voie navigable la plus importante de France après la Seine. Elle comprend le canal Manicamp, le canal latéral à l'Oise et l'Oise canalisée.

Le canal Manicamp, ouvert en 1822, de Chauny à Manicamp, a 4851 mètres de long, et a coûté 300 000 francs.

Le canal latéral fait suite au précédent et débouche dans l'Oise à Janville. Ouvert en 1831, sa longueur est de 28 839 mètres, et sa pente totale de 10m,60, rachetée par 4 écluses de 6m,50 de largeur et de 40 mètres de longueur utile.

La canalisation de l'Oise, achevée en 1836, a été obtenue par sept barrages éclusés et par des dragages.

L'Oise canalisée a une longueur de 105 200 mètres; sa pente totale est de 11m,23, soit 0,105 en moyenne par kilomètre.

Les écluses ont 8m,50 de large et 51 mètres de long, dimensions anormales.

Le mouillage est de 2 mètres au minimum.

La dépense pour obtenir la belle voie navigable formée par le canal latéral et l'Oise canalisée n'a été que de 44 648 francs par kilomètre, soit 6 161 511 fr. en totalité.

Le produit net des droits perçus par l'État est de 426 200 francs, soit 7 p. 100 du capital dépensé.

Le trafic annuel, rapporté au parcours entier, est de 1 680 000 tonnes.

2° GROUPE DE LA MARNE

« Le groupe des voies navigables du bassin de la Marne, dit M. Krantz, a eu, de tout temps, une grande importance au point de vue de l'approvisionnement de Paris. Aussi est-il un des plus complets que nous possédions.

« Les chemins de fer établis dans la vallée lui ont enlevé une partie de son ancien trafic, mais le mouvement des marchandises s'est développé dans une telle mesure que, sans nuire aux voies ferrées, les voies navigables concurrentes peuvent encore effectuer des transports considérables.

« Il y a dans cette zone largement place pour les deux sortes de voies de communication. »

Le groupe de la Marne comprend:

1° La Marne et ses dérivations entre Dizy et Charenton.	177.690 mètres.
2° La rigole du Grand-Morin qui alimente le canal de Meaux à Chalifert.	3.400 —
3° Le petit canal Cornillon, établi dans les fossés de Meaux.	450 —
4° Le canal latéral à la Marne, de Dizy à Vitry et Donjeux.	137.600 —
5° Le canal de l'Aisne à la Marne.	58.300 —
6° Le canal de la Marne au Rhin, entre Vitry et la nouvelle frontière.	192.000. —
7° Le canal de l'Ourcq, qui concourt à l'alimentation de Paris. . . .	109.050 —
Total.	677.880 —

1. Marne et dérivation de la Marne. — La Marne est depuis longtemps classée comme navigable entre Saint-Dizier et son embouchure dans la Seine à Charenton, sur 300 630 mètres de longueur.

Sur cette longueur, la pente totale est de 118 mètres, d'où une pente moyenne de $0^m,38$ par kilomètre ; entre Saint-Dizier et Vitry la pente est de $0^m,76$ par kilomètre ; entre Vitry et Lagny elle descend à $0^m,17$, puis augmente de Lagny à Charenton ; entre le canal de Saint-Maur et la Seine elle atteint $0^m,59$.

Les débits de la Marne en étiage et en hautes eaux varient dans les limites ci-après :

	CUMIÈRES.	CHATEAU-THIERRY.	MEAUX.	SAINT-MAUR.
	m. c.	m. c.	m. c.	m. c.
Étiage.	7	8	9	15
Hautes eaux.. .	800	950	1000	1500

Les débits d'étiage ont diminué de moitié par rapport aux anciennes évaluations.

On voit que par sa pente et sa grande variation de débit la Marne était naturellement une mauvaise voie navigable.

On l'a rendue « bonne, mais non parfaite », grâce aux travaux exécutés.

Par suite de la présence des hauts-fonds, le mouillage en étiage s'abaissait à $0^m,10$ entre Saint-Dizier et Vitry et à $0^m,56$ entre Saint-Maur et Charenton. — Aussi, la navigation ne pouvait-elle s'effectuer qu'en eaux moyennes et il fallait attendre le moment propice.

On a coupé les principales boucles par des dérivations ou canaux qui sont, en partant de la Seine :

Le canal de Saint-Maurice (3899^m), le canal de Saint-Maur (1072^m), le canal de Chelles (8877^m), le canal de Meaux à Chalifert (12 558^m), le canal Cornillon (425^m), la dérivation de Vandières (355), le canal de Damery (1774^m), le canal de Cumières (825^m).

Il en résulte pour les dérivations une longueur totale de 29 743 mètres.

Le plan d'eau a été relevé au moyen de 14 barrages éclusés, avec déversoirs mobiles du système Desfontaines. On a donné aux écluses une largeur de 7^m,80, afin de conserver à la batellerie ses anciens modèles, petites économies en regard d'une grande dépense.

On avait voulu obtenir un mouillage minimum de 1^m,60 permettant un tirant d'eau de 1^m,40. — Mais pour cela il a fallu et il faut sans cesse exécuter d'importants dragages pour enlever les dépôts formés par les eaux limoneuses de la Marne.

Les canaux de dérivation, surtout de Meaux à Chalifert, sont en outre sans cesse encombrés de joncs et d'herbes aquatiques.

De là une grande dépense d'entretien.

Le trafic, rapporté au parcours entier, est de 144 000 tonnes. — La dépense d'amélioration entre Dizy et Charenton s'est élevée à 21 200 000 francs, soit 120,000 francs par kilomètre.

2. Rigole du Grand-Morin. — Cette rigole alimente le bief principal du canal de Meaux à Chalifert en lui amenant les eaux prises au Morin à Couilly. — Le trafic n'y est que de 3800 tonnes au parcours entier.

3. Canal Cornillon. — Il permet aux bateaux de passer de l'amont à l'aval de Meaux en évitant les ponts et les pertuis des Moulins. — Depuis l'ouverture du canal de Meaux à Chalifert, le canal Cornillon n'est plus guère fréquenté que par les trains de bois.

4. Canal latéral à la Marne entre Dizy et Donjeux. — La première partie, de Dizy à Vitry, terminée en 1845, a 65 100 mètres de longueur ; el'e a coûté 127 000 francs le ki'omètre.

Elle remplace une section de 99 kilomètres de rivière naturelle où la navigation était fréquemment interrompue et toujours pénible.

Pente totale : 28^m,07, rachetée par 14 écluses de 5^m,20 de largeur et de 58^m,50 de longueur utile.

Le trafic, rapporté au parcours total, a été de 375 000 tonnes en 1868.

La seconde partie, de Vitry à Donjeux, d'une longueur de 70 400 mètres, est en voie d'achèvement : c'est l amorce du canal de jonction de la Marne à la Saône. — La dépense de construction est évaluée à 250 000 francs par kilomètre.

5. Canal de l'Aisne à la Marne. — Ce canal, partant du canal latéral à l'Aisne, à Berry-au-Bac, remonte la Ve le et gagne les plateaux crayeux de la Champagne ; il tombe à Condé dans le canal latéral à la Marne.

Sa longueur est de 58 kilomètres ; la somme des hauteurs sur les deux versants est de 64^m,38, rachetée par 24 écluses de 5^m,20 sur 37 mètres.

Livré en 1866, il a coûté 555 000 francs par kilomètre.

Il a nécessité d'importants travaux d'étanchement et son alimentation est assurée par des machines qui refoulent l'eau de la Marne jusqu'au bief de partage.

Il y aurait lieu, suivant M. Krantz, de porter la longueur des écluses à 42 mètres et d'assurer un tirant d'eau de 2 mètres.

Cette voie dessert une active circulation.

6. Canal de la Marne au Rhin. — Dirigé de l'ouest à l'est, il relie les vallées de la Marne, de la Meuse, de la Moselle, de la Meurthe et de la Sarre. Il part du canal latéral à la Marne, en amont de Vitry, et débouche dans l'Ill au-dessous de Strasbourg, en face du canal d'Ill au Rhin.

Nous avons perdu 120 kilomètres de cette voie qui, pour nous, s'arrête aujourd'hui à 30 kilomètres au delà de Nancy.

Le canal de la Marne au Rhin a été construit de 1839 à 1853 ; il a coûté 237 500 francs le kilomètre.

La ligne principale a une longueur de 315 035 mètres et les deux embranchements de Toul et d'Houdelaincourt ont 4874 mètres.

180 écluses de 5^m,20 de large et de 38^m,10 de longueur utile rachètent les chutes dont le total est de 470 mètres. — On peut regretter que la longueur d'écluse n'ait pas été portée à 42 mètres.

Une alimentation bien assurée donne un mouillage de 1^m,50 au minimum.

En 1868 le trafic, rapporté au parcours entier, a été de 377 000 tonnes ; le canal présente le grand avantage d'une circulation à peu près égale dans les deux sens.

7. Canal de l'Ourcq. — Dès 1528 la rivière de l'Ourcq était considérée comme navigable.

La loi du 29 floréal an X décréta la construction du canal de l'Ourcq en même temps que celle du canal de Saint-Denis. La concession de ce travail fut accordée en 1802 à la ville de Paris, et les travaux ne furent terminés qu'en 1826. — On les compléta en 1841, et dans ces dernières années on assura l'alimentation au moyen de machines puisant l'eau dans la Marne.

La rivière de l'Ourcq, navigable entre Port-aux-Perches et Mareuil, a   11.127 mètres.
La dérivation du Clignon. . . . .   1.200   —
Le canal de l'Ourcq.   96.738 —

Longueur totale de la voie. . . . . .   108.930 —

Il y a 13 écluses, dont 8 sur le canal, ayant pour but de régler la vitesse de l'eau (voir le mémoire de Girard).

Les écluses en rivière ont 5 mètres sur 63 mètres et celles du canal 3ᵐ,20 sur 58ᵐ,80. — Ces inégalités de dimensions ne se justifient pas. — Le mouillage est de 1ᵐ,40.

Néanmoins, le canal de l'Ourcq est précieux : il dessert une importante circulation, 268 000 tonnes au parcours entier en 1868 ; il concourt à l'alimentation d'eau de Paris et il alimente les canaux Saint-Denis et Saint-Martin.

Observations générales. — Le groupe de la Marne a le grave inconvénient de présenter des écluses de dimensions discordantes et un mouillage variable qui n'atteint pas toujours 1ᵐ,60.

La batellerie ne semble pas pouvoir lutter avec les chemins de fer à moins d'un mouillage de 2 mètres.

Le canal de l'Ourcq est un exemple du parti qu'on peut tirer, en bien des cas, des voies d'eau à petite section, en grand usage en Angleterre.

<h3 style="text-align:center">3ᵉ GROUPE DE L'YONNE</h3>

« Par sa direction, l'étendue de son bassin, le volume de ses eaux, les communications qu'elle dessert, les affluents navigables qu'elle reçoit, l'Yonne est assurément la plus importante des deux rivières qui se réunissent à Montereau, et elle aurait mérité de donner son nom au beau fleuve qu'elles constituent. — Il n'en a pas été ainsi ; mais, malgré cette sorte d'injustice géographique, nous devons, au point de vue de la navigation, considérer l'Yonne comme la véritable mère de la Seine.

« Navigable jusqu'à Auxerre, elle se prolonge vers la Loire par le canal du Nivernais et vers le Rhône par le canal de Bourgogne. »

Le réseau de l'Yonne comprend donc trois voies, qui sont :

1º L'Yonne canalisée entre Montereau et Auxerre. . .   118 kilomètres.
2º Le canal de Bourgogne.   242   —
3º Le canal du Nivernais.   174   —

Total.   534   —

1. Yonne canalisée. — Flottable à bûches perdues sur 76 kilomètres à partir de sa source, et flottable en train sur les 77 kilomètres suivants jusqu'à Auxerre, l'Yonne est navigable d'Auxerre à Montereau sur 118 kilomètres.

Cette partie se divise en deux sections :

La première section, de 27 kilomètres, comprend la partie d'allure un peu torrentielle qui va d'Auxerre à Laroche au confluent du canal de Bourgogne. La rivière a dans cette section une largeur de 70 à 90 mètres et un débit qui varie de 13 à 500 mètres cubes; sa pente est de 0ᵐ,67 par kilomètre. On l'a canalisée ; mais il eût peut-être été préférable de créer un canal latéral. La dépense s'est élevée à 5 millions.

On a racheté la pente entre Auxerre et Laroche par neuf écluses accolées à des barrages mobiles.

Les écluses ont 10^m,50 sur 86 mètres; elles peuvent livrer passage à quatre bateaux à la fois, venant des canaux de Bourgogne et du Nivernais, qui ont des écluses de 5^m,20 sur 34 mètres.

Ces dimensions exceptionnelles ont, du reste, eu en vue la navigation par éclusées et le passage des nombreux trains de bois qui descendent de l'Yonne supérieure.

La deuxième section s'étend de Laroche à Montereau, sur 91 kilomètres.

Largeur de la rivière : 80 à 90 mètres; pente moyenne par kilomètre : 0^m,35; débit d'étiage : 17 mètres cubes; débit des grandes crues : 1000 mètres.

Malgré cette grande variation des débits, la pente relativement faible du cours d'eau permettait de le canaliser.

C'est ce qui a été fait par 17 barrages mobiles avec écluses accolées : les écluses ont 10^m,50 sur 96 mètres, elles se prêtent bien à la navigation par éclusées; malheureusement, deux écluses plus anciennes ont 8^m,30 sur 181 mètres et ne seront guère utilisées.

« Ces dispositions, dit M. Krantz, ont eu leur raison d'être, mais on pouvait, tout en satisfaisant aux nécessités du moment, prévoir les exigences de la navigation continue et leur assurer par avance une complète satisfaction. »

Grâce aux travaux exécutés, le canal de Bourgogne est débloqué et va pouvoir rendre les services en vue desquels il a été créé. On estime à 2 francs par tonne l'économie qui résultera des travaux de l'Yonne pour toutes les marchandises transportées par le canal de Bourgogne. Avec le tonnage actuel, appelé à se développer, c'est déjà une économie annuelle de 326 000 francs pour un transport de 163 000 tonnes.

2. Canal de Bourgogne. — Déjà, sous François Ier, on se préoccupait de relier les bassins de la Seine et du Rhône. En 1576, Riquet déclara le projet impossible.

Plus tard, l'entrepreneur Abeille et l'ingénieur Gabriel montrèrent que Riquet s'était trompé et dressèrent l'avant-projet du canal de Bourgogne. Commencé en 1775, suspendu en 1798, repris en 1808, ce beau travail fut livré en 1832 et achevé depuis.

La dépense a été de 234 467 francs par kilomètre.

Partant de Laroche-sur-Yonne, il monte pendant 154 643 mètres sur le versant de la Seine, traverse à Pouilly la ligne de faîte par un bief de 6088 mètres à l'altitude de 378 mètres, et descend le versant de la Saône jusqu'à Saint-Jean-de-Losnes après un parcours total de 242 kilomètres.

Il présente 191 écluses de 5^m,20 sur 34 mètres, dont 115 sur le versant de la Saône et 76 sur le versant de l'Yonne. La longueur de ces écluses est trop faible.

Le mouillage qui devait être de 1^m,80 et donner un tirant d'eau de 1^m,60, n'est, paraît-il, que de 1^m,50 et donne un tirant d'eau de 1^m,30, grave inconvénient pour la batellerie qui voit son tonnage utile réduit de 15 pour 100 et se voit forcée d'augmenter dans la même proportion les prix de transport. L'approfondissement du mouillage est donc très-urgent.

L'alimentation du canal de Bourgogne est assurée par cinq réservoirs pouvant emmagasiner 20 millions de mètres cubes et par 20 prises d'eau naturelles pouvant amener au canal 150 000 mètres cubes.

Le trafic qui, dès 1847, était de 45 millions de tonnes kilométriques (tonnes transportées à un kilomètre ou produit des poids réellement transportés par les distances réellement parcourues), baissa jusqu'en 1855 par suite de la concurrence des voies ferrées ; il se relève actuellement et le mouvement de progression va s'accentuer grâce à l'achèvement des travaux de l'Yonne.

3. **Canal du Nivernais.** — Le canal du Nivernais relie l'Yonne à la Loire ; la première idée en est due à Jean du Gert, maître des digues sous Louis XIII.

Les travaux ne commencèrent qu'en 1784 ; plusieurs fois interrompus, ils ne furent terminés qu'en 1842.

Cette belle voie navigable achevée aura coûté 190,000 francs le kilomètre. Sa longueur, entre Auxerre sur l'Yonne et Decize sur la Loire, est de 174 kilomètres, dont 103 500 mètres sur le versant de la Seine, 4500 mètres pour le bief de partage et 66,000 mètres pour la descente en Loire.

La chute de 166 mètres sur le versant de la Seine est rachetée par 81 écluses.

Celle de 74 mètres sur le versant de la Loire est rachetée par 35 écluses.

Les écluses ont 5^m,12 à 5^m,25 de largeur avec une longueur utile de 33 mètres.

Plusieurs prises d'eau et quatre grands réservoirs, contenant plus de 7 millions de mètres cubes, assurent l'alimentation.

Le mouillage normal de 1^m,50 est souvent bien réduit pendant les sécheresses et, pour les biefs établis dans le lit de l'Yonne, le régime des éclusées fait que le mouillage, qui est de 1^m,55 pendant le flot, descend à 0^m,55 pendant l'affameur qui suit le flot.

Le trafic au parcours entier n'est que de 78,000 tonnes dont 4/5 de Loire en Seine. Ce trafic est donc très-faible ; il n'augmentera que quand le canal sera amélioré, ce qui entraînera une dépense de 3 millions dont un peu plus de moitié est de première urgence.

4e GROUPE DE LA SEINE

Le groupe de la Seine, arrêté à Rouen où commence la navigation maritime, comprend les subdivisions ci-après :

1° L'Aube, entre Marcilly et Arcis-sur-Aube.	60^k,0
2° Le canal de la haute Seine, de Villebertin à Marcilly par Troyes	76^k,5
3° La haute Seine, de Marcilly au pont de la Tournelle (Paris).	189^k,0
4° Les canaux d'Orléans, de Briare et du Loing, reliant la Loire et la Seine.	182^k,1
5° Les canaux de Saint-Denis et de Saint-Martin.	11^k,1
3° La basse Seine, du pont de la Tournelle (Paris) à Rouen. . .	241^k,0
7° L'Eure canalisée entre Pont-de-l'Arche et Louviers.	15^k,0
Longueur totale du groupe.	774^k,4

1. **Rivière d'Aube, entre Arcis-sur-Aube et Marcilly.** — Flottable sur 61 kilomètres à l'amont d'Arcis, la rivière d'Aube est considérée comme navigable entre Arcis et Marcilly. Mais la navigation ne s'y fait que par éclusées, à l'aide de lâchures faites par les usines ; le flot peut ainsi donner un mouillage temporaire de 1^m,50 ; le flot passé, la rivière revient à l'état naturel et le mouillage tombe à 0^m,17 sur certains hauts-fonds.

Dans le cas où on construirait le canal de ceinture par Vitry, Troyes, Saint-Florentin, Joigny et Montargis, il y aurait lieu de rattacher Arcis-sur-Aube à ce canal par un canal latéral à l'Aube qui coûterait 1,800,000 francs et d'améliorer la navigation actuelle de l'Aube, ce qui coûterait 2,700,000 francs.

2. Canal de la haute Seine. — En 1501, Philippe le Bel eut l'idée de rendre la Seine navigable jusqu'à Troyes. En 1665, Hector de Bouteroue, créateur du canal de Briare, reçut la concession de la haute Seine canalisée ; en 1703, un service de navigation fut établi à partir de Troyes. Il cessa en 1709.

Un décret de 1805 ordonna la reprise de la canalisation qui ne fut achevée qu'en 1846. De Villebertin, à 9 kilomètres en amont de Troyes, jusqu'à Marcilly, le canal de la haute Seine peut être considéré comme terminé : il présente 12 écluses de $5^m,20$ sur $38^m,60$ et son mouillage est de $1^m,50$.

Il constitue une impasse et ne dessert qu'un trafic local de 15,000 tonnes au parcours entier.

3. Haute Seine entre Marcilly et le pont de la Tournelle à Paris. — La haute Seine se divise en deux tronçons : le premier entre Marcilly et Montereau n'a qu'une importance de second ordre, le second entre Montereau et Paris est la continuation de l'Yonne et constitue une voie navigable de premier ordre.

Section de Marcilly à Montereau. Cette section, de 88 kilomètres de longueur, présente une pente kilométrique de $0^m,23$, une largeur moyenne de 70 mètres, un débit d'étiage de 10 mètres cubes, et un débit de 300 mètres cubes en grandes crues.

A l'étiage, le mouillage tombe en certains points à $0^m,50$, ce qui cause à la navigation des chômages funestes.

Avec une dépense de 3 millions on obtiendrait une voie convenable et on mettrait en valeur le canal de la haute Seine.

Là, comme partout où l'objectif de la navigation est en aval, il fallait exécuter les travaux en remontant de l'aval à l'amont; malheureusement, des influences étrangères et des impatiences irréfléchies ne permettent pas de suivre cette marche rationnelle.

La haute Seine a huit écluses de $7^m,70$ à 8 mètres de largeur et de 44 à 62 mètres de longueur utile, dimensions non justifiées et différentes de celles qu'on rencontre sur les voies d'amont et d'aval.

Le trafic au parcours entier a été, en 1868, de 69,500 tonnes à la descente et de 7500 à la remonte.

Section de Montereau à Paris. — Cette section, de 101 kilomètres de longueur, présente une largeur de 100 à 150 mètres, une pente kilométrique variant de $0^m,21$ à $0^m,15$, un débit qui varie à Montereau de 27 à 1300 mètres cubes et à Paris de 50 à 2000 mètres cubes.

Ce sont, pour la navigation, de bonnes allures naturelles.

L'amélioration a été effectuée au moyen de douze barrages mobiles avec écluses accolées de 12 mètres de largeur et de 185 à 195 mètres de longueur utile.

Ces dimensions sont appropriées à la navigation par convois produite par les éclusées de l'Yonne et au passage des trains de bois : elles conviennent bien aussi pour le touage.

Le mouillage de $1^m,60$ aurait peut-être dû être porté tout de suite à 2 mètres.

Le trafic entre Montereau et Paris est de plus de 900,000 tonnes à la descente et de 10,000 tonnes à la remonte.

4. Canaux de Briare, d'Orléans et du Loing. — Le canal de Briare

part de la rive droite de la Loire, à Briare, en face du canal latéral à la Loire ;
il se termine à Buges, à 3 kilomètres au delà de Montargis et y rencontre le
canal d'Orléans qui vient de Combleux à 6 kilomètres en amont d'Orléans. Les
canaux de Briare et d'Orléans se prolongent par le canal du Loing qui aboutit
en Seine à Saint-Mammès.

Canal de Briare. — Le premier en date des canaux à point de partage de
l'Europe. Commencé en 1604 sous Henri IV et Sully, repris en 1638 par Guil-
laume Bouteroue et Jean Guyon, il fut terminé en 1642.

Le canal de Briare, d'une longueur de 59,100 mètres, compte 12 écluses sur
le versant de la Loire et 31 sur le versant de la Seine. Ces écluses ont 5^m,20 sur
33 mètres.

Le mouillage n'est que de 1^m,50.

Pour améliorer le mouillage et allonger les écluses, il faudrait dépenser
trois millions.

Le prix de revient de ce canal a été de 220,000 francs par kilomètre.

L'alimentation se fait par 18 réservoirs ayant une superficie de 480 hectares,
et desservis par des rigoles de 59,660 mètres de développement.

Le tonnage au parcours entier est de 202,500 tonnes, consistant en houilles,
cokes, bois et matériaux de construction.

Canal d'Orléans. — Ce canal fut construit par le duc d'Orléans et sa famille
de 1679 à 1692. Il a coûté 160,500 francs le kilomètre.

D'une longueur de 73,500 mètres, il présente 17 écluses sur le versant de la
Seine et 11 sur le versant de la Loire et un mouillage de 1^m,15.

Les écluses ont de 4^m,70 à 5^m,20 de largeur sur une longueur utile de
50^m,50 à 53^m,60. Une alimentation médiocre est obtenue au moyen de 11 étangs
d'une superficie totale de 285 hectares et de plusieurs petites dérivations.

Le tonnage au parcours entier a été de 52,000 tonnes en 1868.

Ce faible trafic s'explique par les mauvaises conditions d'établissement du
canal.

Il faudrait donner aux écluses des dimensions uniformes de 5^m,20 sur
42 mètres, obtenir un mouillage de 2 mètres et une alimentation assurée. Cela
entraînerait une dépense de 2,500,000 francs, qui est des plus urgentes.

Canal du Loing. — Concédé en 1719 au duc d'Orléans, terminé en 1724, il a
été racheté par l'État en 1864. Il est revenu à 121,200 francs le kilomètre.

Le canal du Loing., latéral à la rivière de ce nom, d'une longueur de
49,500 mètres, compte 24 écluses de 5^m,20 sur 33 mètres et possède un mouillage de 1^m,25.

Il donne lieu à un transport de 317,000 tonnes au parcours entier.

Pour l'amener à un bon état de navigabilité et porter le mouillage à
2 mètres, il y a trois millions et demi à dépenser et c'est une dépense urgente.

L'embranchement de Puits-la-Lande, ouvert en 1759 pour l'exploitation de
la forêt de Montargis, est à peu près abandonné.

5. Canaux Saint-Denis et Saint-Martin. — Autrefois, la traversée de Paris
entre le pont de la Tournelle et le port Saint-Nicolas n'était pas souvent navigable, et pour réunir l'amont et l'aval du fleuve on construisit les canaux
Saint-Denis et Saint-Martin.

Ces deux canaux ensemble constituent un canal à point de partage, dont le
bief supérieur, à l'altitude de 41 mètres, est alimenté par le canal de l'Ourcq.

Le canal Saint-Martin part de la rive droite de la Seine près de la Bastille et gagne le faîte par 9 écluses rachetant une hauteur de 24^m,50. Sa longueur est de 4500 mètres.

Le canal Saint-Denis part de la Villette et descend par Saint-Denis jusqu'à la Briche, où il débouche en Seine; il compte 12 écluses rachetant une hauteur de 28^m,90, sa longueur est de 6,600 mètres.

Les dimensions des écluses sont 7^m,80 et 42 mètres de longueur utile.

Par le fleuve, il y a 27 kilomètres de distance et 4^m,90 de différence d'altitude entre l'entrée du canal Saint-Martin et la sortie du canal Saint-Denis.

Ces deux voies, décrétées en 1802, ont été terminées la dernière en 1821 et la première en 1825. Leur mouillage est de 2 mètres.

En 1867, le trafic au parcours entier a été de 1,030,000 tonnes pour le canal Saint-Denis et 240,000 tonnes pour le canal Saint-Martin.

De 1865 à 1869, le mouvement moyen dans le bassin de la Villette où débouche aussi le canal de l'Ourcq a été de 1,330,000 tonnes à l'entrée et 690,000 tonnes à la sortie, chiffre comparable à celui du trafic du port du Havre.

Les canaux Saint-Denis et Saint-Martin, régis par des concessionnaires, sont soumis à des droits élevés, qui grèvent la tonne de houille par exemple de 0 fr. 10 par kilomètre.

Heureusement, les bateaux qui ne font que traverser Paris, ne sont plus forcés aujourd'hui de passer par les canaux; il ont même avantage à ne pas les suivre, car chaque passage des 21 écluses équivaut à une augmentation de parcours de deux kilomètres. Par le fleuve, il n'y a que deux écluses à passer : l'écluse de la Monnaie et l'écluse de Suresnes. Le touage sur chaîne noyée rend la circulation facile.

Lorsque le niveau de la retenue de Suresnes sera relevé de 0^m,30, lorsqu'on aura dépensé 4 ou 5 millions pour établir dans Paris des ports vastes et commodes, les concessionnaires des canaux seront forcés d'abaisser les droits excessifs de péage qu'ils perçoivent aujourd'hui.

6. Basse Seine, entre Paris et Rouen. — La basse Seine, entre le pont de la Tournelle à Paris et le pont de Brouilly près Rouen, a 241 kilomètres de plus que le chemin de fer de Paris à Rouen.

Sa largeur varie de 150 mètres près Paris à 350 mètres près Rouen.

Sa pente totale est de 23 mètres, soit environ 0^m,10 par kilomètre.

Son débit à Paris varie de 50 mètres cubes à l'étiage à 2,500 mètres cubes en grandes eaux.

Les glaces interrompent la navigation en moyenne 6 à 7 jours par an.

La marée se fait sentir en Seine jusqu'au barrage de Martot, à 23^k,5 au-dessus de Rouen.

Jusqu'au siècle actuel, la Seine était abandonnée à elle-même : il existait sur son parcours deux pertuis ou rétrécissements bien connus, ayant pour objet de maintenir à l'amont un mouillage convenable. C'étaient le pertuis de la Morue que les bateaux franchissaient avec un attelage de 40 chevaux et le pertuis de Poses qui entretenait une population spéciale de 450 haleurs.

De 1804 à 1813, on exécuta la dérivation de Pont-de-l'Arche aujourd'hui abandonnée.

De 1813 à 1835, on améliora et on exhaussa les chemins de halage et on exécuta sur les hauts fonds des dragages peu utiles.

En 1838, la construction par M. Poirée du barrage à aiguilles de Bezons ouvrit l'ère des améliorations sérieuses.

Aujourd'hui, la Seine compte sept barrages éclusés : Andresy, la Garenne,

Poses, Meulan, Martot, Suresnes ; le grand barrage de Villez est en construction.

La dépense totale depuis le commencement du siècle jusqu'en 1872 s'est élevée à 20 millions et demi.

Le trafic annuel est le suivant dans les diverses sections :

		tonnes.
1re section. Du pont de la Tournelle à l'embouchure du canal Saint-Denis (26 kil.)		1.245.000
— Du canal Saint-Denis au confluent de l'Oise (43 kil.)		2.260.000
— Du confluent de l'Oise à Rouen		720.000

Ce trafic est rapporté au parcours entier de chaque section.

Ce puissant mouvement, effectué malgré l'ardente concurrence du chemin de fer de l'Ouest, est très-significatif, dit M. Krantz ; il montre clairement que les voies navigables répondent encore de nos jours à des besoins sérieux et n'ont pas épuisé, comme on a paru le croire un instant, toute leur période de féconde activité.

On s'était proposé d'abord d'obtenir sur toute la basse Seine un tirant d'eau de 1m,60 ; le projet de 1866 admet la nécessité d'un tirant d'eau de 2 mètres ; aujourd'hui, on se demande s'il ne conviendrait pas d'adopter 3 mètres, afin de transformer Paris en port de cabotage.

7. Eure canalisée. — La rivière d'Eure est canalisée sur 15 kilomètres entre Louviers et son embouchure en Seine.

Cinq écluses de 5m,22 de large et de 37m,40 à 39m,10 de long rachètent sur ce parcours une chute de 8 mètres.

Le mouillage en certains points se réduit à 0m,80 et par conséquent le tirant d'eau à 0m,60, ce qui donne une navigation des plus mauvaises.

Le trafic annuel au parcours entier est de 4500 tonnes ; le prix de revient du transport d'une tonne kilométrique est de 0fr,162 ; les dépenses d'entretien se sont élevées en 1868 à 28,000 francs, soit 0fr,42 par tonne transportée et par kilomètre.

C'est évidemment une voie à abandonner.

NOUVELLES VOIES NAVIGABLES A ÉTABLIR DANS LE BASSIN DE LA SEINE

Le bassin de la Seine, ancienne mer intérieure, formé par une série de couches sédimentaires superposées comme des coupes empilées les unes dans les autres, a l'aspect d'une gigantesque coquille concave présentant des stries légères dans le sens rayonnant.

Ces dernières, marquées par les grandes vallées, aboutissent toutes au centre à Paris et se prolongent vers la mer par un tronc commun, la Seine.

Les stries rayonnantes sont convenablement utilisées par des voies navigables: Paris est relié par l'Oise avec le Nord, par l'Aisne avec le Nord-Est, par la Marne avec l'Est, par l'Yonne avec le Sud, par le canal du Loing avec l'Ouest.

On pourrait encore prolonger les voies rayonnantes de la Marne, de l'Aube et de la haute Seine et passer par elles dans le bassin de la Saône.

Mais ces prolongements paraissent moins nécessaires que l'établissement d'un canal de ceinture, reliant entre elles les diverses vallées.

Un pareil canal, placé trop bas, perd son utilité, car il coupe les vallées près de leurs confluents et ne représente pas une sérieuse économie de parcours: de plus, il ne dessert pas les parties hautes; placé trop haut, il dessert des pays pauvres et est difficile à alimenter. Sa véritable place est donc dans la partie moyenne du bassin.

« Le bassin de la Seine, dit M. Krantz, se prête merveilleusement à l'établissement de cette voie de ceinture.

« A la limite de la craie blanche et des grès verts, il présente une large strie concentrique très-déprimée. Comme l'assise de la craie domine l'autre à leur rencontre et qu'elle est très-permèable, c'est dans cette strie que viennent émerger toutes les eaux qui, tombées sur le plateau crayeux, l'ont pénétré et s'arrêtent sur les premières assises imperméables. La région que nous devons choisir est donc jalonnée par de nombreux étangs qui offriront une facile et puissante ressource pour l'alimentation. »

On trouvera dans le rapport de M. Krantz des détails sur les conditions techniques d'établissement du grand canal de ceinture du bassin de la Seine. Il nous suffira d'en esquisser les traits principaux, faciles à suivre sur la carte d'ensemble.

La 1re *section* serait le canal de jonction de l'Oise à l'Aisne par la vallée de l'Aillette. — Ce canal, de 47 kilomètres de long, abrègerait de 58 kilomètres la distance entre le Nord et la Champagne; le projet en a été accueilli avec grande faveur et il est énergiquement réclamé. Partant d'Abbécourt sur le canal latéral à l'Oise, il franchit l'Oise, remonte la vallée de l'Aisne, traverse la ligne de faîte en souterrain de 2500 mètres et par le vallon de Braye tombe dans le canal latéral à l'Aisne. Partant de l'altitude 41m,23, il monte par neuf écluses à l'altitude 60 mètres et descend ensuite par 4 écluses à l'altitude 52m,08.

L'évaluation de la dépense est de 14 millions de francs, soit 300,000 francs par kilomètre.

La 2e *section* n'est autre que le canal de l'Aisne à la Marne aujourd'hui construit et bien alimenté; de Berry-au-Bac à Dizy, la longueur de ce canal est de 58,100 mètres.

La 3e *section* est le canal latéral à la Marne jusqu'à Vitry.

La 4e *section* serait le canal de jonction de la Marne à Vitry avec l'Aube à Morambert. D'une longueur de 37,950 mètres, il présente sur les deux versants une chute totale de 32 mètres, rachetée par 12 écluses; son bief de partage, de 21,800 mètres de long, est à l'altitude 112,50 et le bief le plus bas à l'altitude 95. — Ce canal est donc dans d'excellentes conditions et l'alimentation en est assurée grâce aux étangs abondants qui le surmontent. — La dépense peut être évaluée à 120,000 francs le kilomètre, soit en tout 4 millions et demi.

La 5e *section* serait le canal de jonction de l'Aube avec la haute Seine. Il emprunte l'Aube sur 5800 mètres jusqu'à Magnicourt et passe ensuite la ligne de faîte pour rejoindre la Seine à Verrières en amont de Troyes. Cette seconde partie forme un canal à point de partage de 31,200 mètres de long: l'altitude à Magnicourt sur l'Aube est de 104 mètres, au bief de partage 124 mètres et dans la Seine à l'arrivée 118 mètres. Dix écluses rachètent les dénivellations et le bief de partage a 13,050 mètres. La dépense peut être évaluée à 150,000 francs le kilomètre, soit 5 millions en nombre rond.

La 6e *section* serait le canal de jonction de la haute Seine à Verrières avec le canal de Bourgogne à Germigny, dans la vallée de l'Armance. — Ce canal, de 44,750 mètres de développement, a son point de départ en Seine et son point d'arrivée sur le canal de Bourgogne à la même altitude 118 mètres ; son bief de partage, de 10,500 mètres, est à l'altitude de 136 mètres. 14 écluses rachètent les dénivellations. Une tranchée de 1200 mètres de longueur et de 5 mètres de profondeur et un souterrain de 600 mètres élèvent le prix de revient total à 7 millions.

La 7e *section* est le canal de Bourgogne et l'Yonne entre Germigny et Cézy, près Joigny.

La 8e *section* serait le canal à bief de partage reliant l'Yonne à Cézy avec le canal de Briare à Conflans. — Ce canal part de l'altitude 73, traverse la ligne de faîte à l'altitude 139 mètres avec un bief de partage de 12,250 mètres, et descend ensuite à 96 mètres : il compte 57 écluses et un souterrain de 1000 mètres. Sa longueur est de 49,200 mètres et on peut l'évaluer à 9 millions de francs.

Les canaux de Briare et du Loing achèvent la ligne de ceinture que nous venons de décrire.

Les travaux à faire pour construire les lacunes de cette ligne s'élèvent en totalité à un chiffre rond de 40 millions de francs.

II. Bassin de la Manche et de la mer du Nord

Le bassin de la Manche et de la mer du Nord comprend :

1° Les petites rivières navigables du littoral normand depuis le Cotentin jusqu'à l'embouchure de la Seine, groupe dont la longueur est de.	175.970 mètres.
2° Le canal de la Somme et la rivière d'Avre.	177.800 —
3° Le groupe des beaux canaux du Nord et du Pas-de-Calais. .	575.510 —
Longueur totale des voies navigables du bassin. . . .	929.280 —

1° PETITES RIVIÈRES DU LITTORAL NORMAND

Ces rivières, à l'état naturel ou canalisées, ne desservent qu'un trafic local, dont le développement paraît peu probable malgré la fertilité du pays.

Nous allons les énumérer, en partant de la baie de Seine, et donner une description sommaire des plus importantes de ces voies.

1. **La Rille.** — La Rille, entre la baie de Seine et Pont-Audemer, est aujourd'hui transformée en canal maritime. Elle ne reçoit qu'un faible trafic.

2. **La Touques.** — La Touques, classée comme navigable jusqu'à Breuil, en aval de Lisieux, n'est parcourue par aucun bateau. Vu les grandes sinuosités de son parcours, on ne peut songer à l'améliorer.

3. **L'Orne.** — L'Orne est aujourd'hui remplacée par le canal maritime de Caen.

4. La Vire. — On transporte sur la Vire, entre la baie des Vays et Pont-Farcy, à 30^k,9 en amont de Saint-Lô, sur une longueur total de 66^k,8, environ 25 600 tonnes de marchandises, qui consistent surtout en tangues, chaux et engrais marins.

Le mouillage normal est de 1^m,30. De Pont-Farcy à Saint-Lô, il y a une chute de 35^m,40, rachetée par 15 écluses de 4^m,20 sur 25^m,10. Entre Saint-Lô et Porribet, la voie navigable appartient au canal concédé de Vire et Taute. Entre Porribet et la mer, on trouve une écluse de 6 mètres sur 27^m,10, rachetant une chute de 5 mètres.

Il n'y a pas de modifications à apporter à ce système médiocre de navigation tant que la Vire n'aura pas été reliée à l'Orne et au réseau central de nos voies navigables. — Cependant, on pourrait, avec une dépense de 500.000 francs, porter le tirant d'eau à 1^m,60.

5. L'Aure. — L'Aure était classée comme navigable sur 15 kilomètres de longueur entre Trévoux et le port d'Isigny. Comme elle n'avait qu'un tirant d'eau de 0^m,60, elle a été déclassée en 1868.

6. La Taute et ses affluents. — La Taute, navigable sur 21.700 mètres entre le moulin de Mesnil et la rencontre de la Douve, voit son mouillage descendre en basses eaux à 0^m,60 et même à 0^m,40. Elle est parcourue par des gabares de 10 à 15 tonneaux, transportant par eau 79.000 tonnes de tangue et engrais marin. Elle serait, vu sa faible pente, facile à améliorer si cela était nécessaire.

La *Vanloue*, dont le mouillage descend à 0^m,35, est navigable sur 9^k,4 en amont de son confluent avec la Taute. Elle reçoit annuellement un trafic de 1.100 tonnes.

La *Berette*, considérée comme navigable sur 7 kilomètres en amont de son confluent avec la Taute, est dans les mêmes conditions que la Vanloue.

7. La Douve et ses affluents. — La Douve, navigable sur 30^k,6, entre Saint-Sauveur-le-Vicomte et son confluent avec la Taute, près de la baie de Carentan, est parallèle à la chaîne du Cotentin; aussi, sa pente est faible, son cours est sinueux, mais elle possède un mouillage supérieur à 1 mètre. Les gabares portant 10 tonnes, qui la parcourent, donnent au parcours entier un trafic annuel de 32.700 tonnes.

Les affluents de la Douve, la *Sève*, la *Madelaine*, la *Merderet*, classées comme navigables, sur 19 kilomètres en tout, ne donnent lieu qu'à une navigation insignifiante; ils sont à l'état naturel, et ne livrent passage qu'à des batelets de 4 à 5 tonneaux.

8. Canaux de Vire et Taute, de Coutances et du Plessis. — Ces trois canaux, d'une longueur ensemble de 42^k,9, reçoivent en moyenne 12.400 tonnes de trafic par kilomètre et par an. La région n'étant pas industrielle, ils n'ont à transporter que les engrais et amendements.

Le canal de Vire et Taute, de 11^k,8, réunit ces deux rivières à 10 kilomètres de leur embouchure; il part de Porribet, et se termine en aval de Carentan. Son mouillage est de 1^m,30; sa pente totale de 9 mètres est rachetée par 6 écluses de 4^m,20 sur 25^m,20. Il a coûté 47.000 francs le kilomètre, capital dont l'intérêt à 5 pour 100 représente 0^f,10 par tonne kilométrique.

Le canal de Coutance, de 5^k,60 de longueur, relie Coutance avec la rivière ensablée la Sienne; il n'est accessible qu'à la marée, et reçoit 5.400 tonnes de tangue par an au parcours entier. Il a coûté 114.000 francs le kilomètre. Une bonne route eût été préférable.

Le canal du Plessis, de 4k,6, avec un mouillage de 1 mètre et un trafic annuel de 1000 tonnes au parcours entier, a coûté 22.000 francs le kilomètre. Il relie les mines de houille du Plessis avec la Sève. Une bonne route eût été préférable.

9. La Selune, la Sée, la Sienne. — Ces trois rivières, débouchant dans la baie d'Avranches, ne figurent que pour mémoire à l'actif de nos voies navigables.

Remarque générale. — Dans la région que nous venons d'étudier, ce ne sont pas les voies navigables qui manquent ; ce sont les transports de matières encombrantes, les seuls pour lesquels l'usage des canaux soit économique.

Il serait possible de mettre l'Orne en communication avec la Mayenne au moyen d'un canal à point de partage qui permettrait de porter à la Mayenne les tangues et engrais de mer. En même temps on réunirait l'Orne et la Vire, de sorte que le réseau du Cotentin serait relié au bassin de la Loire.

2° GROUPE DE LA SOMME

1. Somme et canal de la Somme. — En aval du port de Saint-Valery, la Somme est soumise à la navigation maritime. En amont, commence la navigation fluviale qui suit, non pas la rivière, mais le canal latéral.

Le canal de la Somme s'embranche à Saint-Simon sur le canal Saint-Quentin. Il passe par Péronne et Amiens et se termine dans le port de Saint-Valery.

D'une longueur de 156k,6 ayant coûté 85.450 francs le kilomètre, il a une pente totale de 62m,09, soit en moyenne 0m,40 par kilomètre, rachetée par 23 écluses de 6m,50 sur 36m,40. On se demande pourquoi on a adopté une largeur de 6m,50, alors que le canal de Saint-Quentin, avec lequel le canal de la Somme communique, n'a que des écluses de 5m20. Des dimensions uniformes sont pourtant aussi utiles en matière de voies navigables qu'en matière de voies ferrées.

En amont d'Abbeville, le mouillage varie de 1m,80 à 1m,85 : il est de 3m,20 en aval. On ne tardera pas à obtenir un mouillage de 2 mètres dans la partie haute.

Les frais d'entretien annuels sont de.	135.000 francs.
A quoi il faut ajouter un crédit de grosses réparations de	50.000 —
En 1870, les droits de navigation ont produit. . . .	22.747f,27
— le fermage de la pêche et des francs bords.	12.289f,15
— les ventes d'arbres et produits divers. . .	2.139f,00
Total.	37.175f,42

Le trafic, qui s'était amoindri d'un tiers de 1846 à 1859, s'est relevé depuis, a dépassé son ancienne valeur. Le mouvement est de 90.000 tonnes au parcours entier.

La partie du fret à la charge du commerce n'est que de 0f,028, ce qui permet au canal de faire concurrence aux chemins de fer.

Lorsque le canal de ceinture du bassin de la Seine sera établi, le canal de la

Somme sera la voie la plus courte de la Champagne vers la mer, et prendra une grande importance.

2. Rivière d'Avre. — Cette rivière est navigable jusqu'à Moreuil, sur 24ᵏ,2 à l'amont d'Amiens. Elle pourrait être transformée en bonne voie navigable, mais le pays ne paraît pas y avoir d'intérêt sérieux.

3° CANAUX DU NORD ET DU PAS-DE-CALAIS

Le réseau des canaux du Nord et du Pas-de-Calais est le plus riche de France; il rend d'immenses services à l'agriculture et à l'industrie, et par sa concurrence avec les chemins de fer, maintient les tarifs de transports à des prix modérés.

Le réseau comprend les lignes suivantes :

1° La ligne d'Étrun à Gravelines, d'une longueur de.	116.400 mètres.
2° L'Escaut.	63.100 —
3° La Scarpe.	66.950 —
4° Les canaux de la Deule, de Roubaix et de Seclin.	90.450 —
5° La Lys et ses affluents.	96.000 —
6° Les canaux du littoral.	142.610 —
Total.	575.510 —

1. Ligne d'Étrun à Gravelines. — Cette belle voie navigable, de 149ᵏ,4 de longueur, a été formée par la réunion des tronçons ci-après :

Canal de la Sensée, d'une longueur de.	25.050 mètres.
Scarpe moyenne.	7.000 —
Deule supérieure.	26.000 —
Canal d'Aire à la Bassée.	45.000 —
Canal de Neufossé.	17.950 —
Rivière d'Aa.	28.400 —
Total égal.	149.400 —

Nous ne parlerons ici que des canaux, les sections de la Scarpe et de la Deule devant être décrites en même temps que ces rivières.

Canal de la Sensée. — Ce canal, construit en 1818 par le sieur Honorez, et racheté par l'État en 1865, a coûté à l'État 4.425.000 francs.

C'est un canal à point de partage qui a une chute de 1ᵐ,14 et une longueur de 8ᵏ,79 sur le versant de l'Escaut, un bief de partage de 11ᵏ.85, et une chute de 4ᵐ,41 avec une longueur de 4ᵏ,41 sur le versant de la Scarpe. Les 8 écluses intermédiaires et les 2 écluses de garde aux extrémités ont 5ᵐ,20 sur 41ᵐ,50.

Très-bien alimenté par les rivières de la Sensée et de Gâches, et par les marais voisins, ce canal n'éprouve pas de chômage, et a un mouillage de 2 mètres.

Les frais annuels d'entretien sont de 25.000 francs, et les droits de péage de 30.000 francs. Le trafic, au parcours entier est de 600.000 tonnes.

Canal d'Aire à la Bassée. — C'est le canal de jonction de la Lys à la Deule avec l'embranchement de Nœux de 2ᵏ,4 de longueur. La longueur totale de la voie est de 45 kilomètres.

CHAPITRE V. — SITUATION DES VOIES NAVIGABLES DE LA FRANCE.   405

La différence de niveau de 2^m,05 entre la Deule et la Lys est rachetée par deux écluses de 5^m,20 sur 44^m,80 : le mouillage de 1^m,65 est constamment maintenu grâce à une alimentation surabondante. Pour porter le mouillage à 2 mètres, il y a 1.300.000 francs à dépenser, ce qui devra être ajouté aux dépenses de 10.212.500 francs faites précédemment par l'Etat.

L'entretien annuel coûte 40.000 francs et les droits de péage rapportent 55.000 francs.

Le mouvement rapporté au parcours entier est de 580.000 tonnes.

Le fret, qui est de 0^f,04, tombera à 0^f,02 lorsque le mouillage sera augmenté.

Canal de Neufossé. — C'est le canal de jonction de la Lys à l'Aa, terminé en 1874.

Il comprend une écluse à 5 sas successifs, une écluse simple et une écluse de garde contre les crues du canal de la basse Meldyck.

Les écluses ont 5^m,20 sur 40^m,20. Le mouillage varie de 1^m,75 à 2^m,20.

L'alimentation n'est pas tout à fait suffisante et se fait dans le bief inférieur au moyen des eaux vaseuses de la Meldyck, d'où résultent des dépôts vaseux qu'il faut draguer.

L'entretien coûte 25.000 francs par an pour 17^k,95 et les droits de péage rendent 300.000 francs.

Le tonnage rapporté au parcours entier est de 660.000 tonnes par an.

350.000 francs sont à dépenser pour porter le mouillage à 2 mètres.

Rivière d'Aa. — Descendant des collines de l'Artois, elle devient navigable à partir de Saint-Omer où elle se soude au canal de Neufossé. De là elle gagne Gravelines.

Elle reçoit pendant l'hiver les eaux des Watergands ou canaux de dessèchement et pendant l'été elle alimente les Wateringues pour l'irrigation.

Ces diverses fonctions sont quelquefois difficiles à concilier, et la dernière détermine quelquefois des courants nuisibles.

Cette voie de 28^k,4 n'a qu'une écluse de 5^m,20 sur 42 mètres avec une chute de 0^m,90.

Le mouillage normal est de 2^m,30 et ne descend pas au-dessous de 2 mètres.

Les frais annuels d'entretien sont de 20.000 francs et les droits de péage rendent 29.000 francs.

Le transport, rapporté au parcours entier, a été de 587.000 tonnes en 1868.

2° *L'Escaut.* — L'Escaut est navigable depuis sa rencontre avec le canal de Saint-Quentin sous les murs de Cambrai jusqu'à Anvers. Il reçoit en France les canaux de la Sensée, de Mons à Condé, et la Scarpe à 1200 mètres de la frontière belge.

Le système des concessions pratiqué sur l'Escaut a donné comme ailleurs de mauvais résultats, en ce sens que les Compagnies concessionnaires ont, enfin de compte, fait payer au public dix fois le service rendu.

L'Escaut français canalisé a une longueur de 63^k,10, une pente totale de 29^m,71 donnant une pente kilométrique moyenne de 0^m,47, rachetée par 16 écluses de 5^m,20 de large sur 38 à 42^m,60 de long. Cette inégalité de longueur est la seule imperfection de cette voie, dont le mouillage est fixé à 2 mètres.

Les frais annuels d'entretien sont de 102.500 francs et les droits de péage rendent 167.500 francs.

Le fret par tonne n'est que de 0^f,049 par tonne et par kilomètre.

En fait d'amélioration, il y a lieu d'augmenter le crédit d'entretien annuel

de 20.000 francs, ce qui permettra de consolider par des fascinages et des perrés les berges friables que corrode une active circulation.

Mais l'amélioration la plus sérieuse consistera à organiser le halage et à le
mettre en adjudication au lieu de le laisser libre.

3° La Scarpe. — La Scarpe navigable commence au lieu dit les Quatre-Cris
près d'Arras, ville à laquelle la Scarpe est reliée par le canal Saint-Michel, et
se termine à Mortagne, au confluent de l'Escaut, en passant par Douai.

On distingue sur la Scarpe trois sections :

1° La Scarpe supérieure, d'Arras au canal de la Sensée, longueur
23.890 mètres, chute 25^m,42 rachetée par 9 écluses de 4^m,60 à 5^m,20 de large
et de 27^m,60 à 42 mètres de long; débit en étiage 1 mètre cube, en eaux
moyennes 2^{mc},5 et en grandes eaux 15 mètres, mouillage normal 1^m,65;

2° La Scarpe moyenne, du canal de la Sensée au canal de la Deule, faisant
partie de la grande ligne d'Etrun à Gravelines; longueur 6902 mètres; pente
8^m,49 rachetée par 3 écluses de 5^m,20 sur 42 mètres; débit en étiage 2^{mc},5, en
eaux moyennes 4 mètres cubes, en grandes eaux 17 mètres cubes; mouillage
normal 2 mètres;

3° La Scarpe inférieure, du canal de la Deule à Mortagne, longueur
36.152 mètres; pente 7^m.59 rachetée par 6 écluses de 5^m,20 sur 42 à 43^m,60;
débit en étiage 6 mètres cubes, en eaux moyennes 8 mètres cubes et en grandes eaux 37 mètres cubes; mouillage normal 1^m,75.

Très-bien alimentée, la Scarpe fournit de l'eau à la Deule et à de nombreuses usines et prises d'eau.

Pour améliorer la navigation de la Scarpe, il n'y a pas moins d'un million à
dépenser.

La Scarpe inférieure est concédée à une compagnie dont le privilège expire
en 1903; l'intervention de l'État et le rachat de la concession paraissent nécessaires.

4° Canaux de la Deule, de Roubaix et de Scelin. — Ce groupe dessert
un pays des plus riches et donne lieu à un trafic considérable malgré sa faible
longueur.

Canal de la Deule. — Le canal de la Deule part de la Scarpe, et se rend dans
la Lys en passant par la Bassée et Lille. La partie haute de ce canal fait partie
de la grande ligne d'Étrun à Gravelines.

La basse Deule, à l'aval de Lille, formée du lit même de la rivière, était navigable dès le douzième siècle. Le reste de cette voie n'a été vraiment rendu
navigable que dans le siècle actuel.

La longueur totale des canaux de la Deule est de 65.700 mètres; sa chute
est de 10^m,52, soit une pente kilométrique de 0^m,16, rachetée par 7 écluses de
5^m,15 à 5^m,26 de large et de 42 à 43^m,90 de long; le débit dans la partie supérieure est de 2 mètres cubes en étiage, 3 mètres cubes en eaux moyennes et
5 mètres cubes en crue; dans la partie inférieure les débits d'étiage, d'eaux
moyennes et de crue sont respectivement de 2^{mc},80, 4^{mc},50 et 13^{mc},50.

Le mouillage est de 2 mètres sur la haute Deule, mais n'atteint que 1^m,75
dans la moyenne et la basse Deule.

L'alimentation plus que suffisante entretient d'importantes usines et des
canaux d'irrigation.

Les glaces engendrent chaque année une vingtaine de jours de chômage; ce
sont les seuls.

Le crédit d'entretien est de 80.000 francs et les droits de péage rendent 100.000 francs.

Le transport annuel rapporté au parcours entier est de 615.000 tonnes : le taux du fret est de 0ᶠ,02 et les dépenses faites par l'Etat grèvent chaque tonne kilométrique de seulement 0ᶠ,0015.

Les travaux urgents d'élargissement des ponts et d'approfondissement de la moyenne et de la basse Deule coûteront 1.500.000 francs.

Canal de Roubaix. — Le canal de Roubaix, de 20.350 mètres de longueur, part de la Deule, à 3 kilomètres en aval de Lille, au point où la Deule cesse de couler vers le Nord pour s'infléchir à l'ouest et gagner la Lys au-dessous d'Armentières. Le canal de Roubaix va rejoindre l'Escaut par les vallées de la Marck et de l'Espierre et réunit ainsi la Lys, la Deule et l'Escaut.

C'est un canal à point de partage qui a sur le versant de la Deule une longueur de 9460 mètres et une pente de 19ᵐ,75.

Un bief de partage à ciel ouvert, entre Tourcoing et Roubaix, de 3510 mètres de longueur; sur le versant de l'Escaut une longueur de 7380 mètres et une pente totale de 16ᵐ,05.

Ce canal compte 13 écluses de 5ᵐ,20 sur 41 mètres. Cette réduction de 1 mètre dans la longueur ordinaire des écluses du nord ne s'explique guère.

Le mouillage, de 1ᵐ,65 du côté de la Deule, atteint 2 mètres sur le versant de l'Escaut.

Les dépenses faites jusqu'à présent s'élèvent à 5 millions et demi; il reste encore 2 millions à dépenser, ce qui portera le prix de revient à 568.000 francs le kilomètre.

Lorsque cette voie sera achevée, elle donnera lieu à un trafic considérable, si l'on en juge par les résultats actuels.

Canal de Seclin. — D'une longueur de 4400 mètres, il s'embranche sur la Deule, il appartient à une compagnie concessionnaire et ne rend pas tous les services qu'on en pourrait tirer, parce que son mouillage est limité à 1ᵐ,80 tandis que le mouillage est de 2 mètres sur la haute Deule. Ce canal a transporté 46.600 tonnes en 1868; il y a 300.000 francs à dépenser pour le mettre en bon état de viabilité.

5° La Lys et ses affluents. — La Lys, affluent de l'Escaut, est navigable en France sur 53 kilomètres d'Aire à la frontière belge; à Thiennes et à Merville, elle reçoit les canaux de la Nieppe et de la Bourre qui desservent Hazebrouck; à la Gorgue, elle reçoit la Lawe canalisée qui remonte à Béthune, et enfin elle reçoit la Deule au-dessous d'Armentières près de la frontière belge.

La Lys canalisée. — Cette voie, d'une longueur de 53 kilomètres, a une pente totale de 8 mètres, rachetée par 6 écluses de 5ᵐ,20 de large sur 37 à 42ᵐ,50 de long; mouillage variant de 1ᵐ,50 à 2ᵐ,50.

Elle est suffisamment alimentée pour fournir de l'eau aux canaux d'Hazebrouck et à plusieurs usines.

Le trafic au parcours entier a été de 170.000 tonnes en 1868. Le fret est de 0ᶠ,03.

Les crédits d'entretien sont de 31.000 francs, couverts par les droits de péage.

L'intérèt des sommes dépensées jusqu'en 1872 grève chaque tonne de 0ᶠ,002. Une dépense d'un million est nécessaire pour régulariser le mouillage.

Canaux d'Hazebrouck. — En partant d'Hazebrouck, on trouve d'abord le canal de ce nom, qui, à la Motte-aux-Bois, se divise en deux branches gagnant

la Lys, l'une à Thiennes vers Aire, l'autre à Merville; la première est le canal de
la Nieppe, la seconde comprend le canal de Préavin que continue jusqu'à la
Lys la Bourre canalisée.

Longueur totale du réseau 24.700 mètres ; pente totale 5ᵐ,6, rachetée par
cinq écluses dont l'ouverture n'est que de 3ᵐ,55. Ces écluses ont des sas en
terre de 11ᵐ,90 à 18 mètres de large sur 91 à 275 mètres de long.

Ce système primitif, qui fait perdre beaucoup de temps, ne permet pas le passage des péniches du Nord.

Le mouillage est de 1ᵐ,20 ; le trafic au parcours entier a été de 180.000 tonnes en 1868; l'alimentation est assurée.

700.000 francs sont à dépenser pour refaire les écluses et porter le mouillage
à 2 mètres.

Lawe et canal de Béthune. — La Lawe est navigable à partir de son embouchure dans la Lys jusqu'à 1400 mètres de Béthune, ville à laquelle la raccorde
le canal du même nom.

Cette voie, de 18ᵏ,3 de longueur totale, possède cinq écluses de 4ᵐ,80 à
5ᵐ,20 de large et de 40 à 98 mètres de longueur; ces écluses sont tout
à fait primitives. La navigation est intermittente et se fait trois fois par semaine.

Alimentation surabondante, mouillage 1ᵐ,40, trafic au parcours entier
25.000 tonnes, taux du fret 0ᶠ,05. 1.500.000 francs sont à dépenser pour améliorer cette voie navigable.

6. Canaux du littoral. — Ces canaux, formant un réseau de 142ᵏ,61, ont
été construits sous la domination espagnole aux frais des localités; ils rendent
des services réels.

Canaux de la Colme. — Les canaux de la Colme relient la rivière d'Aa avec
les villes de Bergues et de Furnes.

Le canal de la Haute-Colme, entre Wattin sur l'Aa et Bergues, construit en
1634, a un parcours de 24.740 mètres.

Le canal de la Basse-Colme, ouvert vers 1662, longe les Moëres, marais desséchés par des machines d'épuisement, et réunit Bergues à Furnes. Il lance
vers Hondschoote un embranchement qui s'appelle Becque d'Hondschoote.
Longueur totale 14ᵏⁱˡ,5.

Les canaux de la Colme ont une pente totale de 2ᵐ,32, rachetée par 3 écluses
de 5ᵐ,20 sur 40 mètres. Leur largeur normale est de 6 mètres, et de nombreuses gares sont ménagées pour le croisement des bateaux. Les ponts trop
bas causent une grande gêne à la batellerie. Mouillage normal, 1ᵐ,70, convenablement maintenu.

Il a été fait sur cette ligne une dépense de 47.000 francs par kilomètre.

Crédit annuel d'entretien, 16.500 francs, produit du péage, 7.500 francs.

Le trafic au parcours entier est d'environ 100.000 tonnes.

Le fret est très-élevé et atteint 0 fr. 10 par tonne kilométrique.

L'élargissement du canal, l'exhaussement des ponts et l'approfondissement
du mouillage à 2 mètres coûteraient un million de francs.

Canal de Bourbourg. — Ce canal relie la rivière d'Aa, et, par suite, Gravelines, avec le port de Dunkerque. Il a 20.840 mètres de longueur, une pente
totale de 2ᵐ,16 rachetée par 3 écluses de 5ᵐ,20 sur 66 mètres à 73 mètres, un
mouillage normal de 1ᵐ,80.

Le mouillage est réduit en été, par suite du manque d'eau et par suite du courant qu'il faut établir à l'écluse de Gravelines pour maintenir à sec les Wateringues de Saint-Omer.

Les dépenses faites jusqu'à présent s'élèvent à 55.700 francs par kilomètre.

Crédit annuel d'entretien, 21.000 francs ; droits de péage, 16.000 francs.

En 1868, le trafic au parcours entier a été de 310.000 tonnes.

Le prix moyen du fret est de 0 fr. 05 c. ; l'entretien de la voie et l'intérêt des capitaux engagés n'augmente pas tout à fait ce prix de 0 fr. 01 c.

Canal de Mardick. — Ce canal, construit par Louis XIV, mettait en communication le port de Dunkerque avec l'avant-port de Mardyck ; d'une longueur de 3500 mètres, il est surtout utile comme réservoir pour les chasses du port.

Canal de Dunkerque à Furnes. — Construit au seizième siècle, ce canal fut remis en état de 1804 à 1808. Il est concédé jusqu'en 1899. Sa longueur, de 13.500 mètres sur le territoire français, est d'un seul bief de niveau. Mouillage, 1^m,80, prix du fret, 0 fr. 047.

En rachetant ce canal et le creusant, on dépenserait 400.000 francs, et on ferait une voie vraiment utile.

Canal de Bergues à Dunkerque. — Se soude à la Basse-Colme dans les fossés de Bergues et gagne le canal de Mardyck à Dunkerque.

Exécuté en 1634, il a une longueur de 8,130 mètres, un mouillage de 1^m,90, un trafic au parcours entier de 120.000 tonnes. Il est bien alimenté par les eaux de la Colme et des Wateringues.

Canal de Calais avec embranchement sur Ardres et Guines. — D'une longueur de 30^k,05, le canal de Calais a une seule écluse de 5^m,20 sur 45^m,30, rachetant une chute de 1 mètre ; son mouillage régulier est de 1^m,80 ; en hiver, la navigation est interrompue par les glaces, et, en été, elle est gênée par les tirages qu'il faut établir pour dégorger les canaux de dessèchement.

Les embranchements d'Ardre (4770 mètres) et de Guines (6.200 mètres) n'ont pas d'écluse et communiquent librement avec la branche mère.

Ce canal a coûté 90.000 francs le kilomètre.

Son crédit annuel d'entretien est de 21.500 francs, et il rend 8.500 francs de droits de péage.

Le trafic au parcours entier est de 100.000 tonnes ; le taux du fret est de 3 à 4 centimes. Pour porter à 2 mètres le mouillage du canal de Calais, dernier tronçon de la ligne de Calais à Paris, il y a 1 million à dépenser.

Canaux des Wateringues. — Ces canaux sont les émissaires de l'entreprise de dessèchement décrite sous le nom de Wateringues. Ils appartiennent à l'administration de ce nom ; accessibles à la navigation, sur une longueur de 16.400 mètres, ils n'ont qu'un faible mouillage.

Observation générale. — Le réseau des canaux du nord n'est relié au reste de la France que par le canal de Saint-Quentin.

On a bien souvent demandé la jonction de l'Escaut à la Sambre ; cette jonction serait très-coûteuse et très-difficile.

De même la jonction de la Scarpe ou de l'Escaut à la Somme, et de la Somme à la Seine par la vallée de l'Andelle serait difficile et onéreuse.

Des chemins de fer sont préférables à ces voies de navigation.

III. Bassin du Rhône

Le Rhône, le plus grand cours d'eau de la Méditerranée d'Europe, pénètre par lui-même et par son prolongement naturel, la Saône, dans le cœur de la partie la plus riche de l'Europe, c'est le trait d'union entre le nord et le midi.

Il se divise en deux grandes sections : le groupe de la Saône au nord de Lyon, le groupe du Rhône au sud de Lyon.

1° GROUPE DE LA SAONE

Le groupe de la Saône comprend :

1° La Saône navigable entre Port-sur-Saône et Lyon	366 kilomètres.
2° Le canal du Rhône au Rhin, longueur réduite de 363ᵏ,4 à.	102 —
3° Le Doubs de Dôle à Verdun.	73 —
4° La Seille canalisée.	39,2 —
5° Le petit canal de Pont-de-Vaux.	3,4 —
Longueur totale du réseau. . .	673,6 —

1. Saône. — La Saône, entre sa source à Vioménil dans les Vosges, et son confluent avec le Rhône à la Mulatière près Lyon, a un parcours de 582 kilomètres ; elle recueille les eaux d'un bassin fertile de 2.855.000 hectares.

Elle se divise en cinq sections dont le tableau ci-après renferme les éléments :

DÉSIGNATION DES SECTIONS.	LONGUEUR.	ALTITUDE		PENTE KILOMÉT. MOYENNE.	DÉBITS MINIMA.	DÉBITS MAXIMA.
		à l'amont.	à l'aval.			
	kil.	mèt.	mèt.	mèt.	m. cub	mèt. cub.
1° De Vioménil à Port-sur-Saône.	116	297	208	0,77	0 à 8	0 à 1200
2° De Port-sur-Saône à Gray.	82	208	187	0,26	8 à 15	1200 à 1500
3° De Gray à Verdun-sur-Doubs.	115	187	171	0,14	15 à 25	1500 à 3000
4° De Verdun à Saint-Bernard.	134	171	166	0,04	25 à 40	3000 à 3500
5° De Saint-Bernard à la Mulatière.	35	166	159	0,20	40 à 60	3500 à 4000
Longueur totale. . . .	482	297	159	0,29	40 à 60	3500 à 4000

La Saône, recevant à droite le canal de Bourgogne, le canal du Centre et le canal de l'Est en construction, à gauche le canal du Rhône au Rhin, le Doubs, la Seille canalisée et le petit canal de Pont-de-Vaux, présentant un débit abondant, une pente faible et régulière, est, pour la navigation, un magnifique cours d'eau, qui a eu jadis plus d'importance qu'aujourd'hui, mais qui est appelé à reprendre une plus grande place dans l'avenir.

Dans la 1re section, faible pente et fort débit, la Saône n'est pas navigable. Dans la 2e section, entre Port-sur-Saône et Gray, débit assez considérable et pente modérée, la navigation se fait par éclusées au moyen des barrages d'usines; les pertuis sont franchis non sans danger à la descente, mais on ne les remonte guère. Des travaux, commencés en 1848, sont restés abandonnés depuis ce temps-là.

Dans la 3e section, la Saône serait naturellement navigable pendant une grande partie de l'année; elle l'est d'une manière à peu près continue, grâce à des barrages éclusés, fixes à l'amont, mobiles et du système Poirée à l'aval. Les écluses ont 8 mètres sur 46 mètres. Le mouillage de 1m,10 pourra, sans grande dépense, être porté à 1m,60 et même à 2 mètres.

La 4e section, possédant un fort débit et une pente très-faible qui donne au courant l'apparence d'un lac, est merveilleusement propre à la navigation. Grâce à trois grands barrages éclusés en construction, le tirant d'eau naturel de 1m,60 sera constamment maintenu à 2 mètres. Les écluses ont 12 mètres sur 120 mètres.

Dans la 5e section, la Saône précipite sa descente pour gagner le Rhône à Lyon; il y a des rapides et des bassiers où le mouillage d'étiage se réduit à 0m,20. Les barrages mobiles en construction corrigeront ce vice : leurs écluses ont 16 mètres sur 140 mètres.

« Il paraît difficile, dit M. Krantz, d'expliquer la nécessité de ces types variés d'écluses, et surtout leur défaut de concordance. »

Le trafic au parcours entier ne dépasse pas 2500 tonnes jusqu'à Gray. De Gray à Saint-Jean-de-Losne, il atteint 89.000 tonnes, et, de ce point jusqu'à Lyon, le chiffre s'élève à 568,000 tonnes. La concurrence du chemin de fer a réduit le tonnage de plus de moitié; cependant, le fret entre Lyon et Châlon varie de 0 fr. 014 à 0 fr. 017.

28 millions et demi ont déjà été dépensés sur la Saône; les travaux en cours d'exécution, destinés à donner un mouillage de 1m,60, s'élèvent à 15 millions; pour obtenir le mouillage de 2 mètres, égal à celui des canaux affluents, il faudra dépenser encore 2 millions et demi. C'est en tout une dépense de 48 millions, soit 131.000 francs par kilomètre entre Port-sur-Saône et Lyon.

L'économie de transport, que la voie d'eau réalise par rapport à la voie ferrée, n'est pas au-dessous de 0 fr. 015 par tonne kilométrique; 155 millions de tonnes suffisent donc à couvrir l'intérêt du capital engagé, c'est à peine le double du trafic actuel.

2. Canal du Rhône au Rhin. — Projeté en 1744 par M. de la Cliche, construit vers 1783 entre Dôle et Saint-Symphorien, repris en 1804, ouvert en 1820 de Dôle à Besançon, et terminé en 1834, le canal du Rhône au Rhin, d'une longueur de 363k,4 avec son artère principale de Saint-Symphorien à Strasbourg et ses embranchements de Colmar et d'Huningue, a coûté 83.000 fr. le kilomètre.

Quittant la Saône à Saint-Symphorien, à 4 kilomètres en amont du canal de Bourgogne, il rejoint le Doubs à Dôle, le remonte jusqu'à Montbéliard et pénètre en Alsace par la vallée de l'Ill.

Son bief de partage est à l'altitude 350 mètres; sa pente vers le Rhône est de 172m,9, vers le Rhin de 206m,25, et, sur l'embranchement d'Huningue, de 7m,67. C'est une dénivellation totale de 386m,82, rachetée par 179 écluses de 5m,15 sur 35 mètres.

Malgré son faible mouillage de 1m,50, le canal desservait un mouvement très-actif, surtout en Alsace, mouvement qui atteignait 250.000 tonnes au parcours entier.

Nous ne possédons plus que les 192 kilomètres entre Saint-Symphorien et Montreux ; c'est une voie qui a beaucoup perdu de son importance pour la France.

3. Doubs. — Incorporé au canal du Rhône au Rhin au-dessus de Dôle, il est classé comme navigable entre cette ville et Verdun-sur-Doubs, confluent de la Saône. Pente kilométrique, 0m,28 ; mouillage réduit à 0m,30 pendant cinq mois. Néanmoins, le mouvement au parcours entier de 75 kilomètres est encore de 15.500 tonnes par an.

4. Seille canalisée. — Canalisée en 1805, au prix de 75.000 francs le kilomètre, la Seille relie la ville de Louhans à la Saône ; elle amène dans la Bresse les matériaux d'empierrement et de construction, et alimente les moulins de la Seille et les forges du Jura.

Longueur de cette voie, 59k,2 ; pente de 7m,10 rachetée par 4 écluses de 6m,50 sur 35m,50 ; mouillage, 1m,20 ; trafic au parcours entier, effectué presque entièrement à la remonte, 29.000 tonnes.

Les services rendus par cette voie ont depuis longtemps amorti le capital de construction.

5. Canal de Pont-de-Vaux. — Latéral à la Reyssouse, d'une longueur de 3.400 mètres, il relie la ville de Pont-de-Vaux avec la Saône. Concédé en 1779, terminé en 1842, il a coûté 186.000 francs le kilomètre. Il dessert un mouvement de 19.000 tonnes et constitue une mauvaise opération économique.

Observation générale sur la Saône. — « Si la Saône, dit M. Krantz, a souffert de ses propres imperfections, elle a bien plus souffert encore de celles du grand fleuve dans lequel elle débouche.

Lorsque la navigation était dans son enfance, le Rhône a dû paraître une voie de transport suffisante pour les besoins ; aujourd'hui, loin de réunir le bassin de la Saône à la Méditerranée, il l'en sépare. »

2° GROUPE DU RHÔNE

Le groupe du Rhône, dans lequel n'entrent pas le canal maritime Saint-Louis ni le canal de Bouc à Martigues, comprend :

1° La rivière de l'Ain.	91,5	kilomètres.
2° — de l'Isère.	146,5	—
3° — de l'Ardèche.	8,0	—
4° Le canal de Savières.	4,3	—
5° — de Givors.	15,5	—
6° — de Beaucaire.	77,8	—
7° — d'Arles à Bouc.	47,4	—
8° Le Rhône lui-même.	546,5	—
Longueur totale du groupe.	950,3	—

1. Ain. — D'une pente d'au moins 1m,50 par kilomètre, l'Ain, classé comme navigable jusqu'au confluent de la Bienne et comme flottable au-dessus, voit son mouillage réduit à 0m,25 en basses eaux. Cette rivière est parcourue à la descente par des trains de bois et des bateaux vides qui ne reviennent plus. Le trafic au parcours entier est de 4.700 tonnes.

2. Isère. — Navigable depuis la limite de la Savoie jusqu'au Rhône, avec une pente kilométrique moyenne de $0^m,11$ et un débit excessivement variable, présentant un mouillage qui peut tomber à $0^m,30$, traversant des défilés et des passages encombrés de rochers, l'Isère pourrait à la rigueur être rendue accessible à la grande navigation ; mais personne ne paraît y avoir d'intérêt sérieux. Le trafic au parcours entier est de 2.000 tonnes, bois de chauffage et de charpente.

3. Ardèche. — Avec sa pente de $0^m,80$, son débit inégal, ses crues violentes, son lit mobile, cette rivière d'allure torrentielle n'est vraiment pas navigable.

4. Canal de Savières. — C'est le canal qui sert d'émissaire au lac du Bourget dans le Rhône. On l'a amélioré en y dépensant 32.250 francs par kilomètre; il a un mouillage de $1^m,50$, et dessert un trafic annuel de 500 tonnes au parcours entier.

5. Canal de Givors. — Connu sous le nom du canal des Deux-Mers, parce qu'il avait été conçu comme le trait d'union entre le Rhône et la Loire, entre la Méditerranée et l'Océan, le canal de Givors s'est arrêté au bassin de Rive-de-Gier. Il n'est réellement exploité que sur $18^k,5$ entre Sardon et le Rhône; pente, $108^m,43$, rachetée par 40 écluses de $4^m,60$ à $6^m,50$ sur $25^m,32$ à $35^m,38$. Mouillage normal, $1^m,60$, assuré par le réservoir du Couzon.

Ce canal a coûté très-cher, 243.000 francs le kilomètre, il supporte au parcours entier un trafic de 78.000 tonnes; il est affermé moyennant une redevance de 240.000 francs payée aux concessionnaires par la Société des mines de la Loire.

6. Canal de Beaucaire. — Concédé par Henri IV au Hollandais Bradley, repris ensuite par divers concessionnaires et par les États du Languedoc en 1746, concédé en 1804 au sieur Perrochel, le canal de Beaucaire fut livré à la circulation en 1806 ; il fut concédé jusqu'en 1939 avec des droits de péage encore fort élevés.

Cette voie comprend le canal principal de Beaucaire à Aigues-Mortes, le canal de la Radelle, les canaux de Bourgidou et autres.

La différence de $3^m,64$ entre l'étiage du Rhône à Beaucaire et le niveau de la mer à Aigues-mortes est rachetée par trois écluses de $6^m,66$ sur $36^m,40$.

Le coût kilométrique ressort à 173,500 francs ; le trafic au parcours entier était, en 1867, de 55.000 tonnes et se trouvait en décroissance continue.

7. Canal d'Arles à Bouc. — Le canal d'Arles à Bouc a pour but d'éviter la navigation difficile et la barre du Delta du Rhône ; il rejoint ce fleuve pris à Arles avec la Méditerranée au port de Bouc à l'entrée de l'étang de Berre.

Achevé en 1842, il a coûté 250,000 francs le kilomètre et possède un mouillage de 2 mètres.

Son bief culminant est à $1^m,45$ au dessus de l'étiage du Rhône, de sorte que cette voie peut fonctionner soit comme canal à point de partage, soit comme canal latéral. Il a 4 écluses de 8 mètres sur 52 mètres ; il dessert un trafic de 66,000 tonnes au parcours entier, cinq fois moins qu'en 1847.

Les deux canaux précédents ne pourront avoir une vie active que le jour où le Rhône sera devenu réellement navigable.

8. Rhône proprement dit. — Le Rhône proprement dit se divise en quatre sections navigables :

1° Le haut Rhône, entre le Parc et le confluent de la Saône à Lyon. 158,5 kilomètres.
2° Le bas Rhône, entre Lyon et Arles . . . . 283 —
3° Le Rhône maritime, entre Arles et la mer . . . . 48 —
4° Le petit Rhône, branche occidentale . . . . 57 —

Total. . . . . 546,5 —

1° *Haut Rhône.* — Sa pente est de 0ᵐ,96 par kilomètre jusqu'à Cordon, en aval elle tombe à 0ᵐ,30 en basses eaux; son lit est tourmenté et souvent encombré de rochers; son débit est très-variable. Il transporte au parcours entier, et presque uniquement à la descente, 73,000 tonnes qui se composent de matériaux de construction pour Lyon. En été, une ligne de bateaux à vapeur fonctionne entre Lyon et le lac du Bourget.

Cette voie navigable, desservant surtout des intérêts locaux, ne réclame pas de perfectionnements urgents; elle paraît suffire aux services qu'on lui demande.

2° *Bas Rhône.* — Entre Lyon et Arles, sa pente moyenne est de 0ᵐ,55 par kilomètre; son débit aux deux extrémités est de 210 mètres cubes et 530 mètres cubes en étiage, 7000 et 14,000 mètres cubes en grosses eaux.

Le lit de graviers est tellement mobile que le moindre obstacle déplace le chenal sur de grandes longueurs. Les crues, les basses eaux, les brouillards et les glaces occasionnent trois mois de chômage par an.

La descente ne peut se faire qu'avec des bateaux longs et plats; la remonte excessivement difficile ne comporte que de faibles chargements.

Le fret entre Lyon et Arles varie de 3 à 6 centimes par tonne kilométrique; bien que le trafic ait diminué de moitié depuis la construction du chemin de fer, il est encore au parcours entier de 300,000 tonnes dont ⅔ en descente. Ce fait semble prouver que les voies ferrées ne sont pas suffisantes pour desservir tous les intérêts commerciaux de la vallée du Rhône.

3° *Rhône maritime.* — D'Arles à la Tour Saint-Louis, le Rhône maritime conserve comme à Arles un débit de crue vingt trois fois plus grand que le débit d'étiage; mais sa pente kilométrique se réduit à 0ᵐ,03 et son mouillage, dépassant partout 2 mètres, atteint 4 et 5 mètres près de la Tour Saint-Louis.

Bien que le mistral, soufflant du N.N.O. sur la direction N.S. du fleuve expose les navires à de grands dangers, le Rhône maritime n'en est pas moins le siège d'une active navigation, que l'ouverture du canal Saint-Louis est appelée à développer considérablement. Mais c'est plutôt une navigation maritime que fluviale, et la création d'un port important à la Tour Saint-Louis ne réalisera point de grands avantages pour notre système de navigation intérieure.

4° *Petit Rhône.* — Branche occidentale du Delta, cette ligne n'est aucunement fréquentée; la navigation suit de préférence le canal de Beaucaire.

Amélioration de la navigation du Rhône. — De 1831 à 1859 on a dépensé sur le Rhône 24 millions de francs, dont 2,600,000 francs seulement pour amélioration et le reste pour défense de rives.

A partir de 1860, en présence de la situation lamentable de la batellerie du Rhône, on se préoccupa sérieusement de l'amélioration du fleuve.

Avec l'allure torrentielle du fleuve on n'osa pas recourir aux barrages mobiles et on se proposa de créer un lit moyen avec chenal navigable donnant entre Lyon et Arles un mouillage de 1ᵐ,60 et par suite un tirant d'eau de 1ᵐ,40.

Sur 51,500,000 francs de travaux à exécuter, il reste encore plus de 37 millions à dépenser; les crédits annuels ne dépassent guère 900,000 francs. C'est donc au minimum 42 ans qu'il faut compter avant l'achèvement des travaux.

Et comme les travaux projetés ne donnent à la batellerie qu'une médiocre satisfaction, on ne peut compter sur le système des avances de fonds pratiqué pour quelques grands ports de mer.

L'insuffisance du projet est expliquée par M. Krantz dans les termes suivants: *Inconvénients des endiguements sur les rivières torrentielles.* — « On a pu, à l'aide de rétrécissements, améliorer d'une manière très-heureuse diverses rivières près de leur embouchure. On peut citer comme exemple d'une pleine réussite, ce que nos voisins ont fait sur la Clyde et ce que nous avons fait nous-mêmes sur la Seine, en aval de Rouen : mais le voisinage de la mer et surtout l'atténuation extrême des pentes et des vitesses introduit dans cette partie des fleuves un ensemble de conditions favorables, qui ne se retrouvent pas au même degré ailleurs.

On comprend encore que, quand des rivières présentent une pente faible et, par suite, une vitesse modérée, que leur fond a une certaine consistance et que leurs crues ne sont pas excessives, on puisse établir un régime nouveau qui présente quelque stabilité. L'inconvénient de ce régime artificiel, au point de vue de la navigation, c'est l'accélération des vitesses et la limitation assez étroite des mouillages.

On arrive par ce procédé, après de nombreux tâtonnements et de longues expériences, à trouver un ensemble de conditions auxquelles le cours d'eau se plie sans trop de révoltes ; mais en général, on n'obtient pas de grandes profondeurs, et il serait dangereux de trop les rechercher.

Si on veut appliquer le même système à des rivières de régime quelque peu torrentiel, on s'expose à de nombreux mécomptes. On réussit partiellement, mais la rivière attaque, pendant les crues, ce qu'elle avait respecté en basses eaux. On recommence encore cet interminable labeur qui est de nouveau détruit, et, en fin de compte, on se trouve toujours à la veille du succès et jamais au lendemain.

Ceci est vrai surtout quand il s'agit d'un grand fleuve comme le Rhône, où toutes les difficultés sont accumulées. Nous l'avons dit précédemment, la pente kilométrique entre Lyon et Arles atteint $0^m,55$; la vitesse du courant est grande, le fond très-mobile, les crues, au nombre de quatre ou cinq par an, atteignent quelquefois des proportions formidables. Dans ces conditions, on n'a plus affaire à un seul, mais à plusieurs cours d'eau qui se succèdent dans le même emplacement avec des vitesses et des volumes différents. Les dispositions qui conviennent à l'un de ces états du fleuve, rarement conviennent aux autres ; ce que les uns avaient respecté, les autres le détruisent ou ont tendance à le détruire.

Ces considérations ont fait naître, dans beaucoup de bons esprits, des doutes très-sérieux sur le plein succès des travaux actuellement entrepris ; car il ne suffit pas, qu'on le remarque bien, d'une réussite partielle, il faut que l'on réussisse partout et toujours ; s'il reste un seul point où l'on n'obtienne pas le mouillage fixé, le résultat, au point de vue de la navigation, est le même que si on ne l'avait obtenu nulle part.

Tout ceci est grave ; mais ce qui l'est encore plus, c'est que le plein succès des travaux entrepris, à supposer qu'on puisse l'obtenir, est destiné à faire plus d'honneur aux ingénieurs que de profit à la batellerie. Il est facile de s'en rendre compte.

Le mouillage de $1^m,60$, constitué à grands frais sur le Rhône, ne pourra, en raison de la vitesse du courant et de la longueur des bateaux, offrir un tirant d'eau utilisable de plus de $1^m,20$, c'est-à-dire bien inférieur à celui de la Saône et des canaux affluents. Il faudra donc toujours rompre charge, c'est-à-dire alléger ou transborder à Lyon. Transbordements à la descente, chargements faibles à la remonte paraissent inévitables, et, dans ces conditions, la voie navigable sera toujours insuffisante et le prix du fret très-élevé.

On cherche, il est vrai, en ce moment, à construire des bateaux en tôle très-considérables et à faible calaison, à l'aide desquels on pourra effectuer de grands transports sur le Rhône. Le nom de l'ingénieur qui fait cet essai hardi est une garantie de succès, et nous admettons très-bien, pour notre part, que M. Dupuy de Lôme réussisse suivant son habitude; mais ses gros chalands s'arrêteron forcément aux écluses étroites de la Saône, ne pourront pas pénétrer dans les canaux qui y débouchent, et la navigation intérieure à long parcours, la plus utile pour le public, la plus fructueuse pour les mariniers, n'aura rien gagné à sa tentative. Quelques établissements particuliers, le Creusot, par exemple, pourront y trouver leur compte; mais, nous le répétons, cette entreprise, à laquelle nous souhaitons un plein succès, ne nous paraît améliorer en rien la situation de nos voies navigables. Il faut évidemment chercher ailleurs la solution du problème. »

Canal latéral. — Ce qui importe avant tout ce n'est point de relier la Saône et le nord de l'Europe avec Lyon; le but à atteindre, c'est la mer, c'est Marseille, et toute voie navigable qui ne mènera point facilement et économiquement les marchandises jusqu'à la mer sera sans valeur.

En l'absence de cette voie, Marseille, malgré son heureuse situation, peut se trouver menacée dans l'avenir par la concurrence de Brindisi, de Gênes, de Venise et de Trieste. Au contraire, avec une bonne voie navigable la reliant à Lyon, Marseille peut défier toutes ses rivales, car elle permettra aux navires qui lui apportent les marchandises étrangères de ne point repartir sur lest et de prendre en chargement nos vins, nos fers, nos houilles, nos matériaux de construction, etc.

Le Rhône est impuissant, dit M. Krantz, à fournir cette bonne voie navigable et c'est à un canal latéral seul qu'on peut la demander.

Un projet de canal latéral sur la rive droite du Rhône a été présenté par M. l'ingénieur en chef Céard en 1808; un autre projet sur la rive gauche fut rédigé, en 1822, par M. l'ingénieur en chef Cavenne. Ce projet desservait Lyon, Vienne, Saint-Vallier, Tain, Valence, Montélimart, Tarascon, Arles et aboutissait à la mer à Bouc, après un parcours de 318 kilomètres et une chute totale de 150 mètres rachetée par 58 écluses de 5^m,20 sur 35 mètres. Ce canal communiquait avec le fleuve par des coupures éclusées et son mouillage était fixé à 1^m,60.

Il devait coûter 47 millions de francs, soit 148.000 francs le kilomètre.

M. Krantz pense qu'en tenant compte du canal construit d'Arles à Bouc, il y aurait à dépenser encore 68 millions de francs, soit 250.000 francs par kilomètre.

Le projet Cavenne a été approuvé en 1825 par le Conseil général des ponts et chaussées. Cependant, le projet de la rive droite, qui paraissait autrefois le plus difficile à cause des contre-forts et des affluents nombreux qu'il rencontre, paraît aujourd'hui plus abordable que celui de la rive gauche; il ne se trouve point juxtaposé au chemin de fer et dessert de grands centres industriels, en même temps qu'il pourrait semer sur son parcours des chutes motrices et des canaux d'irrigation. Quittant le Rhône à Lyon à 160 mètres d'altitude, il lancerait une branche aboutissant à Nimes à l'altitude de 50 mètres et le tronc principal se prolongerait jusqu'à Arles.

Le travail est évalué à 500.000 francs le kilomètre, soit en tout à 90 millions de francs. Pour le compléter et pour permettre aux bateaux de rivière d'arriver jusqu'à Marseille, il faudrait construire en outre, et comme complément indispensable, le canal de Bouc à Marseille, qui, avec un parcours de 22 kilomètres, coûterait 5 millions de francs.

La création de la grande voie navigable mettant en communication assurée et facile Lyon et Marseille ne parait donc devoir coûter que 95 millions de francs.

IV. Bassin de la Garonne et du littoral de la Méditerranée

Ce bassin comprend trois groupes principaux de voies navigables, savoir :

1° La Dordogne et ses affluents, la Dronne, l'Isle, la Vézère . .	564 kilomètres.
2° La Garonne et ses affluents.	1026,65 —
3° Canal latéral à la Garonne, canal du Midi, canaux du littoral.	544,88 —
Total.	2135,53 —

Par l'élévation de leur pente et l'irrégularité de leur débit, les rivières naturelles de ce bassin ne peuvent guère se prêter aux exigences d'une bonne navigation.

De leur côté, les beaux canaux de la région restent inoccupés par le fait des tarifs élevés ; ils appartiennent à la Compagnie des chemins de fer du Midi et la concurrence est impossible.

1° GROUPE DE LA DORDOGNE ET DE SES AFFLUENTS

Le groupe de la Dordogne comprend :

1° La Dordogne, d'une longueur navigable de.	352 kilomètres.
2° La Vézère.	65,5 —
3° L'Isle.	145,4 —
4° La Dronne.	1,1 —
Total.	564 —

1. La Dordogne. — Cette rivière a sa source au pied du Mont-Dore ; elle coule du Nord au Sud jusqu'à Bretenoux, tant qu'elle reste sur les terrains primitifs du massif central, puis elle prend la direction Est-Ouest et vient se jeter dans la Gironde au Bec d'Ambez.

Sa longueur est de 490 kilomètres et sa pente moyenne de 2m,60 par kilomètre. Dans le massif central son cours est sinueux, tourmenté et encombré de roches ; dans le terrain jurassique, entre Bretenoux et Souillac, elle est bordée d'un côté par de hautes falaises à pic, de l'autre par une plage basse et fertile ;

dans le terrain crétacé, entre Souillac et Bergerac, ces grands reliefs s'atté-
nuent et ils disparaissent à l'aval lorsque la Dordogne parcourt les plaines d'alluvions.

On place l'origine de la navigation au port de Vénéjoux, à 97ᵏ,5 de la source.
Les débits à Souillac, au confluent de la Vézère, et à Libourne, confluent de
l'Isle, sont :

20	36	42 mètres cubes en étiage.
2000	4900	5700 — en crues.

Le rapport des débits est donc compris entre 135 et 145.

La pente kilométrique est de 0ᵐ,57 entre Souillac et le confluent de la Vézère,
de 0ᵐ,34 entre ce dernier point et Libourne, de 0ᵐ,09 à 0ᵐ,00 entre Libourne
et le Bec d'Ambez.

Les marées d'équinoxe relèvent de 5 mètres le plan d'eau à Libourne et se
font sentir jusqu'à Pessac, à 45 kilomètres en amont; les marées ordinaires
donnent à Libourne un relèvement de 4 mètres et se font sentir jusqu'à Cas-
tillon, à 35 kilomètres en amont.

Bien qu'assez facile à canaliser jusqu'à Limeuil et même jusqu'à Souillac, la
Dordogne a été négligée et on n'y a dépensé jusqu'à présent que 6,350 francs
par kilomètre. — Cette somme a été employée à la dérivation canalisée de la
Linde (15,375 mètres de longueur) et au barrage éclusé de Bergerac.

De Vénéjoux à Souillac, le trafic totalement en descente n'est que de 900 tonnes
au parcours entier; de Souillac à Bergerac, le trafic est de 19,000 tonnes, s'effectuant presque entièrement à la descente lors des crues. — De Bergerac à
Libourne, il atteint 28,000 tonnes. — La navigation à pleine charge n'est guère
possible que trois mois par an, avec des bateaux dont le tirant d'eau maximum
est 1ᵐ,05. — Prix moyen du fret, 0 fr. 06.

Dans les parties hautes, jusqu'à Souillac, il n'y a évidemment pas d'amélioration à tenter ; le chemin de fer sera toujours préférable à la voie navigable
pour pénétrer dans les montagnes.

De Souillac à Limeuil l'amélioration est possible au moyen de dérivations et
de barrages éclusés; elle coûterait 12 millions, mais il paraît convenable de
s'en tenir au chemin de fer latéral.

De Limeuil à Libourne, la canalisation est utile et désirable et coûtera
6,700,000 francs.

2. La Vézère. — La Vézère a sa source à Chavagnac, dans la Corrèze ; elle
rencontre la Corrèze à Brives et la Dordogne à Limeuil, après 160 kilomètres de
parcours. Pente moyenne : 5 mètres par kilomètre et 0ᵐ,54 sur les 65 derniers
kilomètres.

A Limeuil, le débit varie de 12 mètres en étiage à 1,400 mètres en crues.

La Vézère, qui peut donner lieu à une navigation satisfaisante, a commencé à
attirer l'attention sous Henri IV; les travaux, recommencés sous Louis XIII, furent repris en 1825 et laissés incomplets en 1830. Une seule écluse fut achevée
sur vingt-quatre.

La Vézère est donc à peu près à l'état naturel, et son mouillage en basses
eaux tombe à 0ᵐ,30. Son trafic est de 550 tonnes.

Le chemin de fer suffit du reste en ce moment pour desservir convenablement la vallée de la Vézère.

3. L'Isle. — L'Isle a sa source à Nexon en Limousin ; reçoit comme principal affluent la Dronne et se jette dans la Dordogne à Libourne, après un parcours de 235 kilomètres et une chute de 296 mètres, donnant une pente kilométrique moyenne de 1^m,26.

La navigation fluviale se fait entre Périgueux et Laubardemont, sur une longueur de 114^k,42 avec une pente moyenne de 0^m,70 et un débit variant, à Périgueux, de 5^{mc} à 1100^{mc}, et à Laubardemont de 6^{mc},50 à 1200^{mc}. — A Laubardemont, 31 kilomètres en avant de Libourne, commence la navigation maritime; la pente tombe à 0^m,10 dans cette section.

Bien que sa pente soit un peu forte dans la 1re section, l'Isles est une bonne voie navigable, la navigation ne s'y arrête que lorsque les crues dépassent 1^m,20 à Mussidan et couvrent la plaine.

Projetée en 1696, l'amélioration de l'Isles fut effectuée de 1821 à 1838 au moyen de 40 barrages éclusés, dont les écluses ont 4^m,55 sur 25 mètres; les barrages sont fixes et surmontés de hausses Thenard. La dépense a été de 5,370,000 francs, soit 57,000 francs par kilomètre.

A l'aval de Laubardemont, le jeu de la marée suffit.

Le mouillage normal à l'amont est de 1^m,25; le chemin de halage est bon, mais il a le grave inconvénient de comporter, entre Périgueux et Libourne, vingt-sept passages d'une rive à l'autre.

Trafic total au parcours entier en 1868 : 16,700 tonnes; il a toujours décrû depuis l'établissement du chemin de fer de Périgueux à Coutras.

Il est nécessaire de dépenser 1 million pour augmenter le mouillage au moyen de hausses mobiles sur les barrages. Les écluses seraient aussi à remanier si l'Isles était mise en communication avec d'autres voies navigables.

Le prolongement de la navigation de l'Isles à l'amont de Périgueux jusqu'à Excideuil rendrait des services; mais le moment n'est pas venu de l'établir.

4. La Dronne. — Affluent de l'Isles, classée comme navigable sur 1100 mètres, la Dronne ne dessert aucun trafic. Elle n'est intéressante que parce que sa vallée et celle de son affluent, la Tude, sont le passage le plus facile du bassin de la Dordogne dans le bassin de la Charente.

On pourrait établir un canal à point de partage, quittant la Charente à Monac, passant sous le plateau de Juvignac au moyen d'un souterrain de 3 kilomètres et descendant par Courgeas vers la vallée de la Tude, et suivant le flanc droit des vallées de la Dronne et de l'Isle jusqu'à Libourne.

Ce canal, tronçon de la ligne navigable de Paris à Bordeaux, aurait 119 kilomètres, des dénivellations s'élevant en tout à 67 mètres; il coûterait environ 210,000 francs le kilomètre. Mais, il n'y aurait d'utilité à le construire qu'autant qu'on aurait effectué d'abord la jonction de la Loire et de la Charente.

2° GROUPE DE LA GARONNE

Le groupe de la Garonne comprend : 1, la Garonne; 2, le Dropt; 3, le Lot; 4, le Tarn; 5, le Salat; 6, l'Ariège; 7, la Baïse; 8, les Esteys.

1. La Garonne. — Les sources ou yeux (ojos) de la Garonne sont dans la vallée d'Aran en Espagne, à l'altitude de 1872 mètres au-dessus du niveau de la mer.

La Garonne coule d'abord vers l'Est, puis s'infléchit au Nord jusqu'à Toulouse d'où elle se dirige vers l'Ouest; elle baigne Saint-Gaudens, Muret, Toulouse,

Agen, Tonneins, la Réole, Marmande, Langon, Bordeaux et Blaye; elle rejoint la Dordogne au Bec d'Ambez, et de là jusqu'à la pointe de Cordouan, porte le nom de Gironde. — Le parcours entier est de 505^k,72.

La navigation commence au confluent de Salat à 80^k,10 en amont de Toulouse; elle s'étend en aval de Toulouse jusqu'à la mer.

		par kilom.
Du confluent de Salat à Toulouse, la longueur est de. .	80^k,10 et la pente moyenne de	1^m,65
De Toulouse au confluent du Tarn.	85^k,80 —	0^m,61
Du confluent du Tarn au confluent du Lot.	84^k,20 —	0^m,60
Du confluent du Lot au débouché du canal latéral, à Castets.	70^k,00 —	0^m,31
De Castets à Bordeaux.	54^k,10 —	0^m,04
De Bordeaux à la mer.	99^k,50 —	0^m,02

Le bassin de la Garonne s'étend surtout sur la rive droite.

La largeur du fleuve entre Toulouse et Bordeaux varie de 80 à 200 mètres.

La navigation maritime commence au pont de Bordeaux.

Les crues de la Garonne sont très-rapides : quatre fois par siècle environ on observe des crues d'environ 7^m,50 à Toulouse, 10^m,60 à Agen, 13 mètres à Castets, 12^m,40 à Langon. Chaque année il se produit plusieurs crues de 3 à 4 mètres; ces crues sont dues surtout à la fonte des neiges.

La pénurie d'eau entraîne 25 à 15 jours de chômage par an dans les parties fluviales de la Garonne. La dépense faite sur ce fleuve, jusqu'à présent, est de 24,000 francs par kilomètre; elle a eu surtout pour but des endiguements pour préserver la vallée.

Du reste, entre Toulouse et Castets, la Garonne est avantageusement doublée par le canal latéral; on ne doit pas chercher à l'améliorer. A l'aval de Castets, le mouillage peut tomber à 0^m,70, mais le jeu des marées l'augmente régulièrement et empêche les chômages.

Entre Roquefort, origine de la navigation fluviale, et Castets, le trafic est tout entier à la descente; en 1868 il atteignait, au parcours entier dans chaque section :

11.000 tonnes entre Roquefort et Toulouse. . . .	80 kilomètres.
15.000 tonnes entre Toulouse et Agen.	134 —
102.000 tonnes à la descente entre Agen et Bordeaux.	105 —
60.000 tonnes à la remonte entre Castets et Bordeaux.	85 —

En 1847, le trafic était le double; il a atteint son minimum en 1864. — Les vins et eaux-de-vie le composent pour moitié et les céréales pour un quart.

2. Le Dropt. — Le Dropt prend sa source près Montpasier, entre les vallées du Lot et de la Dordogne, et se jette dans la Garonne à la Réole.

D'une longueur de 128 kilomètres, cette rivière a des allures modérées; des berges d'argile s'élèvent à 2 ou 3 mètres au-dessus des eaux ordinaires, et sa largeur varie de 15 à 30 mètres.

Dans la partie canalisée, la pente kilométrique est de 0^m,58; le débit d'étiage tombe rarement à 0^{mc},50, il est habituellement de 3^{mc},50; le débit des crues est ordinairement de 200 mètres cubes et exceptionnellement de 400 mètres cubes.

Ce cours d'eau se prête donc naturellement à l'établissement d'une bonne voie navigable.

Concédée en 1719, la canalisation ne fut sérieusement entreprise qu'en 1839. Elle a été obtenue, sur 64,800 mètres, au moyen de 20 écluses de 4m,70 à 4m,90 de lar   sur 23 à 34 mètres de long; mouillage normal, 1m,20; trafic au par cours entier, 2500 tonnes.

Avec quelques améliorations de mouillage, le Dropt, racheté par l'État aux concessionnaires qui ont dépensé 900,000 francs, non compris une subvention de 400,000 francs de l'État, constituerait une utile voie navigable d'intérêt local.

3. Le Lot. — Le Lot prend naissance au mont Lozère, dans les Cévennes, à 1200 mètres d'altitude, et se jette dans la Garonne à Nicole, à l'aval d'Aiguillon, après un parcours de 452 kilomètres et une chute de 1173m,50. Voici les caractères des diverses sections :

	Longueur.	Pente kilomètr.	Débit d'étiage.	Débit de crues.
De la source à Entraygues (non navig.)	139 kilom.	70m,00	»	»
D'entraygues à Bouquiès.	41 —	1m,12	20 m. c.	»
De Bouquiès à Cahors.	110 —	variable de	25 —	1500 m. c.
De Cahors à Villeneuve-d'Agen.. . . .	112 —	0m,85 à		à
De Villeneuve-d'Agen au confluent.. .	50 —	0m,32	30 —	3000 —

Dans les années de grande sécheresse, le débit d'étiage est encore réduit de moitié. Par ses allures irrégulières, par la hauteur de ses crues soudaines qui atteignent jusqu'à 15 mètres à Villeneuve, le Lot se présente comme une rivière difficile à transformer en bonne voie. navigable, bien que ce but soit éminemment désirable à atteindre, car il s'agit de desservir une longue et fertile vallée.

Colbert fit construire, à l'aval de Cahors, 24 écluses; en 1808, on en établit une autre à Cahors même.

En 1835, l'ouverture de l'usine de Decazeville et la mise en exploitation des houillères de l'Aveyron firent décider l'amélioration du Lot jusqu'au port de Bouquiès.

Elle doit s'effectuer au moyen de 71 barrages fixes avec écluses maintenant un mouillage d'au moins 1 mètre.

Les travaux exécutés n'offrent pas d'unité ; ainsi, les écluses ont 5 mètres à 9m,20 de large et 30m,30 à 40m,60 de long; le mouillage réglementaire n'est obtenu que dans 11 biefs sur 34; il tombe à 0m,20 dans certains biefs à l'amont de Cahors. Les chemins de halage sont inachevés sur 73 kilomètres.

Voie très défectueuse, le Lot ne dessert, au parcours entier, qu'un trafic assez faible qui a été, en 1868, de 14.000 tonnes. Le fret moyen est de 8 centimes par tonne kilométrique.

Chaque tonne kilométrique est grevée de 0f,045 par les frais d'entretien et 0f,192 par l'intérêt des capitaux dépensés, de sorte qu'elle revient en tout à 0f,315.

Il ne paraît pas y avoir lieu de pousser plus loin les travaux d'amélioration; le Lot ne peut être une voie économique capable de faire concurrence au chemin de fer qui dessert la vallée : tout au plus, pourrait-on chercher à améliorer la section comprise entre la Garonne et Villeneuve-d'Agen, et il y aurait à consacrer à ce travail six millions, dont on retirerait sans doute un profit convenable.

4. Le Tarn. — Le Tarn part du mont Lozère, arrose Florac, Milhau, Alby,

Gaillac, Montauban et Moissac, où il rejoint la Garonne, après un parcours de 510ᵏ,5 et une chute de 1307ᵐ,52 ; il arrose une vallée étendue et fertile.

Après avoir coulé sur les terrains primitifs du massif central, il traverse le terrain jurassique sur 85 kilomètres, et rentre sur les terrains primitifs qu'il quitte brusquement, aux environs d'Alby, par une chute de 15 mètres qu'on appelle le saut de Sabo. A partir de là il coule au milieu des terrains d'alluvion. En voici les diverses sections.

	Longueur.	Pente kilométrique
De la source au saut-de-Sabo.	165ᵏ,0	0ᵐ,74
Saut-de-Sabo de 15 mètres de chute.		
Du Saut-de-Sabo à Alby.	9ᵏ,5	0ᵐ,65
D'Alby à Gaillac.	29ᵏ,0	1ᵐ,05
De Gaillac au confluent de l'Agout près St-Sulpice.	30ᵏ,5	0ᵐ,60
De là à Montauban.	40ᵏ,5	0ᵐ,42
De Montauban à Moissac.	34ᵏ,0	0ᵐ,33
De Moissac à la Garonne.	4ᵏ,0	0ᵐ,38

A Montauban, le débit d'étiage est de 20 mètres cubes ; les crues de 1 mètre donnent un débit de 140 mètres cubes, et les crues extrêmes de 10 mètres un débit de 4000 mètres cubes.

Le Tarn ressemble singulièrement au Lot. Il présente, dit M. Krantz, les mêmes difficultés d'amélioration, et les travaux importants qu'on y a entrepris ont abouti au même insuccès.

Colbert fit construire, sur le Tarn, quelques barrages éclusés ; il fut, en l'an XI, classé comme navigable depuis le saut de Sabo.

Diverses lois ont depuis alloué à la rivière du Tarn, 4.530.000 francs, dont 1.200.000 francs ont été dépensés en amont de Gaillac. Cela fait 31.000 francs par kilomètre.

Les écluses ont 5ᵐ,20 à 6 mètres de large et 32ᵐ,75 à 43ᵐ,80 de long. Quelques-unes sont encore à poutrelles. Le mouillage réglementaire, de 1ᵐ,20, tombe à 0ᵐ,60 en étiage dans beaucoup de biefs.

Les chemins de fer ont tué la navigation du Tarn, qui n'est plus que de 4100 tonnes au parcours entier, et qui, en 1862, était dix-huit fois plus considérable.

Aujourd'hui, l'intérêt des capitaux dépensés grève de 0ᶠ,38 chaque tonne kilométrique, et l'entretien grève chaque tonne de 12 centimes ; le fret moyen est de 6 centimes.

Les dépenses à faire pour l'amélioration complète du Tarn seraient très-élevées, et ne donneraient que des résultats économiques bien incertains ; il semble convenable pour le moment de se borner à l'amélioration de la section comprise entre le confluent de l'Agout et Montauban.

Comme le fait remarquer M. Krantz, il y a souvent plus d'avantages dans le midi à consacrer les eaux des rivières aux irrigations qui sont nécessaires à l'agriculture, qu'à en faire des voies de transport : pour cette fonction, les chemins de fer leur sont préférables.

5. Le Salat. — Classé comme navigable sur 17ᵏ,45, entre Lacave et Saint-Martory, ce cours d'eau n'est navigable que de nom.

6. L'Ariége. — L'Ariège prend sa source près du val d'Andorre et se jette dans la Garonne à quelques kilomètres en amont de Toulouse. Classé comme navigable sur 32ᵏ,3, il donne lieu à un trafic annuel de 2000 tonnes au parcours entier. Il n'y a aucun intérêt à l'améliorer.

7. La Baïse. — La Baïse, entre sa source au plateau de Lannemezan et son confluent avec la Garonne, a une longueur de 160 kilomètres et une chute de 532 mètres. Elle arrose Mirande, Condom et Nérac.

La Baïse, qui reste continuellement sur des terrains d'alluvion récents et sur des terrains tertiaires, a un débit très-régulier, qui n'est pas affecté de crues violentes. Maintenant qu'on y a versé les eaux de la Neste, le débit d'étiage, qui tombait très-bas, ne descend guère au-dessous de 1^m,50.

Entreprise sous Henri IV, la canalisation de la Baïse fut poussée d'abord jusqu'à Nérac; reprise en 1812, elle est arrêtée aujourd'hui à Saint-Jean-Poutge, à 83^k,50 du confluent.

La pente varie de 0^m,90 à 1^m,10 par kilomètre : les écluses, assez multipliées, ont 4^m,21 à 6 mètres de large, et 27^m,50 à 33^m,20 de long; le mouillage réglementaire est de 1^m,20 en lit de rivière, il n'est pas maintenu pendant les sécheresses.

La Baïse est une voie navigable assez fréquentée, bien que défectueuse sur certains points; en 1868, le trafic au parcours entier s'est élevé à 21.400 tonnes; le fret est de 0^f,06; l'entretien grève en outre chaque tonne kilométrique de 0^f,017, et les intérêts du capital engagé grèvent chaque tonne de 0^f,068.

8. Les Esteys. — Les Esteys sont les sept petits affluents qui se jettent dans la Garonne entre Cadillac et Bordeaux : leur longueur navigable est de 6^k,10. Leur trafic se confond avec celui du fleuve.

3ᵉ GROUPE DES CANAUX

Le groupe des canaux comprend :

1° Le canal latéral à la Garonne, longueur	210^k,68
2° Le canal du Midi.	277^k,20
3° Les canaux des Étangs.	57^k,00
Total.	544^k,88

1. Canal latéral à la Garonne. — Cette magnifique artère, digne complément de l'œuvre de Riquet, a été exécutée par l'État, qui lui aura consacré 65 millions et demi, soit 311.000 francs par kilomètre.

Le canal latéral se raccorde au canal du Midi sous les murs de Toulouse; il suit la rive droite de la Garonne, traverse le Tarn à Moissac, passe à Agen sur la rive gauche du fleuve, dans lequel il débouche à Castets, à 8 kilomètres en aval de Langon.

Le canal, latéral de 193.191 mètres de long et de 128^m,07 de chute, se relie par des embranchements, 1° au Tarn, à Montauban et à Moissac, 2° à la Garonne, à Toulouse et à Agen, 3° à la Baïse, près de Buget. La longueur de ces embranchements est de 17.484 mètres, et leur chute de 42^m,53.

Ce réseau compte 12 écluses de 6 mètres de large sur 35^m,55 de long.

Le mouillage est de 2 mètres.

L'alimentation est assurée par des eaux dérivées de la Garonne et du ruisseau de l'Avance; il serait facile de recourir, s'il le fallait, à l'Aveyron ou au Tarn.

Le canal latéral est concédé jusqu'en 1960 à la Compagnie des chemins de fer du Midi, qui perçoit à la remonte des péages de 0f,05 et 0f,02 par tonne de marchandises suivant la classe et à la descente, 0f,01. Surélevés de 0f,01 par un décret de 1858, ces droits ont été adoucis plus tard pour les houilles, les pierres, les matières encombrantes.

Néanmoins, ils empêchent la concurrence de la navigation et du chemin de fer. Le trafic est réduit au tiers de ce qu'il était en 1856 et n'atteint plus que 80.000 tonnes au parcours entier, soit 16.500.000 tonnes kilométriques.

La Compagnie concède pour l'irrigation de 785 hectares 710 litres d'eau à la seconde; elle concède aussi des chutes dont le total représente 1136 chevaux vapeur. La part de l'irrigation pourrait être augmentée.

Canal du Midi ou des Deux-Mers. — La chaîne des Cévennes est reliée aux Pyrénées par la chaîne des Corbières, qui présente, entre Villefranche et Castelnaudary, une dépression permettant un passage facile du bassin de la Méditerranée à la Garonne.

L'idée d'un canal de la Méditerranée à la Garonne fut mise en avant dès qu'on connut l'écluse.

En 1862, Pierre-Paul Riquet présenta à Colbert le projet du canal du Midi; en 1680, à la mort de Riquet, il ne restait plus qu'une lieue de ce canal à ouvrir. Vauban reçut le travail en 1684 et dit : « Je donnerais tout ce que j'ai fait et tout ce qui me reste à faire pour avoir exécuté ce travail. »

Le canal paraît avoir coûté 36 millions de francs; la propriété en est répartie en 1292 actions, dont 600 aux héritiers Caraman, 8 à divers, 392 aux dotations de l'Empire, 292 aux héritiers Riquet-Bonrepos.

La Compagnie des chemins de fer du Midi a loué, en 1858, le canal du Midi pour 40 années.

Le canal du Midi part de Toulouse, remonte la vallée de l'Hers, franchit à Naurouse la ligne de faîte, descend par les vallons de Tréboul et du Fresquel dans la vallée de l'Aude, quitte cette vallée au Somaïl, se dirige sur Béziers, où il traverse l'Orb, franchit l'Hérault près d'Adge et aboutit au port des Onglous, sur l'étang de Thau. Les bateaux traversent cet étang et, par un petit canal, pénètrent dans le petit port de Cette.

Au Somaïl, se détache l'embranchement qui gagne Narbonne et aboutit au port de la Nouvelle.

La longueur de la ligne principale est de 240k,30, et celle de l'embranchement de 36k,90. Le point de partage de la ligne principale est à l'altitude de 189 mètres; la chute vers la Garonne est de 63 mètres et vers la Méditerranée de 188 mètres; la chute de l'embranchement est de 31m,55.

Le canal compte 119 écluses de 6 mètres de large sur 31 mètres de long.

Le mouillage est de 2 mètres sur la ligne principale et de 1m,50 sur l'embranchement.

Le bief de partage est alimenté par 86 kilomètres de rigole, qui vont chercher l'eau des réservoirs de Lampy et de Saint-Ferréol, contenant l'un 1.750.000 mètres cubes, l'autre 6.300.000 mètres cubes.

Les parties inférieures sont alimentées par l'Orb et par l'Hérault.

De 1853 à 1868, le trafic du canal du Midi avait diminué de plus de moitié et n'était plus, en 1868, que de 88.000 tonnes au parcours entier, soit 25 millions et demi de tonnes kilométriques.

L'élévation des péages rend la victoire des chemins de fer très-facile, même pour les matières encombrantes.

3. Les canaux des Étangs. — Les canaux des Étangs ou canaux du littoral complètent la jonction entre le canal du Midi et le canal de Beaucaire, et par suite entre la Garonne et le Rhône.

Ce groupe comprend plusieurs branches que nous allons énumérer :

1° *Le canal des Étangs* joint l'étang de Thau avec le canal de la Radelle ; autrefois, la navigation avait lieu à travers les étangs du littoral, mais ces étangs s'ensablèrent, et en 1725 les États du Languedoc leur substituèrent la voie artificielle qui prit le nom de canal des Étangs ;

2° *L'embranchement de la Peyrade* se détache du précédent au pont de la Peyrade, et aboutit dans les canaux du port de Cette ;

3° *Le canal du grau de Lez* est la partie canalisée de cette rivière qui fait suite à la concession de Grave ;

4° *L'embranchement de Carnon* relie le canal des Étangs avec le port intérieur de Carnon.

5° *L'embranchement du canal de Lunel* est l'ancien canal de Lunel prolongé jusqu'au canal de la Radelle, suite du canal des Étangs.

La longueur totale de ces canaux est de 45.681 mètres, ils ont coûté 159.000 francs le kilomètre et ont desservi, en 1868, un trafic qui, rapporté au parcours entier, s'est élevé à 100.000 tonnes. Ce trafic paraît être en voie d'accroissement.

A ce réseau de canaux, il faut ajouter le Lez canalisé, qui est navigable sur 11ᵏ,4 entre le pont de Juvénal, à 1 kilomètre en aval de Montpellier, jusqu'à son embouchure dans la mer. Le Lez se divise en deux sections qui portent le nom de canal de Graves et de grau des Palavas.

500,000 francs sont à dépenser pour curer les canaux des Étangs et combattre l'envasement qui les envahit.

V. Bassin du golfe de Gascogne

Ce bassin comprend la zone du littoral entre Bayonne et la pointe de Grave ; les Landes en font partie ainsi que le bassin de l'Adour.

1° BASSIN DE L'ADOUR

Le bassin de l'Adour comprend :

1° L'Adour, navigable entre Saint-Sever et Bayonne.	126 kilomètres
2° La Midouze, navigable entre Mont-de-Marsan et l'Adour.	43 —
3° Les affluents de la rive gauche de l'Adour, navigables sur.	219 —
Total.	388 —

1. L'Adour. — L'Adour appartient à la navigation maritime jusqu'à Bayonne.
De Bayonne au Bec des Gaves, c'est une belle rivière à débit toujours considérable, à largeur variant de 150 à 400 mètres, à profondeur variant de 1^m,60 à
10 mètres. Aucune amélioration n'est nécessaire.

Du Bec des Gaves au Hourquet, confluent de la Midouze, sur une longueur de
69 kilomètres, la pente kilométrique est de 0^m,13, le débit varie de 14 mètres
à 1200 mètres, le mouillage est en général de un mètre et se réduit à 0^m,40 sur
quelques hauts fonds. Le lit argileux-compacte n'est pas entamé par le courant,
mais il est encombré de sables fins très-mobiles; cette circonstance permet de
constituer très-facilement, au moyen de digues longitudinales, un lit mineur
ayant un mouillage de 1 mètre.

La section du Hourquet à Saint-Sever a 32 kilomètres de long, mais elle n'est
guère navigable que jusqu'à Mugron sur 14 kilomètres, où la pente kilométrique
est de 0^m,50; de débit varie de 6 à 800 mètres cubes. La circulation devient
insignifiante et la navigation un peu active s'arrête à Dax ; le fret varie de 0^r,05
à 0^r,06 par tonne et le mouvement entre Dax et Bayonne est d'environ 36,500
tonnes au parcours entier.

2. La Midouze. — Cette rivière résulte de la jonction, à Mont-de-Marsan, de
la Douze et du Midou : sa longueur jusqu'à l'Adour est de 43 kilomètres, avec
une pente moyenne de 0^m,59, une largeur de 30 à 35 mètres et un débit variant
de 12 à 350 mètres cubes. On réalise un mouillage de 0^m,80 au moyen de rétrécissements. Avec deux barrages éclusés coûtant 500,000 francs, on obtiendrait
un mouillage de 1^m,60. Le trafic au parcours entier est de 2700 tonnes.

3. Les affluents de la rive gauche de l'Adour. — Ces affluents sont le Luy,
les Gaves réunis, la Bidouze, l'Aran, l'Ardanabia et la Nive.

Le Luy. — Le Luy est navigable sur 24^k,3 entre le moulin d'Oro et l'Adour ;
eaux abondantes, cours régulier, pente kilométrique 0^m,33; mouillage de 0^m,25
sur les hauts fonds. Facile à améliorer.

Les Gaves réunis. — Ils résultent de la jonction du Gave de Pau et du Gave
d'Oloron. Cette rivière est navigable depuis Peyrehorade jusqu'à l'Adour sur
9^k,42. D'un débit abondant, d'une pente faible et d'un mouillage élevé, elle
dessert un trafic de 8500 tonnes au parcours entier.

La Bidouze. — Navigable du pont de Came à l'Adour, sur 17^k,7, avec un
mouillage de 1 à 6 mètres; elle dessert les carrières de Bidache et donne un
trafic de 40,700 tonnes au parcours entier.

L'Aran. — Navigable sur 10^k,8 à l'aval du moulin Bardos, l'Aran est surtout
navigable à l'aide de la marée ; il transporte 3240 tonnes qui se composent
surtout des fruits de la vallée d'Aran.

L'Ardanabia. — Navigable sur 8 kilomètres à l'aval de Portoberry, cette
rivière transporte 5850 tonnes par an.

La Nive. — Classée comme navigable entre Cambo et l'Adour sur 22 kilomètres, la Nive donne lieu à une navigation lente, difficile et coûteuse, qui
néanmoins paraît s'élever à 16,700 tonnes au parcours entier.

Remarque générale. — Les cours d'eau du bassin montagneux de l'Adour
ne peuvent être navigables que sur une faible étendue, dans leurs cours inférieurs ; ils ne desservent qu'un trafic local et peu d'industries.

Ces cours d'eau n'ont donc pas grande importance en tant que voies navigables ; il faut les considérer comme destinées à jouer surtout un rôle agricole et à
fournir à l'industrie des forces motrices considérables et gratuites.

Il y aurait lieu seulement de dépenser 1,500,000 francs pour améliorer la navigation de l'Adour jusqu'au Lourguet et 50,000 francs pour améliorer celle de la Midouze jusqu'à Mont-de-Marsan.

Enfin, on pourrait relier le bassin de l'Adour à celui de la Garonne au moyen d'un canal à point de partage, partant de Mont-de-Marsan et aboutissant à Lavardac sur la Baïse. Ce canal, décrété en 1808 sous le nom de canal des petites Landes, coûterait au moins 20 millions et pourrait rendre de grands services pour l'irrigation.

2° BASSIN DES LANDES

Le bassin des Landes s'étend de l'embouchure de l'Adour à la pointe de Grave sur une longueur de 225 kilomètres et une surface de 5500 kilomètres carrés. Il est borné à l'est par une chaîne de 80 à 150 mètres d'altitude et est constitué par une grande plaine de sable inclinée vers la mer avec une pente de 0^m,001; cette plaine de sable quartzeux reposant sur l'alios ou conglomérat argileux compacte, est séparée de l'Océan par les dunes, jadis mobiles et envahissantes, aujourd'hui fixées grâce au génie persévérant de l'ingénieur Bremontier.

En traitant des dessèchements de marais, nous avons présenté une description complète des Landes et indiqué les travaux entrepris pour les assainir.

Les cours d'eau ne peuvent déboucher à la mer puisque les dunes leur barrent le passage; elles s'accumulent donc en arrière de celles-ci et transforment le pays en étangs ou en marécages. Un canal latéral à la côte, établi dans le pli le plus bas du terrain, peut seul procurer l'évacuation complète des eaux stagnantes.

Les voies navigables existant dans le bassin des Landes sont:

1° Le *vieux Boucau*, qui conduit à la mer les eaux de l'étang de Soustous et des étangs voisins; longueur 7^k,25; largeur 10 à 15 mètres; mouillage 0^m,90; trafic restreint;

2° La *Leyre*, navigable sur 5 kilomètres en amont du bassin d'Arcachon e flottable sur 60 kilomètres; navigation difficile et embryonnaire;

3° Le *canal d'Arcachon*, depuis longtemps commencé et aujourd'hui en ruine, destiné à réunir le bassin d'Arcachon aux étangs de Cazeaux, de Parentis et d'Aureilhan; la Compagnie concessionnaire n'a rien fait et encourt la déchéance.

On voit qu'en somme la région des Landes est dépourvue de voies navigables; et comme les matériaux d'empierrement lui font aussi défaut, elle en est réduite au chemin de fer de Bordeaux à Bayonne qui passe par Dax et Morcenx.

Il faudrait établir dans la partie basse un canal latéral à l'Océan; la première solution qui se présente à l'esprit est de relier le chapelet des étangs, mais ces étangs sont à des niveaux différents et exigeraient de nombreuses écluses pour se raccorder, et certains d'entre eux sont assez étendus pour que les vents d'ouest y soulèvent de violentes tempêtes. Il faut donc se tenir à l'est des étangs, en reliant le canal avec eux. Ce canal des grandes Landes partira de l'Adour aux environs de la Marquèse et aboutira dans la Garonne à Bordeaux, de manière à mettre ce dernier port en communication directe avec Bayonne; il aura 212 kilomètres de développement et pourra tout d'abord être construit à une

seule voie avec ouvrages d'art en charpente ; il coûtera 150,000 francs le kilomètre, soit en tout 32 millions de francs. L'exécution en est possible en abandonnant à des concessionnaires de puissantes chutes non utilisées, des forêts
domaniales non exploitables actuellement et en leur accordant une partie de
la plus-value que la création de la voie nouvelle déterminera dans le pays.

VI. Bassins de la Charente et de la Sèvre Niortaise

La Charente et la Sèvre Niortaise séparées par des ondulations peu sensibles
ne constituent pour ainsi dire qu'un seul bassin, intermédiaire entre celui de
la Gironde et celui de la Loire.

Ce bassin comprend, en le suivant à partir du Nord :

1° Le Lay, navigable sur.	22^k,4
2° Le canal de Luçon, navigable sur.	14^k,2
3° La Sèvre Niortaise et ses affluents, le Mignon et les Autises, navi-gables sur.	168^k,0
4° La Vendée, navigable sur.	25^k,4
5° Le canal de Marans à la Rochelle, navigable sur.	23^k,96
6° La Charente et ses affluents, navigables sur.	274^k,9
7° La Seudre, navigable sur.	22^k,0
Total.	510^k,86

1. **Le Lay.** — Classé comme navigable depuis Beaulieu jusqu'à la mer, le Lay
n'est réellement navigable, et encore pour les petits bateaux remontant avec la
marée, que depuis la levée de Claye jusqu'à la mer. Le trafic moyen peut être
évalué à 7000 tonnes.

2. **Le canal de Luçon.** — La ville de Luçon est reliée à la rade de l'Aiguillon par un canal établi entre les digues des marais desséchés.

Ce canal, alimenté habituellement par les eaux de mer, a une longueur de
14^k,2, un mouillage de 3 mètres et une écluse de 6^m,50 sur 50 mètres Pendant
les débordements de la Vendée, il reçoit par un canal de ceinture, dit canal des
Hollandais, les eaux surabondantes de la rivière de la Vendée. Il dessert un
rafic local qui, rapporté au parcours entier, s'élève à 31,700 tonnes par an.

3. **La Sèvre Niortaise et ses affluents.** — La Sèvre Niortaise est navigable
sur 81 kilomètres entre Niort et la mer ; pente kilomètrique 0^m,14 ; débits
d'étiage très-faibles, débits des crues 200 mètres cubes; mouillage en basses
eaux 1^m,40 à 1^m,60; sept écluses, rachetant une pente totale de 7^m,50, ont 5^m,20
de large sur 35 à 41 mètres de long. Trafic au parcours entier 5000 tonnes.

A la Sèvre Niortaise se rattachent un grand nombre de bras latéraux et d'embranchements qui rendent de réels services et dont la longueur est de 62 kilomètres.

Les Autises. — L'Autise prend naissance à la limite des départements de la
Vendée et des Deux-Sèvres et se divise en deux bras qui se jettent dans la Sèvre,
l'un à l'Ouillette, c'est la vieille Autise de 9^k,6 de long, l'autre à Maillé, c'est

la jeune Autise de 9 kilomètres de long. Ces deux cours d'eau sont en médiocre état et ne transportent que 15,000 tonnes kilométriques.

Le Mignon. — La rivière naturelle a été en partie remplacée par un canal. La voie navigable entière a une longueur de 16^k,1 en amont de Bazoin, confluent de la Sèvre. Le canal du Mignon n'existe que sur 10^k,9, avec un mouillage de 1^m,60, une largeur de 4 mètres au plafond et de 10 mètres à la ligne d'eau, pente totale 1^m,40 rachetée par deux écluses de 5^m,20 de large sur 34 mètres et 36^m,50 de long. Le trafic au parcours entier du Mignon est de 9,400 tonnes.

4. **La Vendée.** — Navigable jusqu'à Fontenay sur 25^k,4, elle présente deux écluses de 5^m,20 de large et de 29^m,40 et 34^m,44 de long ; l'une est au confluent de la rivière de Longèves, l'autre au confluent de la Sèvre dont les grosses eaux se trouvent ainsi arrêtées.

Ces écluses rachètent chacune une chute de 2^m,10.

Le mouillage en lit naturel descend quelquefois à 0^m,60 ; en dérivation, il est toujours au-dessus de 1^m,30.

Il serait facile d'améliorer la situation. Le trafic au parcours entier est de 12,000 tonnes.

5. **Le canal de Marans à la Rochelle.** — Le canal destiné à amener à la Rochelle les blés, les sels, les vins et eaux-de-vie du bassin, commencé en 1801 est à peine achevé. Il a une longueur de 23^k,96 et aura coûté 555,000 fr. le kilomètre.

Ce prix élevé de revient paraît tenir surtout à ce que le travail a été exécuté en régie avec l'aide des condamnés.

Le canal a un seul bief, fermé à ses extrémités par des écluses de 5^m,20 sur 29^m,50 ; il présente un souterrain de 842 mètres ouvert dans le calcaire oolithique. Il est alimenté par les eaux de marais et par les sources du calcaire.

Voies navigables des marais. — Les marais de la Sèvre et de la Vendée sont en outre sillonnés d'un grand nombre de rivières, canaux et rigoles navigables, qui suppléent aux voies de terre et sur lesquels sont employées plus de 8500 embarcations.

6. **La Charente et ses affluents.** — La Charente prend naissance à Cheronnac (Haute-Vienne) dans le massif central ; elle ne tarde pas à pénétrer dans le terrain jurassique qu'elle quitte à Angoulême pour entrer dans le terrain crétacé.

Elle baigne Civray, Angoulême, Jarnac, Cognac, Saintes, Tonnay et Rochefort. Sa longueur totale est de 340 kilomètres.

D'une faible pente dans sa partie navigable, d'un débit régulier variant de 40 à 300 mètres cubes, elle a été de toute antiquité parcourue par la navigation jusqu'à Cognac. Améliorée jusqu'à Montignac, à 25 kilomètres à l'amont d'Angoulême, elle n'est réellement utilisée que jusqu'à cette dernière ville.

D'Angoulême à Saintes, la navigation est fluviale ; de Saintes à Tonnay, la navigation est mixte, et la marée donne à Saintes un mouillage de 2^m,30 ; en aval de Tonnay, la navigation est maritime.

Entre Angoulême et Tonnay, on compte 18 écluses de 6^m,35 à 6^m,65 de large et de 38^m,65 à 41^m,60 de long.

Le trafic au parcours entier est d'environ 10 millions de tonnes kilométriques : le fret entre Angoulême et Tonnay est de 0^r,028 à la descente et 0^r,043 à la remonte.

Avec une dépense de 1 million on porterait à 2 mètres le mouillage entre Angoulême et Saintes et on obtiendrait une excellente voie navigable.

La Boutonne. — Cet affluent est navigable sur 30^k,9 entre le pont de Taille-

bourg près Saint-Jean-d'Angély jusqu'à Carillon, confluent de la Charente.
Pente kilométrique moyenne 0ᵐ,26 ; 3 écluses de 7ᵐ,50 sur 27ᵐ,50 à 34ᵐ,50.
La navigation est très-difficile par suite de la rapidité du courant et des hauts-
fonds qui obstruent le lit de la rivière. Trafic au parcours entier : 5000 tonnes.

Le canal de Charras. — Ce canal, de 20ᵏ,60 de longueur, a surtout pour but
le dessèchement des marais de Rochefort : il se jette dans la Charente sous des
arches de 2 mètres de large fermées par des portes. Trafic peu considérable.

Le canal de la Charente à la Seudre. — Ce canal comprend l'ancien canal de
Brouage terminé sous le premier Empire pour le dessèchement des marais de
Rochefort, la jonction du canal de Brouage à Marennes et le canal de Marennes
à la Seudre. Il possède deux écluses extrêmes et un mouillage normal de 2ᵐ,60.
Trafic au parcours entier : 7000 tonnes pour le canal de Brouage 20ᵏ,2,
6000 tonnes pour la jonction à Marennes 11ᵏ,8, et 23,500 tonnes pour le canal
de Marennes à la Seudre 3ᵏ,4.

7. **La Seudre.** — La Seudre, entre Riberon et la mer sur 22 kilomètres, a un
mouillage de 3ᵐ,25 au minimum et dessert une navigation maritime qui s'é-
lève à 16,800 tonnes au parcours entier.

Travaux à exécuter dans le bassin. — Les voies navigables du bassin de
la Sèvre Niortaise et de la Charente desservent surtout un trafic local et conduisent aux ports de la côte les produits du fertile pays qu'elles parcourent.

Il faut donc surtout songer à les améliorer en elles-mêmes sans chercher tout
d'abord à les relier, soit entre elles, soit avec les autres bassins.

Plus tard, il sera utile de joindre la Sèvre et la Charente par un canal reliant
la Boutonne prise à Tonnay avec le Mignon pris à Mauzé ; ce canal de 20 kilomètres de long coûterait 3 millions de francs.

Il sera utile aussi de relier la Sèvre Niortaise avec la grande ligne projetée de
la Loire et de la Garonne, ce qui permettrait aux produits et aux charbons de
l'intérieur d'arriver économiquement jusqu'à la côte de Rochefort et de la
Rochelle.

VII. Bassin de la Loire

Les voies navigables du bassin de la Loire peuvent se partager en trois
groupes :

    1° La Loire;
    2° Les affluents et voies navigables de la rive droite;
    3°   —   de la rive gauche.

1° LA LOIRE

Description générale. — La Loire prend naissance au Gerbier-des-Joncs
Ardèche) dans le massif granitique du centre à l'altitude 1408 ; sa direction

générale, d'abord du sud au nord, s'infléchit brusquement vers l'ouest à Orléans, et va tomber dans l'Océan à Paimbœuf après un parcours de 980 kilomètres. Son aspect en plan est celui d'un compas ouvert dont les deux branches feraient un angle d'environ 100°.

L'étendue de son bassin, qui s'étend surtout sur la rive gauche, est de 115,121 kilomètres carrés. Les déclivités dans les diverses sections du fleuve sont indiquées au tableau ci-après :

DÉSIGNATION DES SECTIONS.	LONGUEUR.	CHUTE TOTALE.	PERTE KILOMÉTRIQUE.
	kil.	mèt.	mèt.
Du Gerbier-des-Joncs à Retournac.	122	905,04	7,41
De Retournac à Roanne.	130	230,32	1,77
De Roanne au Bec-d'Allier.	178	104,82	0,58
Du Bec-d'Allier à Briare.	95	42,92	0,45
De Briare à Orléans.	85	34,75	0,41
D'Orléans au confluent du Cher.	141	51,76	0,37
Du confluent du Cher à Saumur.	50	14,35	0,28
De Saumur aux ponts de Cé.	42	8,28	0,19
Des ponts de Cé jusqu'à la mer.	139	15,76	0,11
Total.	980	1408,00	1,44

Pour le niveau d'étiage et pour des hauteurs de 1, 2 et 3 mètres au-dessus de l'étiage la vitesse des eaux atteint

Entre Briare et Orléans.	0m,60	1m,12	1m,63	1m,94
Entre Orléans et Blois.	0m,59	1m,17	1m,53	1m,84
Entre le Cher et la Vienne.	0m,55	1m,06	1m,42	1m,68
Entre Saumur et les Ponts de Cé. . . .	0m,40	0m,81	1m,12	1m,32
En amont de Nantes.	0m,35	0m,75	0m,91	1m,12

En 1856, les débits maxima et minima du fleuve ont été les suivants :

DÉSIGNATION DES SECTIONS.	MAXIMUM.	MINIMUM.	RAPPORT DES EXTRÊMES.
	m. c.	m. c.	
Bec-d'Allier.	9000	30	300
Orléans.	7500	45	166
Blois.	6900	50	138
Tours.	6411	64	100
Ponts de Cé.	6097	110	55
Nantes.	6115	300	20

D'après l'examen des pentes et des vitesses, on reconnaît que la Loire ne se prête guère à une bonne navigation en amont d'Orléans.

Sur tout le parcours, le rapport élevé du débit des crues au débit d'étiage est une grande gêne et rend difficile l'établissement des ouvrages en rivière.

En été, un mince filet d'eau divague à travers les bancs de sable d'un lit beaucoup trop large.

Lors des crues, la vallée entière est exposée aux plus grands désastres.

45,000 kilomètres carrés du bassin de la Loire appartiennent au sol imperméable des formations primitives et alimentent des rivières à pentes rapides, de sorte que les pluies continues arrivent tout entières jusqu'au fleuve en fort peu de temps : une couche de pluie de $0^m,10$ amènerait dans la vallée principale 3 à 4 milliards de mètres cubes; si cette couche résultait d'une pluie continue, tout ce volume arrivant à la fois dans le fleuve ne pourrait jamais y trouver un débouché suffisant.

Heureusement tous les affluents de la Loire ne sont pas soumis aux mêmes influences atmosphériques : en amont du Bec-d'Allier, la pluie tombe par les vents du midi; le Cher, l'Indre, la Vienne et le Thouet reçoivent la pluie par les vents d'ouest; la Maine et l'Authion agissent comme modérateurs des crues du fleuve, ils emmagasinent une partie des eaux en excès qui s'épanchent dans leurs vallées.

D'après M. Krantz, il est impossible d'imaginer contre les inondations des palliatifs d'un effet assuré, car le nombre des combinaisons entre les crues des affluents est considérable, et rien ne prouve qu'on ne verra pas se réaliser une combinaison plus terrible encore que celles qui se sont rencontrées jusqu'à ce jour.

M. Krantz ne trouve le remède au fléau que dans un système général d'assurances qui prélève un léger impôt sur les années prospères pour réparer les pertes des mauvaises années.

Au point de vue de la navigation, le faible débit d'étiage est peut-être plu funeste que les crues : avec un lit de plusieurs centaines de mètres, il ne permet d'obtenir qu'un mouillage insuffisant, et il paraît bien difficile de ramener au jour les eaux souterraines qui coulent en abondance dans les profondeurs du lit perméable.

Il faut ajouter en outre que la Loire chaque année enlève à ses rives au-dessus du Bec-d'Allier 500,000 à 1,500,000 mètres cubes de déblai, que l'Allier en corrode jusqu'à 6 millions de mètres cubes par an et le Cher près de 100,000 mètres cubes.

Il faut donc compter sur un apport annuel d'au moins 2 millions de mètres cubes qui descend le fleuve avec une vitesse de $2^m,40$ en été, de 9 mètres en hiver, et qui encombre tantôt une rive, tantôt l'autre jusqu'à ce qu'il gagne la mer.

On pourrait conjurer ce mal par des défenses de rive exécutées méthodiquement de l'amont à l'aval ; mais ce n'est pas là une œuvre d'une année.

Travaux exécutés. — Les principaux ouvrages exécutés sont les *turcies* ou levées destinées à protéger le Val-de-Loire et déjà réglementées au temps de Louis le Débonnaire.

Sous Louis XIV, on proposa d'améliorer la navigation au moyen de rétrécissements par digues submersibles : ce système fut appliqué en 1730 au rétrécissement ou *duis* d'Orléans, on est arrivé à constituer sur 3 kilomètres un chenal de 80 à 100 mètres de large, dont cependant le mouillage régulier n'atteint même pas $0^m,65$ le long des quais d'Orléans.

D'autres expériences, celles de Chouzé par exemple, paraissent avoir condamné définitivement pour la Loire le système des rétrécissements, qui a donné de bons résultats pour l'amélioration de nos fleuves à marée.

La somme dépensée jusqu'à présent est de plus de 30 millions ; elle a surtout été utile sous le rapport de la défense des villes du val de la Loire.

État actuel de la navigation de la Loire. — En amont de Decize, le mouillage d'étiage ne dépasse pas 0^m,20 ; entre Decize et Briare, il varie de 0^m,25 à 0^m,30 ; de Briare à Orléans, il ne dépasse pas 0^m,45.

Entre Orléans et Tours, chaque année, le mouillage n'est pas utilisable pendant 60 jours, il est de 0^m,40 pendant 60 jours, de 0^m,60 pendant 70 jours, de 0^m,75 pendant 90 jours, il dépasse de 1 mètre pendant 65 jours.

Entre Tours et Angers, le mouillage est de 0^m,40 pendant 90 jours, grâce aux chevalages, il atteint 0^m,60 et 0^m,75 pendant 90 et 120 jours, il dépasse 1 mètre pendant 65 jours.

Entre Angers et Nantes, le mouillage se maintient à 0^m,65 pendant 60 jours à l'aide de chevalages ; il atteint 0^m,75 et 0^m,85 pendant 90 et 120 jours et dépasse 1^m,50 pendant 95 jours.

A l'aval de Nantes, commence la navigation maritime.

La valeur du trafic en 1868 est indiquée au tableau suivant :

	Longueur.	Trafic
De la Nièvre à Roanne..	101 kilomètr.	1980 tonnes
De Roanne à l'embouchure du canal latéral. . . .	270 —	5925 —
Du canal latéral à Combleux (canal d'Orléans). . .	75 —	40000 —
De Combleux à l'embouchure du canal de Berry. .	124 —	32258 —
Du canal de Berry au confluent de la Vienne.. . .	54 —	46300 —
De la Vienne à la Maine.	62 —	164516 —
De la Maine au canal de Nantes à Brest.	82 —	208329 —
	768 — Moyenne.	50238 —

Dans chaque section, le trafic est rapporté au parcours entier, ce qui fait un total de 38 millions et demi de tonnes kilométriques.

Depuis 1853, la réduction du trafic a été de 60 pour 100 et cette réduction n'a guère porté que sur la partie haute du fleuve.

Dépense d'entretien, 430,000 francs ; produit du péage, 50,000 francs ; le fret est de 0 fr. 04 par tonne kilométrique, et chaque tonne est grevée en outre d'une dépense de 0 fr. 01 par les frais d'entretien.

Malgré les difficultés sans nombre qu'éprouve la navigation de la Loire, il faut qu'elle réponde à des besoins bien urgents pour se maintenir avec son importance actuelle.

Amélioration. — En amont d'Orléans, la Loire est suppléée par les canaux ; à l'aval de l'embouchure de la Maine, elle peut être facilement appropriée à une bonne navigation, en ayant recours par exemple à cinq barrages mobiles.

Mais entre Orléans et la Maine, qu'y a-t-il à faire ? Si on peut transformer le fleuve et arriver à lui donner par des ouvrages un mouillage de 2 mètres, il faut le conserver comme grande artère et diriger vers lui les voies secondaires. Si cette transformation paraît trop coûteuse ou trop difficile eu égard aux moyens dont on dispose, mieux vaut abandonner le fleuve et le remplacer par une autre voie.

Or, les crues ne peuvent être conjurées et suspendent la navigation pendant 25 jours par an en moyenne ; il y a en moyenne 173 jours de vents contraires à la remonte, 9 jours de chômage à cause des brouillards et 5 à cause de glaces ; le halage de rive et le touage sur chaîne noyée paraissent imprati cables ; l'influence du mouillage est difficile à combattre, ainsi que la marche des sables.

Donc, il semble bien qu'on ne peut obtenir, en conservant la Loire comme artère principale, qu'une solution imparfaite.

Un canal latéral de Combleux à Angers a été proposé, mais il ne desservirait qu'un côté de la vallée, et on rencontrerait dans l'exécution de nombreux obstacles.

M. l'inspecteur général Collin a présenté un projet consistant en une série de dérivations éclusées, établies dans les parties basses et faciles de la vallée, tantôt sur une rive, tantôt sur l'autre, et communiquant entre elles par des descentes éclusées dans le fleuve, le niveau de celui-ci étant relevé à chaque jonction à une hauteur suffisante au moyen de barrages mobiles.

Ce projet, quoique ingénieux, coûtera au moins 42 millions ; il traverse six fois la Loire, et c'est là le point délicat.

M. Krantz estime qu'il vaut mieux desservir chaque rive séparément, ainsi que nous aurons occasion de l'expliquer plus loin.

2° VOIES NAVIGABLES DE LA RIVE DROITE DE LA LOIRE

Les voies navigables de la rive droite de la Loire peuvent se diviser en trois groupes, savoir :

1° Le canal du Centre.	120^k,9
2° Le groupe angevin.	451^k,4
3° Le groupe breton.	651^k,1
Total.	1223^k,4

1. Canal du Centre. — Le canal du Centre, ancien canal du Charolais, réunit la Saône à la Loire.

Commencé sous Henri IV par les ordres de Sully, repris sous Louis XIV, concédé en 1783 aux États de Bourgogne, le canal du Centre fut construit et achevé en 1793 par l'ingénieur Gauthey.

Le bief supérieur est alimenté par la rigole de Torcy qui dessert le Creuzot.

Avec les dépenses de parachèvement effectuées jusqu'en 1868, le prix de revient du canal du Centre s'est élevé à 147,100 francs le kilomètre.

Le canal part de Châlon-sur-Saône à l'altitude 170^m,63, parcourt sur le versant de la Saône 48,210 mètres, s'élève à l'altitude 301^m,18, où il trouve un bief de partage de 4.045 mètres de long, descend de là vers la Loire qu'il rejoint à Digoin à l'altitude 224^m,57, après avoir parcouru sur son versant 63,744^m,70.

La dénivellation de 130^m,55 sur le versant de la Saône est rachetée par 52 écluses, et celle de 76^m,61 sur le versant de la Loire par 30 écluses.

En ajoutant au canal la rigole de Torcy de 4900^m,30, la longueur totale de la voie navigable est de 120,900 mètres.

Les écluses ont 5^m,20 sur 30^m,30 : cette dernière dimension est beaucoup trop faible. Il reste encore à élargir 5600 mètres des tranchées exécutées à une seule voie par raison d'économie.

Le mouillage varie de 1ᵐ,55 à 1ᵐ,80; les chômages par défaut d'alimentation sont très-rares, mais les chômages produits par les glaces atteignent un mois par an.

L'alimentation est assurée par 17 prises d'eau, par 14 réservoirs contenant 14 millions de mètres cubes (le réservoir de Montaubry seul pourrait contenir 5 millions de mètres cubes), et par deux dépôts d'emmagasinement qui récoltent le trop-plein des écoulements du canal et le mettent en réserve.

Le halage s'effectue en général à bras d'hommes, et il convient de demander aux machines ce travail pénible.

L'établissement de nombreux ports privés a donné au commerce et à l'industrie de grandes facilités.

Le trafic, consistant en vins, fontes et fers, minerais, houilles, cokes, matériaux de construction, s'élève à 260,300 tonnes au parcours entier, soit 30 millions et demi de tonnes kilométriques. On se sert de bateaux portant 120 à 130 tonnes. Le fret varie de 0 fr. 02 à 0 fr. 025.

L'entretien annuel coûte 185,000 francs et les péages rendent 125,000 francs.

L'intérêt des capitaux engagés grève chaque tonne kilométrique d'une somme de 0 fr. 031.

Les travaux urgents à exécuter pour mettre en plein rapport cette belle voie navigable s'élèvent à 1,500,000 francs.

2. **Groupe angevin.** — Le groupe angevin traverse un pays riche; il est formé de belles rivières, mais les travaux de canalisation tardivement entrepris n'ont pas donné tout ce qu'on en espérait.

Ce groupe comprend :

La Mayenne, depuis Brives jusqu'à la Loire.	134ᵏ,8
La Sarthe, depuis le Mans jusqu'à la Mayenne.	132ᵏ,3
Le Loir, depuis le pont de Coesmont jusqu'à la Sarthe..	115ᵏ,0
L'Authion, depuis Vivy jusqu'à la Loire..	50ᵏ,4
L'Oudon, de Segré à la Mayenne..	18ᵏ,9
Total.	451ᵏ,4

La Mayenne. — La Mayenne navigable se divise en trois tronçons :

La haute Mayenne, de Brives à Laval, longueur.	37ᵏ,0
La basse Mayenne, de Laval à Angers..	88ᵏ,6
La Maine, réunion de la Mayenne et de la Sarthe.. . . }	
D'Angers à la Loire. . . . . }	9ᵏ,2
Total..	134ᵏ,8

La *haute Mayenne* a une largeur de 40 mètres, une pente moyenne de 0ᵐ,95 par kilomètre, un débit qui varie : à Mayenne, de 1ᵐ,75 à 146 mètres cubes, et à Laval de 2ᵐ,5 à 260 mètres cubes. Le mouillage d'étiage descend à 1ᵐ,25. Avec sa forte pente, la haute Mayenne devait être réservée à l'agriculture et à l'industrie; mieux valait adopter un canal latéral. On a déjà dépensé plus de 200 000 francs par kilomètre, et il reste encore à franchir six perluis où la chute est de 0ᵐ,80. A la remonte, la navigation est lente, difficile et dangereuse; elle est dangereuse aussi à la descente. Le taux du fret est de 0 fr. 045. Les écluses ont 5ᵐ,20 sur 34ᵐ,90.

La *basse Mayenne* a une longueur de 60 à 80 mètres, une pente moyenne de

0^m,40, un mouillage minimum de 1^m,50, un débit qui varie à Angers de 5 à 600 mètres cubes; on a pu facilement l'amener à l'état assez satisfaisant qu'elle présente, grâce à une dépense de 150.000 francs par kilomètre. Même type d'écluses que dans la section précédente.

La *Maine* est naturellement navigable sur toute son étendue avec un bon mouillage et une largeur de 100 mètres.

Le trafic au parcours entier de la moyenne est de 59,100 tonnes.

L'entretien annuel s'élève à 49,000 francs et les péages rendent 8500 francs.

L'entretien et l'intérêt des dépenses faites grèvent aux frais de l'État chaque tonne kilométrique d'une dépense de 0 fr. 16; c'est un résultat peu satisfaisant.

La Sarthe. — Canalisée autrefois au moyen de pertuis dangereux ouverts dans les barrages d'usines, la Sarthe a été améliorée au moyen d'écluses dans le siècle actuel. Il a été dépensé 48,000 francs par kilomètre, soit 6,500,000 francs; il faut encore 5 millions pour compléter cette voie navigable.

La Sarthe canalisée a 132^k,5 dont 15 en dérivation; sa largeur varie de 35 à 100 mètres; son débit en amont du Loir varie de 15 à 300 mètres cubes; sa pente kilométrique est de 0^m,22; la chute totale de 28^m,29 est rachetée par 20 écluses de 5^m,20 de large sur 32^m,5 à 35 mètres de long. Le mouillage artificiel est de 1^m,70 et tombe à 1 mètre en certains points.

Il n'y a pas de chemin de halage; il serait avantageux de lui substituer un système de touage.

Le trafic au parcours entier est de 54,100 tonnes.

La dépense d'entretien est de 56,500 francs et les péages rendent 6200 francs.

Le fret est de 0 fr. 025 et les travaux d'établissement grèvent chaque tonne kilométrique de 0 fr. 075.

Le régime de la Sarthe explique le succès des travaux entrepris.

Le Loir. — À l'aval du pont de Coesmont, sur 115 kilomètres, le Loir a une pente moyenne de 0^m,29, une largeur de 40 mètres, un débit variant de 7 à 400 mètres cubes, un mouillage qui croît de 1 mètre à 2 mètres.

Cette rivière traverse un pays fertile et est naturellement apte à fournir une bonne voie navigable. On ne sait pourquoi on n'y a tenté aucune amélioration.

Le trafic au parcours entier, malgré l'absence d'écluses et de chemins de halage, atteint encore 14,500 tonnes; le fret est de 0^f,045 et l'entretien grève en outre chaque tonne kilométrique de 0^f,015.

L'amélioration du Loir exigerait 75,000 francs par kilomètre, soit 9 millions de francs en tout.

L'Oudon. — L'Oudon est navigable sur 18^k,9 entre Segré et la Mayenne; chute totale 3^m,60 rachetée par 3 écluses de 5^m,20 sur 53^m,80. Mouillage normal 1^m,60 à 1^m,80.

La navigation est fréquemment interrompue par les crues, par la faible hauteur des ponts; il n'y a pas de chemin de halage.

Le trafic annuel est de 27,000 tonnes au parcours entier; le fret est de 0^f,11 à 0^f,14, à quoi il faut ajouter 0^f,35 par tonne kilométrique pour l'entretien et l'intérêt des dépenses faites.

L'Authion. — Classé comme navigable, l'Authion ne transporte que 900 tonnes au parcours entier de 50ᵏ,4. D'une pente faible et d'un débit régulier, l'Authion canalisé pourrait rendre de sérieux services.

Lors des crues de la Loire, l'Authion sert de déversoir au fleuve et le courant s'y renverse.

En somme, le bilan du réseau angevin se résume en grosses dépenses et résultats médiocres.

5. Groupe breton. — Le groupe breton comprend :

Le canal de Nantes à Brest, d'une longueur de...	307,030 mètres.
Le canal du Blavet jusqu'à Hennebont.	59,668 —
La rivière d'Aff canalisée..	8,100 —
La rivière d'Arz.	15,000 —
La rivière d'Erdre.	70,000 —
La Vilaine.	90,000 — •
La rivière de Don.	8,000 —
La rivière du Cher.	5,000 —
Le canal d'Ille et Rance.	81,700 —
Total.	651,104 —

Canal de Nantes à Brest. — Destiné à relier la Loire à l'arsenal maritime de Brest, le canal de Nantes à Brest, projeté en 1784 par les États de Bretagne, commencé en 1806, fut ouvert entre la Loire et la Villaine en 1855 et terminé en 1842.

Il a coûté 151,000 francs le kilomètre.

Il a son point de départ en Loire, à Nantes, coupe les bassins de la Vilaine, du Blavet et de l'Aulne, et présente par conséquent trois biefs de partage au Bout-du-Bois, à Hilvern et à Glomel ; il se termine à l'écluse de Chateaulin, sur la rivière d'Aulne, qui débouche dans le port de Brest.

L'alimentation se fait par des dérivations de l'Isac, de l'Oust, du Blavet, de l'Aulne et de leurs affluents, et par cinq réservoirs contenant 16 millions de mètres cubes ; néanmoins, la pénurie d'eau entraîne d'assez longs chômages.

La somme des dénivellations est de 535ᵐ,04, rachetée par 255 écluses de 4ᵐ,70 de large sur 29ᵐ,40 à 35ᵐ,60 de long, dimensions qui ne s'expliquent ni ne se justifient.

Mouillage normal 1ᵐ,62, tombant en certains biefs à 1ᵐ,20.

Le trafic à la distance entière a été de 38,000 tonnes en 1868 ; il avait tombé d'environ moitié à la suite de l'ouverture du chemin de fer de Nantes à Brest.

L'entretien coûte 290,000 francs, et les péages rendent 20,000 francs.

Le fret varie de 2 à 5 centimes.

Les travaux urgents à exécuter pour approfondissement et création de ports peuvent être évalués à 2 millions.

Canal du Blavet. — Le Blavet est navigable par le jeu des marées en aval d'Hennebont. Là commence le canal du Blavet qui, projeté par les États de Bretagne, ne fut commencé qu'en 1804 et livré à la navigation en 1835. — La dépense a été de 44,786 francs par kilomètre.

De l'écluse des Récollets, jonction avec le canal de Nantes à Brest, jusqu'à Hennebont la longueur est de 59,668 mètres ; la chute 54ᵐ,45 est rachetée par 28 écluses de 4ᵐ,70 sur 30ᵐ,60 ; mouillage normal 1ᵐ,65. Halage à bras d'hommes. — Le trafic, en décroissance, était en 1868 de 12,600 tonnes au parcours entier. Fret 0ᶠʳ,02 à 0ᶠʳ,05.

Pour assurer le mouillage, créer des ports et abaisser le dernier bief, il y a à faire une dépense urgente de 500,000 francs.

Rivière d'Aff. — Navigable depuis le Gacilly jusqu'à l'Oust sur 8100 mètres. Pente $0^m,12$, mouillage $1^m,10$. Trafic au parcours entier 2100 tonnes.

Rivière d'Arz. — Navigable sur 15 kilomètres entre le second pont d'Arz et la partie canalisée de l'Oust qui fait partie du canal de Nantes à Brest. Pente $0^m,12$, mouillage $0^m,80$. Navigation pénible. Trafic au parcours entier : 2000 tonnes.

Rivière d'Erdre. — Navigable depuis Nort jusqu'à son embouchure dans la Loire à Nantes, elle est incorporée sur la plus grande partie de sa longueur au canal de Nantes à Brest. Un service de remorquage à vapeur y a été établi.

Sur 7 kilomètres en amont du canal, l'Erdre est étroite et sinueuse, mais présente un mouillage d'au moins $1^m,50$, si bien qu'elle dessert un trafic de 35,700 tonnes au parcours entier.

La Vilaine. — Entre les Cessons et Rennes, la pente de la Vilaine est de $0^m,26$ par kilomètre ; son débit à Redon varie de 2 à 400 mètres cubes. Elle est donc facile à canaliser.

Tentée sous François Ier en 1538, la canalisation de la Vilaine fut reprise en 1837 ; on a enlevé les hauts-fonds, élargi les chemins de halage, ouvert un canal de dérivation, établi des pertuis à aiguilles et on a dépensé 37,500 francs par kilomètre.

Les 90 kilomètres entre Rennes et Redon font suite au canal d'Ille et Rance ; en amont de Rennes, la navigation se fait encore sur 6 kilomètres.

Pente totale 26 mètres, rachetée par 15 écluses de $4^m,45$ à $5^m,20$ de large sur $25^m,20$ à 33 mètres de long. Mouillage normal $1^m,30$.

Trafic au parcours entier : 25,000 tonnes, deux tiers en remonte, un tiers en descente. Il a baissé de moitié de 1861 à 1863 par suite de l'ouverture du chemin de fer.

Le Don. — Naturellement navigable depuis l'aval de Guéméné jusqu'à la Vilaine sur 8 kilomètres, le Don a une pente de $0^m,12$, un mouillage variant de $0^m,50$ à 1 mètre et ne transporte guère que de la chaux.

Le Cher. — Naturellement navigable sur 5 kilomètres entre l'aval de Fougeray et la Vilaine, le Cher a une pente de $0^m,20$, un mouillage variant de $0^m,40$ à 2 mètres ; il ne transporte guère que les ardoises des carrières voisines.

Canal d'Ille et Rance. — Projeté par les États de Bretagne, commencé en 1804, ouvert en 1837, le canal a coûté 169,000 francs le kilomètre ; partant de Rennes, il remonte la vallée d'Ille, franchit la ligne de faîte à Hédé, à l'altitude 64 mètres, descend dans la vallée de la Rance qu'il suit jusqu'à 6 kilomètres en aval de Dinan. Par la Rance, le canal aboutit à Saint-Malo.

La chute, de $42^m,23$ vers la Vilaine et de $62^m,70$ vers la Rance, est rachetée par 48 écluses de $4^m,70$ sur 29 mètres.

L'alimentation se fait par des étangs d'une capacité de 5 millions et demi de mètres cubes et par des rigoles de 20,500 mètres de long. Mouillage normal $1^m,60$, réduit en été à $1^m,25$.

Le halage se fait par chevaux ; le fret est de 2 à 5 centimes ; le trafic au parcours entier, 84,700 mètres, est de 40,000 tonnes.

Le trafic est en voie de décroissance continue, bien que la voie navigable soit passable ; mais cette voie manque de ports et n'est reliée à aucune voie de terre.

Observations générales sur le réseau breton. — Chaque tonne kilométrique transportée sur le réseau breton coûte $0^{fr},04$ de fret; elle est grevée de $0^{fr},19$ par l'intérêt du capital d'établissement et de $0^{fr},02$ par les frais d'entretien. Elle revient donc en tout à $0^{fr},25$.

Au point de vue économique, la conception des États de Bretagne serait donc défectueuse; elle l'est devenue par l'établissement des chemins de fer, mais elle était, à l'origine, éminemment utile : elle réunissait entre eux les cinq ports de guerre et de commerce : Nantes, Redon, Lorient, Brest et Saint-Malo, elle sillonnait la province et permettait d'amener partout les engrais et les chaux qui seuls sont susceptibles de mettre en valeur les qualités du sol breton.

Aujourd'hui les chemins de fer l'emportent sur le réseau navigable; mais celui-ci dessert encore bien des points que la voie ferrée n'atteint pas, et il agit comme modérateur pour empêcher l'élévation des tarifs sur les voies concurrentes : chemins de fer et cabotage.

Travaux neufs à exécuter sur la rive droite de la Loire. — Le réseau des voies bretonnes ne sort pas de la province et il faut le réunir aux riches vallées du Maine et de l'Anjou, pour permettre entre les deux pays l'échange de leurs produits différents.

Les trois rivières, qui se réunissent en amont d'Angers pour former le Maine, peuvent être avantageusement reliées entre elles, et il importe surtout de les relier avec les voies navigables de l'Est de la France, car la Loire n'est jusqu'à présent qu'un trait d'union bien imparfait.

Il importe encore de mettre les terrains granitiques du centre de la Bretagne en rapport direct avec les baies de Saint-Brieuc et du mont Saint-Michel, qui possèdent en abondance les engrais de mer et amendements calcaires.

Enfin, il faut signaler les communications à établir entre la Basse-Normandie et l'Anjou, entre le bassin de l'Orne et le bassin de la Mayenne dont les dernières ramifications se pénètrent.

La grande artère à créer de l'est à l'ouest est la ligne de jonction du canal d'Orléans avec le canal de Nantes à Brest. En voici les tronçons :

1° *Jonction du canal d'Orléans avec le Loir.* — A Freteval, le Loir a encore une pente faible, un débit abondant et régulier, il n'est qu'à 60 kilom. d'Orléans et au niveau de la Loire. Le faîte à franchir n'est qu'à 40 mètres au-dessus des deux cours d'eau.

L'alimentation serait assurée par les eaux à recueillir sur le plateau et, au besoin, par une dérivation du Loir supérieur.

Longueur totale : 70 kilomètres, dépense 170,000 francs le kilomètre.

Il faudrait en outre améliorer le Loir sur 75 kilomètres entre l'embouchure du canal précité et le pont de Coesmont près Château-du-Loir; cette amélioration coûterait 100,000 francs le kilomètre.

2° *Jonction du Loir et de la Sarthe.* — Entre Porte-Bise et le moulin de Vaux, la distance du Loir à la Sarthe est de 5 kilomètres; elle est de 36 quand on fait le tour par le confluent. Une coupure qui coûterait 1,500,000 francs est donc nécessaire.

De même une coupure de 19 kilomètres et du prix de 3 millions et demi est nécessaire entre la Sarthe prise à l'aval de Châteauneuf et la Mayenne en amont de Montreuil.

Enfin, une dernière coupure de 2 kilomètres relierait la Mayenne et l'Oudon.

3° *Jonction de l'Oudon et de la Vilaine.* — Remontant le lit de l'Oudon jusqu'à Segré, on s'élèverait ensuite par un canal jusqu'à la ligne de faîte vers Carbay, on descendrait dans la vallée du Cher pour entrer dans la Vilaine après un parcours de 85 kilomètres. La somme des dénivellations serait de 117 mètres, le prix de revient s'élèverait à 180,000 francs le kilomètre.

4° *Jonction du Loir avec la Loire à Tours.* — La grande artère de l'est à l'ouest serait reliée à la Loire par un canal transversal partant de Château-du-Loir et aboutissant à Tours. C'est un canal à point de partage dont le bief supérieur est à 144 mètres d'altitude, les extrémités se trouvant aux altitudes 45 et 51.

Par les nouvelles voies, les distances de Tours à Orléans et aux Ponts de Cé seraient de 175 et 156 kilomètres, tandis que par la Loire elles sont de 122 et 111 kilomètres; néanmoins, la batellerie aurait avantage à ne plus suivre le fleuve.

5° VOIES NAVIGABLES DE LA RIVE GAUCHE DE LA LOIRE

Bien que très-étendu, le réseau des voies navigables de la rive gauche de la Loire ne rend que des services insignifiants à cause du mauvais état du fleuve lui-même; le canal latéral à la Loire et le canal du Berry font seuls exception. Ce réseau comprend :

1° La Dore, classée comme navigable sur..	35^k,0
2° L'Allier..	232^k,2
3° Le Loiret..	3^k,8
4° La Creuse.	15^k,4
5° La Vienne.	74^k,5
6° Le Thouet.	18^k,7
7° Le Layon.	58^k,8
8° La Sèvre Nantaise..	21^k,5
9° La petite Maine	4^k,0
10° L'Acheneau, le lac de Grandlieu et affluents. . .	65^k,8
11° Le canal latéral à la Loire.	263^k,2
12° Le canal de la Sauldre..	43^k,27
13° Le canal du Berry..	322^k,5
14° Le canal de Dive et Thouet..	42^k,8
Total.	1201^k,07

1. La Dore. — Sur 55 kilomètres à l'amont de son confluent avec l'Allier, la Dore est parcourue par les bateaux pendant quelques mois de l'année et presque uniquement à la descente. C'est une rivière d'allure torrentielle qui ne peut constituer une voie navigable.

2. L'Allier. — L'Allier a sa source à Largentière dans les Cévennes à l'altitude 1458 et rejoint la Loire au Bec-d'Allier à l'altitude 169 après un parcours de 361 kilomètres.

Considérée comme navigable sur 232^k,2, depuis Fontaines jusqu'à la Loire, l'Allier a une pente moyenne de 1^m,45 entre Fontaines et la Dore, de 0^m,80 entre la Dore et Vichy, de 0^m,76 entre Vichy et Moulins, de 0^m,66 entre Moulins et la Loire.

Le lit est une série de hauts-fonds interrompue par quelques mouilles très-courtes. L'Allier coule dans un bassin imperméable et peu boisé; c'est donc un véritable torrent qui présente des crues violentes et subites.

La navigation n'est et ne saurait être que précaire sur une pareille voie.

Le trafic est d'environ 5600 tonnes au parcours entier.

3. **Le Loiret** — Ne rend à la batellerie d'autre service que de remiser son matériel à l'époque des crues et des glaces.

4. **La Creuse.** — Le flottage, autrefois très-important sur la Creuse, a disparu. Elle est classée comme navigable sur 15^k,4 entre Rives et le confluent de la Vienne et présente une seule écluse de 5^m,30. Pente faible, débit régulier, mouillage tombant à 0^m,40 en basse eaux. La Creuse pourrait facilement être améliorée ; mais il ne parait pas y avoir grand intérêt à le faire. Le trafic est d'environ 3000 tonnes au parcours entier.

5. **La Vienne.** — La Vienne part du massif central de la France, près d'Ussel, à l'altitude 858 mètres, et vient déboucher dans la Loire à Candes, en amont de Saumur, à l'altitude 29^m,82 après un parcours de 543 kilom. Superficie du bassin : 20,967 kilomètres carrés.

A Châtellerault commence la partie navigable ; entre Châtellerault et le confluent de la Creuse, la distance est de 25 kilomètres, la pente moyenne est de 0^m,52 ; entre la Creuse et la Loire, la distance est de 49^k,3 et la pente moyenne 0^m,10 par kilomètre. Le débit à Châtellerault varie de 20 à 1400 mètres cubes, l'amplitude de la variation s'atténue à mesure qu'on s'éloigne des montagnes.

Laissée à l'état naturel, elle voit son mouillage tomber à 0^m,30 en basses eaux. En 1869, le trafic au parcours entier, 74^k,3, n'a été que de 8200 tonnes. Frêt : 0^r,04.

Avec 80,000 francs par kilomètre on transformerait la Vienne en une bonne voie navigable.

6. **Le Thouet.** — Le Thouet est classé comme navigable sur 30^k,54 entre le moulin de Couché et son embouchure en Loire à 4 kilomètres en aval de Saumur.

De cette longueur il faut retrancher 11^k,84 empruntés par le canal de Dives et Thouet. Ce qui reste est difficilement navigable à cause de l'existence de quatre parties étroites à chute rapide. Il serait facile d'améliorer le Thouet, car sa pente est faible, son volume d'eau abondant et son débit régulier.

7. **Le Layon.** — La canalisation du Layon, concédée en 1774 à la Compagnie des mines de Saint-Georges-Chatelaison, ouverte en 1792, détruite pendant les guerres de Vendée, n'a pas été relevée de ses ruines. Le Layon a une pente de 0^m,58 par kilomètre, un régime modéré, mais un mouillage très-faible en basses eaux.

Le Layon peut être à nouveau canalisé et constituer un tronçon de la grande artère de la rive gauche de la Loire.

8. **La Sèvre Nantaise.** — Navigable de Monnières à la Loire sur 21^k,3 elle a une pente faible et un débit qui varie de 0^m,3 à 400 mètres cubes. Son débit est donc très-irrégulier, et elle ne dessert ni ville, ni exploitation importante. Elle est parcourue par de petites barques qui donnent un trafic de 7500 tonnes au parcours entier. A 6 kilomètres en amont de la Loire, la Sèvre est barrée par l'écluse du Verton, dont la chute, de 1^m,60 en basse mer, disparaît à marée haute.

9. **La petite Maine.** — Affluent de la Sèvre, elle a sur quatre kilomètres en amont de son embouchure un mouillage minimum de 0^m,80 et une circulation annuelle de 5000 tonnes.

10. **L'Achéneau, le lac de Grand-Lieu et ses affluents.** — L'Achéneau est le canal naturel qui conduit en Loire les eaux du lac de Grandlieu, lequel est

alimenté par les rivières l'Ognon et le Tènu. Tout ce groupe forme un seul bief réglé par l'écluse de Messan et par les portes de Buzay qui s'opposent à l'introduction des eaux de la mer.

Le mouillage réglementaire est de 1^m,28 ; le réseau a une longueur de 65^k,8 et supporte une navigation assez active qui s'élève à 12,000 tonnes au parcours entier.

Dans notre étude sur les dessèchements, nous avons exposé le projet de dessèchement du lac de Grandlieu et nous avons signalé les avantages et les inconvénients qu'il présente. Nous ne reviendrons pas sur ce point.

11. Canal latéral à la Loire. — Le canal latéral à la Loire, établi sur la rive gauche du fleuve, entre Roanne et Briare, aboutit à ce dernier point en face du canal de Briare.

La section de Roanne à Digoin, concédée en 1827 et livrée en 1838, rachetée par l'État en 1853, a coûté 177,600 francs le kilomètre.

La section de Digoin à Briare, construite en vertu de la loi de 1822 et livrée en 1838, a coûté 164,000 francs le kilomètre.

De Roanne à Digoin, il y a une distance de 56.043 mètres, une chute de 36^m,80 rachetée par 14 écluses de 5^m,20 sur 33 mètres, et un mouillage de 1^m,60.

Entre Digoin et Briare, le canal a une longueur de 197,014 mètres, une chute de 137^m,30 rachetée par 46 écluses de 5^m,20 sur 34^m,60, et un mouillage de 1^m,60. Cette section traverse l'Allier au Guétin sur un pontcanal en maçonnerie de 347 mètres de long ; elle rejoint le canal du Berry à Marseille-les-Aubigny, communique avec le canal du Nivernais, à Decise, par une descente en Loire, et est reliée au fleuve par d'autres descentes en face de Nevers, Givry et Saint-Thibault.

Au canal il faut ajouter deux rigoles canalisées de 6200 mètres de long dérivées l'une de l'Allier, l'autre de la Bèbre.

A Digoin, le canal latéral est relié au canal du Centre par un pont-aqueduc en maçonnerie de 217 mètres de long, qui franchit la Loire.

Ce qui cause une gêne à la navigation, ce sont les descentes en Loire ; ainsi les bateaux qui arrivent à Briare par le canal avec un tirant d'eau de 1^m,45, ne trouvent dans le fleuve qu'un mouillage insuffisant et sont forcés d'attendre une crue.

De 1853 à 1868, le trafic s'est élevé de 44 à 71 millions de tonnes kilométriques, ce qui fait un transport de 265,000 tonnes au parcours entier.

L'entretien coûte 365,000 francs et les péages rendent 185,000 fr.

L'intérêt des dépenses faites est de 2,192,800 francs.

Chaque tonne kilométrique est ainsi grevée de 0^r,033 ; le fret est de 2 à 3 centimes, de sorte que le prix de revient total du transport est de 6 centimes.

Les principales améliorations doivent porter sur le mode de halage et sur les modes de chargement et de déchargement qui sont encore à l'état primitif, ainsi que cela arrive du reste en France sur un trop grand nombre de voies.

Il y a 9 millions de dépenses urgentes à faire sur le canal latéral.

12. Canal du Berry. — La ligne principale du canal du Berry part du canal latéral à la Loire à Marseille-les-Aubigny et aboutit en Loire, près du confluent du Cher.

Près du bief de partage à Fontblisse se détache un embranchement qui va jusqu'à Montluçon.

Projeté en 1484, recommandé par Sully et Colbert, repris en 1765, le canal du Berry ne fut sérieusement commencé que sous le premier Empire, et ouvert par sections de 1829 à 1841. Il a coûté 85,100 francs le kilomètre ; mais il eut mieux valu dépenser davantage et établir cette voie navigable dans de meilleures conditions.

A l'origine, le canal consommait 125,000 mètres cubes d'eau par jour et n'était alimenté que par deux réservoirs contenant 7 millions et demi de mètres cubes ; de là, de longs chômages. Avec les étanchements on réduisait la consommation à 35,000 mètres cubes, et on créa un troisième réservoir contenant un million de mètres cubes.

Mais, pendant la période de sécheresse que nous traversons, les nappes souterraines alimentant les réservoirs se sont abaissées ; il a fallu organiser une navigation par convois et chômer la moitié de l'année. Il importe de conjurer cette fâcheuse situation.

Avec dix millions on dériverait de l'Allier, à Moulins, une rigole alimentaire qui serait en même temps canalisée ; avec cinq millions, on créerait une simple rigole alimentaire ; avec 700,000 francs et 40,000 francs de dépense annuelle on établirait des machines élévatoires puisant l'eau dans l'Allier et la refoulant au bief principal.

Le canal du Berry a une longueur de 322^k,5 se subdivisant comme il suit : Montluçon à Fontblisse 69^k,74 ; Fontblisse à la Loire amont 49^k,12 ; de Fontblisse au Cher 142^k,21 ; Cher canalisé 59 kilomètres ; jonction du Cher à la Loire près Tours 2^k,43.

La chute vers la Loire amont est de 26^m,22, vers la Loire aval de 141^m,39, sur l'embranchement de Montluçon 78^m,08.

C'est une dénivellation totale de 245^m,69 rachetée par 114 écluses de dimensions très-variables suivant les sections.

Mouillage normal, rarement atteint, 1^m,50 ; les buscs des écluses ne permettent qu'un tirant d'eau de 1^m,10 et un chargement utile de 54 tonnes.

Malgré toutes ses imperfections, le canal du Berry a encore donné lieu en 1868 à un trafic de 270,000 tonnes au parcours entier, soit 87 millions de tonnes kilométriques ; cela seul prouve qu'il répond à une nécessité.

Le prix du fret est de 0^f,015 ; le transport se fait par les moyens les plus primitifs, avec des bateaux grossiers coûtant 1200 à 1500 francs ; le marinier s'installe sur son bateau avec sa famille et avec un âne qui est chargé du halage.

L'intérêt du capital grève chaque tonne kilométrique de 0^f,017 et l'entretien de 0^f,003, de sorte que le prix de revient total est de 0^f,035.

Pour assurer l'alimentation, porter le mouillage à 2 mètres et la largeur des écluses à 5^m,20, il y a à faire une dépense urgente de 25 millions qui ne serait pas improductive.

13. **Canal de la Sauldre.** — Il traverse les landes de la Sologne ; commencé en 1848 par les ateliers nationaux, il a été livré en 1860 et 1869 et amène au terrain argilo-sableux de la Sologne la chaux destinée à le féconder.

C'est un canal à petite section, isolé à ses deux extrémités, d'une longueur de 43,274 mètres et d'une pente de 54^m,35 rachetée par 19 écluses de 2^m,70 sur 31^m,05. Mouillage 1^m,50.

Mouvement au parcours entier : 8860 tonnes. Le fret est très-peu élevé, mais les dépenses d'entretien grèvent chaque tonne kilométrique de 6 centimes.

S'il n'était pas isolé et qu'il fût relié au Cher et à la Loire, le canal de la Sauldre pourrait rendre de grands services.

14. **Canal de Dives et Thouet.** — Concédé en 1776, mais commencé seule-

ment en 1825, ce canal fut ouvert en 1835, sur 42ᵏ,8, dont 14ᵏ,8 en lit de rivière et le reste en, lit artificiel.

La dépense a été de 47,000 francs le kilomètre. La pente totale de 24ᵐ,50 est
rachetée par 11 écluses de 5ᵐ,20 sur 34ᵐ,20. Mouillage normal rarement atteint 1ᵐ,60.

Malgré l'absence de concurrence et la fertilité du pays, le canal de Dives et
Thouet ne dessert qu'un trafic de 50,000 tonnes, au parcours entier.

Travaux neufs à exécuter sur la rive gauche de la Loire. — La rive
gauche de la Loire est industrielle et les voies navigables sont susceptibles de
lui rendre de grands services : le centre de l'industrie est au pied du massif
montagneux vers Montluçon et le port d'exportation est Nantes. Ce sont ces deux
points qu'il faut relier.

A la ligne de séparation des terrains primitifs et des terrains sédimentaires,
on trouve une brusque diminution de pente, qui se traduit par une accumulation d'eau le long de cette ligne, sensiblement dirigée de l'est à l'ouest, de
Montluçon vers Poitiers.

Cette ligne est la direction à suivre pour l'exécution d'un canal principal qui,
partant de Saint-Amand sur le canal du Berry, passerait près Châteauroux,
entrerait dans la vallée de la Creuse jusqu'au confluent de la Gartempe, fran-
chirait la vallée de la Vienne à 1 kilomètre au sud de Châtellerault, passerait
dans la vallée de la Dives, la suivrait quelque temps, et gagnerait ensuite la
vallée du Layon par un faîte très-déprimé.

Cette grande artère de 330 kilomètres de long coûterait 52 millions de
francs.

Le canal latéral à la Loire s'arrête à Roanne, et la navigation ne peut guère
remonter au delà, barrée qu'elle est par le soulèvement porphyrique dans lequel le fleuve s'est creusé un chenal qui a vidé l'ancien lac du Forez. La création
d'un canal à point de partage entre Roanne et Saint-Rambert coûterait 25 millions et relierait le réseau de la Loire au grand centre industriel de Saint-
Étienne.

Enfin la jonction de Châtellerault à Angoulême, c'est-à-dire du bassin de la
Loire avec le bassin de la Charente, pourrait se faire à l'aide d'un canal, pré-
sentant pour la traversée du faîte et pour l'alimentation de sérieuses difficultés.
Ce canal de 200 kilomètres coûterait 50 millions.

VIII. Voies navigables de l'Est : Canal de l'Est

La dernière guerre a enlevé à la France la plus grande partie des canaux qui
reliaient l'Alsace et la Lorraine avec le nord de la France ; pour permettre à
nos grandes industries d'Alsace et de Moselle de se relever sur notre nouveau
territoire à l'ouest des Vosges, il était indispensable de créer une grande voie
navigable reliant entre elles la Meuse, la Moselle et la Saône.

Cette ligne, en cours d'exécution, a son origine aux frontières de la Belgique,
remonte la vallée de la Meuse en passant sous les murs de Sedan, Verdun, Com-
mercy, vient à Troussey se souder au canal de la Marne au Rhin qu'elle em-

prunte jusqu'à Toul, où elle rencontre la Moselle qu'elle remonte jusqu'à Pont-Saint-Vincent. De là, elle s'engage dans le vallon de l'Avière par lequel elle arrive au faîte de Girancourt, à l'altitude 361 mètres; traversant le faîte en tranchée, elle descend le versant méridional des Vosges par les vallons de Meloménil et du Coney, elle rencontre la Saône à Corre et la descend jusqu'à Port-sur-Saône, où commence le projet de canalisation de la Saône.

A cette grande ligne se rattachent deux embranchements : l'un se détache entre Messeins et Richardménil, traverse, au col du Mauvais-Lieu, le faîte très-déprimé des vallées de la Moselle et de la Meurthe et vient se souder au grand canal de la Marne au Rhin, à 2 kilomètres de Nancy ; l'autre part de Thaon et s'arrête à Épinal.

Voici les longueurs de ces divers tronçons :

Basse Meuse canalisée en aval de Sedan.	113ᵏ,5
Haute Meuse et canal latéral de Sedan à Troussey.	162ᵏ,2
Partie empruntée au canal de la Marne au Rhin, à améliorer.. .	20ᵏ,0
Partie empruntée à la Moselle entre Toul et Pont-Saint-Vincent..	22ᵏ,3
Canal à point de partage de la Moselle à la Saône.	161ᵏ,2
Embranchement de Nancy.	11ᵏ,8
Embranchement d'Épinal..	7ᵏ,4
Longueur totale.	498ᵏ,4

Les dénivellations sont les suivantes : de la Belgique à Sedan 53ᵐ,33, 22 écluses; de Sedan à Troussey 95ᵐ,25, 35 écluses ; de Toul à Pont-Saint-Vincent 10ᵐ,50, 4 écluses ; de Pont-Saint-Vincent au faîte de Girancourt 143ᵐ,50, 48 écluses ; du faîte de Girancourt à Port-sur-Saône, 151ᵐ,50, 50 écluses; embranchement de Nancy 54 mètres, 17 écluses ; embranchement d'Épinal 0 mètre.

Les écluses du bassin de la Meuse ont 5ᵐ,70 sur 46 mètres, du canal de la Marne au Rhin 5ᵐ,20 sur 38ᵐ,10 ; de la Moselle 6 mètres sur 46 mètres; du reste du canal 5ᵐ,20 sur 40 mètres.

Le mouillage projeté est de 2ᵐ,20 en rivière et de 2 mètres en canal, ce qui assure un tirant d'eau de 1ᵐ,80.

Entre le plan d'eau et le tablier des ponts est ménagée une hauteur libre de 3ᵐ,70.

La largeur du canal au plafond est fixée à 10 mètres.

La dépense est évaluée à 65 millions de francs, soit 137,000 francs le kilomètre.

L'alimentation est pleinement assurée au moyen de prises d'eau, de grands réservoirs et d'emprunts faits aux lacs des Vosges.

Afin d'arriver à une exécution rapide, les cinq départements intéressés se sont réunis en un syndicat qui avance à l'État les 65 millions nécessaires. L'État s'engage à rembourser cette somme par annuités avec l'intérêt et l'amortissement calculé à 4 pour 100. Comme l'intérêt et l'amortissement réels s'élèveront à 6 pour 100, on a accordé au syndicat un droit de péage de 0ᶠ,005 par tonne kilométrique, qui prendra fin dès qu'il aura produit la somme nécessaire au remboursement de la dette.

RÉSUMÉ

En résumé, la longueur totale des voies navigables de la France est de 11.400 kilomètres, dont environ 5000 kilomètres de canaux, 5000 de rivières non canalisées, et la longueur des voies à ouvrir pour compléter notre réseau est évaluée par M. Krantz à

2925 kilomètres.

Dans les 11,400 kilomètres précités n'entrent pas :

1° Le réseau du Nord-Est, Rhin, Ill, Sarre, Moselle, dont il ne nous reste aujourd'hui que des fragments ;
2° Les parties maritimes des fleuves, telles que la basse Seine, la basse Loire et la Gironde ;
3° Les lacs tels que le Bourget et le Léman.

Le réseau des voies navigables intérieures dessert un trafic de

2,124,000,000 tonnes kilométriques,

et l'intérêt du capital de premier établissement grève chaque unité d'une dépense de 0ʳ,025.

Si l'on excepte le bassin du Nord et le bassin de la Seine, les autres bassins ont un mouvement peu considérable et en somme très-dispendieux pour le trésor.

Droits de navigation. — Les droits de navigation, établis par le décret du 27 février 1867, sont minimes et réglés comme il suit :

Marchandises de 1ʳᵉ classe, tonne kilométrique. 0ʳ,002 sur les rivières et 0ʳ,005 sur les canaux.
　　　— 　　2°　　　— 　　0ʳ,001　　—　　0ʳ,002　　—
Bois en trains, stère kilométrique. . . . . . 0ʳ,0002　　—　　0ʳ,0002　　—

Développement probable des voies navigables. — Le développement inouï des chemins de fer depuis 50 ans, la révolution profonde introduite dans les mœurs et dans l'existence par ce puissant instrument de transport rapide, ont relégué pendant longtemps au second plan nos vieilles voies navigables.

Cependant la faveur leur revient ; on reconnaît qu'elles sont plus économiques que les voies ferrées, que les frais de l'exploitation sont beaucoup moindres ; ceux-ci tendent sans cesse à s'accroître sur les chemins de fer, tandis qu'ils sont appelés à décroître sur les canaux lorsqu'on aura recours aux moyens de traction mécaniques et qu'on assurera partout un bon mouillage.

D'après l'exemple du canal de la Marne au Rhin, le prix de construction d'un grand chemin de fer à deux voies s'élève à une fois et demie le prix d'un canal de 10 mètres de largeur au plafond avec écluses de 5ᵐ,20.

Un seul bateau porte la charge de vingt wagons; le poids mort est donc beaucoup moindre, et la dépense de matériel est dix fois moindre.

Pour toutes ces raisons, le canal peut transporter à des prix notablement inférieurs à ceux qu'exige la voie ferrée ; cette différence dans les prix compense pour beaucoup de marchandises les avantages de célérité et de commodité qu'offre le chemin de fer.

En s'attachant à perfectionner nos voies navigables, on atténuera dans une mesure considérable leurs principaux inconvénients et on les mettra en mesure de rendre tous les services qu'on ne tardera pas à exiger d'eux.

RÉSUMÉ DES LOIS ET ORDONNANCES RELATIVES A LA NAVIGATION

Aucun bateau ne pourra naviguer sur les fleuves, rivières ou cours d'eau, qu'après avoir été préalablement jaugé à l'un des bureaux qui seront désignés pour chaque cours de navigation.

Toute personne mettant à flot un nouveau bateau, sera tenue de le présenter, avant son premier voyage, ou après son premier déchargement, à l'un des bureaux de jaugeage.

Toutefois, les bateaux qui ne font qu'un voyage, pourront être jaugés à l'un des bureaux de navigation ou au lieu de déchargement, mais il ne sera pas permis de les dépecer avant que les droits aient été acquittés.

Le procès-verbal de jaugeage déterminera le tirant d'eau à vide, et la dernière ligne de flottaison à charge complète sera fixée de manière que le bateau, dans son plus fort chargement, présente toujours un décimètre en dehors de l'eau. Toute charge qui produirait un enfoncement supérieur à la ligne de flottaison ainsi fixée, est interdite.

II.

Le jaugeage sera fait par les employés des contributions indirectes, en présence du propriétaire ou du conducteur du bateau. Les employés dresseront de cette opération un procès-verbal, dont copie sera remise au conducteur ou propriétaire et qui énoncera :

1° Le nom ou la devise du bateau :

2° Les noms et domiciles du propriétaire et du conducteur ;

3° Les dimensions extérieures du bateau mesurées en centimètres;

4° Le tirant d'eau à charge complète ;

5° Le tirant d'eau à vide, avec les agrès ;

6° Enfin le tonnage du bateau à charge complète et le tonnage par centimètre d'enfoncement.

La progression croissante ou décroissante du tonnage sera réglée par tranche de vingt en vingt centimètres de l'échelle mise en place.

Les millimètres ne seront pas comptés.

III.

Toutes les fois que le conducteur d'un bateau en formera la demande, il sera procédé à un nouveau jaugeage; les résultats de cette opération seront également constatés par un procès-verbal, dont il lui sera délivré une ampliation en remplacement de la précédente.

Les employés pourront aussi procéder d'office à la contre-vérification des jaugeages, et s'il n'y a point de différence, ils se borneront à viser l'ancien procès-verbal.

Ces vérifications n'auront lieu qu'en cas de stationnement et qu'après le déchargement des bateaux.

IV.

De chaque côté du bateau sera incrustée une échelle de cuivre, graduée en centimètres. Le zéro de l'échelle répondra au tirant d'eau à vide, et une marque apposée dans la partie supérieure indiquera la ligne de flottaison, à charge complète à la limite déterminée.

Les propriétaires ou conducteurs de bateaux pourront fournir et placer les échelles en présence des employés, et en se conformant aux indications de l'administration des contributions indirectes. A leur défaut, cette administration y pourvoira ; dans ce cas, le prix des échelles lui sera remboursé, au moment du jaugeage, à raison de 50 centimes par décimètre, y compris la mise en place.

Il est défendu aux bateliers d'enlever ou de déplacer des échelles.

VI.

Toutes les fois que, par un accident quelconque, les échelles auront été perdues ou qu'elles se trouveront détériorées, le batelier sera tenu de les faire immédiatement remplacer.

VII.

La perception de droit sur tout bateau chargé et non jaugé, qui naviguera pour la première fois, sera garantie par un acquit-à-caution qui énoncera, indépendamment du tonnage par évaluation, la distance entre le plat-bord et la ligne de flottaison du chargement.

Le batelier sera tenu, aussitôt après le déchargement du bateau, de le faire jauger et acquitter le droit.

Il ne sera pas apposé d'échelles sur tout bateau qui sera dépecé après le premier voyage, et dans ce cas, le jaugeage sera fait au lieu même du déchargement.

VIII.

Les bateaux chargés de marchandises diverses supportent les droits proportionnellement au poids et suivant la nature de chaque partie du chargement.

Les marchandises chargées sur des trains ou radeaux sont imposées par tonnes de 1000 kilogrammes comme si elles étaient transportées par bateaux ; les trains et radeaux qui les portent ne seront passibles que du droit qui leur est relatif.

IX.

Les bateliers auront la faculté de payer au départ ou à l'arrivée la totalité des droits pour le voyage entier, lors même que leurs bateaux devraient circuler sur plusieurs cours d'eau pour se rendre à destination.

Toutes les fois qu'un batelier aura payé au départ, jusqu'au lieu de destination, pour la totalité du chargement possible de son bateau en marchandises de première classe, il ne sera tenu, aux bureaux intermédiaires de navigation, que d'y représenter, sur réquisition, son laissez-passer.

X.

Lorsque le conducteur voudra payer le droit à l'arrivée, il devra se munir, au premier bureau de navigation, d'un acquit-à-caution, qui sera représenté aux employés du lieu de destination, et déchargé par eux après justification de l'acquittement des droits.

À défaut de cette justification, le conducteur et sa caution seront tenus de payer les droits pour tout le trajet parcouru, comme si le bateau avait été entièrement chargé de marchandises de première classe.

XI.

Tout conducteur de bateaux, de trains ou de bascules à poisson, devra, à défaut de bureau de navigation, se munir, à la recette buraliste des contributions indirectes du lieu de départ ou de chargement, d'un laissez-passer qui indiquera, d'après sa déclaration, le poids et la nature du chargement, ainsi que le point de départ.

Ce laissez-passer ne pourra être délivré, pour les bateaux chargés, qu'autant que le déclarant s'engagera par écrit et sous caution, d'acquitter les droits au bureau de navigation le plus voisin du lieu de destination ou à celui devant lequel il y aurait à passer pour s'y rendre.

Tout chargement supplémentaire fait en cours de transport sera déclaré de la même manière.

XII.

Lorsqu'il n'y aura pas de bureau de navigation au lieu de destination, le droit sera acquitté au dernier bureau placé sur la route, lequel sera désigné en l'acquit-à-caution.

Les bateliers fourniront aux employés les moyens de se rendre à bord toutes les fois que, pour reconnaître les marchandises transportées ou pour vérifier l'échelle, ils seront obligés de s'en approcher.

XIII

Les laissez-passer, acquits-à-caution, connaissements et lettres de voiture seront représentés, à toutes réquisitions, aux employés des contributions indirectes, des douanes, des octrois, de la navigation, ainsi qu'aux éclusiers, maîtres de ponts et de pertuis.

Ils devront toujours être en rapport avec le chargement.

Cette exhibition devra être faite au moment même de la réquisition des employés.

XIV.

Tout conducteur qui sera muni d'un acquit-à-caution aura la faculté, en passant devant un bureau de navigation, de changer la destination primitivement déclarée, à la charge par lui d'acquitter immédiatement le droit pour les distances déjà parcourues.

XV.

Lorsque la navigation n'a lieu qu'à l'aide du flot naturel ou artificiel, qui ne permet pas la station devant le bureau de navigation, les acquits-à-caution devront être délivrés au lieu même du départ des trains et bateaux, pour tout le trajet à parcourir et lors même qu'il s'étendrait à deux rivières différentes.

XVI.

Les dispositions qui précèdent sont toutes applicables aux bateaux à vapeur, mais, lors du jaugeage, la machine, le combustible pour un voyage et les agrès sont compri dans le tirant d'eau à vide.

XVII.

Sont exempts de droits :
1° Les bateaux entièrement vides ;
2° Les bâtiments et bateaux de la marine affectés au service militaire de ce département ou du département de la guerre, sans intervention de fournisseurs ou d'entrepreneurs;.
3° Les bateaux employés exclusivement au service ou aux travaux de la navigation par les employés des ponts et chaussées;
4° Les bateaux pêcheurs lorsqu'ils porteront uniquement des objets relatifs à la pêche;
5° Les bascules à poisson, vides ou ne renfermant que du poisson ;
6° Les bacs, batelets ou canots servant à transporter d'une rive à l'autre;
7° Les bateaux appartenant aux propriétaires ou fermiers et chargés d'engrais, de denrées, de récoltes et de grains en gerbe pour le compte desdits propriétaires ou fermiers, lorsqu'ils auront obtenu l'autorisation de se servir de bateaux particuliers dans l'étendue de leur exploitation.

XVIII

Toute contravention aux précédentes dispositions sera punie d'une amende de cinquante à deux cents francs, sans préjudice des peines établies par les lois en cas d'insultes, violences, ou voies de fait.
Les propriétaires de bâtiments, bateaux et trains seront responsables des amendes résultant des contraventions commises par les bateliers et les conducteurs.

XIX.

Les contestations sur le fond du droit de navigation seront jugées, et les contraventions seront constatées et poursuivies dans les formes propres à l'administration des contributions indirectes.
Le produit des amendes sera réparti comme en matière de voitures publiques.

FIN.

—

TROISIÈME PARTIE

LA MER

CHAPITRE PREMIER

LA MER ET SES MOUVEMENTS

La description des ouvrages d'art relatifs à la navigation intérieure a été nécessairement précédée de l'étude des propriétés physiques et mécaniques des rivières. Sans la connaissance de ces propriétés, le constructeur s'expose aux fautes les plus grossières. De même, avant d'aborder la description des ports, nous devons faire la topographie de la mer, décrire et expliquer les grands mouvements qui l'animent.

« La géographie, disent MM. les ingénieurs Ploix et Caspari dans leur *Météorologie nautique*, nous fait connaître avec beaucoup de détails les dimensions du globe, la configuration des continents, l'élévation et la direction des chaînes de montagne, la distribution des espèces animales et végétales, le cours des fleuves, les itinéraires à suivre pour se rendre d'un point à un autre. Elle nous apprend fort peu de chose sur toute cette partie de la surface terrestre qui est recouverte d'eau, et sur l'atmosphère qui nous environne.

Ces vastes océans, qui semblent dérouler aux regards une perspective indéfiniment uniforme, n'offriraient-ils donc pas à l'observateur quelques particularités qui en puissent distinguer les diverses régions ? Il est intéressant de rechercher quelles sont les dimensions variables de l'épaisseur de la couche liquide, et de faire la comparaison du relief sous-marin avec le relief des parties continentales. Mais la mer ne varie pas seulement dans ses profondeurs ; il y a dans l'océan des régions froides et des régions chaudes ; des zones de couleurs, de densités, de salures différentes; des climats secs et des climats pluvieux, des parages obstrués par les glaces ou renommés par leurs tempêtes; certains points abondent en végétaux, d'autres sont fréquentés par des espèces déterminées de poissons ou de cétacés; ailleurs on trouve à recueillir en grandes quantités certains mollusques. Il y a toute une carte détaillée des mers à dresser, comme il y a des cartes des parties continentales de notre globe.

La mer offre, en outre, à l'observateur des phénomènes dynamiques. Les particules aqueuses, au moins celles qui appartiennent à des couches suffisamment voisines de la surface, ne sont presque jamais à l'état de repos; elles se transportent d'un point à un autre avec des vitesses et dans des directions diverses. Il en est de même des molécules atmosphériques. L'étude de ces mouvements de la mer et de l'atmosphère, ou, en d'autres termes, l'étude des courants et des vents offre de bien plus grandes difficultés que l'étude statique des continents. Mais ces difficultés ne doivent pas arrêter des recherches dont l'utilité théorique et pratique est incontestable. »

ÉTUDE PHYSIQUE DE LA MER

L'étude physique de la mer comprend.

1° La topographie sous-marine, détermination du relief du fond des mers ou recherche des profondeurs d'eau en tous les points du globe.

2° La recherche des variations de densité des eaux.

3° La recherche des variations de température des eaux.

4° L'étude de la vie animale et végétale, et la recherche de la constitution lithologique du fond dans les diverses régions de l'Océan.

1° TOPOGRAPHIE SOUS-MARINE; SONDAGES

La détermination des profondeurs de la mer paraît, au premier abord, une opération des plus simples. Un point de l'Océan étant déterminé sur la carte, soit par des observations astronomiques si l'on est en pleine mer, soit par rattachement avec deux points fixes du rivage si l'on est sur les côtes, il suffit de laisser filer une ligne de sonde lestée par un plomb assez lourd pour l'entraîner et la tendre, de maintenir cette ligne dans la verticale et de mesurer la longueur qu'on aura filée pour atteindre le fond.

Cette opération n'exige pour réussir que des soins et de l'attention lorsqu'il s'agit de faibles profondeurs; on a recours alors à la sonde ordinaire de la figure 1, planche 59; c'est un plomb de forme tronc-conique ou pyramidale; à poids égal, cette forme donne lieu à une moindre résistance de l'eau pendant la descente. Il importe toujours d'obtenir un échantillon du fond; à cet effet, la base du plomb est refouillée et les parois du refouillement sont enduites de suif; la sonde ramène donc avec elle des parcelles enlevées du fond de la mer.

Sondages à grandes profondeurs. — Avant l'établissement d'un système régulier pour sonder les grandes profondeurs, le fond de ce qu'on appelle les *eaux bleues* nous était aussi inconnu, dit Maury, que l'intérieur des planètes de notre système. Ross, Dupetit-Thouars, ainsi que d'autres officiers des marines anglaise, française et hollandaise, avaient bien tenté de sonder les mers profondes, soit avec des lignes spéciales en soie et en chanvre, tissées d'une façon particulière, soit avec des lignes de cordes ordinaires; mais toutes ces tentatives étaient basées sur la supposition qu'un choc était ressenti au moment où le plomb touchait le fond, ou que la ligne, cessant d'être tendue, ne devait plus filer à ce moment-là.

Mais l'expérience ne tarda pas à montrer qu'au delà de 2000 ou 3000 mètres on ne pouvait obtenir aucun résultat sérieux avec la sonde ordinaire; le choc du plomb sur le fond n'était plus perçu, les courants et la dérive continuaient à faire filer la ligne alors même qu'elle avait touché le fond.

On eut l'idée de produire au fond de l'Océan de violentes explosions et de calculer la distance par la vitesse de propagation du son à travers la masse des eaux. Mais le bruit est resté enseveli dans les abîmes et n'est pas arrivé jusqu'à la surface.

Des appareils à air comprimé ne réussirent pas mieux, car ils ne résistèrent point aux pressions de plusieurs centaines d'atmosphères.

On imagina un appareil semblable à un moulinet de Woltmann à axe vertical; cet appareil, descendu au bout d'une ligne, donnait un tour d'hélice par chaque pied de hauteur; le nombre de tours était enregistré par un compteur, et de la sorte on obtenait la distance. L'appareil ne réussit pas pour les grandes profondeurs, car on ne pouvait le remonter si on le suspendait à une ligne faible, et on ne pouvait le descendre verticalement si on le suspendait à la ligne forte.

Ce qui donna encore les meilleurs résultats, ce fut l'usage des sondes formées d'un boulet de 32 ou de 68 livres, suspendu à des lignes marquées toutes les 100 brasses. Le boulet était jeté d'un canot, maintenu autant que possible à la même place, on laissait la ligne se dérouler d'elle-même, et on laissait le tout dans les eaux, le boulet et la ligne.

On espérait qu'avec cette méthode on sentirait le choc du boulet touchant le fond; mais il n'en fut rien, et la ligne continuait de filer indéfiniment; le dévidoir ne s'arrêtait jamais, parce que la ligne était entraînée par les courants sous-marins.

Cependant, on fit ainsi de nombreux sondages et on crut reconnaître en certains points des profondeurs allant jusqu'à 14000 mètres.

Ces chiffres étaient exagérés, ce qui fut révélé par l'expérience suivante :

Avec des lignes de même poids et de même échantillon, le temps qu'il faut pour filer 100 brasses est de

2′21″	à la profondeur de	400 à 500 brasses.
3′26″	—	1000 à 1100 —
4′29″	—	1800 à 1900 —

La brasse anglaise est égale à 1^m,829.

Ainsi, le temps employé à filer 100 brasses de ligne augmente avec la profondeur, tant que le plomb n'est pas arrivé au fond ; mais, quand le plomb a touché le fond, le déroulement de la ligne devient uniforme, l'action des courants étant elle-même constante.

En notant le temps écoulé pour filer la ligne de 100 en 100 brasses, on peut reconnaître sans peine l'époque pour laquelle ce temps cesse de croître et devient uniforme. Au moment où la transition s'opère, c'est que le plomb vient de toucher le fond.

La méthode de sondage ainsi transformée donna de bons résultats pour la détermination des profondeurs ; mais, comme le boulet et la ligne étaient abandonnés, on ne pouvait rapporter aucun échantillon du fond, et on n'avait aucun renseignement sur la constitution géologique du sol sous-marin.

Tout en conservant une ligne d'un faible poids et, par suite, d'une faible résistance, entraînée par un boulet pesant, il fallait pouvoir abandonner le boulet seul au fond des eaux et remonter la ligne seule.

Sonde de Brooke. — Le problème fut résolu par le lieutenant Brooke, de la marine des États-Unis, adjoint à Maury.

La première sonde de Brooke est représentée par la figure 2, planche 59. La ligne se termine par une fourchette à déclic *ab* ; aux deux branches de la fourchette s'accrochent les extrémités du cordage *mn* qui passe sous le boulet B et le supporte ; ce boulet est traversé dans son axe par la queue verticale *cd* de la fourchette, et la base *d* de cette queue porte une dépression enduite de suif et destinée à ramener à la surface un échantillon du fond.

Tant que le boulet descend, la fourchette *ab* ne s'ouvre pas, elle ne lâche pas le fil *mn* et maintient le boulet ; mais quand la base *d* vient à toucher le fond, la ligne mollit, la fourchette s'ouvre comme le montre la figure, le boulet descend et les boucles du fil *mn* se dégagent du déclic. Le boulet, devenu libre, reste donc au fond et la ligne n'a plus à remonter que l'appareil *abcd*, c'est-à-dire une faible charge.

La sonde de Brooke a été modifiée et perfectionnée de diverses manières : la figure 3 de la planche 59 représente un des nouveaux modèles : il n'y a plus qu'une seule branche de déclic, au lieu d'une fourchette. La ligne se termine par deux maillons mobiles autour du boulon vertical qui les réunit, de sorte que le boulet peut tourner sans tordre la ligne ; celle-ci est fixée à l'anneau *a*, assemblé par une goupille avec la tige verticale *bc*. L'anneau *a* porte en dessous un doigt *e* qui soutient la corde *mn* entourant le boulet ; la tige *bc* traverse le boulet suivant son diamètre vertical. Pendant la descente, la ligne reste tendue et le boulet ne peut se dégager ; mais, lorsque la base *c* de la sonde touche le fond, la ligne mollit, elle est entraînée par le boulet ; la corde *mn* se dégage, le boulet tombe et reste séparé de la ligne, qu'il est alors facile de remonter. La base *c* est creuse et munie de trois petits tubes qui ramènent des échantillons du fond.

Bathomètre. — Les sondes précédentes ont rendu de grands services ; elles ont permis d'établir la topographie du fond des mers. Mais elles sont d'un usage délicat, exigent beaucoup de temps et de soins ; elles ne constituent donc pas un appareil courant permettant au navigateur de reconnaître à chaque instant la profondeur des fonds sur lesquels il se trouve.

M. W. Siemens a proposé, dans ces derniers temps, un appareil ingénieux pour déterminer par une simple lecture les profondeurs de la mer en un lieu quelconque. C'est le *bathomètre* (du grec *bathos*, profondeur) ; voici la description qu'en a donnée M. de Parville, dans le *Journal officiel* du 7 juin 1876 :

« La force qui nous maintient sur notre globe et que nous connaissons tous
sous le nom de pesanteur est, en définitive, cette force qui régit les mondes et
dont Newton, le premier, a démontré les propriétés fondamentales : c'est l'attraction universelle. La nature de la force est inconnue, mais ses lois sont
certaines, dans une limite très-large. Tous les corps s'attirent entre eux et l'on
ne peut pas douter que les corps s'attirent avec d'autant plus d'intensité qu'ils
ont plus de masse, c'est-à-dire de matière renfermée sous le même volume.

« L'effort qu'il faut faire pour vaincre l'attraction qui pousse un corps de la
surface terrestre au centre du globe, c'est ce que nous appelons le poids. L'attraction étant en raison des masses, plus le corps a de masse et plus il est
lourd.

« Newton a reconnu que, non-seulement l'attraction dépendait de la grandeur
de la masse, mais encore de la distance. L'attraction est en raison des masses
et en raison inverse du carré des distances ; c'est-à-dire que pour une distance
double, la force est quatre fois plus faible ; pour une distance triple, neuf fois
plus petite, etc.

« Il résulte naturellement de cette diminution de l'attraction avec la distance
qu'un corps doit peser d'autant moins qu'il s'élève davantage au-dessus du sol.
Un aéronaute pèse moins à 5000 mètres de hauteur qu'au niveau du sol, puisqu'il est plus éloigné du centre de la terre.

« Ces notions rappelées, il est facile de faire comprendre le principe sur lequel
est fondé l'ingénieux appareil de M. Siemens.

« Supposons-nous en pleine mer, à la surface de l'eau, et par la pensée sup-
primons un instant la masse liquide qui nous empêche de voir le fond : nous
nous trouverons, comme en ballon, suspendu à une grande hauteur. Il est
clair, d'après ce qui précède, qu'étant loin du fond, l'attraction sera atténuée
et notre poids sera notablement diminué. Laissons les eaux maintenant combler
le vide, nous serons attiré par cette masse d'eau et notre poids augmentera ;
mais l'eau ayant une densité moindre que le sol, il est clair aussi que l'attraction ne sera pas aussi grande qu'elle l'eût été si le creux avait été comblé par
des roches ou de la terre ; finalement, le poids au-dessus de la mer sera
moindre qu'au-dessus de la terre ferme. Plus nous aurons d'eau au-dessous de
nous, plus l'influence attractive sera diminuée et plus évidemment notre poids
sera atténué. Donc, « les modifications de poids d'un corps situé au-dessus
« d'une nappe d'eau dépendront de la profondeur de la nappe liquide. » Connaissant la variation de poids, on connaîtra la profondeur.

« Par le calcul et par l'expérience, M. Siemens a trouvé que le poids est
diminué à la surface de la mer dans le rapport de la profondeur h au double
du rayon terrestre R, soit $h/2R$. Pour une profondeur supposée égale à
1000 mètres, le rayon de la terre étant de 6 300 000 mètres, la variation de
poids n'est que de 1/12000 environ.

« Comment apprécier de si petites variations de poids ? La balance ordinaire
serait insuffisante en mer et la tare serait elle-même influencée. Voici le dispo-
sitif imaginé par le physicien anglais.

« Il prend un tube vertical plein de mercure, comme un baromètre ; seulement,
le tube est en acier et s'évase à ses deux extrémités en forme de coupe, pour
agrandir la surface terminale du mercure ; puis la coupe inférieure est fermée
par une mince feuille d'acier flexible, sur laquelle appuie tout le poids de la
colonne de mercure. Deux puissants ressorts, qui longent le tube, viennent
soutenir par son centre la mince pièce d'acier, et par suite le poids du mer-

cure. Le liquide est en quelque sorte suspendu sur les ressorts. Si le poids de
la colonne augmente, les ressorts cèdent et la feuille mince s'infléchit ; si le
poids diminue, les ressorts ramènent la feuille obturatrice dans son état primitif.

« Mais il est clair que la feuille d'acier s'infléchissant, le niveau du mercure
dans la coupe supérieure s'abaisse, et, réciproquement, il s'élève si la feuille
est refoulée à l'intérieur. Les changements de niveau du liquide dans la coupe
supérieure trahissent les variations de poids.

« Par conséquent, il suffit, par un système électrique très-simple, d'enregistrer
automatiquement les fluctuations du mercure pour savoir à chaque instant
quelle est la variation de la pesanteur, quelle est, par suite, la profondeur. Le
bathomètre révèle les changements d'attraction comme le baromètre les changements de la pression atmosphérique.

« Il suffit évidemment de jeter un coup d'œil sur ses indications pour que l'on
sache immédiatement si l'on a beaucoup ou peu d'eau au-dessous de soi, si l'on
passe au-dessus d'une vallée ou d'une montagne sous-marine. Quand on aura
relevé les courbes de niveau de l'Océan, un navire pourra fixer sa situation,
sans calculs astronomiques au besoin, par la seule connaissance de la profondeur donnée par le bathomètre. Déjà l'instrument a permis de retrouver l'extrémité d'un câble électrique perdu au fond de la mer, et dans deux traversées
il a fourni les profondeurs à un dixième près. On n'a pas, en effet, avec le
bathomètre, la profondeur exacte sous la quille du navire, mais la profondeur
moyenne d'une certaine zone voisine, celle qui influe sur l'instrument par son
attraction.

« Si les espérances que fait concevoir le bathomètre se réalisent dans toute
leur intégrité, M. Williams Siemens aura créé un des plus puissants instruments d'investigation que puisse posséder la physique moderne. »

Profondeurs de l'Atlantique. — La carte générale, planche 27, représentant l'ensemble des voies navigables de la France, donne en même temps
les courbes des profondeurs de notre littoral.

La figure 1 de la planche 60 indique la topographie générale de l'Atlantique
Nord. Les deux séries de courbes séparent les profondeurs de 0 à 2000
mètres de celles de 2000 à 4000 mètres, les profondeurs de 2000 à 4000 mètres de celles qui dépassent 4000 mètres.

La figure 2 de la planche 60 représente, avec une assez grande échelle
des hauteurs, la coupe de l'Atlantique depuis le golfe du Mexique jusqu'au
Sénégal, en passant par la pointe du Yucatan, Cuba, Haïti, Porto-Rico et les îles
du Cap-Vert.

La figure 4, planche 59, est une coupe de l'Atlantique par 50° latitude nord,
entre Terre-Neuve et l'Irlande ; dans cette partie, l'océan présente des profondeurs à peu près uniformes. Il y a longtemps que Maury avait reconnu
que c'était là la direction la plus favorable pour la pose des câbles transatlantiques, et lui avait donné le nom de plateau télégraphique.

La figure 5, planche 59, est une coupe perpendiculaire à la précédente,
c'est-à-dire dirigée suivant un méridien terrestre ; c'est la coupe par 10° longitude ouest, entre le Portugal et le plateau des îles Féroë en passant par
l'Irlande. On voit apparaître nettement les grandes profondeurs du golfe de
Gascogne.

Les profondeurs de l'Atlantique Nord ne paraissent pas dépasser 7600 mètres. « Le bassin de cette mer, dit Maury, dans le sens de sa longueur, est une

sorte de fossé qui sépare l'ancien monde du nouveau, et qui s'étend probablement d'un pôle à l'autre. C'est un vaste sillon que la main du Tout-Puissant a tracé « lorsqu'il a appelé toutes les eaux dans un seul lieu pour laisser paraître « la terre » pour qu'elle devint habitable à l'homme. Du sommet du Chimborazo au fond de la partie nord de l'océan Atlantique, au point le plus bas qu'ait encore atteint la sonde, la distance mesurée sur la verticale est de 9 milles (16 668 mètres). »

Le point le plus bas de l'Atlantique Nord est probablement entre les Bermudes et le grand banc de Terre-Neuve.

D'une manière générale, le fond des mers présente un relief moins accidenté que celui des continents; en effet, il n'est pas soumis à l'action des agents atmosphériques dont l'influence destructive est essentiellement variable ; les courants de transports tendent toujours à combler et à niveler les profondeurs de l'Océan ; le squelette des continents se dénude sans cesse au profit de celui des mers.

Les courbes de niveau du fond de l'Océan présentent toujours de grandes ondulations régulières ; elles ne sont pas contournées et déchiquetées comme les courbes des continents. Si l'on examine les plans et profils de l'Océan ci-dessus énumérés, on reconnaît que nos côtes de France sont précédées d'une large terrasse qui va s'inclinant en pente douce, jusqu'à une pente brusque où l'on rencontre en peu de temps les profondeurs de 4000 mètres. La courbe 200 mètres est très-voisine du rivage près Bayonne. où commence la fosse du cap Breton, contre-partie de la chaîne des Pyrénées ; puis cette courbe gagne la pleine mer vers l'ouest, elle passe à 150 kilomètres de la Vendée et bien plus loin encore au large d'Ouessant.

La France, l'Irlande, la Cornouailles sont donc les parties émergeantes de cette terrasse qui jette un cap avancé vers l'ouest dans l'Atlantique.

Profondeurs de la Manche. — Les courbes de niveau du fond de la Manche sont indiquées sur la carte de la navigation de la France, planche XXVIII.

La profondeur moyenne de la Manche ne dépasse pas 45 mètres. On remarque que toutes les côtes sont bordées par des terrasses étendues, présentant çà et là des bancs surélevés.

Une fosse centrale, correspondant à une vallée de fracture, remarquable par sa forme irrégulière et par sa profondeur qui atteint jusqu'à 160 mètres, sépare nos côtes de Bretagne de celles de l'Angleterre.

La Manche est parcourue par des courants rapides ; aussi n'y trouve-t-on pas des dépôts de vase ou de sable; la roche ancienne est partout mise à nu. C'est sur les côtes seulement qu'on trouve les dépôts de sable et de vase.

Profondeurs de la Méditerranée. — Si nous partons du continent asiatique, nous trouvons d'abord le grand lac ou mer d'Aral, à faible profondeur, dont le niveau paraît être supérieur d'une quinzaine de mètres à celui de l'Océan ; c'est une cuvette qui n'est autre que le prolongement des plaines et des steppes dont elle est entourée.

Vient ensuite la mer Caspienne, grand lac d'eau peu salée, dont le niveau est inférieur de 28 mètres à celui de la Méditerranée.

La mer d'Azof n'a pas de profondeurs supérieures à 25 mètres; le fond y est sableux sur les côtes et vaseux au centre et les dépôts s'accroissent sans cesse par l'apport du Don.

La mer Noire offre, au contraire, l'aspect d'un récipient profond à parois abruptes, dans lequel les sondages accusent bien vite des profondeurs de 2000 mètres.

La mer de Marmara, avec ses deux détroits, le Bosphore et les Dardanelles, est le trait d'union entre la mer Noire et la Méditerranée ; elle est profonde pour sa largeur et offre des profondeurs atteignant 1300 mètres.

A l'est de la Méditerranée et séparée d'elle, il faut citer la mer Morte, d'une salure considérable, dont le niveau est à 392 mètres au-dessous de celui de la Méditerranée.

Les figures 6 de la planche 59 donnent plusieurs coupes de la Méditerranée : la première, faite par 5° longitude est, s'étend de la France à l'Algérie ; la seconde, par 40° de latitude, part des côtes d'Espagne et se dirige vers l'Italie en passant par l'île de Minorque et l'île de Sardaigne ; la troisième, par 35° de latitude, est parallèle à la précédente et s'étend de Tunis à la côte de Syrie, elle rencontre le plateau de Candie et l'île de Chypre.

· La Méditerranée est formée de deux bassins, l'un oriental, l'autre occidental, séparés par l'Italie, la Sicile et les hauts-fonds qui s'étendent entre la Sicile et Tunis. Ces deux bassins atteignent de grandes profondeurs.

2° VARIATIONS DE DENSITÉ DES EAUX DE LA MER

L'eau de la mer présente en général une salure, et par suite une densité constante. On rencontre cependant d'intéressantes anomalies qu'il importe de signaler.

La densité de la mer se mesure avec des aréomètres gradués à cet effet. On remplit un seau avec de l'eau de mer et on note la division à laquelle s'arrête l'aréomètre flottant dans cette eau.

L'aréomètre présente 50 divisions, marquées de 1000 à 1050 ; le chiffre 1000 correspond à l'eau pure, dont 1 litre pèse 1000 grammes ; chaque division correspond à une augmentation de 1 gramme dans le poids du litre d'eau.

Il importe de noter en même temps la température, afin de pouvoir établir des comparaisons entre les chiffres observés.

« Ces observations devant surtout servir à l'étude des courants, ce sont les densités relatives qu'il suffit et qu'il importe de connaître. Si l'on veut avoir la densité absolue, c'est-à-dire le degré de salure de la mer dans les différents parages, il faut ramener à une température fixe et l'aréomètre et le liquide. Pour déterminer ce degré de salure, on peut encore se servir d'une liqueur titrée d'azotate d'argent, qui fait connaître la quantité de chlorure de sodium contenue dans l'eau. La proportion du chlorure de sodium aux autres sels contenus dans l'eau de mer étant sensiblement constante, on peut obtenir ainsi des résultats comparables et susceptibles d'une grande précision. » (Ploix et Caspari.)

Pour avoir la densité ou la température à une certaine profondeur, on se sert d'un aréomètre ou d'un thermomètre plongeur ; l'appareil est enfermé dans un cylindre de verre épais garni de cuivre, fermé aux deux bases par des soupapes s'ouvrant de bas en haut ; tant que le système descend, les soupapes restent ouvertes ; elles se ferment quand il remonte, et on ramène ainsi de l'eau prise à la profondeur à laquelle le mouvement de descente s'est arrêté.

La salure générale de l'Océan est constante. Toutefois on trouve des variations locales. Ainsi, dans le voisinage des embouchures des grands fleuves, dans les zones où la pluie dépasse l'évaporation, la salure diminue ; elle augmente au contraire dans les mers fermées à évaporation active, comme la mer Rouge.

Ces variations sont rares, et la circulation perpétuelle des eaux de la mer se charge de rétablir sans cesse l'équilibre entre le degré de salure des divers parages.

Maury attribue à la salure de la mer une grande puissance dynamique dans la circulation de l'Océan, circulation qui n'eût pu être aussi complète avec les eaux douces. Puisque la salure générale des mers est constante, c'est que les eaux prises en tous les points du globe arrivent à se mélanger ; la molécule, qui se trouve un jour en un point de l'Océan, doit avec le temps arriver à l'autre bout du monde. La circulation de l'Océan doit donc être aussi complète que celle de l'atmosphère et du sang ; cette condition semble nécessaire au maintien de la vie animale et végétale.

La salure de l'Océan, modifiée par la pluie et l'évaporation, entraîne des variations de densité et doit être, suivant Maury, une des causes déterminantes des grands courants marins ; la salure des eaux engendre donc une grande puissance dynamique.

Mais nous n'avons pas à nous étendre sur ces intéressants phénomènes et nous terminerons ce paragraphe en rappelant que :

La densité moyenne de l'eau de mer est de 1,028, c'est-à-dire que 1 mètre cube d'eau de mer pèse 1028 kilogrammes, tandis que le mètre cube d'eau douce pèse 1000 kilogrammes. L'eau de mer se congèle à (— 2°,7).

La Méditerranée a pour densité 1,029 ; la densité de la mer Noire, qui reçoit beaucoup d'eaux douces, tombe à 1,016.

Mille parties d'eau de mer renferment 34 parties de sels ; le sel marin entre dans ce poids pour les trois quarts.

Le Gulf-stream, qui porte vers le pôle la chaleur de l'équateur, est plus salé que le courant de retour qui,p ar la mer de Baffin, ramène du pôle à l'équateur les eaux froides provenan. e la fusion des glaces.

3° VARIATIONS DE TEMPÉRATURE DES EAUX DE LA MER

Nous venons de dire plus haut comment on déterminait la température de l'eau de mer prise à la surface ou à de faibles profondeurs.

Quand la profondeur devient notable, le thermomètre plongeur ne peut plus être employé ; son enveloppe en verre et métal mince se briserait certainement sous la pression, ainsi que cela est arrivé plusieurs fois. Il faut donc recourir à des thermomètres à maxima et à minima, enfermés dans des tubes solides, ou imaginer des thermomètres entièrement métalliques.

Les variations diurnes de la température des eaux ont bien moins d'amplitude que celles de l'atmosphère ; la propagation de la chaleur est beaucoup moins facile dans un cas que dans l'autre. Le maximum de la température, dans une mer calme, se produit vers deux heures de l'après-midi, et le minimum au lever du soleil.

L'eau est plus chaude que l'air à minuit, et plus froide à midi.

Par suite de l'évaporation, cause de refroidissement, l'eau la plus chaude est généralement un peu au-dessous de la surface.

• Dans l'océan Atlantique, les maximum de froid et de chaud arrivent en mars et septembre, tandis que dans l'atmosphère ils ont lieu en février et août; l'échauffement et le refroidissement se propagent donc moins rapidement dans l'eau que dans l'air.

On a construit les courbes isothermes, c'est-à-dire d'égale température, de l'Océan aux diverses époques de l'année.

Ces courbes ne sont pas, comme on serait porté à le croire, dirigées suivant les parallèles de la latitude; en venant du golfe du Mexique vers l'Europe, elles se dirigent vers le nord-est jusqu'à ce qu'elles atteignent un maximum et tendent vers le sud-est en arrivant sur nos côtes. La déviation vers le sud-est se fait surtout sentir à partir des côtes d'Espagne ; elle est très-accusée sur la côte du Sénégal.

Ces lignes isothermes sont en concordance avec le courant chaud du Gulf-stream, et aussi avec le courant froid que l'on rencontre sur la côte ouest de l'Afrique.

Elles suivent, du reste, les mouvements du soleil et montent vers le nord ou en descendent en même temps que lui.

L'étude de ces lignes isothermiques et des courants auxquels elles correspondent explique bien la différence entre les climats des terres qui bordent les océans; les courants exercent sur nos côtes ouest d'Europe une influence modératrice, qui réduit beaucoup l'écart entre les températures d'été et d'hiver ; cette influence n'existe pas sur les côtes est des États-Unis d'Amérique et l'écart des températures à New-York est bien plus considérable que chez nous, à une latitude supérieure.

Les températures chaudes de l'eau des mers semblent concentrées dans le Gulf-stream même; dès qu'on quitte ce courant, et qu'on passe par exemple de la latitude de New-York au grand banc de Terre-Neuve, on trouve une variation de température de 10° à 18° centigrades; les lignes isothermes, très-rapprochées sur les côtes de l'Amérique, ne tardent pas à diverger en éventail et sur nos côtes leur écart est considérable.

Un ouvrage anglais sur la physique du globe s'exprime en ces termes au sujet de la température et de la circulation de l'Océan :

« A une très-grande profondeur, l'eau de l'Océan possède partout, même sous l'équateur, une température qui est voisine de zéro. Cette basse température ne peut pas dépendre d'une action du fond de la mer, puisque celui-ci, d'après tout ce qu'on sait sur la répartition de la chaleur à l'intérieur de la terre, devrait plutôt réchauffer l'eau que la refroidir, et puisque l'eau du fond des lacs et des mers intérieures du sud n'a pas une température aussi basse que l'eau du fond des océans. On explique ce phénomène par un courant continu qui amène l'eau froide du pôle vers l'équateur. A mesure qu'elle se refroidit dans les contrées polaires, l'eau tombe au fond et s'écoule des pôles vers l'équateur, où elle remplace au fond l'eau chaude et par conséquent plus légère ; en s'y réchauffant, elle cède à son tour la place à l'eau plus froide.

« Cet écoulement continuel de l'eau venant des zones froides est compensé de deux manières. D'abord, l'eau chaude des tropiques étant la plus légère est forcée de s'étaler, vers le sud et vers le nord, à la surface de la mer, et elle se dirige vers les régions polaires en perdant successivement de sa température.

En outre, elle subit une évaporation très-active entre les tropiques, et une grande partie des vapeurs produites se condense seulement sous des latitudes élevées où elle tombe à l'état de pluie et de neige.

« Le courant qui, à la surface de l'Océan, se dirige de l'équateur vers les pôles et le contre-courant qui, dans la profondeur, marche en sens contraire, sont soumis à une déviation par suite du mouvement rotatoire de la terre. Toute l'eau de l'Océan qui va des pôles vers l'équateur dévie peu à peu de l'est vers l'ouest, tandis que celle qui se rend de l'équateur vers les pôles dévie de l'ouest à l'est. »

4° VIE ANIMALE ET VÉGÉTALE DE L'OCÉAN ; LITHOLOGIE DES MERS

C'est une étude des plus intéressantes et des plus fertiles en résultats presque merveilleux que celle des animaux et des végétaux qui peuplent les profondeurs des mers. La constitution du fond n'est pas moins importante à connaître.

Mais ce sont là des questions dans lesquelles nous ne pouvons entrer. Le lecteur devra se reporter aux ouvrages spéciaux ; il trouvera de précieux renseignements dans la *Lithologie des mers* de M. Delesse, ingénieur en chef des mines.

Les profondeurs de l'océan Indien sont habitées par des peuples immenses d'animaux aux formes, aux couleurs les plus variées. Partout, dit Maury, la couleur éblouit, étincelle et se reflète. Les verts les plus tendres et les plus vifs s'étalent, çà et là, près des jaunes les plus riches et des bruns les plus transparents ; les pourpres de tous les tons, les rouges de toutes les teintes passent harmonieusement jusqu'aux bleus les plus sombres et les plus vaporeux. La végétation des plus belles forêts tropicales est dépassée comme couleur et comme ligne ; car les forêts sous-marines sont surtout composées d'animaux. Quoique dans les zones tempérées le développement extraordinaire de la végétation soit un des caractères les plus frappants du lit de la mer, les faunes marines atteignent dans les zones tropicales une telle ampleur, une telle multiplicité, que la supériorité du règne animal demeure, dans ces dernières régions, incontestable et incontestée.

Maury signale encore l'influence régulatrice qu'exercent sur la salure des eaux les myriades de mollusques et de coraux qui vivent au sein des mers ; ces êtres, disposés pour sécréter les sels minéraux, enlèvent à l'Océan tout le calcaire que les fleuves lui amènent.

Les eaux superficielles des mers sont animées par d'immenses agglomérations d'animalcules infusoires, qui se développent près de l'atmosphère, qui enlèvent aux eaux les sels calcaires dont elles sont chargées, et qui à leur mort tombent dans les abîmes dont ils remplissent les cavités. Ce sont ces foraminifères que Maury appelle les *conservateurs* de l'Océan, et qui transforment les matières minérales arrachées aux continents pour en faire de nouveaux terrains destinés à se soulever un jour au-dessus des mers.

Nous ne dirons rien de la constitution géologique du fond des mers ; l'étude en est encore peu avancée. Seulement nous parlerons plus loin de la nature des fonds et des alluvions que l'on rencontre sur nos côtes françaises.

ÉTUDE MÉCANIQUE DE LA MER

La mer, cette atmosphère liquide, est parcourue comme l'atmosphère aérienne par de grands courants fixes, périodiques ou variables; elle est soumise à des perturbations, à des mouvements accidentels dont l'étude intéresse à la fois le navigateur et l'ingénieur des ports.

Parmi les mouvements de la mer nous distinguerons :

1° Les courants.
2° Les marées.
3° Les vagues et les phénomènes qui en dérivent.

Nous allons étudier et décrire successivement chacune de ces espèces de mouvements.

1° LES COURANTS

Les courants océaniques sont intimement liés avec les grands courants de l'atmosphère, que nous avons étudiés en détail dans notre *Traité de météorologie*, auquel le lecteur devra se reporter.

L'action calorifique du soleil s'exerce inégalement aux diverses latitudes du globe, puisque la surface terrestre, qui dans le voisinage de l'équateur reçoit normalement les rayons du soleil, ne les reçoit plus que longitudinalement vers le pôle. C'est à cette inégalité des quantités de chaleur reçues qu'il faut attribuer non-seulement les différences de végétation, mais encore les grands courants de la mer et de l'océan atmosphérique.

L'air absorbe peu les rayons calorifiques du soleil; il s'échauffe ou se refroidit surtout au contact du sol. Les couches inférieures équatoriales se dilatent donc, diminuent de densité et déterminent un appel de l'air plus froid des pôles. Si la terre était immobile, le courant amené des pôles suivrait les méridiens, le chemin le plus court.

Mais la terre tourne sur son axe, de l'occident à l'orient, et la vitesse de circulation d'un point de la terre situé à l'équateur est de 460 mètres à la seconde; cette vitesse va en décroissant à mesure que l'on s'approche des pôles, où elle s'annule.

La rotation de la terre intervient donc à chaque instant pour modifier la direction des courants atmosphériques.

Un de ces courants, dirigé de l'équateur vers le pôle nord, arrive sur les parallèles successifs avec la vitesse de circulation de l'équateur, supérieure à celle du parallèle; il a donc par rapport à celle-ci un excès de vitesse de l'ouest à l'est, et par suite semble souffler vers le nord-est en venant du sud-ouest, tandis qu'il serait venu du sud si la terre eût été immobile.

Au contraire, un courant dirigé du pôle nord vers l'équateur, rencontre en avançant des parallèles dont la vitesse de circulation va en croissant; l'observateur, entraîné dans le mouvement de la terre, vient donc choquer le vent avec une vitesse égale à la différence entre la vitesse de circulation sur le parallèle considéré et la vitesse de translation vers l'est que possédait originairement le courant gazeux; le mouvement relatif étant le seul qui nous intéresse, l'observateur est choqué en réalité par un courant venant de l'est; il en résulte que le courant venant du pôle est infléchi vers l'ouest et semble souffler du nord-est.

Un courant ascendant dans l'atmosphère rencontre en s'élevant des zones animées vers l'est d'une vitesse de circulation plus grande que la sienne; il reste donc en arrière et par conséquent prend dans le mouvement relatif une vitesse vers l'ouest. Au contraire, un courant descendant sera dévié vers l'est.

Dans l'hémisphère nord, de l'équateur jusque vers 30° de latitude, les vents régnants viennent du nord-est, ce sont les alizés du nord-est; de 30° à 35° est une zone où les vents varient sans cesse; au delà, jusque vers 60° les vents régnants soufflent du sud-ouest, ce sont les contre-alizés du sud-ouest.

Dans l'hémisphère sud, les alizés soufflent du sud-est et les contre-alizés du nord-ouest. En examinant les figures de notre *Traité de météorologie*, on se rendra un compte exact de ces effets.

Dans les mouvements de rotation, les vents obéissent à une loi constante, la *loi de Dove* :

Dans l'hémisphère nord, le vent tourne en général dans le sens des aiguilles d'une montre. Il va de l'ouest à l'est en passant par le nord et de l'est à l'ouest en passant par le sud.

L'effet inverse se produit dans l'hémisphère sud.

Le centre des bourrasques et cyclones, qui prennent naissance dans les zones tropicales, décrit à partir de l'équateur une sorte de courbe parabolique, dont la concavité est tournée vers l'est et dont le sommet se trouve dans la zone, comprise entre 30° et 35°, séparant les alizés des contre-alizés; ce centre marche donc vers le nord-ouest tant qu'il se trouve dans la zone des alizés; dans la zone des contre-alizés, il marche au contraire vers le nord-est, et vient rencontrer nos côtes.

La masse d'air qui se trouve autour du cyclone va toujours de droite à gauche par rapport à l'observateur placé au centre; le tourbillon tourne donc en sens inverse du mouvement des aiguilles d'une montre.

Telles sont les règles générales auxquelles obéissent les grands mouvements de l'atmosphère; il était utile de les rappeler avant d'aborder l'étude des courants de la mer, des grands fleuves océaniques.

La détermination des courants de superficie n'offre pas de difficulté. Mais, souvent, plusieurs courants sont superposés et il importe de déterminer exactement leur direction réciproque. Plusieurs instruments ont été imaginés à cet effet.

« Le moyen le plus simple et le plus certain, disent MM. Ploix et Caspari, est encore celui qu'ont employé les lieutenants Walsh et Lee, de la marine américaine. Ils faisaient charger un bloc de bois de manière à le faire couler, puis, en l'attachant à une ligne de pêche, on le laissait descendre jusqu'à une profondeur variable de 180 à 900 mètres, et on fixait ensuite un flotteur à la ligne pour empêcher le bloc de couler davantage, et on abandonnait le système à lui-même. Pour employer l'expression d'un de ces officiers, il était véritablement étrange de voir ce flotteur s'avancer contre le vent, la mer et le courant de superficie, avec une vitesse qui s'éleva en une circonstance jusqu'à un nœud trois quarts. Les canotiers ne pouvaient réprimer l'expression de leur étonnement : on eût dit quelque monstre marin entraînant le bloc dans sa marche. »

Courants généraux de l'Océan. — C'est à l'influence de la chaleur solaire sur les régions équatoriales, combinée avec le mouvement de rotation de la terre, que sont dus les courants généraux de l'Océan aussi bien que ceux de l'atmosphère.

Les mers équatoriales sont soumises à une évaporation énorme ; la pluie ne leur rend qu'une partie de l'eau enlevée sous forme de vapeurs, le reste est entraîné par l'atmosphère et va se déverser sur les continents.

L'évaporation cause dans les mers équatoriales un vide immense, que l'eau tend sans cesse à combler grâce à sa mobilité. De là résulte un appel de l'eau froide des régions polaires, où l'évaporation est inférieure à la précipitation de l'eau ; et deux grands courants d'eau froide, partis des pôles, se rendent vers l'équateur, où ils se rencontrent, l'un dans l'Atlantique et l'autre dans le Pacifique. Ces deux grands courants venant du pôle vers l'équateur sont du reste poussés encore vers l'équateur par l'influence des vents alizés.

Ces courants d'eau froide ne sont pas toujours apparents à la surface des mers ; généralement, leur densité est plus forte que celle des eaux de superficie, et ils restent dans les profondeurs où leur présence est accusée non-seulement par leur direction, mais encore par leur température. Il faut remarquer cependant qu'alimentés par la fusion des glaces polaires ils sont moins chargés de sels et par conséquent moins lourds, à température égale, que l'eau de mer normale, de sorte qu'ils sont soumis à deux causes inverses de variations de densité.

L'afflux polaire, augmenté par les vents, est toujours supérieur au vide causé par l'évaporation dans les mers équatoriales ; les deux courants polaires arrivant à l'équateur, se rencontrent, leur vitesse suivant les méridiens s'annule, mais la vitesse de déviation vers l'ouest, due à la rotation de la terre, ne s'annule pas, elle persiste ; il en résulte donc un grand courant équatorial, dirigé de l'est à l'ouest en sens inverse de la rotation de la terre ; ce courant équatorial règne aussi bien dans l'Atlantique que dans le Pacifique. Il forme avec chacun des courants polaires peu à peu infléchis une demi-circonférence ; considérons le courant équatorial de l'Atlantique, il vient se heurter contre la côte orientale de l'Amérique ; là, il se brise nécessairement et se fractionne en deux courants ou remous, qui prennent la direction des côtes. L'un longe le Brésil et s'en va réchauffer le pôle sud en retournant à son point de départ, après avoir parcouru un cycle fermé ; l'autre longe les côtes des Antilles et le golfe du Mexique, il alimente le Gulf-stream, le bienfaiteur de nos côtes, qui s'en va porter jusqu'au Spitsberg la chaleur prise à l'équateur. ,

Les mêmes phénomènes s'observent dans le Pacifique.

Ainsi, chacun des deux grands océans qui séparent le vieux monde du nouveau possède un double système de circulation, formé de deux anneaux fermés allant des pôles à l'équateur et travaillant sans cesse à refroidir les régions équatoriales, à réchauffer les régions polaires.

Gulf-stream. — De tous ces courants, le plus étudié et le plus intéressant pour les côtes de l'Europe, est le Gulf-stream (courant du golfe), qui prend naissance dans le golfe du Mexique, et qui vient réchauffer nos côtes jusqu'au Spitzberg et aux régions polaires. C'est le courant de retour des eaux qui, parties froides du pôle nord, lui reviennent avec la chaleur prise à l'équateur.

Entre l'Amérique et l'Europe, le Gulf-stream ne peut mieux se comparer qu'à un gigantesque éventail déployé, dont la queue est au golfe du Mexique et dont la ligne médiane est dirigée vers le nord-est; à mesure que sa largeur augmente, sa profondeur diminue, si bien qu'il se réduit à un courant superficiel lorsqu'il nous arrive.

« Le Gulf-stream, dit Maury, est une rivière dans le milieu de l'Océan, dont le niveau ne change, ni dans les plus fortes sécheresses, ni dans les plus fortes pluies. Il est limité par des eaux froides, tandis que son courant est chaud. Il prend sa source dans le golfe du Mexique et se jette dans l'océan Arctique. Il n'existe pas sur la terre un courant plus majestueux; sa vitesse est plus grande que celle du Mississipi ou des Amazones, et son débit mille fois plus considérable.

« Les eaux, depuis le golfe jusqu'aux côtes de la Caroline, sont couleur d'indigo foncé, et la ligne de séparation avec les eaux de l'Océan est parfaitement appréciable aux yeux. Souvent on peut voir un navire dont une moitié se trouve immergée dans les eaux du Gulf-stream, tandis que l'autre flotte dans les eaux de l'Océan, tant la ligne de séparation est nette et distincte. »

La figure 1 de la planche 63 indique la configuration générale du Gulf-stream et des autres courants de l'Atlantique.

La direction générale du courant est bien celle que nous avons indiquée tout à l'heure; cependant, vers le milieu de son cours il s'en détache une branche secondaire tournant vers l'est, puis vers le sud-est, pour gagner Madère et la côte africaine, et revenir à l'équateur.

La rive gauche du Gulf-stream se déplace avec les saisons, c'est-à-dire avec le soleil; elle monte vers Terre-Neuve jusqu'en septembre, et descend jusqu'en mars; son oscillation est de 46° à 41° de latitude.

La teinte indigo des eaux, très-accusée sur la côte américaine, paraît tenir à l'excès de salure des eaux.

Si l'on fait une coupe transversale du Gulf-stream, on reconnaît qu'il se compose de zones alternativement chaudes et froides, c'est ce que montre la courbe des températures, figure 2, planche 63.

A son entrée dans l'Océan, au-dessus de l'archipel de Bahama, le Gulf-stream a une largeur de 59 kilomètres, avec une profondeur moyenne de 570 mètres et une vitesse de 5 à 8 kilomètres à l'heure. En face le cap Hatteras, la largeur du courant est de 125 kilomètres, mais sa profondeur est réduite à 220 mètres et sa vitesse ne dépasse pas 5 kilomètres à l'heure. L'épaisseur de la nappe d'eau chaude va sans cesse en diminuant à mesure qu'elle s'étale et cette nappe se transforme progressivement en un courant superficiel.

En hiver, par le travers du cap Hatteras, la température étant de 27° à la surface, se réduisait à 14° à la profondeur de 900 mètres. A 120 milles plus loin, la température de la surface n'était tombée qu'à 26°, mais la couche à 14° ne se trouvait plus qu'à 180 mètres de la surface.

Pour un changement de 10° en latitude, la température du courant ne varie guère que d'un degré centigrade.

Cependant, il coule sur un fond et dans des parois d'eau froide et le courant polaire s'étale au-dessous de lui; une partie de ce courant polaire suit cependant les côtes de l'Amérique qu'il sépare du Gulf-stream, comme le montre la carte.

Dans les eaux chaudes du Gulf-stream on ne trouve jamais les baleines franches qui ne dépassent point la limite des eaux froides.

Le Gulf-stream exerce une grande influence sur les vents pluvieux, il échauffe l'atmosphère à son contact; ses bords dégagent des vapeurs qui produisent les brouillards de Terre-Neuve; il semble être le chemin des bourrasques, aussi les Anglais lui ont-ils souvent donné le nom de *Père des tempêtes*.

Comme tous les courants rapides, et par le fait même de la température élevée de ses eaux qui les rend plus légères, le Gulf-stream affecte une section transversale convexe; un canot léger, un flotteur quelconque, abandonné dans le courant, s'en va à la dérive pour gagner le bord le plus voisin; les bois flottants arrachés aux côtes de l'Amérique, restent toujours sur la rive gauche et ne traversent jamais le courant, car ils seraient forcés de remonter un plan incliné. Toutes ces épaves sont entraînées par les eaux qui les portent jusqu'aux côtes de l'Irlande et du Spitzberg.

Le Gulf-stream a été nettement reconnu en 1775 par le docteur Franklin; ce fut une immense découverte au point de vue de la navigation commerciale; pour des raisons politiques, on la tint secrète jusqu'en 1790. A partir de là, la moyenne des traversées de l'Europe dans le Nord fut abrégée de moitié, et les ports de l'Amérique du Nord enlevèrent la suprématie à ceux de l'Amérique du Sud.

La connaissance des courants de l'atmosphère et de l'Océan a, du reste, transformé les conditions de la navigation maritime; l'honneur du progrès obtenu revient presque entièrement à Maury, qui, dans son ouvrage intitulé *Sailing Directions*, a marqué les grandes routes de l'Océan.

Mer de Sargasse. — Le Gulf-stream, avons-nous dit, détache vers le sud-est une branche qui longe la côte africaine et qui vient rejoindre le courant équatorial de l'Atlantique qui court de l'est à l'ouest et qui, lui-même, alimente le Gulf-stream par sa branche nord déviée le long du continent américain.

Cet ensemble nous donne donc une boucle, un courant circulaire, au centre duquel doit exister une zone de calmes. En effet, au milieu de l'Atlantique se trouve un espace triangulaire, compris entre les Açores, les Bermudes et les îles du Cap-Vert, qu'on appelle *mer de Sargasse;* cette mer est recouverte d'une végétation puissante, dans laquelle domine le *fucus natans* ou raisin des tropiques, végétation qui retarde les navires dans leur marche.

Lorsque les compagnons de Christophe Colomb virent ces algues, dit Maury, ils crurent qu'elles marquaient la limite de la navigation et en furent très-effrayés; vues à faible distance, on dirait qu'elles sont assez compactes pour permettre de marcher dessus. Depuis le jour où cette mer a été découverte par Christophe Colomb, ses limites, variant seulement suivant les calmes ou les tempêtes du tropique du Cancer, n'ont pas changé.

Ces fucus ne sont pas arrachés aux profondeurs des mers; ils vivent et se propagent à la surface, au-dessus de profondeurs supérieures à 2000 mètres.

On retrouve dans les autres océans des courants semblables au Gulf-stream; on y retrouve aussi des mers de Sargasse; mais nous renverrons pour cette étude aux ouvrages spéciaux, et nous terminerons par quelques mots sur les courants de nos côtes.

Courants de nos côtes. — La branche du Gulf-stream, qui arrive jusqu'à nous, longe la côte nord de l'Espagne, pénètre dans le golfe de Gascogne, et là rebrousse vers le nord, puis vers le nord-ouest, pour gagner l'Irlande.

Ce courant est à une certaine distance de nos côtes; sa largeur en face de la

France est d'environ 35 kilomètres, et sa vitesse à 100 kilomètres d'Ouessant est de 0^m,64 par seconde. On l'appelle le courant de Rennel.

Tout courant engendre des remous sur ses rives; aussi trouvons-nous le long de nos côtes ouest un faible courant dérivé qui descend du nord au sud.

La Méditerranée, mal alimentée par ses fleuves tributaires, et soumise à une évaporation considérable, voit son niveau maintenu grâce au courant continu que l'Océan lui envoie par le détroit de Gibraltar. Cette mer est parcourue par un courant littoral fermé, qui va de l'ouest à l'est sur la côte africaine et de l'est à l'ouest sur nos côtes. Sa vitesse sur les côtes de France atteint 0^m,80 par seconde près des caps et tombe à 0^m,07 dans les anses.

2° LES MARÉES

Description générale du phénomène. — Deux fois par jour, sur les côtes de l'Océan, la mer monte, envahit les plages, se précipite dans les estuaires et voit son niveau s'élever souvent de plusieurs mètres pour revenir ensuite à son point de départ. C'est par ces faits que se manifeste à nos yeux le phénomène des marées. Il représente pour nous les pulsations et comme la respiration des mers.

Pendant 6 heures environ, la mer monte, puis elle descend pendant environ 6 heures pour recommencer ensuite son oscillation.

L'oscillation double ne dure pas exactement 24 heures; sa durée moyenne est de 24^{h}50^{m}28^s; elle correspond exactement au jour lunaire, c'est-à-dire à l'intervalle qui sépare deux passages consécutifs de la lune à un même méridien.

L'heure de la marée subit donc tous les jours un retard moyen de 50 minutes.

On appelle *flot*, *flux* ou *montant* la marée montante; la marée descendante s'appelle *èbe*, *reflux*, *jusant*, *perdant*.

Quand la marée cesse de monter, on a la *pleine mer*; au contraire, on a la *basse mer* lorsque la marée cesse de descendre. Au moment où le renversement des courants va se produire, le niveau reste à peu près immobile pendant un temps plus ou moins long, c'est ce qu'on appelle l'*étale*. La durée de l'étale a des conséquences très-importantes dans les ports à marée; il y en a dont l'accès est difficile parce que l'étale est peu sensible et que la mer commence sa descente presque aussitôt après avoir achevé sa montée.

La *marée totale* est la différence de niveau qui existe entre une pleine mer et la moyenne de la basse mer qui la précède et de la basse mer qui la suit.

La marée totale varie d'un jour à l'autre, suivant la position de la lune et du soleil l'un par rapport à l'autre, ainsi que nous l'expliquerons plus loin.

La *mer moyenne*, ou la moyenne entre une haute mer et une basse mer consécutives, est sensiblement constante en un lieu donné; c'est à ce niveau moyen de la mer qu'on rapporte les grands nivellements. Nous avons dit en géodésie que, d'après les expériences de M. Bourdaloue, le niveau moyen de l'Océan différait du niveau moyen de la Méditerranée. Le niveau moyen des mers ne serait donc pas le même dans toute l'étendue du globe; il faut remarquer cependant que la comparaison n'a été faite qu'entre l'Atlantique et une mer intérieure que celui-ci alimente.

Dès l'antiquité, les navigateurs et habitants du littoral ont remarqué la coïncidence de la double oscillation de la mer avec le jour lunaire, c'est-à-dire avec les passages successifs de la lune au méridien du lieu considéré. Pline attribue même, ce qui est la vérité, le mouvement des marées à l'influence combinée de la lune et du soleil.

Avant d'expliquer comment ces deux astres peuvent produire le phénomène des marées, il nous paraît nécessaire de rappeler les conditions principales dans lesquelles s'effectuent les uns par rapport aux autres les mouvements de la terre, du soleil et de la lune.

Mouvements du soleil et de la lune par rapport à la terre. — La terre, planète du système solaire, décrit autour du soleil une ellipse dont le soleil occupe un des foyers; le plan de cette ellipse s'appelle l'*écliptique*, et l'ellipse entière est parcourue en une année. En outre, la terre opère autour de sa ligne des pôles une rotation complète en un jour de 24 heures; l'axe de rotation, qui comprend les pôles nord et sud, ou boréal et austral, est perpendiculaire au plan de l'équateur terrestre; la vitesse de rotation des points situés à la surface du globe est donc nulle au pôle et maxima à l'équateur.

Les petits cercles parallèles à l'équateur s'appellent les *parallèles*. En chaque point de la terre passent un parallèle et un grand cercle contenant la ligne des pôles, c'est un *méridien*.

La position d'un méridien est déterminée par l'angle que fait son plan avec un méridien fixe, le méridien de Paris par exemple, ou le méridien de Greenwich; cet angle s'appelle la *longitude*. La longitude varie de 0° à 180° ouest, et de 0° à 180° est.

Si l'on mène le rayon terrestre passant par le point considéré, l'angle de ce rayon avec l'équateur est la *latitude*, qui varie de 0° à 90° nord et de 0° à 90° sud.

Un point de la terre est donc fixé quand on donne sa longitude et sa latitude.

Les plans qui passent par la ligne des pôles et par le centre d'un astre quelconque, au lieu de s'appeler méridiens, s'appellent *cercles horaires*. On appelle *ascension droite* d'un astre l'angle que fait à un moment donné le cercle horaire de cet astre avec un cercle horaire choisi arbitrairement. L'ascension droite est donc analogue à la longitude; elle se compte de 0° à 360° en allant d'occident en orient.

La *déclinaison* d'un astre n'est autre que la latitude de cet astre; c'est l'angle que fait avec l'équateur la ligne joignant le centre de l'astre au centre de la terre. La déclinaison est boréale ou australe suivant qu'elle s'applique à l'hémisphère nord ou à l'hémisphère sud.

Les deux coordonnées, ascension droite et déclinaison, déterminent la position d'un astre.

Comme c'est le mouvement relatif qui seul nous intéresse dans nos calculs, nous considérerons la terre comme fixe; le soleil se lève tous les jours à l'orient et se couche à l'occident, semblant décrire un parallèle; mais, il ne se couche pas et ne se lève pas tous les jours aux mêmes points; en été, il monte vers le pôle nord. en hiver il descend vers le sud. En effet, il décrit en une année une ellipse située dans le plan de l'écliptique, et ce plan fait avec l'équateur terrestre un angle de 23°,28'. L'écliptique coupe l'équateur en deux points, qui sont les *équinoxes;* l'équinoxe de printemps est celui où le soleil traverse l'équateur pour entrer dans notre hémisphère, et l'équinoxe d'automne est celui où le soleil traverse l'équateur pour retourner dans l'hémisphère austral

Les équinoxes γ et γ′, figure 2, planche 61, sont donc aux extrémités d'un diamètre de l'équateur EE′; PP′ est la ligne des pôles; GG′ le plan de l'écliptique, dans lequel le soleil exécute en une année une révolution complète en s'avançant de l'ouest à l'est.

Si l'on mène dans le plan de l'écliptique une perpendiculaire au diamètre équinoxial, on obtient les deux positions du soleil G et G′ qui sont les solstices. C'est en ces points que le soleil s'écarte le plus de l'équateur et que sa déclinaison est maxima. Le point G est notre solstice d'été, c'est à cette époque que l'hémisphère boréal reçoit le plus directement les rayons solaires; le point G′ est le solstice d'hiver.

Le jour du solstice d'été, le soleil décrit autour de la ligne des pôles le parallèle GH, c'est le *tropique du Cancer;* le parallèle correspondant au solstice d'hiver est le *tropique du Capricorne.*

Les équinoxes et les solstices sont les points de séparation des quatre saisons de l'année.

En réalité, dans son mouvement relatif, le soleil décrit autour de la terre non pas un cercle, mais une ellipse, ainsi que nous l'avons dit plus haut; et si l'on représente par 1 la distance moyenne de ces deux astres, la distance minima se produit vers le 31 décembre et est représentée par 0,98321; la distance maxima se produit vers le 2 juillet et est représentée par 1,01679.

Si nous étudions maintenant le mouvement de la lune autour de la terre, nous reconnaissons que ce satellite parcourt, à peu près dans le plan de l'écliptique, et de l'ouest à l'est, un cercle complet autour de la terre en 27 jours 7 heures 43 minutes 11 secondes. La lune parcourt donc dans le plan de l'écliptique un angle d'environ 13 degrés par jour, tandis que le soleil parcourt à peine un degré.

Quand les centres des trois astres, Terre, Lune, Soleil, sont sur une même ligne droite, la lune et le soleil sont en *conjonction* lorsqu'ils se trouvent d'un même côté de la terre, et en *opposition* lorsque la terre est entre eux. La lune, n'étant éclairée que par la lumière qu'elle reçoit du soleil, nous paraît entièrement sombre lors de la conjonction, c'est la nouvelle lune; lors de l'opposition, tout le disque de la lune est éclairé pour nous, c'est la pleine lune.

La conjonction et l'opposition portent le nom de *syzygies.*

Quand les lignes joignant le centre de la terre au centre du soleil, d'une part, et au centre de la lune, d'autre part, font ensemble un angle droit, on dit que la lune est en *quadrature.*

La lune, avons-nous dit, fait dans le plan de l'écliptique un tour complet en 27 jours 7 heures en marchant de l'ouest à l'est; pendant cette révolution sidérale, le soleil, qui marche aussi de l'ouest à l'est, s'est avancé d'environ 27 degrés; pour que la lune le rejoigne, il faut donc un certain temps facile à calculer par la formule des vitesses. On trouve ainsi que le temps qui s'écoule entre deux conjonctions successives est de 29 jours 12 heures 44 minutes 2″,9. C'est ce qu'on appelle la *lunaison* ou le *mois lunaire.*

Dans un mois lunaire il y a deux syzygies et deux quadratures.

La distance de la lune à la terre n'est pas constante; la *parallaxe* de la lune, c'est-à-dire l'angle sous lequel du centre de la lune on voit le rayon de la terre, varie en effet de 55 minutes 54 secondes à 61 minutes 24 secondes, et est en moyenne de 57 minutes.

Action combinée du Soleil et de la Lune sur l'Océan. — La simple observation nous apprend que l'action dominante appartient à la lune dans le phénomène des marées. C'est d'elle que nous allons nous occuper d'abord.

L'immortel Newton a posé le principe de l'attraction universelle : « les corps s'attirent proportionnellement à leurs masses et en raison inverse du carré de leurs distances ». Ce principe est la base du calcul des marées comme de la plupart des calculs astronomiques.

Supposons la terre sphérique et recouverte entièrement par les eaux ; si l'attraction de la lune n'existait pas ou si elle était égale pour tous les points de la terre, l'équilibre de l'océan ne serait point troublé et la surface des eaux demeurerait sphérique. Mais il n'en est pas ainsi ; la lune attire inégalement tous les points de la terre.

Soit OL, figure 1, planche 61, la droite qui relie le centre de la terre au centre de la lune ; supposons la masse de celle-ci concentrée en son centre. Sans l'attraction de la lune, la terre serait limitée à la sphère dont ABCD est le grand cercle. Le point A, situé immédiatement sous la lune, est attiré plus énergiquement vers elle que le centre O de la terre ; ce point tend donc à tomber vers la lune plus rapidement que le centre O ; par conséquent, la distance OA doit augmenter et le point A doit venir en A'. Inversement, le point B opposé à A est moins attiré par la lune que ne l'est le centre O et tombe moins vite vers la lune que ne le fait ce centre ; par conséquent, la distance OB doit augmenter et le point B doit venir en B'.

Le niveau de l'océan tend donc à s'élever en A et B, et, par suite, il faut qu'il s'abaisse en C et D.

Ainsi, le grand cercle se transforme en une courbe elliptique A'B'C'D' ; et, comme nous avons supposé la terre uniformément recouverte par les eaux, la surface sphérique des mers se transforme par l'action de la lune en un ellipsoïde de révolution, dont le grand axe A'B', constamment dirigé vers le centre de la lune, la suit dans son mouvement.

A chaque instant, il y a deux hautes mers situées aux extrémités du diamètre terrestre passant par le centre de la lune, et ces deux hautes mers se déplacent sans cesse, entraînées par la lune comme le serait une aiguille de fer attirée par un aimant tournant autour du même pivot que cette aiguille.

La lune ne sortant pas du plan de l'écliptique, les sommets de l'ellipsoïde des mers sont toujours compris entre l'équateur et les tropiques ; par conséquent, les marées doivent être peu sensibles aux pôles.

Il est facile de calculer la force théorique qui produit la marée lunaire ; en appelant f la force attractive de l'unité de masse placée à l'unité de distance sur un élément terrestre égal lui-même à l'unité de masse, en désignant par d la distance du centre de la terre au centre de la lune, et par r le rayon de la terre, les attractions exercées par la lune sur une unité de masse placée en O, en A, ou en B sont exprimées par :

$$\frac{fm}{d^2} \quad \frac{fm}{(d-r)^2} \quad \frac{fm}{(d+r)^2}.$$

Les actions auxquelles sont dues les marées sont les différences entre les forces qui sollicitent le point A et le centre de la terre d'une part, le centre de la terre et le point B d'autre part. Ces actions sont donc égales à :

$$fm\left\{\frac{1}{(d-r)^2} - \frac{1}{d^2}\right\} \quad \text{et} \quad fm\left\{\frac{1}{d^2} - \frac{1}{(d+r)^2}\right\}.$$

La première de ces expressions, en réduisant les fractions au même dénominateur, s'écrit :

$$\frac{2fmr}{d^3} \cdot \frac{1 - \frac{r}{2d}}{\left(1 - \frac{r}{d}\right)^2}.$$

Le rapport $\frac{r}{d}$ est petit et peut être négligé par rapport à l'unité, de sorte qu'en somme la diminution de la pesanteur, c'est-à-dire l'action à laquelle on doit les marées, est égale en A comme en B à la quantité :

$$\frac{2fmr}{d^3}.$$

Ce que nous venons de dire pour expliquer l'action de la lune sur la surface de la terre, supposée recouverte entièrement par les eaux, nous pouvons le répéter exactement pour l'action du soleil ; le soleil déforme la surface sphérique des eaux et la change en un ellipsoïde de révolution dont le grand axe passe toujours par le centre du soleil et le suit dans ses mouvements apparents autour de la terre et dans le plan de l'écliptique.

Si l'on désigne par M la masse du soleil et par D la distance de son centre au centre de la terre, l'action exercée par cet astre sur l'unité de masse des eaux sera mesurée par l'expression :

$$\frac{2f.M.r}{D^3}.$$

Le rapport de la marée solaire à la marée lunaire est donc égal à :

$$\frac{M}{m} \cdot \frac{d^3}{D^3}.$$

La masse du soleil est environ 26 550 000 fois plus grande que celle de la lune ; la distance D est égale à 400 fois d. Cela donne pour la valeur du rapport précédent le chiffre 0,41. Ainsi la marée lunaire serait égale à deux fois et demie la marée solaire.

On s'explique par ce résultat théorique la prédominance de l'influence lunaire.

Marées de vives eaux. — La marée lunaire et la marée solaire se combinent donc pour donner la marée réelle. En un point donné, lorsque la haute mer lunaire et la haute mer solaire coïncident, l'attraction des molécules liquides est à son maximum et la haute mer réelle atteint elle-même le niveau le plus élevé.

Cela arrive lorsque le grand axe de l'ellipsoïde lunaire coïncide avec le grand axe de l'ellipsoïde solaire, c'est-à-dire lorsque les centres des trois astres, terre, lune, soleil, sont en ligne droite ; comme nous l'avons vu plus haut, ce phénomène se produit deux fois dans un mois lunaire, lors des syzygies, lorsque la lune est en conjonction ou en opposition.

Les marées de syzygies sont les *marées des eaux vives*, auxquelles on donne quelquefois le nom de *malines*.

Les marées de vives eaux ne sont pas égales entre elles; elles varient avec les distances de la lune et du soleil à la terre. Il importe donc, dans les calculs, de tenir compte de cet élément.

La déclinaison du soleil, c'est-à-dire sa distance à l'équateur, exerce sur la hauteur des marées de vives eaux une grande influence; la hauteur de ces marées est d'autant plus forte que le soleil est plus près de l'équateur. C'est donc aux équinoxes que les marées de vives eaux atteignent leur amplitude maxima. Il importe par conséquent de relever avec soin ces marées dans tous les ports.

Marées de mortes eaux. En un point donné, lorsque la haute mer lunaire coïncide avec la basse mer solaire, la première tend à élever les molécules liquides au-dessus de leur surface moyenne, la seconde tend au contraire à déprimer la surface moyenne: les deux effets se retranchent et la marée réelle est due à la différence des actions de la lune et du soleil.

Cet effet se produit avec son maximum d'intensité lors des quadratures lorsque la lune et le soleil sont à 90° l'un de l'autre, et que par conséquent leurs deux ellipsoïdes ont leur grand axe normal l'un à l'autre.

On a ce qu'on appelle les *marées de mortes eaux*, qui se produisent deux fois par mois et dont l'amplitude varie avec la position des deux astres dans le ciel.

Des marées observées sur nos côtes. — La théorie précédente suffit à expliquer les conditions générales du phénomène et concorde bien avec elles; mais, comme nous sommes partis d'une hypothèse fausse, à savoir que la terre est entièrement et uniformément recouverte par les eaux, nous devons nous attendre à rencontrer dans la réalité des différences notables avec la théorie.

Égalité des deux hautes mers d'un même jour. Lorsque la lune est sur la verticale d'un lieu A au-dessus de l'équateur, le sommet de l'ellipsoïde des mers est en B, et la surélévation des eaux est mesurée par AB; la lune, poursuivant sa révolution diurne, vient 12 heures après en L', le sommet de son ellipsoïde est en B', et la surélévation en A' est mesurée par A'B' égale à AB, mais au point A l'ellipsoïde ne passe plus en B, il reste au-dessous de ce point. La nouvelle haute mer au point A devrait donc être inférieure à la première (fig. 3, pl. 61).

Cependant, l'observation nous apprend qu'il n'en est rien; les deux marées d'un même jour sont égales, première anomalie entre les faits réels et la théorie.

Retard des marées. Les hautes mers devraient toujours coïncider avec le passage de la lune au méridien; il n'en est rien et les hautes mers sont toujours en retard sur ce passage.

Ce retard est attribué à deux causes, l'une générale, l'autre locale. Newton admettait comme cause générale l'inertie de la matière, qui empêchait l'action lunaire de se propager immédiatement; il a fallu, dans le principe, un certain temps pour que le mouvement fût imprimé à la masse des eaux; c'est par le fait de l'inertie que le mouvement persisterait encore quelque temps après l'attraction lunaire si elle venait à disparaître.

Une autre raison du retard a été donnée par Laplace : le foyer des marées est voisin de l'équateur et la vague immense, qui représente le phénomène, est retardée dans sa marche par le frottement sur les fonds de la mer. Nous reconnaîtrons, en effet, par l'expérience que la vitesse de propagation d'une onde varie comme la racine carrée de la profondeur du chenal qu'elle parcourt.

La raison mise en avant par Laplace doit être la principale.

Quoi qu'il en soit, sur nos côtes, non-seulement la haute mer ne coïncide pas avec le passage de la lune au méridien ; mais la marée observée n'est pas celle qui correspond au passage antérieur de la lune au méridien.

C'est ce que l'on reconnaît aux syzygies ; la plus haute mer ne vient pas immédiatement après la pleine ou la nouvelle lune, mais un jour et demi après.

En dehors de ces causes générales de retard, il y a les causes locales qui tiennent à la forme respective des continents et des mers. Lorsque la marée se présente à l'entrée d'un canal, comme la Manche, elle est retardée dans sa marche et n'atteint que progressivement les ports situés sur les deux côtes ; la vitesse de circulation obéit sensiblement à la loi que nous venons de rappeler tout à l'heure.

Vitesse de propagation des marées. — L'onde qui représente une marée a plusieurs milliers de kilomètres de longueur et sa vitesse de propagation, quoique variable, reste toujours considérable.

Sa vitesse, au-dessus des abîmes de l'Atlantique, s'élève à 175 mètres par seconde ; depuis Ouessant jusqu'à Boulogne, cette vitesse se réduit à 21 mètres par seconde.

La vitesse v de propagation d'une onde dans un chenal de profondeur h est donnée par la formule :

$$v = \sqrt{gh}.$$

Remplaçons dans cette formule v successivement par les deux chiffres précédents, et prenons pour valeur de l'accélération g de la pesanteur le chiffre 10, nous en déduirons pour les profondeurs respectives de l'Atlantique et de la Manche,

$$3060 \text{ mètres et } 49 \text{ mètres,}$$

ce qui ne s'éloigne guère de la vérité.

Hauteur des marées. — D'après la théorie, les marées devraient atteindre leur maximum dans les régions tropicales, aux environs de l'Équateur ; il n'en est rien et c'est vers notre latitude qu'on observe les plus hautes marées.

Peut-être doit-on voir là une transformation de travail : la vitesse de l'ondulation se ralentissant à mesure qu'elle se propage sur des fonds plus élevés, la hauteur de cette ondulation augmente ; elle se contracte horizontalement et se dilate verticalement.

Cette transformation de vitesse en hauteur s'observe nettement au fond des golfes étroits, tels que le canal d'Irlande et la baie de Fundy, située en face du canal de l'autre côté de l'Atlantique ; c'est là qu'on observe les plus hautes marées.

Sens de propagation des marées. — D'après la théorie, le sommet de l'immense ondulation qui produit les marées devrait toujours regarder la lune et la suivre dans ses mouvements ; par conséquent, la marée devrait se propager toujours de l'est à l'ouest. C'est ce qui arrive dans les mers australes, lesquelles font le tour de la terre sans interruption ; mais sur nos côtes il n'en est plus de même, la marée monte du sud vers le nord dans l'Atlantique, se présente à l'entrée de la Manche et la parcourt de l'ouest à l'est ; en même temps qu'elle entre dans la Manche, elle s'engage dans le canal d'Irlande, fait le tour de l'Écosse et de l'Angleterre et vient rencontrer au Pas-de-Calais l'ondulation de la Manche. Mais de ces deux ondes qui se rencontrent, celle de la Manche a quitté son point de départ douze heures plus tôt que l'autre.

Lignes cotidales. — Les heures des marées sont connues en chaque port et exprimées en fonction du temps du lieu considéré. Il est important de les rapporter toutes à une même mesure, et d'indiquer les marées de chaque port d'après l'heure d'un observatoire fixe, Paris par exemple; de la sorte, on pourra représenter sur la carte, à une heure déterminée, l'état exact de la mer.

En particulier, on pourra réunir par des courbes les points où la haute mer se produit à la même heure. Ces courbes s'appellent lignes cotidales (de l'anglais *tide*, marée); ce sont les courbes des marées contemporaines.

La figure 7 de la planche 61 représente la série des lignes cotidales de la Manche et des côt s de l'archipel britannique; on voit que la marée met sept heures à parcourir la Manche jusqu'au Pas-de-Calais. Pendant ce temps, l'ondulation, qui a fait le tour de l'Irlande, a contourné l'Écosse et les Orcades, et quatre heures après est à la hauteur d'Édimbourg dans la mer du Nord; il lui faut encore huit heures pour atteindre le Pas-de-Calais où elle va se heurter à l'onde de la Manche. Comme nous l'avons dit plus haut, ces deux ondes sont en retard de douze heures l'une sur l'autre. Il est une région entre la Hollande et l'Angleterre où la mer varie très-peu de niveau, par suite de la superposition du sommet de l'onde de la Manche avec le creux de celle qui descend la mer du Nord.

Une courbe cotidale correspond à la crête de la vague immense qui forme une marée ; l'ensemble des courbes cotidales indique donc le mode de propagation de cette vague. Si l'on examine les courbes cotidales de la Manche, on voit qu'elles deviennent de plus en plus aiguës à mesure qu'elles pénètrent dans le canal; la propagation se fait, en effet, plus facilement au centre, où la profondeur est grande, que sur les bords où la profondeur diminue jusqu'à devenir nulle.

L'aspect des courbes cotidales pourrait donc, à la rigueur, suppléer les courbes de niveau du fond.

Hypothèse de Lubbock et Whewell. — Lubbock et Whewell avaient déduit de l'étude des lignes cotidales la conclusion que le foyer des marées se trouvait dans l'océan Pacifique méridional. L'hémisphère austral est presque entièrement recouvert par les eaux tandis que les continents sont accumulés dans l'hémisphère boréal.

Dans ce vaste bassin austral, rien ne s'oppose aux effets de l'attraction de la lune et du soleil. C'est donc là, d'après Whewell, que se développerait l'intumescence mère des marées. Cette intumescence suit dans l'océan Pacifique le cours de la lune, parcourant les mers de l'est à l'ouest, frappant d'abord les côtes de l'Australie, puis treize à quatorze heures après la côte orientale de l'Afrique, et enfin venant toucher la côte orientale de l'Amérique du Sud sept ou huit heures après.

Arrêtée dans sa course par l'Amérique du Sud, l'onde des marées serait réfléchie et remonterait l'Atlantique du sud au nord pour se présenter successivement à l'entrée des estuaires et des mers secondaires. C'est une dérivation de cette onde qui s'épanche dans la Manche et la parcourt de l'ouest à l'est.

Les marées de nos côtes sont à peu près contemporaines de celles des côtes de l'Amérique du Nord.

L'ondulation mettrait quinze heures à arriver du cap de Bonne-Espérance à l'entrée des Îles-Britanniques, et l'on voit que ces temps de propagation expliquent les retards des marées observées chez nous.

Cette théorie de Whewell, bien que claire et séduisante, est en contradiction avec les faits, dont la vérité a été rétablie par les travaux de l'amiral Fitz-Roy, de Delaunay et de Chazalon.

Si l'on se transporte au foyer supposé des marées, on reconnaît que la haute mer y subit comme sur nos côtes un retard considérable, qui atteint quarante heures.

L'expérience montre que les marées de chaque grand bassin, Atlantique et Pacifique, sont engendrées par une intumescence produite au centre de ce bassin, d'où elle s'épanche sur toutes les côtes, comme l'onde circulaire produite par la chute d'un corps pesant dans une eau calme. En effet, entre l'Atlantique et le Pacifique, le long de la ligne qui va du cap Saint-Roch au cap Vert, on trouve une zone où les marées n'ont qu'une faible amplitude et ne sont pas plus sensibles que celles de la Méditerranée. C'est la zone où viennent mourir les ondulations qui ont pris naissance dans la partie centrale des deux océans.

D'après la théorie de Whewell, la marée devrait se propager du sud au nord sur les côtes du Brésil; c'est l'inverse qui a lieu. La propagation du nord au sud indique bien que le foyer d'origine est au centre de l'Atlantique.

Interférences des marées. — Nous avons déjà dit pourquoi, en un même jour, l'amplitude des marées pouvait varier dans des limites étendues par le fait de la configuration des continents.

Lorsque l'ondulation se présente à l'entrée d'une baie resserrée, la vitesse de propagation éprouve un ralentissement plus ou moins grand, l'onde se contracte en longueur et se dilate en hauteur; la vitesse de propagation se transforme en surélévation des eaux, les lignes cotidales successives se rapprochent les unes des autres et, par ce rapprochement même, indiquent bien la transformation que subit le mouvement de l'onde.

Dans la baie du mont Saint-Michel et à l'embouchure de la Severn, l'amplitude des marées atteint 15 mètres; au fond de la baie de Fundy, sur les côtes de la Nouvelle-Écosse, on mesure des marées de 21 mètres, alors qu'à l'origine de la baie elles atteignent à peine 3 mètres. Ces marées extraordinaires se manifestent également dans le détroit de Magellan.

Cependant, ce fait que la marée en se propageant dans un entonnoir diminue de vitesse et augmente de hauteur, ne suffit pas seul à expliquer les marées exceptionnelles de la baie du mont Saint-Michel et de l'embouchure de la Severn. Il faut y voir aussi le phénomène d'interférence des ondes.

L'onde directe, qui vient d'entrer dans la Manche et qui arrive par le travers de Saint-Malo, rencontre une autre onde, de vingt-quatre heures plus vieille, qui a fait le tour des Îles-Britanniques et qui vient, quoique affaiblie, se superposer à la première.

C'est un phénomène analogue à celui de l'interférence des ondes acoustiques et lumineuses; deux ondes sonores égales peuvent produire un son double d'intensité ou se détruire et produire le silence, suivant qu'elles sont de même sens ou de sens contraire, suivant qu'elles s'ajoutent ou se retranchent.

A l'embouchure de la Severn, l'onde directe qui arrive par le canal de la Manche, rencontre une onde qui a contourné l'Irlande et qui est de douze heures plus âgée qu'elle; l'amplitude des deux ondes s'ajoute.

En d'autres points du littoral, les ondes se retranchent au lieu de s'ajouter et la marée est très-faible ou même nulle. Nous avons déjà signalé ce parage de la mer du Nord, entre la Hollande et l'Angleterre, où l'amplitude des marées ne dépasse pas 0ᵐ,60 : il est dû à la superposition de la haute mer de l'onde de la Manche avec la basse mer de l'onde de la mer du Nord.

Non loin pourtant de la Severn, dans le canal d'Irlande, le port de Courtown n'a pas de marée sensible ; à chaque instant s'y rencontrent deux ondes qui ont environ six heures de retard l'une sur l'autre.

Ces combinaisons d'onde ont quelquefois pour effet de masquer ou de réduire une des deux marées diurnes ; nous en verrons plus loin des exemples.

La combinaison d'une onde affaiblie avec une onde principale peut elle-même produire des anomalies dans le mouvement ascensionnel des eaux.

La marée présente au Hâvre une singularité bien précieuse pour la navigation : la haute mer conserve sensiblement son niveau, reste étale, pendant trois heures, et donne aux navires le temps d'effectuer toutes leurs évolutions. Voici à quoi on attribue ce phénomène : l'onde, qui arrive à la pointe du Cotentin, est resserrée, la tête de l'onde suit sa marche en ligne droite par les grandes profondeurs et s'épanche transversalement vers la baie du Havre, lorsqu'elle arrive par son travers ; c'est cette première onde qui atteint le port, mais pendant ce temps une partie de l'onde a longé la côte du Cotentin et du Calvados avec une vitesse de propagation beaucoup moindre ; elle arrive au Havre après la première onde et vient soutenir le niveau qui, sans cela, s'abaisserait rapidement.

Toutes ces anomalies, toutes ces influences locales nous prouvent qu'on ne peut calculer par la théorie seule la hauteur et le mode de propagation des marées en un point déterminé. Il est de toute nécessité de recourir à l'expérience et d'établir avec son concours des formules empiriques donnant à chaque point l'heure et la hauteur des marées. A cet effet, on se sert en France des formules de Laplace convenablement modifiées.

Formules de Laplace. — Bernouilli avait abordé le calcul des marées, mais c'est Laplace qui l'a résolu.

Le problème est traité dans le livre IV de sa *Mécanique céleste* (pages 171 à 299 de l'édition de l'an VII) ; nous ne pouvons indiquer ici que les principaux traits de la question avec les résultats définitifs.

Après avoir établi l'équation différentielle générale de l'équilibre des mers en tenant compte du mouvement de la terre et des astres et de l'état primitif des eaux, Laplace fait remarquer que l'intégration de cette équation dépasse les forces de l'analyse et que, du reste, cette intégration n'est pas nécessaire. « Il est clair, dit-il, que la partie des oscillations, qui dépend de l'état primitif de la mer, a dû bientôt disparaître par les résistances de tout genre que les eaux éprouvent dans leurs mouvements ; en sorte que, sans l'action du soleil et de la lune, la mer serait depuis longtemps parvenue à un état d'équilibre ; l'action de ces deux astres l'en écarte sans cesse, et il nous suffit de connaître les oscillations qui en dépendent. »

En développant en séries les termes de l'équation générale qui correspondent à ces oscillations, Laplace arrive à une expression finale composée de trois termes représentant chacun une oscillation de période différente.

Le premier terme ne dépend que de la position des astres dans leur orbite et est indépendant du mouvement de rotation de la terre ; il donne lieu à des oscillations à longue période.

En appelant n la vitesse de rotation de la terre, t l'époque considérée, L la longitude du point de la mer dont il s'agit et ψ l'ascension droite de l'astre dont on étudie l'action, le second terme est de la forme :

$$\mathbf{M}.\cos(nt+\mathbf{L}-\psi);$$

la période d'oscillation dépend donc principalement du mouvement de rotation nt de la terre; elle est à peu près d'un jour.

Le troisième terme est de la forme :

$$\mathbf{N}.\cos 2(nt+\mathbf{L}-\psi);$$

la période d'oscillation dépend encore principalement du mouvement de rotation de la terre; mais comme cette rotation est multipliée par 2, la période d'oscillation, représentée graphiquement par une sinusoïde, n'est que d'un demi-jour.

Les trois termes de l'expression s'ajoutent algébriquement et se mêlent sans se confondre; on peut donc étudier séparément les variations de chacun d'eux, puis faire à chaque instant la somme des trois effets.

Les oscillations de la première espèce, dues au déplacement des astres dans leur orbite, sont insensibles. En ce qui touche celles de la seconde et celles de la troisième espèce, les premières peuvent être insensibles dans certains ports et les secondes disparaître à leur tour dans d'autres ports.

Malgré la généralité des formules établies par lui, Laplace fait remarquer qu'elles sont insuffisantes et ne satisfont pas à tous les phénomènes observés.

« L'irrégularité de la profondeur de l'Océan, la manière dont il est répandu sur la terre, la position et la pente des rivages, leurs rapports avec les côtes qui les avoisinent, les courants, les résistances que les eaux éprouvent, toutes ces causes, qu'il est impossible de soumettre au calcul, modifient les oscillations de cette grande masse fluide. Nous ne pouvons donc qu'analyser les phénomènes généraux qui doivent résulter des attractions du soleil et de la lune, et tirer des observations les données dont la connaissance est indispensable pour compléter dans chaque port la théorie du flux et du reflux de la mer, et qui sont autant d'arbitraires dépendantes de l'étendue de la mer, de sa profondeur, et des circonstances locales du port. »

Il faut donc recourir à des formules analogues aux formules théoriques, mais basées sur les résultats expérimentaux.

C'est ainsi que, pour le port de Brest, où la marée demi-diurne est régulière, Laplace est arrivé à la formule

$$y = \begin{cases} -0^m,02745 \ \{ \ i^3(1-3\sin^2 v)+3i'^3(1-3\sin^2 v') \ \} \\ +0^m,07179 \ \{ \ \pm i^3 \sin v.\cos v \pm 3i'^3 \sin v'.\cos v' \ \} \\ +0^m,78112 \ \{ \ i^3 \cos^2 v + 3i'^3 \cos^2 v' \ \}. \end{cases}$$

y représente l'élévation de la mer au-dessus de sa surface moyenne, c'est-à-dire la demi-amplitude de la marée totale à calculer,

v et v' sont les déclinaisons du soleil et de la lune,

i est le rapport de la moyenne distance du soleil à sa distance actuelle,

i' est la parallaxe actuelle de la lune divisée par la constante de cette parallaxe.

On peut dans cette expression, dit Laplace, négliger les deux premiers termes qui sont très-petits par rapport au dernier, et qui, d'ailleurs, renfermant les sinus des déclinaisons, n'ont d'influence sensible que vers les solstices où les marées sont déjà sensiblement affaiblies par les déclinaisons des astres. L'équation précédente se réduit donc à :

$$y = 0^m,78112 \, (i^3 \cos^2 v + 3i'^3 \cos^2 v').$$

Dans les syzygies des équinoxes, le soleil est à peu près à sa distance moyenne de la terre et $i = 1$, v et v' sont nuls et la valeur moyenne de i' est $\dfrac{41}{40}$; en prenant donc pour unité des demi-marées de syzygies la valeur moyenne y_0 de cette demi-marée vers les syzygies des équinoxes, on obtiendra une demi-marée de syzygie quelconque par la formule

$$y = y_0 \frac{40}{163} \, (i^3 \cos^2 v + 3i'^3 \cos^2 v').$$

Ainsi, l'on aura, par cette formule très-simple, la hauteur de la plus grande marée qui suit d'un jour ou deux chaque nouvelle ou pleine lune, les quantités i i' v v' se rapportant au moment de la syzygie. Cette formule déterminera encore le plus grand abaissement de la marée au-dessous de la surface d'équilibre ; car il résulte de l'expression générale de y que la mer s'abaisse à peu près autant au-dessous de cette surface, dans la basse mer, qu'elle s'élève au-dessus dans la haute mer correspondante. Quant à la marée prise pour unité, on la déterminera par un grand nombre de différences de la haute à la basse mer, observées un jour ou deux après les syzygies voisines de l'équinoxe; la moitié de la valeur moyenne de ces différences sera, à très-peu près, la marée prise pour unité.

Dans les conditions moyennes où a été choisie l'unité de marée, c'est-à-dire le soleil et la lune se trouvant à l'équateur et à leurs moyennes distances,

L'action de la lune est représentée par.	0,75
Et l'action du soleil par.	0,25
La demi-marée totale étant égale à. . . .	1,00

Voici maintenant les limites extrêmes entre lesquelles variera pour Brest la demi-marée totale de syzygie :

Action maxima de la lune (moindre distance et déclinaison nulle). . .	0,92
Action maxima du soleil (aux équinoxes).	0,25
Demi-marée totale maxima de syzygie.	1,17
Action minima de la lune (plus grande distance et déclinaison maxima).	0,48
Action minima du soleil (plus grande distance et déclinaison maxima). .	0,20
Demi-marée totale minima de syzygie.	0,68

Ainsi, la demi-marée totale des syzygies à Brest peut varier de la fraction 0,68 à la fraction 1,17 de la demi-marée totale moyenne d'équinoxe.

On voit par les chiffres précédents que l'action de la lune peut varier du simple au double, tandis que l'action du soleil ne varie que dans le rapport de 4 à 5.

On remarquera aussi que les marées des syzygies de solstices peuvent prendre une assez grande valeur lorsque la lune est en même temps à sa moindre distance de la terre; la demi-marée totale peut être alors de 1,03 au solstice d'été et 1,05 au solstice d'hiver.

Plus grandes marées de 1877. — Le calcul des plus grandes marées de chaque année est fait par la formule précédente et inséré à l'*Annuaire du Bureau des Longitudes*.

Dans l'Annuaire de 1877, le calcul a été effectué par M. Lœwy, et les dix plus grandes marées correspondent aux syzygies suivantes :

29 janvier; P.L. à 8ʰ,48 du matin (demi-marée)	1,04
27 février; P.L. à 7ʰ,23 du soir —	1,12
29 mars; P.L. à 5ʰ,58 du matin —	1,07
9 août; N.L. à 5ʰ,26 du matin —	1,05
7 septembre; N.L. à 1ʰ,10 du soir —	1,14
6 octobre; N.L. à 10ʰ,8 du soir —	1,10

L'unité de demi-marée totale est celle que nous avons spécifiée plus haut; c'est la moitié de la hauteur moyenne de la marée totale, qui arrive un jour ou deux après la syzygie, quand le soleil et la lune, lors de la syzygie, sont dans l'équateur et dans leurs moyennes distances de la terre.

Dans nos ports, les plus grandes marées suivent d'un jour et demi la nouvelle et la pleine lune. D'après cela, le tableau précédent nous enseigne que les plus grandes marées de 1877 seront celles des 30 janvier, 1ᵉʳ mars, 30 mars, 10 août, 9 septembre et 8 octobre.

Unité de hauteur d'un port. — Les résultats généraux du tableau précédent sont exprimés en fonction de la demi-marée de syzygie d'équinoxe, les astres étant à leur moyenne distance de la terre, pour le port de Brest. Or, ces résultats sont applicables à un port quelconque de nos côtes, pourvu qu'on les multiplie par l'unité de hauteur de ce port.

L'*unité de hauteur* d'un port se déduit d'un grand nombre d'observations de hautes et basses mers équinoxiales; on cherche la moyenne amplitude totale de toutes ces marées et la moitié de cette moyenne est l'unité de hauteur du port.

Exemple : à Brest, l'amplitude moyenne des marées équinoxiales est de 6ᵐ,415; l'unité de hauteur de ce port est donc 3ᵐ,21, et, si nous voulons avoir l'amplitude totale de la marée de vive eau, qui se produira le 8 octobre 1877, nous multiplierons par l'unité de hauteur 3,21 la valeur 1,10 de la marée indiquée au tableau du paragraphe précédent; nous doublerons le résultat et nous trouverons ainsi que la marée du 8 octobre 1877 aura à Brest une amplitude totale de 7ᵐ,06.

Voici les unités de hauteur des principaux ports des côtes de France :

UNITÉ DE HAUTEUR.		UNITÉ DE HAUTEUR.		UNITÉ DE HAUTEUR.	
Entrée de l'Adour	1,40	Brest	5,21	Entrée de l'Orne	3,65
Arcachon	1,95	Ile Bréhat	5,01	Le Havre	3,57
Cordouan	2,35	Saint-Malo	5,68	Fécamp	3,86
La Rochelle	2,67	Granville	6,15	Dieppe	4,40
Saint-Nazaire	2,68	Les Ecrehoux	5,13	Cayeux	4,58
Le Croisic	2,50	Cherbourg	2,82	Boulogne	3,96
Port-Louis	2,35	Barfleur	2,82	Calais	3,12
Lorient	2,24	Lahougue	3,04	Dunkerque	2,68
Audierne	2,00	Port-en-Bessin	3,20		

La grande marée du 8 octobre 1877 aura donc une amplitude de 13^m,53 à Granville et de 7^m,85 au Havre.

Calcul de l'heure de la pleine mer. Établissement du port. — La *Mécanique céleste* renferme les formules générales et les formules simplifiées pour le calcul de la pleine mer; tous les ans, ce calcul est fait dans l'*Annuaire du Bureau des Longitudes*, et c'est lui que nous prendrons pour guide.

Entre deux passages consécutifs de la lune au méridien, dans un jour lunaire de 24^{h}50 1/2, il y a deux hautes mers et deux basses mers. L'intervalle moyen entre deux hautes mers consécutives est donc de 12^{h}25^m. La basse mer intermédiaire ne tient pas le milieu entre ces deux pleines mers, parce qu'on a observé que la mer n'emploie pas le même temps à monter et à descendre. Ainsi, au Havre et à Boulogne, la mer met 2^{h}8^m de plus à descendre qu'à monter; à Brest, la différence n'est que de 16 minutes.

Dans tous les ports de l'Océan, on a trouvé que la plus haute marée n'a pas lieu le jour même de la syzygie, mais un jour et demi après; que la haute mer qui arrive au moment de la syzygie est celle qui résulte des attractions du soleil et de la lune 36 heures auparavant. La marée observée un jour quelconque est précisément celle qui est déterminée par les positions du soleil et de la lune 36 heures auparavant.

A l'époque des équinoxes, quand la lune nouvelle ou pleine se trouve dans ses moyennes distances à la terre, le temps qui s'écoule entre son passage au méridien d'un port et l'instant de la pleine mer qui suit ce passage est toujours le même : il se nomme *établissement du port*. L'établissement du port est donc le retard de la pleine mer sur le passage de la lune au méridien, le jour d'une syzygie équinoxiale. Ce retard constant provient des circonstances locales et de la configuration des côtes. Il est souvent très-différent pour deux ports voisins, parce que les circonstances locales, sans rien changer aux lois des marées, ont plus ou moins d'influence sur la grandeur des marées dans un port et sur son établissement.

Les jours de la nouvelle et de la pleine lune, l'instant où les deux astres exercent la plus grande action relativement à un port est celui du passage de la lune au méridien de ce port. Les autres jours, cet instant précède quelquefois le passage de la lune au méridien, et d'autres fois il le suit; mais il ne s'en écarte jamais beaucoup, parce que la lune, à cause de sa proximité de la terre, produit dans nos ports une marée qui est moyennement trois fois celle qui résulte de l'action du soleil.

Le retard journalier des marées est moyennement de 50^{m}1/2; ce retard varie avec les phases de la lune, avec les déclinaisons de la lune et du soleil, avec les distances de ces astres à la terre.

Pour avoir égard à toutes ces circonstances, représentons par p l'heure du passage de la lune au méridien d'un port un jour donné, et par H l'heure de la pleine mer qui suit ce passage; supposons qu'un jour et demi avant le passage p les demi-diamètres apparents et les déclinaisons du soleil et de la lune soient δ et δ', ν et ν', et que α soit l'excès de l'ascension droite du soleil vrai sur celle de la lune. Posons

$$A = 5{,}06\,\frac{\delta'^3\cos^2\nu'}{\delta^2\cos^2\nu},$$

$$C = \frac{1}{30}\,\text{arc tang}\,\frac{\sin 2\alpha}{A+\cos 2\alpha}.$$

Nous aurons, d'après la formule de la *Mécanique céleste* (tome II, page 289) convenablement transformée,

$$H - p - e = C,$$

et l'heure de la pleine mer

$$H = p + C + e.$$

La quantité e est une constante qui varie d'un port à un autre et qui dépend des circonstances locales.

Désignons par E l'établissement du port ou le retard $H - p$ de la pleine mer sur le passage p de la lune au méridien, le jour d'une syzygie équinoxiale, quand la lune est à sa moyenne distance de la terre. Alors $\alpha = 18°$, puisque l'ascension droite du soleil surpasse celle de la lune de 18 degrés un jour et demi avant la syzygie. Avec l'écart moyen $\alpha = 18°$ et les valeurs moyennes de ν' et δ', de ν et δ, qui conviennent à la syzygie équinoxiale, on trouve d'abord la valeur de A et ensuite $C = 19^m$; on a donc

$$H = p + 19^m + e.$$

Mais le jour de la syzygie équinoxiale, le retard $H - p = E$; donc $E = 19^m + e$; d'où l'on tire

$$e = E - 19^m;$$

enfin l'heure d'une pleine mer quelconque est

$$H = p + C + E - 19^m.$$

Le passage p se déduit des passages de la lune au méridien de Paris, l'établissement E du port est donné par l'observation des marées syzygies équinoxiales; les quantités C et A sont données par les tables dressées à cet effet par le Bureau des Longitudes.

Les heures des pleines mers sont, du reste, insérées tous les ans à l'*Annuaire des marées*.

D'un jour à l'autre, la marée retarde donc en moyenne de 50 minutes; mais ce retard est nécessairement variable avec la position des astres dans leur orbite et avec leur distance à la terre. Ainsi, le retard n'est que de 39 minutes aux syzygies et de 75 minutes aux quadratures.

Les formules précédentes permettent, du reste, de calculer à chaque marée l'heure de la pleine mer; l'heure de la pleine mer est le milieu de l'étale, ou milieu de l'intervalle entre le moment où les eaux cessent de monter et celui où elles commencent à descendre.

La figure 4 de la planche 61 fait comprendre la différence entre le retard des marées de syzygie et le retard des marées de quadrature : l'onde solaire est représentée théoriquement par la sinusoïde $a''b''c''$ et l'onde lunaire par la sinusoïde $a'b'c'$. Les sommets a'' et c'' de l'onde solaire sont espacés de 12 heures et ceux a', c' de l'onde lunaire sont espacés de 12^h25^m. Lors des syzygies, la marée résulte de l'addition des ordonnées des deux courbes, telles que Bc' et Bn, et la haute mer se produit au moment où la somme des ordonnées est maxima; cette somme sera maxima à un point tel que E dont l'ordonnée rencontre les deux sinusoïdes en des points m et p dont les tangentes sont parallèles. Le point E est nécessairement intermédiaire entre D et B, c'est-à-dire entre les abscisses 12^h et 12^h25^m.

Lors des syzygies, la marée résulte de la différence des ordonnées de l'onde solaire abc et de l'onde lunaire $a'b'c'$; la différence maxima sera sur l'ordonnée Fqr pour laquelle les tangentes aux deux courbes sont parallèles, et la seule inspection de la figure montre que cette ordonnée est au delà du point B, c'est-à-dire que son abscisse est supérieure à 12^h25^m.

Pour terminer ce paragraphe, nous donnerons l'établissement des principaux ports de France, c'est-à-dire le temps qui s'écoule, lors de la pleine ou de la nouvelle lune, entre le passage de la lune au méridien du port et l'instant de la pleine mer suivante :

DÉSIGNATION DU PORT.	ÉTABLISSEMENT.	DÉSIGNATION DU PORT.	ÉTABLISSEMENT.
	h. m.		h. m.
Dunkerque.	19,13	La Roche-Bernard.	4,50
Calais.	11,49	La Loire. *L'embouchure*.	3,45
Boulogne	11,26	L'Ile d'Oléron. *Au Château*. . . .	4,00
Dieppe.	11,08	Pertuis-de-Maumusson.	3,30
Le Havre-de-Grâce	9,53	L'Ile d'Aix.	3,37
Honfleur.	9,30	Rochefort.	3,48
La Hougue.	8,48	Emb uchure Tour de Cordouan..	3,53
Cherbourg.	7,58	de Royan.	4,01
Jersey.	6,25	la Gironde Bordeaux.	7,45
Guernesey.	6,28	Rade de la teste de Buch, près	
Mont Saint-Michel.	6,50	de la chapelle d'Arcachon . . .	4,45
Saint-Malo.	6,10	En dehors et près de la barre du	
Morlaix	5,15	bassin d'Arcachon.	4,08
Brest. *Le port*.	5,46	Bayonne	4,03
Lorient. *Le port*	3,52		

Loi des mouvements de la mer. — S'il importe de connaître l'amplitude totale des marées, il est intéressant aussi de savoir comment la hauteur de la mer varie avec le temps; depuis la basse jusqu'à la haute mer, les eaux montent-elles de quantités proportionnelles aux temps, ou bien la loi qui lie les hauteurs d'ascension et de descente et les temps a-t-elle une autre forme? C'est ce que nous allons rechercher.

CHAPITRE PREMIER. — LA MER ET SES MOUVEMENTS.

Théorie de Laplace. — *Loi de la sinusoïde.* — « Il est vraisemblable, dit Laplace, qu'en supposant la mer entière ébranlée par une cause quelconque, les résistances qu'elle éprouve anéantiraient l'effet de cette cause dans l'intervalle de quelques mois, de manière qu'après cet intervalle les marées reprendraient leur état naturel. On peut juger par là du peu d'influence des vents qui, quelque violents qu'ils soient, ne sont que locaux et n'ébranlent que la superficie des mers. Ainsi, en prenant les résultats moyens d'un grand nombre d'observations continuées pendant plusieurs années, ces résultats représenteront à très-peu près l'effet des forces régulières qui agissent sur l'Océan.

Imaginons une droite dont les parties représentent le temps; et sur cette droite, comme axe des abscisses, concevons une courbe dont les ordonnées expriment les hauteurs de la mer; la partie de la courbe, correspondant à l'abscisse qui représente un demi-jour, déterminera la courbe entière qui sera formée de cette partie répétée à l'infini. »

Laplace a déterminé cette courbe analytiquement, et il en donne l'équation à la page 221 de sa *Mécanique céleste*. Cette équation peut se mettre sous la forme simple :

$$y = A \cos 2\pi \frac{t}{T},$$

dans laquelle *y* est la dénivellation positive ou négative au-dessus du niveau moyen de la mer,
A la demi-amplitude totale de la marée,
t le temps compté à partir de l'origine de la marée, par exemple à partir
de la basse mer,
T la durée totale de la marée.

Il est facile de remplacer cette équation par une courbe, figure 5, planche 61; décrivons une circonférence avec un rayon égal à A, c'est-à-dire à la demi-amplitude de la marée, menons le diamètre vertical et le diamètre horizontal de cette circonférence; le diamètre horizontal représentera le niveau moyen de la mer, et les deux sommets M et N du diamètre vertical représenteront la haute et la basse mer. Prenons pour représenter une marée, soit 12 heures 50 minutes, la longueur de la circonférence et comptons les temps *t* à partir du point N, correspondant à la basse mer, en suivant la circonférence de gauche à droite. A un temps quelconque *t* correspond le point R de la circonférence, l'angle RON est précisément égal à $\left(2\pi \frac{t}{T}\right)$.

La valeur de *y* est donc égale à OS; et la quantité dont les eaux se sont élevées depuis l'origine de la basse mer est le sinus verse SN de l'angle RON.

En prenant pour abscisses les temps mesurés par les arcs successifs de la circonférence, et pour ordonnées les valeurs de *y*, on obtiendra pour représenter les mouvements d'ascension et de descente de la marée une sinusoïde telle que celle de la figure 5, planche 61.

y est nul lorsque *t* est égal au quart ou aux trois quarts du temps total T ; *y* est égal à A lorsque *t* est égal à la moitié de T ou à T.

Telle est la courbe théorique de Laplace. « La loi de cette courbe, dit-il, s'observe exactement au milieu d'une mer libre de tous côtés; mais, dans nos ports, les circonstances locales en éloignent un peu les marées ; la mer y emploie un peu plus de temps à descendre qu'à monter, et, à Brest, la différence de ces deux temps est d'environ 10 minutes. »

32

Malheureusement, cette conclusion de Laplace est fausse ; le nombre des observations dont il disposait ne lui permit pas de le reconnaître. Au port de Brest, la différence entre la durée de la descente et la durée de l'ascension est de 16 minutes, et la loi de la sinusoïde s'applique d'une manière à peu près satisfaisante.

Elle est inapplicable dans les autres ports, car :

1° Nous avons vu plus haut qu'au Havre et à Boulogne la mer mettait 2 heures 8 minutes de plus à descendre qu'à monter. Des différences analogues s'observent dans les autres ports de nos côtes. Au fond du golfe de Gascogne, c'est au contraire le temps de la montée qui dépasse celui de la descente. Cet effet est sensible à Bayonne.

2° Si l'on considère la sinusoïde théorique et qu'on mène une horizontale au-dessous de la haute mer, à une distance égale à $\frac{1}{4}$ de la marée totale, on trouve que les eaux doivent rester 2 heures 50 minutes au-dessus de cette horizontale. Cette déduction est contraire aux faits de l'expérience ; au Havre la mer reste 3 heures 49 minutes au-dessus de l'horizontale ci-dessus définie, 3 heures 53 minutes à Port-en-Bessin, à Bayonne près de 3 heures.

Ainsi la loi de la sinusoïde n'est pas admissible et ne peut être adoptée que pour certains calculs approximatifs ; encore vaut-il mieux ne pas s'en servir, car on a toujours à sa disposition les courbes réelles des marées.

Loi de Chazallon. — L'ingénieur hydrographe Chazallon, qui a tant fait pour le progrès de la science des mouvements des mers, a cherché à enfermer dans des formules empiriques le nombre considérable d'observations dont il disposait, et il y est arrivé avec une grande exactitude.

Prenant la courbe de marée d'un port, le Havre par exemple, il en mesura trente-deux ordonnées équidistantes et détermina, par la méthode des moindres carrés, les coefficients de l'expression sinusoïde

$$y = l + m \cos 2x,$$

dans laquelle x est proportionnel en temps ; la courbe obtenue par cette formule se rapprochait donc le plus possible de la courbe relevée par l'expérience.

Celle-ci, cependant, oscillait autour de la sinusoïde obtenue par la formule et la coupait en quatre points à peu près équidistants.

Cette particularité conduisait naturellement à compléter la première sinusoïde par une autre de période moitié moindre, et à adopter la formule :

$$y = a + m \cos 2x + n \cos (4x - \lambda).$$

Cette nouvelle formule donna une nouvelle courbe plus approchée que la première ; mais la courbe réelle serpentait également autour de la nouvelle courbe et la coupait en six points à peu près équidistants. Cela conduisait naturellement à ajouter aux deux premières ondes une troisième onde ayant pour période un sixième de jour. Puis, dans une nouvelle approximation, on ajoutait une quatrième onde ayant pour période un huitième de jour et on arrivait à la formule :

$$y = c + m \cos 2x + n \cos (4x - \lambda) + p \cos (6x - \lambda') + q \cos (8x - \lambda'')$$

par cette méthode, on obtenait finalement une coïncidence parfaite entre la .
courbe déduite de la formule et la courbe expérimentale.

La construction géométrique de la figure 6, planche 61, relative au port
du Havre, fera bien comprendre comment la superposition de plusieurs ondes
sinusoïdes peut donner la courbe réelle de la marée. La première sinusoïde
mnpqrs représente l'onde dont la période est d'un demi-jour, la seconde *tuv*
l'onde dont la période est d'un quart de jour, et la troisième *ghik* l'onde
dont la période est d'un sixième de jour. On voit que dans la partie médiane
nqp de la première onde les deux autres se retranchent, de sorte que la courbe
résultante est déprimée à son sommet. La forme de cette courbe résultante, ou
courbe de marée réelle, s'explique donc bien par la composition des trois ondes
élémentaires. Ces trois ondes sont les seules qui, au Havre, fassent sentir leur
influence.

La théorie de Chazallon, solidement basée sur la méthode expérimentale, est
donc actuellement seule acceptable.

Elle explique la forme particulière et un peu extraordinaire de certaines
marées, produites par le concours de plusieurs ondes de périodes variées.

Ainsi, à Southampton, il y a des marées dans lesquelles on observe deux
hautes mers consécutives à un peu plus d'une heure d'intervalle, comme le
montre la figure 1, planche 62. Quelquefois même l'oscillation du sommet
est plus accusée, comme à Singapore, figure 3, planche 62.

Les annuaires des marées indiquent dans ce cas deux pleines mers, et ce
phénomène est très-avantageux pour le port, puisque la durée du plein s'y
trouve considérablement augmentée.

Rochefort présente en morte eau des marées qui possèdent deux maxima ;
les figures 2, de la planche 62, donnent deux exemples de ces marées.

On a remarqué près d'Édimbourg une marée à trois maxima et à trois minima.

A la pointe de Grave, par un temps calme, la mer, après avoir monté de quel
ques pieds, descend d'environ six pouces et remonte ensuite pour arriver au
plein.

Ce même phénomène s'observe souvent sur les côtes nord de Bretagne, notamment dans la baie de Saint-Brieuc.

Description de quelques courbes de marée. — Nous avons réuni sur la
planche 62 les courbes de marées de trois de nos principaux ports : Saint-
Malo, le Havre, Dunkerque.

La figure 4 donne les courbes de Saint-Malo : une courbe de vive eau et une
courbe de morte eau ; les abscisses sont les heures et les ordonnées les hauteurs correspondantes exprimées en mètres. Sur la même figure on a marqué
les niveaux importants à considérer dans l'établissement des ouvrages d'un
port, savoir :

1° les plus hautes mers de vive eau d'équinoxe,

2° les moins hautes mers de morte eau,

3° le niveau moyen de la mer,

4° les plus basses mers connues.

Le zéro, ou le plan de comparaison, est placé au niveau supérieur des quais ;
les plus hautes mers sont à $0^m,40$ au-dessous et les plus basses mers connues à
$14^m,06$ au-dessous, de sorte que l'amplitude maxima de l'oscillation est de
$13^m,66$.

La figure 5 donne la courbe de marée moyenne de vive eau et la courbe de marée moyenne de morte eau du port du Havre. La basse mer de vive eau d'équinoxe est de $0^m,50$ au-dessus du zéro des cartes marines, le niveau moyen de la mer à $4^m,50$, la haute mer de vive eau d'équinoxe à $8^m,15$ et le niveau moyen des quais à $9^m,15$. L'amplitude des marées de vive eau d'équinoxe est de $7^m,85$, et l'amplitude des marées de morte eau ordinaire n'est que de $3^m,50$.

La figure 6 donne la courbe de marée moyenne de vive eau et la courbe de marée moyenne de morte eau du port de Dunkerque. Les plus grandes basses mers connues sont à $0^m,45$ au-dessous du zéro des cartes marines, et les hautes mers de vive eau d'équinoxe à $6^m,70$ au-dessus du zéro; c'est donc une amplitude de $7^m,15$; le niveau moyen de la mer est à $2^m,75$ au-dessus de zéro. L'amplitude moyenne des marées de morte eau est de $3^m,20$, et l'amplitude minima de $1^m,85$.

Marégraphes. — Les courbes d'un port sont établies par une longue série d'observations continues.

Autrefois, on notait les hauteurs sur une échelle verticale graduée que l'on venait observer à intervalles réguliers. C'est encore ce qui se fait dans les ports de peu d'importance et sur les rivières; mais il est clair que ce procédé comporte une grande sujétion et beaucoup de chances d'erreur; quand les vagues sont un peu fortes, la lecture exacte devient difficile. Pendant la nuit, elle est impossible.

Aussi, depuis longtemps, on a eu l'idée de recourir à des appareils enregistreurs; en premier lieu, on observe les hauteurs dans un puisard spécial ne communiquant avec le port que par un orifice beaucoup plus faible que la section du puits: on a pris souvent le rapport $\frac{1}{100}$. Les ondulations ne peuvent ainsi se faire sentir que faiblement dans le puits, où l'eau se maintient à chaque instant au niveau moyen des vagues.

Dans le puisard est un flotteur, qui suit les mouvements de l'eau, et par une corde et des poulies les transmet à un cadran à aiguille; ces mouvements sont réduits dans une certaine proportion par des engrenages. Autrefois on se contentait d'un appareil à cadran, parcouru par une aiguille; cette aiguille poussait dans chaque sens un index, mobile à frottement doux; un de ces index s'arrêtait à la haute mer, et l'autre à la basse mer.

A ce procédé encore incomplet, on a substitué le marégraphe. Les mouvements du flotteur, réduits dans la proportion du dixième, sont transmis à un crayon vertical dont la pointe s'appuie sur un cylindre recouvert de papier blanc. Le cylindre est animé par un mouvement d'horlogerie d'un mouvement de rotation uniforme; les déplacements du crayon suivant la section droite du cylindre sont donc proportionnels aux temps, et les déplacements suivant la génératrice mesurent les changements de niveau de la mer. Par suite, le crayon décrit la courbe qui exprime la relation entre les hauteurs d'eau et les temps, c'est précisément la courbe des marées. En enlevant le papier du cylindre, on a cette courbe en plan et elle fournit tous les renseignements dont on a besoin sur le mouvement de la mer.

D'abord, on avait recours à un papier continu se déroulant d'un cylindre et s'enroulant sur un autre qui, seul, était mû par un mouvement d'horlogerie; mais par le fait de l'enroulement du papier, le diamètre du cylindre augmentait; sa vitesse de rotation restant constante, la vitesse de circulation du papier augmentait avec le temps, et on arrivait à des résultats peu exacts.

On n'a plus employé alors qu'une seule feuille de papier, collée sur un cylindre faisant une révolution complète en 12 heures. Une seule feuille sert pendant un mois et porte pendant ce temps toutes les courbes de marée, qui ne se confondent pas, car : 1° la durée moyenne de la marée est de 12ʰ,50, et le cylindre fait son tour en 12 heures ; le point de départ de chaque courbe de marée avance donc sans cesse dans le sens de rotation du cylindre et les courbes successives ne se superposent pas ; 2° on emploie pendant 15 jours un crayon noir et pendant 15 jours un crayon rouge.

Les courbes obtenues sont ensuite relevées et placées les unes à la suite des autres sur un papier sans fin. Les figures 3 de la planche 64 indiquent la disposition générale des marégraphes à crayon horizontal ou vertical.

Influence de la pression atmosphérique sur les marées. — D'après la théorie, pour qu'il y ait équilibre entre l'action de la pesanteur sur les eaux et les actions attractives de la lune et du soleil, les eaux de la mer doivent à un moment donné prendre une hauteur déterminée, hauteur sans cesse variable avec le temps. Pour une position donnée des astres, les marées devraient toujours ètre les mêmes ; il n'en est pas ainsi, parce que deux causes de perturba tion interviennent : la pression atmosphérique et les vents.

La pression au fond de la mer se compose de deux éléments : le poids de la colonne d'eau superposée et la pression atmosphérique. Pour obtenir un total déterminé, il faut que ces deux éléments varient en sens inverse l'un de l'autre ; quand la pression atmosphérique diminue, la hauteur de la colonne d'eau augmente et inversement.

La marée sera donc d'autant plus élevée que le baromètre est plus bas. A tout abaissement du mercure au-dessous de la hauteur barométrique moyenne, correspond un exhaussement de marée égal à l'abaissement du mercure multiplié par le rapport de la densité du mercure à la densité de l'eau de mer ; l'exhaussement de la marée est donc sensiblement égal à treize fois l'abaissement barométrique.

Si le baromètre baisse de 1, de 2, de 3 centimètres, la marée s'élève de 13, de 26, de 39 centimètres.

Le rapport 13 est quelquefois modifié par des influences locales, mais en général il se vérifie sensiblement.

L'observation du baromètre est donc fort importante et fournit de précieux renseignements sur la hauteur maxima des marées qui se préparent.

C'est par cette influence de la pression atmosphérique que nous avons expliqué déjà les variations brusques et locales observées sur certains lacs, tels que le lac de Genève. Entre un bout du lac et l'autre peuvent se produire des différences de pression atmosphérique, qui rompent l'équilibre des eaux et qui déterminent par conséquent une grande oscillation de la masse liquide.

Influence des vents sur les marées. — La marée n'est autre qu'une vague immense, ondulation qui se propage à travers les océans comme une ride à la surface d'un étang, comme une onde sonore dans un tuyau ou dans l'air, qui imprime aux molécules liquides des mouvements oscillatoires dans le sens vertical, mais qui ne se manifeste pas par un mouvement de translation horizontal. C'est seulement à l'approche des côtes, lorsque les bas-fonds se présentent ou lorsque la marée remonte un fleuve, que les courants prennent naissance et se manifestent quelquefois avec une grande puissance.

Mais nous reviendrons plus loin sur le mode de propagation des ondes ; qu'il nous suffise pour le moment de rappeler l'analogie de l'onde qui produit la marée avec les ondulations de faible largeur qui constituent les vagues.

Suivant que le vent souffle dans le sens de propagation des vagues, ou en sens contraire, les vagues trouvent en lui un auxiliaire ou un ennemi; il en est de même pour la marée. Lorsque le vent souffle dans le sens de leur marche, il en augmente l'amplitude.

Au Havre, on a vu par cette cause des marées s'élever de $0^m,75$ à $1^m,45$ au-dessus du niveau qu'elles auraient atteint par un temps calme. De même, à Plymouth, à Dunkerque, on a observé des surélévations qui allaient jus-qu'à $1^m,50$.

Sous une pareille influence on comprend que, pendant les tempêtes, des marées de morte eau puissent devenir aussi puissantes que des marées de vive eau. C'est à une marée de morte eau qu'est due la terrible inondation de Flessingue, de février 1807.

Dans les mers intérieures, comme la Méditerranée, la marée est presque insensible; les dérivellations importantes, de 1 mètre, par exemple, sont donc dues à la seule influence des vents et des tempêtes. La surélévation, produite par les vents sur une côte, entraîne une dépression souvent considérable sur la côte opposée.

Ras de marée. — Deux phénomènes distincts sont désignés sous le nom de *ras de marée* (de l'anglais *race*, course).

On appelle ras de marée ces abaissements ou exhaussements brusques de la mer qui arrivent sans cause apparente et qui ont engendré quelquefois sur les côtes de l'Amérique et de l'Asie d'épouvantables désastres. On voit la mer baisser tout d'un coup pour remonter ensuite avec furie à un niveau excep-tionnel; le flot s'épanche sur les villes et les campagnes et entraîne tout ce qui s'oppose à sa marche. Diverses explications ont été données de ce terrible fléau; on l'a considéré comme le contre-coup des tremblements de terre, des éruptions et soulèvements sous-marins; le tremblement de terre de Lisbonne fut suivi d'un ras de marée aux Antilles, et le tremblement de terre du Japon, en 1854, d'un ras de marée sur les côtes de Californie. Le phénomène semble être le plus souvent le contre-coup de ces cyclones, de ces tempêtes inconnues à nos climats, qui prennent naissance aux confins de la zone équato-riale et dont l'effet, amoindri et éparpillé, se fait sentir jusqu'à nous.

On appelle encore ras de marée les violents courants qu'engendrent les ma-rées lorsqu'elles traversent un détroit resserré et que l'ondulation, se soule-vant, se précipite en avant comme une masse d'eau qui fait tout à coup irrup-tion dans un canal à sec.

Les courants sont donc dus, suivant toute vraisemblance, à une différence de niveau entre le flot retardé qui arrive d'un côté d'un détroit ou d'un cap et la masse d'eau tranquille qui se trouve de l'autre côté.

Des courants de marée pénètrent dans la mer d'Irlande, l'un par le nord, l'autre par le sud, tous deux engendrent au passage des détroits des courants qui se propagent à l'intérieur; ces deux courants opposés se heurtent et s'an-nulent à l'ouest de l'île de Man, et on trouve là une zone absolument tran-quille, bien qu'obéissant au mouvement vertical oscillatoire des marées.

Sur nos côtes, le ras de marée le plus connu est celui qu'on rencontre sur le rivage du Cotentin, entre ce rivage et l'île anglaise d'Aurigny; là se trouve un passage profond, 44 mètres au maximum, de 17 kilomètres de large, parcouru en vives eaux par des courants d'une vitesse de plus de 16 kilomètres à l'heure; l'ondulation des grandes marées du golfe de Saint-Malo s'épanche vers le détroit pour venir contourner le cap de la Hogue où elle rencontre encore le passage de la Déroute, moins terrible que le premier, quoique également fertile en naufrages. Le passage entre le cap de la Hogue et Aurigny s'appelle le ras Blanchard.

Sur la côte occidentale d'Écosse, entre les îles Jura et Scarba, deux des Hébrides, on rencontre un ras de marée, dont la vitesse est voisine de 20 kilomètres à l'heure et qui change de sens avec la marée.

L'archipel des Orcades, celui des îles Loffoden, où se trouve le terrible ras de marée qu'on appelle le Mael-strom, présentent des phénomènes du même genre.

Marées des mers intérieures. — Les mers intérieures et les grands lacs sont soumis aux attractions du soleil et de la lune comme l'Océan, mais l'espace manque pour le développement de l'ondulation, et les marées s'y font très-peu sentir. Ce sont les vents qui, seuls, agitent la surface des eaux et soufflent des tempêtes presque toujours plus dangereuses que celles des plaines immenses de l'Océan.

Dans la Méditerranée, les marées sont peu sensibles sur nos côtes ; à Livourne, on note des marées de $0^m,30$; dans le golfe de Tunis, on remarque cependant des marées qui atteignent jusqu'à $2^m,50$ et 3 mètres d'amplitude. Au fond de l'Adriatique, le port de Venise est soumis à des marées dont l'amplitude est voisine d'un mètre.

La Baltique n'a pas de marées ; le Zuyder-zée a des marées qui ne dépassent point $1^m,10$ en vive eau d'équinoxe ; ce sont là de véritables mers isolées, qui ne sont réliées aux autres que par des passes étroites.

On aurait, paraît-il, relevé des marées de quelques centimètres d'amplitude sur les grands lacs de l'Amérique du Nord, notamment sur le Michigan.

Niveau moyen de la mer. — D'après la théorie de Laplace, le niveau moyen de la mer serait le milieu de la distance verticale qui sépare la haute mer de la basse mer. Mais cette théorie n'est pas vraie : on doit définir niveau moyen de la mer, celui pour lequel le volume d'eau compris entre lui et la haute mer est égal au volume compris entre lui et la basse mer. Il faut donc pour le déterminer, tracer sur chaque courbe de marée une horizontale telle que les aires comprises au-dessus et au-dessous, entre elle et la courbe, soient égales entre elles.

Telle est la définition admise aujourd'hui.

Le niveau moyen de la mer n'est pas constant : il varie d'un port à l'autre, même sur la Méditerranée, comme l'a montré M. Bourdaloue qui a proposé de rapporter tous les nivellements de la France au niveau moyen de la mer à Marseille.

D'après M. Breton de Champ, ingénieur en chef des ponts et chaussées, « une des conséquences du dernier nivellement Bourdaloue a été de démontrer que le niveau moyen des mers n'est pas le même dans toute l'étendue du globe terrestre. Pour la France, les repères des lignes de base ont été rapportés à une surface de niveau qui est le prolongement de la surface d'équilibre des eaux de la Méditerranée, observée à Marseille. En rapportant à cette même surface de niveau les points qui indiquent le niveau moyen de la mer dans diverses localités du littoral de l'Océan et de la Manche, on a obtenu les résultats suivants :

NIVEAU MOYEN DE LA MER

	mètres		mètres		mètres
Marseille.	0,000	Brest	1,022	Carentan.	0,857
Bayonne.	0,856	Saint-Malo.	0,945	Havre.	0,344
Arcachon	0,600	La Houle (Cancale).	1,097	Dieppe	0,659
La Rochelle	0,400	Granville	0,890	Boulogne	0,856
Les Sables-d'Olonne.	0,589	Cherbourg.	0,895	Calais.	0,753
Saint-Nazaire	0,747			Dunkerque.	0,776

Bien que ces chiffres ne soient sans doute qu'approximatifs, ils signifient que la surface du niveau de l'Océan et de la Manche est plus élevée d'environ 0^m,75 que la Méditerranée, ce qui s'explique par la différence de salure et le peu de largeur du détroit de Gibraltar. Le nivellement de l'isthme de Suez donne sensiblement la même différence de niveau entre l'océan Indien et la Méditerranée.

« L'opinion des géographes paraît être que, pour les nivellements à entreprendre, on devrait choisir comme zéro le niveau de la Méditerranée. »

Utilisation des marées comme force motrice. — Dans notre *Traité de mécanique*, nous avons eu l'occasion déjà de parler de l'utilisation des marées comme force motrice

C'est une idée séduisante qui a excité l'imagination de bien des inventeurs. Quoi de plus simple, en effet, que de creuser un bassin sur le rivage, d'y recevoir les eaux à marée montante, de les en tirer à mer baissante et de profiter de la chute ainsi créée pour faire mouvoir des appareils hydrauliques.

Malheureusement, en exécution, le procédé est difficile et coûteux ; il y a bien sur nos côtes quelques lits de rivière où les eaux de la haute mer s'emmagasinent et servent pendant le reflux à faire tourner des moulins ; mais il faut pour cela des circonstances spéciales, et nous ne croyons pas qu'on ait nulle part fait de grosses dépenses pour utiliser la force des marées.

C'est qu'en effet, les prétendues forces gratuites, comme le vent et l'eau, sont souvent très-coûteuses parce qu'elles exigent un matériel d'un grand prix et d'un gros entretien, parce qu'elles ne peuvent être transportées là où le besoin s'en fait sentir, là où elles peuvent être le plus utilement employées. Aussi voyons-nous que les moulins à vent ne se développent pas, même dans les contrées où ils n'ont guère de chômages à craindre. De même, nous avons vu ces grands projets de l'utilisation de la chute du Rhône près Bellegarde, de la chute de la Sarine près Fribourg, ne donner que de médiocres résultats économiques.

L'utilisation des marées nous paraît se présenter avec des chances de succès encore moindres, bien qu'elle ait donné lieu à l'invention de plusieurs dispositions ingénieuses, parmi lesquelles nous citerons l'appareil appelé le flux-moteur, de M. Ferdinand Tommasi, appareil dans lequel la marée est employée a comprimer de l'air dans de vastes réservoirs.

3° LES VAGUES

Quand l'atmosphère est calme, la surface des eaux reste horizontale et unie : dès que le vent s'élève, elle se ride, et des ondulations la parcourent semblant venir du point d'où souffle le vent.

Les vagues sont d'autant plus fortes que le vent est plus violent; cependant, la mer est quelquefois houleuse et parcourue par de fortes ondulations, bien que le temps soit calme; les vagues ont alors pris naissance à de grandes distances du point où on les observe, elles sont dues à une tempête du large.

Au simple regard les vagues semblent animées d'un mouvement de translation horizontale; il n'en est rien; lorsqu'on abandonne un corps flottant, on le voit monter et descendre avec l'ondulation, mais il reste en place, à moins que des courants ne règnent au point considéré, courants qui souvent ne coïncident pas avec la direction des vagues.

Quand les vagues arrivent sur les côtes, leur mouvement se modifie, elles se brisent et se réfléchissent; mais, ce sont là des mouvements spéciaux dont nous nous occuperons plus loin. Pour le moment, nous ne considérons que les vagues parcourant la mer libre au-dessus de hauteurs d'eau assez considérables pour que l'agitation ne se transmette pas jusqu'au fond de la mer.

· Avant d'aborder les détails de ce phénomène, nous rappellerons les principaux résultats des expériences entreprises sur la propagation des ondes.

Expériences sur la propagation des ondes. — Lorsqu'on projette subitement dans un canal rempli d'une eau tranquille une certaine masse liquide, il se forme un gonflement mobile, une onde qui parcourt le canal avec une vitesse dont nous déterminerons tout à l'heure la loi.

Les premières recherches sur la formation et la propagation de ces ondes sont dues à M. John Russell, dont le mémoire a été traduit par MM. les ingénieurs Mary et Emmery et inséré aux *Annales des ponts et chaussées* de 1837.

M. Russell étudiait les moyens d'établir un système de navigation fluviale à grande vitesse; c'est au cours de ses expériences qu'il découvrit le fait suivant: lorsqu'un corps flottant s'avance dans un fluide, le fluide poussé produit des ondes qui sont chassées dans la direction du mouvement du corps et propagées avec une vitesse constante, laquelle est indépendante de la vitesse du corps flottant et ne dépend que de la profondeur du canal parcouru par l'onde. De ce fait, M. Russell arriva à conclure que le minimum de résistance d'un bateau rapide se produisait lorsque le bateau était animé exactement de la même vitesse que l'onde à laquelle il donne naissance; dans ce cas, en effet, le bateau reste sur le sommet de l'onde, il perd de son immersion et sa résistance à la traction diminue.

Les expériences sur la propagation des ondes ont été reprises par M. Bazin, ingénieur en chef des ponts et chaussées, auteur des expériences sur l'écoulement dans les canaux; les détails et les résultats de ces expériences ont été exposés dans la seconde partie des *Recherches hydrauliques*, publiée en 1866. Les renseignements suivants sont empruntés à cet ouvrage.

1° *Ondes se propageant dans une eau tranquille.* — La rigole d'expérience, prenant les eaux dans le canal de Bourgogne, offrait une première partie de 450 mètres de longueur, suivie d'une seconde partie moins longue, emmenant les eaux à la rivière d'Ouche. En tête de la première partie était un vannage de prise d'eau et, à 432 mètres plus loin, un autre vannage qui terminait la partie réservée aux expériences; le flot s'obtenait au moyen de trois clapets de 0^m,30 sur 0^m,40, ouverts instantanément dans le premier vannage. Des règles verticales, espacées le long de la rigole, permettaient aux observateurs de relever à chaque instant le profil en long de la surface des eaux. La vitesse de l'onde se déterminait, en notant au moyen d'un compteur à secondes, l'heure du passage de sa crête devant chaque repère, on ne l'observait du reste que 32 mètres après

son point de départ, lorsque l'agitation tumultueuse des eaux était calmée.
La vitesse V de propagation de l'onde. connue par l'expérience, a été constamment égale à celle que l'on tire de la formule

$$V = \sqrt{g(H + h)}$$

Dans laquelle H est la profondeur de l'eau calme dans la section de canal considérée.
h est la hauteur de l'onde.
g l'accélération de la pesanteur.

Le carré de cette vitesse de propagation est donc la moitié du carré de la vitesse acquise par un corps pesant tombant de la hauteur (H + h).
Les formes successives de l'onde sont représentées par la figure 2 de la planche 69, emprunté à l'ouvrage de M. Bazin : tant qu'elle reste sur une profondeur suffisante, l'onde garde son profil à courbe lisse et régulière ; mais à mesure. qu'elle s'avance, elle rencontre des profondeurs moindres, elle se raccourcit, « elle prend une forme plus aiguë en s'exhaussant peu à peu ; sa crête s'incline légèrement en avant, et enfin, lorsqu'elle ne rencontre plus qu'une profondeur insuffisante, elle se brise subitement ; la surface parfaitement lisse et régulière qu'elle présentait un instant avant, s'efface tout à coup et disparaît dans un tourbillon d'écume. » — L'expérience montre que l'onde ne peut se propager que sur une profondeur d'eau notablement supérieure à sa hauteur.
« Lorsque l'onde s'est désagrégée en déferlant, la masse d'eau qui la constituait reforme presque immédiatement de nouvelles ondes plus petites, qui se propagent pour se briser à leur tour un peu plus loin, lorsque la profondeur vient de nouveau à manquer. »
M. Bazin étudia également l'onde négative, c'est-à-dire la dépression suivie d'ondulations qui se produit, lorsqu'au lieu d'introduire brusquement une certaine masse d'eau dans un canal tranquille, on enlève brusquement une certaine masse. Pour observer les hauteurs, on se servit de flotteurs à cadran ; les flotteurs, placés dans un puisard latéral à la rigole, étaient soutenus par une corde s'enroulant sur une poulie commandant une aiguille parcourant un cadran gradué ; l'observation du cadran, le chronomètre en main, donnait toutes les phases du mouvement.
La figure 1 de la planche 69 représente une onde négative avec les oscillations qui la suivent. Sa vitesse de propagation est donnée par la formule

$$V = \sqrt{g(H - h)},$$

H étant toujours la profondeur de l'eau calme et h la hauteur de l'onde.
L'onde négative ne paraît point douée, comme l'onde positive, de la faculté de franchir de grands espaces sans déformation.
Deux autres séries d'expériences, faites sur un bief du canal de Bourgogne, ont confirmé les résultats précédents ; cependant, pour les ondes négatives, les difficultés d'observation laissent planer des doutes sur la vérité de la loi.
« Le mouvement des ondes positives dans le bief, dit M. Bazin, a présenté des circonstances assez remarquables ; après l'avoir parcouru dans toute sa longueur, elles allaient frapper l'écluse placée à l'extrémité aval, puis, subissant une réflexion complète, elles se propageaient en sens contraire de leur direction primitive pour aller de nouveau se réfléchir à l'extrémité amont. Ce mou-

vement alternatif se continuait pendant longtemps, et la vitesse de l'onde restait
à peu près constante, jusqu'à ce que cette onde finit par devenir insensible. »
— La réflexion de l'onde aux extrémités du bief ne paraît donc pas modifier sa
marche d'une manière appréciable, et la périodicité des passages successifs de
l'onde en un même point n'en est pas altérée.

2° *Ondes se propageant en sens contraire du courant.* — Si tous les filets liquides
du courant étaient animés de la même vitesse, la loi de propagation resterait évidemment la même que dans une eau calme; on aurait seulement à considérer
la vitesse relative de l'onde au lieu de la vitesse absolue. Mais il n'en est pas
ainsi, et il convenait de rechercher expérimentalement la loi de propagation
d'une onde dans un canal parcouru par un courant.

Les expériences ont donné des vitesses en accord avec celles qu'on déduit de
la formule

$$V = \sqrt{g(H+h)} - U.$$

Cependant, pour les faibles vitesses, la formule conduit à des résultats plus
forts que ceux de l'expérience.

« L'apparence du phénomène, dit M. Bazin, est toute différente de ce qu'elle
était dans une eau stagnante. Lorsque l'onde positive se propage dans une eau
en repos, elle présente une admirable régularité de forme et une longévité sin-
gulière, c'est-à-dire une facilité remarquable de franchir, sans altération, de
longs espaces. Dans une eau courante il n'en est plus de même, l'onde perd sa
régularité de formes, et sa hauteur tend à diminuer rapidement à mesure qu'elle
remonte le courant. On conçoit, en effet, que l'onde ne peut se propager dans
le courant qu'autant que la vitesse $\sqrt{g(H+h)}$, qu'elle prendrait dans une eau
stagnante, est supérieure à U; en approchant de cette limite, sa propagation doit
donc devenir difficile; elle s'opère plus aisément sur les bords du canal qu'au
centre, où la vitesse du courant est plus grande, ce qui tend à déformer l'onde;
en même temps, la masse d'eau qui la forme est emportée peu à peu par le
courant, et sa hauteur diminue rapidement. C'est dans cette circonstance que
la formule paraît donner des vitesses trop fortes.

La difficulté de propagation est encore plus sensible pour les ondes négatives. »

3° *Ondes se propageant dans le sens du courant.* — La vitesse de propagation de
ces ondes a parfaitement satisfait à la formule

$$V = \sqrt{g(H+h)} + U.$$

4° *Propagation des remous dans une eau en repos.* — Si, au lieu de projeter
brusquement une certaine masse d'eau dans un canal, on établit à une extrémité
de ce canal un écoulement permanent et continu, on obtient non plus une onde
isolée, mais un remous ou courant qui se superpose à l'eau du canal et se propage au-dessus d'elle.

Le phénomène peut être assimilé à une succession ininterrompue d'ondes infiniment rapprochées, de même hauteur et de même vitesse, dont l'ensemble présente l'aspect d'une tranche d'eau qui s'avance en glissant à la surface du
canal.

Le remous a la forme générale représentée par les figures 3 et 4 de la planche
69, dont la première s'applique à la propagation sur de grandes profondeurs
et la seconde à la propagation sur de faibles hauteurs d'eau calme.

La première onde est notablement plus élevée que le plan d'eau qui la suit; aucun mouvement en avant d'elle n'en signale l'approche; en arrière, l'eau conserve une certaine vitesse dans le sens du mouvement de propagation de l'onde; par une profondeur suffisante, l'onde a une forme lisse et régulière; à mesure que la profondeur diminue, un léger bouillonnement apparaît sur la crête qui semble se pencher en avant; « enfin, dans de faibles profondeurs, cette tendance au déferlement se prononce de plus en plus, et l'onde finit par déferler avec bruit en présentant l'aspect d'une barre d'écume. » Le déferlement arrive lorsque, pour un même débit, la profondeur diminue, où lorsque, pour une même profondeur, le débit augmente.

Il y a donc, pour un débit donné, une profondeur au delà de laquelle la propagation n'est plus possible, et le déferlement se produit.

En appelant u la vitesse moyenne qui se produirait dans le canal s'il débitait le volume affluent, la profondeur restant égale à H (u est par conséquent le débit affluent par seconde divisé par l'aire de la section transversale du canal), la vitesse de propagation du remous est donnée par

$$V = \sqrt{gH} + \frac{3}{5} u$$

et le déferlement de l'onde initiale se produit dès que u dépasse $\sqrt{2gH}$.

Quand le déferlement commence, il semble que l'onde initiale, ne pouvant plus s'avancer assez vite vu le manque de profondeur, est poussée par les ondes qui la suivent et qui déversent par-dessus.

5° *Remous dans un canal dont on arrête l'écoulement.* — Un écoulement régulier s'étant établi dans un canal à faible pente, si l'on vient à barrer brusquement le courant, les eaux arrêtées s'élèvent brusquement le long du barrage et il se forme un remous qui se propage vers l'amont.

Après le passage de l'onde initiale, ou tête du remous, qui est toujours plus élevée que le corps du remous dont elle est suivie, l'eau reste à peu près stagnante au niveau qu'elle a atteint. Si h est la hauteur de l'onde initiale, U la vitesse moyenne du courant primitif et H sa profondeur, la vitesse de propagation est donnée par la formule

$$V = \sqrt{g(H+h)} - U \quad \text{ou bien} \quad V = \sqrt{gH} - \frac{2}{5} U$$

et l'onde initiale déferle quand U est supérieur à $\frac{1}{2} \sqrt{2gH}$.

La figure 5 de la planche 69 représente, d'après M. Bazin, le profil en long du courant avant l'arrêt des eaux et le profil en long du remous après la fermeture brusque des portes d'aval. Ce remous remonte le canal et s'élève à une hauteur bien supérieure à celle de la retenue; si, pendant qu'il se propage à l'amont, on ouvre les portes pour rétablir l'écoulement, le mouvement de propagation ne s'arrête pas pour cela et continue sa marche ascensionnelle vers l'amont, bien que la surface des eaux se creuse rapidement à l'aval. « On obtient ainsi sur une petite échelle quelque chose d'analogue au jeu alternatif des marées à l'embouchure des fleuves. »

6° *Remous produit par la rencontre d'un courant et d'un contre-courant.* — Le cas le plus compliqué des remous est celui où un courant uniforme, établi dans un canal, est refoulé par un courant opposé, ainsi que cela arrive pour les eaux d'un fleuve dans lequel remonte la marée.

Le phénomène est une combinaison des deux précédents, car le courant d'amont est arrêté complétement ou partiellement par le choc du courant d'aval, qui, sous ce rapport, agit comme un barrage, et le courant d'aval tend de son côté à former sur le courant d'amont un remous qui le parcourt.

Soit Q le débit du courant d'amont établi dans la rigole d'expérience, et Q' le débit du contre-courant ; tant que Q' sera inférieur à Q, le contre-courant sera entraîné vers l'aval par le courant principal ; cependant il se formera un remous de débit q, mais ce remous sera pris aux dépens du débit Q et la différence $(Q - q)$ s'ajoutera à Q' pour s'en aller vers l'aval.

Le contre-courant Q' augmentant graduellement de débit, le remous augmentera de hauteur et de vitesse jusqu'à ce que son débit q devienne égal à Q. Alors, les eaux du courant d'amont seront complétement arrêtées, et deviendront stagnantes dans toute l'étendue du remous. Si Q' augmente encore, le contre-courant l'emportera, et le remous, qui jusque-là marchait contre le courant, sera accompagné maintenant d'un courant marchant dans le même sens que lui.

En appelant U la vitesse moyenne du courant, u la vitesse moyenne due au débit du remous s'il s'écoulait seul dans la section du canal, c'est-à-dire le volume du remous par seconde divisé par l'aire de la section transversale du canal, on trouve que la vitesse de propagation est donnée par la formule

$$= \sqrt{g(H + h)} - U \quad \text{ou par la formule} \quad V = \sqrt{gH} - U + \frac{3}{4} u.$$

Le déferlement de l'onde initiale se produit quand la somme $(U + u)$ est supérieure à $\sqrt{2gH}$.

Telles sont, dans leur ensemble, les belles expériences entreprises par Darcy et si habilement continuées par M. Bazin. Elles ont rendu les plus grands services et ont permis de porter quelque lumière dans le phénomène encore obscur de la propagation des ondes et des marées.

Description des vagues. — La mer n'est jamais complétement calme ; lorsque cela arrive et que la surface reste unie comme une glace, souvent la tempête est proche.

La mer est presque toujours parcourue par des vagues grandes ou petites ; dans la région des vents alizés, le souffle constant de l'atmosphère produit une grande houle qui se propage au loin avec une étonnante régularité. Les ondulations sont alors absolument égales et synchrones.

Mais l'action des vents est généralement irrégulière, et les vagues produites sur nos côtes par des vents de direction variable se croisent et se composent de manière à perdre leur aspect uniforme.

La hauteur des vagues a été quelquefois beaucoup exagérée ; les vagues les plus hautes se produisent dans les mers les plus profondes, et dans les bassins les moins salés, puisque la résistance de l'eau est alors moindre. Les réservoirs de nos canaux, avec leurs profondeurs considérables, sont quelquefois parcourus par des vagues de 2 à 3 mètres de hauteur. Il en est de même sur le lac de Genève.

Les vagues de grands vents, soulevées dans la Méditerranée, ont 3 à 4 mètres de hauteur en moyenne : on en a observé de 5 mètres, et on en cite même d'exceptionnelles ayant atteint 9 mètres de hauteur.

Les grandes ondes de l'Atlantique ont en moyenne 6 mètres de hauteur; mais il arrive fréquemment qu'elles atteignent 9 mètres, et on en a mesuré dont la distance verticale entre le creux et la crête atteignait et dépassait 13 mètres.

Dans les mers du sud, rien n'atténue l'effort des vents; aussi a-t-on mesuré des vagues de 15 à 18 mètres d'amplitude au large du cap de Bonne-Espérance.

Quelques navigateurs citent même des vagues de 30 mètres de hauteur, qui transforment la mer en une série de collines séparées par des vallées profondes. Ces ondes sont le résultat d'un vent fort et continu plutôt que d'un vent de tempête; ce dernier est toujours variable d'intensité et de direction, il donne une lame plus courte et plus déprimée.

La largeur des vagues, c'est-à-dire la distance entre deux crêtes ou deux creux successifs, est aussi très-variable.

Voici du reste quelques observations de vagues, faites en pleine mer :

LONGUEUR. mèt.	HAUTEUR. mèt.	VITESSE. mèt.
100	6,50	9
60	7,00	4 à 6
101	6,70	13,80
170	8,00	14,00

on a observé des vitesses de propagation atteignant 17 mètres.

Voici d'autres observations de vagues au voisinage des côtes :

	LONGUEUR. mèt.	HAUTEUR. mèt.	VITESSE. mèt.
Cherbourg. . . .	26	1	4
Saint-Jean-de-Luz.	500	5 à 6	15
Saint-Jean-de-Luz.	400	5	20

Théorie des vagues. — L'étude des vagues ne peut être purement théorique, il faut qu'elle s'appuie sur les résultats expérimentaux; pour l'avoir oublié, on est arrivé souvent à des conclusions complétement fausses.

Deux théories des vagues ont été successivement en honneur : la théorie du *siphonnement* due à Newton, et la théorie du *mouvement orbitaire* mise en avant par le colonel Emy.

Dans le siphonnement, le mouvement des molécules est assimilé aux oscillations que prendrait l'eau dans un siphon renversé à deux branches verticales; l'amplitude de l'oscillation varie depuis zéro jusqu'à la hauteur des vagues, et la distance des branches verticales du siphon est égale à la demi-largeur de la vague. Ainsi, dans les couches voisines de la surface, les molécules ne sont guère soumises qu'à un mouvement vertical de va-et-vient, elles ne subissent pas de déplacement horizontal; c'est seulement dans les parties plus profondes que la communication du mouvement se fait par des déplacements horizontaux.

Dans la théorie du mouvement orbitaire, chaque molécule décrit, pendant le temps qu'une vague met à cheminer d'une quantité égale à sa largeur, une courbe fermée, cercle ou ellipse. Les molécules de la surface décrivent des courbes voisines du cercle; les molécules inférieures décrivent des ellipses aplaties, dont le diamètre vertical diminue sans cesse ; ce diamètre finit par s'annuler, et les molécules de la région que ne dépasse pas l'agitation ne sont plus animées que d'un mouvement d'oscillation suivant une ligne horizontale.

La théorie du mouvement orbitaire, avec les modifications qu'elle a reçues depuis Emy, est aujourd'hui seule admise et semble démontrée par l'expérience.

La théorie du siphonnement, imaginée par Newton, et savamment développée par Daniel Bernouilli, a été soutenue par Brémontier, inspecteur général des *ponts et chaussées*, et par M. Virla, ingénieur en chef du port de Cherbourg, qui eut à ce sujet une longue discussion avec le colonel Emy (*Annales des ponts et chaussées* de 1832, septembre et octobre 1835, janvier et février 1838).

Le mouvement orbitaire, imaginé par Emy, a fait l'objet des travaux de sir Airy, de Scott Russel et de Macquorn-Rankine en Angleterre, de Gerstner en Autriche, de MM. Reech, Aimé, Boussinesq et Bertin en France. M. l'ingénieur de marine Bertin a donné dernièrement une étude complète du mouvement des vagues, dans son travail intitulé : *Les vagues et le roulis*.

Nous rappellerons pour mémoire les études mathématiques dues à Laplace, Lagrange, Poisson et Cauchy ; ces études, basées sur des hypothèses et non sur l'expérience, ont conduit à des résultats que la pratique n'a pas vérifiés.

Nous avons commencé l'étude des vagues par la relation des expériences de M. Bazin sur la propagation des ondes ; il ne faut pas assimiler ces ondes solitaires, dues à une cause temporaire, aux ondulations régulières qu'arrive à produire l'action continue des vents. Les expériences de M. Bazin peuvent s'appliquer aux flots de marée, et non aux ondulations du large.

Théorie du siphonnement. — La théorie du siphonnement prend pour point de départ le fait suivant, que l'observation superficielle paraît mettre en évidence : le mouvement de translation des vagues n'est qu'apparent, et les molécules liquides montent et descendent pour former le flot et le creux de chaque onde, sans être animées d'une vitesse continue dans le sens horizontal. Brémontier admettait ce fait comme constaté par l'expérience, et pensait que le mouvement d'oscillation vertical existait seul sur une assez grande profondeur, la transmission horizontale du mouvement s'effectuant loin de la surface.

Représentons par la courbe *abcd*, figure 3, planche 63, le profil vertical des vagues suivant une direction perpendiculaire à leur crête, et supposons que ces vagues se propagent de la gauche vers la droite dans le sens de la flèche. Que se passe-t-il dans le mouvement apparent de progression ? Toutes les molécules des tranches verticales comprises dans les flancs *ab*, *cd* s'abaissent successivement, tandis que celles qui appartiennent aux flancs *bc*, *de* s'élèvent ; les sommets *a*, *c* et les creux *b*, *d* paraissent ainsi se mouvoir de gauche à droite sans que la forme des ondulations s'altère.

Supposons les molécules du flot et du creux d'une vague réunies par des siphons renversés à branches verticales distantes d'une demi-longueur de vague, l'élément *b* du creux sera réuni au sommet *c* de la vague par le siphon *brsc*, et l'élément *m* à l'élément *n* par le siphon *mtun* : chacun de ces siphons imaginaires contient un volume d'eau constant, et par conséquent les longueurs *brsc*, *mtun*..... sont toujours les mêmes. Donc les distances des points *b* et *m* à l'axe AB du niveau moyen sont égales aux distances des points *o* et *n* à ce même niveau, et la courbe *abcde* est symétrique par rapport à l'axe AB comme par rapport à ses axes verticaux.

Le point *b* tend à s'élever sous l'influence de la pression d'une colonne d'eau égale à la hauteur de la vague ou au double de *bi* ; de même le point *m* tend

à s'élever sous l'influence de la pression d'une colonne d'eau d'une hauteur
égale à la différence de niveau entre *n* et *m*, c'est-à-dire sous l'influence d'une
colonne double de *mk*; les points *o* et *o'* sont au même niveau et sont sollicités
par des forces nulles ; les points, tels que *m'*, compris entre *o* et *c*, sont ralentis
dans leur mouvement ascensionnel par une pression égale à celle d'une colonne
d'eau d'une hauteur double de *m'k'*.

Si l'on considère les oscillations verticales d'une molécule liquide de la surface, elles s'opèrent donc sous l'influence d'une attraction toujours dirigée vers
AB et variant proportionnellement à la distance de cette molécule à l'axe AB.

Or, un pareil mouvement est celui de la projection d'un point qui parcourt
une circonférence d'une vitesse uniforme ; c'est celui que nous avons étudié
pour construire la courbe des marées, et que nous avions étudié précédemment
à la page 128 de notre *Traité de mécanique*.

Par conséquent, la courbe *abcde* est une sinusoïde ; pour la construire, on
décrira la circonférence A dont le diamètre est égal à la hauteur de la vague,
on la partagera en un certain nombre de parties égales, on partagera la longueur *ii'* de la vague en un même nombre de parties égales. Les points de rencontre des horizontales passant par les points de division de la circonférence
avec les verticales passant par les points de division de *ii'* appartiennent au profil de la vague.

Si l'on désigne par *x* la distance d'une molécule de la surface à l'axe AB,
par *h* la demi-hauteur de la vague, par T la durée de son oscillation, la valeur
de *x* à l'époque *t* comptée à partir du commencement de l'oscillation sera donnée
par la formule

$$x = h \cos \frac{\pi . t}{T}.$$

Il va sans dire que cette courbe régulière suppose une ondulation depuis
longtemps établie, dans laquelle les conditions initiales du mouvement se sont
anéanties par l'effet des résistances dues au frottement et à la viscosité du liquide. Ces conditions initiales disparaissent bien vite, ainsi qu'on peut le constater en suivant le sillage d'un bateau à roues ; la masse informe et tumultueuse qui s'échappe des palettes ne tarde pas à se transformer en ondulations
régulières.

Si nous désignons par *l* la longueur d'un des siphons élémentaires tels que
brsc et par T la durée d'une ondulation, c'est-à-dire l'intervalle qui sépare les
passages de deux crêtes ou de deux creux successifs au même point, l'analyse
nous apprend que l'on a (*Mécanique* de Poisson, t. II, p. 470) :

$$T = \pi \sqrt{\frac{2l}{g}}.$$

Le rapport $\left(\frac{\pi}{\sqrt{g}} \right)$ est sensiblement égal à l'unité, et l'on peut prendre approximativement :

$$T = \sqrt{2l}.$$

Newton admettait que l'agitation des eaux était surtout superficielle et ne descendait qu'à une profondeur très-faible relativement à la largeur des vagues; dans ces conditions, les branches verticales des siphons pouvaient être négligées, et la longueur $2l$ représentait la largeur L des vagues, mesurée entre deux crêtes ou deux creux successifs, ce qui transformait l'expression précédente en :

$$T = \sqrt{L}.$$

T est exprimé en secondes et L en mètres.

Malheureusement, cette formule simple n'est pas vérifiée par l'expérience, et le rapport de la durée d'oscillation à la racine carrée de la largeur des vagues est tantôt au-dessous, tantôt au-dessus de l'unité; l'écart est beaucoup trop grand pour qu'on puisse considérer la loi même comme approximative.

De même la vitesse de propagation V des vagues serait donnée par

$$V = \frac{L}{T} = \sqrt{L}.$$

Cette loi, qui serait facile à vérifier, n'est pas vraie.

M. Virla a introduit dans la formule de Newton la profondeur p à laquelle cesse l'agitation; la longueur l d'un siphon est égale à $\left(\frac{L}{2} + 2p \right)$ et la durée d'une oscillation est donnée par conséquent par la formule :

$$T = \pi \sqrt{\frac{L + 4p}{g}}$$

et la vitesse V par la formule :

$$V = \frac{L}{\pi} \sqrt{\frac{g}{4p + L}}.$$

Donc, la durée des oscillations augmente avec la longueur des ondes et la profondeur de l'agitation; la vitesse augmente aussi avec la longueur et diminue avec la profondeur; ces expressions sont indépendantes de la hauteur de l'onde, parce que l'amplitude des oscillations peut s'affaiblir sans que la durée, la vitesse ou la longueur soient altérées.

Les formules de M. Virla sont plus en rapport avec les faits observés que ne l'étaient celles de Newton; cependant elles ne sont pas l'expression de la vérité. Nous ne nous arrêterons donc pas sur ce sujet. La théorie du siphonnement soulève trop d'objections sérieuses pour qu'elle puisse être soutenue plus longtemps.

Objections à la théorie du siphonnement. — On comprend mal le mécanisme de tous ces siphons distincts et ayant cependant des parties horizontales communes, comme le montre la figure 3. Quelle forme faut-il en réalité adopter pour les siphons? ont-ils deux branches verticales réunies par un tube horizontal fictif? Le changement brusque à angle droit ne serait guère admissible, et on serait conduit plutôt à admettre l'existence de siphons en forme de tuyaux courbes. L'entre-croisement de cette multitude de siphons ne s'explique toujours pas, d'autant plus que les éléments horizontaux communs doivent prendre au même instant des vitesses très-variables suivant qu'on les considère comme appartenant à tel ou tel siphon.

Avec le siphonnement, l'agitation devrait être partout la même, depuis la surface libre du liquide jusqu'à la limite inférieure du mouvement, car tous les éléments d'un même siphon sont, au même instant, animés de la même vitesse, qu'il s'agisse d'éléments verticaux ou horizontaux. Or, l'expérience prouve que l'agitation diminue avec la profondeur ; c'est la remarque constante faite par les plongeurs revêtus du scaphandre.

Lors des sautes de vents, c'est-à-dire lorsque le vent tourne tout à coup de près de 180°, si le siphonnement était réel, il devrait se produire un effet analogue à celui qu'on observe sur un pendule que l'on pousse tantôt à droite, tantôt à gauche ; les impulsions devraient s'ajouter et l'amplitude des oscillations augmenter ; il n'en est rien, les ondulations sont au contraire amoindries.

La théorie du siphonnement nous a conduit à adopter une sinusoïde pour la coupe verticale des vagues; cette courbe régulière n'est pas celle qu'on observe, le flot des vagues est toujours plus aigu que la sinusoïde ; le rayon de courbure du creux des vagues est beaucoup plus grand que celui du sommet, tandis que ces deux rayons sont égaux dans la sinusoïde. Cette courbe n'est donc pas la vraie ; les peintres ont beaucoup mieux rendu l'aspect des vagues que ne le fait la théorie du siphonnement, et leur sentiment n'est pas sans valeur, car ils se sont contentés de copier fidèlement ce qu'ils avaient sous les yeux, sans chercher à mettre le phénomène d'accord avec les formules.

Théorie du mouvement orbitaire. — Le mouvement orbitaire des vagues et de la houle est aujourd'hui vérifié par l'expérience.

L'agitation des molécules diminue avec la profondeur et s'annule lorsqu'on atteint un certain plan horizontal. Les plongeurs le reconnaissent et les enrochements des digues le manifestent, car, au delà d'une certaine profondeur, ils ne sont pas dérangés, et c'est près de la surface qu'il faut mettre les plus gros blocs.

Les frères Weber et Scott Russell ont reproduit en petit le phénomène des vagues dans un canal en verre, rempli d'eau, renfermant des corps légers en suspension ; l'œil pouvait suivre facilement ces corpuscules et reconnaissait bien qu'ils décrivaient des courbes fermées. Du reste, les petits corps flottant à la surface des vagues ne font pas que monter et descendre verticalement, ils ont aussi des déplacements horizontaux qu'on avait constatés depuis longtemps, mais que les partisans de la théorie du siphonnement attribuaient à l'action de la pesanteur sur les plans inclinés des vagues.

Les expériences de M. le professeur Aimé, à Alger, ont conduit aux mêmes résultats : il descendait dans la mer un vase rempli d'air ou d'huile colorée qu'il laissait échapper à une profondeur déterminée; les globules d'air ou d'huile, au lieu de remonter verticalement le long de la sonde, subissaient toujours un certain écart horizontal; l'écart, pour des lames de 1^m,50 de hauteur, était de 1 mètre à la profondeur de 7 mètres et de 0^m,80 à la profondeur de 14 mètres.

M. Aimé, voulant reconnaître la profondeur à laquelle l'agitation se propage, eut recours à l'instrument suivant : une lame de plomb horizontale était descendue dans la mer, à cette lame de plomb était attachée par une ficelle une sorte de toupie un peu plus légère que l'eau et garnie à sa plus grande circonférence de pointes aiguës; la toupie se tenait donc verticalement au-dessus de la lame de plomb, à moins que l'agitation de la mer ne vînt à l'incliner, auquel cas les pointes marquaient leur empreinte sur le plomb de la lame. Avec cet appareil convenablement manœuvré, on pouvait reconnaître à quelle profondeur l'agitation cessait de se faire sentir. Pour des lames de 3 mètres, la profondeur limite au large fut reconnue être d'environ 40 mètres. Cette profondeur est donc beaucoup plus considérable qu'on ne le croyait autrefois : les enrochements ordinaires ne sont plus remués sensiblement lorsqu'ils se trouvent à 7 ou 8 mètres au-dessous du creux des vagues à Cherbourg, à 5 mètres à Cette et à 10 mètres à Alger; mais les coquillages, les sables et les vases sont remués et soulevés par les flots à des profondeurs beaucoup plus considérables ; ainsi, au passage de bancs de 25 mètres de profondeur, les bâtiments embarquent souvent des lames chargées de sable. Des hauts-fonds sont signalés par des brisants ou tout au moins par des vagues raccourcies, même lorsque leur niveau est bien au-dessous de la surface de la mer; le banc de Terre-Neuve, qui est à la cote moyenne de 160 mètres, donne lieu à des vagues clapoteuses ; le même phénomène se produit lorsqu'on entre de l'Océan dans la Manche et qu'on traverse la ligne des profondeurs de 180 mètres.

La théorie du mouvement orbitaire donne pour le profil des vagues des courbes cycloïdales plus aiguës que la sinusoïde et pouvant correspondre à toutes les formes de vagues observées.

Enfin, la meilleure justification de la théorie du mouvement orbitaire est qu'elle conduit à des équations en complet accord avec les résultats expérimentaux.

Théorie du colonel Emy. — Le point de départ de la théorie orbitaire du colonel Emy est le suivant :

La masse d'eau supérieure au plan horizontal, au-dessous duquel l'eau cesse d'être agitée, occupait d'abord un espace compris entre deux plans horizontaux, et les particules d'eau n'ont pu, à cause de leur incompressibilité, passer de leur position primitive à l'arrangement nouveau que nécessitent les ondulations, sans se rapprocher les unes des autres dans la partie supérieure des vagues et s'éloigner dans la partie inférieure. Le colonel Emy en conclut avec raison que chaque particule d'eau s'éloigne de la verticale d'un côté en montant, et de l'autre en descendant, et qu'elle oscille dans une espèce d'orbite, laquelle, vers la surface de la mer, a la même hauteur que les vagues, et décroît de dimension de manière à devenir nulle au niveau du plan où l'eau cesse d'être agitée.

Cette conception du mouvement des vagues est juste, mais les conclusions qu'en avait tirées le colonel Emy ne sont pas admissibles. Il donnait une grande importance aux flots de fond qu'il considérait comme la cause la plus puissante de destruction des ouvrages hydrauliques. Les lames de fond sont bien connues de tous les marins, ce sont des ondulations profondes venant du large et qui, ne trouvant plus près des côtes des profondeurs assez grandes pour continuer leur mouvement sans déformation, emploient leur force vive à soulever les eaux, à dégrader le fond de la mer, à déplacer les obstacles qu'elles rencontrent. Emy donnait de ces lames ou flots de fond une explication qui n'est pas soutenable et que nous rappellerons néanmoins parce qu'elle a donné lieu à de longues discussions.

Soit OR, figure 5, planche 63, la ligne horizontale qui représente le niveau de la mer en repos; ABCDEFG, la coupe d'un système d'ondulations marchant de O vers R, $a'b'c'd'e'f'g'$ la coupe d'une autre ondulation, de hauteur moindre, correspondant au niveau $o'r'$; enfin, TS un exhaussement horizontal du fond, placé au-dessus de la limite PQ de l'agitation de la mer, et présentant du côté du large un accore vertical TU[1]. Si l'ondulation $a'b'c'd'e'f'g'$ est tangente à cet exhaussement, toutes les molécules, placées au-dessus du niveau o' r', auront assez d'espace pour décrire leurs orbites ; mais les molécules inférieures à ce niveau ne trouvant plus la profondeur nécessaire à l'accomplissement de leur révolution, ne participeront pas au mouvement général d'ondulation et formeront, sous chaque flot de la masse supérieure, des bourrelets horizontaux, ayant pour sections les espèces de segments $b'c'd'$, $d'e'f'$..., appuyés sur le fond TS. Chacun de ces bourrelets sera obligé de fuir, sans changer de forme, dans la direction du mouvement ondulatoire, en obéissant à la pression de toutes les molécules qui descendent sur les flancs $b'c'$, $d'e'$.... et en occupant les espaces que leur livrent, en s'élevant, les autres molécules placées au-dessus des flancs $c'd'$, $e'f'$. Un nouveau bourrelet se formera évidemment chaque fois qu'une nouvelle onde, propagée du large, passera sur l'accore TU. Tous ces bourrelets qui se meuvent dans le même sens, et avec la même vitesse que les ondes supérieures, sont ce que le colonel Emy appelait les flots de fond.

D'après cela, la production des flots de fond exigerait la présence d'un accore voisin des côtes ; or, ces flots se produisent fort bien sur une côte à pente régulière.

Les explications précédentes admettent que le fond de la mer n'a aucune action sur les eaux en mouvement ; or, nous savons qu'il en a une considérable.

La théorie du colonel Emy se présente donc comme une œuvre d'imagination pure, que les faits réprouvent.

Théorie nouvelle du mouvement orbitaire. Distinction entre la houle et le clapotis. — « La question du mouvement des vagues, dit M. l'ingénieur Bertin, se trouve aujourd'hui résolue par la découverte des lois de deux mouvements oscillatoires, également simples, qui sont susceptibles de se combiner entre eux de manière à produire encore d'autres mouvements. Dans l'un, les vagues sont animées d'un mouvement de propagation ; dans l'autre, elles restent immobiles ; dans le premier, les trajectoires des molécules sont orbitaires ; dans le second, elles sont rectilignes. C'est la *houle* et le *clapotis*. Les équations de la houle et du clapotis, en y joignant celles des vagues de hauteur et de vitesse variables qui s'en déduisent, donnent une intelligence générale bien complète des divers mouvements qui peuvent agiter la surface de la mer, en laissant de côté les ondes solitaires qui ne sont, en haute mer, qu'un phénomène tout exceptionnel. »

Les liquides parfaits sont soumis à quatre lois physiques :

« 1° Le volume de chaque particule liquide reste invariable ;

2° La force totale exercée sur chaque particule est la résultante de la pesanteur et des pressions hydrostatiques exercées par l'eau environnante, sans aucun frottement ;

3° La pression par unité de surface, à la superficie du liquide, est constante et égale à la pression atmosphérique ;

4° La trajectoire des molécules inférieures est parallèle à la surface du fond du liquide. Cette quatrième équation disparaît si on suppose la profondeur infinie. »

C'est à l'aide de ces quatre lois que les savants français et étrangers, précé-

---

[1] Le mot *accore* indique le contour d'un banc, d'un écueil ; une côte accore est celle qui est coupée presque verticalement, comme un mur de quai.

demment cités, ont pu établir les équations des vagues, en recherchant certaines
intégrales particulières des équations différentielles de l'hydrodynamique, qui,
comme nous l'avons dit en mécanique, ne peuvent être intégrées d'une manière
générale. Les calculs relatifs à ces équations ne peuvent être reproduits ici et
le lecteur, désireux de les connaître, devra se reporter au mémoire de M. l'ingénieur Bertin intitulé : *Les vagues et le roulis*. Nous signalerons seulement
les résultats principaux.

Il ne faut pas oublier que ces résultats concernent « un mouvement parvenu
à un état définitif et permanent, et celui-ci peut différer de l'ondulation qui s'é-
tablit ou qui décroît et dans laquelle l'inertie et les forces moléculaires intérieures jouent un rôle dont le calcul ne tient pas compte. » Il ne faut pas oublier non plus que les quatre lois physiques, bases du calcul, ne sont réalisées
qu'avec une certaine approximation. La forme irrégulière du fond de la mer,
les changements d'intensité et de direction du vent interviennent sans cesse
pour modifier les conditions du mouvement.

De la houle. — Les équations différentielles, fournies par les lois précédentes,
se simplifient beaucoup lorsqu'on rapporte le mouvement, considéré seulement
dans un plan vertical parallèle à la propagation des vagues, à deux axes mobiles, l'un horizontal, l'autre vertical, emportés le long de la ligne du niveau
moyen avec une vitesse uniforme égale à la vitesse de propagation des lames.
Néanmoins, nous ne reproduirons pas ces équations différentielles auxquelles
doit satisfaire à chaque instant une molécule quelconque du liquide.

Dans la masse liquide on distingue les *couches horizontales*, surfaces ondulées
dont toutes les molécules ont le centre de leur orbite dans le même plan horizontal, et les *couches verticales*, surfaces dont toutes les molécules ont le centre
de leur orbite dans le même plan vertical. Ces couches sont des surfaces cylindriques à génératrices horizontales ; nous n'avons à considérer que leurs sections
droites, puisque le mouvement est le même dans tous les plans verticaux parallèles au sens de la propagation.

Si chaque molécule décrivait autour d'un centre déterminé une courbe fermée,
ovale ou ellipse, ses coordonnées rapportées à deux axes passant par le centre
de l'orbite pourraient s'exprimer par :

$$(1) \begin{cases} x = a \sin \varepsilon t \\ y = b \cos \varepsilon t \end{cases}$$

équation qui représente une courbe dont a et b sont les demi-axes.

Le paramètre ε se détermine en remarquant que la rotation entière, représentée par l'angle 2π, est effectuée pendant le temps T qu'une vague met à se
propager d'une quantité égale à sa longueur L; on a donc :

$$(2) \quad \varepsilon = \frac{2\pi}{T}.$$

Appelons U la vitesse de propagation de la vague, on a :

$$(3) \quad L = TU;$$

appelons, en outre, z la profondeur du plan horizontal qui contient tous les
centres des orbites des molécules appartenant à une même couche horizontale,

l'équation d'une de ces orbites, rapportée aux axes mobiles précédemment définis, n'est plus donnée par les formules (1), mais par les deux formules :

$$(4) \begin{cases} x = -Ut + a \sin \varepsilon t \\ y = -z + b \cos \varepsilon t \end{cases}$$

On reconnaît que ces formules vérifient les équations différentielles de condition et que l'on a les relations :

$$(5) \quad a = b = h e^{-\frac{\varepsilon z}{U}}$$
$$(6) \quad U\varepsilon = g$$

Les orbites sont donc des cercles dont les rayons r sont exprimés en fonction de la profondeur z, de la vitesse de propagation U, de la constante ε et du nombre e base du système des logarithmes supérieurs, égal à 2,72. On a :

$$(7) \quad r = h e^{-\frac{\varepsilon z}{U}},$$

expression facilement calculable par logarithmes.

Les équations d'une orbite s'écrivent donc définitivement :

$$(8) \begin{cases} x = -\frac{g}{\varepsilon} t + r \sin \varepsilon t \\ y = -z + r \cos \varepsilon t \end{cases}$$

En faisant $z = o$ dans l'équation (7) on obtient le rayon des molécules de la surface; il est précisément égal à h, c'est-à-dire à la demi-hauteur des vagues. Le rayon des orbites va sans cesse en diminuant avec la profondeur.

Des équations (2), (3) et (6), on déduit la relation de condition :

$$(9) \quad L = g \frac{T^2}{2\pi}.$$

C'est une relation bien facile à vérifier par l'expérience. L'exactitude en a été démontrée par de nombreux observateurs, notamment par l'amiral Pâris. Cela prouve que les équations du mouvement sont d'accord non-seulement avec les principes de l'hydrodynamique, mais encore avec les résultats pratiques.

Vu l'importance de l'équation (9), nous l'établirons directement par la méthode suivante :

Soit M, figure 4, planche 63, une molécule liquide décrivant une orbite circulaire autour du point O ; elle est soumise à deux forces : son poids p et la force centrifuge

$$\frac{p}{g} \omega^2 OM;$$

la vitesse angulaire ω est le quotient de la circonférence 2π par la durée T de la révolution, donc

$$\omega = \frac{2\pi}{T},$$

et la force centrifuge est égale à

$$\frac{p}{g}\frac{4\pi^2}{T^2}\,OM.$$

Prenons sur la verticale du centre O une longueur OA égale à la longueur du pendule simple synchrone de la vague, c'est-à-dire faisant une oscillation double pendant le temps T. D'après la formule connue, on a :

$$T = 2\pi\sqrt{\frac{OA}{g}},$$

expression d'où l'on tire :

$$OA = \frac{gT^2}{4\pi^2}.$$

On voit que le rapport de OM à la force centrifuge est le même que le rapport de OA au poids p de la molécule ; donc, si nous représentons la force centrifuge par OM, le poids sera représenté par OA et la résultante des forces qui sollicitent le point M sera représentée en grandeur et en direction par AM.

L'élément de la surface d'égale pression passant par M est donc normal à AM Or, la surface même de la vague est une surface d'égale pression, puisqu'en tous ces points elle est soumise à la pression atmosphérique. D'après les conditions précédentes, la surface de la vague aura par conséquent *pour profil une cycloïde raccourcie décrite par le point M pendant qu'une circonférence de centre O et de rayon OA roule sur l'horizontale* xy.

Par cette construction géométrique, on obtiendra sans peine le profil d'une vague de longueur de hauteur et de vitesse connues ; le rayon OM est égal à la demi-hauteur de la vague.

D'après la construction même de la surface de la vague, sa longueur L est égale à la circonférence de rayon oA, ce qui donne :

$$L = 2\pi\,OA = \frac{gT^2}{2\pi}.$$

Nous retombons donc sur l'équation fondamentale (9), dont l'exactitude est parfaitement vérifiée par l'expérience.

Cela étant, l'équation (9) rend de grands services puisqu'elle dispense de mesurer la longueur L des vagues, opération délicate, et permet de la remplacer par l'observation du temps T qui sépare deux passages successifs des vagues au même point.

Elle montre encore que la longueur L des vagues reste constante à mesure qu'elles s'éloignent du lieu de leur naissance et qu'elles diminuent de hauteur ; en effet, T ne peut pas changer puisque le nombre des vagues passant en un lieu pendant un temps donné est évidemment constant, quelle que soit la distance à laquelle on se trouve du lieu de naissance. T ne changeant pas, L ne change pas non plus.

La figure 1 de la planche 64 représente un profil de vague construit d'après les formules précédentes ; les couches horizontales et verticales s'y trouvent indiquées. L'acuité des sommets est beaucoup plus accusée que dans la sinusoïde; néanmoins, les formules indiquent toujours un maximum pour la hauteur de la vague, maximum tel que l'acuité n'atteint jamais celle d'un rebroussement.

Dans le cas où la profondeur de l'eau ne peut pas être pratiquement considérée comme infinie par rapport à la hauteur des vagues, les orbites ne sont plus circulaires, mais elliptiques. En appelant p la profondeur et en posant :

$$\frac{c}{U}(p-z)=\frac{\pi}{L}(p-z)=\beta$$

$$\frac{c}{U}p=\frac{\pi}{L}p=\beta_0$$

les demi-axes des orbites elliptiques ont pour expression :

$$a=h\,\frac{e^{\beta}+e^{-\beta}}{e^{\beta_0}+e^{-\beta_0}}\qquad b=h\,\frac{e^{\beta}-e^{-\beta}}{e^{\beta_0}-e^{-\beta_0}}$$

Dès que la profondeur est notable, on obtient une approximation suffisante avec les orbites circulaires.

Du clapotis. — « Le clapotis théorique, dit M. Bertin, est un mouvement de l'eau caractérisé par l'existence de vagues qui sont dépourvues en apparence du mouvement de propagation propre à la houle et qui s'élèvent et s'abaissent sur place. Le cas le mieux défini s'observe particulièrement au vent d'un quai vertical, perpendiculaire à la propagation de la houle qui vient se heurter contre lui. »

Pour établir les équations du clapotis, il n'est pas besoin de recourir à des axes de coordonnées mobiles, il faut rapporter le mouvement de l'eau à des axes fixes, par rapport auxquels les couches liquides sont mobiles et déformables, au lieu d'être seulement déformables comme cela arrivait par rapport aux axes mobiles de la houle.

En désignant par x_0 et z les coordonnées du centre d'oscillation d'une molécule par rapport aux axes fixes, les équations (8) représentant la houle deviennent avec le nouveau système de coordonnées :

$$10\qquad\begin{cases}x-x_0=r\sin\epsilon\left(t-\dfrac{x_0}{U}\right)\\[2mm]y+z=r\cos\epsilon\left(t-\dfrac{x_0}{U}\right)\end{cases}$$

La houle égale à la précédente et de sens contraire a pour équation

$$11\qquad\begin{cases}x-x_0=-r\sin\epsilon\left(t+\dfrac{x_0}{U}\right)\\[2mm]y+z=r\cos\epsilon\left(t+\dfrac{x_0}{U}\right)\end{cases}$$

Superposons ces deux houles égales et de sens contraire, nous obtiendrons les équations du clapotis :

$$12\qquad\begin{cases}x-x_0=-2r\cos\epsilon t\sin\dfrac{\epsilon}{U}x_0\\[2mm]y+z=2r\cos\epsilon t\cos\dfrac{\epsilon}{U}x_0\end{cases}$$

De ces équations du clapotis se déduisent les propriétés suivantes :

Les ondes s'élèvent et s'abaissent sur place ; leur longueur est égale à celle des houles primitives ; les couches verticales et horizontales sont analogues à celles de la houle ; chaque molécule oscille suivant une ligne droite dont l'équation est :

$$\frac{y+z}{x-x_0} = -\text{cotang}\, \frac{c}{U}\, x_0 \, ;$$

aux sommets cette ligne d'oscillation est verticale et elle est horizontale aux nœuds ou points d'intersection d'une couche avec la ligne des centres d'oscillation.

Vagues variables.—« La mer, dit M. Bertin, présente d'autres mouvements bien caractérisés qui se rencontrent même beaucoup plus fréquemment que le clapotis pur et que, de même que ce dernier phénomène, on peut considérer, soit comme des mouvements élémentaires à cause de la simplicité de leurs lois, soit comme des mouvements composés parce qu'on les obtient par la superposition de plusieurs houles. »

Superposons deux houles de même longueur, de hauteur différente et de sens contraire, les équations du mouvement résultant, rapportées à deux axes fixes, montrent que les orbites des molécules sont des ellipses identiques, dont le petit axe est r et dont le grand axe, égal à $(r+r')$, coïncide en direction avec les trajectoires rectilignes des molécules dans le clapotis.

La figure 2 de la planche 64 donne, pour le cas ci-dessus défini, les profils successifs d'une vague et les orbites diverses des molécules.

La variation périodique de hauteur des vagues s'observe fréquemment à la mer ; les ondes s'élèvent, puis vont en s'affaissant pour renaître à quelque distance, le tout sans sortir du champ de vision de l'observateur. Comme on estime mieux la vitesse au moment où la hauteur est grande, on s'est accordé à attribuer une moindre vitesse aux vagues de hauteur variable qu'à celles de hauteur constante ; ces deux sortes de vagues ont été regardées à tort comme deux mouvements distincts, entre lesquels il fallait partager les ondulations de la mer par une division fondamentale. »

Nous ne pouvons entrer dans de plus amples détails sur la forme variable des vagues ; nous voulions seulement exposer les principes de la théorie nouvelle et faire comprendre comment les mouvements les plus complexes en apparence s'expliquent facilement par la superposition de plusieurs mouvements simples.

Puissance des vagues.—La houle a emmagasiné le travail mécanique dû à la pression des vents qui lui ont donné naissance ; ce travail est représenté par la demi-force vive totale de la vague.

Tant que la propagation se fait en pleine mer, sur de grands fonds, la demi-force vive se conserve à peu près intégralement et ne diminue que très-lentement ; il n'en est plus de même le long des côtes : les deux éléments de la force vive se modifient et la force vive elle-même est absorbée par les chocs, par un travail de destruction ou se transforme en chaleur.

M. de Tessan a bien rendu compte de ces effets dans les lignes suivantes : « Soit m la masse d'une particule d'eau et V sa vitesse, la demi-force vive sera

$$\tfrac{1}{2} m V^2,$$

et la somme

$$\Sigma \frac{1}{2} m V^2$$

de tous les produits semblables, étendue à toutes les particules en mouvement qui composent l'onde, sera à peu près constante.

Si l'on désigne par M la masse totale des particules en mouvement et par u une certaine vitesse moyenne entre toutes celles de ces particules, on aura :

$$\frac{1}{2} \Sigma m V^2 = \frac{1}{2} M u^2 = \text{constante.}$$

Par suite, si M' inférieure à M, est la masse d'eau mise en mouvement par la masse M rentrée au repos, et si u' est la vitesse moyenne correspondante, on aura :

$$\frac{1}{2} M u^2 = \frac{1}{2} M' u'^2 \quad \text{et par conséquent :} \quad u' = u \sqrt{\frac{M}{M'}}.$$

Or, M' diminue de plus en plus à mesure que l'onde arrivée à l'accore d'un banc s'avance vers ce banc, ou qu'arrivée au voisinage d'une côte elle s'avance vers cette côte, ou qu'arrivée à l'entrée d'une baie en entonnoir elle s'avance vers le fond de cet entonnoir ; dans tous les cas, la vitesse moyenne doit augmenter de plus en plus. L'énorme demi-force vive d'une grande onde doit donc se concentrer ainsi dans une masse d'eau de plus en plus décroissante, et la rendre capable de produire de grands effets mécaniques.

Dans les cas ordinaires, de beaucoup les plus fréquents, les vagues déferlant par le haut, leur demi-force vive se perd en tourbillonnements intérieurs de la masse d'eau et finalement se transforme en chaleur qui se dissipe. Mais dans des conditions particulières, c'est par le bas que la vague se rompt ; et alors il se produit ce qu'on appelle un *flot de fond*. L'eau est lancée parallèlement au fond ; et, possédant encore la demi-force vive génératrice, elle peut produire de grands effets mécaniques, ou s'élever très-haut si la configuration du fond la ramène peu à peu à la direction verticale. »

Il est bien difficile d'apprécier la force vive des vagues ; nous sommes donc réduits aux faits expérimentaux pour en évaluer la puissance.

Les paquets de mer, soulevés par le choc sur un écueil ou sur un phare en pleine mer, montent à de grandes hauteurs ; on en a observé de 23 mètres au phare de la Hogue, de 32 mètres au phare de Bell-Rock, de 30 mètres au fort Boyard, de 50 mètres au phare d'Eddystone. Dans les grandes tempêtes, ce dernier disparaît au milieu des paquets de mer et des embruns.

M. Virla a vu à Cherbourg des caisses à béton, pesant 13 800 kilogrammes, glisser sous le choc de la lame. Ce qui correspondait à une pression de 3600 kilogrammes par mètre carré, ou à la pression hydrostatique d'une colonne d'eau de 3ᵐ,60 de hauteur.

Le même chiffre a été trouvé pour le déplacement des blocs au port d'Alger et dans différents autres ports.

L'ingénieur écossais Thomas Stewenson a, pendant longtemps, mesuré la pression des vagues à l'île de Serryvor, côte ouest de l'Écosse ; il se servait d'une plaque métallique verticale A tournée vers la mer et maintenue par des tiges horizontales B transmettant la poussée sur de puissants ressorts, figure 6, planche 63 ; des index, C, mobiles à frottement dur sur les tiges horizontales, indiquaient chaque jour l'effort maximum exercé sur la plaque. Ces expériences ont donné pour la moyenne pression des vagues de tempête, un chiffre voisin de 3000 kilogrammes. Mais, on a mesuré exceptionnellement des pressions de 30 000 kilogrammes par mètre carré, c'est-à-dire dix fois plus considérables.

M. l'ingénieur Leferme a déduit l'effort maximum des lames de la mer d'un accident survenu à la tour *balise du Petit-Charpentier*, construite sur un des écueils de l'embouchure de la Loire. Cette tour, construite en excellente maçonnerie de mortier de Portland et de granit, a $6^m,45$ de hauteur, $3^m,20$ de diamètre à la base et $2^m,60$ au sommet; elle a été disloquée pendant une grande tempête sans se renverser et est restée sur sa base pendant plusieurs mois en résistant à des tempêtes ordinaires. M. Leferme a montré que l'effort qui a produit la dislocation a été supérieur à 23 000 kilogrammes par mètre carré ; ce nombre a dû même être notablement dépassé, car la résistance des mortiers était supérieure au chiffre admis dans le calcul. L'effort des tempêtes venues après la dislocation n'a pas dû atteindre 4000 kilogrammes par mètre carré puisque la tour n'a pas été renversée. De cette étude, M. Leferme conclut que d'ordinaire l'effort des tempêtes ne dépasse guère 3500 kilogrammes par mètre carré, mais qu'il peut s'élever exceptionnellement à 30 000 kilogrammes.

On ne saurait prendre comme mesure de la pression la hauteur de la lame, car il ne s'agit pas là de pression hydrostatique et les molécules liquides ont des accélérations qui peuvent s'ajouter à celle de la pesanteur ou s'en retrancher. Quelques expériences entreprises au port du Havre ont, en effet, démontré que la loi des pressions hydrostatiques ne subsistait pas.

Il ne faut pas oublier que les matériaux immergés présentent une résistance au renversement bien réduite, parce qu'ils perdent une partie de leur poids égal au volume d'eau qu'ils déplacent. Les moellons calcaires perdent donc presque la moitié de leur poids; quant aux pièces de charpente, leur poids tout entier est annulé par la poussée de l'eau.

On a donc avantage, pour la construction des blocs immergés, à choisir des matériaux d'une densité aussi forte que possible; les granits et les basaltes conviennent donc tout particulièrement.

Étant donnée une série de blocs de dimensions croissantes et géométriquement semblables, l'effort exercé par la mer à un moment donné sur chacun de ces blocs est proportionnel à la surface opposée à la vague, c'est-à-dire proportionnel au carré a^2 de la dimension prise comme base de comparaison entre les blocs; la résistance du bloc au renversement est proportionnelle à son poids, c'est-à-dire à son volume, ou au cube a^3 des dimensions.

La résistance croît donc beaucoup plus vite que la pression totale et il est toujours possible de donner aux blocs des dimensions assez grandes pour qu'ils ne soient pas renversés sous un effort déterminé.

Réflexion et épanouissement des lames; ressac. — Nous avons, dans la théorie des ondes, donné déjà divers exemples de remous et de déferlement des vagues; nous avons montré, en exposant la théorie orbitaire, que les ondes simples dues à diverses causes se combinaient pour engendrer les vagues variables; nous venons de dire tout à l'heure comment la force vive des lames se conservait tant que ces lames voyageaient sur des fonds situés au-dessous de la limite d'agitation, et comment les deux éléments de la force vive se transfor-

maient au contact des côtes, lorsque la profondeur venait à diminuer. Il nous
reste à signaler encore quelques effets de la réflexion et de l'épanouissement des
lames.

Tout écueil sous-marin se manifeste à la surface des eaux par des *brisans*,
c'est-à-dire par des lames qui se raccourcissent et qui se brisent en écume. Pour
qu'un brisan se manifeste, il faut que l'agitation produite par la lame descende
jusqu'à lui ; sur un écueil donné, les brisans ne commencent donc à se produire
qu'à partir d'une certaine intensité des vagues. Nous avons signalé plusieurs
exemples de brisans, lorsque nous avons parlé de la profondeur de l'action des
vagues.

Parmi les effets secondaires des vagues sur les côtes, le plus connu est le
ressac, qu'il est difficile de définir d'une manière exacte : c'est toute forte agitation qui n'est pas transmise directement du large, qui est due à des causes
locales.

On distingue plusieurs genres de ressac :

1° Le ressac par choc contre un accore,

2° Le ressac par réflexion des lames,

3° Le ressac par pivotement des lames.

1° *Ressac dû au choc contre un obstacle.* — Lorsqu'une lame vient à rencontrer un obstacle vertical qui résiste, elle est en partie réfléchie, une portion de
sa force vive est consommée par le choc et transformée en chaleur, mais la portion la plus forte est annulée par un travail de soulèvement des eaux ; les eaux
s'élèvent verticalement le long de l'accore, et montent même quelquefois à des
hauteurs considérables ; cette masse ascendante conserve toujours une partie
de sa pression horizontale et, si elle arrive à dépasser le sommet de l'accore, cette
pression se manifeste par une projection parabolique des eaux, analogue à celle
qu'indiquent les figures 8 et 9 de la planche 64.

Cette masse ascendante, lorsqu'elle a épuisé sa force vive, s'affaisse et prend
une vitesse croissante de haut en bas ; la surface des eaux se creuse au pied de
l'accore, qui peut arriver à se découvrir bien que situé à une assez grande profondeur au-dessous du niveau moyen des lames. Ces eaux descendantes attaquent
énergiquement le sol et l'affouillent, comme le montre la figure 7, planche 64 ;
une partie de la lame qui vient frapper l'accore est probablement déviée le
long de la surface verticale, de haut en bas, et concourt à produire l'affouillement.

La profondeur maxima de l'affouillement n'est pas au pied même de l'accore,
mais à une certaine distance, et un certain talus courbe raccorde le point le
plus creux avec le pied de l'accore ; cet effet est dû à la déviation des filets
liquides ; une certaine quantité d'eau doit, à l'origine du mouvement, se constituer en remous dans l'angle de l'accore et du fond.

Le colonel Emy décrit le ressac dans les termes suivants :

« La vague repoussée et en partie brisée en écume est remplacée par un creux
beaucoup plus profond que ceux des ondes précédentes, et qui peut laisser
l'accore à sec lorsque son pied n'est pas à une grande profondeur : on dirait
que la mer se retire subitement. Mais l'eau revient bientôt ; elle semble se balancer : elle est clapoteuse. Dès qu'un commencement de repos, qui succède
presque toujours à cette espèce de tourmente, permet l'arrivée d'une nouvelle
vague contre l'accore, il se fait une nouvelle répulsion de la masse liquide. On
a observé de ces effets dans le voisinage des montagnes de glaces des mers polaires. Les bâtiments mouillés dans le voisinage de l'accore, déjà ballottés par

les ondes directes, et surtout par les ondes clapoteuses, sont très-fatigués des saccades multipliées et intermittentes du ressac. Dans l'Océan, l'effet du ressac s'affaiblit et s'éteint en s'éloignant beaucoup et à environ 600 mètres de l'obstacle qui le produit, parce qu'une côte opposée ne contribue pas à l'entretenir. Mais sur les lacs resserrés à côtes accores, comme celui de Wallenstadt en Suisse, qui n'a qu'une lieue de largeur sur 4 de longueur et qui est très-profond, on remarque que, quand le vent souffle avec force perpendiculairement à la longueur, les flots se dressent en vagues énormes contre les rochers à pic entre lesquels ce lac est encaissé. »

2° *Ressac par réflexion des lames.* — Voici quelques-uns des exemples, cités par divers auteurs, du ressac produit par la réflexion des lames.

. Au port de commerce de Cherbourg, figure 1, planche 71, les coups de vent d'entre ouest et nord-ouest produisaient une forte agitation dans tout l'avant-port *m r s t*; cette agitation a commencé à se manifester après la démolition de la partie intérieure *bc* de la jetée ouest; elle a augmenté encore quand on a fait sauter les rochers *om* et qu'on a enlevé les hauts-fonds de la partie nord de l'avant-port. En effet, les lames de la direction ouest, réfléchies une première fois sur la digue Est *dhn*, puis une seconde fois sur le quai vertical *im*, se sont propagées librement jusqu'au fond de l'avant-port. Autrefois elles rencontraient un obstacle dans leur route.

Au port de la Ciotat, figure 2, planche 71, on construisit le môle *ab* en prolongement du fort Bérouart, pour mettre le port à l'abri des vents de nord à nord-est et pour rendre plus facile l'accès du port en établissant le môle sur le prolongement du rocher supportant le fort; il arriva que, par les vents d'entre sud-sud-ouest et sud-sud-est, la lame vint se heurter dans la concavité *ba*, et, se déviant peu à peu, alla causer un ressac considérable le long du quai *mc*. Autrefois cette lame suivait librement sa direction en passant au pied du fort *a*. Pour diminuer le ressac, on dut proposer l'établissement d'un éperon saillant *d* ou d'un brise-lames flottant en avant du port; le brise-lames flottant a été remplacé par un prolongement convexe vers le sud du môle *or*.

Autre exemple de ressac à Antibes, figure 3, planche 71 : bien abrité des vents du sud et de l'est par le môle *s*, le port ne l'était point suffisamment contre le mistral, vent du ouest-nord-ouest, bien que les coteaux limitant la baie soient assez élevés; pour le mieux protéger, on établit le môle *hmn*; il arriva que les lames du nord-est, frappant la face intérieure de *mn*, se réfléchirent et déterminèrent un ressac au fond du port. Pour supprimer le mal, on recourba la branche *mn* suivant *mr*, dont l'extrémité *r* est sur la ligne nord-est passant par le musoir *s* de l'ancien môle.

Lorsque des lames réfléchies ou directes viennent à se rencontrer dans l'angle de deux murs, elles peuvent déterminer dans cet angle un très-violent ressac.

3° *Ressac par pivotement des lames.* — On a aussi donné le nom de ressac à l'agitation produite par des lames qui, détournées peu à peu de leur direction au large en suivant les contours d'un obstacle, finissent par venir se heurter contre des parois complétement opposées à leur direction première et qu'on pouvait croire à l'abri de leurs coups.

Le port des Sables-d'Olonne, figure 6, planche 71, paraît bien protégé des vents du sud-ouest par les rochers de la Chaume *h,hr* et par la jetée Saint-Nicolas *rb*; cependant, la lame du sud-ouest pivote sur la pointe *b* et vient suivre le parement *pc* de la grande jetée; elle se retourne d'équerre en suivant le parement convexe *cd* et se fait sentir ainsi jusqu'au fond du port, en *k* ; un épi en charpente *im* a été construit pour l'arrêter.

L'île d'Yeu, figure 4, planche 64, a son port, le port Breton, sur la côte nord-est. Ce port paraissait, par conséquent, devoir être complétement à l'abri du vent du sud-ouest, dont les lames frappent la côte opposée de l'île. Cependant, les lames du sud-ouest, pivotant sur la pointe de la Gournaise au nord-ouest de l'île, se propageaient le long de la côte nord-est, et déterminaient un ressac violent en *b,b* dans le port Breton, figure 4, planche 64 ; la lame suivait donc la côte *dd* et la jetée *mr* pour s'épancher dans le port où elle brisait les navires ; on fit disparaître ces terribles effets en construisant la jetée *mn* directement opposée à la lame.

Les ports de l'île de Ré, situés sur la côte nord-est, sembleraient de même devoir être à l'abri des lames d'entre sud et nord-ouest ; cependant, ces lames contournent la pointe des Baleines, autour de laquelle elles pivotent, et viennent produire de violents ressacs dans les ports de Saint-Martin et de la Flotte.

Le port de Camaret, figure 4, planche 71, semble parfaitement abrité, par la digue du sillon *hhh*, des vents du sud-ouest au nord-ouest ; cependant, les lames du sud-ouest suivaient la côte *mnop*, pivotaient en *p*, suivaient le contour intérieur du sillon et déterminaient au fond du port en *ss* un ressac qui fit périr plus d'un navire. Ce ressac ne s'atténua et ne disparut qu'après la construction de l'épi *rt*, directement opposé à la lame. L'agitation n'était donc pas due, comme quelques personnes l'avaient supposé, à la réflexion de la lame contre la côte rocheuse *bb*.

A Alger, la côte et le vieux môle *ab* courent à peu près nord-sud ; on voit à l'inspection de la figure 5, planche 64, que le port aurait dû être bien abrité des lames venant du nord et du nord-est, qui sont les plus dangereuses ; cependant, ces lames y déterminaient une agitation très-violente et le port n'était pas tenable par les gros temps, parce que la lame pivotait à la pointe *b* du môle et se jetait dans le port, où elle produisait un ressac violent. La construction de la digue *bd*, qui a encore été prolongée dans ces derniers temps, a atténué le mal, ce qui démontre que l'agitation n'était pas due à la réflexion des lames sur la côte opposée *mn* de la baie (fig. 6) ; cette côte n'est en effet qu'une plage sablonneuse, en pente douce, sur laquelle les vagues meurent sans se réfléchir. Le ressac reparut après la construction des quais verticaux *ef* qui remplacèrent par un accore vertical avancé de 150 mètres l'ancienne plage sablonneuse. Aujourd'hui le port est protégé par la digue du sud, et les lames pivotantes sur le musoir de la jetée du nord éprouvent une grande difficulté à s'épanouir jusque dans le port.

Le port de Bastia, sur la côte orientale de la Corse, est protégé par un môle *cd* faisant suite à la côte nord-sud *bc*. Cependant, les vents du nord tournant vers l'est produisent un fort ressac au fond du port *npm* ; en effet, la lame, arrivant au musoir *d*, n'est plus soutenue par le môle, elle se porte vers l'ouest, rencontre les rochers du Lion *h*, s'y réfléchit et est rejetée sur *npm*. La réflexion sur la côte *to* n'influe guère sur le ressac, car la lame arrivant sur cette côte a perdu la plus grande partie de sa force sur les rochers rencontrés auparavant.

Ces exemples assez nombreux permettront au lecteur de préjuger les ressacs qui pourront résulter de l'exécution de certains ouvrages ; cependant on doit reconnaître que les causes des ressacs échappent souvent aux prévisions ; on ne reconnaît ces mouvements et on ne leur porte remède qu'après l'exécution des travaux.

Remous et courants locaux. — Nous avons décrit précédemment les courants généraux de l'Océan; nous ne voulons parler ici que des remous et courants locaux, produits soit par la configuration même des côtes, soit par le jeu alternatif des marées; l'étude de ces courants a une grande importance non-seulement au point de vue de la navigation, mais encore au point de vue de la marche des alluvions.

Reversement des courants. — À la période ascendante de la marée correspond le courant de flot, et à la période descendante le courant de jusant, inverse du premier. Mais le reversement des courants, c'est-à-dire le changement d'une direction à la direction opposée, ne coïncide pas exactement avec le reversement de la marée; on l'a cru à tort pendant longtemps. La coïncidence n'est qu'un fait exceptionnel; on peut dire que le reversement des courants est toujours postérieur au reversement de la marée; le courant de flot persiste plus ou moins longtemps après la haute mer, et le courant de jusant persiste plus ou moins longtemps après la basse mer.

Pendant la période d'une marée, les courants peuvent du reste subir dans leur direction une variation continue; ainsi, entre la côte ouest du Cotentin et les îles de Guernesey et Jersey, les courants font en une marée un tour complet du compas. Le plus souvent, l'oscillation a lieu seulement entre deux azimuts; le courant marche d'abord dans un sens, puis revient à sa position première en repassant par les directions intermédiaires.

Sur les côtes françaises de l'Océan, de Bayonne à Ouessant, le courant de flot porte au nord et le courant de jusant au sud.

Sur nos côtes de la Manche, le courant de flot porte au nord-est et le courant de jusant porte au sud-ouest.

Ces courants ont des vitesses quelquefois très-considérables. Ainsi cette vitesse est égale à :

Pertuis de Maumusson, d'Antioche, pertuis breton (pl. 65).	1 à 3 mètres.
Rade de Lorient.	1 mètre.
Au nord-ouest de l'île d'Ouessant.	4m,50.
Près d'Aurigny.	3m,50 à 4m,50.
Au large de la digue de Cherbourg.	1m,40.
Contre la tête des jetées du Havre, de Dieppe, de Boulogne.	1m,50.
Devant les jetées de Calais.	2m,40.

Le reversement des courants commence par la surface; on en a une preuve au goulet de Brest : au moment où la mer commence à monter, un canot entre sans aucun effort en temps calme, et de même un grand navire sort sans aucun effort; le premier obéit aux courants de surface, le second aux courants inférieurs.

Ces courants persistent quel que soit l'état d'ondulation de la mer, et les corps flottants sont transportés avec la même vitesse malgré l'existence des vagues, pourvu que le vent n'intervienne pas.

Remous et contre-courants. — Les courants de la mer engendrent des remous, des contre-courants et des tourbillons analogues à ceux que nous avons signalés dans les rivières.

Il y a d'abord, derrière les îles, les hauts-fonds et les obstacles de tous genres, les remous identiques à ceux qu'on observe à l'aval des piles de pont. Ainsi l'île d'Aurigny, figure 9, planche 71, est frappée par des courants de marée qui ont jusqu'à 4ᵐ,50 de vitesse; c'est le ras Blanchard qui, pendant le flot, porte au nord-est. Le courant est partagé par l'île en deux courants latéraux qui ne se réunissent qu'à plus de 2 kilomètres au delà de la tête orientale de l'île; dans le triangle curviligne ayant cette tête pour base et le point de rencontre des deux courants pour sommet, on trouve un contre-courant assez faible, portant vers le sud-ouest; et c'est un phénomène assez curieux que ce contre-courant de sens contraire aux deux violents courants qui le limitent. On constate des faits exactement semblables aux îles Orcades, qui sont elles-mêmes sur le passage de violents courants de marée. La figure 8, planche 71, montre ce qui passe à l'île de Swona, l'une des Orcades, située dans le détroit de Pentland.

N'est-il pas présumable, dit Minard, que la partie de mer protégée par l'île contre le grand courant de flot est entraînée latéralement par la communication du mouvement des deux courants latéraux, et que, le niveau s'abaissant un peu sur la côte est de l'île, il se détermine un contre-courant pour combler la différence de niveau, contre-courant venant à peu près dans l'axe correspondant au milieu de l'île? c'est-à-dire qu'il y a, comme dans les piles de pont, mais sur une plus grande échelle, regord sur la côte ouest de l'île frappée directement par le flot obligé de se séparer pour passer, puis dépression sur la côte est, par communication latérale du mouvement des deux forts courants entraînant l'eau stagnante à l'est de l'île, et enfin contre-courant portant à l'ouest, arrivant dans le milieu de l'intervalle qu'embrassent les deux courants pour combler la différence du niveau.

Ces effets d'entraînement latéral et de succion des masses liquides sont maintenant hors de doute; n'y a-t-il pas là quelque chose d'analogue à ce que présente l'injecteur Giffard, en usage pour l'alimentation des chaudières à vapeur?

Les remous et contre-courants se manifestent encore d'une manière très-nette dans les baies que l'on trouve en arrière des caps saillants que rasent des courants rapides. La rapidité des courants est indispensable pour produire ces contre-courants, dont voici quelques exemples classiques :

Le cap de la Hague, qui termine la presqu'île du Cotentin, est rasé par le courant de flot de la Manche portant vers le nord-est. L'anse Saint-Martin est donc bien abritée et devrait rester calme, figure 2, planche 70; mais la masse d'eau voisine du courant rapide est entraînée par lui; pour combler le vide ainsi produit, il faut nécessairement qu'il se fasse un appel des eaux de la baie, et cela engendre un courant tournant, comme le montre la figure; pendant que le courant de flot règne dans la Manche, il existe donc dans l'anse Saint-Martin, entre les rochers de la Coque et le cap de la Hague, un courant portant au nord-ouest, courant d'autant plus fort que le courant principal est lui-même animé d'une plus grande vitesse.

Avant la construction de la grande digue de Cherbourg CDE, figure 1, planche 70, le courant de flot de la Manche venait raser le fort Querqueville, le port militaire et les rochers des Flamands ainsi que, l'indiquent les flèches, et engendrait un contre-courant tournant dans la baie au fond de laquelle débouche le port militaire.

On peut citer des tourbillons analogues, à vitesse plus ou moins réduite, à l'entrée de presque tous les ports; les marins les connaissent bien, et nous aurons l'occasion d'en signaler quelques-uns lorsque nous procéderons à la description de nos principaux ports.

Le courant de flot rasant la côte est de l'Angleterre, figure 7, planche 71, avec une vitesse de 1ᵐ,75 à la seconde, détermine dans l'anse située au sud de la pointe d'Orford un contre-courant de vitesse égale.

Les contre-courants se retrouvent dans les détroits livrant passage à des courants directs de quelque violence ; ils sont très-nets au détroit de Gibraltar, et, dans le détroit de Messine, c'est à eux que l'on doit les tourbillons de Charybde et de Scylla, si redoutés des anciens.

Propagation des marées dans les fleuves. — La propagation de la marée dans les fleuves a été étudiée par plusieurs ingénieurs ; le travail le plus complet est celui de M. l'ingénieur Partiot, longtemps chargé du service de la Seine maritime.

« Si l'on considère, dit M. Partiot, une rivière à marée au moment où la mer est basse à son embouchure, on voit, en général, qu'elle présente une pente vers l'aval sur toute la partie inférieure de son cours. Si l'on se place à un point situé à un kilomètre de la mer, au moment où celle-ci commence à monter, on observe bientôt que la pente du fleuve diminue par suite de l'exhaussement des eaux du large. La surface de l'eau semble, pour ainsi dire, tourner autour d'une charnière horizontale, de telle sorte que sa pente devient de plus en plus faible, sans cesser d'abord d'être inclinée vers la mer. Dans ces premiers moments de la marée montante, le niveau de la rivière s'élève, bien que ses eaux continuent à se diriger vers l'aval. Mais peu à peu leur vitesse décroît avec leur inclinaison, et il arrive un instant où l'une et l'autre deviennent nulles. Alors e courant descendant, que l'on nomme *jusant*, *èbe* ou *reflux*, s'arrête ; les eaux restent un certain temps comme indécises ou, suivant l'expression des marins, *étales*, sans se diriger nettement ni vers la mer, ni vers la source. Cet étale, qui marque la fin du jusant, s'appelle *étale de jusant*.

« La mer continuant à s'élever, la pente du fleuve s'incline vers l'amont, et ses eaux commencent à remonter son cours. Le courant qui s'établit de l'aval à l'amont est le courant de *flot* ou de *flux*, et la masse des eaux qui remonte est ce qu'on appelle le *flot*.

« Lorsque l'eau arrive à son niveau le plus élevé au point où l'on est placé pour observer sa marche, la pente du fleuve est généralement encore inclinée vers l'amont. Elle conserve un certain temps cette pente tandis que le niveau des eaux commence à descendre. Mais la surface du fleuve tourne de nouveau, en amont, comme autour d'une charnière horizontale perpendiculaire à son cours, et sa pente diminue par l'abaissement de son niveau au point où on se trouve. Le courant de flot persiste donc après l'instant du plein. Mais il arrive un instant où l'eau a assez descendu pour que sa pente devienne nulle. Elle perd alors sa vitesse, et il y a un nouvel étale que l'on désigne sous le nom d'*étale de flot*. Puis, la pente s'incline vers la mer par l'abaissement des eaux vers l'aval, et le jusant recommence. Il dure jusque après la basse mer, comme nous l'avons indiqué tout à l'heure. »

Une molécule du fleuve descend avec le jusant, s'arrête avec l'étale de jusant, remonte avec le flot, s'arrête à l'étale de flot, pour redescendre de nouveau vers l'aval.

Elle descend avec le jusant plus qu'elle ne remonte avec le flot, et finit ainsi par gagner la mer.

Les dénivellations du fleuve ne sont donc pas dues à l'eau salée qui s'introduit dans le lit, mais aux oscillations de l'eau douce et à la transmission du mouvement des marées. L'eau salée ne pénètre, en général, pas bien loin dans les fleuves. Ainsi, sur la Seine, elle s'arrête à la Mailleraye.

Quelquefois les eaux salées pénètrent sous les eaux douces.

Dans les sections supérieures des parties maritimes des fleuves, les oscillations de la marée peuvent se faire sentir sans qu'il y ait renversement des courants. Sur la Garonne, à Langon, le courant est toujours vers la mer; il en est de même à Bordeaux lors des crues. Les eaux de la Tamise à Londres et en aval, ne se renouvellent que très-lentement par suite de l'obstacle que la mer leur oppose.

Marche d'une marée sur la Seine. — On a installé sur la Seine maritime un service d'observations hydrométriques qui, combiné avec un nivellement précis, a permis de construire à chaque instant le profil du fleuve. Voici, d'après M. Partiot, la marche de la marée du 24 septembre 1860, en morte eau et en étiage :

A midi, la marée était basse au Havre et, sur toute la longueur maritime du fleuve jusqu'à Poses, les pentes étaient dirigées vers l'aval ; on peut même remarquer que la pente est beaucoup plus rapide entre Tancarville et le Hode, parce que les eaux s'écoulent sur les bancs de sable comme sur un déversoir. A 3^h5^m, la marée basse était arrivée à Quillebœuf où cependant le courant continuait à se diriger vers la mer. Cette direction persista jusqu'à 3^h40^m, aux bords du fleuve et jusqu'à 4^h15^m, au milieu. A 6^h25^m, la mer était au plus haut à Quillebœuf : la pente des eaux s'inclinait encore très-nettement vers l'amont et le courant de flot persistait ; il s'arrêta à 7 h. sur les bords et à 7^h40^m au milieu du fleuve, planche 65.

La figure 1 de la planche 66, empruntée à M. Partiot, donne les profils momentanés de la Seine pendant la marée de vive eau et d'étiage du fleuve du 18 août 1856 ; elle montre bien comment s'effectue la propagation de l'onde.

La figure 2 de la même planche 66 donne les courbes de marée correspondantes sur différents points de la Seine maritime.

La figure 3 de la planche 67 donne les profils momentanés de la Garonne et de la Gironde, le 6 septembre 1846, en vive eau et en temps d'étiage.

La comparaison des courbes de vive eau et de morte eau conduit aux résultats suivants :

« 1° Sur un même point, l'eau monte beaucoup plus haut en vive eau qu'en morte eau ;

2° Elle descend beaucoup plus bas en vive eau vers l'embouchure du fleuve, mais moins bas, au contraire, dans la partie d'amont de la portion de la rivière qui est sujette aux marées. Il y a un endroit intermédiaire où les marées descendent toujours à peu près au même point ;

3° La marée s'élève et s'abaisse plus rapidement en vive eau qu'en morte eau ;

4° L'eau s'abaisse, tant en vive eau qu'en morte eau, plus lentement à mesure que l'on considère un point plus éloigné de l'embouchure ;

5° L'ondulation de la marée devient d'autant moins sensible que l'on s'éloigne davantage de la mer ;

6° Dans les fleuves où l'onde marée ne trouve pas d'obstacles, elle se propage sans modifications sensibles sur de grandes longueurs depuis leur embouchure, tant en vive eau qu'en morte eau ;

7° Les hauts-fonds arrêtent le mouvement des marées descendantes et font qu'elles s'abaissent avec lenteur, surtout dans la dernière période de leur mouvement ;

8° La pente du thalweg, quand elle a une influence sur celle des eaux, ex hausse le niveau des basses mers, et l'ondulation de la marée montante semble se soulever pour franchir les hauts-fonds ;

9° Les atterrissements accumulés à l'embouchure des fleuves lorsqu'ils sont nombreux, comme sur la Seine, et qu'ils rendent le chenal très-sinueux et sans profondeur, font que la marée monte très-rapidement sur chaque point lorsqu'elle y arrive. La partie antérieure et amont de l'onde déferle alors dans les endroits peu profonds du cours d'eau, en produisant un mascaret ;

10° Enfin, dans les crues, le niveau des pleines et des basses mers s'élève sur la pente du fleuve que l'onde marée remonte de l'aval à l'amont ;

11° Les étranglements qui existent sur certains cours d'eau et les obstacles que rencontre la propagation des marées sur certains points relèvent le niveau des pleines mers, et produisent un abaissement de ce niveau en amont. »

On trouvera les détails et les preuves de ces phénomènes, vérifiés sur la Seine et la Gironde, dans l'*Étude sur le mouvement des marées dans la partie maritime des fleuves* publiée en 1861 par M. Partiot, ainsi que dans son mémoire sur le *Mascaret*, inséré aux *Annales des ponts et chaussées* de 1861 (1er semestre).

Débit en un point de la partie maritime d'un fleuve. — A cause de la variation continue des pentes et des hauteurs, les formules même approximatives de l'hydraulique ne sont pas applicables au calcul des débits dans la partie maritime des fleuves, et il est nécessaire de recourir à des méthodes spéciales. Voici un aperçu de celle qu'a employée M. l'ingénieur en chef Lechalas dans son projet d'endiguement de la basse Loire.

La partie maritime de la Loire s'étend de Saint-Nazaire à Mauves au-dessus de Nantes. Considérons un moment où règne à Saint-Nazaire le jusant dans son plein ; le débit du fleuve par seconde étant de d à Mauves et de D à Saint-Nazaire, celui-ci est supérieur au premier d'une quantité δ, qui est prise sur la réserve emmagasinée dans le fleuve lors du flot précédent. La partie de la Loire comprise entre Mauves et Saint-Nazaire est un bassin qui reçoit à l'amont moins qu'il ne perd à l'aval, et l'on a :

$$D = d + \delta.$$

Au commencement et à la fin du jusant, le débit D reste très-faible, d ne varie pas puis que c'est le débit propre du fleuve à l'époque considérée ; il faut que δ soit négatif. Le jusant tirant vers sa fin, il y a un moment où D égale d, l'équilibre existe entre la perte et l'apport, et δ est nul ; puis δ devient négatif. Ainsi avant la fin absolue du courant du jusant, l'emmagasinement dans le fleuve a déjà commencé, et le niveau des eaux a remonté malgré la persistance du courant vers l'aval ; pendant cette phase mixte, la pente de l'amont à l'aval diminue et finit par s'annuler à Saint-Nazaire ; à une pente nulle correspond un débit nul D, et l'apport mesuré en valeur absolue par δ est égal au débit propre du fleuve d.

Puis, la pente se renverse, s'incline de l'aval à l'amont, D devient négatif et il en est de même de δ qui croît en valeur absolue jusqu'à un certain maximum, puis décroît ensuite jusqu'à d ; à ce moment D redevient nul, ainsi que la pente superficielle à Saint-Nazaire. Alors commence une nouvelle phase mixte pendant laquelle le courant continue à se diriger vers l'amont, bien que le niveau

des eaux s'abaisse et que l'emmagasinement diminue dans le fleuve ; la pente
elle-même s'est annulée, puis elle se dirige à nouveau de l'amont vers l'aval.

Pour construire la courbe des débits D à Saint-Nazaire, ou en un point quelconque de la partie maritime d'un fleuve, il faut donc connaître à chaque
instant d et δ ; on connaît d par la courbe même des débits propres du fleuve.

Quant à δ, c'est la variation par seconde du volume emmagasiné dans le fleuve
à l'instant considéré; on peut obtenir cette variation en notant, à chaque instant,
à des échelles convenablement espacées, la hauteur de l'eau en chaque point et
en relevant une fois pour toutes, les profils en travers correspondants.

M. Lechalas a procédé sur la Loire par périodes de cinq minutes ; ayant calculé la variation de l'emmagasinement pendant une de ces périodes, c'est-à-
dire pendant 300 secondes, il a obtenu le nombre δ en divisant cette variation
par 300.

« Les observations aux échelles, dit-il, nous donnent l'abaissement ou l'exhaussement en autant de points que nous voulons entre Mauves et Saint-Nazaire.
Chacune des ces cotes peut servir à calculer la variation de la surface du profil
en travers correspondant ; cette variation, multipliée par les longueurs des demi-
entre-profils voisins, donnerait une valeur approchée de l'un des termes de la
variation exprimée pour une seconde par δ. Mais, pour plus d'exactitude, nous
procédons autrement : on calcule à l'avance les surfaces horizontales de chaque
demi-entre-profils, pour des hauteurs d'eau échelonnées de $0^m,10$ en $0^m,10$.
Ces surfaces diffèrent à cause des grèves qui sont tantôt noyées, tantôt décou-
vertes. Il suffit de multiplier la variation de hauteur, observée à une échelle,
par la surface horizontale moyenne des deux demi-entre-profils correspondants,
pour avoir la portion de la variation d'emmagasinement qui se rapporte à cette
échelle. Cette méthode de calcul s'applique à toutes les échelles ; cependant
pour le profil final, on n'a à s'occuper que du demi-entre-profils d'amont. »

Bien que longs, ces calculs ne sont pas insurmontables ; menés avec méthode
et avec soin, ils doivent conduire à de bons résultats pratiques.

De la courbe des débits, construite en un point quelconque, il est facile de
déduire la courbe des vitesses moyennes; il suffit, pour cela, de diviser à
chaque instant le débit par la section transversale correspondante.

DU MASCARET.

Dans certains fleuves, l'arrivée du flot de marée se manifeste par une lame
écumante qui déferle sur les hauts-fonds et qui roule avec fracas. Il semble que
l'ascension de la mer se produit tout d'un coup, au lieu de se faire progressivement comme sur les côtes.

Ce phénomène s'appelle *barre* sur la Seine, *mascaret* sur la Dordogne, *bore*
sur le Gange et *pororoca* sur le fleuve des Amazones.

Le bras du Gange, qui porte le nom d'Hoogly, est remonté par le bore avec
une vitesse de 37 kilomètres à l'heure ; sur les bancs de sable, la lame prend
une hauteur de 4 à 5 mètres, entraîne et chavire les barques sur son passage.
Sur les bas-fonds, il n'y a pas de déferlement ; le phénomène se manifeste par
une grande onde tranquille, et les navires qui s'y tiennent n'ont rien à craindre.
Sur le Gange, comme sur les autres fleuves, c'est au moment des grandes marées de syzygies que le mascaret se manifeste ; il est d'autant plus violent que le
fleuve est plus voisin de l'étiage.

Sur le Gange, comme sur les autres fleuves, c'est au moment des grandes marées de syzygies que le mascaret se manifeste; il est d'autant plus violent que le fleuve est plus voisin de l'étiage.

En vive eau et en étiage, le flot de marée, au lieu de s'élever graduellement dans le fleuve des Amazones, s'y précipite sous forme d'une lame de 4 à 5 mètres de hauteur, suivie de trois ou quatre autres lames occupant toute la largeur du chenal; c'est le pororoca des Indiens, qui s'annonce par un grand bruit à deux lieues de distance, qui s'avance avec une énorme rapidité et qui entraîne ce qu'il rencontre sur son passage; les bas-fonds du chenal sont seuls à l'abri de sa puissance destructive.

Le mascaret se manifeste aussi bien sur les petites rivières que sur les grandes, et on l'a signalé sur la Vire et l'Aure en Normandie.

La barre de la Seine a été étudiée par plusieurs ingénieurs, et surtout par M. Partiot, dans un mémoire inséré aux *Annales des ponts et chaussees* de 1861, mémoire auquel nous empruntons les figures 1 à 1⁵ de la planche 68 qui font bien comprendre la marche du mascaret.

Là où la profondeur est faible, sur les bancs de sable, par exemple, le mascaret vu de loin est représenté par une ligne blanche; c'est une lame qui déferle et qui forme la tête d'un flot continu; la partie inférieure de la lame de tête, retardée par le frottement sur le fond, est dépassée par la partie supérieure qui retombe en écume, et la lame avance comme un rouleau, ce que l'on reconnaît à l'examen des trajectoires décrites par les corps flottants entraînés.

Dans la baie de Seine, entre le Havre et Quilleboeuf, le mascaret arrive quelquefois de deux côtés opposés; les deux lames persistent comme si elles étaient indépendantes, elles se coupent et forment un chevron dont la pointe est dirigée vers l'aval. Quelquefois le mascaret se réfléchit sur un côté de la baie et revient sur lui-même.

Dans les passes, le mascaret présente la forme de la figure 1; le 6 mai 1856, la lame de tête, à Saint-Jacques, avait 2ᵐ,18 de hauteur au-dessus de l'eau précédemment calme, elle était suivie de cinq à six lames de 1ᵐ,50 à 2 mètres de hauteur, qu'on appelle *eteules*. Deux minutes après l'arrivée du mascaret, la mer était redevenue calme, mais son niveau avait monté de 1ᵐ,68.

Dans toutes les sections le mascaret se manifestait par des rouleaux d'eau ou des lames déferlantes là où manquait la profondeur; il restait à l'état de grosse vague partout où régnaient à basse mer des profondeurs de quelques mètres. Les deux formes existaient dans une même section transversale : brisants sur les rives, onde calme au milieu. Le flot se fait sentir plus tôt sur les bords que dans la ligne du thalweg, et le courant est déjà ascendant sur les rives qu'il est encore descendant au centre.

Cause du mascaret. — Le phénomène du mascaret a donné lieu à bien des explications; on en a cherché la cause dans les chocs des courants, dans les flots de fond du colonel Emy, dans les remous que détermine le barrage instantané d'un cours d'eau. L'explication la plus rationnelle, généralement admise, est celle de Brémontier qu'ont développée et mise en lumière les expériences de M. l'ingénieur Bazin sur la propagation des ondes.

Il résume d'abord les caractères généraux du mascaret :

« Le mascaret est produit par l'arrivée du flot, dont il forme en quelque sorte la tête. Partout où la profondeur de l'eau est faible, il apparaît sous la forme d'une lame qui déferle d'une manière continue; dès qu'il rencontre une eau profonde, il disparaît, ou du moins se transforme subitement en une onde allongée qui cesse de déferler et ne présente plus de dangers pour la navigation. Sa vitesse de propagation augmente avec la profondeur de l'eau sur laquelle il chemine. »

Ces caractères sont identiques à ceux que présente l'onde de translation, étudiée plus haut à la page 493. Soit h la hauteur de cette onde, H la hauteur des eaux sur lesquelles elle chemine, U la vitesse du courant du fleuve que l'onde remonte, sa vitesse de propagation vers l'amont sera donnée par la formule :

$$V = \sqrt{g(H+h)} - U.$$

Quand la profondeur H deviendra inférieure à une certaine limite, la vitesse de l'onde augmentera et elle commencera à déferler.

Ces faits vérifiés par l'expérience, sont bien identiques à ceux que présente en grand le mascaret.

Reste à expliquer comment la marée montante, au lieu de donner une ascension continue, engendre un flot instantané d'une certaine hauteur. Imaginons que la mer s'élève par petites ondes successives de $0^m,05$ de hauteur : la première s'avance avec une certaine vitesse; la seconde, trouvant sous elle une plus grande profondeur, s'avance avec une vitesse supérieure à la première et finit par la rejoindre ; la troisième s'avance plus vite que la seconde et finit par rejoindre les deux premières, de même que la quatrième, de sorte que toutes les petites ondes successives finissent par se réunir.

L'effet est d'autant plus accusé que l'entrée du fleuve présente plus de bancs et de hauts-fonds, car le retard produit sur les premières ondes élémentaires est alors très-considérable.

L'expérience faite par M. Bazin, sur la rigole du canal de Bourgogne, a montré que les choses se passaient ainsi en réalité et que les ondes produites successivement à l'entrée du canal couraient les unes après les autres pour se réunir.

Si la mer montait par tranches successives de $0^m,20$ de hauteur, dans un canal régulier de 2 mètres de profondeur, parcouru par de l'eau animée d'une vitesse de 1 mètre, la première onde élémentaire s'avancerait, d'après la formule ci-dessus, avec une vitesse de $3^m,64$ à la seconde. Derrière elle la vitesse d'écoulement du canal est ralentie et tombe à $0^m,58$, ce qui fait que la seconde onde élémentaire, née cinq minutes après la première, prend une vitesse de $4^m,27$, et rejoint la première à 7400 mètres de l'embouchure. Ce calcul approximatif fait nettement saisir comment peut se former la tête du mascaret.

Sur la Seine, la vitesse de propagation du flot du cap de Hode à Quillebœuf, de Quillebœuf à Villequier, de Villequier à Rouen, a été de :

$2^m,90$	$3^m,88$	$7^m,27$	à la marée du 24 septembre 1826.
et de $5^m,06$	$6^m,51$	$7^m,44$	— 18 août 1856.

La vitesse avait considérablement augmenté dans les deux premières sections, à cause de l'approfondissement du chenal produit par les travaux d'endiguement du fleuve.

Généralités. — Les côtes de la mer sont, en général, douées d'une grande instabilité et se modifient sans cesse sous l'influence des vents, des vagues et des courants.

Au point de vue de la conformation, il y a deux espèces de côtes :

1° Les côtes escarpées ou falaises, près desquelles on trouve de grandes profondeurs, parce que le relief du sol se poursuit au-dessous du niveau de la mer ;

2° Les plages, ou côtes en pente douce, près desquelles la profondeur de la mer est faible, parce que le plan incliné de la plage se prolonge souvent à de grandes distances.

Toutes les côtes sont attaquées, quel que soit leur degré de dureté ; cependant la destruction des roches granitiques de la Bretagne est des plus lentes ; elle s'opère surtout par le frottement des sables et des galets que les lames mettent en mouvement.

Les falaises crayeuses à rognons siliceux de la Normandie sont constamment désagrégées par les vagues, par les pluies et les gelées ; elles s'éboulent et leurs débris, repris par la vague, sont divisés en galets que le mouvement arrondit, en sable et en vase que les courants emportent.

Considérons une côte à galets et à sable frappée normalement par les vagues ; chaque lame en déferlant entraîne pêle-mêle et soulève avec elle les galets, les graviers et les sables : lorsqu'elle s'est assez élevée pour perdre sa vitesse, l'eau retombe et revient sur elle-même, mais elle laisse derrière elle, d'abord les plus gros galets, qu'elle n'a pas la force de tenir en suspension, puis les graviers et enfin les sables.

Le talus est d'autant plus raide que les matériaux sont plus gros et la section transversale de la plage affecte sur les côtes de la Manche une forme telle que celle de la figure 1, planche 67.

Lorsque la lame vient frapper la côte obliquement, il se fait, outre le triage précédent, un transport dans le sens de la propagation de la lame, comme le montre la figure 10, planche 64 : soit AB la côte, une lame arrive dans la direction mn et soulève les sables et les graviers dans cette direction mn ; les matériaux portés en n ne reviennent pas sur eux-mêmes, ils obéissent à la plus grande action de la pesanteur et retombent suivant la ligne de plus grande pente nm' du talus ; ils ont donc avancé parallèlement à la plage de mm' ; repris en m' par une autre lame, ils vont en m'' et se déplacent ainsi d'un mouvement continu. Le maximum de la vitesse de transport paraît se produire lorsque la lame est inclinée de 45° sur la côte.

Les phénomènes de transport de la mer ont leur cause soit dans les courants, soit dans les vents qui engendrent les lames. Parmi les courants, il faut distinguer les courants permanents et les courants de marée.

Les courants permanents sont les fleuves de l'Océan ; ils doivent attaquer

leur lit comme le font les rivières terrestres; mais, leur vitesse étant généralement faible, ils transportent surtout des corps flottants et des détritus microscopiques, minéraux, végétaux et animaux. Le Gulf-stream apporte jusqu'à
l'Islande les bois de l'Amérique; les grands courants permanents, tout en ne
charriant que des débris et des animaux microscopiques, ne laissent pas
d'exercer une influence puissante sur le fond de la haute mer qui se recouvre
de formations d'une vaste étendue. Mais l'influence des courants permanents
sur les côtes ne paraît pas considérable.

Les vents, par les vagues qu'ils engendrent, produisent indirectement d'énergiques effets d'érosion, surtout quand ils soufflent de la mer. On doit donc
remarquer des transports souvent considérables de débris dans la direction des
vents régnants. Sur nos côtes, ce sont les vents d'entre N. O et S. O.; ces vents
humides et chargés de pluie agissent non-seulement par la force vive communiquée aux lames de la mer, mais encore par l'action destructive qu'ils exercent
sur les matériaux plus ou moins friables des falaises.

Les vents produisent directement, sans l'intermédiaire des vagues, des phénomènes de transports considérables, lorsqu'ils frappent des plages sablonneuses, dont l'*estran*, c'est-à-dire la surface comprise entre la laisse des basses
mers et la laisse des hautes mers, est considérable. Cette surface se découvre à
chaque marée; le vent sèche rapidement le sable et l'entraîne; les vents violents
peuvent même entraîner le sable humide. Nous verrons plus loin des exemples
de ces transports.

Les érosions produites par la mer sont généralement renfermées dans la zone
comprise entre le niveau des basses mers et le niveau des hautes mers; toutefois, lors des tempêtes, les lames sont lancées le long des obstacles à des hauteurs considérables et leur puissance destructive s'exerce au-dessus de la haute
mer.

La zone d'érosion la plus active paraît être un peu au-dessous de la mi-marée,
et celle de moindre activité au-dessous de la basse mer.

Falaises. — Dans sa *Lithologie des mers*, M. l'ingénieur Delesse donne sur les
falaises les renseignements suivants :

« La disposition et la nature des roches qui forment les falaises influent
beaucoup sur les effets d'érosion produits par les vagues. L'érosion est très-rapide lorsque des couches horizontales de craie, de marne, d'argile se trouvent
à la base des falaises. Elle est lente, au contraire, lorsque les couches plongent
vers la mer, ou bien lorsque les falaises sont des roches dures et compactes.

« Les calcaires tendres, comme la craie de la haute Normandie, sont facilement dissous ou détruits, par l'action combinée des vagues et des marées,
puisqu'on les retrouve à peine dans les dépôts du rivage. Les argiles et les
schistes tendres se laissent encore rapidement délayer. Des sables meubles,
comme ceux des Landes, cèdent de même à l'action des vagues; tandis que des
granits, comme ceux qui forment l'ossature du Cotentin et de la Bretagne, résistent bien à la destruction, quoique formant saillie et se trouvant exposés à
toute la fureur des vagues. »

L'aspect des falaises est d'autant plus pittoresque et accidenté que les roches
sont plus dures; les falaises de la Manche, formées de couches friables, sont facilement sapées à leur base, elles s'écroulent et se déchirent par masses; aussi
ressemblent-elles à d'énormes murailles de 50 à 100 mètres de hauteur. Les
falaises calcaires de la Toscane sont beaucoup plus dures; elles ne s'effondrent
pas, quoique placées en surplomb, et les eaux de la mer creusent au pied de

ces falaises des galeries et des grottes profondes. Les rainures et les failles sont encore plus accusées dans les falaises granitiques qui se découpent en une série de tours que séparent des grottes et des crevasses profondes.

La coupe transversale d'une ligne de falaises varie suivant que l'on se trouve dans une mer avec ou sans marée : les falaises de la Méditerranée ont l'aspect de la figure 6, planche 65, et celles de l'Océan l'aspect de la figure 4. Les premières offrent une muraille abrupte, dont le pied, situé au niveau de la mer, se prolonge sous les eaux par une terrasse ou plate-forme de faible inclinaison. Sur l'Océan, la muraille verticale se compose de deux parties qui s'arrêtent, la première au niveau de la haute mer et la seconde un peu au-dessous du niveau de la basse mer ; elles se raccordent par une plate-forme partant de la hauteur de mi-marée et aboutissant au niveau de la haute mer. Cette terrasse est d'autant mieux accusée et d'autant moins large que la roche est plus dure ; quand la roche est friable, la terrasse est remplacée par une série de gradins.

Plages, cordon littoral, littoral de la Méditerranée. — La seconde forme des côtes, c'est le plan incliné, c'est la plage, composée de sable pur, ou de vase et de sable, ou de vase, de sable et de galets.

Nous avons vu comment la mer se faisait à elle-même une enceinte : les lames corrodent la plage, et entraînent les matériaux jusqu'au sommet de leur course ; les plus lourds se déposent alors et forment un bourrelet d'enceinte, dont nous avons donné plus haut des profils.

Une côte quelconque se compose d'une série de caps d'autant plus aigus que la roche est plus dure ; entre ces parties saillantes que la mer attaque, la lame s'épanche et se brise ; si l'on considère la ligne droite qui réunit deux caps successifs, la lame s'étend au delà de cette ligne sur la plage à une distance d'autant plus grande que l'on s'éloigne davantage des caps. Le bourrelet, qu'elle forme par ses dépôts, affecte donc en plan la forme d'une courbe concave vers la mer, courbe ayant pour corde la droite qui réunit les deux caps.

Le bourrelet dont il s'agit est ce qu'on appelle *le cordon littoral*. Les rivages maritimes se présentent donc, vus de la mer, comme une série de courbes concaves, semblables à celles que donnerait une chaîne horizontale attachée en plusieurs de ses points.

La plus grande plage des côtes de France est celle qui borde le golfe de Lion dans la Méditerranée : c'est un immense arc de cercle, limité du côté de l'Espagne par le massif des Albères et du côté de l'Italie par les massifs des Maures, de l'Estérel, des Alpes maritimes.

« Cette grande plage sablonneuse, dit M. l'ingénieur Lenthéric, a une inclinaison très-faible et presque régulière de 0^m,01 par mètre. C'est sur ce plan incliné que les vagues viennent déferler, après avoir soulevé une partie des sables du fond. Ces sables, ainsi jetés à la plage par les coups de mer, forment une sorte de bourrelet que M. Élie de Beaumont a très-justement appelé le cordon littoral ; c'est la ligne de démarcation entre la terre et la mer, clôture essentiellement fragile et que la mer tend à chaque instant à modifier par de nouveaux apports, et surtout à régulariser et à adoucir en fermant par des levées de sable toutes les baies et tous les enfoncements dans lesquels son mouvement ne peut se développer à l'aise. Telle est l'origine de la formation des étangs et des lagunes littorales, qui toutes ont été dans l'origine de petites baies peu profondes et ouvertes du côté de la mer, mais que le travail incessant des vagues et des courants a fini par retrancher du domaine maritime. Cette sépara-

tion a eu lieu au moyen d'une série de flèches de sable orientées suivant les
courants parallèles à la côte, qui ont fermé peu à peu toutes les anses ; et ces
tronçons de cordons littoraux, se soudant les uns aux autres, ont fini par constituer le rivage actuel, et présentent aujourd'hui une ligne presque continue sur
tout le développement du golfe. »

Les étangs en arrière du cordon littoral se comblent peu à peu par les apports
fluviatiles et par la végétation ; lors des crues, les eaux qui y sont accumulées
se créent un passage dans le bourrelet ; les pertuis de ce genre portent le nom
de *grau*. Ainsi, le grau du Roi est l'émissaire du canal de la Grande-Robine qui
va jusqu'à Aigues-Mortes à travers l'étang de Repausset.

Le manque de profondeur du golfe de Lion le rend excessivement dangereux
par les tempêtes du sud au sud-est ; la lame y est terrible et les navires qu'elle
chasse ne trouvent sur la côte aucun abri.

Dans un très-intéressant mémoire publié en 1863 par M. l'ingénieur en chef
Régy, mémoire qui propose de fixer par des plantations nos côtes de la Méditerranée, nous trouvons d'intéressants renseignements sur la constitution de
ces plages de sable.

Un jour de tempête, la mer est troublée à plusieurs milles au large par les
sables que la mer soulève et que le courant littoral, combiné avec les lames,
transporte de gauche à droite, avec des vitesses qui atteignent devant Cette
$2^m,50$ à 3 mètres par seconde. Cette rivière marine chargée de sables en laisse,
dans les passes de Cette, 80 000 à 100 000 mètres cubes par année.

Les figures 2 à 5 de la planche 68 donnent diverses coupes du rivage
méditerranéen, sur le littoral de l'Hérault, avec ses bourrelets de sable et
même ses dunes de faible hauteur. La figure 5 en particulier représente le profil moyen de la plage : à 300 mètres du rivage, le lit devient uniformément incliné vers le large, avec une pente variant de $0^m,0075$ à $0^m,013$ par mètre. En
deçà, le lit est accidenté avec une pente moyenne de $0^m,012$ par mètre. Sur la
plage on trouve une série d'ondulations qui paraissent d'abord confuses et établies sans règle constante : on ne tarde pas cependant à y remarquer trois
bourrelets de hauteur variable, correspondant chacun à un état de la mer ayant
persisté assez longtemps pour laisser sa trace ; le premier est le bourrelet des
mers ordinaires, le second celui des grosses mers, et le troisième celui des
tempêtes, après lequel on trouve la dune. Le faîte du premier bourrelet est
à $0^m,60$, celui du second à $1^m,20$ et celui du troisième à $2^m,20$ au-dessus du
niveau de la mer.

Lorsqu'on examine au large une onde qui s'avance vers la côte, on la voit
régulière et calme tant qu'elle reste sur des fonds supérieurs à 3 ou 4 mètres ;
mais, dès qu'elle les atteint, soulevée par le fond, poussée par les vents dans sa
face qui regarde la mer, redressée par le frottement dans sa face qui regarde la
terre, et ralentie par le pied, elle devient de plus en plus aiguë, jusqu'à ce
qu'elle se courbe en volute, se brise et s'étale sur la plage chargée de sable ;
elle remonte le plan incliné et porte jusqu'au sommet du bourrelet une partie
du sable qu'elle renferme. La figure 5 de la planche 68 rend bien compte de ces
effets.

Dunes. — Nous avons décrit, en *Géologie*, la formation des dunes qui menaçaient, au commencement du siècle, d'envahir toute notre région des Landes et
nous avons expliqué comment elles ont été arrêtées dans leur course et transformées en une source de richesse par l'ingénieur Brémontier.

En quelques lignes, M. Lenthéric a nettement exposé le mécanisme de la formation des dunes :

« Le sable sec est par lui-même d'une extrême mobilité, et le vent le transporte facilement à de très-grandes distances avec une vitesse souvent considérable. Le long de toutes les plages sablonneuses, on peut observer sur une petite échelle les mêmes effets qu'au milieu des vastes solitudes de l'Afrique centrale. Il se forme de véritables collines mouvantes, qui se déplacent suivant la direction du vent dominant et qui, dans certains cas, ont recouvert des surfaces immenses et envahi des villages entiers. Partout où la côte est plate et sablonneuse, le vent chasse le sable du littoral, et il se forme une série de dunes mouvantes dont le volume, la hauteur, la vitesse de propagation et l'orientation dépendent de la direction et de l'intensité des vents dominants.

« Le phénomène se développe surtout dans de très-grandes proportions, lorsque la mer découvre à marée basse une large zone sablonneuse ; le soleil dessèche en même temps la surface ainsi émergée ; et si le vent de mer souffle avec violence, il pousse à la côte le sable de la plage devenu mobile ; celle-ci s'élève alors rapidement et finit par présenter, sur une certaine largeur, une série de monticules qui atteignent parfois 100 et 200 mètres d'élévation. »

Lorsqu'on est au sommet d'une de ces collines de sable des Landes et que souffle par un beau soleil la brise de l'Océan, on voit les grains de sable gravir en tourbillonnant la pente douce qui regarde la mer ; arrivés sur le faîte, ils tombent brusquement et garnissent le talus opposé à la mer, beaucoup plus raide que le premier.

La condition nécessaire à la formation d'une dune élevée est l'existence d'un vaste estran sablonneux ; c'est donc sur les plages à grande amplitude de marée que l'on trouvera les plus fortes dunes. Il faut encore que les vents violents soufflent de la mer comme sur l'Océan, et non des terres comme le mistral de la Méditerranée.

Aussi, celles qu'on rencontre sur la Méditerranée, où les marées de notre littoral ne dépassent pas 0^m,75, sont-elles faibles par rapport aux dunes de l'Océan.

C'est au-dessus de la trace des hautes mers ou de celle des tempêtes, qu'on trouve sur le littoral de l'Hérault de petites dunes, qui ne dominent pas les basses mers de plus de 5 à 7 mètres, et dont la largeur de base varie de 30 à 100 mètres.

La mer et les vents rejettent sur les Landes, chaque année, plus de 5 millions de mètres cubes de sable, que la végétation fixe et retient ; les dunes ont jusqu'à 100 mètres de hauteur, leur talus du côté de la mer varie de 7° à 12° et celui du côté des Landes de 29° à 32° ; elles occupent une zone de 240 kilomètres de long et de 5 kilomètres de large. Le sable qui les compose est presque exclusivement du quartz hyalin.

Au nord de la Gironde, sur les côtes de Saintonge et dans l'île d'Oléron, les dunes prennent une grande hauteur et renferment 10 p. 100 de calcaire avec des débris de coquillages, le tout pris au rivage.

Les dunes de la baie d'Audierne et du Morbihan renferment jusqu'à 60 p. 100 de calcaire et constituent, pour les terrains primitifs de la Bretagne, un excellent amendement.

Dans la Manche et le Calvados, les dunes sont aussi très-chargées de calcaire. Celles du Pas-de-Calais, de la Flandre et des Pays-Bas n'ont qu'une très-faible proportion de calcaire provenant des débris de coquillages; la masse est un sable quartzeux gris jaunâtre.

Érosion des côtes de la Manche; marche des galets. — Les érosions de la côte de la Manche et la marche des alluvions dans cette mer ont fait l'objet de savants et intéressants mémoires; le premier est celui de Lamblardie qui est toujours consulté avec fruit, le dernier est celui de M. l'ingénieur Plocq qui s'est surtout occupé du Pas-de-Calais.

La Manche est parcourue par des courants de marée à grandes vitesses; au milieu est un courant central alternatif de flot et de jusant, qui engendre dans les zones du littoral des courants giratoires directs près de la côte anglaise, e des courants giratoires inverses ou dans le sens des aiguilles d'une montre, près de la côte française.

Les courants de flot ont une vitesse de 1 à 1^m,25 sur la côte anglaise, de 1^m,50 à 2 mètres sur la côte française; les courants de jusant sont moins rapides. Mais ceux-ci durent plus longtemps que les premiers; cependant, pour une onde, la durée du flot s'accroît aux dépens de celle du jusant, à mesure qu'on s'avance vers le nord; on ne peut donc dire *à priori* que les matières en suspension seront entraînées plutôt dans un sens que dans l'autre. Mais les vents d'ouest interviennent pour soutenir et augmenter le flot, pour retarder et combattre le jusant; il en résulte un effet de transport et les matières arrachées à nos côtes, broyées et triturées, constituent le *gain de flot* des parages du Pas-de-Calais et de l'entrée de la mer du Nord.

Il est à remarquer, du reste, que les sables seuls sont transportés par les courants; la lame frappant le rivage pousse les galets au sommet du bourrelet littoral et peut leur imprimer une certaine translation dans sa propre direction, mais les galets ne redescendent point avec elle; elle n'entraîne que les parties ténues et triturées.

Ce sont nos plages à galets, lesquelles correspondent aux falaises et ne s'étendent guère au delà d'elles, qui alimentent les bancs et les alluvions du nord, et la chair de nos rivages s'en va grandir les côtes de la Flandre et des Pays-Bas.

Nos côtes de Bretagne, constituées par des roches primitives et cristallisées, très-dures, sont cependant attaquées; triturées elles donnent le sable, qui, mélangé aux débris calcaires des coquillages, forme la *tangue*, dont l'apport, dans la seule baie du mont Saint-Michel, est de 600 000 mètres cubes par an.

Les côtes crayeuses et marneuses, de Barfleur à la côte de Grâce près Honfleur, sont profondément rongées, ainsi qu'on le reconnaît à la seule inspection de la carte; la pointe de la Hève, qui termine la baie de Seine au-dessus du Havre et qui porte les phares du même nom, est encore accusée parce que le flot, rencontrant la baie de Seine avant de l'atteindre, s'y épanche.

C'est entre cette pointe de la Hève et le Bourg-d'Ault, près la baie de Somme, que règnent les falaises, le long desquelles cheminent les galets (fig. 4, pl. 91).

La ligne des falaises forme en plan un chevron dont le cap d'Antifer, un peu au sud d'Étretat, est la pointe; c'est au cap d'Antifer que se fait le partage des galets; d'un côté, ils marchent vers le Havre, de l'autre vers la baie de Somme.

L'action corrosive des vagues s'exerce avec violence vers la ligne entière des falaises; du Havre au cap d'Antifer, elle est un peu contrariée par le courant de la baie de Seine, aussi est-elle plus forte sur l'autre branche du Chevron.

D'après Lamblardie, la mer enlèverait chaque année sur les côtes de la Seine-Inférieure une tranche de falaise de 0^m,30 de largeur, et ce chiffre est resté sensiblement exact; cet effet se produit sur une longueur de 228 kilomètres, et sur une hauteur moyenne de 60 mètres. C'est donc une masse annuelle de 4100 000 mètres cubes.

Sur le Calvados, 110 kilomètres de falaise perdent 0^m,20 de largeur par an, et donnent 1 500 000 mètres cubes.

Sur la côte anglaise, entre l'île de Wight et Douvres, 250 kilomètres sont attaqués avec plus de violence encore et donnent au moins 4500 000 mètres cubes.

C'est donc un total annuel de 10 millions de mètres cubes enlevés aux falaises et chassés vers le nord.

Si l'on considère la marche des galets sur les côtes de la Seine-Inférieure, on reconnaît que la quantité de galets va en augmentant de chaque côté du cap d'Antifer, à mesure qu'on s'en éloigne.

Il arrive annuellement :

Au Havre.	14000	mètres cubes de galets.	
A Fécamp.	5000	—	
A Saint-Valery	18000	—	
A Dieppe.	50000		

Les galets s'accumulent devant les ports et y forment des barres, appelées poulliers, qui deviendraient dangereuses pour la navigation si l'on n'enlevait chaque année, notamment pour le lestage des navires, des quantités de galets au moins égales à l'apport.

Les galets s'arrêtent au Havre à la pointe du Hoc, et à la pointe du Hourdel vers la baie de Somme, à 10 kilomètres des dernières falaises à silex.

Sur la côte anglaise, le mouvement des galets se fait aussi de l'ouest à l'est; c'est une longue digue de galets (*chesil bank*) qui relie la presqu'île de Portland à la côte. En face de Boulogne, on trouve la pointe de Dungeness où s'accumulent les galets provenant des falaises de grès d'Hastings, et cette pointe alimente à son tour toute la côte jusqu'à Folkstone. A l'est de Folkstone le galet de grès augmente à nouveau par suite de la destruction des falaises voisines; puis apparaît la craie avec ses rognons siliceux, qui constitue les falaises de Douvres; les falaises de craie siliceuse règnent jusqu'à South Foreland, et c'est à Deal, non loin de l'embouchure de la Tamise, que l'on trouve la fin du galet (*Shingle-end*). Au delà règne le sable.

La ligne des falaises anglaises, formée de calcaire, de craie et de grès, ressemble à une muraille blanchâtre et a fait donner à la Grande-Bretagne le nom d'Albion.

Des vases. — Les vases obéissent aux mêmes lois de transport que les sables; elles sont entraînées plus loin et plus facilement encore et ne se déposent que sur les fonds tranquilles, dans les baies bien abritées, dans les bassins des ports. En parlant des travaux de colmatage, nous avons étudié le mécanisme du dépôt des vases; nous ne reviendrons pas sur les explications et les formules données, auxquelles le lecteur voudra bien se reporter.

Parmi les ports qui s'envasent avec le plus de rapidité, il faut placer au premier rang celui de Saint-Nazaire; il faut extraire du chenal et du bassin à flot plus de 190 000 mètres cubes de vase par an. L'extraction se fait au moyen des bateaux pompeurs que nous avons décrits dans notre *Traité de l'exécution des travaux*.

On trouvera, dans le même traité, tout ce qui est relatif aux draguages et aux fondations des ouvrages.

Estuaires et Deltas des fleuves. — Les fleuves qui débouchent dans l'Océan, sur des côtes où les marées prennent une grande amplitude, présentent un lit unique, avec chenal large et profond, qui s'évase en arrivant à la mer pour former une sorte de baie; cette baie peut être partiellement obstruée par des barres et des bancs de sable, mais l'entrée du fleuve reste toujours facile pour les grands navires. Ce sont les fleuves à *estuaire*; à leur entrée, ou sur leurs rives à une distance plus ou moins grande dans les terres, se trouvent en général de grands ports parmi lesquels on compte les plus fameux du monde, savoir :

Hambourg, à l'entrée de l'Elbe,
Brême, à l'entrée du Weser,
Londres sur la Tamise,
Le Havre et Rouen sur la Seine,
Liverpool et Birkenhead sur la Mersey,
Nantes et Saint-Nazaire sur la Loire,
Bordeaux sur la Gironde,
Lisbonne sur le Tage,
New-York sur l'Hudson,
La Nouvelle-Orléans sur le Mississipi,
Buenos-Ayres sur la Plata,
Calcutta sur le Gange.

Les matières dont sont chargées les eaux de ces fleuves et celles qu'apporte le jeu des marées se déposent bien dans les anses tranquilles et forment même une barre à l'endroit où le courant du fleuve et le flot se rencontrent. Mais cette barre n'est point fixe ; elle se déplace suivant la prédominance d'un courant sur l'autre et elle laisse toujours des passes profondes.

Les matières apportées par le fleuve sont sans cesse entraînées par les courants littoraux et charriées au large ou sur des côtes plus ou moins lointaines ; à chaque marée, l'estuaire emmagasine des masses d'eau énormes qui, à mer basse, produisent des chasses puissantes, entraînent avec elles les dépôts et maintiennent la profondeur.

Il n'en est pas de même dans les mers sans marée, comme la Méditerranée ; les fleuves n'ont plus un estuaire, mais un *delta* dont M. l'ingénieur Lenthéric explique parfaitement la formation dans les lignes suivantes, empruntées à son intéressant ouvrage, *Les villes mortes du golfe de Lion* :

« La barre, incessamment rechargée dans les mers tranquilles par les apports continuels du fleuve, finit par émerger au-dessus du niveau des eaux. Le courant du fleuve se divise alors en deux branches qui entourent cet îlot de création récente et l'on peut dire qu'à ce moment le delta est formé. Les eaux des crues, très-chargées de sables et de limons, élargissent très-rapidement la surface de ce delta rudimentaire ; elles déposent d'abord sur ses bords une quantité notable de troubles et se déversent ensuite dans l'intérieur du delta ; de là, la formation de deux bourrelets latéraux qui s'élèvent et s'épaississent après chaque période d'inondation. La forme triangulaire du delta s'accentue dès lors de plus en plus, et le terrain nouvellement créé présente dans son ensemble deux berges latérales au fleuve, dont la crête est à un niveau supérieur aux eaux moyennes et est submersible seulement par les eaux d'inondation. Ces deux berges, qui servent ainsi de déversoir aux eaux des grandes crues, ont

un talus légèrement incliné vers l'intérieur du delta, où il se forme naturellement une sorte de cuvette centrale ouverte du côté de la mer. Au bout d'un
certain temps, lorsque les matières charriées par le fleuve et remaniées sans cesse
par les courants littoraux ont constitué au-devant des embouchures une plage
sous-marine d'une certaine étendue, l'action des vagues sur ces dépôts détermine, comme nous l'avons vu, un cordon littoral qui sert de clôture à la mer.
Le delta est alors fermé. L'étang central est isolé du domaine maritime et ne
communique plus avec lui que pendant les tempêtes, lorsque la force des
vagues produit une rupture dans le cordon littoral, ou lorsqu'après une série de
pluies, il est obligé, pour écouler le trop-plein de ses eaux, de s'ouvrir un passage
provisoire à travers la frêle barrière qui le sépare de la mer. »

C'est ainsi que s'est formé le delta du Nil qui occupe 2 300 000 hectares,
planche 65, et le delta du Rhône, planche 65, qui est infiniment plus
petit.

On ne trouve pas de ports importants à l'embouchure des fleuves à delta :
ces ports sont toujours à quelque distance, exemple : Marseille, près du Rhône;
Livourne, près de l'Arno; Civita-Vecchia, près du Tibre; Venise et Trieste,
près du Pô; Odessa, près du Danube, du Dniester et du Dnieper; Alexandrie,
près du Nil.

Les fleuves qui nous occupent sont les grands niveleurs de la surface terrestre; ils transportent sur les côtes la chair des montagnes, et leur embouchure s'avance chaque année dans la mer. La progression annuelle de l'embouchure est de 80 mètres pour le Pô, 50 mètres pour le Rhône, 550 mètres
pour le Mississipi et 4 à 5 mètres seulement pour le Nil dont les eaux troubles
s'épanchent sur une grande étendue de pays.

La distinction entre les fleuves à estuaire et les fleuves à delta n'est pas toujours aussi tranchée que nous venons de le dire. Quelques fleuves, très-chargés
de sable et de vase, bien que débouchant dans des mers à marée sensible, ne
laissent point de former des deltas plus ou moins nets et de se séparer en plusieurs branches; tel est le Rhin. Seulement, ces fleuves conservent toujours des
passes assez profondes qu'entretient le jeu des marées; ces passes s'obstruent
cependant à mesure qu'on crée des polders et que l'on fait de nouvelles con-
quêtes sur le champ de la haute mer, parce que le volume des chasses diminue;
on se trouve ainsi conduit à adopter des bassins de retenue pour les chasses.

Exemples divers de transports de vase, de sable et de galets. — Pour
corroborer et mettre en lumière les explications générales qui précèdent, nous
avons réuni un certain nombre d'exemples de transports cités par divers
auteurs :

1° *Vases de l'embouchure de la Loire.* — La figure 1 de la planche 72 représente l'embouchure de la Loire. La marche des vases et des sables y a été
étudiée par MM. Bouquet de la Grye et Partiot.

La côte est longée par le courant littoral qui va du sud au nord, qui passe à
l'ouest de Noirmoutier et aussi en grande partie à l'ouest de Belle-Ile. Cependant, il s'infléchit aussi vers les points de Saint-Gildas et de l'Ève à l'entrée
de la Loire et, suivant la ligne d'écueils du Croisic à Quiberon, il se manifeste à
l'est de Belle-Ile.

En face de Saint-Nazaire, on voit la pointe de Mindin où le flot dure sept
heures et demie, c'est-à-dire deux heures de plus qu'en face Saint-Nazaire; les
eaux troubles du fleuve passent donc presque toutes devant Saint-Nazaire et
forment une large traînée boueuse qui longe le Morbihan et va se perdre au

large. Mais, par les tempêtes d'ouest et de nord-ouest, les vents refoulent la masse liquide dans la baie calme de Bourgneuf, où la vase se dépose en couches épaisses.

Autrefois la Loire avait une branche directe vers Mesquer à travers les marais de Donges et la grande Brière; les alluvions sableuses et la vase ont comblé ces dépressions.

2° *Pointe du Hourdel.* — La pointe du Hourdel, figure 10, planche 71, à gauche de l'embouchure de la Somme, est la fin des galets de la côte normande vers l'est, ainsi que nous l'avons expliqué plus haut. La figure indique la limite probable de 1680 ainsi que celle de 1835; d'après les documents de 1780 à 1835, l'avancement de la pointe vers l'est a été d'environ neuf mètres par année. La pointe du Hourdel avançant, la rivière la Somme est naturellement rejetée vers la côte de Saint-Quentin et la ronge.

« Le Hourdel actuel, dit M. l'ingénieur Geoffroy dans sa notice sur ce port, est de construction récente. L'ancien Hourdel est un hameau situé à trois kilomètres au sud; c'est là que s'arrêtait, au temps de Louis XIV, la pointe de galets qui s'est successivement avancée depuis les falaises d'Ault jusqu'à la position qu'elle occupe aujourd'hui. A une époque reculée, la Somme coulait le long des falaises qui joignent Saint-Valery à Ault. Tout l'espace triangulaire compris entre cette ligne et le Hourdel est un terrain d'alluvion, formé peu à peu des galets apportés par la mer. Il est au-dessous du niveau des hautes mers et est protégé du côté de la haute mer par un bourrelet naturel en galets. Depuis 1833, date de la construction d'un quai en charpente et d'une digue en galets, la pointe n'a plus sensiblement avancé. Mais le port s'est envasé et son entrée est devenue plus difficile. »

3° *Cours d'eau des Landes.* — Les sables, poussés par les vents de nord-ouest, cheminent du nord au sud sur la côte des Landes. Il en résulte que la rive droite des cours d'eau est envahie par les sables et qu'ils se reportent sur leur rive gauche. Les cours d'eau qui traversent les dunes sont donc sans cesse déviés vers le sud.

4° *Ile d'Oleron.* — La figure 11 de la planche 71 représente l'ancien port de Saint-Georges-de-Douhet sur la côte orientale de l'île d'Oleron; les sables, poussés du nord au sud par les vents et le flot, ont formé les dunes *dg*, recouvert l'ancienne jetée *gm* et ensablé le chenal *n*; on a construit une nouvelle jetée *ik* avec un nouveau chenal *k*, et les sables, soulevés par les vagues, et accumulés d'abord en *tt*, ont surmonté la digue et ont constitué en deux ans dans le port un dépôt *rr* de 12 000 mètres cubes.

5° *Côte du Calvados.* — Sur la côte du Calvados, figure 4, planche 70, les sables marchent de l'ouest à l'est sous l'influence des courants et des vents; ils forment des dunes sur les côtes et repoussent vers l'est les embouchures de l'Orne, de la Dive et de la Touques. Les figures 5 et 5 montrent que la pointe du Siège s'est avancée vers l'Orne de 540 mètres en un siècle, et celle de Cabourg s'est avancée sur la Dive de 850 mètres en 59 années.

6° *Vases de la Saintonge.* — Les embouchures et les baies et criques de la Saintonge méridionale sont remplies d'une vase extrêmement fine. On a noté dans la baie d'Aiguillon un avancement de 5 mètres par an au commencement de ce siècle.

Au sixième siècle, les bords de la mer s'étendaient jusqu'à Niort; cela représente pour les atterrissements un progrès de 40 mètres par an.

Nous pourrions multiplier presque indéfiniment ces exemples; nous nous bornerons à ceux-ci; nous en rencontrerons d'autres dans les chapitres suivants.

Défense des côtes.—Les côtes basses de la mer sont protégées par des bourrelets naturels de galets ou de sable. Cependant, il faut que la main de l'homme vienne défendre les points faibles et élève des digues artificielles pour enclore les terrains qu'il veut conquérir sur la mer.

Nous avons décrit les digues en fascinages qui protègent les polders de la Hollande: on en trouvera les détails dans notre *Traité des eaux en agriculture.* On a exécuté vers 1830, à l'île de Ré, des revêtements en paillassonnage dont on trouvera la description aux *Annales des ponts et chaussées* de 1832. Ces procédés ne sont plus guère en usage aujourd'hui sur les côtes françaises, et nous les passerons sous silence.

Les revêtements se font aujourd'hui en enrochements ou en maçonnerie, e nous dirons seulement quelques mots de certaines dispositions remarquables.

1° *Défense de la digue du Sillon à Saint-Malo.* — La ville de Saint-Malo est réunie au continent par une route nationale établie sur la digue naturelle dite du Sillon, que protègent au nord des dunes de faible hauteur, figure 5, planche 72.

Les dunes attaquées par la mer menaçaient de se rompre et de laisser emporter la route, lorsqu'on décida, en 1858, de les protéger par un revêtement en maçonnerie. Le type adopté, qui a donné de bons résultats, est celui de la figure 7, planche 72. Le profil du côté de la mer comprend un arc de parabole, prolongé par un arc de cercle, qui est surmonté d'un élément de ligne droite incliné au fruit de $\frac{1}{5}$. Le pied est défendu par une cloison en pieux et palplanches enfoncée à 2^m,70 au-dessous de lui. A la base, près des palplanches, est un empâtement de 1 mètre de large; le revêtement proprement dit n'a que 0^m,80, en deux couches égales, l'une de moellons en *opus incertum* maçonnés au mortier de chaux hydraulique, l'autre en pierres sèches bien appliquées sur la dune. En arrière du couronnement, sur 4 mètres de largeur, existe une plate-forme en moellons maçonnés avec de la terre glaise sur 0^m,40 de hauteur.

Une condition capitale de succès pour un revêtement est, en effet, qu'il ne soit pas affouillé en arrière par les lames qui le surmontent.

La forme du parement courbe est très-favorable à la résistance contre les lames, qui usent leur force vive non en chocs, mais en déviation continue.

2° *Défense à Grandcamp (Calvados).* — Grandcamp est une petite station de pêche près de la baie des Veys, à la limite ouest du Calvados. M. l'ingénieur J. Lemoyne y a exécuté des travaux de défense dont il a rendu compte dans les *Annales des ponts et chaussées* de 1871. La plage argileuse était attaquée par les coups de mer, malgré les galets qui la recouvraient, venant de l'ouest, et des maisons étaient menacées. Les épis pleins en charpente, destinés à retenir les galets, ne résistèrent point, et les affouillements qui se produisaient d'un côté pendant que l'autre côté était chargé ne tardaient pas à en amener la destruction. M. l'ingénieur Lemoyne obtint de bons résultats avec les épis à claire-voie, dont la figure 2 de la planche 72 indique la disposition; ces épis se composent d'une file de pieux et palplanches, consolidés par un cours de moises et par des contre-fiches.

Pour ne pas donner lieu à des affouillements notables, la surface des vides doit à peu près égaler celle du plein.

35

Ces épis ont retenu une assez grande quantité de galets pour empêcher la corrosion de la plage argileuse sous-jacente.

3° *Défense de côte à Alger.* — Pour défendre contre la mer une route et un bâtiment domanial près d'Alger, M. l'ingénieur Hardy a exécuté la défense en maçonnerie représentée par les figures 3 et 4 de la planche 72.

Les murs à parement incliné vers la mer résistent bien mieux au choc que les murs droits, mais ces derniers sont bien plus solides, parce que leur stabilité ne dépend pas du plus ou moins de compressibilité des terres qui leur sont adossées. Il y aurait donc grand avantage à combiner le parement incliné du côté du large avec le parement droit du côté des terres.

C'est ce qu'a fait M. Hardy, en adoptant un talus à 45° vers la mer et un parement vertical vers la terre, et en évidant le massif suivant une série de voûtes en berceau de manière à ne lui laisser que ce qui est indispensable à la stabilité.

Complété par un enrochement en maçonnerie devant la file de pieux et palplanches, cet ouvrage a supporté sans dégâts l'épreuve de plusieurs hivers; par deux fois, le remblai en terre a même été enlevé derrière la maçonnerie, et cependant celle-ci est restée intacte, tandis qu'elle se serait effondrée avec un revêtement ordinaire. C'est ce qui était arrivé à tous les ouvrages précédents.

Action des obstacles déposés à la surface des bancs de sable. — Comme complément à ces études sur le transport des sables, nous donnerons quelques détails sur l'action curieuse qu'exercent les obstacles déposés à la surface des bancs de sable.

« Lorsqu'une pierre, dit M. l'ingénieur Partiot dans une note publiée en 1875, se trouve sur les bancs submersibles de l'embouchure de la Seine, elle donne naissance à un remous, puis à une longue flache que l'on voit s'étendre derrière elle, à mer basse, du côté opposé à l'arrivée du flot. Les dimensions et les profondeurs de ces flaches donnent lieu de croire que, si l'on mettait plusieurs pierres les unes à coté des autres, suivant une ligne perpendiculaire au courant, les flaches creusées par chacune d'elles se réuniraient latéralement et formeraient, parallèlement à la ligne des pierres, un chenal dont l'action des eaux maintiendrait la profondeur. »

M. Partiot a recherché, par des expériences, quelle était la forme d'obstacle qui donnait le meilleur résultat; il a reconnu que c'étaient les pyramides à base triangulaire ou rectangulaire; les obstacles en forme de piles ne donnaient presque rien. Trois pyramides triangulaires de 0m,35 de hauteur ont, après six marées, produit un affouillement de 0m,50 et une flache de 24 mètres de longueur.

Ce résultat curieux a été utilisé pour dégager les buses en bois qui, passant sous le cordon littoral, conduisent à la mer les eaux de quelques marais du Calvados. Le syndicat de Bernières a fait établir une pyramide quadrangulaire de 2 mètres de hauteur ayant pour base un carré de 1m,72 de côté. C'est un coffrage en bois rempli de moellons.

Un procédé analogue a été employé au port d'Honfleur pour rétablir la passe ensablée : on avait d'abord battu des pieux formant une claire-voie et le flot déterminait un affouillement au pied de chaque pieu; mais c'était un procédé coûteux, les pieux étaient déchaussés et entraînés par le courant et aussitôt le trou se comblait, le travail était perdu. On eut recours alors à des paniers cylindriques en osier de 0m,50 de diamètre et de 0m,60 de hauteur, solidement attachés à une corde que termine un gros moellon de 60 à 80 kilogrammes. Le tout est abandonné sur le banc de sable à marée basse; quand le flot arrive, le panier se soulève et se balance sur son bout de cordage, le courant passe entre le dessous du panier et le gros moellon, et il se produit des affouillements considérables; l'appareil descend au fur et à mesure de l'approfondissement. En une marée, on trouve autour du panier un trou de 3 mètres de diamètre et de 0^m,80 à 1 mètre de profondeur.

Avec 80 paniers espacés de 2^m,50, on produisit en deux jours une rigole de 200 mètres de long, de 6 mètres de large et de 1^m,50 de profondeur, qui fut facilement approfondie dès la première chasse, et on obtint un chenal aussi bon que l'ancien, avec une dépense de 250 francs. C'est par tâtonnement qu'on arrive à fixer la longueur de cordage la plus avantageuse à adopter pour réunir le moellon et le panier.

CHAPITRE II

GÉNÉRALITÉS.

Définition d'un port, d'une rade. — D'une manière générale, un *port* est un espace de la mer, qui se trouve naturellement ou artificiellement à l'abri des vagues, des vents et de l'ennemi, et qui offre aux navires des moyens plus ou moins perfectionnés pour effectuer leurs opérations de chargement et de déchargement ainsi que leurs réparations.

Une *rade* est un espace de la mer, abrité contre les vents et les vagues d'une manière totale ou partielle, où les navires peuvent séjourner avec une sécurité plus ou moins grande, afin d'attendre le moment favorable soit pour entrer au port, soit pour prendre la mer. (Le mot rade paraît dériver du scandinave, dans lequel *reida* signifie lieu d'approvisionnement.)

Généralement, une *rade* correspond à un golfe protégé contre les vents par des côtes plus ou moins élevées.

Lorsque la *rade* est médiocrement abritée et largement ouverte vers la mer, elle prend le nom de rade *foraine*.

Une rade médiocre peut rendre quelquefois de grands services lorsqu'elle offre une bonne *tenue* pour les ancres des navires; si le fond n'offre point de résistance ou de prise aux ancres, le séjour de la rade devient dangereux par les gros temps et les navires sont exposés à chasser sur leurs ancres.

De l'ancrage des navires. — Bien que nous n'ayons pas à nous occuper des manœuvres des navires, nous devons examiner rapidement les diverses ancres en usage dans la marine, car la question de l'ancrage est toujours importante à considérer dans l'établissement des avant-ports et des rades.

Dans la marine française, les ancres sont en fer forgé; une ancre, figure 1, planche 73, se compose de la verge A B et des bras C et D, lesquels sont soudés à la base de la verge. Au sommet de celle-ci s'attache la chaîne qui relie l'ancre au navire; l'attache se fait soit au moyen d'un anneau ou *organeau* passant dans l'œil qui termine la verge, soit au moyen d'une cigale ou manille M fixée à un boulon traversant l'œil terminal de la verge. Les bras se terminent par des pattes P présentant une large surface et par conséquent une grande résistance à l'entraînement; si le bras se terminait par une pointe, l'ancre n'éprouverait pas de la part du fond de la mer une réaction suffisante, elle se déplacerait en labourant ce fond ; cependant, il faut bien que la patte, quoique large, se termine par une portion pointue, le *bec*, afin de pénétrer facilement dans le sol sous-marin. Les bras sont courbés en arc de cercle, sauf près du bec où leur forme est droite pour que l'enfoncement s'effectue sans peine.

Réduite à ces éléments, une ancre se coucherait sur le fond de la mer et on pourrait la traîner indéfiniment sans arriver à la faire mordre dans le sol ; il faut donc maintenir vertical le plan des bras et on y arrive en disposant vers le sommet de la verge une pièce perpendiculaire au plan des bras ; cette pièce s'appelle le *jas ;* elle est formée de deux morceaux de bois H rapprochés et reliés par des frettes et des boulons ; ces morceaux de bois sont rendus solidaires de la verge au moyen de deux tenons forgés avec celle-ci et portant le nom de *tourillons* de l'ancre.

Dans la marine française, les dimensions d'une ancre type de poids donné ont été calculées et arrêtées; pour chaque cas particulier, on obtient les dimensions voulues en faisant varier les dimensions du type proportionnellement à la racine cubique des poids des ancres.

On fait des jas en fer rond, engagés dans un œil de la verge ménagé en dessous de l'œil de l'organeau, et maintenus en position fixe au moyen de clavettes; l'œil du jas présente alors un certain jeu et, lorsque l'ancre est amenée sur le flanc du navire, on enlève la clavette et on tire le *jas* de manière à l'appliquer le long de la verge ; le bout recourbé A l'empêche de s'échapper, figure 5, planche 75.

On a fait des ancres dont les bras, au lieu d'être soudés à la verge, sont articulés avec elle comme le montre la figure 4, planche 75 ; ce système facilite évidemment la pénétration de l'ancre dans le sol; dans les ports à marée il n'expose point les navires à trouer leur coque sur les ancres lorsque la mer baisse; malgré ces avantages, les ancres articulées ne se sont pas propagées.

Les ancres sont soutenues par des câbles-chaînes qui s'enroulent sur un cabestan ou un treuil à bras ou à vapeur; le câble, en partant du cabestan, vient passer dans l'écubier sur la poulie de capon et de là sur les poulies qui terminent le *bossoir*, forte pièce de bois encastrée dans la muraille du navire et renforcée par-dessous au moyen de goussets courbes.

Les grosses ancres pèsent jusqu'à 5000 kilogrammes; pour les petites dimensions, on en fait à 4 ou 6 branches qu'on appelle *grappins*.

La tenue des ancres est d'autant meilleure que la quantité de chaîne filée est avec la profondeur d'eau dans un rapport plus considérable ; par le mauvais temps, on file donc de la chaîne pour augmenter la tenue. Lorsque les navires sont dans des rades exposées à des courants variables, ils décriraient, s'ils étaient fixés par une seule ancre, des circonférences de grand diamètre et occuperaient un espace considérable ; dans ce cas, on les *affourche* en les mouillant sur deux ancres et l'amplitude de leur évolution est notablement réduite.

Le navire est toujours ancré par l'avant, parce que cette partie est beaucoup mieux disposée que l'arrière pour résister à la traction; néanmoins, on mouille quelquefois deux ancres à l'avant et deux à l'arrière, le navire est alors *embossé*.

Un grand navire, de 100 mètres de long, mouillé sur une seule ancre, avec 100 mètres de longueur de chaîne, occupe dans une rade un carré de 400 mè-

tres de côté ou de deux encâblures, soit une surface de 16 hectares. Par l'af-
fourchement, on peut réduire cette surface au quart. Néanmoins, on voit que les
rades fréquentées doivent présenter une grande superficie.

Parties diverses d'un port. — Un grand port est presque toujours précédé
d'une rade qui en est comme le vestibule. Les rades isolées sont des rades ou
ports *de refuge*, destinés aux navires surpris par l'ennemi ou la tempête, des
rades ou ports de *quarantaine* destinés aux navires dont l'état sanitaire est
suspect.

Une rade est le préliminaire obligé d'un grand port ; elle permet aux navires
entrants d'attendre la hauteur de marée qui leur convient, et aux navires sortants d'attendre un vent propice. Une escadre de guerre mouillée en rade peut
appareiller sans retard et marcher à l'ennemi. Un paquebot rapide, qui doit
faire escale à un port avec le moindre temps d'arrêt possible, se présente en
rade et donne à un navire auxiliaire ses dépêches et ses passagers.

La grande navigation à voile perdant chaque jour de son importance, l'importance même des rades a diminué à ce point de vue.

Grâce aux remorqueurs à vapeur, dont l'usage s'est généralisé, il est maintenant facile à un navire d'entrer et de sortir malgré les vents contraires.

La nature a ménagé certaines rades naturelles, golfes à goulet étroit comme
la rade de Brest, ou golfes protégés par des îles comme la rade de Spithead,
derrière l'île de Wight en avant de Portsmouth.

Il n'existe point de rades complétement artificielles; mais en couvrant par
des digues certaines rades foraines, comme celle de Cherbourg, l'art est parvenu à les rendre aussi bonnes que les meilleures rades naturelles.

Après la rade vient l'*avant-port*, dans lequel les navires sont abrités contre
les vagues et le vent d'une manière plus parfaite, bien que souvent les ondulations de la mer s'y propagent et s'y fassent encore sentir avec une certaine
violence, ainsi que nous l'avons vu par les exemples du chapitre précédent.

Autrefois, l'avant-port constituait seul le port lui-même; il en est encore
ainsi dans beaucoup de ports secondaires ; mais dans les ports de premier
ordre, l'avant-port, qui contient le chenal suivi par tous les navires, est réservé
aux bateaux pêcheurs, aux navires qui ne font qu'un séjour très-court, et à ceux
en général qui, dans les ports de l'Océan, du moins, sont construits en vue de
supporter l'échouage ; les avant-ports de l'Océan ne conservent pas généralement assez d'eau pour maintenir les navires à flot à basse mer ; l'avant-port
militaire de Cherbourg fait exception, et c'est une propriété susceptible de
rendre de grands services en temps de guerre pour un appareillage rapide.

Les dimensions de l'avant-port ne sont pas indifférentes ; il faut qu'il soit
assez large pour permettre le croisement et l'évolution des navires ; nous verrons plus loin quels travaux considérables on a effectués pour élargir la passe
du Havre et la mettre en rapport avec les dimensions croissantes des bâtiments;
il faut qu'au fond de l'avant-port on trouve une partie élargie permettant à tous
les navires de virer de bord pour sortir la proue vers la mer.

En ce qui touche la longueur de l'avant-port, il faut qu'elle soit assez grande
pour permettre aux navires à voile de perdre leur aire progressivement; on
l'estimait autrefois à trois encâblures, 600 mètres, et dans certains ports dont
la longueur était insuffisante, on avait soin de réserver, comme à Honfleur, au
fond de l'avant-port, un massif de vase dans lequel s'engageait la carène sans
éprouver d'avarie ; le massif formait matelas et amortissait le choc. Le défaut
de longueur de l'avant-port se fait surtout sentir lorsque la passe est ouverte

aux vents régnants. Ces considérations ont perdu de leur importance, les gran...
navires à voiles tendant à disparaître pour être remplacés par des navires
mixtes.

Il faut cependant que l'avant-port ou chenal n'ait pas une trop grande longueur, afin que les navires ne finissent point par perdre toute leur aire avant
d'atteindre le fond ; il serait alors nécessaire de recourir au remorquage. En
outre, si la longueur est trop grande, il peut arriver qu'un navire n'ait pas le
temps de parcourir le chenal entier pendant la haute mer et qu'il soit forcé de
s'échouer avant d'avoir atteint le port.

L'avant-port est bordé de murs de quai dont la longueur est en rapport avec
l'importance du trafic ; comme accessoires des murs de quai, il faut signaler les cales et pontons de débarquement, les échelles et escaliers, les engins
d'amarrage, les appareils de chargement et de déchargement tels que grues à
bras et à vapeur, et même des appareils pour les petites réparations tels que
grils de carénage.

De l'avant-port on passe dans les bassins, où règne un calme parfait, où
l'on trouve un niveau sensiblement constant, où les navires ne s'échouent jamais ; ce sont les bassins qui constituent le vrai port et qui reçoivent la plus
grosse partie du trafic ; ils sont bordés de quais et d'appareils de manutention
qui se perfectionnent sans cesse ; leurs terre-pleins supportent des magasins
des entrepôts desservis par de nombreuses voies ferrées. Cet appareil constitue
les docks ; le mot dock, du hollandais *dok*, veut dire bassin ; il s'est étendu ensuite à l'ensemble des bassins et des magasins ou entrepôts qui les bordent. On
est même arrivé à l'appliquer aux magasins et entrepôts seuls, quoique non
contigus à des bassins.

Nos grands ports sont aujourd'hui comme de vastes gares de transit entre la
navigation maritime et les voies de l'intérieur ; pour éviter l'encombrement et
réduire les frais de tout genre, il faut arriver à réduire au minimum le séjour
des marchandises dans ces gares.

Aux bassins sont annexés tous les appareils nécessaires aux menues et grosses
réparations de navires ; ce sont les appareils de radoub.

Dans nos grands ports, le nombre des bassins a tendance à s'accroître presque
indéfiniment.

Différence entre les ports de l'Océan et ceux de la Méditerranée. — Le
jeu des marées établit une grande différence entre les ports de l'Océan et ceux
de la Méditerranée.

A chaque basse mer, les ports de l'Océan s'assèchent plus ou moins et ne
peuvent plus maintenir les navires à flot ; avec les anciens navires en bois de
dimension médiocre, construits en vue de l'échouage, à l'époque où la navigation maritime était peu développée, on sentait peu les inconvénients de cet état
de choses ; mais le véritable essor de la navigation maritime date de l'invention
des *bassins à flot*.

Les vaisseaux pénètrent à haute mer dans ces bassins, dont les portes se re-
ferment quand la mer commence à descendre ; l'eau emprisonnée reste stagnante et les navires ne courent pas les risques de l'échouage.

La communication entre l'avant-port et les bassins s'établit à l'aide d'écluses
à une ou à plusieurs paires de portes, avec ou sans sas, suivant les cas.

On tend même aujourd'hui à supprimer pour certains navires les longues
manœuvres de l'entrée aux bassins et du passage aux écluses, et on se propose
de créer des ports en *eau profonde*, c'est-à-dire assez avancés en mer pour que

les grands bâtiments puissent y entrer et en sortir librement à toute heure. Il n'est pas besoin d'insister sur les avantages que présente cette combinaison sous le rapport de la régularité et de la rapidité des communications.

Si le jeu des marées a de grands inconvénients dans les ports de l'Océan en ce qui touche les manœuvres d'entrée et de sortie, il ne faut pas oublier qu'il offre aussi quelques avantages pour la construction des ouvrages, tels que jetées et murs de quai, dont les fondations ont pu très-fréquemment être exécutées à sec à mer basse.

Dans la Méditerranée, l'amplitude des oscillations de la mer est insignifiante ; l'avant-port et les bassins sont absolument dans les mêmes conditions, si ce n'est que les derniers sont quelquefois mieux abrités ; ils communiquent entre eux librement et là circulation des navires se fait sans entraves à quelque moment que ce soit ; les écluses n'existent pas.

Les bassins de ces ports sans écluses portent le nom de *darses*.

Les constructions des ports sans marée offrent toutes de grandes difficultés, puisqu'il faut en établir les fondations sous une profondeur d'eau égale à celle du mouillage ; c'est un inconvénient qui s'est bien atténué dans le siècle actuel, grâce au perfectionnement des procédés de construction.

Des ports en rivière. — Les ports en rivière n'ont pas la même disposition que les ports situés sur la côte au fond d'une baie ; la rivière leur sert à la fois de chenal et d'avant-port.

Si même les oscillations de la marée sont peu considérables, la rivière remplace en outre les bassins, ainsi que cela arrive au port de Rouen.

Lorsque les oscillations sont assez fortes pour réduire outre mesure le mouillage et pour rendre difficiles les opérations de chargement et de déchargement, on établit des bassins à écluses sur les rives du fleuve ; c'est la disposition qui existe à Londres et à Liverpool (fig. 6, pl. 80).

Pour ce qui est de la situation des grands ports par rapport aux fleuves, l'Océan et la Méditerranée présentent, ainsi que nous l'avons vu au chapitre précédent, une différence des plus tranchées.

Les fleuves de l'Océan sont des fleuves à *estuaire*, à l'embouchure desquels on rencontre une barre qui, en général, n'empêche pas l'accès des navires ; aussi trouvons-nous les plus grands ports commerciaux de l'Océan à l'embouchure ou dans l'intérieur des fleuves.

Au contraire les grands ports de la Méditerranée ne coïncident jamais avec l'embouchure des fleuves ; on les trouve dans des baies où ne se déverse aucun cours d'eau. C'est que les fleuves de la Méditerranée sont des fleuves à *delta*, dont l'embouchure, sans cesse instable, est fréquemment obstruée et ne présente jamais une grande profondeur, bien que le mouillage de ces fleuves puisse être considérable à quelque distance dans les terres. Dans ce cas, il faut recourir à des canaux pour relier les ports avec les fleuves.

Nous n'insisterons pas sur ce point, qui a été suffisamment développé au chapitre précédent.

Ports militaires et ports de commerce. — On ne peut confondre dans un même port le service militaire et le service commercial.

Les ports militaires doivent être conçus sur de vastes proportions, de manière à recevoir à un moment donné des flottes entières prêtes à prendre la mer ; les navires de guerre sont de grandes dimensions, ils exigent pour l'armement rapide de vastes surfaces, des magasins et des arsenaux considérables, des appareils de radoub de grande puissance ; à côté d'eux s'élèvent nécessairement des casernes énormes, et en avant de ces ports doivent exister des rades étendues, profondes et sûres, protégées par des forts contre les attaques de l'ennemi.

Peu de situations naturelles présentent des conditions favorables à l'établissement d'un port de guerre : aussi, lorsqu'elles se rencontrent, on en profite exclusivement pour la marine militaire, et la marine commerciale n'y participe point.

Il est à remarquer, du reste, que les grands ports de guerre doivent être placés autant que possible aux extrémités saillantes des continents, afin de se prêter à des mouvements rapides et de protéger efficacement tout le développement des côtes.

Les grands ports de commerce sont au contraire au fond des golfes, à l'embouchure des fleuves, aux points où les marchandises ont le moins de chemin à faire pour pénétrer jusqu'au cœur du pays.

Les raisons économiques sont donc d'accord avec les raisons militaires pour séparer nettement les ports de guerre des ports de commerce.

OBJET DE CE CHAPITRE : OUVRAGES EXTÉRIEURS DES PORTS

Dans le présent chapitre, nous traiterons des *ouvrages extérieurs* des ports, c'est-à-dire de ceux qui ont pour objet de protéger les navires contre les vagues et les vents, de leur faciliter l'entrée et la sortie, de leur assurer une profondeur d'eau suffisante. Ces ouvrages sont les môles, les digues, les jetées, les brise-lames, dont on complète l'effet soit par des dragages, soit par des chasses.

Nous réserverons pour le chapitre suivant les *ouvrages intérieurs*, c'est-à-dire ceux qui ont trait à la circulation intérieure, au chargement, au débarquement, à la construction et à la réparation des navires ; tels sont les écluses, les bassins, les murs de quai, les appareils de radoub.

Parmi les ouvrages extérieurs, nous examinerons successivement :

1° Les procédés mis en œuvre pour l'amélioration de l'embouchure des fleuves, question capitale, puisque beaucoup de nos grands ports commerciaux se trouvent sur ces fleuves mêmes ;

2° La construction des môles, digues et jetées ;

3° La disposition des brise-lames flottants et des brise-lames à plan incliné ;

4° Le mécanisme des chasses, abstraction faite des réservoirs et des écluses de chasse ;

5° L'approfondissement artificiel par les dragages.

Nous terminerons l'examen des ouvrages extérieurs par la description de deux grands ports de l'Océan et de la Méditerranée, le Havre et Marseille.

1° Amélioration de l'embouchure des fleuves

Parmi les travaux qui ont pour but l'amélioration de l'embouchure des fleuves, nous étudierons ceux qui ont été effectués sur la Seine, entre Rouen et

le Havre ; sur la Garonne, à l'aval de Bordeaux ; sur la Loire, à l'aval de
Nantes, et sur la Meuse, à l'aval de Rotterdam.

A vrai dire, il existe encore d'autres travaux destinés à l'amélioration des
embouchures des fleuves ; ce sont ceux qui sont basés sur l'emploi des jetées
à claire-voie, dont la plus grande application en France a été faite à l'entrée de
l'Adour ; mais ces travaux ne portent que sur l'embouchure proprement dite,
et non sur toute la partie maritime des fleuves, il convient donc de les réserver
pour les exposer en même temps que le système des jetées à claire-voie, lequel
s'applique aussi bien à certains ports isolés qu'à ceux que traverse un fleuve.

ENDIGUEMENT DE LA SEINE MARITIME

Parmi les entreprises d'amélioration des parties maritimes des fleuves, la
plus importante par la grandeur des travaux et par l'importance des résultats
est l'endiguement de la Seine maritime.

La planche 74 représente : 1° une carte récente de la baie de Seine et de la
partie maritime endiguée ; 2° un profil en long du chenal de navigation et des
rives ; 3° les profils en travers des types successivement adoptés pour la construction des digues.

Les travaux d'endiguement de la Seine ont été décrits dans deux notices présentées aux Expositions universelles de 1869 et 1873 ; ces notices vont nous
servir de guides et nous en reproduirons de longs extraits.

Historique. — Travaux exécutés et résultats obtenus jusqu'en 1867. — L'amélioration de la navigation de la Seine entre Rouen et la mer a été, depuis le
règne de Louis XV, l'objet de la sollicitude de tous les gouvernements.

Cette navigation se faisait, en effet, dans les conditions les plus désastreuses,
et sans la situation exceptionnelle de la ville de Rouen, reliée à Paris par un
fleuve d'une navigation facile, le commerce l'aurait certainement abandonnée.

Les bancs de sable, qui obstruaient l'entrée de la Seine, formaient à cette
époque autant de posées [1] sur lesquelles les navires devaient venir s'échouer à
marée basse pour être renfloués à l'arrivée du flot, au risque d'être quelquefois brisés contre les rives.

Si grands étaient les périls de cette navigation sur certaines traverses [2] que
les équipages qui n'avaient pu les franchir avec la marée quittaient les bâtiments avant le passage du flot pour les rejoindre à 1 ou 2 kilomètres plus haut
et continuer leur route vers Rouen, quand leurs navires n'avaient pas sombré.

Il fallait alors quatre jours au moins pour faire le trajet de la mer à Rouen,
et les nombreuses épaves que la Seine renferme attestent malheureusement
tous les dangers de cette navigation.

Le tonnage des bâtiments était en général de 100 à 200 tonneaux.

Le prix du fret entre la mer et Rouen s'élevait à 10 francs par tonneau de
1000 kilogrammes ; celui de l'assurance était d'un demi pour 100.

Diverses études furent entreprises dans le but de remédier à cet état de

---

[1] On nommait *posées* les fonds élevés de sables vaseux où les bâtiments pouvaient s'échouer
sans crainte d'avarie.

[2] Les *traverses* étaient des bancs élevés, mais ne découvrant pas à basse-mer, qui barraient
en divers points la Seine, de travers en travers.

choses, mais aucune d'elles ne fut mise à exécution, et jusqu'en 1846 elles restèrent à l'état de projets. Les plus remarquables sont dues à MM. Cachin, Pattu, Poirée, Frissard, Frimot et Bleschamps : les uns proposaient de construire un canal latéral à la Seine, et les autres d'améliorer le cours même du fleuve par des barrages ou des épis.

M. Frimot imagina de resserrer le lit de la rivière par des digues longitudinales parallèles à son axe et formées de caissons remplis de pierres ; M. Bleschamps émit l'idée de remplacer les caissons par de simples enrochements.

Ce système fut mis en pratique en 1848 pour l'amélioration de la traverse de Villequier, haut fond très-élevé, cause de nombreux sinistres. Deux digues longitudinales, espacées de 500 mètres et élevées au-dessus des plus hautes mers moyennes de vive eau, furent construites à partir de l'île de Belcinac. Le résultat des travaux fut de porter immédiatement à 6m,50 les profondeurs d'eau qui étaient auparavant de 3m,50 seulement, au moment des pleines mers moyennes de vive eau.

Encouragé par ce résultat, on poursuivit de 1849 à 1853 l'exécution des digues de la rive droite de la Seine, jusqu'en face de Quillebeuf, et l'on fit ainsi approfondir de plus de 3 mètres la traverse d'Aizier.

De 1852 à 1855, deux digues furent construites en amont de Villequier, au sud jusqu'à Caudebec, au nord entre Caudebec et la Mailleraye ; ces travaux, joints à l'exécution du dragage du banc des Meules, améliorèrent l'état de cette partie de la rivière et assurèrent à la navigation des profondeurs d'eau de 4m,50 à 6m,50 en pleine mer.

En même temps, l'endiguement était prolongé en aval de Quillebeuf jusqu'à la pointe de Tancarville sur l'une et l'autre rive, avec un espacement de 400 mètres entre les digues, et un épi, construit à la pointe de la Roque, enracinait à la côte la digue du sud prolongée jusqu'en ce point. Ces travaux étaient terminés en 1859.

A côté de toutes ces améliorations, l'embouchure du fleuve restait toujours dangereuse pour la navigation, tant à cause des faibles profondeurs qu'elle présentait en aval des parties endiguées, que par suite du phénomène de la barre ou mascaret qui s'y manifestait avec une très-grande violence.

Lors de l'excursion faite sur la Seine maritime par l'Empereur, le 28 mai 1861, les ingénieurs proposèrent, pour détruire le double danger qui vient d'être signalé, le prolongement immédiat de la digue du nord depuis Tancarville jusque par le travers de la pointe de la Roque. Deux ans après, ils présentèrent le projet du prolongement des digues sur les deux rives, entre la Roque et Berville.

Le chenal, très-sinueux et très-changeant, suivi à cette époque sous la côte du nord, entre Tancarville et la pointe du Hode, devait être redressé pour venir passer sous la côte du sud à Berville ; les hauts-fonds si dangereux d'aval devaient disparaître, et, grâce à cet approfondissement du chenal, il était permis de compter sur l'atténuation du mascaret, dont l'existence est due en majeure partie à la présence des bancs de l'embouchure.

Aujourd'hui, 1867, les digues espacées de 500 mètres depuis Tancarville sont arrivées à l'entrée de la Rille à 4 kilomètres au-dessous de la Roque, et il reste seulement 2 kilomètres à construire pour les amener jusqu'à Berville.

Mais, dès à présent, la plus grande partie des résultats prévus est obtenue.

En aval de Quillebeuf, la profondeur du chenal, entre les digues et dans la baie, est de 5m,50 au moins en pleine mer de morte eau, et de 7 mètres au moins en pleine mer de vive eau; le mascaret a complétement disparu au-dessous de Tancarville, et il a diminué très-sensiblement en amont.

Enfin, les navires remorqués par des bateaux à vapeur ou par le touage peuvent remonter de la mer à Rouen en huit ou dix heures et faire le trajet inverse en une marée ou deux au plus; les transports sur bateaux à vapeur s'effectuent de même à la remonte ou à la descente en une seule marée.

Le tonnage des bâtiments est généralement de 2 à 300 tonneaux et atteint souvent 400, 500 et même 700 tonneaux.

Le prix du fret est descendu à 5 francs par tonneau de 1000 kilogrammes.

La prime d'assurance est la même pour Rouen que pour le Havre.

Enfin, dans une récente notice, la chambre de commerce de Rouen évaluait à trois millions et demi l'économie annuelle obtenue par le commerce et la navigation à la suite des travaux d'endiguement exécutés jusqu'à ce jour.

Travaux exécutés et résultats obtenus depuis 1867. — Au 1er janvier 1867, les digues avaient été prolongées au nord et au sud jusqu'à l'embouchure de la Rille. De 1867 à 1871, les digues ont encore été prolongées de 2000 mètres en aval de cette embouchure, mais seulement au sud.

C'était la fin des travaux approuvés qui ont produit un effet satisfaisant. Le chenal, qui s'était maintenu au nord pendant cinq années dans des conditions favorables à la navigation, a passé au sud en 1872, en conservant des profondeurs convenables pour les grands navires qui fréquentent le port de Rouen.

Depuis 1866, on a réparé les dégradations des anciennes digues, on a supprimé les lacunes existant encore entre la Mailleraye et Villequier; on a abaissé au moyen de la drague le banc tourbeux des Meules, haut fond le plus élevé de la Seine maritime, entre Rouen et la mer.

Comme nous l'avons dit, le chenal de la baie passait au nord avant 1872, il se dirigeait vers la pointe du Hoc, comme le montre la carte, et gagnait les fonds de la rade du Havre.

Voici quelle était la situation, d'après la notice de 1873 :

« Le déplacement du chenal se produisit dans la baie pendant l'hiver de 1871-1872 ; il abandonna la rive nord de la baie et vint passer entre Amfard et Ratier, en suivant un tracé d'une régularité remarquable, carte de la planche 74. Ce mouvement se prépara peu à peu, et s'opéra avec une grande lenteur ; la carte de la baie, relevée en 1871, l'avait fait pressentir clairement, et la transition se fit avec une telle facilité que la navigation put encore suivre quelque temps le chenal du nord, tandis que le nouveau chenal était complétement établi.

La carte de 1872 représente la baie dans ce nouvel état dont la fixité paraît devoir égaler celle de la position antérieure. Le chenal conserve une profondeur considérable jusqu'au delà de Honfleur; il ne s'approche pas [toutefois assez de ce port pour le soustraire à l'envasement qui le gagne, le fond se relève par le travers de Graville et atteint la cote de 104m,30, soit 5m,64 au-dessous des hautes mers moyennes de morte eau au Havre. C'est le point le plus élevé du chenal; en aval, on atteint rapidement, par de grandes profondeurs, les fonds de 10 mètres à basse mer. Depuis l'extrémité des digues jusqu'à Tancarville, la cote la plus élevée du chenal est 106m,40, soit 6m,74 en contre-bas des pleines mers de morte eau au Havre.

En amont de Quillebeuf, le plus haut fond de la Seine est le banc tourbeux des Meules, dont la cote entièrement fixe est de 104 mètres, soit de 1m,30 supérieure au seuil de la baie coté 105m,30. Il résulte des notes du service que la profondeur d'eau de pleine mer au banc des Meules a varié pendant un semestre de 1872, soit 182 jours, comme il suit : le maximum a été 6^m,55, le minimum 4^m,08 ; pendant 19 jours la profondeur a été inférieure à 4^m,50 ; pendant 40 jours, elle a été inférieure à 5 mètres et supérieure à 4^m,50 ; pendant 123 jours, elle a varié de 5 mètres à 6^m,55.

La navigation a profité largement de ces améliorations.

En 1867, on citait l'arrivée à Rouen d'un navire hambourgeois de 650 tonneaux et calant 4^m,60. Aujourd'hui nous avons à citer un navire anglais, le *Lothé*, calant 6^m,19, et ayant un chargement de 1305 tonneaux, qui est entré au port de Rouen, en janvier 1873. Enfin, les navires de 1000 tonneaux et de 5 mètres de tirant d'eau peuvent aujourd'hui, en vive eau, remonter couramment la Seine jusqu'au port de Rouen ; et les navires de 6 mètres de tirant d'eau pourront venir à Rouen à toutes marées. »

Système de construction des digues. — La construction des digues se fait à l'aide de blocs naturels extraits dans les bancs calcaires situés sur les deux rives de la Seine, depuis Rouen jusqu'à la Roque.

L'exploitation de ces bancs calcaires a lieu à la mine et par un procédé d'abatage particulier. On creuse, au pied de la carrière et dans la roche tendre, des galeries d'une profondeur variant entre 5 et 10 mètres environ, jusqu'à ce qu'on rencontre une face de séparation, à laquelle les ouvriers donnent le nom de *fin ;* elle est généralement parallèle ou à peu près au front de la carrière. Dans les piliers de 1 à 3 mètres de diamètre, qu'on a soin de conserver à des distances de 6 à 10 mètres les uns des autres, on perce des trous de mine ; l'explosion des charges de poudre, déposées dans ces trous de mine, détermine la destruction des piliers et la chute de la partie supérieure de la falaise par masses qui atteignent jusqu'à 15 000 mètres cubes.

Les blocs ainsi obtenus ont des dimensions variant de 5 à 80 mètres cubes et même 100 mètres cubes ; ils sont débités en blocs irréguliers de 0^m,40 à 0^m,60 de côté à l'aide de la mine ou seulement au moyen de pinces et de coins chassés à la masse.

Leur transport à la rive s'effectue, soit à l'aide de brouettes, lorsque la distance est peu considérable, soit, quand elle devient plus grande, à l'aide de wagons sur chemins de fer à pentes régulières et à traction de chevaux.

Les blocs sont embarqués à la brouette sur des bateaux pontés et à voiles, connus sous le nom de gribannes ou bachots, qui portent de 20 à 50 mètres cubes de matériaux ; leur jauge est de 30 à 70 tonneaux.

Ils sont ensuite amenés à la digue, où ils sont jetés sur l'emplacement marqué par des balises sans autres précautions, quand il s'agit des parties placées au-dessous du niveau de basse mer ; mais ils sont débarqués à la brouette, puis posés avec soin aussitôt que la digue dépasse ce niveau [1].

Ainsi, le corps des digues est construit à pierres perdues, mais leur couronnement et leur talus sont arrimés avec soin, de manière à offrir par l'absence des vides et des saillies une liaison plus complète et par suite une plus grande solidité.

La largeur des digues en couronne est en général de 2 mètres. L'inclinaison de leur talus est de 45° du côté de terre, de 3 de base pour 2 de hauteur du côté du large ; toutefois cette dernière inclinaison varie beaucoup suivant que

---

[1] Le prix du mètre cube d'enrochement, y compris extraction, bardage, embarquement, transport à pied-d'œuvre et mise en place, est en moyenne de 1',70.

les digues sont plus ou moins exposées au mascaret; elle peut aller jusqu'à 7
et 8 de base pour 1 de hauteur, mais en général elle reste comprise entre 2 et
3 de base pour 1 de hauteur.

Leur crête est élevée au niveau des plus hautes mers moyennes de vive
eau.

Toutefois, en aval de Tancarville, elles ont été tenues beaucoup plus basses,
afin de permettre l'épanouissement de la marée sur les bancs voisins, à l'arrivée du flot; le couronnement dépasse de 0^m,50 au sud et de 1 mètre au nord le
niveau des basses mers de vive eau. Ce système, dû à M. l'ingénieur en chef
Emmery, a parfaitement réussi.

Par un motif d'économie, la digue du sud entre la Mailleraye et Caudebec a
été couronnée à 1 mètre seulement au-dessus du niveau des basses mers de
vive eau.

Les profils primitifs des digues, planche 74, étaient exposés à de nombreuses
avaries et manquaient de résistance au pied du talus intérieur comme à la
superficie. Lorsqu'on a réparé les digues anciennes et qu'on en a fait de nouvelles dans ces derniers temps, on a établi au pied du talus intérieur des risbermes peu inclinées formées de matériaux bien arrimés et défendues par
une ligne de pieux moisés au niveau des basses mers; de plus, tous les matériaux d'enrochement formant la partie supérieure et le revêtement de la digue
ont été arrimés soigneusement suivant une surface continue.

Ces dispositions, représentées par les figures de la planche 74, ont donné de
bons résultats. Jusqu'au 1er janvier 1874, les dépenses faites depuis 1846 se
sont élevées à 15 190 000 francs. C'est une dépense des plus productives, car
non-seulement elle a donné de grands avantages à la navigation, mais elle a
conquis à l'agriculture près de 9000 hectares de prairies excellentes

AMÉLIORATION DES PASSES DE LA GARONNE MARITIME

La Garonne maritime s'étend du port de Bordeaux au bec d'Ambès, confluent
de la Garonne et de la Dordogne, sur une longueur de 24 kilomètres et demi; la
largeur est de 560 mètres dans le port de Bordeaux, elle croît jusqu'au confluent
où elle atteint 829 mètres; au bec d'Ambès, le fleuve se divise en deux bras
ayant ensemble environ 1500 mètres.

Le jusant a une vitesse plus forte que celle du flot et sa durée est le double;
la marée se retire plus promptement en aval qu'en amont: aussi, les eaux supérieures arrivant dans la Garonne maritime trouvent-elles les bancs de sable
découverts, elles suivent nécessairement le chenal sur lequel elles exercent une
action efficace, car le lit de ce chenal est fait de sable fin.

Entre le port de Bordeaux et la barre du bec d'Ambès, la Garonne présente
cinq mouillages et cinq barres ou hauts-fonds. Les barres, variables suivant
l'état des eaux du fleuve, sont constamment dues aux trois causes suivantes:
1° passage du chenal d'un côté à l'autre de la rivière, 2° largeur anormale du
lit, 3° divergence des courants de jusant et de flot, qui fait que chacun d'eux
tend à s'ouvrir un chenal différent.

Voici, d'après les notices de l'Exposition de 1867, les bases du projet d'amélioration:

« L'avant-projet de 1849 proposait de modifier la configuration des rives, de manière : 1° à adoucir le passage trop brusque des courants d'une rive sur l'autre, 2° à réunir les eaux dans le chenal suivi par la navigation sur les points où elles se partageaient entre deux bras, 3° à faire disparaître les élargissements trop considérables, afin d'obtenir une largeur du lit diminuant graduellement depuis l'embouchure jusqu'à Bordeaux, et proportionnée au volume d'eau que peut recevoir la partie supérieure de la région maritime, 4° à rétablir enfin la coïncidence entre les chenaux creusés par les courants de flot et de jusant.

« Ces résultats devaient être obtenus au moyen de digues longitudinales en enrochements à pierres perdues, arasées à 2^m,50 seulement au-dessus de l'étiage, afin de ne pas gêner l'introduction du flot, et sur quelques points, au moyen du recèpement des rives et de l'enlèvement d'épis de défense très-saillants construits par les propriétaires. »

On commença par améliorer la barre de Montferrand ; à cet effet, on construisit une digue longitudinale de 2200 mètres, entre la rive gauche et l'extrémité aval de l'île Grattequina, qui partage la rivière en deux bras sur ce point, et on établit une digue transversale de 280 mètres pour barrer le bras de la rive gauche.

De la sorte, on rassemblait toutes les eaux dans le chenal principal, on affaiblissait l'élargissement brusque du lit, et on obligeait le courant de flot, qui se dirigeait de préférence dans le bras de rive gauche, à suivre le chenal du courant de jusant. La profondeur sur la barre, qui se tenait auparavant aux environs d'un mètre, fut par ces travaux amenée à une moyenne de 4 mètres entre 1855 et 1861.

La grande barre du bec d'Ambès, traitée par la même méthode, a vu le mouillage de son chenal augmenter de 2 mètres à la suite de l'endiguement et du barrage d'un des deux bras.

Les moyens employés pour l'amélioration des passes de la Garonne maritime ont donc bien réussi. Les plus grands navires du commerce, les transatlantiques de la ligne du Brésil, remontent facilement jusqu'à Bordeaux, et les dimensions des navires qui fréquentent ce port ont pu être notablement augmentées.

La dépense n'a été que de 2 630 000 francs.

ENDIGUEMENT DE LA BASSE LOIRE

L'amélioration de la Loire maritime à l'aval de Nantes a été poursuivie également par le système des digues longitudinales combiné avec le barrage des bras secondaires, de manière à concentrer dans le chenal toute la force vive des courants de marée.

M. l'ingénieur en chef Lechalas a rendu compte de ces travaux dans une note insérée aux *Annales des ponts et chaussées* de 1865; la figure 1 de la planche 76 représente, d'après cette note, le profil type adopté pour les digues. Elles sont formées de moellons extraits des coteaux de gneiss bordant le fleuve, matériaux solides et denses qui conviennent parfaitement pour ce genre d'ouvrages.

Le transport se faisait au moyen : 1° de bateaux portant des wagons mobiles sur rails transversaux, 2° de bateaux à clapets, c'est-à-dire présentant à leur partie centrale un creux en forme de trémie fermée en bas par des volets mobiles. Ces derniers bateaux, immergeant d'un coup 60 mètres cubes, sont très-commodes pour l'immersion des matériaux dans une certaine profondeur d'eau, permettant aux volets de se développer; ils ont donc servi pour les bases des digues, et les bateaux à wagons étaient chargés de faire la partie supérieure.

On est arrivé à immerger 1750 mètres cubes par jour, et le prix de revient du mètre cube a été de 3 fr. 50, susceptible d'être abaissé à 2 fr. 90.

Un système spécial de comptabilité était nécessaire pour des ouvrages aussi importants dont le cube n'est cependant pas mesurable. Voici l'article du Devis relatif au décompte des enrochements:

« Le chargement de chaque bateau sera compté pour le nombre de mètres cubes résultant de la jauge, inscrit sur un registre à souche, d'où sera extrait un connaissement indiquant le cube du chargement et le lieu de sa destination. Ce connaissement sera présenté au conducteur chargé de la surveillance de la mise à l'eau et visé par lui, pour être ensuite échangé contre un autre connaissement ou bon de déchargement de couleur différente, également extrait d'un registre à souche sur lequel on inscrira la quantité des matériaux convenablement employés à l'enrochement. Cette quantité sera portée en compte à l'entrepreneur sur la présentation du bon de déchargement dûment collationné avec la souche. »

La plus grande difficulté à vaincre était d'exécuter les barrages des bras secondaires en évitant de voir ces barrages coupés par les courants; c'est à quoi on est arrivé en menant très-rapidement l'immersion des blocs, et en exécutant tout d'abord sur la base du barrage, augmentée de 7 mètres vers l'amont et de 15 mètres vers l'aval, un tapis d'enrochements de 0m,60 de profondeur. Ce tapis s'affouillait bien à l'aval, et les affouillements atteignaient plusieurs mètres, mais, en le rechargeant, on arriva à protéger complétement le massif du barrage; une fois achevé, ce massif ne courait plus de risques, car il ne tardait pas à être consolidé à l'aval par des dépôts de vase.

Ce procédé du revêtement général en enrochements avait autrefois donné également de bons résultats sur la basse Seine.

RECTIFICATION DE L'EMBOUCHURE DE LA MEUSE, AU-DESSOUS DE ROTTERDAM[1]

Rotterdam est sur la nouvelle Meuse, à 30 kilomètres de la mer; c'est un port de grande importance offrant des mouillages de 9 à 12 mètres. Malheureusement, les voies qui le relient à la mer ont vu chaque année diminuer leur mouillage et l'accès du port devint de plus en plus difficile.

Autrefois, les navires arrivaient par la Meuse elle-même ou par le bras du nord appelé Scheur, figure 10, planche 73; la barre de l'embouchure s'est élevée progressivement et n'offre guère que 3m,30 de tirant d'eau à mer moyenne. On accédait encore par le Haring Vliet, qui offrait deux chemins vers Rotterdam, l'un par le Spui, l'autre par le Hollandsch Diep, le Dordsche Kil et la vieille Meuse; pour éviter ce long détour, on a ouvert en 1829 le canal de

[1] Voir pour plus amples détails l'excellente *Notice sur les travaux publics en Hollande*, publiée par M. Croizette-Desnoyers, inspecteur général des ponts et chaussées.

Voorne, de dimensions insuffisantes pour les navires actuels. L'embouchure du Haring Vliet s'étant elle-même encombrée de bancs de sables, les grands navires ont dû prendre encore plus au sud et pénétrer dans le Hollandsch Diep, par les Grevelingues ; même par ce long chemin, ils sont forcés aujourd'hui de rompre charge.

M. l'ingénieur Caland a ouvert, au port de Rotterdam, un débouché direct dans la mer du Nord en régularisant le Scheur et en lui ouvrant, à travers les dunes de Hoek van Holland, une coupure prolongée en mer par deux jetées.

Voici, résumées par M. l'ingénieur Croizette Desnoyers, les bases du projet de l'ingénieur hollandais :

« Dans les fleuves dont les embouchures sont larges par rapport à leur débit naturel, c'est seulement sur l'action des marées que l'on peut compter pour maintenir la profondeur à ces embouchures.

« Il est à remarquer en effet que la marée, pendant les heures de flot, barre et empêche l'écoulement, non-seulement de l'eau douce venant d'amont, mais encore de l'eau de mer qu'elle amène elle-même, et dès lors en jusant il se produit une véritable chasse.

« Pour maintenir l'approfondissement et la navigabilité d'une rivière à marées, il faut donc s'attacher avec soin à ce que l'action de la chasse due au jusant soit aussi forte que possible ; elle le sera évidemment d'autant plus que la rivière sera mieux débarrassée des obstacles qui entravent la marche des courants, et que par conséquent les sections longitudinale et transversale offriront plus de régularité.

« Le volume des ondes de marée diminue à mesure qu'elles pénètrent plus avant dans la rivière, et par suite au jusant la rivière, à partir du point où la marée cesse de se faire sentir, porte en mer, dans chaque section située plus en aval, une plus grande quantité d'eau que dans la section située immédiatement en amont. Il en résulte que pour conserver à l'eau, dans les différentes sections, une même vitesse, la rivière doit présenter une forme d'entonnoir, et que cette forme doit être d'autant plus prononcée que la dénivellation de la marée est plus grande et que la pente du lit est plus rapide.

« L'évasement et les dimensions de cet entonnoir doivent être déterminés : 1° d'après le régime de la rivière ; 2° d'après la pente de son lit ; 3° d'après la dénivellation de la marée ; 4° d'après la vitesse avec laquelle monte le flot ; 5° enfin de manière à empêcher autant que possible les alluvions.

« On doit considérer en effet, quant à ce dernier point, que les alluvions proviennent des détritus que la rivière amène de sa partie supérieure et des sables que la mer introduit avec la marée. Il est par suite nécessaire d'extraire les premiers par un entretien régulier et de régler l'ouverture de telle sorte que les courants de jusant emmènent les sables apportés par le flot.

« L'entonnoir doit donc être disposé de manière que la pente de la rivière n'atteigne que vers l'embouchure la hauteur de la basse mer. Si l'entonnoir était trop large, le pied de la pente rencontrerait la basse mer à une certaine distance en amont de l'embouchure et le jusant n'aurait plus assez d'effet sur les matières solides introduites pendant la marée montante.

« Si au contraire l'entonnoir était trop étroit, l'eau resterait trop élevée dans la rivière et le flot ne pourrait pas s'y étendre assez loin. Alors d'une part la force des courants de marée serait affaiblie et d'autre part la rivière se trouverait en état d'entraîner son limon plus en aval : sa navigabilité en souffrirait et son embouchure elle-même serait exposée à s'envaser.

« La formation d'îles et la création d'endiguements irréguliers sur les rives amènent des étranglements qui donnent nécessairement lieu à des dépôts, en faisant naître pour l'eau des différences de vitesse ; les contours trop brusques produisent le même effet, mais il faut éviter autant que possible pour le lit les parties rectilignes qui, en augmentant momentanément la pente, motiveraient une alluvion à la suite. Un système de directions courbes, régulièrement raccordées entre elles, paraît être le meilleur à adopter pour la régularisation du lit des rivières à marée.

« L'action incessante des marées et des vagues, le long des côtes de la Hollande, maintient le sable en mouvement constant et donne lieu à un fond légèrement incliné, de 250 à 140 de base pour 1 de hauteur, entre Hoek van Holland et le Helder ; de sorte qu'on ne peut pas trouver, à moins de 800 mètres à 1300 mètres, la ligne de $5^m,50$ de profondeur à basse mer, ou de 7 mètres à haute mer, qui est nécessaire pour les gros navires. Il en résulte que les embouchures, pour conserver cette profondeur d'une manière stable, doivent être reportées jusqu'à cette distance en mer, au moyen de jetées. »

Ces principes ont été appliqués sur le bras de la Meuse appelé le Scheur ; le cours en a été régularisé longitudinalement et transversalement ; la partie aval de son cours a été barrée et ses eaux rejetées dans la coupure de Hoek van Holland ; les eaux de la vieille Meuse ont été rejetées dans le Scheur endigué, afin d'augmenter la puissance du courant.

Pour donner au lit la forme d'un entonnoir, la largeur à l'origine des jetées est de 900 mètres, de 450 mètres à Vlaardingen et de 225 mètres à Krimpen, au-dessus de Rotterdam.

Les digues longitudinales ont été adoptées, car les épis ont l'inconvénient de créer des bassins secondaires restreignant l'extension du flot vers l'amont ; les digues ont été élevées jusqu'au niveau de la mer moyenne ; plus élevées, elles auraient trop réduit la surface d'emmagasinement ; plus basses, elles n'auraient point produit vers l'embouchure un courant de jusant assez violent. Une erreur en moins dans la hauteur des digues est, du reste, toujours facile à réparer.

La coupure à travers les dunes peu élevées du littoral eût coûté très-cher à creuser à bras d'hommes ; on ne l'a ouverte d'abord que sur 200 mètres de large et le courant, qui y était rejeté par suite du barrage de la partie aval du Scheur, a fait le reste ; on n'a déblayé que 1 million et demi de mètres cubes et le courant en a enlevé 5 millions.

La jetée du sud a 1150 mètres de longueur et celle du nord 1860 mètres ; celle-ci abrite la passe contre les vents du N. O. et facilite l'entrée du flot venant du S. O.

Le massif de ces jetées, ainsi que celui des barrages, est formé par des plates-formes en fascinages, que l'on immerge en les chargeant de lourdes pierres lorsqu'elles sont exposées aux vagues, ou simplement de sable et de terre lorsqu'on les place dans une eau tranquille.

Dans notre *Traité des eaux en agriculture*, nous avons donné les détails des travaux de fascinage, et notamment ceux de la construction des plates-formes ; nous ne reviendrons donc pas sur ce point.

Les jetées de Hoek van Holland se sont rapidement consolidées par les vases et les mollusques ; elles ont parfaitement réussi et forment un tout inattaquable.

Les travaux, commencés en 1865, ont donné d'excellents résultats et la profondeur de la passe a sans cesse augmenté ; on estime déjà à plus de 11 pour 100 du capital engagé le bénéfice que le commerce retire de l'exécution de cette belle œuvre qui fait le plus grand honneur aux ingénieurs des Pays-Bas.

2° Môles, digues et jetées

Les môles, digues et jetées sont des ouvrages en enrochements, en maçonnerie ou en charpente destinés à protéger les rades et les ports contre les vagues et les vents et à en faciliter l'accès.

Môles et digues. — Lorsque les Romains voulaient établir un port sur les côtes de la Méditerranée, en un point où il n'existait point de baie naturelle, mais où l'on trouvait néanmoins près du rivage un mouillage satisfaisant, ils circonscrivaient un espace de mer au moyen de deux murailles enracinées au rivage et se rapprochant l'une de l'autre vers le large, de manière à présenter aux navires une passe de largeur et d'orientation convenable. Lorsqu'ils redoutaient la propagation des lames dans le port, ils exécutaient en avant de la passe une muraille isolée, de chaque côté de laquelle subsistait une entrée pour les navires.

Les murailles en question, construites en enrochements et en maçonnerie, portent le nom de *môles* (du latin *moles*, masse, massif). Les môles sont donc des murailles isolées ou reliées à la terre qui, dans la Méditerranée, circonscrivent et protègent les ports, avant-ports ou rades.

Il convient, suivant nous, de réserver ce nom aux ouvrages de la Méditerranée et de ne point l'étendre à ceux de l'Océan.

Pour ceux-ci, c'est le nom de *digues* qui convient ; ce nom est d'origine germanique et a servi primitivement à désigner les levées en terre protégeant les côtes basses de la mer du Nord.

Nous entendons donc par *digues*, les murailles isolées ou enracinées à la terre, ayant pour but d'abriter les rades et les ports de l'Océan.

Les *digues* se confondent quelquefois avec les *jetées*, dont nous donnerons plus loin la définition.

La longueur et l'emplacement des môles ou des digues ne sauraient être fixés d'après des règles générales ; ces éléments dépendent d'abord de la grandeur de la surface que l'on veut abriter, mais la forme et la direction des ouvrages dépendent surtout, dans chaque cas particulier, de la direction des lames et des courants, des vents régnants, de la profondeur des eaux et de la marche des alluvions. Toutes ces circonstances doivent faire l'objet de longues études préliminaires ; on peut bien prévoir dans une certaine mesure l'effet des ouvrages projetés, mais on ne saurait en répondre avec certitude, et il est indispensable d'agir avec la plus grande prudence, car il est arrivé que des travaux destinés à remédier à certains inconvénients, ont créé des inconvénients plus considérables d'un autre genre.

Des commissions spéciales composées des ingénieurs, des marins pratiques de la localité, d'officiers du génie et de la marine, sont du reste chargées d'examiner, au point de vue nautique et au point de vue de la défense, tous les projets nouveaux.

Jetées. — Les *jetées* sont des ouvrages spéciaux aux ports de l'Océan ; toujours enracinées au rivage, elles limitent le *chenal* du port dont elles forment comme le goulet. Les jetées peuvent donc, comme effet accessoire, donner un abri contre le vent et les lames, mais elles ont pour effet principal de guider les navires et de reporter l'entrée du port jusque dans les profondeurs d'eau suffisantes ; elles forment comme un couloir bien apparent qui réunit le port à la pleine mer.

De cela résulte que les jetées sont inutiles dans la Méditerranée dont les oscillations de marée sont insensibles : du moment que l'ouverture d'un port de la Méditerranée est convenablement orientée, les navires y entrent facilement à toute heure de marée.

Les jetées rendent de grands services pour le halage des navires à l'entrée et à la sortie.

Du temps où la navigation à voile régnait seule, l'orientation des jetées, par rapport aux vents régnants, avait une grande importance ; cette importance a considérablement diminué grâce au développement de la navigation à vapeur et des systèmes de remorquage. Néanmoins, la direction des jetées par rapport aux vents régnants et aux courants est encore de considération capitale.

Lorsque le chenal est enfilé par le vent, les navires à voile s'y engagent avec facilité, mais ils prennent une erre considérable et risquent de se heurter au fond de l'avant-port si celui-ci n'est pas de longueur suffisante, ainsi que nous l'avons dit précédemment ; ou bien ils sont forcés de mouiller une ancre pour amortir leur erre, ce qui arrive au Havre où les navires, ayant mouillé une ancre, font par l'impulsion acquise demi-tour sur eux-mêmes et présentent l'arrière aux écluses.

Autre inconvénient : les lames enfilent le chenal sans être déviées de leur direction ; elles peuvent causer au fond du port de dangereux ressacs ; lorsque cela existe, on dispose de part et d'autre du chenal des brise-lames ou plans inclinés sur lesquels les lames s'épanouissent et usent leur force vive.

Des jetées, dont la direction ferait un angle obtus avec celle des vents régnants, rendraient très-difficile l'accès du port ; les navires, poussés par le vent, manqueraient la passe et seraient jetés à la côte.

La meilleure direction des jetées semble être celle qui fait avec les vents régnants un angle aigu ne s'écartant pas trop d'un angle droit ; les navires, entrant avec le vent largue, manœuvrent assez facilement et obéissent au gouvernail sans prendre une erre trop considérable.

Dans ce cas, il ne faut pas cependant que les courants parallèles à la côte soient susceptibles d'atteindre des valeurs considérables, car ces courants entraîneraient les navires et leur feraient manquer la passe, ce qui arrive quelquefois au Havre ainsi que nous le verrons plus loin.

Un chenal courbe s'oppose mieux qu'un chenal rectiligne à la propagation des lames, mais s'il n'a pas en même temps une grande largeur, il rend difficiles les mouvements des grands navires.

La direction des jetées étant fixée, il faut en préciser la longueur ; généralement elles ne s'étendent guère au delà de l'*estran*, c'est-à-dire qu'elles s'arrêtent à la *laisse* des plus basses mers ; le prolongement entraînerait dans de trop grands frais, et, bien qu'offrant de sérieux avantages pour la navigation, il pourrait affaiblir le succès des chasses qui, sur nos côtes à sable et à galets, ont pour mission de maintenir la profondeur de la passe.

Les deux jetées sont de longueur inégale ; généralement, celle qui se trouve directement sous le vent est la plus longue. Cette disposition est favorable à l'entrée et à la sortie des navires, car : 1° à l'entrée, les navires qui, pris de travers par les vents ou le courant, ne.peuvent suffisamment gouverner pour enfiler le chenal, ne vont pas se heurter contre la seconde jetée et ont le temps de se relever à la mer; 2° à la sortie, les navires hâlés jusqu'au sommet de la jetée sous le vent, peuvent tirer une bordée sans risquer de se briser sur la jetée d'aval.

Les considérations précédentes n'ont évidemment rien d'absolu et peuvent être modifiées par des causes locales.

Nous savons que les courants obliques aux côtes déterminent un transport d'alluvions, sables ou galets, parallèlement à la côte; toutes les fois donc qu'on établit un obstacle transversal, on brise le mouvement de transport et on produit un dépôt; la jetée, directement opposée aux vents régnants, voit donc les alluvions s'accumuler sur sa face externe; ces alluvions progressent peu à peu, finissent par dépasser la tête ou *musoir* de la jetée si s'épanchent alors dans le chenal qu'elles encombrent. Le mal disparaît si l'on prolonge la jetée, mais le nouveau musoir ne tarde pas à être dépassé de nouveau, et le remède n'est que momentané; c'est ce qui explique les nombreux prolongements successifs dont ont été l'objet les jetées de nos vieux ports. L'établissement de chasses puissantes, repoussant les alluvions vers la haute mer, a permis dans certains cas d'abandonner les palliatifs du prolongement des jetées.

Sur les côtes sableuses où les pierres font défaut, on a eu recours par mesure d'économie aux jetées en charpente, coffrées ou à claire-voie; les jetées coffrées jouent le même rôle que les jetées en maçonnerie. Les jetées à claire-voie, tout en assurant la circulation des navires, laissent subsister en partie les courants littoraux et livrent passage aux matières entraînées qui, alors, se déposent avec beaucoup moins d'intensité sur la face externe de la jetée sous le vent.

Ce système de claires-voies, qui a été appliqué également aux môles et aux digues, a souvent produit d'heureux résultats.

La largeur entre les jetées varie en général de 30 à 100 mètres; dans les grands ports, l'adoption de navires à vapeur effilés a rendu indispensable l'élargissement des passes.

On doit pouvoir circuler sur la plate-forme des jetées sans être incommodé par les vagues ordinaires; cette plate-forme se trouve à une hauteur, comprise entre 2 et 3 mètres, au-dessus des hautes mers ordinaires de vive eau.

Aucune règle précise ne paraît avoir présidé à la détermination de la largeur de la plate-forme des jetées. On trouve les chiffres suivants :

1° Jetées en maçonnerie :	Fécamp.	3^m,20	Dieppe (jetée de l'Ouest). 8^m,00
	Le Havre (jetée du Nord)	5^m,50	Le Havre (jetée du Sud). 3^m,30
	Honfleur (jet. de l'Ouest)	4^m,50	Cherbourg (jetée de l'Est) 5^m,50
	Les Sables d'Olonne. . .	7^m,30	
2° Jetées en charpente :	Ostende.	1^m,50	Calais. . . . . 2^m,00 à 2^m,30
	Dunkerque. . . 1^m,75 à 2^m,50		Boulogne (jetée du Nord). 2^m,40

Dans les ouvrages en maçonnerie, la largeur de la plate-forme a été déterminée par l'épaisseur même de la construction; les jetées anciennes, formées de massifs en pierres sèches ou de deux murs comprenant un remblai, ont nécessairement une forte largeur, bien supérieure à celle qui serait nécessaire pour le halage des navires et la circulation des marins.

Avec les ouvrages en charpente, les dispositions adoptées sont toujours à peu près similaires, et les largeurs sont beaucoup moindres ; une largeur de 2^m,50 paraît donc bien suffisante.

Les jetées sont terminées par des musoirs sur lesquels on installe des feux de port et des mâts de signaux, ainsi que des cabestans ; c'est là que se tiennent d'ordinaire les pilotes et que s'effectuent les manœuvres les plus pénibles ; cette tête de la jetée est, du reste, plus exposée que le corps à la violence des vagues.

Pour ces raisons, le musoir est, en général, d'un mètre plus élevé que la plate-forme et sa largeur est souvent plus considérable ; presque toujours on lui donne la forme d'une tour ronde à moins qu'on ne veuille se réserver dans l'avenir la faculté de prolonger la jetée. Le musoir de la jetée de l'ouest à Dieppe a 12 mètres de large ; ceux du Havre ont même largeur que les jetées correspondantes : aux Sables-d'Olonne on trouve un musoir de 15 mètres. Dans les jetées en charpente, dont la largeur est réduite, le musoir a nécessairement une largeur supérieure à celle du corps de la jetée ; ainsi, à Boulogne, on trouve des musoirs de 12 mètres et de 6 mètres.

Le raccordement entre la plate-forme du musoir et celle du corps de la jetée, se fait quelquefois au moyen de plusieurs marches ; cette disposition doit être rejetée comme dangereuse par les brouillards et le mauvais temps ; le raccordement par plan incliné est infiniment préférable.

Réduction de la hauteur des vagues à l'intérieur des ports. — Lorsque la lame se présente à l'entrée d'un port, entrée que mesure la distance entre les musoirs des deux jetées, elle est en partie brisée, et, n'étant plus soutenue par le vent, elle diminue de hauteur à mesure qu'elle se propage dans le port ; la diminution est d'autant plus sensible que l'évasement du port à partir de l'entrée est plus rapide et plus considérable.

Pour exprimer la réduction de hauteur dont les vagues sont affectées en se propageant dans un port, Stephenson a donné une formule empirique que nous avons rapportée au mètre pris comme unité et qui s'écrit alors :

$$\alpha = \sqrt{\frac{l}{L}} - 0{,}027 \left(1 + \sqrt{\frac{l}{L}}\right) \sqrt[4]{D}$$

Dans cette formule :

α est le coefficient de réduction de la vague, c'est-à-dire le rapport de la nouvelle hauteur de la vague à la hauteur primitive ;

l est la largeur de la passe à l'entrée du port ;

L est la largeur du port à la distance D de l'entrée.

Les ingénieurs anglais considèrent cette formule comme suffisamment approximative ; elle est d'accord avec les expériences faites sur plusieurs ports formés par deux jetées convergentes.

Exemple : au port du Havre, la largeur de la passe, en face du musoir de la jetée du sud, est d'environ 70 mètres ; la largeur de l'avant-port à 600 mètres plus loin, est actuellement d'environ 200 mètres. Quelle est la réduction de hauteur des vagues ?

D'après la formule précédente, le coefficient de réduction est égal à 0,38, c'est-à-dire qu'une vague, qui se présente à l'entrée du port avec une hauteur d'un mètre, n'aura plus que 0^m,38 de hauteur à 600 mètres plus loin

DESCRIPTION DES PRINCIPALES DIGUES OU JETÉES
EN ENROCHEMENTS ET EN MAÇONNERIE

Ayant exposé les considérations générales relatives aux môles, aux digues et aux jetées, il nous reste à faire connaître les procédés de construction de ces ouvrages ; nous ne considérerons d'abord que les ouvrages pleins en enrochements et en maçonnerie. Nous donnerons les exemples suivants, qui comprendront non-seulement la description des digues et des jetées, mais encore la description générale des ports difficile à séparer de la première :

Pour l'Angleterre : les ports d'Holyhead et de Douvres ; pour nos côtes de la Manche et de l'Océan : les ports de Cherbourg, de Saint-Malo, de Brest, de Saint-Nazaire, de Saint-Jean-de-Luz ; pour la Méditerranée : les ports de Marseille, d'Alger, de Venise, de Livourne, de Gênes, de Bastia, de Port-Saïd.

PORTS ANGLAIS

1. DIGUES ET PORT D'HOLYHEAD

Holyhead, situé dans l'île de ce nom à l'ouest d'Anglesea, est le port de l'Angleterre le plus rapproché de l'Irlande ; il est sur la route directe de Londres à Dublin, et donne lieu à un grand mouvement de paquebots ; en même temps c'est le refuge naturel des navires en direction de Liverpool assaillis par un coup de vent. Les côtes voisines appartiennent aux terrains primitifs et les ensablements ne sont pas à redouter ; on dispose donc d'excellents matériaux en abondance, et l'on n'a pas à craindre de voir les digues diminuer les grandes profondeurs dont on dispose non loin du rivage.

Pour ces raisons, le gouvernement anglais créa, au nord-ouest de l'ancien port, un grand port de refuge compris entre deux môles enracinés à la terre ; le môle du nord, grande digue ou breakwater, est le plus important et le plus efficace, il garantit la rade des vents du nord et du nord-ouest ; le môle du sud, moins important, destiné à protéger la rade contre les vents de l'est, peu dangereux à cause de leur champ limité, a surtout pour but de permettre aux paquebots l'accès à toute heure de marée.

La superficie du port est d'environ 85 hectares ; sur plus de la moitié, la profondeur à basse mer dépasse 10 mètres, et à moins de 200 mètres de la côte elle est encore de 5^m,50 ; le fond de vase et de sable est d'une excellente tenue pour les ancres.

La digue du nord a 2406 mètres de long. Les moyens mis en œuvre pour la construire ont été décrits par M. l'ingénieur Aribaut dans un mémoire dont nous extrayons les passages suivants :

« *Situation du pont de service.* — Il s'agissait d'avancer dans la mer, suivant une ligne où la profondeur d'eau au-dessous des plus basses marées s'élevait graduellement de 4 mètres jusqu'à 16 mètres, un échafaudage établi à $10^m,70$ au-dessus du même niveau, et capable de permettre la circulation des trains de wagons chargés de blocs de rochers dont il sera parlé ci-après. La hauteur totale de la plate-forme au-dessus du sol sous-marin était donc de 15 mètres environ au point de départ, et de 26 mètres à l'extrémité.

Sa disposition. — Le pont de service (pl. 75) est composé de 250 palées espacées de $9^m,14$ (30 pieds) d'axe en axe, supportant cinq couples de doubles cours de longrines, dont chaque couple porte une voie de fer.

Chaque palée se compose (fig. 1) de cinq poteaux réunis, en tête seulement, par un double cours de chapeaux. Les poteaux y sont espacés de $10^m,05$ (33 pieds) d'axe en axe, et correspondent au milieu de chacune des cinq voies de fer de la plate-forme. La largeur de celle-ci est, en conséquence, de $40^m,20$ entre les axes des voies de rive, et de 45 mètres environ y compris les deux trottoirs latéraux.

Pour s'opposer au déversement transversal de ce système, on remplace, dans chaque palée, l'un des poteaux verticaux par deux poteaux inclinés réunis à leur sommet. Ce double poteau, qui dans la coupe représentée figure 1, occupe la place du poteau central, varie de position dans chaque palée, et prend successivement celle de chacun des cinq points d'appui.

Poteaux. — Chaque poteau se compose de deux grands longerons formés chacun d'un cours de pièces de $0^m,35$ d'équarrissage, assemblées bout à bout à traits de Jupiter. Ces deux longerons sont jumelés et boulonnés ensemble, de manière que les joints des pièces élémentaires soient convenablement découpés.

A l'extrémité supérieure, on fixe, sur les faces larges (fig. 2), deux madriers destinés à saisir ultérieurement les chapeaux de la palée.

Pour diminuer la tendance à la flexion transversale, due à la grande longueur des poteaux, on dispose en leur milieu, sur une longueur de $9^m,14$, et l'on boulonne ainsi sur les faces larges les deux parties triangulaires d'une pièce de $0^m,35$ d'équarrissage, divisée, par un trait de scie, suivant un plan diagonal (fig. 1 et 3).

Enfin, pour empêcher le poteau de pénétrer dans le terrain, on fixe à son pied quatre talons ou chantignolles renversées, dont les faces inférieures forment, à quelques centimètres en deçà de l'about du poteau, une sorte de base par laquelle celui-ci s'appuie sur le sol (fig. 4).

Pose des poteaux. — Lorsqu'on veut mettre en place une nouvelle palée pour prolonger le pont de service, on fait d'abord plonger, dans l'alignement qu'elle doit occuper, des hommes revêtus du scaphandre, qui explorent l'emplacement de chaque poteau et constatent, au moyen de la sonde que leur tend une embarcation, la profondeur du sol sous-marin en contre-bas de la plate-forme, et, par suite, la longueur à donner aux poteaux.

Ceux-ci ayant été convenablement préparés d'après cette donnée, on fixe à faux frais, au pied de chacun, au-dessus des talons, deux caisses que l'on remplit de blocaille, de manière à lester énergiquement cette extrémité du poteau fig. 5).

Par un temps calme, un steamer remorque sur place les cinq poteaux de la palée.

A l'extrémité de chacune des cinq voies du pont de service (fig. 5), est établie une grue, de 10 mètres de portée, dont la poulie occupe la verticale dans laquelle le poteau doit être placé. L'about supérieur de chaque poteau ayant été fixé à la chaîne de la grue correspondante, les cinq grues opèrent simultanément le levage des cinq poteaux, qui, par l'effet du lest appliqué à leur extrémité inférieure, ne tardent pas à se dresser suivant la verticale. Ils sont alors descendus jusqu'à ce qu'ils posent, par leur base, sur le sol sous-marin, et fixés immédiatement par des liernes provisoires entre eux et avec la palée précédente.

Il ne reste ensuite qu'à opérer la pose des chapeaux de la palée nouvelle et le prolongement des longrines de la plate-forme, qui s'exécutent par les moyens ordinaires ; et, tout aussitôt, on prolonge les voies de fer et l'on avance sur la nouvelle travée les trains de wagons chargés de blocs, que l'on verse à l'extrémité de la voie jusqu'à ce que chaque poteau se trouve suffisamment empaté et consolidé.

La construction de ce pont de service, bien qu'obligatoire dans ses dispositions, qui sont dues à feu l'ingénieur Rendel, constitue, d'après le devis, une des charges de l'entreprise. Cet ouvrage s'exécute exclusivement au compte de l'entrepreneur, et fait partie des faux frais couverts par le prix stipulé pour la confection de l'enrochement. »

Matériaux employés. — Les matériaux employés, extraits de la montagne même, sont composés de grès quartzeux très-dur, offrant de nombreuses fissures favorables à l'exploitation et pesant 2750 kilogrammes le mètre cube.

Les carrières ont un front de 600 mètres et une hauteur de 50 mètres ; elles sont exploitées sur deux étages, et fournissent, en dehors des moellons ordinaires, beaucoup de blocs de 1, 2, 3 et 4 mètres cubes ; on a même obtenu souvent des blocs de 8 mètres cubes pesant environ 22 tonnés.

Les transports se font par wagons à bascule que remorquent des locomotives ; on charge les déblais tels qu'ils viennent en ne rejetant que la terre et les parties pulvérisées ; chaque train, de 4 wagons portant chacun 10 tonnes, passe sur un pont à bascule, et les matériaux sont payés à l'entrepreneur au poids et non au volume.

On a transporté par jour 4500 tonnes, soit 1600 mètres cubes de matériaux jetés à la mer.

Exécution de l'enrochement. — « Les enrochements sous-marins, exécutés en France pour la fondation des môles, sont formés d'un noyau de matériaux de grosseur médiocre, dont les talus établis, dans le but de réduire la section transversale, sous des inclinaisons bien supérieures à celles que ces matériaux prendraient naturellement sous l'action prolongée de la mer, sont ensuite défendus, sur la hauteur correspondante à l'action des lames, par une enveloppe de blocs, naturels ou factices, des plus grandes dimensions possibles.

Ce système, conseillé par l'économie, ou quelquefois impérieusement commandé par les difficultés du transport des matières, implique de grandes sujétions et ne donne pas toujours une sécurité complète.

Le système différent suivi à Holyhead a été la conséquence, habilement appliquée, des grandes facilités du transport des enrochements ; facilités dues à la proximité des carrières, au rattachement du môle sur le littoral, et à la présence d'un pont de service s'étendant sur tout le développement de la construc-

tion. Il consiste dans l'immersion simultanée des produits des carrières *de
toute grosseur*, tels que l'exploitation les fournit, depuis les plus petits fragments jusqu'aux plus gros blocs que l'on puisse charger sur les wagons, de
manière à former une seule et même masse homogène, dépourvue de toute enveloppe, mais aussi établie sous les inclinaisons, quelque faibles qu'elles puissent être, que la mer imprime naturellement aux matériaux.

Ce mode d'exécution, qui a pour résultat de fournir un enrochement compacte
et d'une grande densité [1], est séduisant par sa simplicité. Il semble, peut-être,
qu'on puisse concevoir quelques doutes sur la stabilité de cette sorte de *grève
artificielle*, dont la surface peut être formée, dans une proportion assez grande, de
matériaux de grosseur médiocre et même très-menus. C'est un point sur lequel
le temps seul pourra prononcer, en donnant la mesure des altérations éprouvées
par les formes primitives de la digue. Je dois dire cependant que toutes les
surfaces en contre-haut des basses mers, explorées avec soin dans les parties
terminées déjà depuis plusieurs années, m'ont paru jouir d'une fixité parfaite,
attestée jusqu'à un certain point par les végétations dont les matériaux sont
très-uniformément revêtus.

Mode d'exécution. — La manière d'exécuter l'enrochement est d'ailleurs fort
simple. Elle consiste uniquement à verser, du haut des cinq voies du pont de
service, le contenu des wagons amenés des carrières, de manière à former, sous
la plate-forme, une accumulation de matériaux dont la distribution, suivant le
profil d'équilibre correspondant aux hauteurs que l'on veut obtenir, est laissée
exclusivement à l'action de la mer.

Tant que le sommet de ce dépôt ne dépasse pas une limite de 5 ou 6 mètres
en contre-bas des plus basses mers, limite au-dessous de laquelle l'action des
eaux est à peu près nulle, le remblai affecte, au droit de chaque voie, des
talus de 1 de base pour 1 de hauteur, et prend la forme générale indiquée
(fig. 6, pl. 75).

Si le dépôt s'effectuait dans une eau tranquille, il conserverait les mêmes
formes à toutes les hauteurs; mais à mesure qu'il s'élève, l'action de la mer se
manifestant, les talus s'allongent, et, par suite du calme relatif produit du côté
du port par la présence du dépôt lui-même, le talus du côté du large s'allonge
beaucoup plus que le talus intérieur.

On poursuit ainsi le versement des matières jusqu'à ce que le sommet du
dépôt atteigne le pont de service. Ce résultat n'a encore rien de définitif. A chaque
période de gros temps la mer détermine l'affaissement de la masse et l'allongement du talus extérieur. On reprend alors le jet des matériaux, en insistant
principalement sur les trois premières voies du côté du large, de manière à
fournir sans cesse, au travail de la mer, un aliment suffisant.

Limite des versements. — Ces versements périodiques ont néanmoins une
limite. On les arrête définitivement lorsque l'intersection du talus du large et
du plan des basses mers, en s'éloignant progressivement de la ligne d'immersion des matières, est parvenue à *une distance de* 150 *pieds* (45ᵐ.72) *de l'axe du
pont de service.* A ce moment, le profil qu'on veut obtenir est terminé, quelle que
soit d'ailleurs la forme qu'il affecte provisoirement vers le sommet du talus, où
l'action de la mer ne s'exerce qu'à de longs intervalles.

En effet, la condition essentielle qu'on se propose de remplir, tout en laissant à la mer le soin de la réaliser, est d'amener le sommet du talus des enro-

[1] La proportion du volume des vides au volume total de l'enrochement est d'environ 1/9.

chements à une hauteur telle, au-dessus des basses mers, qu'après la construction de la muraille, et quand le plan incliné a pris sa forme définitive dans toute son étendue, ces enrochements couvrent toute la partie inférieure du profil du mur, de manière à atteindre, à peu près, le point de sa face extérieure où le fruit forme un pli prononcé.

Or, la hauteur de ce point au-dessus des basses mers étant de 6^m,63, et la pente naturelle que la mer imprime au talus des enrochements étant, d'après le résultat des observations, de 1/8e, il s'ensuit que la base du plan incliné entre la laisse des basses mers, sur l'enrochement, et la muraille, doit être au moins de 6^m,63 × 8 ou de 53^m,04 (174 pieds).

Mais la muraille est à 25 pieds (7^m,62) en arrière de l'axe du pont de service ; le pied du plan incliné ne doit, dès lors, s'éloigner de cet axe que d'une distance de 174 moins 25, ou de 149 pieds ; soit, en nombre rond, 150. Telle est donc la limite au delà de laquelle il serait, en général, surabondant de poursuivre le versement des matériaux, et où l'on est assuré que le profil prendra sa forme définitive, quelle que soit, je le répète, sa configuration provisoire, nécessairement fort irrégulière.

Dans l'étendue de la courbe formée à la naissance du prolongement du môle, on a pensé que la mer serait plus dure, à raison de l'angle rentrant compris entre les deux alignements voisins, et qu'elle pourrait donner aux enrochements une pente inférieure au 1/8e. Dans cette prévision, on augmente de 25 pieds (7^m,62) la base du plan incliné ; c'est-à-dire qu'on poursuit le jet des matériaux jusqu'à ce que la laisse des basses mers, sur le talus du large, soit parvenue à une distance de 175 pieds (60^m,96) de l'axe du pont de service. L'inclinaison du talus pourrait, par ce moyen, s'abaisser jusqu'au-dessous du 1/9e, sans que son sommet descende de la hauteur qui lui est assignée par le projet.

Côté du port. — Je n'ai mentionné jusqu'ici que le repère adopté pour marquer la cessation des versements du côté du large. On opère, du côté du port, d'après une méthode analogue, mais en arrêtant, cette fois, le jet des enrochements, lorsque le sommet du dépôt, au droit de la voie n° 5, a atteint la hauteur des pleines mers de morte eau.

Le profil ponctué de la figure 6 représente le résultat *immédiat* obtenu par ces procédés. C'est l'un des 150 profils semblables qui m'ont été communiqués comme ayant été successivement relevés au droit des 150 premières fermes du pont de service, lorsque l'enrochement était jugé définitivement achevé et consolidé, mais avant la construction de la muraille. Le profil plein en est le résultat *définitif;* c'est un profil *moyen* des formes générales de la digue. Il correspond à la 100e ferme et à 914 mètres de distance de la naissance du môle.

Digue de Cherbourg. — La comparaison des sections transversales du môle de Holyhead et de la digue de Cherbourg devant offrir naturellement quelque intérêt, j'ai placé en regard du profil précédent la coupe de ce dernier ouvrage, rapporté à une égale profondeur d'eau de 15^m,70 en contre-bas des plus basses mers.

Le rapprochement de ces profils montre avec évidence que les ingénieurs anglais ont dû s'inspirer de l'exemple de la digue française ; mais il prouve aussi qu'ils en ont modifié les dispositions avec sagacité, et en profitant habilement des circonstances favorables dont ils disposaient ; circonstances qui, comme on le verra plus loin, ont complétement manqué aux auteurs de la digue de Cherbourg.

En effet, quelque jugement que l'on porte (en attendant l'épreuve du temps)
sur le parti adopté par les Anglais de se soustraire aux sujétions d'une enveloppe en gros blocs, sauf à livrer à la mer tout ce qu'il lui fallait d'enrochements ordinaires pour qu'elle les dispose suivant le profil d'équilibre correspon
dant à leur densité, on ne peut s'empêcher de reconnaître que ce grand
relief donné au massif des enrochements sur le niveau des basses mers, de
manière à lui faire couvrir la muraille sur une hauteur de 6ᵐ,33 à partir de sa
base, est une innovation éminemment heureuse, à raison des garanties qu'elle
donne pour la conservation ultérieure du mur.

Grâce à cette disposition, l'enrochement, la muraille et le massif intérieur
qui sert à la circulation du côté du port concourant ensemble à la résistance
contre le choc des lames, dont toute la force vive s'épuise sur le grand talus,
il a été possible de réduire dans une notable proportion le cube des maçonneries, tout en portant le sommet du mur à une hauteur considérable.

C'est ainsi que la section transversale de la muraille n'a que 66ᵐq,65 de
superficie. Le couronnement atteint 5ᵐ,86 au-dessus des plus hautes mers, et
cette grande hauteur, jointe à l'effet du plan incliné pour l'amortissement des
lames, s'oppose doublement à ce que les paquets de mer soient projetés par-
dessus le sommet du mur.

A Cherbourg, au contraire, le sommet des enrochements dépasse à peine le
pied du mur, et correspond généralement au niveau des basses mers de morte
eau. La muraille reste donc exposée à presque toute l'action des lames, et
fournit à elle seule toute la résistance au choc de la mer. Aussi la section des
maçonneries présente une superficie de 82ᵐq,65, et cependant le sommet du
mur ne dépasse pas 2 mètres au-dessus des plus hautes mers ; en sorte qu'en
gros temps, le couronnement est balayé par les lames.

Mais ce n'est pas à dire, pour cela, que ces différences constituent aucune
infériorité absolue des dispositions de la digue sur celles du breakwater. Elles
sont simplement les conséquences, tout à fait rationnelles, des conditions éminemment dissemblables dans lesquelles ces deux grands ouvrages ont été exécutés.

Il semble, en effet, que dans l'une des localités toutes les facilités se soient
trouvées réunies dans un heureux concours, tandis que toutes les difficultés
furent accumulées dans l'autre.

A Holyhead, le rattachement du môle au littoral, la simplicité des transports
due au pont de service, le voisinage immédiat des carrières, sont des circonstances exceptionnelles qui ont permis, on peut le dire, de prodiguer les enrochements.

A Cherbourg, l'éloignement de la digue, son isolement, qui s'opposait à la
construction d'un pont de service, les transports obligés par mer, etc., tout faisait une loi de réduire les enrochements au moindre cube possible.

Il y a plus : la disposition caractéristique du profil de Holyhead, c'est-à-dire
le grand relief des enrochements sur les basses mers, n'eût peut-être pas elle-
même, et toutes choses égales d'ailleurs, été réalisable au même degré à Cherbourg. En effet, la digue paraissant y être exposée à des mers beaucoup plus
violentes que celles qu'on peut redouter à Holyhead, il est possible que les enrochements qui se maintiennent dans le breakwater anglais sous l'inclinaison
de 1/8ᵉ, eussent exigé, ici, un talus encore plus allongé.

Exécution de la muraille. — La figure 8, planche 75, donne les dimensions
détaillées d'une coupe de la muraille établie au sommet du môle.

Dispositions générales. — Elle est fondée directement sur le massif sous-marin, à $0^m,30$ en contre-haut des plus basses mers, et, comme il a été dit précédemment, son sommet s'élève à $5^m,86$ au-dessus des plus hautes mers d'équinoxe. Elle est accompagnée, du côté du port, d'un remblai de blocages à talus perreyé qui forme à la fois un contre-fort du mur' et une voie longitudinale reliant différentes parties de quais verticaux, qui s'en détacheront de distance en distance pour l'accostage des navires. Le terre-plein, de $6^m,10$ de largeur, est situé au niveau de la plate-forme d'enracinement, qui se trouve ainsi comme prolongée sur tout le développement du môle. Il portera des voies de fer qui seront en communication avec le chemin de Holyhead à Londres, par le railway des carrières, devenu définitif. La partie du mur supérieure à ce terre-plein présente de nombreux évidements utilisés dans l'intérêt du commerce et de la circulation publique. On y trouvera des chambres d'abri, des magasins pour le dépôt des marchandises, des water-closet, etc....

Je vais indiquer quels sont les procédés employés pour l'exécution des maçonneries.

Mode d'exécution. — On démolit d'abord le grand pont de service, dans l'étendue seulement des voies n°s 4 et 5 ; les voies n°s 1, 2 et 3 sont conservées jusqu'à la fin de la construction, pour ajouter, s'il était nécessaire, aux enrochements du large.

Excavation. — Le sommet de la digue, au droit de l'emplacement de la muraille, étant supposé affecter, dans une section transversale, la ligne irrégulière ABCD du croquis (fig. 9), la première opération qui se présente consiste à excaver, dans le massif même des enrochements, la place que le mur doit occuper. A cet effet, dans une direction longitudinale correspondant, à peu près, à l'axe de la construction, on établit sur l'enrochement préalablement dressé une voie de fer X ; on amène sur cette voie une grue à vapeur, et l'on commence le déblai de l'excavation.

Les matériaux de fortes dimensions qui en proviennent sont déposés sur la berge droite MN ; les débris et menus moellons sont rejetés plus loin sur le talus du côté du port. La voie X est prolongée, au fur et à mesure des progrès du travail, avec une pente de $1/30^e$ qui permet, à chaque marée, de remonter la grue au-dessus du niveau des eaux. On poursuit par ce moyen l'excavation jusqu'à ce que l'on atteigne un plan horizontal PQ, élevé de $2^m,30$ au-dessus des plus basses mers. A la hauteur de ce plan on rétrécit la fouille, et l'on élève sur les banquettes ménagées à cet effet le pont de service spécial à la construction du mur.

Pont de service. — Ce pont de service se compose, d'une part, de deux palées longitudinales E, F, espacées de $15^m,30$ d'axe en axe, couronnées chacune par une double longrine portant un rail, et, d'autre part, d'une série de chevalets G, placés à l'intérieur des palées précédentes, du côté du port, et portant pareillement, sur deux doubles longrines, une voie de fer.

Cette dernière voie, de $2^m,20$ de largeur, est en communication avec le chemin de fer des carrières, et est destinée à la circulation des wagons qui viennent apporter, au droit de chaque atelier, les matériaux des maçonneries, blocs, mortiers, etc....

La voie, de $15^m,30$, supporte une grande grue roulante dont la plate-forme, garnie d'une voie de fer, est surmontée d'une locomotive susceptible d'imprimer à volonté le mouvement, soit à elle-même, soit au cylindre d'un treuil puissant monté sur le même chariot.

Cet appareil, bien connu dans les chantiers de grands travaux, à l'exception peut-être de la locomotive, est désigné dans les ateliers anglais sous le nom significatif de *samson*. Il est d'abord utilisé, concurremment avec la grue déjà mentionnée, à l'achèvement de l'excavation. On poursuit ainsi le déblai jusqu'à une profondeur de 0,30 au-dessus du niveau des plus basses mers; c'est la cote de l'établissement de la muraille.

Ce qui précède permet de se faire une idée des manœuvres à l'aide desquelles la maçonnerie est exécutée.

Façon des maçonneries. — On commence par élever les parties inférieures au moyen des blocs provenant de l'excavation elle-même; quand ceux-ci sont épuisés, les nouveaux matériaux nécessaires viennent par la voie G. On les emploie de la manière suivante : Le samson ayant été amené dans le plan vertical passant par le point où un bloc doit être mis en place, la pierre, chargée dans un wagon, est présentée sous l'appareil. La locomotive supérieure s'étant transportée à l'aplomb du wagon, la chaine du treuil saisit le bloc, que quelques tours du cylindre élèvent de la hauteur nécessaire pour le dégager. La machine se porte alors à l'aplomb de l'emplacement désigné, file la chaîne du treuil, et dépose exactement la pierre dans la position qu'elle doit occuper sur le tas, et où elle est immédiatement maçonnée.

Il est facile de comprendre que, grâce à un engin aussi puissant, on ait pu s'imposer la condition de former la maçonnerie entière du mur de matériaux énormes. Le fait est qu'elle est uniquement composée, tant à l'intérieur qu'en parement, de blocs de dimensions tout à fait inusitées. Chaque pierre mesure 1, 2 et même 3 mètres cubes; un grand nombre dépassent ce volume, et pèsent jusqu'à 10 tonnes. Les blocs sont juxtaposés sans aucune sujétion d'assises ni de joints, de manière à former un *opus incertum* dont les éléments s'engrènent en tous sens les uns dans les autres, sous la seule condition du plus parfait contact des faces. Les vides irréguliers formés nécessairement par les joints d'un pareil ouvrage sont garnis, avec le mortier, de moellons et d'éclats.

L'emploi de matériaux de cette dimension a pour conséquence naturelle une grande économie de mortier. On en consomme, en effet, 0^{mc},13 seulement par mètre cube de maçonnerie.

Les pierres employées en parement du côté du port, dans la partie vue, sont simplement dégrossies à la grosse pointe. Quant aux blocs formant le parement du côté du large, ils sont choisis parmi ceux qui présentent une face naturellement régulière, mais employés *absolument bruts*, sans la moindre préparation. Il en résulte un parement formé d'une suite tout à fait irrégulière de puissants bossages, d'un effet violent, et qui accuse franchement, à l'extérieur de la construction, son caractère de maçonnerie cyclopéenne.

Mortiers. — Il n'a pas été employé de ciments à la digue d'Holyhead, mais seulement de la chaux hydraulique des plages d'Abertaw, côte sud du pays de Galles; c'est une chaux de composition analogue à notre chaux du Theil, et par conséquent voisine des chaux-limites.

Le mortier employé à la base du mur d'abri comprenait :

2 parties de chaux hydraulique;
1   —   de pouzzolane d'Italie;
6   —   de sable.

le mortier employé dans la partie intermédiaire comprenait :

        3 parties de chaux hydraulique,
        1 — de pouzzolane,
        8 — de sable.

et celui de la partie supérieure :

        1 partie de chaux hydraulique.
        3 parties de sable.

Prix de revient. — Le breakwater de Holyhead est revenu à plus de 33 millions de francs, et le port entier à 38 millions.

Le mètre courant du breakwater est ressorti à 15,830 francs.

Le mètre courant de la digue de Cherbourg a coûté environ 13,500 francs, en défalquant les sommes dépensées inutilement en essais infructueux ; ce prix s'abaisse même à 12,250 francs, si l'on retranche le prix des ouvrages purement militaires du port de Cherbourg.

L'avantage, sous le rapport du prix de revient, est donc tout en faveur de la digue de Cherbourg, qui cependant a été construite en pleine mer à plus de 3 kilomètres des carrières.

2. JETÉE DE DOUVRES

En 1844, l'Amirauté anglaise résolut de créer à Douvres un port de refuge qui, par sa proximité de la Tamise et du continent, devait être très-utile aussi bien en temps de paix qu'en temps de guerre.

À cette époque, Douvres comprenait un port d'échouage suivi d'un bassin à flot et d'un bassin de retenue ; deux jetées en bois avec coffrage rempli de pierres limitaient la passe accédant au port d'échouage, passe d'une largeur de 37 mètres seulement ; des chasses, effectuées en vue de repousser le galet, donnaient 5m,20 de tirant d'eau à pleine mer de vives eaux et 4 mètres à pleine mer de mortes eaux ; la basse mer de vives eaux atteignait un niveau de 0m,50 au-dessous de la passe. Le tirant d'eau de la période de morte eau, pendant laquelle les chasses étaient suspendues, se réduisait parfois à 1m,20 sous l'influence des gros vents de sud-ouest.

Les épis, opposés aux galets à l'ouest du port, n'avaient jamais constitué que des remèdes transitoires ; le galet continuait sa marche vers l'est dès qu'il avait rempli la case qu'on lui avait ménagée.

Le projet général de port de refuge comprenait l'exécution de deux jetées enracinées à la côte l'une à l'ouest, l'autre à l'est, et d'une digue au large séparée de chaque jetée par une passe ; l'une des passes était ouverte en plein à l'est et l'autre au sud-ouest, afin de laisser subsister les courants destinés à empêcher l'envasement.

La jetée de l'ouest, ou *Jetée de l'Amirauté*, fut seule exécutée sur 640 mètres de longueur ; elle est représentée sur la figure 2, planche 76, plan du port de Douvres rapporté par M. l'ingénieur Plocq. La figure 3, planche 76, donne la coupe en travers de cette jetée ; pour accoster facilement à toute heure, on a adopté non un massif d'enrochements, mais une muraille sous-marine ; les talus de la dernière partie construite sont inclinés à $\frac{1}{4}$, la muraille se compose d'assises horizontales de blocs empilés ; les blocs extérieurs sont naturels, les blocs intérieurs sont artificiels ; le remplissage central au-dessus de la haute mer de morte eau est en béton.

La maçonnerie est à pierres sèches au-dessous de la basse mer de vive eau ; au-dessus les blocs sont posés avec mortier de ciment de Portland.

Au-dessus du terre-plein de la digue, qui a 8^m,50 de large et qui se trouve à 3^m,05 au-dessus de la haute mer de vives eaux, on trouve du côté du large un mur de garde de 3^m,12 de hauteur avec parement vertical à l'intérieur et parement courbe vers la mer.

L'épaisseur des assises en pierre naturelle va en augmentant de 0^m,53 à 1^m,14 du sommet à la base ; à la base, les blocs posés en carreaux ont 2^m,13 de long sur 1^m,34 de queue et les blocs posés en boutisses 1^m,22 sur 2 mètres ; les volumes sont donc de 3^{mc},25 et 2^{mc},78. Les blocs de béton sont fabriqués au ciment de Portland.

Une passerelle de service, portée par trois ou quatre files de pieux, sert à l'approche des blocs, qui sont pris par des chariots roulants à mouvement longitudinal et transversal ; cette passerelle se démonte et est reportée en avant au fur et à mesure de l'avancement.

Au-dessous de la basse mer de vive eau, les blocs sont arrimés et mis en place par des ouvriers travaillant sous des cloches à plongeur ; chaque cloche reçoit deux ouvriers et il y a eu jusqu'à six cloches en fonctionnement.

Chaque bloc étant descendu à peu près à sa place, on immerge une cloche au-dessus de lui ; les ouvriers attachent le bloc au sommet intérieur de la cloche comme un battant, et le tout est soulevé à la fois jusqu'à ce que la pierre soit bien à l'emplacement voulu.

Avec ce procédé, la jetée n'a avancé que de 35 mètres par an ; ce qui n'est pas étonnant, si l'on réfléchit que le travail est nécessairement suspendu par les tempêtes, que les blocs non crampommés les uns aux autres se trouvent parfois déplacés et entraînés, et qu'enfin les travaux sont impossibles pendant l'hiver.

Le prix de revient a été de 55,000 francs par mètre courant de jetée.

L'exécution entière du projet primitif, qui a été ajournée, eût absorbé 125 millions de francs.

« Les travaux achevés, disait M. l'ingénieur Chevallier en 1867, ont produit déjà pour le port de Douvres d'excellents résultats:

« Le galet est pour le moment complètement arrêté. L'entrée a eu sa largeur portée de 37 mètres à 44 mètres ; elle a été en outre creusée de 0^m,60 et n'assèche plus qu'à basse mer de vive eau ; elle est abritée, avec une partie de la baie, contre les mauvais vents.

« Le courant de flot, qui portait au nord-est et rendait l'entrée si dangereuse dans les vents fréquents de la partie de l'ouest, n'arrivant plus que par remous, porte maintenant au sud-ouest, au grand avantage des navires à voiles qui donnent dans le port. Le jusant a conservé sa direction.

« Enfin, les bateaux à vapeur trouvent à mer basse de grandes facilités de débarquement, soit que les vents viennent de la partie de l'ouest ou de la partie de l'est, et le service des passagers et des correspondances a été considérablement amélioré. »

M. l'ingénieur Plocq a signalé ce fait que, depuis l'exécution de la jetée de l'Amirauté, un certain envasement s'était produit dans la baie de Douvres, les courbes des profondeurs s'étaient avancées vers le large ; il a fait remarquer en outre que les galets, venant de l'ouest, arrêtés par la digue, vont s'accumuler derrière elle et former une pointe artificielle analogue à celle de Dungeness ; à la longue, les galets triturés et repris sans cesse par les courants, plus ou moins réduits en gravier, finiront par doubler la jetée et par pénétrer dans la baie et le port. Le mémoire de M. Plocq relatif à la marche des galets et des alluvions sur les deux côtes de la Manche, se termine du reste par la conclusion suivante :

« En Angleterre, comme en France, tous les travaux fixes qu'on a exécutés ou qu'on exécute dans les ports du détroit, ont pour objet de combattre les alluvions ou de parer aux inconvénients qui en résultent aux entrées des chenaux ou avant-ports, et ils ont pour effet à peu près constant et uniforme de n'y apporter que des remèdes ou améliorations momentanés.

« Enfin, comme résultats définitifs, les ports de la côte française, où l'on emploie généralement les chasses sur une assez grande échelle, présentent des conditions meilleures que ceux de la côte anglaise, où l'on n'emploie guère, comme moyen d'entretien ou d'amélioration, que les dragages et les prolongements de jetées, ou les constructions d'épis poussés plus ou moins au large et à l'ouest des ports. »

PORTS DE L'OCÉAN

1. PORT ET DIGUE DE CHERBOURG [1]

Historique. — C'est à la suite du désastre de la Hougue que naquit l'idée de créer un port militaire à la pointe la plus avancée de la presqu'île du Cotentin, en face de l'Angleterre.

L'emplacement choisi en 1780, sous Louis XVI, fut la rade foraine de Cherbourg, figure 1, planche 77, présentant vers le nord, entre la pointe de Querqueville et l'île Pelée, une passe libre de 7017 mètres.

Le premier projet fut présenté en 1777 par M. de la Bretonnière ; il consistai à créer, au moyen de navires remplis de pierres et échoués en pleine mer, une digue offrant trois passes, l'une à l'ouest près de la pointe de Querqueville, l'autre à l'est près de l'île Pelée, et la troisième au centre.

En 1781, on adopta le projet de M. de Cessart, comportant une seule digue isolée avec passe à l'ouest de 2339 mètres et passe à l'est de 975 mètres; elle était formée de grandes caisses coniques en charpente de 45m,50 de diamètre à la base, 19m,50 de diamètre au sommet et 19m50 de hauteur ; ces caisses, se touchant à la base, devaient être remplies de moellons à sec jusqu'au niveau des basses mers et au-dessus de béton avec parements en pierres de taille, figures 4 et 5, planche 76.

Par économie, on résolut, lors de l'exécution, de remplir les cônes unique-

[1] On trouvera des renseignements détaillés sur la digue de Cherbourg dans les ouvrages suivants : *Mémoire du baron Cachin*, inspecteur général des ponts et chaussées (1803-1814); *Précis historique de M. de Lamblandie*, inspecteur général des ponts et chaussées ; *Descripti des travaux d'achèvement de la digue de Cherbourg*, par M. l'ingénieur Bonnin (1857).

ment avec des moellons à sec, puis, au lieu de les juxtaposer, on les espaça
successivement de 58^m,50, de 97^m,50, de 234 mètres et même de 390 mètres,
les intervalles devant être remplis par des enrochements ordinaires jusqu'au
niveau des basses mers.

Les premiers cônes, construits sur le rivage, furent soulevés à haute mer par
une couronne de barriques vides liées à leur place; on les remorquait jusqu'à
leur emplacement, où d'un seul coup on tranchait tous les cordages des barriques, de manière à produire l'immersion verticale de la charpente.

Ces cônes ne résistèrent point aux tempêtes; en 1788, on abandonna le système, on recepa au niveau des basses mers ce qui restait de charpente, et les
tarets achevèrent la destruction.

Dès ce moment, on résolut de se borner à verser des enrochements à l'emplacement de la digue pour former un massif de fondation; à la fin de 1790,
on avait immergé plus de 2 600 000 mètres cubes d'enrochements, et on avait
amené le massif à peu près au niveau moyen des basses mers.

Mais ce massif, exécuté avec des talus roides atteignant 1$\frac{1}{2}$ de base pour 1 de
hauteur du côté du large, ne pouvait se maintenir sous l'effort incessant des
tempêtes; le talus du large s'affaissa et prit sur une hauteur descendant jusqu'à
5 ou 6 mètres au-dessous des basses mers un talus voisin de $\frac{4}{10}$; au-dessous, on
obtint une inclinaison voisine de 1 de base pour 1 de hauteur; cette même inclinaison s'établit sur le talus intérieur.

Le profil du massif, qui s'était notablement affaissé, de sensiblement triangulaire qu'il était avait pris la forme d'un quadrilatère à base horizontale,
limité à deux côtés inclinés à 1 sur 1 et terminé par une base supérieure inclinée à $\frac{4}{10}$ du côté du large.

Ce profil d'équilibre une fois atteint ne parut plus se modifier, et une partie
de la digue protégée vers le large par un revêtement en blocs naturels de 0^m,60
à 0^m,90 se maintint d'une manière assez remarquable.

La Révolution interrompit les travaux en 1790.

En 1792, une commission spéciale, composée d'officiers militaires et marins,
d'ingénieurs des ponts et chaussées et de pilotes, fut chargée d'examiner ce
qu'il y avait à faire pour tirer partie des dépenses précédemment effectuées un
peu à l'aventure quoique s'élevant à 31 millions de francs. Cette commission
commença par regretter que la digue n'eût pas été projetée plus au large; elle
constata l'état des enrochements tel que nous l'avons dit plus haut, et remarqua
en outre que les enrochements du talus du large poussés par les lames franchissaient le sommet du massif pour retomber sur le talus intérieur, et qu'ils
se mouvaient également dans le sens longitudinal de la digue, dans une direction qui dépendait des vents et des courants.

Le remède indiqué pour prévenir l'abaissement successif du sommet de la
digue consistait donc à recouvrir le talus extérieur de blocs assez volumineux
pour résister à la violence des plus grosses mers.

La commission proposa d'élever la digue jusqu'à 5 mètres au-dessus des plus
hautes mers.

En 1800, Napoléon ordonna que l'achèvement de la digue fût étudié en vue
de l'établissement de défenses fixes sur la digue elle-même; Cachin construisit
donc en enrochements sur le milieu de la digue une batterie élevée à environ
5 mètres au-dessus des plus hautes mers et protégée par de gros blocs vers le
large.

En 1803, une tempête emporta cette batterie; on la refit en augmentant la

largeur du terre-plein et la dimension des blocs de défense. Tout fut bouleversé
le 18 février 1807, et l'on remarqua que l'action de la lame s'était surtout
fait sentir entre le niveau des basses mers de morte eau et celui des hautes
mers de vive eau.

En 1808, tout fut balayé, et la garnison logée dans des bâtiments en charpente
fut en grande partie noyée; les parties maçonnées, comme la citerne et les la-
trines résistèrent seules; les blocs et les enrochements passèrent sur la digue et
s'amassèrent sur le talus du sud.

Les années suivantes jusqu'en 1811 se manifestèrent par de nouveaux désastres, dans lesquels les massifs de maçonnerie résistèrent seuls.

En 1811, on rechargea le talus avec 13 400 mètres cubes de blocs naturels
aussi gros que possible; en 1812, on résolut d'établir le massif central comme
un monolithe en maçonnerie fondé dans le massif d'enrochement; mais, si ce
système était bon, les enrochements trop affaiblis ne constituaient plus une enveloppe suffisante et une tempête de 1824 créa de nouvelles brèches.

Malgré les réparations et les rechargements, on ne put obtenir d'enrochements
solides et les tempêtes l'emportèrent toujours jusqu'en 1830, époque où commencèrent sérieusement les travaux d'achèvement de la digue.

Travaux définitifs. — En 1830, les premiers travaux reconnus nécessaires
pour hâter l'achèvement de la digue furent : 1° l'exécution d'un chemin de fer
sur la montagne du Roule, 2° la construction de pontons portant leur chargement sur un pont incliné d'où il était facile de jeter les enrochements à la mer,
3° l'acquisition de remorqueurs à vapeur.

Le chemin de fer fut longtemps imparfait; les pontons ne réussirent pas et
furent abandonnés; les remorqueurs à vapeur restèrent longtemps imparfaits
et ne rendirent pas tout d'abord les services qu'on en espérait.

Avant de commencer les travaux, on chercha ce qu'était devenu le profil des
anciens enrochements, profil qui n'avait pas été relevé depuis 1792. On reconnut
que le partage du talus nord en deux pentes différentes était bien moins prononcé qu'autrefois, que l'action de la mer s'était étendue à une profondeur de
plus de 5 mètres au-dessous du zéro, et en quelques points même jusque sur le
sable. La crête des talus s'était abaissée de 2 à 3 mètres par l'action des lames
qui avaient rejeté une partie des matériaux vers le sud et augmenté de 10 mètres en moyenne la largeur de la base. La partie supérieure du talus nord n'a-
vait plus qu'une pente de $\frac{1}{15}$, mais ce talus était couvert de varechs, ce qui paraissait indiquer qu'il était arrivé à une forme stable et définitive.

A la branche est, il restait peu de chose à faire pour atteindre le niveau des
basses mers de vive eau d'équinoxe, et il était facile par conséquent d'établir
partout la superstructure en maçonnerie sur des enrochements anciens.

Il n'en était pas de même à la branche ouest, et il fallait procéder à des rechargements considérables; il est vrai qu'on pouvait laisser tasser ces enrochements nouveaux pendant qu'on exécuterait la superstructure de la branche do
l'est.

Avant de rien décider sur la superstructure, il convenait de compléter les
enrochements; on commença en 1830, et on poursuivit en 1831 et 1832.

A cette époque, il fallut présenter le projet de superstructure; la construction du soubassement du fort central qui avait parfaitement résisté à toutes les
tempêtes, la conservation merveilleuse de quelques portions d'ouvrages en maçonnerie qui étaient restées debout après le grand désastre de 1808, indiquaient

nettement qu'on devait arriver au succès en exécutant en maçonnerie continue la partie de la digue s'élevant au-dessus des basses mers.

Le premier profil adopté, figure 1, planche 78, avait été proposé par M. l'ingénieur Duparc. Il comprenait « une première couche d'arasement en béton de 0ᵐ,80 de hauteur moyenne, portant une muraille maçonnée à chaux et à sable, avec parements en granit du côté du large, et parements en moellons d'appareil du côté de la rade, sur une hauteur de 7ᵐ,85 ; le tout surmonté d'un parapet de 2ᵐ,50 d'épaisseur et de 1ᵐ,65 de hauteur, établi sur la rive nord vers le large. »

La largeur était de 11ᵐ,09 à la base sur le béton de fondation et de 9ᵐ,08 à la hauteur de la plate-forme supérieure, servant de chemin de communication. Le fruit du parement nord était de $\frac{1}{20}$ et celui du parement sud de $\frac{1}{5}$.

Le pied du mur du côté de la rade devait être protégé par une risberme en moellons de 5 mètres de largeur en couronne, élevée à 3 mètres au-dessus du zéro des marées.

Enfin, les talus du côté du large, incapables de résister par eux-mêmes aux effets du ressac, devaient être recouverts de blocs naturels de la plus grosse dimension possible, élevés à 2 mètres au-dessus du zéro des marées. Il était inutile de porter ces gros blocs à un niveau plus élevé, car le massif en maçonnerie était capable de résister seul aux lames, et on risquait de voir les blocs soulevés et transportés par les lames à chaque tempête.

Le projet de M. Duparc fut adopté par la commission spéciale qui, craignant les affouillements au pied de la muraille du côté du large, demanda qu'on construisît de ce côté une risberme en béton de 7 mètres de largeur, prolongement naturel de l'assise de fondation de la muraille.

Les mortiers employés se composaient de chaux de Blosville, très-faiblement hydraulique, de sable et d'argile cuite formant pouzzolane.

Le bétonnage de l'assise de fondation fut exécuté à basse mer ; seulement, pour activer le travail et le rendre plus facile, on construisit la risberme du large avec des blocs artificiels construits à terre et transportés à la digue après durcissement, figure 1, planche 78 ; sur cette figure, d représente l'assise en béton, a une première file de blocs artificiels en béton, b et b' deux files de blocs artificiels en maçonnerie dont la dernière est destinée à supporter le parement en granit de la muraille.

L'assise de fondation étant établie, on posait sur elle au nord et au sud une file de tablettes minces en pierres schisteuses ; sur ces pierres, on établissait la première assise des deux parements, puis on procédait au remplissage en maçonnerie.

Le parement sud en moellons piqués fut, en 1833, remplacé par un parement en petites pierres de taille de granit.

Des tassements assez considérables furent observés dans les premières années, notamment dans les intervalles compris entre les anciens cônes ; il en résulta des déchirements transversaux qu'il fallut réparer.

En 1834, on reconnut qu'on avait tort de commencer les travaux trop tôt et de les poursuivre trop tard à l'automne ; les coups de vent d'équinoxe causaient de nombreuses avaries et imposaient des chômages. Il valait mieux ne travailler que juste pendant la bonne saison et pousser le travail avec une grande activité. On eut recours pour les transports du mortier et du béton à des chalands à fond plat, qui pouvaient être échoués sans danger sur la risberme du sud ; 12 de ces chalands furent mis en service, outre les 10 pontons affectés au transport de blocs et moellons. Des pouzzolanes naturelles furent substituées à l'argile cuite pour la confection de la maçonnerie des parements.

En 1837, presque toute la branche de l'est était élevée au-dessus des hautes mers d'équinoxe, et pour la première fois on vit les lames du large lancées par les coups de vent contre le parement du nord s'élever à plus de 30 et 40 mètres de hauteur; quelques caisses à béton des fondations nouvelles furent également déplacées.

Une partie de muraille avait tassé de 1 mètre vers le sud et de 0^m,60 seulement vers le nord; la différence de tassement, sur le profil en long, entre le milieu et les extrémités de cette partie de muraille avait elle-même atteint 0^m,60. Aussi une dernière tempête détermina-t-elle le tassement longitudinal que représentent les figures 3 et 4, planche 80; cet effet eût dû inspirer de grosses craintes s'il n'avait eu une explication toute naturelle dans la disposition des enrochements de fondation. Le parement nord de la muraille reposait sur d'anciens enrochements *m m*, tandis que le parement sud reposait sur des enrochements récents *p p* qui tassaient beaucoup plus que les autres.

Les déchirures nombreuses observées à la muraille de Cherbourg tiennent donc, non pas au système lui-même, mais à la méthode irrégulière et discontinue adoptée pour l'exécution des travaux; sans cela, on eût obtenu partout des tassements à peu près réguliers.

Les tempêtes de 1838 avaient montré que les blocs en béton de la risberme n'étaient pas assez durs pour résister aux chocs des blocs naturels mis en mouvement par la lame; ces blocs avaient en outre l'inconvénient de donner lieu par-dessous eux au siphonnement des lames; on reconnut que les gros blocs naturels formaient une défense plus solide que le béton au pied de la muraille contre laquelle les lames les poussaient et les serraient. On supprima donc toute la partie inutile de la risberme en béton et on la réduisit à une seule file de caisses jointives rapprochées autant que possible du parement nord, caisses dont le rôle consistait surtout à protéger l'emplacement sur lequel on exécutait l'assise de fondation.

Ces caisses, remplies sur place avec du béton aussitôt après leur pose et recouvertes d'un bordage en sapin, étaient posées en boutisses et carreaux vers le large, de manière à former une sorte de crémaillère empêchant le cheminement longitudinal des blocs naturels placés en avant sur le talus : ces dispositions reconnues avantageuses furent conservées jusqu'à l'achèvement de la digue, seulement on remplaça le bordage en sapin recouvrant les caisses par une couche de maçonnerie de moellons plats avec mortier de ciment romain, sur 6 à 8 centimètres d'épaisseur : on remplaça également le fond en bois des caisses par un fond en toile qui se moulait facilement sur les enrochements et empêchait le déplacement des blocs (fig. 3, pl. 78).

A partir de 1838, pour activer le travail, l'ingénieur ordinaire et son personnel résidèrent sur la digue pendant toute la campagne et cette mesure produisit un excellent effet.

L'emploi du ciment romain fut admis sur une grande échelle, et ce surcroît de dépense engendra, en somme, une grande économie parce qu'il évita bien des avaries et permit d'opérer avec une grande rapidité; ainsi, on exécuta en mortier de ciment tous les parements, les chaînes transversales reliant ces parements de 12 en 12 mètres, les amorces de tête et les assises horizontales auxquelles on arrêtait le travail dans chaque campagne et qui devaient subir toutes les intempéries d'un hiver.

Une fois la muraille arrivée au niveau des hautes mers d'équinoxe, on la recouvrait d'une assise formée de moellons smillés placés debout et garnis avec un coulis de mortier ; ce cautelage ne résista pas et était en somme inférieur à de la maçonnerie ordinaire ; on le remplaça par de la maçonnerie ordinaire en pierres de taille qui, par le peu d'étendue de ses joints, offrait beaucoup moins de prise aux dégradations (fig. 2).

Les mortiers de chaux hydraulique et de pouzzolane étaient attaqués par l'eau de mer et se décomposaient sous son influence ; cette influence fut manifestement reconnue en 1839, et, dès cette époque, on donna la plus grande attention à ne placer ces mortiers que dans l'intérieur des massifs et on exécuta sur toutes les surfaces exposées à la mer des rejointoiements en ciment pur.

En 1839, on entreprit les travaux de fondation de la branche ouest. L'administration fit construire, pour le transport des blocs naturels, des bateaux à voiles à fond très-solide, capables de rester échoués à marée basse sur des enrochements et même sur de gros blocs ; ces bâtiments pouvaient porter 24 mètres cubes de pierres, soit 62 tonneaux.

En 1842, on commença l'exhaussement final de la branche est ; la dernière assise posée présentait, par suite des tassements, un profil longitudinal ondulé, que l'on rendit rectiligne en lui superposant des assises de hauteur variable. De même, en plan, la ligne était ondulée et il fallait corriger les irrégularités ; on adopta comme projections des arêtes de couronnement une droite tangente au point de plus grande inflexion du parement sud et une autre droite parallèle à la première à la distance voulue et les parements furent exécutés suivant des surfaces gauches engendrées, pour chacun d'eux, par une droite demeurant dans un plan vertical et s'appuyant, d'une part, sur l'arête ondulée de la maçonnerie ancienne et, d'autre part, sur l'horizontale du couronnement.

Les pierres composant l'arête supérieure du parapet du côté du large ont pour dimension minima $0^m,80$, leur cube est supérieur à 1 mètre et leur poids à 3000 kilogrammes ; ces pierres sont assemblées avec mortier de ciment et sable et reliées par des dés en bronze de 4 centimètres de grosseur et de 12 centimètres de largeur.

Pour le recouvrement de la plate-forme, on avait employé d'abord des moellons smillés posés de champ et garnis avec un coulis de mortier, puis des pavés en pierre posés sur forme de béton ; finalement, on reconnut que le dallage en granit était bien préférable et plus facile à faire exécuter.

En 1842, le ciment de Parker fut substitué au ciment de Pouilly qui était souvent éventé et défectueux ; on installa à l'arsenal des machines à vapeur pour la fabrication des mortiers et pour l'embarquement des mortiers et bétons.

En 1845, les travaux étaient en pleine activité et, vu la bonne organisation adoptée, ils se poursuivirent dès lors avec des résultats satisfaisants pour toutes les campagnes, qui étaient limitées aux quatre mois d'été pendant lesquels on était à peu près certain d'échapper aux tempêtes, et on eut soin d'avancer surtout par assises horizontales étalées sur de grandes longueurs, ce qui évita les grandes dislocations.

Les extrémités de la digue furent terminées à des musoirs capables de recevoir des phares ou des établissements militaires. La figure 1, planche 79, représente le plan général du musoir ouest, établi sur un massif d'enrochements qui avait été immergé en 1804 et 1805 et porté jusqu'à 2 ou 3 mètres au-dessus des marées basses de vive eau ; en 1820, on n'apercevait plus qu'en très-basse mer la crête de ce massif. C'est en 1841 seulement que fut tranchée la question de la forme à donner aux musoirs : on résolut d'installer à chaque bout de la digue un fort circulaire, de 35 mètres de rayon, à deux étages de feux. Comme la mobilité des blocs naturels de défense placés à la superficie, des talus extérieurs de la digue s'était manifestée dans tous les coups de vent du large, il était indispensable de protéger les musoirs par des blocs artificiels immuables de grosse dimension, car la mobilité des petits blocs, qui ne paraissait pas avoir un grand inconvénient dans le corps même de la digue que ces blocs ne surmontaient pas, eût produit de mauvais résultats aux musoirs qui se seraient trouvés sans cesse dégarnis et exposés à périr.

On résolut donc de recourir à des anneaux de blocs artificiels; ceux qui protègent la risberme atteignent un volume de 20 mètres cubes au moins; viennent ensuite des anneaux de blocs artificiels pesant au moins 50 tonnes à l'air, puis des blocs naturels dont le poids moyen ne dépasse guère 1500 kilogrammes; au-dessous d'eux, l'action de la mer ne se manifeste plus et les enrochements sont restés tels quels.

Le système de défense adopté est, en somme, identique à celui qui a été appliqué à la fondation du fort Chavagnac et que nous décrirons ci-après.

L'expérience a montré que les blocs de 20 mètres cubes pouvaient eux-mêmes être déplacés par des lames exceptionnelles; en 1848, un de ces blocs, exposé à la mer par trois faces, fut porté à 10 mètres de là et à 2 mètres au-dessus de sa position initiale; d'autres mouvements plus faibles ont été plusieurs fois signalés, mais ce sont, en réalité, des faits exceptionnels.

Les gros blocs factices ont été transportés et mis en place au moyen de deux chalands ordinaires, réunis par un plancher; des chaînes maintenaient le bloc entre les deux chalands; nous n'avons pas à insister sur les manœuvres de transport et d'immersion, que nous aurons lieu de décrire en détails pour d'autres travaux.

Les décompositions de mortiers, dans lesquels entraient les pouzzolanes factices, signalées dans la Méditerranée, avaient inspiré quelques craintes sur la solidité de la muraille de Cherbourg; il est regrettable, en effet, que l'assise de fondation en béton n'ait pas été enfermée dans des parements en pierres de taille maçonnées au ciment; cependant, la décomposition des mortiers ne paraît pas avoir pénétré dans l'intérieur du massif, et comme les parements sont rejointoyés en ciment, la destruction n'est sans doute pas à craindre.

Il a été dépensé à la digue de Cherbourg :

Avant 1803.	31.000.000 francs.
De 1803 à 1830	7.828.819
De 1830 au 31 décembre 1853, date de l'achèvement. .	28.038.455
Dépense totale.	66.867.274

Ce qui, pour une longueur totale de 3712 mètres, fait un prix de revient de 18 000 francs le kilomètre.

La digue a créé une rade excellente, abritée contre tous les vents, praticable en tout temps, grâce à ses deux passes, pour l'entrée et la sortie des bâtiments à voiles, d'un calme toujours parfait à l'intérieur. On a quelquefois regretté qu'elle ne fût pas assez grande pour contenir plus de 25 à 30 vaisseaux de ligne avec leur flottille accessoire.

La construction de la digue n'a pas déterminé d'alluvions sensibles dans la rade; c'est sans doute parce qu'il reste de larges passes à l'est et à l'ouest par où les courants de flot et de jusant s'établissent presque avec la même facilité qu'autrefois. L'orientation générale de la digue, dans une direction parallèle aux courants à mi-marée, au moment où ils ont la plus grande vitesse, ne change presque rien au régime naturel.

Fondation du fort Chavagnac et du fort Boyard. — Comme travaux similaires de la digue de Cherbourg il faut citer la fondation du fort Chavagnac, dans la rade de Cherbourg, et la fondation du fort Boyard dans la rade de Rochefort.

Fondation du fort Chavagnac. — Le fort Chavagnac est établi à peu près au milieu et un peu en arrière de la digue de Cherbourg, entre le musoir ouest de cette digue et la pointe de Querqueville (pl. 77).

En avant de la fondation est une roche qui n'est recouverte que de 5 mètres d'eau dans les plus basses mers, tandis que l'emplacement de la fondation est recouvert de 10 à 11 mètres. La couche d'enrochements de fondation a donc une épaisseur d'environ 12 mètres, car elle est arasée à 1 mètre au-dessus du zéro des marées; et à ce niveau supérieur, elle affecte à peu près la forme d'une demi-ellipse dont les axes auraient 150 et 60 mètres de longueur.

Vers le large, les talus de l'enrochement sont inclinés à 5 de base pour 1 de hauteur jusqu'à la profondeur de 4 mètres au-dessous du zéro; sur la face qui regarde la terre, l'inclinaison du talus augmente à mesure qu'on s'approche du milieu, il est alors de 1 pour 1; cette inclinaison de 1 pour 1 règne du reste sur tout le pourtour dès qu'on dépasse la profondeur de 4 mètres au-dessous du zéro.

Le massif d'enrochements supporte un soubassement en maçonnerie arasé à $9^m,43$ au-dessus du zéro; ce soubassement qui a, en plan, la forme d'un triangle isocèle à angles arrondis, se compose d'un mur entourant un massif de béton; le mur a 15 mètres d'épaisseur à la base, il a un fruit extérieur d'$\frac{1}{4}$ et un parement intérieur vertical. Les enrochements présentent autour du mur, entre son pied et leur crête, une risberme horizontale de 20 mètres de large, formant comme un anneau autour du mur de soubassement.

Cette risberme est recouverte par quatre anneaux de blocs artificiels cubant 20 mètres cubes, ayant 4 mètres de long, $2^m,50$ de large et 2 mètres de haut; ces anneaux ont été posés à plat aussi régulièrement que possible et on en a rempli les intervalles avec de la maçonnerie, de sorte qu'en réalité ils forment une assise continue de maçonnerie de 2 mètres de hauteur.

Les talus, du côté du large et sur les flancs, sont défendus jusqu'à 4 mètres au-dessous du zéro par des blocs naturels de $0^{mc},21$ à 1 mètre cube, recouverts de blocs artificiels de 20 mètres cubes, échoués irrégulièrement et formant au bord de la risberme un bourrelet élevé de 4 mètres au-dessus du zéro.

Les enrochements étant terminés et arasés à 1 mètre au-dessus du zéro, on a posé les quatre anneaux de blocs artificiels de la risberme, qui ont été reliés par de la maçonnerie à marée basse; en même temps, on mettait en place les blocs des talus en partant de la crête de la risberme.

Les blocs artificiels, construits sur le rivage, étaient descendus sur une voie ferrée jusqu'à la laisse des plus basses mers, puis ils étaient repris à haute mer entre deux chalands et conduits à leur emplacement.

Les maçonneries du soubassement, construites à l'abri de la risberme, ont été élevées par assises horizontales; les assises supérieures ont dû être régularisées à cause des tassements; le tassement a varié de $0^m,86$ à $1^m,31$ et a été en moyenne de $0^m,98$.

Fondation du fort Boyard. — Le fort Boyard est indiqué à la planche 65 sur le plan des atterrages de Rochefort. Il défend l'entrée de la rade de l'île d'Aix, et se trouve au milieu de la passe de 5 kilomètres qui sépare l'île d'Aix de l'île d'Oléron.

Il fut projeté en 1801 pour être établi sur un banc de sable couvert de 4m,50 d'eau à basse mer, et l'exécution commença en 1803.

En 1807, on avait versé 60 000 mètres cubes d'enrochements pour asseoir la base et on avait élevé deux assises composées de blocs de 2 à 3 mètres cubes, amenés et échoués avec des flotteurs ; les joints et les lits entre les blocs étaient garnis en béton.

Les tempêtes de 1807 et de 1808 bouleversèrent les deux assises de blocs; les travaux, définitivement interrompus en 1809, ne furent repris qu'en 1839 ; l'enrochement était alors bien compacte et avait tassé d'1 mètre depuis 1807.

On commença le soubassement, de 65 mètres de long et de 35 mètres de large, dont on plaça la plus grande dimension dans le sens des lames de N. O. auxquelles on voulait donner le moins de prise possible. On donnait pour base au soubassement un massif en maçonnerie arasé à 1m,50 au-dessus des plus basses mers; pour établir ce massif, on construisait sur l'enrochement des murettes en maçonnerie de moellon et de mortier de ciment, murettes de 1 mètre d'épaisseur formant des cases qu'on remplissait en béton de mortier de chaux hydraulique recouvert d'un pavage en maçonnerie de ciment; la risberme du massif devait être protégée par trois anneaux de blocs artificiels de 15 mètres cubes.

Certaines parties des murettes descendaient au-dessous des plus basses mers : on construisit avec des sacs en grosse toile remplis de béton et immergés; la toile était assez épaisse pour empêcher le délavage, et assez claire cependant pour permettre l'adhérence des sacs les uns aux autres.

En 1846, on trouva dans quelques sacs le béton de chaux hydraulique amolli et décomposé, on déplaça les blocs du premier anneau et on enveloppa le massif d'une risberme en ciment de 6 mètres de largeur.

Le fort fut élevé sur le soubassement en 1850, mais les coups de mer en agitaient la masse entière, et il fallut construire de 1860 à 1866 en avant du fort, vers le N. O., un chevron ou éperon en maçonnerie attenant au soubassement ; à l'arrière, vers le sud, on établit un petit port d'échouage.

Les nouveaux ouvrages furent fondés d'une manière analogue aux précédents; on établit des murettes en maçonnerie de ciment à prise rapide; les cases furent remplis de même jusqu'au niveau des basses mers de morte eau avec du ciment à prise rapide de Medina; pour la partie supérieure, on se servit de maçonnerie de ciment de Portland que l'on recouvrait à chaque marée d'une couche de ciment à prise rapide.

En résumé, le soubassement du fort Boyard est revenu à 7 138 000 francs. Les figures 6 à 10, planche 76, indiquent une partie des dispositions adoptées pour l'exécution des travaux.

2. JETÉE OU MOLE DES NOIRES A SAINT-MALO

Le môle des Noires, à Saint-Malo, est un exemple de jetée construite entièrement à sec, parce qu'elle se trouve sur un rocher qui découvre à basse mer; nous savons, du reste, que l'amplitude des marées est très-considérable à Saint-Malo,

La figure 1, planche 80, représente les avant-ports de Saint-Malo et Saint-Servan en 1840; AB est le môle des Noires ou jetée de Saint-Malo dont la figure 2 donne la coupe. Ce môle est soumis à des lames énormes par les coups de mer du S. O. au N. E., et cette circonstance entraînait de grandes difficultés d'exécution.

En vue d'augmenter la résistance du massif et de faciliter le glissement des lames, on a adopté en plan la forme d'un arc de cercle de 212 mètres de rayon; le môle est tout entier en maçonnerie; sa largeur en couronne, limitée à ce qui est nécessaire pour le halage, n'est que de 5^m,80 y compris le parapet.

On voit au milieu du massif un aqueduc à section circulaire de 2^m,20 de diamètre, relié de 10 mètres en 10 mètres par des tuyaux de 0^m,50 de diamètre, d'une part à la plate-forme a, d'autre part au pied du massif c; cet aqueduc ayant son origine dans le bassin à flot, permettait d'effectuer des chasses dans l'avant-port; pour cela il suffisait de lever la soupape-bombe b, et l'eau s'écoulait avec une grande vitesse par le tuyau incliné. Une vanne c empêchait l'accès des eaux lors des grandes marées; la soupape était levée au moyen d'une chaine s'enroulant sur un treuil mobile qu'on venait successivement placer au-dessus de chacun des orifices a. Nous ne pensons pas que le système ait fonctionné bien longtemps, les envasements n'étant pas considérables au port de Saint-Malo.

Les parements du môle ont été construits en pierres de taille et l'intérieur en maçonnerie de moellons; on s'est servi de chaux hydraulique et les joints de parement ont été cimentés; l'ouvrage a été conduit par assises horizontales, on n'avançait que d'une assise à la fois et le parement était toujours posé avant le remplissage; on avait soin du reste, à chaque marée, de recouvrir avec du ciment la tête ou amorce d'une assise commencée. L'aqueduc intérieur a été construit à l'aide d'un cintre en fonte qui ne risquait point, comme un cintre en bois, d'être soulevé par la mer montante; toutes les douelles du cintre étaient en tôle percée de trous nombreux; sans cette précaution, les lames se propageant dans l'aqueduc y comprimaient l'air et produisaient dans les regards verticaux des gerbes d'eau de 8 à 10 mètres de hauteur.

Le musoir B, qui termine le môle, a 15 mètres de largeur, et l'excédant de la largeur de 9^m,20 a été racheté du côté du large par une courbe donnant le moins possible de prise à la lame sur l'angle saillant du raccordement; dans le musoir, un espace de 5^m,50 de large et de 20 mètres de long a été rempli en pierres sèches et on a ménagé des barbacanes pour conduire au dehors les eaux d'infiltration.

L'assise supérieure du parapet et l'arête intérieure de la jetée sont en grosses pierres de taille assemblées à queue d'hironde afin de les rendre solidaires les unes des autres.

La forme circulaire adoptée paraît avoir, en effet, produit d'excellents résultats pour atténuer le choc des lames qui se réfléchissent et glissent sans se heurter partout normalement à la muraille extérieure. L'agitation est bien moindre, par les grosses lames du large, le long du parement courbe qu'elle ne l'est dans des circonstances analogues contre une jetée rectiligne; les lames ne se brisent contre le parement que dans la partie où elles l'atteignent normalement.

Au contraire, elles frappent et brisent avec violence contre la courbe concave de raccordement du musoir; cet effet est avantageux à la navigation, car il empêche les lames de parvenir jusqu'à l'extrémité du musoir, de le contourner et de se propager dans l'avant-port.

Si l'on considère l'enracinement de la jetée avec le bastion Saint-Philippe, on y trouve un raccordement circulaire concave : il y a là un clapotement considérable, mais il est à remarquer que les lames se brisent en gerbe à une certaine distance en avant du parement concave et non sur ce parement lui-même.

Ainsi la mer, frappant le parement extérieur de la jetée, semble glisser des deux côtés pour venir se briser à un bout dans l'angle de raccordement du musoir et à l'autre bout dans l'angle également concave de raccordement avec le bastion Saint-Philippe ; c'est en ces deux points que se concentre la force vive des eaux.

3. PORT DE COMMERCE DE BREST

La rade de Brest, sorte de mer intérieur, figure 1, planche 81, où aboutissent la rivière de l'Aulne, la rivière de Daoulas, l'Elorn ou rivière de Landerneau, et la Penfeld, et qui est reliée à l'Océan par une passe large et profonde appelée le Goulet, est un emplacement magnifique pour une flotte militaire. Sentinelle avancée sur l'Océan, elle se prête à des évolutions rapides, en même temps qu'elle constitue un refuge toujours ouvert.

Au point de vue commercial, la position de Brest dans l'extrême ouest de la France et de l'Europe lui est très-défavorable, et cette ville ne pourra jamais lutter contre les ports plus rapprochés du centre tels que le Havre.

Cependant, les besoins de la marine militaire et la facilité de l'accès amènent encore à Brest d'assez nombreux navires de commerce ; jusqu'en 1859, on les recevait dans la partie antérieure du port militaire de Recouvrance établi dans la Penfeld, et par tolérance on leur abandonnait une certaine longueur de quais.

Lorsque les chemins de fer de Paris et de Nantes à Brest furent construits, la nécessité de la création d'un port de commerce s'imposa ; l'anse du Postrein, déjà indiquée par Vauban, fut l'emplacement adopté ; il est au pied de la ville de Brest, auquel il se relie par des pentes douces, il est desservi par un embranchement de chemin de fer, relié lui-même au port de Recouvrance. Les dragages, effectués pour obtenir un mouillage convenable, ont servi au remblai des terre-pleins.

Limité au nord par la terre, le port est limité à l'ouest et à l'est par deux jetées et au sud par une digue isolée, comme le montre le plan, figure 2, planche 81.

La jetée ouest a 550 mètres de longueur ; elle se termine par un rentrant de 50 mètres de long et de 40 mètres de profondeur, destiné à arrêter la propagation des lames pivotantes ; la largeur de son terre-plein est de 70 mètres ; elle se termine par un fanal.

La jetée Est est presque entièrement incorporée aux terre-pleins du bassin à flot. La digue isolée du sud a 930 mètres de longueur ; elle laisse à l'ouest une passe de 140 mètres, et une de 125 mètres à l'est ; ces deux passes opposées forment un chenal pour les courants. Le musoir ouest de la digue du sud porte un fanal et l'emplacement d'une batterie.

Le port à marée, compris dans l'enceinte des digues, a une superficie totale de 39 hectares, devant présenter un mouillage de $7^m,50$ lors des plus grandes basses mers ; le fond du port est divisé par des traverses en trois petits bassins dont deux renfermeront de petits ports d'échouage. La traverse médiane renferme un platin de carénage et une cale aux bois.

. Une écluse à sas, de 25 mètres de large, donne accès dans le bassin à flot qui a 500 mètres sur 200 mètres.

L'ensemble des terre-pleins qu'il a fallu créer est de 70 hectares.

La dépense prévue de 16 millions sera notablement dépassée à cause de l'extension donnée au projet.

La digue de l'ouest a été formée d'un corps d'enrochement ordinaire, incliné du côté du large à 2 1/2 de base pour 1 de hauteur, et protégé par une couche de gros blocs naturels du poids moyen de 1200 kilogrammes amenés par des chalands en bois pontés ou dans les compartiments de chalands en tôle.

La digue du sud, figure 3, planche 81, a 10 mètres de largeur en couronne ; pour que son pied ne fût pas déchaussé lorsqu'on procéderait plus tard au dragage général du port, on a exécuté du côté intérieur un dragage partiel, consistant en un sillon de 18 mètres de large à sa base, avec talus incliné à 45°, descendu au minimum à 8 mètres au-dessous du zéro du port, lequel est lui-même à $0^m,60$ au-dessous des plus basses mers. Il en résultait pour le sillon une profondeur de $5^m,50$, et la base des enrochements se trouvait à 1 mètre au-dessous du fond futur du port, qui devait être dragué à 7 mètres seulement au-dessous de zéro. La figure 3 donne le profil de cette digue du sud protégée à l'extérieur par une couche de gros blocs naturels au-dessus de laquelle vient un mur en maçonnerie avec parapet.

La digue ouest, beaucoup moins exposée, a été construite avec des enrochements tout-venants déchargés au wagon.

Les enrochements furent fournis par la côte même qu'on exploita à l'aide de grosses mines.

Le matériel naval de transport comprenait, outre les bateaux ordinaires, des chalands en tôle de 28 mètres sur $6^m,50$; un chaland présentait sur sa longueur cinq groupes de deux puits carrés, ayant chacun $2^m,50$ de long, 2 mètres de large et $1^m,80$ de profondeur, puits séparés par des cloisons verticales et destinés à recevoir les produits du dragage, les moellons ou les blocs naturels et même à transporter et à mettre en place les gros blocs artificiels pour la fondation des quais.

Le tirant d'eau d'un chaland est de $0^m,80$ à vide, et de $1^m,75$ avec une charge de 125 tonneaux. Les puits s'ouvrent par dessous au moyen de deux portes en tôle qui s'abattent sans toutefois dépasser le fond du chaland ; pour l'échappement des portes, il suffit de tourner à chaque extrémité du puits une tige verticale terminée en bas par un solide mentonnet ; celui-ci s'efface et laisse tomber les volets qu'on relève au moyen de petites chaînes qui y sont fixées et que saisit une grue.

Ces chalands simples, portant un assez fort tonnage avec un faible tirant d'eau, permettaient de verser des enrochements avec la plus grande facilité jusqu'à une petite distance sous l'eau ; ils permettaient aussi de mettre les gros blocs en place avec une grande précision.

Le travail le plus intéressant et vraiment nouveau du port de Brest a été l'exécution des murs de quai à grande profondeur au moyen de blocs artificiels : les figures 5 à 8 de la planche 81 représentent les diverses phases du travail de préparation et de mise en place des blocs ; en voici la description extraite des notices de l'Exposition universelle de 1867.

Le système adopté pour la fondation des murs de quai à grand mouillage comporte essentiellement quatre opérations successives, qui sont les suivantes :

1° Un dragage à 8 mètres au-dessous de zéro et même parfois à 9 mètres quand on pouvait atteindre le rocher à cette profondeur, dragage qui se terminait du côté du remblai par un talus à 45 degrés ;

2° Le remplissage de la fouille par un enrochement, disposé de manière à être perreyé du côté du port, et arasé horizontalement à 4^m,50 ou 4 mètres, suivant les cas, au-dessous de zéro ;

3° L'établissement sous l'eau, des talus perreyés et de la plate-forme horizontale destinée à recevoir les blocs artificiels ;

4° La mise en place de deux rangées de blocs artificiels directement superposés et présentant, ceux de l'assise inférieure, 3 mètres de largeur sur 3 mètres de hauteur et 5 mètres de longueur, et ceux de l'assise supérieure, la même largeur ainsi que la même hauteur et une longueur de 4^m,70 ; la hauteur de chacun de ces blocs a été parfois seulement de 2^m,75.

Après l'accomplissement de ces quatre opérations on obtenait, dans la partie supérieure de la deuxième assise des blocs, une base arasée, après tassement, à 1^m,50 au-dessus de zéro, ce qui permettait de continuer le mur de quai par les moyens ordinaires, lors des basses mers de vives eaux ; seulement, on n'établissait le parement qu'assez longtemps après, quand tous les tassements avaient produit leur action. A cet effet, on laissait, sans maçonner, une épaisseur de 0^m,70 au parement, en ayant soin de ménager, dans le massif exécuté, des arrachements pour la liaison future. Ce système a donné d'excellents résultats.

Dragage. — Comme le dragage des fouilles précédait naturellement le dragage général du port, on avait soin de prolonger la fouille, assez en avant de l'emplacement du mur, pour n'avoir point à s'en approcher trop près, lors des dragages ultérieurs. Du côté des remblais, on dépassait, seulement de quelques mètres, l'aplomb intérieur des blocs, avant de commencer les talus ; mais, dépense à part, il y a intérêt à augmenter cette largeur, pour écarter les inconvénients dus aux éboulements, soit avant le versement des enrochements, soit après ce versement.

La vase argilo-sableuse du banc de Saint-Marc, eu égard à l'ancienneté de sa formation, présente assez de consistance pour pouvoir se maintenir, étant coupée, sous un talus de 45°, lorsque les profondeurs ne sont pas trop considérables ; aussi on a pu pousser le dragage jusqu'au rocher, même au delà de 8 mètres au-dessous de zéro ; mais quand ce rocher dépassait de plusieurs mètres cette dernière cote, on s'y arrêtait pour éviter les éboulements, toujours difficiles à enlever, et pour économiser les enrochements. Les tassements, lents et réguliers de ces enrochements sous la pression de la maçonnerie, n'entraînaient aucun inconvénient et finissaient par s'arrêter.

Enrochements. — Les enrochements étaient formés de moellons de gneiss triés, provenant des escarpements de la montagne du Salou dans l'arsenal, ou de moellons semblables pris dans les carrières de Poulic-al-or ; les premiers étaient apportés par les gabarres de la marine militaire, qui, eu égard aux grandes profondeurs d'eau dans les fouilles, pouvaient toujours opérer leur versement, quand l'emplacement leur permettait de manœuvrer facilement, ce qui n'était pas toujours possible, à cause de leur grande longueur ; les seconds étaient apportés par les chalands en tôle qui ont été décrits ci-dessus, et qui venaient se charger à quai, dans le port de Poulic-al-or, au moyen de verse-

ments directs des wagons dans leurs puits. L'opération du versement des enrochements dans les fouilles, était très-délicate et demandait beaucoup d'attention, pour aller toujours du centre des fondations à droite et à gauche, en ayant
soin d'éviter, d'un côté, les éboulements des talus et de préparer convenablement, de l'autre, la risberme, pour ne pas donner aux plongeurs trop de travail, soit pour enlever les moellons en excès, soit pour en apporter de nouveaux;
dans tous les cas, on préférait laisser quelques lacunes à remplir, par des
versements ultérieurs, que d'avoir à déblayer des tas mal versés.

Dressement des surfaces sous l'eau. — Pour dresser convenablement les surfaces supérieures des enrochements et régler les talus de la risberme perreyée,
du côté du port, on employait des ouvriers plongeurs qui, munis de scaphandres, descendaient et travaillaient sous l'eau. Pour les guider dans leur travail
on commençait à disposer des gabarits formés de pièces de bois ferrées, assemblées entre elles au fond de l'eau et dressées de manière à ce que le plongeur
pût régler ses surfaces au moyen d'une simple verge rectiligne promenée sur
les cadres.

Les scaphandres employés étaient des scaphandres Cabirol, qui ont donné
d'excellents résultats. Deux ateliers travaillaient simultanément, et chacun
d'eux a maintenu, presque continuellement, pendant plusieurs années deux
plongeurs en travail. Chaque plongeur restait environ deux heures sous l'eau,
et, assez souvent, il faisait une nouvelle station dans la même journée. Un des
ateliers était monté sur un chaland et l'autre sur un petit navire réduit à l'état
de ponton; mais chacun de ces bateaux était couvert et présentait un petit bureau, ainsi qu'une chambre chauffée pour les plongeurs sortant de l'eau.
Chaque homme, outre sa paye ordinaire, recevait un salaire supplémentaire
de $0^f,04$ par minute passée sous l'eau ; quelquefois, mais exceptionnellement et
à de rares intervalles, dans des moments pressés, le travail était continué pendant la nuit au moyen d'une lampe sous-marine, système Cabirol, qui, dans
les nuits sombres, pouvait éclairer suffisamment à 5 et 6 mètres de rayon. Ce
travail se faisait en régie et était conduit avec beaucoup de soin ; aussi pendant
toute sa durée il ne s'est produit aucun accident.

Mise en place des blocs. — Pour mettre les blocs en place on dispose, sur un
chaland en tôle, quatre pièces de bois de $0^m,40$ de hauteur et $0^m,20$ de largeur, et on les réunit deux par deux au-dessus de deux couples de puits, on
laisse entre elles un vide de $0^m,40$ pour faire passer les chaînes de suspension. Sur ces pièces de bois en place quatre treuils-verrins qui correspondent
chacun à la partie du bloc qu'il doit soulever et à un puits dont les portes
sont ouvertes. Chacun d'eux est muni d'une chaîne de Gall qui supporte une
tige en fer dont l'extrémité est en forme de T; on y adjoint un petit palan pour
retirer la chaîne et le T dans l'intérieur du puits. Des planches sont d'ailleurs
disposées sur les supports en bois, de manière à faciliter la manœuvre qui
exige, pour les plus grandes forces, quatre hommes par treuil, c'est-à-dire
deux à chaque manivelle.

Lorsque le chaland est garni de ses appareils on l'amène, à marée montante
et quand la hauteur de l'eau le permet, au-dessus du bloc à enlever, bloc qui,
soit après sa construction à demeure dans un des ports d'échouage, soit après
sa descente de la cale, présente sa partie supérieure à la cote 5 mètres environ
au-dessous de zéro. Quand le chaland correspond bien au bloc, on descend les
quatre T dans les rainures verticales pratiquées dans ce bloc, on fait subir à
chacun d'eux un quart de révolution, on laisse glisser un petit disque en fer

pour empêcher tout dérangement, et, au moyen des treuils, on roidit les chaînes. Le bloc alors est en prise, et, à mesure que la marée monte, le chaland s'immerge, jusqu'au moment où la partie immergée est assez considérable pour déterminer le soulèvement.

Quand le bloc est bien détaché de sa base, on conduit le chaland, soit au moyen du remorqueur, soit en le touant, à l'emplacement qu'il doit occuper; là on le fixe dans la position convenable, en se guidant sur des lignes d'opération établies à terre avec un grand soin ; et quand la mer a baissé suffisamment pour qu'on puisse bien vérifier avec une tige la position des blocs déjà mis en place, il suffit de virer les treuils avec ensemble, en redoublant d'attention au moment où le bloc va toucher le fond. Si, par hasard, on commet une erreur dans le placement, il suffit de relever le bloc avec les treuils et de rectifier la position. Avec un peu d'habitude cette opération s'exécute avec une grande régularité ; les blocs sont superposés parfaitement l'un sur l'autre, laissent entre eux un intervalle libre de 0ᵐ,05 environ et présentent dans leur ensemble une surface supérieure convenablement arasée.

Dans les conditions qui précèdent et qui suffisent pour le travail, on pouvait procéder au transport des blocs quinze jours au moins par mois, et, pour avoir une direction plus sûre dans la pose, on profitait de toutes les marées de vives eaux favorables, en travaillant le jour et la nuit, au lieu d'employer deux chalands, ce qui n'est arrivé que très-rarement. On transportait ainsi 30 blocs en moyenne par mois et on fondait 45 mètres courants de murs de quai. Les plus grands blocs soulevés cubaient 45 mètres cubes et pesaient à l'air environ 100 tonnes; mais la facilité et la sûreté des opérations ont prouvé que le système est susceptible d'être appliqué à des blocs bien plus considérables, et qu'il peut être avantageusement utilisé, avec les modifications convenables, dans un grand nombre de travaux hydrauliques importants.

Construction des blocs. — On a commencé par construire les blocs sur des plates-formes en bois recouvertes d'une légère couche de sable, dans les emplacements réservés aux ports d'échouage et remblayés en enrochements et petits galets jusqu'à près de la cote 2 mètres au-dessus de zéro. Les premiers furent établis avec des rainures extérieures, pour être enlevés par des chaînes en fer, comme à Marseille, à Cette, etc.; mais on ne tarda pas à reconnaître que, pour le travail à exécuter, l'emploi des chaînes était, sinon impossible, au moins entouré des plus grandes difficultés, et qu'eu égard à la grosseur des blocs et à l'emploi du mortier de ciment de Portland, on pouvait facilement pratiquer dans ces blocs des puits de suspension avec des tiges verticales mobiles, présentant le grand avantage de pouvoir relever les blocs même après leur mise en place. On a été ainsi conduit à pratiquer dans chaque bloc, non loin des angles, quatre rainures verticales rectangulaires de 0ᵐ,12 sur 0ᵐ,40, terminées par une pièce en bois de 0ᵐ,60 sur 0ᵐ,50 et 0ᵐ,10 d'épaisseur, encastrée dans la maçonnerie à 0ᵐ,30 de la base du bloc, pénétrée par le prolongement de la rainure et garnie de tôle à sa partie inférieure pour la prise du T de la tige; un petit vide, de 0ᵐ,50 sur 0ᵐ,40 et de 0ᵐ,30 de hauteur, sert de chambre pour les mouvements du T.

La maçonnerie était faite en moellons, avec mortier de ciment de Portland, comprenant 425 kilogrammes de ciment pour un mètre cube de sable, ce qui équivaut, à très-peu près, à quatre de sable pour un de ciment : on y apportait le plus de soin possible, et les angles étaient établis avec des moellons choisis et smillés.

Cale des blocs. — En construisant les blocs sur des grèves d'échouage, on était obligé de faire un travail de marée, et à chaque abandon du travail, il fallait rejointoyer avec du ciment à prise rapide, et recouvrir la partie supérieure; de même qu'à chaque reprise on devait nettoyer soigneusement les surfaces : on perdait ainsi beaucoup de temps et beaucoup de mortier ; de plus les maçonneries mûrissaient moins vite qu'à l'air, et les jonctions aux diverses reprises, pouvaient, malgré toute la surveillance, laisser à désirer; en un mot, il était évident qu'il y aurait plus de sécurité à construire les blocs hors de l'eau.

Pour y arriver, on a établi une cale de glissement de 115 mètres de longueur, inclinée à $0^m,06$ par mètre, sur laquelle sont disposées des plates-formes mobiles destinées à recevoir les blocs ; ces plates-formes sont descendues après la construction des blocs en glissant sur la cale, entraînées par des chaînes sans fin, mises en mouvement par une locomobile. Quand le bloc est descendu assez bas, le chaland vient le prendre, comme il a été dit ci-dessus, et la plate-forme flottant peut être remontée sur la cale au moment convenable. La cale peut contenir à la fois 28 à 30 blocs.

Cette cale est composée de trois cours de longrines espacées de $2^m,37$ d'axe en axe; ces longrines, disposées suivant la pente ci-dessus, sont légèrement bombées à leur surface supérieure, reliées fortement entre elles et supportées par de petits massifs en maçonnerie (fig. 8).

La plate-forme ou ber, destinée à recevoir la maçonnerie des blocs, est un cadre en bois, solidement construit, recouvert d'un plancher et appuyé sur les longrines par trois pièces, dirigées dans le même sens, creusées légèrement en dessous pour correspondre au bombement des longrines et empêcher les déversements latéraux; chaque ber mesure 5 mètres entre les faces extérieures des pièces longitudinales extrèmes et 3 mètres dans l'autre sens; le plancher saille un peu de tous les côtés pour faciliter les manœuvres et recevoir le mortier qui s'échappe.

Les longrines extrèmes de la cale portent, de distance en distance, de petits rouleaux sur lesquels vient reposer une chaîne sans fin, qui, enroulée dans sa partie supérieure sur le barbotin d'un treuil-verrin, vient embrasser, à l'extrémité inférieure de la cale, un rouet en fonte, pour rejoindre le treuil-verrin en passant par un petit canal souterrain.

Lorsqu'on veut descendre un bloc, on met la chaîne en prise de chaque côté du ber, en la soulevant un peu et la liant à une armature en fer, dont une partie est fixée sur le ber, et l'autre, mobile, est destinée à tendre la chaîne d'aval, de manière à établir des deux côtés un tirage normal à la cale : comme de plus les maillons de la chaîne, présentant environ $0^m,03$ de diamètre, étaient un peu faibles et s'allongeaient sous la tension quelquefois brusque des blocs, qui prenaient trop de vitesse, sans parler des allongements dus à la température, on réduisait le mou trop considérable de la chaîne d'amont au moyen d'un ridoire très-simple.

A chaque mouvement de bloc, on avait soin de lubréfier les surfaces de glissement des longrines, et lorsque le bloc n'obéissait pas à la traction des chaînes, soit au commencement du mouvement, soit à la suite d'arrêts, dus aux tassements de la cale où à quelque obstacle accidentel, il suffisait de pousser le bloc en arrière, au moyen d'un verrin. Les tassements dont il est question ont donné beaucoup d'ennui dans les commencements : une cale semblable, en effet, demande à être établie sur un sol d'une résistance à peu près absolue, et

ici, malheureusement, elle était forcément établie sur un massif d'enrochement, reposant lui-même sur le banc de Saint-Marc.

Quand les bers étaient débarrassés des blocs, ils venaient flotter à la surface;
on les réunissait, et lorsque la partie supérieure de la cale était débarrassée, on
profitait d'une marée haute pour les remettre sur la cale, et on les remontait
facilement chacun à la place qu'il devait occuper.

Treuils. Verrins. — Les treuils employés à soulever les blocs, ainsi que ceux
qui ont pour but de les manœuvrer sur la cale, sont établis d'après le même
principe; seulement, les premiers portent une chaîne de Gall qui entoure une
roue à cames, tandis que les seconds portent un barbotin sur les empreintes
duquel viennent se loger les maillons d'une chaîne ordinaire; ils présentent ce
précieux avantage que sous des pressions très-fortes de la chaîne, il ne se produit pas d'entraînement lors même qu'on n'a pas les arrêts ordinaires; seulement, il importe que les bâtis latéraux soient très-solides et fortement reliés
entre eux.

Le treuil, pour soulever les blocs, consiste en une roue, de un mètre environ
de diamètre, mue par une double manivelle avec laquelle elle est en relation par
une petite roue ordinaire d'engrenage; la roue motrice commande un arbre
portant en son milieu une vis sans fin; cette vis sans fin engrène avec une
roue munie d'un engrenage hélicoïdal, et l'arbre de cette roue porte le tambour sur lequel vient se fixer la chaîne de Gall : à chaque tour de manivelle
cette chaîne effectue un mouvement de $0^m,0025$. La surface des dents, en
prise avec la vis sans fin, s'obtient, comme dans l'engrenage connu sous le nom
d'engrenage de White, en disposant l'hélice de base et la surface extérieure de
chaque dent de manière à obtenir une action constante, telle que celle qui
serait due à un très-grand nombre de dents très-petites et très-rapprochées.»

Les travaux de Brest ont été exécutés sous la direction de MM. les ingénieurs
en chef Maitrot de Varennes et Planchat, par MM. les ingénieurs ordinaires de
Carcaradec et Fénoux.

4. PORT DE SAINT-NAZAIRE

Le port de Saint-Nazaire, situé à l'embouchure et sur la rive droite de la
Loire, figure 1, planche LXXII, n'était, il y a trente ans, qu'une station de
pêcheurs, protégée par un môle s'étendant de la pointe de la vieille ville jusqu'à
un banc de rocher coupé brusquement au point où commencent les grandes
profondeurs de la rade.

En avant du port, s'étend une baie de 8 à 15 mètres de profondeur à basse mer,
avec fond de vase d'excellente tenue ; protégée contre les lames du sud-ouest par
les bancs de sables du sud de l'embouchure de la Loire, où ces lames se brisent,
et dotée cependant d'une passe profonde vers le nord, cette rade est tranquille
et peut recevoir les plus grands navires : mais la passe du nord présente, à son
extrémité vers la mer, au point où les courants de jusant s'amortissent, une
barre dite barre des Charpentiers.

Dans les plus basses mers connues on ne trouve que $3^m,90$ d'eau sur cette
barre ; à haute mer de morte eau le mouillage est de $7^m,70$, et $9^m,20$ en vive
eau.

Cette barre est en équilibre et ne se modifie plus ; on voit qu'elle ne permet pas à tous les navires de pénétrer à toute heure dans la basse Loire.

Néanmoins, la position de Saint-Nazaire était des plus favorables ; elle admettait les grands navires qui étaient forcés de rompre charge et de s'alléger à Paimbeuf pour remonter à Nantes par les grandes marées.

Une loi de 1845 autorisa à Saint-Nazaire la construction d'un bassin à flot accessible à toute marée par les navires ayant 7 mètres de tirant d'eau. Vu la tranquillité de la rade, un avant-port était inutile ; on se contenta d'établir un chenal bordé de deux jetées en charpente et aboutissant aux deux écluses du bassin à flot, qui est entouré de quais spacieux. L'entrée des navires dans le bassin s'effectue avec la plus grande facilité.

La fondation des ouvrages dans la vase recouvrant le rocher schisteux compacte a présenté de grandes difficultés, nous les avons exposées dans notre *Traité de l'exécution des travaux.*

L'accès du bassin se fait par deux écluses : 1° une écluse simple de 25 mètres de large, construite en vue des Transatlantiques à roues, présentant au minimum 7^m,30 de tirant d'eau à haute mer ; 2° une écluse à sas, de 13 mètres de large et de 60 mètres de long, pouvant fonctionner depuis la mi-marée montante jusqu'à la mi-marée descendante.

Le bassin à flot, de 10 hectares 40 ares de superficie, est divisé en deux parties, l'une de 580 mètres sur 160 mètres, l'autre de 140 mètres sur 90 mètres ; la profondeur y varie suivant les quais de 6^m,20 à 7^m,50 au-dessus des faibles hautes mers.

Le développement total des quais est de 1580 mètres.

Les bassins de Saint-Nazaire, où le flot apporte les eaux vaseuses de la Loire, exigent un dévasement perpétuel qu'on est arrivé à effectuer d'une manière économique au moyen des bateaux pompeurs décrits dans notre *Traité de l'exécution des travaux.*

Le port de Saint-Nazaire avait coûté 8.126.000 francs ; on ne tarda pas à reconnaître qu'il était insuffisant, et un décret de 1861 autorisa la construction d'un second bassin à la suite du premier ; ce second bassin, avec ses annexes, est évalué à 18.500.000 francs.

5. PORT ET BAIE DE SAINT-JEAN-DE-LUZ

Description de la baie. — La baie de Saint-Jean-de-Luz se trouve sur notre frontière d'Espagne, au sommet de l'angle que forme les deux côtés du golfe de Gascogne, dont un est parallèle aux Pyrénées et l'autre parallèle aux dunes des Landes. Si l'on examine la planche XXVII, on reconnaît que nulle part les grandes profondeurs de l'Océan ne se trouvent aussi près de nos côtes ; si, de plus, on trace sur la carte de l'Océan un arc de grand cercle qui parte du golfe de Gascogne et aboutisse à Terre-Neuve, on reconnaît que cet arc de 4400 kilomètres de long, dirigé dans le sens des vents régnants, ne rencontre aucune proéminence au-dessus de la surface des eaux.

Ce simple exposé suffit à faire comprendre combien la mer doit agir avec violence dans la baie de Saint-Jean-de-Luz.

« Toutes les pulsations de la mer, dit M. l'ingénieur hydrographe Bouquet de la Grye dans un mémoire récent, pulsations dont les plus lointaines peuvent partir de l'extrémité nord de l'Atlantique, viennent se faire sentir à Saint-Jean-de-Luz sous forme de lames de fond. Ces lames ayant une hauteur de 60 centimètres et quelquefois 1 ou 2 kilomètres de longueur, peuvent franchir des espaces énormes sans presque perdre de leur hauteur et de leur vitesse, tant le frottement est faible dans les grands fonds. Elles représentent la force du vent d'une région lointaine condensée et se propageant sous une forme qui la rend peu sensible à l'action d'un vent modéré et même contraire. Les conditions de Saint-Jean-de-Luz sont telles que ces lames y trouvent généralement l'atmosphère assez calme pour leur permettre de reprendre une partie de leurs premières propriétés dans les quelques milles qui séparent la baie des grands fonds. Saint-Jean-de-Luz est l'oreille de la côte ouest, et cette disposition augmente dans une proportion notable l'action produite par les coups de vents locaux. »

Par les tempêtes de l'ouest, les lames du large atteignent 7 mètres de hauteur et 120 à 180 mètres de longueur; elles ne changent guère tant qu'elles cheminent sur des profondeurs supérieures à 40 mètres, mais quand le brassiage diminue, le frottement augmente, les crêtes se rapprochent, des brisants terribles se produisent. Les premiers brisants existent sur le haut-fond de Belhara-Perdun par 14^m,30 de profondeur; la lame continue sa route et se brise ensuite sur Ilharguita par 22 mètres de profondeur; puis elle trouve à l'arrière des fonds considérables où elle se reforme, pour briser à blanc de nouveau en approchant de la baie sur le plateau de Mabessin; sa vitesse est de 15 mètres à la seconde. Elle se reforme encore et se présente à l'entrée de la baie avec une hauteur de 6 mètres et une amplitude de 150 mètres, elle occupe alors toute la largeur de la baie entre le Socoa et la pointe Sainte-Barbe. Voir la figure 3 de la planche 82, qui est un plan de la baie levé, en 1873, par M. Bouquet de la Grye.

Certaines lames brisées ont une vitesse assez grande pour raser ou faire chavirer un navire; lorsqu'à ces lames s'ajoute la grande houle de fond dont nous avons parlé plus haut, il en résulte une irrésistible puissance de destruction; c'est un véritable ras de marée qui autrefois arrachait les navires du port de Socoa en brisant les amarres.

La construction de la digue de Socoa a annulé les brisants dans ce port et l'agitation n'y est plus due qu'aux paquets de mer qui peuvent franchir la digue.

En brisant sur Artha au milieu de la baie, les lames produisaient autrefois des effets terribles et les navires étaient incapables de résister aux lames brisées lors des tempêtes.

« Si l'on considère, dit M. Bouquet de la Grye, que la masse mise en mouvement est chaque fois de 600,000 mètres cubes, que la vitesse acquise par la crête des lames, au moment où elle se brise, peut atteindre les 7 dixièmes de la vitesse propre à l'onde, c'est par millions de kilogrammètres que doit s'exprimer le résultat. Comme effets immédiats, nous pouvons citer les accidents suivants : en 1808, une corvette anglaise, mouillée derrière Artha, chavira dans un coup de mer; toutes les digues construites jusque dans ces derniers temps au Socoa ont été successivement emportées; des piliers en béton de 2 mètres de diamètre ont été coupés par le milieu; enfin, dans la digue actuellement en construction, une section du poids de plusieurs milliers de tonnes a reçu un choc assez violent pour l'ébranler en détachant une partie de son parement extérieur. »

Travaux exécutés. — Au seizième siècle, le port de Saint-Jean-de-Luz, formé par l'embouchure de la Nivelle, était prospère et les marins basques étaient comptés au nombre des plus aventureux. L'emplacement de la ville était à cette époque garanti par les digues de sable formant digue naturelle, et aussi par les rochers de l'entrée de la rade ; ces rochers, formés de couches de silex séparées par des couches de marne, ont dû être rongés par les vagues, et la dune elle-même put alors être attaquée ; elle fut peu à peu détruite, laissant la ville à découvert.

En 1704, on établit un mur de défense suivant la ligne *abc* de la figure 6, planche 83. Cette figure est un plan levé vers 1830.

Attaqué par de violentes tempêtes, ce mur lui-même ne put résister ; la mer en déchaussa les fondations, la laisse des basses mers s'en rapprocha sans cesse et, en 1776, on construisit un contre-mur en arrière du premier. En 1782, le contre-mur fut emporté, ainsi qu'une partie des maisons de la ville qui sont indiquées par un trait ponctué ; une nouvelle digue en moellons et charpente fut exécutée suivant la ligne *efg*.

En 1786, Brémontier fit exécuter deux digues, de chacune 180 mètres de long, l'une en *ab* à la pointe Sainte-Barbe, l'autre au Socoa, en *cd*, figure 4, planche 83. Ces jetées ne subsistèrent pas.

De 1789 à 1808, l'estacade en bois protégeant la ville fut remplacée par une digue en maçonnerie, que la lame ne tarda pas à franchir ; vers 1820, M. l'ingénieur Debaudre dut exhausser cette digue et en défendre le pied par des crèches garnies d'enrochements. Néanmoins, ces travaux ne purent résister, la plage ayant été violemment attaquée et creusée par les vagues ; quelques violentes tempêtes suffirent à faire brèche dans la digue. C'est à cette époque que l'on proposa pour la jetée du port de Socoa le profil à parement courbe préconisé par le colonel Émy et représenté par la figure 5, planche 83.

Ce petit port, placé dans un enfoncement à l'ouest de la rade de Saint-Jean-de-Luz, est moins agité que le reste de cette rade ; il était protégé par deux jetées de faible longueur, perpendiculaires entre elles, abritant un espace de 1500 mètres carrés.

C'était tout ce qu'on utilisait d'une belle rade, de 1500 mètres de large et de 1100 mètres de profondeur, offrant sur plus de 70 hectares de superficie des profondeurs supérieures à 6 mètres.

Les travaux destinés à abriter complètement la rade furent autorisés de 1857 à 1867 ; ils comprennent : 1° l'exécution d'une digue enracinée à la pointe de Socoa et de 346 mètres de longueur ; 2° et l'exécution d'une autre digue isolée de 250 mètres de longueur construite sur Artha. Ces deux digues, laissant entre elles une passe de 235 mètres de longueur, transformeront en port de refuge la baie de Saint-Jean-de-Luz en même temps qu'elles mettront cette ville à l'abri des violences de la mer.

Le flot pénétrait autrefois dans la baie par les deux pointes de Sainte-Barbe et du Socoa, et les deux courants se rencontraient à l'embouchure de la Nivelle ; la jetée du Socoa a détruit le courant de l'ouest, et c'est le courant de Sainte-Barbe qui fait le tour de la baie. Mais les eaux de la Nivelle apportent chaque année à la mer 100.000 mètres cubes de vase et de sable que les courants enlevaient autrefois ; il est à craindre maintenant qu'une partie de ces dépôts ne reste dans l'ouest de la baie ; cependant, si l'on sacrifie un peu de la tranquillité pour conserver aux passes une bonne largeur, il est probable que, grâce au ressac et aux courants qui subsistent, un bon état d'équilibre finira par s'établir. Dès maintenant, les navires viennent chercher un abri dans la baie lors des coups de vent, et le port d'échouage du Socoa est tranquille en même temps qu'il présente un bon fond ; s'il venait à s'ensabler outre mesure, on pourrait y amener la rivière l'Oncin et y créer des chasses pour en maintenir les passes.

Le profil adopté pour les digues de Saint-Jean-de-Luz est le profil à parement courbe que représente la figure 4, planche 84.

On a commencé par construire la jetée du Socoa, et en même temps on immergeait les blocs artificiels et naturels devant constituer le massif de fondation du môle de l'Artha, massif sur lequel on élèvera plus tard la muraille destinée à compléter l'abri.

La notice présentée à l'Exposition de 1873 nous explique dans quel ordre on procède à l'exécution des travaux :

« On coule les blocs naturels et artificiels de manière à se rapprocher autant que possible du profil type. Quand la fondation arrive au niveau des basses mers, on règle autant que possible la surface supérieure avec des blocs naturels et des moellons encastrés dans les vides des grands blocs ; puis on élève au-dessus des couches successives de béton et de moellons, en profitant de la basse mer. Les moellons sont plantés de champ dans le lit de béton, de manière à amorcer la couche de béton suivante ; ce mode de maçonnerie offre l'avantage de relier entre elles les maçonneries exécutées en deux marées différentes. Il permet de mener plus rapidement le massif et d'y employer, avec quelques maçons, un grand nombre de manœuvres. Mais on attend, avant d'entreprendre la maçonnerie supérieure, que la fondation ait subi l'épreuve de deux hivers, des grosses mers et des tempêtes, de manière que les blocs, ayant éprouvé leur tassement, aient pris leur assiette définitive. »

Les blocs factices sont exécutés avec un portland anglais et, pour la maçonnerie de la muraille faite à la marée, on a recours à un ciment à prise rapide tiré d'Espagne. Dans la muraille, on n'emploie pas de pierre de taille, mais seulement de la maçonnerie de moellons et de ciment de portland, qui donne un massif sans joints continus dont les diverses parties sont solidaires les unes des autres.

. Les blocs artificiels, de 20 mètres cubes, ont 4 mètres sur $2^m,50$ et sur 2 mètres ; ils sont en béton, formé de deux pierres cassées à $0^m,10$ et de 1 de mortier ; le mortier comprend 1 de portland pour 2 1/2 de sable.

La forme concave du parement extérieur de la digue évite les chocs de la lame qui s'infléchit peu à peu jusqu'à devenir verticale ; mais elle engendre une lame de retour qui entraîne les blocs de revêtement, et, en 1873, on prévoyait qu'on serait obligé pour le môle de l'Artha d'adopter un parement droit avec fruit.

PORTS DE LA MÉDITERRANÉE

1. DIGUES DE MARSEILLE[1]

On trouvera plus loin la description du port de Marseille ; nous ne nous occuperons ici que des digues.

La figure 2 de la planche 92 donne la coupe en travers de la digue du large couvrant à Marseille le bassin Napoléon.

Voici la description de cette digue et des procédés de construction qui y ont été mis en œuvre, description empruntée à la notice rédigée par MM. Pascal, ingénieur en chef, et André, ingénieur ordinaire, et présentée, en même temps que le modèle de la digue, à l'Exposition universelle de 1867.

Système de construction. — Le système suivi à Marseille pour la construction des digues extérieures destinées à permettre l'extension du port, consiste principalement dans l'emploi de blocs naturels constituant le corps général de ces digues, et de blocs artificiels appliqués à leur revêtement extérieur du côté du large.

Ce système est la conséquence de l'observation des effets de la mer sur les jetées déjà exécutées.

Dans les jetées anciennes, qui alors étaient presque exclusivement construites avec des blocs naturels, on remarque qu'elles prennent, du côté du large, des talus très-allongés qui vont, suivant les localités, jusqu'à 10 de base pour 1 de hauteur, depuis le niveau des eaux moyennes jusqu'à 10 mètres au-dessous ; plusieurs d'entre elles ont été, même avec ces talus allongés, revêtues, dans ces derniers temps, avec de gros blocs artificiels, afin de faire disparaître les chances d'avaries.

Les jetées exclusivement en blocs artificiels tiennent au contraire, avec un talus de 45° ; mais à la condition de donner à ces blocs des dimensions suffisantes.

Ces observations ont tout naturellement conduit au système de gros blocs artificiels à l'extérieur et de gros blocs naturels à l'intérieur.

Blocs naturels. — Dans un double but d'économie et de solidité, les blocs naturels occupent différentes positions en rapport avec leurs dimensions. Il faut, en effet, au point de vue économique, que tous les produits des carrières soient utilisés ; il faut également ne pas mélanger les petits blocs avec les gros, afin de conserver le plus de vide possible. Il faut, d'autre part, au point de vue de la solidité, disposer les gros blocs de manière à leur faire envelopper les petits. Cette double considération conduit à une classification des blocs en quatre catégories différentes, savoir :

1ʳᵉ catégorie. — Blocs pesant de	2 à	100 kilog.
2ᵉ — —	100 à	1.300
3ᵉ — —	1.300 à	3.900
4ᵉ — —	3.900 et au-dessus.	

[1] On trouvera tous les détails de construction de la grande jetée du large de Marseille dans l'*Ouvrage descriptif*, publié en 1861, par MM. Latour et Gassend.

Au-dessous de la plus petite de ces catégories, les débris de carrières sont utilisés comme galets dans la fabrication des blocs artificiels, et, comme il sera dit ci-après, pour la préparation de l'assiette des fondations des murs de quai.

Dans la digue du bassin Napoléon, les débris de carrières étant en plus grande quantité qu'il ne faut pour la fabrication de tous les blocs artificiels dont on a besoin, sont utilisés pour la construction même de cette digue et placés dans les parties les plus profondes.

Les blocs naturels proviennent des îles du Frioul, situées à 5 kilomètres du port de Marseille. Ils sont extraits au moyen de grandes mines avec puits et galeries. La plus grande de ces mines avait six poches contenant ensemble 26.000 kilog. de poudre, et l'explosion a produit environ 100.000 mètres cubes de blocs. Le feu est mis à ces mines au moyen de l'électricité.

Le chargement des blocs s'effectue par wagons roulant sur voies de fer, jusqu'au lieu de leur embarquement; divers appareils servent à les placer sur des chalands qui sont remorqués par des bateaux à vapeur et les transportent jusqu'au lieu d'emploi.

Le mode d'immersion de ces blocs varie suivant qu'ils sont destinés aux parties des jetées inférieures au niveau de 3 mètres au-dessous de la surface de la mer, ou aux parties supérieures.

Pour les parties inférieures, les blocs naturels de première et de deuxième catégorie (soit 1.300 à 2.000 kil.) sont immergés au moyen de barques à clapets dont le fond mobile permet, en s'ouvrant, de vider immédiatement la charge.

Les blocs naturels de troisième catégorie sont immergés au moyen de chalands auxquels on imprime, par un déplacement dans la charge et par l'immersion préalable de deux forts blocs extrêmes, un mouvement de bascule qui fait immédiatement tomber les pierres à la mer.

Pour les parties supérieures exclusivement formées avec des blocs de troisième et de quatrième catégorie, on se sert, soit d'une grue tournante installée sur un chaland qui prend les blocs approvisionnés sur un autre chaland placé à côté et qui se déplace au fur et à mesure de l'avancement de la digue, soit d'un échafaudage fixe avec un treuil prenant les blocs sur un chaland et les plaçant sur des wagons roulant sur des voies de fer disposées sur la digue.

Blocs artificiels. — Les blocs artificiels ont tous uniformément les dimensions de 3^m,40 sur 2 mètres et 1^m,50, soit 10 mètres cubes, volume jugé suffisant à Marseille, pour les mers auxquelles ils ont à résister: ils sont employés à l'extérieur, pour le revêtement de la digue, et à l'intérieur pour les fondations des murs de quai.

Dans la construction de la digue du bassin Napoléon, on a descendu les blocs à l'extérieur, jusqu'à une profondeur de 8 mètres au-dessous de la surface des eaux. Cette profondeur peut être réduite sans inconvénient, et à la digue du bassin National, on les arrête à la cote de 6 mètres.

Les blocs employés pour la fondation des murs de quai sont placés en parpaing, à joints contrariés et sur une hauteur de 6 mètres au-dessous du niveau des eaux.

L'emplacement, devant servir à l'assiette des fondations en blocs artificiels des murs de quai, est arasé à la cote de 6 mètres avec de petits débris de carrières placés sur une couche de blocs de première catégorie qui, à leur tour, reposent sur des blocs de troisième et de quatrième catégorie.

La fabrication des blocs artificiels destinés aux travaux de construction du bassin Napoléon était faite à proximité du lieu d'emploi, sur un emplacement de 20.000 mètres carrés permettant la fabrication de 300 blocs en moyenne par mois et de 375 au maximum. Ils restaient environ trois mois sur le chantier. Le matériel nécessaire comprenait :

> 1 machine fixe de 14 chevaux,
> 2 wagons à chaux portant chacun six sacs de 50 kilog.,
> 4 wagons de sable d'une capacité de 0ᵐ,80 cube,
> 4 wagons à mortier à trois compartiments d'une capacité totale de 0ᵐ,84,
> 3 manéges à mortier,
> 12 wagons à pierrailles d'une capacité de 0ᵐ,46 cube,
> 7 bétonnières d'une capacité de 0ᵐ,90,
> 4 wagons porte-bétonnières,
> 100 caisses-moules.

Le transport de ces blocs jusqu'au lieu d'emploi embrassait trois opérations successives :

Levage et transport jusqu'au chemin de fer d'embarquement : traction sur le chemin de fer d'embarquement et embarquement sur le chaland ; remorquage du chaland jusqu'au lieu d'emploi.

Le transport, depuis la prise des blocs sur chantier jusqu'au lieu de leur emploi sur la digue, exigeait, indépendamment des voies de fer, le matériel suivant :

> 1 grue mobile de levage,
> 2 wagons porte-blocs,
> 1 chariot porte-grue,
> 1 machine fixe de 4 chevaux pour la traction sur le chemin de fer
> d'embarquement et la mise sur chalands,
> 3 chalands de transport,
> 1 remorqueur.

L'emploi des blocs artificiels a varié suivant qu'ils étaient destinés, à l'extérieur, au revêtement de la jetée, ou à l'intérieur, à la fondation des murs de quai.

Les premiers étaient employés partie au-dessous de l'eau, partie au-dessus.

Les blocs à placer au-dessous de l'eau étaient transportés et immergés au moyen d'un chaland surmonté d'un plan incliné qui permettait de les lancer simultanément et instantanément, aussitôt après la rotation imprimée à un levier de retenue. Les blocs à placer au-dessus de l'eau étaient arrimés au moyen d'une mâture flottante qui les prenait sur un chaland de transport placé à ses côtés.

Enfin les blocs artificiels, servant de fondations aux murs de quai, étaient placés par une machine analogue à la précédente qui permettait de les superposer exactement les uns au-dessus des autres, de les disposer ainsi qu'il a été dit ci-dessus, en parpaings à joints contrariés, sans cale ni mortier et sur une hauteur de 6 mètres au-dessous du niveau des eaux.

La mâture flottante permettait d'employer mensuellement 270 blocs à l'extérieur et 240 seulement à l'intérieur, à cause des sujétions de pose,

L'emploi des blocs artificiels exigeait donc deux mâtures flottantes et trois chalands.

Composition des blocs artificiels. — Les blocs artificiels sont composés de cinq parties de galets pour trois parties de mortier.

Un mètre cube de mortier comprend un mètre de sable versé à la pelle, sans tassement aucun, et 350 kilogrammes de chaux blutée.

Il entre dans ces conditions 204 kilogrammes de chaux par mètre cube de béton.

Les expériences faites sur une grande échelle, comme celles qui ont été opérées sur des échantillons de petites dimensions que l'on a pu observer très-minutieusement, établissent que les bétons avec mortier de chaux hydraulique du heil, fabriqués avec soin, résistent parfaitement à l'action décomposante de l'eau de mer dans la rade de Marseille.

L'activité moyenne de travail par mois a été, pour la digue du bassin Napoléon, de 20.000 mètres cubes pour les blocs naturels et de 3.750 pour les blocs artificiels.

Dépenses par mètre courant de digue. — La digue du bassin Napoléon, dans un fond moyen de 17 mètres avec un quai de 30 mètres de largeur, a coûté par mètre courant 9.000 fr.

Celle du bassin de la Joliette, construite dans le même système avec un quai de 18 mètres de largeur et une profondeur d'eau de 12 mètres, a coûté 5.500 fr.

2. PORT D'ALGER

La figure 5 de la planche 64 représente les dispositions générales du port d'Alger et nous avons expliqué à la page 512 comment, au moyen des deux jetées, on avait créé un abri dans le port. Nous ne nous occuperons ici que de la construction des ouvrages qui ont présenté de sérieuses difficultés à cause des grandes profondeurs et de la violence de la mer.

Lors de la conquête, la jetée Cheredin, qui relie la terre à l'îlot de la marine, était en fort mauvais état; on refit la partie supérieure en maçonnerie neuve, mais les fondations en enrochements manquaient de consistance et sans cesse affouillées ne purent la soutenir, et cette maçonnerie fut détruite en 1832.

Le littoral à l'ouest d'Alger, où se trouvaient les carrières pouvant fournir les enrochements, n'était pas accessible par bateaux; il fallait donc transporter par terre les blocs naturels, et cela en rendait l'emploi trop coûteux, et par conséquent impossible.

Il fallut donc abandonner le système des fondations à pierres perdues et recourir aux blocs artificiels en béton.

M. Poirel inaugura ce système et employa deux genres de blocs : les uns étaient construits dans l'eau, à la place même qu'ils devaient occuper; les autres étaient fabriqués à terre et lancés à la mer.

Blocs construits dans des caisses sans fond. — « Ces blocs se font, dit M. Poirel, en immergeant du béton dans des caisses sans fond échouées sur place, planche 83, figure 9. Les parois de ces caisses sont formées d'un grillage en madriers recouverts intérieurement d'un double cours de planches à joints croisés formant bordage.

« La partie inférieure en est découpée suivant le profil du sol sur lequel elles doivent reposer. Elles sont garnies, à l'intérieur, d'une toile goudronnée, fixée sur tout leur pourtour et dans toute la hauteur de la caisse jusqu'au niveau de l'eau. Cette toile a une ampleur suffisante pour s'adapter exactement sur toutes les sinuosités du sol qu'elle embrasse. La caisse forme ainsi un véritable sac en toile, dont les côtés sont fortifiés par des panneaux en charpente, sur lesquels ils sont étendus et fixés. Le fond de toile permet à la masse de béton de se mouler parfaitement sur le terrain qu'elle recouvre, et de se relier avec lui par les aspérités mêmes qu'il représente, tandis qu'avec les caisses à fond plat, que l'on emploie généralement pour fonder des ouvrages dans l'eau sans épuisement, il faut s'appliquer à faire disparaître les aspérités du sol en le dressant suivant une surface à peu près de niveau : opération aussi difficile que chanceuse. Ces caisses à fond de toile sont préparées sur un chantier, et lancées dans le port, d'où elles sont remorquées par des pontons, et amenées en flottant sur la place qu'elles doivent occuper, planche 82, figure 4. On les y échoue au moyen de petites caisses en bois, cubant $0^m,25$, établies extérieurement à $0^m,50$ au-dessous du bord supérieur de la grande caisse, sur tout le pourtour de laquelle elles sont amarrées par un câble passant dans des anneaux en fer. On remplit ces petites caisses de boulets ou de gueuses de fonte en quantité telle, que le poids additionnel de ce lest suffise pour l'échouage de la grande caisse, à laquelle elles sont fixées. »

Le béton était descendu, dans l'enceinte mise en place, au moyen de caisses à béton contenant 1 mètre cube, que nous avons décrites dans notre *Traité de l'exécution des travaux;* elles sont, du reste, indiquées sur la figure 9, planche 83, représentant une caisse en poutrelles jointives destinée à des fonds de 8 à 10 mètres et au-dessus.

Blocs immergés à nu. — Les blocs immergés à nu sont également fabriqués dans des caisses en bois, formées de quatre cloisons en madriers, recouvertes en planches qui s'assemblent sur un fond et qui peuvent s'enlever. Le fond repose sur deux grandes poutres assemblées entre elles, et formant un plan incliné dont l'extrémité aboutit au point où l'on veut échouer le bloc. Ces caisses sont, comme les premières, entièrement vides à l'intérieur, sans aucune traverse; on les remplit de béton et, quand il est assez dur, on enlève les cloisons, et le bloc ainsi dépouillé de son enveloppe est lancé à la mer.

Le mortier hydraulique employé au port d'Alger était composé d'une partie de chaux grasse et de deux parties de pouzzolane des environs de Rome, broyée en poudre fine.

Les blocs fabriqués dans les caisses-sacs, mises en place, cubaient de 150 à 200 mètres cubes; les blocs faits hors de l'eau cubaient de 12 à 50 mètres cubes.

La figure 2, planche 82, montre comment, dans la reconstruction du môle, on a fait une première ligne de gros blocs; sur ces blocs mêmes on a établi les caisses servant à mouler les blocs de seconde catégorie, qu'on faisait basculer ensuite au pied des premiers pour les protéger.

Pour les jetées nouvelles, les blocs ont été construits à terre sur un grand chantier ménagé à cet effet; ils étaient amenés jusqu'au bord de la mer au moyen d'un réseau de voies ferrées, les unes parallèles, les autres perpendiculaires au rivage; les figures 1, 2 et 3 de la planche 83, montrent comment les blocs amenés par ces voies ferrées jusqu'au rivage étaient placés entre deux tonnes flottantes chargées de les conduire en place.

La figure 1, planche 83. montre un bloc *i,* amené au rivage par la voie *b,* et porté par le chariot *i*; il descend sous l'eau le plan incliné *cd* et est retenu dans son mouvement par un cordage qu'on laisse dérouler d'un cabestan; amené entre les deux tonnes, le bloc est saisi par quatre chaînes s'assemblant aux extrémités de deux traverses en bois engagées dans deux rainures ménagées sur la face inférieure du bloc.

Les deux tonnes sont reliées par un plancher solide garni d'une balustrade; la figure 5 indique le système d'échappement mis en usage pour permettre de dégager les chaînes lorsque le bloc est descendu à l'emplacement voulu. Il est, du reste, inutile d'insister sur ces dispositions simples qui se comprennent à l'inspection des figures.

Certains blocs, de moindre dimension, étaient transportés par une seule tonne, figure 1, planche 82; le bloc *c*, posé sur sa glissière, était à l'avance relié à la tonne placée au-dessus de lui, on le laissait descendre doucement sur le plan incliné P, lequel était muni d'une charnière près de la rive; le poids du bloc faisait fléchir cette charpente mobile, le bloc s'immergeait peu à peu, et il arrivait un moment où les chaînes se tendaient; la tonne, déplaçant un poids d'eau égal au poids de l'ensemble, flottait librement et pouvait être conduite au point d'immersion du bloc.

On a construit depuis, pour le transport des blocs, des tonnes en tôle et fers spéciaux.

Coupe en travers de la nouvelle digue. — Les premières parties de la digue d'Alger ont été construites tout entières en gros blocs artificiels; cette uniformité du massif est en désaccord avec la variabilité des efforts à supporter. Il faut évidemment de gros blocs du côté du large, où la mer frappe avec violence, surtout à Alger, où l'on a vu des blocs de 20 mètres cubes déplacés par les lames; mais, à l'intérieur du port, il y a toujours un calme relatif et de simples enrochements suffisent aussi bien qu'à l'intérieur même du massif; il faut remarquer du reste que la puissance destructive des lames diminue avec la profondeur et qu'il est inutile de placer sur le fond des blocs aussi considérables que ceux de la surface.

Ces principes ont été observés dans la construction des nouvelles digues d'Alger, ainsi qu'on peut en juger par le profil transversal de ces digues, figure 5, planche 84. Ce profil s'applique à une profondeur de 25 mètres sous le niveau des basses mers, mais on a atteint des profondeurs de 33 mètres.

Il va sans dire que les ouvrages de ce genre sont exposés à de graves avaries lors des tempêtes; des blocs peuvent être brisés, déplacés ou entraînés et il faut toujours en avoir sur la digue tout prêts à être immergés.

Caisses pour la fondation des formes de radoub d'Alger. — Le système des grandes caisses sans fond, modifié d'une manière très-heureuse, a été appliqué avec succès par M. l'ingénieur Hardy à la construction des formes de radoub du port d'Alger, indiquées en *f* sur le plan général, figure 5, planche 64.

M. Hardy a rendu compte de ce travail dans un mémoire inséré aux *Annales des ponts et chaussées* de 1869, mémoire qui va nous fournir les renseignements suivants.

Les formes de radoub d'Alger sont construites par des profondeurs d'eau variant de 8 à 14 mètres, sur un rocher de gneiss accidenté dont les anfractuosités sont remplies de sable vaseux sur des profondeurs de $0^m,20$ à 1 mètre. Pour établir l'enceinte de fondation à l'intérieur de laquelle on devait épuiser et effectuer les maçonneries à sec, on ne pouvait recourir au système ordinaire des coffrages en pieux et palplanches, à l'intérieur desquels on immerge du

béton ; ce coffrage, construit avec des pieux de 14 mètres de longueur, sans
fiche, n'aurait pas résisté à la houle, et, vu sa grande dimension, il aurait probablement renfermé beaucoup de laitances. Au contraire, les caisses de 200 à
300 mètres se remplissent de béton très-rapidement, sans que la laitance soit à
craindre ; les blocs, moulés dans ces caisses et débarrassés de leur enveloppe
en charpente, se soudent les uns aux autres assez bien pour donner une paroi
étanche ; l'expérience l'avait enseigné et avait montré en même temps que la
roche du fond du port d'Alger est peu perméable et ne donne lieu qu'à de faibles
filtrations même sous des pressions de 6 mètres d'eau à l'extérieur.

Cela dispensait de la construction d'un radier général en béton, et on n'avait à
exécuter que le pourtour de l'enceinte : on forma cette enceinte au moyen de
caisses sans fond à parois amovibles ; deux de ces caisses, étant établies et
remplies de béton, laissent entre elles un espace égal à peu près à leur largeur,
on démonte les parois des deux caisses et il reste deux piles quasi-rectangu-
laires dont il s'agit de remplir l'intervalle de manière à former une muraille
continue ; on remplit cet intervalle au moyen d'une troisième caisse ; les faces
des deux piles qui se regardent forment naturellement deux des côtés de cette
caisse et les deux autres s'obtiennent au moyen de deux panneaux en charpente appliqués sur les piles ; le vide, ainsi délimité, est rempli avec du béton
qui se soude au béton des deux premières piles et les réunit en un massif
unique. On peut donc, par ce procédé, établir une enceinte de forme et de
grandeur quelconques.

Les caisses sans fond, dont les panneaux sont découpés de manière à épouser
les irrégularités du rocher, ont de graves inconvénients dans les grandes profondeurs ; les poteaux glissent sur les parties déclives, le découpage et la pose
entraînent des sujétions sans nombre auxquelles on n'est pas toujours assuré
de satisfaire. « Nous avons pensé, dit M. Hardy, qu'on pourrait éviter ces inconvénients, tout en donnant plus de solidité à la caisse par la possibilité
d'assembler les extrémités inférieures des poteaux dans une pièce invariable,
en préparant sur le fond une base horizontale en béton de ciment de Vassy posé
au scaphandre ; il suffisait que cette base débordât la semelle de la caisse de
$0^m,20$, ce qui lui donnait la forme d'un rectangle formé par quatre murettes
de $0^m,50$ environ d'épaisseur, arrasées suivant un plan horizontal passant par
la pointe la plus élevée du rocher à l'emplacement de la caisse ou à un niveau
tel que la plus grande caisse qu'on avait à sa disposition pût servir sans modification. Ces murettes formant enceinte inférieure devaient encore avoir le grand
avantage de prévenir toute diffusion de béton à la partie inférieure de la caisse ;
c'eût été là un danger très-sérieux si on n'avait pas pris cette précaution, parce
que, dans les grandes profondeurs, il eût été très-difficile de faire épouser d'une
manière complète le rocher par le panneau. »

Ce système, appliqué aux grandes profondeurs, a donné d'excellents résultats
et on a regretté de ne pas l'avoir appliqué même aux petites profondeurs, pour
lesquelles l'emploi des panneaux découpés à la forme du fond a engendré plusieurs inconvénients, entre autres des pertes de béton.

L'exécution des entre-deux, n'exigeant que deux panneaux appliqués sur des
piles déjà faites, est beaucoup plus facile que celle des caisses : aussi a-t-on réduit la dimension de celles-ci suivant le pourtour de l'enceinte à $5^m,60$, tandis
que la dimension des entre-deux était portée à 9 ou 11 mètres.

La caisse employée sur murettes en béton est représentée par les figures 7, 8,
de la planche 83 ; construites à terre sur une cale spéciale, les caisses étaient

lancées à la mer et soutenues par des barriques vides pour être conduites au moyen d'un ponton à l'emplacement voulu. De la toile à voile goudronnée était clouée à la flottaison, au contour inférieur et dans les angles, et on plaçait des boulons à oreilles destinés à maintenir deux à deux les panneaux opposés ; ces boulons laissaient vides des compartiments correspondant chacun à l'espace nécessaire pour le jeu d'une trémie à béton ; amenée en place, une caisse était saisie par les palans de deux pontons opposés et placée debout; on fixait dans la partie inférieure des boîtes en charpente remplies de boulets, la caisse enfonçait du tiers de sa hauteur, on fixait une seconde rangée de boîtes à boulets, puis une troisième à 0^m,60 au-dessus de la flottaison ; en réglant la surcharge et en mollissant ou en raccourcissant les palans, on arrivait après quelques tâtonnements à placer la caisse juste à l'emplacement voulu ; une fois qu'elle était en place, on installait au-dessus les planchers et les trémies. Le remplissage en béton se faisait nuit et jour à raison de 200 mètres cubes par 24 heures ; en immerger davantage eût compromis la résistance des caisses, qui auraient cédé sous la pression du béton frais.

Le béton faisait prise au bout de quatre ou cinq jours et on pouvait enlever les boîtes à boulets ; le dixième ou le onzième jour, on déshabillait la caisse, c'est-à-dire qu'on en enlevait les panneaux en défaisant les boulons à oreilles reliant les poteaux d'angle de deux faces adjacentes ; on enlevait de même les écrous à oreilles des grands boulons reliant les faces opposées de la caisse, et en exerçant sur les panneaux une traction presque horizontale, on les dégageait du contact de la maçonnerie dans laquelle les grands boulons restaient noyés.

Un mètre cube de béton pour murettes de fondation était formé de 640 kilogrammes de ciment de Vassy, 0^{mc},70 de sable à grain anguleux et 0^{mc},90 de pierre cassée ; ces murettes étaient construites au scaphandre, on commençait par établir quatre massifs aux quatre angles, on les arrasait au niveau voulu, on échouait dessus un cadre en charpente qui servait de guide aux scaphandres pour exécuter tout le pourtour des murettes.

5. PORTS ITALIENS

Nous n'avons trouvé de renseignements récents sur les ports d'Italie que dans un mémoire publié en 1870 par M. l'ingénieur en chef Doniol; nous signalerons les points principaux de ce mémoire.

Port de Venise. — Le port de Venise se trouve dans une lagune ou étang littoral séparé de l'Adriatique par une langue de terre de 46 kilomètres de long et de 350 mètres de largeur moyenne; les cinq passes de Trois-Ports, Saint-Érasme, Lido, Malamocco et Chioggia établissent la communication entre la lagune et la pleine mer.

La première n'est praticable qu'aux navires de moins de 1^m,30 de tirant d'eau, la seconde est ensablée, la troisième ne comporte que 2^m,60 de tirant d'eau et la cinquième environ 4 mètres ; la quatrième passe seule, celle de Malamocco, convient aux grands navires; elle est limitée par deux jetées.

Ces passes sont entretenues par le jeu des marées ; l'amplitude des oscillations de la mer à Venise est en moyenne de 0^m,80 et atteint fréquemment 1^m,40.

La lagune vive, c'est-à-dire celle où le jeu des courants se fait librement, a 5 kilomètres de large en moyenne, et moins de 2 mètres de profondeur en dehors des chenaux ; elle reçoit à chaque marée une masse d'eau considérable qui produit des chasses dans les passes ; le bassin de la lagune vive, qui correspond à la passe de Malamocco, a 6.700 hectares de superficie ; il n'est pas étonnant que, même avec une faible amplitude d'oscillation, un bassin de chasse d'une telle étendue produise des effets comparables à ceux qu'on observe dans nos ports de la Manche.

La passe de Malamocco a un tirant d'eau d'environ 8 mètres et une largeur de 471 mètres ; mais l'envasement de la lagune, dont plusieurs fleuves sont tributaires et qui reçoit les déjections de la ville de Venise, augmente progressivement avec les siècles ; la surface d'emmagasinement des eaux diminue sans cesse et le port de Venise, abandonné à lui-même, finirait par disparaître.

Malamocco est réunie à l'intérieur de Venise par des chenaux dans lesquels un service continuel de curage maintient un tirant d'eau de 5m,70 en contrebas des basses mers.

Les travaux des digues de la passe, projetés par les ingénieurs français de Prony et Sganzin, au commencement du siècle actuel, furent repris en 1840 et achevés par le gouvernement italien. La digue du nord a une longueur de 2.200 mètres et celle du sud de 985 mètres ; ces digues sont en blocs naturels pesant de 1.500 à 4.000 kilogrammes, et l'inclinaison des talus varie entre 1 et 2⅓ de base pour 1 de hauteur ; le prix du mètre cube de ces blocs naturels s'est élevé à 19f,10. A ce prix, on eût pu faire des blocs artificiels de gros volume. Dérasé au niveau des hautes mers ordinaires, le massif d'enrochements a été surmonté, après la fin des tassements, d'une muraille en pierres de taille de 2 mètres de hauteur et de 4 mètres de largeur. Ces digues ne résisteraient probablement pas dans l'Océan ; les lames s'étalant sur un littoral peu incliné n'ont sans doute pas une grande violence.

Port de Livourne. — La figure 2, planche 85, donne, d'après M. Doniol, le plan actuel du port de Livourne. L'ancien port, qui avait détrôné Pise placée à l'intérieur de l'Arno, était le premier de la Toscane. La jetée Médicis, de 785 mètres de long, l'abritait contre les vents d'ouest, et la profondeur du mouillage, près de cette jetée, était en moyenne de 5 mètres ; mais on ne trouvait d'abri parfait que dans les anciennes darses *a* et *b*, communiquant par le canal *c* avec le canal Royal et le canal de Venise ; les lettres *h*, *k*, *m* désignent une forme de radoub, un plan incliné et une cale de construction pour la marine militaire.

Le port de Livourne était évidemment devenu insuffisant pour les exigences de la grande navigation ; aussi, M. l'ingénieur Poirel fut-il chargé par le gouvernement du grand-duc de procéder aux travaux d'amélioration ; il projeta jetée rectiligne et le brise-lames courbe destiné à créer une rade. La droite *n r* représente la tangente au cap Corse et *p q* la tangente au littoral par Spezzia.

La jetée rectiligne n'est fondée que par des profondeurs de 5 à 3 mètres ; l'ancien port n'a donc que des profondeurs trop faibles, et on a dû en projeter le draguage jusqu'à 6m,50 ; les grands navires doivent chercher un abri derrière le brise-lames courbe, de 1.100 mètres de longueur ayant une corde de 1.000 mètres pour 200 mètres de flèche. La forme courbe est avantageuse, parce qu'elle augmente l'abri et permet de corriger les irrégularités d'alignement ; un banc de rocher *f* fait perdre une partie du mouillage disponible.

Le massif du brise-lames est en blocs de béton artificiels de 10 mètres cubes, avec talus fort raides atteignant 1ᵐ,20 de hauteur pour 1 mètre de base; la largeur à la ligne d'eau est de 24 mètres, la profondeur moyenne de 10 mètres au-dessous des basses mers, et la largeur moyenne à la base n'est que de 41 mètres. Le quai a 2 mètres de hauteur et 6 mètres de largeur; le mur d'abri a une épaisseur de 5 mètres à la base et de 2ᵐ,35 sous la corniche, avec une hauteur de 9 mètres au-dessus des basses mers, non compris le parapet en pierres de taille de 0ᵐ,60 de hauteur; à l'extérieur, le mur d'abri est protégé par une rangée de blocs de 20 mètres cubes; cette rangée de blocs, le mur d'abri et le quai intérieur reposent sur un massif de béton hydraulique, de 15 mètres de largeur, reliant entre eux et rendant solidaires les blocs supérieurs de la fondation, fig. 5, pl. 84.

Par l'emploi exclusif des gros blocs jetés irrégulièrement, on est arrivé à une proportion considérable du vide au plein, 0,35 de vide pour 0,65 de plein.

Les deux musoirs d'extrémité sont fondés sur des blocs posés régulièrement par assises en éventail.

Les blocs artificiels étaient formés par le mélange de 1 mètre cube de pierraille avec 0ᵐ,50 de mortier hydraulique de pouzzolane de Rome; ce mortier se composait avec 0ᵐᶜ,70 de chaux éteinte, 0ᵐ,42 de pouzzolane et 0ᵐᶜ,42 de sable.

Le brise-lames de Livourne est revenu à 9.636 francs le mètre courant; la digue du bassin Napoléon, construite à Marseille par 17 mètres de profondeur avec un quai de 30 mètres de large, n'a coûté que 9.000 francs; ce résultat doit être attribué en partie à l'exécution en régie et surtout à l'emploi exclusif des gros blocs artificiels. Encore sera-t-on probablement forcé de consolider le brise-lames de Livourne par des blocs superficiels et par du béton immergé dans les vides du massif.

Le mouillage de Livourne ne dépasse qu'exceptionnellement 10 mètres et ne peut convenir aux gros bâtiments.

Port de Gênes. — Le port de Gênes, figure 1, planche 85, a sensiblement la forme d'un demi-cercle de 1.500 mètres de diamètre; il est abrité à l'est par l'ancien môle de 600 mètres de long, et à l'ouest par le nouveau môle de 1.010 mètres. Les navires sont obligés d'effectuer un mouvement tournant pour traverser la passe qui, du reste, a une largeur de 560 mètres. Le port n'est soumis ni aux courants ni aux ensablements.

L'oscillation de la mer, à Gênes, est de 0ᵐ,50; la superficie du port est de 135 hectares se subdivisant comme il suit :

23 hectares d'une profondeur inférieure à 4 mètres,		
70 —	comprise c tre 4 et 8 mètres,	
22 —	—	8 et 10 —
20 —	—	10 et 13 —

Au commencement du siècle, le môle de l'ouest n'avait que 500 mètres de long; il a fallu le prolonger pour augmenter l'abri contre les vents du sud-ouest et pour obtenir des profondeurs accessibles aux bâtiments de guerre.

Le prolongement a été exécuté sur de grandes proportions; le massif de fondation est en enrochements naturels peu coûteux, car on trouve dans les carrières de la côte les blocs les plus volumineux pesant jusqu'à 70 tonnes; les blocs employés étaient divisés suivant leur poids en onze catégories, dont les six premières correspondent aux blocs ayant un poids supérieur à 20.000 kilogrammes.

La largeur moyenne du massif au fond de la mer est de 100 mètres et de 50 mètres à la ligne d'eau ; le talus extérieur est à $0^m,30$ de hauteur pour 1 mètre de base, et le talus intérieur à $0^m,70$ pour 1 mètre ; la partie centrale du massif est en petits blocs naturels des cinq dernières catégories, les prismes triangulaires correspondant aux talus interne et externe sont en blocs naturels des cinq premières catégories, les plus gros étant réservés pour le revêtement du large, fig. 6, pl. 84.

Le quai est établi sur un massif de béton de $3^m,50$ de hauteur, il a une largeur de $3^m,40$; mais entre lui et le mur d'abri se trouvent des magasins voûtés à l'épreuve de la bombe, de 22 mètres de profondeur ; le mur d'abri a une épaisseur moyenne de 5 mètres, et son couronnement est à $12^m,25$ au-dessus de la ligne d'eau ; des contre-forts de 22 mètres de long et de 15 mètres d'épaisseur le contre-buttent et servent de séparation aux magasins successifs, ces contre-forts sont espacés de 140 mètres d'axe en axe.

Le mètre courant de cette construction est revenu à 10.500 francs, y compris 5.000 francs pour la superstructure. Le prix moyen du mètre cube de blocs naturels a été de 8 francs pour les six premières catégories et de 5 francs pour les dernières.

4. PORT DE BASTIA

Les travaux du nouveau port de Bastia ont été exécutés par M. l'ingénieur Doniol, à qui nous empruntons le plan de ce port, figure 3, planche 85.

Bastia est le seul refuge que présente la côte orientale de la Corse, sur une longueur de 180 kilomètres ; c'est par son port qu'ont lieu les relations de la Corse et de l'Italie, et, depuis que les voies de communication de l'île ont été perfectionnées, le trafic du port de Bastia a décuplé.

La côte au nord de Bastia est formée de roches abruptes ; la côte au sud est une plage basse, sableuse et insalubre ; le courant littoral est peu sensible et les vents de terre sont les plus violents ; l'ensablement du port n'est donc pas à craindre, et les sables que les coups de mer peuvent pousser du sud au nord se trouvent arrêtés dans une anse située au sud de Bastia.

La dénivellation des marées atteint sur cette côte $0^m,80$, et les grandes profondeurs sont très-proches du rivage ; malheureusement, la côte à l'état naturel n'offrait qu'une crique étroite et sans profondeur, ouverte aux vents les plus dangereux du large.

Le môle AB, de 150 mètres de long, a été construit par les Génois à la fin du dix-septième siècle ; la passe était limitée à 55 mètres par le rocher du Lion D. En 1852, on prolongea le môle génois à partir de A sur 55 mètres ; on crut ne pas devoir adopter un prolongement plus fort, car on n'abritait pas efficacement le port contre les vents du sud-est tout en rendant les mouvements des navires très-difficiles par les vents de nord-est. Il parut préférable d'établir la jetée du Dragon, qui fut construite de 1855 à 1863 ; dirigée vers le nord–nord-est elle a une longueur de 150 mètres, la passe entre elle et l'ancien môle génois est de 81 mètres, et la profondeur à l'extrémité du talus du musoir de la jetée du

Dragon atteint 12 mètres du côté du port et 18 mètres du côté du large. Le massif de fondation de la jetée du Dragon, figure 5, planche 85, comprend trois massifs superposés de blocs d'enrochement ; les trois premières catégories comprennent les blocs pesant de 1500 à 4500 kilogrammes et la dernière comprend les blocs d'un poids supérieur à 4500 kilogrammes. Le massif de blocs naturels est protégé du côté du large par un revêtement en blocs artificiels de 10 mètres cubes.

Le vide des enrochements, reconnu par expérience, a été de 31 pour 100.

Les blocs artificiels ont été construits les uns sur la jetée, les autres sur le rivage. Le mur d'abri a 2^m,25 d'épaisseur moyenne pour 6^m,85 de hauteur au-dessus des basses mers ; à l'intérieur est une risberme dallée de 2^m,55 de large, dimension insuffisante, bien que la jetée ne doive pas servir aux opérations de chargement et de déchargement. Dans les premières années, des tassements se produisirent et entraînèrent des lézardes dans la maçonnerie lors des tempêtes ; depuis 1864, ces tassements ont à peu près disparu. Les tassements déterminèrent un déversement de 0^m,07 du mur d'abri du côté du large ; on aurait dû attendre cinq ou six années avant de le continuer, lui donner un parement plus incliné et une fondation plus profonde ; en immergeant entre les blocs artificiels, dans le vide, des sacs de béton de 0^{mc},054, et en rechargeant en M et N les blocs de défense, on a consolidé l'ouvrage et on s'est opposé à la propagation de la lame dans les interstices.

Pour une profondeur d'eau moyenne d'environ 12 mètres, le mètre courant de jetée est ressorti à 5500 francs.

La jetée du Dragon une fois construite, on n'avait plus besoin du rocher du Lion pour empêcher la propagation de la lame dans le port ; on entreprit de le faire disparaître en le faisant sauter au moyen de grandes mines disposées dans des puits creusés au milieu du massif, et le déblai par ce procédé est revenu à 34 francs le mètre cube, pour une masse totale de 2439 mètres cubes.

L'ancien port étant protégé contre le ressac, on put y établir des quais.

Avec tous ces travaux, on avait obtenu une surface de 3 hectares 17 ares dans l'ancien port, et de 2 hectares 33 ares dans l'avant-port ; le mouillage n'était pas considérable dans l'ancien port et l'entrée était difficile pour les grands navires par les vents de nord-est.

Les résultats étaient donc insuffisants, et, en 1859, on projeta de créer un nouveau port dans l'anse Saint-Nicolas, en l'abritant par une jetée formée de 3 alignements droits, l'un perpendiculaire à la côte, l'autre oblique formant pan coupé, et le troisième parallèle à la côte. Une somme de 6 200 000 francs a été affectée à cette construction, qui permettra de recevoir temporairement à Bastia les grands bâtiments de guerre.

La largeur de la passe et par conséquent les longueurs définitives de la jetée du Dragon et de la jetée du large ne seront fixées que par expérience d'après les résultats obtenus par l'avancement progressif des travaux ; de même la construction du mur d'abri sur la jetée du large a été ajournée jusqu'à l'époque où le massif de fondation ne sera plus susceptible de tasser. La figure 4 de la planche 85 indique la disposition générale de ce massif de fondation : les blocs artificiels en béton sont fabriqués avec un mortier formé de 350 kilogrammes de chaux du Theil éteinte pour 0^{mc},90 de sable ; ce dosage, qui a donné de bons résultats, correspond à 216 kilogrammes de chaux éteinte par mètre cube de béton.

5. PORT ET JETÉE DE PORT-SAÏD

Port-Saïd est la tête du canal de Suez dans la Méditerranée.

C'était, avant l'ouverture du canal, une plage basse, sableuse, séparée du lac Menzaleh par un cordon littoral de sable, ou *lido*, comme on le voit sur le plan général de la planche 86.

A l'origine des travaux, on établit dans la direction future de la jetée ouest un appontement en bois atteignant les fonds de 3 à 4 mètres ; les pieux furent rongés par les tarets, il fallut les maintenir par des enrochements qui, arrêtant le courant littoral, déterminèrent à l'ouest de la jetée un ensablement rapide gagnant le chenal.

L'appontement dut être prolongé avec des pieux en fer, et un îlot également en fer fut construit par des fonds de 5 mètres pour activer le débarquement. Les figures 2, 3, 4 de la planche 86, représentent l'estacade avec pieux en fer de 0^m,15 de diamètre ; les files de pieux sont espacées de 4 mètres dans le sens longitudinal et de 3^m,90 dans le sens transversal.

Les pieux à vis, enfoncés dans le sable, sont coiffés d'un chapeau en fonte dans lequel s'engage une poutre transversale en bois de 0^m,30 sur 0^m,40 d'équarrissage, formant pièce de pont et supportant six files de longrines en bois, comme le montre la coupe en travers ; deux voies ferrées sont établies sur la plate-forme, qui est recouverte d'un plancher ordinaire.

Les pieux sont réunis entre eux par des croix de Saint-André, formées de fers ronds de 0^m,04, s'assemblant à leurs extrémités dans des colliers en fer entourant les pieux et s'assemblant à leur point de croisement dans un cadre en fer.

Par mètre courant de tablier, il est entré dans la construction 1300 kilogrammes de fer et 1^{mc},400 de bois.

Les enrochements nécessaires à ces jetées métalliques étaient amenés par bateaux de carrières situées près d'Alexandrie.

Mais ces jetées métalliques ne donnaient toujours qu'un accès médiocre à Port-Saïd et un chenal d'une profondeur insuffisante ; aussi, en 1863, la construction de longues jetées définitives devint-elle indispensable. Vu la pénurie des pierres et leur grand prix de revient, on ne pouvait songer à des massifs d'enrochements naturels et l'emploi des blocs artificiels s'imposait.

Restait à déterminer la direction des jetées ; les vents dominants sont du nord-ouest ainsi que les courants. La jetée de l'ouest, planche 86, a pour objet de créer l'abri de ce côté. Une seconde jetée était nécessaire à l'Est pour abriter l'avant-port contre les vents d'est souvent violents en hiver. La jetée de l'est, n'étant pas exposée aux courants ni aux vents dominants, devait avoir une longueur inférieure à celle de la jetée de l'ouest ; cette longueur n'est que de 1900 mètres. La jetée de l'est est oblique sur la jetée de l'ouest, ce qui a permis de conserver une passe d'une longueur convenable tout en augmentant la surface abritée de l'avant-port.

Cet avant-port doit être dragué à la profondeur du canal maritime ; mais on s'est contenté tout d'abord d'y ouvrir un chenal ; il va sans dire qu'il devra être constamment entretenu à la profondeur voulue au moyen de dragages.

Au fond de l'avant-port, avant d'entrer dans le canal maritime, on rencontre de vastes bassins, dont il sera facile d'augmenter indéfiniment le nombre et l'étendue en s'étendant sur le lac Menzaleh.

Les jetées en blocs artificiels de Port-Saïd ont été construites par MM. Dussaud frères, entrepreneurs de la digue du large de Marseille. La section en est représentée par la figure 1, planche 86.

Les blocs, de $3^m,40$ de long, de $2^m,50$ de large et de 1 mètre de haut, sont fabriqués uniquement avec du sable de la plage et de la chaux hydraulique du Theil, dans la proportion de 1 mètre cube de sable pour 325 kilogrammes de chaux en poudre.

Le prix du mètre cube a été fixé à forfait à 42 francs.

Le chantier de fabrication des blocs était établi sur le rivage au fond de l'avant-port; on fabriquait 600 blocs par mois, et les blocs devaient être exposés à l'air pendant six semaines ou deux mois avant de pouvoir être employés. On occupait donc un chantier considérable desservi par de nombreuses voies ferrées. Le sable, placé dans des wagons, et la chaux en sacs portée sur des trucs, étaient amenés au pied d'un plan incliné, de $0^m,065$ de pente, accédant à la plate-forme supérieure des manèges à mortier, élevée de $4^m,55$ au-dessus du sol. Le sable et la chaux, mélangés en proportion convenable et transformés en pâte ferme par addition d'eau, descendaient de la plate-forme dans les broyeurs à mortier; le mortier fabriqué était reçu dans des wagonnets et conduit à l'atelier de moulage des blocs; le moulage s'effectuait dans des caisses en bois et on avait soin de pilonner le mortier avec le plus grand soin, surtout dans les angles, afin d'obtenir des blocs bien réguliers.

L'enlèvement des blocs se faisait par une grue à vapeur; des wagons les transportaient à l'estacade d'embarquement, où une grue les reprenait pour les poser sur les pontons de transport, dont la surface supérieure était un plan incliné. En déclanchant les taquets retenant les blocs, ceux-ci glissaient sur le plan incliné et s'immergeaient à l'endroit voulu. Pour la pose des blocs voisins de la surface de l'eau ou situés au-dessus de l'eau on avait recours à une mâture portée sur un ponton et mue par la vapeur [1].

Après 120 jours d'immersion, des échantillons prismatiques ayant même composition que les blocs présentaient une résistance de 75 à 100 kilogrammes à la compression et de 6 à 8 kilogrammes à la traction.

La coupe transversale de la digue de Port-Saïd montre qu'on a projeté à la partie supérieure un quai avec mur d'abri fondé sur un massif de béton. Ce couronnement n'a pas été exécuté; on attend le tassement définitif du massif des blocs qui jusqu'à présent se sont bien comportés à la mer.

Ainsi les blocs artificiels sont uniquement composés de mortier, sans addition de pierrailles ou de moellons; cette disposition était commandée par les circonstances; mais elle n'est pas à imiter en général, car elle ne serait avantageuse ni au point de vue économique, ni au point de vue de la résistance.

---

[1] On trouvera tous les dessins de détails des appareils ayant servi aux travaux de l'isthme de Suez dans le bel atlas intitulé : *Percement de l'isthme de Suez,* publié par M. Monteil et par M. Cassagnes.

COMPARAISON ENTRE LES DIVERS TYPES DE DIGUES

Les diverses digues que nous venons d'étudier sont fréquemment rapportées à deux types : le type anglais et le type français.

Cette distinction n'a rien d'absolu, car le type anglais est précisément celui du massif de fondation de la digue de Cherbourg ; il consiste à prendre pêle-mêle tous les blocs, moellons et pierrailles que fournit l'exploitation des carrières et à les immerger simultanément, en laissant à la mer le soin de les arrimer et de leur donner leurs talus d'équilibre ; on pense devoir obtenir par ce système moins de vides que n'en donne l'usage exclusif des gros blocs; mais on arrive à un volume considérable pour le massif de fondation ; il faut donc que le mètre cube d'enrochements soit fort peu coûteux et que les moyens de transport soient excessivement faciles pour que ce système puisse conduire à des résultats économiques meilleurs que ceux qui résulteraient de l'emploi des gros blocs.

Le type français est conçu sur des bases plus rationnelles ; il consiste à proportionner les dimensions des blocs d'enrochements aux attaques qu'ils ont à soutenir lors des tempêtes d'après leur position ; ainsi, dans le noyau central du massif, et à une profondeur supérieure à 10 mètres sous les basses mers, il sera sans danger d'employer de petits matériaux ; mais à la partie supérieure du talus du large, l'usage des plus gros blocs s'imposera nécessairement ; pour le talus intérieur, au contraire, des blocs de dimension moyenne pourront suffire.

L'exemple le plus parfait et le plus rationnel du type français est celui des digues de Marseille ; à ce type, on rattache le système suivi pour les digues d'Alger, de Livourne et de Port-Saïd. Ce système, qui consiste à former tout le massif avec des blocs de grosse dimension, était peut-être commandé à Alger par la violence de la mer, il ne parait pas justifié à Livourne, il se justifie à Port-Saïd par l'absence de pierres de toute nature ; quoi qu'il en soit, l'usage exclusif des gros blocs ne serait pas admissible dans des conditions ordinaires, et la méthode suivie à Marseille parait être un modèle à suivre dans presque tous les cas.

Pour les grandes profondeurs, on pourrait même employer à la confection du noyau central non-seulement des moellons, mais jusqu'à des pierrailles et des remblais ordinaires contenus entre des matériaux de plus grosse dimension ; pour des profondeurs de 40 mètres, on ne risquerait certainement rien à suivre ce système jusqu'à 20 mètres au-dessus du fond. L'expérience n'a pas été entreprise, mais le développement des travaux maritimes fait prévoir qu'elle devra l'être un jour.

Dans la notice présentée à l'Exposition de 1875, MM. Pascal, ingénieur en chef, et André, ingénieur ordinaire du port de Marseille, ont nettement exposé les faits que nous venons de résumer et nous croyons devoir leur emprunter les lignes suivantes :

« Une idée principale parait avoir guidé les auteurs des grandes digues de Cherbourg, Plymouth, Holyhead, la Delaware : c'est celle d'employer simultanément tous les produits des carrières en laissant à la mer le soin de former le talus sur lequel ils pouvaient tenir.

« A côté de cette idée principale, on en voit naître une autre, c'est celle de réunir de gros matériaux pour recouvrir le talus extérieur de la masse formant le corps de la jetée ; c'est ainsi qu'à Cherbourg on dispose sur ce talus une couche de gros blocs de 1^m,25 d'épaisseur en moyenne, que l'on descend jusqu'à environ 5 mètres au-dessous des plus basses mers, limite extrême, dans cette localité, de l'action puissante des vagues.

« Toutefois, ces blocs ne semblent pas présenter toute la sécurité désirable dans les parties les plus exposées de la digue et dans celles qu'il importe de préserver de toute avarie ; on les recouvre à leur tour de blocs artificiels de 20 mètres cubes.

« C'est ainsi qu'à Plymouth le talus extérieur est perréyé au moyen de blocs de 0^m,80 d'épaisseur, ayant 1^m,20 de long sur 1 mètre de large, dont les joints sont garnis avec du ciment Parker.

« A la Delaware, on emploie, pour la défense des talus, des blocs de 4000 à 5000 kilogrammes, rangés régulièrement et placés en boutisses.

« Des dispositions analogues sont suivies à Holyhead.

« La digue d'Alger est projetée dans un tout autre système.

« L'auteur s'est imposé l'obligation de n'employer que des blocs d'une dimension telle qu'ils ne pussent, dans aucun cas, être remués par les vagues, ce qu'il a jugé possible, puisque l'action des vagues est proportionnelle à la surface choquée, tandis que la résistance du bloc croît comme son cube. Il a, par suite, exécuté cette digue exclusivement au moyen de blocs artificiels, d'abord de 10 mètres cubes, et ensuite de 15 mètres cubes.

« L'expérience a démontré que, tandis que, dans le système des digues de Cherbourg, Plymouth, Holyhead, la Delaware, le talus extérieur variait, suivant la situation de l'ouvrage, entre 5 et 10 pour 1 dans la zone d'action de la mer, zone qui se faisait sentir jusqu'à environ 5 mètres au-dessous des plus basses mers, le talus de la digue d'Alger se tenait sous une inclinaison d'environ 1 ¼ pour 1.

« La digue de Marseille a été construite en s'appuyant sur la double expérience de Cherbourg et d'Alger. D'une part, on a pris à la digue d'Alger ses grands blocs artificiels pour les opposer directement à l'action puissante des lames ; d'autre part, on a pris à la digue de Cherbourg ses blocs naturels de toutes dimensions, c'est-à-dire tous les produits des carrières pour en faire le corps de la digue. Les premiers ont servi de revêtement aux seconds, et l'emploi des uns et des autres s'est fait simultanément, de manière à ne pas laisser les blocs naturels exposés aux puissants effets des lames. Cette action devenant assez faible à 5 mètres au-dessous des basses mers, on a fini par limiter à 6 mètres au-dessous de ce niveau l'emploi des blocs artificiels.

« Dans un double but de solidité et d'économie, au lieu d'employer, comme dans les digues déjà citées, les produits des carrières tels que l'exploitation les fournit, en mélangeant les petits et les gros matériaux, dans la digue de Marseille on a fait occuper aux blocs naturels différentes positions suivant leurs dimensions. Au point de vue économique, les petits matériaux n'ont pas été mélangés avec les gros, afin de conserver le plus de vide possible. Au point de vue de la solidité, on a disposé les gros blocs de manière à leur faire envelopper les petits.

« Ces idées rationnelles ont été pleinement confirmées par l'expérience : en effet, la partie de la digue extérieure qui couvre le bassin de la Joliette a été commencée il y a trente ans; celle qui abrite le bassin de la gare maritime date de vingt ans, et enfin celle du bassin National est terminée depuis cinq ans. Or toutes ces parties de la digue sont aujourd'hui en bon état de conservation. Si donc, il y a trente ans, lors de la présentation du système, on pouvait dire qu'il fallait être réservé dans l'appréciation de son efficacité, qu'il fallait laisser au temps le soin de prononcer sur sa valeur, il ne saurait plus en être de même aujourd'hui : le temps a prononcé : il a établi la bonté du système dont l'emploi doit nécessairement se généraliser, par suite des économies notables qu'il réalise.

« Ces économies proviennent d'une réduction considérable des matériaux à employer; elles résultent aussi des vides qui sont, à Marseille, d'environ 30 pour 100, tandis qu'ils ne sont guère que de 10 pour 100 dans les digues de Cherbourg et d'Holyhead.

« Les indications suivantes permettront d'avoir une idée de ces économies :

La digue de Cherbourg, établie par un fond situé à.	12^m,00
au-dessous des plus basses mers, et dont la crête du parapet, au-dessus du même niveau, est à.	10^m,89
Total.	22^m,89
A coûté par mètre courant.	18.000^f,00^c
Avec l'expérience acquise, une digue dans les mêmes conditions coûterait aujourd'hui.	13.500^f,00^c
La digue d'Holyhead, établie par un fond situé à.	13^m,70
au-dessous des plus basses mers, et dont la crête du parapet, au-dessus du même niveau, est à.	13^m,24
Total.	29^m,94
A coûté par mètre courant.	15 830^f,00^c
Le breakwater de la Delaware, établi par un fond situé à.	10^m,00
au-dessous des plus basses mers, et dont la crête au-dessus du même niveau, est à	4^m,00
Total.	14^m,00
A coûté par mètre courant.	7.470^f,00^c
La portion de la digue de Marseille, qui abrite le bassin National presque entièrement achevé aujourd'hui, établie par un fond situé à.	22^m,00
au-dessous des plus basses mers, et dont la crête du parapet, au-dessus du même niveau, est à.	9^m,00
Total.	31^m,00
Coûtera par mètre courant.	6.700^f,00^c

« Les digues de Cherbourg, de la Delaware et de Marseille ont été construites avec des matériaux transportés par la mer. La digue d'Holyhead a reçu ses matériaux par terre d'une carrière située à 1200 mètres de sa naissance ; elle s'est donc trouvée dans des conditions plus économiques.

« En présence de ces indications, qui font ressortir des économies considérables en faveur du système consacré par une expérience de trente ans, on est conduit à conclure à sa généralisation immédiate dans les nombreux travaux maritimes que les relations fréquentes de peuple à peuple obligent aujourd'hui les gouvernements à entreprendre.

MOLES, DIGUES ET JETÉES A CLAIRE-VOIE

Exemples anciens de môles à jour, système de Fazio. — Chargé au commencement de ce siècle de rechercher les moyens de combattre l'envahissement des ports de la Pouille, M. Giuliano de Fazio, inspecteur général des routes et des eaux du royaume de Naples, préconisa dans plusieurs mémoires la construction de môles à jour dont il retrouvait plusieurs exemples dans l'antiquité.

Les môles antiques de Pouzzol, de Misène, de Nisita, nous présentent tous invariablement, dit-il, la répétition d'une série de piles, isolées maintenant par l'injure du temps, mais primitivement réunies par des arceaux très-surbaissés, ayant leur naissance au niveau des basses mers. Tous ces môles antiques étaient donc construits dans le même système : preuve certaine que ce genre de construction était reconnu le meilleur. Et tel il le devait être, en effet, s'il conservait dans les ports la profondeur naturelle des eaux et un calme suffisant dans tous les temps.

Le port de Pouzzol était, dans l'antiquité, tranquille et profond ; Antonin le Pieux en fit réparer le môle et refaire les arceaux, et il les eût certainement bouchés si par eux l'agitation s'était propagée dans le port ; au commencement du siècle actuel, Pouzzol avait encore une profondeur notable, mais offrait une grande agitation, que M. de Fazio attribuait aux dégradations des arceaux et à l'absence de quelques-uns d'entre eux ; le vide était, suivant lui, devenu trop grand par rapport au plein et laissait trop facilement pénétrer la lame. On ne pouvait donc conclure, par l'exemple de Pouzzol, à la non-efficacité du système des môles à jour.

Il convenait d'en faire un essai dans des conditions convenables, avec un vide convenablement proportionné au plein, en se ménageant les moyens de réduire encore plus ou moins le vide au moyen de vannes ou de poutrelles, et en surmontant les arceaux d'une muraille destinée à empêcher les grandes vagues de surmonter le môle.

Tout en constituant un abri, les môles à jour auraient l'immense avantage de ne pas s'opposer à la marche du courant littoral et à l'entraînement des sables ; c'est cet avantage qui a été invoqué également à l'appui de l'usage des palissades à claire-voie submersibles.

Les jetées pleines ont eu une influence funeste sur certains ports de la côte italienne, par exemple sur Trani, figure 6, planche 85 ; les vents du nord entraient autrefois dans le port et y battaient les navires ; pour les protéger, on construisit la digue *ab*, mais le fond du port ne tarda pas à s'attérir et les navires durent mouiller près de *ab*, exposés au vent de nord-est ; afin de les abri-

ter dans cette direction, on construisit le môle *cd*, et les attérissements aug-
mentèrent encore ; on les attribuait au courant littoral arrêté par *cd*, et on
résolut de rejeter ce courant au large en construisant le môle *k*. Le seul résultat obtenu fut d'arriver à combler presque entièrement l'ancien port. Si l'on
avait eu recours à des jetées à jour, les courants passant librement auraient
entraîné les sables et on eût conservé la profondeur du port.

Pour porter remède à cet état de choses, M. de Fazio proposa d'abandonner
l'ancien port et d'en créer un nouveau en établissant le môle à jour *mnpq*, dont
la figure 7, planche 85, représente les dispositions principales.

Nous ne savons si les dispositions proposées par M. de Fazio ont été suivies
d'exécution ; le système des arceaux en maçonnerie ne paraît pas au premier
abord devoir offrir une assez grande résistance et ne se prête pas bien aux modifications qu'il peut être utile d'apporter au rapport entre le vide et le plein.
Le principe seul de M. de Fazio paraît avoir subsisté ; mais les môles à jour, au
lieu d'être exécutés en maçonnerie, ont été faits en charpente ou en métal.

Emploi des palissades à claire-voie en Italie. — Le système des digues
pleines a été efficace sur l'Océan et dans les mers à grandes marées, parce
que, deux fois par jour, la partie maritime des fleuves emmagasine des volumes
énormes d'eau que le jusant ramène à la mer et dont la force vive agit énergiquement sur les parois du chenal et notamment sur les hauts fonds.

Ce système, bien que paraissant avoir donné d'assez bons résultats à l'embouchure du Danube (voy. notre *Traité de navigation intérieure*, page 154), ne
peut être qu'un palliatif momentané sur les fleuves des mers intérieures sans
marée, à moins que ces fleuves ne roulent à certaines époques des débits considérables dans un lit resserré.

En Italie, notamment, les digues pleines n'ont pas réussi et il a fallu rechercher d'autres procédés pour l'amélioration des embouchures.

En tête de ces procédés est celui des palissades submersibles à claire-voie,
imaginé par M. de Rivera et appliqué par M. l'ingénieur Rossi à l'embouchure
du Regii Lagni dans l'ancien royaume de Naples.

Ce système, dont M. l'ingénieur Baumgarten a rendu compte en France, consiste « à ouvrir au fleuve une embouchure unique et directe à la mer par la
ligne la plus courte, et à l'accompagner, à une certaine distance dans la mer,
par deux lignes ou jetées à claire-voie parallèles, qui laissent entre elles une
distance un peu moindre que la largeur naturelle du fleuve et qui sont recepées
au niveau des plus basses mers. »

Avec ce système, on arrive à combattre les barres et hauts fonds qui se produisent aux embouchures des fleuves de la Méditerranée et qui sont dus à trois
causes :

1° Les vents du large poussent le sable à la côte et en font soit des dunes, soit
des barres; les pieux de la palissade engendrent des tourbillons qui produisent
à leur pied des affouillements, dans lesquels les courants acquièrent assez de
vitesse pour refouler le sable ; lorsque le vent régnant est oblique aux lignes
de palissades, c'est la ligne sous le vent qui offre les affouillements les plus
considérables et c'est vers elle que se portent les eaux fluviales;

2° Les courants de marée, bien que très-faibles dans la Méditerranée, venant
se heurter aux lignes de pieux, donnent naissance à des remous qui maintiennent la plus grande vitesse du courant au milieu du chenal ;

3° Le courant littoral qui, comme nous l'avons vu, parcourt les côtes de la
Méditerranée de gauche à droite, produit, d'après les observations des ingé-

nieurs italiens, un avancement de la plage à la droite de l'embouchure des fleuves à eaux troubles, et à la gauche de l'embouchure des fleuves à eaux claires. L'effet est d'autant plus sensible qu'il existe à une moindre distance sur la gauche un fleuve à eaux troubles. Il y a donc toujours dépôt et inflexion de l'embouchure dans un sens ou dans l'autre ; mais le courant littoral, en traversant la palissade à claire-voie, y prend un accroissement de vitesse par suite du rétrécissement du débouché ; la résultante de cette vitesse et de la vitesse du courant fluvial se rapproche de la direction de la plage, les dépôts sont entraînés moins au large, ils restent plus près de la côte où les vitesses d'entraînement sont bien plus fortes ; ils sont donc plus facilement emmenés par le courant littoral.

Les ingénieurs italiens mettaient en avant d'autres avantages pour les palissades à claire-voie submersibles : 1° en temps de crue, les alluvions, au lieu de se déposer juste au bout des digues, comme elles le feraient avec des digues pleines, se déposent surtout dans les palissades et en dehors d'elles, parce que les eaux y trouvent un repos relatif ; 2° lors d'un débordement, la hauteur d'inondation est moindre avec les palissades à claire-voie, permettant l'épanouissement des eaux, qu'elle ne le serait avec des digues pleines ; 3° les palissades à claire-voie laissent passer librement les matières transportées par le courant littoral, matières qui s'accumuleraient sur la digue pleine de la rive gauche et exigeraient un prolongement continu de cette digue ; 4° enfin les palissades à claire-voie sont de construction beaucoup plus économique que les digues pleines.

Ces principes, appliqués à quelques embouchures dans l'ancien royaume de Naples, ont conduit à de notables améliorations. M. l'ingénieur Baumgarten a rapporté ce qui a été fait à l'embouchure du Regii Lagni, cours d'eau qui coule au nord de Naples et qui débouche à 6 kilomètres au sud du Volturno, dont les eaux renferment un vingtième de vase et de sable ; dans cette partie du rivage existe un contre-courant portant vers le sud, l'embouchure du Regii Lagni doit donc s'encombrer rapidement, figures 1 à 6 de la planche 89. En 1817, l'embouchure était en $bb'b''$, figure 1, les coups de vent la comblaient et le pays était inondé ; on créa une nouvelle embouchure directe $a''a^v$, mais de 1817 à 1839 les eaux reprirent naturellement la direction $cc'c''$ et, en 1839, l'embouchure était à 1200 mètres au sud de l'emplacement de 1817 ; encore était-elle obstruée par les coups de vent et le pays était fréquemment submergé. En 1840, on se décida à ouvrir une nouvelle voie directe jusqu'à la mer et on prit soin de la limiter à deux palissades à claire-voie submersibles ; ces palissades, représentées par les figures 3 à 6, laissent un vide compris entre le double et le triple du plein. En 1845, l'embouchure n'avait pas changé, non-seulement elle n'avait pas avancé, mais encore elle s'était creusée de manière à présenter une anse ghg'' ; la situation générale s'est bien améliorée et, si quelque ouragan vient à obstruer l'embouchure, elle ne tarde pas à se rouvrir. Jusqu'en 1851, les excellents résultats obtenus par les travaux s'étaient maintenus.

Port de Bayonne. Jetées à claire-voie métalliques. — Le port de Bayonne est à 7 kilomètres de l'embouchure de l'Adour, qui, dans cet intervalle, présente une largeur moyenne de 250 mètres avec des fonds variant de 4 à 10 mètres à basse mer, fonds de sable vaseux d'excellente tenue.

Malheureusement, l'embouchure est obstruée par une barre de gravier, sur laquelle les vagues de tempête, si puissantes dans le golfe de Gascogne, ainsi que nous l'avons expliqué en parlant de la baie de Saint-Jean-de-Luz, viennen briser avec violence; les sables et graviers, charriés du nord au sud, le long de la côte des Landes, arrivent jusqu'à l'Adour, le jusant les entraîne vers la haute mer et les courants enlèvent le sable, tandis que les graviers se déposent sur la barre; celle-ci est mobile et s'avance vers la plage ou s'en éloigne suivant que le fleuve est en basses eaux ou en crue et suivant l'état de la mer.

La passe, variable elle-même, est creusée dans la barre par les eaux du fleuve ; c'est sa profondeur qui limite la hauteur d'eau utile de l'embouchure de 'Adour et du port de Bayonne.

En 1500, l'Adour débouchait au Vieux-Boucau, à 30 kilomètres au nord de son estuaire actuel ; son lit sans pente était engorgé et la navigation était impossible. Louis de Foix creusa le lit actuel qui va directement à la mer, il barra l'ancien cours et une bonne navigation put s'établir ; malheureusement l'embouchure ne tarda pas à dévier vers le sud, et la passe redevint sinueuse et sans profondeur ; rétablie en 1693, elle était retournée vers le sud en 1696 ; vers 1740, on enferma les eaux dans deux digues en maçonnerie, planche 87, espacées d'environ 300 mètres qui subsistent encore. Mais à l'extrémité des digues les eaux s'épanouissaient et la barre se reformait ; on construisit de 1810 à 1838 des jetées basses en pilotis enrochés, réduisant la largeur de l'embouchure de manière à condenser les eaux et à concentrer leur force vive sur une moindre largeur de la barre. En 1838, la jetée basse du sud avait une longueur de 540 mètres, avançant de 300 mètres sur celle du nord ; la largeur à l'extrémité était de 160 mètres ; la barre, rejetée au large, laissait à basse mer une profondeur moyenne de $1^m,50'$ à 2 mètres, tombant quelquefois à 1 mètre et d'autres fois dépassant 3 mètres ; cette passe était fixe, mais on voit qu'elle n'offrait qu'une profondeur insuffisante, l'oscillation de la marée ordinaire étant comprise entre $2^m,20$ et $3^m,20$.

En 1854, sur la proposition de M l'ingénieur Daguenet, on songea à recourir au système des jetées à claire-voie, employé sur quelques fleuves d'Italie, système dont nous avons donné l'application qui en a été faite à l'embouchure du Regii Lagni.

A l'embouchure de l'Adour, c'était à une application sur grande échelle qu'il fallait procéder. On décida d'établir : 1° au sud, 200 mètres de jetée pleine, légèrement courbe pour incliner la passe un peu plus vers le nord, et 300 mètres de jetée à claire-voie ; 2° au nord, 766 mètres de jetée à claire-voie ; on décida en outre de surmonter d'un tillac toutes les jetées basses.

Les jetées à claire-voie étaient formées de pieux de $0^m,30$, laissant entre eux des vides de $0^m,60$, enrochés jusqu'à 2 mètres en contre-bas de la plus basse mer ; deux files de pieux en arrière soutenaient la file principale et le tillac. Les jetées pleines étaient construites de même avec des enrochements s'élevant jusqu'aux pleines mers de morte eau.

Les pieux des jetées à claire-voie ne tardèrent pas à être dévorés par les tarets, et, en 1866, M. l'ingénieur Prompt proposa de recourir aux jetées à claire-voie métalliques, composées de pieux ou colonnes creuses en fonte foncées à l'air comprimé.

Les figures des planches 87 et 88 représentent les dispositions adoptées ; elles donnent notamment la coupe d'une colonne surmontée de son sas à air, les élévations, plans et coupes d'une portion de la jetée avec son tillac métallique et le chariot de montage, les dimensions des fers du tillac et la disposition des vannes supplémentaires qui peuvent être intercalées entre les colonnes consécutives.

Voici, d'après la notice de l'Exposition de 1873, la disposition générale des travaux :

« Le projet comprend, au sud, vingt et un tubes ou colonnes, et vingt-quatre colonnes au nord. Ces tubes sont des cylindres creux de 2 mètres de diamètre, en fonte, qu'on enfonce dans le sol, à 7^m,30 en contre-bas de la plus basse mer, au moyen de l'air comprimé ; on a donné vers l'extrémité de la jetée, et dans la crainte des affouillements, des fiches plus grandes allant jusqu'à 11^m,80 ; les colonnes, espacées d'axe en axe de 5 mètres, sont remplies de béton, et surmontées d'un chapiteau en fonte portant deux nervures percées de trous, dans lesquels sont boulonnés les pieds des montants d'un tillac ou passerelle en fer. Autour des tubes et dans leur intervalle, on versera des enrochements dont le plan supérieur sera réglé suivant une pente vers le large de 1 centimètre par mètre, de manière que son niveau se trouve à 3 mètres en contre-bas du niveau des plus basses mers à la dernière colonne.

« D'un tube à l'autre règnent, à deux hauteurs différentes, deux cours de doubles moises longitudinales en fer, entre lesquelles on fera glisser à volonté des vannes en bois armées de fer. On remédiera ainsi à l'inconvénient que l'expérience a fait reconnaître, dans les jetées à claire-voie primitives, d'une trop grande proportion des vides relativement aux pleins. Les vannes laissent entre leur bord inférieur et le plan d'enrochement un vide qu'on peut régler à volonté, elles offrent entre elles un vide de 18 centimètres. En outre, il sera possible d'enlever une ou deux des trois vannes qui rempliront l'intervalle entre deux tubes, de sorte qu'on sera libre de régler, suivant les circonstances, la proportion des pleins et des vides, et l'on évitera le grave inconvénient, qui s'est produit quelquefois avec les jetées à trop grandes claires-voies en charpente, de voir les eaux de l'Adour s'échapper latéralement entre les pieux et des sables s'accumuler entre les jetées à leur extrémité. Les tubes sont d'ailleurs arasés, comme les anciennes claires-voies, au niveau des pleines mers de morte eau. »

Une colonne bétonnée mise en place est revenue à 12 000 francs, et une travée de 5 mètres à 15 700 francs, d'où le mètre courant de jetée ressort à 3140 francs. Dans un sol naturel de sable et de gravier, une colonne de 8 mètres de fiche pourrait être foncée, remplie de béton et recouverte de son chapiteau en 8 jours ; à cause des débris des anciennes jetées qu'on a rencontrés, la mise en fiche à l'embouchure de l'Adour a duré 18 jours en moyenne.

A côté des piles métalliques, on a créé dans les anciennes jetées à claire-voie des piles en maçonnerie formées d'enrochements recouverts de béton ; à leur sommet on a encastré des rails Barlow supportant une passerelle américaine.

Jetées en charpente. — Les jetées en charpente, qui portent quelquefois le nom d'*estacades* (de l'italien *steccata*, palissade), se rencontrent fréquemment sur les côtes de l'Océan, et particulièrement sur les côtes sableuses où les matériaux de construction font défaut et sur lesquelles il est difficile de fonder économiquement des ouvrages en maçonnerie.

La construction de ces ouvrages en charpente ne s'est point perfectionnée ; aussi nous nous contenterons de reproduire ici la description qu'en a donnée Minard dans son *Traité des constructions à la mer*.

• Les jetées en charpente sont à claire-voie ou en encoffrement. L'encoffrement n'existe quelquefois que dans la partie basse, et dans ce dernier cas il est encore remplacé par un enrochement avec pavé.

En général, la partie basse des jetées de charpente est un massif qui s'élève plus ou moins et qui est en fascinage ou en enrochement, et même formé de ces deux matériaux ; il s'étend en talus à l'intérieur et à l'extérieur, et forme risberme défensive au pied des jetées.

Les jetées en charpente sont composées de fermes de hautes et basses palées, à 2 et 3 mètres d'intervalle, et d'autant plus rapprochées que la mer est plus profonde et plus grosse. Chaque ferme présente la forme d'un trapèze dont les parties inclinées sont les faces du chenal et du large ; le talus varie depuis 1/3 jusqu'à 1/7. Une ferme se compose de deux ou trois poteaux réunis par trois ou quatre doubles moises horizontales; des jambes de force simples et embrassées par les moises, forment système triangulaire avec les poteaux. Les fermes sont liées entre elles par des cours de ventrières, de liernes et de moises boulonnées.

Toutes les pièces s'assemblent par embrèvement seulement et avec boulons à vis ou à clavettes ; car l'expérience a appris depuis longtemps que le frottement des bois les uns contre les autres, par suite de l'ébranlement continuel des vagues, usait les assemblages au point de faire ballotter les tenons dans les mortaises sans qu'on pût remédier à ce jeu, tandis que les embrèvements et les boulons peuvent être resserrés à volonté et offrent de plus une grande facilité pour remplacer les pièces.

L'équarrissage des pieux varie de 0^m,25 à 0^m,35 : les bois sont goudronnés sur toutes les faces.

Les moises supérieures soutiennent des poutrelles recouvertes d'un plancher de madriers de 10 à 12 centimètres d'épaisseur avec intervalles entre eux de 2 à 3 centimètres pour laisser écouler l'eau de la mer qui les inonde dans les gros temps. Les figures 9 et 10, planche 89, donnent les détails du plancher de la jetée d'Ostende, et la figure 11 ceux de la nouvelle jetée de Dunkerque.

Les encoffrements sont formés par des madriers jointifs horizontaux appuyés intérieurement ou extérieurement contre les poteaux. Le coffre est rempli en pierres sèches, galets, sable, terre, etc., etc.

La position intérieure ou extérieure des bordages paraît indifférente quant à la solidité; car si les bordages intérieurs résistent mieux à la poussée du remplissage, les autres soutiennent mieux les chocs des vagues. Mais les bordages extérieurs sont d'une réparation très-facile, et forment une surface lisse et continue contre laquelle les navires glissent sans se déchirer; c'est précisément le contraire pour les bordages intérieurs, qu'il est difficile de renouveler et sur lesquels les poteaux forment autant de saillies.

En général, on doit éviter les saillies des bois ou des ferrures sur la face du chenal contre laquelle viennent heurter les navires, et quelquefois on ajoute des ferrures pour préserver ces poteaux du frottement réitéré des petits bâtiments (jetées de Boulogne).

Les travaux de jetées en charpente se conduisent ainsi: on bat les pieux de basses palées *iii* (fig. 6 et 7, pl. 90), qui ont 0^m,32 à 0^m,35 de grosseur et de 3 à 4 mètres de fiche. On pose les ventrières intérieures *mm*. On relève exactement la position des têtes des pieux battus, et on construit les fermes sur la côte ; celles-ci, tout assemblées avec les hautes moises *zz*, sont mises à l'eau et transportées à mer haute à l'extrémité de la jetée déjà commencée. Une espèce de chèvre *k* portant les appareaux nécessaires, et cheminant en surplomb sur la portion déjà faite de la jetée, sert à suspendre la ferme ; on procède au levage dès que la mer basse le permet, et on achève de tailler et de poser les basses moises *bb*.

Ce procédé expéditif de levage a été employé pour la première fois, je crois, à la nouvelle jetée nord-est de Boulogne, et je l'ai vu appliquer en 1837 au prolongement des jetées de Dunkerque (fig. 1, pl. 90).

On levait une ferme par jour ; à la rigueur, on aurait pu en poser une par marée.

Ce système de hautes et basses palées donne plus de rapidité aux travaux, et plus de régularité à la construction que celui dans lequel on emploie des pieux d'une seule pièce pour atteindre le plancher. Le battage et l'alignement de ces grands pieux sont difficiles ; toutes les pièces qui s'y assemblent dans le bas ne peuvent être taillées qu'à marée basse, et quant à la solidité, il y a peu à gagner, parce qu'au bout de quelque temps la détérioration inévitable des bois qui couvrent et découvrent, et les vers, dont le mailletage ne préserve pas complétement, mettent dans la nécessité de faire l'enture de ces pieux pour remplacer les parties ruinées à un certain niveau.

Il y a, à l'égard du battage des pieux de jetées, une observation importante à faire. L'expérience apprend que les pieux battus dans le sable de l'estran sont plus ou moins promptement déchaussés par le choc des lames. Le ressac agit sur le fond et produit autour de chaque pieu un affouillement conique dont le pieu occupe le centre ; ces cônes, dont la profondeur peut aller jusqu'à 0ᵐ,60 à 0ᵐ,80 dans une seule marée, se réunissent, s'approfondissent, et des pieux de 3 à 4 mètres de fiche peuvent être en partie déchaussés.

Pour remédier à cet inconvénient, on peut faire suivre le battage immédiatement par un enrochement, ou le faire précéder par des radeaux de fascinage chargés de moellons et échoués dans l'emplacement de la jetée.

J'ai vu employer aux jetées de Dunkerque des radeaux de fascinage *xx* (fig. 6, pl. 90), qui avaient 11 mètres de longueur dans le sens perpendiculaire à la jetée de 8 mètres de largeur ; leur épaisseur variait de 0ᵐ,60 à 1 mètre. Les piquets des clayons qui les traversaient faisaient d'abord saillie en dessus. On échouait les radeaux avec des blocailles, alors on enfonçait les piquets. Ensuite on battait les pieux qui perçaient les radeaux et les retenaient complétement.

Les avantages des jetées en charpente sont de rompre la lame en partie sans la transmettre dans l'intérieur du port, et d'être d'une construction prompte et généralement économique.

Leurs inconvénients sont d'exiger un entretien très-coûteux, de ne point garantir totalement les navires des vagues, ni des courants en travers du chenal, qui quelquefois gênent beaucoup la navigation.

Ainsi à Calais, où au moment du plein il règne un grand courant de flot portant à l'est, qui passe à travers les jetées à claire-voie, les bâtiments sont poussés contre celle de l'est, où ils éprouvent des avaries quand les vents d'ouest soufflent avec force. C'est en partie pour diminuer ce danger qu'on va relever le massif *mmm* de la jetée de l'ouest (fig. 8, pl. 89) jusqu'à la haute mer de morte eau suivant *abcd*. »

Nous avons donné dans les planches divers exemples de jetées en charpente : la figure 7 de la planche 89 représente la portion de la jetée est d'Ostende construite en 1837 ; les pieux étaient mailletés jusqu'à 0ᵐ,80 au-dessous de basse mer de vive eau et à 2 mètres au-dessus ; tous les boulons étaient carrés et à clavettes. La figure 8 de la planche 89 représente une ferme exécutée en 1841

pour le prolongement des jetées de Calais ; cette ferme était protégée par un
fascinage et des enrochements élevés jusqu'à la haute mer de morte eau. La
figure 12 de la planche 89 donne la forme d'une ancienne jetée coffrée sur
toute sa hauteur avec bordages extérieurs ; et la figure 13 donne une ferme de
la jetée haute nord-est de Boulogne. La figure 1 de la planche 90 représente
un deuxième prolongement exécuté en 1837 pour les jetées de Dunkerque; la
figure 3 est une estacade à claire-voie de Dunkerque, et la figure 4 une portion
de jetée mi-coffrée exécutée à Dunkerque en 1829.

Comme exemple de jetée récente en charpente, nous donnerons la description de celle qui a été exécutée au port de Cap-Breton, sur la côte des Landes.

Jetée en charpente du port de Cap-Breton. — La côte des Landes, entre la
Gironde et l'Adour, se dirige vers le sud 12° ouest ; au-dessous des basses
mers, la plage sableuse a une inclinaison très-faible d'environ 0,01, au-dessus
des basses mers l'inclinaison est de $\frac{1}{15}$ jusqu'au pied de la dune littorale inclinée
à 2 de base pour 1 de hauteur. Le courant littoral allant du nord au sud, emporte sans cesse les sables de la pointe de Grave vers l'Adour ; les eaux intérieures, retenues par le bourrelet des dunes, ont formé en arrière de celles-ci
des étangs qui débouchent à l'Océan par cinq émissaires ; celui du sud est le
courant du cap Breton, débouchant en face de la fosse du même nom. Ces cinq
courants dévient constamment vers le sud, avec une vitesse de 10 à 100 mètres
par semaine ; parfois, un coup de vent les comble, les habitants menacés
ouvrent jusqu'à la mer une nouvelle tranchée directe que le courant creuse et
élargit ensuite ; le fond du lit de ces chenaux se maintient à peu près au niveau
des mers moyennes, et les bateaux ne peuvent y pénétrer qu'à haute
mer ; le plus souvent, ils sont forcés de s'échouer à la côte, où ils se perdent
presque toujours.

Le seul point où l'on trouve près de la côte une profondeur convenable, est
en face de la petite ville de Cap-Breton, et c'est là qu'ont été exécutés de 1858 à
1860, sous la direction de M. l'ingénieur Descombes, les travaux destinés à créer
un port de refuge.

M. Descombes en a rendu compte dans une notice qui nous fournira les renseignements ci-après : Il passe entre la fosse de Cap-Breton et la côte des
Landes environ 400 000 mètres cubes de sable par an, et ce sable continue sa
marche vers le sud sans combler la fosse.

Pour maintenir l'embouchure de Cap-Breton dans une direction normale à la
côte, on a construit au sud de cette embouchure une estacade de 400 mètres de
long, atteignant la laisse des basses mers de morte eau ; elle se prolonge à l'intérieur par une jetée en charpente de 65 mètres de longueur et par une levée
en terre dont le pied est défendu par une risberme en palplanches. Sur la rive
nord du courant, il n'a été exécuté que quelques travaux légers pour maintenir la direction et des clayonnages pour la formation d'une dune littorale de 1200 mètres de longueur.

Vu l'extrême mobilité du sable, l'estacade, représentée par les figures 2
et 3 de la planche 91, a été construite très-solidement : trois lignes de pieux
supportent la charpente ; les pieux du milieu sont espacés de 2ᵐ,50 et ceux des
lignes extérieures de 0ᵐ,625 d'axe en axe, ce qui laisse un vide à peu près égal
au plein ; le moisage des pieux extérieurs a été établi un peu haut, mais on ne
pouvait les descendre à plus de 2ᵐ,50 au-dessus des basses mers parce que
le niveau des eaux ne baissait pas davantage avant la construction de l'estacade.

Les fermes sont espacées de 2ᵐ,50 ; les bois, injectés par le procédé Boucherie, ont été soigneusement goudronnés avec un mélange composé de :

6 parties de goudron végétal liquide à 15 francs les 100 kilogr.
2 — — coaltar — 10 —
2 — d'asphalte liquide de Bastennes 15 —

Ce goudronnage est revenu à environ $0^{fr},10$ le mètre carré.

« La fondation de l'estacade est faite avec un massif de fascines de tiges de jeunes pins, qui descend le plus bas possible entre les pieux et dont le dessous atteint sur quelques points jusqu'au niveau des basses mers. Au niveau des moises inférieures, ce fascinage est chargé d'argile et d'une couche de moellons de 20 centimètres d'épaisseur. Une autre couche pareille charge le fascinage supérieur et atteint le dessous du coffrage.

« Pour préserver le dessous de l'estacade contre les affouillements de la mer et des courants, on a construit des plates-formes en fascinages de 5 mètres de largeur et de 1 mètre d'épaisseur; elles sont chargées d'une couche de pavés de 25 centimètres d'épaisseur, reliés par divers ciments. »

Le massif du fascinage de fondation est enfermé dans un bordage en bois que montrent les dessins; la partie supérieure du bordage n'est pas clouée, elle est maintenue par un madrier qui pose sur le joint des deux panneaux consécutifs au droit de chaque ferme. Il est facile de la sorte d'enlever ce couvercle supérieur et de recharger le fascinage lorsque le besoin s'en fait sentir; ce fascinage est, du reste, pénétré et consolidé par le sable.

En résumé, les travaux de Cap-Breton ont été très-économiques; ils n'ont coûté que 336 000 francs, ils ont fixé le courant et créé un port dont le fond est au niveau des basses mers de morte eau.

« La jetée du sud, dit M. Descombes, est d'une solidité à toute épreuve; les fascinages, qui en forment la base, ont résisté à toutes les tempêtes et ce nouveau système très-économique de construction a réalisé toutes les prévisions.

Les plates-formes en fascinages, recouvertes de pavés cimentés par un mastic bitumineux ou par un mélange de produits résineux, forment d'excellentes risbermes et ont résisté à toutes les tempêtes. Les Hollandais avaient bien depuis longtemps employé les fascinages dans leurs travaux, mais jusqu'ici personne ne les avait exposés avec succès en pleine mer dans des conditions aussi difficiles. »

Observations générales sur les jetées en charpente. — Les jetées en charpente sont de construction simple et économique. Elles ont donc rendu et rendront encore dans l'avenir de grands services; elles ont l'avantage de se prêter aux remaniements et aux changements de direction. Malheureusement, elles ont souvent une trop courte durée et exigent beaucoup d'entretien, surtout dans les ports où elles rencontrent les tarets et autres xylophages; nous avons indiqué, en traitant de l'exécution des travaux, les moyens par lesquels on combat l'action destructive de ces terribles ennemis des constructions en bois.

La hauteur de l'encoffrement des jetées n'est pas arbitraire; elle est réglée d'après la puissance que l'on doit laisser aux courants traversiers. Les courants emportent une partie du sable au delà du chenal et laissent le reste dans le chenal même où les courants parallèles aux digues maintiennent une bonne profondeur. Avec une digue pleine, tous les sables doubleraient le musoir et encombreraient le chenal; cet inconvénient est évité, mais la jetée à claire-voie laisse subsister les courants de travers qui peuvent empêcher le mouvement des navires et les pousser contre l'autre jetée, il ne faut donc pas que ces courants atteignent une trop forte puissance; on les règle par la hauteur de l'encoffrement, et c'est une expérience suivie qui indique à quelle hauteur il convient d'arrêter le bordage. Les jetées pleines en maçonnerie ne permettent pas cet utile tâtonnement.

3° Brise-lames à plan incliné, brise-lames flottants, etc.

Nous avons vu divers exemples de propagation des lames jusqu'au fond d'un port par suite de réflexions successives sur deux jetées parallèles.

Un des moyens employés dans les ports de la Manche et de l'Océan, consiste à pratiquer dans les jetées pleines des coupures sur lesquelles on établit des estacades en charpente; en arrière de ces coupures on trouve des plans inclinés en maçonnerie; la lame réfléchie ou même directe, rencontrant une de ces coupures, s'y épanche, remonte le plan incliné et perd en grande partie sa force vive et son intensité. On a attiré la lame en dehors de son chemin pour l'amortir.

Les coupures de l'une des jetées répondent aux pleins de l'autre et réciproquement.

Le plan du port de Fécamp, figure 1, planche 91, indique la disposition de ses brise-lames. La jetée nord *ab* se prolonge par l'estacade *bc* en arrière de laquelle est le brise-lames du nord *bdc*; de l'autre côté du chenal, sur la jetée sud, est l'estacade *gk* et le brise-lames sud *gklm*; sur la même jetée, à l'entrée du port, on trouve le brise-lames ouest *efghi*; *fg* est une portion de jetée pleine.

La figure 10, planche 90, représente la coupe verticale de l'estacade et du brise-lames, ménagé en arrière de la jetée de l'est, au port de Dieppe; ce brise-lames est ancien, et son plan incliné ne s'élevait pas à une hauteur suffisante pour amortir complétement la lame qui se réfléchissait encore à l'intérieur du port; le système des brise-lames à l'entrée du port de Dieppe, a été complété depuis, comme le montre la figure 9, planche 73; la meilleure disposition d'un brise-lames serait en effet celle qui permettrait aux vagues de déferler librement sur le plan incliné sans rencontrer d'obstacle capable de produire une réflexion, et cela quelle que fût la hauteur de la marée.

M. l'ingénieur en chef Bellinger a proposé, en 1849, diverses dispositions de brise-lames qui n'ont pas été appliquées, mais qu'il convient de signaler :

« Si la disposition des lieux, dit-il, ne permettait pas de donner à la fois au plan incliné une faible pente et une étendue suffisante pour le libre développement des vagues, il faudrait aviser au moyen d'y suppléer.

On pourrait essayer de le suppléer par un déversoir DD, figures 9 et 12, planche 90, que les vagues franchiraient en déferlant pour retomber dans un réservoir communiquant avec le port. On ferait converger les parois de l'enceinte vers le déversoir pour augmenter la surélévation des vagues et favoriser leurs brisements.

On pourrait aussi remplacer le plan incliné par une surface hélicoïde HH, figure 9, contenue entre deux parois convergentes, et sur laquelle les vagues monteraient en tournant sur elles-mêmes pour déferler. Quand la mer serait à un niveau très-élevé, on pourrait les faire retomber dans l'enceinte même par-dessus l'extrémité supérieure E de la surface hélicoïde.

Si l'espace manquait pour employer ce moyen et que l'étendue de la surface inclinée fût limitée, on chercherait alors à courber le tracé des parois du fond de l'enceinte suivant une forme courbe concave CC, figure 9, de manière à concentrer les réactions dans cette enceinte et à les détruire autant que possible les unes au moyen des autres, avant qu'elles se fussent propagées dans le chenal.

Si l'on craignait qu'un tracé courbe de parement, qui serait efficace par une certaine direction de vent, ne le fût pas également pour la direction de tous les vents dangereux, ou que la chute d'une gerbe d'eau qui se serait brisée produisît dans la masse environnante une perturbation capable de s'étendre jusque dans le chenal, on aurait encore la ressource de construire sur le plan incliné des rangées de pieux brise-mer PP disposés en quinconce et assez rapprochés pour que les pieux de chaque rangée couvrissent les vides de l'autre.

Ces rangées assemblées deux à deux, ou trois à trois, et placées en avant des parements pour recevoir le choc des vagues surélevées par le plan incliné, diviseraient et briseraient les vagues au moment de leur passage et atténue-raient considérablement la violence du choc et de la réaction.

Nous avons pu apercevoir les bons effets de ce procédé à Saint-Malo, où il a été employé dans le but d'amortir le choc de la mer contre la chaussée du sillon.

Enfin, nous pensons qu'il serait avantageux de remplacer, au fond des enceintes qui accompagnent les claires-voies, les parements à surface lisse par des parements à faces raboteuses, comme si toutes les pierres étaient taillées en pointe de diamant. La mer serait brisée contre ces aspérités et produirait moins de réaction. Cela semble indiqué par les effets de la mer contre les enro-chements qui produisent toujours moins de surélévation et de ressacs que les perrés bien faits et les murs de quai.

En général, puisqu'on ne peut pas détruire l'action de la mer en avant des ouvrages qui reçoivent son premier choc, on doit faire tous ses efforts pour diriger la réaction vers un lieu où elle ne soit pas nuisible; et, quand cela n'est pas possible, on doit s'attacher à détruire cette réaction sur place avant qu'elle soit propagée dans les endroits où elle serait dangereuse. »

Brise-lames du Havre. — Comme nous le verrons plus loin, le port du Havre possède quatre brise-lames, deux dans la jetée du nord, et deux dans la jetée du sud, qui portent les noms de brise-lames d'Harcourt et Vidame.

Le premier brise-lames du nord a $81^m,67$ de long sur $54^m,25$ de large; son seuil le long du chenal est à la cote $2^m,15$ au-dessus du zéro du port (ce zéro est à $0^m,50$ au-dessous des basses mers de vive eau d'équinoxe : voir les courbes de marées sur la planche 62), et le sommet du plan incliné au pied du mur d'enceinte est à la cote $8^m,65$. Le seuil, dont la largeur est de $2^m,70$, est fondé en partie sur des files de trois pieux distantes de 2 mètres, en partie sur des cadres en charpente; chaque cadre est un rectangle évidé en charpente de 7 mètres de long sur $3^m,70$ de large, sur lequel on a établi une enceinte en maçonnerie de briques de $0^m,75$ de largeur; ces cadres sont enfoncés peu à peu, au fur et à mesure qu'on déblaye dans l'enceinte et sur son pourtour; ils ont été amenés à la cote 1ᵐ,95 et on les a ensuite remplis en béton. C'est un système de fondation analogue à celui des puits isolés. L'estacade surmontant le brise-lames comprend vingt-trois fermes, espacées de 3ᵐ,56 d'axe en axe, comprenant chacune un poteau incliné, un montant vertical et cinq contre-fiches, réunies par quatre cours de moises ; elles sont reliées entre elles par quatre liernes, deux cours de moises, et cinq longerons supportant le tillac. Entre chaque ferme on trouve trois poteaux intermédiaires, dits de remplage ; tous les bois ont 0ᵐ,30 sur 0ᵐ,30 d'équarrissage et le tillac a 0ᵐ,10 d'épaisseur, avec une largeur de 5ᵐ,20.

Le second brise-lames du nord a 48ᵐ,50 de long sur 47 mètres de large.

Le brise-lames d'Harcourt a 34ᵐ,32 d'ouverture ; son seuil, fondé à la cote 0ᵐ,25, s'élève jusqu'à la cote 4ᵐ,15 avec une largeur de 7ᵐ,50 à la base ; en arrière, le plan incliné de la chambre est formé d'un pavage en gros libages, posés sur une fondation de maçonnerie ordinaire.

Le brise-lames Vidame a 37ᵐ,20 d'ouverture.

Brise-lames flottants. — Les brise-lames flottants, accueillis il y a quelques années avec une certaine faveur, paraissent aujourd'hui complétement abandonnés.

En voici le principe : on a remarqué depuis longtemps que tout corps flottant avait pour effet de diminuer les ondes qui venaient à le rencontrer ; la mer est toujours plus calme sur le flanc du navire opposé à la lame que sur l'autre flanc, et c'est de ce côté que l'on accoste en chaloupe ou en canot ; suivant quelques auteurs, l'huile grasse répandue à la surface de la mer atténue la hauteur des vagues ; ce qu'il y a de certain, c'est qu'une série de pieux plantés en quinconce ou bien encore une puissante végétation d'algues marines, s'oppose au libre développement des lames et atténue celles qui se présentent.

Se fondant sur cette remarque, on a proposé de créer des brise-lames, en fixant à des corps morts au fond de la mer des pieux oscillants placés en quinconce ; ce procédé n'a été l'objet d'aucune application et, en effet, il ne paraît guère pratique.

On a mis en œuvre à la Ciotat des brise-lames flottants, formés d'un réseau en charpente à mailles serrées ; chaque brise-lames, figures 6 à 8, planche 73, est une sorte de vaisseau de 50 mètres de long sur 10 mètres de large recouvert d'une toiture, le tout réduit à l'ossature et privé de bordage, de manière à laisser passer les courants et les vagues.

Chacun de ces appareils était fixé à des ancres au moyen de six chaînes en fer. La passe de la Ciotat était couverte par deux rangées de cinq de ces brise-lames, les vides d'une des rangées correspondant aux pleins de l'autre.

Ce système ne pouvait réussir ; il était pour ainsi dire impossible de le maintenir à l'ancrage pendant les tempêtes ; les appareils ne tardèrent pas à être disloqués et emportés ; du reste, ils n'arrêtaient point la propagation des fortes lames, et ils avaient eu le grave inconvénient de donner une digue à claire-voie complétement inutile, coûtant 1360 francs le mètre courant, alors qu'une digue pleine de 2115 francs le mètre a fourni de bons résultats.

Le système des brise-lames flottants a été repris en Angleterre sous la forme de treillis flottants, avec plans inclinés du côté du large ; il n'a pas conduit à de bons résultats pratiques, pas plus qu'un autre système qui consiste à installer entre deux files de pieux en fonte des espèces de lames de persienne en tôle superposées. Nous n'insisterons pas sur ces expériences.

4° Entretien des ports par le système des chasses

Nous avons vu, au chapitre précédent, comment les ports de la Manche étaient sans cesse menacés d'obstruction par les galets, par le sable et les vases; les ports menacés par le galet, comme le Havre et Dieppe, sont aujourd'hui hors de danger; les galets qui avancent parallèlement à la côte sont retenus par des épis normaux au rivage et n'atteignent pas le chenal; on les enlève entre ces épis et ils servent soit à lester les navires, soit à entretenir les routes. Tout l'apport annuel est facilement enlevé.

Il n'en est point de même pour la vase et le sable; le sable notamment a une tendance continuelle à fermer le chenal des ports du nord de la Manche sur nos côtes, aussi bien que sur les côtes anglaises. Nos voisins ont surtout combattu cette tendance à l'ensablement par des constructions d'épis, par des prolongements de jetées; tout cela ne constitue qu'un palliatif temporaire, et les prolongements de jetées appellent dans l'avenir de nouveaux prolongements. Le système des chasses, appliqué sur une grande échelle à l'entretien de quelques-uns de nos ports, a conduit à de bien meilleurs résultats.

Le mécanisme des chasses consiste à mettre en communication avec la mer montante des réservoirs spéciaux qui s'emplissent et que l'on ferme dès que la mer commence à baisser; l'orifice est ensuite ouvert à basse mer et laisse échapper un flot torrentiel, qui se précipite dans le chenal et entraîne jusqu'à l'extrémité des jetées la vase, le sable et le galet; le courant s'épanouit quand il a dépassé la tête des jetées, et il abandonne les matières entraînées qui sont reprises en partie ou en totalité par les courants littoraux.

Le flot agit proportionnellement à sa masse, c'est-à-dire proportionnellement à son débit, et proportionnellement au carré de sa vitesse; on doit donc tendre à créer des réservoirs aussi étendus que possible et à évacuer aussi rapidement que possible la tranche d'eau disponible. D'après cela, les chasses ne sauraient avoir une grande efficacité dans les ports où l'oscillation de la marée est faible, parce que la chute ne pourrait être considérable; elles ne seraient pas non plus bien utiles dans les ports dont le chenal conserve à basse mer une assez grande profondeur d'eau, car la force vive du flot servirait en grande partie à produire des tourbillons et un mouvement d'entraînement dans les eaux stagnantes du chenal.

Les ports d'échouage, de second ordre, peuvent donc trouver dans les chasses un mode d'entretien simple et économique, bien préférable au dragage et au déblai ordinaire.

Les pertuis par lesquels le flot des réservoirs de chasse s'écoule dans l'avant-port s'appellent des écluses de chasse; nous en donnerons la description au chapitre suivant, et nous nous occuperons en même temps de la manière dont agissent les courants de chasse et dont ils se subdivisent en tourbillons et courants secondaires. Si l'on ne prend des précautions particulières, on risque de voir des affouillements se produire immédiatement à l'aval des pertuis de chasse; ces affouillements sont dangereux et ont en outre le grave inconvénient d'absorber une notable partie de la force vive destinée à l'approfondissement

du chenal. Le *desideratum* serait de diriger le courant des chasses sans tourbillons, sans inflexions brusques jusqu'aux atterrissements sur lesquels il doit
agir.

Quand le courant a dépassé la jetée la plus courte, il s'épanouit et le chenal
s'infléchit plus ou moins vers cette jetée; enfin, quand il a dépassé les deux
jetées, il s'épanouit complètement et dépose les matières entraînées qui forment une barre à l'entrée du port; le profil en long du thalweg indique, comme
sur les fleuves, des profondeurs plus grandes entre les jetées que sur la barre.
L'important est de rejeter la barre à une distance assez grande pour qu'il reste
au-dessus d'elle une hauteur d'eau suffisante pour le passage des navires.
C'est par un prolongement convenable des jetées, ou en ayant recours à des
guideaux pour diriger plus longtemps le courant et ne pas l'abandonner trop
tôt à lui-même, qu'on arrive à ce résultat.

L'effet des chasses est très-considérable lorsqu'on les met en œuvre pour la
première fois : à Calais, les douze premières chasses effectuées ont enlevé
100 000 mètres cubes de sable. Lorsque le système est établi et fonctionne régulièrement, on n'effectue les chasses que lors des vives eaux; en morte eau, la
dénivellation est trop faible pour que l'on puisse créer une grande force vive,
et de plus la hauteur d'eau à basse mer reste trop considérable dans le chenal,
d'où une nouvelle cause d'atténuation de la vitesse du courant. Lorsque certains vents contraires maintiennent l'eau élevée dans le chenal, les chasses sont
également inutiles. Les chasses, effectuées lors de chaque vive eau, n'ont donc
à enlever que le cube de dépôt qui s'est formé depuis la vive eau précédente;
l'enlèvement se fait souvent en une seule chasse, quelquefois même dans le premier quart d'heure, parce que l'effet du flot diminue rapidement.

Minard cite les exemples suivants de la puissance des chasses :

Les chasses d'une vive eau peuvent enlever au Tréport 3000 mètres cubes de
galets;

A Dieppe, on peut en une seule chasse expulser jusqu'à 1500 mètres cubes
de galets;

A Calais, une chasse enlève à peu près 800 mètres cubes de sable.

Ces exemples remontent déjà à une trentaine d'années; les conditions des
chasses se sont depuis transformées dans la plupart de nos ports.

Au Havre, on les a presque abandonnées.

A Dieppe, il arrive sur la plage annuellement environ 30 000 mètres cubes
de galets venant de l'ouest; autrefois, ces galets débordant la jetée de l'ouest
encombraient le chenal qu'on arrivait à débarrasser momentanément au moyen
de chasses puissantes aidées par des guideaux; aujourd'hui, l'obstruction est
bien rare à cause du grand développement qu'a pris l'enlèvement du galet pour
le lestage des navires; mais, lorsque cet enlèvement se trouve interrompu,
lorsque des tempêtes continues de l'ouest règnent en même temps pendant plusieurs jours, l'obstruction reparaît et il faut de nouveau recourir à la pratique
des chasses.

C'est au port de Dunkerque que les chasses semblent avoir reçu leur plus
grand développement (voir le plan de ce port figure 5, planche 91).

Chasses de Dunkerque. — L'ancien système des chasses comprend trois
étages échelonnés sur la longueur du port d'échouage, de l'avant-port et du
chenal.

Le premier étage, à l'aval, est alimenté par le bassin des chasses; l'écoulement se fait par cinq pertuis, ayant ensemble un débouché utile de 18ᵐ,60, et

dont les buscs sont à 0^m,60 au-dessus du zéro de l'échelle de l'écluse de la Cunette. La hauteur de chute disponible sur les buscs varie suivant les marées de 4^m,50 à 5 mètres; la période des marées de vive eau dure cinq ou six jours, en dehors desquels la chute est trop faible pour que les chasses aient grande utilité. Le bassin de retenue correspondant a 30 hectares de superficie et son fond est, dans les parties les plus élevées, à 2 mètres au-dessus du zéro de l'écluse de la Cunette.

Cela est suffisant, car la hauteur de la tranche d'eau utile aux chasses ne dépasse pas 2^m,50.

En une chasse, qui dure trois quarts d'heure, le volume lancé est de 750 000 mètres cubes.

Le second étage est donné par l'écluse de la Cunette, dont le busc est à la cote 0; des ventelles tournantes sont ménagées dans les portes d'ebbe de cette écluse, et il en résulte un pertuis de 8^m,25 de débouché utile, correspondant à une retenue de 10 hectares, avec chute de 4^m,50 à 5 mètres. La tranche d'eau utile a 2 mètres de hauteur et un volume de 200 000 mètres cubes.

Le troisième étage, formé de douze vannes placées dans les portes des écluses du bassin à flot du Commerce, offre un débouché de 12 mètres carrés fonctionnant sous une charge d'eau de 3^m,50; la superficie disponible est d'environ 11 hectares et on peut, en vive eau, enlever, sans gêner les navires à flot, une tranche de 0^m,80 à 1 mètre de hauteur, dont le volume est de 100 000 mètres cubes.

« Il est convenable, dit la notice sur le port de Dunkerque rédigée par M. l'ingénieur Plocq, il est convenable, pour tirer le meilleur parti d'une chasse, d'ouvrir d'abord les pertuis du troisième étage en amont, d'attendre que le gonflement qui en résulte dans le port d'échouage se soit propagé jusqu'au droit des écluses de la Cunette et du fort Revers, d'ouvrir alors les portes de chasse du second étage, et enfin de ne lâcher les eaux du premier étage que quand le flot résultant des deux étages précédents arrive en face de l'écluse de chasse.

On empêche ainsi les eaux qui s'échappent au moment de l'ouverture des pertuis des deux premiers étages inférieurs d'être partiellement employées, en pure perte, à remplir les parties de l'avant-port ou du port d'échouage qui se trouvent en amont.

L'expérience a appris qu'en ouvrant les vannes du bassin du Commerce environ 15 à 20 minutes avant le moment présumé du plus bas de la marée, l'ouverture de l'écluse de chasse, dans les conditions indiquées, coïncide sensiblement avec la basse mer, résultat qui donne les plus grands effets utiles sur la passe en dehors de la tête des jetées. »

En résumé, la puissance des chasses de Dunkerque se mesure actuellement par un volume total de 1 050 000 mètres cubes, lancé en trois quarts d'heure, ce qui fait une moyenne de 389 mètres cubes à la seconde.

D'après les nouveaux travaux en cours d'exécution, cette puissance sera bientôt doublée et portée à 2 210 000 mètres cubes par chasse, soit un flot de 820 mètres cubes à la seconde. C'est là un véritable fleuve d'allure torrentielle.

Des guideaux. — Nous avons vu plus haut que les guideaux, destinés à prolonger momentanément les jetées pendant les chasses, avaient une grande utilité. Les figures 5, 8, 13, 14 de la planche 90 représentent d'anciens guideaux.

La figure 5 est un guideau flottant : des poutres en sapin *a a* de 10 à 25

mètres de long, recouvertes de planches en sapin de $3^m,35$ de large, constituent
un radeau que traversent des poteaux m m, dont la longueur faisant saillie sous
le plancher peut varier grâce aux cliquets i s'engageant dans une crémaillère
rentrante n; sans les poteaux m, le radeau flottant s'échouerait à plat à basse
mer; mais les poteaux le forcent à prendre une position inclinée comme le montre
la figure 13, et l'inclinaison du plancher est d'autant plus forte que la saillie
des poteaux m au-dessous de lui est plus considérable. L'appareil échoué forme
au chenal une berge artificielle, il protège la partie d située en arrière de lui
et maintient en avant du plancher le courant h dont la force d'érosion agit énergiquement sur le fond x du chenal.

On place une série de guideaux à la suite les uns des autres sur les rives
du chenal qu'on veut créer; ils sont amenés à leur place à mer descendante et
alignés avec soin. Cette opération ne peut se faire que par un temps assez calme.

Nouveaux guideaux de Dunkerque. — Les guideaux ont été employés à Dunkerque sur une échelle beaucoup plus vaste qu'autrefois. Voici la description de
ces nouveaux engins, extraite des notices de l'Exposition universelle de 1867 :

« On a commencé à Dunkerque, dans ces dernières années, l'application d'un
système additionnel à l'effet des chasses, qui n'avait pas encore été employé sur
une grande échelle, et qui consiste dans l'idée d'un prolongement momentané
des jetées à l'instant de la basse mer pendant la durée des chasses.

Avant cette application, la passe d'entrée du chenal, entre la tête des jetées et
les fonds de la rade, présentait toujours une déviation vers le nord de 20° à 25°
par rapport à la direction nord-ouest du prolongement de l'axe du chenal intérieur; l'estran de l'ouest tendait toujours à s'avancer en doublant la tête de la
jetée de l'ouest, et le courant des chasses, ainsi rejeté vers la droite à la sortie
du chenal, ne pouvait qu'entretenir la passe déviée, sans la redresser.

Avec les conditions des courants du littoral, qui donnent le maximum de vitesse du flot, portant en travers de l'entrée du port de l'est à l'ouest au moment
de la pleine mer, cette direction de la passe était aussi mauvaise que possible :
les navires venant toujours de l'ouest, tant à cause de la disposition des bancs
et des fonds aux abords de Dunkerque que du régime des courants, ne pouvaient
entrer qu'en manœuvrant en quelque sorte contre vent et marée pour franchir
cette passe. C'était donc un des plus graves inconvénients que pût présenter
l'entrée d'un port au point de vue de la fréquentation nautique.

Il semblait évident, dans cet état de choses, que, si la jetée basse en enrochements et fascinages, sur laquelle est établie la jetée en charpente à claire-voie
de l'est, eût été prolongée d'environ 300 mètres, l'action des chasses, au lieu
de se reporter vers la droite à la sortie du port, aurait attaqué directement les
sables qui s'avançaient en prolongement de l'estran de l'ouest jusqu'en face de
l'ouverture du chenal, sur une longueur de 350 à 400 mètres au delà de la tête
de la jetée de l'ouest.

Mais il était bien certain, d'un autre côté, qu'un ouvrage fixe de ce genre, s'il
semblait, de prime abord, devoir être utile pour aider à l'action des chasses en
basse mer, serait en même temps nuisible à l'entrée du chenal, par suite des
effets du régime général des alluvions dues aux courants de haute mer, et il
n'était pas douteux qu'à Dunkerque, comme partout ailleurs, on aurait vu, au
bout de peu de temps, l'estran s'avancer encore vers le large, d'une longueur
égale à ce nouveau prolongement de jetée; ce qui n'aurait fait, en somme, que
reculer encore une fois le mal sans le réduire, tout en amoindrissant d'autant
plus l'efficacité des chasses.

La meilleure solution, en théorie, consistait donc dans une espèce de jetée basse mobile, échouée à basse mer, sur 300 mètres de longueur en prolongement de la jetée de l'est, immédiatement avant la chasse, et susceptible d'être enlevée à mi-marée montante vers le moment de l'étale ou du renversement des courants de marée du littoral.

L'emploi des guideaux, en pratique, constituait la réalisation la plus simple et la plus complète de cette solution.

C'est le système qui est appliqué depuis quatre ans à Dunkerque.

Le matériel employé à cet usage se compose de 30 guideaux de 10 mètres de longueur chacun, construits suivant le modèle des deux guideaux exposés.

Chaque guideau est formé de cinq longrines de 10 mètres de longueur et de 0m,30 sur 0m,30 d'équarrissage, réunies par dix cours de moises en travers, dont cinq sont armées de sabots en fer à leurs extrémités inférieures.

Un bordage jointif en madriers de 0m,04 d'épaisseur moyenne est solidement cloué et chevillé sur les moises supérieures.

Toutes les pièces de bois et madriers ci-dessus indiqués sont en sapin.

Au droit de l'une des longrines supérieures règne une autre pièce de bois parallèle à cette longrine, en saillie sur le bordage, reposant sur les moises supérieures correspondantes et délardée par intervalles, pour recevoir les abouts du plancher de manœuvre.

Au droit de la longrine inférieure règne de même une pièce parallèle formant bordage et reposant aux assemblages sur les extrémités des moises supérieures correspondantes.

Au droit de la longrine supérieure extrême, et seulement au droit de l'intervalle correspondant à chaque paire de doubles moises en travers accouplées deux à deux, sont établis des blochets, reposant avec assemblages sur les extrémités des moises supérieures, correspondantes en saillie sur le bordage général, et limitant, avec l'une des pièces ci-dessus, les ouvertures correspondant aux béquilles d'échouage.

Au droit de la même longrine supérieure extrême, dans les autres intervalles, sont superposées directement sur cette longrine des fourrures pour recevoir les autres abouts du plancher de manœuvre.

Enfin, ce plancher de manœuvre est composé de madriers, sur lesquels sont clouées de petites pièces de tillacs isolées, en saillie sur le plancher pour assurer le pied des ouvriers. Ce plancher est incliné par rapport au plan général du bordage du guideau, de manière à se trouver à peu près horizontal dans la position d'échouage, en vue d'assurer l'assiette et la marche des ouvriers au moment des manœuvres qu'il faut faire pour hâter le renflouement des guideaux par le soulagement graduel des béquilles après la fin des chasses et vers le commencement de la marée montante.

Toutes ces dernières pièces de bois sont en orme.

D'après les détails qui précèdent, des ouvertures carrées de 0m,40 de côté se trouvent ménagées entre les deux longrines supérieures extrêmes et les paires de moises en travers accouplées mentionnées plus haut : ces trous sont destinés à laisser passer des béquilles d'échouage, composées de pièces de bois de 7 à 8 mètres de longueur et de 0m,30 sur 0m,30 d'équarrissage.

Au droit de chaque béquille se trouve installée à demeure une petite chèvre, avec treuil et manivelles, destinée, d'une part, à faire plonger les béquilles à la profondeur convenable, au moyen de tire-fonds, poulies coupées, réas et cordages combinés comme l'indique le modèle, d'autre part, à soulager graduel-

lement les béquilles à marée montante, pour aider au renflouement du guideau
après la chasse.

Toutes les pièces de charpente composant ces chèvres sont en bois d'orme,
renforcées solidement par des équerres et boulons en fer.

Les blochets et les portions de la pièce de bois supérieure, qui limitent les
ouvertures destinées à la manœuvre des béquilles d'échouage, sont percés de
trous destinés à recevoir les chevilles en fer rond qui servent à maintenir les
béquilles tantôt à la profondeur convenable pour l'échouage, tantôt à la hauteur nécessaire pour la flottaison, par le moyen des trous correspondants qui
sont ménagés à cet effet dans toute la longueur des béquilles.

Lorsque le temps et les marées sont favorables, et que les conditions de la
passe en rendent l'emploi opportun, on arme les guideaux, on les amarre ensemble, comme le modèle l'indique pour les deux qu'il comprend, et on les
tient parés, dans l'avant-port, le long de la jetée de l'ouest, où ils suivent les
fluctuations des marées, sans danger pour eux et sans gêne pour les mouvements
du port.

Deux heures avant la basse mer, on opère le déhalage, on les conduit tous
ensemble en dehors des jetées et on les oriente en prolongement de la jetée de
l'est, au moyen d'ancres et d'aussières convenablement mouillées pour amener
cette espèce de jetée flottante dans la position où l'on veut qu'elle s'échoue à
basse mer.

On abaisse les béquilles en forçant sur leurs têtes à l'aide des treuils, et peu
à peu, la mer baissant, les guideaux prennent leur position inclinée d'échouage :
cent cinquante hommes et quelques canots d'aide sont généralement employés
dans les manœuvres d'ensemble.

Tout le matériel une fois échoué, les hommes quittent les guideaux et remontent sur la jetée par des escaliers ou échelles pratiqués à cet effet sur les faces
du musoir.

Le moment de la basse mer arrive; on ouvre les écluses de chasses à l'intérieur du port, et la masse d'eau gonflée, arrivant à la tête des jetées, rencontre,
d'une part, la jetée basse ainsi momentanément constituée, qui soutient le gonflement sur 300 mètres au delà des jetées fixes, et, d'autre part, les sables de
l'ouest, formant paroi attaquable sur la rive gauche. Cet estran envahissant se
trouve ainsi fortement corrodé, et, dans une seule marée, on le voit reculer dans
l'ouest et la passe se redresser en s'élargissant brusquement d'une étendue que
le régime naturel des apports ne peut regagner qu'en plusieurs mois.

Après la fin de la chasse, quand la mer commence à remonter, les ouvriers
retournent à leurs postes, chaque escouade soulageant peu à peu les béquilles
du guideau qu'elle monte, toute la flotte se retrouve bientôt à flot; l'on évite
ainsi d'attendre que la marée soit assez haute pour que ce renflouement s'opère
tout à fait spontanément, parce que cette opération spontanée se faisant quelquefois trop brusquement, ou plus brusquement sur certaines parties que sur
d'autres, il en résulterait infailliblement des ruptures de béquilles ou d'amar-
rages et, par suite, des chances de pertes d'hommes et de matériel.

On rentre alors au halage cette longue masse flottante dans l'avant-port, le
long de la jetée de l'ouest, où elle passe le temps de la belle saison, toujours
armée et prête à fonctionner à tous instants favorables et opportuns.

Les mêmes séries de manœuvres, sortie, échouage, renflouement et rentrée,
se produisent quelquefois, suivant les circonstances et les besoins, pendant cinq
ou six jours de suite dans une période de vives eaux, et il n'en faut pas plus

pour assurer à la passe extérieure une bonne direction que l'on n'avait jamais obtenue avant l'emploi de cette espèce de jetée mobile, qui se conserve, une fois établie ainsi, pendant plusieurs mois, et qui s'est même maintenue pendant toute une année, avec les chasses ordinaires, sans addition de guideaux, par suite de bonnes conditions exceptionnelles de vents qui avaient principalement régné dans cette période.

Ces guideaux ne diffèrent, en définitive, de ceux employés à Honfleur depuis de longues années et décrits dans les cours et ouvrages techniques de MM. Minard et Frissard, que par leurs dimensions et leurs conditions de résistance, et surtout par l'addition des chèvres au droit de chaque béquille.

Dans les anciens guideaux, employés très-efficacement depuis quinze ans à Dunkerque, comme ailleurs, pour aider à l'action des chasses dans l'avant-port, les dimensions sont assez faibles pour que l'on puisse lever et amener les béquilles à la main et que quatre ou cinq hommes suffisent à la manœuvre presque continue de 80 mètres courants d'épis mobiles ainsi constitués.

Il n'en est plus de même lorsqu'il s'agit de grands et forts guideaux à placer au large des jetées dans des profondeurs de 2 à 3 mètres, en dehors du port, là où, quelque calme que soit la mer, il y a toujours un peu plus de levée et de courant que dans l'intérieur du port d'échouage.

C'est ce qui a conduit à l'installation des chèvres, avec leurs treuils et accessoires.

Le montant total de la dépense de construction de ce matériel, tout compris, avec les outillages et agrès nécessaires à l'ensemble des manœuvres, ancres, chaînes, gaffes, poulies et cordages de rechange, etc., a été de 123 295 francs pour 300 mètres de longueur, sur des largeurs variables entre 6 mètres et 7ᵐ,50, ce qui permet d'établir comme suit les prix de revient moyens par guideau de 10 mètres ainsi décomposés :

Charpente en sapin, 20 mètres cubes.	1.500 francs.
— en orme, 7 mètres cubes.	630 —
Fer, fonte et clous, 2.200 kilogr.	1.400 —
Cordages et poulies.	150 —
Calfatage et brayage.	150 —
Outillages et agrès d'ensemble.	280 —
Total.	4.110 —

Et par mètre courant de jetée mobile, tout compris, 411 francs.

Les travaux ont été exécutés sous la direction de MM. Decharme et Gojard, ingénieurs en chef, et de M. Plocq, ingénieur ordinaire.

La surveillance a été confiée à M. Maréchal, conducteur principal, et à M. Gauthier, conducteur embrigadé.

MM. Malo et Cᵉ étaient les entrepreneurs pour la construction du matériel. »

5· Approfondissement artificiel des ports par le dragage

L'approfondissement artificiel des ports par le dragage est une opération fréquemment appliquée, soit seule, soit en concurrence avec les chasses. On trouvera dans notre *Traité de l'exécution des travaux* la description de tous les appareils de dragage, grands et petits : dragues à main, appareils divers, dragues à treuil, grandes dragues à vapeur avec élindes latérales ou centrales, dragues de l'isthme de Suez, bateau pompeur de Saint-Nazaire, etc. Le lecteur voudra bien se reporter à cette description; nous dirons ici seulement quelques mots de l'approfondissement du chenal de Fécamp.

A 200 ou 300 mètres de la côte de Fécamp, on trouve des profondeurs de 7 à 8 mètres au-dessous des plus basses mers; l'oscillation des marées est de 3^m,30 en mortes eaux ordinaires, 7^m,33 en vives eaux moyennes et 8^m,67 dans les plus grandes vives eaux d'équinoxe.

On résolut, en 1860, d'approfondir le chenal, figure 1, planche 91, à 2 mètres au-dessous de zéro, c'est-à-dire au-dessous des plus basses mers; il en résultait de grands avantages : 1° les bateaux de pêche pouvaient entrer et sortir à toute heure; 2° un navire de 3 mètres de tirant d'eau, steamer ordinaire à voyageurs, ne trouvait la passe impraticable que pendant 1 h. 1/2 en vives eaux ordinaires et 2 h. 1/2 en grandes marées, encore cela ne se produisait-il que dix jours par mois; 3° les grands caboteurs, tirant 4 mètres, pouvaient entrer à toute heure en mortes eaux, et attendaient en vives eaux au plus 4 heures devant le port; 4° les navires de 7 à 7^m,50 de tirant d'eau pouvaient entrer à toute marée.

On conçoit qu'un travail devant procurer des avantages aussi marqués était vivement réclamé; ce qui en retarda longtemps l'exécution, c'est qu'il fallait draguer dans le chenal un banc de craie chloritée, dure et compacte, affleurant la cote des basses mers à son sommet, et descendant, à partir de ce sommet, vers le port aussi bien que vers la mer, avec une pente de 0^m,03 par mètre.

On a effectué 29 000 mètres cubes de dragage, comprenant le rocher compacte, du galet et des pierres isolées; le prix de revient moyen a été de 3 fr. 99 c. le mètre cube. On trouvera, dans notre *Traité de l'exécution des travaux*, la description des procédés employés pour faire partir les mines sous l'eau et pour extraire les débris de l'explosion.

DESCRIPTION DE DEUX GRANDS PORTS DE L'OCÉAN
ET DE LA MÉDITERRANÉE

1° PORT DU HAVRE [1]

Historique. — En 1516, le Havre n'était qu'un hameau entourant la chapelle de Grâce. L'amiral Bonnivet, chargé par François Ier de chercher l'emplacement convenable pour la création d'un port destiné à remplacer Harfleur envasé, choisit les criques voisines de la chapelle de Grâce.

En 1523, la tour François Ier était achevée, les grands navires entraient dans le port. En 1533, on lança le bâtiment *la Grande-Françoise*, de 1200 tonneaux, qui ne put sortir du port et fut détruit par une tempête.

De 1530 à 1540, on tenta de s'opposer à l'envahissement des passes par le galet, en construisant, au delà de la tour, la première partie de la jetée du nord, et en construisant les écluses de chasse du Perrey et des Barres.

Malgré les chasses, les habitants étaient réunis en corvée lors des basses mers, pour enlever les galets entre les jetées.

En 1562, le Havre tomba aux mains des Anglais et le vidame de Chartres fit construire au sud de la passe, presque en face de la tour François Ier, une nouvelle tour de fortification, la tour Vidâme, dont les débris existèrent jusqu'en 1847.

Le Havre fut repris en 1563 par le connétable de Montmorency et Charles IX.

En 1628, Richelieu fit creuser le bassin du Roi qu'il entoura de quais; ce bassin devait servir d'arsenal et divers établissements, dont une fonderie de canons, lui étaient adjoints.

En 1650, on compléta les fortifications en construisant la citadelle.

En 1664, la passe entre les jetées était si bien encombrée de galets que les navires de 300 à 400 tonneaux ne pouvaient pénétrer dans le port qu'en marées de vives eaux.

En 1667, le bassin du Roi fut fermé par deux paires de portes, entre lesquelles se trouvait un pont-levis pour les piétons; ce bassin, réservé à la marine militaire, fut entouré de murs.

En 1684, on prolongea la jetée du nord et on construisit sur la plage un certain nombre d'épis pour arrêter le galet. En 1666, Vauban commença le canal d'Harfleur, qui fut solennellement inauguré par Colbert, et qui aboutissait au réservoir de la Barre, destiné à emmagasiner l'eau destinée aux chasses.

Le Havre joua sous Louis XIV un rôle brillant dans nos guerres maritimes.

[1] On trouvera une description détaillée du port du Havre dans la notice, rédigée par M. l'ingénieur Quinette de Rochemont, jointe à l'*Atlas des ports maritimes de la France*, que publie le ministère des travaux publics. C'est dans cette notice que nous avons puisé nos renseignements.

En 1705, la jetée en charpente du nord fut emportée; on en refit une autre en maçonnerie, qui ne fut terminée qu'en 1716.

En 1723, on vit le premier pont tournant établi sur l'écluse Notre-Dame.

En 1776, Turgot fit remettre le port du Havre aux ingénieurs des ponts et chaussées.

Jusqu'en 1784, le bassin du Roi, seul existant, étant réservé à la marine militaire, tous les navires de commerce étaient forcés de séjourner et de s'échouer dans l'avant-port; aussi étaient-ils souvent détruits par les tempêtes, ou tout au moins éprouvaient-ils des avaries et des pertes considérables; en même temps, la hauteur de la barre de galets augmentait, et le banc ou *poulier* du nord, s'étendant en 1782 jusqu'à 50 mètres de la jetée du nord, n'était submergé que de quatre pieds et demi en vive eau. En 1784, on établit sous la jetée nord un passage voûté permettant aux voitures d'arriver sur les pouliers à basse mer et d'enlever les galets.

Après de vives et longues réclamations, Louis XVI adopta en 1787 le projet présenté par l'ingénieur Lamandé, projet dont l'exécution amena le port du Havre dans l'état que représente la figure 6, planche 91.

La jetée du sud était allongée de 50 mètres; la retenue des chasses ou de la Floride était placée au sud de l'avant-port, et l'écluse des chasses placée aussi près que possible de l'extrémité de la jetée du sud, de manière que le flot s'en échappant attaquât directement le poulier du nord; deux brise-lames étaient placés près de l'extrémité des jetées et deux autres au milieu de l'avant-port de chaque côté; l'avant-port, prolongé vers l'est, prenait une superficie de 8 hectares; on établissait le bassin du Commerce de 550 mètres de long sur 100 mètres de large; quant au bassin de la Barre, il ne devait provisoirement que servir de retenue pour les chasses; le canal Vauban devait être poursuivi jusqu'à Quillebœuf et le front des fortifications reporté vers le nord.

La ville n'avait alors qu'une superficie de 22 hectares, avec 21 000 habitants.

En 1792, le bassin du Commerce fut livré aux navires; par suite de la Révolution, le bassin de la Barre ne fut achevé qu'en 1801.

En 1805, le Havre fut déclassé comme port militaire.

En 1810, eut lieu la première chasse par l'écluse de la Floride.

En 1817, les bassins du Commerce et de la Barre n'étaient pas encore réunis l'un à l'autre, et le port était tellement encombré qu'on était presque forcé d'en interdire l'accès aux navires.

De 1818 à 1820, les deux bassins furent achevés aux frais de la Chambre de commerce, qu'une loi avait autorisée à percevoir des droits de navigation afin de payer la dépense de 3 millions.

La loi du 28 juin 1829 autorisa une dépense de 7 600 000 francs, qui fut employée à dévaser l'avant-port et les bassins, à achever et à reconstruire les quais, et à modifier les écluses.

La loi du 9 août 1839 consacra 6 millions à la construction du bassin Vauban et à la création dans la retenue de la Floride d'un bassin pour les bateaux à vapeur qui fut inauguré en 1847.

La loi du 5 août 1844 consacra près de 20 millions de francs à l'achèvement des bassins Vauban et de la Floride, à la construction du bassin de l'Eure, à l'établissement d'une forme sèche de radoub et à l'amélioration des anciens ouvrages.

En 1852, la commune d'Ingouville, et partie des communes de Graville

et de Sanvic, furent annexées au Havre; en 1853, on déclassa les fronts de fortification nord et sud, et on en autorisa la démolition.

La loi du 22 juin 1854 pourvut à la création des docks et de leur bassin,
moyennant une dépense de 8 millions, qui fut encore augmentée de 6 060 000 fr.
en 1859 et de 650 000 fr. en 1860.

Le bassin de l'Eure fut livré en 1855, le bassin dock en 1859, et la. grande
forme de radoub en 1864 (planche 93).

Enfin, le bassin et les formes de radoub de la citadelle ont été livrés en 1871;
un décret du 18 juillet 1870 a reconnu l'utilité publique de divers travaux
d'amélioration évalués à 14 millions de francs.

De 21 000 habitants en 1787, le Havre était tombé à 16 500 en 1808; ce
nombre s'est constamment accru et atteignait 85 500 en 1872.

Renseignements généraux. — Le Havre est le port le plus proche de Paris;
la distance par chemin de fer est de 228 kilomètres; c'est le premier grand
port de commerce que rencontrent les navires venant de l'Océan en Europe;
sous le rapport des distances, Anvers est le seul port qui puisse lui faire concurrence pour le commerce avec l'Europe centrale et méridionale.

En venant de la Manche dans la baie de Seine, placé sur l'avant d'un navire,
on aperçoit à gauche les blanches falaises du pays de Caux, qui se terminent au
cap la Hève, et sur la droite les terres sombres aux contours arrondis qui s'é-
tendent de Honfleur jusqu'à l'embouchure de la Dives.

Le Havre est signalé par les deux phares électriques du cap de la Hève, élevés à 121 mètres au-dessus des hautes mers, et d'une portée atteignant 27 milles
en temps clair.

En avant du Havre se trouve la grande rade, mouillage en pleine mer d'excellente tenue, mais exposé à toute la violence des vents et des lames; le milieu
de la grande rade se trouve à 5 milles environ de l'O. $\frac{1}{4}$ N. O. du cap- de la
Hève.

La petite rade se trouve dans l'espace compris entre les bancs au large du
port et le rivage qui s'étend du Havre au cap de la Hève; le mouillage est une
fosse, de six encâblures de long, dans la direction des deux phares de la Hève
vus l'un par l'autre; le brassiage y est trop faible pour les grands navires; on
n'y est du reste abrité que contre les vents de terre soufflant de la partie de
l'est.

La grande et la petite rade sont séparées l'une de l'autre par une ceinture
de bancs de pierres et de galets, dont les hauts-fonds sont signalés par neuf
bouées.

La meilleure passe, seule praticable en basse mer aux grands navires,
s'ouvre au N. 22° 30' O.; les grands steamers entrent au port par la passe du
sud, en attendant le moment de la pleine mer; par les plus petites marées de
morte eau, cette passe peut cependant ne présenter qu'un mouillage de 7 mètres
à 7ᵐ,20.

A l'ouvert du port, jusqu'à une distance d'un mille environ, règne un plateau
qui se trouve à 2 mètres en contre-bas des plus basses mers; en plus faibles
mortes eaux, la marée ne monte qu'à 5ᵐ,90, ce qui fait 7ᵐ,90 de mouillage, et
les navires de 7 mètres de tirant d'eau peuvent seuls alors entrer au port, à
condition que la mer soit calme.

Lors des marées de vive eau, le courant de flot se manifeste à l'ouvert du
port, environ 4 h. 1/2 avant l'ouverture de la pleine mer, il commence par
porter au S. $\frac{1}{4}$ S. E.; sa vitesse augmente rapidement et atteint 3,3 nœuds à

l'extrémité des jetées du Havre. Le renversement des courants commence à la Hève 1ʰ,15 et à l'ouvert du port 0ʰ,40 avant l'heure de la pleine mer; le nouveau courant porte à l'ouest un peu nord devant les jetées. Ce courant vers l'ouest porte le nom de *verhaule*; d'abord faible, il croît très-vite en quelques minutes et prend sa vitesse maxima près des jetées 20 minutes avant la pleine mer, cette vitesse atteint 2,5 nœuds.

Ce courant de verhaule est dangereux, il persiste encore 20 minutes après la pleine mer; pendant tout le temps qu'il conserve son intensité, la plupart des navires n'osent pas attaquer le port. Le jusant s'établit à l'ouvert du port 1ʰ,45 après l'heure de la pleine mer; sa vitesse s'établit lentement, toujours inférieure à celle du flot, sa direction est N. 60° O.

Nous avons exposé à la page 486 la variation des marées au port du Havre, et les figures 5, planche 62, représentent les courbes de marées; pour une variation de niveau de 0ᵐ,03, l'étale atteint une heure; comme on ne ferme les portes des écluses des bassins que quand la mer a baissé de 0ᵐ,50, les navires peuvent entrer dans les bassins pendant trois heures environ à chaque marée; c'est une circonstance précieuse.

Les vents dominants du Havre sont ceux d'aval, c'est-à-dire qui soufflent du nord au sud par l'ouest; les plus dangereux sont ceux du sud-ouest accompagnés de pluie.

Description du port. — Le plan général du port du Havre est donné par la planche 93. Ce port comprend : le chenal compris entre les deux jetées, l'avant-port, huit bassins à flot, un sas, treize écluses de navigation, trois écluses de chasse et quatre formes de radoub.

1° *Chenal et jetées.* — La jetée du nord A fait saillie de 110 mètres sur son terre-plein; la largeur du chenal, en face du musoir de la jetée sud est de 75 mètres; au delà, elle n'est pas inférieure à 80 mètres. Autrefois, elle n'était que de 32 mètres entre les tours Vidame et François Iᵉʳ.

La jetée du nord est en maçonnerie, fondée sur le terrain naturel à la cote 1ᵐ,45, ayant 11ᵐ,40 de largeur à la base et 7ᵐ,10 au sommet, bordée par des parapets en granit, et défendue du côté du chenal par un parafouille en béton descendu à 1ᵐ,40 au-dessous de la base de la jetée. Le zéro de l'échelle du port du Havre est à 0ᵐ,30 au-dessous des basses mers de vive eau (voy. les courbes des marées sur la planche 62).

En arrière de cette jetée sont ménagés deux brise-lames, rendus nécessaires par l'accroissement de largeur de la passe; au passage des brise-lames, la jetée est remplacée par des estacades en charpente.

Après la jetée du nord, vient l'anse des pilotes.

La jetée du sud B n'a que 50ᵐ,39 de saillie au delà du mur d'enceinte; fondée sur le terrain naturel à la cote 1ᵐ,25, elle est tout entière en maçonnerie, garnie de parapets en granit, avec une largeur de 7ᵐ,50 à la base et de 4ᵐ,05 au sommet. La jetée du sud est traversée, en partant du mur d'enceinte, par le brise-lames d'Harcourt, par les écluses de chasse de la Floride, et par le brise-lames Vidame.

2° *Avant-port.* — La superficie de l'avant-port est de 11 hectares, avec un développement de quais de 1664 mètres dont 654 mètres seulement utilisés.

« Les dragages, dit M. l'ingénieur Quinette de Rochemont, maintiennent dans le chenal une profondeur d'environ deux mètres au-dessous du zéro des cartes marines ; mais, à cause du niveau de fondation du quai, on ne peut creuser à cette cote que la partie centrale, et on laisse au pied des murs de larges talus de terre. Cet état de choses est très-fâcheux et expose les navires qui ne chenalent pas exactement, à venir s'échouer sur l'accore de ces talus; cet accident est arrivé parfois à de grands steamers, et l'on en a même vu plusieurs rester échoués pendant douze heures et ne pouvoir se renflouer qu'à la marée suivante. »

3° *Bassins à flot et écluses*. — Les huit bassins à flot, du Roi, du Commerce, de la Barre, Vauban, des docks, de l'Eure, de la Floride, de la Citadelle, ont 53 hectares de superficie et 8300 mètres de quais, dont 7380 seulement sont utilisables pour le commerce; la superficie des terre-pleins des quais est de 147 800 mètres carrés.

Les cinq bassins du Roi, de la Barre, de la Floride, de l'Eure et de la Citadelle débouchent directement dans l'avant-port par les écluses Notre-Dame, de la Barre, de la Floride, des transatlantiques et du sas éclusé. Les trois autres bassins ne communiquent pas directement avec l'avant-port.

Les communications entre les bassins sont établies par sept écluses intermédiaires : écluses Lamblardie, d'Angoulême, Vauban, de l'Eure, du dock, Saint-Jean et de la Citadelle.

Les écluses de marée n'ont qu'une seule paire de portes d'ebbe; seule, l'écluse des transatlantiques en possède deux; les écluses Vauban, de l'Eure et du dock ont à la fois portes d'ebbe et portes de flot.

Les communications sur les écluses sont établies au moyen de trois ponts levants et de neuf ponts tournants.

Les quais sont arasés à la cote 9^m,15 (voy. les courbes de marées, figure 5, planche 62).

Il existe quatre formes de radoub ; la plus grande est dans le bassin de l'Eure et les trois autres dans le bassin de la Citadelle. L'exploitation des quatre formes est adjugée moyennant une redevance annuelle de 74 400 francs. — Elles sont fermées au moyen de bateaux-portes en tôle. Les épuisements s'y font au moyen de pompes actionnées par des machines à vapeur.

Les chasses ne sont plus employées au Havre depuis que le chenal a été approfondi par dragages; on ne dispose pas, du reste, d'un volume d'eau assez considérable pour que les chasses soient efficaces ; elles avaient l'inconvénient de créer à l'ouvert du port des écueils dangereux pour la navigation. La quautité de galet, qui arrive au Havre, est du reste largement enlevée pour le lestage des navires et pour d'autres usages.

Le port est donc maintenant entretenu au moyen de dragages; la première drague à vapeur a fonctionné en 1832. Actuellement, le matériel de l'État comprend une drague d'un tonnage de 400 tonneaux, avec machine de 70 chevaux, deux porteurs à hélice et cinq chalands. La drague fait 125 mètres cubes à l'heure; l'avant-port reçoit chaque année 32 000 mètres de vase, ce qui correspondrait à une couche uniforme de 0^m,30 d'épaisseur. Au sud du chenal, il se produit en outre 1200 mètres d'alluvion par an, et il faut en compter 20,000 mètres environ au large des jetées. Les bassins communiquant avec l'avant-port s'envasent de 0^m,04 par an et les autres de 0^m,025 par an: les dépôts atteignent leur maximum lorsque des grands vents coïncident avec une crue de la Seine.

L'avant-port du Havre a des dimensions trop restreintes, et on s'occupe de l'agrandir du côté du sud, pour faciliter les évolutions des navires et créer un nouvel avant-port dans lequel les remorqueurs et navires en relâche ne gêneront pas l'accès aux écluses ; le bassin de la Floride sera en partie incorporé au nouvel avant-port, et le reste sera transformé en bassin de mi-marée.

En résumé, les travaux de construction du port du Havre ont absorbé près de cent millions, et les travaux d'amélioration près de huit millions; les travaux projetés coûteront en outre près de cinq millions de francs, et de nouveaux perfectionnements ne tarderont pas à être réclamés par le commerce et la navigation.

Le port du Havre est donc un des exemples les plus frappants de la transformation subie dans le siècle actuel par la marine commerciale; presque toujours, à peine avait-on construit de nouveaux ouvrages pour satisfaire aux nouveaux besoins que ces ouvrages devenaient insuffisants, et qu'il fallait chercher les moyens de leur donner de l'extension. Les agrandissements successifs du Havre ont été commandés par la disposition des lieux, ils ne présentent aucune régularité, ce qui, du reste, n'est pas nécessaire. Mais, il est bien certain que, si l'on avait à créer un port nouveau, on devrait chercher à établir tout d'abord un plan régulier, permettant des agrandissements progressifs au fur et à mesure de la croissance des besoins; c'est ce que la disposition des lieux a permis de réaliser au nouveau port de Marseille.

Le nombre des navires entrés au port du Havre, qui était de 630 au milieu du siècle dernier, s'élevait à 4900 en 1840, à 4250 en 1850, à 6460 en 1860, à 6000 en 1869 et à 5886 en 1873. Mais le tonnage, qui n'était que de 1 milliard de tonnes en 1860, s'élevait à 1300 milliers de tonnes en 1869 et à 1450 milliers de tonnes en 1873. La tendance à l'augmentation continue du tonnage des navires est donc bien manifeste.

2° PORT DE MARSEILLE

Marseille a été de tout temps un des grands ports de la Méditerranée; c'est par lui que s'effectue tout notre commerce avec le Levant et avec l'extrême Orient. Depuis un demi-siècle, l'importance que Marseille doit à sa situation s'est encore accrue par le développement de notre colonie d'Afrique et par l'ouverture du canal de Suez; mais il ne faut pas se dissimuler que le port français trouve une sérieuse concurrence dans les ports de l'Italie et de l'Adriatique et qu'il ne faut rien négliger pour maintenir vers lui les grands courants commerciaux.

La figure 1, planche 92, représente le port de Marseille avec sa rade, et avec tous les bassins, tous les travaux d'agrandissement projetés pour l'avenir.

La disposition adoptée a prévu dans les plus larges proportions les besoins futurs, et il sera facile d'augmenter le nombre des bassins à mesure que se fera sentir l'insuffisance des ouvrages antérieurs.

Voici la description générale du projet, d'après la notice présentée à l'Exposition universelle de 1867 :

« Le port de Marseille, à l'époque de la fondation de cette ville, ne se composait que de ce qu'on appelle aujourd'hui l'ancien bassin, dont les dimensions ont dû être de tout temps sensiblement les mêmes.

Pendant très-longtemps le côté *nord* de ce bassin, parfaitement bien abrité contre les vents de *nord-ouest* (mistral) généralement régnants, fut seul utilisé et suffit aux besoins de la cité. Le côté *est* était affecté aux constructions navales, et vers la fin du seizième siècle on rencontre sur ce point un commencement d'arsenal qui tend à s'étendre vers la rive sud. Cet arsenal va en se développant et prend bientôt, sous Louis XIV, des proportions importantes. Marseille devient alors port militaire et port marchand.

Mais cette coexistence ne pouvait pas durer : Toulon se présentant immédiatement à côté avec ses deux belles rades et, par conséquent, dans des conditions maritimes tout à fait exceptionnelles au point de vue militaire, devait absorber bien vite cette création similaire et voisine, et rendre Marseille à sa véritable destinée commerciale.

Aussi, vers la fin du dix-huitième siècle, l'arsenal de Marseille était-il vendu et faisait-il place à un dock rudimentaire qui occupe encore aujourd'hui près de la moitié de la longueur du quai sud de l'ancien bassin.

Les quais autour de ce bassin furent jusqu'à cette époque ce qu'ils sont encore dans la plupart des ports méditerranéens. Ils ne présentaient entre les murs et les maisons qui les bordent qu'une largeur de quelques mètres pour la circulation des piétons, et, de distance en distance, se trouvaient des emplacements plus larges appelés *palissades*, situés en face de rues qui venaient y aboutir et sur lesquels se faisaient toutes les opérations de débarquement et d'embarquement, au moyen d'allèges qui servaient d'intermédiaire entre les quais et les navires.

Le petit port ainsi constitué suffisait au mouvement de Marseille qui se traduisait en 1792, année très-prospère, par un nombre de navires de 5059, entrées et sorties réunies.

Lorsque après les guerres du premier Empire, qui avaient arrêté tout mouvement commercial, l'activité de la cité se sentit renaître, on se préoccupa de transformer les conditions dans lesquelles s'étaient effectuées les opérations de débarquement et d'embarquement.

Améliorations exécutées, en cours d'exécution et projetées. — En 1820, on élargit le quai sud de l'ancien bassin.

En 1829, on commença le bassin de carénage.

En 1839, on procéda à l'élargissement du quai nord, et peu à peu disparaissaient ces palissades d'une autre époque pour faire place, sur tout le pourtour du bassin, à des quais de 25 à 30 mètres de largeur moyenne, sur lesquels la circulation des marchandises pouvait se faire dans de bonnes conditions pour l'époque.

En 1844, le port de Marseille présentait un mouvement de 18293 navires, entrées et sorties réunies, jaugeant ensemble 2 002 564 tonnes.

L'ancien bassin, comme surface d'eau (29 hectares) et comme développement de quais (2700 mètres), ne pouvait suffire à un pareil mouvement; dès cette époque, il fut admis qu'il fallait conquérir sur la mer les extensions qu'on ne pouvait plus trouver dans l'intérieur.

La loi du 5 août 1844 prescrivit la création du bassin de la Joliette, de 22 hectares de superficie et de 2100 mètres de développements de quai, précédé au nord et au sud par deux avant-ports d'environ 12 hectares chacun.

Ce nouveau bassin fut mis en communication avec l'ancien par un canal de 400 mètres de longueur servant aujourd'hui de formes de radoub provisoires.

Commencé en 1845, il a été terminé vers 1852 et a coûté 15 millions de francs.

L'ouvrage capital de ce bassin est une digue extérieure de 1100 mètres de longueur par des fonds de 12 mètres en moyenne, destinée à en former l'abri.

Mais ce fut en 1855, lorsque, le bassin de la Joliette à peine terminé, toutes les surfaces d'eau se trouvaient de nouveau encombrées, que le problème du port de Marseille fut posé comme il devait l'être. Le gouvernement impérial, entrevoyant nettement tout ce qu'on devait attendre de ce port, demandait un projet d'ensemble propre à en assurer le présent et l'avenir.

Pour répondre complétement à ce programme, on a pensé que les travaux à projeter devaient être disposés de telle façon qu'un ouvrage quelconque terminé pût permettre l'exécution immédiate d'un ouvrage analogue, s'harmonisant avec tous les ouvrages antérieurs et avec lesquels il parût être d'un seul et même jet.

On a, en conséquence, proposé une série de môles intérieurs enracinés à terre, formant entre eux une suite de bassins couverts par une digue courant parallèlement au rivage, qui laisse entre elle et les têtes des môles un chenal permettant une communication commode entre tous ces bassins. Rien n'est plus facile que de comprendre l'addition de nouveaux travaux à ceux qui sont déjà exécutés. Il suffit d'ajouter de nouveaux môles à la suite de ceux qui existent et de les couvrir par un prolongement de la digue extérieure.

Ce projet a été approuvé en principe, et son exécution se poursuit journellement conformément à l'idée qui a présidé à son élaboration.

Un décret du 24 août 1859 dotait Marseille de trois nouveaux bassins (Lazaret, Arenc et Napoléon). Ils ont commencé à fonctionner dès 1864. Ils présentent ensemble une surface de 39 hectares et un développement de quais de 4200 mètres. Deux de ces bassins sont concédés à la Compagnie des docks-entrepôts, qui a élevé sur les terre-pleins qui les bordent et dans les meilleures conditions des magasins et des hangars capables de contenir 130 000 tonnes de marchandises, contenance susceptible d'être portée à 150 000 tonnes.

Les travaux du bassin Napoléon et les travaux maritimes pour la création des bassins des docks-entrepôts ont duré six ans et ont exigé une dépense totale de 19 millions de francs.

Ces travaux n'étaient pas terminés qu'un nouveau décret, à la date du 29 août 1863, décidait à la fois la construction d'un bassin de 48 hectares de superficie, susceptible de recevoir dans son intérieur des quais présentant un développement de 5 kilomètres, et d'un vaste établissement pour la réparation des navires dans lequel, indépendamment d'un bassin pour les réparations à flot, il sera possible de construire, au fur et à mesure des besoins, douze formes sèches. »

Le projet de 1855 comprenait, en outre, l'établissement d'un brise-lames isolé au large, protégeant un vaste avant-port, capable de recevoir par tous les temps des navires de dimensions quelconques.

« Cet avant-port, dit la notice de 1867, remplira à Marseille les mêmes fonctions que remplissent à Londres la Tamise, à Liverpool la Mersey, à New-York l'Hudson, avec cet avantage que, tandis que pour les grands navires, qui sont l'avenir de la navigation, Londres est obligé d'avoir Southampton pour succursale ; que la barre de la Mersey, à Liverpool, limite la puissance des navires qui fréquentent ce port ; que la barre de l'Hudson offre le même inconvénient, quoique à un degré moindre, l'avant-port de Marseille et ses bassins pourront recevoir dans les meilleures conditions tous les navires, quelles que soient les dimensions auxquelles atteindra le génie des constructions navales. »

L'avant-port de 1855 n'a pas été conservé dans les nouveaux projets ; les navires à vapeur l'emportent de plus en plus sur les navires à voiles, ils prennent toujours assez facilement les passes des ports, et une rade, entraînant une dépense énorme, ne paraît plus nécessaire. En 1870, on a donc projeté de remplacer la rade par un avant-port précédant la passe principale au nord, et ayant une longueur de 700 mètres sur 520 mètres de large. Cet avant-port, destiné à recevoir les navires au mouillage, est appelé à jouer en outre un rôle très-important; il doit permettre le chargement et le déchargement des navires de dimensions exceptionnelles, tels que le *Great-Estern*, qu'on ne saurait admettre dans les bassins ordinaires. Avec les tendances actuelles, les navires de ce genre ne tarderont sans doute pas à se multiplier.

Aujourd'hui, les bassins intérieurs de Marseille, protégés par la grande jetée du large, suffisent encore; ces bassins intérieurs sont formés par des môles enracinés à la terre et perpendiculaires à la digue. Entre la digue du large et la tête des môles, existe un chenal de communication dont la largeur minima a été fixée à Marseille à 220 mètres; la plus grande profondeur des bassins étant de 520 mètres, la longueur maxima des môles est de 300 mètres.

« La largeur d'un môle, dit M. Pascal, dépend essentiellement de son affectation. Il faut autant que possible spécialiser ces ouvrages; on peut alors leur donner une largeur et un aménagement parfaitement appropriés au service qu'ils sont appelés à faire. »

Deux types principaux sont adoptés à Marseille : 1° Une largeur de 60 mètres avec 8 voies de fer et deux emplacements pour dépôt, de chacun 7^m,75, convient pour les marchandises de transit, telles que charbons et minerais, allant directement du navire aux wagons; 2° Une largeur de 150 mètres convient aux marchandises que la douane doit vérifier; de chaque côté du môle à l'aplomb du mur de quai est un hangar de 30 mètres de large, avec moyens rapides de déchargement. Au centre, est un magasin ayant également 30 mètres de large, à simple rez-de-chaussée pour les marchandises devant séjourner; entre le magasin central et chaque hangar est une cour de 27 mètres de large avec 8 voies ferrées.

L'espacement des môles a été fixé à 120 mètres, à Marseille; mais il est bon de réserver, de distance en distance, un espacement plus considérable pour les navires qui ne sont pas en opération.

La jetée du large, où se font les embarquements et débarquements des grands navires partant à dates fixes, est reliée au môle séparant le bassin de la Joliette du bassin du Lazaret par un pont tournant sur lequel la circulation journalière s'élève jusqu'à 1500 voitures.

Le pont tournant, primitivement établi, se composait de deux volées en charpente manœuvrées à bras d'hommes.

Comme le passage des navires exigera environ 50 ouvertures par jour, on serait arrivé bien vite à des embarras considérables avec cet ancien pont en charpente, du reste mal disposé pour le passage des trains de chemins de fer; chaque ouverture exige en effet une interruption de 8 minutes dans la circulation du pont, soit 6^h,7 d'interruption totale par jour. Un pont tournant en métal, à manœuvre hydraulique, a été établi et n'occasionnera par jour qu'une interruption totale de 2^h,7.

Le bassin de radoub de Marseille, établi pour suppléer à l'insuffisance des deux formes en maçonnerie établies provisoirement dans le canal reliant l'ancien port avec le bassin de la Joliette, se trouve dans l'anse de l'*Attaque*. Dans le bassin débouchent quatre formes sèches en maçonnerie, et l'emplacement est réservé pour en établir sept autres.

La surface d'eau abritée au port de Marseille s'élève actuellement à 138 hectares dont 90 hectares sont entourés de 8 kilomètres de quais.

A l'ehtrée de l'avant-port sud, on voit sur le plan un petit bassin d'environ 1 hectare précédant le chantier de construction du Pharo.

Le tonnage général du port de Marseille s'élevait, en 1868, à 3 400 000 tonnes.

Les travaux du port, projetés à l'origine par M. de Montricher, sont particulièrement l'œuvre de M. Pascal, qui les a dirigés successivement comme ingénieur ordinaire et comme ingénieur en chef.

CHAPITRE III

Dans le chapitre précédent nous avons étudié les ouvrages extérieurs des ports, c'est-à-dire ceux qui sont destinés à créer l'abri et à permettre aux navires de passer aussi facilement que possible de la haute mer dans la rade et dans l'avant-port, et réciproquement.

Il nous reste à étudier l'aménagement intérieur des ports; ce sera la matière de ce troisième chapitre qui présentera naturellement les divisions suivantes :

I. — BASSINS A FLOT

Dans la Méditerranée, l'avant-port et les darses remplissent à peu près les mêmes fonctions, si ce n'est que les dernières présentent généralement un meilleur abri et une passe plus étroite. La mer n'éprouvant que de très-faibles oscillations, on n'a pas besoin de fermer l'entrée au moyen de portes, qui auraient le grave inconvénient de coûter cher et de causer de fortes pertes de temps.

Dans l'Océan, sauf certaines circonstances exceptionnelles, les navires ne peuvent rester à flot dans des bassins communiquant librement avec la mer; ils s'échouent à marée descendante et sont exposés à se disloquer s'ils n'on pas été construits en vue de l'échouage. De plus, les opérations de chargemen et de déchargement sont nécessairement difficiles et intermittentes. Il n'y a donc pas de port de quelque importance sans bassin à flot.

Un *bassin à flot* est un espace communiquant avec l'avant-port ou avec un autre bassin au moyen d'une écluse; cette écluse reste ouverte tant que la pro-

fondeur d'eau est suffisante à l'intérieur et à l'extérieur du bassin ; au moment
où la profondeur devient insuffisante à l'extérieur, on ferme les portes de l'é-
cluse ; ce sont des portes d'ebbe, c'est-à-dire des portes dont la pointe du busc
est tournée vers le bassin. L'eau du bassin les presse et les maintient fermées
pendant tout le temps de la basse mer ; les navires restent donc à flot dans le
bassin et à un niveau sensiblement constant, circonstance des plus avantageuses
pour les manœuvres de tout genre.

On pourrait, il est vrai, éviter l'échouage en recevant les navires dans un
bassin creusé à une profondeur telle que les vaisseaux y trouvent toujours une
hauteur d'eau suffisante ; mais, outre que ce procédé est des plus coûteux
comme construction et comme entretien, il a l'inconvénient de ne donner qu'un
plan d'eau constamment variable, circonstance incommode pour le commerce ; il a cependant été appliqué au port militaire de Cherbourg et permet
aux vaisseaux de guerre d'entrer et de sortir à toute heure de marée.

Dans les ports de commerce, c'est le bassin à flot qui a prévalu avec raison.

Plan des bassins à flot. — Pour les bassins comme pour les avant-ports,
il est inutile de rechercher des formes régulières en plan. On est souvent commandé par la disposition même des lieux, et il faut se préoccuper avant tout
d'assurer la libre circulation des navires et de réaliser la plus grande longueur
possible de quais pour une surface d'eau déterminée.

Les anciens bassins à flot sont généralement établis sur plan rectangulaire,
et c'est encore la forme adoptée dans les ports secondaires.

Mais, dans les grands ports, surtout dans ceux qui reçoivent beaucoup de
marchandises encombrantes, il convient d'imiter le plan général du port de
Marseille et de découper le bassin en une série de rectangles, au moyen de
jetées perpendiculaires aux lignes de contours. La figure 3, planche 94, indique une application de cette disposition aux docks Victoria sur la Tamise ;
la longueur de quais reçoit de la sorte un grand développement et une grande
quantité de navires peut accoster simultanément. Des voies ferrées, des hangars, des magasins, des entrepôts, sont établis sur tout le pourtour des bassins, ainsi que sur les redans, et on trouve sur les quais tous les appareils
perfectionnés qu'exigent les opérations rapides d'embarquement et de débarquement. En Angleterre, les manœuvres s'effectuent généralement par pression
hydraulique, au moyen de l'accumulateur Armstrong que nous avons décrit
dans une autre partie de notre ouvrage ; en France, on rencontre surtout les
grues à vapeur. Pour couvrir l'intérêt et l'amortissement des grands bâtiments
de commerce et des travaux des ports, il est nécessaire d'éviter tout chômage,
de multiplier les voyages de ces bâtiments et le rendement du mètre courant
de mur de quai ; il faut donc réduire autant que possible le stationnement dans
les bassins et disposer à cet effet de moyens parfaits d'embarquement et de
débarquement.

Les grands bassins, subdivisés en sections au moyen des redans, sont préférables à une série de petits bassins indépendants ; mais, comme nous le verrons
tout à l'heure, il faut que ces grands bassins soient desservis par une écluse à
sas ou par un bassin de mi-marée, car la présence d'une écluse simple n'est pas
compatible avec une grande superficie de bassin.

Cette combinaison du petit bassin de mi-marée précédant un grand bassin à
redans, a été adoptée au port de Sunderland, dont la figure 1, planche 94,
représente les dispositions générales ; ce port est un grand entrepôt de charbon
et des voies ferrées multipliées se prêtent à une manutention rapide.

Mode de fermeture des bassins à flot. — Le mode le plus simple adopté pour la fermeture des bassins à flot se compose d'un pertuis ou écluse ordinaire avec une seule paire de portes busquées, qui sont des portes d'ebbe, c'est-à-dire à busc tourné vers le bassin. Lorsque la mer montante arrive au niveau de l'eau du bassin, elle entr'ouvre les portes d'elle-même et il n'y a plus qu'un faible effort à exercer pour les ouvrir complétement; les navires entrent alors et sortent librement; lorsque la mer baisse, un écoulement s'établit du bassin vers l'avant-port, et, suivant l'étendue du bassin, l'écoulement s'accélère à mesure que la mer descend; il ne tarde pas à rendre les manœuvres des navires impossibles, et, si l'on attendait plus longtemps, la fermeture des portes deviendrait dangereuse à cause de la poussée de l'eau.

Ces écluses simples sont donc admissibles seulement dans les ports de faible fréquentation et surtout dans ceux où l'étale de la pleine mer dure plusieurs heures, c'est-à-dire lorsque la courbe des marées est très-aplatie vers le sommet.

Lorsque l'étale ne dure que quelques minutes, comme cela arrive sur les côtes de Saint-Brieuc à Granville, l'écluse simple n'est plus admissible et il faut recourir à l'écluse à sas, c'est-à-dire à l'écluse munie de deux paires de portes d'ebbe, assez espacées pour recevoir entre elles un navire.

Tout en conservant l'écluse simple, on a quelquefois adopté deux paires de portes d'ebbe ne laissant pas entre elles l'intervalle nécessaire pour un sas; ces deux paires de portes peuvent se suppléer mutuellement, et cela est avantageux pour les réparations; c'est en même temps une garantie en cas de rupture; la rupture des portes d'un bassin ferait en effet courir les plus grands dangers aux bâtiments qu'il contient; en temps ordinaire, on peut même profiter de la présence des deux paires de portes pour répartir entre elles la charge d'eau à basse mer, en maintenant dans l'intervalle qui les sépare un niveau intermédiaire entre le niveau du bassin et celui de la mer libre, mais il ne faut pas tenir compte de cette circonstance dans le calcul de la résistance des portes, et chaque porte doit pouvoir supporter seule la charge entière. Lorsqu'on a recours à deux paires de portes d'ebbe, il est presque toujours préférable de les espacer suffisamment pour constituer un sas.

Dans les écluses simples ou à sas, bien que les portes d'ebbe soient seules nécessaires pour le passage des navires, on les combine cependant quelquefois avec une paire de portes de flot, c'est-à-dire de portes dont le busc tourne sa pointe vers l'avant-port.

Les portes de flot ont pour but de protéger le bassin contre les hautes mers exceptionnelles, qui y feraient monter l'eau à un niveau nuisible; elles sont d'un usage général en Hollande. Placées nécessairement en avant des portes d'ebbe, elles ont encore une grande utilité dans certains cas, lorsque l'écluse n'est pas convenablement orientée, ni bien abritée contre les lames; sous l'effort des lames, les portes d'ebbe seraient exposées à s'entr'ouvrir et à se refermer sans cesse, ce qui ne tarderait pas à les disloquer; les lames exercent un effet contraire sur les portes de flot qu'elles tendent à appuyer contre leur busc.

On a eu recours à des portes de flot à claire-voie pour protéger les portes d'ebbe exposées aux lames.

Les portes de flot permettent d'assécher l'espace compris entre elles et les portes d'ebbe, et, si cet espace est assez considérable pour recevoir un navire, il se transforme momentanément en bassin de radoub; les portes de flot forment batardeau par rapport à la mer libre, et les portes d'ebbe forment batardeau par rapport au bassin. Avec des portes de flot, on peut même maintenir à sec le bassin tout entier et y exécuter des réparations.

Une écluse complète à sas comprendra donc trois paires de portes : deux d'ebbe et une de flot.

Pour faire communiquer les bassins entre eux, on se sert également d'écluses; on rencontre quelquefois en Angleterre des écluses à sas; généralement, ce sont des écluses simples avec deux paires de portes à busc opposé, dont l'une ou l'autre fonctionne suivant le niveau respectif des deux bassins. Une seule paire de portes suffirait si l'un des bassins n'était jamais exposé à voir son niveau s'abaisser au-dessous de l'autre.

L'écluse à sas, dans les ports à faible étale, réalise un grand progrès par rapport à l'écluse simple ; mais l'écluse à sas ne se prête pas à un trafic considérable. car le passage d'un seul bâtiment consomme beaucoup de temps.

Une grande circulation exige la présence d'un bassin de mi-marée, ou sas de grande surface atteignant en général un demi-hectare ; les navires sont reçus dans ce bassin pendant tout le temps que la mer reste au-dessus de la mi-marée, ils s'y pressent les uns contre les autres ; lorsque la mer descendante est arrivée à mi-marée, on ferme les portes du côté de l'avant-port, on met le bassin de mi-marée en communication avec le grand bassin pour égaliser les niveaux, on ouvre les portes de communication et tous les bâtiments passent dans le grand bassin, à qui le bassin de mi-marée sert pour ainsi dire de salle d'attente.

Quand les bâtiments entrants ont évacué le bassin de mi-marée, ceux qui doivent sortir à la marée suivante y pénètrent à leur tour et attendent le moment favorable pour l'ouverture des portes.

Profondeur des bassins. — La profondeur des bassins est déterminée par le tirant d'eau des navires fréquentant le port. C'est dire que cette profondeur dépend essentiellement de la hauteur d'eau qu'on trouve à haute mer dans le chenal.

La profondeur utile est mesurée par celle qu'on trouve sur le busc de l'écluse d'entrée.

Il ne faut pas se limiter à la hauteur strictement utile pour le tirant d'eau; car cette hauteur ne serait alors jamais obtenue : dans l'intervalle de deux hautes mers, la retenue baisse toujours de plusieurs centimètres par suite des pertes d'eau auxquelles donnent lieu les interstices des vannes et des portes; dans tous les ports, les eaux calmes des bassins déposent des alluvions plus ou moins abondantes, qu'on ne peut enlever chaque jour et que l'on drague périodiquement ; ces alluvions accumulées réduisent d'autant la profondeur utile. Pour ces raisons, on doit toujours avoir dans le bassin $0^m,80$ ou 1 mètre de plus que la profondeur strictement utile.

En ce qui touche les pertes d'eau, on est arrivé à les réduire dans une grande mesure ; c'est cependant un mal inévitable, d'autant plus accusé que les portes sont plus vieilles, la superficie du bassin plus étendue et la dénivellation des marées plus considérable.

Au Havre, tous les anciens bassins communiquant entre eux, ayant une superficie de $19^h,3$, perdaient $0^m,21$ de hauteur en vive eau et $0^m,17$ en morte eau.

A Honfleur, l'abaissement du petit bassin, de $0^h,94$, desservi par une écluse de 10 mètres de large, était de $0^m,05$ par marée.

A Cherbourg, en 1846, le bassin du Commerce, de $5^h,31$ de superficie, des-

servi par une écluse de 12 mètres de large avec portes en mauvais état, perdait
$0^m,50$ par marée de vive eau et $0^m,15$ par marée de morte eau.

La vitesse d'atterrissement des bassins est également difficile à préciser ; elle
dépend de l'état de la mer et de la fréquence des communications du bassin
avec la mer. Voici, d'après Minard, la hauteur de vase déposée chaque jour
par la mer dans les ports ci-après :

Ramsgate.	$0^m,001$	Honfleur.	$0^m,020$
Hull.	$0^m,003$	Marseille..	$0^m,006$
Flessingue..	$0^m,005$	La Ciotat.	$0^m,037$
Le Havre.	$0^m,007$	Bouc.	$0^m,010$

Ces chiffres représentent : pour le Havre une hauteur mensuelle de $0^m,21$ et
pour Honfleur $0^m,60$; mais les dépôts sont beaucoup moins abondants dans les
bassins que dans les avant-ports et la hauteur d'alluvion ne dépasse guère
$0^m,50$ par an dans les bassins du Havre. Nous avons vu précédemment qu'elle
atteignait à Saint-Nazaire une valeur considérable.

Largeur des bassins. — La largeur des bassins doit être assez considérable
pour que, une file de navires étant en charge le long de chaque quai, les
navires entrants ou sortants puissent circuler facilement et virer de bord au
milieu du bassin.

Généralement les navires en charge se placent parallèlement au quai, c'est
la seule position commode ; cependant, lorsque l'espace manque, on force quelquefois les navires à se placer normalement au quai, ou bien, si on les établit
parallèlement, on met une seconde ligne en arrière de la première, et le milieu
des navires de cette seconde ligne correspond au vide compris entre deux
navires de la première ligne. Ces dispositions gênantes ne doivent plus être
employées qu'à titre exceptionnel, et les nouveaux bassins à redans ont précisément pour but de permettre à tous les bâtiments de se placer parallèlement
au quai.

La largeur d'un bassin doit donc être égale à deux fois la plus grande largeur des bateaux fréquentant le port, plus une fois la plus grande longueur de
ces bateaux.

Dans les bassins ordinaires on se contente souvent de 100 mètres, et on pourrait tomber à 80 mètres pour des ports fréquentés par de petits navires; mais
la dimension de 100 mètres est radicalement insuffisante pour les grands transatlantiques de 120 mètres de long. Aussi a-t-on donné 200 mètres de large au
bassin de l'Eure, au Havre.

Dans les bassins ne communiquant pas directement avec l'avant-port, mais
reliés seulement à d'autres bassins, il est inutile de ménager une largeur suffisante pour l'évitage des navires, car on peut se dispenser de les virer de bord
et il est indifférent de les faire sortir la proue ou la poupe en avant; autrefois,
les marins n'auraient jamais consenti à faire sortir un vaisseau la poupe en
avant, aujourd'hui ce préjugé n'existe plus.

Les bassins secondaires peuvent donc ne recevoir que quatre fois la largeur
d'un grand navire, largeur augmentée d'un jeu suffisant; c'est pourquoi on a
donné au bassin dock du Havre une largeur réduite à 80 mètres.

Longueur des bassins. — Lorsque les bassins communiquent par un sas
avec l'avant-port, leur superficie peut être, sans inconvénient, aussi grande que
possible, et on la proportionne à l'importance du trafic, en laissant une assez

large marge au développement futur. En fait de ports de mer, on doit en effet prévoir très-largement les besoins futurs, et, s'il ne convient pas d'exécuter des travaux hors de proportion avec le trafic actuel, on doit se réserver, lorsque cela est possible, les moyens de donner aux ouvrages similaires une extension progressive.

Quand la communication du bassin et de l'avant-port a lieu par une écluse simple, la largeur étant fixée comme nous l'avons dit plus haut, la longueur ne doit pas dépasser une certaine limite, déterminée par la superficie maxima qu'il est possible de donner au bassin.

Le raisonnement suivant fera comprendre comment on détermine cette superficie maxima :

Lorsque la mer est étale, le niveau de l'eau dans l'avant-port et dans le bassin reste immobile pendant un temps plus ou moins long; puis, la mer commence à baisser dans l'avant-port, il s'établit donc une chute entre le bassin et la mer libre; l'eau afflue de tous les points du bassin vers l'écluse dans laquelle un courant s'établit; pour une écluse de largeur donnée, si le bassin est petit, un courant de faible vitesse suffira pour faire baisser parallèlement le bassin et l'avant-port; mais, si le bassin augmente de superficie, l'abaissement simultané ne pourra se faire que par l'établissement d'une chute plus élevée et d'un courant de vitesse croissante; il y aura une certaine superficie pour laquelle ce courant atteindra une vitesse incompatible avec la sécurité des navires entrants ou sortants. Il convient donc de se tenir en deçà de cette superficie.

Voici un calcul approché de cette limite :

Prenons comme plan de comparaison le plan d'étale de la pleine mer, et supposons qu'après le temps t la dénivellation moyenne dans le bassin de surface S soit égale à y; pendant un temps infiniment petit dt, le volume perdu par le bassin sera Sdy. Ce volume sera égal à celui qui se sera pendant le même temps écoulé par l'écluse, dont l est la largeur; si h est la profondeur d'eau dans l'écluse au moment de l'étale, z la diminution subie par cette profondeur au temps t, v la vitesse moyenne du courant qui traverse l'écluse, le volume ayant traversé l'écluse pendant le temps dt sera, en désignant par m le coefficient de contraction :

$$m.l(h-z) v.dt.$$

Égalant le volume perdu par le bassin à celui qui s'est écoulé par l'écluse, on a l'équation :

$$S.\frac{dy}{dt} = m.l(h-z)v$$

Les valeurs de z en fonction du temps sont fournies par la courbe des marées, mais non sous forme algébrique; les valeurs de y dépendent de celles de z et peuvent par conséquent être exprimées en fonction du temps, de serte qu'à la rigueur on pourrait intégrer l'équation précédente d'une manière approximative.

Mais, cela est peu utile; dans les premiers moments qui suivent la pleine mer dy est moindre que dz, de sorte que l'équation précédente peut se remplacer par l'inégalité :

$$\frac{dz}{dt} > \frac{m.l.(h-z) v}{S} \quad \text{ou} \quad (1) \quad v < \frac{S.\left(\frac{dz}{dt}\right)}{m.l.(h-z)}.$$

En prenant pour valeur de v la valeur numérique du second membre de l'inégalité précédente, on aura une limite supérieure de la vitesse, et, si l'on trouve
cette limite supérieure trop élevée, on réduira S en conséquence ou on augmentera la largeur l de l'écluse.

On voit que v est, pour une valeur donnée de l, proportionnelle à la surface
S du bassin, et à la vitesse de descente de la mer; elle est, au contraire, d'autant moindre que l'écluse est plus large.

Dans les ports à courbe de marée aiguë, la vitesse du courant dans l'écluse
deviendra très-rapidement dangereuse pour les navires; c'est-à-dire qu'on sera
forcé de recourir à une écluse à sas.

A l'écluse de la Barre au Havre, la vitesse v du courant obtenu pendant l'ouverture des portes ne dépasse pas $0^m,20$.

Connaissant la courbe des marées, on pourra dresser un tableau donnant, par
exemple, de 5 en 5 minutes, les valeurs de z et de $\dfrac{dz}{dt}$; pour une valeur donnée de S, on reconnaîtra au moyen de la formule (1) à quel moment la vitesse
v atteindra une limite dangereuse; c'est à ce moment que les portes de l'écluse
devront être fermées; on connaîtra par conséquent la durée du temps pendant
lequel les navires pourront entrer ou sortir. Si cette durée est trop faible, il
faudra réduire en conséquence la superficie du bassin.

Établissement d'un sas dans un port à marées. — Les considérations précédentes font prévoir que l'établissement d'un sas dans un port à marées ne
peut se faire avec la même facilité que l'établissement d'un sas de canal. Dans
un canal, les niveaux d'amont et d'aval restent constants et la durée du sassement est indifférente; quelle que soit cette durée, la manœuvre est toujours
possible. Dans un port à marées, le niveau de l'eau peut être considéré comme
sensiblement constant à l'amont du sas, c'est-à-dire dans le bassin; mais il est
essentiellement variable à l'aval du côté de l'avant-port. Les mouvements de la
mer peuvent tantôt favoriser, tantôt empêcher les manœuvres et même les rendre impossibles.

Quatre cas peuvent se présenter, que M. l'ingénieur Chevallier a examinés
dans un mémoire inséré aux *Annales des ponts et chaussées* de 1853; c'est ce
mémoire que nous allons résumer ici.

1er cas. *Sortie des bâtiments à mer montante.* — Pendant la marée basse, on
fait passer les bâtiments dans le sas et on n'y laisse que la hauteur d'eau nécessaire pour la flottaison; lorsque la mer montante a atteint cette hauteur, les
portes d'aval du sas s'ouvrent d'elles-mêmes et les bâtiments sortent sans difficulté. Mais, si l'on veut faire un second sassement, il faut fermer les portes
d'aval et mettre le sas en communication avec le bassin pour le remplir; les
vannes de l'écluse d'amont devront donc avoir un débit suffisant pour faire
monter l'eau dans le sas plus vite que la mer ne monterait au dehors, sans quoi
on ne pourrait fermer les portes.

Il est bon de connaître, tout d'abord, la valeur j de la plus grande ascension
de la mer par seconde dans le port considéré. C'est aux marées de vive eau que
l'on rencontre cette plus grande ascension; en voici la valeur pour quelques
ports, valeur calculée d'après les courbes de Chazallon;

PORTS.	DURÉE DU FLOT.	MARÉE TOTALE D'ÉQUINOXE.	j, PLUS GRANDE ASCENSION DE LA MER PAR SECONDE.
	heures.	mètres.	mètres.
Dunkerque	5,20	5,80	0,00065
Le Havre.	5,50	8,00	0,00068
Granville.	»	13,75	0,00109
Saint-Malo	5,30	12,85	0,00102
Brest.	6,01	7,50	0,00053
Saint-Nazaire.	5,50	5,95	0,00047

A étant la section horizontale du sas, la mer y apporte par seconde un volume d'eau Aj.

Σ étant la surface des vannes d'amont, h la hauteur de chute entre le bassin et le sas, m le coefficient de contraction d'écoulement, le volume d'eau débité par les vannes en une seconde sera égal à

$$m.\Sigma.\sqrt{2gh},$$

et ce volume devra être supérieur à l'apport de la mer, d'où l'inégalité de condition :

(1) $$\Sigma > \frac{Aj}{m\sqrt{2gh}}.$$

Toutes choses égales d'ailleurs, on voit qu'il faudra à Saint-Malo une surface de vannes double de celle qui suffirait à Brest.

A un moment donné, si y est la différence de niveau entre l'eau du bassin et celle du sas, le sas gagnera pendant un temps infiniment petit dt un volume

$$A.dy,$$

et les vannes lui enverront un volume

$$m.\Sigma.\sqrt{2gy}.dt ;$$

ces deux volumes sont égaux, d'où l'équation

$$m.\Sigma.\sqrt{2gy} = -\frac{dy}{dt}.A.$$

Intégrant par rapport à y, depuis le moment où la chute est h jusqu'à celui où elle est réduite à n, on trouve pour la valeur du temps écoulé

(2) $$\theta = \frac{2A}{m.\Sigma\sqrt{2g}}(\sqrt{h} - \sqrt{n}).$$

Comme il faut un temps assez long pour égaliser le niveau de l'eau à la fin de l'opération, il est indispensable d'ouvrir les portes du bassin encore un peu chargées; *n* représente cette petite charge finale.

La relation (1) indique la surface à donner aux vannes pour qu'au commencement de l'opération l'eau monte plus vite dans le sas que dans l'avant-port; mais cela ne suffit pas, car le débit des vannes diminue à mesure que l'eau monte parce que la chute *h* s'atténue; au contraire, l'ascension de la mer est sensiblement proportionnelle au temps, lorsqu'on se trouve au voisinage de mi-marée, puisque la courbe des marées présente à ce moment un point d'inflexion.

Pendant le temps θ, l'ascension de la mer a donc été de $j.θ$; pendant le même temps, l'ascension du sas par l'écoulement des vannes a été de $(h-n)$; le sassement ne sera possible que si l'on a la condition :

$$h - n > jθ.$$

En remplaçant θ par sa valeur (2), cette condition devient :

$$\sqrt{h}+\sqrt{n} > \frac{2hj}{m.\Sigma.\sqrt{2g}},$$

qui donne pour limite de la surface Σ des vannes :

$$(3) \qquad \Sigma > \frac{2hj}{m\sqrt{2g}(\sqrt{h}+\sqrt{n})}.$$

Cette limite est presque double de celle que nous avons trouvée plus haut, car *n* est très-petit par rapport à *h*. C'est donc cette dernière limite qu'il convient d'adopter pour la surface du débouché des vannes.

Les bâtiments étant entrés dans le sas, leur sortie dépend du temps employé à égaliser les niveaux entre le sas et l'avant-port; cette opération est facilitée par la montée de la mer.

2° *cas. Entrée des bâtiments à mer montante.* — L'opération précédente étant exécutable, il est évident que l'entrée des bâtiments l'est également.

3° *cas. Entrée des bâtiments à mer descendante.* — Le sas étant ouvert, les bâtiments y entrent; on ferme les portes d'aval, on égalise les niveaux du sas et du bassin et l'on fait entrer les bâtiments dans celui-ci. La difficulté ne réside pas dans cette première opération, mais dans un second sassement, ou plutôt dans l'ouverture des portes d'aval. Cette ouverture est considérée dans le cas suivant.

4° *cas. Sortie des bâtiments à mer descendante.* — Les portes du bassin ayant dû être fermées à cause des courants que l'abaissement de la mer déterminai: dans les écluses, on veut néanmoins faire sortir un bâtiment avant le momen! où la profondeur lui fera défaut dans l'avant-port. Il passe sans difficulté du bassin dans le sas, mais certaines conditions sont nécessaires pour le faire passer du sas dans l'avant-port:

1° La mer baissant en aval d'une manière continue, il y aura toujours une chute entre le sas et l'avant-port et il faudra pouvoir vaincre l'effort que cette chute exerce contre les portes; dans certains cas, il est vrai, la houle facilitera la manœuvre, et le mouvement une fois commencé s'achève avec un effort décroissant;

2° Le débouché des vannes de décharge doit être assez grand pour que l'eau baisse plus rapidement dans le sas que dans la mer libre;

3° L'eau doit atteindre dans le sas la hauteur de chute sous laquelle les portes peuvent s'ouvrir avant le moment où la profondeur d'eau dans l'avant-port deviendra insuffisante eu égard au tirant d'eau des bâtiments.

1° L étant la largeur d'un ventail, C la hauteur de l'eau qui le baigne, n la petite chute sous laquelle on doit ouvrir la porte, l'eau de mer pesant 1026 kilogrammes au mètre cube, la charge sur un ventail sera égale à

$$L\left(C+\frac{n}{2}\right)n \times 1026,$$

ou simplement à

$$L.C.n.1026,$$

car n est très-petit par rapport à C.

P étant la force de traction dont on dispose et qui, par une chaîne, es exercée sur le poteau busqué du ventail, son bras de levier sera L, celui de la poussée de l'eau n'est que $\frac{L}{2}$. On devra donc avoir :

$$PL > 1026.L.C.n.\frac{L}{2},$$

d'où :

$$n < \frac{P}{513.L.C}.$$

Pour une force de traction donnée, la chute maxima sous laquelle on peut ouvrir les portes varie donc en raison inverse de la largeur des ventaux et de la hauteur d'eau existant sur le radier.

2° S étant la surface des vannes faisant communiquer le sas et l'avant-port, sous la chute n ces vannes débitent

$$m.S\sqrt{2gn},$$

et cette quantité divisée par la surface A du sas représente l'abaissement de l'eau dans le sas; K étant égal à l'abaissement maximum de la marée par seconde en vive eau d'équinoxe, on devra réaliser la condition

$$m.\frac{S}{A}\sqrt{2gn} > K.$$

Voici quelques valeurs de K déterminées sur les courbes de Chazallon :

PORTS.	DURÉE DU JUSANT.	MARÉE TOTALE DE VIVE EAU D'ÉQUINOXE.	K, ABAISSEMENT MAXIMUM DE LA MARÉE PAR SECONDE.
	heures.	mètres.	mètres.
Dunkerque	6,58	5,80	0,00037
Le Havre.	7,15	8,00	0,00063
Granville.	»	13,75	0,00083
Saint-Malo..	6,48	12,85	0,00078
Brest.	6,17	7,50	0,00047
Saint-Nazaire	6,28	5,95	0,00040

Dans chaque port, la valeur de S devra satisfaire à l'inégalité précédente ; cette inégalité donnera une limite inférieure de laquelle il faudra s'écarter le plus possible pour réduire la durée des opérations.

3° Pour satisfaire à la troisième condition, il faut calculer le temps nécessaire à l'écoulement de l'eau du sas jusqu'au moment où la chute sera réduite à n.

Le cas le plus défavorable est celui où la mer dans l'avant-port est voisin de mi-marée ; à cause de l'inflexion de la courbe des marées, l'abaissement peut alors être considéré comme proportionnel au temps.

Soit h la différence de niveau au moment où on ouvre les vannes ; comptons les hauteurs à partir du niveau de la mer dans l'avant-port à ce moment ; au bout du temps t, la hauteur d'eau dans le sas par rapport au plan de comparaison sera y et l'eau que le sas perdra par seconde sera :

$$A \frac{dy}{dt} ;$$

en même temps, la mer aura baissé à l'extérieur de (Kt) et la charge u sous laquelle se fera l'écoulement sera égale à

$$y + Kt.$$

D'où l'équation différentielle

$$A \frac{dy}{dt} = m S \sqrt{2g(y + Kt)},$$

qui peut s'écrire :

$$\frac{dy}{dt} = \alpha \sqrt{y + Kt},$$

en posant pour abréger :

$$\alpha = \frac{mS}{A} \sqrt{2g}.$$

En différentiant la charge u :

$$u = y + Kt,$$

on a

(2) $du = dy + K dt.$

Substituant dans (1) la valeur de dy tirée de (2), il vient :

$$dt = -\frac{du}{\alpha\sqrt{u} - K}.$$

Cette équation est facile à intégrer, et l'on trouve par l'intégration, pour la valeur t du temps, depuis le moment où la charge était h jusqu'à celui où elle se réduit à n, l'expression suivante :

$$t = \frac{2}{\alpha}\left(\sqrt{h} - \sqrt{n}\right) + \frac{2K}{\alpha^2}\log.\text{ hyp.}\left(\frac{\sqrt{h} - \frac{K}{\alpha}}{\sqrt{n} - \frac{K}{\alpha}}\right)$$

Si le niveau ne changeait pas, l'expression se réduirait à son premier terme, c'est le résultat connu du premier cas.

S'il s'agissait de la mer montante au lieu de la mer descendante, on remplacerait K par (—j) et la marée faciliterait l'opération au lieu de l'entraver.

La quantité α étant proportionnelle à S, on voit que le premier terme de l'expression précédente varie en raison inverse de S; quant au second terme, il varie en raison plus rapide que le carré de S.

On atténue donc d'autant plus l'effet de l'abaissement de la mer qu'on a recours à des vannes de section plus considérable.

Bassins à flot et sas de Dunkerque. — Les bassins à flot de Dunkerque, indiqués au plan général de ce port, figure 5, planche 91, sont au nombre de trois, dont le premier commande les deux autres :

1° Le bassin du commerce de . 500 mètres de long sur 110 mètres de large.
2° Le bassin de la marine de.. 300   —   100   —
3° Le bassin de l'arrière-port de 300   —   80   —

Le bassin du Commerce communique avec l'avant-port par deux écluses, dont une à sas, l'écluse de la Citadelle, dont le sas a 50 mètres de longueur sur 13 mètres de large.

« Il résulte, dit M. Plocq, d'observations régulières faites depuis vingt ans à l'écluse de la Citadelle, que l'on peut approximativement fixer comme il suit les moyennes du temps des manœuvres :

Sassée double. . . . { 1 navire entrant, 4 navires sortants. . . 50 minutes.
                     { 1 navire entrant, 1 navire sortant . . . 55   —
Sassée simple. . . . { 4 navires entrants ou sortants.. 30   —
                     { 1 navire entrant ou sortant . . . . 20 à 25 —

On entend par sassée l'ensemble des manœuvres nécessaires pour l'entrée ou la sortie des navires, en supposant le sas ramené, à la fin de l'opération, dans l'état où il se trouvait au commencement.

La durée d'une sassée se compose de deux éléments :

L'un, constant, correspondant aux manœuvres des portes, au jeu des vannes et aux variations du plan d'eau.

L'autre, variable, correspond au halage et à l'arrimage des navires.

La durée totale de l'élément constant est d'environ 15 minutes.

L'élément variable, c'est-à-dire le temps employé aux opérations de halage, d'arrimage et d'amarrage des navires dans le sas, et aux manœuvres inverses pour la sortie, est le plus important dans la durée totale.

Il varie avec le nombre des navires; il faut environ 5 minutes, pour hâler dans le sas ou déhâler au dehors un navire isolé, tandis qu'il faut compter 8 ou 10 minutes quand on peut comprendre quatre navires à la fois, ce qui arrive très-communément à Dunkerque.

Si une même sassée est utilisée pour faire sortir quatre navires du bassin et pour y faire entrer quatre autres navires, elle dure beaucoup plus longtemps qu'une sassée dans laquelle il ne se présenterait que des navires allant dans le même sens.

C'est pour cela que l'on distingue les sassées doubles et les sassées simples : les unes utilisent successivement l'ensemble des manœuvres pour les entrées et pour les sorties; les autres laissent sans emploi utile l'une des deux périodes, faute de navires se dirigeant en sens opposé. »

L'écluse à sas de la Citadelle peut assurer, en une marée, le passage de cinquante navires, d'un tonnage moyen de 100 tonneaux de jauge, ainsi répartis :

Avant l'étale. . . .	16 navires,	1600 tonneaux,	2 sassées doubles. .	1ʰ,40ᵐ.
Pendant l'étale. . .	18 —	1800 —	. . . .	1ʰ,40ᵐ,
Après l'étale. . . .	16 —	1600 —	, 2 sassées doubles. .	1ʰ.40ᵐ,
Totaux. . . .	50 —	5000 —	. . . .	4ʰ,20ᵐ.

« L'écluse de barrage, qui n'a pas de sas, augmente la facilité des mouvements en permettant de faire passer 20 navires pendant l'étale, ce qui porte à 70 le nombre des navires auxquels on peut faire franchir, en une seule marée, les écluses du bassin du Commerce; le tonnage total correspondant est de 7000 tonneaux. »

Bassin à flot et sas de Boulogne. — Le bassin à flot de Boulogne a 387ᵐ,92 de longueur totale et 192ᵐ,70 de largeur; sa superficie est de 6 hectares 86 ares, le développement des quais est de 1043 mètres et la largeur offerte aux marchandises sur ces quais est de 20 à 24 mètres.

Le bassin communique avec le chenal par une écluse à sas de 21 mètres de large, ayant 100 mètres de longueur entre les buscs.

La vidange et le remplissage du sas se font par des aqueducs latéraux de 1ᵐ,50 de largeur ménagés dans les massifs et fermés par des vannes.

Bassin à flot et sas de la Citadelle du Havre. — Le bassin à flot de la Citadelle, au Havre, indiqué au plan général, planche 93, se compose de deux darses réunies le long des formes et de l'écluse du sas par un espace libre de 100 mètres de large.

La darse Nord a 340 mètres de long sur 110 mètres de large, et la darse Sud a 210 mètres de long sur 80 mètres de large.

La superficie du bassin est de 6 hectares; le développement total des quais est de 1160 mètres dont 1085 mètres accostabble; la surface des terre-pleins utilisables est de 28600 mètres carrés.

Le bassin de la Citadelle communique avec l'avant-port par un sas de 80 mètres de long sur 55 mètres de large.

« Le sas, dit M. l'ingénieur Quinette de Rochemont, a pour but de prolonger la durée de la marée, limitée aux autres écluses à trois heures environ; il permet aux navires arrivés après la fermeture des autres portes d'entrer dans le bassin de la Citadelle; il sert aussi à primer la marée en donnant aux bâtiments la faculté de quitter le port dès que la mer a atteint la cote 3ᵐ,65, cote à laquelle se manœuvrent les portes d'écluse d'aval.

Les mouvements s'effectuent de la manière suivante : les portes de l'écluse d'amont ayant été fermées alors que le niveau de la mer s'est abaissé de 0ᵐ,30, soit environ une heure trois quarts après l'heure du plein, les portes d'aval restent ouvertes jusqu'à ce que la mer ait atteint le repère placé à la cote 3ᵐ,65. À cet instant, les portes d'aval sont fermées, puis le sas étant rempli au niveau du bassin, les portes d'amont s'ouvrent et les navires pénètrent dans le bassin à flot.

À la mer montante, les mouvements s'opèrent dans le sens inverse : tout navire qui veut primer la marée s'amarre dans le sas un peu avant que la mer arrive au repère; on ferme ensuite les portes de l'écluse d'amont, et lorsque le niveau est atteint, on écoule les eaux du sas dans l'avant-port; les portes d'aval sont mises en chambre; les navires prennent alors la mer. Grâce au sas, la durée de la marée se prolonge jusqu'à 7 et 8 heures.

Les manœuvres d'eau se font au moyen d'aqueducs de 1ᵐ,58 de hauteur sous clef et de 1ᵐ,35 de largeur, établis dans les bajoyers des écluses et dans le murs de quai du sas. Ces aqueducs, au nombre de deux, sont placés de chaque côté du sas; ils ont trois issues, l'une en amont dans le bassin de la Citadelle, et les deux autres en aval sur les hauts radiers des écluses, où ils débouchent à travers les bajoyers. Un triple jeu de vannes placées à droite et à gauche de l'écluse d'amont permet d'envoyer à volonté les eaux du bassin dans le sas ou dans l'avant-port, et réciproquement; ces vannes permettent aussi de faire communiquer le sas et l'avant-port.

Ces vannes sont entièrement métalliques; elles ont la forme de coins et sont parfaitement étanches. »

Bassin à flot de Bordeaux. — Le bassin à flot de Bordeaux est en cours d'exécution; la figure 2, planche 24, en représente les dispositions générales.

La rade de Bordeaux est le lit même de la Garonne, à l'aval du pont de pierre, sur 7 kilomètres de longueur; à mi-marée, la largeur moyenne est de 460 mètres et la surface d'eau de 230 hectares; mais, par suite de la présence des bancs de sable, les navires calant plus de 4 mètres ne peuvent mouiller que sur 58 hectares et ceux calant plus de 6 mètres sur 15 hectares.

La rade ne peut recevoir que 200 navires environ, et 60 seulement peuvent accoster à quai et le long des cales.

Les ensablements progressent sans cesse et la surface utilisable de la rade a décru d'une manière continue, en même temps que le nombre et le tonnage des navires augmentaient sans cesse.

Il en résultait une grande gêne pour le commerce, et c'est ce qui a décidé la Chambre de commerce de Bordeaux à entreprendre le bassin à flot dont la dépense est évaluée à 12 millions et demi de francs.

Ce bassin est établi sur la rive gauche de la Garonne; son entrée est normale au fleuve, et l'accès en est facilité par des estacades courbes en charpente à jour; le chenal est maintenu par des dragages à 3 mètres au-dessous de l'étiage du pont de Bordeaux, et comme la plus basse pleine mer connue s'élève à 3ᵐ,19 au-dessus de cet étiage, les bâtiments calant 6 mètres pourront entrer au bassin à toute marée.

A la suite du chenal on trouve deux écluses, l'une de 22 mètres de large sur 152 mètres de long pour les paquebots à roues, l'autre de 14 mètres sur 136 mètres, divisée par une paire de portes intermédiaires en deux sas ayant respectivement 60 mètres et 76 mètres de long. Cette écluse conviendra même aux grands paquebots à hélice.

Le bassin à flot a environ 10 hectares de superficie, 592 mètres de long, 120 mètres de large et sa forme affecte celle d'un T dont les branches ont l'une 90 mètres et l'autre 115 mètres de long.

Le bassin est creusé partie à 3 mètres, partie à 2 mètres au-dessous de l'étiage de la Garonne; le plan d'eau normal y sera maintenu à 4ᵐ,50 au-dessus de l'étiage; le mouillage de 7ᵐ,50 et de 6ᵐ,50 pourra être porté à 9 et 10 mètres lors des grandes marées.

Le développement des quais sera de 1811 mètres et le bassin pourra contenir 76 navires.

Le quai, régnant sur tout le pourtour, présentera une largeur de 18 mètres; en arrière, on trouvera les dépôts et magasins desservis par de nombreuses voies ferrées raccordées aux grandes gares des chemins de fer.

A l'ouest du bassin est un réservoir, entouré de boulevards, de 16 hectares 50 ares de superficie: l'eau accumulée dans ce réservoir servira à entretenir le niveau normal du bassin à la cote 4ᵐ,50, même pendant les basses mers; des pompes seront installées à cet effet.

La Chambre de commerce de Bordeaux s'est réservé le droit d'établir des docks sur une partie des terre-pleins.

II. — MURS DE QUAI ET ANNEXES

Généralités. — Les avant-ports et les bassins sont limités, dans les parties où les navires doivent accoster, à des murailles baignées par l'eau sur une face et soutenant les terres sur l'autre face; ce sont les murs de quais. Sans eux, les opérations de chargement et de déchargement sont longues et pénibles; l'activité des transactions a conduit dans nos grands ports à multiplier presque indéfiniment la longueur des quais, afin que tout navire trouve à chaque instant une place libre et subisse les moindres pertes de temps possibles. Un grand navire de nos jours est un capital énorme qu'il faut amortir en peu de temps; il importe d'éviter tout chômage et d'obtenir de cet engin le maximum de rendement.

Voici en quels termes M. l'ingénieur Marin, lors de l'Exposition de 1867, indiquait les dispositions générales des quais modernes :

« La nécessité d'apporter dans la manutention des marchandises une organisation méthodique, de nature à réaliser les deux conditions devenues indispensables aux opérations de la marine commerciale, la rapidité et l'économie des transbordements, a conduit à des principes nouveaux pour la disposition d'ensemble des quais de débarquement.

On cherche aujourd'hui à obtenir dans une surface d'eau donnée le plus grand développement de quais possible, et à mettre ce développement dans un rapport convenable avec le tonnage annuel du port. L'exemple de Liverpool, qui présente une longueur de quais de 27 000 mètres pour un mouvement d'environ 8 millions de tonnes, montre que ce rapport, d'ailleurs essentiellement variable avec la nature des marchandises et la régularité des arrivages, se rapproche cependant du chiffre moyen de 300 tonnes par mètre courant de quai.

La disposition la plus avantageuse consiste à établir une série de bassins d'opération, séparés par des quais saillants, et formant ainsi une suite de redans qui sont reliés entre eux par un chenal longitudinal affecté à la circulation. Les exemples les plus heureux de cette disposition éminemment rationnelle nous sont fournis par les bassins de Liverpool, par les docks Victoria à Londres, par les nouveaux ports de Marseille, et l'on s'en est heureusement inspiré dans le projet du port de commerce de Brest. Quelquefois même on a été conduit à sacrifier complétement les conditions d'alignement et de symétrie. Ainsi, pour desservir l'immense mouvement des charbons à embarquer au port de Sunderland, les quais ont été disposés en une série de redans irréguliers, placés à des hauteurs variables, qui permettent d'accoster beaucoup de navires à la fois, et auxquels viennent aboutir des voies ferrées s'épanouissant en un immense réseau ; on est arrivé ainsi à dépasser beaucoup le chiffre de 300 tonnes par mètre courant de quai.

La largeur des quais a dû être augmentée successivement, d'abord pour fournir le passage de voies ferrées se reliant aux gares des chemins de fer, ensuite pour rendre possible l'établissement sur les quais eux-mêmes de vastes magasins, notamment de ces grands entrepôts où les marchandises similaires sont arrimées régulièrement, cataloguées et représentées par des warants, qui leur permettent de passer de main en main, sans se déplacer réellement, et en n'acquittant les droits de douane qu'à la sortie de l'entrepôt. Le mérite de l'application de cet utile principe économique revient à l'Angleterre qui possède depuis longtemps de vastes entrepôts à Londres, à Liverpool, etc. La France est entrée dans cette voie au Havre et à Marseille. Le type qui paraît le plus propre à desservir le mouvement des marchandises destinées aux entrepôts consiste en un quai de 60 à 80 mètres de largeur, sur lequel on place : d'abord, à 2 mètres environ de l'arête, un hangar de pesage et d'échantillonnage, puis une rue de circulation, puis un grand magasin, auquel on donne généralement quatre étages au-dessus du rez-de-chaussée, dont une façade est affectée à l'entrée, l'autre à la sortie des marchandises, et qui renferme les divers engins mécaniques nécessaires à la manutention. »

Épaisseur des murs de quai. — L'épaisseur moyenne des murs de quai varie entre 0,35 et 0,40 de la hauteur. On ne peut donner de règles fixes à ce sujet; l'épaisseur dépend du système des fondations, de la nature des matériaux, et de la nature du remblai pilonné derrière le mur.

Dans la Méditerranée, les murs de quai sont soumis à des efforts sensiblement constants; d'un côté agit la mer dont le niveau est peu variable, de l'autre le remblai. Si ce remblai est vaseux et qu'il puisse engendrer une poussée analogue à celle d'un fluide, on devra considérer le mur comme soumis d'un côté à la pression d'un liquide de densité 1 et de l'autre à la pression d'un liquide de densité 2.

Dans l'Océan, par suite des oscillations de la mer, les murs de quai subissent des efforts variables; c'est à marée basse qu'ils sont le plus exposés et c'est surtout en vue de cette circonstance qu'il faut envisager leur résistance.

Les murs de quai se trouvent alors dans des conditions analogues à celles des bajoyers d'écluse; nous avons donné à la page 275 (*canaux*) les constructions graphiques, calculs et formules empiriques relatifs aux bajoyers. Le lecteur voudra bien se reporter à cette partie de notre ouvrage.

Profil en travers des murs de quai. — Les murs de quai présentent vers la mer un fruit de $\frac{1}{8}$ à $\frac{1}{10}$, généralement $\frac{1}{8}$. On a établi quelquefois des parements verticaux dans les emplacements réservés aux navires à roues, afin que ceux-ci obéissent sans danger aux mouvements de la mer; cette précaution est inutile et il suffit d'adopter un talus voisin de la verticale.

Un parement vertical produit toujours mauvais effet; il est rare qu'avec le temps il ne s'incline pas un peu vers le large par suite de la poussée continue du remblai; mais en admettant même que ce mouvement ne se produise pas, le mur n'en semble pas moins pousser au vide pour l'observateur qui le regarde; il y a là un effet de perspective qu'il faut éviter, bien qu'il soit sans inconvénient pratique.

Le talus voisin de la verticale n'est nécessaire que sur la hauteur d'oscillation de la mer; au-dessous, on peut adopter un profil brisé ou curviligne enveloppant la forme de carène des vaisseaux; cela permet de donner au mur un large empatement et augmente la facilité des fondations.

En principe, un mur de quai doit être fondé le moins bas possible, à moins cependant qu'on ne soit forcé de recourir à des fondations par épuisement; en effet, l'épaisseur moyenne du mur est à peu près proportionnelle à la hauteur, le volume de maçonnerie et par suite la dépense sont donc proportionnels au carré de la hauteur, et il importe de la réduire au minimum, sans rien sacrifier cependant des conditions nautiques.

Le parement du côté des terres est fréquemment appareillé par redans; mais, les redans entraînent des inconvénients que nous avons déjà signalés plus d'une fois, et il est préférable d'adopter un parement en talus ou plutôt vertical. Quelquefois, on a adopté un talus parallèle à celui du large; cette disposition, qui place le mur en surplomb vers les terres, est avantageuse pour la résistance et permet au massif de mieux résister à la poussée; mais c'est une sujétion de construction, et cette forme peut entraîner certains dangers au cas où la maçonnerie viendrait à se détacher du massif des terres. Le parement vertical paraît donc préférable.

Le massif des murs de quai se fait maintenant en maçonnerie ordinaire et le parement en pierre de taille dure. L'arête supérieure est arrondie suivant un quart de rond de 0^m,05 de diamètre. Le couronnement est formé par une dalle en granit de 1 mètre à 2 mètres de large, qui, malgré sa dureté, se creuse et s'use assez rapidement dans les ports très-fréquentés comme le Havre.

Autrefois, pour protéger le parement du mur lorsqu'il était en pierres tendres, et surtout pour protéger les navires, on appuyait le long des murs de quai des pièces de bois que l'on espaçait entre elles d'environ 1 mètre et qui étaient dirigées suivant la ligne de plus grande pente des talus. Ces poteaux, qui existent encore dans quelques ports, reposent à leur base sur une semelle horizontale; des pièces de fer horizontales, scellées dans la maçonnerie, embrassent le poteau à diverses hauteurs; ces pièces, ainsi que le poteau, sont traversées par un même boulon; il est donc facile de remplacer les poteaux avariés. La tête de ces poteaux est coiffée d'un chapeau en fonte qui la protège; quelquefois les têtes des poteaux ont été réunies par une semelle supérieure: c'est une disposition vicieuse, car les œuvres saillantes des navires peuvent s'engager sous cette semelle et il en résulterait des avaries.

On a renoncé aujourd'hui à ces défenses en bois ; on donne aux quais un parement aussi dur que possible ; au Havre, on a même disposé en quinconce, de 4 en 4 mètres, des bossages carrés en granite destinés à supporter le choc des navires.

C'est à ceux-ci de se protéger, et ils le font très-facilement sans grande dépense, au moyen de paquets de vieux cordages ou avec des bois ronds de $1^m,50$ à 2 mètres de long qu'on laisse pendre avec des cordes le long du bastingage.

Les murs de quai se font presque exclusivement en maçonnerie ; on rencontre bien quelques revêtements ou estacades en charpente, mais le prix élevé des bois et leur peu de durée font reculer devant l'emploi de ce système. On signale en Angleterre quelques revêtements en fonte.

Exemples divers de quelques murs de quai anciens. — Avant de donner la description de murs de quai d'origine récente, nous avons réuni quelques dessins d'anciens murs de quai, dessins à l'appui desquels il suffira de donner une explication sommaire.

La grosse difficulté dans la construction des murs de quai, c'est la fondation qui exige notamment de grandes précautions lorsqu'il faut la descendre dans des terrains vaseux ; nous n'avons pas à insister ici sur les divers procédés de fondation, nous en avons donné une description détaillée dans notre *Traité de l'exécution des travaux.*

Les figures 6, planche 95, représentent un ancien quai en bois ; le revêtement est formé de planches horizontales et la poussée des terres est combattue par des fermes transversales enfouies dans le remblai, et portées sur trois files de pieux. Quelquefois on a disposé à une certaine distance en arrière une file de pieux plantés dans le terrain solide, et réunis au revêtement par des tirants en fer forgé.

Les figures 5, planche 95, montrent la disposition d'un revêtement en fonte de fer exécuté pour un quai de la Tamise ; on voit à la partie inférieure des pieux et palplanches en fonte, et à la partie supérieure les intervalles entre les pieux sont remplis par des pièces de fonte horizontales. Ce revêtement est relié au massif postérieur par des tirants en fer forgé.

Les figures 4, planche 95, donnent la disposition de divers autres revêtements en fonte ; ils sont composés de poteaux verticaux, d'une ou de deux formes distinctes, s'assemblant les uns dans les autres.

Aux docks Victoria, on a établi un quai avec des pieux en fonte en forme de T, reliés par des tirants à un massif de maçonnerie, et entre ces pieux on a construit des voûtes en briques, presque verticales, tournant leur concavité vers la mer ; le remplissage derrière ces voûtes est en béton.

De pareils systèmes seraient trop coûteux en France. On n'y rencontre guère que des quais en maçonnerie.

Les figures 2 et 3 de la planche 95 représentent différents quais anciens du port du Havre, fondés sur des grillages en charpente entre deux files de pieux ; on en trouvera plus loin les dimensions de détails.

La figure 3, planche 95, donne un ancien mur de quai de l'arsenal de Sheerness, fondé sur pieux inclinés avec parements courbes tournant leur concavité vers la mer ; sans doute ce système est favorable à la résistance, et le mur se présente, par rapport aux terres qu'il soutient, comme un lutteur arc-bouté et penché en avant pour recevoir un choc. Mais une forme de ce genre entraîne de grandes sujétions; elle n'est guère possible à construire qu'avec de la brique; aussi n'a-t-elle pas trouvé d'imitateurs.

La figure 1, planche 96 donne la coupe en travers d'un mur de quai de Glascow, fondé sur pieux inclinés, et construit avec parements courbes.

La figure 11, planche 96, représente en coupe un ancien mur de quai du bassin à flot d'Anvers. Ce bassin est muni de ses poteaux de défense *aa* compris entre une semelle *c* et un chapeau *b*. La semelle repose sur un massif de fondation en libages. On voit en *m* des pièces en fer scellées dans la maçonnerie et appliquées contre les faces latérales des poteaux; des boulons rendent solidaires ces pièces de fer et les poteaux.

La figure 13, planche 96, représente un ancien quai établi au port de Rouen sur un sol vaseux; le massif de maçonnerie reposait sur une plate-forme en charpente portée par des pieux de grande longueur; malgré les enrochements on pouvait craindre de voir l'ensemble des pieux s'incliner vers le large; aussi a-t-on relié par un tirant le massif de maçonnerie à un long pieu incliné battu en arrière dans le massif.

En d'autres circonstances, les tirants en fer forgé ont servi à rendre la maçonnerie du quai solidaire avec un autre massif de maçonnerie enfoui dans le terre-plein à une certaine distance; pour pousser au vide, le quai devait donc dans ce cas entraîner le massif de maçonnerie et la terre placée en avant de ce massif; ce système paraît plus efficace que celui des tirants en bois et des pieux.

Aujourd'hui, dans les terrains vaseux, on a recours aux fondations par l'air comprimé ou aux fondations par puits; autrefois, on a employé des systèmes de pilotis beaucoup plus compliqués comme celui de la figure 14, planche 96 : on commençait par enfoncer dans la vase de longs pieux avec le gros bout dirigé vers le bas; on établissait le mur de quai sur ces pieux recouverts d'un grillage; mais, si on avait remblayé en arrière, il est probable que le tout se fût déversé vers le large; aussi, enfonçait-on en arrière de la maçonnerie un grand nombre de pieux recouverts d'une seconde plate-forme, qui supportait le remblai; la poussée de ce remblai contre le mur de quai proprement dit était beaucoup moindre.

A Rochefort, à Great-Grimsby, on a formé le quai au moyen d'une série de voûtes perpendiculaires à sa direction; le quai se présente ainsi comme une sorte de pont longitudinal. Les figures 1, planche 97, donnent en coupe et élévation le quai de Great-Grimsby; les voûtes ont 9 mètres d'ouverture, leurs piles, de 2^m,45 de large, sont fondées sur pilotis et le niveau, auquel commencent les piédroits, s'élève à mesure qu'on pénètre plus avant dans les terres; la vase prend son talus naturel sous les voûtes entre les piles successives; celles-ci seules ont donc à supporter la poussée des terres, et, vu leur grande longueur, cette poussée n'est pas à redouter. Le talus sous les voûtes a été recouvert d'un perré. Si on laissait les voûtes librement ouvertes du côté de la mer, les partie saillantes des navires pourraient s'engager au-dessous d'elles et les détruire; aussi les masque-t-on en augmentant considérablement leur épaisseur à la clef près du parement comme le montrent les figures.

Murs de quai de Boulogne. — Les quais construits vers 1840, et qui avaient coûté 1155 francs le mètre courant, ont éprouvé en 1846 un double mouvement de translation et de renversement; on reprit les maçonneries, on établit un massif de pierres sèches en arrière; mais le mouvement continua et il fallut construire un nouveau mur à 7 mètres en avant de l'ancien.

« Ce nouveau mur, dit M. l'ingénieur Vivenot, a 3 mètres d'épaisseur en couronne, $5^m,60$ à la base, un fruit extérieur de $\frac{1}{5}$ avec retraite de $0^m,20$ du côté des terres. Sa hauteur est de $9^m,20$; il est établi sur un double socle en pierres de taille. Il repose sur une fondation en béton de $0^m,80$ d'épaisseur, maintenue entre deux lignes de pieux et palplanches. Le prix de revient est d'environ 2300 francs le mètre courant. »

Les quais de l'ouest du port d'échouage, formant un alignement droit de 550 mètres de longueur, ont une épaisseur de $2^m,50$ en couronne, de $4^m,80$ à $4^m,96$ à la base, avec trois retraites intérieures de $0^m,50$ chacune ; ils reposent sur un massif en béton de $0^m,80$ à $1^m,10$ d'épaisseur, maintenu en avant et en arrière par deux lignes de pieux et palplanches. Le couronnement est à $10^m,24$ au-dessus du niveau des basses mers de vive eau d'équinoxe, mais le pied des quais ou le dessus des liernes de fondation varie de $0^m,68$ à $2^m,28$ au dessus du niveau de ces basses mers, et la hauteur du mur varie par conséquent de $7^m,96$ à $9^m,56$.

Le parement, en calcaire carbonifère de haut banc, a un fruit de $\frac{1}{10}$, et le couronnement est formé d'une seule pierre de 1 mètre de large.

Les mortiers ont été fabriqués avec ciment de Portland et le prix de revient a été de 1500 francs environ.

« Les murs de quai du bassin à flot reposent sur une couche de béton de $0^m,825$ d'épaisseur moyenne, maintenue par une file de pieux et de palplanches de $4^m,35$ et de $2^m,85$ de fiche, figure 4, planche 97.

Les murs ont, au niveau de la fondation, leur parement extérieur à $0^m,50$ en arrière des palplanches, avec fruit de $\frac{1}{5}$. Ils sont couronnés par une tablette de $0^m,40$ d'épaisseur et de 1 mètre de largeur ; ils ont une épaisseur moyenne égale à la fraction 0,41 de leur hauteur qui est de $10^m,74$.

Le parement extérieur est en pierres de taille et moellons smillés. Un pavage maçonné recouvre les maçonneries de remplissage en arrière de la tablette de couronnement.

Le terre-plein des quais présente une pente transversale de 0,025. »

Murs de quai du Havre. — Les basses mers de vive eau d'équinoxe étant à la cote $0^m,30$ et les hautes mers à la cote $8^m,15$, les murs de quai sont arasés à $9^m,15$, c'est-à-dire à 1 mètre au-dessus des plus hautes mers de vive eau. En voici les principales dimensions d'après la notice de M. l'ingénieur Quinette de Rochemont :

« Les plus anciens quais sont fondés sur grillages et plates-formes en charpente entre deux lignes de palplanches et pieux jointifs. Les grillages, composés d'abord d'une double plate-forme séparée par des longrines et des traversines assemblées à mi-bois, ont été simplifiés par la suite ; aux longrines et traversines on a substitué des traversines espacées de 1 mètre ; parfois même, comme au bassin du Roi, les traversines ont été remplacées par une plate-forme transversale de $0^m,10$.

Les quais les plus récents ont été fondés sur le béton, avec ou sans pilotis, suivant la nature du terrain. Beaucoup ont été en partie exécutés en fouille blindée ; les parois des fouilles étaient revêtues de madriers de $0^m,08$ d'épaisseur, dont l'écartement était maintenu au moyen d'étais. Parfois les madriers ont été cloués sur deux lignes de pieux battus à l'avance ; ce système facilite la pose du bordé et permet de diminuer les étais, mais non de les supprimer complétement.

Dans l'avant-port, la plus grande partie des quais a été fondée à la marée, en arrière de batardeaux submersibles. »

Voici les dimensions de quelques-uns des quais modernes :

DÉSIGNATION DES QUAIS.	HAUTEUR DU MUR NON COMPRIS LE GRILLAGE OU LA COUCHE DE FONDATION.	LARGEUR DU MUR			RAPPORT DE L'ÉPAISSEUR MOYENNE A LA HAUTEUR.	LARGEUR TOTALE DU QUAI.
		A LA PLATE-FORME DE FONDATION.	A LA BASE.	AU COURONNEMENT.		
	métr.	métr.	métr.	métr.	métr.	métr.
Quai du bassin Vauban.	8,00	6,25	4,50	2,00	0,46	32
Quai Est de la Floride..	9,50	6,35	5,50	2,68	0,40	32
Quai Nord-Est de l'Eure.	9,50	6,00	5,00	2,10	0,38	52
Quai de raccordement, avec l'écluse des transatlantiques..	12,20	6,30	6,00	5,00	0,50	30
Quai du bassin Dock.	9,90	5,40	4,875	2,515	0,37	20
Quai du Sud du sas de la Citadelle.	11,30	6,50	5,50	2,58	0,39	8
Quai du Sud du bassin de la Citadelle.	9,00	6,00	5,40	2,01	0,41	35

Les quais de grande largeur comprennent en général une chaussée de 10 mètres de large, un trottoir de 2 mètres et le reste en terre-plein.

« Les. murs de quai ont un fruit qui est généralement de $\frac{1}{7}$ ou de $\frac{1}{8}$; ils sont garnis, à leur partie supérieure, de tablettes en granit d'une largeur de 2 mètres pour les anciens quais et de $1^m,20$ pour les nouveaux. Les canons, ou pieux d'amarrage, sont des fûts en fonte d'une longueur totale de $2^m,85$. La partie inférieure est carrée; elle est encastrée dans les maçonneries ou maintenue en arrière des quais au moyen d'étriers scellés dans les murs. D'anciens canons, dont il subsiste encore un certain nombre, sont formés, à la partie inférieure de quatre ailettes de $0^m,50$ de hauteur et de $0^m,32$ de longueur, réunies par une plaque de fonte; ils sont posés sur de la maçonnerie et maintenus par quatre libages. Leur résistance au renversement est trop faible pour maintenir les grands navires; plusieurs ont été arrachés dans des coups de vent.

On avait autrefois jugé nécessaire de défendre les murs de quai contre le frottement et le choc des navires, au moyen de poteaux de garde et de pièces de rive en charpente. L'entretien de ces ouvrages étant fort dispendieux, on avait essayé, dans les bassins Vauban et de la Floride, ainsi que dans les premiers quais du bassin de l'Eure, de leur substituer des poteaux en granit de $0^m,40$ de largeur, faisant saillie de $0^m,12$ sur le nu du mur. Mais, comme la dépense était élevée, et que l'on a reconnu que le navire était le premier intéressé à se garantir du frottement contre le quai, ce qu'il fait très-bien avec des défenses mobiles en bois, on a renoncé à tous ces poteaux de garde en charpente ou en granit.

Les poteaux de garde ne sont donc pas remplacés quand ils sont hors de service; les pièces de rive le sont par des bordures en granit. »

Quais du port de commerce de Brest. — Les blocs artificiels ont rendu de grands services pour la fondation des murs de quai; on en a fait usage notamment à Marseille, à Cette, au port de commerce de Brest.

La figure 3, de la planche 97, donne le profil d'un quai de grand mouillage pour le port de commerce de Brest; voici la description des détails de construction empruntée au portefeuille de l'École des ponts et chaussées :

« Le système adopté pour la fondation des murs de quai à grand mouillage

comporte essentiellement quatre opérations successives, qui sont les suivantes :

1° Un dragage à 8 mètres au-dessous de zéro, et même parfois à 9 mètres.
quand on pouvait atteindre le rocher à cette profondeur, dragage qui se terminait du côté du remblai par un talus de 45 degrés (dans les nouveaux quais,
on a descendu le dragage jusqu'à 12 mètres au-dessous du zéro, pour atteindre
partout le rocher);

2° Le remplissage de la fouille par un enrochement, disposé de manière à
être perreyé du côté du port, et arasé horizontalement à 4ᵐ,50 ou 4 mètres,
suivant les cas, au-dessous de zéro;

3° L'établissement sous l'eau des talus perreyés et de la plate-forme horizontale destinée à recevoir les blocs artificiels ;

4° La mise en place de deux rangées de blocs artificiels directement superposés, et présentant, ceux de l'assise inférieure 3 mètres de largeur sur
3 mètres de hauteur et 5 mètres de longueur, et ceux de l'assise supérieure la
même largeur, ainsi que la même hauteur, et une longueur de 4ᵐ,70 ; la hauteur de chacun de ces blocs a été parfois seulement de 2ᵐ,75.

Après l'accomplissement de ces quatre opérations on obtient, dans la partie
supérieure de la deuxième assise des blocs, une base arasée, après tassement,
à 1ᵐ,50 en moyenne au-dessus de zéro; ce qui permet de continuer le mur de
quai par les moyens ordinaires, lors des basses mers de vives eaux; seulement,
on n'établit le parement qu'assez longtemps après, quand tous les tassements
ont produit leur action. A cet effet, on laisse, sans maçonner, une épaisseur de
0ᵐ,70 au parement, en ayant soin de ménager, dans le massif exécuté, des
arrachements pour la liaison future. Ce système a donné d'excellents résultats.

Les surfaces supérieures des enrochements ont été dressées et les talus de la
risberme perreyée ont été réglés du côté du port par des ouvriers plongeurs,
munis du scaphandre Cabirol. »

Quais du bassin à flot de Bordeaux. — Nous avons dit plus haut quelles
circonstances difficiles présente la construction du bassin à flot en cours d'exécution sur la rive gauche de la Garonne, à Bordeaux.

Nous trouvons dans les notices de l'Exposition universelle de 1873 quelques
renseignements sur ce beau travail, publiés par M. l'ingénieur en chef Joly et
par M. l'ingénieur Regnault :

Le mur de quai du bassin à flot est arasé à la cote 7 mètres à 9 mètres ou 10
mètres de hauteur, suivant la partie du bassin considérée; son épaisseur moyenne
est égale aux quarante centièmes de la hauteur. Vers le bassin, ce mur présente
un parement parabolique concave, semblable à une carène de navire; dans la
partie supérieure, la parabole se raccorde tangentiellement avec un talus incliné à $\frac{1}{20}$.

Ce profil est évidemment favorable à la stabilité, puisqu'à section égale il
augmente l'empatement du mur et reporte en arrière le centre de gravité du
massif.

Le terrain naturel présente, après une mince croûte de terre végétale, une
couche de vase argileuse bleuâtre, descendant jusqu'à 12 ou 14 mètres sous la
surface du sol et reposant sur un banc de sable graveleux aquifère, lequel forme
une excellente assiette de fondation. Ce banc de sable est parcouru par un courant souterrain assez puissant, s'écoulant vers la Garonne, et influencé par la
marée jusqu'à 300 ou 400 mètres de la berge; par suite de la sous-pression, la

vase argileuse imprégnée d'eau devient très-fluente, mais après assèchement elle
présente une consistance satisfaisante.

Pour établir là fondation des ouvrages dans un pareil terrain, on a fait enfoncer jusqu'au sable, sous leur propre poids, des blocs en maçonnerie d'une
épaisseur de 6 mètres et d'une longueur variant entre 16 et 35 mètres; ces blocs,
exécutés en maçonnerie de moellon avec mortier de Portland à la base et mortier de chaux du Theil à la partie supérieure, sont évidés par un ou plusieurs
puits verticaux, suivant leur longueur; c'est par ces puits que l'on élève les déblais effectués sous les blocs, et à mesure que le déblai augmente le bloc descend.

Les blocs successifs, placés à 0^m,50 l'un de l'autre, sont élevés dans une fouille
préalablement descendue à 3 mètres au-dessous du sol; on ne leur donne d'a-
bord qu'une hauteur de 5 mètres, correspondant à une charge de 1^k,50 par centimètre carré; c'est la limite de résistance du terrain vaseux qui nous occupe.

L'opération, qui consiste à déblayer sous les blocs, analogue au travail d'avancement des galeries de mine, a pris comme ce travail le nom de havage. — Il y
a deux périodes dans le havage.

1re *période.* — Sous la charge de 1^k,30 par centimètre carré, le terrain sur lequel le bloc est établi se boursoufle à l'intérieur et à l'extérieur du bloc, qui
s'enfonce légèrement pendant le temps que la maçonnerie met à durcir. Il faut
le soutenir par des étais du côté vers lequel il tend à s'incliner. Le moment d'engager l'opération étant venu, on installe sur la face supérieure du bloc les appareils destinés à remonter les terres extraites du fond des puits. Ce matériel consiste en bennes de tôle, de la capacité de 100 litres; en bigues supportant les
poulies de hissage, et en treuils agissant sur les cordes des poulies. Deux hommes descendent au fond de chaque puits; l'un fouille au milieu, l'autre remplit
la benne que deux autres ouvriers remontent à l'aide du treuil; un cinquième
verse la terre dans une brouette au fur et à mesure qu'elle arrive et la jette dans
un wagon conduit à proximité. L'opération continue ainsi; la terre qui subit la
pression du massif reflue à l'intérieur du bloc, d'où elle est enlevée par la benne,
et le bloc descend pour prendre sa place. Bientôt la face supérieure du bloc arrive au niveau du sol sur lequel il avait été élevé. On ajoute alors une nouvelle
hauteur de maçonnerie, qu'on fait enfoncer de la même manière, jusqu'à ce
que l'irruption de la nappe d'eau souterraine oblige à prendre d'autres dimensions.

2e *période.* — Cette irruption a lieu lorsque le dessous du bloc n'est plus séparé que par 2 mètres environ d'épaisseur de vase du banc de gravier aquifère
inférieur, ce qui arrive généralement vers la cote 5 mètres. On installe alors à
l'intérieur du puits une pompe centrifuge mue par une locomobile à vapeur placée à proximité. Cette dernière machine est en même temps utilisée à la manœuvre des treuils qui remontent les terres fouillées au fond des puits; le bloc
est ainsi conduit jusqu'au sable, où on le fait pénétrer d'une profondeur de 80
centimètres.

Il va sans dire que la descente des blocs est loin de s'effectuer aussi facilement que nous venons de l'expliquer; bien des blocs se déversent, et il faut les
redresser soit par des étais, soit en poussant la fouille plus activement sur un
des côtés. On trouvera quelques indications sur ces travaux délicats dans la notice précitée de MM. Joly et Regnault.

Quand le havage est terminé, on remplit les puits avec du béton de chaux du

Theil, immergé jusqu'au niveau des eaux; le reste est rempli avec de la maçonnerie ordinaire reliée par des arrachements au massif du bloc.

La fondation par blocs descendus au moyen du havage n'a d'abord été appliquée qu'aux bajoyers de l'écluse; ce n'est que plus tard qu'on l'a adoptée pour les quais, lorsqu'on se fut bien assuré de l'efficacité du procédé.

Les murs de quais ont été fondés d'abord sur cinq lignes de pilotis espacés de 1^m,15 dans le sens transversal et de 1^m,50 dans le sens longitudinal, battus à la vapeur avec un mouton de 1000 kilogrammes, et pénétrant d'environ 3 mètres dans le sable aquifère. La tête des pilotis était noyée sur 0^m,80 de hauteur dans de la maçonnerie de moellon avec mortier de Portland.

Plus tard, on eut recours à la fondation sur blocs, et l'on composa les murs de quais de voûtes en plein cintre de 8 mètres d'ouverture, ayant pour piles des blocs de 3 mètres de largeur enfoncés au moyen du havage. Ce système a, paraît-il, conduit à une certaine économie.

La figure 1, planche 98, représente la première période du havage d'un bloc; la fouille se fait à peu près à sec, vu l'imperméabilité relative de la vase fluente; des chèvres à treuils enlèvent les déblais dans des bennes qui se déchargent dans des brouettes, lesquelles vont se déverser dans des wagons.

La figure 2, planche 98, représente la seconde période du havage, alors qu'il est nécessaire de recourir aux épuisements : ces épuisements se font par une pompe rotative qu'actionne une locomobile de 24 chevaux; cette locomobile n'est pas indiquée sur le dessin, on n'en voit que la courroie de transmission.

Au lieu de procéder par épuisement dans cette seconde période, on a aussi procédé par dragages sous l'eau; on installe alors dans le puits une drague à godets, montée sur une élinde verticale et actionnée par une locomobile de 6 chevaux.

Les figures 3 à 8 de la planche 98 donnent les dimensions des quais et montrent comment ces quais sont composés de voûtes en plein cintre, ayant pour piles des blocs descendus jusqu'au sable par le procédé du havage.

Nous ne pouvons donner le prix de revient de ces travaux, qui ne sont pas terminés.

Annexes des murs de quai. —Nous signalerons comme annexes des murs de quai : 1° les organeaux et canons d'amarrage; 2° les échelles; 3° les escaliers; 4° les cales de débarquement; 5° les débarcadères flottants.

Il y a bien encore d'autres annexes indispensables, telles que les grues de toutes espèces, mues par les hommes, par la vapeur ou par l'eau comprimée; mais la description de ces engins, que l on trouvera du reste dans d'autres parties de notre Manuel, nous entraînerait trop loin; elle rentre, du reste, dans le domaine de l'exploitation commerciale des ports.

1° *Organeaux et bornes d'amarrage.* — Les murs de quai sont toujours dépourvus de parapet, afin de rendre aussi facile que possible la manutention des marchandises; il est vrai que cette disposition donne lieu, par des nuits sombres, à des accidents assez fréquents; mais on peut en réduire le nombre au moyen d'un éclairage bien organisé, ou en tendant des chaînes le soir dans les passages les plus dangereux.

Pour l'amarrage des bateaux, on dispose sur les parements des murs de quai des boucles ou anneaux d'amarrage qu'on appelle *organeaux*, et sur les terrepleins des bornes d'amarrage en granit ou en fonte.

Les figures 3, 4, planche 99, représentent un organeau du port de commerce de Brest; il est fait avec un fer rond de 0^m,05 de diamètre, et a la forme d'une poignée logée dans un refouillement du mur de quai et mobile autour d'un goujon vertical ; l'organeau obéit donc aux mouvements du navire sans subir d'efforts obliques, et il ne fait courir aucuns risques aux navires ; le tirant, noyé dans la maçonnerie, a 1^m,50 de long et se termine par un œil que traverse une tige de fer verticale ; l'effort d'arrachement s'exerce sur tout le massif correspondant. Dans les anciens quais, le tirant de l'organeau traverse quelquefois tout le mur et s'assemble sur le parement d'arrière dans une ou plusieurs barres de fer.

Dans quelques ports, on a recours à des bornes d'amarrage en granit : cela ne semble pas suffisant pour les grands navires, et généralement on a recours à des bornes creuses en fonte. Dans les ports militaires, on s'est servi quelquefois de vieux canons.

La figure 1, planche 95, représente d'anciennes bornes du port du Havre ; le fût est cylindrique et se prolonge dans la maçonnerie par des ailes planes. Nous avons vu plus haut, en parlant des murs de quai du Havre, que ces anciens canons n'offraient pas assez de résistance, et qu'il avait fallu les modifier.

Les figures 5, 6 planche 99, représentent les bornes d'amarrage du nouveau port de commerce de Brest.

A l'intérieur des ports et bassins, on se sert surtout de bornes d'amarrage ; les organeaux conviennent aux jetées et avant-ports ; on les place au niveau des hautes mers, et pour qu'on puisse les atteindre à toute heure de marée, on ajoute à l'anneau un bout de chaîne descendant jusqu'à 1 mètre au-dessus des basses mers.

2° *Échelles.* — Les échelles sont très-utiles dans les avant-ports de l'Océan ; elles rendent aussi de grands services dans les bassins, surtout en cas d'accident.

Ces échelles, ne devant pas créer un obstacle saillant, sont logées dans une rainure verticale ou refouillement du mur de quai.

Les Anglais font des échelles tout en fonte ; dans nos ports on en trouve beaucoup composées d'échelons en fonte ou en bronze engagés dans deux montants en bois.

Les figures 1, 2, 7, 8 de la planche 99 représentent une échelle en fer du port de commerce de Brest ; au sommet, sur le couronnement, on voit une poignée verticale que l'on saisit lorsqu'on arrive aux derniers échelons ; cette poignée, dont la section verticale est en forme de champignon, ne doit jamais présenter d'ouverture afin que l'on ne puisse y passer une amarre.

3° *Escaliers.* — Les escaliers, généralement en pierre, inclinés à 45 degrés, sont logés également dans des chambres en retraite sur la ligne générale des quais.

Les arêtes des marches sont arrondies, et souvent la contre-marche est refouillée afin d'augmenter l'emmarchement sans être forcé d'adopter une trop grande hauteur de marche.

Lorsque les escaliers sont munis d'une rampe, elle est scellée dans la paro du fond de l'enclave ; il convient d'adopter une main-courante pleine en fonte, afin qu'on ne puisse y engager aucun cordage.

Sur les escaliers fréquentés on dispose à diverses hauteurs des paliers destinés à faciliter le débarquement.

Quelquefois, le ressac produit par un escalier plein serait trop considérable et on est forcé de recourir à des escaliers avec marches en bois sans contre-marches ; la lame circule alors librement sous les marches.

Les figures 14 à 16 de la planche 99 représentent le plan et l'élévation d'un escalier du port de commerce de Brest.

Il importe de relier solidement les pierres qui composent les marches avec les assises correspondantes du mur de quai.

4° *Cales.* — On établit encore, dans les angles des bassins et avant-ports, des plans inclinés en maçonnerie, logés également dans des chambres en retraite. Ce sont les *cales* qui sont plus commodes que les escaliers pour le débarquement rapide des marchandises et du poisson, et qui engendrent moins de ressac, car la lame s'épanouit au lieu de se briser.

La longueur de cale est perdue comme longueur de quai; il faut donc adopter une inclinaison convenable, sans descendre à une trop faible limite; la pente varie de $\frac{1}{5}$ à $\frac{1}{8}$ et tombe exceptionnellement à $\frac{1}{10}$.

Quelquefois on a eu recours à des cales doubles, offrant deux pentes en sens contraire réunies en bas par un palier.

Les cales ont plus de largeur que les escaliers; la paroi du fond est formée par un mur complet, tandis qu'un mur de quai rampant soutient la cale du côté du large. Entre ces deux murs, le plan incliné est recouvert d'un pavage ou d'un dallage, maçonnés en mortier.

La conservation de ce pavage maçonné est très-importante, car, s'il vient à se fissurer, l'eau pénètre dans le remblai et l'imbibe; les terres humides poussent vers la mer le mur de quai qui ainsi s'éloigne du mur rampant du fond de la cale; par cet effet, les fissures s'agrandissent encore et le mal empire.

Sur beaucoup de cales anciennes on a observé cet effet; aussi a-t-on eu la précaution quelquefois de relier par des tirants en fer ou par des chaînes en maçonnerie les deux murs parallèles. Lorsqu'on a recours à des chaînes en maçonnerie, on les compose de pierres de taille assemblées les unes aux autres à queues d'hironde ou reliées par des crampons en fer.

On préférera aujourd'hui supporter le pavage par une voûte en berceau rampant ayant pour culées d'un côté le mur de quai, de l'autre le mur du fond de l'enclave.

« La cale aux bois du bassin à flot de Boulogne s'ouvre dans un pan coupé à l'angle nord-ouest du bassin; elle a 60 mètres de longueur sur 30 mètres de profondeur et son seuil est à 0m,82 au-dessus des hautes mers de morte eau. La pente est de 0m,09.

Les murs latéraux de la cale sont portés par des voûtes en maçonnerie. Des organeaux ont été placés pour l'amarrage sur les musoirs et sur des dés en maçonnerie noyés dans le pavage.

Cette cale sert au débarquement des longues poutres par un sabord placé à l'avant des navires. »

Les figures 9 à 13 de la planche 99 représentent une cale du port de commerce de Brest; l'inclinaison est de 0m,15 par mètre.

On trouvera dans les *Annales des ponts et chaussées* de 1859 une notice de M. l'ingénieur Bellinger sur la cale de Dinard, à laquelle aborde le bac à vapeur qui relie Dinard à Saint-Malo, à travers l'embouchure de la Rance, bac qui est le prolongement de la route nationale de Quiberon à Saint-Malo.

Ce travail présentait de grandes difficultés, vu la violence de la mer et la grande amplitude d'oscillation des marées; il lui fallait nécessairement un grand développement, afin de permettre l'embarquement à toute heure d'une marée ordinaire.

La pente de la cale est divisée en rampes de 0^m,08 par mètre séparées par des paliers horizontaux, ce qui permet aux voitures de circuler sans laisser le déferlement des vagues s'étendre sur une trop grande longueur.

Dans les cales, c'est au niveau des pleines mers de mortes eaux que l'on voit le parement se détacher du reste du massif; à la cale de Dinard, on s'est opposé à cet effet en adoptant un parement incliné au $\frac{1}{5}$ et en disposant les assises de pierres de taille normalement au parement; on a placé dans l'assise au-dessous du couronnement des pierres ayant jusqu'à 1^m,50 de queue avec des joints taillés en queue d'hironde; les carreaux et boutisses du couronnement sont appareillés de la même manière. Des barbacanes pour l'écoulement des eaux qui pourraient s'infiltrer dans le remblai ont été ménagées dans les massifs.

5° *Débarcadères flottants.* — Lorsqu'on n'a pas à sa disposition de cales de débarquement, on installe quelquefois des débarcadères flottants, qui se composent d'un ponton suivant la mer dans ses mouvements et supportant un tablier en charpente articulé à charnières d'un bout sur le mur de quai et de l'autre bout sur le ponton.

La longueur du tablier dépend de la pente limite qu'on peut admettre et de l'amplitude d'oscillation de la mer.

La figure 12 de la planche 96 représente une estacade avec débarcadère flottant construite sur les longs talus vaseux de la Garonne.

Cet appareil modeste a été bien dépassé par les grands débarcadères flottants construits en Angleterre pour faciliter le mouvement incessant de voyageurs et de marchandises qui anime les ports et les fleuves à marée du Royaume-Uni.

Les figures 6 et 7 de la planche 97 donnent une idée de la disposition générale du débarcadère flottant de Birkenhead, dont voici la description :

« Les anciens débarcadères flottants de Liverpool se composent d'un immense ponton mouillé dans le lit de la Mersey, parallèlement aux quais; ils sont accessibles pour les piétons et pour les voitures au moyen de ponts perpendiculaires à la direction des quais, fixés au moyen de charnières à leurs deux extrémités, de manière à suivre le mouvement d'oscillation du ponton dû à l'action des marées.

Le débarcadère flottant de Birkenhead a pour objet d'offrir sur la rive gauche de la Mersey, à Birkenhead, les mêmes facilités d'embarquement et de débarquement qu'on rencontre depuis longtemps sur la rive droite, à Liverpool. La principale différence entre l'embarcadère de Birkenhead et ceux de la rive opposée, consiste en ce que le ponton est ici placé dans une enclave *a b c d e f* ménagée pour lui dans le quai, tandis que les ponts mobiles, au lieu d'être perpendiculaires, sont parallèles au quai. Il en résulte que l'ensemble du système occupe une superficie bien plus restreinte; cette considération a d'autant plus d'importance que l'ouvrage est placé dans l'avant-port qui précède les docks de Birkenhead, dans des conditions où il était très-essentiel de ménager l'espace.

La disposition générale est du reste très-simple; le ponton a 316^m,680 de long; sa largeur au milieu est de 14^m,128; sur la plus grande partie de son étendue, elle est réduite à 10^m,617.

Il est recouvert d'un double plancher de 0^m,15 d'épaisseur totale portant sur de fortes solives en bois. Ce plancher repose sur trois carlingues AB en tôle régnant sur toute la longueur du ponton. Elles présentent dans leur section transversale la forme rectangulaire. Deux carlingues supplémentaires sont placées entre les ponts, où l'on a ménagé un élargissement correspondant à leur largeur. A leur tour ces carlingues sont fixées sur 65 flotteurs F ou caissons en tôle, fermés sur toutes leurs faces ; ils sont accessibles intérieurement au moyen de trous d'homme pratiqués dans leur face antérieure ; on peut les vider avec des pompes si l'eau s'y introduit.

La face antérieure du ponton est protégée contre le choc constant des bateaux qui l'accostent par deux bordages en bois d'orme, formant défenses, et suspendus par des chaînes, l'un inférieur à des montants en bois fixés sur la carlingue extérieure, l'autre supérieur aux poteaux d'amarrage. Un garde-corps composé de montants et de chaînes mobiles règne sur toute la longueur.

Les deux ponts mobiles P sont composés chacun de deux poutres en tôle pleine séparées par une voie de 3 mètres de largeur. Ils ont chacun 45^m,720 de long. Les poutres sont maintenues à leur écartement en bas par les pièces du pont, à la partie supérieure par deux arcs en plein cintre en tôle.

L'articulation d'un pont sur le quai se compose de trois parties principales savoir : 1° une plaque de fonte avec crapaudine scellée dans la maçonnerie ; 2° une traverse en fonte, avec pivot au centre ; les extrémités sont terminées en dessous et en dessus par des surfaces cylindriques convexes ; 3° deux selles en fer forgé fixées sous les semelles basses du pont portent sans y être attachées sur la partie supérieure des extrémités cylindriques de la traverse. Cette disposition rend faciles tous les déplacements compatibles avec la nature du système.

L'articulation sur le ponton comprend aussi trois parties principales : 1° deux plaques de fer forgé rivées sur les carlingues, dont la surface aciérée supporte le mouvement des galets ; 2° deux galets en fer forgé à surface aciérée ; 3° deux coussinets avec boîtes en bronze boulonnés sous chaque poutre et portant sur les tourillons des galets.

A chacune des extrémités du pont reste un vide que l'on franchit au moyen d'une plaque de fonte, articulée à charnière sur le pont et munie de saillies qui arrêtent le pied et l'empêchent de glisser sur le métal.

Quant aux dépenses occasionnées par ces travaux, on n'a pu se procurer que le détail estimatif sur lequel a été basée l'adjudication : elles étaient évaluées d'avance à 1 193 353 francs, non compris les maçonneries et abords. »

III. — ÉCLUSES DE NAVIGATION

Généralités. — En traitant des bassins à flot et de la manière dont ils sont mis en communication avec les avant-ports, nous avons indiqué les divers systèmes d'écluses que l'on rencontre dans les ports de mer.

Le plus simple ne comporte qu'une paire de portes d'ebbe, c'est-à-dire que la pointe du busc est tournée vers le bassin. Ce système est très-favorable à la rapidité des mouvements, mais il ne permet point les sassements et ne peut être employé que dans un point parfaitement abrité contre les vagues et les vents.

L'écluse s'allonge lorsqu'on ajoute à la paire de portes d'ebbe une paire de portes de flot, destinée à empêcher l'introduction de la mer dans le bassin lorsqu'elle atteint un niveau trop élevé et à protéger contre les vagues les portes d'ebbe ; les portes de flot, dans ce cas, sont généralement à claire-voie.

Dans les ports pour lesquels l'étale est de faible durée, comme ceux de la côte de Saint-Malo et de Grandville, et dans les ports où l'on veut augmenter beaucoup le temps de l'entrée et de la sortie des navires, on a recours à des écluses à sas, comprenant deux paires de portes d'ebbe, auxquelles on ajoute quelquefois une paire de portes de flot ; dans ce cas, le sas peut servir de forme sèche pour visiter et radouber les navires.

Quand le sas prend de grandes dimensions, il se transforme en bassin de mi-marée et se relie par deux écluses simples, d'un côté avec l'avant-port, de l'autre avec le bassin à flot.

Les écluses à la mer ne diffèrent guère que par les dimensions des écluses de canaux et de rivières; tout ce qui se rapporte à la détermination des bajoyers, des murs en retour, des murs de fuite, du radier, est identique. Ces points ont été examinés en détail dans notre *Traité des Canaux*, pages 275 et suivantes ; nous ne les reprendrons pas et nous supposerons que le lecteur les possède parfaitement.

Largeur, longueur et profondeur des écluses. — La largeur, la longueur et la profondeur des écluses dépendent des dimensions maxima des navires qu'elles sont appelées à recevoir.

Ces dimensions elles-mêmes dépendent du port que l'on considère et surtout du tirant d'eau de son chenal et de son avant-port.

La longueur des sas est moins intéressante à considérer que les deux autres éléments, car la dépense de construction varie presque proportionnellement à la longueur, tandis qu'elle augmente comme le carré de la profondeur; les difficultés de construction et de manœuvre s'accroissent aussi beaucoup avec la largeur.

Les anciens navires à voiles étaient loin d'atteindre les dimensions qu'on a adoptées de nos jours ; l'écluse Notre-Dame, au Havre, n'a que seize mètres de largeur et suffisait aux plus grands bâtiments. Le développement de la marine à vapeur a exercé son influence sur les dimensions des écluses comme sur le reste des installations maritimes ; à l'époque où l'on admettait la supériorité des roues à aubes sur l'hélice, la largeur des paquebots était devenue considérable, et c'est pour leur livrer passage qu'on a construit à Liverpool et au Havre les grandes écluses de plus de 30 mètres de large; maintenant l'hélice est, pour ainsi dire, devenue l'unique engin de propulsion ; aussi la grande largeur des écluses n'est plus indispensable. Le paquebot l'*Anadyr*, un des derniers types des messageries maritimes, n'a que $12^m,07$ de large pour 120 mètres de long; la frégate cuirassée *la Gloire* avait 17 mètres de large et le *Marengo* $17^m,40$; la largeur des navires de guerre cuirassés est notablement plus forte que celle des navires de commerce, et on arrive même à trouver la dimension de 30 mètres dans les nouveaux cuirassés russes établis sur plan circulaire. En décrivant les procédés de navigation maritime et fluviale, dans la première partie du présent *Traité de navigation*, nous avons donné les renseignements relatifs aux dimensions actuelles des navires ; le lecteur devra se reporter à cette première partie. On ne doit pas laisser de chaque côté des navires un jeu inférieur à $0^m,30$; on s'exposerait sans cela, pour une petite économie, à rendre difficiles et pénibles les mouvements des navires.

La profondeur des écluses est liée non-seulement au tirant d'eau des navires, mais au temps pendant lequel on veut recevoir les plus grands bâtiments. Il paraît indispensable que ces bâtiments puissent entrer à toute marée, mais on peut réserver pour leurs mouvements le moment de la pleine mer, car ils sont toujours peu nombreux à la fois dans un même port.

Dans certains sas de grande longueur, on établit quelquefois une paire de portes intermédiaires, ce qui permet de faire passer un seul bateau petit ou grand ou plusieurs bateaux à la fois suivant les circonstances, en réduisant au strict nécessaire la consommation d'eau, chose parfois capitale lorsqu'il est nécessaire de recourir à des machines élévatoires ou à des réservoirs spéciaux pour maintenir le niveau des bassins à flot.

La forme du radier est importante à considérer au point de vue de la résistance de ce radier et des bajoyers ; généralement on adopte la forme circulaire concave ; cependant cette forme présente des inconvénients pour les écluses larges susceptibles d'être traversées par des navires de beaucoup moindre largeur ; ces navires, mal guidés, peuvent s'échouer sur les côtés du sas. Aussi est-ce avec raison qu'à l'écluse des Transatlantiques, au Havre, on a adopté pour le radier une forme en anse de panier aplatie au sommet ; cette forme concilie la résistance des maçonneries et la sécurité des mouvements des navires. Il va sans dire que, partout aujourd'hui, les parements des bajoyers sont verticaux afin de laisser à l'écluse une largeur constante quelle que soit la hauteur de mer.

Dans les nouveaux ouvrages, on a pris l'habitude d'accoler deux écluses l'une à l'autre, du moins dans les ports à grand trafic ; il y a une écluse large pour les paquebots et une écluse de dimensions moyennes pour les navires ordinaires et les caboteurs.

Avant d'aborder la description détaillée des éléments d'écluses, nous avons réuni dans le paragraphe suivant les dimensions des principales écluses de nos ports.

Description des principales écluses.—1. *Écluses du Zuiderzée.*—Les écluses du *Zuiderzée*, sur le canal en construction reliant Amsterdam à la mer du Nord, sont au nombre de trois ; la plus grande a 130 mètres de longueur totale, 96 mètres de longueur utile entre les points des buscs, et 18^m,05 de largeur ; elle est flanquée de deux écluses plus petites ayant 99^m,30 de longueur totale, 72^m,80 de longueur utile et 14^m 05 de largeur. Des écluses à sas étaient nécessaires, puisqu'il s'agissait d'établir une communication entre la mer du Nord et un canal à niveau sensiblement constant ; des machines à vapeur, installées près des écluses, sont chargées d'entretenir la constance de ce niveau. A chaque extrémité des écluses on trouve des portes de flot et des portes d'ebbe, et il y a, en outre, des portes de flot intermédiaires pour séparer les sas en deux compartiments inégaux, et proportionner la dépense d'eau à la longueur des navires ; chaque écluse comporte donc cinq paires de portes. L'ouvrage entier, y compris une écluse de décharge de 10 mètres de large et quatre pertuis de 4 mètres de large, est fondé sur 8896 pieux de 14^m,40 de longueur moyenne enfoncés de 13^m,50 dans le sol. Ces pieux, en chêne, supportent un grillage en sapin ; la charge R, que l'on pouvait avec sécurité imposer à chaque pieu, a été calculée par la formule :

$$R = \frac{BH}{6.s} \cdot \frac{B}{B+P}$$

dans laquelle :

> H est la chute et B le poids du mouton.
> P le poids du pieu,
> e la pénétration effectuée par le dernier coup de mouton.

Le chiffre 6 correspond au coefficient de sécurité, H et e sont exprimés en mètres, R, B et P en kilogrammes.

Les dimensions des écluses établies entre le canal d'Amsterdam et la mer du Nord sont les mêmes que les précédentes.

2. *Nouvelles écluses de Flessingue.*—La grande écluse à sas a 182 mètres de longueur totale entre les arêtes extérieures des radiers, 115 mètres entre les arêtes intérieures et 146 mètres de longueur utile entre les buscs ; la largeur est de 20 mètres au passage des radiers, et de 33 mètres dans le sas ; la profondeur d'eau, sur le point le plus bas de la courbe des buscs est de 8 mètres, le sas est plus creux de 0^m,60 en son milieu et moins creux de 2^m,80 au pied des bajoyers.

La petite écluse a 81 mètres de longueur entre les arêtes extérieures des radiers, 47 mètres entre les arêtes intérieures et 63^m,50 de longueur utile ; la largeur est de 8 mètres au passage des radiers et de 17^m,50 dans le sas. La hauteur d'eau sur les buscs est de 5^m,50, et de 6^m,20 dans le sas.

La fondation est établie sur des pieux, dont la tête est noyée de 0^m,50 dans le béton et qui descendent à 10 mètres au-dessous du sol ; l'épaisseur totale du béton est de 2^m,75 pour la grande écluse, et ce béton supporte de la maçonnerie dont l'épaisseur est de 1^m,14 sur les buscs et de 0^m,84 sur le reste des radiers.

3. *Écluses de Dunkerque.* — L'écluse de la Citadelle, communiquant avec l'avant-port, a 50 mètres de longueur utile de sas et 13 mètres de large.

L'écluse de barrage, communiquant également avec l'avant-port, est une écluse simple de 21 mètres de large.

L'écluse de la Marine est une écluse simple, de 16 mètres de large, reliant les bassins du Commerce et de la Marine.

Les buscs de ces trois écluses sont à 0^m,90 au-dessous des basses mers de vives eaux moyennes ; elles offrent donc 6^m,35 de profondeur d'eau en vive eau et 5^m,20 en morte eau. Elles n'ont pas de portes de flot, mais les portes d'ebbe sont soutenues par des portes-valets. Voici, d'après les notices de l'Exposition de 1867, une description sommaire de l'écluse de barrage :

« Les dimensions de cette écluse ont été établies pour permettre le passage des plus grands navires à vapeur à roues que comporte le tirant d'eau du port, c'est-à-dire les navires du type des anciennes frégates de 450 chevaux, qui calaient un peu plus de 6 mètres d'eau et présentaient environ 20 mètres de largeur.

Il n'a pas été pratiqué de sas à cette écluse, parce que l'écluse voisine en était pourvue et suffisait pour tous les navires dont la largeur n'exigeait pas l'usage de la grande écluse, tandis que ceux qui devaient passer par cette dernière ne pouvaient, en raison de leur tirant d'eau, la franchir qu'au moment de la pleine mer.

Les dimensions les plus importantes de l'écluse sont les suivantes :

	mètres
Largeur de l'écluse..	21,00
Longueur de tête en tête, non compris les faux radiers..	59,00
Épaisseur du radier.	3,00
Épaisseur maximum du haut radier au droit du busc.	4,60
Saillie du busc	0,35
Hauteur du couronnement par rapport au radier d'aval..	8,09
Tirant d'eau en vives eaux	6,35
Tirant d'eau en mortes eaux	5,35

La fondation de l'écluse se compose : 1° d'un massif général en béton, de 1^m,80 d'épaisseur reposant sur un système de pilots isolés dont les têtes sont noyées de 0^m,40 dans la couche inférieure du béton ; 2° d'un massif de maçonnerie de briques sur une épaisseur de 0^m,85 ; 3° et d'un dallage supérieur en pierres de taille de 0^m,35 de queue, calcaires durs des environs de Marquise (Pas-de-Calais), dont on rencontre des échantillons de très-bonne qualité.

Toutes les maçonneries de remplissage sont en briques du pays et tous les parements sont en pierres de même provenance que le radier.

Le faux-radier d'amont est composé d'une couche d'argile de 1^m,40 d'épaisseur, recouverte d'un plancher jointif à recouvrement. chevillé et cloué sur des liernes, formant liens de têtes de files de pieux isolés battus dans l'encoffrement du faux-radier.

Le faux-radier d'aval est composé d'une première couche d'argile de 0^m,90 d'épaisseur moyenne, recouverte d'une couche de fascinages de 0^m,20 d'épaisseur ; sur cette dernière repose une couche de blocailles mélangées de matériaux de démolition et enfin une couche de libages dont les queues, de longueur variable, sont noyées irrégulièrement dans la précédente, ces deux dernières couches présentant ensemble une hauteur de 0^m,70.

Les pilotis de fondation du corps de l'écluse sont des pieux de chêne en grume. Tout le reste des charpentes de fondation, pieux et palplanches de tête des radiers et faux-radiers et files latérales, avec leurs moises supérieures, sont en orme. Les files latérales postérieures du corps de l'écluse qui ont servi à limiter l'encoffrement des fouilles pendant l'exécution de la fondation, ont été arrachées après l'achèvement du radier.

Pour réduire le cube des maçonneries sous les chambres du pont, on y a établi des voûtes accolées derrière les bajoyers, avec pieds-droits reposant sur une fondation en béton reliée à la fondation générale. »

4. *Écluse de Boulogne.* — L'écluse du bassin à flot de Boulogne a 21 mètres de large avec un sas de 100 mètres de longueur entre les buscs. Elle a deux paires de portes, l'une en fer, l'autre en bois. Le fond du bassin étant à la cote 9 mètres, soit 1 mètre sous les plus basses mers, le seuil des buscs est à la cote 9^m,50 et le dessus des tablettes de couronnement à la cote 20^m,24, soit à plus de 1 mètre au-dessus des hautes mers de vive eau d'équinoxe. C'est une hauteur totale de 10^m,74 au-dessus du seuil, et le tirant d'eau est de 9^m,04 à haute mer de vive eau moyenne et de 7^m,20 à haute mer de morte eau. Les figures 1 à 6 de la planche 100 représentent l'écluse d'aval et une partie du sas.

« L'écluse à sas, dit M. l'ingénieur Vivenot, est fondée sur une aire générale en béton, de 1^m,25 d'épaisseur, reposant sur des couches de marne appartenant à l'étage Kimméridien.

La longueur totale du radier, entre les files de pieux et palplanches des têtes, est de 163^m,23 ; son épaisseur, comprenant le béton et la maçonnerie, est de $2^m,69$ dans la longueur du sas, sur l'axe de l'écluse; sous les têtes, la fondation est descendue à $1^m,37$ plus bas. Les massifs de maçonnerie qui portent les têtes forment ainsi deux longs parafouilles à l'amont et à l'aval du sas.

Dans le sas, le radier est revêtu en moellons smillés de $0^m,25$ de queue; s surface est plane seulement sur 4 mètres de largeur et se raccorde par des sur faces elliptiques avec les bajoyers.

La tête amont comprend une chambre de portes d'ebbe avec enclaves de $2^m,20$ de profondeur, et un busc dont la saillie est de $\frac{1}{5}$ de la largeur du sas, soit $4^m,20$. Le seuil qui précède la chambre a $8^m,11$ de large.

La tête aval comprend, outre la chambre des portes d'ebbe, une chambre pour des portes de flot à claire-voie, qui sont destinées à diminuer le ressac, mais qui ne seront posées que s'il est nécessaire. Les deux chambres sont séparées par un double busc et en aval se trouve un seuil de $11^m,31$ de largeur. Les revêtements du radier des têtes, ainsi que les parements de bajoyers sont en pierres de taille.

Les bajoyers sont couronnés à la cote $20^m,24$ par des tablettes de 1 mètre de largeur; ils ont, dans la longueur du sas, $3^m,20$ d'épaisseur sous le couronnement et portent, de 2 mètres en 2 mètres, des retraites intérieures de $0^m,50$; au droit des têtes, l'épaisseur est de $4^m,65$ sous le couronnement, et le nombre des retraites, qui est de quatre, la porte à $6^m,39$ à la base.

La vidange et le remplissage du sas s'opèrent au moyen d'aqueducs latéraux de $1^m,50$ de largeur, ménagés dans les massifs de maçonnerie des têtes, deux à l'amont et deux à l'aval, et fermés par des vannes. Ces vannes, placées dans des chambres carrées avec des rainures, sont manœuvrées au moyen de crics par des hommes placés sur le terre-plein de l'écluse. »

5. *Écluses du Havre.* — Nous avons réuni, dans le tableau ci-joint, d'après la notice jointe à l'Atlas des ports maritimes de France, les dimensions des écluses les plus récentes du port du Havre, en laissant de côté les écluses Notre-Dame, de la Barre, Lamblardie, d'Angoulême et Vauban, qui ont pour largeur, la première 16 mètres, les trois suivantes $13^m,64$ et la dernière 12 mètres.

ÉCLUSES

DIMENSIONS.	DE LA FLOMDE.	DE L'ECEE.	SAINT-JEAN.	DES TRANSATLANTIQ.	DU DOCK.	D'AVAL DU SAS.	D'AMONT DU SAS.	DE LA CITADELLE.
Forme du haut radier	Arc de cercle flèche 2 mètr. corde 20m,60	Plan.	Plan sur 10 m. de large; talus de 0m,40 vers les bajoyers.	Anse de panier. Flèche 5 mét. Corde 30m,50.	Plan.	Plan.	Plan.	Plan.
Largeur { au couronnement	mètr. 21,00	mètr. 16,00	mètr. 21,00	mètr. 20,80	mètr. 16,00	mètr. 16,18	mètr. 16,00	mètr. 16,00
{ à la naissance du seuil ou haut radier	20,60	14,36	21,00	20,50	13,68	13,30	13,88	13,88
Cote au-dessous du niveau moyen des quais. { du haut radier	9,00	8,00	9,00	12,00	9,40	10,80	8,50	8,50
{ du bas radier	9,40	8,40	9,40	13,00	9,80	11,15	9,00	9,00
Hauteur de l'eau sur le seuil du haut radier à pleine mer de { M.E. exceptionnelle	5,75	4,75	5,73	8,75	6,15	7,55	5,25	5,25
{ M.E. ordinaire	6,00	5,00	6,00	9,00	6,40	7,80	5,50	5,30
{ V.E. ordinaire	7,70	6,70	7,70	10,70	8,10	9,50	7,20	7,20
Cote par rapport au niveau des quais du dessus du béton de fondation	12,00	10,50	12,90	16,00	11,90	14,07	11,05	12,25
Épaisseur { du haut radier	3,00	2,50	3,60	4,00	2,50	3,27	2,35	3,75
{ du bas radier	2,60	2,40	2,60	3,00	2,10	2,68	2,05	3,25
Largeur des bajoyers dans la chambre des portes. { à la base	6,00	4,00	7,50	8,00	4,70	6,00	5,40	5,40
{ au couronnement	5,80	3,00	7,00	8,00	3,10	5,00	5,40	5,40
Largeur des bajoyers à la culée. { à la base	12,10	10,80	14,80	11,65	6,50	8,43	7,54	7,54
{ au couronnement	12,10	9,80	14,30	11,65	3,92	5,92	6,48	4,15

Les écluses des Transatlantiques, du Dock et de la Citadelle, sont fondées sur des plates-formes en béton sans pilotis; les autres sont fondées sur pilotis et plate-forme en béton. Les pieux, généralement équidistants dans les deux sens perpendiculaires, sont espacés de 1 mètre à 1ᵐ,50. Des lignes de pieux et palplanches jointifs et des éperons en maçonnerie constituent des parafouilles.

Les anciennes écluses ont des heurtoirs en charpente, fixés par des boulons et étriers scellés dans la maçonnerie; il faut remplacer ces heurtoirs périodiquement et, à cet effet, assécher les bassins, d'où une grande gêne. Les nouvelles écluses ont des heurtoirs en granit.

6. *Grande écluse des Transatlantiques, au Havre.* — L'écluse des Transatlantiques, au Havre, est le type de plus grande largeur connue (30ᵐ,50); elle a été construite pour le service des paquebots à roues, qui de jour en jour disparaissent, de sorte qu'elle se trouve aujourd'hui conçue sur de trop grandes proportions.

Les principales dispositions de cet ouvrage sont représentées par les figures 1 à 6 de la planche 101, et voici une description sommaire extraite des notices de l'Exposition de 1867.

« *Dimensions principales.* — Les dimensions de l'écluse de la citadelle ont été calculées, non-seulement en vue d'y recevoir les navires les plus forts usités aujourd'hui, mais encore ceux qui seraient proportionnés aux passes du port de New-York, avec lequel le port du Havre a ses principales relations.

C'est en se plaçant dans cet ordre d'idées qu'on a fixé à 8ᵐ,50 le creux de la passe en pleine mer de mortes eaux, et qu'on a donné à l'écluse 30ᵐ,50 de largeur, dimension reconnue nécessaire pour les bâtiments transatlantiques

Il n'a pas été pratiqué de sas à l'écluse de la Citadelle, pas plus qu'aux autres écluses du Havre, par la raison que, lorsque l'étale de la mer prend fin ou avant qu'elle s'établisse, l'accès du port est impossible aux grands navires, pour lesquels l'écluse a été construite.

Les angles de têtes de l'écluse sont surmontés de dés en maçonnerie, qui ont le double but : 1° d'élever les poteaux rias à la hauteur nécessaire à la manœuvre des transatlantiques; 2° d'empêcher les tambours des roues de coiffer les bajoyers. On n'a pas eu besoin d'en placer à la tête amont, côté droit, parce que le mur du quai du bassin se soude au bajoyer, comme un ajutage, et rend plus facile la direction des manœuvres.

Les dimensions les plus importantes de l'écluse sont les suivantes :

	mètres.
Largeur de l'écluse.	30,50
Longueur de tête en tête (côté sud).	108,25
Épaisseur du bas radier..	3,00
Épaisseur du haut radier.	4,00
Hauteur du couronnement général par rapport au haut radier..	13,00
Hauteur des dés en maçonnerie par rapport au couronnement général.	2,50
Longueur d'une enclave des portes.	18,10
Profondeur de la même enclave.	3,50
Épaisseur maxima des culées	11,50
Épaisseur en face des encuvements du pont.	16,00
Profondeur de l'encuvement du pont.	14,78
Tirant d'eau dans les vives eaux.	10,70
Tirant d'eau dans les mortes eaux	9,00

Mode de fondation. — L'écluse a été fondée sur un radier général en béton de ciment de Portland, reposant sur le sol naturel. La mauvaise qualité de celui-ci a obligé de donner au radier une forme courbe, dans le but de présenter une assiette plus large aux bajoyers, dont la masse aurait pu déterminer un tassement sans cette précaution. La courbe générale est formée de deux demi-anses de panier réunies vers l'axe de l'écluse par une ligne droite. Il n'y a donc de courbure sensible que vers les parties des angles que les navires ne peuvent pas accoster. »

On voit sur les figures que les deux bajoyers de l'écluse sont traversés chacun par un aqueduc, qui a 2 mètres de large sur 2 mètres de haut, et qui est destiné à faire des chasses en avant de l'écluse et à établir l'égalité de niveau entre le bassin et la mer lorsque cela est nécessaire; ces aqueducs sont fermés par des vannes logées dans des puits *e*; d'autres puits *abcd* se recourbant horizontalement servent au passage des chaînes pour la manœuvre des portes; sur le plan on a indiqué les chemins en granit pour les roulettes des portes.

7. *Écluse double du bassin de Saint-Nazaire.* — La planche 102 donne, à l'échelle de cinq millimètres pour mètre, le plan de l'écluse double du bassin à flot de Saint-Nazaire.

« Ces écluses ont été entièrement fondées sur le rocher. La plus grande, construite en vue des transatlantiques à roues, a 25 mètres de largeur. C'est une écluse simple à deux paires de portes, dont l'une sert de garantie pour les cas d'accident ou de réparation. Au point le plus bas des buscs, qui affectent la forme d'un arc de cercle relevé de 2^m,50 sur les côtés, on trouve, dans les plus faibles hautes mers, 7^m,30 d'eau. En vive eau, la profondeur est de 8^m,80.

La petite écluse a une largeur de 13 mètres; elle est munie d'un sas de 60 mètres de longueur qu'on peut faire fonctionner depuis la mi-marée montante jusqu'à la mi-marée baissante, c'est-à-dire pendant six ou sept heures. Les buscs sont horizontaux et la mer y monte de 6^m,10 en morte eau et de 7^m,60 en vive eau.

Chaque fois que les mouvements d'entrée et de sortie des grands navires l'exigent, la grande écluse peut rester ouverte pendant deux ou trois heures.

Les couronnements des écluses sont à 1^m,48 en contre-haut des hautes mers de vive eau d'équinoxe, ce qui est bien évidemment trop bas pour les transatlantiques à roues.

En 1855 et 1856, on a élevé sur les bajoyers de la grande écluse, et à l'aplomb des parements, des massifs de 2^m,50 d'épaisseur et de 3 mètres de hauteur, destinés à guider les lisses de garde des porte-roues. Au-dessus du vide des chambres des portes, ces massifs sont remplacés par de très-fortes poutres en tôle formant passerelle et servant à diriger les tambours des paquebots. »

Les bajoyers extrêmes et intermédiaires sont percés de trois aqueducs *a a a*, permettant d'établir des chasses pour nettoyer le chenal d'accès devant les écluses.

Les aqueducs *b b* servent à établir des chasses transversales pour nettoyer le radier de la grande écluse, et les aqueducs *b′ b′* ont le même office par rapport à la petite écluse ; on les utilise également pour le remplissage et la vidange du sas.

c c, d d sont des vannes levantes, *e e* des cabestans pour la manœuvre des navires, *f f* des canons d'amarrage, *g g* des lanternes pour l'éclairage, *h h* des puits et manivelles pour les manœuvres de chaînes qui servent à ouvrir et à fermer les portes; *i i* sont les cabanes des éclusiers, *k k* des bahuts, ouvrages de fortification, petits fossés recouverts d'un plancher en bois, *l l* des échelles.

8. Écluses du bassin à flot de Bordeaux. — Les écluses du bassin à flot de Bordeaux sont représentées sur le plan général, figure 2, planche 94.

La grande a 22 mètres de largeur sur 152 mètres de longueur utile; elle est réservée aux paquebots à roues; la petite a 14 mètres de large et 136 mètres de longueur utile, laquelle peut être divisée par une paire de portes intermédiaires en deux sas, l'un de 60 mètres, l'autre de 76 mètres de long. Cette petite écluse sera très-fréquentée, car elle convient même aux paquebots à hélice.

On appareille les radiers en forme de voûte renversée ayant 3 mètres de flèche, et les chambres des portes sont limitées à des plans horizontaux, situés à 0^m,50 au-dessous du sommet de la voûte renversée, de sorte que la saillie du busc est de 0^m,50 sur l'axe et de 3^m,50 près des bajoyers.

IV. — PORTES D'ÉCLUSES

Généralités. — Les portes des écluses à la mer sont analogues aux portes des canaux et rivières que nous connaissons déjà dans tous leurs détails (pages 289 à 311 du *Traité des Canaux*); mais les dimensions des portes maritimes sont beaucoup plus considérables, leur poids peut s'élever jusqu'à 150 tonnes et la charge d'eau qu'elles supportent jusqu'à 500 tonnes et plus; de là de grandes difficultés de construction et de manœuvre.

Les portes à un seul vantail, en usage sur les canaux à petite section, ne se rencontrent qu'exceptionnellement dans les ports de mer; nous ne nous occuperons donc que des portes busquées; si elles donnent un développement horizontal supérieur à celui d'une porte unique, elles sont séparément plus légères, plus faciles à construire et à réparer, elles exigent pour se replier contre les bajoyers une moindre longueur, ce qui se traduit par un raccourcissement de l'écluse et par une diminution de dépense.

La saillie du busc est variable suivant les cas; nous en avons donné de nombreux exemples tout à l'heure en parlant des écluses en elles-mêmes; le rapport de la montée ou flèche du busc à la demi-largeur de l'écluse, varie de 0,3 à 0,5.

Généralement les portes busquées sont planes et forment chevron; quelquefois, on les a établies sur plan circulaire, et les deux portes s'arc-boutant l'une sur l'autre, fonctionnent alors comme une voûte verticale soumise à la pression de l'eau.

Les portes planes se composent d'ordinaire de deux poteaux, le poteau tourillon et le poteau busqué, reliés par des entretoises horizontales; sur le cadre ainsi formé est cloué un bordage en bois.

Pour empêcher la déformation de ce cadre rectangulaire, déformation qui se produirait nécessairement pendant les mouvements de la porte et pendant le temps de l'ouverture de l'écluse, il est nécessaire de disposer un système de triangulation, en vue d'obtenir l'invariabilité de la charpente.

Dans les portes de canaux, cette invariabilité s'obtient au moyen du *bracon*, pièce oblique assemblée à la base du poteau tourillon et au sommet du poteau busqué, de manière à reporter sur la crapaudine le poids de la charpente; le bracon est assemblé à mi-bois avec les entretoises; cet assemblage aurait pour effet d'affaiblir outre mesure les entretoises d'une grande porte, et notammen: l'entretoise médiane, c'est-à-dire celle qui généralement travaille le plus. On a donc abandonné le bracon pour les grandes portes maritimes, et on l'a remplacé par un système d'écharpes ou tirants en fer reliant le sommet du poteau tourillon à la base du poteau busqué; ces écharpes empêchent la porte de donner du nez, c'est-à-dire de s'affaisser du côté du poteau busqué; le serrage peut, du reste, en être réglé à chaque instant, au moyen de vis ou de clavettes.

C'est seulement avec des écharpes puissantes qu'on peut espérer obtenir une rigidité suffisante; l'emploi des étriers et goussets en fer ou en fonte, efficace pour des portes de canaux, ne le serait point avec des entretoises à grande portée. On ne doit pas non plus chercher un surcroît de rigidité dans l'emploi d'un double bordage à joints croisés, qui augmente l'épaisseur et le volume de la porte sans grand profit pour la résistance.

L'écharpe en fer reporte donc l'effet de la pesanteur de la porte sur le poteau tourillon et sur le collier; ce dernier peut se trouver soumis à une traction énorme; aussi a-t-on songé à soutenir les portes près du poteau busqué par des roulettes verticales placées sous l'entretoise inférieure et parcourant un chemin circulaire en granit ou en fonte. Il va sans dire que ces roulettes sont coniques pour rouler sans pivoter.

Le vide qui existe sous l'entretoise inférieure ne dépasse pas $0^m,20$ à $0^m,25$: les roulettes ne pouvaient donc avoir que $0^m,20$ de diamètre, et, vu la charge considérable appliquée sur leur arbre de rotation, on était forcé de donner à cet arbre un diamètre d'au moins $0^m,10$; dans ces conditions, le frottement était considérable, le roulement défectueux, le chemin des roulettes ne tardait pas à se déformer et des méplats paraissaient sur les roulettes elles-mêmes. A Liverpool, on a entaillé l'entretoise inférieure et on a pu adopter ainsi pour la grande écluse de $30^m,50$ des roulettes de $1^m,07$ de diamètre, avec arbre de $0^m,30$ de diamètre et surface de roulement de $0^m,30$ de large; pour l'écluse de 24 mètres, on s'est contenté de roulettes de $0^m,68$ de diamètre avec arbre de $0^m,15$ et surface de roulement de $0^m,15$ de large. Ces grandes roulettes donnent encore lieu à des frottements considérables; aussi, lorsque les portes sont immobiles, on les soulage au moyen d'un levier qui se manœuvre avec une vis et qui s'appuie fortement sur le radier comme pour soulever la porte.

Quoi qu'il en soit, l'usage des roulettes n'a pas donné les avantages qu'on en espérait; aux inconvénients que nous avons signalés, il faut ajouter la complication et la difficulté des réparations, surtout dans le cas où le radier de l'écluse ne découvre pas à basse mer.

Dans les portes de dimension moyenne, on préfère donc se contenter de solides écharpes et, dans les grandes portes, on a recours à des chambres à air pour en alléger le poids et pour les rendre presque flottantes, en ne conservant que l'excès de pesanteur nécessaire à la stabilité; l'usage des chambres à air convient particulièrement aux grandes portes en fer qui, du reste, tendent partout à se substituer aux grandes portes en bois. Les bois de fort échantillon sont aujourd'hui si difficiles à obtenir et si coûteux, ils sont si exposés aux causes de destruction dans les ports de mer que le fer est d'un emploi beaucoup plus économique et plus simple.

Cependant, on a eu recours aux chambres à air même pour les portes en bois;

à cet effet, on a logé des caisses métalliques entre les entretoises et, au moment d'ouvrir les portes, on épuise avec des pompes à air l'eau de ces caisses pour alléger le système. On peut construire aujourd'hui des caisses métalliques suffisamment étanches pour que les épuisements à effectuer soient toujours peu considérables.

Dans l'impossibilité où l'on se trouvait de n'employer que du chêne pour la construction des portes en bois nouvelles, on les a faites en partie ou en totalité avec du bois de sapin; les portes neuves flottent donc d'elles-mêmes, leur densité est inférieure à celle de l'eau malgré le poids des fers et des bronzes et, dans les premiers temps, il faut s'opposer à cet effet de soulèvement qui pourrait entraîner de graves accidents; on doit donc lester les portes; les bois augmentent de poids après un certain séjour dans l'eau et, alors, on peut diminuer ou supprimer le lest.

Au Havre, du sapin pesant 624 kilogrammes le mètre cube sec avant l'emploi pesait 808 kilogr. après 14 mois d'immersion.

A Saint-Nazaire, M. l'ingénieur Wattier a plongé dans le sable des bassins du port du chêne et du sapin rouge, pesant à l'état sec le premier 850 kilogrammes et le second 650 kilogrammes; après plusieurs années, le chêne pesait 900 kilogrammes et le sapin 700 kilogr.

M. Poirée a trouvé les résultats suivants pour les bois plongés dans l'eau :

Chêne noueux. .	en magasin	755 kil	; desséché à l'étuve	644 ;	après 10 ans d'immersion	1898,
Chêne sans nœuds	—	673	—	576	—	1934,
Sapin du Nord. .	—	500	—	483	—	1077.

Le chêne noueux était allé à fond au bout d'un an, le chêne sans nœuds au bout de dix-huit mois, et le sapin du Nord au bout de deux ans.

Les exemples précédents montrent, par la variété des résultats, qu'il faut dans chaque cas recourir à une expérience directe.

Les considérations que nous venons d'exposer ont trait à la résistance des portes d'écluse, abstraction faite de la pression de l'eau, en s'occupant surtout de l'effet de la pesanteur; on trouvera, dans notre *Traité des Canaux*, des calculs relatifs à la résistance d'un vantail au mouvement de rotation, à la résistance de la crapaudine, de la bourdonnière; on y trouvera également des détails sur les éléments secondaires des portes d'écluse; nous ne répéterons ici rien de tout cela, et nous examinerons seulement l'importante question que nous avons laissée de côté, à savoir la résistance des portes à la pression de l'eau, lorsque ces portes sont fermées.

Résistance des portes à la pression de l'eau. — Pour calculer la résistance des portes à la pression de l'eau, il faut se placer dans les conditions les plus défavorables, c'est-à-dire supposer que le niveau de l'eau est aussi bas que possible à l'aval et aussi élevé que possible à l'amont, figure 3, planche 103.

ab étant le niveau maximum d'amont, *cd* le niveau minimum d'aval, la pression sur une tranche horizontale élémentaire *e*, située à la profondeur *h*, la densité de l'eau de mer étant représentée par δ, et la largeur de la porte par *l*, est égale à

$$\delta.l.e.h$$

pour toutes les tranches situées au-dessus du niveau d'aval.

Pour toutes les tranches situées au-dessous de ce niveau, la pression es constante et égale à

$$\delta.l.e\,(\text{H}-\text{H}')$$

Quant à la pression totale sur le vantail, elle est mesurée par :

$$\tfrac{1}{2}\,\delta\;l.(\text{H}^2-\text{H}'^2)$$

Nous connaissions déjà ces formules simples et nous nous en sommes servi pour calculer les entretoises des portes de canaux, en supposant que ces entretoises résistent indépendamment les unes des autres et qu'elles travaillent comme des poutres horizontales soumises à une pression uniformément répartie et reposant à leurs extrémités sur les poteaux tourillon et busqué; dans les portes métalliques des canaux, nous avons même admis qu'on pouvait considérer les entretoises comme à demi encastrées dans les deux poteaux avec lesquels elles sont énergiquement assemblées.

Ces hypothèses, peut-être suffisantes pour vérifier la résistance des portes ordinaires, sont absolument contraires à la vérité, ainsi que nous le montrerons tout à l'heure en rapportant les expériences de M. l'ingénieur Chevallier.

Pression réciproque des portes busquées. — Il ne faut pas oublier que les deux portes busquées, lorsqu'elles sont fermées et arc-boutées l'une contre l'autre, se transmettent réciproquement une pression normale N que nous allons évaluer, figure 4, planche 103 : soit *ab* la largeur de l'écluse, et *c* la pointe du busc la pression totale P exercée par l'eau sur un vantail est appliquée au milieu de *ac*, à une distance $\frac{l}{2}$ du point *a*; si nous prenons, par rapport au point *a*, les moments des forces extérieures agissant sur le vantail, et que, pour exprimer l'équilibre, nous égalions à zéro la somme algébrique de ces moments, nous obtenons l'équation :

$$\text{P}.\tfrac{l}{2}-\text{N}f=o. \quad\text{d'où}\quad \text{N}=\text{P}.\tfrac{l}{2f}$$

La composante de N suivant la direction *ac* du vantail est égale à

$$\text{N.cos}\,\alpha=\frac{\text{P}l}{2f}\cdot\frac{\text{L}}{2l}=\frac{\text{PL}}{4f};$$

C'est cette composante qui concourt à la compression directe des entretoises les entretoises, recevant la compression dans le sens des fibres du bois, la supportent beaucoup mieux que les deux poteaux tourillon et busqué qui la reçoivent normalement aux fibres; c'est pourquoi on a quelquefois cherché à supprimer les poteaux; à Saint-Nazaire notamment, les entretoises règnent sur toute la longueur de la porte, et sont enveloppées à leurs extrémités dans des fourrures métalliques. Quelques ingénieurs considèrent ce mode d'ajustage comme imparfait.

Nous avons vu, page 279, que la pression R transmise par une porte à son mur de fuite était égale à la réaction N des deux portes et qu'elle faisait avec l'axe transversal *ab* de l'écluse un angle double de l'angle α du busc.

Sous-pression exercée par l'eau sur les portes. — Dans les grandes portes d'écluse, la sous-pression exercée par les eaux d'amont lorsque l'écluse est fermée atteint souvent des valeurs considérables, et il importe de s'en préoccuper pour éviter tout accident.

Lorsque les portes sont fermées et que la mer est basse, les eaux exercent sous l'entretoise inférieure une poussée verticale égale au produit de la surface de l'entretoise par la différence des hauteurs d'eau à l'amont et à l'aval.

Généralement, l'excès de pesanteur de la porte, et surtout le frottement considérable qui se développe contre le busc d'une part, et tout le long du chardonnet d'autre part, sont bien suffisants pour combattre la poussée.

Mais, il est des cas où le contact de la porte avec le busc et avec le chardonnet n'est pas parfait; cela arrive avec des portes mal ajustées ou déformées; aussi en a-t-on vu être soulevées et rejetées violemment dans l'écluse. Ces accidents peuvent avoir de graves conséquences, puisqu'il en résulte instantanément une chasse des plus violentes tout à fait inattendue; on en cite des exemples à Brest, à Cherbourg et au Havre.

Lorsque l'ajustage est parfait et que la porte s'appuie bien sur le busc, un frottement considérable s'exerce contre celui-ci et tend à le soulever; c'est pourquoi il convient de l'appareiller en voûte afin d'en rendre tous les éléments solidaires; cette solidarité s'obtenait autrefois avec un faux busc en bois; il convient d'y renoncer surtout dans les écluses dont le radier ne découvre jamais à basse mer.

Le plus souvent, le frottement dû à l'effort de poussée se reporte surtout au contact du chardonnet et du poteau tourillon, car c'est là que l'ajustage est le plus parfait; si l'on admet qu'alors le frottement est faible sur le busc, la poussée de bas en haut tendra à déformer la porte, à lui faire relever le nez; c'est un effet inverse de celui de la pesanteur, et on l'a quelquefois combattu par une contre-écharpe en fer reliant le sommet du poteau busqué à la base du poteau tourillon; la poussée est reportée par cette contre-écharpe sur le poteau tourillon.

Si S est la section horizontale d'une entretoise et s la section horizontale du bordage, h la plus grande dénivellation de l'amont à l'aval, la poussée maxima aura pour valeur

$$h(S+s)$$

Une porte de $0^m,50$ d'épaisseur, de 10 mètres de long, chargée de 8 mètres d'eau, éprouvera donc une sous-pression de 40 000 kilogrammes; on voit que cet effort peut atteindre des valeurs énormes.

Pour l'atténuer, on a songé à placer le bordage à l'aval, de sorte que l'eau baigne toutes les entretoises; dans ce cas, n étant le nombre des entretoises et k leur hauteur respective, la poussée se réduit à

$$hs+nkS,$$

quantité inférieure à la précédente, puisque h est plus grand que nk; la différence de ces deux quantités est égale à la somme des intervalles verticaux entre les entretoises.

Mais le bordage est fort mal placé à l'aval, car la pression horizontale de l'eau tend à le séparer des entretoises et non à l'appuyer contre elles; il est beaucoup plus exposé aux avaries lorsque les portes sont retirées dans leur enclave; enfin, si ce bordage est en bois, les joints s'ouvrent sous la pression et il est impossible d'en assurer l'étanchéité malgré un calfatage soigné.

Nous avons à examiner maintenant la résistance des portes à l'effort principal en vue duquel elles sont construites, c'est-à-dire la pression horizontale de l'eau. Les dispositions les plus convenables ont été indiquées par les expériences de M. Chevallier, qui fut inspecteur général et professeur du cours de travaux maritimes à l'École des ponts et chaussées.

Pressions horizontales. Expériences de M. Chevallier. — Les recherches expérimentales de M. Chevallier ont démontré « que les entretoises doivent être également espacées, qu'il est possible d'assigner exactement la part de pression de chacune d'elles, que le bordage doit être continu et vertical, ou au moins renforcé par des pièces verticales, et qu'enfin la roideur de son ensemble influe beaucoup sur la résistance de l'ensemble et sur la répartition des pressions. »

Voici le principe général qui a servi de base aux expériences :

Lorsqu'une poutre prismatique, posée sur deux appuis, est chargée de poids répartis suivant une certaine loi, elle plie en affectant une courbe, que la théorie nous a appris à calculer (voy. l'introduction au *Traité des ponts métalliques*), et dont les ordonnées dépendent de l'élasticité de la pièce et de l'intensité des poids. Pourvu qu'on ne dépasse pas la limite d'élasticité et que l'on conserve la loi de répartition des poids, si on les change tous dans un certain rapport, les ordonnées de la courbe varieront toutes suivant ce même rapport.

Ce principe théorique a été vérifié par M. Chevallier avec des tringles en sapin posées sur des appuis écartés de 2 mètres; les légères différences observées s'expliquent par des défauts d'homogénéité et par les erreurs inévitables dans ces opérations délicates.

On a considéré successivement quatre cas : 1° celui de la charge concentrée au milieu de la portée; 2° celui où trois poids égaux sont placés à chaque quart de la pièce; 3° celui où la charge est uniformément distribuée entre les appuis; 4° celui où la charge, nulle à une extrémité, croît jusqu'à l'autre extrémité proportionnellement à la pression de l'eau. Or, lorsque l'on construit les quatre courbes théoriques correspondant aux quatre cas précédents, et que l'on rapporte les ordonnées de ces courbes à la flèche médiane prise comme unité, on reconnaît que les quatre courbes diffèrent très-peu les unes des autres, c'est ce qui résulte du tableau suivant :

COURBES THÉORIQUES DE FLEXION D'UNE PIÈCE PRISMATIQUE PORTÉE SUR DEUX
APPUIS ET CHARGÉE DE DIFFÉRENTES MANIÈRES

ABSCISSES EN FRACTIONS DE LA DEMI-PORTÉE A PARTIR DU MILIEU.	ORDONNÉES EN FRACTIONS DE LA FLÈCHE AU MILIEU.			
	1er CAS. Toute la charge au milieu de la portée.	2e CAS. Trois poids égaux à chaque quart de la portée.	3e CAS. La charge répartie uniformément.	4e CAS. La charge répartie comme la pression de l'eau.
1,0	»	»	»	»
0,9	0,1495	0,1573	0,1592	0,1488
0,8	0,2960	0,3107	0,3139	0,2944
0,7	0,4365	0,4566	0,4600	0,4337
0,6	0,5680	0,5912	0,5939	0,5636
0,5	0,6875	0,7105	0,7125	0,6813
0,4	0,7920	0,8114	0,8131	0,7839
0,3	0,8785	0,8920	0,8936	0,8691
0,2	0,9440	0,9512	0,9523	0,9347
0,1	0,9855	0,9876	0,9880	0,9788
0,0	1,0000	1,0000	1,0000	1,0000
0,1	0,9855	0.9876	0,9880	0,9972
0,2	0,9440	0,9512	0,9523	0,9699
0,3	0,8785	0,8920	0,8936	0,9181
0,4	0,7920	0,8114	0,8131	0,8425
0,5	0,6875	0,7105	0,7125	0,7438
0,6	0,5680	0,5912	0,5959	0,6242
0,7	0,4365	0,4566	0,4600	0,4803
0,8	0,2960	0,3107	0,3139	0,3364
0,9	0,1495	0,1573	0,1592	0,1696
1,0	»	»	»	»

La concordance des courbes est surtout remarquable dans les deuxième et troisième cas, car le plus grand écart entre les ordonnées correspondantes ne dépasse pas $\frac{1}{100}$ de la flèche médiane; la courbe due à la répartition des poids suivant la poussée de l'eau diffère très-peu de celle due à la répartition uniforme; celle-ci est symétrique, la première ne l'est pas; elle se trouve en dedans de la seconde sur une moitié de la longueur et en dehors sur l'autre moitié, sa flèche maxima ne coïncide pas avec le milieu de la pièce; elle se trouve à 0,038 du milieu, la demi-portée étant prise pour unité, et elle ne diffère de la flèche centrale que de 0,0018.

Donc, on peut dire qu'on peut faire plier un bordage à très-peu près selon la même courbure, en adoptant l'un ou l'autre des quatre cas de répartition énumérés ci-dessus; il va sans dire que cette même courbure ne s'obtient pas par quatre charges totales égales.

Les expériences ont également vérifié ces résultats théoriques.

« Un aussi grand accord entre la théorie et l'expérience conduit, pour les quatre cas précités, à une conclusion importante : c'est que, si l'on connaît la flèche centrale d'une pièce sous une charge déterminée, toute autre flèche observée dans la même combinaison ou dans une des trois autres permettra d'évaluer la nouvelle charge de la pièce. »

Ceci posé, le système représentant une porte d'écluse a été placé horizontalement; on a donc écarté la compression dans le sens des entretoises produite par le second vantail et transmise par le poteau busqué, on a écarté également

l'effet produit par la pesanteur sur les entretoises. Pour représenter les entretoises, on a tiré d'un même bordage en sapin du Nord des tringles de 2ᵐ,15 de
longueur, de 0ᵐ,04 de hauteur, et d'une largeur telle que chaque tringle, posée
sur deux appuis écartés de 2 mètres, et chargée de 16 kilogrammes en son
milieu, prît une flèche de 0,016. On obtint ainsi des tringles présentant pour
la même portée la même résistance à la flexion, bien que les largeurs fussent
notablement différentes à cause du défaut d'homogénéité du bois. Ces tringles
ou entretoises furent posées sur deux barres de fer arrondies, bien horizontales,
espacées de 2 mètres, représentant les butées latérales de la porte; l'entretoise
fixe ou non flexible s'appuyant sur le busc fut représentée par une barre de fer
parallèle aux entretoises et dépassant de 0ᵐ,04 les barres de fer latérales, de
telle sorte que son arête supérieure fût dans le même plan que les faces supérieures des tringles destinées à recevoir le bordage.

Quatre combinaisons d'entretoises furent essayées:

1° On divisa une hauteur de 1 mètre en dix parties égales et on établit ainsi
dix entretoises également espacées;

2° On divisa la hauteur de 1 mètre en dix parties inégales, que l'eau aurait
pressées également si elle avait affleuré l'entretoise supérieure, et en chaque
point de division on plaça une des dix entretoises;

3° On divisa la hauteur de 1 mètre en cinq parties égales avec cinq entretoises
également espacées;

4ᶜ On ne prit que deux entretoises en chêne, plus fortes que les précédentes,
ne fléchissant que de ½ de millimètre pour chaque kilogramme de charge
au milieu, on plaça l'une à 1 mètre du seuil, et l'autre à 0ᵐ,50, c'est-à-dire au
milieu de la porte.

Les entretoises étant ainsi représentées, on représenta les bordages en tirant
d'un madrier en sapin du Nord des tringles de 4 centimètres de largeur, ayant
respectivement ½, 1, 2, 3, 4 centimètres d'épaisseur; ces bordages, de 1ᵐ,16 de
longueur, affleuraient l'entretoise supérieure et par conséquent dépassaient le
seuil en fer de 16 centimètres.

Poser simplement les bordages sur les entretoises n'eût pas réalisé les conditions qu'on rencontre dans les portes; on doit considérer les bordages comme
liés aux entretoises à leurs points de rencontre et comme encastrés sur le seuil,
car la pression de l'eau développe sur le busc un tel frottement que les portes
chargées sont comme fixées au busc.

On expérimenta d'abord un seul bordage ligaturé sur les entretoises et sur
l'arête du seuil; mais ce système était bien loin de ressembler aux portes, dans
lesquelles le bordage répartit la pression sur toute la longueur des entretoises;
on ne pouvait réaliser cette disposition, mais on s'en rapprocha en remarquant
que la courbe produite par trois poids égaux placés en chaque quart d'une poutre se confond presque entièrement avec la courbe produite par une charge
uniformément répartie. Dans la dernière disposition adoptée, on expérimenta
donc trois bordages, d'égale flexibilité, placés chacun à chaque quart des entretoises, et ligaturés sur les entretoises et sur l'arête du seuil.

Les bordages, de 1 mètre de longueur utile, étaient divisés de 10 en 10 centimètres, et à chaque point de division on plaçait des poids croissant comme
la pression de l'eau; ces poids successifs étaient, depuis l'entretoise jusqu'au
seuil, égaux à 1, 3, 5, 7, 9, 11, 13, 15, 17, 19 kilogrammes et donnaient une
charge totale de 100 kilogrammes. A chaque point de division les flèches prises
étaient mesurées au millimètre près.

On se rappelle que chaque entretoise en sapin prenait une flèche de 1 millimètre pour 1 kilogramme de charge au milieu; donc, pour une charge totale de 100 kilogrammes, le nombre de millimètres mesurant la flèche de chaque entretoise exprimait la charge en kilogrammes, c'est-à-dire la proportion pour cent de la charge totale afférente à l'entretoise considérée; la différence entre le nombre 100 et le total des charges des entretoises donnait la charge du busc.

Les résultats des expériences, dont on trouvera de plus amples détails dans le Mémoire de M. Chevallier, ont été représentés graphiquement par les figures 2 à 10 de la planche 96.

1° Sur une ligne mesurant la hauteur de la porte (fig. 8, 9, 10), on a indiqué par des lignes horizontales les entretoises, et sur ces lignes on a porté des longueurs mesurant les flexions ou pressions correspondantes; la courbe, joignant les extrémités de toutes ces longueurs, représente la flexion du système et la distribution des pressions sur le bordage central.

2° Sur une ligne horizontale (fig. 2 à 7), on a porté comme abscisses l'épaisseur du bordage employé, et on a pris comme ordonnées les pressions afférentes aux entretoises successives, y compris le seuil, pressions mises bout à bout verticalement de manière à donner un total constant égal à 100. —Les points correspondant à une même entretoise ont été réunis par une courbe continue.

Les figures représentent les diverses combinaisons successivement adoptées, et il faut tirer de ces figures des résultats pratiques :

1° En ce qui touche l'épaisseur du bordage, nous voyons que la part de pression supportée par le seuil augmente avec l'épaisseur du bordage; la pression restante en est donc diminuée, mais en même temps elle se répartit d'une manière très-différente sur les entretoises : la pression sur l'entretoise supérieure augmente pareillement avec l'épaisseur du bordage, excepté pour les très-faibles épaisseurs; pour des entretoises espacées suivant la pression de l'eau, le maximum de pression se trouve pour les très-faibles épaisseurs de bordage à l'avant-dernière entretoise, c'est-à-dire à $0^m,684$ au-dessus du seuil ; il s'abaisse, pour des bordages un peu plus épais, à la huitième entretoise, c'est-à-dire à $0^m,553$ au-dessus du seuil. Mais si l'on augmente un peu plus l'épaisseur, le maximum de pression remonte sur l'entretoise supérieure où il semble se fixer. — Pour les entretoises équidistantes, à mesure que le bordage est plus épais, le maximum de pression diminue successivement jusqu'à une certaine limite, et sa position s'élève aussi successivement depuis l'entretoise voisine du seuil jusque près de l'entretoise supérieure. Puis il atteint une valeur minima pour croître ensuite très-lentement et se fixer sur l'entretoise supérieure.

2° Pour ce qui est de l'influence de la répartition des bordages, on voit, par les figures 3 et 6, 4 et 7, que trois bordages de 3 centimètres d'épaisseur, placés à chaque quart des entretoises, ont à peu près la même roideur relative qu'un seul bordage de 4 centimètres placé au milieu. Donc, au point de vue de l'économie de la matière, il semble préférable de renforcer les portes par une seule pièce verticale au milieu plutôt que par un bordage continu, et même plutôt que par trois pièces verticales équidistantes. Mais, généralement, on préfère trois pièces verticales à une seule, parce qu'une seule pièce augmente beaucoup l'épaisseur de la porte au milieu, et surtout parce que trois pièces réduisent aux $\frac{12}{11}$ la flèche médiane des entretoises et aux $\frac{1}{8}$ les inclinaisons des entretoises près des poteaux avec lesquels elles sont assemblées; cette réduction est évidemment favorable à la conservation des assemblages.

44

3° En ce qui touche les effets généraux du bordage, on reconnaît à l'inspection des figures qu'entre certaines limites d'épaisseur de ce bordage les courbes du même groupe semblent se croiser en un même point : la pression reste donc à peu près constante en ce point, qui se trouve à la septième entretoise sur la figure 9. — On reconnaît en outre que les pressions des entretoises comprises dans les sept dixièmes de la hauteur, à partir du haut, forment une somme qui varie peu ; cette somme est à peu près égale aux 0,49 de la pression totale.

4° En ce qui touche l'espacement des entretoises, on voit que les entretoises équidistantes ont un immense avantage ; elles reportent une plus grande partie de la charge sur le seuil, et surtout donnent une bien meilleure répartition des pressions, ainsi que le montre la seule inspection des figures. — L'espacement égal des entretoises a, du reste, en sa faveur les raisons suivantes :

Les poteaux montants ont des mortaises mieux espacées.

Le haut de la porte présente plus de résistance aux chocs et intempéries, parce qu'il s'y trouve plus d'entretoises et des sections de bordages de moindre portée.

Le seuil est de ⅓ plus chargé.

Le maximum de pression s'élève depuis l'entretoise inférieure jusqu'à l'entretoise supérieure, et il varie dans les expériences de 15 à 7 pour 100. Cette dernière valeur paraît être un minimum dans le cas des dix entretoises.

L'entretoise supérieure supporte toujours une pression moindre.

Les entretoises également espacées sont également plus avantageuses pour résister à la réaction des deux vantaux l'un sur l'autre, réaction qui se manifeste par la compression et la flexion des poteaux busqués.

En résumé, ces expériences établissent qu'il convient de donner un espacement égal aux entretoises ; que le bordage, considéré autrefois comme un accessoire des portes d'écluses, en forme au contraire une partie excessivement importante ; que, par sa force et sa disposition, il contribue très-efficacement à répartir le mieux possible les pressions sur les entretoises, et qu'ainsi il donne la facilité d'employer des entretoises d'un équarrissage moindre qu'on ne le croyait nécessaire, avantage très-grand pour les écluses modernes à grande largeur.

Formules de M. Lavoinne. — M. Lavoinne, longtemps ingénieur du port de Dieppe, a appliqué la théorie de la résistance des matériaux au système des portes d'écluses. Il est arrivé, après de longs calculs, à des formules précieuses pour la pratique, dont l'usage est rendu relativement facile à l'aide de tables numériques. — Nous ne pouvons reproduire ici ces documents, que l'on trouvera dans les *Annales des ponts et chaussées* de 1867, t. XIX. M. Lavoinne a fait depuis une application nouvelle de ses formules au calcul de la résistance des grandes chaudières à parois planes en usage sur les navires.

Description de quelques portes d'écluses. — Il y a quelques années, les portes d'écluses se construisaient exclusivement en bois ; vers 1840, en même temps qu'on faisait l'essai des portes en fonte sur les canaux, on le fit également dans les ports de mer, et M. l'ingénieur Virla installa, en 1837, des portes en fonte au bassin à flot du port de commerce de Cherbourg ; cet exemple ne fut pas suivi. Nous avons, du reste, donné précédemment les raisons qui s'opposent à l'usage de la fonte dans des travaux de ce genre. A mesure que la largeur des écluses augmenta et qu'il devint plus difficile de se procurer des bois de fort échantillon, on vit s'accentuer la tendance à l'usage des portes en fer. Quelquefois on a associé le bois et le fer, et on a construit des portes mixtes.

Nous décrirons donc trois systèmes de portes :

1° Les portes en bois, dont nous donnerons comme exemples les portes de la grande écluse du Havre, celles de Saint-Nazaire, celles de l'écluse de barrage de Dunkerque et celles du bassin Duquesne, à Dieppe ;

2° Les portes mixtes, dont nous donnerons comme type les portes de Fécamp ;

3° Les portes en fers et tôles spéciaux, dont nous citerons comme exemples les portes de Jarrow-Docks, celles de Boulogne et celles du canal d'Amsterdam à la mer.

1° **Portes en bois.** — 1. *Portes de la grande écluse du Havre.* — Ces portes sont représentées par les figures 7 à 10 de la planche 101. L'écluse des Transatlantiques desservant le bassin de l'Eure est pourvue de deux paires de portes d'ebbe ; l'importance du bassin de l'Eure ne permet point d'y laisser descendre l'eau jusqu'au niveau des basses mers. Pour parer à toute éventualité, on a donc dû construire deux paires de portes d'ebbe, qui peuvent fonctionner indépendamment, mais qui, en temps ordinaire, se soulagent réciproquement en se partageant la charge.

« Chaque vantail a une longueur de $17^m,50$ et une hauteur de $9^m,80$; son épaisseur au milieu est de $1^m,90$. Il est composé de deux poteaux réunis par de nombreuses entretoises liées par des gournables en bois, des fiches en fer, deux grandes écharpes, des frettes, des étriers, des équerres et des boulons. Deux roulettes dont on peut relever ou abaisser le niveau servent au besoin de points d'appui. Deux ventelles et un pont de manœuvre complètent son système. Il est mis en mouvement par deux treuils destinés l'un à son ouverture, l'autre à sa fermeture. Une porte-valet est destinée à le tenir clos et à empêcher son battillement sous l'effet du ressac vers le moment du plein par les vents du large.

Chaque entretoise est composée de six pièces de sapin de Prusse superposées. Deux, formant l'entrait, sont rectilignes ; les quatre autres, formant la partie cintrée, ont été courbées à la vapeur. Les entretoises sont juxtaposées sur toute la partie inférieure de la porte ; elles sont liées par des bordages et par de fortes pièces de sapin allant de l'entretoise supérieure à celle inférieure et remplissant, comme un noyau, l'intervalle des entraits et des courbes.

La flèche du busc a été calculée pour que les courbes des deux vantaux ne forment qu'un seul arc quand les portes sont fermées. Son rayon est de $32^m,70$. »

Parmi les pièces en sapin de Prusse composant les entretoises, les deux entraits rectilignes ont ensemble $0^m,60$ de largeur ; des quatre autres pièces courbes, trois ont $0^m,20$ d'épaisseur et la quatrième $0^m,28$. L'épaisseur totale des montants verticaux remplissant l'espace vide compris entre les entraits et les courbes est de $0^m,50$ au milieu du vantail.

A la partie inférieure de la porte, on trouve 18 entretoises superposées, formant un massif de $5^m,40$ de hauteur ; il y a deux autres groupes d'entretoises, l'un de deux ayant une hauteur de $0^m,60$, l'autre de trois ayant une hauteur de $0^m,90$.

Les poteaux tourillons et busqués sont composés de plusieurs pièces en chêne, assemblées au moyen de frettes, de fiches et de gournables.

La porte est recouverte à l'amont d'un bordage continu de $0^m,08$ d'épaisseur.

Des cadres en tôle galvanisée, *aa*, indiqués sur la coupe verticale, maintiennent l'écartement entre les trois groupes d'entretoises.

Les roulettes *rr* ne servent point d'une manière continue ; le vantail est d'assez faible densité pour ne point exercer sur l'écharpe un effort exagéré, lorsque les eaux ne se trouvent pas abaissées outre mesure. En cas d'abaissement considérable du niveau, on descendrait les roulettes r en agissant sur les verrins m et les portes se trouveraient soutenues ; le chemin en granit n'eût pas présenté une résistance suffisante si les roulettes avaient dû constamment s'appuyer sur lui, et, lorsqu'il eût été déformé, les opérations n'auraient pu s'effectuer qu'avec des scaphandres, le busc de l'écluse ne découvrant jamais à basse mer.

On voit sur le plan les portes-valets cd : elles se composent d'un cadre ordinaire formé de deux montants réunis par des entretoises, elles pressent normalement contre les vantaux lorsqu'ils sont fermés et les empèchent d'osciller sous l'influence de la lame. Ces valets ont $0^m,40$ d'épaisseur et $15^m,80$ de longueur.

Sur chaque vantail, près des poteaux, dans la partie où une légère saillie sur le bordage n'empêche pas la porte de se loger dans l'enclave, on voit deux vannes V de 2 mètres de large sur $0^m,70$ de hauteur, manœuvrées par des tiges en fer et des crics à crémaillère et manivelle n.

Les figures indiquent suffisamment la disposition des écharpes, des frettes et étriers.

La manœuvre des portes se fait au moyen de chaines et de treuils à bras ; cette manœuvre est lente, elle exige un grand nombre d'hommes ; il est regrettable évidemment qu'elle ne puisse s'effectuer au moyen de machines ou d'appareils hydrauliques tirant leur force d'un accumulateur Armstrong. On a jugé, sans doute, que la dépense était hors de proportion avec le bénéfice à recueillir ; les passages des Transatlantiques sont peu nombreux et, à ce point de vue, une grande rapidité de manœuvre n'a sans doute pas paru indispensable. Quoi qu'il en soit, l'usage des appareils hydrauliques est à recommander dans nos grands ports de mer, à condition qu'il soit judicieusement installé et qu'il s'applique à une manutention considérable ; on a reconnu, dans quelques grandes gares de chemins de fer, que les appareils hydrauliques de sir Armstrong ne réalisaient pas toujours une économie certaine.

Le pivot et la crapaudine des portes qui nous occupent sont en bronze ; le bout mâle est fixé au poteau tourillon, de sorte que le godet de la crapaudine est fixé à la bourdonnière et qu'il peut se trouver obstrué ; il est vrai que l'obstruction n'est pas à craindre si l'on réalise un ajustage précis, mais alors on tombe dans l'inconvénient d'augmenter le frottement dans de notables proportions.

Voici le détail des dépenses faites pour la construction des grandes portes que nous venons de décrire :

DÉPENSES AUX PRIX DU BORDEREAU.

PORTES.

Détail pour un vantail :

Charpente	63.750,01
Métaux divers	78.131,19
Maillelage	8.205,84
Goudronnage, calfatage et peinture, gc. .	2.474,94
Mécanisme de manœuvre	19.898,01
Total pour un vantail. . .	172.459,90
Et pour 4 vantaux semblables. . . .	689.859,96

PORTES-VALETS.

Détail pour une porte-valet :

Charpente..............	4.078,83
Métaux divers..	8.858,39
Mailletage	2.073,47
Divers...............	55,29
Total pour une porte-valet. ...	15.045,98
Et pour 2 portes-valets semblables.	30.091,93
Total des travaux à l'entreprise.	719.331,02

DÉPENSES EN RÉGIE

Rôles de mains-d'œuvre........	53.067,42	
Travaux à la tâche..........	168,18	
Fournitures et travaux divers sur mémoires...............	48.865,35	
Acquisition des caps de levage.....	11 235,13	
Acquisition de modèles........	1.923,00	
Total des dépenses en régie.	115.259,08	115.259,08
Total général............		835.101,00

2. **Portes de Saint-Nazaire.** — Nous empruntons à M. l'ingénieur Leferme la description sommaire des portes de la plus grande des deux écluses du bassin de Saint-Nazaire.

« Chaque vantail, figure 22, planche 104, a 13ᵐ,96 de largeur totale et 10 mètres de hauteur; son épaisseur aux poteaux est de 0ᵐ,60, celle du milieu de 1ᵐ,60. Il est composé de quinze entretoises en bois de 0ᵐ,40 d'épaisseur, formées elles-mêmes d'un entrait de 0ᵐ,40, et de quatre pièces courbées à l'étuve de 0ᵐ,20 d'épaisseur. Douze de ces entretoises sont juxtaposées dans la partie inférieure; les trois autres sont respectivement espacées de 0ᵐ,95, 0ᵐ,95 et 2 mètres. Des calages en bois et des cadres en fer forgé maintiennent leur écartement. Quinze clefs verticales, battues au mouton après la pose des entretoises inférieures et soigneusement calées au passage des entretoises supérieures, complètent la charpente. Il n'existe point, à vrai dire, de poteaux; les entretoises sont prolongées dans toute la longueur du vantail et enveloppées aux abouts par des anneaux en tôle de 10 millimètres d'épaisseur, rendus solidaires au moyen de plaques de jonction, consolidés par des tire-fonds également en tôle, et réunis en outre, d'un poteau à l'autre, par trois entretoises en métal, dont les deux premières enveloppent la partie pleine de la porte, et dont la troisième repose sur la dernière entretoise de bois. Les tourillons, engagés d'ailleurs dans les entretoises extrêmes, sont rivés sur les derniers anneaux. Un bordé vertical en madriers de 0ᵐ086 d'épaisseur règne sur toute la face courbe d'amont, et un bordé étanche en tôle de 0ᵐ,005 d'épaisseur est enfin établi sur la face plane d'aval, entre les deux entretoises en tôle supérieures.

Chaque vantail, plongé en entier dans l'eau, déplacerait 175ᵐ,74; mais ce déplacement peut être réduit, en laissant l'eau pénétrer dans la partie supérieure, à 125ᵐ,72.

La première paire de portes a été construite en sapin rouge de Prusse; nous avons préféré pour plusieurs motifs, et entre autres pour obtenir plus de poids, employer le pitch-pine, très-beau bois du Canada, dont on fait un assez grand usage aujourd'hui dans la marine pour le bordage des navires, les planchers de pont et la mâture.

Au total, chaque vantail pèse 123 781^{kil},5. Ce poids se décompose ainsi :

	kilogr.
121^m,749 de bois de pitch-pine à 730 kilogrammes. . . .	88.876,5
1^m,065 de bois de chêne à 900 kilogrammes.	958,5
Fer forgé	14.133,0
Tôle.	18 618,5
Fonte.	1.195,0
Total pareil.	123.781.5 ».

Ainsi les poteaux busqués et tourillons sont formés par des anneaux en tôle superposés; de deux en deux les fonds en tôle rivés sur ces anneaux forment avec eux de véritables mortaises qui reçoivent les extrémités des entretoises. Les anneaux formant les deux poteaux sont rendus solidaires par les trois entretoises en tôle placées l'une au bas, l'autre à la partie supérieure de la porte et la troisième au-dessus de la douzième entretoise.

Le garde-corps de la passerelle n'est pas indiqué sur les figures; il a été disposé de manière à pouvoir se rabattre au-dessous du tablier, et, grâce à cette précaution, on n'a pas à craindre d'accrocher les manœuvres des navires traversant l'écluse.

On remarquera que chaque vantail repose sur deux paires de roulettes, l'une vers le milieu, l'autre près du poteau busqué; ces roulettes ne doivent servir que d'une manière tout à fait accidentelle; leur faible diamètre, 0^m,28, le peu de largeur de leur chemin, 0^m,18, leur interdirait un service quelque peu prolongé; c'est pourquoi on ne leur a pas donné de chemin métallique.

D'après ce que nous avons dit plus haut, les portes en pitch-pine pèsent à l'air libre 123 000 kilogrammes; elles déplacent précisément 123 mètres cubes d'eau de mer; elles sont donc flottantes et cette circonstance doit faciliter beaucoup la manœuvre. Les premières portes en sapin rouge du Nord étaient plus légères encore et, pour éviter les effets de soulèvement, il fallait leur ajouter du lest.

Voici, d'après M. l'ingénieur Périssé, le détail estimatif de l'ensemble des deux derniers vantaux :

	francs.	francs.
243$^{m.}$,50 de pitch-pine à	336,37	82.027,85
16,994^k,50 de tôle galvanisée, mise en place.	1.70	28.890,65
20,260^k de tôle non galvanisée	1,50	30.390,00
29,493^k de ferrements galvanisés	1,27	37.360,80
3,006^k de fonte de fer	0,626	1.881.76
Calfatage.		2.294,44
Peinture, enduit et mastic.		6.755,78
Frais divers et menues fournitures.		2.865,03
Total.		192.464,31

Ces portes ont été exécutées en régie, à défaut d'entrepreneur; dans le prix de la charpente en pitch-pine, la dépense d'acquisition, déchets compris, entre environ pour moitié, et la main d'œuvre de toute nature complète le total.

Les procédés suivis pour la mise en place de ces portes sont très-ingénieux, ils ont été décrits, par M. Leferme dans un rapport inséré aux Annales des ponts et chaussées de 1861. D ordinaire, les portes d'écluse, construites horizontalement, sont lancées à la mer sur un ber descendant sur deux glissières parallèles ; ces glissières inclinées se terminent par une partie horizontale sur laquelle la porte vient flotter à basse mer. Là, le pied de la porte est lesté avec des gueuses en fonte que l'on équilibre en même temps par des futailles vides ; la partie supérieure est seulement garnie de futailles ; à haute mer, on amène la porte dans l'écluse et on la place le pied à l'enclave ; on détache les tonneaux du pied qui, entraîné par les gueuses en fonte, descend dans l'enclave en relevant la porte : le relèvement est achevé au moyen de cordages fixés à la tête de la porte et tirés par des moufles ou des cabestans ; quand le vantail est dressé dans le chardonnet, le pivot et la crapaudine étant en concordance, on laisse descendre le vantail en place et l'on n'a plus qu'à poser le collier supérieur.

La première paire de portes de Saint-Nazaire a été construite debout dans l'écluse même ; la seconde paire de portes a été construite également debout dans un chantier spécial, et, pour l'amener à sa place, il a fallu d'abord procéder à l'abatage, c'est cet abatage qui a été exécuté très-simplement et à peu de frais. La description des portes fait comprendre qu'il était très-difficile de les construire à plat ; on les a donc établies verticalement sur une plate-forme dans un déblai creusé en arrière des digues du bassin ; la plate-forme étant située à 2ᵐ,40 en contre-bas des hautes mers de vive eau ordinaire, on pouvait abattre chaque vantail dans l'eau en ouvrant une tranchée entre la plate-forme et le bassin, ou bien encore en remplissant la cavité avec une pompe. L'abatage, qui n'exigeait qu'un effort de 4000 kilogrammes a été opéré au moyen de palans ; le pied de la porte reposait sur des cylindres en fonte, de 0ᵐ,15 de diamètre, évidés au quart comme le montre la figure 18, planche 104 ; on voit comment la porte était d'abord soutenue verticalement, en s'inclinant elle fit d'abord tourner les cylindres en fonte avec elle, puis, le pied ayant subi un mouvement de recul, ramena les cylindres à leur place initiale comme l'indique la troisième partie de la figure 18. Avec une hauteur d'eau de plus de 3 mètres sur la plate-forme, l'abatage des vantaux se fit presque sans choc, et le mouvement de recul sembla contribuer puissamment à atténuer le choc ; tenter l'opération avec une hauteur d'eau inférieure à 3 mètres eût été imprudent.

5. *Portes de l'écluse de barrage de Dunkerque.* — Les portes de l'écluse de barrage du port de Dunkerque, écluse précédemment décrite, sont représentées par les figures 1, 2 de la planche 105 et 6 de la planche 106.

Le cadre de chaque vantail est composé de : deux poteaux tourillon et busqué, *a* et *b* ; deux traverses, inférieure et supérieure, *c* et *d* ; un bracon double *e* ; cinq pièces montantes verticales jumelles *f*. Toutes ces pièces sont en chêne du pays.

La traverse inférieure n'est pas horizontale, elle est relevée de 0ᵐ,07 près du poteau busqué ; elle se trouve donc à 0ᵐ,105 au-dessus du bas radier près du poteau tourillon et à 0ᵐ,175 près du poteau busqué, et, par suite de la forme courbe du busc, la buttée de la porte varie de 1ᵐ,425 à 0ᵐ,175.

Le cadre en chêne est consolidé par de doubles écharpes en fer *gg*, avec manchons en fonte et écrous de serrage à l'extrémité supérieure.

Grâce au bracon en bois, le point d'attache de l'écharpe allant à la base du poteau busqué peut être considéré comme fixe.

A l'intérieur du cadre, on voit neuf entretoises *hh* en sapin rouge du Nord, posées parallèlement à la traverse inférieure, c'est-à-dire un peu inclinées, moisées entre les bracons et les pièces montantes *ff*.

Il y a deux bordages, l'un en sapin rouge à l'amont de $0^m,10$ d'épaisseur, l'autre en chêne du pays à l'aval, d' $0^m,06$ d'épaisseur; ce dernier est nécessaire pour atténuer le ressac produit contre les portes par la mer lorsqu'elle tend à monter au-dessus du niveau du bassin.

La liaison dans le sens horizontal est assurée par : 1° les boulons à queue et à moufles de serrage *ll*; 2° les plates-bandes supérieures et collier en fer *mm*, avec manchons en fonte et écrous de serrage au droit du poteau busqué ; 3° les plates-bandes inférieures et équerres en fer *nn*. Ces dernières sont fixes et ne peuvent être serrées à volonté.

Les pièces montantes *ff* servent de coulisses aux vannes dont on voit les ouvertures en *o*; chaque vanne comprend trois orifices; ce sont des vannes à écrans, en chêne et armées en fer, avec coulisses en fer boulonnées sur les pièces *ff*. Les vannes sont manœuvrées par des tiges à crémaillères *qq* que font mouvoir des crics à double noix *rr*.

Un garde-corps en fer garni de montants est établi au-dessus de la traverse supérieure qui se raccorde avec les bajoyers au moyen d'un escalier en fer *t*.

En *u*, sur le poteau busqué, est le point d'attache des chaînes de manœuvre des portes; ce point d'attache est un peu au-dessus du milieu du vantail, évidemment la position la plus convenable pour les portes sans roulettes, car la traction se fait sans porte à faux, et il est toujours facile de visiter les chaînes et leurs points d'attache; avec des portes à roulettes, on est forcé de reporter la traction vers le bas pour diminuer le bras de levier de la résistance inférieure et pour éviter les effets de gauchissement.

Les lettres *zz* désignent des potelets en chêne du pays placés entre les entretoises, dans le prolongement des coulisses des vannes pour guider les eaux.

Les entretoises sont également espacées d'axe en axe sur les cinq premiers mètres ; les intervalles entre les quatre entretoises du bas sont de $0^m,25$, et l'épaisseur des entretoises $0^m,35$; ce sont, en effet, celles qui fatiguent le plus et qui reçoivent les vannes ; au-dessus, les entretoises ont $0^m,30$ d'épaisseur et laissent entre elles des vides de $0^m,30$. Au-dessus de 5 mètres jusqu'à $7^m,29$, les espacements augmentent l'épaisseur des entretoises reste de $0^m,30$, sauf pour la dernière qui est de $0^m,45$; elle contribue énergiquement à la rigidité du cadre, elle est exposée aux chocs et supporte la passerelle.

La coupe horizontale montre comment les entretoises sont composées de deux pièces assemblées à redans et serrées l'une à l'autre par douze boulons, qui passent dans des dés en bois de gaïac de $0^m,12$ d'épaisseur et de $0^m,15$ de largeur logés à moitié dans chaque pièce, fig. 6, pl.

Les traverses inférieure et supérieure sont également des poutres armées en chêne, assemblées à redans et serrées par des boulons.

Les portes-valets sont composées à peu près comme les portes précédentes, sauf l'absence de bordages et le moindre nombre des pièces. Elles comportent un poteau-tourillon, un poteau battant, un bracon double, une traverse supérieure, le tout en chêne du pays; une traverse inférieure et cinq entretoises en sapin rouge du nord; une paire de pièces montantes en chêne et des écharpes doubles en fer avec manchons en fonte et écrous de serrage à l'extrémité supérieure La traverse supérieure est horizontale, mais la traverse inférieure se relève de 0ᵐ,70 vers le poteau battant, de manière à agir comme contre-fiche; le vantail se présente donc sous la forme d'un cadre trapézoïdal.

Le prix de revient des portes qui nous occupent avec les appareils de manœuvres, chaînes, poulies et treuils, levage, mise en place et ajustage compris, a été de 73 590ᶠʳ,75, ainsi décomposé :

PORTES BUSQUÉES ET VALETS

DÉSIGNATION DES MATÉRIAUX.	QUANTITÉS.	PRODUITS.
Portes busquées et valets.		
Charpente en chêne.	57ᵐᶜ,143	15.867,57
Charpente en sapin.	62ᵐᶜ,043	9.921,06
Armatures en fer et en fonte.	24.067ᵏ,35	24.818,63
Fer, pour clous de mailletage.	5.211ᵏ,00	5.211,00
Bronze.	1.744ᵏ,50	6.785,82
Cuivre pour clous de mailletage.	15ᵏ,00	61,50
Plomb laminé et scellements.	1.525ᵏ,00	1.217,80
Calfatage et brayage	1.616ᵐᵠ,20	1.697,01
Peinture et goudronnage.	2.305ᵐᵠ,34	1.705,41
Total pour les portes.		67.316,40
Dont :		
Portes busquées.		48.000,40
Portes valets.		19.000,00
Dépenses communes.		316,40
Appareils de manœuvres.		
Fers et fonte.	3.819ᵏ,50	3.813,15
Bronze.	620ᵏ,00	2.418,00
Scellements au plomb.	304ᵏ,00	243,20
Total pour les appareils de manœuvre.		6.274,35

4. *Portes du bassin Duquesne à Dieppe.* — Les portes du bassin Duquesne, à Dieppe, représentées en plan et en coupe verticale par les figures 1 et 2 de la planche 103, ont été construites en 1869 par M. l'ingénieur Lavoinne qui leur a appliqué les résultats expérimentaux de M. Chevallier et ses propres formules théoriques. Voici la description sommaire qu'en a donnée M. Lavoinne dans sa notice sur le port de Dieppe :

« Ces portes, de section parabolique, se composent d'un cadre en chêne et de huit entretoises équidistantes en sapin, réunies par des cours de moises verticales, également en sapin, que recouvre à l'amont un bordage en chêne. Les entretoises ont une largeur horizontale de 0ᵐ,65 au milieu de la porte, et une épaisseur de 0ᵐ,40.

Trois cours de ceintures horizontales en fer forgé consolident le cadre de chaque porte, et deux écharpes inclinées relient le pied du poteau busqué à un chapeau en bronze coiffant le poteau-tourillon, sur lequel passe le collier de la porte.

Trois ventelles en tôle, à jalousies, interposées entre les montants verticaux de chaque porte, offrent un débouché total de 3ᵐᵠ,51. »

Chaque vantail forme un carré d'environ 9ᵐ,30 de côté

Ces portes neuves ont remplacé d'anciennes portes qui, mises en plac
en 1853, ont subi une dislocation presque complète après une tempête, et o:
été posées à nouveau en 1854.

L'écluse du bassin Duquesne a 16ᵐ,50 de largeur et 42ᵐ,16 de longueur
elle offre un tirant d'eau de 7ᵐ,55 en pleine mer de vive eau ordinaire et d
5ᵐ,50 en morte eau.

Le couronnement des bajoyers est à la cote 11ᵐ,57 au-dessus du zéro du
port et le sommet inférieur du radier est à la cote 1ᵐ,62; ce radier est un arc
de cercle de 2ᵐ,73 de flèche; il en résulte que le bajoyer, qui est vertical, a
7ᵐ,22 de hauteur jusqu'à la naissance du radier.

La lame se fait sentir assez vivement à cette écluse pendant les tempêtes,
aussi a-t-on placé, en avant des portes d'ebbe, pour les protéger, une paire de
portes de flot; elles diffèrent des précédentes en ce que les entretoises n'ont
plus qu'une largeur uniforme de 0ᵐ,45, que le bordage vertical placé en aval
offre des vides égaux à la moitié des pleins, et qu'il n'existe pas de système
de moises verticales ni de ceintures horizontales.

Nous avons trouvé le décompte de la construction des portes précédentes
dans une brochure de M. l'ingénieur Périssé, en voici la reproduction :

DÉSIGNATION DES MATÉRIAUX.	QUANTITÉS.	PRIX DE L'UNITÉ.	PRODUITS.
		francs.	francs.
Bois de chêne, gros échantillon . .	28,90	397	11499
Bois de chêne, petit échantillon. .	3,91	259	1016
Bois de sapin.	47,13	190	8982
Bordages en chêne, de 0ᵐ,08 d'épais-			
seur.	88ᵐ٩	18,71	1654
Fers, tôles, clous et vis à bois. . .	13478ᵏ	»	13042
Galvanisation des fers.	4293	0,22	945
Crapaudines en bronze, clous en			
cuivre, etc.	724	4,39	3119
Calfatage.	1082ᵐ	0,66	714
Goudronnage	1009ᵐ٩	0,41	413
		Total.	41444
	A déduire rabais de 10 pour 100.		4144
		Reste à compter.	37300
	A ajouter pour chapeaux en bronze, en régie (1000 kil.).		4700
		Total général.	42000

2° **Portes mixtes.** — *Portes de Fécamp.* — Nous prendrons comme guide dans
la description de ces portes la notice rédigée par M. l'ingénieur Carlier et insérée aux *Annales des ponts et chaussées* de 1869.

L'écluse du bassin à flot de Fécamp a 16ᵐ,50 ; mais elle est très-profonde,
car le busc est à 11ᵐ,15 en contre-bas du niveau des hautes mers de vives eaux
d'équinoxe, et le terre-plein des bajoyers est arasé à ce même niveau. Le dessus de la traverse supérieure est à 0ᵐ,50 au-dessous du terre-plein ; cela était
nécessaire, afin qu'au moins la dernière assise des bajoyers recouvrît les colliers des vantaux et leurs armatures d'ancrage. La retenue maxima du bassin
est donc à 0ᵐ,50 au-dessous des H. M. V. E. d'équinoxe, et les portes se trou-

vent submergées lors de ces hautes mers; cet effet n'a pas grand inconvénient, car la submersion est rare et ne dure que fort peu de temps; les portes n'ont rien à craindre alors pourvu qu'on ait soin d'assujettir solidement les portes-valets, planches 107 et 104.

Le système de construction d'un vantail comprend un cadre rectangulaire avec entretoises intermédiaires, moises, tirants et écharpes, bordage épais du côté d'amont, bordage léger du côté d'aval pour parer au ressac.

Le cadre, c'est-à-dire les poteaux et les traverses inférieure et supérieure, est en chêne; les entretoises entièrement en bois ont dû être écartées, parce que, même avec une hauteur de 0^m,50, on se trouvait conduit à leur donner une largeur de 0^m,90 au milieu; la largeur aux poteaux ne pouvant pas dépasser 0^m,50, il eût été difficile de constituer des poutres armées avec des bois de droit fil.

On a donc eu recours à des entretoises mixtes; ces entretoises, en bois de sapin, sont recouvertes sur leurs faces supérieure et inférieure de feuilles de tôle bordées avec des cornières, ce qui donne à l'ensemble la section transversale en U; ces renforts en tôle sont posés sur le bois avec de courtes vis aisées dans leur trou, de sorte que le bois et le fer travaillent indépendamment. Nous avons déjà signalé le grave inconvénient qu'il y a à composer des poutres avec des bois et des feuilles de fer forcées de prendre la même flexion; l'élasticité des deux matières n'est pas la même : si la flexion est suffisante pour que l'une travaille à l'effort voulu, l'autre travaillera trop ou trop peu; l'indépendance du bois et du fer, réalisée à l'écluse de Fécamp, est donc une bonne chose.

Les poteaux en chêne ont 0^m,50 d'épaisseur, ainsi que les entretoises; le bordage d'amont a 0^m,10 et celui d'aval 0^m,06; c'est donc une épaisseur totale de vantail égale à 0^m,66. La hauteur des entretoises en sapin est de 0^m, 45; les renforts en tôle de 0^m,0085 sont bordés par des cornières de 0^m,009 d'épaisseur, avec ailes de 0^m,065 de large.

Le bois ne devant pas travailler à plus de 600 000 kilogrammes par mètre carré, et le fer à 6 millions de kilogrammes, chaque entretoise complète peut résister à une charge uniformément répartie de 3740 kilogrammes par mètre courant.

1° En supposant le système assez rigide pour que chacune des onze pièces transversales, de 8^m,55 de portée, soit également chargée, on reconnaît que la charge de 3740 kilogrammes par mètre courant d'entretoise n'est atteinte que si le busc porte seulement 10 pour 100 de la charge totale; on peut affirmer qu'il porte beaucoup plus.

2° Si les entretoises inférieures étaient considérées comme isolées, indépendantes du busc et des liaisons verticales, en attribuant à chacune d'elles la pression qui lui revient d'après sa position, la première et la deuxième supporteraient un effort de 5055 kilogrammes par mètre courant, la troisième de 4529, la quatrième de 4034 et la cinquième de 3590 kilogrammes. Dans ce cas, la charge de sécurité serait dépassée; mais, les expériences montrent que le busc décharge toujours beaucoup les entretoises inférieures et que, même avec de faibles liaisons verticales, l'entretoise qui travaille le plus se trouve au moins au tiers de la hauteur au-dessus du busc; c'est donc la quatrième ou la cinquième et la sécurité n'est pas compromise.

3° Si on considère les résultats des expériences de M. Chevallier, on trouve que le busc supporte 43 pour 100 de la charge, que la traverse supérieure en prend 8,70 pour 100, et l'entretoise la plus chargée 7 pour 100, ce qui ne donne sur la traverse supérieure que 4280 kilogrammes par mètre courant et sur l'entretoise la plus chargée 5445 kilogrammes. La traverse supérieure de chène a 0^m,50 de hauteur et peut sans danger supporter 4273 kilogrammes par mètre courant, le chène travaillant à 800 000 kilogrammes par mètre carré. Ainsi les pressions de sécurité ne sont dépassées dans aucune des hypothèses. La traverse inférieure n'a pas de renfort métallique, elle porte sur le busc; les quatre entretoises d'en bas sont également espacées, les autres ont des espacements croissants.

Nous signalerons les vannes en tôle dont les assemblages sont rendus étanches au moyen de feuilles de caoutchouc serrées dans les joints. Nous signalerons également les verrins de calage, scellés sur la paroi intérieure de la chambre des portes et permettant de soulager les colliers, lorsque les portes restent chambrées pendant un certain temps.

Les figures 1 à 9 et 1 à 21 des planches 107 et 104 représentent les portes de l'écluse de Fécamp avec tous leurs détails.

La figure 3 de la planche 107 indique les dispositions générales de l'écluse et montre nettement le mode de fermeture; les détails des treuils et des poulies de manœuvre sont indiqués.

Les figures 1 et 2 de la planche 107 donnent l'élévation et la coupe transversale d'un vantail avec sa porte-valet.

Les figures 1 à 4 de la planche 104 représentent les colliers et leurs tirants, les figures 5 et 6 les épures des chardonnets, les figures 7 à 12 les pivots et crapaudines, la figure 13 les verrins de calage, les figures 16 et 17 les tendeurs des frettes, et les figures 19 à 21 les vannes avec leurs châssis. Les dessins étant cotés, il est inutile d'entrer dans de plus amples explications.

Nous terminerons par quelques détails et prix d'exécution :

Tous les bois ont reçu une double couche de peinture au minium et les assemblages ont été remplis de goudron chaud; tous les joints extérieurs ont été calfatés et brayés; tous les fers, tôles, fontes ont été galvanisés; entre le fer et le bois on a toujours interposé une bande de toile goudronnée.

Les surfaces extérieures des bois ont été mailletées jusqu'à 0^m,10 au-dessus des hautes mers de vives eaux ordinaires ; nous n'entrerons pas dans le détail du mailletage ni des autres procédés suivis pour défendre les bois à la mer contre les insectes xylophages, nous avons décrit ces procédés dans notre *Traité de l'Exécution des travaux.*

Par suite de la difficulté qu'on a rencontrée à se procurer de forts échantillons de chêne du pays et de sapin du nord, on a eu recours au chêne et au sapin jaune (pitch-pine) d'Amérique.

	POUR LES PORTES.	POUR LES VALETS.
Cube de chêne employé.	38^{mc},71	16^{mc},89
Sapin.	42 ,71	23 ,35
Total.	81 ,42	40 ,24
Tôles et cornières pour renforts et vannes.	19475^k	»
Fers pour armatures, clous, vis à bois.		
Chevilles, mailletage.	11633	7870^k
Fontes	679	516
Total.	30787	8386

La dépense a été de 112 269 fr. 29, se divisant comme il suit :

	francs.
Portes busquées, compris levage et mise en place.	62.588,08
Portes-valets, compris levage et mise en place.	20.580,99
Appareils de manœuvre, chaînes	7.603,32
Somme à valoir comprenant la fourniture des colliers et crapaudines en bronze, des tirants des colliers, leur mise en place, les frais de modèle et de surveillance, l'exécution du mailletage.	21.496,90
Total égal.	112.269,29

3° Portes en fer. — **1.** *Portes des docks de Jarrow.* — Les docks de Jarrow sur la Tyne ont été établis de 1855 à 1859 dans des bancs de vase que les hautes marées submergeaient de 1^m,50 à 2^m,50 ; ces docks ont été aménagés parfaitement de manière à permettre l'embarquement de plusieurs millions de tonnes de houille par an. Le jour de l'ouverture du dock, un vapeur à hélice est entré dans le bassin, a reçu à son bord 420 tonnes de houille et a pris la mer dans l'espace de 55 minutes. Les frais supportés par chaque tonne de houille pour trajet dans les docks, séjour, embarquement et retour des wagons vides en gare s'élèvent seulement à 0^{fr},046. Il est vrai que l'établissement des docks a coûté onze millions de francs.

L'entrée du bassin se fait par deux écluses, l'une de 24^m,28 avec double paire de portes pour les grands navires, l'autre de 18^m,29 d'ouverture avec sas de 80 mètres de longueur et de 30^m,50 de largeur fonctionnant comme bassin de mi-marée.

Les grandes portes sont en tôle, c'est même un des premiers essais de l'application de la tôle à la fermeture des écluses; elles sont manœuvrées par des chaînes s'enroulant sur des cabestans que l'on manœuvre soit à bras, soit avec des moteurs hydrauliques.

« Les portes en tôle sont construites sur le principe de celles des docks Victoria à Londres : elles sont formées de deux parois cylindriques, légèrement excentriques, de manière à se rapprocher de la forme du solide d'égale résistance; l'intérieur est divisé en compartiments, par dix cloisons horizontales e deux verticales : les cloisons horizontales sont percées de trois rangs de trous d'homme qui mettent les compartiments en communication les uns avec les autres. Toute cette construction est formée de feuilles de tôle, assemblées suivant les procédés ordinaires, par des plates-bandes, des cornières et des fers à T. La porte est aussi terminée inférieurement par une surface courbe. de manière que le pivot est à 1^m,06 au-dessus du busc de l'écluse. Cette disposition a déjà été employée par Brunel aux docks de Monkwearmouth; elle a pour objet d'empêcher qu'aucun corps étranger vienne se loger derrière le talon de la porte. La construction de radier qui en résulte est extrêmement solide : elle entraîne quelques difficultés dans l'exécution de la maçonnerie, mais on avait, dans le cas actuel, tous les moyen de les lever. La construction de la crapaudine et de l'attache du collier au moyen de pièces spéciales en fonte est simple et permet d'ajuster ces pièces sans compromettre l'étanchéité de la porte.

Elle repose en partie sur un galet roulant sur un chemin de fer dont la pression peut être réglée au moyen d'une tringle verticale, terminée par une vis à filet carré dont l'écrou est fixé vers le haut de la porte. Pour empêcher l'arc de ce galet de varier, comme il arrive souvent, on l'a fixé à l'extrémité d'un essieu plus long que ceux employés d'ordinaire en pareil cas. »

2. *Portes de Boulogne.* — Nous savons que l'écluse à sas du port de Boulogne a 21 mètres de largeur et 163^m,23 de longueur totale de radier.

Elle est munie de deux paires de portes d'ebbe ; celles d'aval sont métalliques et portées sur roulettes parce qu'elles doivent être manœuvrées sous des hauteurs d'eau variables ; celles d'amont, qui ne se manœuvrent qu'avec le plein du bassin sont en bois et suspendues au moyen de deux grandes écharpes partant du pied du poteau busqué et se terminant au chapeau en bronze du poteau-tourillon.

Nous ne décrirons point les dernières ; les portes en fer sont représentées par les figures 1 à 5 de la planche 106, et en voici la description tirée des légendes jointes au portefeuille de l'École des ponts et chaussées :

« *Portes métalliques.* — Chaque vantail est une coque constituée par (*fig.* 1 à 4) :

1° Onze entretoises, y compris les entretoises du haut et du bas (en tout dix compartiments) ;

2° Deux plaques de fermeture verticales revêtues de fourrures en green-heart figurant les poteaux tourillon et busqué ;

3° Trois armatures verticales, une au milieu et les deux autres sur les quarts du vantail ;

L'objet de ces armatures est de répartir la pression sur les entretoises aussi uniformément que possible. Ainsi les entretoises ont pu être également espacées et construites toutes avec les mêmes fers suivant un type uniforme. L'espacement des entretoises intermédiaires entre elles est exactement de 0^m,95. L'espacement de la première des entretoises intermédiaires et de l'entretoise du bas a été réduit à 0^m,90. Celui de la dernière des entretoises intermédiaires et de l'entretoise du haut a été porté à 1^m,10 ;

4° De deux enveloppes : l'une, l'enveloppe d'aval, plane ; l'autre, l'enveloppe d'amont, courbe.

Cette coque est divisée en trois chambres, une chambre à eau et deux chambres à air.

La chambre à eau a son fond placé à la hauteur de la septième entretoise intermédiaire en comptant à partir du bas. Or, comme la mer pénètre librement dans cette chambre par trois ouvertures ménagées sur la face aval du vantail et s'y élève du même mouvement ascensionnel qu'à l'extérieur, le volume d'eau déplacé par le vantail reste constant à partir du niveau de cette septième entretoise intermédiaire.

Au niveau de la septième entretoise, le volume d'eau déplacé par un vantail est en nombre rond de 62 500 litres. Le poids du vantail étant d'environ 70 tonneaux on voit que la roulette et le pivot portent encore à haute mer 7^t,500. Ainsi l'on évite le grave inconvénient d'avoir des vantaux trop *impressionnables* et que les moindres oscillations de la mer feraient mouvoir et *battre*.

La chambre à air du bas comprend quatre compartiments, l'autre trois compartiments seulement : elles sont séparées par une entretoise étanche, la quatrième des entretoises intermédiaires en comptant comme on l'a dit ci-dessus.

Les chambres à air et à eau sont mises en communication avec le dessus de la porte au moyen de trous d'homme. Les trous d'homme des chambres à air sont terminés par des cheminées dont l'objet est de les isoler entre elles et de la chambre à eau.

Une pompe de cale aspirante et foulante, qui se manœuvre sur le dessus de chaque vantail, enlève du compartiment du bas les eaux qui, par suintement, ont pu pénétrer dans les chambres à air.

Entretoises. — Chaque entretoise intermédiaire comprend :

1° Une âme en tôle de 10 millimètres d'épaisseur ayant en plan la figure d'un rectangle de 11^m,268 de longueur et de 0^m,49 de hauteur, surmontée (côté amont) d'un segment de cercle de 0^m,39 de flèche ;

Cette âme est en trois pièces juxtaposées avec doubles couvre-joints de 0^m,17 de largeur ;

2° Deux cours de cornières de 80 × 80 × 13 régnant sur tout le pourtour de l'âme et figurant avec elle un T en chaque point du périmètre.

Chaque cours de cornières est composé de six bouts : deux bouts extrèmes (cornières et fermeture en forme de double équerre) qui ont été pliés à chaud sur une matrice, un seul bout droit pour le côté aval et trois bouts courbes, côté amont. Les cornières n'ont pas de couvre-joints spéciaux ; mais les joints d'aval sont croisés, les branches aval des cornières de fermeture ayant alternativement 1^m,17 et 1^m,46 de longueur ;

3° De deux plates-bandes horizontales de 170 millimètres de largeur sur 9^{mm},5 d'épaisseur, l'une à l'amont, l'autre à l'aval, faisant table sur les cornières et destinées à recevoir les rives des feuilles de tôle des enveloppes du vantail ;

4° De deux couvre-joints horizontaux comme les plates-bandes et de mêmes largeur et épaisseur qu'elles.

L'entretoise inférieure est de même type que les entretoises intermédiaires ; mais son âme a 16 millimètres d'épaisseur au lieu de 10 et ses cornières 100 × 100 × 13. Le couvre-joint horizontal a été supprimé à l'amont, mais la tôle-enveloppe recouvre la branche inférieure de la cornière : à l'aval le couvre-joint est remplacé par une cornière de 100 × 80 × 13 formant avec la tôle-enveloppe une encoignure dans laquelle est logée la pièce de green-heart buttant sur le busc.

Cette entretoise est renforcée : en dessous par cinq fers à T contournés pour s'opposer au devers de la pièce de busc ; en dessus, entre les armatures verticales, par des cornières portant gousset.

L'entretoise supérieure est réduite à son âme, de même épaisseur 0^m,16 que celle de l'entretoise inférieure, et à une seule cornière (de 100 × 100 × 13 comme en bas) la reliant aux enveloppes amont et aval.

Plaques de fermeture. — Elles sont chacune en deux pièces réunies par un couvre-joint. Elles ont 0^m,016 d'épaisseur, et sont de plus à l'intérieur renforcées par des fers à simple T de 150 millimètres sur 80 allant verticalement d'une entretoise à l'autre dans chaque compartiment, sauf dans le compartiment du haut et les deux compartiments du bas où des dispositions particulières, dont il sera parlé plus bas, ont été adoptées pour répartir dans le vantail les efforts de réaction dus à la crapaudine de pied et au tourillon de tête.

Les plaques de fermeture sont rivées sur les cornières d'about des entretoises et reliées aux tôles-enveloppes par des cornières d'angle de 100 × 100 × 13.

Armatures verticales. — Elles sont formées chacune de deux plates-bandes de 210 sur 15 appliquées extérieurement sur le vantail qu'elles divisent en cinq grandes zones verticales. A l'intérieur, l'âme des armatures est constituée,

dans chaque compartiment, par quatre goussets triangulaires en tôle de
10 millimètres d'épaisseur, fixés sur les enveloppes du vantail et les entretoises
qui limitent le compartiment par deux cours de cornières de $100 \times 100 \times 15$.

Chaque cours est composé de deux pièces, figurant chacune la double
équerre avec joint sur le milieu de l'âme des entretoises.

Tôles-enveloppes. — Les tôles-enveloppes ont, suivant leur profondeur sous
l'eau, des épaisseurs qui varient de 16 à 8 millimètres, savoir :

1er et 2e compartiment en comptant à partir du bas		16
3e et 4e	—	— 14
5e et 6e	—	— 12
7e et 8e		10
9e et 10e		8

La diminution d'épaisseur des tôles est rachetée extérieurement, sur les
entretoises impaires où elle a lieu, par un ruban en fer de 2 millimètres d'épaisseur intercalé entre l'enveloppe et la demi-hauteur du couvre-joint.

Les feuilles de tôle ont les longueurs qu'il faut pour que leurs joints verticaux
soient entretoisés et les largeurs que comporte l'espacement des entretoises
entre lesquelles elles règnent. Ces joints verticaux sont revêtus par un double
couvre-joint, l'un intérieur, l'autre extérieur, de 170 millimètres de largeur
uniforme ; toutefois, au droit des armatures verticales, cette largeur a été portée
à 210 millimètres.

Tourillons de tête et crapaudine. — Ces organes ont été exécutés en fer
forgé.

Le tourillon de tête, de $0^m,30$ de diamètre, repose sur l'entretoise supérieure
par un large empatement de $1^m,60$ de longueur qui épouse du côté aval la
courbure du chardonnet et déborde ainsi de 80 millimètres la face verticale du
vantail. L'âme de l'entretoise présente sous l'empatement cette même saillie de
8 millimètres. Le tout est renforcé par une cornière à branches inégales de
$100 \times 80 \times 13$.

L'assemblage du tourillon avec l'entretoise est de plus consolidé : 1° par un
fort gousset composé d'une cloison trapézoïdale, en tôle de 16 millimètres,
fixée sur l'entretoise et la plaque de fermeture par des cornières de 100×100
$\times 13$; 2° par une forte équerre en fer contre-buttant le gousset extérieurement,
c'est-à-dire du côté de la plaque de fermeture sur lequel doivent être appliqués
les bois.

La crapaudine, portant un sabot de même longueur que l'empatement du
tourillon, est fixée à l'entretoise du bas d'une manière analogue à celle qui
vient d'être décrite. Le sabot s'enfonce comme un coin entre l'âme et le cours
des cornières inférieures qui s'abaisse sous lui et contourne la crapaudine.

L'assemblage est aussi consolidé par un gousset et une équerre en fer ; mais
le gousset et l'équerre comprennent ici deux compartiments au lieu d'un seul,
et la première des entretoises intermédiaires travaille avec l'entretoise du bas.

Les cloisons des goussets, n'ayant pu être posées qu'après le rivage des enveloppes, sont fixées à leurs cornières par des boulons.

Le fond de la crapaudine est doublé d'un culot d'acier.

Roulette. — La roulette conique de $0^m,63$ de diamètre est placée dans une
retraite du compartiment du bas.

Son essieu a pour axe une droite qui, menée par le centre de rotation du vantail, coupe la verticale passant par son centre de gravité en un point dont la hauteur au-dessus du plan horizontal est déterminée par la longueur du rayon, adoptée pour la roulette. Cet essieu n'a pas moins de 1^m,50 de longueur. Son extrémité (côté du pivot) est maintenue par un support en fer forgé, avec jeu de clavette, qui est en même temps un guide. Son autre extrémité est enfourchée par un second support, bloc en fer forgé, mobile entre glissières comme le premier, sur lequel est une crapaudine en acier. Sur cette crapaudine appuie un arbre vertical, passant au travers d'une colonne creuse pour aller s'ajuster sur le dessus de la porte dans un écrou en bronze, puis, au moyen d'une chape en fonte, sur un bâti solidement relié à la porte.

Cet arbre régulateur, par le jeu duquel le vantail peut être plus ou moins *bandé*, est imité de ceux qui se voient à toutes les portes à roulettes en Angleterre.

Le bloc du bas y est attaché par un boulon à écrou; il peut ainsi être soulevé par lui, ce qui permet d'enlever promptement au besoin la roulette pour la visiter et la réparer.

Les clavettes du support-guide ont pour objet d'élever ou d'abaisser la queue de l'essieu pour le fixer exactement, au moment du montage, suivant la direction que nous avons définie plus haut.

La longueur de l'essieu assure la fixité de cette direction en dépit de l'usure des parties frottantes. C'est M. Raffeneau (de Lille) qui, le premier, a donné de longs essieux aux roulettes des portes (portes de Calais construites en 1840).

La chambre de la roulette est renforcée dans le sens horizontal et dans le sens vertical par des goussets indiqués sur les dessins.

Bois. — Les bois dont les parties portantes et butantes de chaque vantail ont été revêtus, sont d'essence de green-heart, bois d'une très-grande dureté que n'attaque pas le taret.

Poteau-tourillon. — Il est composé de deux pièces, l'une semi-circulaire de 0^m,25 de rayon, l'autre simple madrier de 0^m,10 × 0^m,24 d'équarrissage.

Ces pièces sont emboîtées entre deux cours de cornières verticales, l'une appliquée sur la plaque de fermeture, l'autre sur la face aval du vantail.

Les bois sont fixés sur les tôles par des boulons à talon dont les deux extrémités sont taraudées et reçoivent écrous. L'étanchéité est obtenue par l'interposition entre le talon et la tête d'une rondelle en caoutchouc.

Les encoches faites dans les bois pour y loger les écrous extérieurs ont de plus été remplies d'un mastic composé de 200 grammes de blanc d'Espagne, 40 grammes de résine, 20 grammes d'ocre jaune avec addition de 150 à 200 grammes de ciment Portland qui, employé à chaud, a parfaitement résisté jusqu'ici à l'eau de mer.

Poteau busqué. — Il a été exécuté en deux pièces dont le joint, parallèle à la surface aval de la porte, est perpendiculaire à la plaque de fermeture. Elles sont fixées aux tôles de la manière qui a été décrite pour le poteau-tourillon.

Pièce portant sur le busc. — C'est un madrier de 0^m,10 × 0^m,20 d'équarrissage logé, on l'a vu, dans l'encoignure formée par la tôle-enveloppe d'aval et la cornière extérieure de l'entretoise du bas.

Taquets. — Le côté courbe du vantail porte extérieurement au droit des 9e 3e, 6e et 9e entretoises intermédiaires quatre châssis constitués par trois plaques de tôle, de forme trapézoïdale, renforcées par des cornières et une plaque d

45

fermeture, destinée à recevoir le taquet sur lequel appuie le poteau butant des valets, dont il sera question tout à l'heure.

Dabots de manœuvre. — Sur l'about de la 6ᵉ entretoise sont fixés à l'amont et à l'aval les dabots qui servent à la manœuvre des vantaux.

Passerelle de service. — La coque est surmontée par sept fermettes en orme, supportant deux cours de cornières horizontales parallèles sur lesquelles est boulonné le tillac en chêne d'une passerelle.

La passerelle est munie du côté aval d'un garde-corps en six panneaux disposés de manière à s'abattre sur le tillac lorsque la porte est dans son enclave.

Pivot. — Le pivot est en acier : il a $0^m,20$ de diamètre et $0^m,20$ de saillie. Il se raccorde par un congé de $0^m,05$ avec un pied à trois branches encastrées de $0^m,15$ dans la bourdonnière.

Il est placé, comme les pots de la porte en bois, de telle sorte qu'en s'ouvrant, le poteau-tourillon se détache de son chardonnet.

Collier. — Le collier en fer forgé a $0^m,15$ de hauteur et $0^m,08$ d'épaisseur. Les tirants ont 10×10 d'équarrissage. Ils sont indépendants l'un de l'autre et fixés dans les maçonneries de la même manière que ceux de la porte en bois. Entre leurs branches, et coincée sur elles, a été placée une masselotte en fonte formant demi-lunette pour contre-butter au besoin le tourillon du vantail.

Chemin de fer circulaire. — Il est en fonte et figure un énorme rail (système Vignole) dont la base, encastrée de toute son épaisseur ($0^m,05$) dans le dallage de la chambre, aurait $0^m,45$ de largeur et le champignon, saillant de $0^m,06$ au-dessus dudit dallage, $0^m,23$.

Chaque bout de rail a $1^m,555$ de longueur moyenne $\left(\dfrac{1,59 + 1,52}{2}\right)$. Les bouts sont reliés entre eux par des plaques de joint et assemblés avec ces plaques au moyen de quatre boulons à doguets, en bronze.

Valets. — Chaque valet, construit entièrement en chêne, est composé :

1° D'un cadre comprenant :

Un poteau-tourillon ayant en coupe les deux dimensions maxima $0^m,35$ et $0^m,40$ et $9^m,20$ de hauteur ;

Un poteau butant de même hauteur et de $0^m,35 \times 0^m,40$ d'équarrissage ;

Une entretoise supérieure ⎫ toutes deux de même équar-
Une entretoise inclinée à la façon d'un bracon ⎰ rissage, $0^m,50 \times 0^m,55$;

2° De cinq entretoises intermédiaires horizontales de $0^m,25 \times 0^m,25$ d'équarrissage, distribuées sur la hauteur du valet de manière à contre-buter le plus efficacement possible le vantail correspondant ;

3° De quatre cours de montants verticaux de $0^m,15 \times 0^m,25$ moisant de $0^m,05$ lesdites entretoises intermédiaires ainsi que celles du cadre, et les rendant solidaires.

Chaque valet fonctionne par l'intermédiaire de taquets en chêne qui, lorsque vantail et valet seront repliés dans l'enclave, se logent au-dessus et au-dessous des entretoises de ce dernier.

Ferrures. — Les assemblages du cadre de chaque valet sont maintenus :

1° Dans le haut par une plate-bande embrassant le poteau-tourillon dont les longues branches méplates, courant à la hauteur du dessous de l'entretoise supérieure, sont terminées par des tiges rondes taraudées de manière à recevoir des écrous de rappel, tiges qui s'engagent dans les oreilles percées *ad hoc* d'une pièce en fonte bridant le poteau butant ;

2° Dans le bas : *a.* par un collier à équerre boulonné sur le poteau-tourillon et sur l'about correspondant de l'entretoise inferieure; *b.* par deux équerres jumelles réunies par une embrasse horizontale contournant le poteau butant, et boulonnées tant sur ledit poteau que sur l'extrémité voisine de l'entretoise inférieure;

Toutes ces ferrures, de $0^m,10 \times 0^m,02$ d'équarrissage, ont été soigneusement encastrées dans les bois sur lesquels elles sont appliquées;

3° Intermédiairement, par deux tirants horizontaux de $0^m,05$ de diamètre, formés de deux pièces réunies par un manchon à pas de vis inverse, dont l'objet est de produire autant que besoin un énergique serrage.

De plus, pour empêcher le valet de donner du nez, deux écharpes diagonales jumelles (fer méplat de $0^m,020 \times 0^m,100$ d'équarrissage) supportent le pied de son poteau butant par l'intermédiaire d'un boulon d'acier de $0^m,05$ de diamètre, traversant les équerres à embrasser dont il a été parlé plus haut. Ces écharpes sont terminées par des tiges rondes de $0^m,05$ de diamètre taraudées de manière à recevoir deux gros écrous de rappel, auquel les oreilles d'un chapeau en fonte, coiffant le poteau-tourillon, serviront de point d'appui.

La crapaudine est en bronze. Elle a la forme d'un sabot portant en son centre de figure un culot renversé pour recevoir le pivot. Le pivot sur la face droite du poteau s'allonge en forme de console pour supporter l'about de l'entretoise inclinée du cadre. Des boulons en cuivre assujettissent la crapaudine sur les bois qu'elle emboîte.

Le pivot est placé exactement au centre du demi-cercle que dessinent les chardonnets en coupe. Dans toutes ses positions, le valet peut donc contre-butter efficacement le vantail qui lui correspond.

Ce pivot, en bronze comme la crapaudine, a la forme d'un simple champignon avec pied tridactylé encastré de $0^m,10$ dans sa bourdonnière.

Il a $0^m,11$ de saillie sur le dallage des chambres et pénètre de $0^m,08$ dans la crapaudine.

Le collier du valet est en fer forgé; sa hauteur est de $0^m,06$ et son épaisseur de $0^m,03$. Il s'assemble avec les tirants noyés dans les maçonneries par un assemblage à mâchoire saisissant l'œillet de chaque tirant.

Ces tirants ont une longueur commune de $2^m,35$. Ils sont complétement indépendants, mais le sommet de l'angle qu'ils forment est occupé par une plaque de fonte, munie d'une demi-lunette destinée à contre-buter le tourillon du chapeau. Ces tirants sont fixés sur les maçonneries et retenus dans leur massif, comme il a été dit pour les tirants des portes d'ebbe, avec cette différence, toutefois, qu'il n'y a qu'un seul goujon pour chaque tirant.

La fermeture des valets a lieu d'ordinaire après celle des vantaux : cependant, quand il y a du ressac dans le port, on ferme simultanément portes et valets. Ceux-ci, dans leurs diverses positions, buttent alors en glissant sur une ceinture appliquée sur la première des entretoises intermédiaires à partir du haut de chaque vantail.

Manœuvres des portes. — Un treuil unique à double engrenage sert à l'ouverture du vantail attenant au bajoyer sur lequel il est placé et à la fermeture de l'autre vantail.

Le treuil anime un tambour présentant deux diamètres différents en raison de la différence de longueur des chaînes d'ouverture et de fermeture à rembraquer. Cette différence résulte de ce que la chaîne de fermeture doit, quand la porte est ouverte, descendre sur le fond du radier de l'écluse et en épouser les formes.

Les poulies de renvoi horizontales sont scellées dans des pierres disposées sur le terre-plein des bajoyers. Il en est de même des rouleaux de friction.

Quant aux poulies verticales, articulées de manière à se mouvoir dans un plan vertical à l'appel des chaînes, elles sont fixées chacune dans les murs au moyen d'une culée en bois et de coins de serrage, qui pourront être facilement ruinés quand le renouvellement des tiges des poulies sera nécessaire.

Pour prévenir les accidents que pourrait occasionner, au moment de la fermeture des portes, le ressac auquel certains vents donnent lieu dans le port d'échouage, chaque treuil a été pourvu d'un frein qui permet aux hommes de service de lâcher, sans danger pour eux, les manivelles. »

Les portes en tôle, avec leurs valets et appareils de manœuvre, ont coûté 145 500 francs et le poids de chaque vantail est de 70 000 kilogrammes.

Les portes en bois, avec leurs valets et appareils de manœuvre, ont coûté 122 000 francs; le mailletage a coûté 8330^{fr},56, il a été effectué jusqu'à la cote des basses mers de morte eau, et, après cette opération, le poids de chaque vantail a été porté à 85 000 kilogrammes. Donc les vantaux en bois pèsent chacun 15 000 kilogrammes de plus que les vantaux en fer.

3. *Portes du canal d'Amsterdam à la mer.* — M. Croizette-Desnoyers, inspecteur général des ponts et chaussées, a publié en 1874 une notice fort intéressante sur les travaux publics de la Hollande. Nous donnerons d'après lui, figures 5 à 7 de la pl. 103, les dessins des portes de flot en fer adoptées pour le canal d'Amsterdam à la mer du Nord. Les compartiments de la partie immergée sont étanches et forment des chambres à air qui contre-balancent presque le poids des portes afin de soulager les pivots et de rendre inutile l'emploi des galets. Ces portes sont manœuvrées avec des chaînes et des cabestans parce que la faible épaisseur des bajoyers ne permettait pas l'emploi d'autres appareils.

Comparaison entre les portes en bois et les portes en fer. — Nous rappellerons tout d'abord nos conclusions relatives aux écluses des canaux et rivières :

Les portes en tôle sont plus coûteuses que les portes en bois, du moins pour les dimensions ordinaires. Mais on espère qu'elles dureront beaucoup plus longtemps et exigeront moins d'entretien que les portes en bois, ce qui fait qu'en somme elles seront plus avantageuses. Cependant, l'expérience n'en est pas encore assez longue pour qu'on puisse se prononcer d'une manière absolue : on est généralement d'accord pour reconnaître que les avantages de la tôle augmentent avec les dimensions de l'écluse.

Ces conclusions peuvent être répétées sans grande modification pour les portes des écluses à la mer.

Tant qu'on reste dans les dimensions ordinaires et même moyennes, les portes en bois sont moins coûteuses que les portes en fer, et elles sont susceptibles d'une assez grande durée sans un gros entretien Les portes en fer ne sont pas à l'abri elles-mêmes des frais d'entretien et de peinture; leur durée ne peut être que présumée et non affirmée. Ce qui est certain, c'est que, pour les grandes dimensions, le métal est bien supérieur au bois par les facilités de construction, il devient plus économique. Ainsi il n'est pas douteux que les grandes portes du Havre eussent coûté beaucoup moins cher en métal qu'elles n'ont coûté en bois.

On trouve très-difficilement, en Europe, les bons bois de gros échantillons et il faut recourir aux bois exotiques. En Angleterre on emploie dans les constructions navales surtout le green-heart de la Guyane, dont le prix varie de 150 à 200 francs le mètre cube suivant les échantillons, et le teak des Indes qui pèse 750 à 800 kilogrammes le mètre cube et coûte 215 à 230 francs.

V. — ÉCLUSES DE CHASSE

Généralités. — Nous avons exposé au chapitre précédent le mécanisme des chasses, et nous avons montré tous les services qu'elles rendaient à nos ports de la Manche et surtout à ceux du Pas-de-Calais et du littoral flamand.

Les chasses ne sont efficaces que si l'on dispose d'un grand volume d'eau et d'une forte chute, ce qui conduit à adopter des réservoirs de grande étendue, réservoirs dont la profondeur peut n'être pas considérable, car la tranche supérieure des eaux accumulées est seule utile.

On peut se demander quelle serait la meilleure forme à donner en plan à un réservoir de chasses; la forme d'un long rectangle dont le pertuis occuperait le petit côté est celle que l'on rencontre le plus souvent, elle représente le lit d'une rivière dans lequel on admet les eaux de la mer montante, il se produit alors dans le canal une dénivellation assez considérable entre le pertuis et l'extrémité du réservoir et c'est une portion de chute perdue pour l'eau qui s'écoule; la disposition serait encore plus vicieuse si le pertuis était au milieu du grand côté d'un rectangle allongé, car à la dénivellation s'ajouteraient des remous et des changements brusques dans la direction des filets liquides. Ce qu'il y aurait de meilleur serait la forme pour laquelle, à égalité de surface, les molécules les plus éloignées arriveraient le plus vite et simultanément au pertuis; on obtiendra ce résultat avec un secteur circulaire en plaçant le pertuis au centre de ce secteur; on réalise ainsi une manière de grand ajutage convergent. C'est à peu près la forme du bassin des chasses de Dunkerque, figure 5, planche 91.

En réalité, la question de forme en plan est secondaire et commandée, du reste, par les circonstances; on utilise dans chaque cas l'emplacement dont on dispose en réglant la position du pertuis le mieux possible au point de vue de l'écoulement et de l'effet utile.

Dans certains ports, les chasses s'effectuent par des bassins spéciaux; dans d'autres, on se sert à cet effet de la tranche supérieure des bassins à flot lors des marées de vives eaux; les pertuis de chasse sont des pertuis spéciaux ou, le plus souvent, des aqueducs ménagés dans les bajoyers mêmes des écluses. On préfère ces aqueducs aux portes tournantes ou aux grandes vannes installées dans les portes d'écluses, parce que celles-ci se trouvent par ce procédé considérablement affaiblies. Par les vannes des portes d'écluses on peut effectuer seulement les chasses secondaires destinées à nettoyer le chenal d'accès aux écluses et non l'avant-port tout entier.

Construction des écluses de chasse. — La construction des écluses de chasse n'offre pas de particularité si ce n'est que leur fondation exige des précautions toutes particulières, à cause de la grande pression que supportent

ces écluses, des violents courants qui ont lieu autour d'elles et des profonds af
fouillements qui en sont nécessairement la conséquence.

Ces affouillements se manifestent avec le plus d'intensité à l'aval, mais ils
n'en existent pas moins à l'amont et ils résultent alors du courant qui s'établi
de la mer dans le bassin lorsque la marée montante pénètre dans ce dernier
dont le pertuis est ouvert.

De solides garde-radiers sont donc indispensables à l'amont comme à l'aval;
on s'en convaincra par les exemples suivants :

La figure 1, planche 109, indique les affouillements qui se sont formés à
l'écluse de chasse de Boulogne, qui descendent jusqu'à 6 mètres au-
dessous du sol primitif et sont éloignés de 20 mètres du garde-radier d'amont
et de 10 mètres de celui d'aval.

A Calais, après les 23 premières chasses, l'affouillement était descendu à
4m,70 au-dessous du radier de l'écluse et se trouvait éloigné de 15 mètres du
garde-radier d'aval.

Au Havre, à Dieppe, à Fécamp, à Saint-Valery, on a constaté des affouillements de 4 et 5 mètres dans des bancs de galets agglutinés par la vase.

La figure 6, planche 109, représente des affouillements à l'aval de l'écluse de
chasse du Tréport qui est fondée partie sur la craie et partie sur un banc ferme
de galets mêlés de sable.

L'affouillement dans la craie a atteint 1m,80, immédiatement à l'aval de la file
de pieux jointifs du garde-radier qui a 20 mètres de longueur.

A Terreneuve, dans un terrain de sable fin et ferme, les chasses ont produit
un affouillement de 8 mètres au-dessous de la mer basse, et il a fallu pourvoir
à la sûreté des fondations par l'échouage de radeaux en fascines chargées de
grosses pierres.

Ces exemples suffisent à justifier l'usage de parafouilles et de garde-radiers
de grande épaisseur et de grande longueur.

Fermeture par portes tournantes. — Deux systèmes sont en usage pour la
fermeture des pertuis de chasse : les portes tournantes et les vannes. Nous nous
occuperons d'abord du premier de ces deux systèmes [1].

La rotation des portes tournantes a lieu sur un poteau vertical. Le passage
ou pertuis est fermé par une seule porte isolée, ou par deux portes couplées
manœuvrant ensemble. Chaque vantail est divisé en parties d'inégale largeur
par le poteau tournant, de sorte que la seule pression de l'eau suffit pour ouvrir
spontanément la porte, quand on a retiré l'obstacle contre lequel s'appuie le
plus grand côté; d'autres fois, il y a moins d'inégalité entre les deux ailes, et
on facilite la manœuvre par le jeu de vantelles qui diminuent la pression du
côté où on en a levé une. Tel est, en général, le principe des portes tournantes,
mises en pratique pour la première fois, en Hollande, il y a 250 ans.

Lorsque le passage est fermé par deux portes couplées, les deux grands côtés
s'appuient sur un poteau tournant, qui occupe le milieu du passage. Une des
dimensions de ce poteau étant moindre que l'intervalle qui sépare les deux
portes, et l'autre plus grande, en faisant faire un quart de rotation à ce poteau
avec un treuil, les deux portes échappent et s'ouvrent en même temps. Lorsque
la mer rentre dans la retenue, elle fait tourner les portes en sens contraire, et
l'eau monte dans le bassin. Pendant ce temps, l'éclusier remet le poteau dans la

[1] Ce paragraphe est extrait de l'ancien *Traité des ports de mer*, de Minard.

première position ; dès que la mer descend, l'eau qui commence à sortir du bassin ferme les portes d'elles-mêmes, et la retenue s'opère.

On conçoit que le poteau peut servir également à retenir l'eau de la mer haute, et l'empêcher de rentrer dans le bassin, si cela était jugé nécessaire.

Dans les portes tournantes simples, on a imaginé pour appui mobile du grand côté le système de deux poteaux verticaux a et b (fig. 1, pl. 108) unis par des triangles de fer tournant à leur jonction sur les poteaux, de manière à permettre à ceux-ci de s'éloigner ou de se rapprocher, sans cesser d'être parallèles.

Le poteau a est fixé et fortement encastré dans un renfoncement du bajoyer. L'autre, b, est mobile ; on le rapproche du premier quand on veut ouvrir la porte, et il la laisse tourner. Quand on veut qu'elle reste fermée, on l'applique contre elle et il la soutient. Un mécanisme ingénieux rapproche ou éloigne les poteaux au moyen d'une seule vis en fer de 8 centimètres de diamètre. Ce système a été appliqué au Havre, à Dieppe, etc.

On emploie un moyen plus simple pour soutenir les deux extrémités d'une porte tournante isolée.

Les deux poteaux d'arrêt sont *tournants*. Ce sont deux cylindres verticaux dont on a retranché un segment par un plan vertical contre lequel vient s'appuyer la porte, et qui, selon le sens où il est tourné, s'oppose à la pression de l'eau du bassin ou à celle de la mer haute.

Un levier de $1^m,50$ suffit pour faire mouvoir chaque poteau tournant.

Pour mieux faire connaître le système et la construction d'une porte tournante à un seul vantail, je donnerai quelques détails sur celle de l'écluse de chasse de Boulogne (fig. 2, 3 et 3 *bis*, pl. 109).

La porte a $6^m,44$ de largeur ; le débouché ayant $6^m,53$, il y a environ 5 centimètres de jeu de chaque côté. L'axe du poteau-tourillon divise la porte en deux ailes, l'une de $4^m,13$, l'autre de $2^m,31$.

La charpente est composée de deux poteaux butants, d'un tourillon et de sept montants intermédiaires fortement moisés en haut et en bas, bordés des deux côtés par des madriers horizontaux de 6 centimètres d'épaisseur, assemblés à recouvrement, fixés à chaque poteau par un boulon, et portant sur une large feuillure des poteaux extrêmes.

L'épaisseur de la porte, dont la section horizontale (fig. 3 *bis*) offre la forme d'une navette, est de $0^m,55$ dans le milieu, réduite à $0^m,30$ et $0^m,32$ aux extrémités.

Le seuil est formé de cinq pièces de bois assemblées avec treize boulons; le dessus est en dos d'âne. L'arête du milieu touche presque le bas de la porte. Les poteaux butants s'appuient contre deux poteaux tournants demi-cylindriques ab (fig. 2 et 3), d'où dépend le jeu de la porte ; la porte étant fermée, on voit leur position (fig. 3 *bis*).

Ces poteaux, retenus à la tête par des colliers scellés aux bajoyers, portent à leur pied le pivot de rotation. La crapaudine est fixée au radier.

Le poteau de rotation de la porte tourne en haut dans la charpente du pont de service. A son pied est encastrée la crapaudine renversée. Le pivot est fixé au seuil.

La porte est saisie à la tête du poteau butant du grand côté par un cordage qui, passant sur des poulies de renvoi, s'enroule autour d'un cabestan, lequel sert à modérer le mouvement de la porte, à la mettre dans une bonne direction, et à la fermer à la fin de la chasse ou même un peu avant.

Le poteau tournant b sur lequel s'appuie le grand côté de la porte fermée es

retenu dans sa position par un levier qui le traverse, et qui est retenu lui-même
par un croc *d* (fig. 4), engagé dans un autre croc *x* fixé à la lisse du garde-
fou du pont de service *mn*. Le croc *x* peut quitter le croc *d* quand on ouvre le
verrou *h*, parce qu'alors le levier *hx* peut tourner. Le croc *d* étant dégagé, le
poteau tournant cède à l'impulsion de la porte et lui permet de s'ouvrir. L'inspection de la figure fera comprendre ce mécanisme qui est simple et fort expéditif.

Quand on veut ouvrir la porte, on commence par ranger dans son enclave le
poteau tournant, sur lequel s'appuie la petite aile, puis un seul homme ouvre
le cadenas, tire le verrou, et la porte exécute son mouvement de rotation.

J'ai vu l'ouverture s'opérer en trois ou quatre secondes; c'est presque instantanément. La porte s'arrête d'elle-même à la position qu'elle doit occuper.
Comme toutes les portes tournantes, elle oscillait pendant l'écoulement, mais
très-peu.

Elle se tenait inclinée sur l'axe du pertuis en formant avec lui un angle de 7°.
Trois hommes au cabestan ont beaucoup de peine à la placer parallèle à cet
axe; abandonnée à elle-même, elle revenait à sa première position biaise. Toutefois, c'est une des portes tournantes que j'ai vue se rapprocher le plus de ce
parallélisme.

On a cherché à l'obtenir par les proportions de grandeur des deux ailes, qu'on
a fait varier entre les limites 3/2 et 8/7. Mais les oscillations qu'éprouvent toutes
les portes tournantes, et quelques exemples que je citerai plus loin, indiquent
que le problème n'a pas de solution bien déterminée; d'ailleurs, les vannes
qu'on pratique aujourd'hui dans les ailes changent la question.

L'ancienne écluse de chasse d'Ostende me servira d'exemple pour une porte
tournante à deux vantaux. Cette écluse a deux passages : l'un fermé par une
seule porte tournante, l'autre par une porte à deux vantaux couplés, dont on
voit l'élévation et le plan dans la figure.

Le pertuis ou passage a 6 mètres de largeur. Un fort poteau tournant occupe
le milieu; les vantaux s'appuient sur lui et sur de petits poteaux demi-cylindriques tournant dans des enclaves des bajoyers, et semblables à ceux de la
porte de Boulogne que j'ai décrite.

Les vantaux n'ont point de cordages; chacun d'eux, de $2^m,78$ de largeur, est
formé de sept montants verticaux, y compris le tourillon et les deux poteaux
butants, ayant de $0^m,20$ à $0^m,28$ d'épaisseur, s'assemblant à languette et rainure, et liés par des ferrures. Ils sont solidement maintenus en haut et en bas
par deux fortes moises, rapprochées par huit boulons et assemblées par redans
avec les montants.

Le tourillon divise le vantail en deux ailes, qui ont $1^m,82$ et $0^m,96$ de largeur. Il tourne en bas sur un pivot dont la crapaudine est scellée dans le radier, et en haut dans la charpente du pont de service qui embrasse sa tête
circulaire.

La rotation du poteau tournant au milieu du pertuis est assurée de la même
manière.

Lorsque la porte est fermée, les deux poteaux butants, en regard l'un de l'autre, laissent entre eux un intervalle d'environ $0^m,36$. Cet espace étant plus petit
que la longueur du poteau au milieu du passage, et plus grand que son épaisseur, il est facile de voir comment on peut ouvrir la porte.

On commence par faire rentrer dans leurs enclaves les deux poteaux tournants des bajoyers *a* et *b*; les deux vantaux n'ont plus pour appui que le poteau

tournant du milieu c, qui leur oppose sa large dimension. Agissant par un cordage à l'extrémité du levier de fer *nm*, on fait faire un quart de conversion au poteau c qui, ne présentant plus aux vantaux que sa petite épaisseur, les laisse échapper, tourner ensemble, et la porte est ouverte.

Lorsque j'ai vu jouer cette porte, les deux vantaux se sont arrêtés en se tenant un peu inclinés sur l'axe du pertuis, l'un plus que l'autre, mais tous deux du même côté, de sorte qu'ils étaient presque parallèles.

Les vantelles qu'on a adaptées aux portes tournantes donnent la faculté de les fermer contre la pression et d'arrêter la chasse à volonté en cas d'accident aux ouvrages ou aux navires. Dans ce cas, il faut un cabestan et des cordages qui saisissent la porte à ses extrémités.

Voici les détails de cette disposition pour la porte tournante de Gravelines. Les figures 3, 4, 5 pl. 108 représentent l'élévation, le plan et la coupe de cette porte lorsqu'elle est fermée et supportant la pression de l'eau.

Le poteau-tourillon tourne au moyen d'un pivot et d'une crapaudine scellée dans le radier, et d'un demi-collier fixé à une charpente fortement encastrée dans les bajoyers. Il divise la porte en deux ailes qui ont l'une 3^m,20 et l'autre 2^m,76 de largeur; la largeur de l'écluse est de 6 mètres.

Les deux poteaux butants peuvent s'appuyer sur deux poteaux tournants demi-cylindriques, logés dans les enclaves de la maçonnerie.

Dans la grande aile sont pratiquées deux vannes de 1^m,10 sur 0^m,96 chacune, avec crémaillère et crics, et pouvant être manœuvrées par des hommes au-dessus de la porte.

Veut-on ouvrir la porte, on commence par lever les vannes; la pression sur la grande aile diminue graduellement: elle devient bientôt égale à celle qui s'exerce sur la petite aile; puis elle devient inférieure et tellement que, quoique aidée du frottement, elle ne pourrait maintenir l'équilibre si le poteau d'arrêt a n'empêchait pas le mouvement. Dès qu'on l'a rangé dans son enclave, la porte s'ouvre; on peut modérer son mouvement par le jeu des vannes et au moyen de cordages qui la retiennent. On range le poteau tournant b dans son enclave, et l'écoulement s'opère librement.

Veut-on fermer la porte au milieu d'une chasse, on commence par remettre le poteau tournant b dans sa première position; ensuite, au moyen des cordages qui retiennent la porte dans son mouvement, on la ramène en biais de manière à ce que la grande aile soit un peu frappée par le courant du côté des vannes; alors on les baisse, et la pression de ce côté de la porte reprenant sa prédominance, la porte achève de se fermer contre le poteau tournant b, après quoi on met le poteau tournant a dans sa première position pour soutenir la petite aile et en diminuer la fatigue.

Porte tournante de Saint-Nazaire. — La porte tournante de chasse du bassin à flot de Saint-Nazaire est établie dans le bajoyer central de l'écluse double dont nous avons donné le plan planche 102. Cette porte tournante est représentée en plan, coupe et élévation par les figures 5, 6 de la pl. 110; elle est formée de montants jointifs A assemblés à clef, dont les extrémités inférieure et supérieure sont réunies dans des boîtes en tôle B, et dont le milieu est serré par des bandes de fer C, assemblées à clavettes et embrassant toute la largeur de la porte. Deux autres systèmes de liens D fixent les poteaux du centre à l'axe en fer E de la porte, sur les extrémités duquel a lieu la rotation. Cet axe en fer, de 0^m,14 d'équarrissage, est enchâssé dans deux des poteaux montants refouillés à cet effet.

Le bas de l'axe en fer est ajusté dans une crapaudine en bronze, et le haut vient s'engager dans un tourillon appuyé sur une poutre en tôle arquée F dont les extrémités sont encastrées dans les bajoyers de l'aqueduc de chasse.

La porte est maintenue fermée au moyen de deux poteaux demi-cylindriques G, munis de deux faces planes sur lesquelles viennent s'appuyer les extrémités de la porte tournante taillées en biseau. L'un de ces poteaux est fixe, l'autre est mobile; pour ouvrir la porte, on commence par loger le poteau mobile dans son enclave; les deux parties du vantail ayant la même largeur de chaque côté de l'axe vertical de rotation, la porte est en équilibre et ne s'ouvrirait pas seule malgré l'effacement d'un des poteaux qui la soutiennent; aussi faut-il commencer le mouvement au moyen d'une crémaillère circulaire commandée par un pignon. Lorsque la porte est amenée dans une position parallèle aux bajoyers de l'aqueduc, on l'y maintient au moyen de deux taquets d'arrêt l'un fixe, l'autre mobile.

Les mêmes opérations sont faites en sens inverse pour effectuer la fermeture; et deux hommes suffisent pour cela quelle que soit la charge.

L'aqueduc de chasse n'a que 3 mètres de large, la porte a $2^m,90$ seulement; la hauteur au-dessus du radier est de $6^m,90$, et la hauteur du vantail $5^m,85$; son épaisseur est de $0^m,50$.

Expériences sur la direction que prennent les portes tournantes dans les écluses de chasse. — Le plus souvent les portes tournantes se composent d'un vantail à axe vertical excentrique; le plus grand côté, étant le plus pressé, se dirige vers l'aval lorsqu'on rend le vantail libre. Mais l'ouverture n'est presque jamais complète et le vantail se place en général dans une position oblique par rapport aux bajoyers.

On a remédié à cet inconvénient en agissant sur la porte par un cabestan, ce qui exige la présence de plusieurs hommes, en garnissant le vantail d'un bordage vertical saillant du côté qui se rapproche le plus du bajoyer; l'eau exerce sur ce bordage une poussée qui tend à ramener la porte dans l'axe longitudinal de l'écluse; mais l'effet n'est jamais complet et ce système occasionne une perte de débouché.

On a cherché également à obtenir le parallélisme en modifiant le rapport des deux côtés du vantail; mais toutes les modifications de ce rapport n'ont pu conduire à un résultat général et satisfaisant, et la plupart des portes connues conservent une obliquité plus ou moins forte sur la ligne des bajoyers; on a même vu les deux portes couplées d'Ostende s'écarter inégalement et dans le même sens.

C'est qu'en effet l'inclinaison des vantaux ne tient pas au rapport de leurs dimensions, mais à la disposition des abords du pertuis; généralement, il n'y a pas symétrie absolue de chaque côté du pertuis et, pendant l'écoulement, les filets fluides se présentent plus ou moins obliquement à l'axe; la direction même de l'ensemble des filets fluides change et est influencée par toutes les circonstances de l'écoulement, par la manière dont il s'établit à l'origine, par les oscillations de l'eau à l'amont, etc.

Pour arriver à la position oblique, une porte tournante peut dépasser l'axe ou rester en deçà, c'est-à-dire décrire un angle obtus ou un angle aigu.

Si elle décrit un angle obtus, il y a un moment de sa course où elle est parallèle aux bajoyers et il est facile de l'arrêter au passage au moyen de taquets placés en haut et en bas; c'est ce que M. Chevallier a fait aux écluses de chasse de la Floride dont les anciennes portes couplées ont été remplacées par des vantaux uniques de $6^m,20$ de largeur et de $5^m,30$ de hauteur.

A des portes de la Barre et de la Floride, l'axe de rotation partageait le vantail en deux côtés inégaux, le plus grand ayant 0^m,04 ou 0^m,06 de plus que l'autre. On avait établi dans le grand côté une vantelle tournante qui, en s'ouvrant, rendait la pression sur le petit côté prépondérante, de sorte que la porte s'ouvrait le grand côté en amont; on la fixait dans cette position, la vantelle était refermée, et lorsqu'on voulait barrer à nouveau le pertuis, la pression sur le grand côté étant devenue prépondérante, il suffisait d'abandonner la porte à elle-même pour qu'elle reprît la position transversale.

Les figures 7 et 8 de la planche 109 représentent le plan et la coupe des divers mouvements de l'eau rentrant dans la retenue par l'un des pertuis de l'écluse de chasse du Havre. L'eau se tenait plus élevée en a qu'en m et en n qu'en c; le courant principal du flot engendrait des tourbillons à la surface dans le pertuis et restait au-dessous de ces tourbillons pour ne reparaître qu'un peu plus loin dans le bassin.

La figure 9 représente le plan de l'écoulement par un pertuis de l'écluse de Fécamp, pendant la première demi-heure de chasse, et les figures 10 et 11 montrent comment se faisait l'écoulement à l'écluse de chasse de Boulogne pendant la première demi-heure de l'opération. L'eau se tenait plus haute contre la face ab, du côté du grand passage, que sur l'autre face cd, de 0^m,15 en amont et de 0^m,60 en aval. On ne voyait qu'un contre-courant h en aval et deux tourbillons m près de l'angle amont des bajoyers. Le courant principal était un peu incliné sur l'axe de l'écluse et il en était de même de la porte.

Fermeture par des vannes. — Les vannes à coulisses ont été employées aussi pour la fermeture des écluses de chasse. On en a fait de 5 mètres de largeur et de 7 mètres de hauteur que l'on manœuvrait avec des treuils horizontaux et un système de cordes et de moufles, ou avec des crémaillères et des crics, ou encore avec une vis mobile formant la queue de la vanne et s'engageant dans un écrou fixe.

Les aqueducs latéraux de l'écluse d'un bassin d'Anvers étaient fermés par des vannes que mettait en mouvement une vis en bois d'orme de 0^m,22 de diamètre; l'écrou fixe, également en bois d'orme, était solidement fixé en haut et en bas, afin que la vanne pût être poussée dans les deux sens, ce qui était important pour la presser contre le seuil. Quatre leviers en bois placés dans les mortaises de l'écrou, qui tournait dans des cercles en bronze, servaient à mouvoir la vanne; la manœuvre exigeait huit hommes, qui mettaient huit à dix minutes à lever la vanne de 1^m,50 sous une pression de 4 mètres au-dessus du seuil.

Lorsque les aqueducs de chasse prennent l'eau dans un bassin à flot, on ne peut se contenter d'un seul mode de fermeture, car, s'il venait à manquer, le bassin s'assécherait et il en résulterait pour les navires de graves avaries. Aussi faut-il recourir à deux systèmes de fermeture; on place une vanne à l'amont et une porte tournante à l'aval. C'est ce qui a été fait notamment à Saint-Nazaire; la vanne se manœuvre au moyen de deux vis parallèles dont les écrous mobiles l'entraînent avec eux et dont les têtes portent des roues dentées commandées par un pignon commun mis en mouvement lui-même par un engrenage conique et une manivelle à main.

En parlant de l'usage des vannes dans les canaux, nous avons montré les services que pouvait rendre le métal pour la construction de ces engins; nous avons montré aussi tout le soin qu'il fallait apporter à la disposition des appareils de levage; lorsque les vis ou crémaillères de levage sont doubles, il importe néanmoins qu'elles soient commandées par le même engrenage, sans quoi on verrait se développer des arc-boutements et des porte à faux qui mettraient rapidement les appareils hors de service.

Bien que la construction des grandes vannes soit aujourd'hui plus facile et plus économique qu'autrefois, elles n'en conservent pas moins l'inconvénient d'exiger une manœuvre assez pénible et surtout beaucoup trop longue ; il peut arriver que les tranches supérieures des retenues soient écoulées avant que les vannes soient entièrement levées, et l'on perd une partie de l'effet utile des chasses. Les portes tournantes, réalisant un débouché total instantané, n'offrent pas ce grave inconvénient ; c'est donc le véritable mode de fermeture convenable pour les grandes écluses de chasse.

VI. — PONTS MOBILES

Quand deux voies de communication superposées se croisent et qu'il ne reste point entre elles une hauteur suffisante pour le passage des véhicules parcourant la voie inférieure, il est nécessaire d'établir sous la voie supérieure une partie mobile qui s'efface momentanément lorsque des véhicules passent sur la voie inférieure ; les deux voies ne peuvent donc être utilisées simultanément, elles fonctionnent alternativement. Lorsque les deux voies sont très-fréquentées, il importe que les manœuvres de la partie mobile s'effectuent avec une grande rapidité, afin d'entraver le moins possible la circulation.

Les ponts mobiles ne sont donc point spéciaux aux ports de mer ; on les rencontre également sur les rivières, les canaux et même sur les voies de terre. Ils sont encore en usage dans les places fortes, sur les chemins qu'il faut pouvoir couper et rétablir instantanément à un moment donné.

Nous considérerons trois classes de ponts mobiles suivant la nature de leurs mouvements, savoir :

1° Ponts à axe de rotation horizontal, dont le type est le pont-levis ;

2° Ponts à axe de rotation vertical, dont le type est le pont tournant proprement dit ;

3° Ponts à mouvement rectiligne alternatif, dont le type est le pont roulant.

1° PONTS A AXE DE ROTATION HORIZONTAL

Les ponts à axe de rotation horizontal comprennent tous les systèmes de ponts-levis, et ils sont nombreux, car c'est un engin dont le perfectionnement a tenté l'imagination de beaucoup d'inventeurs. Nous n'entrerons pas dans de grands détails sur ce sujet dont l'importance a considérablement diminué de nos jours, et nous signalerons seulement les dispositions principales. On trouvera de plus amples renseignements dans la *Mécanique appliquée* de Poncelet, dans un Mémoire de M. l'ingénieur Dehargne inséré aux *Annales des ponts et chaussées* de 1849, et surtout dans le *Mémorial du génie*.

1. Pont-levis à flèche. — C'est le plus simple, le plus facile à construire et le plus usité.

Deux flèches, ou poutres horizontales parallèles aux poutres du tablier proprement dit, flèches reliées par des traverses et entretoises, forment une sorte de plancher horizontal portant vers son milieu sur deux montants verticaux, comme le montre la figure 1, planche 111. Cet ensemble des flèches peut tourner autour de l'axe horizontal A'; à l'extérieur il se termine à deux chaines verticales reliées à l'extrémité mobile B du tablier; à l'intérieur il se termine à deux autres chaines sur lesquelles on exerce une traction pour faire tourner les flèches autour de l'axe A'. Le tablier AB est mobile lui-même autour de l'axe horizontal A.

On voit qu'en tirant sur les chaines de la bascule on soulève le tablier et qu'en lâchant ces chaines on le ramène à la position horizontale.

L'appareil entier étant symétrique par rapport à son plan vertical médian, il suffit de considérer l'équilibre dans ce plan vertical qui contient les centres de gravité du tablier AB, des flèches A'B' et de la bascule opposée aux flèches.

Le *principe général de l'équilibre des ponts-levis* est le suivant : il faut qu'à chaque instant du mouvement le moteur n'ait à vaincre que les frottements sur les tourillons des arbres A et A'. Par conséquent, il faut que le travail élémentaire produit par la pesanteur soit constamment nul; si le centre de gravité du système subissait des oscillations verticales, la pesanteur produirait un travail résistant, tantôt dans un sens, tantôt dans l'autre; il est donc nécessaire que le centre de gravité reste toujours au même niveau, et par suite sur la même horizontale à cause de la symétrie.

Il est avantageux que le tablier soit parallèle aux flèches, au moins à l'origi e et à la fin du mouvement; c'est ce qui a conduit à maintenir ce parallélisme à chaque instant du mouvement, c'est-à-dire à donner aux flèches une longueur A'B' égale à celle AB du tablier, de sorte que la figure ABA'B' est un parallélogramme à côtés constants et à angles variables; l'angle α décrit par AB autour du point A pendant un certain temps est le même que celui qu'a décrit A'B' autour de A' pendant le même temps.

Grâce à cette disposition, la condition de l'équilibre permanent se réalise très-facilement ainsi que Poncelet le démontre :

Supposons le poids des chaines de suspension décomposé en deux parties égales agissant aux points d'attache B et B' (fig. 1, pl. 111) et comprises parmi les composantes qui constituent le poids total de la bascule et celui du tablier, dont les centres de gravité sont ici figurés en G' et en G.

Soit O le centre de gravité général, tant du tablier que de la bascule, considérés dans une position quelconque. Ce centre de gravité devra donc demeurer à la même hauteur pour toutes les autres positions du système; et si l'on tire l'horizontale LOM, qu'on abaisse les verticales Gg, $G'g'$ sur sa direction et qu'on nomme P le poids total du tablier, P' celui de la bascule, on devra avoir constamment l'égalité :

$$P.Gg - P'.G'g' = 0,$$

pour que l'équilibre soit rigoureusement établi.

Nommons α l'angle formé à un instant donné avec l'horizontale AX par la droite AG, qui va de l'axe A au centre de gravité G du tablier ; supposons qu'on fasse décrire à G l'arc de cercle infiniment petit $GS = dS$, dS cos. α représentera évidemment la hauteur élémentaire dont se sera déplacé le point G et P.dS cos. α sera la quantité dont aura varié le moment P.Gg du poids P du tablier. Si donc nous nommons pareillement α', dS' les quantités analogues relatives au centre de gravité G de la bascule, nous aurons d'après ce qui précède :

$$P.dS \cos \alpha = P'.dS' \cos \alpha',$$

mais en désignant par R, R' les distances AG et A'G', par a, a' les angles BAG. B'A'G' formés par ces distances avec la direction prolongée des côtés AB, A'B' de notre parallélogramme, nous aurons aussi :

$$dS = Rd\alpha, \quad dS' = R'd\alpha' \quad a + \sigma = a' + \alpha'.$$

Donc, l'équation ci-dessus deviendra, en divisant par $d\alpha = d\alpha'$:

$$P.R \cos \alpha = P'.R' \cos \alpha' = P'.R' \cos(a + \alpha - a').$$

Cette équation ne renfermant plus que la variable α ne pourra être satisfaite constamment et pour toutes les positions du système qu'autant qu'on aura :

$$a - \sigma' = 0.$$

Condition qui exprime que les droites AG, A'G', qui joignent les centres respectifs des tourillons aux centres de gravité du tablier et de la bascule, doivent être parallèles entre elles, comme le sont les lignes mêmes qui vont de ces tourillons aux points d'attache des chaînes.

L'équation de condition ci-dessus se réduisant dès lors à la suivante :

$$PR = P'R',$$

on voit que les moments du tablier et de la bascule pris par rapport à l'axe de leurs tourillons respectifs doivent être égaux entre eux.

Il faut donc, en résumé, pour qu'un pont-levis à flèche soit en équilibre, que la figure formée par les lignes joignant les tourillons et les points d'attache soit un parallélogramme, que les lignes joignant les tourillons aux centres de gravité des systèmes inférieur et supérieur soient parallèles et que les moments des poids du tablier et de la bascule par rapport aux tourillons soient égaux (le poids des chaînes étant compté pour moitié dans le système supérieur et pour moitié dans l'autre).

D'après cela, lorsqu'il s'agit de l'établissement d'un pont-levis à flèche, on commence par construire le tablier suivant les conditions de convenances locales et de solidité. Le centre de gravité G est ainsi déterminé, de même que le poids P et le moment PR. On fixe ensuite la saillie A'B' des flèches sur l'entretoise qui porte les tourillons de la bascule, d'après la condition qu'elle soit égale à peu près et même un peu supérieure à la longueur AB du tablier ; on fixe aussi provisoirement les dimensions et positions des pièces qui constituent la charpente de la bascule et sa ferrure, d'après les convenances locales et de manière à pouvoir calculer approximativement P′ et R′ tout en satisfaisant à l'équation :

$$P'R' = PR,$$

c'est-à-dire, qu'après avoir réglé la disposition et les dimensions des principales parties, suivant l'usage, on laisse quelque chose d'arbitraire, par exemple, l'entretoise opposée à celle des tourillons afin d'être maître d'en faire varier la position ou l'équarrissage selon que l'exige l'équation des moments. Ces premières données fixent d'une manière à peu près invariable la position du centre de gravité de la bascule, dès lors il ne reste plus qu'à satisfaire à la condition du parallélisme des lignes AG, A′G′.

On voit que dans la pratique la mise en équilibre du système nécessite des sujétions et des tâtonnements qui ne laissent pas que d'offrir quelques inconvénients. On n'obtiendrait d'ailleurs que des à peu près si l'on ne faisait peser directement les ferrures et les pièces de la charpente, car la densité des bois de chêne peut varier beaucoup suivant l'âge, la qualité et le degré de siccité.

Mais en admettant même cet équilibre bien calculé et bien établi, il est très-difficile, pour ne pas dire impossible de le maintenir. Il arrive toujours qu'un pont-levis à flèche bien construit, et dont la manœuvre s'opère aisément avec deux hommes, ne peut plus, au bout de peu de temps, se manœuvrer avec moins de quatre ou cinq.

Cette altération de l'équilibre provient de deux causes : d'abord, d'un changement dans la densité des bois, qui fait varier le poids du tablier et de la bascule ; ensuite de ce que la figure du parallélogramme ne subsiste plus peu de temps après la mise en place de la bascule, en raison de ce que la forte tension des chaines de suspension fait courber les flèches et détruit le parallélisme établi.

Cette tension est augmentée encore par les oscillations et par l'élasticité du tablier, qui produisent d'autant plus d'effet que le point d'attache des chaines se trouve moins rapproché de la tête du pont.

On peut, sans doute, jusqu'à un certain point avoir égard à cette flexion lors de l'établissement ; mais comme elle croît avec le temps, il est toujours impossible de bien rétablir l'équilibre, même en plaçant comme on le fait ordinairement, des surcharges à l'extrémité de la bascule. Du moins on ne peut mettre le système en équilibre que pour des positions distinctes.

Cette inflexion permanente des flèches allant souvent jusqu'à 0^m,16, on conçoit que la bascule forme alors en quelque sorte un levier brisé analogue à celui des balances qu'on nomme sourdes : ce qui tient à ce que le centre de gravité général ne reste plus à la même hauteur et qu'il faut un effort pour l'élever ou pour l'empêcher de baisser.

Voilà pour les difficultés de mise et de maintien en équilibre. De plus :

1° La construction d'une bascule dont toutes les parties soient bien solidaires et ne se gauchissent pas à l'air, la consolidation des poteaux montants au moyen de contre-fiches en bois ou en fer, sur l'arrière ou sur les côtés, présentent des difficultés faciles à comprendre, quand on pense que tout cet énorme châssis, chargé de contre-poids, ne s'appuie que sur un axe reposant sur deux poteaux sans cesse ébranlés par les manœuvres ;

2° Il est difficile de préserver de l'humidité le pied des montants en bois, et par suite d'assurer une parfaite stabilité dans tout l'appareil ·

3° Il y a beaucoup de bois employés pour donner le mouvement, et leur exposition à l'air rend leur renouvellement fréquent et dispendieux ;

4° La dépense d'installation de ces ponts est encore assez forte quand ils sont faits avec tous les soins nécessaires ; lorsqu'on renforce, par exemple, les diverses pièces du châssis au moyen de bandes et d'équerres en fer, ou que, pour diminuer la flexion des flèches, on emploie des armatures comme on l'a fait au canal de l'Ourcq, ou enfin, lorsqu'on remplace les poteaux montants par des piliers en pierre de taille de forte épaisseur, dont toutes les assises sont reliées entre elles de manière à ne pouvoir être ébranlées par les mouvements de la bascule ;

5° Enfin, lorsque le pont est levé, les flèches, saillantes de toute leur longueur au-dessus du tablier, gênent le passage des bateaux en arrêtant les vergues ou en accrochant les voiles et cordages.

Ainsi que nous l'avons dit, le pont-levis à flèche et à bascule est encore à peu près seul employé malgré ses inconvénients.

Comme exemple récent de ce système, nous citerons les ponts-levis du canal d'eau douce de l'isthme de Suez ; le type en est représenté par les figures 1, 2, 3 de. a planche 110 extraites du grand ouvrage de MM. Monteil et Cassagnes. La portée du tablier est de 6 mètres, sa largeur de 5ᵐ,90 ; le tablier est formé d'une forte poutre transversale, assemblée avec un arbre en fer carré à tourillon. et recevant quatre longerons reliés par trois traverses; le tout supporte le plancher. Les deux poteaux verticaux ont 0ᵐ,36 d'équarrissage, ils reposent sur un patin en fonte engagé de 1ᵐ,50 dans la maçonnerie, et supportent un chapeau transversal relié par deux contre-fiches. Les flèches et la bascule sont composées de deux longerons en bois, armés de bielles et tirants en fer qui les renforcent et s'opposent à la déformation. La bascule, consolidée par des traverses et une croix de Saint-André, est chargée avec de vieux rails, de telle sorte que l'équilibre permanent soit réalisé.

Deux hommes agissant par leur poids sur les chaînes de la bascule suffisent à la manœuvre.

La charpente est en bois de sapin ; il y en a 12ᵐᶜ,138 avec 2036 kilogrammes de fer et 224 kilogrammes de fonte.

Le fer et la fonte pourraient être, avec quelque avantage, substitués au bois dans la construction des ponts-levis. Nous en avons trouvé un exemple dans un pont construit en 1840 par M. l'ingénieur Davaine sur la Lys, et représenté par les figures 1 et 2, pl. 112. Les poteaux en fonte sont soutenus par deux arcs-boutants en fer forgé ; chaque flèche comprend deux feuilles en fer forgé de 0ᵐ,10 de hauteur et de 0ᵐ,02 d'épaisseur, écartées de 0ᵐ,30 près du tourillon et rapprochées jusqu'au contact aux extrémités ; l'arbre est de 0ᵐ,07 de diamètre. Les flèches sont consolidées par des haubans avec bielle centrale qui peuvent être plus ou moins tendus à l'aide de clavettes. Le contrepoids de bascule est formé de moises en fonte embrassant les flèches en fer. Nous n'insisterons pas sur ces dispositions qui subiraient aujourd'hui des modifications radicales.

2. **Pont-levis à bascule.** — Le pont-levis à bascule, figures 2 et 3, planche 111, comprend un tablier qui se prolonge en arrière de la culée au-dessus d'une sorte de cave; ce tablier est en équilibre sur l'axe de rotation, il est donc facile de le faire mouvoir et de le soulever en pesant sur la bascule; celle-ci, dans le mouvement d'oscillation, se loge dans la cave ménagée sous le passage. Pendant que le passage est ouvert à la circulation, il faut caler et maintenir la bascule en place par un moyen quelconque.

Ce système ne présente évidemment aucune difficulté d'équilibre, puisque c'est une simple balance dont il est toujours possible de charger également les deux bras.

Tantôt la manœuvre se fait en dessous de la bascule au moyen de chaines sur lesquelles les hommes agissent par leur poids, c'est-à-dire de la manière la plus avantageuse, figure 3 ; tantôt elle se fait en dessus de la bascule au moyen d'une crémaillère en quart de cercle actionnée par un pignon à manivelle, figure 2.

Ce système présente plusieurs inconvénients : d'abord, il faut construire en maçonnerie hydraulique une cave, un escalier et le mur de support de l'axe de rotation ; c'est une construction coûteuse qui n'empêche pas toujours l'inondation de la cave à certaines époques.

En outre, l'axe de rotation ne peut être placé sur l'arête extérieure du mur de support qui s'écraserait sous le choc ; il faut même qu'il soit très-voisin de l'arête intérieure de ce mur du côté de la cave, afin que le tablier puisse être placé dans une position presque verticale.

Lamblardie a cherché à combattre cet inconvénient en substituant au roulement des tourillons fixes le roulement d'un quart de cercle fixé sous le tablier et roulant comme une roue de voiture sur la plate-forme du mur de support, ainsi que le montre la figure 1, planche 113, représentant un pont à bascule du Havre. Pendant le mouvement, l'axe du pont prend à la fois un mouvement de rotation et de translation, de sorte que le tablier qui se lève tourne et recule tout à la fois. L'axe étant mobile, on ne peut recourir à des engrenages pour effectuer la manœuvre et il faut se servir de cordages et de treuils.

On remarquera sur la figure que le pont Lamblardie, mis en place, est soutenu par des béquilles s'appuyant sur le bajoyer et reliées au tablier par des tiges articulées à leurs deux extrémités ; ces béquilles se relèvent en même temps que le pont et doivent venir s'appliquer verticalement contre les longerons ; pour qu'il en soit ainsi, il faut déterminer convenablement la longueur et les points d'attache des tiges articulées.

Les ponts à bascule à culasse métallique beaucoup plus courte que le tablier ont, paraît-il, donné d'assez bons résultats.

Les figures 4 et 5, planche 111, représentent une passerelle à bascule construite par le colonel Emy ; le tablier *a* porte deux tourillons K dans lesquels s'engage le châssis *b*, mobile autour de l'axe *c* qui repose sur la traverse *d* au fond du fossé de la place ; en tirant sur la chaîne *e* on entraîne un peu le tablier qui, dégagé du support extérieur, bascule dans le fossé de manière à prendre la position indiquée en pointillé.

La figure 6 représente un système analogue du colonel Emy ; le tablier est fixé par des tourillons à des anneaux K appartenant au levier *m* dont l'axe fixe de rotation est excentré et placé en *d* ; si l'on abaisse le levier *m*, le tablier du pont recule, se dégage de son support et bascule dans le fossé de manière à se placer verticalement.

3. Ponts-levis à courbes et à contre-poids. — Bien que ces ponts-levis ne soient pas en usage dans les travaux publics et ne puissent être appliqués que dans les places fortes à cause des supports en maçonnerie qu'ils exigent et de la complication de leur manœuvre, il est intéressant d'en rappeler ici les principales dispositions, et nous prendrons comme guide, à cet effet, le travail publié en 1849 par M. l'ingénieur Dehargne, et l'ancienne collection lithographique de l'École des ponts et chaussées.

1° *Pont-levis de M. Derché, capitaine du génie.* — Le système de la manœuvre de ce pont consiste en un treuil dont l'arbre est terminé de part et d'autre par deux roues accolées; l'une, circulaire, est destinée à l'enroulement de la chaîne du pont ; l'autre, en forme de spirale, reçoit la chaîne d'un contrepoids dont l'objet est de tenir le pont en équilibre dans toutes ses positions.

Pour remplir cette condition, il faut que la spirale soit telle que les moments des efforts du pont-levis et du contre-poids par rapport à l'axe du treuil soient toujours égaux entre eux.

Soient F, l'effort du tablier sur la roue circulaire ; R, le rayon de cette roue; Q, le contre-poids, et X, la longueur du bras du levier avec lequel il doit agir pour faire équilibre à la force F ; on aura pour l'équilibre

(1) $$F.R = Q.X.$$

Supposons comme suffisamment exact dans la pratique que la poulie de renvoi de la chaîne du pont est réduite à un point, la chaîne à une ligne et le tablier à un plan sans épaisseur dont le poids serait P. Supposons, de plus, la poulie placée en un point quelconque de la verticale passant par l'axe tourillon.

Prenons le tablier dans une position quelconque CM, et abaissons CO perpendiculaire sur EM (fig. 13, pl. 111), et gP perpendiculaire sur CA, on aura P.CP = F.CO (A). Mais dans le triangle ECM on a EM.CO = EC.MH. La similitude des triangles MHC,CgP donne MH.Cg = CP.CM ; tirant de ces deux dernières équations les valeurs de CO et CP, et les substituant dans (A), on en tire

(2) $$F = \frac{P.Cg.EM}{CM.EC} = P.\frac{d.l}{r.h},$$

l étant égal à EM, portion de chaîne non enroulée, d étant la distance Cg du centre de gravité du tablier au tourillon, r la longueur du tablier, et h la hauteur EC.

Des équations (1) et (2) on tire

(3) $$X = \frac{P}{Q}\frac{d.l}{r.h}R.$$

Pour déterminer R on peut adopter diverses hypothèses : choisissons celle qui serait nécessaire pour que la spirale ne fît qu'une révolution pendant le mouvement du tablier : alors circ. R = AE — EB = AD = L', d'où

(4) $$R = \frac{L'}{2\pi}.$$

Q sera déterminé par la condition que X aura une valeur donnée a, lorsque le tablier sera horizontal : de là

(5) $$Q = P\frac{d.L.R}{a.r.h}.$$

L étant égal à AE : substituant dans l'équation (3), on a

(6) $$X = \frac{l}{L}a.$$

La quantité a étant arbitraire, on peut faire $a = R$, ce qui donne pour Q la plus petite valeur pour toutes les spirales inscrites dans la circonférence de la roue circulaire : dans cette hypothèse, les équations (5) et (6) deviennent

$$(7) \qquad Q = P.\frac{d.L}{r.h},$$

$$(8) \qquad X = \frac{l}{L}R.$$

Soit $K = EB$, $l = l' + K$, alors $l' = MD = l - K$, et de l'équation (8) on tire

$$(9) \qquad X = \frac{R.K}{L} + \frac{l'.R}{L}.$$

Soit R' la valeur de X correspondant à $l' = 0$, on a $R' = \frac{R.K}{L}$. Retranchant R dans les deux membres de cette équation, changeant les signes, on en tire $(R - R') L = R (L - K) = RL'$, de là $\frac{R}{L} = \frac{R - R'}{L'}$. Substituant ces valeurs de $\frac{RK}{L}$ et $\frac{R}{L}$ dans l'équation (9) elle devient

$$(10) \qquad X = R' + (R - R') \frac{l'}{L'}.$$

Supposons L' partagé en N parties égales à p, alors $L' = Np$ et $l' = np$, n étant compris entre 0 et N. L'équation (10) devient en substituant

$$(11) \qquad X = R' + (R - R') \frac{n}{N}.$$

De cette dernière équation nous allons déduire la construction de la spirale.
Soit (fig. 18, pl. 111) $AB = R$, $AA' = R'$, alors $A'B = R - R'$: divisant cette dernière longueur en N parties égales, chacune sera égale à $\frac{R - R'}{N}$ et les lignes AB, AA^{a-1}, etc., AA^2, AA' seront les valeurs du bras de levier X répondant aux longueurs de chaîne non enroulées $l' = Np$, $l' = (N - 1)p$, etc., $l' = p$, $l' = 0$.
Du rayon R de la roue circulaire décrivons une circonférence égale à la longueur L', divisons-la en un nombre N de parties égales MM', $M'M''$, etc., entre elles et à p, puis menons les rayons OM, OM', OM''; etc. (fig. 14, pl. 111).
Supposons le tablier dans la position horizontale ; alors le bras de levier sera égal à $R = OM$, et MT, perpendiculaire sur l'extrémité du rayon OM, sera la direction de la chaîne du contre-poids et sera tangente à la spirale.
Or, le tablier s'élevant et la longueur l' de la chaîne non enroulée prenant successivement les valeurs $(N - 1)p$, $(N - 2)p$, etc., les rayons OM', OM'' s'appliqueront successivement sur le rayon OM ; par conséquent les bras de levier relatifs à ces positions seront les lignes AA^{a-1}, AA^{a-2}, etc.; portant ces dernières sur les rayons OM', OM'', etc., de 0 en C', C'', etc., élevant de C', C'', etc., des verticales sur ces rayons, nous aurons une suite de droites représentant la direction du contre-poids lors du passage des rayons en OM ; ces lignes seront

donc tangentes à la spirale. Menant une courbe tangente à l'ensemble de toutes ces droites, on aura la courbe demandée.

Il nous resterait à donner l'équation de la spirale, mais comme sa connaissance ne nous mènerait à aucun résultat avantageux pour la pratique, nous ne nous en occuperons pas.

Supposons actuellement le cas où la chaine fait un angle de 45° avec le tablier dans la position horizontale de ce dernier.

Alors $r = h$, d'où $K = 0$, $l' = l$, $L' = L$, et $R' = 0$, et les équations (4), (5), (6), (7) et (8) deviennent

$$(12) \qquad R = \frac{L}{2\pi}, \; Q = P\frac{d.L.R}{a.r^2}, \; X = \frac{l}{L}a; \quad Q = P.\frac{dL}{r^2}, \; X = \frac{l}{L}R.$$

L'équation (10) donnerait le même résultat que la dernière de ces équations, et l'équation (11) se réduit à

$$(12) \qquad\qquad\qquad X = \frac{n}{N}R.$$

Il sera facile de voir qu'ici la construction géométrique donnée précédemment se simplifie en ce que R' étant nul AA' est nul aussi.

Dans la seconde et la troisième équation (12) a étant arbitraire, on en conclut qu'à un même pont-levis on peut adapter une infinité de spirales, pourvu qu'on donne une valeur convenable au contre-poids Q.

Réciproquemment, si l'on donne une spirale satisfaisant à l'équation $X = \frac{l}{L}a$, où les quantités $\frac{l}{L}$ et a sont déterminées, on pourra toujours trouver pour Q une valeur telle que la spirale puisse s'adapter à un tablier d'un autre poids P'.

Pour ce dernier cas on aura

$$Q' = \frac{P'.d'.L'.R'}{r'^2a'} \quad \text{et} \quad X' = \frac{l'}{L'}a'$$

pour la spirale correspondante. Or, les lignes l, L, l', L', étant des lignes homologues proportionnelles dans les circonférences dont les rayons sont a et a', on a $\frac{l}{L} = \frac{l'}{L'}$; de plus on peut toujours supposer $a = a'$, alors $X' = \frac{l}{L}a = X$ et

$$Q' = \frac{P'.d'.L'.R'}{r'^2a'}.$$

Le rayon R' se détermine comme précédemment par la condition que sa circonférence soit égale au développement de la chaine totale du nouveau pont. Une même spirale peut donc s'appliquer à un pont-levis quelconque en disposant convenablement des valeurs Q, a et R. A plus forte raison si le tablier restant le même, son poids venait à changer par l'effet des variations de l'atmosphère, pourrait-on rétablir l'équilibre par une simple augmentation ou diminution du contre-poids.

Remarquons que l'équation $\dfrac{l}{L} = \dfrac{l'}{L'}$, n'a lieu que lorsque la poulie est à 45°, ce qui restreint les résultats précédents à un seul cas.

2° *Pont-levis de M. Poncelet.* — Ce pont-levis, dont l'idée première est assez ancienne, se compose des chaînes F'DC'(fig.12 et 15,pl. 111), qui supportent le tablier AC' en passant sur des poulies E', et à l'extrémité F' desquelles on suspend verticalement une autre chaîne F'G', dont le poids beaucoup plus considérable est destiné à faire équilibre à celui du tablier ; son extrémité inférieure I est suspendue au moyen d'une petite chaîne à un point d'appui K, fixé solidement le plus près possible de la branche F'G', sans qu'il en résulte pourtant aucune espèce de gêne dans le mouvement. Or, F', venant à baisser par l'ascension du tablier, une partie de la chaîne se repliera le long de la verticale qui correspond à l'appui K, d'une quantité qui sera précisément moitié de la hauteur dont sera descendu le point F', ou de la longueur de chaîne qui aura passé par-dessus la poulie, et diminuera, par conséquent, d'autant le poids qui agit en ce point; de sorte que tout consiste à donner à la chaîne F'G' des dimensions telles que les diminutions de poids dont il s'agit soient à chaque instant exactement égales à celles que devrait éprouver la tension de la petite chaîne CD pour maintenir en équilibre le tablier AC du pont.

Supposons que la chaîne de support passe sur deux poulies E et E', et cherchons l'expression générale du contre-poids Q, qu'il faudra suspendre à son extrémité F, pour faire équilibre au poids du tablier parvenu en une position quelconque AC. La force verticale qui sollicite le point C est, en conservant les hypothèses précédentes, $p = \dfrac{P.d}{r}$.

Appelons ρ le poids du mètre courant de petite chaîne, ρCD sera le poids de la longueur de petite chaîne extérieure correspondant à la position AC du tablier, et, comme il y a deux chaînes pareilles, le poids total des parties extérieures sera exprimé par 2ρCD, qu'on pourra supposer agir au point milieu T de CD : en le décomposant en deux autres agissant aux extrémités C et D, chacun d'eux sera représenté par ρ.CD. Or, celui qui agit en C s'ajoute au poids du tablier, et ce poids est sollicité par la force $p + \rho$.CD.

La composante ρ.CD, qui agit en D, peut être décomposée en deux forces : l'une agissant suivant DE', et détruite par la résistance de la poulie ; l'autre agissant suivant DC, tangente à la poulie, égale à ρ.CD cos. CDH se retranchant du contre-poids Q.

Pour le reste de la chaîne DLF, observons que le poids ρ.mn de chaque élément mn peut être décomposé en deux autres, l'un perpendiculaire à la direction de l'élément, et détruit par la résistance des poulies et les tensions, l'autre ρ.mn cos. α agissant suivant l'inclinaison α de l'élément mn; mais mn. cos. $\alpha = m'n'$, fig. 16, d'où ρ.mn cos. $\alpha = \rho$.m'n', ou le poids d'une longueur de petite chaîne représentée par m'n' : le même raisonnement s'appliquant à tout autre élément, il s'ensuit que dans une chaîne matérielle, de pesanteur uniforme, posée librement sur des surfaces quelconques, ce qui comprend évidemment le cas où quelques-unes de ces surfaces seraient remplacées par une forte tension, la tension qui en résulte dans le sens de la chaîne sera précisément égale au poids d'une longueur de chaîne pareille ayant pour longueur sa projection sur la verticale.

D'après cela, menons la ligne horizontale DD', la portion de chaîne DLD' se fera équilibre et la longueur D'F s'ajoutera au contre-poids Q. Soit l la longueur des chaînes CD et D'F qui est évidemment constante, le poids de D'F sera égal à

$\rho(l-CD)$, et pour les deux chaînes on aura $2\rho(l-CD)$; les forces agissant en C, suivant CD, seront donc

(2) $Q + 2\rho (l - CD) - \rho.CD \cos CDH.$

Les forces (1) et (2) devant se faire équilibre autour du point A; en décomposant la force (1) en deux autres, l'une dirigée suivant AC et l'autre suivant CD, la première sera détruite par la résistance des tourillons, et la seconde devra tenir en équilibre la force (2); cette force sera égale à

$$(p + \rho.CD)\frac{CH}{CN} = (p + \rho CD)\ \frac{CD}{DH}.$$

L'égalant à la force (2) on tire

$$Q = \frac{CD}{DH}(p + \rho.CD) + \rho.CD \cos CDH - 2(l - CD)\rho.$$

Supposons le point D sur la verticale passant par l'axe du tourillon, $CD = S$, $DA = h$ on aura

$$\cos. CDH = \frac{S^2 + h^2 - r^2}{2hS},$$

$$Q = \frac{3\rho}{2h}S^2 + \frac{P + 2\rho h}{h}S + \rho\frac{(h^2 - r^2 - 4hl)}{2h}.$$

Nommant Q' et S' les valeurs de Q et S à l'origine des mouvements, cette formule donnera

$$Q' = \frac{3\rho}{2h}S'^2 + \frac{P + 2\rho h}{h}S' + \rho\frac{(h^2 - r^2 - 4hl)}{2h}.$$

Supposons que l'on construise une chaîne à masselottes d'une pesanteur uniforme, qui ait pour longueur $\frac{S'}{2}$, et dont le poids soit égal à $\frac{P + 2h}{h}S'$, le poids de cette chaîne augmentera ou diminuera dans le même rapport que S, c'est-à-dire que cette chaîne exercera un effort constamment représenté par le terme en S de la valeur générale de Q. Si ensuite on ajoute à la chaîne uniforme un prisme triangulaire de même hauteur et composé de plaques de même largeur, dont le poids total à l'origine du mouvement soit $\frac{3\rho S'^2}{2h}$, la hauteur de ce prisme demeurant toujours moitié de la longueur S, tandis que sa largeur reste constante, son poids variera proportionnellement aux surfaces triangulaires ou aux carrés de la longueur S dont il s'agit. La chaîne ainsi formée produira donc des tensions qui seront exactement celles représentées par l'ensemble des deux premiers termes de la valeur générale de Q.

Pour avoir égard au terme constant de la valeur de Q, on remarquera que toute la chaîne à masselottes ne se replie pas le long de la verticale du point fixe qui supporte son extrémité inférieure ; il en reste, à la fin du mouvement, une longueur $\frac{S}{2}$ de celle de la chaîne extérieure DC″ considérée au même instant, et dont le poids s'obtiendra par l'équation

$$Q'' = \frac{3\rho}{2h} S'^2 + \frac{P + 2\rho h}{h} S'' + \rho \frac{(h^2 - r^2 - 4hl)}{2h},$$

dans laquelle Q″ et S″ sont les valeurs de Q et S à la fin du mouvement. Cette portion de chaîne agira donc comme un poids constant pendant toute la durée du mouvement du tablier, et par conséquent on pourra la construire d'une manière entièrement arbitraire, par exemple la remplacer par un massif en fonte; alors la chaîne à masselottes sera réduite à la longueur

$$\frac{S'}{2} - \frac{S''}{2} = \frac{S' - S''}{2}.$$

Il est nécessaire que Q″ soit une quantité positive; d'où l'on aura $h > r$, car si $h = r$ on a $S'' = 0$. d'où $Q'' = 2\rho l$; il est important de vérifier cette condition.

Le terme $\frac{3\rho}{2h} S^2$ de la valeur de Q étant le seul qui interrompe l'uniformité des chaînes à masselottes, voyons s'il ne serait pas suffisamment exact pour la pratique de lui substituer un prisme uniforme et ayant même poids et même longueur; or la portion qui se replie est égale à $\frac{3\rho (S'^2 - S''^2)}{2h}$, et nous la supposerons uniformément répartie sur la hauteur correspondante $\frac{S' - S''}{2}$ de chaîne qui se replie dans le mouvement.

Pour les positions initiale et finale du tablier, l'équilibre existera évidemment, et leur plus grande divergence aura lieu lorsque $S = \frac{S' + S''}{2}$, ou que la chaîne sera à moitié repliée. En effet, l'opération ci-dessus revient, fig. 17, à substituer au trapèze ABCD le rectangle ABC′D′; or, si l'on fait courir entre A et B une droite GG′, parallèle à BC, et que l'on prenne la différence gGCC′ des surfaces BG′GC, BG′gC′, elle sera un maximum lorsque GG′ passera au point E, milieu entre A et B; mais les poids ci-dessus sont proportionnels à ces surfaces, donc, etc.

Lorsque $S = \frac{S' + S''}{2}$, le poids de la chaîne à masselottes est égal à

$$\frac{3\rho(S'^2 - S''^2)}{4h},$$

tandis que celui de l'ancienne est

$$\frac{3\rho(S' + S'')^2}{2h} - \frac{3\rho S''^2}{2h} = \frac{3\rho(S'^2 - 3S''^2 + 2S'S'')}{8h},$$

d'où résulte pour leur différence

$$\frac{3\rho(S' - S'')^2}{2h}.$$

Tel est le plus grand effort qu'il faudra exercer pour rétablir l'équilibre dans le système quand on adoptera des chaines d'une pesanteur uniforme pour le contre-poids.

La chaine n'étant point composée de chaînons infiniment petits, ainsi que le suppose la théorie, il resterait à calculer l'erreur qui en résulte; mais cette discussion nous ferait sortir du cadre que nous nous sommes prescrit, et nous ne nous y arrêterons pas.

3° *Pont à sinusoïde de Belidor.* — Le pont à courbe et contre-poids inventé par Belidor est représenté par la figure 4, planche 110. Le tablier AB, dont le centre de gravité est en G, est soutenu par des chaines qui passent sur les poulies fixes P,P', posées au sommet des montants, et qui se terminent par de gros rouleaux en fonte R, roulant sur une courbe que nous allons déterminer. Elle doit être telle qu'à chaque instant le travail produit par la descente des rouleaux soit égal au travail résistant dû au déplacement du tablier.

Or, supposons que le tablier de poids P ait décrit, depuis sa position initiale, l'angle α, il aura donné lieu à un travail résistant mesuré par

$$P.AG \sin \alpha;$$

le travail moteur des rouleaux, dont Q est le poids, et qui ont descendu de y pendant que le tablier tour a t de α, ce travail moteur est mesuré par

$$Q.y.$$

D'où l'équation générale d'équilibre

$$y = \frac{P}{Q}.AG \sin\alpha.$$

Cette équation permet de construire par points la courbe de support des rouleaux.

En réalité l'équilibre n'est pas réalisé, car l'équation ne tient pas compte de la flexibilité des chaines; la forme courbe qu'elles affectent s'accentue de plus en plus à mesure que l'effort diminue, c'est-à-dire que les rouleaux descendent; à cela, il faut ajouter que le poids même des chaines vient constamment troubler l'équilibre.

Et puis, ces poulies et ces rouleaux, comme dans les exemples précédents, exigent pour supports des appareils en charpente très-coûteux ou des maçonneries fortes et élevées; d'où une grande dépense et un grand embarras.

4° *Ponts-levis de MM. Delile et Bergère.*

Le tablier du pont de M. Delile (fig. 8, pl. 111) s'élève au moyen de deux barres de fer qui, par l'une de leurs extrémités, embrassent un fort boulon fixé au tablier, et de l'autre un essieu aussi en fer terminé par deux cylindres qui descendent en roulant sur deux courbes, tracées de telle manière que le système soit en équilibre dans toutes les positions successives du tablier. La manœuvre se fait au moyen de chaines sans fin qui enveloppent deux grandes poulies invariablement fixées à l'essieu.

Toute la difficulté consiste dans la détermination de la courbe que doit parcourir le centre de gravité du contre-poids, pour que le système soit en équilibre dans toutes les positions du tablier. M. Bergère y parvient de la manière suivante, au moyen du principe des vitesses virtuelles :

Soit CA (fig. 9, pl. 111), la position primitive du tablier, P son poids, d la distance de son centre de gravité au point d'appui, r la distance du point d'attache A au même point d'appui, D la longueur de la barre de fer, et P' le poids du contre-poids. En appelant p la force verticale qu'il faudrait appliquer au point d'attache A, pour soutenir le tablier s'il ne s'appuyait plus que sur ses tourillons, on aura

$$P : p : : r : d,$$

d'où l'on tire

$$p = \frac{Pd}{r}.$$

Ainsi, en considérant le tablier comme une ligne sans pesanteur, on peut substituer à son poids un autre poids $p = \frac{Pd}{r}$, que l'on considérera comme agissant au point d'attache A.

Supposons la courbe déterminée et le tablier arrivé en CM et la barre de fer en MM' $= D$: prenons l'horizontale CA pour axe des abscisses, et la verticale CD pour axe des ordonnées : appelons a et b les coordonnées du point M et x et y les coordonnées du point M' de la courbe cherchée. En supposant le poids du tablier p réuni au point M, et le contre-poids P' réuni au point M', on peut réduire la question à la considération de deux points matériels M' et M, soumis aux forces verticales P' et p', reliés par une barre inflexible M'M, et astreints à se mouvoir, le premier sur la courbe cherchée, et le second sur le cercle AM. L'on aura par le principe des vitesses virtuelles :

$$P'.dy + p.db = 0,$$

d'où l'on tire

$$dy = -\frac{p}{P'} db ,$$

et en intégrant

(A) $$y = \frac{p}{P'} b + c .$$

Pour déterminer la constante c il faut remarquer qu'à l'origine du mouvement, lorsque le tablier est horizontal, on a $b = o$, et qu'alors le contre-poids est au sommet de la courbe, point donné à priori, et dont nous représentons par h la hauteur au-dessus du plan du tablier : cette donnée suffit pour fixer la position de ce point, puisque l'on connaît d'ailleurs la longueur D de la barre. On aura donc dans ce cas :

$$y = h = c,$$

et l'équation (A) deviendra

$$y = h - \frac{p}{P'} b.$$

Si, maintenant, on suppose le tablier arrivé à la fin de ce mouvement, c'est-à-dire dans la position verticale CD, on aura $b = r$, et le contre-poids sera au point le plus bas de sa course : appelons h' la hauteur à laquelle il se trouvera au-dessus du plan CA, nous aurons donc

$$h' = h - \frac{p}{P'} r,$$

ou

$$h - h' = \frac{pr}{P'};$$

d'où l'on tire

$$P' = \frac{p.r}{h - h'};$$

Ainsi, en connaissant la pesanteur du tablier, la distance du point d'attache à l'axe de rotation, et les hauteurs au-dessus du plan CA de l'origine et de la fin du mouvement du contre-poids, on pourra en conclure le poids à donner à ce contrepoids pour qu'il y ait équilibre ; et, en général, lorsque les localités obligent à donner des valeurs particulières à quatre de ces cinq quantités, l'équation précédente fournira le moyen de déterminer la cinquième.

L'équation :

(B) $$y = h - \frac{pb}{P'}$$

suffit avec les conditions connues du mouvement pour tracer la courbe parcourue par le contre-poids. En effet, $\frac{p}{P'}$ est le rapport numérique de poids connus : appelons n ce rapport, l'équation (B) devient

(C) $$y = h - nb,$$

qui suffit pour décrire la courbe, puisque pour chaque position CM du tablier on connaîtra l'ordonnée du point M', et qu'en outre il doit se trouver à une distance MM' = D du point M.

Si l'on suppose P' = p, n est égal à l'unité et l'équation (C) devient

$$y = h - b.$$

Ainsi, pour avoir le point de la courbe correspondant à la position CM du tablier, il faut retrancher l'ordonnée du cercle BM = b de la hauteur OE = h en la portant de O en G, mener l'horizontale M'G, dont la rencontre avec l'arc KL décrit du point M avec D pour rayon, donne le point de la courbe.

L'équation de la courbe lorsque $n = 1$ étant

$$y = h - b,$$

on en tire

$$y + b = h,$$

$$\frac{y+b}{2} = \frac{h}{2}.$$

Ainsi, dans toutes les positions de la barre, la quantité $\frac{y+b}{2}$, qui exprime la hauteur du milieu de cette barre au-dessus du plan horizontal du tablier, est constante et égale à la moitié de la hauteur de l'origine de la courbe au-dessus du même plan. Il est évident, d'après cela, que l'on pourra concevoir la courbe écrite par le centre de gravité des contre-poids comme engendrée par le mouvement d'une ligne droite de la longueur de la barre, et dont une extrémité parcourra l'arc AD, tandis que le milieu de cette même droite sera astreint à se mouvoir sur une horizontale menée par le milieu de EO ; l'autre extrémité de la droite décrira la courbe.

Il suit de là que, pour décrire la courbe des contre-poids dans le cas particulier que nous examinons, il faudra mener par le milieu de OE une ligne horizontale HJ, prendre une ouverture de compas égale à la moitié de la longueur AO de la barre, et décrire successivement, des différents points M de l'arc AMD comme centres, avec cette ouverture de compas, des arcs RS qui couperont l'horizontale en une suite de points T, qu'on joindra aux points correspondants M par des lignes MT, que l'on prolongera au delà de l'horizontale d'une quantité TM′ = TM, et dont les extrémités M′ seront des points de la courbe.

M. Bergère termine ces considérations en disant : « On peut conclure de ce qui précède que, pour les ponts-levis de petites dimensions, l'on pourrait supprimer entièrement la courbe des contre-poids et manœuvrer le pont-levis en établissant les contre-poids solidaires aux extrémités des barres, et en faisant mouvoir le milieu M de ces barres (fig. 10, pl. 111) sur un plan horizontal MN, placé à la moitié de la hauteur de l'extrémité supérieure de la barre. Il suffirait pour cela d'établir à ce milieu une petite roue dont l'axe traverserait la barre, et qui roulerait sur le plan horizontal à mesure que l'on tirerait les contrepoids de haut en bas, ou le milieu de la barre horizontalement, pour élever le tablier. Si la partie MO de la barre était trop longue, on pourrait la diminuer en augmentant proportionnellement le contre-poids. »

5° *Pont-levis de M. Dehargne.* — L'idée ingénieuse de M. Bergère a été mise en pratique en 1848 par M. l'ingénieur Dehargne, pour la construction d'un pont-levis à la Villeneuve, fonderie du port de Brest. La manœuvre s'effectuait facilement et rapidement avec un homme seul.

Nous terminerons ici cet examen des ponts-levis, examen déjà beaucoup trop long, bien que nous ayons passé sous silence plusieurs systèmes, du reste sans application pratique.

2° PONTS A AXE DE ROTATION VERTICAL.

Les ponts à axe de rotation vertical sont désignés sous le nom de ponts tournants. Ce sont les plus usités parmi les ponts mobiles et on les rencontre presque exclusivement aujourd'hui dans les grands ports de mer et sur les fleuves.

La cause de cette préférence se trouve dans l'augmentation considérable qu'a subie la largeur des écluses à la mer et de tous les pertuis de navigation; les ponts-levis ne sont acceptables que pour de petites dimensions; si on les appliquait à des portées supérieures à 10 mètres, ils deviendraient de véritables monuments, coûteux et encombrants. Les ponts roulants offrent, quoique à un degré moindre, les mêmes inconvénients. Au contraire, les ponts tournants conviennent parfaitement aux grandes portées; ils sont, en outre, d'une manœuvre plus commode et plus sûre.

Les anciens ponts tournants étaient en bois et fer forgé; les nouveaux surtout ceux d'une portée notable, ne se font plus qu'en tôles et fers spéciaux. On rencontre en Angleterre un assez grand nombre de ponts tournants en fonte.

Pour les grands ponts, la manœuvre s'effectue fréquemment, non pas à bras d'hommes, mais à l'aide de la pression hydraulique, dans les établissements où il existe soit un accumulateur Armstrong, soit une distribution d'eau à haute pression.

La manœuvre des ponts ordinaires, et celle des grands ponts peu fréquentés, continue à s'effectuer à bras d'hommes.

Les ponts tournants sont à une ou à deux volées; les ponts à une seule volée sont terminés carrément à l'extrémité de la volée et circulairement à l'extrémité de la culasse. Les ponts à deux volées ont leurs culasses terminées en arc de cercle; l'une des volées se termine par un arc circulaire concave et l'autre par un arc convexe. C'est celle-ci qu'il faut ouvrir la première et c'est l'autre, au contraire, qu'il faut fermer la première.

Un pont tournant est un fléau de balance dont la volée et la culasse sont les deux bras égaux ou inégaux; les deux bras doivent être en équilibre par rapport au pivot de rotation. L'équilibre serait nécessairement instable et le tablier tomberait sur le côté si l'on avait pour support le pivot seul; on le soulage par deux ou plusieurs galets tournant sur des couronnes fixes en fonte.

Généralement, la culasse l'emporte un peu sur la volée, ce qui donne de la sécurité au mouvement de rotation et empêche la volée de donner du nez pendant ce mouvement; lorsque le pont est en place, on soulève la culasse au moyen de coins ou de verrins, et, de la sorte, les deux volées s'arc-boutent bien l'une contre l'autre, en même temps que le pivot et les roulettes sont soulagés.

Le pivot de rotation se place au milieu de la largeur du pont; c'est le seul moyen d'établir l'équilibre, mais il y a à cela un inconvénient : comme il faut que le tablier s'efface complétement en arrière des bajoyers de l'écluse, le pivot est lui-même en arrière du parement de ces bajoyers d'une quantité égale à la demi-largeur du tablier, et la longueur de la volée se trouve augmentée d'autant. Cet inconvénient peut être atténué; il est, du reste, sans grande importance pour les ponts à grande portée, et il est, dans tous les cas, de toute nécessité de placer le pivot à une certaine distance en deçà du parement des bajoyers.

Aussi n'a-t-on pas adopté la disposition recommandée par l'ingénieur Raffeneau, consistant à placer le pivot sur un des côtés du tablier, à l'aplomb d'un des longerons; il est vrai que, de la sorte, on peut rapprocher le pivot autant qu'on le veut du bajoyer, mais il ne porte que la moitié du poids du pont et il faut installer en face de lui une forte roulette supportant l'autre moitié du poids.

Nous passerons donc sous silence cette disposition du pivot excentrique et nous étudierons successivement : 1° les ponts tournants en bois ; 2° les ponts tournants en fonte ; 3° les ponts tournants en tôles et fers spéciaux.

1. Ponts tournants en bois. — Un type de pont tournant en bois fréquemment reproduit est celui que représentent en élévation et en coupe transversale les figures 3, 4, 5 de la planche 112.

Le tablier a 4^m,20 de largeur entre les garde-fous, ce qui donne une voie charretière de 2^m,20, flanquée de deux trottoirs de 1 mètre chacun, et 14^m,85 de longueur totale pour un pertuis de 6^m,70. La longueur de la volée est de 9^m,35 et celle de la culasse 5^m,50; les extrémités du tablier sont arrondies suivant des arcs de cercle ayant pour rayons respectifs ces deux longueurs.

Le poids entier porte sur le pivot, mais la stabilité de la masse est assurée par un chariot de huit galets reliés entre eux ainsi qu'à l'axe de rotation et astreints par là à rester compris entre deux cercles en fonte fixés, l'un à la plate-forme de la culée, l'autre au tablier.

La charpente se compose de six fermes inégalement espacées, ainsi que le montre la coupe transversale; les roues des voitures portent précisément sur les deux fermes accouplées de chaque côté du milieu du pont.

Chaque ferme, de 0^m,17 d'épaisseur, est composée d'une poutre b, de deux arbalétriers c c', d'un aisselier d qui s'appuie sur la semelle et relie les deux arbalétriers entre eux, et de cinq fourrures e e' e'' e''' e^{iv}, interposées entre la poutre et les arbalétriers, pour rendre ces pièces parfaitement solidaires l'une de l'autre. Les poutres ont 0^m,35 de hauteur, les arbalétriers 0^m,25. Dix cours de moises régulièrement espacés de part et d'autre du pivot servent à relier les poutres entre elles, à la semelle et aux arbalétriers.

Cinq de ces cours de moises sont formés de trois moises superposées, les cinq autres de deux seulement.

Les moises supérieures aux poutres servent de pièces de pont dans l'intervalle réservé pour le passage des voitures : elles sont noyées dans le plancher inférieur et reçoivent directement le plancher supérieur. Sous les trottoirs, le plancher est relevé sur trois longrines dont l'une sert de guide-roue. Ce guide-roue u, de 0^m,22 d'équarrissage, est taillé en chanfrein du côté du passage et porte de l'autre une feuillure pour recevoir le plancher.

Ce plancher a une pente transversale de 0^m,05 par mètre.

L'épaisseur totale du tablier est de 1^m,55, savoir :

	mètres.
Saillie du cercle en fonte sur lequel roulent les galets.	0,01
Diamètre des galets	0,12
Épaisseur du cercle en fonte supérieur aux galets. . .	0,10
— de la semelle.	0,46
— des aisseliers.	0,20
Intervalle entre ceux-ci et les poutres.	0,20
Épaisseur des poutres	0,35
— du premier plancher	0,06
— du second plancher.	0,05
Total.	1,55

Le plancher de la voie charretière est double; la première assise de planches transversales posées sur les poutres a 0^m,06 ; la seconde assise est formée de madriers en bois d'orme posés longitudinalement et occupant 0^m,40 de largeurs au passage des roues ; à la partie centrale, sur laquelle portent les pieds de chevaux, les madriers en bois d'orme sont transversaux.

Les boulons reliant les moises sont en fer carré de 0^m,027, les étriers ont 0^m,04 sur 0^m,01. Pour consolider la semelle en bois qui porte tout le poids du pont, on a placé une double armature $i\,j\,k\,l$ qui passe sur les quatre poutres du milieu et se retourne sous les abouts de la semelle ; un assemblage à moufles permet de régler le serrage.

En dehors des deux têtes du tablier sont placés des haubans en fer forgé destinés à augmenter sa rigidité, portés sur un pilastre en fer et munis d'appareils de serrage variable.

Tout le poids du tablier porte sur un pivot en fonte y de 0^m,12 de grosseur et de 0^m,54 de longueur dans la tête duquel est ajustée une cuvette en acier. Le mamelon demi-sphérique de la crapaudine est en acier trempé et a 0^m,055 de rayon.

Le chariot circulaire comprend huit galets coniques, dont les axes sont supportés par deux cercles en fer, l'un extérieur de 1^m,58 de rayon, l'autre intérieur de 1^m,42 ; ces deux cercles sont reliés par huit rayons en fer aboutissant à un chassis central en fonte qui a pour centre le pivot autour duquel il tourne.

La manœuvre se fait par un arc denté fixé à la maçonnerie de la chambre du pont et dans lequel engrène un pignon mis en mouvement par une roue et un pignon, avec lesquels il fait système, et qui sont, comme ce pignon, fixés sous la culasse du tablier. Cet engrenage est indiqué par les lettres q et r. L'axe du second pignon monte jusqu'à fleur du trottoir, et là est mis en mouvement au moyen d'une manivelle coudée.

Les abouts du pont sont supportés, pendant qu'il est fermé, par des galets scellés à cet effet dans la pile et la culée.

Le type que nous venons de décrire a reçu de nombreuses applications sur les rivières et canaux, notamment sur le canal de la Marne au Rhin, et M. Graeff a présenté à ce sujet les observations suivantes :

Le mécanisme de ce pont est commode ; le mouvement se donne au moyen d'une tige verticale qui sort sur le trottoir du pont et qui, sur la plate-forme, communique par un engrenage avec une crémaillère circulaire horizontale scellée dans la maçonnerie. La tige tourne au moyen d'une poignée ou manivelle que le pontonnier y adapte chaque fois qu'il veut manœuvrer le pont. Il est superflu de faire remarquer que c'est toujours du côté opposé au chemin du halage principal que doit être établie la plate-forme sur laquelle marche le pont ; cela va de soi, attendu que, ce chemin étant le plus important, c'est celui qu'il convient de gêner le moins.

Les ponts tournants en bois sont simples, faciles à manœuvrer et marchent très-bien pendant quelques années, mais ils deviennent ensuite d'un entretien assez coûteux. Les ponts métalliques ont plus de précision dans leur ajustage : ils coûtent plus cher de premier établissement, mais cela se regagne plus tard sur le peu d'entretien qu'ils exigent, et nous pensons que les types métalliques sont plus appropriés à ce système qu'à tout autre.

Les anciens ponts tournants en bois se déformant facilement, on avait l'habitude de soutenir la volée par des béquilles en bois, ou contre-fiches soutenant les longerons du tablier et s'appuyant sur une entaille des bajoyers. Il fallait que ces béquilles pussent s'effacer en même temps que le pont pour livrer passage aux navires ; quelquefois on les fixait au longeron par leur partie supérieure et leur extrémité inférieure était libre, on la soulevait avec un treuil, les béquilles se repliaient horizontalement sous le tablier qui les emmenait dans son mouvement de rotation. Il va sans dire que des entailles verticales suffisamment profondes étaient ménagées dans le bajoyer pour le passage de ces béquilles.

Un autre système de béquilles était en usage au port du Havre : les figures 2, planche 113, le représentent ; le pied des béquilles est articulé par un goujon vertical avec une pièce scellée dans le bajoyer, la tête des béquilles est libre et presse contre un redan des longerons lorsque le pont est en place ; pendant le mouvement de rotation, la béquille tomberait si elle n'était soutenue par une tige horizontale articulée d'un bout sur la béquille et de l'autre bout sur le bajoyer. Avec cette disposition, la béquille peut décrire un cône autour d'une verticale, et elle vient se loger dans une entaille inclinée ménagée dans la maçonnerie du bajoyer.

Quelque ingénieux que soient tous ces systèmes, ils seraient aujourd'hui beaucoup trop compliqués et ne conviendraient pas à une circulation active ; aussi les a-t-on abandonnés.

2. Ponts tournants en fonte. — Nous n'avons guère en France d'exemples de ponts tournants en fonte ; ils sont nombreux en Angleterre.

Les figures 6, planche 113, représentent un ancien pont tournant des docks de Londres ; il comprend sept fermes en fonte reliées par des entretoises également en fonte ; la culasse se termine par une crémaillère en arc de cercle avec lequel engrène un pignon, lequel est mû par un engrenage aboutissant à une manivelle. On voit que le pont mis en place s'appuie sur un pan coupé de la maçonnerie au sommet du bajoyer ; il fonctionne alors comme un pont fixe formé d'arcs en fonte et les bajoyers agissent comme culées ; c'est une disposition qui a été généralement imitée depuis. Lorsque l'on veut produire le mouvement de rotation, il faut évidemment soulever la volée afin de dégager la retombée des arcs ; lorsque la culasse est un peu surchargée, ce mouvement de bascule se produit de lui-même. Dans le cas qui nous occupe, on le détermine au moyen d'un secteur denté fixé au tablier, avec lequel engrène un pignon mû par une manivelle.

Le second exemple, figure 7, planche 113, est un ancien pont tournant en fonte du dock de Sainte-Catherine à Londres ; il a des dispositions analogues aux précédentes, on remarquera seulement la manière dont est profilée en plan l'extrémité de la volée ; ce profil composé de deux lignes droites, l'une transversale au tablier, l'autre oblique, est d'exécution plus facile qu'un profil circulaire concave d'un côté, convexe de l'autre, et se prête aussi bien au mouvement réciproque des deux parties du pont.

3. Ponts tournants en tôles et fers spéciaux. — Le type le plus souvent reproduit pour ces ponts tournants en tôles et fers spéciaux est celui de l'écluse de barrage de Dunkerque. Cet ouvrage est, en effet, fort heureusement combiné dans toutes ses parties, et c'est un modèle à suivre ; il a été construit sur les dessins de M. l'ingénieur Plocq, qui en a donné une description complète dans un mémoire inséré aux *Annales des ponts et chaussées* de 1859 ; c'est ce mémoire qui nous a fourni les dessins et les renseignements ci-après :

1. *Pont de l'écluse de barrage de Dunkerque.* — Nous connaissons l'écluse de barrage de Dunkerque qui a 21 mètres d'ouverture ; le pont qui la traverse est à deux volées de chacune 21^m,50 de longueur et de 4^m,04 de largeur totale se

divisant en une voie charretière de 2ᵐ,50 et deux trottoirs en encorbellement de 0ᵐ,77 de large, figures 1 à 6, planche 114.

La longueur de volée de 21ᵐ,50 se subdivise comme il suit :

	mètres.
De l'extrémité de la culasse au pivot	8,00
Du pivot à l'aplomb du bajoyer de l'écluse	3,00
De l'aplomb du bajoyer à l'extrémité de la volée	10,50

Les extrémités sont profilées en plan suivant des arcs de cercle, décrits du pivot comme centre, avec un rayon de 8 mètres pour la culasse et de 13ᵐ,50 pour la volée.

Les boîtes de crapaudines, les paliers, les roulettes et excentriques sont des pièces moulées en fonte; le reste est en tôles et fers laminés du commerce.

Le tablier comprend quatre longerons en feuilles de tôle de 0ᵐ,01, renforcées par des cornières et fers à T de même épaisseur et de 0ᵐ,07 de côté ; le chevêtre de support est tubulaire et composé de tôles de 0ᵐ,01 d'épaisseur avec cornières de $\frac{80.80}{11}$. Les traverses de chaussée sont des fers à double T ; l'entretoisement est complété par des traverses de culasse, de volée, de chevêtre et d'appui sur les bajoyers, par deux cours d'entretoises intermédiaires, par des plaques de tôle servant, avec les madriers des voies des roues, à relier les longerons deux à deux.

Le plancher est garni de bandes de fer sur les chemins des roues pour la chaussée.

Les longerons intérieurs sont espacés de 1ᵐ,60 d'axe en axe, et au delà de chacun d'eux, à 0ᵐ,52 plus loin, on trouve le longeron extérieur; les longerons sont donc placés directement sous la charge des véhicules.

Les traverses de chaussée, espacées de 1ᵐ,18 d'axe en axe, reposent à leurs extrémités sur deux cours de fers en T rivés sur les faces intérieures des longerons intérieurs.

Le pivot est scellé dans la maçonnerie de l'encuvement, à 3 mètres en arrière du bajoyer, de sorte que, le pont étant ouvert, il reste un chemin de halage entre lui et l'arête du bajoyer. (Dans les ports de mer, les ponts tournants sont dits ouverts lorsque le passage de l'écluse est libre pour les bateaux et fermés quand l'entrée de l'écluse est interdite et que la circulation est permise aux voitures.)

Pendant la rotation, l'équilibre sur le pivot est maintenu par deux roulettes placées sur la transversale au pivot, à 1ᵐ,06 de part et d'autre de celui-ci, et le système de rotation est complété par deux roulettes de culasse qui ne portent sur l'encuvement que pendant les mouvements du pont.

La rotation s'opère à bras d'hommes par les éclusiers-pontiers qui poussent la culasse en marchant sur le dallage de l'encuvement.

« Pour permettre ce mouvement, les volées, dit M. Plocq, sont susceptibles de basculer sur leurs pivots, de manière à dégager leurs abouts par l'abaissement des culasses, chargées à cet effet d'un léger excédant de poids; cette bascule est conduite au moyen d'excentriques fixés, sous les extrémités des culasses, à un axe en fer qui tourne dans des coussinets en fonte, à l'aide d'une manivelle avec roues et arcs dentés à l'une de ses extrémités et d'un bras de levier à l'autre. »

Cette disposition des excentriques est nettement marquée par la figure 4.

Le pont étant fermé repose sur son pivot et ses galets et, en outre, sur des coussinets en maçonnerie taillés au sommet des bajoyers normalement à l'intrados des longerons ; le pont forme alors une voûte en arc de cercle, à tympans évidés, dont la fixité est assurée par l'arc-boutement des culasses contre la maçonnerie des terre-pleins et par l'assemblage des deux volées : l'une présente une gorge demi-circulaire, l'autre un boudin saillant, et cet ensemble réalise un assemblage à gueule de loup.

Le pont étant ouvert, repose sur son pivot, ses excentriques, la naissance de son intrados qui s'appuie sur l'encuvement et l'extrémité de la volée est elle-même supportée par des tablettes en maçonnerie ménagées à cet effet au pourtour de l'encuvement.

Les calottes des pivots et les lentilles des crapaudines sont en acier trempé et des dispositions sont prises pour que ces pièces puissent être facilement changées.

Les chevêtres sont les pièces les plus importantes de la construction ; chaque chevêtre doit porter de part et d'autre du pivot la moitié du poids d'une volée, sans compter sur le secours des roulettes latérales qui ne sont là que pour assurer l'équilibre. On a donc calculé chaque demi-chevêtre comme une pièce encastrée à son extrémité près du pivot, libre à l'autre extrémité et portant une charge égale au demi-poids de la volée, charge dont le point d'application peut être déterminé d'après les dessins d'une manière suffisamment exacte.

De même, les longerons, pendant le mouvement de rotation, fonctionnent comme des poutres encastrées à leur extrémité près du pivot et libres à l'autre extrémité ; on les a donc calculés comme tels ; nous n'avons pas à insister sur ces calculs de résistance qui ne diffèrent point de ceux que nous avons exposés en traitant des ponts fixes.

L'établissement du plancher des ponts tournants doit être fait avec le plus grand soin.

« Les madriers posés à plat, en travers, pour les voies des roues ; les madriers posés de champ, en long, pour la voie du milieu ; les bordures des trottoirs, serrées en fourrures entre la cornière supérieure des longerons extérieurs et les abouts des madriers de la voie des roues, toutes ces pièces sont en bois de sapin, plus léger et moins cher que le chêne, et suffisamment durable. Le plancher supérieur de la voie du milieu et le platelage à claire-voie des trottoirs sont en bois d'orme, comme le plus résistant aux frottements des pieds des hommes et des chevaux. »

Les madriers en sapin des voies des roues sont recouverts de feuilles longitudinales de tôle ; on a eu la précaution de réduire la longueur des feuilles, de laisser entre elles un intervalle de quelques centimètres pour le jeu de la dilatation, et de les fixer avec de petits boulons entrant dans des trous elliptiques. Les clous sont absolument proscrits.

Le platelage réservé au pied des chevaux n'est pas à surface supérieure plane, mais il présente une série de saillies ou redans, les pièces de bois ayant été coupées suivant une section trapèze et non suivant un rectangle.

Les épreuves auxquelles le pont a été soumis ont été très-satisfaisantes ; les flèches se sont maintenues dans de faibles limites et toutes les pièces sont revenues, après l'expérience, à leur position initiale ; ce qui montre que l'élasticité n'avait été aucunement altérée.

Une seule personne peut mettre une volée en mouvement en soulevant ou poussant la culasse avec l'épaule. A l'aide des coefficients de frottement, il est,

—.

du reste, facile de calculer l'effort théorique à développer pour déterminer le mouvement de rotation.

Le montant définitif des dépenses d'exécution du pont tournant que nous venons de décrire s'est élevé à 45,000 francs.

2. *Ponts mobiles du port du Havre.* — On compte au port du Havre douze ponts mobiles, savoir : deux ponts tournants en bois aux écluses de Notre-Dame et de la Barre, qui ont 16 mètres et 13^m,65 d'ouverture; trois ponts levants, dont deux en bois et un en fer, aux écluses Lamblardie, d'Angoulême, Vauban, dont les largeurs sont 13^m,45, 13^m,57 et 12 mètres ; sept ponts tournants, en fer, aux écluses de la Floride, de l'Eure, Saint-Jean, des Transatlantiques, du Dock, du Sas, de la Citadelle.

« Chaque voie charretière, dit M. l'ingénieur Quinette de Rochemont, a, en général, une largeur de 2^m,10, qui se décompose ainsi : deux plaques de roulage en tôle, ayant chacune de 0^m,50 à 0^m,55; le plancher à redans, pour les chevaux, ayant de 1^m,10 à 1 mètre; l'espace réservé entre les deux passages pour voitures varie de 0^m,50 à 0^m,60.

Les ponts tournants sont lestés de telle sorte qu'ils aient une légère surcharge du côté de la culasse; par suite, ils portent sur la roulette de culasse lorsqu'ils sont abandonnés à eux-mêmes. Le calage et le décalage se font au moyen de verrins; le pont, au repos, est maintenu par des coins en bois ou en fer; le pont de la Barre seul se met en place au moyen d'un parallélogramme articulé, mû par des leviers et des palans. La rotation se fait en poussant à bras sur la culasse.

Les ponts levants sont maintenus en place par des béquilles qui s'engagent sous l'about de chaque volée et la soutiennent. Pour les manœuvrer, on ramène les béquilles en arrière, puis on laisse descendre la culasse dans une cave pratiquée dans le bajoyer; l'arc denté roule alors sur la crémaillère et le pont se mâte debout. Pour le remettre en place, on est obligé de haler sur l'about de chaque volée, au moyen d'amarres qui s'enroulent sur les tambours de deux treuils. La manœuvre de ces ponts est longue et pénible, comparativement à celle des ponts tournants ; aussi sont-ils appelés à disparaître. »

Le pont en bois de l'écluse Notre-Dame (16 mètres de large) est à deux volées ; sa longueur totale est de 37^m,40 et sa largeur 4^m,40 ; la pente du tablier est de 0^m,015 par mètre; il se compose de six poutres longitudinales de 0^m,22 sur 0^m,30, renforcées sur la plus grande partie de leur longueur par des sous-poutres de même équarrissage, reliées par un poitrail, une traverse et les abouts de volée et de culasse. Un poitrail en fonte de 0^m,80 de largeur et de 0^m,37 de hauteur supporte des pilastres en fonte sur lesquels se fixent des haubans en fer de 0^m,10 sur 0^m,03. Le tablier supporte une plate-forme jointive de 0^m,08, clouée sur les longerons; le diamètre du pivot est de 0^m,16 ; les roulettes de pivot ont 0^m,30 de diamètre et 0^m,16 de largeur, celle de culasse a 0^m,40 et 0^m,15 ; les longerons sont soutenus par des béquilles de 0^m,25 sur 0^m,30, tournant autour d'un axe vertical et venant se loger dans les bajoyers.

Les ponts métalliques du Sas et de la Citadelle sont à deux voies; leur longueur totale est de 35^m,19 pour une écluse de 16 mètres de large; la voie charretière a 2^m,10 de largeur et la largeur totale est de 6^m,94. L'intrados est un arc parabolique et le tablier est horizontal; il comprend 2 poutres longitudinales reliées par 31 poutrelles, y compris celle du chevêtre, et par les abouts de volée et de culasse. Les poutres de forme parabolique ont une hauteur variant de 3 mètres à 1^m,55; l'épaisseur de l'âme est de 0^m,008, la largeur des ailes est de 0^m,21 et les cornières ont $\frac{90.90}{11}$.

Les poutrelles sont espacées de 1ᵐ,09 : hauteur, 0,50; âme de 0ᵐ,006; cor. nières de $\frac{60.60}{7.5}$; largeur des ailes, 0ᵐ,15. Le poitrail a 1ᵐ,24 de hauteur, avec âme de 0ᵐ,008, et cornières de $\frac{100.100}{15}$; largeur des ailes, 0ᵐ,27. Une plate-forme jointive de 0ᵐ,06 d'épaisseur est supportée par des longerons de 0ᵐ,10 d'épaisseur. Le diamètre du pivot est de 0ᵐ,20; ses roulettes ont 0ᵐ,70 de diamètre et 0ᵐ,12 de large ; celle de la culasse a 1 mètre de diamètre et 0ᵐ,10 de large. Le poids du pont sans lest est de 99 tonnes, porté à 120 tonnes par le lest.

Il est à remarquer que les poutres longitudinales forment garde-corps; elles s'élèvent au-dessus du plancher de 1ᵐ,40 au point le plus élevé, et de 0ᵐ,70 aux extrémités.

En adoptant cette disposition, la hauteur des poutres n'étant plus limitée à celle du tablier, peut être notablement augmentée; ce qui, à égalité de matière, est, comme nous le savons, fort avantageux pour la résistance.

3. *Pont sur la Penfeld, à Brest.* — Le pont sur la rivière la Penfeld, à Brest, appartient à la route nationale n° 12; il est représenté dans ses dispositions principales par la figure 7 de la planche 114.

En voici la description, empruntée aux notices réunies par le ministère des travaux publics à l'occasion de l'Exposition universelle de 1867 :

Disposition générale. — Le pont établit la communication entre les villes de Brest et de Recouvrance, séparées par la Penfeld, à une hauteur de 29 mètres au-dessus du zéro de l'échelle des marées. Le passage libre entre le dessous des fermes et le niveau des hautes mers est de 19ᵐ,50. La distance entre les parements des culées est de 174ᵐ,00. Les deux volées métalliques, qui occupent cette longueur de 174ᵐ,00, reposent chacune sur une pile circulaire dont le diamètre au sommet est de 10ᵐ,60. L'écartement des piles, de centre en centre, est de 117ᵐ,00 ; la largeur libre du passage, au moment de l'ouverture des volées, est donc de 106ᵐ.00 environ. Cette largeur est sensiblement égale à celle du chenal lui-même, qui forme le port militaire, de telle sorte que la construction du pont, qui est situé à l'entrée de ce port, n'a apporté aucune entrave à la circulation des navires de la marine.

Tablier. — Les deux volées qui supportent le tablier ont chacune une hauteur de 7ᵐ,72 au droit des piles et de 1ᵐ,40 à leur extrémité. La largeur de la chaussée est de 5ᵐ,00 et celle des trottoirs de 1ᵐ,10. Chaque volée est formée par deux poutres ; chaque poutre se compose d'un longeron haut et d'un longeron bas, en forme de T dans la coupe, lesquels sont entretoisés par des montants et contreventés par des croix de Saint-André ayant en section la forme d'une ✚. Au droit de chaque montant les poutres sont reliées par des entretoises et des croix de Saint-André. Comme les volées, dans leur mouvement de rotation, sont soumises à des efforts de flexion transversale à leur longueur, il était indispensable de les armer fortement dans ce sens. A cet effet on a tiré profit du plancher pour la partie supérieure. Il a donc été formé de deux couches de bois superposées de façon à croiser tous les joints et à constituer un plan rigide. Dans le bas, au contraire, les poutres ont été reliées et armées par un réseau complet d'entretoises et de croix de Saint-André, partant du centre de rotation et s'étendant à toute la longueur du pont.

La culasse des volées a reçu la forme d'une caisse, dans laquelle est logé le contre-poids qui doit faire équilibre à la partie antérieure. Le point le plus difficile, dans la composition des volées, était évidemment l'organisation de la partie qui se trouve au droit des piles, où aboutissent toutes les pressions pro venant des charges mortes et toutes les réactions dues à la rotation. Il fallait défendre la charpente contre ces fatigues, et de plus, comme elle devait être assise sur une couronne de galets, il était essentiel d'arriver à répartir la charge, autant que possible, également sur tous les rouleaux. Pour cela, la division des montants des poutres a été réglée de façon à faire coïncider deux d'entre eux, dans chaque poutre, avec le milieu des couronnes et à former ainsi quatre points d'appui principaux, qui ont été renforcés d'une manière spéciale à l'aide de colonnes. Ces colonnes sont reliées par quatre fortes croix de Saint-André ; en outre, elles sont traversées par une tour cylindrique en tôle, fortement armée et munie de plates-formes en haut et en bas. Cet ensemble de pièces forme ainsi un massif en rapport à la fois avec les poutres et avec les couronnes de roulement et propre, par suite, à remplir les fonctions que l'on vient d'indiquer, fig. 3, 4, pl. 115.

Couronnes de roulement. — Le système des couronnes de roulement est le même, en principe, que celui des plaques tournantes des chemins de fer. Mais comme il s'agissait d'un diamètre de 9^m,00 et d'une charge d'environ 600 000 kilogrammes, il a fallu arriver à des dimensions relativement considérables pour chaque détail. Les galets sont au nombre de 50 ; leur diamètre moyen est de 0^m,50 et leur longueur de 0^m,60. Les couronnes ont été tournées sur leurs faces, haute et basse, avec un soin exceptionnel, et, à cet effet, un appareil spécial a dû être construit au Creuzot au prix de 75 000 fr.

Mécanisme de rotation. — La partie dormante des couronnes de rotation porte à sa circonférence extérieure des dents d'engrenage ; à ces dents correspond un pignon dont l'axe est solidaire avec la couronne de rotation mobile ; cet axe de pignon reçoit son mouvement à l'aide d'une roue d'engrenage, laquelle est mue elle-même par un deuxième pignon calé sur l'arbre moteur. Ce dernier est vertical et monte jusqu'au plancher ; là il porte un croisillon armé de barres de cabestan ; c'est sur ces barres qu'agissent les hommes de manœuvre. Une fois la rotation accomplie, le croisillon s'abat sous le tablier en bois, et celui-ci se trouve dégagé de suite et prêt à permettre la circulation. Ce mécanisme est à la fois très-simple, très-commode et très-puissant. Il est simple, parce que le nombre d'intermédiaires entre la puissance et la réaction est des plus réduits ; il est commode, parce que du haut du pont les hommes de manœuvre sont juges eux-mêmes des effets de leur action ; il est puissant, parce qu'il permet au besoin d'augmenter dans une forte mesure le nombre d'aides nécessaires aux manœuvres, fig. 3, 4.

Mécanisme de calage. — Pour assurer une grande stabilité au tablier pendant la circulation, on a jugé utile d'ajouter des mécanismes de calage à l'avant et à l'arrière des volées. À l'avant, ce sont des verrous en fer qui se poussent de l'extrémité d'une volée dans l'extrémité de l'autre ; à l'arrière, ce sont des leviers ressemblant aux mâchoires d'un étau qui serait couché horizontalement. Le point fixe, qui est saisi par ces leviers, est formé par une pièce de fonte fortement scellée dans le massif de la culée. Les leviers eux-mêmes tiennent, au contraire, par leur axe à la charpente de la culasse. Il existe deux systèmes de leviers à chaque culasse, et deux systèmes de verrous à la jonction des volées, fig. 1, 2, pl. 115.

En outre, dans le but de soulager, lorsque le pont est en service, les galets de roulement de la charge considérable à laquelle ils sont soumis, on a placé à l'origine de la partie inclinée de chaque volée deux verrins qui s'appuient sur des plaques noyées dans le couronnement de la pile. Chacun d'eux est destiné à soulever l'une des poutres de la volée. Il se compose d'une forte vis fixée à la poutre et d'un écrou portant sur la plaque métallique et dont la tête est une roue dentée. Celle-ci engrène avec un pignon vertical dont l'axe porte une poulie sur laquelle s'enroule une chaîne sans fin. Les chaînes des deux verrins de chaque volée vont passer sur une poulie double montée sur un arbre vertical que met en mouvement un cabestan articulé; celui-ci s'abat et se loge sous le plancher du pont. Avant de livrer le pont à la circulation, on met en action les verrins.

Manœuvres. — Pour manœuvrer les volées, les gardiens commencent par dégager les verrous du milieu du pont, puis les mécanismes de calage aux culées. La rotation est produite ensuite à l'aide du mouvement de cabestan décrit plus haut. Par un temps de calme plat, deux hommes, pour chaque volée, opèrent soit l'ouverture complète du pont, soit sa fermeture, toutes manœuvres comprises, en quinze minutes au plus.

Maçonneries. — Tous les ouvrages de maçonneries ont été fondés directement sur le roc. Les parements des piles sont en pierre de taille de grand appareil; ceux des culées sont en moellons piqués avec chaînes en pierre de taille aux angles.

Montage du tablier métallique. — Cette opération a été faite sur pont de service, les volées établies parallèlement au chenal. Le montage terminé, les volées ont été rapprochées et se sont rencontrées, à quelques centimètres près, au même niveau. On avait établi les plates-formes en se servant du niveau des hautes marées, comme moyen de fixer leur hauteur.

Réparations. — Pour un ouvrage renfermant un aussi grand nombre de pièces ajustées que le pont de Brest, il convenait de prévoir le cas où une réparation deviendrait nécessaire, soit par suite d'avaries, soit par suite de l'usure même des métaux. Les galets et couronnes de roulement se trouvant, sous ce rapport, dans les mêmes conditions que le restant des mécanismes, il fallait songer au moyen de les isoler, au besoin, de la pression du pont. Pour cela, des dispositions ont été prises pour établir momentanément, sur le massif des piles et au-dessous des fermes, quatre presses hydrauliques capables, chacune, de faire un effort d'environ 200 000 kilogrammes. L'eau est foulée simultanément à ces quatre presses par un seul et même jeu de pompes, qui se place au centre de la tour. Ces pompes sont manœuvrées à bras, comme une pompe à incendie. Lors des expériences de réception du pont, la manœuvre a été faite par huit hommes, et le pont s'est soulevé de quelques centimètres au-dessus des galets en moins de dix minutes. Dans ces conditions, tous les détails du mécanisme de roulement auraient pu se démonter et se replacer sans difficulté.

Études et constructions. — Les premiers projets du pont de Brest sont dus à MM. Cadiat et Oudry, mais le projet exécuté est différent de celui qui avait été d'abord présenté par eux ; M. Oudry en est le seul auteur.

L'ouvrage entier, maçonnerie, charpente et serrurerie, a été exécuté par MM. Schneider et Cie du Creuzot, dont M. Mathieu a été l'ingénieur en chef. MM. Maitrot de Varennes et Aumaitre, ingénieurs en chef des ponts et chaussées, et Rousseau, ingénieur ordinaire, ont été chargés du contrôle du travail. Les maçonneries avaient été sous-traitées par une société brestoise et ont été exécutées par M. Letessier de Launay, entrepreneur.

Métré. — Le poids des métaux employés à la construction du pont se décompose comme il suit :

kilogr.

Fers de toutes sortes. 860 000
Fontes ajustées 340 000

Total. 1.200.000

Le cube des bois de la chaussée et des trottoirs est de 150 mètres cubes.

Dépenses. — Le pont construit sur la Penfeld a coûté 2 118 835 fr. 10 cent. Cette somme se partage de la manière suivante :

	francs
Maçonnerie des piles et culées et de divers ouvrages d'art aux abords	698.743,10
Volées métalliques.	1.180.290,00
Cintres et montage de ces volées.	119.710,00
Ouvrages accessoires des volées	54.426,90
Somme à valoir pour dépenses diverses	65.665,10
Total égal.	2.118.835,10

4. *Pont tournant du bassin de radoub de Marseille.* -- Le pont tournant de radoub de Marseille est manœuvré par pression hydraulique ; il a été décrit par M. Barret, ingénieur de la Compagnie des docks de Marseille, dont le mémoire nous fournit les renseignements suivants :

Les plaques tournantes des ponts de dimensions exceptionnelles présentent de sérieuses difficultés de construction : il est difficile avec elles de répartir également le poids total entre tous les galets, et on est forcé pour cela d'interposer entre la couronne de galets et le tablier une plate-forme rigide composée de poutres transversales. Les galets s'usent inégalement ; pour les réparer ou les remplacer, il faut soulever le tablier tout entier au moyen de presses hydrauliques, ainsi que nous venons de le voir pour le pont de Brest. Les plaques tournantes exigent l'emploi d'appareils de calage aux extrémités de la culasse et de la volée, pour faire basculer le pont au commencement du mouvement de rotation, et pour le soulever lorsqu'on rétablit la circulation. Les corps étrangers s'engageant sous les galets, un tassement même très-faible des maçonneries de support, peuvent augmenter le frottement des galets au point de rendre la manœuvre impossible.

Ces inconvénients sont évités avec la pression hydraulique, car le mécanisme est alors indépendant du tablier. Il est vrai que les plaques tournantes offrent au premier abord une solution plus simple et qu'on peut redouter la complication résultant de l'usage de l'eau comprimée.

Cette complication n'est qu'apparente ; car, avec l'eau comprimée, Stephenson a élevé il y a vingt-cinq ans, à 40 mètres de hauteur, les travées du pont de Britannia pesant 2300 tonnes ; Edwin Clark soulève tous les jours avec l'eau portée à 200 atmosphères des navires dont le poids atteint jusqu'à 3000 tonnes ; les appareils hydrauliques de sir Armstrong fonctionnent dans tous les docks de l'Angleterre, ainsi que pour leurs grandes écluses et les ponts tournants dont le poids atteint 400 à 500 tonnes. L'expérience est donc faite et la manœuvre par l'eau comprimée peut inspirer toute confiance.

Le pont tournant des bassins de radoub de Marseille comporte une voie ferrée, une voie charretière et une passerelle pour piétons ; sa largeur totale est de 16 mètres et sa longueur de 62 mètres. Il est représenté dans ses dispositions principales par les figures 5, 6, 7 de la planche 115 ; il comprend trois grandes fermes A, A′, A″, réunies par des pièces de pont, et porte sur un chevêtre B, placé à l'aplomb du centre de gravité de l'ensemble. C'est au-dessous de ce chevêtre qu'est placée la presse hydraulique destinée à soulever le pont et à lui servir de pivot. — Vers l'extrémité de la culasse, chaque ferme est portée par une roulette se mouvant sur rail en fer; la roulette du milieu décrit un cercle de 19ᵐ,50 de rayon et les deux roulettes latérales un même cercle de 20ᵐ,59 de rayon.

La culasse des fermes est calée à l'aide de coins.

Sous le tablier est fixée une couronne en fonte de 14 mètres de diamètre avec gorge dans laquelle s'enroule la chaîne des appareils de rotation.

L'eau comprimée des docks, canalisée avec une pression de 50 atmosphères, sert à faire mouvoir les appareils de manœuvre qui sont :

1° La presse centrale chargée de soulever le pont et de constituer le pivot de rotation.
2° Le cylindre de manœuvre des coins de calage de la culasse.
3° Les deux appareils agissant sur la chaîne de rotation.
4° Un appareil de compression qui fournit à la presse centrale l'eau comprimée à 270 atmosphères.
5° Les soupapes et tiroirs de distribution

Un seul homme suffit pour exécuter les manœuvres de soulèvement et de rotation du pont, quelle que soit la violence du vent; l'ouverture ou la fermeture du passage s'effectue en trois minutes. A Brest, il faut deux hommes à chaque volée et quinze minutes de temps; au Havre, la volée de 120 tonnes exige quatre hommes poussant à la culasse et quatre minutes de temps.

Pendant le mouvement, la presse centrale porte 685 tonnes, et les roues de la culasse 15 tonnes; le poids total du pont est de 700 tonnes.

La presque totalité du poids agit donc sur la tête du plongeur de la presse hydraulique centrale; cette tête a 1ᵐ,20 de longueur sur 0ᵐ,63 de largeur; ce n'est donc pas un simple point, et elle suffirait seule à assurer la stabilité transversale, mais les roulettes des culasses lui viennent encore en aide.

Nous n'entrerons point dans le détail des appareils hydrauliques qui offrent le plus grand intérêt; le lecteur en trouvera la description complète dans le mémoire de M. Barret inséré aux *Annales des ponts et chaussées* de mai 1875.

Non compris la maçonnerie, les voies ferrées aux abords et le tuyautage reliant le pont à la conduite générale des docks, le pont qui nous occupe a coûté 350 000 francs.

5. *Pont tournant à manœuvre hydraulique du canal de l'Ourcq à la Villette.* — Sur des proportions moindres, le pont tournant à manœuvre hydraulique du canal de l'Ourcq à la Villette est aussi fort intéressant, car il emprunte sa force motrice aux conduites de distribution de la ville de Paris. En voici une description sommaire d'après la chronique des *Annales des ponts et chaussées* d'octobre 1875.

« Le pont est établi sur le canal de l'Ourcq, à Paris, et son axe se confond avec celui de la rue de Crimée : la passe du canal a 7ᵐ,94. Le pont est à une seule volée, sa longueur totale est de 17ᵐ,80, sa largeur est de 7ᵐ,60, comprenant deux voies charretières de 2ᵐ,60 chacune, deux trottoirs latéraux de 1ᵐ,30 chacun et un trottoir intermédiaire de 0ᵐ,60.

« La volée tourne sur un pivot scellé dans la maçonnerie et coiffé d'une crapaudine fixée sur un cadre métallique; le pivot est à 4 mètres du parement du bajoyer, la crapaudine est sur l'axe du pont. La volée a 12ᵐ,40 de rayon et la culasse 5^m,40 seulement : le poids total du pont, y compris la fonte qu'il a fallu placer dans la culasse pour équilibrer la volée, est de 75 tonnes.

« Sans donner les détails de la construction, nous arrivons immédiatement à l'indication de l'appareil de manœuvre mû par l'eau.

« Une roue horizontale de 1^m,80 de diamètre, solidaire avec l'ossature du pont, et située au-dessous, est entourée d'une chaîne qui l'embrasse environ sur les deux tiers de sa circonférence. Les deux brins de cette chaîne se croisent, et après avoir passé sur des poulies, vont s'attacher par leurs extrémités à deux tiges de fer qui, d'autre part, se fixent sur les deux faces d'un piston : ce piston se meut dans un cylindre horizontal de 0^m,450 de diamètre dont les bases sont traversées, dans des boîtes à étoupe, par les tiges dont nous venons de parler. Le piston se meut dans un sens ou dans l'autre, suivant qu'il subit la pression de l'eau sur l'une ou l'autre face : sa course est de 1,375. Suivant qu'un appareil spécial de distribution envoie l'eau en pression d'un côté ou de l'autre, le piston se meut, entraînant, par l'intermédiaire des tiges rigides, la chaîne qui fait tourner le pont dans un sens ou dans l'autre.

« L'eau qui est utilisée pour cette manœuvre provient des réservoirs de Ménilmontant, et arrive au cylindre avec une pression de 45 mètres de hauteur, correspondant à 4^{at},35 ; mais en réalité, elle n'agit qu'avec une pression qui ne dépasse pas 3^{at}, 50 : il en résulte sur le piston un effort de 5740 kilogrammes suffisant pour la manœuvre du pont.

« Les chaînes de manœuvre peuvent à volonté s'enrouler sur un cabestan qui, mû à bras, produit la rotation du pont dans le cas où, pour une cause quelconque, il serait impossible d'employer la pression hydraulique. »

6. *Pont de la darse de Missiessy, à Toulon.* — Le pont tournant de la darse de Missiessy à Toulon est à deux volées reposant sur une pile en maçonnerie dont la construction a présenté de grandes difficultés. Le pont livre passage à la voie ferrée ; une volée a 33 mètres et l'autre 19 mètres, figures 8, 9, planche 115. Le tablier se compose de deux poutres de tête ayant la forme de solides d'égale résistance ; leur hauteur est de 3 mètres sur la pile et de 1^m,50 aux extrémités.

Par l'effet de la pesanteur, les abouts des volées s'affaissent toujours un peu, et pour assurer le passage des trains, il faut relever légèrement et caler les abouts avec des verrins afin que les rails du tablier soient bien dans le prolongement des rails des voies d'accès.

Or, il arrivait qu'en été, pendant le jour, la manœuvre des verrins était impossible et les abouts des volées ne se relevaient point. On reconnut que cet inconvénient tenait non pas à un tassement du système, mais à l'inégal échauffement, et par suite à l'inégale dilatation des parties composant les poutres métalliques. La semelle supérieure, beaucoup plus échauffée que la semelle inférieure, s'allongeait d'une manière sensible, et par conséquent courbait les poutres vers le bas avec une force très-considérable. La différence de température des deux semelles atteignait jusqu'à 7°.

M. l'ingénieur Dyrion, ayant reconnu cet effet, l'a combattu en recouvrant la partie supérieure des poutres avec une couverte en bois, qui a donné de très-bons résultats.

Dans les pays chauds il sera toujours utile de recourir à ce palliatif des effets de la dilatation et de l'appliquer à tous les ponts métalliques.

3° PONTS A MOUVEMENT RECTILIGNE ALTERNATIF

Il y a trois classes de ces ponts :

1° Les ponts flottants et bacs,
2° Les ponts roulants,
3° Les ponts à mouvement vertical alternatif.

1° Bacs et ponts flottants. — Les bacs ont rendu et rendent encore de grands services pour la traversée des fleuves et rivières ; dans la partie maritime des fleuves, où l'on n'a pu établir de ponts, soit par raison d'économie, soit pour ne pas entraver la navigation, on a installé des bacs à vapeur dont le service est relativement sûr et rapide.

Bacs ordinaires. — Tout le monde connaît le bac ordinaire : c'est un bateau d'une longueur et d'une largeur appropriées aux plus fortes voitures qu'il doit recevoir, avec un tirant d'eau réglé sur le poids maximum qu'il peut avoir à porter. En coupe longitudinale, le fond affecte la forme d'une courbe concave, figure 3, planche 115, et se termine aux deux têtes par des bouts de tabliers mobiles, s'élevant ou s'abaissant à volonté pour faciliter l'accès des voitures et des passagers.

Le bac est remorqué soit par un câble avec treuil placé sur la rive, soit par une embarcation mue à l'aviron, soit par une machine à vapeur.

Mais partout où l'on possède en tout temps un courant d'une certaine vitesse, on a recours au bac à *traille;* le bac est attaché par une poulie à un câble tendu en travers de la rivière ; on le place obliquement au courant qui vient frapper son bordage d'amont, la pression de l'eau se décompose en deux forces : l'une parallèle au bordage qui est sans effet, et l'autre normale au bordage ; cette dernière peut se décomposer elle-même en deux forces : l'une perpendiculaire au câble du bac qui agit pour tendre ce câble, l'autre parallèle au câble ; si celle-ci est assez forte pour vaincre le frottement du câble sur la poulie et la résistance au mouvement du bateau, le bateau chemine dans la direction du câble, c'est-à-dire d'une rive à l'autre. Le cheminement a lieu de la rive droite à la rive gauche, ou inversement, suivant l'inclinaison du bordage opposé au courant.

Les figures 4 de la planche 115 montrent la disposition d'un bac à traille ; la poulie est reportée d'un bordage sur l'autre quand on change le sens de la marche.

Les figures 3 à 8 de la planche 116 représentent le bac automoteur, ou bac à traille, établi à Courceroy-sur-Seine par M. Flèche, conducteur des ponts et chaussées ; il est parfaitement combiné. Le câble, au lieu d'être amarré à des pieux sur la rive, est enroulé sur des treuils fixes ; il est donc facile de l'allonger ou de le raccourcir instantanément, suivant le niveau des eaux. Autrefois, le câble était guidé par un rouleau en bois garni de tôle placé au centre et à l'intérieur du bac ; ce rouleau guide a été remplacé par une poulie horizontale placée à l'extérieur. L'inclinaison du bac par rapport au courant, dans un sens ou dans l'autre, est obtenue au moyen d'une des deux poulies horizontales placées aux extrémités du bordage comme le montre le plan ; en avant de ces poulies le câble est guidé par de petits galets ou rouleaux à axe horizontal, et il ne risque pas de frotter contre les pièces du bateau.

Bacs à vapeur. — En 1870, il existait 1299 bacs en France; mais le nombre des bacs à vapeur était encore fort limité. M. l'ingénieur Godot a donné une description du bac à vapeur établi en 1868, à Caudebec, sur la Seine maritime, en remplacement d'un vieux matériel de bacs en bois et de bachots devenu insuffisant pour une circulation d'une assez grande activité sur un passage de 350 mètres de largeur.

On a écarté le remorquage par un petit bateau à vapeur spécial, parce qu'il exige double équipe et double matériel, et qu'il rend difficiles les manœuvres d'abordage. On a écarté également le touage sur chaîne noyée, parce que la chaîne peut, en se levant, gêner beaucoup la navigation maritime, et parce que les ancres peuvent l'accrocher lorsqu'elle est à fond.

Le bac porte donc lui-même son moteur à vapeur; il a toute liberté de ses mouvements et aborde comme il le veut; le personnel et les dépenses d'exploitation sont réduits au minimum.

Le bac de Caudebec est un bateau en bois de 16^m,40 de long, prolongé par deux queues ou ponts volants de 3 mètres chacun; sa largeur est de 4^m,50 et de 7^m,10 avec les tambours des roues à aubes; son creux est de 1^m,60 et son tirant d'eau de 0^m.85. La machine et la chaudière sont disposées sous le pont de manière à s'équilibrer en formant lest. La machine est à haute pression de la force de dix chevaux. Le pont est divisé en trois parties par deux barrières longitudinales en fer, espacées de 2 mètres, entre lesquelles se placent les voitures; le plancher est à redans pour donner prise au pied des chevaux. Les voyageurs se placent en dehors des barrières dont la hauteur n'est que de 0^m,80, figures 1 et 2, pl. 116.

Le gouvernail est placé de manière à pouvoir se relever facilement lorsqu'on approche de la rive.

La traversée se fait en deux minutes et demie lors des courants de flot et de jusant, dont la vitesse s'élève à 4 mètres par seconde; à l'étale, elle n'exige qu'une minute et demie.

Le bac de Caudebec n'a pas une largeur et une longueur suffisantes pour la localité; il force fréquemment à diminuer l'importance des chargements. Il aurait fallu le faire en tôle et non en bois pour lui donner plus de rigidité et de puissance, en adoptant à la rigueur un fond en bois pour parer aux effets des chocs contre les rochers.

Le plus ancien bac à vapeur pour chemin de fer est celui du Firth of Forth, près d'Édimbourg, représenté en élévation par la figure 9, planche 116; de forts bateaux à vapeur transportent les wagons d'une rive à l'autre; l'accès se fait par des plans inclinés où la traction s'opère par câbles et machines fixes.

A Devonport, près de Plymouth, sur un bras de 777 mètres de long, on a établi un bac à vapeur de 17^m,30 de long et de 14^m,10 de large se touant sur chaîne noyée au moyen d'une machine à vapeur de 30 chevaux.

Pour la traversée du Rhin, par le chemin de fer d'Osterath à Essen, à Rheinhausen près Dinsburg, M. Hartwich a établi un grand bac à vapeur qui a été décrit par M. Müntz, ingénieur en chef, dans les *Annales des ponts et chaussées* de 1875.

Le fleuve a une largeur de 603 mètres; ses eaux peuvent varier de 7^m,80 en hauteur, et de 1^m,10 à 2^m,20 en vitesse. La plus grande longueur des pontons a été prise de 50^m,40, afin qu'ils puissent recevoir huit wagons des chemins de fer Rhénans, dont la longueur est de 6^m,50; c'est un chargement total de 120 tonnes. Les wagons sont poussés et repris directement par les locomotives sur les rampes d'accès dont l'inclinaison est de 0^m,021 par mètre; chaque ponton a reçu une machine de 25 chevaux; il est dirigé par deux câbles de fil de fer; l'un à l'amont, de 0^m,046 de diamètre, retient le ponton contre le courant, il est tendu sur chaque rive par un poids de 6 tonnes mobile dans un puits; l'autre câble, à l'aval, de 0^m,030 de diamètre, est le câble moteur.

La largeur des pontons est de 7^m,80 et la hauteur, réduite autant que possible pour faciliter l'embarquement, est de 1^m,10; la jonction des rails des pontons et ceux de terre ferme se fait par des chariots de raccordement inclinés à 0^m,083 par mètre.

Il est accordé au bac pour la traversée des trains de voyageurs dix-sept à vingt minutes.

Les figures 10 et 11 de la planche 116 font comprendre nettement le mode de fonctionnement de ce bac à vapeur.

Les bacs à vapeur, ou *ferry boats*, sont en grand usage en Amérique; vingt lignes au moins relient New-York aux rives opposées de l'Hudson et de la rivière de l'Est. On en trouvera la description dans le *Rapport de mission* de M. l'ingénieur en chef Malézieux.

Ponts flottants. Le type des ponts flottants est le pont de bateaux, dont se sert le génie militaire; c'est une suite de plates-formes montées sur des chevalets qui reposent eux-mêmes sur des bateaux ou radeaux amarrés suivant le fil de l'eau; les liaisons des bateaux sont telles que l'ensemble puisse obéir aux dénivellations du fleuve lors des marées ou lors des crues.

On a souvent établi des ponts de bateaux permanents, notamment sur le Rhin. Les figures 4 à 6 de la planche 117 représentent un pont de ce genre jeté sur l'Adour à Bayonne par M. l'ingénieur Vionnois. Il fallait que les bateaux de la rivière, de 5 mètres de large et de 2 mètres de haut, puissent passer dans les travées; il fallait aussi pouvoir ouvrir aux navires une coupure de 11 mètres; enfin une double voie était nécessaire.

Le pont était établi sur 18 grands pontons de 6 mètres de large, deux pontons de rive de 4^m,50 et deux culées. La largeur entre les garde-corps était de 6^m,75 et les pontons étaient espacés de 11^m,50 d'axe en axe. Les pontons de rive, placés à 8 mètres de la file de pieux des culées, soutenaient les rampes d'abordage de 16 mètres de longueur.

La réussite de cette œuvre a été complète et la dépense n'a pas atteint 100000 francs pour une longueur totale de 233^m,25.

2° **Ponts roulants.** — Les ponts roulants, avons-nous dit, sont d'un usage assez restreint. On en rencontre quelques exemples en Angleterre, mais, en France, on ne s'en est guère servi que pour les passerelles de faible largeur.

La figure 5, planche 113, représente un pont roulant exécuté par Telford, en Angleterre; le tablier roule sur des galets fixes et l'appareil de manœuvre se compose d'une manivelle avec pignon et grande roue dentée sur l'arbre de laquelle s'enroule un câble dont la traction s'exerce horizontalement sur l'une et l'autre extrémité du tablier alternativement suivant le sens du mouvement.

Le plus grand inconvénient de ce système est d'exiger un tablier mobile en prolongement de la culasse, presque aussi long qu'elle, à moins qu'on ne ménage un plan incliné sous lequel se loge la culasse.

Cet inconvénient n'existe pas dans les passerelles pour piétons, car il suffit de disposer deux ou trois marches à l'extrémité de la culasse.

Les figures 1 à 5 de la planche 117 représentent un pont roulant en fonte construit par M. l'ingénieur Vuigner pour les docks-entrepôts de la Villette. Ce pont se compose de deux volées de chacune 7^m,335 de longueur ; chaque volée comprend trois poutres évidées en fonte convenablement entretoisées par des plaques de fonte et des croix de Saint-André. Il y a trois galets sous chaque poutre, roulant sur des rails en fer ; la manœuvre se fait par manivelle, pignon et crémaillère. La culasse est recouverte d'un plancher sous lequel le pont tout entier se loge lorsque le passage d'eau est ouvert.

Chariot roulant de Saint-Malo. — M. l'ingénieur Floucaud de Fourcroy a décrit dans les *Annales des ponts et chaussées* de 1874 le chariot roulant établi sur la passe qui sépare Saint-Malo de Saint-Servan. La vue perspective de ce chariot est donnée par la figure 7, planche 117. Il dessert une grande circulation de piétons et remplace toute une flottille de bateaux autrefois établie en cet endroit et circulant à toute heure de marée, grâce aux escaliers établis de chaque côté de la passe.

Le chariot roulant, établi par M. Leroyer, architecte, a 11 mètres de hauteur ; il circule sur des rails établis au fond même de la passe, et peut se remiser dans une chambre ménagée en arrière de la rive. Les rails sont espacés de 4^m,60 ; ce sont des rails Vignole surélevés au-dessus des longrines de 0^m,05 afin de laisser passer la vase et le sable. La plate-forme a 7 mètres sur 6 mètres ; elle est portée par quatre montants verticaux de 0^m,10 de diamètre, contreventés en tous sens ; il y a quatre roues de support de 1 mètre de diamètre, recouvertes d'une enveloppe en tôle et protégées par des chasse-pierres.

Le poids total est de 14 000 kilogrammes ; l'appareil moteur se compose de chaînes horizontales se retournant verticalement sur des poulies et aboutissant à un tambour à axe horizontal, qu'une machine à vapeur fait mouvoir tantôt dans un sens tantôt dans l'autre. Les parties horizontales de la chaîne sont soutenues par des rouleaux.

Les dépenses de premier établissement du système peuvent être évaluées à 45 000 francs.

3° **Ponts à mouvement vertical alternatif.** — Il y a longtemps qu'on a proposé pour la première fois la construction de tabliers soutenus par des contre-poids, et pouvant être soit immergés, soit surélevés, de façon à laisser le passage d'eau libre en dessus ou en dessous d'eux.

Le système étant sensiblement en équilibre, il peut n'y avoir qu'un faible effort vertical à exercer pour déterminer le mouvement vertical du tablier ; dans les villes où l'on dispose d'une distribution d'eau, on pourrait ménager dans le tablier une chambre étanche que l'on remplirait pour faire descendre le tablier, et que l'on viderait pour le faire remonter. Ce serait là une manœuvre simple et économique, plus commode que celle des ponts roulants.

Le système de pont à oscillation verticale a été appliqué récemment dans l'État de New-York, sur le canal de l'Érié à Utique ; la disposition des lieux ne permettait pas de recourir à un autre système. Le tablier mobile est suspendu par des câbles à deux grandes poutres horizontales portées sur des piles également en métal ; les câbles portent à l'autre bout des contre-poids équilibrant presque le poids du tablier mobile, qui a 18^m,30 de long sur 5^m,30 de large et pèse 10 tonnes.

VII. — OUVRAGES POUR LA CONSTRUCTION ET LE RADOUB
DES NAVIRES

Les navires se construisent près de la mer, au-dessus des plus hautes marées, sur des plans inclinés appelés *cales*. L'établissement des cales relève du génie maritime dans les ports de guerre et de l'industrie privée dans les ports de commerce ; nous n'aurons donc que quelques mots à en dire.

Le *radoub* (du saxon *dubban*, frapper) s'entend des réparations faites au corps d'un bâtiment.

Les opérations de radoub peuvent s'effectuer à flot au moyen de l'*abatage en carène* ; mais ce procédé primitif ne convient guère qu'aux menues réparations et au nettoyage de la carène. Généralement, on cherche à mettre le navire à sec.

Dans les ports à marée, on peut amener le navire à haute mer au-dessus d'une plate-forme ou *gril de carénage*, sur laquelle le navire repose à mer descendante ; on l'étaye convenablement et il finit par émerger complétement si le gril est au-dessus des basses mers. On ne travaille donc que pendant la durée de la basse mer. C'est néanmoins un procédé simple et commode qui rend de grands services.

Pour les grosses réparations, à faire bien et rapidement, on amène le navire dans un bassin ou *forme de radoub* ; ce bassin communique avec l'avant-port par un pertuis qui se ferme au moyen de portes ou de bateaux-portes. Le navire une fois entré, on pompe l'eau du bassin au moyen de machines hydrauliques, ou bien on la laisse écouler à basse mer, en partie ou en totalité, au moyen d'aqueducs spéciaux. Le bassin étant fermé lorsqu'il est vide, la mer n'y rentre plus, le navire y demeure à sec aussi longtemps qu'on le veut.

Les formes de radoub sont, on le comprend, des ouvrages vastes et coûteux ; on les remplace souvent par des appareils à chambre étanche que l'on peut vider ou remplir d'eau ; ces appareils étant immergés, le navire vient se placer au-dessus d'eux ; on commence à épuiser, les appareils remontent, soulèvent le navire, et, s'ils sont assez puissants, le font sortir de l'eau tout entier. On a eu recours également à des jeux de presses hydrauliques agissant sur des traverses passées sous le navire et destinées à le soulever au-dessus des eaux.

Nous examinerons donc successivement :

1° Les cales de construction,
2° Les procédés d'abatage en carène,
3° Les grils de carénage,
4° Les formes fixes de radoub,
5° Les formes flottantes et appareils divers de soulèvement.

1° Cales de construction. — Les cales (de l'italien *calare*, descendre) sont des surfaces plus ou moins inclinées qui reçoivent les chantiers ou *tins* sur lesquels on construit les navires ; ces plans inclinés sont à peu près insubmersibles; ils sont précédés d'une avant-cale submersible, qui fixe le chemin à suivre par le navire lors du lancement.

Les *tins* ont une hauteur de 1 mètre à 1^m,50; ils sont formés avec des blocs de bois superposés et placés transversalement à la quille; ces chantiers sont espacés de 1^m,50 à 2 mètres, suivant l'axe longitudinal.

Les navires tirant plus d'eau à l'arrière qu'à l'avant, on les construit la *poupe* ou *étrave* en bas et la *proue* ou *étambot* en haut; ils portent sur leur *quille*, qui repose sur une fausse quille surmontant les tins; on les soutient latéralement et on s'oppose au déversement au moyen de pièces verticales ou inclinées appelées *accores* ou *épontilles*.

Lors du lancement, le navire glisse surtout sur sa quille; les bâtiments de second ordre sont soutenus latéralement et protégés contre toute chance de déversement par des béquilles. Les grands bâtiments sont soutenus par une plate-forme qui glisse avec eux sur les pièces fixes de la cale, et qui se compose de grandes pièces longitudinales appelées *couettes* et de montants verticaux dits *colombiers*. L'ensemble de la charpente qui supporte le navire s'appelle berceau ou *ber*.

Mais, nous n'avons pas à entrer dans tous ces détails; les cales sont presque toujours normales au rivage; cependant, si elles sont installées sur la rive d'un bras de mer ou d'un fleuve trop étroit, on les incline et quelquefois on les place parallèlement au rivage, afin que le navire ait assez d'espace pour amortir la vitesse acquise.

Lors du lancement, les petits bâtiments doivent trouver au moins 1^m,50 d'eau à l'extrémité de l'avant-cale, les navires de deuxième ordre 2^m,50 à 3^m,50, et les grands navires 5 à 6 mètres.

L'inclinaison de la cale dépend de l'angle de frottement qui se produit au contact des pièces de chêne enduites de suif. L'inclinaison de $\frac{1}{10}$ à $\frac{1}{11}$ est suffisante pour des vaisseaux de premier ordre, $\frac{1}{11}$ à $\frac{1}{17}$ pour des bâtiments de deuxième ordre, et $\frac{1}{4}$ à $\frac{1}{5}$ pour des chalands et chaloupes. Bien que le coefficient de frottement doive être constant en théorie, dans la pratique ce coefficient se trouve modifié par des causes diverses. Du reste, une même cale peut recevoir des navires de divers ordres; on en est quitte pour modérer la vitesse ou pour provoquer le départ par des moyens mécaniques.

Généralement, la cale et l'avant-cale ont la même inclinaison, et l'on voit que l'avant-cale se prolonge assez loin dans la mer. Pour ménager l'espace, on donne quelquefois à l'avant-cale une pente plus forte et on la raccorde avec la cale par un profil en arc de cercle. Le navire accélère sa course à la fin du lancement, mais il est vrai que la résistance de l'eau augmente aussi plus rapidement.

La construction des cales est facile dans les ports à marée; elle offre quelques difficultés dans les ports de la Méditerranée, difficultés aujourd'hui bien atténuées par l'usage des bétons hydrauliques.

La longueur et la largeur des cales, la hauteur des halles qui les recouvrent, doivent être évidemment proportionnées aux dimensions des navires qu'elles sont appelées à recevoir.

Les petits bâtiments sont souvent construits en plein air; les grands navires, qui restent très-longtemps en chantier, sont construits dans des cales couvertes, bien éclairées et munies de tous les engins mécaniques susceptibles de faciliter et d'activer la manœuvre.

Halage des navires sur les cales de construction. — Il est arrivé souvent que pour radouber, et plutôt pour refondre un navire, on l'a remonté sur une cale de construction par une opération inverse de celle du lancement, en ayant recours à des câbles avec treuils ou cabestans.

Le navire, aussi allégé que possible, est amené sur un berceau immergé que les câbles remontent. On a vu jusqu'à 1200 hommes agissant sur les cabestans.

Le berceau était d'abord surchargé avec des gueuses en fonte attachées à des cordages ; les gueuses enlevées, le berceau adhérait à la carène du navire.

La vitesse d'ascension peut atteindre par ce procédé $0^m,40$ à $0^m,60$ par seconde. On a diminué l'effort à exercer en substituant le frottement de roulement au frottement de glissement ; c'est-à-dire en montant le ber mobile sur un chariot dont les roues parcourent des rails en fer scellés au fond de la cale. Cette innovation a pris le nom d'appareil Morton. On se sert aujourd'hui de presses hydrauliques comme moteurs.

Voici, du reste, d'excellents renseignements sur les cales de halage que nous trouvons dans un mémoire publié en 1862 par M. Delacour, ingénieur de la marine.

« *Cales de halage.* — Il y a deux genres de cales de halage : celles à berceau roulant, telles qu'il en existait une autrefois à Bordeaux et dont une semblable fonctionne à la Ciotat, et celles à berceau glissant, dont les arsenaux ont fait usage pour tirer des vaisseaux à terre. Nous allons examiner leur mérite comparatif.

La pente des cales de halage est calculée de manière à mettre à la mer les navires qui y sont halés en les abandonnant à leur propre poids ; une inclinaison trop faible empêcherait le lancement, une pente trop forte nécessiterait des retenues puissantes et compromettrait les opérations.

Le chariot de la Ciotat, comme celui de Bordeaux autrefois, roule sur des chemins de fer ; extérieurement il est porté par des roulettes ayant $0^m,12$ de diamètre ; intérieurement il s'appuie sur des rouleaux sans axe, d'un diamètre de $0^m,24$. Dans ces conditions, l'inclinaison doit être de 5 pour 100 ou de 5 1/2 pour 100 au plus ; les navires ont même alors une tendance à descendre trop rapidement. La pente d'une cale à glissement est, comme celle d'une cale de condition ordinaire, de 7 à 7 1/2 pour 100.

Il résulte de ces chiffres que, pour avoir à l'extrémité du plan incliné la hauteur qui convient au tirant d'eau des bâtiments qui doivent y monter, il faut qu'il ait une longueur sous-marine plus considérable pour les cales à roulement que pour les autres, dans le rapport de 7 à 5.

En observant en outre que le chariot de roulement exige plus de hauteur que des coëtes ordinaires, ce qui augmente la longueur à donner au plan incliné, on trouve que le chemin à faire parcourir au navire pour le monter sur une cale de ce genre est beaucoup plus considérable et précisément dans le rapport inverse des forces de traction.

Ainsi le travail, ou plus exactement la dépense de halage sur les deux genres de cale, est la même, et à ce point de vue elles ne diffèrent que par le moindre effort à exercer pour tirer les bâtiments, économie qui est exactement compensée par la longueur de l'opération.

Les cales à glissement sont donc préférables à celles à berceau roulant ; elles coûtent moins d'établissement, parce qu'elles sont plus courtes, que le berceau roulant, fort dispendieux, est remplacé par de simples coëtes ordinaires, et que le tablier, également plus court, n'exige pas les chemins de fer qui sont nécessaires à l'autre. Le seul bénéfice est dans la moindre traction et dans un allégement de l'appareil qui sert à l'opérer; mais il s'en faut de beaucoup que la compensation soit complète.

Pour nous, la vraie cale de halage, la plus rationnelle et la plus économique de construction, est celle à glissement.

La Compagnie des forges et chantiers de la Méditerranée en fait établir une très-considérable, en ce moment, à la Seyne; elle est combinée suivant les principes les meilleurs; la traction aura lieu au moyen de presses hydrauliques agissant sur un tirant de fer composé de rondins de $0^m,20$ de diamètre, assemblés par des manchons en fonte. On espère qu'elle pourra recevoir des navires jusqu'à 2000 tonneaux. Ce poids est encore inférieur à celui que nous devons supposer aux paquebots du Brésil à Bordeaux; les bases de nos projets sont pour 2500 tonneaux de déplacement. D'après les devis de la construction de la cale de la Seyne, on doit estimer que le coût serait pour ce poids de 6 à 700 000 francs. La cale de halage de la Ciotat, qui est à roulement et prolongée à terre de manière à recevoir deux navires bout à bout, coûterait, tant en ce qui concerne les travaux hydrauliques que les appareils accessoires de tous genres, environ 250 000 francs; elle est appropriée à des navires jusqu'à 800 tonneaux de poids seulement.

Cette manière d'assécher les carènes est assurément en elle-même le procédé le plus économique; nous ne pensons pas néanmoins que ce soit le moyen le meilleur pour l'entretien du matériel naval; il faut que les plans inclinés soient d'une régularité parfaite et presque impossible à obtenir d'une façon durable sous l'eau, pour que dans les halages les navires s'appuient également dans toute leur longueur et ne subissent pas de pressions irrégulières qui les déforment et les détériorent. Il faut, du reste, un grand calme, des eaux très-limpides et une absence complète de courants pour saisir les navires sur les berceaux préparés suivant le tracé de leur forme. Ces opérations sont délicates, font perdre beaucoup de temps, ne peuvent pas s'effectuer régulièrement, et exigent des préparations assez longues; il en résulte que le nombre de bâtiments qui peuvent être asséchés avec cet instrument, dans une année, est très-petit et qu'il rend moins de services que les autres.

De tous temps on a fait des cales de halage plus ou moins bien installées, et les meilleures sont encore les plus simples, ainsi que nous venons de le faire remarquer.

Leur emploi est resté fort limité; il n'en existe pas de construites à demeure dans les arsenaux de la marine impériale, où l'on en a improvisé quelquefois cependant, pour mettre à terre des vaisseaux en refonte, mais on n'y a jamais regardé la cale de halage comme l'instrument des assèchements pour visiter les carènes et faire des réparations. »

2° Abatage en carène. — Le procédé de l'abatage en carène à l'aide de pontons est représenté par la figure 1, planche 119; le navire, qui ne conserve que juste ce qui lui faut de lest pour la stabilité et dont on a bouché les sabords et ouvertures, n'a plus que sa mâture basse; il vient se ranger près du ponton; des câbles à moufles sont fixés au sommet de ses mâts, ce qui permet d'exercer une traction avec un grand bras de levier.

Par cette traction, le navire se couche sur le flanc et même sa quille peut émerger.

Des ouvriers, montés sur des radeaux, nettoient la carène, procèdent au calfatage et remplacent les mauvaises pièces du bordé ou de la doublure métallique.

Aux pontons on peut substituer des quais en maçonnerie ou en charpente, arasés au niveau des hautes mers de morte eau et prolongés par des cales.

Dans ces cales d'abatage en carène sont solidement scellés des organeaux sur lesquels les câbles chargés d'incliner le navire trouvent un solide point d'appui.

On reproche au procédé d'abatage en carène de fatiguer beaucoup les navires et d'exiger un désarmement presque complet.

3° Gril de carénage. — Dans les ports où la dénivellation des ma rées es considérable et où il existe de grandes différences entre les oscillations de morte eau et celles de vive eau, on peut échouer les navires sur des plate-formes spéciales en maçonnerie ou en charpente ; on les étaie à mer descendante, et on peut les visiter et les réparer pendant tout le temps que la mer reste basse.

Lorsqu'on désire effectuer un travail rapide, on profite même des marées de nuit.

La figure 5, planche 119, représente un gril de carénage en charpente ; il est placé dans l'angle d'un quai. On choisit toujours pour son emplacement un endroit où les navires ne stationnent pas. Le bâtiment est soutenu à mesure que la mer descend, par des accores prenant leur point d'appui sur le gril. Ces accorages font perdre du temps et présentent quelque difficulté ; aussi a-t-on quelquefois établi de chaque côté du gril des massifs en maçonnerie ou en charpente sur lesquels on appuie des étais horizontaux. Cependant, il y a peu d'exemples de ces massifs qui compliquent la construction et gènent les manœuvres (fig. 2).

Un gril de carénage est un appareil simple qui doit rester tel.

A Boulogne, la chambre de commerce a installé un gril de carénage dans l'angle du port d'échouage entre le quai Bonaparte et le mur en retour du barrage. Il a 19 mètres de longueur parallèlement au mur en retour et 55^m,50 parallèlement au quai ; sa largeur est de 6^m,35 pour la première partie et de 8^m,30 pour la seconde. Le gril est formé de porions de 0^m,35 sur 0^m,40 portés par des pieux de 0^m,30 sur 0^m,30 ; il a coûté 34 300 francs ; les navires vides payent 10 centimes de location par tonne et par jour et les navires chargés 15 centimes.

Au pied du quai du carénage du port de Dieppe on trouve un gril, fondé sur six lignes de pieux moisés dans les deux sens ; la longueur est de 50^m,50 ; toute la surface est recouverte d'un plancher ; la largeur totale est de 11^m,50 ; la partie centrale est occupée par vingt et un cours de tins de 6^m,50 de longueur ; vers le large règne un trottoir de 3 mètres et un de 2 mètres au pied du quai. Le dessus des tins est à 3^m,72 au-dessus des plus basses mers.

4° Formes fixes en maçonnerie. — Les formes de radoub en maçonnerie sont des bassins capables de recevoir les plus grands navires fréquentant le port. Un bâtiment y entre à haute mer ; derrière lui, on ferme les portes. On laisse l'eau qui l'entoure s'écouler à basse mer par des aqueducs spéciaux, ou bien on épuise la forme au moyen de machines rejetant l'eau dans l'avant-port. L'usage des machines est indispensable dans les mers sans marée ; sur l'Océan, les machines n'ont à enlever que l'eau qui se trouve au-dessous du niveau des basses mers ; les formes, dont le plafond est au-dessus de ce niveau, s'assèchent donc d'elles-mêmes. Quand le navire est réparé, on ouvre les aqueducs de communication, l'eau monte dans la forme, le navire flotte et sort à marée haute lorsqu'on a ouvert les portes du bassin.

Le profil en long et les profils en travers des formes en maçonnerie rappellent les formes du navire, si ce n'est que l'on substitue aux surfaces courbes des surfaces planes que l'on appareille sous forme de redans ou d'escaliers à grandes marches. C'est sur ces redans que prennent leur point d'appui les accores e épontilles; des escaliers servent à la circulation des ouvriers; des couloirs inclinés livrent passage aux pièces de bois et aux matériaux de tous genres; des grues installées sur les bords peuvent singulièrement faciliter le travail en présentant les pièces lourdes à la hauteur et à la place voulues. Un puisard, des cendant plus bas que le radier, est chargé de recueillir les eaux de filtration et les eaux pluviales et c'est de ce puisard qu'une machine les ex trait.

Il est inutile de multiplier les exemples de formes de radoub; leurs dispositions générales sont partout à peu près les mêmes; la grosse difficulté de ce travail réside dans les fondations; nous avons vu combien avaient été pénibles celles des formes de Toulon et nous avons, dans notre traité de l'exécution des travaux, décrit les procédés employés à cet effet.

Etablissement de radoub du port du Havre. — Parmi les bassins de radoub les plus récents, nous citerons seulement le groupe des trois formes de radoub du bassin de la citadelle, au Havre. En voici la description sommaire empruntée aux notices de l'Exposition universelle de 1873; le plan général du groupe de ces trois formes est représenté sur le plan d'ensemble du port du Havre, planche 93. Nous n'avons pas reproduit les dessins des trois formes; ils sont, pour ainsi dire, identiques; nous donnons seulement ceux de la plus grande (pl. 118).

« Les trois formes qui constituent le nouvel établissement de radoub ont été construites sur la rive sud-ouest du bassin de la citadelle. Elles ont respectivement 45,55 et 70 mètres de longueur sur tins d'échouage; 11,13 et 16 mètres de largeur à l'écluse d'entrée, mesurée au niveau du couronnement; 7, 7ᵐ,50 et 8 mètres de creux au-dessus du seuil ou haut radier de l'entrée, les bajoyers des écluses et les rives des formes sont inclinées au huitième. La montée de l'eau, en 1873, a varié de 3ᵐ,70 à 5ᵐ,80 pour la forme n° 1 ; de 4ᵐ,20 à 6ᵐ,30 pour la forme n° 2, et de 4ᵐ,70 à 6ᵐ,80 pour la forme n° 3 (marées du 11 mars et 16 avril 1873, d'après l'annuaire).

« Les formes sont fermées par des bateaux-portes en toles et cornières, couronnés d'une passerelle et munis de vannes concourant à leur remplissage. Chaque forme est mise en communication directe, d'une part, avec l'avant-port, au moyen d'aqueducs fermés de doubles vannes métalliques, dont l'orifice s'ouvre au pied même du haut radier de l'écluse d'entrée; et, d'autre part, avec un puisard commun dans lequel fonctionne une pompe à vapeur[1].

« En vives eaux, les formes s'assèchent complètement à la basse mer au moyen des aqueducs qui débouchent dans l'avant-port. En mortes eaux, il n'en est plus ainsi, et il reste à enlever par la pompe une tranche d'eau, dont la hauteur est de 1ᵐ,90 pour la forme n° 1, de 2ᵐ,40 pour la forme n° 2, de 2ᵐ,90 pour la forme n° 3. La pompe débitant 12 mètres cubes à la minute, l'opération est rapidement terminée. Quant à la consommation du charbon, elle n'a jamais dépassé 200 kilogrammes par asséchement dans les conditions les plus défavorables.

[1] Une seconde pompe à vapeur, identique à celle qui fonctionne actuellement, a été montée ans le puisard à la fin de l'année 1873.

« Enfin l'établissement est clos de grilles et entouré de halles où les matériaux de toute nature peuvent être travaillés commodément à l'abri des intempéries. »

Le port du Havre renferme une autre forme de radoub indiquée planche 93,
aujourd'hui bien moins utile qu'autrefois, vu sa grande largeur ; c'est la forme
des Transatlantiques à roues, construite dans le bassin de l'Eure, avec une ouverture de 30^m,50 égale à celle de la grande écluse. La longueur sur tins est de
150 mètres ; la largeur de l'entrée est de 30^m,12 au couronnement et de 28^m,12
à la naissance du haut radier ; la largeur courante de la forme est de 34^m,52 au
couronnement et 28^m,12 à la naissance du haut radier. Ce haut radier est profilé en arc de cercle de 2^m,50 de flèche et de 28^m,12 de corde. La hauteur d'eau
sur le haut radier varie de 6^m,75 à 8^m,70, suivant que l'on se trouve en morte
ou en vive eau. Il y a cinq gradins dans le radier et sur la hauteur deux banquettes de 1^m,20 de large ; six escaliers de 0^m,60 de large et cinq glissières de
1 mètre de large desservent les bajoyers. L'édifice est fondé sur une plate-forme
générale en béton.

Cette grande forme du bassin de l'Eure, qui a coûté 4 200 000 francs,
non compris un bateau-porte de 185 200 francs, peut recevoir des navires
de 150 mètres de long. Elle est desservie par une machine à vapeur de
50 chevaux de force effective, faisant mouvoir deux corps de pompes Letestu
dont les pistons ont 0^m,75 de diamètre et 1 mètre de course, et donnent 10 coups
à la minute ; on peut monter à la minute 12 mètres cubes d'eau à 4^m,60 de
hauteur.

L'établissement de radoub du bassin de la Citadelle, complet, prêt à fonctionner, tous accessoires compris, a coûté 1 929 000 francs. Dans cette somme,
les trois bateaux-portes figurent pour 194 000 francs ; le bateau n° 3 en particulier a coûté 88 000 francs. Les trois formes sont desservies par deux machines
horizontales de 40 chevaux de force effective, actionnant deux corps de pompes
Nillus ; les pistons des pompes ont 0^m,50 de diamètre et 1^m,50 de course ; ils
donnent 15 coups 1/2 à la minute, et chaque appareil peut élever par minute
16^m,50 d'eau à 9^m,50 de hauteur.

Forme de Paimbœuf. — La forme de Paimbœuf, dont les figures 7 et 8, planche 120, donnent la coupe longitudinale, a été construite en vue des navires qui
remontent la Loire. Elle a coûté 270 000 francs ; les fondations en ont été très-
faciles. Elle a été construite par M. l'ingénieur Lechalas ; sa longueur est de 60
mètres ; sa largeur d'entrée de 13 mètres ; les portes sont dépourvues de vannes ;
on les ferme à la basse mer qui suit l'entrée d'un navire ; on remplit la forme
au moyen d'un aqueduc, et on ouvre les portes lorsque le niveau est le même à
l'intérieur et à l'extérieur.

M. l'ingénieur Lechalas a eu l'idée de faire l'épuisement au moyen d'un moteur hydraulique empruntant sa force au jeu des marées. Le moteur choisi est
la turbine Fontaine, qui se prête à de notables variations de vitesse sans de trop
grandes variations de rendement.

Dans les basses mers de morte eau, cas le plus défavorable, le volume maximum à épuiser est de 620 mètres cubes, qu'on doit monter à une hauteur moyenne
d'environ 1 mètre ; c'est un travail de 620.000 kilogrammètres ou de 1 240 000
kilogrammètres, si l'on admet le coefficient 0,5 pour le rendement de l'appareil.

On dispose d'un réservoir de 700 mètres carrés, dans lequel on emmagasine
une tranche de 1^m,20 de hauteur dans les cas exceptionnellement défavorables ;

la chute moyenne peut exceptionnellement tomber à 1^m,10, ce qui correspond à un travail moteur de seulement 924 000 kilogrammètres. — Dans ce cas, on ne pourra épuiser la forme en une seule marée et il faudra compléter l'opération à la marée suivante.

Mais les données précédentes sont excessivement rares, et presque toujours on dispose d'un travail moteur bien supérieur au travail résistant.

Ces calculs de chutes et de travail moteur ou résistant demandent à être suivis avec la plus grande attention, car le niveau d'eau est variable non-seulement dans la forme ou dans le réservoir, mais encore à l'extérieur, par suite du jeu des marées, et il importe d'établir soigneusement la variation des chutes.

Bateaux-portes. — Les formes de radoub peuvent être fermées au moyen de portes de flot, et ce système est fréquent en Angleterre. En France, on préfère recourir à des bateaux-portes.

Un *bateau-porte* est une grande caisse flottante, rappelant la forme générale d'un navire, munie de flotteurs ou de caissons étanches, que l'on peut remplir d'eau ou vider à volonté. — Lorsque les flotteurs sont vides, le bateau émerge autant que possible et son tirant d'eau est réduit au minimum; lorsque les flotteurs sont remplis d'eau, le bateau-porte a son poids et son immersion maxima.

Quand l'appareil ne doit résister à la pression de l'eau que dans un sens, on vient l'appliquer en travers du pertuis; sa quille porte sur un heurtoir ménagé dans le radier; son étrave et son étambot, qui ne présentent entre eux aucune différence, s'appliquent contre des enclaves ou retraites ménagées dans les bajoyers. Dans ce cas, la mise en place du bateau-porte est facile, car on peut prolonger autant qu'on le veut vers la tête de l'écluse l'élargissement des enclaves.

Mais, lorsque le bateau-porte doit pouvoir résister à la pression de l'eau dans les deux sens, il faut que sa quille et ses saillies latérales, étrave et étambot, pénètrent dans une rainure ménagée dans le radier et les bajoyers. Pour l'y engager et pour l'en faire sortir sans être forcé de le tirer complétement hors de l'eau, il est alors nécessaire de donner aux bajoyers une inclinaison notable, afin que le bateau se dégage des rainures en n'éprouvant qu'une émersion modérée. Dans ce cas, la section longitudinale du bateau est nécessairement un trapèze, tandis qu'elle pouvait être rectangulaire dans le premier cas.

Généralement, les bateaux-portes servent en même temps de ponts mobiles.

Pour assurer l'étanchéité, la quille et les parties latérales qui doivent porter contre les feuillures du radier et des bajoyers sont garnies de pièces de bois bien dressées, recouvertes de feuilles de caoutchouc ou simplement de *paillets* en vieille étoupe suifée et lardée de petits clous.

Les anciens bateaux-portes en bois présentaient certaines difficultés de construction; avec la tôle et le fer, ces difficultés sont aujourd'hui parfaitement surmontées.

Les figures 5 de la planche 119 représentent un bateau-porte en bois, projeté vers 1830 pour le port de Rochefort; ce bateau, à partie centrale renflée, n'exige par cela même pour flotter l'addition d'aucun lest; mais il faut remarquer que le principal rôle d'un bateau-porte n'est pas de flotter, mais de bien résister à la pression de l'eau lorsqu'il est engagé dans ses rainures; or, la forme renflée ne convient aucunement pour cette fonction; il suffit, pour s'en convaincre, de se rappeler les résultats des expériences de M. Chevallier sur la résistance des portes d'écluses.

L'autre forme de bateau-porte, représentée par la figure 4, planche 119, est encore plus vicieuse, car les flotteurs latéraux ne concourent en rien à la résistance de l'appareil lorsqu'il est soumis à la pression de l'eau. — Cette disposition ne peut être justifiée que si l'on remplace complétement le corps du bateau par une porte, et que l'on ne considère les flotteurs que comme des accessoires ; on les réduit alors à des caisses aussi légères que possible.

Mais il semble préférable, du moment qu'on a recours à la tôle et aux fers spéciaux, d'adopter une forme régulière, de construction facile, donnant un système qui résiste parfaitement à la poussée latérale de l'eau et qui puisse cependant flotter d'une manière satisfaisante.

C'est le système qui a été suivi dans la construction des bateaux-portes du Havre, et que représente la figure 1, planche 121, coupe transversale du bateau-porte de la grande forme de l'Eure, de 30^m,50 d'ouverture.

Il a 11^m,15 de hauteur, 31^m,08 de longueur en tête et 29^m,04 de longueur de quille : la quille est profilée suivant un arc de cercle de 2^m,64 de flèche. La plus grande largeur est de 4^m,50 ; la largeur de la quille, de l'étrave et de l'étambot, est de 0^m,80, portée à 1^m,20 avec les fourrures en chêne.

La charpente du bateau est formée à la partie supérieure de poutres horizontales ou ceintures, et à la partie inférieure de poutres verticales ou membrures s'appuyant sur la dernière ceinture et comprenant la quille. Des barrots maintiennent l'écartement et supportent le pont étanche.

« Le bordé est formé de tôle de 0^m,010 dans la partie supérieure sur 6^m,95 de hauteur, et de tôle de 0^m,015 pour la partie inférieure. Les dimensions des cornières sont les suivantes : cornières de 70$\times$100 pour la quille, les étambots, les varangues, les ceintures et les barrots de la dernière ceinture ; de 80$\times$80 pour les barrots du pont étanche, et de 60$\times$60 pour les autres barrots. Les épontilles sont en fer rond de 0^m,05. La carlingue est formée de quatre cours de cornières de 80$\times$80, réunies par une âme en tôle de 0^m,01 d'épaisseur et de 0^m,16 de hauteur. »

Il y a 56 membrures espacées de 0^m,50, 8 ceintures et 13 cours de barrots espacés de 0^m,50 à 2 mètres. Le pont étanche A est porté par une ceinture, et la caisse à eau B est placée au-dessus de la dernière ceinture.

Au-dessus du pont étanche, il y a de chaque côté deux vannes de 1 mètre sur 0^m,42 ; il y a également deux vannes de remplissage de la cale de 0^m,97 sur 0^m,50, et des bondes établissent la communication entre la caisse étanche et la cale ; deux bondes de fond permettent d'assécher complétement la cale. L'appareil se divise donc en deux compartiments, la cale MN et le compartiment PQ, dans lequel la mer peut pénétrer librement, bien que la cale demeure à sec.

Le poids du bateau-porte de l'Eure est de 273 300 kilogrammes.

Les bateaux portes des formes. . .	n° 1,	n° 2,	n° 3 du bassin de la citadelle,
pèsent	63.420	79.200 et	110.170 kilogrammes sans lest,
et	77.820	112.055	170.825 — avec lest.

Voici, d'après M. l'ingénieur Quinette de Rochemont, comment on procède pour la manœuvre des bateaux-portes du Havre :

« Pour vider la forme du bassin de l'Eure, on amène le bateau-porte dans l'écluse, on le maintient contre le heurtoir au moyen de chaînes et de treuils, et on le coule en introduisant de l'eau à l'intérieur ; cette eau pénètre par les vannes placées dans le compartiment PQ du côté du bassin, et tombe dans la cale MN en traversant une bonde disposée à cet effet. La forme étant asséchée, on y écoule l'eau contenue dans la cale du bateau-porte, en ouvrant la bonde de fond et en retirant les bouchons à vis. (Il est évident que le bateau-porte, quoique vide, ne peut se soulever, car il est maintenu par un frottement énergique contre les heurtoirs de ses rainures.)

Lorsque la forme doit être remplie, on ouvre les aqueducs de remplissage ainsi que les vannes situées sur les deux faces du bateau-porte, au-dessus du pont étanche; la bonde établissant la communication avec la cale a été préalablement fermée; de cette façon, le bateau flotte dès qu'il y a assez d'eau dans la forme, et la surcharge que l'on a introduite sur le pont étanche empêche qu'il ne se soulève trop rapidement et n'arrache le paillet et les fourrures en bois.

Le bateau-porte n° 1, qui correspond à la plus petite forme du bassin de la Citadelle, se coule en introduisant de l'eau dans la cale par les bondes de fond ainsi que sur le pont étanche au moyen des vannes qui y donnent accès; le bateau ne peut alors se relever qu'après avoir été débarrassé de l'eau contenue dans la cale soit en la pompant, soit en l'écoulant dans la forme alors qu'elle est asséchée et que le bateau est pressé contre les heurtoirs de la rainure.

Les deux autres bateaux peuvent se manœuvrer de même; mais, ordinairement, on se sert de la caisse à eau B placée à la partie supérieure, et qui peut se vider par des bondes spéciales; ces bateaux peuvent, alors, se relever sans qu'il soit nécessaire de les vider dans la forme ni de pomper l'eau contenue dans la cale. Pour les couler, on met le compartiment étanche en communication avec le bassin et on remplit la caisse à eau placée à la partie supérieure et complètement émergée; sous l'action de cette surcharge, le bateau ne tarde pas à s'échouer. Pour le faire flotter, on écoule l'eau de la caisse supérieure dans le compartiment inférieur resté en communication avec le bassin.

Dans ce système, le remplissage de la caisse à eau supérieure, qui donne l'impulsion au mouvement de descente du bateau, se fait avec une pompe ou avec les conduites de distribution de la ville.

Au point de vue des calculs de résistance, les bateaux-portes doivent être considérés d'abord comme portes, puis comme bateaux.

Comme portes, ils obéissent aux résultats des expériences relatives aux portes ordinaires des écluses, et s'ils sont munis d'un solide bordage et de quelques bonnes membrures établissant la solidarité parfaite entre toutes les ceintures, on peut admettre que celles-ci se répartissent la charge totale suivant la loi formulée par M. Chevallier, et on doit leur donner un espacement égal.

Comme bateaux, ils doivent flotter sans se renverser, et leur forme, ainsi que la manière dont ils sont chargés, ne sont point favorables à la stabilité : la charge est, en effet, accumulée vers le haut, et il n'existe point de renflement à la hauteur de la flottaison.

Nous avons dit précédemment quelques mots de la théorie des corps flottants et du métacentre; malheureusement, cette théorie n'est pas élémentaire et nous ne pouvons l'exposer ici.

Les bateaux-portes sont très-solides, occupent moins de longueur que les portes busquées, évitent un pont mobile, fonctionnent indifféremment comme fermetures d'ebbe ou de flot; mais ils sont difficiles à manœuvrer par tous les temps et fonctionnent avec lenteur. Aussi ne conviennent-ils qu'aux formes de radoub et ne peuvent-ils être appliqués aux écluses de navigation. Cependant, il serait bon de ménager aux extrémités de ces écluses des feuillures capables de recevoir des bateaux-portes; ceux-ci, formant batardeaux, permettraient d'assécher le sas et de le réparer sans aucune difficulté.

5° Formes flottantes et appareils de soulèvement. — 1. *Formes flottantes.*
— Imaginez un ponton formé de caissons étanches juxtaposés, bordé sur un de
ses côtés et sur un bout par des murailles étanches en charpente, fermé à l'autre bout par une paire de portes de flot busquées, ou par une porte à rabattement horizontal : si tous les caissons sont remplis d'eau, cet appareil coule au
fond du bassin sur lequel il flottait auparavant ; on peut amener un navire à
l'intérieur comme on le ferait dans une forme en maçonnerie ; le navire une fois
entré, on pompe l'eau des pontons ; ceux-ci remontent peu à peu et soulèvent le
navire. On ferme les portes dès que leur arête supérieure est au niveau de l'eau
et l'on continue à épuiser à· l'intérieur comme on le ferait dans une forme en
maçonnerie.

On voyait encore il y a quelques années fonctionner au port du Havre une de
ces formes flottantes en bois dont la figure 3, planche 121, donne la coupe en
travers. Elles peuvent suffire pour des bâtiments de petit ou de moyen tonnage ;
mais on ne peut être suffisamment assuré de la rigidité et de la résistance continues des bois pour confier à ces appareils des navires de grandes dimensions.

Il est certain cependant que les bassins flottants ont le grand avantage d'être
beaucoup plus économiques comme construction, et aussi comme épuisement
lorsque cette opération ne peut se faire par le jeu des marées : aussi ont-ils été
en bien des pays accueillis avec faveur, surtout depuis qu'on a pu les construire
d'une façon à la fois solide et économique avec les tôles et fers spéciaux.

On trouvera dans les *Annales des ponts et chaussées* de 1862 un mémoire de
M. Delacour, ingénieur de la marine, directeur des travaux de la compagnie des
Messageries maritimes, mémoire à l'appui d'un projet de bassin de radoub flot-
tant métallique pour le port de Bordeaux.

Ce projet s'applique à la construction d'un bassin en fer de 100m,50 de long,
25m,90 de largeur extérieure et 9m,90 de creux ; comme il n'a pas été exécuté,
nous n'en donnerons pas la description.

2. *Appareils américains.* — Les Américains, trouvant que les bassins flottants
de longueur constante ne convenaient en réalité qu'à un seul type de navires,
ont imaginé des appareils analogues. Ils ont deux systèmes principaux : le *sec-*
tional dock et le *balance dock.*

Dans le sectional dock, les flotteurs sont des caisses prismatiques étanches
reliées deux à deux par un plancher ; ces caisses portent latéralement des échafaudages verticaux, sortes de murailles dont le sommet porte un bâtiment de
service renfermant les pompes et appareils à vapeur, figure 2, planche 121.

On juxtapose et on immerge autant de ces couples de caisses qu'il en faut pour
occuper la longueur totale du navire ; on amène celui-ci au-dessus de l'appareil
et on est guidé dans cette manœuvre par les murailles latérales. On a préalablement placé sur les caisses un berceau en charpente destiné à recevoir le navire
et à en répartir le poids sur l'ensemble des flotteurs. Quand le navire est en
place, on pompe l'eau qui a pénétré dans les caisses lors de l'immersion ; ces
caisses se soulèvent peu à peu et avec elles remonte le navire que l'on étaie au
fur et à mesure du mouvement ascensionnel. Ce mouvement terminé et le navire
solidement accoré, on remorque l'appareil, dont le tirant d'eau est très-faible,
jusque dans un bassin spécial, normalement aux rives duquel se présentent des
voies ferrées. Le berceau supportant le navire est lui-même monté sur des roues
avec rails que l'on peut faire correspondre exactement à ceux de la rive ; le
berceau est donc halé par machines sur des rails horizontaux, le navire est mis
à terre et le sectional dock se trouve libre pour une autre opération. Il va sans

dire que la profondeur du bassin spécial est très-peu supérieure à celle du sectional dock et que le plafond de ce bassin est dallé et nivelé avec soin, de sorte
qu'en laissant rentrer un peu d'eau dans les flotteurs le dock s'appuie par toute
sa surface sur le dallage, le navire est bien d'aplomb et le berceau peut rouler
sans danger du bassin sur la terre ferme.

On comprend que l'émersion des flotteurs doit être réglée et surveillée avec
grand soin, afin que le navire sorte de l'eau bien régulièrement et sans déversement. Il n'en est pas toujours ainsi, et l'on compte à l'actif des docks flottants
plus d'un accident grave. A Lima, une frégate, accorée d'une manière insuffisante d'un côté, a chaviré et cent cinquante hommes ont été tués; à Batavia, un
appareil en tôle mal construit ne put jamais être épuisé et coula par 10 à 12 mètres d'eau sans qu'on pût le relever.

Au *sectional dock* les Américains ont substitué le *balance dock;* les flotteurs
d'en bas sont remplacés par des traverses pleines, limitées à des échafaudages
verticaux portant à leur sommet des caisses étanches. Le fonctionnement est
inverse de celui de l'appareil précédent; pour immerger le balance dock, on
remplit d'eau les caisses supérieures; on amène le navire sur le berceau préparé à cet effet et, pour le tirer de l'eau, on laisse écouler par des vannes l'eau
que contiennent les caisses. L'appareil allégé peu à peu s'élève et le navire monte
avec lui.

Il paraît que le mouvement ascensionnel de cet engin se règle beaucoup
mieux que celui du précédent, et que l'équilibre est très-facile à maintenir, d'où
le nom de balance dock.

Pour soulever un navire et le mettre à terre avec ces appareils, il faut compter
six heures.

Le sectional dock a été modifié récemment comme l'indiquent les figures 4 et
5 de la planche 121; les flotteurs A ne sont réunis par une muraille B que par une
de leurs extrémités ; les espaces qui séparent les flotteurs consécutifs sont donc
complétement libres, et l'appareil entier ressemble en coupe verticale transversale à une L et en plan à un peigne dont les flotteurs A sont les dents et dont la
muraille B est l'arête. Le navire étant soulevé par les flotteurs qui émergent d'une
certaine quantité, on remorque l'appareil jusqu'à un gril composé de files de
pieux transversales que rien ne relie entre elles; les flotteurs A s'engagent entre
ces files de pieux, et le navire se trouve ainsi suspendu à quelque distance au-
dessus du gril sur lequel on a, du reste, préparé un berceau pour le recevoir ;
on laisse rentrer un peu d'eau dans les flotteurs et le navire descend doucement
sur son berceau ; il est alors dégagé et l'appareil est prêt pour une autre opération ; les flotteurs A concourent seuls à l'émersion, la muraille B est équilibrée
directement par un appareil extérieur de flotteurs C maintenus par des leviers
articulés.

Ce nouveau dock est, paraît il, employé pour le lancement des navires.

Néanmoins, la marine militaire des États-Unis s'en tient à la forme flottante
en fer, forme d'une seule pièce, à double fond et à double paroi, que des cloisons étanches divisent en compartiments faciles à épuiser séparément.

Appareil de Clarke. — L'appareil de Clarke, représenté par les figures 1 à 6
de la planche 120, a pour but de soulever directement le navire sans épuisement, au moyen de tractions verticales exercées par des presses hydrauliques.
La première application en a été faite aux docks Victoria à Londres, et voici la
description que M. Couche en donnait dans nos *Annales des mines* en 1861 :

« Deux rangées de seize colonnes en fonte de $1^m,525$ de diamètre et $18^m,30$ de hauteur (dont $3^m,6$ à $3^m,7$ de fiche) comprennent entre elles un espace assez grand pour recevoir les navires du plus fort tonnage; leur espacement d'axe en axe est de $18^m,91$ d'une rangée à l'autre, et de $6^m,10$ dans une même rangée.

Chacune des colonnes contient, comme on le voit sur la coupe (fig. 2), une presse hydraulique. L'extrémité supérieure du cylindre affleure le niveau de l'eau dans le bassin. Le piston a $0^m,254$ de diamètre et $7^m,625$ de course. A ce piston est fixée une traverse en fer forgé t,t, qui glisse dans deux rainures p (fig. 4) ménagées dans la partie supérieure de la colonne et guide ainsi le piston. A cette traverse est suspendue, au moyen des deux tirants c,c, une entretoise formée de deux poutres jumelles j,j, dont la longueur totale est de $20^m,74$.

Dans l'état de repos, tous les pistons sont au bas de leur course, et les poutres appliquées sur le radier du canal, à $8^m,50$ de profondeur. Le navire à réparer attend dans le bassin Victoria : on amène entre les deux files de colonnes un ponton en tôle P, de dimensions appropriées à l'échantillon du navire, et pourvu de chantiers en bois pour supporter la quille et les formes de la coque. — Le ponton étant en place, on ouvre des bondes de fond, et il vient s'échouer sur les poutres. Le navire est halé à son tour et vient se projeter sur le ponton. Alors une machine à vapeur refoule de l'eau dans les presses, des soupapes isolant, bien entendu, s'il s'agit d'un navire de dimensions restreintes, les colonnes qui dépassent le ponton. Les poutres s'élèvent parallèlement, et avec elles le ponton qui vient appliquer contre la quille les blocs f,f,f. On place successivement, suivant les besoins, d'autres chantiers et des tins qu'on bande au moyen de chaînes (fig. 4). En même temps qu'il s'élève, le ponton se vide, et dès que son fond est émergé, on ferme les bondes. On laisse alors descendre les pistons, et le ponton flotte portant le navire à sec. Un navire ayant un tirant d'eau de 6 mètres environ peut ainsi, dans l'espace de quarante minutes à peine, être installé sur un ponton tirant seulement $1^m,22$ à $1^m,53$. — Il ne reste plus alors qu'à le conduire dans une des cales faisant suite au canal et bordées de quais sur lesquelles sont établis les ateliers de charpentiers, les forges, etc. Comme l'indique la figure 1, les cales sont maintenant au nombre de huit, mais on s'est ménagé les moyens d'augmenter ce nombre. Leur largeur dépasse de très-peu la longueur des poutres, et leur faible profondeur ($1^m,81$) les rend très-peu dispendieuses.

Le service des presses est fait par quatre pompes mues par une machine à vapeur de cinquante chevaux.

L'eau refoulée par les pompes n'est pas distribuée aux trente-deux presses par un récipient unique. Il importait, en effet, de se ménager un moyen facile d'assurer l'égalité des mouvements des pistons, ou plus exactement, de corriger leurs petits écarts inévitables. A cet effet, l'eau est refoulée dans trois récipients distincts, et son introduction dans chacun d'eux est réglée par une vanne spéciale. Les trente-deux presses, dont les tuyaux alimentaires s'embranchent sur ces récipients, forment ainsi trois groupes indépendants, dans chacun desquels le mécanicien règle l'admission de manière à maintenir à la fois plane et horizontale la surface formée par les traverses des pistons. Les trois réservoirs A, B, C, sont placés dans une cabine K, établie sur une estacade à côté de l'appareil. Les deux extrêmes alimentent chacun huit presses, celui du milieu les seize autres.

Chacun des petits tuyaux aboutissant aux presses a d'ailleurs un robinet spécial qui permet d'isoler, s'il y a lieu, comme on l'a dit plus haut, celles qui, en raison des dimensions du navire, n'auront pas à travailler.

Pour prévenir toute erreur dans cet isolement, les trois groupes de presses sont distingués par des couleurs différentes (bleu, rouge, blanc) appliquées sur les colonnes, et les robinets correspondants dans la cabine portent la même couleur, ainsi que le même numéro d'ordre.

Cette relation visible entre les presses et le récipient qui les alimente permet, de plus, au surveillant d'assurer facilement l'égalité de mouvement de tous les pistons. Placé dans la cabine, dont la face en regard de l'appareil est entièrement vitrée, il suit de l'œil la marche des traverses à piston. A la moindre inégalité, au moindre déversement, il voit immédiatement sur quel groupe il doit agir pour tout remettre en état, et il règle en conséquence l'introduction dans le réservoir correspondant. »

M. E. Clarke, l'inventeur du levage par la pression hydraulique des tabliers des ponts de Conway et de Britannia, a donc réalisé dans l'appareil que nous venons de décrire une des plus belles applications de la presse hydraulique. — Cet appareil est simple, économique et rapide; il offre évidemment moins de sécurité que la forme sèche en maçonnerie ; cependant, par les grands vents, le levage peut encore s'effectuer, mais le transport du navire sur son ponton jusqu'au bassin spécial de faible profondeur est quelquefois dangereux. Mais cet inconvénient est commun à tous les systèmes qui comportent l'usage de pontons d'un faible tirant d'eau

CHAPITRE IV

PHARES ET BALISE

Sous la dénomination générale de phares et balises, nous examinerons, dans ce chapitre, les constructions et appareils servant à guider les navires dans leur marche de jour et de nuit, et à leur repérer la route à suivre de la haute mer dans le port et réciproquement.

Nous ne pouvons présenter ici qu'un résumé général de la question ; le lecteur trouvera tous les renseignements de detail dans le magnifique ouvrage de M. Reynaud, inspecteur général des ponts et chaussées, directeur des phares, ouvrage intitulé : *Mémoire sur l'éclairage et le balisage des côtes de France.* C'est sous la longue et habile direction de M. Reynaud, successeur de Fresnel, que le système de protection de nos côtes a été amené à un état voisin de la perfection.

On consultera également avec fruit :

1° Un *Mémoire sur l'intensité et la portée des phares*, rédigé par M. l'ingénieur en chef Allard, et inséré aux *Annales des ponts et chaussées* de juillet 1876 ;

2° La *Notice sur la construction du phare des Barges*, insérée par M. l'ingénieur Marin aux *Annales des ponts et chaussées* de 1863 ;

3° Le *Mémoire sur les phares flottants de l'Angleterre*, inséré par M. l'ingénieur Degrand aux *Annales des ponts et chaussées* de janvier et février 1860 ;

4° La *Note sur les phares électriques de la Hève*, renfermant tous les détails de la machine magnéto-électrique de la Compagnie l'Alliance, et du régulateur Serrin, note insérée par M. l'ingénieur Quinette de Rochemont aux *Annales des ponts et chaussées* d'avril 1870.

Nous pourrions citer d'autres mémoires encore ; mais ils ont trait surtout aux procédés de construction des tours en maçonnerie. Ces procédés ont été examinés par nous dans notre *Traité de l'exécution des travaux ;* aussi n'en reprendrons-nous pas la description, et nous contenterons-nous de signaler en passant quelques détails particuliers.

Pour observer une marche méthodique, nous examinerons successivement les points ci après :

1° Principes généraux suivis pour l'éclairage des côtes et des passes navigables,
2° Appareils d'éclairage,
3° Tours en maçonnerie,
4° Tours en charpente de bois ou de métal,
5° Phares flottants,
6° Amers, balises et bouées,
7° Signaux de Marée et appareils divers.

1° PRINCIPES GÉNÉRAUX SUIVIS POUR L'ÉCLAIRAGE DES COTES ET DES PASSES NAVIGABLES

Ces principes généraux ont été posés pour la première fois le 20 mai 1825, par la commisson des phares, sur le rapport de M. de Rossel, capitaine de vaisseau, dans les termes suivants :

« Les différents phares ou feux disséminés sur toute l'étendue d'une côte doivent remplir divers objets dépendant de la position des vaisseaux, et principalement de la route qu'ils se proposent de tenir ; les navigateurs qui ont eu connaissance de terre avant la nuit, et ne jugent pas à propos d'entrer pendant l'obscurité dans le port ou dans la rade qu'ils viennent chercher, s'en servent pour se maintenir, tant qu'un des phares est en vue, dans une position qui leur permette de prendre, à la pointe du jour, une direction qui les conduise promptement au lieu de leur destination. Les vaisseaux qui suivent la côte, en se tenant à une distance de terre suffisante pour les mettre à l'abri de tout danger, reconnaissent, au moyen des phares, à tous les instants de la nuit, le lieu où ils sont et la route qu'ils ont à suivre pour éviter les écueils situés au large. Ces phares doivent être placés sur les caps les plus saillants et les pointes les plus avancées ; ils doivent aussi être, les uns par rapport aux autres, à des distances telles que, lorsque, dans les temps ordinaires, on commence à perdre de vue le phare dont on s'éloigne, il soit possible de voir celui dont on se rapproche. Les phares dont on vient de parler, destinés à donner des indications aux vaisseaux qui viennent du large ou à ceux qui longent la côte, doivent être vus de très-loin, et leurs feux être de la plus grande portée possible. C'est ce qui leur a fait donner, dans le système général, la dénomination de phares du premier ordre. Il faut, en conséquence, les tenir assez élevés, et leur donner le plus grand éclat que nous puissions produire dans l'état actuel de nos connaissances.

« Ces phares du premier ordre sont encore destinés à un autre usage qui n'est pas d'une moindre importance, puisque des indications qu'ils procurent dépend quelquefois le salut des vaisseaux : en effet, dans le cas où la force du vent les pousserait sur la côte, ou bien dans celui où, pour échapper à des forces supérieures, ils seraient obligés de venir chercher un port et d'y entrer pendant la nuit, ce sont ces feux qui leur font reconnaître d'abord le point où ils se trouvent, et leur donnent ensuite la première indication sur la route qu'ils doivent suivre pour entrer avec sécurité dans la rade même, dans le port où ils veulent aller. On sent, d'après ce qui vient d'être dit, de quelle importance il est que des vaisseaux, avertis seulement des approches de la côte par la vue de l'un des phares disséminés sur toute son étendue, ne puissent jamais être exposés à se tromper ou à prendre le feu qu'ils aperçoivent pour l'un des feux voisins. C'est ce qui a mis dans la nécessité de diversifier, autant que la nature des choses a pu le permettre, les apparences présentées par les phares. Jusqu'à présent le nombre de ces apparences est très-limité ; heureusement que l'erreur dont la position d'un vaisseau venant du large peut être affectée a également des limites, et qu'il a suffi de répartir les phares sur toute la côte de manière que, dans l'étendue fixée par la plus grande erreur dont la position d'un vaisseau soit susceptible, il ne se trouve jamais deux phares offrant exactement la même apparence. C'est une règle dont on ne s'est écarté, dans le système général approuvé par la commission, que dans le cas où deux feux semblables placés l'un auprès de l'autre acquièrent ainsi un caractère particulier qui ne laisse plus craindre de méprise.

« On a dit précédemment que les phares du premier ordre, après avoir fait connaître le point où l'on se trouve, donnaient ensuite aux vaisseaux qui se rapprochent de la côte les premières notions de la route à suivre pour se rendre au lieu de leur destination, c'est-à-dire pour entrer dans les passes plus ou moins étroites qui y conduisent, ou bien pour éviter les écueils qui se trouvent sur leur route. Des feux d'une moindre intensité que les premiers sont placés sur des îles, des écueils situés entre les grands phares et la côte, ou sur d'autres parties de la côte elle-même, de manière à indiquer la route qu'il faut tenir pour pénétrer dans ces passes ou éviter ces écueils, en allant successivement prendre connaissance de chacun d'eux. Leur portée est déterminée par la distance à laquelle on doit commencer à se diriger d'après chacun de ces feux ; elle doit, en général, être beaucoup moindre que celle des feux de premier ordre ; cependant, comme, dans certaines circonstances, il a été indispensable de lui donner une assez grande étendue, on s'est trouvé dans l'obligation d'établir deux ordres différents dans ces phares ou feux secondaires. Les phares du second ordre sont ceux de la plus grande portée, et les phares du troisième ordre ceux qui se voient de moins loin.

« Enfin la commission, désirant satisfaire à tous les besoins de la navigation, a décidé que des lumières seraient entretenues pendant la nuit à l'entrée des ports, pour guider les bâtiments près des jetées qui en forment l'entrée et servent d'abri, ou dans les passes étroites où ils sont obligés de s'engager. Ces derniers feux, beaucoup moins brillants que les premiers, et par conséquent moins dispendieux, sont compris sous la dénomination de feux de port, et n'ont d'autre usage que d'indiquer l'entrée de ces ports aux bateaux pêcheurs et même aux bâtiments d'un plus grand tirant d'eau, toutes les fois que les localités le permettent. La majeure partie des petits ports situés sur les côtes de l'Océan, où les marées sont très-grandes, ne peuvent recevoir les navires qu'à certaines époques de la marée, c'est-à-dire que l'on ne peut pas y entrer pendant le flot, avant que la mer soit parvenue à une certaine hauteur, et qu'il ne reste plus assez d'eau dans les passes après une certaine heure de jusant.

« Les feux de port servent à donner ces indications très-essentielles. Ils ne sont allumés, dans plusieurs lieux, que pendant le temps où il reste assez d'eau dans les jetées. La commission a décidé que des feux de cette espèce, qui ne peuvent être confondus avec aucun des phares de l'un des trois ordres adoptés, seraient allumés à l'entrée de tous les ports, même les plus petits ; mais elle devra choisir ensuite le mode d'indications le plus sûr pour faire connaître les instants de la marée où il y a assez d'eau dans les passes et ceux où il est impossible de s'y engager. »

Autrefois, on plaçait les phares puissants à l'entrée des grands fleuves sur lesquels se rencontrent les ports de commerce les plus fréquentés ; ce système défectueux a été abandonné, et le système actuel consiste à placer les feux de premier ordre sur les caps les plus saillants, de manière à circonscrire au continent un polygone dont tous les sommets portent un feu, et dont les côtés ont une longueur telle, que, par un temps ordinaire, on aperçoive toujours un phare nouveau avant de perdre complétement de vue le précédent.

Ces phares portent le nom de phares de premier ordre ou de *grand atterrage;* leur portée varie de 18 à 27 milles marins de 1852 mètres.

Un navigateur, à moins de circonstances exceptionnelles qui doivent le rendre très-circonspect, ne se trompe pas dans son *estime* de plus de 80 milles; deux feux semblables de premier ordre ne peuvent donc être placés à une distance moindre.

En dehors du polygone des phares de première ordre, il existe des écueils et des îles que l'on signale par des feux d'ordre inférieur comme les écueils existant à l'intérieur du polygone.

Pour diversifier les feux, on n'avait d'abord que trois caractères : le *feu fixe,* le *feu à éclipses de minute en minute,* le *feu à éclipses de demi-minute en demi-minute.* On employait encore un caractère exceptionnel qui consiste à adopter *deux feux fixes jumeaux;* cette solution excellente, quoique coûteuse, rend de grands services sur les plages dangereuses.

On a appliqué ensuite aux feux de premier ordre un caractère réservé d'abord pour ceux de deuxième et de troisième ordre : c'est d'avoir un *feu fixe varié par des éclats périodiques* se succèdant de trois en trois ou de quatre en quatre minutes.

Un autre caractère non moins tranché consiste à précipiter le retour périodique des éclats, et on obtient le *feu scintillant.*

La coloration de la lumière, d'abord repoussée à cause de la perte d'intensité qu'elle occasionne, à cause de la difficulté que beaucoup de personnes éprouvent à la percevoir, à cause des modifications qu'elle subit suivant l'état de l'atmosphère, a finalement été acceptée même pour les phares de premier ordre.

A petites distances, le passage des rayons lumineux à travers des verres colorés leur fait perdre beaucoup d'intensité; mais cet effet s'atténue, surtout pour le rouge, lorsque les distances deviennent considérables. Dans un ciel un peu brumeux, le rouge s'aperçoit beaucoup plus loin que le blanc, à intensité photométrique égale, résultat facile à prévoir en se rappelant que la lumière blanche prend à travers le brouillard une teinte rouge.

Le vert et le bleu s'éteignent plus vite que le blanc, et cela d'autant plus que l'atmosphère est plus chargée. On les a donc réservés pour les feux secondaires.

Le rouge a été introduit dans les feux de premier ordre, et il se distingue toujours, si l'on peut apercevoir en même temps et comparer avec lui des feux blancs.

A cet effet, dans les phares de premier ordre, on a adopté trois nouveaux caractères, savoir :

> Feu fixe blanc varié par des éclats rouges,
> Feu à éclipses avec éclats alternativement rouges et blancs,
> Feu à éclipses avec deux éclats blancs succédant à un éclat rouge.

C'est en tout neuf caractères pour diversifier les phares de 1er ordre.

Ces caractères s'emploient également pour les feux de 2e, 3e et 4e ordre; on y ajoute le feu fixe rouge, le feu rouge à éclipses, le feu alternativement blanc et rouge avec ou sans éclipses, les feux alternativement blanc, rouge, bleu et vert.

Les feux de 5ᵉ ordre sont fixes pour la plupart et se reconnaissent à leur couleur et à leur position.

Portée lumineuse. — L'unité de puissance des appareils d'éclairage est le bec Carcel de 20 millimètres de diamètre, consommant 40 grammes de colza par heure.

D'après les expériences photométriques, si les lumières se propageaient dans le vide, leur portée croîtrait comme la racine carrée de leur intensité ; mais l'atmosphère intervient avec sa puissance d'absorption tellement variable que par les brumes épaisses les phares de 1ᵉʳ ordre disparaissent à quelques mètres. Aussi la portée croît-elle, même en temps ordinaire, infiniment moins vite que la racine carrée de l'intensité. Des formules empiriques et des courbes ont été établies pour relier ensemble la portée et l'intensité.

Nous reviendrons plus loin sur cette question de l'intensité, qui dépend, du reste, de la source lumineuse adoptée.

Portée géographique. — Un feu étant élevé à une certaine hauteur au-dessus de la surface sphérique de la mer, théoriquement ce feu ne peut être aperçu par les observateurs situés au delà du point de contact de la tangente menée par le feu à la surface de la mer.

Mais la réfraction atmosphérique intervient et donne aux rayons lumineux une forme courbe, dont la concavité regarde le centre de la terre ; les rayons situés au-dessus de la tangente, dont nous parlions tout à l'heure, s'infléchissent donc jusqu'à toucher la surface des eaux, ce qu'ils font en un point situé au delà du point de contact de la tangente.

En se plaçant dans les conditions ordinaires, si l'on appelle :

R le rayon terrestre égal à 6.336.953 mètres.
H la hauteur du feu au-dessus du niveau des hautes mers,

la portée géographique D est donnée par la formule

$$D = \sqrt{\frac{R.H}{0,42}}$$

et, si l'observateur est lui-même à une hauteur h au-dessus du niveau de la mer, la portée devient

$$D = \sqrt{\frac{R.H}{0,42}} + \sqrt{\frac{R.h}{0,42}}.$$

Angle de deux feux voisins. — L'expérience a fixé comme il suit le minimum de l'angle que peuvent faire entre eux deux feux voisins pour rester suffisamment distincts :

Pour les fanaux. . . . . 8′
Pour les phares des trois premiers ordres.. 15′

Ces données s'appliquent aussi bien sur plan horizontal que sur plan vertical, c'est-à-dire aux feux groupés comme aux feux étagés.

Feux de direction. — La méthode la plus simple, très-appliquée sur nos côtes de l'Océan et de la Manche pour jalonner les passes navigables, consiste à décomposer les courbes de ces passes en une série d'alignements droits et à repérer chacun de ces alignements par deux feux que le navigateur puisse percevoir simultanément.

Il est bon que le feu supérieur ne puisse jamais être caché à l'œil de l'observateur par le support du feu inférieur. Cependant, cela n'a pas d'inconvénient, s'il ne se rencontre pas d'écueils dans l'angle d'occultation (mAn), figure 6, planche 123.

Quand les deux feux sont suffisamment élevés pour ne jamais se confondre, on peut leur assigner le même caractère ; sinon, on leur donne deux caractères différents.

Éclairage des passes du Trieux. — Comme exemple de l'éclairage d'une passe navigable, nous décrirons le système adopté pour les passes de la rivière du Trieux qui débouche dans la Manche, en face de l'île de Bréhat, sur le littoral du département des Côtes-du-Nord. La rivière du Trieux, qui présente de grandes profondeurs d'eau, peut être appelée à rendre de sérieux services comme port de refuge.

Au large de la passe, on trouve un phare de grand atterrage, le phare des Héaux de Bréhat.

Pour pénétrer dans la rivière, planche 122, on laisse à bâbord l'île de Bréhat, et on suit l'alignement marqué par le phare isolé établi sur la roche la Croix et par le feu-amer de Bodic, établi sur le coteau dominant la rive gauche de la rivière. Pendant le jour, les deux masses blanches du phare et de l'amer se distinguent à longue distance ; pendant la nuit, les deux feux superposés se détachent nettement.

Lorsque les navires venant du large approchent du phare de la Croix, ils doivent ranger ce phare en le laissant à bâbord, sans trop s'en écarter, car ils tomberaient sur l'écueil Moguedeyer que signale une tour balise.

Lorsque le phare est dépassé, le navire n'a plus en vue que le feu de Bodic : il faut donc lui offrir de nouveaux jalons. On pouvait songer à faire éclairer par le phare de la Croix un certain angle en arrière ; mais c'est une solution médiocre, car le pilote s'aligne mal lorsqu'il est compris entre deux feux.

De plus, l'alignement de la grande passe conduirait les navires sur les rochers Roch-ar-On.

La solution adoptée paraît irréprochable ; elle consiste à établir deux feux l'un au-dessus de l'autre sur la pointe de Coatmer, rive gauche de la rivière du Trieux ; ces deux feux jalonnent le chenal à suivre aussitôt après avoir dépassé le phare de la Croix, et ils conduisent le navire jusque dans la partie resserrée et tranquille de la rivière.

Le phare de la Croix est une tour en maçonnerie avec petite tour accolée recevant l'escalier en spirale ; nous en donnerons plus loin les détails de construction. Le feu, qui ne doit envoyer ses rayons qu'en avant du phare, est installé non dans une lanterne, mais dans la chambre de l'étage supérieur en face d'une fenêtre tournée vers la haute mer.

Le feu de Bodic est logé dans une grande maison qui présente vers le large un pignon élevé et pointu, destiné à servir d'amer pendant le jour, et percé d'une seule fenêtre, derrière laquelle est placé l'appareil d'éclairage. Cet édifice sert à loger les gardiens qui font à tour de rôle le service du phare de la Croix et du feu de Bodic.

Les deux petits feux de Coatmer sont installés dans des maisons ordinaires, auxquelles des chaînes d'angle en granite de couleurs variées donnent un aspect polychrôme d'un bon effet ; le feu supérieur, que le gardien n'habite pas, tourne son pignon vers la mer : on voit dans ce pignon une fenêtre en œil-de-bœuf, derrière laquelle est installé l'appareil d'éclairage. Le feu inférieur reçoit le logement du gardien ; sa façade, presque parallèle à la rivière, porte au premier étage un balcon en saillie sur lequel on place l'appareil d'éclairage pendant la nuit ; cette façade fait, du reste, un angle de 4° 1/2 sur la ligne des feux ; sans cette précaution, le navire entrant perdrait le feu inférieur de vue dès qu'il passerait sur la droite de la ligne des feux et risquerait de tomber sur un écueil.

Cet exemple suffira, nous l'espérons, à faire comprendre au lecteur comment on arrive à jalonner les passes de jour et de nuit. Il est, du reste, intéressant puisqu'il réunit plusieurs appareils différents.

2° APPAREILS D'ÉCLAIRAGE

Depuis l'antiquité, on allumait en certains points des feux destinés à guider les navigateurs, et jusqu'à la fin du dernier siècle pour ainsi dire on n'employait à cet usage que des feux de bois ou de charbon.

Jusqu'en 1770, le célèbre phare de Cordouan, que la figure 1 de la planche 125 représente dans son état ancien avant son exhaussement, tel qu'il a été construit de 1584 à 1610 par Louis de Foix, n'était alimenté qu'avec du bois de chêne, dont la combustion durait trois heures. Il en était de même sur la Tour des Baleines, à l'île de Ré.

Vers 1770, on commença à remplacer le bois par du charbon de terre brûlant dans un réchaud, qui consommait environ 110 kilogrammes de charbon et qui était protégé par une lanterne munie d'une cheminée pour donner issue à la fumée.

Ce système existait encore vers 1830 dans quelques ports étrangers. En 1782, on avait commencé à se servir de lampes à huile avec mèches plates et réflecteur demi-sphérique ; ce système était inférieur au précédent.

Il fut perfectionné par Teulère, ingénieur de la généralité de Bordeaux, qui le premier, en 1784, établit la lampe à double courant d'air et à réflecteur parabolique.

Appareils catoptriques. — Les *appareils catoptriques* sont les *appareils à réflexion*, dont le type est le miroir.

Teulère adopta la mèche cylindrique, avec laquelle l'air afflue à l'intérieur comme à l'extérieur de la flamme ; il en résulte une combustion parfaite et une belle lumière blanche remplace la lumière fumeuse et rougeâtre des mèches plates.

Mais une lampe isolée envoie sa lumière dans tous les sens vers le ciel ou vers la terre, tandis que les phares n'ont besoin d'éclairer que la zone maritime de l'horizon. Il importe donc de recueillir tous les rayons inutiles afin de les concentrer vers la mer ; c'est à quoi on arrive par le miroir parabolique, figure 4, planche 123, au foyer duquel on place la flamme d'une lampe.

Si la flamme pouvait se réduire à un point, tous les rayons réfléchis formeraient un cylindre $ABA'B'$ parallèle à l'axe du miroir et ayant pour section droite l'ouverture du miroir, dont AB est le diamètre. Il n'y aurait comme rayons directs que ceux qui se trouvent dans le cône MFN, et encore n'y a-t-il de réellement perdus parmi ces rayons directs que les rayons supérieurs et une partie des rayons inférieurs.

Un faisceau lumineux de si petite dimension n'aurait pas grande utilité ; mais ce n'est là qu'un résultat théorique et, dans la réalité, les dimensions de la flamme déterminent non un faisceau cylindrique, mais un faisceau conique ; en effet, la figure représentant une section horizontale de l'appareil, les rayons lumineux émanés de m et n, points de contact des tangentes à la flamme menées du point A, donnent lieu à des rayons réfléchis Ap, Aq. On voit d'après cela que l'angle de divergence de l'appareil dans le plan horizontal est égal à l'angle qAp.

Avec un seul réflecteur, il n'y aurait néanmoins qu'une faible partie de l'horizon éclairée. Aussi, a-t-on composé les appareils complets d'au moins une couronne horizontale de réflecteurs ; cette couronne étant animée d'un mouvement de rotation produit par un mécanisme d'horlogerie, les faisceaux réfléchis éclairent successivement tous les points de l'horizon, de sorte que pour l'observateur fixe le phare produit l'effet d'un feu à éclipses.

Généralement, on ne se contente pas d'une seule couronne de réflecteurs ; on en superpose deux ou plusieurs, les axes des réflecteurs de la seconde correspondant aux milieux des intervalles qui séparent les axes des réflecteurs de la première couronne. Cependant, on superpose directement les réflecteurs lorsqu'il s'agit de produire une grande intensité ; à une certaine distance, les lumières se confondent et leur intensité s'ajoute. C'est ce qu'on obtenait autrefois au phare de Cordouan, comme le montre la figure 2, planche 125.

Les réflecteurs paraboliques, plus légers et moins coûteux que les appareils lenticulaires, conviennent :

1° Pour l'éclairage des passes étroites et pour former un des feux de direction d'un chenal ;

2° Pour renforcer, dans une direction déterminée, un feu dont l'intensité est suffisante sur le reste de l'horizon ;

3° Pour illuminer les feux flottants, sur lesquels les appareils lenticulaires auraient à souffrir pendant les gros temps ;

4° Pour constituer des feux provisoires.

Avec une lampe de 5 becs, un réflecteur parabolique de 0^m,85 de diamètre peut donner sur l'axe une intensité de 760 becs Carcel ; un réflecteur de 0^m,29 avec lampe à 1 bec donne encore une intensité de 60 becs Carcel.

Appareil sidéral. — L'appareil sidéral, du reste peu usité, est destiné à éclairer uniformément tout l'horizon ; c'est un miroir dont la surface est engendrée par la rotation autour de la verticale de deux paraboles incomplètes ayant pour foyer commun le point F, où est placée la flamme de la lampe (fig. 5, pl. 123). — On voit que tous les rayons émanés de la flamme sont réfléchis, sauf ceux qui se trouvent entre les cônes AFB, CFD ; et encore la plupart de ceux-ci sont-ils utilisés directement.

Néanmoins, par suite de la diffusion de la lumière sur tout l'horizon, l'éclat de ces appareils, qu'on emploie avec de petites dimensions, ne dépasse pas 3 becs ¼ Carcel.

Les réflecteurs s'exécutent avec des feuilles de cuivre plaquées en argent et embouties sur une matrice.

Dès que le poli est altéré, ils éprouvent une perte considérable d'intensité ; ils doivent être entretenus et nettoyés avec beaucoup de soin.

Appareils dioptriques. — Les appareils dioptriques sont les appareils lenticulaires ou *à réfraction.*

C'est en 1819 que Fresnel eut l'idée de remplacer les réflecteurs par des lentilles de verre. Placez au foyer principal d'une lentille un point lumineux ; les rayons, après leur passage à travers la lentille, formeront un faisceau cylindrique parallèle à l'axe principal. Mais la source lumineuse a une certaine surface, de sorte que les rayons émanés des divers points se transformeront en faisceaux coniques : le maximum de l'angle au sommet de ces cônes donnera le champ de la lentille, c'est-à-dire que cet angle comprendra tous les points plus ou moins éclairés par l'appareil.

Le grand avantage des lentilles est une perte moindre de lumière ; les lentilles minces, en effet, ne perdent que $\frac{1}{25}$ de la lumière qu'elles reçoivent. Mais, dans le cas actuel, il fallait des lentilles énormes et par suite très-épaisses, qui eussent absorbé beaucoup de lumière, en admettant qu'on eût pu les fabriquer. C'est là que nous rencontrons la grande invention de Fresnel : la lentille à échelons (fig. 5, pl. 122).

Elle se compose d'une partie centrale ab, qui est une lentille ordinaire plan-convexe, et de parties accolées à cette partie centrale, qui sont formées d'anneaux ou de tores engendrés par la rotation de l'élément tel que $cdmn$ autour de l'axe oo'. Un élément ($cdmn$) est limité par trois faces planes et par une face courbe (cd) calculée de façon à avoir son foyer principal au point O ; on remplace dans la pratique cette face courbe par son cercle osculateur. Nous avons donc un ensemble n'ayant qu'un foyer, le point 0.

Cette forme de lentille nous permet de supprimer l'aberration de sphéricité ; nous avons vu, en effet, qu'en réalité le foyer principal d'une lentille ne se réduisait pas à un point, mais que tous les rayons parallèles à l'axe principal et réfractés par la lentille formaient par leurs intersections successives une surface (la caustique par réfraction). Ici, nous pouvons réduire de beaucoup l'étendue de cette surface en prenant pour l'arc cd non pas l'arc ($c'd'$) transporté parallèlement à lui-même, mais un arc modifié et calculé de façon à avoir le point 0 pour foyer.

En faisant tourner la section AB autour de l'axe horizontal OO', nous avons formé un panneau qui, vu les dimensions de la flamme, éclaire un cône de l'horizon Si on accole p usieurs panneaux égaux de manière à former un tambour hexagonal ou octogonal par exemple, qu'on donne à ce tambour un mouvement de rotation autour de son axe vertical, on aura un feu à éclipses et à éclats successifs.

En faisant tourner la section AB d'une lentille à échelons autour de la verticale, on obtient une surface de révolution qui éclaire également tous les points de l'horizon. On a construit un feu fixe.

Dans tout cela, nous voyons que les rayons dirigés vers le haut et vers le bas sont perdus. Fresnel se proposa de les ramener vers l'horizon ; il employa d'abord de petites portions de miroirs paraboliques à axe horizontal, qui renvoyaient les rayons dans la direction voulue Puis il eut recours à des prismes disposés comme le montre la figure 6, planche 122 (système catadioptrique). Le rayon envoyé du point O sur la surface ab du prisme la traverse et se réfracte de manière à venir frapper la face ac ; on calcule l'angle d'incidence de telle sorte qu'il y ait réflexion totale sur la face ac, et que le rayon émerge du prisme horizontalement.

L'appareil destiné à recueillir les rayons du bas est le même, disposé en sens contraire. Dans l'appareil pour feu fixe, les zones catadioptriques sont engendrées par la rotation des prismes tels que abc autour de l'axe vertical.

Une troisième espèce de lentille, rarement employée, s'obtient en transportant parallèlement à elle-même, dans un plan vertical, la section de la figure 5, pl. 122, supposée horizontale; cette lentille réunit tous les rayons en un faisceau compris entre deux plans verticaux. Elle est utilisée pour les feux variés par des éclats; mais elle a l'inconvénient d'absorber le double de lumière.

Il importe de se rappeler que, dans les appareils lenticulaires comme dans les réflecteurs, ce n'est pas suivant l'horizon qu'il faut projeter le faisceau lumineux, mais suivant la tangente à la surface sphérique de la mer, et il convient à cet effet de relever le centre focal. L'administration des phares a dressé des ableaux embrassant tous les cas de la pratique.

Le maximum d'intensité du faisceau lumineux émané d'un phare étant dirigé suivant la tangente à l'horizon maritime, le navigateur qui marche sur le phare perçoit une intensité croissante à mesure qu'il s'avance, jusqu'à ce que, se rapprochant du feu, il sorte de la partie centrale du faisceau, et ne perçoive plus alors qu'une intensité décroissante. La figure 5 de la planche 125 rend compte de cette variation des intensités lumineuses pour un phare de premier ordre, dominant de 60 mètres le niveau de la mer; les distances sont à l'échelle de $0^m,007$ par mille marin, et les intensités à l'échelle de $0^m,10$ par 100 becs unité.

Les appareils de premier ordre à feu fixe sont composés de huit panneaux dans chacune des trois parties qui les divisent et ces panneaux sont placés sur les mêmes axes.

Les faces des appareils à éclipses de premier ordre embrassent au plus un huitième de la circonférence; elles appartiennent aux appareils à éclipse de minute en minute. A cause de leur faible divergence, la durée de l'éclat qu'elles produisent est assez faible; c'était un inconvénient sérieux; on eût pu le corriger en augmentant la divergence au profit de l'intensité; mais on a reconnu meilleur de prolonger l'éclat en ne faisant pas correspondre l'axe de chaque panneau catadioptrique avec l'axe du panneau dioptrique inférieur; le panneau catadioptrique est en avance sur le panneau dioptrique pendant le mouvement de rotation, de sorte que son éclat annonce et prépare l'éclat plus vigoureux du panneau dioptrique.

La *lumière électrique* exige des appareils lenticulaires spéciaux, de dimensions relativement plus petites; dans un grand appareil de premier ordre, elle donnerait un faisceau presque cylindrique et une divergence très-faible; afin d'avoir une divergence convenable, atteignant 6° dans le plan vertical, il faut proportionner les dimensions des lentilles à celles de la source lumineuse qui a $0^m,010$ sur $0^m,015$: aussi les appareils pour lumière électrique n'ont-ils que $0^m,30$ de diamètre.

En outre, ces appareils sont débarrassés de tous montants verticaux, car ceux-ci, vu la faible étendue de la source lumineuse, laisseraient dans l'obscurité des angles de l'espace présentant une certaine étendue. Enfin, les surfaces de joint des anneaux catadioptriques sont dirigées, non suivant l'horizontale, mais suivant la tangente à l'horizon maritime.

Les lentilles sont fabriquées en verre de Saint-Gobain, ayant pour coefficient de réfraction 1,54, et présentant la composition suivante :·

Silice	72,1
Soude.	12,2
Chaux.	15,7
	100,0

Les appareils dioptriques présentent les avantages suivants :

1° Le passage dans les lentilles absorbe une bien moindre portion de l'intensité lumineuse, que ne le fait la réflexion sur des miroirs métalliques;

2° La divergence est suffisante, sans cependant dépasser la proportion utile, ce qui arrive avec les réflecteurs et ce qui cause une perte d'éclat;

3° Ils permettent de distribuer uniformément la lumière sur tout ou partie de l'horizon;

4° Ils donnent des éclats beaucoup plus intenses que ceux des appareils catoptriques les plus puissants.

Les appareils dioptriques sont plus coûteux de premier établissement que les appareils catoptriques.

Un appareil lenticulaire de premier ordre, mis en place, tout compris, même la lanterne et le paratonnerre, coûte 68 500 francs.

La coloration des feux s'obtient dans les feux fixes en entourant la flamme d'une cheminée colorée, et dans les appareils à éclipses par des feuilles planes de verre coloré placées contre les lentilles qui doivent produire les éclats de couleur.

Des combustibles et des lampes. — Jusqu'à ces derniers temps on n'avait employé dans nos phares que les huiles végétales, et particulièrement l'huile de colza, qui présente sur les huiles similaires deux avantages : celui de l'intensité dans les lampes à mèches multiples, et celui de la résistance à passer à l'état pâteux sous l'action de la température.

On a longtemps reculé devant l'emploi des huiles minérales à cause de l'inflammabilité de leur vapeur; mais on a fini par adopter la paraffine d'Écosse, qui a un pouvoir éclairant considérable, et n'émet de vapeurs inflammables que lorsqu'elle est portée à 60° ou 70°, alors que les schistes en émettent quelquefois à 30° et à 25°. Par la distillation, on est également arrivé à débarrasser le pétrole de ses huiles inflammables.

L'adoption des huiles minérales diminuant la dépense, on consacra cette diminution à augmenter l'intensité lumineuse de tous les appareils en augmentant le diamètre de toutes les lampes, et en donnant à chacune une mèche de plus.

Aujourd'hui on a cinq ordres d'appareils de phares dont voici les dimensions :

Diamètre des appareils lenticulaires.	1m,84	1m,40	1m,00	0m,50	0m,50 et au-dessous.
Nombre de mèches concentriques. .	5	4	3	2	1
Diamètre extérieur des becs (millim.)	11	9	7	5	3
Longueur développée du pourtour des mèches dans chaque bec . .	1021	694	424	220	78 millimètres.

Dans la lampe à une mèche, la mèche plonge simplement dans le réservoir inférieur; les lampes à deux mèches sont à niveau constant; les autres sont à mouvement d'horlogerie ou à poids intérieur.

La figure 5 de la planche 126 représente un bec de une à six mèches; le courant d'air central est écrasé par un obturateur, afin qu'il se mélange aux produits de la combustion; les cheminées en cristal sont renflées vers le milieu de la flamme afin de rejeter sur cette flamme le courant d'air extérieur.

La consommation par heure d'huile minérale dans des becs de une à six

chines et appareils électriques des phares dans la note de M. l'ingénieur Quinette de Rochemont sur les phares de la Hève. Nous ne donnerons ici que les
principes généraux.

On avait eu recours d'abord à la lumière produite par les courants des piles ;
mais c'était une lumière coûteuse, d'intensité variable, qu'il était difficile de
faire régler et entretenir par de simples gardiens.

On substitua donc aux courants des piles les courants d'induction produits
par les machines magnéto-électriques, qui ne sont autres que les appareils de
physique de Pixii et de Clarke amplifiés et perfectionnés. (Voy. notre *Traité de
physique.*)

Les machines des phares de la Hève sont celles de la compagnie *l'Alliance*,
mises en mouvement par des locomobiles de huit chevaux ; chaque locomobile
actionne deux machines magnéto-électriques.

Celles-ci, représentées par les figures 3 et 4 de la planche 126 ; « se composent d'un bâti en fonte sur lequel sont placées des traverses en acajou ; ces traverses soutiennent sept séries parallèles de faisceaux aimantés ou aimants composés, convergeant tous vers l'axe du bâti. Les aimants des deux séries extérieures sont formés de trois lames courbées en fer à cheval et superposées ; les
autres sont formés de six lames. Les aimants sont disposés de telle sorte que
les pôles les plus voisins, tant horizontalement que verticalement, soient toujours de nom contraire. Les aimants à six lames sont de la force de 65 à 70
kilogrammes, ceux à trois lames de la force de 35 kilogrammes.

Entre ces sept rangées d'aimants viennent tourner six disques en bronze,
montés sur un axe porté par le bâti ; sur chacun de ces disques seize bobines
d'induction sont fixées par des colliers en bronze et des vis.

Chaque bobine se compose d'un tube de fer doux de $0^m,008$ d'épaisseur, de
$0^m,04$ de diamètre extérieur et de $0^m,096$ de longueur, fendu suivant une génératrice afin de perdre plus facilement l'aimantation. Sur ce tube sont enroulés
huit fils de cuivre de $0^m,001$ de diamètre et de 15 mètres de longueur chacun,
d'où il résulte que la longueur des fils enroulés sur la bobine est de 120 mètres.
Ces fils de cuivre sont recouverts de coton et isolés par du bitume de Judée
dissous dans de l'essence de térébentine ; ils sont enroulés dans le même sens
sur toutes les bobines. »

Dans le mouvement de rotation, chaque fois qu'une bobine vient en regard
du pôle d'un aimant, il se produit un courant d'induction. Tous les courants
de même signe sont à chaque instant reliés à l'axe central de la machine et tous
les courants de signe contraire sont reliés avec un manchon métallique fixé sur
l'arbre, mais isolé de cet arbre par des plaques de caoutchouc. Les paliers de
l'arbre et du manchon sont également isolés au moyen de plaques en caoutchouc durci, et c'est de ces paliers que partent les fils conducteurs menant à
l'appareil d'éclairage les courants engendrés par la machine.

La lampe se compose essentiellement de deux charbons de cornue à gaz entre
les pointes desquels jaillissent d'une manière continue les étincelles produites
par les courants Ces charbons brûlent, et celui d'en bas plus vite que l'autre ;
afin d'éviter les extinctions et de maintenir une lumière constante, il faut s'arranger pour réaliser un écartement constant des charbons. C'est à quoi l'on
arrive par le *régulateur* Serrin, dont voici le principe : lorsque la lampe fonctionne convenablement et que l'écartement des charbons a sa valeur normale,
une armature métallique, maintenue d'un côté par un ressort à boudin, de l'autre
par l'attraction d'un électro-aimant que traverse le courant magnéto-électrique,

se trouve dans une position telle que la roue commandant le mouvement des charbons est embrayée; cette roue est mue par un mouvement d'horlogerie. Quand l'écartement des charbons augmente, le courant magnéto-électrique diminue, l'armature est moins attirée qu'elle ne l'était par l'électro-aimant, le ressort à boudin l'emporte, la roue commandant le mouvement des charbons n'est plus embrayée; elle tourne, les charbons se rapprochent, le courant augmente et la roue se trouve embrayée à nouveau jusqu'à ce que l'écartement des charbons se modifie encore.

Depuis que l'éclairage électrique fonctionne aux phares de la Hève, il a été très-apprécié des navigateurs; il n'a donné lieu qu'à quelques accidents et extinctions rares qui vont en diminuant à mesure que l'expérience augmente. La dépense annuelle a été portée de 7500 à 10 000 francs pour chaque phare. L'éclairage électrique offre l'inconvénient d'exiger de grands espaces et de ne pouvoir être employé qu'à proximité des grandes villes où l'on est assuré de trouver des ouvriers capables de réparer les organes assez délicats des appareils.

3° TOURS EN MAÇONNERIE

Les phares fixes sont installés, toutes les fois que cela est possible sans trop de frais, dans des édifices en maçonnerie.

Parmi ceux dont l'antiquité nous a légué le souvenir, le plus célèbre est celui que Ptolémée Philadelphe fit élever à l'entrée du port d'Alexandrie sur l'île de Pharos.

Le plus ancien de nos phares actuels de France est le phare de Cordouan, qui s'élève à l'entrée de la Gironde sur un rocher couvert de 3 mètres à haute mer. Il est représenté dans son état ancien par la figure 1, planche 125; il a été exhaussé à la fin du siècle dernier par Teulère et la hauteur du foyer a été portée de 37 à 60 mètres.

Dans les phares modernes, on ne recherche plus le luxe d'ornementation. « On s'attache, dit M. Reynaud, à donner pleine satisfaction aux convenances matérielles de l'édifice; c'est le bon, c'est le vrai qu'on poursuit avant tout, et l'on se fait une loi de se conformer scrupuleusement aux prescriptions de cette économie intelligente qui admet tout ce qui est utile, ne repousse que le superflu, et ménage les ressources afin de pouvoir multiplier les bienfaits. Une distribution judicieuse, des formes rationnelles, une grande stabilité, une exécution parfaite, telles sont les conditions jugées fondamentales. »

Les tours de phares établies sur des caps élevés doivent porter la lanterne à 12 mètres au moins au-dessus du sol pour éviter le bris des glaces par la malveillance ou par les galets que soulèvent les tempêtes.

Les tours sont presque toujours cylindriques à l'intérieur, et leur diamètre est au moins égal à celui de la lanterne, soit $3^m,50$, 3 mètres, $2^m,50$ et $1^m,40$. Lorsque des logements doivent être établis dans la tour, le diamètre est beaucoup plus fort, il atteint $4^m,20$ dans le phare des Héaux de Bréhat.

La forme carrée convient aux tours de faible hauteur, et même aux tours de grande hauteur établies sur terre ferme et non exposées à la violence des vents; cette forme carrée est celle qui donne le moins de difficultés de construction et qui se raccorde mieux avec les édifices voisins.

Cependant pour les hautes tours, on préfère la forme octogonale.

Pour celles dont le pied baigne dans la mer et qui sont exposées à la lame, on adopte un plan circulaire qui donne le moins de prise aux tempêtes, et le soubassement est profilé en arc concave comme un tronc d'arbre qui voudrait prendre un large appui sur le rocher.

La plate-forme, qui termine la tour et qui porte le soubassement de la lanterne, est entourée d'une balustrade en encorbellement, construite avec le fer galvanisé ou le bronze lorsque l'espace fait défaut, et en pierre ou en briques lorsqu'on dispose d'un espace suffisant.

Dans les phares en pleine mer, dont la tour renferme les logements des gardiens, l'escalier est rejeté sur le côté ou dans une tourelle accolée; dans les phares de terre ferme, un escalier circulaire occupe la tour et cet escalier est à jour à la partie centrale.

Les tours en maçonnerie, d'une hauteur supérieure à 40 mètres, vibrent pendant les tempêtes comme une verge élastique et l'amplitude des oscillations est assez considérable au sommet pour produire le déversement des liquides contenus dans les vases.

Nous ne pouvons entrer dans de plus amples détails sur la construction des phares et nous compléterons ces notions sommaires par la description de quelques-uns des édifices les plus connus.

Phares de la Hève. — Les deux phares de la Hève, qui signalent le port du Havre, sont établis sur le cap de ce nom. Les figures 1 et 2 de la planche 126 les représentent. Construits en 1774, ils portèrent d'abord des feux de charbon de terre, puis seize réflecteurs sphériques en 1781. La disposition intérieure des tours n'est pas parfaite et les logements des gardiens en sont trop éloignés.

Phare des Héaux de Bréhat. — Le phare des Héaux de Bréhat, véritable modèle des phares baignés par la mer, a été construit par M. Reynaud de 1836 à 1839. C'est un édifice imposant dans sa simplicité, d'une construction parfaite, figures 1 à 6, planche 124.

Il est établi sur une partie des écueils découvrant à basse mer; des logements provisoires en charpente furent installés près de là sur deux aiguilles très-élancées dont le sommet se trouvait à 6 mètres au-dessus des hautes mers. La charpente était solidement ancrée pour résister aux coups de mer[1].

Chaque jour, ouvriers et ingénieur partaient de ce refuge pour aller travailler sur le rocher dès que les eaux le laissaient à nu, et ils y revenaient quand la cloche d'alarme signalait l'arrivée du flot.

L'édifice se compose d'une tour cylindrique de $47^m,40$ de hauteur et de $4^m,20$ de diamètre intérieur; le diamètre du socle à profil concave est de $13^m,70$ à la base et de $8^m,60$ au sommet. Les murs de la tour proprement dite, qui surmonte le socle, ont $1^m,30$ d'épaisseur à la base et $0^m,85$ au sommet.

Les deux premiers étages inférieurs sont des magasins, les quatre suivants forment la cuisine et les chambres des gardiens, le septième comprend la chambre des ingénieurs, le huitième la chambre de service et au-dessus vient la lanterne.

Toute la maçonnerie est en granit gris bleuâtre, d'un grain fin et serré, bien homogène. Des précautions ont été prises pour rendre les assises solidaires au moyen de dés en granit, de crossettes et de queues d'arondes.

[1] M. Reynaud a bien voulu nous autoriser à reproduire la planche qui représente ce phare, ainsi que celle qui représente le phare en fer de la Nouvelle-Calédonie. Ces figures sont extraites de la nouvelle édition de son *Traité d'architecture*, 2 vol. avec atlas, chez Dunod, éditeur.

On n'a pas recouru à l'enchevêtrement compliqué et aux goujons en fer que l'on trouve dans les phares anglais, notamment dans le phare d'Eddystone, figure 3, planche 125.

L'édifice du phare de Bréhat, non compris la lanterne et l'appareil d'éclairage, a coûté 532 000 francs.

Phare de la Hague. — Le phare de la Hague, représenté par les figures 1 et 2 de la planche 127, a été construit par M. l'ingénieur Morice de la Rue sur un îlot de 10 mètres de rayon, dérasé à 1 mètre au-dessus des hautes mers de vive eau, appelé le Gros-du-Raz. Ce phare est destiné à diminuer les dangers que présente la navigation du raz Blanchard; il s'aperçoit de la digue de Cherbourg où ses rayons se croisent avec ceux du phare de Barfleur. On commença par créer une installation provisoire pour les ouvriers sur le rocher; à cet effet, on encastra dans le roc quatre pièces de bois longues de 16 mètres, formant pyramide quadrangulaire, et supportant trois planchers dont l'inférieur était à 4 mètres au-dessus des plus hautes mers.

Les matériaux furent transportés du havre de Goury au moyen de barques plates et légères de 15 tonneaux avec 12 avirons; il fallait de ces moyens simples pour pouvoir accoster un rocher toujours entouré par la houle et les courants.

Une plate-forme circulaire, servant de cour et de mur de défense, a été établie sur tout le pourtour du rocher.

La tour est au centre : elle est entièrement construite en pierres de taille. Néanmoins, la construction n'a pas un aspect suffisant de vigueur et le couronnement n'est pas accentué d'une manière assez énergique.

Phare des Barges. — Le phare des Barges, construit par M. Marin, et représenté par les figures 3 à 6 de la planche 127, est situé à l'ouest du port des Sables-d'Olonne sur le plateau sous-marin de la Grande Barge, dans une mer d'une violence telle que dans les gros temps les paquets de mer s'élèvent le long de la tour à plus de 30 mètres de hauteur et retombent sur la coupole.

Au pourtour de sa base, la tour en maçonnerie est encastrée dans le rocher pour éviter tout glissement et on a établi à cet effet une rigole annulaire de 1ᵐ,50 de largeur. Ce travail a été fait en deux campagnes; on a pu travailler trente-sept heures en 24 marées en 1857, et quarante-cinq heures en 1858 en 29 marées.

En 1859 on a consacré au phare cent quarante heures de travail en 70 marées, et on a pu élever l'édifice jusqu'à la huitième assise au-dessus du rocher. Entre deux reprises, les moellons se recouvraient de goëmons que les maçons passaient ensuite beaucoup de temps à enlever; on obtint un excellent décapage rapide avec l'acide chlorhydrique.

En 1860, on arriva jusqu'au vestibule, et en 1861 la tour creuse fut achevée. L'appareil commença à fonctionner le 15 octobre 1861.

On trouvera tous les détails de construction dans le mémoire intéressant de M. Marin. La tour proprement dite a 24ᵐ,81 de hauteur, avec diamètre de 12 mètres à la base et de 6ᵐ,50 au sommet. Le soubassement, à profil elliptique, est en maçonnerie pleine formée de moellons à l'intérieur et de pierres de taille en parement. Le seuil de la porte d'entrée est à 4 mètres au-dessus des plus hautes mers; là commence la tour creuse de 3ᵐ,50 de diamètre intérieur, divisée en cinq étages séparés par des voûtes en briques; l'épaisseur du mur de la tour creuse est de 1ᵐ,50 à la base et 0ᵐ,77 au sommet.

La dépense totale s'est élevée à 450 000 francs.

Phare du Four. — Le phare du Four est représenté par les figures 1 et 2 de la planche 123 ; en voici la description empruntée aux notices de l'Exposition universelle de 1867 :

Le phare du Four est construit à l'extrémité nord du chenal de ce nom, sur la roche la plus avancée en mer, à deux milles à l'ouest du petit port d'Argenton. Cette roche, formée d'un granit très-dur, s'élève à 2 mètres environ au-dessus du niveau des hautes mers, et il devient impossible de l'accoster dès que la mer est tant soit peu agitée. Dans les gros temps, les lames y déferlent avec une telle violence qu'elles s'élèvent au-dessus de la lanterne du phare, et ont brisé des volets de 0ᵐ,06 d'épaisseur, qui fermaient, pendant la période d'exécution des travaux, les étroites fenêtres de la tour.

Les dépôts et les chantiers de préparation des pierres étaient établis dans le port d'Argenton, d'où partait, quand les circonstances de mer paraissaient favorables, la flottille qui transportait sur la roche les ouvriers et les matériaux de construction. Des échelons diversement disposés et distribués permettaient aux ouvriers de gravir les parois abruptes et glissantes, et une grue très-simple, n'offrant presque pas de prise à la mer, servait au débarquement du matériel.

Le phare consiste en une tour d'un diamètre intérieur de 4ᵐ,50, établie sur un massif de maçonnerie arasé à 2 mètres au-dessus des pleines mers d'équinoxe, et encastré dans le rocher dont il enveloppe les parties les plus hautes. Le mur a 2ᵐ,75 d'épaisseur à la base et 1ᵐ,18 au sommet. Au-dessus de la corniche de couronnement, dont le larmier est soutenu par seize consoles, s'élève un parapet composé de dalles de 0ᵐ,20 d'épaisseur assemblées dans des pilastres.

La tour s'élève à 22ᵐ,70 au-dessus du massif de la base ; à cette hauteur elle est surmontée d'une murette polygonale à dix pans, en tôle, de 2ᵐ,40 de diamètre, murette qui supporte la lanterne : le plan focal dépasse ainsi de 28 mètres le niveau des plus hautes mers.

Les maçonneries sont exécutées en moellons de granit posés à bain de mortier de ciment de Portland, avec parement en pierres de grand appareil.

La déclivité très-prononcée de la roche, vers le sud, a commandé les plus grandes précautions dans l'implantement du phare. Le rocher a été profondément entaillé partout, en redans concentriques, inclinés vers le centre de la tour, et de nombreux goujons en fer, de 0ᵐ,07 de diamètre, y ont rattaché les premières assises de la maçonnerie. Des crampons de même métal relient entre elles toutes les pierres de l'assise du cordon, et une vigoureuse ceinture, également en fer, est encastrée au-dessus des consoles de la corniche. Les pilastres du parapet sont maintenus à leur pied par des dés en bronze.

La tour se compose d'un rez-de-chaussée surmonté de cinq étages. Le rez-de-chaussée et les quatre premiers étages sont mis en communication par un escalier en pierre, commençant au bout du couloir qui suit la porte d'entrée. Droit d'abord, puis circulaire à noyau plein, cet escalier compte 94 marches et sa cage est formée partie aux dépens de l'épaisseur du mur, partie aux dépens du vide cylindrique de la tour ; un mur de faible épaisseur l'isole des chambres. Du quatrième étage auquel il s'arrête, on accède à l'étage supérieur et de là dans la lanterne, au moyen d'escaliers suspendus exécutés en fer et en fonte, et disposés de manière à occuper peu de place.

Le rez-de-chaussée est divisé en trois compartiments : le vestibule et deux caveaux dallés, éclairés chacun par une lucarne de 0ᵐ,50 sur 0ᵐ,25. Le caveau

de gauche renferme une soute à charbon, de 5000 kilogrammes de contenance, se chargeant par l'escalier, et une pompe aspirante et foulante, pour
l'alimentation d'eau. Celui de droite est le dépôt des huiles. Au premier étage
est le magasin. Il peut recevoir dans vingt-deux caisses en tôle un approvisionnement de 5000 litres d'eau douce; on y trouve aussi deux soutes à charbon, d'une contenance totale de 2000 kilogrammes, placées de chaque côté de
la porte, dans les angles formés par la saillie de la cage d'escalier sur le cylindre intérieur de la tour. La chambre du deuxième étage est la cuisine; le fourneau y est placé dans une niche surmontée d'une coulisse de 0^m,30 de largeur
sur 0^m,45 de profondeur, ménagée dans le mur du phare et se prolongeant
jusqu'à la plate-forme supérieure. Dans cette coulisse se loge le tuyau en cuivre
du fourneau. Les pans coupés que présente la saillie de l'escalier servent à établir deux placards. Le troisième étage forme la chambre à coucher, contenant
deux lits et deux placards analogues à ceux de la cuisine. Au quatrième étage
est la chambre de la trompette à vapeur que surmonte la chambre de service
formant le cinquième étage. Le rez-de-chaussée et les deux premiers étages sont
voûtés ainsi que le cinquième; la voûte du rez-de-chaussée est cylindrique;
celles des autres étages sont sphériques. Toutes sont en briques de Bristol, sauf
la voûte du cinquième, qui, traversée par la pénétration de l'escalier de service, est tout entière en granit. Au troisième et au quatrième étage, dans le but
de gagner de l'espace, on a substitué aux voûtes une charpente formée de
sept poutres en tôle entretoisées et servant de sommiers à de petites voûtes en
briques.

La porte d'entrée du phare et les fenêtres extérieures sont exécutées en chêne
enduit d'huile de lin cuite. Les fenêtres intérieures, les parquets, les bâtis des
lambris, des portes des chambres ou des armoires, les plinthes, les cimaises
sont en chêne ciré. Les panneaux sont en sapin également ciré. Les châssis des
lucarnes des caveaux et des deux premières fenêtres extérieures de l'escalier
sont garnis de verres à hublots, comme ceux qu'on emploie à bord des navires.

Tous les ouvrages de serrurerie sont confectionnés en bronze, la plupart sur
modèles spéciaux.

Les trompettes, auxquelles on a recours pour suppléer les phares dans les
temps de brume, sont habituellement mises en action par de l'air qui a été comprimé dans un grand réservoir au moyen d'une machine à vapeur. Ici, où la
place faisait défaut, on a adopté une nouvelle disposition imaginée par M. le
professeur Lissajoux. L'appareil, qui n'a pu être représenté sur les dessins,
se compose ainsi qu'il suit : 1° deux chaudières à vapeur verticales accouplées
(système Field), d'une force totale de quatre chevaux; 2° une trompette avec
appareil d'entraînement d'air par jet de vapeur; 3° un mécanisme de distribution mû par la vapeur, destiné à ouvrir et à fermer périodiquement la communication des chaudières avec la trompette, de façon que le son se produise à
raison d'un coup par cinq secondes; 4° une horloge commandant le distribu-
teur de vapeur de ce mécanisme.

La trompette se fait entendre au dehors, à travers un pavillon métallique logé
dans une ouverture circulaire pratiquée à l'ouest-sud-ouest dans le mur de la
tour. La fumée du combustible se dégage par un tuyau en cuivre qui va se
greffer sur le tuyau du fourneau de la cuisine, dans la coulisse ménagée à cet
effet. Les chaudières ont la pression nécessaire à la mise en marche vingt minutes, au plus, après l'allumage des feux.

Les chaudières doivent être alimentées à l'eau douce; leur consommation

avec le rhythme adopté pour la trompette, est d'environ 25 litres par heure.
L'eau est approvisionnée au moyen de la pompe aspirante et foulante placée dans
le caveau ouest du phare, laquelle, puisant l'eau douce dans les bateaux accostés
à la roche, la refoule dans les vingt-deux caisses en tôle placées au premier
étage, dont la capacité est de 1250 litres pour l'eau destinée aux gardiens, et
de 3750 litres pour l'eau destinée aux chaudières, qui peuvent ainsi être alimentées pendant cent cinquante heures de travail au moins, sans que l'approvisionnement soit renouvelé.

L'eau des caisses est montée à la bâche d'alimentation dans la chambre de la
trompette, au moyen d'un appareil injecteur que l'on met en marche par l'ouverture d'un robinet de prise de vapeur placé sur les chaudières.

Les phares sont très-multipliés sur la côte ouest du Finistère, à raison des
difficultés et de l'importance de la navigation dans ces parages, et il était essentiel de donner à celui du Four un caractère qui ne permît de le confondre avec
aucun autre.

L'appareil lenticulaire de troisième ordre, qui fait partie de l'exposition du
Ministère des travaux publics, a été imaginé dans ce but. A un feu fixe durant
pendant une demi-minute, il fait succéder pendant le même laps de temps un
feu à éclipses, dont les intervalles sont fixés à 3 secondes ⅓. Il est illuminé
par des lampes à trois mèches concentriques, alimentées à l'huile minérale.

Les travaux du phare du Four ont été entrepris en 1869. Les maçonneries
étaient complétement terminées à la fin de 1872; les menuiseries et autres ouvrages de détail le seront vers le milieu de 1873, et, avant la fin de l'année, la
navigation sera dotée d'un nouvel et précieux éclairage.

Les dépenses totales de la construction, y compris l'appareil optique et la
trompette à vapeur, sont évaluées à 265 000 francs, et il ressort des faits acquis
que le mètre cube de maçonnerie n'est pas revenu à plus de 150 francs.

Étant donné le régime d'accostage du Four, ce résultat est inconstablement
satisfaisant; et, ce qui l'est plus encore, c'est que, bien que la descente sur la
roche ait été souvent tentée dans des conditions bien périlleuses, on n'a eu à
déplorer la perte d'aucun ouvrier. Ce n'est pas que les incidents aient manqué : plus d'un homme est tombé à la mer en voulant débarquer, une chaloupe, portant son équipage, a été crevée le long de la roche par un coup de
ressac; un manœuvre, montant du mortier sur la tour par une échelle extérieure, a été enlevé par une lame sourde; mais le chantier était muni de tous
les moyens de sauvetage désirables, et, en somme, personne ne s'est noyé.

L'édifice a été projeté et exécuté par MM. Planchat, ingénieur en chef, et Fénoux, ingénieur ordinaire des ponts et chaussées, et les chantiers ont été dirigés par M. le conducteur Bouillon.

L'appareil d'éclairage a été exécuté par MM. Henry-Lepaute.

La trompette à vapeur est due à MM. Lissajoux et Flaud.

4° TOURS EN CHARPENTE DE BOIS OU DE METAL

Les tours en bois ne peuvent convenir que pour des phares provisoires. Les
tours en fer conviennent à des feux définitifs, et rendent de grands services

lorsqu'il s'agit d'établir un phare sur des côtes désertes ou sur des plages sablonneuses incapables de recevoir une fondation en maçonnerie.

Parmi les phares en bois nous citerons celui de Pontaillac; parmi les phares en fer celui des Roches-Douvres, celui de Walde et celui de la Palmyre.

Phare de Pontaillac. — Le phare de Pontaillac, combiné avec le phare en maçonnerie de Terre-Nègre, signale la passe du nord de la Gironde Cette passe, ouverte entre des bancs de sable, change avec le temps; c'est ce qui a conduit à établir à Pontaillac un édifice facile à démonter et à transporter; et comme on voulait le monter très-rapidement, on l'a construit en bois.

On s'est attaché à donner à la charpente une grande base et le plus de vides possible en élévation et elle a bien résisté aux tempêtes.

« Les dimensions de la plate-forme supérieure, pour la chambre de service et celle de l'appareil, ayant été fixées à 3ᵐ,60 en carré, on a dirigé les quatre faces de la pyramide tronquée qui forme l'extérieur de l'échafaudage suivant une inclinaison de 1/5, ce qui a donné une base de 15ᵐ,80, pour une hauteur de 30ᵐ,50.

Chaque face de ce tronc de pyramide se compose seulement de deux arêtiers, de pannes établies de 4ᵐ,50 en 4ᵐ,50 environ, de croix de Saint-André reliant deux cours successifs de pannes et de trois doubles moises montantes embrassant à la fois pannes et croix de Saint-André.

Les seules pièces intérieures de l'échafaudage consistent : 1° dans quatre poteaux verticaux qui s'élèvent depuis la base jusqu'à 5ᵐ,50 au-dessus de la plate-forme supérieure et qui sont revêtus de bordages dans cette hauteur pour former la chambre de service et celle de l'appareil; 2° dans des escaliers droits compris entre ces poteaux et s'appuyant sur des paliers en encorbellement établis de 2ᵐ,25 en 2ᵐ,25, 3° dans des moises simples rattachant les poteaux avec les pannes des faces de la pyramide, et dans des colliers d'angle réunissant deux à deux ces pannes pour empêcher leur roulement dans leurs assemblages avec les arêtiers.

Malgré tous ses vides, l'échafaudage présente encore un nombe de pièces montantes assez grand (32) pour que les assemblages nécessités par la hauteur de la construction aient pu être entrecoupés de telle sorte que la solidité de l'ouvrage n'eût pas à souffrir.

« Les dépenses de construction se sont élevées à la somme de 34910ᶠʳ,13. »

Phare des Roches-Douvres. — Le plateau des Roches-Douvres est situé à égale distance entre Bréhat et Guernesey, à 27 milles marins au large du port de Portrieux.

M. l'ingénieur en chef Dujardin avait étudié d'abord un projet de tour en maçonnerie, mais la construction dans une mer habituellement très-grosse, sur un rocher couvert à haute mer et entouré de courants violents, eût entraîné une grosse dépense et de grandes difficultés. M. le directeur des phares eut alors l'idée de recourir à une construction métallique. Ce projet fut approuvé et la tour métallique, installée d'abord au Champ de Mars en 1867, fut montée sur le plateau des Roches-Douvres en 1868 et 1869, le soubassement en maçonnerie ayant été exécuté en 1867.

Voici la description de la tour métallique, dont la similaire, construite pour la Nouvelle-Calédonie, est représentée par la planche 128 :

« La roche qui l'a reçue est située à peu près au milieu du côté sud du plateau; elle s'élève au niveau des hautes mers, et le soubassement en maçonnerie de l'édifice a 2ᵐ,10 de hauteur. La tour métallique a 48ᵐ,30 de hauteur depuis son pied jusqu'au niveau de la plate-forme supérieure, et 56^m,15 jusqu'au sommet de la lanterne. Son diamètre, qui est de 11^m,10 à la base pour le cercle inscrit, est réduit à 4 mètres au sommet.

Le foyer de l'appareil d'éclairage dominera de 53 mètres le niveau des plus hautes mers.

Un escalier en fonte occupe le centre de l'édifice, les magasins et logements de gardiens sont distribués au pied de la construction, et sont surmontés de deux galeries intérieures où pourraient être recueillis des naufragés et où coucheront les ouvriers que des circonstances exceptionnelles pourront appeler à passer quelques jours dans le phare.

Les logements se composent d'un vestibule dans lequel sont arrimées les caisses à eau, d'un magasin, d'une cuisine, de trois chambres de gardiens et d'une chambre réservée pour les ingénieurs en tournée d'inspection.

Une soute à charbon est ménagée dans l'épaisseur du massif, au-dessous de la cage de l'escalier.

La plupart des phares métalliques exécutés jusqu'à présent sont formés de feuilles de tôle plus ou moins épaisses qui sont rivées entre elles. Ce système n'a pas paru devoir être adopté ici : en premier lieu, parce qu'il fait reposer la solidité de l'édifice sur une enveloppe qui, grandement exposée à l'oxydation, ne peut être de longue durée, surtout si l'entretien est négligé ; en second lieu, parce que la pose des rivets et le mode de construction exigent des ouvriers spéciaux et des échafaudages difficiles à établir sur une roche de dimensions restreintes. On s'est donné pour conditions :

1° De rendre l'ossature de l'édifice indépendante de l'enveloppe extérieure, de la mettre à l'abri des embruns de mer, qui sont une cause énergique d'oxydation, d'en faciliter la visite et l'entretien, et de réduire autant que possible l'étendue des surfaces qui pourraient retenir l'humidité ;

2° De disposer la construction de telle sorte que la tour pût s'installer sans échafaudages montant de fond, et sans qu'il fût nécessaire de poser un seul rivet sur place.

On s'est attaché d'ailleurs à ne pas admettre de pièces de telles dimensions, qu'il en résultât des difficultés d'embarquement et d'arrimage à bord ou de montage.

Seize grands montants, composés chacun de quinze panneaux sur la hauteur, constituent l'ossature de la construction. Chaque panneau est formé de fers à simple T, assemblés, consolidés et rivés de manière à être parfaitement solidaires, et à ne pas se prêter à la déformation sous les plus fortes actions qu'on puisse prévoir. Ces panneaux se boulonnent les uns sur les autres, et des entretoises, appliquées tant au dedans qu'au dehors et également boulonnées, maintiennent les montants dans leurs positions. Enfin, sur ces dernières entretoises et sur les faces extérieures des montants, s'appuient les feuilles de tôle constituant l'enveloppe, dont les joints sont couverts par des plates-bandes en fer, et qui sont fixées par des boulons.

Chaque montant porte à son sommet une console en fonte, au-dessus de laquelle est établie en encorbellement la plate-forme qu'exige le service extérieur de la lanterne, et repose à son pied sur un grand patin également en fonte, que saisissent six boulons de scellement en fer, et qui sera noyé dans un massif de béton.

Des cloisons en briques entourent les chambres ; celles de l'extérieur sont tenues à 0^m,05 de l'enveloppe en tôle, de manière à abriter efficacement. Une aire en béton élève le sol à $0^m,40$ au-dessus du couronnement du patin en fonte, et un plancher en maçonnerie, reposant sur de petites solives en fer, forme le plafond.

Une chambre de service est ménagée au sommet de la tour; elle communique avec la chambre de la lanterne par une échelle de meunier en fonte, ainsi qu'il est d'usage.

L'escalier de la tour est en fonte avec limons en fer. Le limon extérieur est boulonné contre les montants qu'il rencontre, et il contribue ainsi à la rigidité du système. Une demi-révolution de l'escalier correspond exactement à la hauteur d'un panneau, soit $3^m,20$.

La porte d'entrée est exécutée en chêne avec ferrements en bronze; tous les châssis des fenêtres sont en fer laminé.

Les fers à T, pliés suivant les angles du polygone, pour former l'arête extérieure des panneaux, ont $0^m,18$ sur $0^m,10$. Ils pèsent 31 kilogrammes le mètre. Ceux qui constituent les trois autres côtés des panneaux ont $0^m,20$ sur $0^m,10$ et pèsent 35 kilogrammes par mètre. Les panneaux des trois premiers rangs ont chacun une écharpe en diagonale, laquelle est composée d'un fer méplat de $0^m,14$ sur $0^m,014$, assemblé, au moyen de rivets, avec deux fers à T de $0^m,130$ sur $0^m,065$. Cette écharpe, rivets compris, pèse 44 kilogrammes par mètre.

Les entretoises sont formées de fer méplat de $0^m,080$ sur $0^m,016$ du poids de $9^k,689$ par mètre.

L'épaisseur de la tôle diminue depuis l'étage inférieur, où elle est de $0^m,010$, jusqu'au sommet, où elle est réduite à $0^m,007$.

Les couvre-joints sont exécutés en fer plat de $0^m,011$ d'épaisseur. »

La tour métallique proprement dite, en fer et fonte, a coûté 224000 francs, et le phare complet construit sur les Roches-Douvres est revenu à 605350 francs.

Le projet de la tour métallique est de MM. Reynaud et Allard. M. l'ingénieur de la Tribonnière a dirigé les travaux sur le rocher.

Phare de Walde. — Le phare de Walde est construit dans un système tout différent du précédent. Il est établi, à l'est de Calais, sur un estran sablonneux de 1800 mètres de large, sur le point le plus avancé d'un banc qui ne découvre qu'en vive eau. On ne pouvait songer à asseoir de la maçonnerie sur un sable éminemment affouillable, et l'on a dû recourir à l'emploi exclusif du fer.

L'échafaudage, qui supporte la chambre des gardiens et la lanterne, est composé de six pieux à vis inclinés à $0^m,25$ de base pour 1 mètre de hauteur, formant les arêtes d'une pyramide hexagonale, et d'un pieu vertical placé au centre; ces pieux sont maintenus et réunis entre eux par des tirants munis de lanternes et de vis d'ajustement; chacun des pieux extérieurs est lié à ses voisins par trois étages de tirants en croix de Saint-André; il est en même temps lié au pieu central par quatre tirants obliques et un tirant horizontal.

La plate-forme de la lanterne est à $16^m,45$ au-dessus du niveau normal de l'estran et à $6^m,50$ au-dessus des plus hautes mers.

Un pieu latéral se compose d'un bout en fer forgé, de 15 mètres de longueur et de $0^m,152$ de diamètre, portant en bas l'hélice en fonte au moyen de laquelle on enfonce le pieu par un mouvement de rotation, et taraudé à la partie supérieure pour recevoir la rallonge de 8 mètres destinée à le compléter.

Les murs de la chambre des gardiens sont en tôle, revêtus intérieurement de lambris en chêne. Les cloisons de distribution sont en bois. Cinq fenêtres et une porte sont pratiquées dans le parement et clos également par des ouvrages en menuiserie.

Le couronnement supérieur porte la lanterne, à laquelle on accède par un escalier en fonte.

francs.

L'échafaudage métallique a coûté. 90.865,75
Et la construction du couronnement 16.500,00

Dépense totale 107.365,75

Phare de la Palmyre. — Le phare de la Palmyre, représenté par la figure 8 de la planche 123, est situé au milieu des dunes de la rive droite de la Gironde; il concourt à marquer la passe nord de l'embouchure. Cette passe étant variable, on a voulu adopter un système susceptible d'être démonté et transporté. Ce système a été combiné, sous la direction de M. Reynaud, par M. Lecointre, ingénieur de la marine et de la Compagnie des forges et chantiers de la Méditerranée. — En voici la description d'après les notices de l'Exposition de 1873.

« Le fût de la tour se compose essentiellement de neuf tubes cylindriques de $2^m,80$ de hauteur chacun, ajustés les uns sur les autres et formant ensemble une cage d'escalier de 2 mètres de diamètre intérieur. Ces tubes, du poids de deux tonnes, sont composés de six feuilles de tôle de 10 millimètres d'épaisseur, reliées par des couvre-joints verticaux extérieurs au moyen de rivures, et bordées à leurs extrémités supérieure et inférieure par deux cornières de $\frac{120\times120}{10}$ rivetées sur ces feuilles. Des boulons permettent de réunir chaque tube à celui qui le précède et à celui qui le suit.

Dans chaque élément du fût, l'escalier est éclairé par une petite fenêtre ménagée dans la tôle, et se compose de seize marches en tôle striée de 80 centimètres de longueur moyenne fixées sur deux cours de cornières posés, l'un sur la surface intérieure du tube, l'autre sur un noyau cylindrique creux de 40 centimètres de diamètre extérieur.

L'ensemble des neuf tubes forme une colonne de $25^m,20$ de hauteur, qui est rendue solidaire avec un massif de fondation en béton de 3 mètres d'épaisseur, coulé dans le sable au sommet de la dune sur laquelle repose le phare. La liaison du tube à ce massif s'opère à la fois au sommet et à la base. A cet effet, des boucliers en fonte à nervures, encastrés dans les couches inférieures du bloc de béton, servent de points d'attache à des boulons qui traversent toute l'épaisseur de ce massif, et dont les têtes s'engagent dans les patins fixés, d'une part, à la base du premier tube inférieur par un rivetage, et assujettis, d'autre part, par un double système d'écrous, à ces boulons. Ce mode d'assemblage, employé pour relier la base de la tour à sa fondation, est également utilisé pour rattacher l'ensemble des deux tubes supérieurs de la colonne au même massif. A cet effet, trois jambes de force, tubulaires, exécutées en tôle, sont rivetées au moyen de cornières elliptiques, aux huitième et neuvième tubes, et sont fixées à leur pied à des boucliers, comme ceux qui maintiennent la colonne.

Le massif de béton affecte en plan la forme d'un Y équilatéral, dont chaque branche a 4 mètres de largeur et se termine par un demi-cercle, dont le centre est à 5 mètres de l'axe de la tour. La colonne centrale, maintenue par six boulons de 7 centimètres de diamètre et de $3^m,67$ de longueur, repose sur un socle monolithe vertical de 40 centimètres de hauteur. L'axe de chacune des trois jambes de force rencontre la surface du massif de béton au centre de la circonférence qui termine chaque branche de l'Y. Ces arcs-boutants sont fixés à leur base par quatre patins, au moyen d'un même nombre de boulons de 7 centimètres de diamètre et de $3^m,17$ de longueur, engagés, comme ceux du centre, dans des boucliers en fonte. Ces quatre patins reposent sur un socle cylindrique, faisant corps avec le massif de béton, et dont la surface est normale à la direction de l'arc-boutant. Les boulons de fondation sont respectivement parallèles aux jambes de force qu'ils sont appelés à fixer. Les éléments cylindriques des arcs-boutants et du noyau de l'escalier s'emboîtent les uns dans les autres, de façon que l'extrémité supérieure de chaque élément soit recouverte, sur 10 centimètres environ de longueur, par la partie inférieure de l'élément qui la surmonte ; ces assemblages sont maintenus par des rivures.

La colonne occupée par l'escalier est surmontée d'une construction cylindrique de $4^m,20$ de diamètre intérieur, divisée en trois parties : la chambre de service, la chambre de l'appareil, et la toiture. Une galerie extérieure de 90 centimètres de large, à laquelle on accède par la chambre de service, permet de circuler autour de l'édifice ; elle est supportée par des consoles et accompagnée d'un garde-corps en tôle non évidée.

Cette partie supérieure est formée de douze feuilles de tôle assemblées à l'intérieur par des cornières verticales. Chacun de ces segments cylindriques est recouvert au dedans par un panneau en bois de teck, de 4 centimètres d'épaisseur. La chambre de service a 3 mètres de hauteur : elle contient le tambour d'arrivée de l'escalier de la tour, un réduit servant de chambre de repos pour les gardiens, et un petit magasin pour le matériel ; une échelle en fer forgé la met en communication avec la chambre de l'appareil. Une petite galerie extérieure est située au-dessous de cette dernière chambre : elle a pour but de permettre le nettoyage journalier de la glace qui donne passage aux rayons lumineux. Une cheminée verticale en tôle, de 80 centimètres de diamètre, permet de se rendre de la chambre de l'appareil au sommet de la toiture, sur laquelle il est possible, en traversant un trou d'homme, d'exécuter les réparations qui peuvent devenir nécessaires. On a de même ménagé, au moyen de crochets fixés sur la toiture et d'ouvertures réservées dans le plancher de la plate-forme inférieure de la lanterne, la possibilité d'établir un échafaudage extérieur mobile pour renouveler, sur toutes les surfaces de la tour, les peintures destinées à protéger le métal contre l'oxydation. »

ÉTAT GÉNÉRAL DES PHARES DE FRANCE

Au 1er janvier 1873, le nombre des phares de France s'élevait à 336, dont 241 créés ou renouvelés depuis 1848. C'est aussi de cette époque que date réellement le balisage maritime.

Voici, d'après la Direction du service des phares, un état comparatif des diverses conditions qui caractérisent les anciens et les nouveaux appareils :

	ANCIEN SYSTÈME. HUILE DE COLZA.					NOUVEAU SYSTÈME. HUILE MINÉRALE.				
	1er ORDRE.	2e ORDRE.	3e ORDRE. G.M.	3e ORDRE. P.M.	4e ORDRE.	1er ORDRE.	2e ORDRE.	3e ORDRE.	4e ORDRE.	5e ORDRE.
Nombre de mèches	4	3	2	2	1	5	4	3	2	1
Diamètre moyen de la mèche extérieure	85mm / 90	69mm / 74	39mm / 44	53mm / 57	24mm / 39	105mm / 110	85mm / 90	65mm / 70	45mm / 50	25mm / 50
Diamètre du bec										
Diamètre de l'appareil lenticulaire	1m,84	1m,40	1m,00	0m,50	0m,375	1m,84	1m,40	1m,00	0m,50	0m,375
Intensité de la lampe en becs de Carcel	25b	15b	8b	3b	1b,6	50b	25b	14b	6b,4	2b,2
Intensité du feu fixe, sans réflecteur	630	535	90	50	13	820	510	2.0	64	18
Consommation { par heure.. / par année. — d'huile par bec..	760e / 3,040k	500e / 2,000k	175e / 700k	110e / 440k	60e / 240k	500e / 3,000k	650e / 2,520k	360e / 1,400k	160e / 640k	55e / 230k
Dépenses annuelles de fourniture d'huile au prix moyen de 1f,51 pour l'huile de colza, et de 0f,85 pour l'huile minérale, par phare..	4590f,40	3090f,00	1067f,00	664f,40	362f,40	3060f,00	2143f,00	1234f,00	544	187f,00
Nombre de phares au 1er janvier 1873..	42	6	50	15	250	42	6	30	15	250
Dépense annuelle d'huile par ordre de phares..	192,796f,80	18,130f,00	51,710f,00	9,966f,00	83,332f,00	128,520f,00	12,832f,00	36,720f,00	8,160f,00	43,040f,00
Total de la dépense annuelle d'huile..	355,956f,80					229,292f,00				

5° PHARES FLOTTANTS

Les phares flottants ont reçu un assez grand développement en Angleterre, où, en 1860, il en existait, suivant M. Degrand, 46, alors que nous n'en avions qu'un seul en France.

Les phares flottants, ou feux installés sur des bateaux mouillés à poste fixe, conviennent particulièrement pour signaler les écueils ou les bancs de sable situés dans des parages fréquentés et ne découvrant jamais à basse mer.

Les deux premiers phares flottants d'Angleterre furent installés en 1734.

« Les feux flottants actuels sont, dit M. Degrand, des navires à quille, mais à varangues plates, relevées et évasées de l'avant, à l'arrière arrondi et à voûte pleine; enfin, une disposition plus particulière, c'est qu'indépendamment de la quille proprement dite, il y a de chaque côté de celle-ci deux fausses quilles ou pièces longitudinales, fixées en saillie sur les flancs du navire, de manière à augmenter la résistance aux oscillations transversales. »

Le fer a été substitué au bois dans la construction de ces navires : il donne lieu à moins d'avaries; l'entretien est plus facile, puisqu'il n'y a qu'à renouveler la peinture; à dimensions égales, il y a plus de place libre pour les aménagements intérieurs, et à volume égal on peut réaliser un moindre tirant d'eau ; les chances d'incendie sont moindres, et la solidité plus grande.

Un phare flottant en bois de 158 tonnes a coûté 125 000 francs, et un phare flottant en fer de 200 tonnes a coûté 167 500 francs.

Les phares flottants anglais sont maintenus par de très-fortes chaînes et par des ancres très-lourdes, en forme de champignon ou de parapluie renversé, qui agissent à la fois comme ancres et comme corps morts, et qui ont conduit à d'excellents résultats.

Malgré leur utilité réelle dans certains cas, les phares flottants ne peuvent convenir comme feux de grand atterrage; munis d'appareils d'éclairage de faible puissance, peu élevés au-dessus de l'eau, et par conséquent de faible portée géographique, ils ne doivent être employés que dans des cas exceptionnels, lorsqu'un établissement fixe est impossible à réaliser.

Au 1ᵉʳ janvier 1873, il existait en France dix feux flottants. Deux sont mouillés dans la rade de Dunkerque : celui de Mardick est un feu fixe rouge ; le Ruytingen est un feu rouge varié par des éclipses de trente en trente secondes. — Vus l'un par l'autre, ils donnent le gisement de la rade de Dunkerque.

Voici les dimensions principales du *Ruytingen* :

Longueur totale sur le pont : 25 mètres.
Largeur totale sur le pont, au maître-bau 6ᵐ,50
Creux au maître-bau, depuis le dessous du pont 3ᵐ,75
Hauteur d'entre-pont 2ᵐ,50
Tonnage. . . . . 150 tonneaux

. Le bâtiment est mouillé sur fond de sable par 11 mètres d'eau à basse mer; il est affourché sur deux ancres à une patte, pesant chacune 1200 kilogrammes, placées dans la direction du maximum d'intensité des courants des marées à 125 brasses de distance l'une de l'autre.

Les formes un peu allongées du navire ont pour but d'offrir moins de prise lorsqu'il est debout à la lame; à l'avant, ces formes sont très-fines vers le bas et renflées vers le haut, de manière à rejeter les eaux qui s'élanceraient sur le pont : la quille principale, plus saillante que dans les bâtiments ordinaires, est accompagnée de deux quilles latérales, le tout ayant pour objet de réduire l'amplitude du roulis.

La lanterne est portée pendant la nuit par un mât au pied duquel est une cabane qui reçoit la lanterne pendant le jour et permet de faire à couvert le service de l'appareil. Le mât a 17 mètres de hauteur au-dessus de la flottaison; l'appareil d'éclairage se compose de huit photophores ou réflecteurs de 0^m,57 d'ouverture, illuminés par des lampes à niveau constant, consommant 60 grammes d'huile de colza par heure, et dont la flamme est placée au foyer du paraboloïde. — L'intensité maxima d'un de ces appareils est de 100 becs Carcel unité, la divergence est de 30°, et la portée lumineuse dans l'axe est de 14 milles.

Les dépenses de premier établissement, tout compris, se sont élevées à 125 090 francs, et l'entretien annuel est de 26 500 francs.

6° AMERS, BALISES ET BOUÉES

Amers. — On donne le nom d'amers (ad mare, vers la mer) à tous objets ou édifices susceptibles d'être aperçus de la mer à une certaine distance, et de guider le navigateur dans sa route.

Des phares, des clochers, des moulins à vent, des maisons, des rochers, des arbres, etc., constituent d'ordinaire les amers. Mais on en établit également au moyen de constructions spéciales, telles que grands pignons tournés vers la mer, tours et demi-tours cylindriques creuses.

Un amer doit embrasser un angle d'environ 2 minutes à la plus grande distance à laquelle il doit être vu. Quand la hauteur est grande, on peut cependant réduire la largeur.

La forme rectangulaire est généralement adoptée pour les amers en maçonnerie, qui se composent d'un mur soutenu en arrière par deux contre-forts. Dans les amers en charpente, la surface vue se compose d'une aire en planches jointives, et, si l'édifice doit être aperçu dans des directions très-diverses, on adopte des tours rectangulaires surmontées de voyants plus ou moins développés.

Les amers qui se projettent sur un fond clair doivent être peints en noir, et ceux qui se projettent sur un fond sombre doivent être peints en blanc. Par le phénomène de l'irradiation, les objets sombres sur fond clair perdent de leur largeur apparente.

La figure 7 de la planche 123 représente un amer projeté à Plouha (Côtes-du-Nord) en remplacement d'un ancien mur de 16 mètres de haut sur 10 mètres de large ; cet amer sert avec une tour balise à jalonner la passe de Bréhat, indiquée sur la carte de la planche 122.

Le nouvel amer est une demi-tour creuse, peinte en blanc, se projetant sur un coteau sombre ; sa convexité est tournée vers le large, et elle présente dans toutes les directions une génératrice brillante : son diamètre est de 6 mètres au sommet, et sa hauteur atteint 20 mètres au-dessus du sol. L'épaisseur de la

maçonnerie est de 0ᵐ,60 au sommet avec fruit extérieur de 4 0/0 et fruit intérieur de 2 0/0 ; vers la partie médiane de la concavité intérieure est ménagée
une face plane avec feuillure, dans laquelle sont scellés des échelons de fer
permettant de monter jusqu'au couronnement protégé par une balustrade en
fer.

La stabilité de cet édifice peut être calculée en l'assimilant à une tige verticale encastrée par le pied et pressée suivant sa section diamétrale par un vent
de tempête exerçant un effort de 275 kilogrammes par mètre carré.

Le feu de Bodic (figure 2, planche 122), qui avec le phare de la Croix
jalonne la passe du Trieux, sert d'amer pendant le jour ; son grand pignon, qui
n'est percé que de la fenêtre derrière laquelle on place le feu, est tourné vers
la mer.

Balises. — Les balises sont des appareils destinés à signaler, à baliser les
écueils sous-marins.

Les plus simples sont des gaules en bois, de 0ᵐ,25 à 0ᵐ,40 de diamètre,
fixées par des patins recouverts d'enrochements ou coincées dans des trous
creusés à cet effet. Ces gaules portent à leur sommet un voyant, tel qu'un ballon ou une tonne. Ces balises sont fréquemment enlevées et ne se voient qu'à
faible distance ; on tend à les remplacer par des ouvrages plus durables et plus
visibles.

Les balises en fer à une seule branche ont les mêmes inconvénients ; mais on
fait des balises à plusieurs branches en forme de pyramides supportant un
voyant de grande dimension. Telle est la balise installée sur le rocher d'An-
tioche dans le pertuis qui sépare les îles de Ré et d'Oléron : elle se compose de
quatre montants en fer rond de 0ᵐ,14 de diamètre, dirigés suivant les arêtes
d'un tronc de pyramide rectangulaire, et reliés solidement entre eux, ainsi qu'à
un pieu central en fer également rond, ayant 0ᵐ,10 de diamètre. Les montants
formant les angles de la pyramide sont espacés de 4ᵐ,86 d'axe en axe à la
partie inférieure et de 2ᵐ,50 au sommet qui se trouve à 7 mètres au-dessus du
rocher.

Cet ensemble, qui constitue la base, est surmonté d'une construction du même
genre de forme carrée et ayant 3 mètres de hauteur.

Le tout est terminé par une pyramide de 2ᵐ,50 de hauteur couronnée par
une sphère de 1ᵐ,30 de diamètre.

Toute la partie supérieure de la balise est garnie de feuilles de tôle posées à
claire-voie, dans le but de rendre l'édifice plus apparent.

Le sommet de la balise se trouve à 10ᵐ,50 au-dessus des hautes mers ; le
pieu central porte des échelons permettant de gagner un plancher ménagé à la
base de la pyramide supérieure.

Les dépenses se sont élevées à 21 000 francs.

Depuis quelques années, on a exécuté beaucoup de tourelles-balises en maçonnerie, ce qui est devenu économiquement possible, grâce à l'emploi des
petits matériaux et des ciments. Les tourelles, construites sur des têtes de
rocher émergeant à certaines basses mers, sont encastrées au pourtour de
0ᵐ,20 dans ce rocher. Le diamètre à la base est la moitié de la hauteur et le
fruit du parement est de $\frac{1}{10}$.

Les tourelles portent des poignées et une échelle de sauvetage, et sont couronnées par une plate-forme à balustrade.

Ces balises ont le tort de ne pas être aperçues dans la nuit ; on les signale
quelquefois par une cloche, dont le marteau est mis en branle par un flotteur

qui oscille dans un puisard ménagé dans la maçonnerie ; ce flotteur obéit aux oscillations de la mer et actionne le marteau de la cloche.

Cette cloche, pesant 250 kilogrammes, est portée par trois montants en fer scellés dans le couronnement.

Les tours-balises sont peintes en rouge au-dessus des hautes mers avec couronne blanche portant le nom de l'écueil.

Bouées. — Toutes les anciennes bouées étaient en bois.

Elles affectaient la forme de tonnes demi-cylindriques, ou plus souvent de cônes, ayant la pointe en bas ; d'autres étaient établies sur plan rectangulaire avec angles arrondis.

Les grandes bouées coniques de la Gironde ont 2^m,56 de diamètre maximum et 7^m,47 de longueur totale ; elles sont mouillées par des profondeurs de 19 mètres, et se maintiennent inclinées à environ 45° sous l'influence des courants. Elles sont maintenues par des corps morts en fonte pesant 1000 kilogrammes et par des chaînes de 0^m,30 de diamètre.

Les bouées d'amarrage pour petits bâtiments de faible profondeur d'eau sont de forme carrée : elles ont 1 mètre de côté sur 0^m,80 de hauteur. Elles sont en sapin, et dans les vides on place des boîtes en zinc pour les maintenir à flot.

Aujourd'hui, on emploie beaucoup de bouées en tôle, qui coûtent plus cher d'établissement, mais qui sont plus durables, moins chères d'entretien et se prêtent à toutes les formes. La partie immergée est sphérique, c'est elle qui donne le plus grand déplacement et assure la stabilité en tous sens, pourvu que par un lest convenable on amène le centre de gravité de l'appareil au-dessous du centre de gravité du volume immergé. La partie supérieure est un cône tronqué, dont le sommet est remplacé par un voyant de caractère distinctif. La bouée est divisée en deux parties par une cloison étanche, afin de rester à flot au cas où l'un des compartiments serait crevé.

On a fait des bouées en forme de bateau qui offrent moins de prise au courant et peuvent être facilement remorquées.

Les corps-morts auxquels s'attache la chaîne des bouées sont des blocs en fonte, des ancres de rebut, des ancres à champignon, des vis Mitchell, engagés dans le sable ou dans l'argile compacte.

Les bouées que le navigateur venant du large laisse à tribord sont peintes en rouge avec couronne blanche au-dessous du sommet ; celles qu'il doit laisser à bâbord sont peintes en noir ; celles qui peuvent être indifféremment laissées à tribord ou à bâbord sont peintes par bandes horizontales alternativement rouges et noires.

Chaque bouée porte un numéro d'ordre, et on inscrit à la surface le nom de l'écueil ou du banc qu'elle signale.

Quelques bouées ont été munies de cloches ou de prismes triangulaires garnis de miroir.

7° SIGNAUX DE MARÉE ET APPAREILS DIVERS

Signaux pour les temps de brume. — Nous venons de signaler au paragraphe précédent l'emploi des cloches sur les tours-balises et sur les bouées. Ce moyen n'est efficace qu'à faible distance. Il ne peut dans les temps de brume suppléer un phare, et il faut recourir à des appareils de plus grande intensité.

On a rejeté les armes à feu à cause du danger des approvisionnements qu'elles exigeraient dans les phares ; on a essayé les cloches, les timbres, les gongs, les feuilles métalliques, les sifflets et les trompettes ; ce sont les trompettes, alimentées à la vapeur ou à l'air comprimé, qui ont été définitivement adoptées.

A l'Exposition de 1867, de l'air comprimé à 1 atm. 65 était lancé dans une trompette de 2 mètres de hauteur à pavillon recourbé, munie d'un vibrateur métallique. A Ouessant, cette trompette a été entendue en temps calme à 15 kilomètres ; à Paris, par une petite brise de vent debout, elle a porté jusqu'à 6 kil. 5.

Nous avons décrit plus haut, en même temps que le phare du Four, la trompette à vapeur qui y est installée.

Signaux de marée. — Les signaux de marée dans nos ports de l'Océan sont obtenus au moyen de ballons et de pavillons, qui se hissent sur un appareil composé au moyen d'un mât et d'une vergue.

« Un ballon placé à l'intersection du mât et de la vergue, annonce une profondeur d'eau de 5 mètres dans toute la longueur du chenal. Chaque ballon placé sur le mât au-dessous du premier ajoute 1 mètre à cette hauteur d'eau ; placé au-dessus, il en ajoute 2. Hissé à l'extrémité de la vergue, un ballon représente $0^m,25$ quand le navigateur le voit à gauche du mât et $0^m,50$ quand il le voit à droite.

Afin d'indiquer le mouvement de la marée, on emploie un pavillon blanc avec croix noire et une flamme noire en forme de guidon. Ces pavillons se hissent dès qu'il y a 2 mètres d'eau dans le chenal, et sont amenés dès que la mer est redescendue à ce même niveau. Pendant toute la durée du flot, la flamme est au-dessus du pavillon ; au moment de la pleine mer et pendant la durée de l'étale, la flamme est amenée ; enfin la flamme est au-dessous du pavillon pendant le jusant. »

Cinq ballons suffisent donc pour signaler les hauteurs d'eau de $0^m,25$ en $0^m,25$, depuis 3 mètres jusqu'à $8^m,75$.

Les ballons, peints en noir, ont 1 mètre de diamètre et sont espacés entre eux de 3 mètres.

Quand l'état de la mer ne permet pas l'accès du port, tous les signaux sont remplacés par un pavillon rouge hissé au sommet du mât.

Au Havre, quand l'entrée est masquée par la brume et qu'il existe $3^m,75$ au moins de hauteur d'eau, une cloche, installée sur la jetée nord, sonne par volée de dix minutes avec intervalle de repos de même durée.

Voici, d'après la notice de M. l'ingénieur Quinette de Rochemont, les autres signaux en usage au port du Havre :

« L'ouverture des bassins à flot est annoncée, comme dans les autres ports, par un pavillon blanc encadré de bleu ; mais l'interruption momentanée ou l'interdiction absolue des mouvements de la navigation à l'entrée et à la sortie du port sont signalées de la manière suivante :

1° *Défense d'entrer.* — Un ballon au-dessus de la vergue du mât du côté de la rade.

2° *Défense de sortir et interdiction de mouvements dans l'avant-port.* — Deux ballons au-dessous de la vergue du côté de l'avant-port.

3° *Défense d'entrer et de sortir et interdiction de mouvements dans l'avant-port.* — Un ballon au-dessus de la vergue du côté de la rade ; deux ballons au-dessous de la vergue du côté de l'avant-port.

4° *Suspension de tous mouvements pour faciliter l'entrée d'un grand navire.* — Deux ballons au-dessous de la vergue du côté de l'avant-port; un ballon au-dessus de la vergue du côté de la rade; pavillon blanc encadré de bleu en tête de mât.

5° *Suspension de tous mouvements pour faciliter la sortie d'un grand navire.* — Pavillon vert en tête de mât; un ballon au-dessus de la vergue du côté de la rade; deux ballons au-dessous de la vergue du côté de l'avant-port.

La suspension de tous mouvements pour faciliter l'entrée ou la sortie d'un grand navire est précédée d'un signal d'avertissement dont la durée est de dix minutes. Dans le premier cas, ce signal consiste à amener le pavillon blanc et bleu à mi-mât, et dans le second, à hisser le pavillon vert en tête de mât.

La nuit, les mêmes indications sont transmises aux navires au moyen de feux rouges, blancs et verts, ayant respectivement la signification attribuée aux ballons, au pavillon blanc encadré de bleu et au pavillon vert. Les fanaux occupent sur le mât la même position que les ballons et les pavillons. »

Nous n'avons pas cru pouvoir passer sous silence, dans un *Traité de navigation*, les canaux maritimes, dont le principal, le canal de Suez, est une œuvre éminemment française.

Les ouvrages de ces canaux, écluses, ponts mobiles, quais, etc., ne diffèrent pas de ceux que nous avons déjà décrits en traitant des canaux ordinaires et des ports de mer.

Les canaux maritimes, tracés en travers des isthmes qui relient les continents, sont susceptibles de rendre les plus grands services au commerce du monde, soit en réduisant dans de grandes proportions la longueur des parcours par mer, soit en évitant les transbordements coûteux et les transports par terre.

Autrefois, les marchandises de l'Orient arrivaient sur la mer Rouge ou sur le golfe Persique, traversaient avec les caravanes l'intervalle entre ces deux mers et la Méditerranée, puis étaient embarquées à nouveau pour se répartir ensuite entre les ports de l'Occident.

La découverte du cap de Bonne-Espérance avait fait abandonner cette voie ancienne, et bien que le parcours fût porté de 2000 à 4500 lieues, le chemin du Cap fut jusqu'à ces derniers temps préféré comme plus économique et moins dangereux.

Le canal de l'isthme de Suez vient de rétablir les anciens courants commerciaux, en supprimant tout transbordement et tout transport par terre.

Parmi les canaux maritimes possibles, on peut citer en seconde ligne celui de l'isthme de Panama, qui sépare la mer des Antilles de l'océan Pacifique, et dont la longueur peut être réduite à 15 ou 16 lieues.

Beaucoup d'autres canaux réunissant deux mers à travers un continent ont été exécutés ou le seront un jour, mais on leur conserve ou on leur conservera nécessairement les caractères de voies de petite navigation. Tels sont:

Le canal du Midi prolongé par la Garonne;

La voie qui relie la Manche et la Méditerranée par la Seine, l'Yonne, le canal de Bourgogne, la Saône et le Rhône;

La voie qui, par le Danube, l'Elbe et l'Oder, relie la mer Noire à la mer du Nord et à la Baltique ;

· Le canal de Russie, qui joint la Caspienne et la mer Noire à la Baltique par le Volga et le Don.

Nous n'avons pas à entrer dans l'examen de toutes ces voies navigables; nous dirons seulement quelques mots des suivantes :

         1° Le canal calédonien,
         2° Le canal de Suez,
         3° Le canal Saint-Louis, en France,
         4° Le canal d'Amsterdam à la mer du Nord.

1° Canal calédonien. — Le Canal calédonien traverse l'Écosse de la mer du Nord à l'Océan, figure 4, planche 129. Il suit la vallée qu'on appelle la grande vallée d'Écosse qui se développe pour ainsi dire sur un seul alignement de 200 kilomètres de long, parallèle lui-même aux chaînes de montagnes de ce pays.

Cette vallée renferme : 1° deux lacs profonds à parois abruptes : le lac Ness, dont la profondeur atteint 236 mètres, et le lac Lochie qui offre des profondeurs de 139 mètres ; 2° deux autres lacs de moindre profondeur, le lac Oich et le lac Doughfour.

Le Canal calédonien réunit les quatre lacs précités d'une part avec les baies de Beauley et de Murray, sur l'océan Germanique, de l'autre avec les baies d'Eil et de Linnhe sur l'océan Atlantique.

Cette voie comporte quatre biefs de 35 500 mètres de longueur totale et 62 240 mètres de parcours dans les lacs, soit une longueur totale de 97 740 mètres.

Le Canal calédonien est construit pour un tirant d'eau de 6^m,10 ; sa largeur au plafond est de 15^m,24 et ses talus sont à 1 1/2 de base pour 1 de hauteur dans les parties en déblai, et à 2 pour 1 dans les parties en remblai. A 3 mètres au-dessous de la ligne d'eau existe une banquette de 1^m,80 de large destinée à retenir la terre provenant des éboulements.

La largeur à la ligne d'eau est donc au minimum de 37^m,08. Les écluses ont 12 mètres sur 52. Le bief de partage est formé par le lac Oich qui est à 28^m.56 au-dessus de la haute mer de morte eau dans la baie de Beauley et à 27^m,36 au-dessus de la haute mer de morte eau dans la baie d'Eil. On compte 14 écluses de chaque côté du bief de partage.

Le canal est revenu à environ 700 000 francs par kilomètre de bief.

Il a été ouvert à la navigation en 1822 ; bien qu'il ait rendu des services, la circulation ne s'y est pas développée comme on aurait pu le croire ; cela tient sans doute à ce que les navires à voiles y voient leur marche très-contrariée par le vent et exigent de grandes dépenses de halage.

D'après ce qui se passe sur les canaux ordinaires, on pouvait craindre que la navigation à vapeur ne fût impossible, peut-être même impraticable ; l'expérience a fait évanouir cette crainte, les berges ont résisté et la navigation à vapeur n'a pas offert d'inconvénient tant qu'on s'est maintenu à une vitesse ne dépassant pas 11 kilomètres à l'heure.

2° Canal de Suez. — Le canal maritime de Suez a été construit sous la direction de M. de Lesseps par une compagnie française, par des ingénieurs et des entrepreneurs français.

L'idée de la création d'un passage navigable entre la Méditerranée ou le Nil et la mer Rouge est, comme on sait, fort ancienne. Elle fut réalisée par un des Pharaons, Néchao, qui ouvrit un canal entre le Nil et la mer Rouge; ce canal de petite navigation suffisait cependant aux trirèmes antiques. Il fut réparé, vers le IIIᵉ siècle avant notre ère, par Ptolémée Philadelphe.

Au commencement du IIᵉ siècle de notre ère, Trajan construisit un embranchement du canal précédent entre Belbeys et le Caire.

Amrou le recreusa en 639 ; mais un de ses successeurs le fit boucher définitivement vers 760. On en a de nos jours retrouvé les vestiges.

C'est en 1798 que Bonaparte songea à rétablir la communication des deux mers; il en fit étudier le projet par l'ingénieur Lepère.

M. Linant de Bellefonds présenta un autre projet en 1840, et M. Bourdaloue procéda en 1847 au nivellement de l'isthme ; il détruisit l'erreur qui consistait à croire à une différence de niveau de 10 mètres entre la Méditerranée et la mer Rouge et il montra que les deux mers étaient sensiblement au même niveau.

Des projets furent également présentés par M. Paulin Talabot en 1847 et par MM. Alexis et Émile Barrault quelque temps après.

C'est en 1854 que M. Ferdinand de Lesseps constitua la *Compagnie universelle du canal maritime de Suez*, et une commission spéciale, composée des ingénieurs les plus éminents, accorda la préférence au tracé direct entre les deux mers.

La figure 1 de la planche 129 donne le plan général du canal et les figures 2 et 3 en représentent la section transversale.

L'inauguration eut lieu le 19 novembre 1869, bien que le canal ne fût pas établi dans ses conditions normales sur toute sa longueur de 162 kilomètres.

Nous n'avons pas l'intention de présenter ici un historique et une description complète des travaux; nous trouvons les dispositions principales du canal très-nettement indiquées dans une note rédigée par M. Rumeau, inspecteur général des ponts et chaussées, délégué à l'inauguration. C'est de cette note que sont extraits les renseignements ci-après :

« Les conditions d'établissement du canal sont les suivantes :

Une profondeur générale de 8 mètres, un peu augmentée aux extrémités pour tenir compte des fluctuations de la mer et de la levée de la lame ;

Une largeur uniforme de 22 mètres au plafond, avec des talus d'une inclinaison de 2 de base pour 1 au moins de hauteur;

Une largeur variable à la ligne d'eau :

De 60 mètres dans les tranchées ou seuils, dont le relief variable au-dessus du plan d'eau s'élève jusqu'à 15 mètres, et dont l'étendue est d'environ 32 kilomètres ;

De 100 mètres dans les parties du canal où le niveau du sol naturel diffère peu de celui du plan d'eau, et dont l'étendue est d'environ 80 kilomètres;

D'une étendue indéfinie dans la traversée des lacs, sur une longueur d'environ 50 kilomètres, soit que ces lacs offrent un fond naturel de 8 mètres, soit qu'étant recreusés à cette profondeur dans la ligne du canal, les berges formées par les déblais retroussés ne soient pas émergentes. »

Les lacs traversés par le canal sont le lac Timsah et les lacs amers; ils son séparés l'un de l'autre par le seuil du Sérapéum, d'une étendue d'environ 10 kilomètres.

Le 1ᵉʳ, le lac Timsah, d'une superficie d'environ 2 000 hectares, est séparé des lagunes de Port-Saïd ou de la Méditerranée par le Seuil d'el Guisr, d'une étendue de 15 kilomètres. Il est situé à peu près à égale distance de Pord-Saïd et de Suez ; il a dû être recreusé en grande partie pour le passage du canal ; il offre néanmoins un mouillage naturel d'une étendue considérable, qui en fait un port intérieur d'un grand intérêt.

C'est sur ce port, au bord du lac, que s'est fondée la jolie ville d'Ismaïlia qui forme une ravissante oasis au milieu du désert. Assise sur le sable et entourée de sable à perte de vue, elle est couverte de verdure et de fleurs. Ce curieux phénomène est dû aux eaux du Nil amenées par le canal d'eau douce. Si nous ajoutons que la ville d'Ismaïlia est desservie par un chemin de fer qui la met en communication avec Alexandrie, le Caire et Suez, on pourra se faire une idée de l'importance de cette station et de l'avenir qui lui est réservé.

Les eaux du canal dérivé du Nil n'alimentent pas seulement Ismaïlia ; elles alimentent aussi Port-Saïd et Suez, ainsi que toutes les autres stations du canal maritime. La fondation de Port-Saïd, ville déjà florissante, eût été sans cela impossible, et Suez, de fondation ancienne, mais hors d'état de se développer faute d'eau potable, n'eût pu non plus aspirer au rapide accroissement qui s'est déjà manifesté depuis l'arrivée de l'eau douce et auquel l'appelle naturellement sa position à l'une des extrémités de la nouvelle voie ouverte au commerce du monde.

Les lacs amers, d'une contenance d'environ 30 000 hectares et d'une longueur de 40 kilomètres suivant la direction du canal, se divisent en deux parties : les grands lacs, qui offrent des fonds naturels de 8 mètres et au-dessus, sur 20 kilomètres de longueur, et les petits lacs, qui, n'offrant que des fonds naturels insuffisants, ont dû être plus ou moins recreusés pour le passage du canal. Ces lacs sont séparés des lagunes ou de la plaine de Suez par le Seuil de Chalouf, d'une étendue d'environ 7 kilomètres ; leur distance à la mer Rouge est de 50 kilomètres pour les grands lacs et de 30 pour les petits.

Comme on le voit, le lac Timsah, vers le milieu du canal, et les grands lacs amers, vers le milieu de la seconde partie, offrent des grandes gares naturelles où les plus gros navires peuvent mouiller en sûreté et évoluer à volonté. D'autres gares destinées à faciliter le stationnement et le croisement des navires doivent être encore ou ont été déjà établies le long du canal à des distances de 10 à 12 kilomètres l'une de l'autre, mais aucune ne doit être assez large pour permettre aux navires de virer de bord, et il pourra paraître regrettable qu'il n'y en ait pas au moins une qui remplisse cette condition pour la première moitié du canal, comme les lacs amers la remplissent pour la se, conde. Rien toutefois jusqu'à présent ne semble en avoir révélé la nécessité et il sera toujours temps de l'établir si le besoin en est reconnu.

A l'exception des jetées des ports extrêmes, les travaux du canal ne consistent guère qu'en terrassements effectués pour la majeure partie sous l'eau au moyen de puissantes dragues à vapeur. Le travail de ces dragues paraît s'être élevé jusqu'à 100 000 mètres cubes par mois ; mais il a beaucoup varié avec la nature du terrain, généralement composé d'ailleurs de sable plus ou moins pur ; il s'y est rencontré toutefois quelques bancs d'argile et de gypse qui n'ont pu être que difficilement dragués et dont quelques-uns même ont dû être extraits à sec. Le cube total des terrassements a été d'environ 75 000 000 de mètres cubes.

De toutes les parties du canal, les ports extrêmes ont toujours été considérés comme celles dont l'exécution laissait le plus de doutes ; le port de Port-Saïd, à cause de la difficulté d'y ouvrir et d'y entretenir un chenal à travers la large plage sablonneuse qui borde la Méditerranée sur ce point du littoral ; le port de Suez, à cause des craintes que les marées pouvaient faire concevoir de ce côté pour la sûreté de la navigation et la conservation du canal. Aucune de ces appréhensions ne s'est réalisée et les deux ports sont peut-être les deux parties du canal les mieux réussies.

A Port-Saïd, l'entrée du port est facile et le calme y est complet. Les nombreux navires qui ont figuré à l'inauguration sont venus y mouiller avec ordre et sans hésitation, malgré le mauvais temps ; l'appareillage au départ s'y est également fait sans accident et sans confusion, soit pour rentrer dans le canal soit pour reprendre la mer. Cette facilité de mouvements est naturellement due aux qualités nautiques du port ; mais elle peut être aussi attribuée en partie à l'expérience et à l'habitude que les pilotes ont pu en acquérir depuis le temps qu'il est en service pour les besoins du canal.

Cet exemple, pour le dire en passant, peut donner une idée des facilités nouvelles que la navigation trouvera dans le canal lorsqu'un bon service de pilotage y aura été organisé ; jusqu'à l'inauguration, aucun grand bateau n'y avait encore passé et les pilotes n'étaient pas plus familiarisés que les commandants de navires avec ce genre de navigation, entièrement nouveau pour eux. De plus le balisage nécessaire pour indiquer les grands fonds, surtout dans les courbes, était encore incomplet. Il ne faut donc pas s'étonner si quelques échouages ont eu lieu ; ils ont été du reste sans gravité ; des retards de quelques heures en ont été l'unique conséquence, et les bateaux échoués se sont relevés sans avaries et sans grande difficulté, quoique les pieux d'amarrage destinés à faciliter leurs manœuvres ne fussent pas encore installés.

Les mouvements de la marée, à Suez, n'ont pas pour le canal l'effet qu'on en redoutait. L'amplitude de ses oscillations varie de $0^m,80$ en morte eau à $1^m,50$ en vive eau. Mais au lieu de s'introduire tumultueusement dans le canal et d'y causer des désordres comme on pouvait le craindre, le flot y pénètre sans violence et n'y développe qu'un courant inoffensif, dont la vitesse maxima varie de $0^m,80$ à $1^m,30$, suivant la hauteur des marées. Le courant de jusant est encore plus faible, car des 8 000 000 de mètres cubes d'eau environ que, suivant les premières évaluations, le flot introduit dans les lacs amers, le jusant n'en rend guère que la moitié à la mer, le surplus servant à réparer les pertes de l'évaporation dans les lacs et les parties voisines du canal.

Si l'on rapproche de la superficie de ces immenses bassins la masse d'eau que la mer y déverse à chaque marée, on voit que leur niveau ne doit varier que de $0^m,02$ à $0^m,03$. D'après les observations faites jusqu'à ce jour, ce niveau demeure en effet à peu près constant et les courants alternatifs dus à l'influence des marées sont restreints à la partie du canal comprise entre la mer Rouge et les lacs amers.

Ces courants, avant qu'on eût pu en apprécier les effets, avaient été l'objet de justes préoccupations. On avait d'abord pensé à les utiliser pour la navigation et à y subordonner ses mouvements, de façon à franchir le canal avec le flot pour les navires partant de la mer Rouge et avec le jusant pour les navires sortant des lacs amers. Mais on n'a pas tardé à concevoir des doutes sur les avantages de ce mode de navigation, et il a paru qu'il pourrait avoir l'inconvénient d'aggraver le danger en cas d'échouage. L'avant d'un navire poussé par le courant venant en effet à toucher sur l'une des rives, l'arrière pouvait être porté sur la rive opposée avant d'avoir pu faire les manœuvres nécessaires pour combattre l'action du courant. La marée venant alors à baisser, laissait le navire dans une situation critique, qui en rendait le dégagement de plus en plus difficile et l'exposait aux plus graves avaries. La marche à contre-courant n'avait pas le même inconvénient et tendait au contraire à dégager le navire échoué par l'avant sur l'une des rives, en rejetant l'arrière sur la même rive ; on avait donc cru devoir l'adopter de préférence, et c'est pour cela sans doute qu'avant d'arriver à Suez on avait voulu grouper la flotte de l'inauguration dans les lacs amers, où elle devait mouiller pendant la nuit, pour entrer le lendemain dans le canal avec le flot. Mais soit que le temps ait manqué pour faire passer tous les navires en une marée, soit que plusieurs aient été retardés par l'échouage de l'un d'eux avant l'entrée des lacs amers, la plupart sont entrés dans le canal sans égard à l'état de la marée et beaucoup l'ont franchi avec le jusant, c'est-à-dire avec le courant. De ce nombre s'est trouvé le plus grand de tous, et quoiqu'il se soit échoué en s'engageant de l'avant sur l'une des berges en un point où le canal était incomplétement achevé, il n'en est résulté aucun accident et le navire a pu être maintenu sans difficulté dans la ligne du canal. Il a dû suffire pour cela de renverser la vapeur et de placer la barre dans une position convenable ; car il faut remarquer que les bateaux à hélice doivent pouvoir gouverner sans vitesse propre et sur place par le seul effet du mouvement de l'hélice et de son action directe sur le gouvernail. Le déséchouage du navire s'est d'ailleurs opéré naturellement à la marée suivante et sans qu'il en soit résulté la moindre avarie.

Il semble qu'on peut induire de ce qui précède que les navires peuvent entrer dans le canal et le franchir dans tous les états de la marée et sans égard à la direction des courants. Toutefois cette conclusion, indépendamment même du petit nombre d'observations sur lesquelles elle repose, n'est peut-être pas bien rigoureuse, car elle ne tient pas compte des vents, susceptibles de modifier les courants de marée par les courants généraux qui paraissent pouvoir s'établir temporairement sous leur influence dans toute l'étendue du canal. On a vu que l'amplitude de la marée, à Suez, était de $1^m,50$ au maximum ; mais les variations extrêmes de la mer, dues à la fois aux vents et aux marées, s'élèvent jusqu'à $3^m,24$; d'où il suit que l'influence des vents l'emporte un peu sur celle des marées et va jusqu'à $1^m,74$. En supposant qu'elle se partage également entre les vents contraires, on voit que le vent du sud pourra soulever la mer et la soutenir de $0^m,87$ au-dessus de son niveau moyen, et que le vent du nord pourra la déprimer de la même quantité. Une surélévation ou dépression à peu près égale se manifestera dans les lacs amers et un courant général s'établira dans toute l'étendue du canal, dans la direction de la mer Rouge à la Méditerranée par les forts vents du sud, et dans la direction de la Méditerranée à la mer Rouge par les forts vents du nord. Il faut remarquer d'ailleurs que les vents qui soulèvent la mer Rouge tendent à déprimer la Méditerranée et réciproquement, et qu'ainsi quoique très-faible [1], de même que celle des marées, l'influence des vents sur la Méditerranée ne peut que favoriser les courants entre les deux mers. Il faut remarquer aussi qu'à quelque niveau que les vents soutiennent temporairement la mer Rouge, c'est autour de ce niveau que s'exécuteront les oscillations des marées, et que les courants diurnes et alternatifs qui en résulteront viendront accroître ou atténuer, dans la partie du canal où ils se manifestent, les courants continus dus aux vents. C'est ainsi que le flot augmentera

[1] L'amplitude des marées dans la Méditerranée, à Port-Saïd, n'est que de $0^m,41$, et celle des plus grandes variations de niveau dues à la fois aux vents et aux marées de $0^m,93$.

le courant général lorsque ce courant sera dirigé vers la Méditerranée, et que le jusant le réduira ou le renversera même probablement dans le même cas. Un effet inverse se manifestera lorsque le courant général sera dirigé vers la mer Rouge. Ces inductions sont du reste purement conjecturales. Le peu de temps depuis lequel le canal est ouvert n'a pas permis d'observer encore les phénomènes complexes qui peuvent résulter de la communication des deux mers. Jusqu'à présent le courant d'une mer à l'autre a paru nul ou peu sensible, et quoiqu'il semble devoir demeurer toujours faible, le niveau des deux mers étant sensiblement le même et leur dénivellation par l'effet des vents ne pouvant guère être évaluée à plus de 1 mètre, il convient d'attendre le résultat de l'expérience pour se faire une idée exacte de l'intensité qu'il peut acquérir, surtout dans la partie du canal où il se combine avec les courants de marée.

L'agitation des eaux n'est pas la seule cause d'ensablement du canal. Les sables du désert que les vents peuvent y rejeter sont, au moins pour le public, un autre sujet de préoccupation. Néanmoins les craintes manifestées à cet égard sont fort exagérées, et c'est ce que démontre victorieusement, indépendamment de toute autre considération, l'exemple du canal d'eau douce. Ce canal est depuis longtemps en service et l'on a pu s'assurer que les apports de sable y étaient faibles, tout locaux, et qu'ils n'avaient rien d'inquiétant. Ils ne doivent pas inquiéter davantage pour le canal maritime, ouvert à proximité du premier, dans les mêmes terrains, et exposé aux mêmes vents. Dans la majeure partie de son parcours (130 kilomètres sur 162), ce canal traverse d'ailleurs des lacs et des lagunes et se trouve ainsi soustrait à l'invasion des sables. Ce n'est que dans la traversée des seuils, c'est-à-dire sur 32 kilomètres seulement que cette invasion peut être à craindre, et encore n'est-ce pas sur toute cette longueur, car les sables ne sont pas partout mobiles à la surface du sol et ne peuvent pas par conséquent être soulevés et rejetés dans le canal par le vent. D'après quelques observations relatives aux dunes d'Ismaïlia, partie de l'isthme où les sables semblent le plus mobiles, l'apport annuel des vents ne paraît pas devoir dépasser nulle part 2 mètres cubes par mètre courant de canal ; en admettant cette base d'évaluation et en l'appliquant à toute l'étendue des seuils sans exception, l'apport serait de 64 000 mètres cubes par an et aurait pour effet de relever d'environ $0^m,10$ le plafond de la partie correspondante du canal. Ce n'est pas là une perspective qui doive effrayer et qui puisse beaucoup augmenter les frais d'entretien, qui semblent d'ailleurs devoir être assez élevés, au moins temporairement et tant que l'équilibre des berges et le régime du canal et des ports ne seront pas bien établis.

L'inauguration du canal a donné lieu au passage d'une soixantaine de navires de toute grandeur et dont la longueur, pour un au moins, atteignait et dépassait même 100 mètres. Leur marche, à la condition toutefois d'observer entre eux une certaine distance, a été à peu près arbitraire, et leur vitesse, d'après quelques observations à la vérité bien incomplètes, a varié de 8 à 17 kilomètres en plein canal, ce qui constitue une vitesse moyenne de 12 à 13 kilomètres. Sous l'influence de cette vitesse, il se développe dans le canal une onde considérable dont l'action prolongée ne pourrait manquer de devenir funeste à la conservation des berges. Fortement déprimée le long du navire et violemment refoulée à l'arrière par l'effet du propulseur, l'eau revient sur elle-même avec une vitesse égale à celle du navire, en formant une vague dont la hauteur et l'intensité augmentent avec cette vitesse et la section du navire,

et décroissent avec la section du canal, ou ce qui revient au même avec sa largeur à la ligne d'eau, seul élément variable de cette section. Aussi pour la
même vitesse et pour le même navire, voit-on cette onde augmenter sensiblement dans les petites sections du canal (où la largeur à la ligne d'eau n'est,
comme on l'a vu, que de 60 mètres au lieu de 100, et la section d'environ
320 mètres au lieu de 400), c'est-à-dire précisément dans les parties où la
conservation des berges offre le plus d'intérêt. Nous n'avons pas remarqué
toutefois que ces berges, non plus que celles des grandes sections, aient beaucoup souffert pendant l'inauguration ; mais il n'en importe pas moins de prévenir le mal qui ne pourrait manquer de se produire à la longue, et de prendre
à cet effet les mesures nécessaires. Nous croyons savoir que l'intention de la
Compagnie est, d'un côté, d'exécuter des travaux de défense pour protéger les
berges les plus fragiles et les plus exposées à la corrosion, surtout celles dont
la conservation importe le plus et dont la chute, à raison de leur élévation, serait de nature à porter la plus grande perturbation dans le canal, et d'un autre
côté, de modérer par un règlement la vitesse de marche des navires. Cette vitesse paraît devoir être limitée à 10 kilomètres à l'heure pour les grandes sections du canal, et à 8 kilomètres pour les petites, en laissant d'ailleurs toute
latitude pour la traversée des lacs. En admettant que cette traversée s'effectue
avec une vitesse moyenne de 15 kilomètres à l'heure, le passage du canal pourra
s'opérer en seize heures de navigation au plus, savoir : .

80 kilomètres à raison de 10 kilomètres à l'heure.   8,00
32   —   8   —   4,00
50   —   15   —   3,20
                                                        ───────
                        Total.   15,20

    Il résulte d'ailleurs du témoignage des marins que la vitesse de 8 kilomètres
à l'heure est suffisante pour permettre aux navires de gouverner et pour imprimer aux machines motrices une marche régulière. A la vérité, cette régularité
semblerait exiger en mer une vitesse de cinq nœuds ou d'environ 9 kilomètres
à l'heure, ou ce qui revient au même un nombre de tours de roue à la minute
correspondant à cette vitesse. Mais comme la résistance à la marche des navires est plus grande dans le canal qu'à la mer, le même nombre de tours de
roue qui leur imprime une vitesse de 5 nœuds ou 9 kilomètres à la mer, ne
leur imprime plus dans le canal qu'une vitesse de 4 nœuds ou $7^k,500$ environ.
La vitesse de 8 kilomètres suffit donc pour exiger le nombre de tours de roue
nécessaire à la régularité de la marche des machines.
    Les courbes du canal sont au nombre de 14 et d'un développement total
d'environ 15 kilomètres, c'est-à-dire de près du dixième de la longueur du canal. Quelques-unes paraissent regrettables au point de vue des facilités de la
navigation et ne semblent s'expliquer que par la faible réduction que la déviation du tracé a pu apporter dans le cube des terrassements. A l'exception de
deux, situées à l'issue du Seuil d'el Guisr et à l'entrée du lac Timsah, toutes ont
des rayons de 2000 à 3000 mètres. Les deux courbes exceptionnelles ont des
rayons de 1000 mètres pour l'une et 1700 mètres pour l'autre. Elles doivent
être rectifiées par le rescindement de la berge convexe, de manière à en porter
le rayon à 2000 mètres. Ce travail aura pour effet d'élargir le canal et d'en
doubler à peu près la largeur au plafond, au moins pour la plus petite courbe,

NOTE SUR LES CANAUX MARITIMES.

que les plus grands navires, dirigés avec prudence, ont pu du reste franchir sans difficulté dans son état actuel.

Des craintes se sont élevées sur les obstacles que les vents traversiers pourraient apporter à la navigation dans le canal. Sans doute, la violence des vents pourrait être telle qu'elle rendît toute navigation impossible, même pour les navires n'offrant de prise au vent que par leur coque et leur gréement. Mais ces circonstances seront rares et telles d'ailleurs qu'il peut accidentellement s'en rencontrer dans les meilleures navigations. Quant aux vents ordinaires, ils pourront bien occasionner une certaine gêne, mais il sera aisé d'en balancer l'influence en gouvernant un peu et suivant leur intensité sur la rive d'où ils tendront à éloigner le navire.

On s'est demandé, d'un autre côté, si la largeur du canal, avec ses 22 mètres seulement au plafond, permettrait aux navires de s'y croiser. Théoriquement, la réponse à cette question ne saurait être douteuse, et elle doit être affirmative au moins pour les navires à hélice, dont l'emploi se généralise et tend à se substituer aux navires à roues. Deux navires de cette espèce, du plus fort tonnage, c'est-à-dire de 7 à 8 mètres de tirant d'eau et de 10 à 12 mètres de largeur, peuvent en effet placer leur quille à l'aplomb des arêtes du plafond et dans cette position laisser entre eux un jeu de 10 à 12 mètres sans toucher les berges. Mais ce jeu ne semble pas nécessaire et peut être réduit à 5 ou 6 mètres, en s'éloignant des berges de 2 à 3 mètres. Sans doute une telle précision de manœuvre ne saurait être atteinte dans la pratique, et un croisement dans ces conditions pourrait devenir dangereux, surtout les deux navires étant l'un et l'autre en marche. Mais l'on conçoit que l'un étant au repos et amarré contre la berge, l'autre puisse passer sans grand danger en laissant un jeu de 5 à 6 mètres, aussi bien du côté du navire garé que du côté de la berge opposée. La facilité de croisement sera bien plus grande encore pour les navires de moindres dimensions, soit qu'ils soient l'un grand et l'autre petit, soit à plus forte raison qu'ils soient tous les deux petits. On voit en effet, en ayant égard à l'inclinaison des berges, que le champ de la navigation s'étend à mesure que le calage des navires diminue, et que s'il n'est que de 22 mètres pour les navires de près de 8 mètres de tirant d'eau, il est de 26 mètres pour les navires de 7, de 30 pour les navires de 6, de 34 pour les navires de 5, de 38 pour les navires de 4, et de 42 pour les navires de 3. En s'en tenant aux navires de 12 mètres de largeur, calant 7 mètres, qui peuvent être considérés comme les plus grands en usage dans le commerce, un de ces navires pourra se croiser aisément en plein canal avec des navires calant 3, 4 et même 5 mètres; car ceux-ci, arrêtés et amarrés le long des berges, se trouveront en tout ou en partie en dehors des grandes profondeurs du canal et par conséquent de la voie du grand navire. Le croisement se ferait encore dans de meilleures conditions si au lieu de faire stationner le petit bateau on faisait stationner le grand ; car alors le champ réservé à la navigation du petit bateau serait relativement plus grand et le choc en cas de conflit serait moins dangereux. Mais ce mode de croisement ne paraît pas pouvoir être adopté, si ce n'est dans des cas exceptionnels, parce qu'il aurait l'inconvénient de nuire à la célérité et à la régularité de la marche des grands navires. Si un grand et un petit navire peuvent ainsi se croiser en plein canal, à plus forte raison deux petits le pourront-ils, et cela sans même qu'il soit toujours besoin que l'un d'eux se mette au repos. C'est du reste ce dont on a pu se rendre compte pendant l'inauguration, malgré l'état d'imperfection du canal et l'inexpérience des équipages.

Les nombreuses gares projetées offriront de nouvelles facilités pour le croisement des grands navires. Réfugié dans l'une de ces gares, le plus grand navire pourra laisser le champ libre à l'autre, quelque grand qu'il soit lui-même. Des pieux d'amarrage, distribués sur les deux rives du canal, au droit et en dehors des gares, faciliteront aux navires l'entrée et la sortie de ces gares, et leur permettront en même temps de se garer sur tout autre point du canal. Ces pieux seront en outre d'un utile secours pour les déséchouages en cas d'accident, ainsi qu'on a pu en juger pendant l'inauguration par le petit nombre de ceux qui étaient déjà installés et par les services qu'ont rendus les simples piquets de bornage.

Enfin un service télégraphique, établi le long du canal, permettra de prévoir d'avance l'heure et le lieu des croisements, et de donner à temps les ordres nécessaires aux navires qui devront se garer pour ne pas gêner la marche de ceux qui ne pourraient souffrir de retard, comme les navires postaux, ou de tous autres dont le croisement en plein canal pourrait offrir quelque danger.

Tel est le résultat des observations et informations, sans doute bien incomplètes, recueillies pendant l'inauguration et des réflexions qu'elles ont suggérées. »

5° **Canal Saint-Louis.** — En présence de l'insuccès des essais tentés pour l'amélioration de la barre du Rhône, on résolut d'ouvrir une communication directe entre le golfe de Fox et la partie profonde du fleuve en amont de la barre.

Cette communication fut réalisée par le canal Saint-Louis, dont on décida la construction en 1863.

Ce canal prend naissance à 600 mètres en aval de la Tour Saint-Louis; il est dirigé en ligne droite, de l'ouest à l'est.

Sa longueur est de 3300 mètres, sa largeur au plafond de 30 mètres, sa largeur au niveau des basses mers de 63 mètres, et son tirant d'eau minimum de 6 mètres.

Le profil se superpose à peu près à celui du canal de Suez, et en prolongeant les talus jusqu'à obtenir un tirant d'eau de 8 mètres, on retrouve la largeur de 22 mètres au plafond.

Des perrés maçonnés, élevés jusqu'à 1ᵐ,50 au-dessus des basses mers, défendent les berges du canal Saint-Louis.

Les chemins de halage, de 12 mètres de largeur, sont à 2 mètres au-dessus des basses mers, et des cavaliers latéraux les dominent et protègent le canal contre les inondations du Rhône.

De 200 en 200 mètres, des escaliers sont ménagés dans les perrés et des bornes en pierre implantées sur la rive.

Le canal débouche, à la mer, dans un avant-port formé par deux jetées : l'une au sud, parallèle à l'axe du canal et à 48ᵐ,25 de cet axe, s'étend jusqu'aux profondeurs de 6ᵐ,50 et sa longueur est de 1746ᵐ,20 ; l'autre, au nord, est enracinée en un point de la côte situé à 1350 mètres de l'axe du canal ; elle ne va que jusqu'aux fonds de 3ᵐ,25 ; sa longueur est de 500 mètres et elle converge vers le musoir de la jetée du sud.

Le canal est continué dans l'avant-port par un chenal de 60 mètres de large au plafond, offrant le même tirant d'eau.

De la Tour Saint-Louis à la mer, la pente du Rhône est rachetée par une écluse à sas de :

22^m,00 de largeur entre bajoyers,
7^m,50 de tirant d'eau,
184^m,50 de longueur totale,
160^m,00 de longueur utile.

Dans le Rhône, près de Saint-Louis, on trouve des profondeurs de 7^m,50; on a adopté le même tirant d'eau dans l'écluse pour le cas où le canal serait approfondi dans l'avenir.

L'écluse est au débouché du canal dans le Rhône; le canal, alimenté par la mer, ne reçoit du Rhône que le volume des éclusées, et les atterrissements ne sont par conséquent pas à craindre.

L'entrée de l'écluse est inclinée vers l'aval du fleuve, afin d'en rendre l'accès possible malgré les vents et les courants, et de diminuer l'importance des dépôts que le Rhône formera nécessairement dans le chenal de cette écluse. La chute rachetée par l'écluse est en moyenne de 0^m,50; elle peut atteindre au plus 1^m,88 en temps de crue; mais elle peut être nulle et même négative lorsque le niveau de la mer est influencé par des vents violents.

Entre l'écluse et le canal est un bassin de virement de 12 hectares de superficie; c'est en même temps un bassin d'opérations offrant 1100 mètres de longueur de quais.

Les dépenses faites pour créer le port et le canal Saint-Louis s'élèvent à 15 500 000 francs.

Le projet a été dressé par M. Pascal, ingénieur en chef, et par M. Bernard, ingénieur ordinaire; les travaux ont été exécutés par M. l'ingénieur Guérard.

Le canal a été ouvert en mai 1871.

4° **Canal d'Amsterdam à la mer du Nord.** — La principale voie d'accès à Amsterdam est le Zuiderzee, dont l'envasement augmente sans cesse et qui offre une barre dangereuse à l'entrée de l'Y. Aussi, depuis longtemps, les navires doivent-ils rompre charge et s'alléger considérablement pour traverser le Zuiderzee (fig. 5, pl. 129).

De 1819 à 1825, on a exécuté le canal de Nord-Hollande, d'une longueur de 18 kilomètres, seule voie aujourd'hui employée pour les navires de fort tonnage. Mais ce canal ne dispense pas d'aller doubler la pointe du Helder, et son parcours exige 18 à 24 heures; il n'a que 6 mètres de tirant d'eau, ses écluses sont trop faibles, et il se trouve souvent obstrué par les glaces en hiver.

Pour remédier à ces inconvénients et éviter le trajet de 150 kilomètres qu'il faut faire pour aller doubler le Helder, on a résolu d'ouvrir un canal direct d'Amsterdam à la mer du Nord. La distance à franchir n'est que de 26 kilomètres.

Le canal débouche sur la mer du Nord, dans une partie rectiligne de la côte où l'on a créé un port artificiel au moyen de deux jetées allant gagner les profondeurs de 8 mètres jusqu'à 1500 mètres du rivage. Ces jetées convergentes ouvrent à l'ouest une passe de 260 mètres de large.

Entre la mer du Nord et Amsterdam, le canal se compose d'un petit nombre d'alignements droits raccordés par des courbes à grand rayon. Le canal a été établi sur la plus grande partie de sa longueur dans le golfe même de l'Y.

Le tirant d'eau est de 7 mètres; la largeur au plafond est de 27 mètres avec talus à 2 pour 1; à 0^m,50 sous le plan d'eau normal sont établies deux bermes de 4 mètres de largeur chacune, et les talus se continuent au-dessus jusqu'aux chemins de halage, dont la largeur est de 10 mètres d'un côté et de 5 mètres de l'autre. La largeur à la ligne d'eau est de 65 mètres.

Le profil en travers du canal est représenté par la figure 6, planche 129.

Des perrés défendent les berges dans le voisinage de la ligne d'eau, au-dessus et au-dessous.

Les digues sont exécutées avec les produits mêmes du dragage de la cuvette.

Le canal est séparé de la mer du Nord et aussi du Zuiderzee par des écluses dont nous avons donné la description sommaire à la page 660.

On espère, par la vente des terrains conquis et propres à la culture, couvrir une partie des frais ; la dépense finale n'en restera pas moins considérable.

NOTE

Pour donner au lecteur une idée de l'importance respective des principaux ports de France, considérés au point de vue du mouvement commercial, nous terminerons par les tableaux suivants extraits de l'*Étude historique de statistique sur les voies de communication de la France*, rédigée par M. l'ingénieur Félix Lucas.

ENTRÉES ET SORTIES DES NAVIRES EN 1868

DÉSIGNATION DES PORTS	ENTRÉES			SORTIES		
	NOMBRE DES NAVIRES	TONNAGE DES NAVIRES tonneaux.	NOMBRE DES HOMMES D'ÉQUIPAGE	NOMBRE DES NAVIRES	TONNAGE DES NAVIRES tonneaux.	NOMBRE DES HOMMES D'ÉQUIPAGE
PORTS DE LA MANCHE ET DE L'OCÉAN						
Dunkerque.	2,825	446,770	27,258	2,806	441,290	26,962
Calais.	1,745	302,406	24,708	1,751	304,236	24,757
Boulogne.	1,937	322,746	23,914	1,954	324,181	24,104
Dieppe.	1,509	327,551	17,702	1,532	330,071	17,883
Le Havre.	5,870	1,240,194	64,037	5,816	1,214,097	63,558
Rouen.	2,128	259,626	12,195	2,181	262,852	12,322
Honfleur.	1,710	174,779	12,873	1,697	170,078	12,758
Caen.	1,426	131,552	8,523	1,436	133,264	8,663
Cherbourg.	1,063	76,767	5,507	1,093	82,292	5,645
Saint-Malo.	1,349	141,060	11,471	1,357	145,786	12,110
Brest.	1,747	133,920	13,725	3,775	189,329	21,254
Lorient.	675	38,948	3,721	692	48,479	4,068
Nantes.	2,289	168,797	12,468	2,351	174,928	12,946
Saint-Nazaire. . . .	725	235,989	12,455	711	248,196	12,148
La Rochelle. . . .	3,220	193,122	12,554	3,207	121,941	12,668
Rochefort.	1,766	99,445	7,234	1,726	91,535	6,710
Tonnay-Charente. .	1,420	80,755	6,197	1,438	95,366	6,792
Bordeaux.	10,129	759,951	46,008	12,805	843,880	52,166
Bayonne.	642	49,585	4,577	639	49,540	4,556
Autres ports. . . .	46,145	1,441,583	164,493	41,902	1,393,983	158,211
TOTAUX.	90,310	6,575,516	491,688	90,869	6,643,324	500,304

Lightning Source UK Ltd.
Milton Keynes UK
UKHW011132180119
335792UK00010B/690/P